Böhme

Grundwissen Maschinenkunde

Thomas Böhme

Grundwissen Maschinenkunde

für das Ingenieurstudium und die Berufspraxis

HANSER

Über den Autor:
Prof. Dr.-Ing. Thomas Böhme ist Professor für maschinenbauliche Grundlagen an der Hochschule für nachhaltige Entwicklung Eberswalde (HNEE).

MIX
Papier aus verantwortungsvollen Quellen
FSC® C083411
www.fsc.org

Print-ISBN: 978-3-446-48027-8
E-Book-ISBN: 978-3-446-48114-5

Die allgemein verwendeten Personenbezeichnungen gelten gleichermaßen für alle Geschlechter.

Bibliografische Information der Deutschen Nationalbibliothek:
Die Deutsche Nationalbibliothek verzeichnet diese Publikation in der Deutschen Nationalbibliografie; detaillierte bibliografische Daten sind im Internet unter http://dnb.d-nb.de abrufbar.

Vilshofener Straße 10 | 81679 München | info@hanser.de
www.hanser-fachbuch.de
Lektorat: Dipl.-Ing. Natalia Silakova-Herzberg
Coverkonzept: Marc Müller-Bremer, www.rebranding.de, München
Covergestaltung: Max Kostopoulos
Titelmotiv: © gettyimages.de/pengyou91, Sergii Zhmurchak, elgol, themorningstudio
Satz: Thomas Böhme
Druck: CPI Books GmbH, Leck
Printed in Germany

Inhalt

Vorwort

In dankbarer Erinnerung an:
W. Frömmel (1935-2022) und D. Frömmel (1935-2024).

Dieses Buch basiert auf der Veranstaltung *Maschinenkunde I* und *II*, die ich seit nunmehr drei Jahren für Studierende im Studienfach *Holzingenieurwesen* der Hochschule für nachhaltige Entwicklung (HNE) in Eberswalde durchführe.

Bei der ursprünglichen Erarbeitung der Inhalte der Lehrveranstaltung fiel auf, dass zur Thematik *Maschinenelemente* verschiedene, umfangreiche Lehrbücher existieren, die sich vor allem an Studierende der Fachrichtung Maschinenbau richten. Lehrbücher, die in gekürzter, kompakter Form die Grundlagen der Maschinenelemente darstellen, insbesondere für Studierende technischer Fächer jenseits des Maschinenbaus, sind dagegen weniger stark vertreten. Diesem Umstand soll dieses Buch Rechnung tragen, wobei bewusst – auch in Abgrenzung an die oben erwähnten, ausführlichen Bücher – der Titel *Maschinenkunde* gewählt wurde. Damit richtet sich das Buch an Studierende technischer Fachrichtungen, z.B. Wirtschaftsingenieurwesen, Verfahrenstechnik, Mechatronik oder Holztechnik, die mit grundlegenden Elementen des Maschinenbaus vertraut sein müssen, jedoch nicht die Tiefe und Details eines voll umfänglichen Maschinenbaustudiums benötigen. Darüber hinaus eignet sich das Buch auch als Nachschlagewerk im Berufsalltag von Entwicklungs- und Konstruktionsabteilungen.

Das Buch fokussiert sich auf den Aufbau, die Funktion- und Wirkungsweise sowie die Berechnungsgrundlagen zur Dimensionierung und Gestaltung wesentlicher Maschinenelemente. Dabei wird auf eine konsistente und verständliche Herleitung der für die Berechnung notwendigen Gleichungen Wert gelegt. Außerdem werden Aspekte des Projekt- und Qualitätsmanagements als auch der metallischen Werkstoffkunde behandelt, die oftmals im Rahmen von Entwicklungsprojekten mit berücksichtigt werden müssen.

Ziel des Buches ist es, die Leserinnen und Leser zu befähigen, auf Augenhöhe mit Maschinenbauspezialisten zu kommunizieren, Entwicklungsprojekte zu koordinieren, technische Dokumente inhaltlich zu durchdringen sowie Maschinen und deren Komponenten in ihrer Funktionsweise zu verstehen, normgerecht zu gestalten und zu berechnen.

Selbstverständlich habe ich bei der Erstellung des Buches Unterstützung erfahren. Mein besonderer Dank gilt Frau *Anneke Brüns* sowie Herrn *Richard Heinrichs,* die beide einen

Großteil der Bilder und Illustrationen erstellt und bei der Korrektur des Manuskriptes tatkräftig unterstützt haben. Außerdem danke ich dem Hanser-Verlag, und insbesondere Frau *Natalia Silakova* sowie Frau *Christina Kubiak*, für die stets freundliche Kommunikation und die Bereitschaft, meine Vorlesungsnotizen in Form eines Buches zu publizieren.

Leider bleibt es nicht aus, dass sich – trotz aller Sorgfalt – Fehler im Buch einschleichen. Für Hinweise, Anmerkungen und Kritiken bin ich stets dankbar. Vielen Dank.

Thomas Böhme im Frühjahr 2025

1 Vorbemerkungen zur Maschinenkunde

Lernziele:

- Was ist ein Bauteil bzw. eine Baugruppe?
- Was versteht man unter Auslegung und Dimensionierung?
- Wie ist die Entwicklung von Produkten im Unternehmen organisiert? Welche Akteure sind beteiligt; welche Rolle spielt die Entwicklungs- und Konstruktionsabteilung?
- Was versteht man unter *Advanced Product Quality Planning (APQP)*?
- Was sind Lasten- und Pflichtenhefte bzw. Spezifikationen und wozu sind sie notwendig?
- Was ist ein Erstmusterprüfbericht (EMPB)? Wozu dient er?
- Welche Rolle spielen Geheimhaltungsvereinbarung, FMEAs und GANTT-Charts?
- Was versteht man unter kostengerechtem Konstruieren?

1.1 Bauteil, Baugruppe, Auslegung und Dimensionierung

Anlagen, Maschinen und Apparate setzen sich aus verschiedenen Elementen zusammen. Dabei bilden unterschiedliche, funktional zusammengehörende **Elemente/Bauteile** eine **Baugruppe**, die wiederum in Summe die Maschine abbilden. Bild 1.1 zeigt hierzu verschiedene Beispiele. Betrachtet man exemplarisch das abgebildete Schneckengetriebe, so können z.B. die Elemente Welle (2x), Schneckenrad, Stirnrad und Kurbelrad identifiziert werden. Hierbei ist das Schnecken- und Kurbelrad so auf der horizontalen Welle montiert, dass eine schlupffreie, das heißt ohne Durchrutschen, Momentenübertragung möglich ist. Gleiches gilt für das Stirnrad auf der vertikalen Welle. Diese fünf Elemente können als eine Baugruppe aufgefasst werden, die im Rahmen des Rührwerks verbaut ist und zusammen mit weiteren Elementen/Baugruppen die Maschine darstellt.

Das Fach *Maschinenkunde* behandelt zum einen Aspekte des Faches *Maschinenelemente*, d.h. **(a)** den Aufbau, die Funktionen und die Wirkungsweise unterschiedlicher maschinenbaulicher Elemente und Baugruppen, **(b)** die normgerechte Gestaltung sowie **(c)** die Be-

Bild 1.1 Beispiele für Maschinenelemente und Baugruppen: Gelenkwellen im Antriebstrang einer Förderanlage (links oben), Schneckengetriebe in einem historischen Rührwerk (links unten), Spannsatz zur Verbindung der Blattrolle mit der Antriebswelle in einer Bandsäge (rechts)

rechnungsgrundlagen zur **Auslegung** und **Dimensionierung** von Bauteilen. Zum anderen kommen auch Themen zur Sprache, die ebenfalls zum Ingenieuralltag gehören und über den Erfolg eines Entwicklungsprojektes entscheiden können, z.B. (**d**) Aspekte des Projekt- und Qualitätsmanagements oder (**e**) der metallischen Werkstoffkunde.

Begriffe (*Auslegung* und *Dimensionierung*):

Obwohl beide Begriffe oftmals gleichbedeutend verwendet werden, gibt es im strengeren Sinne einen Unterschied:

Auslegung: Festlegung von Gestalt und Form von Bauteilen, damit diese ihren festgelegten Zweck erfüllen. Auch die Definition technische Betriebsparameter zur Erfüllung von Leistungsanforderungen an eine Maschine zählt zur Auslegung.

Beispiel: Festlegung der Mindestleistung einer Antriebsmaschine einer Hubvorrichtung (z.B. Kran), damit eine vorgegebene Hubgeschwindigkeit oder eine definierte Mindesthublast realisiert wird.

Dimensionierung: Definition der Maße eines Bauteils, damit es den zu erwartenden Belastungen genügt und nicht vorzeitig ausfällt, d.h. die geforderte Lebensdauer erfüllt. Die Auswahl geeigneter Werkstoffe ist oft von den Maßen abhängig und zählt damit auch zur Dimensionierung.

Beispiel: Definition des Durchmessers des Drahtseils der o.g. Hubvorrichtung, damit dieses der Maximal-Hublast standhält. ■

Im Laufe des Buches sollen die o.g. Themen **(a)** bis **(e)** diskutiert und erörtert werden. Dabei werden u.a. wesentliche Maschinenelemente vorgestellt und unter den o.g. Aspekten **(a)** bis **(c)** betrachtet. Gleichwohl können nicht alle Facetten und Details behandelt werden; hierzu soll auf die weiterführenden, z.T. sehr ausführlichen Standardwerke des Maschinenbaus verwiesen werden [Grote, 2012, Decker und Kabus, 2011, Wittel et al., 2021].

1.2 Produktentwicklung im industriellen Umfeld

Kenntnisse von Maschinenelementen werden vor allem in den Entwicklungs- und Konstruktionsabteilungen von Unternehmen des Maschinen- und Anlagenbaus benötigt. Dabei stellt sich die Frage, wie der Prozess einer technischen Produktentwicklung, von der Kundenanfrage bis zur Serienproduktion, abläuft und welche Akteure beteiligt sind.

1.2.1 APQP-Prozess: Ablauf and Akteure

Zur Darstellung der Chronologie der Produktentwicklung soll an dieser Stelle eine konkrete Anwendung betrachtet werden. Der **Kunde** soll ein Hersteller von Radladern sein, der selbstverständlich nicht alle Komponenten selbst fertigt, sondern verschiedene Bauteile und Baugruppen zukauft. Exemplarisch soll angenommen werden, dass z.B. die in Bild 1.2 illustrierten Motorlagerungen von einem externen **Lieferanten** bezogen werden. Diese sind notwendig, damit die vom Motor ausgehenden Schwingungen nicht über den Rahmen in die Kabine und damit auf den Fahrer übertragen werden. Dazu wird der Motor mithilfe von Gummielementen, hier sog. Konuslagern[1], flexibel auf dem Rahmen montiert. Damit kann sich der Motor relativ zum Rahmen bewegen und somit im begrenzten Umfang frei schwingen. Man spricht in diesem Zusammenhang auch von **elastischer Entkopplung**, was insbesondere für den Fahrkomfort und den Arbeitsschutz von hoher Relevanz ist. In Kapitel 9 wird vertieft auf diese Thematik eingegangen.

Es ist leicht einzusehen, dass der Radladerhersteller (Kunde) ein hohes Interesse an zuverlässigen Lieferanten hat. Nur wenn die Motorlager zuverlässig, das heißt in konstanter Qualität und zum vereinbartem Datum, geliefert werden, kann eine störungsfreie Montage der Radlader und eine fristgerechte Auslieferung an den Endkunden gewährleistet werden. Zuverlässige Lieferanten sind daher für jede Firma von entscheidender Bedeutung, um den eigenen Unternehmenserfolg langfristig zu sichern.

Aber woher wissen Kunden, ob potentielle Lieferanten zuverlässig sind? Ein Indiz für Zuverlässigkeit ist, wie Unternehmen intern organisiert sind. Existieren z.B. eindeutig definierte Hierarchieebenen und Verantwortlichkeiten. Sind alle anfallenden Aufgaben klar zugeordnet? Sind die Arbeitsabläufe (Prozesse) festgelegt und praktikabel, um den unterschiedlichen Aufgaben gerecht zu werden? In diesem Zusammenhang hat sich

[1] Vgl. Bild 1.2 (oben rechts): Der innere Metallkern und der äußere Metallflansch haben eine konusförmige Außen- bzw. Innenkontur. Zwischen den beiden Metallteilen befindet sich der Gummi.

Bild 1.2 Radlader mit Konuslagern als Motorlagerung

ein Industriestandard etabliert, der in der Norm **DIN EN ISO 9001** festgeschrieben ist [DIN EN ISO 9001]. Unternehmen können sich von externen Gutachtern, sog. Zertifizierungsfirmen, auditieren lassen und erhalten - sofern sie das Audit bestehen, ein Zertifikat, dass ihnen die Konformität zur ISO DIN EN 9001 attestiert. Kunden wiederum können bei der Auswahl potentieller Lieferanten[2] darauf achten, ja z.T. sogar darauf bestehen, dass diese nach DIN EN ISO 9001 zertifiziert sind. Damit steigt die Wahrscheinlichkeit für einen zuverlässigen Lieferanten, wenngleich das Zertifikat keine 100-prozentige Garantie darstellt.

Mit Blick auf die technische Produktentwicklung hat der sog. **APQP-Prozess** (*Advanced Product Quality Planning*) eine gewisse Popularität erlangt. Dieser ist an die Vorgaben der DIN EN ISO 9001 bzw. an das Pendant der Automobilbranche, die **IATF 16949** [IATF 16949], angelehnt. Er beschreibt den Ablauf, die Aufgaben und die beteiligten Unternehmensbereiche (Akteure) der Produktentwicklung, vgl. Bild 1.3.

Die finale Qualität des späteren Serienproduktes wird im Wesentlichen in der Entwicklungsphase festgelegt, für die vorrangig die Entwicklungs- und Konstruktionsabteilung verantwortlich zeichnet. Gleichwohl wird in Bild 1.3 deutlich, dass die gesamte Produktentwicklung aus verschiedenen Phasen besteht, in denen unterschiedliche Organisationseinheiten zusammenarbeiten. Es handelt sich also um einen bereichsübergreifenden Prozess, der von allen Akteuren neben den fachlichen Fähigkeiten auch sog. *soft skills*, wie z.B. Kommunikations- und Teamfähigkeit, verlangt.

Darüber hinaus ist es durchaus üblich, technische Kundenanfragen in Form von Projekten abzuarbeiten. Dazu wird ein **Projektleiter** definiert, der bereichsübergreifend alle Aufgaben und Termine koordiniert und bei dem alle Ergebnisse zusammenlaufen. Dieser kann z.B. der Vertriebsmitarbeiter oder der verantwortliche Ingenieur der Entwicklungs- und Konstruktionsabteilung sein. Er definiert einen **Projektplan** (z.B. in Form einer **GANTT-Chart**, vgl. Abschnitt 1.2.2), aus dem Aufgaben, Kosten, Verantwortlichkeiten, Meilensteine (Etappenziele) und Termine hervorgehen. Außerdem stellt er sicher, dass der Kunde zeit-

[2] Die ISO DIN EN 9001 spricht anstelle von Kunde und Lieferant von Auftraggeber und Auftragnehmer.

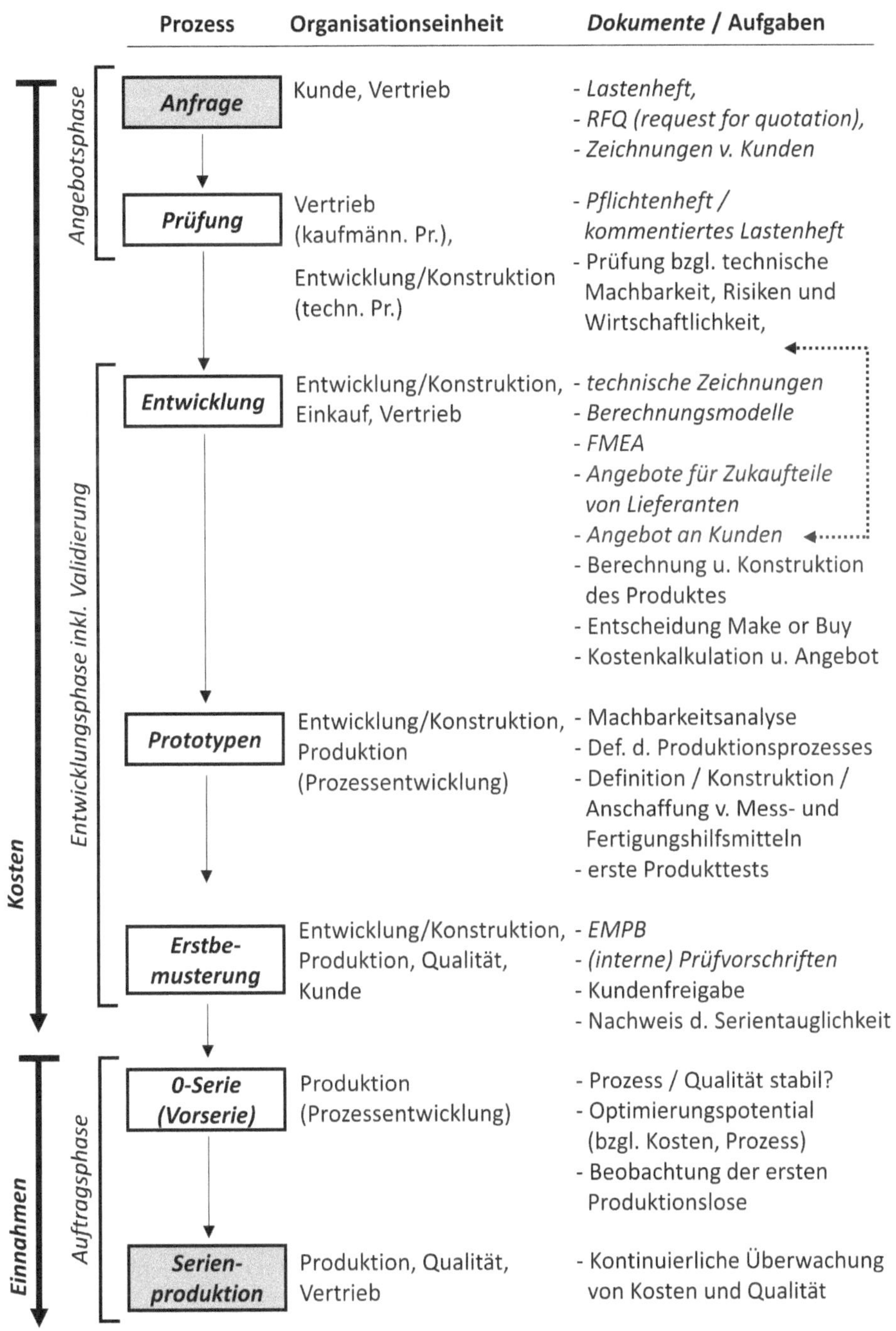

Bild 1.3 Schematische Darstellung der Etappen von der Kundenanfrage bis zum Serienprodukt

nah das Angebot erhält und später – im Falle der Auftragsvergabe – das Produkt fristgerecht und serienreif zur Verfügung steht.

Während des gesamten Produktentwicklungsprozesses ist auf eine nachvollziehbare, lückenlose **technische Dokumentation** Wert zu legen. Im Falle späterer Reklamationsfälle ist es wichtig, dass Berechnungsunterlagen, Testprotokolle, oder auch E-Mails mit dem Kunden, in denen technische Absprachen getroffen wurden, verfügbar und einsehbar sind.

Im Folgenden sollen nun die drei Phasen des APQP-Prozesses gemäß Bild 1.3, d.h. die Angebotsphase, die Entwicklungs- und Validierungsphase sowie die Auftragsphase näher betrachtet werden.

1.2.1.1 Angebotsphase

Mit der Zusendung der Anfrage (RFQ, engl.: *Request for Quotation*) vom Kunden startet die Anfrageprozess. Der o.g. Radladerhersteller bittet einen Motorlagerhersteller um ein Angebot. Dabei teilt es ihm typischerweise mit, was für ein Lager er benötigt, wie viele Lager pro Jahr geliefert werden sollen und wann der Serienstart geplant ist. Bestenfalls wird auch eine Preisvorstellung (Zielpreis) mitgeteilt.

Die Anfrage erreicht das Unternehmen i.d.R. über den Vertrieb (Verkaufsabteilung). Dieser koordiniert sämtliche Kommunikation zwischen Unternehmen und Kunden und ist unter anderem für die Preisverhandlungen zuständig. Er prüft die Anfrage hinsichtlich Wirtschaftlichkeit, d.h.

- Ist der Zielpreis realisierbar?
- Kann das Produkt mit dem vorhandenen Maschinenpark produziert werden?
- Können die jährlich geforderten Stückzahlen hergestellt werden?
- Welche Risiken bestehen im Falle eines Auftrages?

Insbesondere der letzte Punkt ist sorgfältig zu prüfen. Bei der sog. **Risikoanalyse** ist z.B. zu klären, welche Folgekosten im Falle von Reklamationen entstehen. Im o.g. Fall ist beispielsweise das Szenario zu betrachten, ob bei fehlerhaft, gelieferten Motorlagern Radlader vom Endkunden zurückgerufen werden müssen, um die Lager zu tauschen. Die daraus resultierenden Kosten sind oftmals durch den Lieferanten zu tragen. Auch Kosten für sog. **Bandstillstände**, also die Unterbrechung der Produktion wegen fehlender Lieferungen, können in Rechnung gestellt werden. Diese Kosten können z.T. beträchtlich und insbesondere für kleinere Unternehmen kritisch werden. In solchen Fällen kann es ratsam sein, von derartigen Anfragen abzusehen.

Darüber hinaus ist in der Angebotsphase eine technische Prüfung durch die Entwicklungs- und Konstruktionsabteilung durchzuführen. Hierbei gilt es, die Entwicklungskosten abzuschätzen und dem Vertrieb für die spätere Produktkalkulation mitzuteilen. Außerdem ist zu prüfen, ob alle notwendigen technischen Daten vorliegen oder ob ggf. technische Rückfragen zum angefragten Produkt bestehen.

In diesem Zusammenhang sind zwei Aspekte hervorzuheben: **(1)** Oft werden in der Angebotsphase bereits sensible technische Daten ausgetauscht. Der Radladerhersteller sendet z.B. technische Zeichnungen vom Motor oder CAD-Modelle vom neuen Radladermodell. Auch der Zulieferer wird im Laufe des Projektes Daten vom Motorlager generieren, die er andersrum dem Radladerhersteller zur Verfügung stellt. Das heißt, beide Parteien tauschen

Daten aus, in die sie Kosten und unternehmensspezifisches Know-How investiert haben. Diese sollen natürlich nicht an Dritte, schon gar nicht an den Wettbewerb, weitergegeben werden. Dazu ist es üblich im Vorfeld des Projektes zwischen den Unternehmen eine vertraglich ratifizierte Geheimhaltung zu vereinbaren, die sog. **Geheimhaltungsvereinbarung** (kurz: **GHV**). **(2)** ist seitens des angefragten Lieferanten davon auszugehen, dass der Kunde nicht nur ihn angefragt hat. Oft werden Anfragen in Form eines Bieterverfahren durchgeführt, bei dem verschiedene, potentielle Lieferanten angefragt werden.

Gleichwohl erfordert die Erarbeitung eines Angebots unternehmensweit Ressourcen: Die Entwicklungsabteilung muss die kundenseitig bereitgestellten technischen Daten prüfen und auf deren Basis ein Produkt entwickeln, d.h. Berechnungen durchführen und Zeichnungen erstellen. Der Einkauf muss bei Unterlieferanten Preise für Rohstoffe und Zukaufteile erfragen, die Produktion muss den Herstellungsprozess definieren und die Kosten ermitteln, die Qualität muss die Prüfaufwendungen definieren. Demzufolge entstehen Kosten und es ist zu klären, wie diese zu berücksichtigen sind. Werden diese im Produktpreis abgebildet, so gehen sie verloren, sofern das Auftrag an den Wettbewerb geht. Daher kann es bei Bieterverfahren von Vorteil sein, mit dem Kunden eine Entwicklungsvereinbarung abzuschließen, der die Kostenerstattung regelt, sofern es später nicht zum Serienauftrag kommt.

Im Falle des Radladers kann die Anfrage verschiedene „Reifegrade" aufweisen, die wiederum unterschiedliche Entwicklungsschritte und -aufwendungen nach sich ziehen:

1. Der Kunde fragt mit einer technischen Zeichnung des gewünschten Motorlagers an. Das Produkt ist bereits konstruiert; er sucht lediglich einen Hersteller.
2. Der Radladerhersteller übersendet ein sogenanntes **Lastenheft** in dem die Anforderungen an das Produkt definiert sind, z.B. welchen Belastungen es standhalten muss oder welche Anforderungen an die Lieferung/Verpackung gestellt werden. Dieses ist durch den verantwortlichen Entwickler absatzweise zu prüfen und ggf. mit Kommentaren zu Änderungen/Einschränkungen an den Kunden zurückzusenden; man spricht auch von einer **clause-by-clause** Kommentierung. In einem iterativen Prozess wird gemeinsam ein **kommentiertes Lastenheft** entwickelt in dem die für beide Seiten annehmbare Anforderungen an das Produkt niedergeschriebenen sind. Alternativ kann der Entwickler auch ein separates Dokument erstellen und an den Kunden senden, das sog. **Pflichtenheft**. Hierin legt er fest, wie und mit welchen Einschränkungen er das geforderte Motorlager umsetzen kann.
3. Der Radladerhersteller übersendet die technischen Daten vom Gesamtsystem (z.B. vom Radlader oder vom Motor) und fragt nach einem passenden Motorlager, dass den Eintrag der auftretenden Motorschwingungen in die Karosserie bestmöglich minimiert.

Lasten- und Pflichtenheft, Spezifikation:

Das Lastenheft enthält gemäß der DIN 69901-5 [DIN 69901] die Gesamtheit der kundenseitigen Forderungen an die Lieferungen und Leistungen des Lieferanten. Es wird auch Kunden-, Anforderungs- oder Produktspezifikation genannt. Es ist die „Wunschliste" des Kunden und enthält u.a.:

- das Entwicklungsziel,
- geforderte Produktfunktionen,
- technische Anforderungen (Lasten, Anschlussmaße, Lebensdauer, etc.),

- Liefer- und Lagerbedingungen,
- Anforderungen an die technische Dokumentation.

Das Pflichtenheft wird vom Lieferanten nach Zusendung des Lastenhefts erstellt und beschreibt, wie und womit er die Anforderungen des Lastenheftes realisiert. Es wird auch Umsetzungs- oder Gesamtspezifikation genannt, vgl. DIN 69901-5 [DIN 69901]. Gemäß der VDI-Richtlinie 2519 wird auch von der Beschreibung der Realisierung der Kundenanforderungen gesprochen, vgl. [VDI 2519].

Oftmals taucht in der Kunden-Lieferanten Korrespondenz der verkürzte Begriff Spezifikation auf. In diesem Fall ist zu prüfen, wer der Urheber des Dokumentes ist und ob es sich dementsprechend um das Lastenheft, das kommentierte Lastenheft oder das Pflichtenheft handelt.

Abhängig von diesen drei Möglichkeiten ergeben sich unterschiedliche Aufgaben und Umfänge in der späteren Entwicklungs- und Validierungsphase.

1.2.1.2 Entwicklungs- und Validierungsphase

Sofern die offenen Fragen, speziell an Produktanforderungen, zur Machbarkeit, zu Risiken, zur Geheimhaltung und eventueller Erstattung von Entwicklungskosten, geklärt wurden, kann mit der Entwicklung inkl. Validierung des angefragten Produktes gestartet werden. Abhängig vom o.g. „Reifegrad“ ergeben sich in dieser Phase unterschiedliche Arbeitsschritte. Im ersten Fall können die Berechnungs- und Konstruktionsschritte des Motorlagers entfallen. Im zweiten Fall ist auf Basis der abgestimmten Anforderungen ein Produkt zu entwickeln. Dazu muss die Entwicklungs- und Konstruktionsabteilung ein Motorlager auslegen und dimensionieren. Hierbei sind verschiedene Berechnungs- und Konstruktionsschritte durchzuführen, die am Ende in der Festlegung von Gestalt und Form sowie der verwendeten Werkstoffe münden. Im dritten Fall muss zuerst das Gesamtsystem Radlader betrachtet werden und eine schwingungstechnische Analyse des Systems erfolgen. Daraus können dann die Anforderungen an das Motorlager geschlussfolgert werden. Erst dann kann die Auslegung und Dimensionierung eines passenden Lager beginnen. Zweifelsohne erfordert der dritte Fall die größten Aufwendungen innerhalb des Entwicklungsprozesses.

In allen drei Fällen liegen als Ergebnis des Entwicklungsprozesses technische Produktzeichnungen vor. Mit diesen Zeichnungen muss nun die Beschaffung von Rohstoffen, Zukaufteilen (**Halbzeuge**) oder des gar Gesamtproduktes geklärt werden. Dieser Arbeitsschritt erfolgt meistens in der Einkaufsabteilung. Dabei ist auch der Zukauf des vollständigen Motorlagers oftmals eine Option, was wiederum bedeutet, dass keine Eigenfertigung stattfindet. Diese sog. **Make-or-Buy**-Entscheidung sollte idealerweise mit der Unternehmensstrategie übereinstimmen und zwischen Einkaufs-, Entwicklungs- und Produktionsabteilung abgestimmt sein.

Begriff (Halbzeuge):

Der Begriff Halbzeuge kann am besten mit Vormaterial umschrieben werden, also einfache Werkstücke, bei denen das Rohmaterial schon zu einfachen geometrischen Formen verarbeitet wurde.

Beispiele: Schnittholz oder Stahlprofile und -rohre.

Im Falle einer Eigenfertigung wird parallel zur Beschaffungsklärung auch der Herstellungsprozess erarbeitet. Diese Aufgabe nehmen typischerweise Prozessingenieure in der Produktion wahr, die sowohl alle erforderlichen Arbeitsschritte, die dazugehörigen Zeiten und Kosten als auch die notwendigen Fertigungshilfsmittel (Werkzeuge) definieren. Auch die Qualitäts- und Logistikabteilung ist zu involvieren, um die notwendige Prüfungen und Prüfvorrichtungen im Rahmen der Qualitätssicherung der späteren Serienproduktion zu definieren bzw. produktspezifische Verpackungen, Lagerungs- und Transportkosten abzuklären.

Erst jetzt liegen alle Informationen und Kosten vor, so dass durch den Vertrieb eine produktspezifische Kalkulation durchgeführt und ein Angebotspreis ermittelt werden kann. Das heißt, erst an dieser Stelle im Ablauf der Produktentwicklung kann das Angebot an den anfragenden Kunden erfolgen.[3]

Entspricht das Angebot den Kundenerwartungen, können kundenseitig **Prototypen** (oft auch als **Funktionsmuster** bezeichnet) bestellt werden. Damit startet ein weiterer Prozess innerhalb der Entwicklungs- und Validierungsphase, bei der es darum geht, mit einfachen Mitteln und Werkzeugen wenige funktionsfähige Motorlager herzustellen. Ziel ist es, die Herstellbarkeit zu prüfen und ggf. den definierten Herstellungsprozess anzupassen. Auch werden die Prototypen sowohl von den Entwicklern beim Lieferanten als auch vom Kunden inspiziert und bewertet, insbesondere mit Blick auf die errechneten physikalischen Eigenschaften, der Erfüllung der geforderten Funktionen und der Montierbarkeit im Gesamtsystem.

Mitunter verzichtet der Kunde auf Prototypen und bestellt direkt die sog. **Erstmuster**. Die Erstmusterbestellung und die damit verbundene Erstbemusterung des angebotenen Produktes ist ein wichtiger **Meilenstein** in der Produktentwicklung. Mit ihr wird auch die Beschaffung aller in der Serienfertigung notwendigen Fertigungshilfsmittel, Werkzeuge und Prüfvorrichtungen gestartet, die teilweise hohe Kosten verursachen und in der Regel vom Kunden bezahlt werden. Wenn der Kunde daher Erstmuster bestellt und damit hohe Kosten in Kauf nimmt, so ist das ein Indiz dafür, dass er gedenkt, den Lieferanten für das Seriengeschäft zu berücksichtigen.

Im Zuge der Erstmusterherstellung und Erstmusterprüfung wird nachgewiesen, das der Lieferant das Produkt unter Serienbedingungen herstellen kann. Im Falle unseres o.g. Beispiels werden dazu Motorlager auf den Serienmaschinen mit den Serienwerkzeugen gefertigt und geprüft. Alsdann wird ein sog. **Erstmusterprüfbericht** (**EMPB**) angefertigt, der typischerweise folgende Elemente aufweist:

- Deckblatt inkl. Angaben zu Vertragsparteien und Entscheidungsfeld,
- Maßbericht, der alle SOLL-Maße der Produktzeichnung mit den IST-Maßen vergleicht,
- Materialzeugnisse zu den verwendeten Bauteilen/Komponenten (z.B. für den Gummi und für das äußere sowie innere Metallteil des Motorlagers nach Bild 1.2),
- Prüfprotokolle für weitere vereinbarte physikalische Eigenschaften (z.B. zur Steifigkeit des Motorlagers oder Tests über die Maximallast bis zum Lagerausfall).

[3] Es mag verwirren, dass in der hier präsentierten Darstellung das Angebot in der Entwicklungsphase und nicht in der gleichnamigen Angebotsphase erfolgt. Mitunter kann schon in der Angebotsphase ein Angebot erarbeitet werden; dies hängt von der Branche und dem angefragtem Produkt ab. Mitunter haben Unternehmen Strategien und Werkzeuge entwickelt, die ohne detaillierte Produkt- und Prozessdefiniton die Kosten abschätzen können.

Cover Page Page 1 / 4

Absender:

Empfänger:

Initial Sample Inspection Report VDA

Translation: ○ Deutsch ◉ English

- ☐ **Production Process and Production Approval Report**
- ☐ **DwsA - (Documents (Parts) with special Archiving)**

Template level

- ☑ Sampling
  - ☑ New Part
  - ☐ Product Modification (Specification Modification)
  - ☐ Production Relocation
  - ☐ Production Process Modification
  - ☐ Suspend The Manufacturing More Than 12 Months
  - ☐ Tooling Changing / Repairing
  - ☐ Change of Purchased Parts
  - ☐ Change of Supplier
  - ☐ Other
- ☐ Re-Sampling
- ☐ New Sampling

☐ Report Any Other Sampling

Appendices / Inspection

☑ 01 Dimensional Check	☑ 07 Appearance test	☐ 13 Process-FMEA	☐ 19 EU-Safety Data Sheet
☑ 02 Functional Test	☐ 08 Surface Testing	☐ 14 Process Flow Diagram	☐ 20 Material Data Sheet / IMDS
☑ 03 Material Test	☐ 09 EMC-Testing	☐ 15 Control Plan	☐ 21 Transportation/Packing
☐ 04 Haptics	☐ 10 Reliability Tests	☐ 16 Process Capability Evidence	☐ 22 Certificates
☐ 05 NVH Testing	☐ 11 Design-FMEA	☐ 17 Test Equipment	☐ 23 Process Acceptance
☐ 06 Odor Test	☐ 12 Design Release	☐ 18 Evidence of Inspection and Test Equipment Capability	☐ 24 Others

Supplier / Production Site:	**Customer:**
Iden. Number / DUNS-Code:	Identification Number:
Report-Nr. / Revision :	Report-Nr. / Revision : (Be Filled in by Customer)
Product Description : Product Number : Drawing Number : Status / Date :	Product Description : Product Number : Drawing Number : Status / Date :
Delivery Note-Nr. / -Date:	**Incoming Goods-Nr. / -Date:** (Be Filled in by Customer)
Qty. Delivered : Batch Number : Sample Weight :	Order-Nr. / Date : Delivery Destination :

Supplier Confirmation:

It is hereby confirmed, that the sampling has been carried out according to VDA Volume 2 Chapter 4.

The IMDS record has been created under the IMDS-ID-No.: ____________________

Name : Department : Telephone/Fax : E-Mail :	Remarks:
Date:	Signature:

Customer Decision:	**Overall**	**According to Appendix**																							
		01	02	03	04	05	06	07	08	09	10	11	12	13	14	15	16	17	18	19	20	21	22	23	24
Approved	☐	☐	☐	☐	☐	☐	☐	☐	☐	☐	☐	☐	☐	☐	☐	☐	☐	☐	☐	☐	☐	☐	☐	☐	☐
Conditionally Approved, Re-sampling is not necessary	☐	☐	☐	☐	☐	☐	☐	☐	☐	☐	☐	☐	☐	☐	☐	☐	☐	☐	☐	☐	☐	☐	☐	☐	☐
Rejected, Re-sampling required	☐	☐	☐	☐	☐	☐	☐	☐	☐	☐	☐	☐	☐	☐	☐	☐	☐	☐	☐	☐	☐	☐	☐	☐	☐

Deviation Approval-Nr.: Date of Expiry: Quantity: Deadline for Re-sampling:

The Return Delivery note-Nr. / -Date: - / /

Remarks:	Name : Department : Telephone/Fax : E-Mail :
	Date: Signature:

Bild 1.4 Typisches Deckblatt eines Erstmusterprüfberichtes (EMPB)

Dieser wird zusammen mit den Erstmustern an den Kunden versandt, der die Motorlager ebenfalls prüft. Bild 1.4 zeigt das Deckblatt eines möglichen EMPBs, das im unteren Bereich (*Customer Decision*) das Entscheidungsfeld des Kunden enthält. Hierin legt der Kunde fest, ob er die ihm vorgestellten Erstmuster freigibt, unter Auflagen freigibt oder nicht freigibt. Im Falle einer Freigabe ended die Entwicklungs- und Validierungsphase; das Produkt ist „serientauglich“. Im Falle einer Freigabe mit Auflage bzw. einer Nichtfreigabe ist die Erstbemusterung mit entsprechenden Korrekturmaßnahmen zu wiederholen bis die Freigabe erfolgt.

Abschließend soll noch erwähnt werden, dass speziell in der Entwicklungs- und Validierungsphase das Gros die späteren Kosten des Produktes festgelegt werden. Der Entwicklungsingenieur sollte sich dieser Tatsache bewusst sein und die Entwürfe immer hinsichtlich der resultierenden Kosten hinterfragen, man spricht auch vom **kostengerechten Konstruieren** (*Design to Cost*), vgl. Abschnitt 1.2.2. Des weiteren ist anzumerken, dass Fehler, selbst Tippfehler auf den Zeichnungen, z.B. falsche Maßangaben, oft – sofern sie in diesem Stadium unentdeckt bleiben – kostenintensive Auswirkungen haben. Daher ist es wichtig, eventuelle Fehler, die selbstverständlich jedem passieren können, abzufangen und zu entdecken. Dazu gibt es Methoden, wie im Entwicklungsprozess Fehler abgefangen und entdeckt werden können, z.B. das sog. **Vier-Augen-Prinzip** (d.h. jede Zeichnung wird von einer weiteren Personen kontrolliert) oder die sog. **Fehlermöglichkeits- und Einflussanalyse** (**FMEA**). Auf letztere wird detaillierter in Abschnitt 1.2.2 eingegangen.

1.2.1.3 Auftragsphase

Die Auftragsphase startet mit der Serienbestellung des Kunden. Dabei wird er i.d.R. nicht den gesamten Jahresbedarf auf einmal bestellen, sondern entsprechend seiner Produktionskapazitäten mehrere Bestellungen über das Jahr platzieren. Beispielsweise montiert der Radladerhersteller pro Monat 100 Fahrzeuge und benötigt somit 400 Motorlager pro Monat (vier Lager pro Motor). Entsprechend könnte er vierteljährlich 1200 Lager ordern.

Der Lieferant hat die Wahl mit jeder Bestellung neu zu produzieren oder im Voraus zu produzieren und einen Lagerbestand anzulegen, aus dem er dann die Kundenbestellungen bedient. Für beide Strategien gibt es Vor- und Nachteile (z.B. werden im letztgenannten Fall Rüstzeiten minimiert allerdings gebundenes Kapital im Lager erzeugt). Unabhängig von der individuell festzulegenden Mengenstrategie wird der Lieferant die Kundenbedarfe über kontinuierlich wiederkehrende **Produktionslose** realisieren.

Entsprechend Bild 1.3 startet die Auftragsphase mit der **Vorserie**, die sich beispielsweise über die ersten drei bis fünf Produktionslose erstreckt. Hierbei wird der Herstellungsprozess durch Prozessingenieure in der Produktion begleitet und hinsichtlich Stabilität und Optimierungspotential untersucht. Ziel ist es, mögliche Schwachstellen im Prozess zu identifizieren und abzustellen bzw. unnötige Kosten zu minimieren. Nach erfolgreicher Absolvierung der Vorserie startet die **Serienproduktion**, was nicht bedeutet, dass ab nun das Produkt sich selbst überlassen ist. Zur Sicherstellung von Wirtschaftlichkeit und Produktqualität sollte sowohl der Herstellprozess als auch das Produkt selbst einer kontinuierlichen, stichprobenartigen Überwachung unterliegen. Diese Aufgabe wird typischerweise durch die Qualitätsabteilung wahrgenommen.

1.2.2 GANTT-Chart und FMEA

Im vorangegangenen Abschnitt wurden bereits die GANTT[4]-Chart als Möglichkeit eines Projektplans und die Fehlermöglichkeits- und Einflussanalyse (FMEA) angesprochen. Hinter beiden Begriffen verbergen sich zwei wichtige und zugleich praktische Werkzeuge die im Rahmen der Produktentwicklung vielmals angewendet werden.

1.2.2.1 GANTT-Chart

Hierbei handelt es sich um eine praktische, grafische Darstellungsmöglichkeit, bei der alle Aufgaben eines Projektes mithilfe von Balken in ihrer zeitlichen Abfolge illustriert werden. Dazu werden zuerst alle anfallenden Aufgaben und Arbeitsschritte gesammelt, den Projektphasen zugeordnet und in eine chronologische Reihenfolge gebracht. Bild 1.5 zeigt exemplarisch mögliche Aufgaben (Arbeitspakete), hier nur verkürzt für die ersten beiden Projektphasen, d.h. Angebotsphase und Entwicklungs-/Validierungsphase. Selbstverständlich haben die Arbeitspakete nur illustrativen Charakter, weitere bzw. andere Aufgaben können natürlich, abhängig von dem spezifischen Projekt, erforderlich sein.

Wichtig ist, für die einzelnen Arbeitspakete, u.U. auch für die einzelnen Projektphasen, eine verantwortliche Person zu definieren. Der Zeitraum wird in Form von fortlaufenden Monaten, Wochen oder auch Tagen horizontal im oberen Bereich aufgetragen. Anschließend kann die Bearbeitung der Arbeitspakete mittels der dargestellten Balken geplant werden. Dabei definiert die Position und horizontale Ausdehnung der Balken deren Bearbeitungszeitpunkt und -dauer.

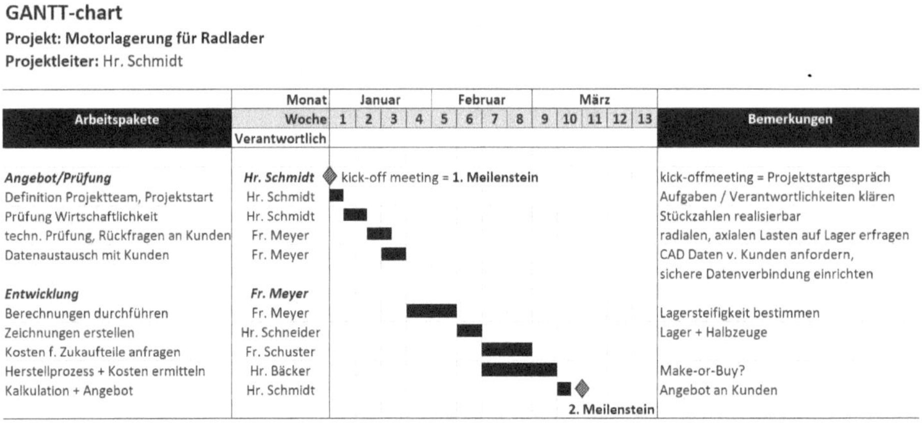

Bild 1.5 Beispiel einer GANTT-Chart als Visualisierung des Projektplans

Die Anordnung der Balken kann zeitlich parallel bzw. nacheinander erfolgen, je nachdem ob verschiedene Arbeitspakete unabhängig voneinander bearbeitet werden können oder aufeinander aufbauen. Auch ist empfohlen, sog. **Meilensteine** im Projekt zu definieren. Diese stellen wichtige Etappenziele dar; an ihnen kann beurteilt werden, inwieweit das

[4] Benannt nach dem US-Amerikaner Henry Laurence Gantt (1861–1919).

Projekt entsprechend der Planung verläuft oder im zeitlichen Verzug ist (was durchaus vorkommen kann).

1.2.2.2 FMEA

Die FMEA erscheint auf den ersten Blick sehr formal und wird deshalb auch oftmals „stiefmütterlich" behandelt. Gleichwohl ist es sinnvoll, sich während der Entwicklungs- und Validierungsphase kurz zu besinnen und über mögliche Fehler, die während der technischen Produktentwicklung auftreten können, Gedanken zu machen. Dies betrifft besonders die Berechnung und Konstruktion des Produktes als auch den Herstellungsprozesses, bei dem verschiedene Fehler auftreten können.

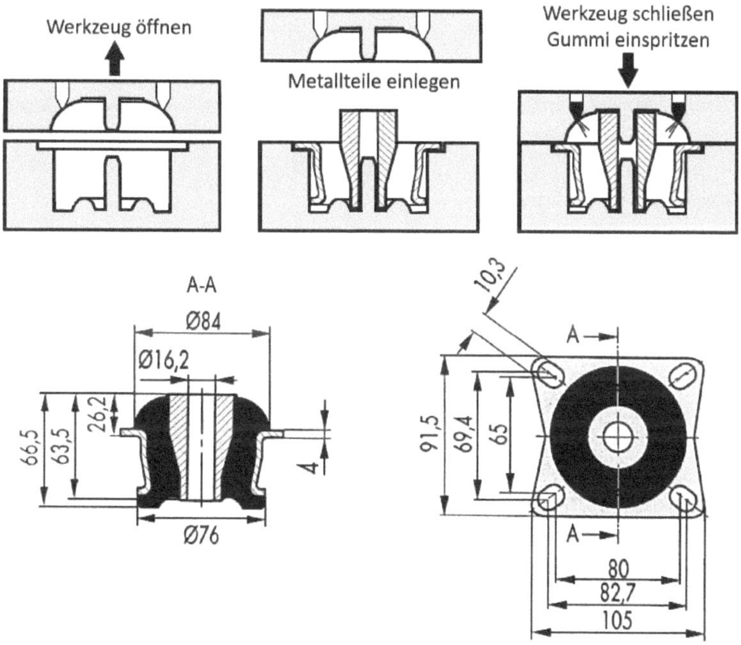

Bild 1.6 *Oben*: Vulkanisation und Formgebung des Gummis im Spritzgussverfahren. *Unten*: Schnittansicht (links), Draufsicht des Motorlagers (rechts) (schraffierte Flächen = Metall, schwarze Fläche = Gummi)

Mit Blick auf das betrachtete Beispiel zeigt Bild 1.6 (unten) ein mögliches Motorlager in der geschnittenen Seitenansicht und der Draufsicht mit einigen wichtigen Maßen. Folgende Fehler können z.B. während der Produktberechnung und -konstruktion auftreten:

- **Falsche Bemaßung und Maßtoleranzen**: Würden beispielsweise die Langlochdurchmesser durch fehlerhafte Maßangaben zu klein ausgeführt, so würden die später in der Montage verwendeten M10 Schrauben nicht in die Langlöcher passen.
- **Falsch berechnete Gummihärte**: Zu geringe Gummihärten resultieren in zu kleinen Lagersteifigkeiten, was wiederum bedeuten würde, dass die Lager unter der Motorlast zu tief einfedern. Dies kann zu Kollisionen des Motors mit Nachbarkomponenten im Motorraum führen.

- **Falsch definierte Gummisorte**: Gummi ist nicht gleich Gummi. Es gibt zahlreiche Gummisorten für unterschiedlichste Anwendungen. Naturkautschuk (NR) kann z.B. nur längerfristige Temperaturen bis max. 60°C ertragen. Für höhere Temperaturniveaus sind synthetische Kautschuk-Typen zu wählen. Ein Motorlager mit NR würde bei Temperaturen über 60°C im Motorraum schneller altern, frühzeitig porös werden und vorzeitig ausfallen.

Mögliche Fehler, die bei der Herstellung des Motorlagers auftreten können, sind beispielhaft:

- **Zu kurze Vulkanisation**: Während der Vulkanisation wird der Rohgummi mittels Druck und Temperatur erweicht und in eine Form eingespritzt oder eingepresst, vgl. Bild 1.6 (oben). Neben der Formgebung findet auch ein chemischer Prozess statt, bei dem die einzelnen Polymerketten des Gummis durch sog. Schwefelbrücken miteinander verbunden werden. Man spricht auch von Vernetzung, da die einzelnen Polymerketten nun untereinander vernetzt sind. Bei zu kurzer Vulkanisation ist das Netz unvollständig. Die elastischen Eigenschaften des Lagers sind unzureichend ausgebildet. Das Lager - und mit ihm der Motor - wird sich unter Last setzen, d.h. schrittweise plastisch verformen („absacken"), wodurch an der vom Motor abgehende Antriebswelle ein Winkelversatz auftritt, der zu Schäden führen kann.
- **Beschädigungen der Metalloberfläche**: Durch unachtsame Lagerung der Motorlager zwischen den einzelnen Produktionsstationen können Beschädigungen an der Oberflächenlackierung auftreten. Dadurch kann es zu ungewollter Korrosion an den Metallteilen kommen, was zu Reklamationen seitens des Kunden führen kann.
- **Fehlerhafte Bindung zwischen Gummi und Metall**: Während der Vulkanisation wird der Gummi chemisch an das Metall angebunden. Dazu werden die entsprechenden Kontaktflächen des Metalls vor der Vulkanisation gereinigt und mit einem speziellen Bindungsmittel beschichtet. Ist beispielsweise der Reinigungsprozess unzureichend durchgeführt, so kann dies zu mangelhafter Bindung zwischen dem Gummi und dem Metall führen. Bei Belastung des Lagers im späteren Betrieb kann die Bindung aufbrechen, wodurch das Lager i.d.R. seine Stützwirkung verliert; es kommt zum Ausfall der Lagerung.

Diese sechs, beispielhaften Fehlermöglichkeiten sind mitnichten vollständig, jedoch illustrieren sie, dass entlang der gesamten Wertschöpfungskette Fehler möglich sind, die zum Teil schwerwiegende Konsequenzen haben können. Grundsätzlich gilt, **je später ein Fehler am Produkt entdeckt wird, desto kostenintensiver ist die Behebung**. Der Worst Case ist, wenn der Fehler erst beim Kunden im Seriengeschäft auffällt; hier drohen hohe Kosten durch Rückruf- und Tauschaktionen.

Aus diesem Grunde ist es wichtig, so umfangreich wie möglich, alle denkbaren Fehler im Zuge der Produktentwicklung zu sammeln und hinsichtlich der Entdeckungswahrscheinlichkeit sowie der Konsequenzen zu bewerten. Die sog. Fehlermöglichkeits- und Einflussanalyse (FMEA) ist ein methodisches Werkzeug mit dem nach einem festgelegtem Schema potentielle Fehler identifiziert und - durch Definition von Korrekturmaßnahmen minimiert werden können.

Mit Blick auf die Produktentwicklung liegt der Fokus auf zwei Zeitabschnitten: Fehler, die **(a)** während der Berechnung und Konstruktion und **(b)** während der Produktherstellung auftreten können. Dabei können beide Phasen in unterschiedlichen FMEAs analysiert werden; man spricht dementsprechend von **Konstruktions-FMEA** und von **Prozess-FMEA**[5]. Da in den Produktentwicklungsprozess verschiedene Bereiche des Unternehmens involviert sind, sollten mehrere Personen, stellvertretend für die involvierten Abteilungen, die FMEA durchführen. Der Projektleiter stellt das Team zusammen, wobei die Entwicklungs- und konstruktionsabteilung, die Produktion (speziell die Prozessentwicklung) sowie die Qualitätsabteilung vertreten sein sollten. Außerdem moderiert er die gemeinsamen Gespräche, sammelt alle Informationen und führt diese zusammen. Als Ergebnis kann ein FMEA-Formblatt, wie in Bild 1.7 illustriert, erstellt werden. Hierin sind zwei mögliche Fehler während der Berechnung und Konstruktion des bereits diskutierten Motorlagers und ein möglicher Fehler während der Produktion des Lagers exemplarisch aufgeführt.

Aber wie wird nun die FMEA im Detail erstellt und wie kommen die einzelnen Einträge zustande? Dazu sollen die Spalten im Bild 1.7 betrachtet und stichpunktartig erörtert werden:

- Bei der Konstruktions-FMEA werden zuerst die einzelnen Bauteile, die Berechnungs- und Konstruktionsschritte und die Funktionen des Produktes betrachtet. Bei der Prozess-FMEA werden die verschiedenen Herstellungsschritte zusammengetragen.
- Danach wird im Team erörtert, welche Fehler am Bauteil, an den Funktionen bzw. während der einzelnen Arbeits- und Herstellungsschritte auftreten können. Diese werden zeilenweise notiert.
- Anschließend wird jeder Fehler hinsichtlich seiner Wahrscheinlichkeit des Auftretens A, seiner Bedeutung B und seiner Entdeckungswahrscheinlichkeit E quantifiziert, also zahlenmäßig erfasst. Dabei gilt der Bewertungsschlüssel aus Tabelle 1.1.
- Nun wird die sog. **Risiko-Prioritäts-Zahl (RPZ)** mithilfe der Formel

  $$\text{RPZ} = A \cdot B \cdot E$$

  gebildet. Der resultierende RPZ-Wert kann zwischen 1 und 1000 liegen und definiert das Fehlerrisiko sowie den Handlungsbedarf gemäß Tabelle 1.2.
- Insbesondere für RPZ-Werte größer als 50 sind Verbesserungsmaßnahmen zu definieren. Dabei sind dringende Maßnahmen geboten, sofern Werte über 100 vorliegen. Ziel der Verbesserungsmaßnahmen ist, die A, B, E-Werte zu verringern und so das Produkt, also den RPZ-Wert, zu verkleinern.
- Die Maßnahmen sind möglichst nahe zur Empfehlung umzusetzen, wobei eine verantwortliche Personen die Umsetzung koordiniert. Gleichwohl ist festzustellen, dass die empfohlene Maßnahme von der später implementierten Maßnahme – z.B. aus Kostengründen – abweichen kann.
- Abschließend wird der verbesserte Zustand wiederholt bewertet, d.h. A, B, E werden erneut quantifiziert und der RPZ-Wert wird neu berechnet. Hierbei sind RPZ-Werte kleiner 50 anzustreben.

Zur Veranschaulichung soll der mögliche Fehler *„falsch berechnete Steifigkeit"* aus Bild 1.7 betrachtet werden. Hierzu ist es notwendig, zuerst einige pysikalisch-technische Aspekte des Motorlagers zu erörtern. Es wurde bereits ausgeführt, dass die wesentliche Funktion

[5] Der Begriff Prozess-FMEA bezieht sich nicht nur auf Herstellungsprozesse. Hierin können auch allgemeine Prozesse analysiert werden, z.B. Geschäftsprozesse im Unternehmen oder Änderungsprozesse, wie beispielsweise die Einführung einer neuen Software im Betrieb.

Fehlermöglichkeits-Einflussanalyse (FMEA)

Kopfdaten		**FMEA-Typ (bitte ankreuzen)**	
Produktbezeichnung:	Ersteller:	Konstruktions-FMEA	☐
Artikelnummer:	Erstelldatum:	Prozess-FMEA	☐

	aktueller Zustand											verbesserter Zustand				
Funktion/ Arbeitsschritt	möglicher Fehler	A	Folgen des Fehlers	B	Fehlerursache	C	aktuelle Kontroll-maßnahme	RPZ	empfohlene Verbesserung	Verant-wortlicher	durchgeführte Maßnahme	A	B	E	RPZ
Zeichnungs-erstellung	falsche Bemaßung	4	Lager beim Kunden nicht montierbar	6	fehlende Gegenkontrolle	7	keine	168	Einführung 4-Augen-Prinzip	Leiter Entwicklung	Modifikation d. internen Zeichnungs-freigabeprozesses	4	6	2	48
Schwingungs-isolation	falsch berechnete Steifigkeit	3	zu starke statische Einfederung des Motors	7	keine Prototypen vorgesehen	6	Überprüfung der Gummihärte an den Erstmustern	126	Herstellung von Prototypen + Steifigkeits-messung	Projektleiter	zusätzl. Messung d. Steifigkeiten an den Erstmustern + zusätzl. Anschlag an Lagern konstruiert	3	5	2	30
Vulkanisation	unzureichende Vernetzung	7	Lager setzen sich im Betrieb, Lagerausfall	7	zu kurze Vulkanisations-zeit	8	opt. Kontrolle (Blasenbildung im Gummi) an aufgeschnittenen Lagern	392	Messung des DVR an Gummiproben (aus dem Lager geschnitten)	Prozess-ingenieur	Messung des DVRs an Erstmustern	2	7	3	42

Skala	A=Auftrittswahrscheinlichkeit	B=Bedeutung des Fehlers	E=Entdeckungswahrscheinlichkeit	RPZ = A x B x E	Maßnahmen
1	unwahrscheinlich	keine / kaum wahrnehmbare Auswirkungen	sehr hoch	1	keine
2-3	sehr gering	unbedeutende Auswirkungen	hoch	2 ... 50	können
4-6	gering	moderate Auswirkungen	gering	51 ... 100	sollten
7-8	hoch	schwere Auswirkungen	sehr gering	101 ... 1000	müssen
9-10	sehr hoch	sehr schwere Auswirkungen	äußerst gering		

Bild 1.7 FMEA mit drei mögliche Fehlern bei der Entwicklung und Herstellung des Motorlagers (DVR = Druckverformungsrest)

Tabelle 1.1 Bewertungsskala für *A*, *B* und *E* der FMEA

Zahl	*A*	*B*	*E*
1	unwahrscheinlich	keine bzw. nicht wahrnehmbare Auswirkungen	sehr hoch
2–3	sehr gering	unbedeutende Auswirkungen, Kunde akzeptiert den Fehler	hoch
4–6	gering	moderate Auswirkungen, vereinzelt Probleme beim Kunden	gering
7–8	hoch	schwere Auswirkungen, die Mehrzahl der Kunden hat Probleme, Reklamationen	sehr gering
9–10	sehr hoch	sehr schwere Auswirkungen, alle Kunden betroffen, zahlreiche Reklamationen, Rückruf, Produkttausch, Schadensersatz	äußerst gering

Tabelle 1.2 Bewertungsskala für die unterschiedlichen RPZ-Werte

RPZ	Fehlerrisiko	Handlungsbedarf
101–1000	hoch	Maßnahmen **müssen** dringend formuliert und umgesetzt werden
51–100	mittel	Maßnahmen **sollten** definiert und implementiert werden
2–50	gering	Maßnahmen **können** überlegt und ggf. umgesetzt werden
1	kein Risiko	**keine** Maßnahmen erforderlich

des Motorlagers darin besteht, den Eintrag der Motorschwingungen in die Karosserie des Fahrzeuges zu minimieren. Betrachet man den theoretischen Grenzfall eines „unendlich" steifen Lagers, so würde dies einer starren Anbindung des Motors an den Fahrzeugrahmen (z.B. durch Anschweißen) entsprechen. Hierbei würden die Motorschwingungen eins-zu-eins in den Rahmen eingeleitet, da der Rahmen zwangsläufig der Schwingbewegung des Motors folgen müssten. Aus dieser Grenzbetrachtung folgt: je steifer das Lager, desto größer der Schwingungseintrag oder umgekehrt, je weicher das Lager, desto geringer der Schwingungseintrag[6]. Das heißt, aus schwingungstechnischen Überlegungen sind möglichst weiche Lager anzustreben. Allerdings steigt damit auch die statische Einfederung unter der Motorlast, und zu große Gummiverformungen führen zu vorzeitigem Materialversagen und Lagerausfall. Damit ist ein Kompromiss zwischen möglichst kleiner Lagersteifigkeit für bestmögliche Schwingungsisolation und hinreichend großer Steifigkeit für möglichst große Lagerlebensdauer anzustreben.

Betrachtet man als Funktion des Lagers die sog. **Schwingungsisolation** (zweiter Fehler in Bild 1.7), also das Vermögen des Lagers, Motorschwingungen vom Rahmen „fernzuhalten", so wird diese Funktion unter anderem durch die physikalische Größe **Steifigkeit** $c = F/s$ bestimmt. Die Steifigkeit beschreibt also, wie viel Kraft $F = c \cdot s$ notwendig ist, um das Lager um einen bestimmten Weg s zu verformen.

Die optimale Steifigkeit wird entsprechend der erwarteten Lagerbelastungen und den bekannten Motordrehzahlen berechnet. Darauf aufbauend wird ein Lager entworfen und konstruiert, dass diese Steifigkeit abbildet. Natürlich können, aus welchen Gründen auch

6 Mögliche Resonanzen sind hier nicht betrachtet.

immer, Berechnungsfehler vorkommen, die z.B. in zu kleinen Lagersteifigkeiten resultieren. Die Auftrittswahrscheinlichkeit *A* wurde hier allerdings als **gering (3)** bewertet. Bleibt dieser Fehler unentdeckt, so würde diese Lagerung im späteren Betrieb unter den Betriebslasten zu stark einfedern, was wiederum die Lebensdauer des Lagers reduziert. Das Lager wird früher als vom Kunden erwartet ausfallen; Reklamationen, Radladerstillstand und kostenintensive Lagerwechsel würden folgen. Je nachdem, wie viele Radlager bis zum ersten Lagerausfall – und damit bis zur Entdeckung des Fehlers – ausgeliefert wurden, können mitunter mehrere tausend Radlader von der Reklamation betroffen sein. Die Bedeutung des Fehlers bzw. die Auswirkungen wurden daher mit **schwer (7)** bewertet. Die Frage, wie hoch die Entdeckungswahrscheinlichkeit des Fehlers ist wurde hier als **gering (6)** eingestuft. Hier sind auch höhere Werte denkbar, da - wie erläutert - der Fehler erst zu einem sehr späten Zeitpunkt, im Betrieb der Radlader auffällt.

Somit ergibt sich ein **RPZ-Wert von 126**, was wiederum Verbesserungsmaßnahmen zwingend erforderlich macht. Dabei können die Maßnahmen so angelegt sein, dass *A* und/oder *B* und/oder *E* verringert wird. Das heißt, die Wahrscheinlichkeit des Auftretens kann reduziert werden, die Auswirkungen des Fehlers können weniger schwerwiegend gestaltet werden und die Wahrscheinlichkeit der Fehlerentdeckung kann erhöht werden. Eine mögliche Maßnahme könnte die Herstellung von Prototypen inklusive Steifigkeitsprüfung sein. So kann direkt an realen Lagern und vor Serienstart abgeklärt werden, ob die entwickelten Lager der geforderten Steifigkeit entsprechen. Damit steigt die Wahrscheinlichkeit mögliche Berechnungsfehler frühzeitig zu entdecken und zu korrigieren, *E* sinkt von 6 auf 2. Bild 1.7 zeigt weiter, dass die durchgeführte Maßnahme von der empfohlenen abweicht. Der Grund könnte z.B. sein, dass aus Zeitgründen auf Prototypen verzichtet wurde. Stattdessen wurden die empfohlenen Steifigkeitsmessungen an den Erstmustern durchgeführt. Außerdem wurde eine weitere Maßnahme umgesetzt: zur Senkung der Fehlerauswirkung bei Nichtentdeckung des Fehlers wurde am Lager ein zusätzlicher Anschlag konzipiert, der ein zu weites Einfedern und Verformen der Lager verhindert. Damit wird *B* von 7 auf 5 verringert und im Ergebnis dessen resultiert ein neuer RPZ-Wert von 30. Dieser ist deutlich unter 50, so dass eine wesentliche Verbessung des Ausgangszustandes erreicht wurde.

1.2.3 Kostengerechtes Konstruieren (Design to Cost)

Neben den technischen Aspekten sollte der verantwortliche Entwickler bzw. der Konstrukteur auch immer die Kosten im Blick behalten. **90 % der Produktkosten werden in der Entwicklungs- und Konstruktionsabteilung festgelegt!** Unter der Voraussetzung, dass Funktion und Qualität des Produktes unberührt bleiben, sind während der Produktentwicklung folgende, allgemeine Regeln zu beachten:

- **Günstige Materialien:** Bei der Auswahl der verwendeten Werkstoffe sind neben Nachhaltigkeitsaspekten, z.B. Fragen nach Umweltverträglichkeit, Wiederverwendbarkeit oder umweltschonendem Rohstoffabbau, auch Kostengesichtspunkte zu berücksichtigen. Unlegierter Stahl ist günstiger als hochlegierter Stahl. Faserverstärkte Kunststoffe können mitunter alternativ zu Aluminium verwendet werden. Eine verzinkte Schraube ist günstiger als eine Schraube aus nichtrostendem Stahl.
- **Normteile:** Zahlreiche Bauteile haben sich in Art und Geometrie über die Jahre etabliert und werden vielseitig und in großen Stückzahlen verwendet. Hierzu zählen z.B.

Schrauben und Muttern, Rohre, Scheiben, Bolzen, u.v.m., für die genormte Standardgeometrien verfügbar sind. Auf derartige Normteile sollte, wenn möglich, zurückgegriffen werden, da sie von zahlreichen Herstellern produziert werden und im Handel umfangreich, schnell und günstig verfügbar sind. Eine Schraube mit einem metrischen ISO-Gewinde M12 nach DIN 13-1 [DIN 13-1] kann in jedem Baumarkt erworben werden, eine Schraube mit Sondergewinde, z.B. einem Nenndurchmesser von 13 mm muss mit großer Wahrscheinlichkeit kundenspezifisch produziert werden, was längere Lieferzeiten und höhere Preise nach sich zieht. Ein nahtloses Stahlrohr mit einem Außendurchmesser von $D = 90\,\text{mm}$ und einer Wanddicke von $T = 3\,\text{mm}$ ist durchaus zulässig, allerdings ist zu überlegen, ob nicht ein Stahlrohr mit einer Norm Abmessung nach DIN EN 10220, z.B. mit $D = 88{,}9\,\text{mm}$ und $T = 2{,}9\,\text{mm}$ verwendbar ist [DIN EN 10220].

- **Materialsparsamkeit:** Die zur Herstellung des Produktes notwendigen Rohstoffe, Halbzeuge und Betriebsmittel stellen, je nach Weltmarktpreise für Stahl, Rohöl, Kautschuk, etc., einen erheblichen Anteil am finalen Produktpreis dar. Aus diesem Grunde ist der notwendige Materialeinsatz kritisch zu hinterfragen. Großzügige Überdimensionierung, also unnötig hohe Sicherheitsfaktoren aber auch Fertigungsprozesse mit großem Materialabfall sind – wenn möglich – zu vermeiden.
- **Toleranzen:** Die Geometrie und Größe des Bauteils wird über die Bemaßung, also die Angabe von Maßen (im Maschinenbau in der Regel mit der Einheit mm), z.B. für Längen, Durchmesser oder Oberflächenrauheiten, in der technischen Zeichnung angeben, vgl. Bild 1.8 und Kapitel 2. Dabei ist einzusehen, dass jedes Maß innerhalb eines Minimal- und Maximalwertes schwanken wird. Kein Fertigungsprozess wird exakt das sog. **Nennmaß** treffen; und sei die Schwankung noch so klein, es wird eine Schwankung vorliegen. Die erlaubte oder gar gewollte Schwankung (z.B. bei Passungen, vgl. Abschnitt 8.3.3) ist durch den Produktentwickler zu definieren und in der Zeichnung anzugeben, vgl. Bild 1.8 (c). Hierbei macht es einen Unterschied, ob der Wellendurchmesser um $\pm$ 30 µm oder nur um $\pm$ 5 µm schwanken darf. Speziell bei der engeren, zweiten Toleranz sind zusätzlich zum Drehprozess weitere Arbeitsschritte, wie Schlichten/Feindrehen oder zusätzliches Schleifen der Wellenoberfläche, notwendig. Damit wird klar, dass die Festlegung der Toleranzen einen direkten Einfluss auf die Fertigungsprozesse und damit auf die Produktkosten hat.
- **Einfache Geometrien und Formen:** Die Formgebung der Bauteile erfolgt überwiegend durch mechanische Bearbeitungsverfahren, wie die spanabhebende Bearbeitung (Drehen, Fräsen, Bohren, Schleifen, ...), durch Umformung (Biegen, Tiefziehen, Walzen, Schmieden, ...) oder durch Trenn- (z.B. Stanzen, Schneiden) und Fügeverfahren (z.B. Löten, Schweißen, Kleben). Mit Blick auf die Kosten kann etwas grob festgestellt werden: je komplexer die Bauteilgeometrie, desto vielschichtiger der damit verbundene Herstellungsprozess. Dies kann bedeuten, dass unterschiedliche Bearbeitungsverfahren, teure Werkzeuge oder zeitintensives Werkstückhandling notwendig sind. Daher sind Art und Umfang unterschiedlicher Formelemente, z.B. Fasen, Rundungen oder Absätze an Werkstücken, so weit wie möglich zu minimieren.
- **Einfache Fertigungsverfahren:** Unterschiedliche Herstellungsverfahren sind unterschiedlich teuer. Neben dem Zeitaufwand für die Bauteilproduktion sind auch Bedienerqualifikation und Anschaffungskosten der entsprechenden Maschinen relevant für die Kosten des jeweiligen Arbeitsschrittes. So können zwei Bauteile durch Verschweißen oder durch Bördeln miteinander verbunden werden, vgl. Bild 1.8 (d). Dazu braucht

man entweder eine Schweißmaschine mit entsprechenden Arbeitsschutzvorrichtungen, was in der Regel mit beträchtlichen, allerdings einmaligen Investitionskosten einhergeht oder eine Hydraulikpresse mit entsprechendem Umformwerkzeug. Letztere Option stellt mit großer Wahrscheinlichkeit den kostengünstigeren Prozess dar; hier sind kürze Herstellungszeiten und geringe Investitionsbedarfe zu erwarten.

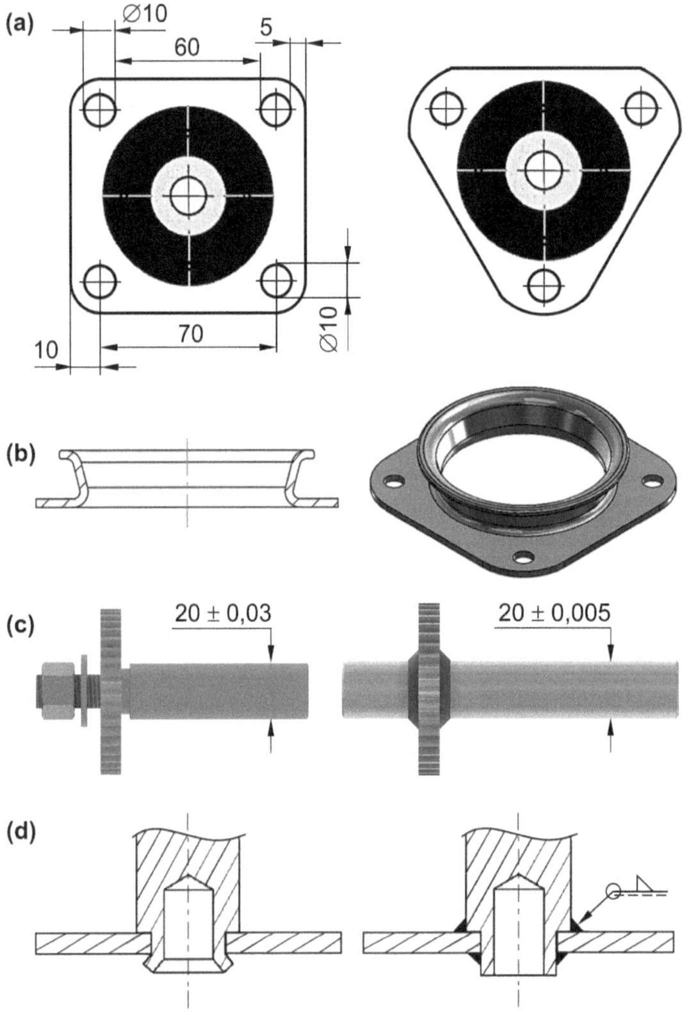

Bild 1.8 Kostengerechtes Konstruieren, vier Beispiele

Neben diesen allgemeinen Regeln sind weitere Gesichtspunkte beim kostengerechten Konstruieren zu berücksichtigen. So sind auch Folgekosten bzgl. Prüfung, Montage und Wartung zu beachten; entsprechend spricht man von **prüf-, montage- und wartungsgerechtem Konstruieren**. Betrachtet man Bild 1.8 (a), so zeigt die linke Draufsicht zwei unterschiedliche Bemaßungen für die horizontale Festlegung der Bohrungen. Die obere Bemaßung kann hierbei freihändig mit einem einfachen Messschieber durchgeführt werden. Die untere Bemaßung erfordert aufwendigere Messmethoden, da die Bohrungsmittelpunkte nur ungenau freihändig bestimmt werden können. Entsprechend ist aus messtechnischer Sicht die obere Bemaßung vorteilhafter. Darüber hinaus zeigt Bild 1.8 (a) zwei unterschiedliche Flansche für das Motorlager. Die linke Variante erfordert vier, die rechte nur drei Verbindungselemente (Schrauben + Muttern). Damit resultieren beim rechten Drei-Bohrungs-Flansch kürzere Montagezeiten und Materialkosten. Bild 1.8 (b) illustriert einen Metallflansch, wie es in ähnlicher Form im Motorlager verbaut ist, vgl. Bild 1.6 (unten). Natürlich kann ein derartiges Bauteil aus Vollmaterial gedreht und gestanzt werden. Die dabei entstehenden Abfallspäne und die Bearbeitungszeiten sind allerdings erheblich. Alternativ dazu kann der Flansch auch im Tiefziehverfahren aus einem planarem Blech geformt werden. Hierzu sind allerdings sehr teure Tiefziehwerkzeuge notwendig, dafür dauert die Herstellung des Flansches nur wenige Sekunden. Das heißt, oft ist der Herstellungsprozess von den zu produzierenden Stückzahlen abhängig. Für kleine Stückzahlen ist, trotz langer Herstellungszeit, der Dreh- und Stanzprozess kostengünstiger; für große Stückzahlen ist der Tiefziehprozess wirtschaftlicher, da die hohen Werkzeugkosten auf die große Stückzahl verteilt werden können. Bild 1.8 (c) zeigt ein Beispiel, wie während der Konstruktion die zukünftigen Wartungskosten berücksichtigt werden können. Im Fokus steht die Verbindung zwischen Welle und Zahnrad (Stirnrad). Dabei kann entweder eine Verschraubung gewählt werden, bei dem das Stirnrad mittels Spannmutter gegen einen Wellenabsatz gepresst wird oder das Stirnrad wird mittels zweier herumlaufender Kehlnähte auf der Welle verschweißt. Im Falle der Verschraubung kann das Zahnrad durch Lösen der Schraubverbindung bei späteren Wartungsarbeiten ausgewechselt werden; die Schweißung hingegen erfordert einen vollständigen Austausch der Zahnrad-Welle Baugruppe, was vermutlich mit höheren Wartungskosten verbunden ist.

Literatur

Decker, K.-H., Kabus, K. (bearbeitet von Frank Rieg, Frank Weidermann, Gerhard Engelken, Reinhard Hackenschmidt): *Maschinenelemente - Funktion, Gestaltung und Berechnung.* 18., aktualisierte Auflage, Carl Hanser Verlag, München, 2011.

DIN 13-1:1999-11: *Metrisches ISO-Gewinde allgemeiner Anwendung - Teil 1: Nennmaße für Regelgewinde; Gewinde-Nenndurchmesser von 1 mm bis 68 mm.* Beuth-Verlag, Berlin, 1999.

DIN 69901-5:2009-01: *Projektmanagement - Projektmanagementsysteme - Teil 5: Begriffe.* Beuth-Verlag, Berlin, 2009.

DIN EN 10220:2003-03: *Nahtlose und geschweißte Stahlrohre - Allgemeine Tabellen für Maße und längenbezogene Masse.* Beuth-Verlag, Berlin, 2003.

DIN EN ISO 9001:2015-11: *Qualitätsmanagementsysteme - Anforderungen.* Beuth-Verlag, Berlin, 2015.

Grote, K.-H.: *Dubbel: Taschenbuch für den Maschinenbau.* 23. Auflage, Springer-Verlag, Berlin Heidelberg, 2012.

IATF 16949:2016-10: *Anforderungen an Qualitätsmanagementsysteme für die Serien- und Ersatzteilproduktion in der Automobilindustrie.* VDA e.V. (Hrsg.), Berlin, 2016.

VDI 2519, Blatt 1: *Vorgehensweise bei der Erstellung von Lasten-/Pflichtenheften.* Verein Deutscher Ingenieure e.V., Düsseldorf, 2001.

Wittel, H., Spura, C., Jannasch, D.: *Roloff/Matek Maschinenelemente: Normung, Berechnung, Gestaltung.* 25. Auflage, Springer-Vieweg Verlag, 2021.

2 Werkstoffkundliche Grundlagen von Stahl und Eisen

Lernziele:

- Was ist Stahl und wie wird Stahl, insbesondere Flachstahl, hergestellt?
- Was versteht man unter integrierten Hüttenwerken?
- Erläutere die Begriffe: Koks, Frischen, Kokille, Zunder, Haspel, Coil.
- Was unterscheiden Reinstoffe, Stoffgemische und chemische Verbindungen?
- Wie sind Atome in Metallen angeordnet?
- Welche Atomgitterkonfigurationen sind bei Stahl relevant?
- Erläutere die Begriffe: Polykristall, Körner, Textur, Phasen, Gefüge?
- Welche Gefügearten gibt es bei Stahl?
- Wie ist das Fe-C- und das ZTU-Diagramm zu lesen?
- Was versteht man unter Umwandlungshärtung und Vergüten?
- Welchen Einfluss haben Legierungselemente auf Stahl?
- Was zeichnet Eisengusswerkstoffe aus; welche gibt es; was unterscheidet sie?
- Wie ist das generelle Vorgehen bei der Dimensionierung von Bauteilen?
- Was ist der Zugversuch, wie wird er durchgeführt?
- Welche mechanischen Kennwerte folgen aus dem Zugversuch? Erläutere sie.
- Welche drei Möglichkeiten der normgerechten Bezeichnung von Stahl gibt es?
- Was versteht man unter Edelstahl, nichtrostendem Stahl, Vergütungsstahl, Einsatzstahl, Automatenstahl, Baustahl?
- Welche Festigkeitsklassen gibt es bei Schrauben und Muttern? Welche Kenngrößen können wie abgeleitet werden?

Nach wie vor ist der Werkstoff **Stahl** im Maschinenbau der wichtigste Material. Auch wenn mit Blick auf Leichtbau, Kostendruck und Nachhaltigkeit alternative Werkstoffe, wie Kunststoffe, Nichteisenmetalle (z.B. Al) oder Verbundwerkstoffe, zunehmend an Bedeutung gewinnen, so kommt das Gros der Maschinenbaukomponenten nicht ohne Stahl und Gusswerkstoffe aus. Aus diesem Grund soll in den nachfolgenden Abschnitten ein kurzer Abriss über Stahl und Eisengusswerkstoffe, die Herstellung am Beispiel Flachstahl, die charakteristischen „Mikrostrukturen“, die Bestimmung der mechanischen Eigenschaften, die normgerechte Bezeichnung sowie die Erläuterung der gängigen Schraubenfestigkeitsklassen gegeben werden.

2.1 Was ist Stahl und wie wird er hergestellt

Stahl ist im Wesentlichen eine Legierung (d.h. Mischung) aus **Eisen** (Fe) und **Kohlenstoff** (C), wobei der Kohlenstoff <2 % beträgt. Höhere Kohlenstoffgehalte führen zu brüchigem/sprödem Materialverhalten, der Werkstoff wird brüchig und lässt sich schlecht plastisch verformen, z.B. Schmieden oder Walzen. Darüber hinaus werden in der Regel weitere Elemente, sog. **Legierungselemente**, beigegeben, um verschiedene Eigenschaften des Stahls zu verbessern (z.B. höhere Festigkeiten zu erzielen) oder zusätzliche Eigenschaften einzustellen (z.B. Korrosionsbeständigkeit durch Hinzugabe von 12–18 % Chrom (Cr)). In Europa werden mehr als 2500 genormte **Stahlsorten** („Stahlrezepturen“) hergestellt.

Reines Eisen weist im Vergleich zum Stahl geringe **Festigkeiten**[1] auf. Außerdem ist Eisen im festen Zustand nahezu nicht verformbar. Stahl hingegen kann deutlich höhere Festigkeiten besitzen und ist - je nach Rezeptur - im festen Zustand mitunter sehr gut umformbar. Diese vorteilhaften Eigenschaften begründen die Popularität von Stahl im Maschinenbau und seine wichtige Rolle im Rahmen der **Industrialisierung**, ausgehend von England ab der zweiten Hälfte des 18. Jahrhunderts und später in Europa und Deutschland ab ca. 1830.

Stahl wird heutzutage in integrierten Hüttenwerken (z.B. bei ThyssenKrupp Steel in Duisburg Bruckhausen) oder durch Einschmelzen von Schrott in sog. Elektrostahlwerken (z.B. bei Riva Stahl in Hennigsdorf (b) Berlin) hergestellt[2]. Damit wird auch klar, das Stahl vollständig recyclebar ist; der Schrottanteil an der globalen Rohstahlerzeugung beträgt ungefähr 35 % [Degner et al., 2007].

In **integrierten Hüttenwerken** wird die gesamte Prozesskette, von der Eisenerz- und Kohleanlieferung bis hin zum verzinktem Automobilblech, abgebildet, vgl. Bild 2.1. Die wichtigsten Ausgangsstoffe sind hierbei das **Eisenerz** (eisenoxidhaltiges Gestein, z.B. Hämatit Fe_2O_3), Bild 2.2 (links), und schwefelarme Kohle (Braun- oder Steinkohle). Die Kohle wird in der Kokerei unter Luftabschluss erhitzt (Pyrolyse oder Verschwelung), so dass flüchtige Kohlebestandteile wie Teer, Benzol oder Schwefelwasserstoffe herausgelöst werden und ein stark kohlenstoffhaltiger Brennstoff, sog. **Koks**, zurückbleibt. Die dabei entstehenden Pyrolysegase werden auf der Hütte aufgefangen und als Verbrennungsgase, z.B. zur Energieerzeugung, genutzt.

Der Koks wird als sog. **Reduktionsmittel** zusammen mit Eisenerz abwechselnd im **Hochofen** aufgeschichtet, Bild 2.1, Bild 2.3. Mithilfe des im untereren Bereichs eingeblasenen Sauerstoffs des Heizwindes kommt es zu einer chemischen Reduktionsreaktion, bei der Wärme freigesetzt wird. Dabei verbindet sich der Kohlenstoff des Koks mit dem Sauerstoff des Eisenoxids in einer „dreistufigen“ chemischen Reaktion zu Kohlendioxid ($C + O_2 \rightarrow CO_2$ (Koksverbrennung); $CO_2 + C \rightarrow 2CO$ (Kohlenmonoxidbildung); $Fe_2O_3 + 3CO \rightarrow 2Fe + 3CO_2$ (Eisen + Kohlendioxid). Das Eisenoxid wird also durch Reduktion des Sauerstoffs zu „reinem“[3] Eisen, und das **flüssige Roheisen** sammelt sich im unteren Teil des Hochofens.

[1] Der Begriff Festigkeit wird später, in Abschnitt 2.4.2, näher erläutert.

[2] Der nachfolgend erläuterte Herstellroute orientiert sich am intergrierten Hüttenwerk von ThyssenKrupp Steel in Duisburg Bruckhausen und betrachtet die Herstellung von Bandstahl/Flachstahl (also keine Stahlprofile oder -rohre).

[3] Anführungszeichen wurden verwendet, da im Roheisen noch Begleitelemente gelöst sind.

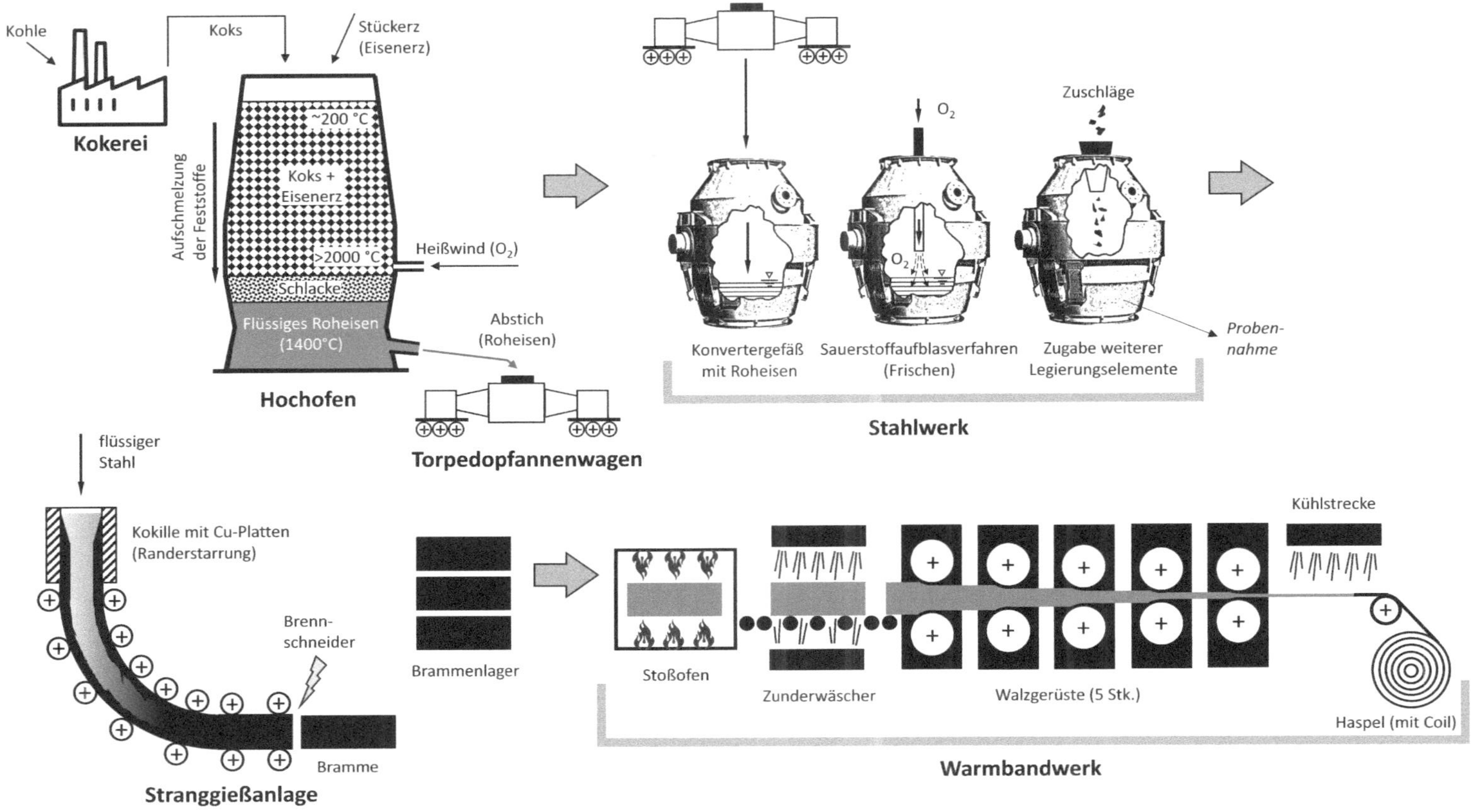

Bild 2.1 Zum Herstellprozess von Stahl in einem integrierten Hüttenwerk: vom Eisenerz bis zum aufgewickeltem Stahlblech (Coil)

Kohle selbst ist als Reduktionsmittel ungeeignet, da bei der Verbrennung zu viel Schwefel und Ruße entstehen, die wiederrum das Roheisen zu stark verunreinigen und zu nachteiligen Ablagerungen im Hochofen führen.

Das Roheisen kann im unteren Teil des Hochofens durch den **Abstich** entnommen, Bild 2.3 (rechts), und in sog. **Torpedopfannenwagen** zum **Stahlwerk** transportiert werden, Bild 2.1, Bild 2.5 (links). Die verbleibenden aufgeschmolzenen Restbestandteile des Erzes schwimmen aufgrund der geringeren Dichte über dem Roheisen auf und bilden die sog. **Schlacke**. Diese kann ebenfalls über den Abstich entnommen und z.B. im Straßenbau verwertet werden. Das flüssige Roheisen enthält noch gelöste **Begleitelemente** wie aus dem Koks stammenden Kohlenstoff sowie z.B. Schwefel, Silizium, Mangan oder Phosphor, die aus der Schlacke in die Eisenschmelze diffundieren.

Bild 2.2 Eisenerzgestein (links), Stahlprobe aus einem Stahlwerk zur Analyse der chemischen Zusammensetzung der Stahlschmelze

Im **Stahlwerk** wird das flüssige Roheisen im wesentlichen[4] drei unterschiedlichen Prozessen unterzogen, so dass am Ende aus dem Roheisen der Stahl in der gewünschten chemischen Zusammensetzung resultiert. Das Roheisen wird über das Schienennetz in Torpedopfannenwagen, Bild 2.5 (links), im flüssigen Zustand angeliefert und in sog. **Roheisenpfannen**, Bild 2.4, umgefüllt und den einzelnen Prozessschritten zugeführt:

1. **Entschwefelung:** Das unerwünschte Begleitelement Schwefel (S) wird im Roheisen in einem separaten Prozess reduziert, Bild 2.4 (links). Der Schwefel bildet mit dem Eisen sog. Schwefelsulfide ($S + Fe \rightarrow FeS$), die im späteren Stahl zu festen Ausscheidungen führen. Diese wiederum bilden bei Warmumformprozessen, oder gar beim Schweißen Ausgangspunkte für den sog. Warmbruch. Stahl mit hohen Schwefelgehalten tendiert also zum Warmbruch, weshalb der Schwefelgehalt, z.B. bei schweißgeeignetem Baustahl begrenzt werden muss ($S < 0.025$ % (Schmelzanalyse) nach DIN EN 10025 [DIN EN 10025]). Dazu wird dem Roheisen in einem vorgeschalteten Prozess ein Entschwefelungsmittel zugeführt, in der Regel Calciumoxid (CaO), der mit dem Eisensulfid zu Calciumsulfid reagiert ($S + CaO \rightarrow CaS + O$) und in die Schlacke übergeht.
2. **Frischen mit Sauerstoff:** Neben Schwefel müssen weitere Begleitelemente, z.B. Silizium (Si), Phosphor (P) oder Mangan (Mn), reduziert/entfernt werden. Außerdem weist das Roheisen einen zu hohen Anteil an gelöstem Kohlenstoff auf, der ebenfalls herabgesenkt werden muss, um den Stahl zäh/duktil und damit umformbar zu machen. Dazu

---

[4] Hier wird nur eine sehr verkürzte Darstellung gegeben; eine detaillierte Darstellung übersteigt den Umfang des Buches und definiert ein eigenständiges, wissenschaftliches Fachgebiet, die Metallurgie.

wird das Roheisen in den Konverterbehälter überführt, Bild 2.4 (rechts), und Sauerstoff (O_2) eingeblasen. Das Einblasen kann dabei über eine Lanze von oben (Sauerstoffaufblasverfahren[5]), Bild 2.1 oder durch Bodendüsen im Konvertergefäß von unten (Sauerstoffbodenblasverfahren) geschehen. Dieser Prozess wird in der „Montan-Sprache“ als **Frischen** bezeichnet. Der Sauerstoff verbindet sich mit dem gelösten Kohlenstoff zu Kohlenmonoxid ($C + O \rightarrow CO$), dass als Abgas aus dem Konverter geführt wird. Bei dieser Oxidation entsteht im erheblichen Maße Wärme, die den Stahl flüssig hält aber auch eine Kühlung der Schmelze erfordert. Diese Kühlung wird typischerweise durch Zugabe von **Schrott** realisiert. Weitere Begleitelemente, wie Si, P oder Mn, können ebenfalls durch den eingeblasenen Sauerstoff und die resultierenden Oxidationsprozesse minimiert werden (z.B. $Mn + O \rightarrow MnO$ oder $Si + 2O \rightarrow SiO_2$). Die Reaktionsprodukte, zum Beispiel MnO oder SiO_2, werden anschließend in die Schlacke abgeschieden[6].

3. **Legieren mit Zuschlagsstoffen:** Durch gezielte Zugabe von Legierungselementen erhält der Stahl seine finale chemische Zusammensetzung, die wiederum Einfluss auf seine Eigenschaften hat. Zuschlagsstoffe wie Chrom (Cr), Nickel (Ni), Wolfram (W), Molybdän (Mo) oder Vanadium (V) haben selbst bei z.T. sehr geringen Anteilen Einfluss auf Korrosionsbeständigkeit, Festigkeit, Zähigkeit oder Zerspanbarkeit. Durch wiederholte Probenentnahme aus der Schmelze wird parallel zur Produktion die Zusammensetzung kontinuierlich geprüft bis die gewünschte Rezeptur eingestellt ist. Dazu werden die Proben mittels Lanzen aus der Schmelze entnommen und z.B. über ein Rohrpostsystem in das stahlwerksinterne Labor transferiert und analysiert, Bild 2.2 (rechts).

Bild 2.3 Luftbild der Hochöfen 8 und 9 von ThyssenKrupp in Duisburg Hamborn. Deutlich sichtbar im Vordergrund der Hochöfen sind die drei Winderhitzer (Zylinder), in denen die einzublasende Luft erwärmt wird (links), Abstich am Hochofen (rechts); ©thyssenkrupp Steel Europe

Neben dem Einsatz von flüssigem Roheisen wird vielerorts in sogenannten **Elektrostahlwerken** ausschließlich Stahlschrott als Ausgangsstoff eingeschmolzen. Hierbei entfällt der Hochofenprozess zur Gewinnung von Roheisen. Die für das Einschmelzen notwendige Wärme wird über elektrische Energie in **Elektrolichtbogenöfen** oder in **Induktionsöfen** erzeugt. Der eingeschmolzene Stahl wird dann ähnlich zu den oben genannten Prozess-

5 Auch LD-Verfahren (Linz-Donawitz) genannt

6 Insbesondere für die Bildung und Abscheidung von SiO_2 oder auch P_2O_5 (Entphosphorung) sind die chemischen Reaktionen komplex und hier vereinfacht dargestellt. Für eine stabile Schlackenbildung der Oxidationsprodukte ist zusätzlich CaO von Nöten.

Bild 2.4 Oxygenstahlwerk von ThyssenKrupp Steel in Duisburg Bruckhausen mit Roheisenbehälter (Roheisenpfanne) und Entschwefelung im Vordergrund (beachte Funkenflug) (links), Einfüllen von Roheisen in den Konverter (rechts); ©thyssenkrupp Steel Europe

schritten **1.** bis **3.** aufbereitet, so dass der flüssige Stahl am Ende die gewünschten chemischen Zusammensetzung aufweist.

Der flüssige Stahl kann anschließend in einer **Stranggiessanlage** (SGA) „in Form gegossen" werden. Diese liegt in der Regel in direkter Nachbarschaft zum Stahlwerk, so dass der flüssige Stahl in der Pfanne direkt überstellt werden kann. Über eine Verteilerrinne wir der Stahl in eine **Kokille** gegossen, dessen Wandungen aus gekühlten Kupferplatten bestehen. Der Stahl erstarrt im Randbereich und bildet eine feste Schale, die den (noch) flüssigen Kern einschließt. Durch vertikale Schwingungen der Kokille wird verhindert, dass der Stahl an der Wandung fest haftet, so dass dieser unterhalb der Kokille über Rollen herausgeführt werden kann. Der vertikale Strang wird horizontal abgelenkt und endlang der Förderstrecke fortlaufend über Düsen mit Wasser gekühlt, so dass der flüssige Kern nach und nach erstarrt, Bild 2.1.

Bild 2.5 Torpedopfannenwagen vor dem Stahlwerk (links), erstarrte aber noch glühende Bramme am Ausgang der Stranggießanlage (rechts); ©thyssenkrupp Steel Europe

Typische Fördergeschwindigkeiten moderner SGAs liegen bei **1–2 m/min**. Dabei variieren die Strangdicken üblicherweise zwischen **10 und 40 cm**, typische Strangbreiten sind **1 bis 2 m**. Der kontinuierliche Strang wird am Ende des Prozesses mit einem Brennschneider in Stahlquader mit Längen von **5 bis 20 m**, sog. **Brammen**, zerteilt, Bild 2.5 (rechts). Diese können bis zur weiteren Verarbeitung zwischengelagert werden[7].

Bild 2.6 Stoßofen (Hubbalkenofen) mit glühender Bramme im Warmbandwerk (links), Walzgerüst mit davor bereitstehenden Wechselwalzen (rechts); ©thyssenkrupp Steel Europe

Als nächstes werden die Brammen im **Warmbandwerk** zu Stahlband mit Dicken von **0,8 mm bis 25 mm** ausgewalzt. Dazu werden die abgekühlten und z.T. korrodierten Brammen (je nach Lagerort und -zeit) in einem **Stoßofen** (Hubbalkenofen, vgl. Bild 2.6 (links)) bis zu Temperaturen von >1200°C aufgeheizt. Bei diesen Temperaturen ist der Stahl „erweicht" und besser verformbar, allerdings auch reaktionsfreudiger, so dass an der Oberfläche sofort Oxidation mit dem Sauerstoff der Umgebungsluft (Korrosion/Rostbildung) einsetzt. Deshalb durchfahren die Brammen zunächst einen sog. **Zunderwäscher**, in dem mit hohem Wasserdruck die Oxidschicht an der Oberfläche, sog. **Zunder**, abgespült wird. Im Anschluss daran folgt der eigentliche Walzvorgang, bei dem die glühende Bramme über mehrere Walzgerüste (z.B. 7 Gerüste, vgl. Bild 2.6 (rechts)) sukzessiv dünner gewalzt wird, so dass nach dem letzten Walzgerüst die final gewünschte Banddicke vorliegt, Bild 2.7 (links). Dazu beachte man, dass das Stahlband aufgrund der Dickenabnahme eine beachtliche Längenänderung erfährt. Eine Bramme von 10 m Länge und 20 cm Dicke, die auf 2 mm Dicke ausgewalzt wird, wird so zu einem Band von 1 km Länge (Dickenabnahme um Faktor 100 und resultierende Längenzunahme: 10 m × 100 = 1000 m). Am Ende der Walzstrecke hat das „warme" Band (daher der Begriff Warmbandwerk) noch **Temperaturen von >900°C**. Damit ist gewährleistet, dass der Stahl ein einheitliches **Gefüge**[8] aufweist, nämlich das sog. Austenitgefüge. Erst in der nachfolgenden **Kühlstrecke** wird das Stahlband gezielt abgekühlt. Hierzu durchfährt das Stahlband eine Strecke mit hintereinander geschalteten Düsenbalken, über die in großen Mengen Wasser auf die Bandoberfläche gesprüht werden. Dabei kühlt das Band von außen nach innen auf Temperaturen von **ca. 600°C** ab und wird schließlich in einem sog. **Haspel** zum einem sog. **Coil** aufgewickelt (aufgehaspelt). Sowohl die Abkühlgeschwindigkeit (resultierend aus der eingestellten Wassermenge) als auch die finale Haspeltemperatur sind entscheidend für die resultierende Mikrostruktur (Gefüge, vgl. Abschnitt 2.2) und die mechanischen Eigenschaften des Stahls. Mit dem Coil und den

[7] Neben Stranggießanlagen kann der Stahl auch in sog. Gießwalzanlagen verarbeitet werden. Dabei wird der Strang nach dem Vergießen direkt ausgewalzt. Das Aufwärmen der Brammen nach der Abkühlung/Lagerung entfällt.

[8] vgl. dazu im Detail Abschnitt 2.2.

festgelegten mechanischen Eigenschaften ist der Stahl prinzipiell verkaufsfähig, Bild 2.7 (rechts). Dies geschieht teilweise auch, wenngleich oft weitere **Veredelungsschritte** folgen.

So können die Warmbandcoils in sog. **Kaltbandwerken** bei Raumtemperatur weiter ausgewalzt werden, um so **Banddicken bis 0,1 mm** zu erzielen (sog. **Weißblech**, z.B. für die Verpackungsindustrie). Dabei wird jedoch auch die im Warmbandwerk eingestellte Mikrostruktur in Walzrichtung gestreckt, wodurch sich die mechanischen Eigenschaften ändern. Insbesondere nimmt, bedingt durch die sog. **Kaltverfestigung**, das Verformungsvermögen, d.h. der Umfang der möglichen plastischen Verformung bis zum Materialversagen, des Stahls ab.

Durch Erhitzen der kaltgewalzten Bänder (**Kaltband**) auf Temperaturen zwischen **500°C–700°C** kann die ursprüngliche Mikrostruktur wieder hergestellt werden. Dazu erhitzt man die Coils entweder in großen zylinderförmigen Öfen (sog. **Haubenglühen**) oder die abgewickelten Bändern kontinuierlich in Durchgangsöfen (sog. **Kontiglühen**). Man spricht auch vom **Rekristallisationsglühen**.

Bild 2.7 Blick zwischen die Walzgerüste auf das ausgewalzte, glühende Stahlblech (links), Warmband-Coils im Lager von ThyssenKrupp Steel in Duisburg Bruckhausen (rechts); ©thyssenkrupp Steel Europe

Zur Verbesserung des Korrosionsschutzes wird der Stahl häufig mit einer **Oberflächenbeschichtung** versehen. Hier sind insbesondere die verzinkten Oberflächen zu erwähnen. **Zink** (Zn) ist bzgl. seiner elektrochemischen Eigenschaften unedler als Eisen. Wird Stahl mit einem Zinküberzug versehen, so oxidiert das Zink anstelle des Stahls und wirkt als sog. **Opferanode**. Zinküberzüge können in kontinuierlichen Prozessen, z.B. im Tauchverfahren (**Feuerverzinkung**), aufgetragen werden. Dazu werden die Coils abgewickelt, und zu einem Endlosband aneinander geschweißt. Anschließend durchläuft das Band ein Säurebad zur Reinigung, einen Vorwärmofen und das Zinkbad bei ca. **480°C**, in dem ein Zinkfilm von ca. **50–150 µm** aufgetragen wird. Zuletzt wird das beschichtete Band getrocknet, aufgewickelt und in einzelne Coils getrennt, Bild 2.8.

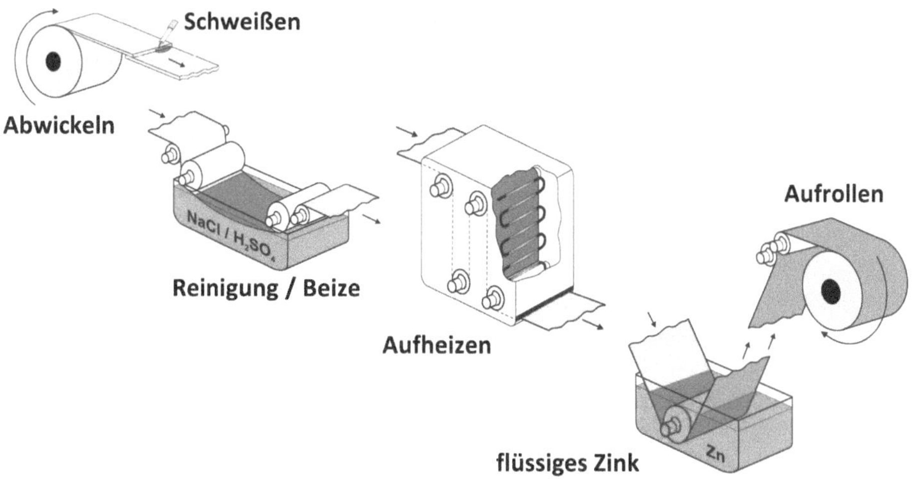

Bild 2.8 Schematische Darstellung des kontinuierlichen Feuerverzinkungsprozess von Stahlband

Zusammenfassung (Vom Eisenerz zum Stahl...)

In **integrierten Hüttenwerken** wird die gesamte Herstellroute des Stahls, d.h. vom Eisenerz bis zum verkaufsfähigem Stahlblech, abgebildet. Die dabei anfallenden Prozessgase in der Kokerei oder am Hochofen (z.B. Kohlenmonoxid, Methan oder Wasserstoff) werden aufgefangen, aufbereitet und als Energieträger auf der Hütte verwendet.

Im **Hochofen** werden die Ausgangsstoffe Eisenerz und Koks eingeschmolzen. Dabei entsteht flüssiges Roheisen.

Das Roheisen wird im **Stahlwerk** gefrischt; durch Einblasen von Sauerstoff werden Kohlenstoffgehalt und Begleitelemente, wie Schwefel oder Phosphor, reduziert. Durch Zulegieren weiterer Elemente, z.B. Chrom, Nickel oder Wolfram, wird die finale Stahlrezeptur festgelegt.

Der flüssige Stahl wird in **Stranggießanlagen** kontinuierlich zu festen **Brammen** vergossen.

Die abgekühlten Brammen werden im **Warmbandwerk** erneut aufgeheizt, entzundert und schließlich im mehrstufigen Walzgerüst zu einem langen Band gewalzt. Am Ende der Walzstraße befindet sich eine Kühlstrecke, in der durch gezieltes Abkühlen des Stahls das finale Gefüge und die mechanischen Eigenschaften eingestellt werden. Das sog. **Warmband** wird schließlich im **Haspel** zu einem **Coil** aufgewickelt.

In weiteren Veredelungsschritten kann der Stahl **kaltgewalzt** (inklusive **glühen**) oder mit **Zink beschichtet** werden. ■

2.2 Mikrostrukturen im Stahl

2.2.1 Atome und Gitterstrukturen

Alle Werkstoffe bestehen aus **Atomen**. Hierbei gibt es unterschiedliche Atome, die sich im Atomgewicht oder der Anzahl der Elektronen und Protonen unterscheiden und die die verschiedenen chemischen Elemente repräsentieren.

Grundsätzlich kann zwischen **A. Reinstoffen**, z.B. elementares Eisen (Fe) oder **B. Stoffgemischen** (z.B. Stahl, Fe-C) oder **C. chemischen Verbindungen** (z.B. Eisenoxid, Fe_2O_3 oder Eisencarbid/Zementit, Fe_3C) unterschieden werden. Außerdem können Stoffe in unterschiedlichen Aggregatzuständen (fest – flüssig – gasförmig) vorliegen. Man spricht auch von der festen, der flüssigen oder der gasförmigen Phase, wobei die Unterscheidung ausschließlich in der kinetischen Energie und der örtlichen Anordnung der Atome begründet ist.

So bewegen sich Atome und Moleküle im gasförmigen Zustand stochastisch im Raum, stoßen mit anderen Teilchen zusammen und ändern so permanent ihre Bewegungsrichtung. Die mittlere Geschwindigkeit von Luftmolekülen bei Raumtemperatur beträgt beispielsweise 400–500 m/s (abhängig vom Molekül: O_2, N_2, CO_2 ...) bei einer mittleren freien Weglänge (durchschnittliche Weglänge eines Teilchen bis zur Kollision mit einem anderen Teilchen) von ca. 68 nm (Nanometermeter = 10^{-9}mm).

Im flüssigen Zustand sind die Atome und Moleküle dichter angeordnet, wodurch erste, vereinzelte Wechselwirkungen untereinander auftreten. Es bilden sich erste kleine „Cluster" von Atomen, also lokale „Anhäufungen" von Atomen, die sich gemeinsam und in einer gewissen Nahordnung zueinander im Raum bewegen.

Der feste Zustand, insbesondere bei metallischen Festkörpern, ist dadurch gekennzeichnet, dass die Atome in periodischen Strukturen, dem sog. **Atomgitter** angeordnet sind. Es existieren Wechselwirkungen zwischen den Atomen, die mit zunehmendem Atomabstand abnehmen. Der kleinste Baustein des Atomgitters ist die **Elementarzelle**. Aus ihr ergibt sich durch sukzessives Aneinanderreihen (also periodisches Fortsetzen) in alle drei Raumrichtungen das Atomgitter, Bild 2.9.

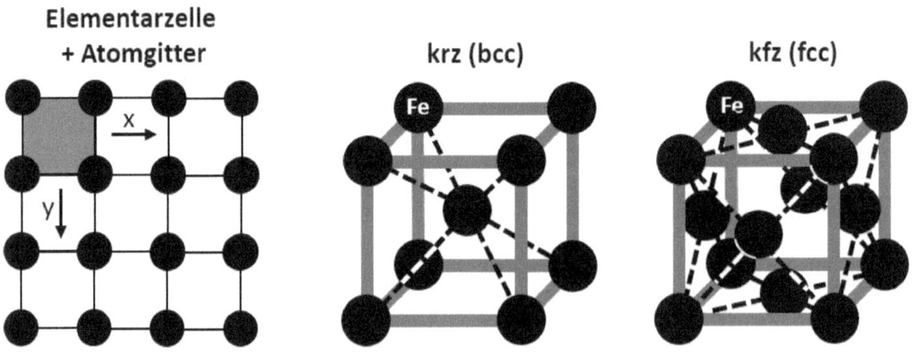

Bild 2.9 Atomgitter als periodische Fortsetzung der Elementarzelle (links), Elementarzellen von Eisen (krz: α-Eisen; kfz: γ-Eisen) (Mitte/rechts)

2.2.1.1 Reinstoffe, z.B. Eisen

Eisen (Fe) ist ein chemisches Element und ist bei Raumtemperatur im festen Aggregatzustand. Schaut man in das Periodensystem der Elemente, so findet man für Eisen ein Atomgewicht von $m^{\mathrm{A}}_{\mathrm{Fe}} = 55,85 \cdot (1,66 \cdot 10^{-27})\,\mathrm{kg}$. Außerdem besitzt Eisen die Ordnungszahl 26, also 26 Protonen im Kern und somit auch 26 Elektronen in der Atomhülle.

Bei Raumtemperatur sind die Fe-Atome in einem **kubischen-raumzentrierten** (krz; *engl. body-centered-cubic, BCC*) Gitter angeordnet, Bild 2.9 (Mitte). Stellt man sich die Elementarzelle als Würfel vor, so sind Atome auf den Ecken und im Zentrum des Würfels angeordnet. Man spricht auch von **α-Eisen**. Oberhalb von 911°C ordnen sich die Atome in einem **kubisch-flächenzentrierten** Gitter an (kfz; *engl. face-centered-cubic, FCC*). Hierbei sind die Atome auf den Ecken und den Flächen des Würfels angeordnet, Bild 2.9 (rechts). Man spricht von **γ-Eisen**. Bei weiterer Erwärmung bildet sich wieder oberhalb von 1392°C α-Eisen (zur Unterscheidung auch **δ-Eisen** genannt) bis das Eisen schließlich oberhalb von 1536°C schmilzt, also das Atomgitter zerfällt und in die flüssige Phase übergeht.

2.2.1.2 Stoffgemische, z.B. Stahl

Das Atomgitter von Stahl enthält Fe- und C-Atome sowie Atome weiterer Legierungselemente, z.B. Cr- oder Ni-Atome. Dabei hat das Kohlenstoffatom eine Atommasse von $m^{\mathrm{A}}_{\mathrm{C}} = 12,01 \cdot (1,66 \cdot 10^{-27})\,\mathrm{kg}$ und eine Ordnungszahl von 6. Es ist damit deutlich kleiner als die Fe-Atome. Cr und Ni hingegen stehen zwei Positionen vor bzw. hinter Fe im Periodensystem, haben also eine ähnliche Atomgröße.

Auch Stahl ist bei Raumtemperatur fest, d.h. die Atome sind in einem Gitter angeordnet. Allerdings befinden sich nun im Gitter verschiedene Atomen, z.B. Fe-, C- ,Cr- und Ni-Atome. Man spricht von einem **Mischkristall**. Hierbei gibt es zwei Möglichkeiten, wie die „Fremdatome“ im ursprünglichen Eisengitter „platziert werden“:

- Fremdatome ähnlicher Größe ersetzen die Eisenatome auf deren ursprünglichen Plätzen. Man spricht auch von Substitution der Fe-Atome bzw. von **Substitutionsatomen**.
- Deutlich kleinere Fremdatome besetzen sog. Zwischengitterplätze, indem sie zwischen den ursprünglichen Fe-Atomen angeordnet sind. Man spricht auch von **Zwischengitteratomen**.

Es ist leicht einzusehen, dass C als Zwischengitteratom fungiert, wohingegen Cr und Ni Fe-Atome substituieren, vgl. Bild 2.10.

Dabei ist nicht festgelegt, welche Fe-Atome im Gitter durch Cr und Ni substituiert werden bzw. zwischen welchen Fe-Atomen sich die C-Atome anordnen. Maßgeblich ist nur, dass die Anzahl der Fremdatome im Gitter die prozentuale chemische Zusammensetzung der Stahlrezeptur widerspiegeln. Das bedeutet beispielsweise, dass bei 1 % C-Gehalt im Stahl auf 100 Fe-Atome im Gitter 1 C-Atom auf einem Zwischengitterplatz vorkommt.

Verbleibt abschließend noch die Frage, in welchen Gitterkonfigurationen sich die verschiedenen Atome im Stahl anordnen. Diese Frage ist nicht leicht zu beantworten. Abhängig von der Stahlrezeptur, i.w. vom C-Gehalt, und von den Herstellbedingungen, i.w. von der Abkühlgeschwindigkeit in der Kühlstrecke des Warmbandwerkes, können sich unterschiedliche Gitterkonfigurationen ausbilden, für die sich spezifische Bezeichnungen etabliert haben:

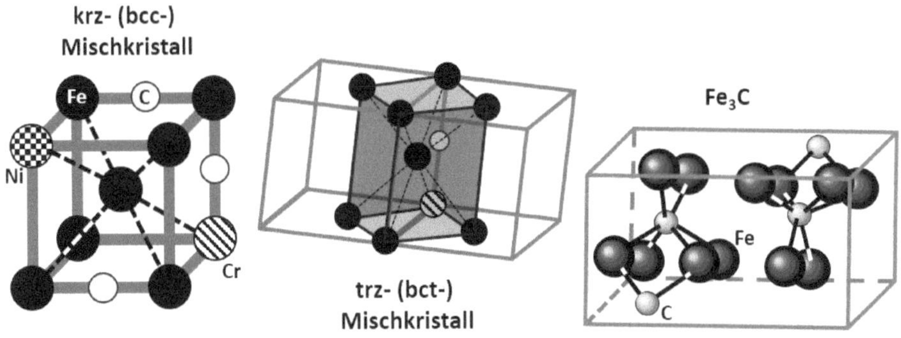

Bild 2.10 Möglicher Mischkristall von Stahl am Beispiel eines BCC-Gitters (z.B. Ferrit) (links), Tetragonal-raumzentrierter Mischkristall (z.B. Martensit) (Mitte), Elementarzelle von Zementit (Fe_3C) mit einem sog. orthorhombischen Gitter (rechts)

- **Austenit:**[9] Mischkristall mit kfz-Atomgitter (angelehnt an Eisen oft als **γ-Mischkristall** bezeichnet, Bild 2.9).
- **Ferrit:** Mischkristall mit krz-Atomgitter (oft auch als **α-Mischkristall** bezeichnet).
- **Martensit:**[10] Mischkristall mit **tetragonalem-raumzentrierten** (trz; *engl.* body-centered tetragonal, bct) Atomgitter. Hierbei entspricht die Elementarzelle einem Quader mit drei unterschiedlichen Kantenlängen, Bild 2.10 (Mitte).

Sowohl Austenit als auch Ferrit bilden sich durch Umordnungsprozesse, das heißt durch Diffusion der Atome auf andere Gitterplätze. Martensit hingegen bildet sich diffusionslos bei sehr schnellen Abkühlprozessen. Hierbei kommt es zur Scherung des Gitters zu einer neuen Elementarzelle, die Nachbarschaftsbeziehungen der Atome bleiben dabei erhalten.

Die unterschiedlichen Gitterkonfigurationen werden auch häufig als **Phasen** bezeichnet. Dabei können im Stahl verschiedene, räumlich verteilte oder eine alleinige Phase auftreten, vgl. Abschnitt 2.2.3.

2.2.1.3 Chemische Verbindungen, z.B. Zementit Fe_3C

Neben Mischkristallen können sich im Stahl auch chemische Verbindungen durch chemische Reaktionen ausbilden. Zementit bzw. Eisencarbid z.B. bildet sich im Stahl ab einen Kohlenstoff Masseanteil von ca. 0,02 %. Hierbei kann der Kohlenstoff nicht mehr vollständig auf Zwischengitterplätzen eingebunden werden, so dass dieser mit den Fe Atomen zu Fe_3C reagiert und ein eigenes Atomgitter bildet. Insbesondere haben die Fe- und C-Atome, anders als beim Mischkristall, alle einen fest definierten Gitterplatz. Fe_3C bildet ein sog. **orthorhombisches Atomgitter**. Die Elementarzelle enthält 12 Fe-Atome und 4 C-Atome, was exakt dem Verhältnis der Elemente in der chemischen Formel entspricht, Bild 2.10 (rechts).

---

[9] Benannt nach Sir William Chandler Roberts-Austen (1843–1902).
[10] Benannt nach Adolf Karl Gottfried Martens (1850–1914).

2.2.2 Erstarrung und Gefüge

Stähle erstarren, abhängig vom C-Gehalt, bei unterschiedlichen Temperaturen[11], Bild 2.12 (links). So liegt der Schmelz- bzw. Erstarrungstemperatur bei einem Kohlenstoff-Anteil von 0 % (also reines Eisen) bei 1536°C und bei einem C-Gehalt von 2 % bei etwas unter 1400°C. Hierbei ist anzumerken, dass die prozentuale Angabe des Kohlenstoffs C auf zwei Arten geschehen kann:

- Massenanteil

$$c_\mathrm{C} = \frac{m_\mathrm{C}}{m_\mathrm{ges}} \tag{2.1}$$

- Atomanteil

$$y_\mathrm{C} = \frac{n_\mathrm{C}}{n_\mathrm{ges}} \tag{2.2}$$

Die Variablen m_C und $m_\mathrm{ges} = m_\mathrm{C} + m_\mathrm{Fe}$ repräsentieren die Masse des Kohlenstoffs in der Stahlprobe bzw. die Gesamtmasse der Stahlprobe. In gleicher Weise stellt n_C und $n_\mathrm{ges} = n_\mathrm{C} + n_\mathrm{Fe}$ die Anzahl der C-Atome bzw. die Gesamtatomzahl der Stahlprobe dar. Betrachtet man z.B. eine Stahlprobe mit 1 Mol, so enthält diese $n_\mathrm{ges} = N_\mathrm{A}$ Atome ($N_\mathrm{A} = 6{,}0237 \cdot 10^{23}$, Avogadro-Zahl). Damit ergibt sich beispielsweise für 1 Mol Stahl mit einem Kohlenstoffanteil von 2 Massen-% unter Verwendung von $n_\mathrm{Fe} = N_\mathrm{A} - n_\mathrm{C}$:

$$c_\mathrm{C} = 0{,}02 = \frac{m_\mathrm{C}}{(m_\mathrm{C} + m_\mathrm{Fe})} = \frac{n_\mathrm{C} m_\mathrm{C}^\mathrm{A}}{n_\mathrm{C} m_\mathrm{C}^\mathrm{A} + n_\mathrm{Fe} m_\mathrm{Fe}^\mathrm{A}} \quad \Leftrightarrow \quad n_\mathrm{C} = \frac{N_\mathrm{A}}{\frac{49 m_\mathrm{C}^\mathrm{A}}{m_\mathrm{Fe}^\mathrm{A}} + 1}, \tag{2.3}$$

und damit die Anzahl von $n_\mathrm{C} = 5{,}22 \cdot 10^{22}$ Kohlenstoffatomen.

Betrachtet man die Erstarrung einer Stahlschmelze, vgl. Bild 2.11 (oben), so sind in der Schmelze alle Atome ungeordnet und frei beweglich. Mit Erreichung der Erstarrungstemperatur startet die Formation der Atomgitter, ausgehend an verschiedenen, stochastisch verteilten sog. Nukleationspunkten. Die Orientierungen der einzelnen Gitter ist dabei beliebig und unabhängig voneinander. Mehr noch, die lokal begrenzten Gitter wachsen in alle Richtungen und treffen nach einer gewissen Zeit aufeinander und behindern sich bei der weiteren räumlichen Ausdehnung. Es kommt zur Ausbildung von **Korngrenzen**, die die unterschiedlichen sog. **Körner** (auch **Kristallite** genannt), also Gitterstrukturen mit unterschiedlicher Orientierung, voneinander abgrenzen. Der resultierende Festkörper besteht folglich aus einer Vielzahl von Körnern, weshalb von einem sog. **Polykristall**[12] gesprochen wird. Die Gesamtheit der Orientierungen der Körner wird auch als **Textur** bezeichnet. Die polykristalline Struktur kann bei Stahl in sog. Schliffbildern mittels metallografischer Methoden sichtbar gemacht werden. Dazu werden die Probenoberflächen geschliffen, poliert und angeätzt, um sie anschließend unter dem Mikroskop zu analysieren. In einigen Fällen können Polykristalle auch ohne Probenpräparation und Mikroskopie beobachtet werden. Feuerverzinkte Bauelemente zeigen meist eine fleckige Oberfläche. Man spricht auch von Zinkblumen, die nichts weiteres als die polykristalline Struktur des erstarrten Zinks widerspiegeln, Bild 2.11 (links unten).

---

[11] Der Einfluss von zusätzlichen Legierungselementen wird hier nicht näher betrachtet.

[12] Im Gegensatz dazu besteht ein **Einkristall** nur aus einem Korn, also aus einem einheitlichen Atomgitter ohne Korngrenzen.

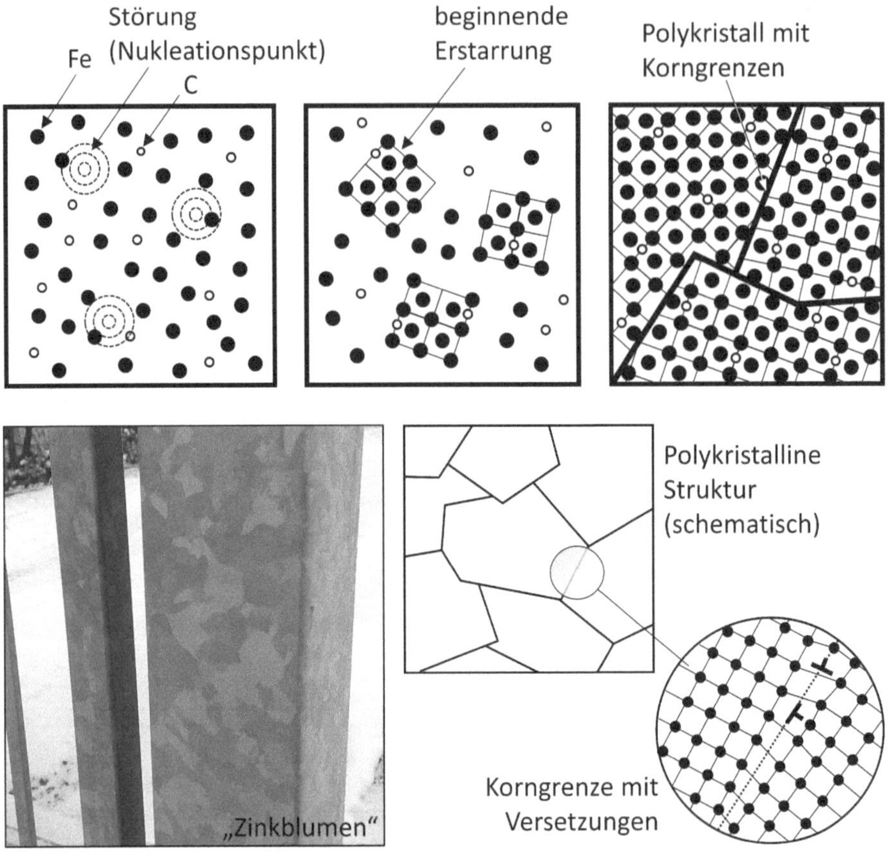

Bild 2.11 Illustration des Erstarrungsprozesses und die Entstehung eines Polykristalls mit Korngrenzen (oben), Polykristall im Alttag, sichtbar an einem feuerverzinkten Gartenzaun (unten links), Darstellung einer Korngrenze mit „ins Leere laufende“ Atomen (Versetzungen) (unten rechts)

Wie viele Kristallite in welcher Größe im Polykristall vorliegen, entscheidet sich über den Abkühlprozess. Hier kann folgender Mechanismus notiert werden: je höher die Abkühlgeschwindigkeiten, an umso mehr Nukleationskeimen beginnt simultan die Erstarrung. Demzufolge resultieren zahlreiche, feine Körner und – ergo – viele Korngrenzen. Hieraus resultieren die sog. **Feinkornstähle**, die in der Regel hohe Festigkeiten aufweisen. Demgegenüber führen langsame Abkühlgeschwindigkeiten zu wenigen Nukleationspunkten, so dass die wenigen Körner über weite Strecken ungehindert wachsen können und so einen grobkörningen Polykristall bilden.

Bild 2.11 (unten rechts) zeigt, dass auf den Korngrenzen, aufgrund der verschiedenen Orientierungen der Kristallite, einige Atome „ins Leere laufen“, also zu einer Seite kein direktes Nachbaratom besitzen. Man spricht von sog. **Versetzungen**. Außerdem wird im Bereich der Korngrenze das Atomgitter gestaucht oder aufgeweitet, um eine möglichst energetisch günstige Atombindung über die Korngrenzen hinweg zu gewährleisten. Dies führt zu Gitterverspannungen. Beide Effekte, Versetzungen und Gitterverspannungen, steigen mit zunehmender Anzahl an Korngrenzen und haben einen erheblichen Einfluss auf die mechanischen Eigenschaften des Werkstoffes. So kann bei Stählen durch gezieltes Einstellen eines feinkörnigen Gefüges die Festigkeit und die Duktilität gesteigert werden.

Zusätzlich zur polykristallinen Mikrostruktur können Stähle auch in unterschiedlichen Phasen, also Atomgitterkonfigurationen, vorliegen. Abhängig von Temperatur, C-Gehalt und Abkühlgeschwindigkeit können sich im Stahl eine Phase, mehrere koexistierende Phasen und lokal begrenzte chemische Verbindungen (Zementit) ausbilden. Die Gesamtheit der Mikrostruktur, dass heißt Textur und Phasenkonfiguration repräsentiert das **Gefüge**. Im Folgenden Abschnitt sollen nun einige für den Stahl relevante Gefügearten diskutiert werden. Dabei soll der Fokus auf den Eigenschaften und die Entstehung verschiedener Phasenkonfigurationen und des Zementits gelegt werden.

2.2.3 Eisen-Kohlenstoff- und (isothermes) Zeit-Temperatur-Umwandlungs-Diagramm

In Abschnitt 2.2.1 wurde die unterschiedlichen, für Stahl relevanten Gitterstrukturen vorgestellt und die zugehörigen Phasen Ferrit, Austenit und Martensit eingeführt. Abhängig vom C-Gehalt können sich mit der Erstarrung Ferrit- bzw. Austenit-Kristallite ausbilden. Bei weiterer Abkühlung können diese Phasen wechseln, um so energetisch günstigere Gitterkonfigurationen anzunehmen. Welche Phase(n), bei einer definierten Temperatur und einem bestimmten C-Gehalt vorliegt bzw. vorliegen, kann im sog. **Eisen-Kohlenstoff-Diagramm** abgelesen werden, Bild 2.12 (links).

Hierin sind die unterschiedlichen Phasenübergangslinien eingezeichnet, die wiederum die verschiedenen Phasengebiete, abhängig von T und c_C definieren. Betrachtet man beispielsweise im Diagramm eine Stahlschmelze mit einem Kohlenstoffgehalt von $c_C = 0,7$ Massen-%, die von ca. 1550°C auf 1100°C und weiter auf 500°C *langsam* abgekühlt wird (gestrichelte, vertikale Pfeillinie), so kann folgende Chronologie notiert werden: Ab ca. 1495°C beginnt der Erstarrungsprozess, feste Austenitkristallite bilden sich in der Schmelze, beide Phasen liegen gleichzeitig vor. Ab ca. 1400°C ist die Schmelze vollständig erstarrt. Der Stahl ist nun austenitisch. Bei 740°C beginnen sich einzelne Austenitbereiche in Ferrit umzuwandeln. Dieser Vorgang setzt sich fort, bis sich schließlich bei ca. 720°C der Austenit in Perlit umwandelt und sich das finale Ferrit-Perlit Gefüge einstellt. Bei **Perlit** handelt es sich nicht um eine spezifische Phase, sondern vielmehr um ein Gefüge, bei dem Ferrit und Zementit (Fe_3C) gleichzeitig existieren, Bild 2.12 (rechts oben). Hierbei bildet sich der Zementit ab Kohlenstoff-Massenanteilen von ca. 0,02 % unterhalb von etwa 720°C. Der Kohlenstoff kann nicht mehr vollständig auf Zwischengitterplätzen eingelagert werden, so dass er sich mit dem Eisen zu Fe_3C verbindet. Diese äußerst spröden Ausscheidungen bilden lamellenartige Strukturen im Ferrit oder lagern sich an dessen Korngrenzen ab.

Die im Eisenkohlenstoff-Diagramm dargestellten Gefügekonstellationen bilden sich durch Diffusion, also durch Umordnung der Atome. Diese auf atomarer Ebene ablaufenden Prozesse nehmen eine endliche Zeit in Anspruch. Außerdem benötigen die Atome kinetische Energie, die durch die Temperatur des Körpers repräsentiert wird. Demzufolge stellen sich die im Fe-C Diagramm dargestellten Phasen nur bei genügend langsamer Abkühlung ein, so dass den Atome genügend Zeit für die Umordnungsprozesse bleibt.

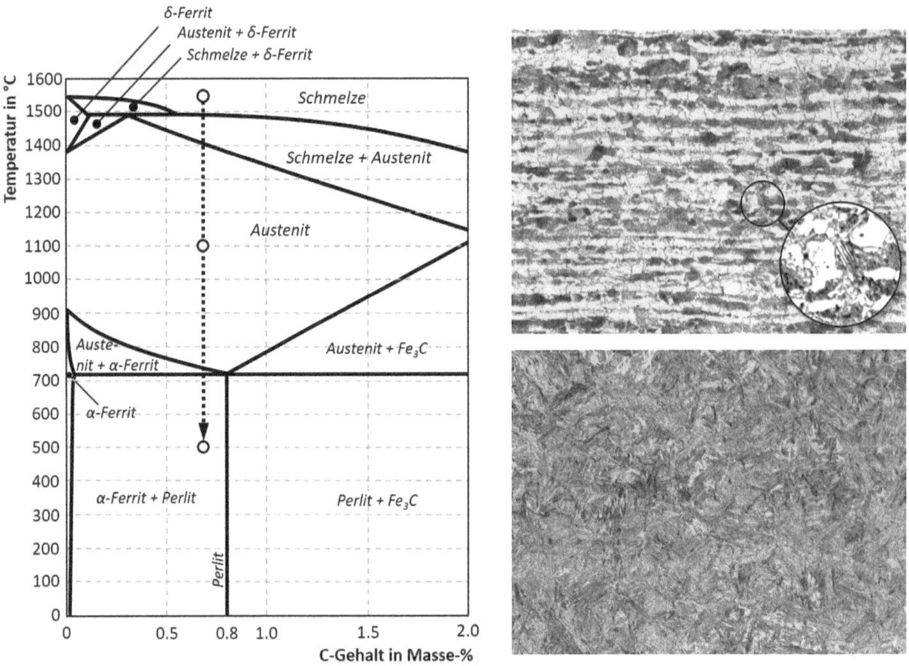

Bild 2.12 Auszug des Eisen-Kohlenstoffdiagramms mit den relevanten Phasen (analog zu Eisen werden die von der Temperatur abhängigen zwei Ferritphasen mit α- und δ-Ferrit bezeichnet (links), Schliffbild eines Ferrit-Perlit Gefüges), die hellen Bereiche zeigen den Ferrit, die dunklen Bereiche den Perlit mit lamellenförmigen Zementit (oben rechts), Martensitgefüge mit charakteristischer pfeilförmiger Kristallstruktur (unten rechts), ©thyssenkrupp Steel Europe

Bei schnellen Abkühlgeschwindigkeiten (oder gar beim „Abschrecken" des Stahls) können noch ablaufende Diffusionsprozesse zum vorzeitigen Stillstand gelangen. Ab Unterschreitung einer kritischen Temperatur, z.B. der **Martensitstarttemperatur** M_S, reicht die kinetische Energie der Atome nicht mehr aus, um sich im Atomgitter zu bewegen. Phasenänderungen kommen abrupt zum Stillstand, die Phasenkonfiguration wird „eingeforen", oder Gefügeänderungen finden, wenn überhaupt, diffusionslos statt. In diesem Zusammenhang können **Zeit-Temperatur-Umwandlungs-Diagramme** (ZTU-Diagramme) zu Rate gezogen werden, um die zu erwartende Gefügekonstellation vorherzusagen, Bild 2.13.

Betrachtet man einen unlegierten, austenitischen Stahl mit 900°C und schreckt diesen in 0,5 Sekunden auf Raumtemperatur ab, Bild 2.13 (1), so wird die kinetische Energie der Atome derart schnell abgesenkt, dass keine Zeit für diffusionsgesteuerte Atomumordnung verbleibt. Gleichwohl beginnt das kfz-Gitter unterhalb von M_S durch Gitterscherung in das energetisch günstigere trz-Gitter umzuklappen, wodurch sich ein sehr hartes Martensitgefüge ausbildet, Bild 2.12 (rechts unten). Dieser Abschreckungsvorgang wird auch als **Umwandlungshärtung**[13] bezeichnet und beispielsweise bei der Herstellung hochwertiger Messerklingen angewandt.

[13] Neben der Umwandlungshärtung gibt es auch den Begriff des **Vergütens**. Hierunter versteht man das gezielte Aufheizen bis zur Umwandlung in das Austenitgefüge, anschließendes schnelles Abkühlen (Abschre-

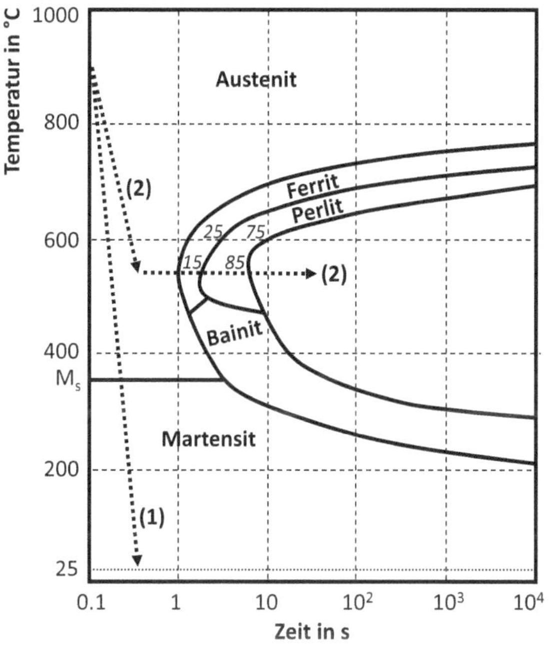

Bild 2.13 Schematisches ZTU-Diagramm für einen unlegierten Stahl mit einem Kohlenstoffgehalt von 0,45 Massen-%

Wird der Stahl gemäß der gestrichelten Linie (2) in Bild 2.13 in 0,5 Sekunden von 900°C auf ca. 550°C abgekühlt und anschließend (isotherm) bei dieser Temperatur gehalten, so wandelt sich der Austenit nach ca. 1 Sekunde in Ferrit um. Nach ca. 1,5 Sekunden beginnt sich Perlit zu bilden. Schließlich kommt die Phasenumwandlung nach ca. 7 Sekunden zum Stillstand. Das finale Gefüge zeichnet sich durch 15 % Ferrit und 85 % Perlit aus, was durch entsprechende Zahlen an den Kurven des ZTU-Diagramms deutlich gemacht wird.

Bild 2.13 zeigt neben Austenit, Ferrit, Martensit und Perlit auch ein **Bainit**-Gebiet[14]. Ähnlich wie Perlit, besteht auch Bainit aus Ferrit und Zementit, unterscheidet sich allerdings in Form und Anordnung vom Perlit.

cken) zur Bildung des harten Martensitgefüges und abschließendes Anlassen (moderates Aufheizen bis ca. 150°C), zum Abbau von Gitterverzerrungen und innere Spannungen.

[14] Benannt nach Edgar Collins Bain (1891–1971).

Die wichtigsten Gefügearten im Stahl zusammengefasst:

Ferrit hat eine krz-Atomgitter und damit 2 Atome in der Elementarzelle (1 Atom im der Würfelmitte, und $8 \cdot 1/8$ Atom auf den Ecken). Es ist ein Mischkristall mit Kohlenstoff auf Zwischengitterplätze. Ferrit kann bei tiefen (α-Ferrit) und bei hohen Temperaturen (δ-Ferrit) auftreten. Stähle mit Ferritgefüge zeigen geringe Festigkeiten, sind gut umformbar und anfällig für Korrosion.

Austenit hat ein kfz-Atomgitter, also 4 Atome in der Elementarzelle ($6 \cdot 1/2$ Atome auf den Flächen und $8 \cdot 1/8$ Atom auf den Ecken). Damit hat der Austenit eine höhere Packungsdichte, d.h. es sind mehr Atome in die Einheitszelle gepackt. Er bildet ebenfalls ein Mischkristall mit gelöstem Kohlenstoff auf Zwischengitterplätzen. Austenitische Stähle sind nicht magentisierbar und besitzen hohe Zähigkeiten, sind also sehr gut plastisch umformbar.

Martensit entsteht aus dem austenitischen kfz-Atomgitter diffusionslos durch reine Gitterscherung. Er bildet sich durch schnelle Abkühlprozesse und besitzt ein trz-Gitterstruktur. Martensit-Gefüge zeichnen sich durch eine nadel- bzw. pfeilförmige Kristallitstruktur aus und sind äußerst hart. Die Martensitumwandlung wird zum Härten von Stahl ausgenutzt, bei dem der Stahl bis zum Glühen erwärmt (Austenit) und dann abgeschreckt wird (Austenit → Martensit).

Zementit (Fe_3C), auch Eisencarbid genannt, ist eine chemische Verbindung, die sich lokal im Stahlgefüge in Form von Ausscheidungen bilden kann. Er besitzt ein orthorhombisches Atomgitter, in dem 4 Kohlenstoffatome mit 12 Eisenatomen chemisch verbunden sind. Zementit kann sich bei Abkühlung aus der Schmelze, dem Austenit oder dem Ferrit bilden, wenn der Kohlenstoff nicht mehr vollständig im Zwischengitter aufgenommen werden kann. Er bildet sich häufig an Korngrenzen und ist sehr hart und spröde. Stähle mit hohen Zementitanteilen sind schlecht plastisch verformbar.

Perlit und Bainit sind beides Phasengemische. Sie setzen sich aus Ferrit und Zementit zusammen. Der Unterschied zwischen beiden Gefügearten besteht im Wesentlichen in Form und Verteilung der Zementitausscheidungen. Bainitische Stähle weisen hohe Festigkeiten und gleichzeitig sehr gute (Kerbschlag-)Zähigkeiten auf. Perlitische Stähle zeigen aufgrund des verstärkend wirkenden Zementits hohe Festigkeiten und Verschleißwiderstände. ■

2.2.4 Legierungselemente

Bis jetzt wurde nur der Fokus auf unlegierte Stähle gelegt, d.h. Bild 2.12 (links) und Bild 2.13 zeigen nur die Gefügearten des Fe-C-Systems. Dementsprechend kann gefragt werden, welchen Einfluss zusätzliche Legierungselemente auf die Eigenschaften des Stahls haben und in wieweit die bereits diskutierten Aspekte der Gefügeausbildung dadurch verändert werden. Dazu sollen exemplarisch drei Einflüsse herausgestellt werden:

1. **Korrosionsbeständigkeit** Ab einem Chromanteil (Cr) von mehr als 10,5% bildet Stahl auf der Oberfläche eine Chromoxid-Schicht (z.B. CrO oder Cr_2O_3) aus. Dadurch wird der darunter liegende Stahl vom Luftsauerstoff abgeschirmt, Oxidation - also Korrosion des Stahls - wird unterbunden. Derartige Schutzschichten werden auch Passivierungsschichten genannt. Durch Hinzugabe von z.B. Nickel (Ni) kann die Ausprägung der Passivierungsschichten weiter verbessert werden.

2. **Austenitbildner** Einige Elemente, z.B. Nickel (Ni) oder Mangan (Mn) verschieben die Phasengebiete im Eisenkohlenstoff- bzw. ZTU-Diagramm derart, dass die Austenitphase bei Raumtemperatur vorliegt. Der verschleißfeste, austenitischer Manganstahl X120Mn12 besitzt 1,2% Kohlenstoff- und 12% Mangananteil.
3. **Mikrolegierungselemente** Durch das Zulegieren geringer Mengen von z.B. Niob (Nb), Titan (Ti) oder Vanadium (V), können im Stahl bei der Abkühlung Carbid- und Nitridausscheidungen erzeugt werden, z.B. Vanadiumcarbid (VC) und Vanadiumnitrid (VN). Diese Ausscheidungen bleiben bei einer Erwärmung/Austenitumwandlung erhalten und behindern bei der Abkühlung den Wachstum der Ferritkörner aus dem Austenit. Dadurch können besonders feinkörnige Stähle mit hohen Zugfestigkeiten erzeugt werden.

2.3 Eisengusswerkstoffe

Am Anfang von Abschnitt 2.1 wurde für Stahl ein maximaler Kohlenstoffgehalt von 2 % festgelegt. Entsprechend wurde in Bild 2.12 auch nur der für Stahl relevante Bereich des Eisen-Kohlenstoff-Diagramms bis zu einem C-Gehalt von 2 Massen-% dargestellt. Selbstverständlich lässt sich das Diagramm auch für C-Gehalte jenseits von 2 % fortführen, was sich leicht durch eine entsprechende Literaturrecherche erschließen lässt. Allerdings sind derartige Fe-C-Legierungen nicht bzw. äußerst schwer schweißbar, spröde und schlecht plastisch verformbar. Auf der anderen Seite habe sie eine sehr harte Oberfläche und sind sehr verschleißfest, also resistent gegen Materialabrasion. Eine Fertigung von Bauteilen geschieht, indem sie direkt aus der Schmelze in eine endabmessungsnahe Geometrie gegossen und durch nachgelagerte, spanabnehmende Bearbeitung in die endgültige Bauteilform gebracht werden. Diese Gusswerkstoffe sind im Maschinenbau von hoher Relevanz, erlauben sie nämlich die Herstellung komplexer Bauteilgeometrien, die mit den klassischen Umformprozessen (z.B. Schmieden oder Tiefziehen) nur schwierig oder nicht herstellbar wären. Grundsätzlich kann zwischen zwei Arten von **Eisengusswerkstoffen** unterschieden werden:

(a) **Eisenguss** enthält einen Kohlenstoff-Massenanteil von >2 bis max. 6,69 % und 1 bis 3 % Silizium. Der C-Höchstwert entspricht hierbei exakt dem Massenanteil in Fe_3C gemäß Gleichung 2.3 (links), also dem hypotetischen Fall, dass das gesamte Gefüge einheitlich aus Zementit besteht. Der generell hohe C-Gehalt von Eisenguss führt die C-Ausscheidungen während der Abkühlung, wobei zwischen zwei unterschiedliche Ausscheidungsmöglichkeiten unterschieden wird:

- *Graues Gusseisen*: Durch Hinzugabe von Silizium wird die Ausscheidung von **Graphit** (reiner Kohlenstoff mit hexagonalem Atommgitter) begünstigt. Die Bruchflächen schimmern gräulich, weshalb oftmals von **Grauguss** die Rede ist. Wenn das Graphit, z.B. durch eine spanabnehmende Bearbeitung, an der Oberfläche freigelegt wird, so entsteht eine gewisse selbstschmierende Oberfläche. Die Graphit Ausscheidungen haben, je nach Prozessführung, entweder eine lamellenförmige oder eine kugelförmige Geometrie (**Lamellen-** bzw. **Kugelgraphit**), vgl. Bild 2.14. Insbesondere beim Kugelgraphit stellt sich im Belastungsfall eine homogenere Spannungsverteilung im Material ein, weshalb Gusseisen mit Kugelgraphit bessere mechanische Eigenschaften als Gusseisen mit Lamellengraphit aufweist.

- *Weißes Gusseisen*: Der Kohlenstoff wird als Zementit (Fe_3C) ausgeschieden, der den Bruchflächen ein helles/weißes Erscheinungsbild verleiht. Diese Zementitausscheidungen sind sehr hart und spröde, entsprechend folgt auch die Bezeichnung **Hartguss**, der als besonders verschleißfest gilt. Die Zementitausscheidungen können durch eine Wärmebehandlung (Tempern = langes Glühen) in flockenförmiges Graphit (sog. **Temperkohle**) umgewandelt werden. Daraus folgt der sog. **Temperguss**, der in seinen Eigenschaften dem Gusseisen mit Kugelgraphit ähnelt.

(b) **Stahlguss** enthält einen C-Gehalt von <2 %. Es handelt sich also um Stahl nach der üblichen Definition. Stähle werden bevorzugt dann vergossen, wenn sie auf klassischem Wege schwer umformbar sind. Stahlguss hat höhere Festigkeiten als Eisenguss, erfordert aber auch höhere Schmelztemperaturen aufgrund des geringeren Kohlenstoffgehalts. Das wiederum bedingt höhere Anforderungen an Prozess und Werkzeuge. Nachteilig ist auch die größere Volumenabnahme beim Abkühlen und Erstarren im Vergleich zum Eisenguss. Demgegenüber ist Stahlguss in der Regel gut schweißbar.

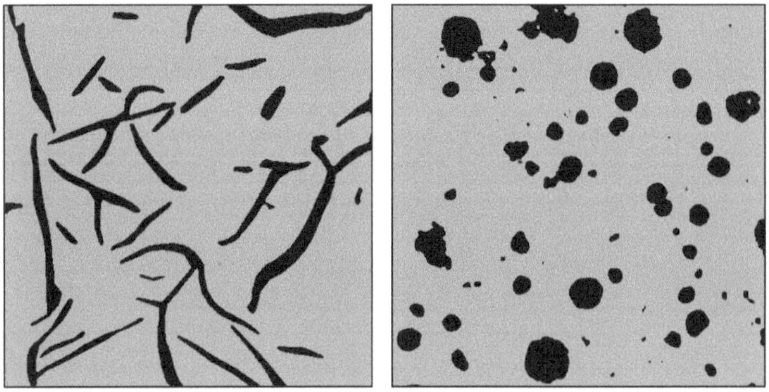

Bild 2.14 Darstellung der mikroskopischen Form von Lamellengraphit- bzw. Kugelgraphit-Ausscheidungen, ©Fa. Olsberg GmbH (mit freundlicher Genehmigung)

Bild 2.15 zeigt eine kleine Auswahl möglicher Gusswerkstoffe inklusive der Streckgrenze und der Bruchdehnung (vgl. Abschnitt 2.4.2) sowie relevanter Normen und Kohlenstoffgehalte. Die Bezeichnungen in Spalte 1 ist für Stahlguss in der **Norm DIN EN 10027-1** [DIN EN 10027-1], also in der Norm für die Bezeichnung allgemeiner Stähle, geregelt. Hierbei wird der Stahlbezeichnung gemäß Abschnitt 2.5 lediglich ein „G " vorangestellt, um anzuzeigen, dass es sich um vergossenen Stahl handelt, z.B. GE360 für den Maschinenbaustahl E360 mit einer Streckgrenze von R_{p02} = 360 MPa. Die Bezeichnung von Eisenguss ist in der **Norm DIN EN 1560** [DIN EN 1560] definiert. Hierbei gilt folgender Namensschlüssel:

EN-GJX-Y(-Z) oder **EN-GJ**X-A

Die fett hervorgehobenen Buchstaben sind für alle Gusseisen-Varianten gleich. Das EN steht für *Europäische Norm* und GJ repräsentiert *Gusseisen*[15].

Die folgenden Buchstaben X, Y, Z des **linken Schlüssels** sind Platzhalter und durch entsprechend, festgelegte Kennbuchstaben und Zahlenwerte zu ersetzen. Abhängig von der unter **(a)** diskutierten Optionen folgt für X entweder ein L (Grauguss mit Lamellengraphit), S (Grauguss mit Kugelgraphit, auch Sphäroguss), MW bzw. MB (weißer bzw. schwarzer Temperguss[16]) oder N (Hartguss). Abgetrennt mit einem Bindestrich folgt ein Zahlenwert Y, der die Mindestzugfestigkeit in MPa (z.B. 500 für R_m = 500 MPa) oder die Härte[17] beim Hartguss (z.B. HB500 für Brinell-Härte: 500 HBW 10/3000 nach DIN EN 6506-1 [DIN EN ISO 6506-1]) angibt. Danach folgt optional – daher das Z in Klammern – die Angabe der Bruchdehnung in Prozent (vgl. Abschnitt 2.4.2), also die Längenänderung bezogen auf die Ausgangslängung bis zum Bruch. Teilweise findet man noch den Kennbuchstabe C am Ende des Bezeichnungsschlüssels, der angibt, dass die Probe dem Werkstück entnommen und nicht separat für die Tests gegossen wurde.

Alternativ kann der **rechte Schlüssel** verwendet werden. Dazu wird anstelle der mechanischen Kennwerte Y und Z die chemische Zusammensetzung durch den Platzhalter A angegeben. Dies erfolgt nach gleichem Muster, wie in Abschnitt 2.5 diskutiert. Allerdings kann der Kohlenstoffgehalt angegeben oder weggelassen werden, z.B. EN-GJS-320SiMo45-10 oder EN-GJS-SiMo35-7. Beim ersten Beispiel wird der C-Gehalt vorangestellt und mit Faktor 100 multipliziert, also 3,2 Masse-% Kohlenstoff. Alle weiteren Elemente werden fortlaufend aufgeführt. Ihre Gehalte werden mit Bindestrichen getrennt und mit dem Faktor 10 multipliziert hinten angestellt, also 3,5 Masse-% Silizium und 0,7 Masse-% Molybdän im Falle des zweiten Beispiels.

2.4 Mechanische Materialkennwerte

2.4.1 Generelle Vorgehensweise bei der Dimensionierung von Bauteilen

In den vorangegangen Kapiteln wurden bereits Begriffe wie Zugfestigkeit, Streckgrenze oder Bruchdehnung verwendet, ohne das diese Größen näher erläutert wurden. Dies soll an dieser Stelle nachgeholt und vertieft werden. Dazu ist es wichtig, sich eingangs die immer wiederkehrende Logik zur Auslegung und Dimensionierung von Maschinenelementen klar zu machen:

[15] J steht für Iron, das I wird wegen Verwechselungsgefahr zur 1 bzw. zum kleinen l vermieden.

[16] Abhängig von der Glühatmosphäre (Schutzgas ohne Sauerstoff oder sauerstofhaltige Atmosphäre) unterscheidet man zwischen schwarzem und weißem Temperguss. Beim weißen Temperguss liegen geringere Kohlenstoffgehalte, insbesondere im Randbereich des Werkstücks vor, da der Kohlenstoff mit dem Sauerstoff der Atmosphäre zu CO_2 reagiert, es findet eine Entkohlung des Bauteils statt, was z.B. zu Verbesserung der Schweißeignung führt.

[17] Vgl. Abschnitt 5.4.4.

Gusswerkstoff	relevante Norm	Streckgrenze, R_{p02} in MPa	Bruchdehnung, A in %	Kohlenstoffgehalt in Massen-%
Stahlguss	DIN EN 10293			
- GE360		360	16	---
- G42CrMo4		700	10	0,38 ... 0,45
- GX4CrNi13-4		550	15	max. 0,06
Eisenguss (Lamellengraphit)	DIN EN 1561			
- EN-GJL-150		98 ... 165 (195)**	---	---
- EN-GJL-200		130 ... 195 (260)**	---	---
- EN-GJL-300		195 ... 260 (390)**	---	---
Eisenguss (Kugelgraphit)	DIN EN 1563			
- EN-GJS-350-22C		200 ... 220	12 ... 20	---
- EN-GJS-500-7C		260 ... 300	3 ... 6	---
- EN-GJS-700-2C		370 ... 410	1 ... 2	---
Temperguss	DIN EN 1562			
- EN-GJMW-360-12		190	12	2,8 ... 3,4*
- EN-GJMW-450-7		260	7	2,8 ... 3,4*
- EN-GJMB-350-10		200	10	2,3 ... 2,7*
- EN-GJMB-650-2		430	2	2,3 ... 2,7*
Hartguss	DIN EN 12513			
- EN-GJN-HB340		---	---	2,4 ... 3,9
- EN-GJN-HB500		---	---	2,4 ... 2,8
- EN-GJN-HB630		---	---	3,2 ... 3,6

* Werte gelten für Temperrohguss, **Quelle:** https://www.chemie.de/lexikon/Temperguss (Abruf: 29.12.2023)

** 0,1% Streckgrenze (0,1% Stauchgrenze)

Bild 2.15 Auflistung verschiedener, exemplarisch ausgewählter Eisengusswerkstoffe inklusive der relevanten Normen, der mechanischen Werte und des C-Gehalts

Zur Logik der Dimensionierung von Maschinenbauteilen:

1. Ein Maschinenelement ist (a) durch seine **Geometrie**, d.h. Form und Abmessung, (b) den verwendeten **Werkstoff** und (c) durch die einwirkenden, **äußeren Lasten** definiert.
2. Durch die äußeren Lasten werden im Bauteil **Spannungen** hervorgerufen.
3. Diese Spannungen sind, abhängig von Geometrie und Werkstoff, zu bestimmen. Sie können im Bauteil örtlich variieren; in diesem Fall ist der auftretende, maximale Spannungswert maßgeblich.
4. Der errechnete Spannungswert ist mit einem bekannten, materialspezifischen zulässigen maximalen Spannungswert unter Berücksichtigung von **Sicherheiten** zu vergleichen.
5. Ziel ist es, Werkstoff, Geometrie und Belastungen so aufeinander abzustimmen, dass die errechneten Spannungen im Bauteil **unterhalb** der zulässigen Maximalwerte liegen.

Verdeutlichen lässt sich das an einem simplen, aber instruktiven Beispiel, nämlich an einem Drahtseil einer Hubvorrichtung (z.B. eines Krans), Bild 2.16.

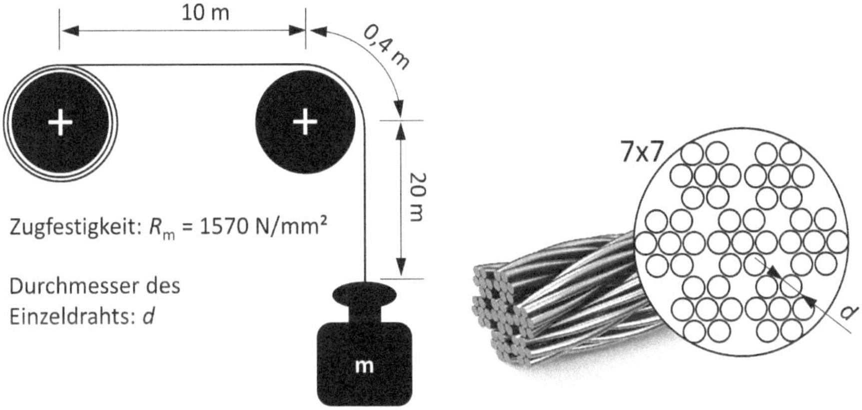

Bild 2.16 Dimensionierung eines Drahtseils einer Hubvorrichtung

Die Masse m zieht aufgrund der **Gewichtskraft** mit $F_G = m \cdot g$ (Erbeschleunigung: $g = 9{,}81\ \mathrm{m/s^2}$) am Drahtseil. Dadurch werden **Zugspannungen** σ_Z im Drahtseil hervorgerufen, die senkrecht zum Drahtquerschnitt wirken und für die folgender mathematischer Zusammenhang gilt:

$$\sigma_Z = \frac{F_G}{A_N} \tag{2.4}$$

mit

$$A_N = 49 \cdot \frac{\pi}{4} d^2 \tag{2.5}$$

wobei A_N den Nennquerschnitt, also den Querschnitt resultierend aus der Summe aller Einzeldrähte, repräsentiert. Die Zugspannungen sind damit als **Kraft pro Fläche** definiert, steigt die Kraft bei gleichbleibendem Querschnitt, so steigen die Spannungen im Drahtseil. Umgekehrt sinken die Spannungen bei größerer Querschnittsfläche und gleichbleibender Kraft. Die materialspezifischen zulässigen Spannungen sind durch die **Zugfestigkeit** $R_m = 1570\ \mathrm{N/mm^2}$ festgelegt, die durch entsprechende Versuche an genormten Proben zu bestimmen ist, vgl. Abschnitt 2.4.2. Sie gibt an, ab welchem Spannungswert **Materialversagen** einsetzt. Die unter Punkt (4) im Merkkasten erwähnte **Sicherheit** S gibt an, wie weit die berechneten Spannungen σ_Z von der zulässigen Spannungen R_m entfernt sein müssen, also:

$$S = \frac{R_m}{\sigma_Z} \quad . \tag{2.6}$$

Eine Sicherheit von 2 bedeutet demnach, dass σ_Z halb so groß wie R_m ist.

Im Rahmen einer Dimensionierung kann nun z.B. gefragt werden, wie groß der Drahtdurchmesser d sein muss, damit bei einer Sicherheit von 2 ein Gewicht von $m = 10$ t gehoben werden kann. Dementsprechend folgt aus Gleichung 2.4 und Gleichung 2.6:

$$S \stackrel{!}{=} 2 = R_\mathrm{m} \cdot \frac{49 \cdot \frac{\pi}{4} \cdot d^2}{m \cdot g} \quad \Leftrightarrow \tag{2.7}$$

$$d = \sqrt{\frac{8mg}{49 R_\mathrm{m} \pi}} = \underline{\underline{1{,}8\,\mathrm{mm}}}. \tag{2.8}$$

Damit folgt der Drahtdurchmesser anhand eines gewählten Werkstoffes (festgelegt durch R_m) und einer gegebenen äußeren Last m. In gleicher Weise kann bei gegebenen d und m die Größe R_m bzw. bei gegebenen d und R_m die Last m bestimmt werden. Entsprechend ist Gleichung 2.7 nach der gesuchten Größe umzustellen.

Das Beispiel verdeutlicht das Zusammenwirken von Geometrie (d), Werkstoff (R_m) und äußerer Last (m bzw. F_G). Außerdem zeigt sich, dass die materialspezifische Zugfestigkeit einen entscheidenden Einfluss auf den Drahtdurchmesser hat. Das ist auch intuitiv klar. So wird man für das Heben der selben Last bei einem Gummiband mit geringerem R_m einen größeren Querschnitt benötigen als bei Wahl eines hochfesten Stahl mit hoher Zugfestigkeit. Daraus folgt, das die Zugfestigkeit eine materialspezifische Kenngröße ist, die nach festgelegten Regeln experimentell bestimmt werden muss.

2.4.2 Der (eindimensionale) Zugversuch

Unterschiedliche Materialien verhalten sich unter Belastung verschieden. Manche verformen sich leichter als andere oder versagen/brechen/reißen bei geringeren, auf sie einwirkenden Kräften. Zur Quantifizierung dieses materialspezifischen Verhaltens hat sich der eindimensionale Zugversuch etabliert, Bild 2.17.

Hierbei werden genormter, knochenförmige Zugproben in die Klemmbacken einer Prüfmaschine eingespannt, Bild 2.18. Die Klemmbacken fahren während des Versuchs langsam auseinander, was zu einer fortlaufenden Längung der Zugprobe führt. Dies wiederum führt zu Zugspannungen in der Probe, wobei die Geometrie so angelegt ist, dass insbesondere der zentrale, dünnere Steg eine homogene Spannungsverteilung (d.h. die Spannung ändern sich örtlich nicht) aufweist. Deshalb wird die Längung eines fest definierten Bereichs im mittleren Steg, nämlich des Abschnitts mit der **Anfangslänge** L_0 untersucht. Dazu wird im Versuch die zum Auseinanderfahren der Backen notwendige **Zugkraft** F mittels Kraftmessdose und die **aktuelle Länge** L fortlaufend gemessen. Die Messung der sich kontinuierlich ändernde Länge L kann beispielsweise optisch erfolgen. Hierbei werden auf der Probe optische Markierungen gesetzt, die dann mittels eines Lasers oder eines Kamerasystems verfolgt und aufgezeichnet werden können.

Gemäß Bild 2.17 wird die Probe mit zunehmender Kraft F gelängt, d.h. $L > L_0$. Gleichzeitig nimmt der Durchmesser der Probe ab, die Probe wird dünner, d.h. $d < d_0$. Bei dieser sog. **Querkontraktion** nimmt auch die **Querschnittsfläche** $A < A_0$ ab. Diese Prozess setzt

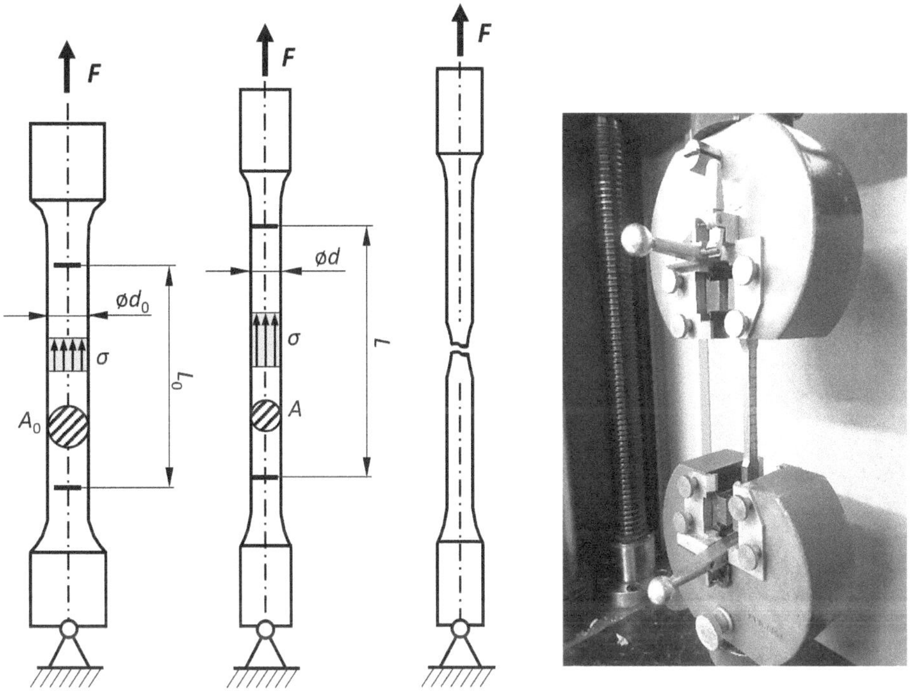

Bild 2.17 Durchführung des eindimensionalen Zugversuchs bis zum Materialversagen (Einschnürung und Bruch)

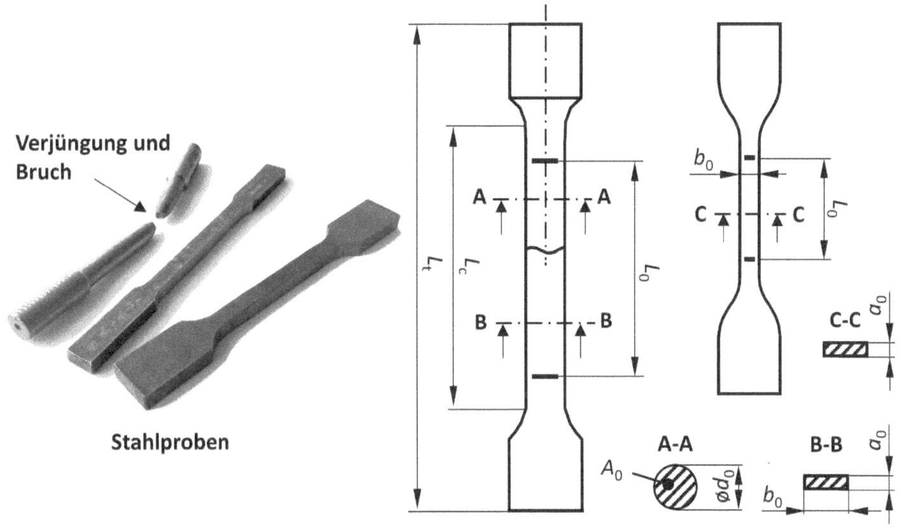

Bild 2.18 Darstellung verschiedener Zugproben (links), Probengeometrie gemäß DIN EN ISO 6892-1 (metallische Werkstoffe) und DIN 53504 (Kautschuk und Elastomere) (rechts)

sich solange fort bis die Probe versagt, was sich zuerst mit einer örtlich begrenzten **Einschnürung/Verjüngung** des Querschnitts in der Messlänge andeutet und schlussendlich im Zerreißen der Probe in zwei Teile mündet.

Im Ergebnis des Zugversuchs liegen diskrete Zeitreihen für Kraft und Länge vor, die in **Spannungen** σ und **Dehnungen** ε umgerechnet werden können. Unter Nutzung der bekannten Anfangsgrößen L_0 und $A_0 = a_0 \cdot b_0$ (Rechteckquerschnitt) bzw. $A_0 = \frac{\pi}{4} d_0^2$ (Kreisquerschnitt) gilt:

$$\sigma = \frac{F}{A_0} \tag{2.9}$$

$$\varepsilon = \frac{L - L_0}{L_0} = \frac{\Delta L}{L_0} \tag{2.10}$$

Man beachte, dass hier im Nenner die Anfangsgrößen stehen. Auch wenn sich im Laufe des Versuchs der Querschnitt und die Messlänge ändern, so bezieht sich die Spannung und Dehnung immer auf die Ausgangsfläche und -länge; man spricht auch von **technischen Spannungen** und **technischen Dehnungen**.

Die Spannungen können über den Dehnungen aufgetragen werden. Im Falle von Stahl können je nach Stahlsorte zwei mögliche qualitative Verläufe resultieren, die in Bild 2.19 illustriert sind.

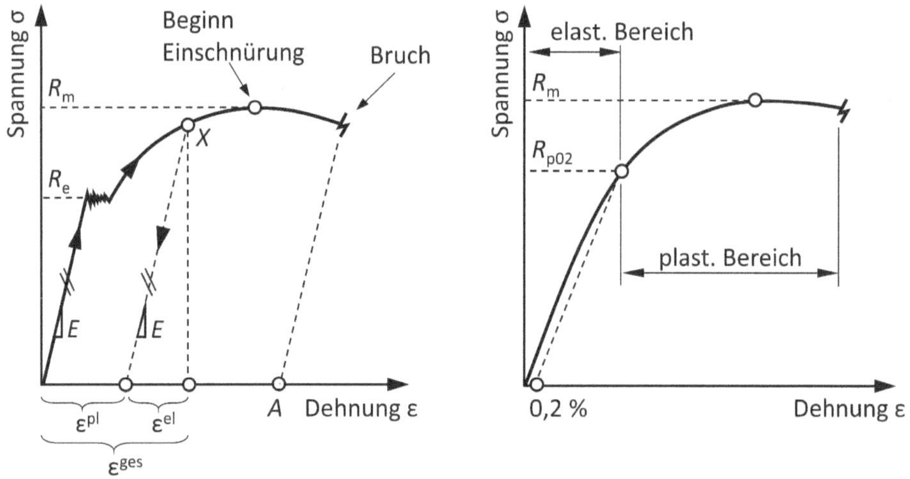

Bild 2.19 Qualitative Spannungs-Dehnungsverläufe von Stahl: mit graduell einsetzendem plastischem Fließen (links), mit ausgeprägter Streckgrenze (rechts)

Betrachtet man den linken Verlauf (typisch für Baustahl) so stellt man fest, dass die Spannungen zuerst linear ansteigen, dann kurz auf und ab schwanken und dann nichtlinear bis zu einem Maximum ansteigen. Mit Durchlaufen des Maximums fallen die Spannungen ab bis die Kurve abrupt endet. Mit den charakteristischen Punkten dieser Kurve sind auch gleichzeitig eine Reihe von Materialkennwerten verbunden. Der **lineare Ast** repräsentiert den **Bereich elastischer Verformung**. In diesem Bereich sind alle **Verformungen reversibel**, d.h. würde man die Probe entlasten, würde man auf den Ursprung zurück laufen, die Dehnung würde sich vollständig zurückbilden. Dieser Bereich ist gekennzeichnet durch den Anstieg der Gerade, das sog. **Elastizitätsmodul** E (kurz **E-Modul**, *engl.* Young's modulus) und durch die max. Spannung, die sog. **Streckgrenze** R_e (*engl.* yield strength). Beides sind materialspezifische Größen. Mehr noch, in diesem Bereich sind die Spannungen eine lineare Funktion der Dehnungen, man spricht vom sog. **Hookeschen Gesetz**[18]:

$$\boxed{\sigma(\varepsilon) = E \cdot \varepsilon} \quad \text{(Hookesches Gesetz)}. \tag{2.11}$$

Anschließend verläuft die Kurve nichtlinear und steigt bis zu einem Maximalwert, der sog. **Zugfestigkeit** R_m (engl. tensile strength) an. Bei weiterer Fortführung des Experiments beginnt das Material zu versagen. Das Material beginnt einzuschnüren, die zur weiteren Längung notwendige Kraft sinkt, die Probe zerreißt schlussendlich.

Betrachtet man den Punkt X auf der Kurve exemplarisch für einen beliebigen Punkt im plastischen Bereich, so würde man bei Entlastung parallel zur Anstiegsgerade zurück laufen. Diese Entlastungskurve zeigt den selben Anstieg wie die Anfangsgerade und definiert für $\sigma = 0$ (vollständige Entlastung) die irreversiblen bleibenden Dehnungen ε^{pl}. Dementsprechend können die zu dem Punkt X gehörigen **Gesamtdehnungen** ε^{ges} in einen **elastischen und plastischen Anteil**, ε^{pl} und ε^{el}, zerlegt werden. Der elastische Anteil repräsentiert hierbei die bei Entlastung einsetzende **reversible Rückfederung**. Die nach dem Bruch zurückbleibenden, plastischen Dehnungen werden als **Bruchdehnung** A bezeichnet.

Bei einigen Stahlsorten (z.B. bei hochfesten Mehrphasenstählen) kann der Übergang zwischen elastischem und plastischem Materialverhalten nicht exakt bestimmt werden, Bild 2.19 (rechts). In solchen Fällen wird die sog. **Dehngrenze** R_{p02} als Analogon zur Streckgrenze R_e definiert. Dabei wird R_{p02} so festgelegt, dass sich bei Entlastung eine bleibende Dehnung von $\varepsilon^{pl} = 0{,}002$ bzw. $\varepsilon^{pl} = 0{,}2\%$ einstellt. Das E-Modul sollte bei derartigen Kurven bevorzugt auf dem Entlastungsast bestimmt werden, da der lineare Bereich des Belastungsastes oftmals schwer einzugrenzen ist.

Die Wichtigkeit des Zugversuchs im Maschinenbau zeigt nicht zuletzt auch in der Normung. Durchführung, Probengeometrie sowie Messwertebestimmung und -auswertung sind je nach Material genormt. Die maßgeblichen Normen sind die DIN EN ISO 6892-1 und die DIN 50125 (für metallische Werkstoffe) [DIN EN ISO 6892-1] [DIN 50125], die DIN 53504 (für Kautschuk und Elastomere)[DIN 53504], sowie die DIN 52188 (für Holz) [DIN 52188].

Speziell für Stahl gibt es viele genormte Probengeometrien. Dabei können runde und rechteckige Querschnitte verwendet werden, Bild 2.18. Die Gesamtlänge der Proben ist meistens variabel. Für die Ausgangsmesslänge L_0 und den Ausgangsquerschnitt A_0 soll nach DIN EN ISO 6892-1 folgende Gleichung gelten:

$$L_0 = 5{,}65 \cdot \sqrt{A_0} \quad \text{und} \quad L_0 \geq 15\,\text{mm}. \tag{2.12}$$

---

[18] Benannt nach dem englischen Physiker Robert Hooke (1635–1702).

Ist beides aufgrund der kleinen Querschnittfläche nicht vereinbar, so kann die Beziehung $L_0 = 11{,}3 \cdot \sqrt{A_0}$ verwendet werden. Demgegenüber gibt die DIN 50125 den Zusammenhang $L_0 = 5 \cdot d_0$ für kreisförmige Querschnitte an. Egal, welcher Zusammenhang am Ende gewählt wird, es ist immer die dazugehörige Norm anzugeben. Tabelle 2.1 zeigt abschließend drei typische Probenabmessungen für Stahl und Gummi.

Tabelle 2.1 Typische Werte für Stahlproben nach DIN EN ISO 6892-1 (Anhang D) und Gummi S2-Schulterstäbe nach DIN 53504.

Probe	L_t in mm	L_0 in mm	d_0 in mm	a_0 in mm	b_0 in mm	A_0 in mm^2
Rundprobe Stahl	nicht festgelegt	100	20	—	—	314
Rechteckprobe Stahl	~ 450	200	—	6	40	240
S2-Schulterstab	75	20	—	2	4	8

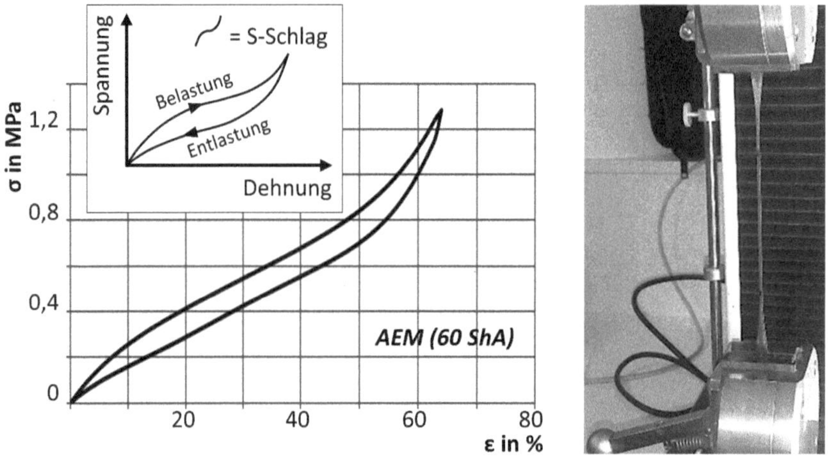

Bild 2.20 Typischer Spannungs-Dehnungsverlauf für Gummi, hier für den synthetischen Kautschuk AEM (Acrylat-Ethylen-Kautschuk) in 60 ShA

Tabelle 2.2 hat die verschiedenen, diskutierten mechanischen Kennwerte für einige ausgewählte Materialien zusammengefasst.

Tabelle 2.2 Typische Materialkennwerte aus dem Zugversuch für verschiedene Werkstoffe (*Quelle: Datenblätter d. Firmen ThyssenKrupp Steel, Saarstahl, Salzgitter)

Werkstoff	E in MPa	R_e, R_{p02} in MPa	R_m in MPa	A in %
Stahl allgemein	210 000			
Warmband	195 000			
Kaltband	205 000			
nichtrostender Stahl	177 000			
Grauguss	120 000			
Aluminium	72 000			
Kupfer	125 000			
Messing	100 000			
Gummi	30 - 60			
Holz (längs zur Faser)	10 000 - 20 000			
Holz (quer zur Faser)	500 - 1 500			
*Baustahl (DIN EN 10025)**				
- S235 (St-37)		225 - 235	360 - 510	18 - 26
- S335 (St-52)		325 - 335	570 - 770	10 - 16
- E335 (St-60)		325 - 335	570 - 770	10 - 16
*Einsatz- u. Vergütungsstahl (DIN EN ISO 683)**				
- C10		295	400 - 700	8 - 12
- 20MnCr5		600	800 - 1 300	7 - 10
- 15CrNi6		540 - 685	800 - 1 200	8 - 10
- C35		320 - 400	550 - 750	17 - 20
- C60		340 - 500	700 - 850	11 - 13
- 41Cr4		560 - 800	900 - 1 100	12
- 42CrMo4		550 - 900	900 - 1 200	10 - 14

2.5 Normgerechte Bezeichnung von Stahl

2.5.1 Bezeichnungsschema nach DIN EN 10027

Im Rahmen der Dimensionierung von Maschinenbauteilen ist auch immer der Werkstoff festzulegen. Im Falle von Eisengusswerkstoffen wurde bereits in Abschnitt 2.3 die normgerechte Bezeichnung vorgestellt. Gleiches soll nun für Stahl erläutert werden. Die normgerechte Bezeichnung von Stählen ist in der DIN EN 10027-1 [DIN EN 10027-2] und 10027-2 [DIN EN 10027-1] geregelt. Demnach sind drei Möglichkeiten definiert:

(A) Kurzname, mit Hinweis auf **Verwendung/mechan. Eigenschaften** (DIN EN 10027-1),

(B) Kurzname, der die **chemische Zusammensetzung** repräsentiert (DIN EN 10027-1),

(C) Materialspezifische **Werkstoffnummer** (DIN EN 10027-2).

2.5.1.1 (A) Verwendung und mechanischen Eigenschaften

Bei diesem Schema besteht der Kurzname aus 3 Teilen, die (○) Stahlverwendung, (□) Streckgrenze und (△) weitere physikalische Eigenschaften, Einsatzgebiete oder Veredelungsschritte charakterisieren:

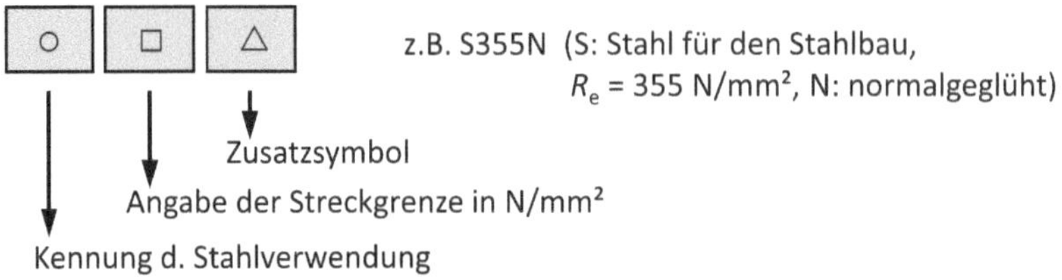

Für den Positionen ○ und △ gelten die Zuordnungen gemäß Tabelle 2.3. Dabei sind insbesondere für △ Mehrfachangaben möglich, also z.B. S355JRC+N (S: Stahl f. Stahlbau, 355: $R_e = 355\ \text{N/mm}^2$, JR: Stahl, der im Kerbschlagversuch eine Mindestkerbschlagarbeit von 27 Joule bei Raumtemperatur (20°C) erreicht (Maß für die Zähigkeit des Stahls), C: kaltumformbarer Stahl, +N: normalgeglüht).

Tabelle 2.3 Ausgewählte Kennbuchstaben zur Bezeichnung von Stahl nach DIN EN 10027-1

Position	Kennbuchstabe	Beschreibung
○	S	St. für Stahlbau
	E	St. für Maschinenbau
	P	St. für Druckbehälter
	L	St. für Leitungsrohre
	D	Flacherzeugnis für die Kaltumformung
		Zusatzsymbole f. Stahl
△	Q	vergütet
	N	normalgeglüht / normalisierend gewalzt
	C	kaltumformbar
	M	thermomechanisch gewalzt
	F	zum Schmieden geeignet
	JR	Kerbschlagarbeit im Versuch mind. 27 Joule bei 20°C
	J0	Kerbschlagarbeit im Versuch mind. 27 Joule bei 0°C
		Zusatzsymbole f. Stahlerzeugnis
	+U	unbehandelt
	+N	normalgeglüht
	+T	angelassen
	+A	weichgeglüht
	+Q	abgeschreckt

Außerdem ist zu beachten, dass die chemische Zusammensetzung nicht spezifiziert ist. Das heißt, der Kurzname erlaubt den Einsatz verschiedener Stahlrezepturen mit unterschiedlicher chemischer Zusammensetzung, solange Streckgrenze und Verwendung konform zur Bezeichnung sind.

2.5.1.2 (B) Chemische Zusammensetzung

Diese Bezeichnungsmethode erlaubt Rückschlüsse auf die „Stahlrezeptur", d.h. welche chemischen Elemente neben Fe und C im Stahl enthalten sind. Aufgrund der großen Vielfalt wird eine weitere Unterteilung vorgenommen:

(i) unlegierte Stähle

Bei diesen Stählen ist nur der C-Gehalt relevant. Daher besteht der Kurzname aus einem großen „C" und einer Zahl, die den Kohlenstoffgehalt × 100 angibt, z.B. C70: unlegierter Stahl mit 0,7% Kohlenstoff.

(ii) legierte Stähle

Diese Stähle umfassen alle Rezepturen mit einem maximalen Anteil von 5% Legierungselementen. Folgendes Schema gilt für den Kurznamen:

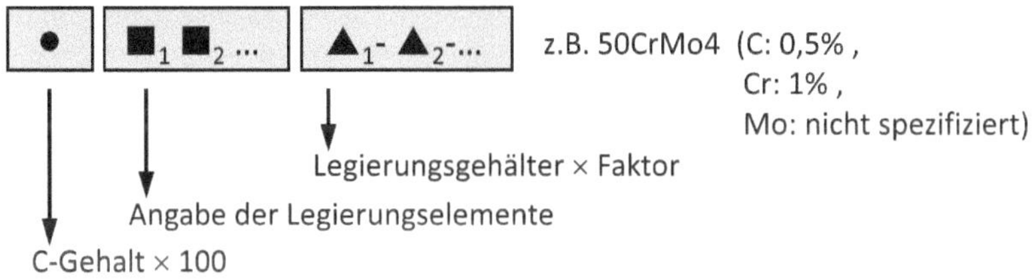

Bild 2.21 Bezeichnungsschema nach DIN EN 10027-2: Kurzname mit Hinweis auf Verwendung und mechanische Eigenschaften

Auf den Positionen $\blacksquare_1$ $\blacksquare_2$ ... werden fortlaufend die Legierungselemente aufgelistet gefolgt von den Positionen $\blacktriangle_1$ $\blacktriangle_2$ ..., welche die zugehöhrigen Legierungsgehalte multipliziert mit einem Faktor angeben. Der Faktor ist hierbei unterschiedlich und abhängig vom Legierungselement. Er ist notwendig, um nicht zu kleine Kommazahlen in den Kurznamen aufzunehmen. Tabelle 2.4 listet die Faktoren für die wichtigsten Legierungselemente auf.

Tabelle 2.4 Legierungselemente und die zugehörigen Faktoren gemäß DIN EN 10027-1

Legierungselemente	Faktor
W, Co, Mn, Cr, Ni, Si	4
Cu, Al, Mo, Nb, Ti, V, Pb	10
Ce, N, S, P	100
B	1000

Demnach ergibt sich für den Stahl 13MnNi6-3 eine Zusammensetzung von 0,13 % Kohlenstoff, 1,5 % Mangan und 0,75 % Nickel.

(iii) hochlegierte Stähle

Diese Stähle enthalten einen Gehalt von > 5% Legierungselemente. Der Kurzname ähnlich zu (ii) aufgebaut, allerdings wird zur Unterscheidung ein großes „X" vorangestellt:

Auf den Positionen $\blacksquare_1$, $\blacksquare_2$, ... und $\blacktriangle_1$, $\blacktriangle_2$, ... werden ebenfalls die Legierungselemente fortlaufend aufgelistet, gefolgt von den realen Legierungsgehalten, d.h. ohne Multiplikation mit einem Faktor. So folgt z.B. aus der Bezeichnung X5CrNi18-10, dass es sich um einen

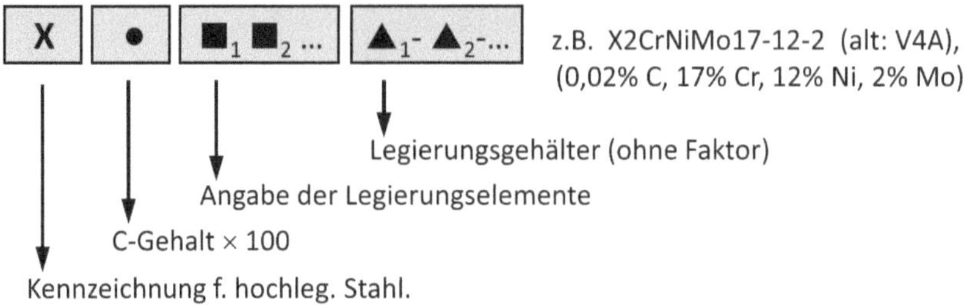

Bild 2.22 Bezeichnungsschema nach DIN EN 10027-2: Kurzname mit Hinweis auf Verwendung und mechanische Eigenschaften

hochlegierten Stahl mit 0,05% Kohlenstoff, 18% Chrom und 10% Nickel handelt. Dahinter verbirgt sich einer der gängigsten nichtrostenden Stähle mit der veralteten Notation V2A.

2.5.1.3 Werkstoffnummer

Diese rein numerische Bezeichnungsform ist in der DIN EN 10027-2 geregelt. Hierin wird ausschließlich Stahl betrachtet. Gleichwohl wurde bewusst Raum gelassen, um weitere Werkstoffe in das Nummernsystem zu integrieren. Dies ist bereits teilweise geschehen, wenngleich noch Nummern zur Erweiterung zur Verfügung stehen, vgl. Tabelle 2.5. Die Werkstoffnummer besteht aus zwei Teilen, die durch einen Punkt getrennt sind:

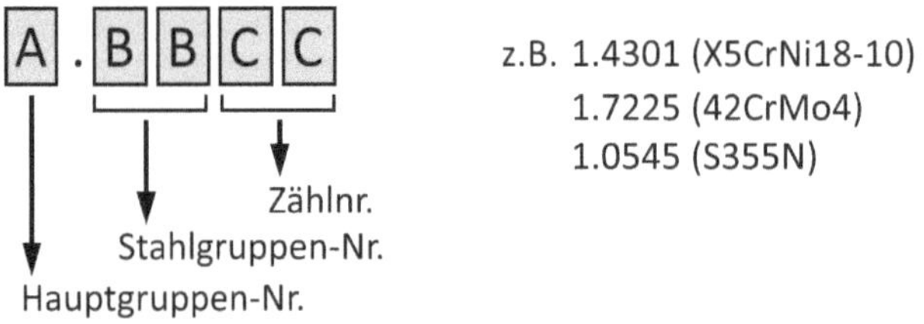

Bild 2.23 Bezeichnungsschema nach DIN EN 10027-2: Kurzname mit Hinweis auf Verwendung und mechanische Eigenschaften.

Position A vor dem Punkt besteht aus einer Ziffer von 0 bis 9. Sie repräsentiert die **Werkstoffhauptgruppe**. Nach dem Punkt folgt Position BB, bestehend aus zwei Ziffern, welche die **Stahlgruppennummer** bzw. allgemein die **Sortennummer** darstellt. Danach schließt sich Position CC an, ebenfalls zwei Ziffern, bei denen es sich um die **Zählnummer** handelt. Die entsprechenden Nummern für A und BB können Tabelle 2.5 entnommen werden. Die Zählnummer existiert keine inhaltliche Zuordnung; sie ist eine fortlaufende Nummer zur Unterscheidung verschiedener Stähle innerhalb einer Stahlgruppe.

2.5.2 Weitere verbreitete Stahlbezeichnungen

Jenseits des in Abschnitt 2.5.1 erörterten, genormten Bezeichnungssystems haben sich im Maschinenbau verschiedene Begrifflichkeiten etabliert, die z.T. historischen Hintergrund haben oder aber in der Norm EN 10020 [DIN EN 10020] zu finden sind. Einige oft verwendete Begriffe sollen an dieser Stelle kurz erklärt werden:

Tabelle 2.5 Ausgewählte Ziffernzuordnungen der Werkstoffnummer gemäß DIN EN 10027-2

Hauptgruppe	Zuordnung	Stahlgruppe	Zuordnung
0	Roheisen und Eisenguss		***allgemeine Gruppen***
1	**Stahl**	00-09	unleg. Grund- und Qualitätsstähle
2	Nichteisen-Schwermetalle (z.B. Pb, Cu)	10-19	unleg. Edelstähle
3	Nichteisen-Leichtmetalle (z.B. Al, Ti)	20-29	leg. Werkzeugstähle
4	Pulver- und Sinterwerkstoffe	30-39	verschiedene leg. Stähle
5-8	Nichtmetallische Werkstoffe (z.B. Keramiken, Kunststoff, Holz)	40-49	nichtrostende und hitzebeständige leg. Stähle
9	frei (für interne Zwecke)	50-79	leg. Bau- Maschinenbau u. Druckbehälterstähle
			spezielle Gruppen
		03,93	Qualitätsstahl mit C-Gehalt ≤ 0,12% o. $R_m < 400$ N/mm²
		04,94	Qualitätsstahl mit C-Gehalt = 0,12 – 0,25% o. $R_m = 400 - 500$ N/mm²
		05,95	Qualitätsstahl mit C-Gehalt = 0,25 – 0,55% o. $R_m = 500 - 700$ N/mm²
		06,96	Qualitätsstahl mit C-Gehalt ≥ 0,55% o. $R_m \geq 700$ N/mm²
		11	unleg. Bau-, Maschinenbaustahl mit C-Gehalt < 0,5%
		12	unleg. Maschinenbaustahl mit C-Gehalt ≥ 0,5%
		15-18	unleg. Werkzeugstahl
		20-28	leg. Werkzeugstahl
		40-45	Nichtrostender Stähle
		72,73	Cr-Mo Stähle

(Un-)legierter Stahl: Wenn eines der Legierungselemente einen Grenzwert übersteigen, spricht man von legiertem Stahl, bleiben alle Legierungselemente unter dem Grenzwert, handelt es sich um unlegierten Stahl. Die Grenzwerte sind in der EN 10020 definiert. Beispielsweise, wenn $c_{\mathrm{Al}} \geq 0,3$ % oder $c_{\mathrm{B}} \geq 0,0008$ % oder $c_{\mathrm{Cr}} \geq 0,3$ % oder $c_{\mathrm{Mn}} \geq 1,65$ % oder $c_{\mathrm{Mo}} \geq 0,08$ % oder $c_{\mathrm{Nb}} \geq 0,06$ % oder $c_{\mathrm{Ni}} \geq 0,3$ % oder $c_{\mathrm{Si}} \geq 0,6$ % oder $c_{\mathrm{Ti}} \geq 0,05$ % oder $c_{\mathrm{V}} \geq 0,1$ % oder $c_{\mathrm{W}} \geq 0,3$ %, spricht man von legierten Stahl.

Qualitätsstahl: Hierbei handelt es sich um Stahl mit festgelegten Anforderungen, z.B. an Zähigkeit oder Umformbarkeit. Es gibt legierte und unlegierte Qualitätsstähle.

Nichtrostender Stahl: Alle Stähle mit einem Chromanteil von $c_{\mathrm{Cr}} \geq 10,5$ % und einem Siliziumanteil von $c_{\mathrm{Si}} \leq 0,6$ % werden als nichtrostend bezeichnet. Der hohe Chromanteil führt zur Reaktion zwischen Cr und dem Luftsauerstoff. Im Ergebnis bildet sich an der Oberfläche des Stahls eine Chromoxidschicht, die den innnenliegenden Stahl vom Luftsauerstoff abschirmt und so Korrosion verhindert. Typische, im Markt bekannte Namen sind V2A, Nirosta oder Inox.

Edelstahl: Dieser Begriff steht für Stahl mit besonderem Reinheitsgrad, insbesondere mit Blick auf nichtmetallische Einschlüsse und Verunreinigungen.Die chemische Zusammensetzung ist in engen Grenzen eingestellt Steckgrenze und andere mechanische Eigenschaften sind eng toleriert. Edelstahl gibt es legiert und unlegiert. **ACHTUNG**: Oft wird der Begriff im Zusammenhang mit nichtrostenden Stählen verwendet. Das ist aus formaler Sicht falsch.

Automatenstahl: Der Begriff umfasst Stähle, die für die automatisierte, spanabnehmende Bearbeitung, z.B. Drehen, Fräsen oder Bohren, optimiert sind. Die Fertigung geschieht typischerweise auf Drehautomaten oder Dreh- und Fräszentren. Es handelt sich um unlegierte bzw. niedrig legierte Qualitätsstähle. Durch gezieltes Hinzulegieren von Pb, P oder S wird eine sehr gute Spanbrüchigkeit erreicht; Automatenstähle sind i.d.R. zum Schweißen ungeeignet.

Einsatzstahl: Diese Stähle zeichnen sich durch eine harte und verschleißfeste Oberfläche und hoher Zähigkeit im Innern aus. Dazu werden unlegierte bzw. niedirglegierte Stähle mit einem C-Gehalt von 0,1-0,2 % in einer kohlenstoffreichen Atmoshpäre bis zum austenitschen Zustand aufgeheizt und dann abgeschreckt. Diesen Prozess nennt man auch Einsatz- oder Randschichthärten. Dabei diffundiert der Kohlenstoff bei hoher Temperatur in das Austenitgefüge. Beim anschließenden Abschrecken bildet sich nur in der kohlenstoffreichen Randschicht der harte Martensit. Einsatzstähle werden u.a. für Zahnräder oder Bolzen verwendet.

Vergütungsstahl: Anknüpfend an den Namen vereint der Begriff Stähle, die vergütet, also gehärtet und angelassen, sind. Dazu werden legierte oder unlegierte Stähle mit C-Gehalten von 0,2-0,6% und Anteilen an Cr, Ni oder Mn verwendet. Durch Umwandlungshärtung werden gezielt harte Gefügeanteile eingestellt; durch anschließendes Anlassen wird die Härte gezielt reduziert und ein optimales Verhältnis zwischen Härte und Zähigkeit erzielt. Derartige Stähle weisen hohe Zug-, Dauerfestigkeiten und hohe Zähigkeiten auf. Sie werden hauptsächlich im Maschinenbau für dynamisch belastete Bauteile, z.B. (Kurbel-)wellen, Achsen oder Schraubverbindungen, verwendet.

Werkzeugstahl: Wie der Name vermuten lässt, steht der Begriff für Stähle, die insbesondere für die Herstellung von Werkzeugen, Formen, Normteilen oder auch Messmitteln geeignet sind. Die Eigenschaften können je nach Werkzeug variieren. Sie reichen von hoher Härte und/oder hoher Zähigkeit, hoher Zug- und Verschleißfestigkeit, bis zu sehr guter Zerspanbarkeit. Werkzeugstahl ist in der Regel Edelstahl. Die relevanten Eigenschaften werden typischerweise über den Vergütungsprozess eingestellt.

Schnellarbeitsstahl: Hierbei handelt es sich um spezielle, hochlegierte Werkzeugstähle, die ihre Härte auch bei hohen Temperaturen (bis 600°C) beibehalten. Im Englischen spricht man von High Speed Steel, woher die Abkürzung HSS kommt, die bisweilen z.B. bei der Bezeichnung von Bohrern zu finden ist. Sie werden meistens für Schneid-, Zerspan- und Umformwerkzeuge, z.B. Fräser oder Bohrer, eingesetzt, da man mit ihnen drei- bis viermal Mal höhere Schnittgeschwindigkeiten erzielen kann. Sie zeichnen sich durch C-Gehalte von bis zu 2,06% und bis zu 30% Legierungselementen, wie W, Mo, V, Co, Ni oder Ti aus. Die Eigenschaften, wie hohe Warmfestigkeit, Anlassbeständigkeit und hohe Warmhärte werden beim Vergüten, insbesondere durch mehrmaliges Anlassen erzielt. Dabei

werden mikroskopische Carbide, wie Wolframcarbid (WC) oder Vanadiumcarbid (VC), ausgeschieden, die besonders hart und temperaturstabil sind.
Federstahl: Dieser Stahl wird gemäß seinem Namen hauptsächlich für Federn, z.B. Schraubenfedern eingesetzt. Federn werden u.a. im KFZ-Fahrwerk oder als Lagerung von Maschinen verbaut. Federstahl zeichnet sich durch eine hohe Streckgrenze aus, wodurch er bis zu hohen Belastung elastisch bleibt. Gute Umformbarkeit erlaubt die Herstellung von z.B. Schraubenfedern. Hohe Wechsel- und Schwingfestigkeit ermöglicht den Einsatz bei dynamisch wechselnden Lasten, z.B. Schwingbelastungen. Als Legierungselemente werden unter anderem Si und Cr eingesetzt. Seine Eigenschaften erhält der Federstahl durch Vergüten und Kaltverformung[19].
Baustahl: Der Begriff Baustahl vereint in der Regel kohlenstoffarme, unlegierte bzw. niedriglegierte Stähle, die überweigend nicht wärmebehandelt sind. Sie machen den Großteil der weltweiten Stahlproduktion aus. Sie sind günstig in der Herstellung und gut schweißbar. Feinkornbaustähle haben aufgrund des Gefüges höhere Festigkeiten gegenüber den allgemeinen Baustählen. Einsatzgebiete sind der Stahl- und Maschinenbau.

Außerdem findet man insbesondere im Automobilbau neue Entwicklungen, wie Warmumformstähle, Complexphasenstähle, Dualphasenstähle oder TRIP-Stähle, auf die hier ohne weitere Erläuterung nur hingewiesen wird.

2.6 Festigkeitsklassen von Schrauben und Muttern

An dieser Stelle soll kurz auf die Einteilung und Kennzeichnung von Schrauben und Muttern eingegangen werden. Es zeigt sich, dass sich die Herstellung von Schrauben in abgestuften, vereinbarten Festigkeiten etabliert hat, die sog. **Festigkeitsklassen**. Diese ist typischerweise auf den Schraubenköpfen eingestanzt, Bild 2.24. Typische Festigkeitsklassen sind hierbei: 4.6, 5.6, 6.8, 8.8, 10.9, 12.9, die aufsteigend zunehmende Festigkeiten repräsentieren. Hinter diesen Zahlenkombinationen verbergen sich über eine Berechnungsvorschrift die Streckgrenze und die Zugfestigkeit, die bereits im Abschnitt 2.4.2 eingeführt wurden, vgl. Bild 2.24 (rechts). Demnach ergeben sich die in Tabelle 2.6 aufgeführten Kennwerte für die unterschiedlichen Festigkeitsklassen.

Ähnlich wie bei den Schrauben sind auch Muttern in Festigkeitsklassen unterteilt. Allerdings wird hier nur eine Zahl angegeben, aus der die Zugfestikeit berechnet werden kann, Bild 2.24 (rechts). Es ist wichtig, darauf zu achten, dass die Festigkeitsklassen von Schrauben und Muttern aufeinander abgestimmt sind. Zu einer 8.8-er Schraube sollte eine 8-er Mutter verwendet werden; beide haben die gleiche Zugfestigkeit. Würde eine Mutter mit geringerer Festigkeitsklasse eingesetzt werden, so besteht die Gefahr, dass das Muttergewinde beim Anziehen der Schraubverbindung verformt und geschädigt wird.

[19] Hierbei kommt es zur Kaltverfestigung, bei der die Streckgrenze zunimmt.

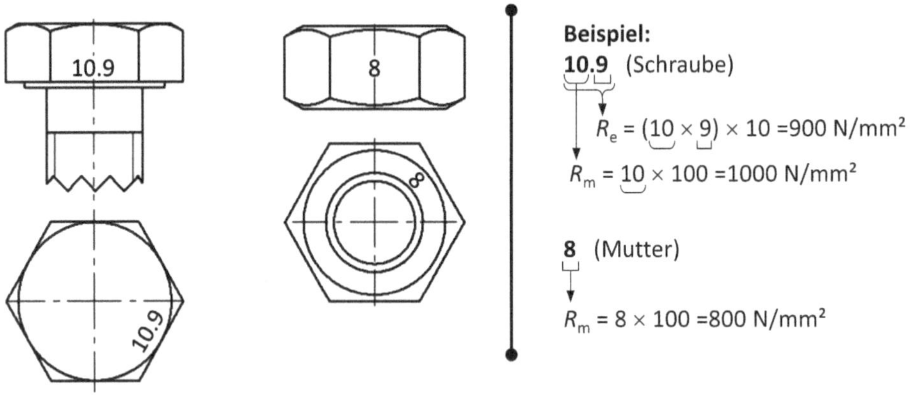

Bild 2.24 Markierung der Festigkeitsklasse von Schrauben und Muttern inklusive der Berechnungsregeln

Tabelle 2.6 Festigkeitsklassen von Schrauben und Muttern

Festigkeitsklasse	R_e in N/mm²	R_m in N/mm²
Schrauben		
4.6	240	400
5.6	300	500
6.8	480	600
8.8	640	800
10.9	900	1000
12.9	1080	1200
Muttern		
4	—	400
6	—	600
8	—	800
10	—	1000
12	—	1200

Literatur

Degner, M., Fandrich, R., Endemann, G., Ghenda, T., Letz, K., Lüngen, B., Steller, I., Wieland, J., Winkhold, A., Bartos, R., Winkelgrund, R.: *Stahlfibel.* Verlag Stahleisen GmbH, Düsseldorf, 2007.

DIN 50125:2022-08: *Prüfung metallischer Werkstoffe - Zugproben.* Beuth-Verlag, Berlin, 2022.

DIN 52188:1979-05: *Prüfung von Holz; Bestimmung der Zugfestigkeit parallel zur Faser.* Beuth-Verlag, Berlin, 1979.

DIN 53504:2017-03: *Prüfung von Kautschuk und Elastomeren - Bestimmung von*

Reißfestigkeit, Zugfestigkeit, Reißdehnung und Spannungswerten im Zugversuch. Beuth-Verlag, Berlin, 2017.

DIN EN 1560:2011-05: *Gießereiwesen - Bezeichnungssystem für Gusseisen - Werkstoffkurzzeichen und Werkstoffnummern.* Beuth-Verlag, Berlin, 2011.

DIN EN 10020:2000-07: *Begriffsbestimmung für die Einteilung der Stähle.* Beuth-Verlag, Berlin, 2000.

DIN EN 10025-3:2019-10: *Warmgewalzte Erzeugnisse aus Baustählen – Teil 3: Technische Lieferbedingungen für normalgeglühte/normalisierend gewalzte schweißgeeignete Feinkornbaustähle.* Beuth-Verlag, Berlin, 2019.

DIN EN 10027-1:2017-01: *Bezeichnungssysteme für Stähle - Teil 1: Kurznamen.* Beuth-Verlag, Berlin, 2017.

DIN EN 10027-2:2015-07: *Bezeichnungssysteme für Stähle - Teil 2: Nummernsystem.* Beuth-Verlag, Berlin, 2015.

DIN EN ISO 6506-1:2015-02: *Metallische Werkstoffe - Härteprüfung nach Brinell - Teil 1: Prüfverfahren.* Beuth-Verlag, Berlin, 2015.

DIN EN ISO 6892-1:2020-06: *Metallische Werkstoffe - Zugversuch - Teil 1: Prüfverfahren bei Raumtemperatur.* Beuth-Verlag, Berlin, 2020.

3 Zeichnerische Darstellung von Maschinenelementen

Lernziele:

- Was sind Technische Zeichnungen und wozu dienen sie?
- Wie ist eine Technische Zeichnung aufgebaut, welche Elemente gibt es?
- Welche Projektionsmethoden gibt es? Wie unterscheiden sie sich?
- Wozu dienen Schnittansichten? Welche gibt es und welche Regeln gelten?
- Wie werden Bemaßungen in der Zeichnung eingetragen? Was sind Toleranzen und wie werden diese definiert?
- Was sind Form- und Lagetoleranzen? Welche gibt es?
- Welche Normen gibt es? Wer erstellt die jeweiligen Normen?
- Was versteht man unter Oberflächenrauheiten. Wie definiert sich die gemittelte Rauhtiefe R_Z? Wie wird die Rauheit in der Zeichnung ausgewiesen?
- Wie werden Gewinde in der Zeichnung dargestellt?
- Welche Form können reale Werkstückkanten haben und wie werden sie in der Zeichnung festgelegt?

Kapitel 1 hat gezeigt, dass aus einer technischen Entwicklung in der Regel eine technische Zeichnung resultiert. Diese Zeichnung muss von allen Beteiligten, vom Konstrukteur über die Fabrikmitarbeiter bis hin zum Kunden in gleicher Weise gelesen und interpretiert werden können. Sie ist in der Regel Teil des Kunden-Lieferanten-Vertrages und Grundlage für die Produktion des/der entwickelten Bauteils/Baugruppe. Das wiederum verlangt, dass die Zeichnung nach fest definierten Regeln bzgl. Darstellung, Bemaßung und Bezeichnungen erstellt wird, so dass entlang der Wertschöpfungskette keine Fehlinterpretationen und Abweichungen vom ursprünglichen Konstruktionsergebnis auftreten.

Daher folgt nun eine (sehr) kurze Darstellung der wichtigsten Regeln für die Erstellung von technischen Zeichnungen. Ziel ist es, die Voraussetzungen zu schaffen, um **1.** die zahlreichen technischen Illustrationen im Buch zu lesen und zu verstehen und **2.** die erworbenen Berechnungsgrundlagen zur Auslegung/Dimensionierung von Maschinenelementen zeichnerisch umsetzen zu können.

Formal versteht man unter einer **Technischen Zeichnung** nach DIN EN ISO 10209: *„Technische Informationen, die im Regelfall maßstäblich nach vereinbarten Regeln graphisch […] dargestellt sind“.* [DIN EN ISO 10209]

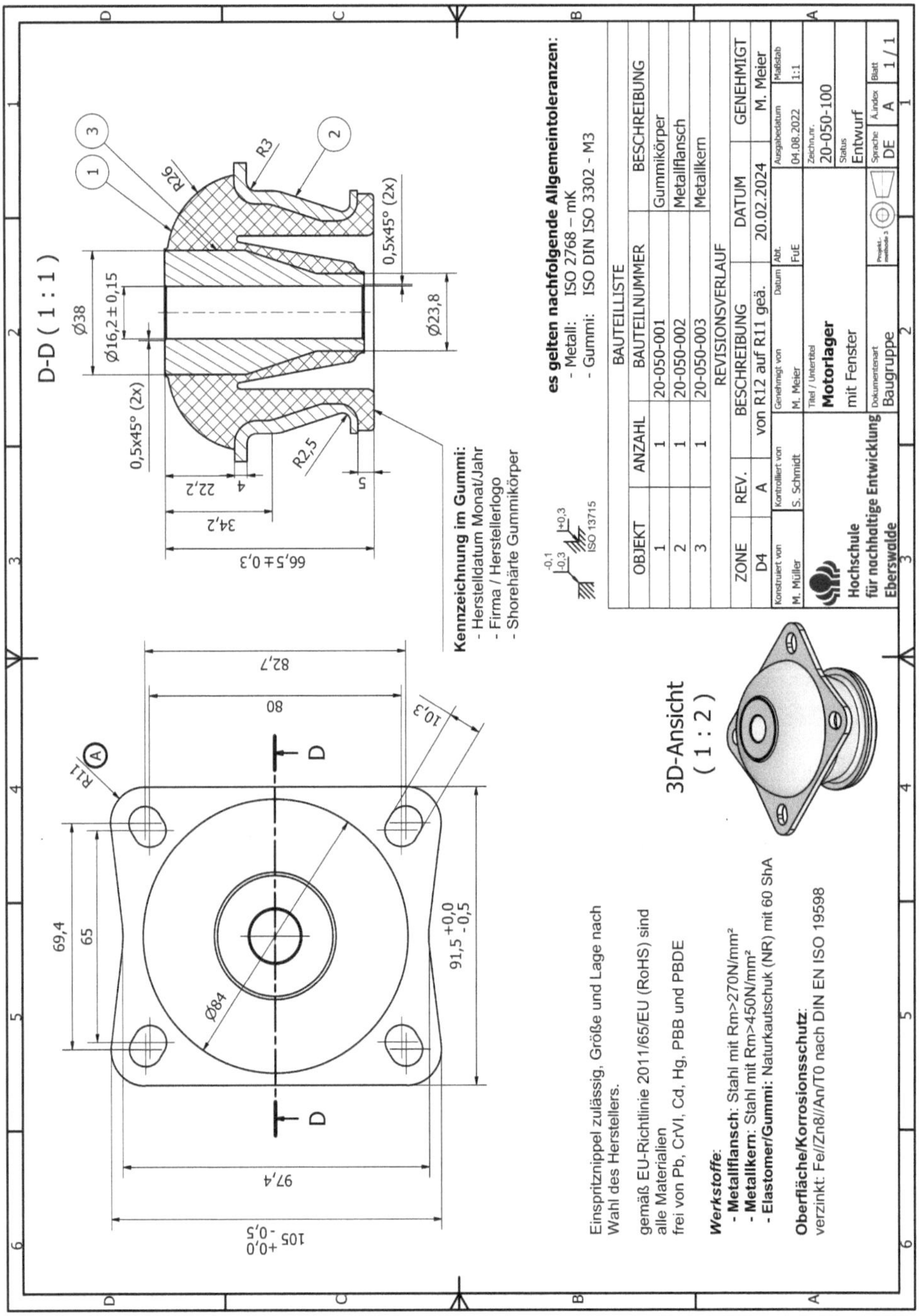

Bild 3.1 Technische Zeichnung eines Motorlagers

Technische Zeichnungen gibt es in vielfältiger Form zu unterschiedlichen Zwecken. So gibt es **Fertigungszeichnungen**, die alle Informationen enthalten, die zur Fertigung des betrachteten Produktes notwendig sind. Sie sind in der Regel für interne Zwecke bestimmt und enthalten oftmals zusätzliche, z.T. vertrauenswürdige, Informationen. Demgegenüber gibt ein Lieferant in der externen Kommunikation, z.B. mit Kunden, sog. **Kundenzeichnungen** heraus. Diese enthalten meistens nur die Informationen, die vertragsmäßig abgestimmt und z.B. in der Spezifikation vereinbart wurden. Außerdem gibt es **Einzelteilzeichnungen** (Bauteilzeichnung), die nur ein Bauteil mit allen notwendigen Informationen darstellen und Zusammenbauzeichnungen (Baugruppenzeichnung), welche die zu einer Baugruppe zusammengesetzten Bauteile abbilden [DIN EN ISO 10209].

Umgangssprachlich kann eine Technische Zeichnung als grafischer „Output" der Produktentwicklung aufgefasst werden, bei dem ein dreidimensionales Produkt nach formalen Regeln in eine geeignete zweidimensionale Darstellung gebracht wird.

Bild 3.1 zeigt die Technische Zeichnung des in Kapitel 1 diskutierten Motorlagers. Auf den ersten Blick mag die Darstellung unübersichtlich und überladen wirken. Für den geübten, mit den Regeln zur Erstellung vertrauten Leser ist das Produkt mit seinen technischen Informationen hingegen leicht ersichtlich. Hierzu können zur besseren Orientierung sieben unterschiedliche Elemente identifiziert werden, die entweder administrativer oder inhaltlicher Natur sind:

1. Rahmen und Koordinatenraster,
2. Schriftfeld (Zeichnungskopf),
3. Bauteilliste (Stückliste),
4. Änderungstabelle,
5. verschiedene Ansichten des Volumenkörpers,
6. Bemaßung und Toleranzen,
7. weitere Textbausteine.

Im Folgenden sollen die einzelnen Elemente näher erläutert werden. Dazu werden nur ausgewählte Aspekte behandelt, die zum Verständnis der Zeichnung bzw. für das weitere Studium des Buches notwendig sind. Eine ausführliche Behandlung des Regelwerkes zur Erstellung von Technischen Zeichnungen von Maschinenelementen geht über die Intention dieses Buches hinaus. Hierzu existiert einschlägige Literatur, z.B. [Fritz u. Hoischen, 2024], die – aufgrund der sehr umfangreichen und sich fortlaufend weiterentwickelnden Normungen – vorab auf Aktualität geprüft werden sollte.

3.1 Elemente Technischer Zeichnungen

Eine Technische Zeichnung ist in der Regel ein wichtiges Dokument und dient zur Technischen Dokumentation und Kommunikation. Darüber hinaus definiert sie den Vertragsgegenstand zwischen Kunden und Lieferanten. Mehr noch, die dargestellten Produkte werden oftmals über Jahre, wenn gar Jahrzehnte, produziert. Dabei kommt es regelmäßig zu Änderungen am Produkt, die notwendig werden, da z.B. Fertigungswerkzeuge bzw. -maschinen ausgewechselt werden, der Kunde Änderungen am Produkt wünscht, oder

Rohstoffe nicht länger verfügbar oder zu teuer geworden sind. Das heißt, die Technische Zeichnung unterliegt einem fortlaufenden Änderungsprozess. Dieser Änderungen sind zwingend zu dokumentieren, so dass jederzeit rekapituliert werden kann, zu welchem Zeitpunkt welcher Zeichnungsstand gültig war. Dies ist insbesondere dann wichtig, wenn es zu Reklamationen und ggf. Schadensersatzforderungen seitens Kunden an den Lieferanten kommt. Darüber hinaus wird die Zeichnung bereichsübergreifend im Unternehmen verwendet: von der Entwicklungsabteilung, dem Einkauf (zur Abstimmung mit Unterlieferanten) oder der Fertigung. Dazu ist es notwendig, das klar ersichtlich ist, wer die Zeichnung erstellt hat, zu welchem Entwicklungsprojekt sie gehört oder inwieweit die Zeichnung noch in Bearbeitung ist. Aus diesen Gründen enthalten Technische Zeichnungen eine Reihe von Informationen, die für die unternehmensinternen Kommunikation, zur Administration bzw. zur lückenlosen Dokumentation der Zeichnungshistorie von Nöten sind.

3.1.1 Rahmen und Koordinatenraster

Zeichnungen können auf verschiedenen Blattformaten erstellt werden, die entsprechend der Produktdimension, des gewählten Maßstabes und weiterer, notwendiger Produktinformationen vom Zeichnungsersteller passend zu wählen sind. Typische Formate sind A0 bis A4, die in der Norm DIN EN ISO 216 festgelegt sind [DIN EN ISO 216]. Demnach besteht zwischen der kurzen Blattseite x und der langen Blattseite y immer der Zusammenhang $y = \sqrt{2} \cdot x$, vgl. Tabelle 3.1.

Auf dem Blatt wird durch einen rechteckigen Rahmen die Zeichnungsfläche definiert und zwar auf der linken Seite mit einem Randabstand von 20 mm (zum Zwecke der Heftlochung). Alle weiteren Randabstände betragen 10 mm. Anschließend wird ein äußerer rechteckiger Rahmen so gezeichnet, dass zwischen innerem und äußerem Rahmen ein Abstand von 5 mm besteht, vgl. Bild 3.2. Der so entstandene „Innenraum" wird in Sektoren unterteilt, die in vertikaler Richtung von oben nach unten mit Großbuchstaben und in horizontaler Richtung von links nach rechts mit Ziffern gekennzeichnet werden. Die Anzahl der Sektoren richtet sich nach dem Blattformat und ist in der DIN EN ISO 5457 festgelegt [DIN EN ISO 5457]. Sie werden ausgehend von der sog. Mittenmarkierung, ein 10 mm langer Strich in der Mitte einer jeden Rahmenseite, mit einer Länge von 50 mm konstruiert, vgl. Bild 3.1.

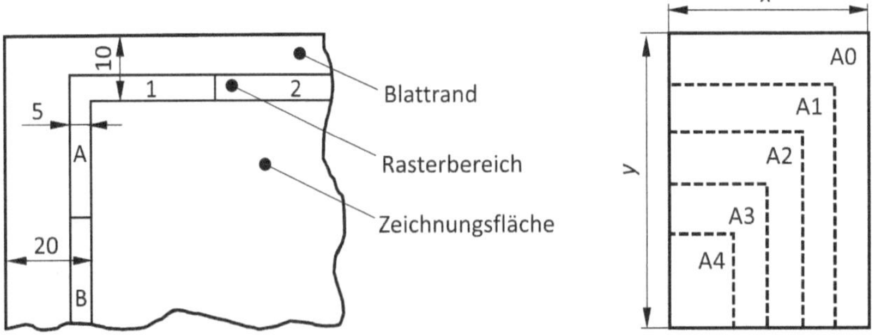

Bild 3.2 Konstruktion des Rahmens und des Koordinatenrasters

Tabelle 3.1 Blattformate und Anzahl der Sektoren nach DIN EN ISO 216 und DIN EN ISO 5457

Blattformat	Abmessungen in mm	Anzahl Sektoren in *x*	Anzahl Sektoren in *y*
A0	841 x 1189	16	24
A1	594 x 841	12	16
A2	420 x 594	8	12
A3	297 x 420	6	8
A4	210 x 297	4	6

Bild 3.2 (links) illustriert die Konstruktion von Zeichnungsfläche, äußerem Rahmen und der Sektoren. Innerhalb der Zeichnungsfläche werden sämtliche technischen Informationen inklusive der unterschiedlichen Produktansichten dargestellt. Hierbei dient das Koordinatenraster, d.h. die vertikalen und horizontalen Sektoren, der Identifizierung bzw. Adressierung einzelner Elemente der Zeichnung, wie man es beispielsweise vom Spiel „Schiffe versenken“ kennt, vgl. Abschnitt 3.1.4.

3.1.2 Schriftfeld bzw. Zeichnungskopf

Das Schriftfeld (auch Zeichnungskopf genannt) befindet sich innerhalb der Zeichnungsfläche, abgetrennt durch einen Rahmen im unteren, rechten Bereich. Gestaltung und Position ist in der DIN EN ISO 5457 [DIN EN ISO 5457] geregelt. Demnach hat das Schriftfeld unabhängig vom Blattformat immer eine Breite von 180 mm. Somit erstreckt es sich bei gewähltem A4 Hochformat über die gesamte Zeichnungsfläche (Blattbreite - linken Rand - rechten Rand = Breite der Zeichnungsfläche: 210 mm – 20 mm – 10 mm = 180 mm). Höhe und Einteilung der Datenfelder ist nicht genormt und dem Ersteller überlassen.

Der Inhalt des Zeichnungskopfes ist in der DIN EN ISO 7200 definiert [DIN EN ISO 7200]. Es gibt obligatorische und optionale Datenfelder, die im Schriftfeld aufgeführt sein müssen bzw. können. Außerdem unterscheidet man zwischen identifizierenden (i), beschreibenden (b) und adminstrativen (a) Datenfeldern. Folgende, acht Punkte sind zwingend gefordert

Eigentümer (i): Angabe zur Firma oder Person, die die Eigentumsrechte an der Zeichnung besitzt. Hier ist auch ein Firmenlogo im Schriftfeld üblich.

Titel (b): Beschreibung oder Name des dargestellten Produktes.

Sachnummer (i): Unternehmensinterner, eindeutiger Zifferncode, der spezifisch für jede Zeichnung vergeben wird. Diese sog. Zeichnungsnummer erlaubt die eindeutige Identifizierung der Zeichnung.

Ausgabedatum (i): Datum, an dem die Zeichnung erstmalig genehmigt und für den offiziellen Gebrauch freigegeben wurde.

Blattnummer (i): Je nach Umfang und Komplexität des Produktes können auch mehrere Blätter zu einer Zeichnung gehören. Dann sind die einzelnen Blätter zu nummerieren.

Ersteller (a): Person, die die Zeichnung erstellt oder zuletzt geändert hat.

Prüfer (a): Person, die gemäß dem Vier-Augen-Prinzip, vgl. Abschnitt 1.2.1, die Zeichnung kontrolliert hat.

Genehmiger (a): Person, die in der Unternehmenshierarchie dazu berechtigt ist, Produktentwicklungen freizugeben. Oftmals handelt es sich um den Projektleiter. Prüfer und Genehmiger sind nicht zwangsläufig dieselben Personen.

Optionale Daten sind beispielsweise: verantwortliche Abteilung (a), Dokumentenstatus[1] (a), Sprache (i), Blattformat (a), Untertitel (b) oder Änderungsindex (i), vgl. Abschnitt 3.1.4.

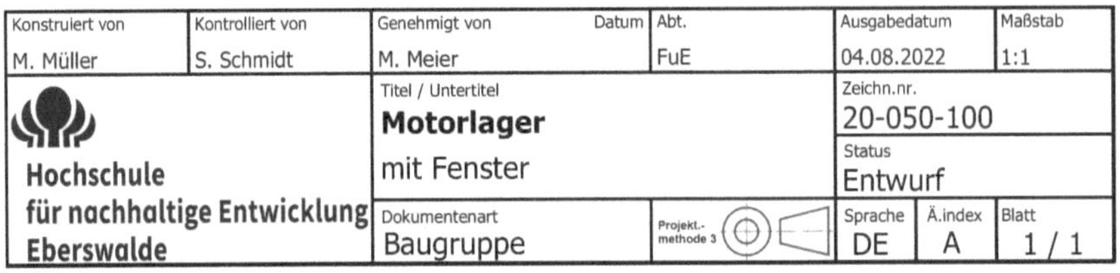

Bild 3.3 Schriftfeld gemäß Bild 3.1 mit obligatorischen und optionalen Datenfeldern

Bild 3.3 zeigt abschließend das Schriftfeld der eingangs thematisierten Motorlagerzeichnung. Hierbei fällt auf, dass zusätzlich zu den o.g. Datenfeldern noch der Maßstab und die Projektionsmethode (vgl. Abschnitt 3.1.5) aufgeführt ist. Diese sind in der DIN EN ISO 7200 nicht erwähnt. Die Darstellung der Projektionsmethode im Schriftfeld ist üblich, wohingegen die Angabe des Maßstabes gemäß ISO 5455 im Schriftfeld explizit gefordert ist[2] [DIN ISO 5455].

3.1.3 Bauteilliste bzw. Stückliste

Betrachtet man die Zeichnung in Bild 3.1 so kann man feststellen, dass das Motorlager aus drei Komponenten besteht. Besonders deutlich wird dies in der Schnittdarstellung D-D oben rechts. Der innere einfach schraffierte Bereich (3) kennzeichnet den inneren Metallkörper (Metallkern). Der äußere, einfach schraffierte, dünne Bereich (2) markiert ein Metallblech mit dem Vier-Loch-Flansch. Dazwischen, doppelt schraffiert, befindet sich der Gummi (1). Diese drei Komponenten sind in der Abbildung mit einer eingekreisten Ziffer nummeriert, der sog. Positionsnummer, Bild 3.4.

Das Motorlager kann demnach als eine Baugruppe, bestehend aus drei Bauteilen aufgefasst werden. Die in den Ansichten nummerierten Bauteile werden unten rechts über dem Schriftfeld in der Bauteilliste (auch Stückliste genannt) tabellarisch aufgelistet. Der Inhalt war ursprünglich in der DIN 6771-2 geregelt. Allerdings ist diese Norm ersatzlos zurückgezogen, so dass der Inhalt formal nicht vorgeschrieben ist. Gleichwohl sind folgende Angaben üblich und empfohlen: Nummerierung des Bauteils, Menge des Bauteils in der Baugruppe, Sachnummer (z.B. die Zeichnungsnummer des Bauteils) und eine Benennung/Beschreibung des Bauteils, vgl. Spalte 1-4 in Bild 3.4.

---

1 Zeichnungen werden oftmals in unternehmensweiten Datenbanken abgelegt, sowohl der Entwurfsstand als auch die finalen, genehmigten Zeichnungen. Welchen Status die Zeichnung hat, ist wichtig zu erkennen, um nicht vorzeitig auf Basis des noch nicht ausgereiften Produktes Aktivitäten in Produktion oder Einkauf zu starten.

2 Demzufolge sind DIN EN ISO 7200 und ISO 5455 nicht aufeinander abgestimmt.

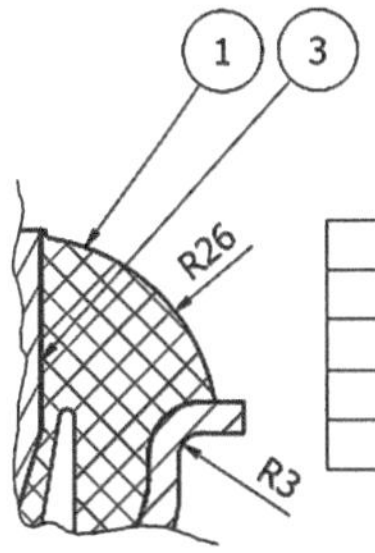

BAUTEILLISTE			
OBJEKT	ANZAHL	BAUTEILNUMMER	BESCHREIBUNG
1	1	20-050-001	Gummikörper
2	1	20-050-002	Metallflansch
3	1	20-050-003	Metallkern

Bild 3.4 Positionsnummern und Bauteilliste am Beispiel des Motorlagers

3.1.4 Zeichnungsänderungen

Zur lückenlosen Dokumentation sind alle Zeichnungsüberarbeitungen zu archivieren, um die „Produktevolution" jederzeit rekapitulieren zu können. Aus diesem Grunde werden die Zeichnungen mit jeder Änderung (auch Revision genannt) mit einem ansteigendem Änderungsindex (z.B. 1,2... oder A,B,...) versehen. Dieser Index ist meistens im Schriftfeld enthalten, es sei denn, die Zeichnung wurde noch nicht geändert.

Bild 3.5 zeigt die dokumentierte Änderung der Zeichnung aus Bild 3.1. Der Index A im Schriftfeld (unten rechts) impliziert, dass genau eine Änderung durchgeführt wurde.

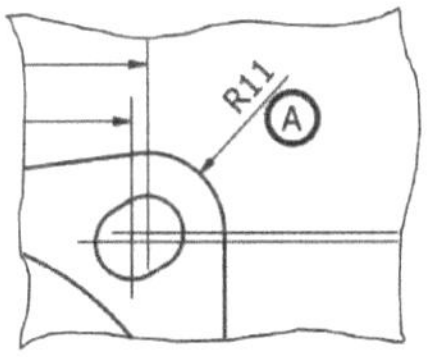

REVISIONSVERLAUF				
ZONE	REV.	BESCHREIBUNG	DATUM	GENEHMIGT
D4	A	von R12 auf R11 geä.	20.02.2024	M. Meier

Bild 3.5 Dokumentation der Änderung am Beispiel des Motorlagers

Die jeweiligen Revisionen werden zeilenweise in der Änderungstabelle oberhalb des Schriftfeldes aufgelistet, Bild 3.5. Der Inhalt ist nicht genormt, sollte aber eindeutig und möglichst präzise die durchgeführte Änderung beschreiben. Darüber hinaus wird in der Zeichnung an der Stelle der Änderung ein sog. „Änderungsmarker" gesetzt, im vorliegenden Beispiel dargestellt durch den eingekreisten Index. Mithilfe der Koordinatenangabe (vgl. Spalte „Zone") in der Revisionstabelle kann die jeweilige Änderung lokalisiert werden, was wiederum dem Leser hilft, diese in komplexen und umfangreichen Zeichnungen wiederzufinden.

3.1.5 Produktansichten

Die eigentliche zeichnerische Darstellung des Produktes wird in der Zeichnungsfläche realisiert. Dabei gilt es, die Geometrie des 3D-Volumenkörper durch verschiedene 2D-Ansichten vollständig zu beschreiben. Um alle Merkmale der Geometrie visuell zu erfassen sind in der Regel mehrere Ansichten notwendig.

Die äußere Geometrie wird, ausgehend von einer Hauptansicht, über **Projektionen**, die um die Hauptansicht platziert werden, dargestellt. Wie viele Projektionen zur vollständigen Beschreibung notwendig sind, richtet sich nach dem Produkt und muss vom Konstrukteur festgelegt werden.

In der jeweiligen Ansicht werden alle sichtbaren Kanten durch Linien abgebildet (z.B. Körperkanten, Absätze, Fasen). Rundungen sind aufgrund ihres graduellen Übergangs, es sei denn, sie fallen am Anfang oder Ende mit einer Kante zusammen, in der Draufsicht nicht sichtbar.

Daneben gibt es auch innere Konstruktionsmerkmale, die über die äußeren Ansichten nicht erfasst werden, z.B. die Tiefe einer Bohrung oder innen liegende Nuten. Um diese abzubilden, muss das Modell gedanklich „aufgebrochen" werden. Die entsprechende grafische Umsetzung erfolgt über sog. **Schnittansichten**.

3.1.5.1 Projektionsmethoden

Zur Darstellung der äußeren Geometrie wird das Produkt in einer Hauptansicht und, sofern notwendig, in weiteren Ansichten gezeichnet. Dabei sind die zusätzlichen Ansichten entsprechend der gewählten Projektionsmethode links oder rechts bzw. oberhalb oder unterhalb der Hauptansicht zu platzieren. Grundsätzlich wird zwischen zwei Projektionsmethoden unterschieden, die in der Norm IS0 5456-2 geregelt sind [DIN ISO 5456-2]: Projektionsmethode 1 (im europäischen Raum verbreitet und üblich) und Projektionsmethode 3 (im angelsächsischen Raum, also in GB und den USA, etabliert) unterschieden[3].

Projektionsmethode 1: Ausgehend von der Vordersicht in Bild 3.6 (links) wird der Körper gedanklich nach links gekippt und damit auf seine linke Seite gestellt. Somit würde die rechte Seite nach oben ragen und zu sehen sein. Diese Seitenansicht wird links neben der Draufsicht dargestellt, da sie sich durch Kippen nach links ergibt. Gleiches gilt für die anderen Ansichten, z.B. wird unterhalb der Draufsicht die Ansicht dargestellt, die durch Kippen des Körper nach unten folgt, also die obere Seite.

Projektionsmethode 3: Hierbei wird links der Vordersicht die Ansicht dargestellt, die sich ergibt, wenn von links auf den Körper geschaut wird. In gleicher Weise werden die anderen Ansichten, also die rechte, obere und untere Ansicht platziert. Betrachtet man z.B. die Vordersicht in Bild 3.6 (rechts) und stellt sich vor, von links auf den Körper zu schauen, so würde man die angefasten Bohrungen sehen. Dementsprechend ist diese Ansicht links der Vordersicht zu finden.

Beide Methoden sind zulässig, allerdings muss die letztendlich gewählte Methode auf der Zeichnung angegeben werde. Dazu wird typischerweise ein **Kegelsymbol**, häufig im Zeichnungskopf, verwendet, vgl. Bild 3.1. Hierbei wird ein Kegel in der Seitenansicht (Blick auf die Mantelfläche) gezeigt. Je nach dem, welche Projektionsmethode gewählt wurde, ergibt sich dann die Draufsicht (Blick auf die zwei Kreise) links oder rechts der Seitenansicht, vgl. Bild 3.6.

---

3 Projektionsmethode 2 existiert nicht.

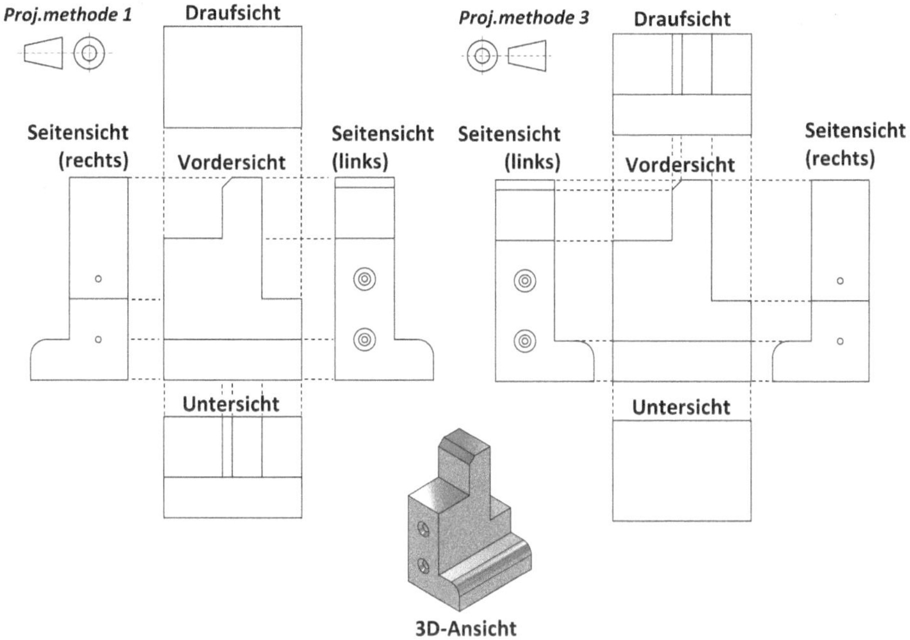

Bild 3.6 Darstellung der Projektionsmethoden 1 und 3 am Beispiel eines imaginären Bauteils

3.1.5.2 Schnitt- und Detailansichten

Zur Darstellung von eventuell vorhandenen inneren Konstruktionsmerkmalen wird das Produkt im „aufgeschnittenen Zustand" gezeichnet. Dazu wird eine geeignete Ebene durch den Körper definiert, durch die der Schnitt verlaufen soll, Bild 3.7 (oben). Diese **Schnittebene** ist möglichst so zu platzieren, dass die darzustellenden inneren Merkmale auch im Schnitt zutage treten. So sollte beispielsweise die Schnittebene im Bild 3.7 (oben, rechts) möglichst durch die Bohrungen verlaufen, so dass die linke Hälfte der Bohrungen im linken Schnittteil enthalten und folglich in der **Schnittansicht** abgebildet ist.

Die zeichnerisch Umsetzung eines Körperschnittes ist in Bild 3.7 (unten) zu finden, vgl. auch DIN EN ISO 128-3 [DIN EN ISO 128-3]. Dabei wird in der Projektionsansicht zuerst mit einer Strich-Punkt-Linie die Schnittebene definiert. Außerdem wird durch zwei Pfeile und den Kennbuchstaben A-A der Schnittverlauf (Anfang und Ende des Schnittes) und die Blickrichtung auf die Schnittansicht festgelegt. Die daraus resultierende Schnittansicht (Blick auf den linken Teil des geschnittenen Körpers) wird in einer separaten Ansicht gezeichnet, wobei die Position der Ansicht in der Zeichnungsfläche frei wählbar ist. Die geschnittenen Flächen werden dabei schraffiert. Dabei hat sich bewährt, metallische Flächen einfach schräg, Gummi und Kunststoffe zweifach schräg und Holz mit horizontalen Linien zu schraffieren.

Mitunter existieren am Produkt lokale Konstruktionsdetails, die in der jeweiligen Ansicht unzureichend aufgelöst sind. Hier ist eine separate Darstellung mit vergrößerter Auflösung von Nöten. Dazu kann der zu vergrößernde Bereich in der Ursprungsansicht durch eine Einkreisung oder geschlossene Freihandlinie kenntlich gemacht werden. Außerdem wird der Bereich mit einem Kennbuchstaben, z.B. B, versehen. Dieser Bereich kann dann un-

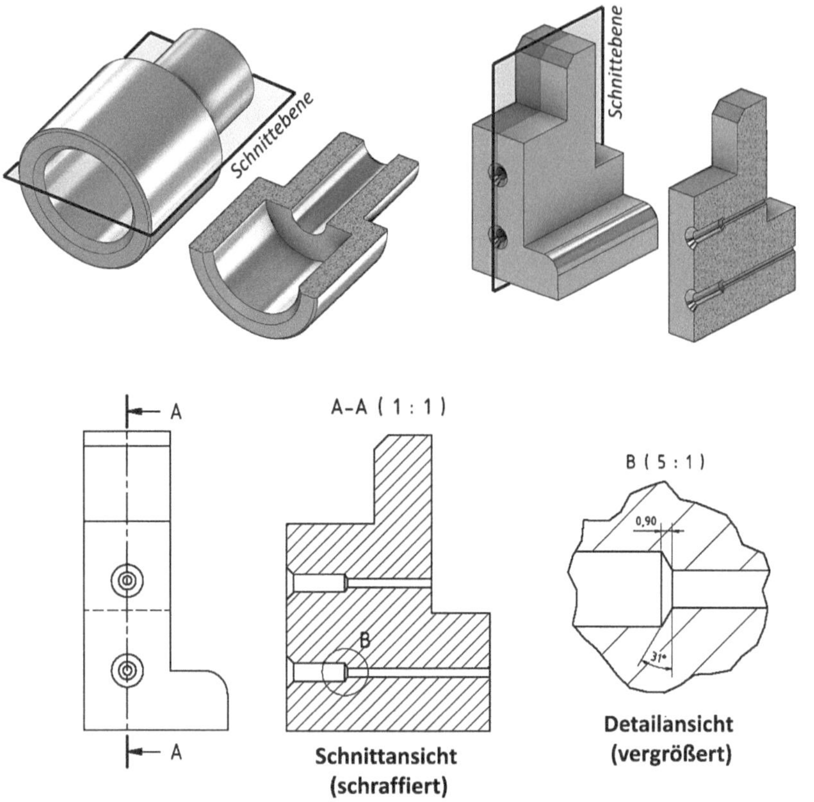

Bild 3.7 Illustration der Schnittebene und der resultierenden geschnittenen Bauteile (oben), Definition der Schnittebene in der Projektionsansicht (unten links), resultierende Schnittansicht (Mitte) und vergrößerte Darstellung eines Konstruktionsdetails mittels Detailansicht (rechts)

ter Angabe des Kennbuchstaben und des Maßstabes in einer separaten sog. **Detailansicht** vergrößert dargestellt werden, Bild 3.7 (rechts).

Neben dem sog. **Vollschnitt**, bei dem der Körper vollständig geschnitten wird, Bild 3.7, existieren auch Schnittvarianten, bei denen der Körper nur teilweise geschnitten wird. Der sog. **Halbschnitt** und der sog. **Teilschnitt** sind dabei zwei häufig verwendete Varianten. Betrachtet man Bild 3.8, so findet der Halbschnitt insbesondere bei symmetrischen Bauteilen Anwendung. Dabei wird die Trennlinie zwischen geschnittenem und ungeschnittenem Bereich mit einer Strich-Punkt-Linie markiert. Außerdem gilt bei Halbschnitten die Regel, dass bei stehenden/liegenden Bauteilen der Schnitt immer rechts/unterhalb der Symmetrielinie abgebildet wird.

Der Teilschnitt findet immer dann Anwendung, wenn lokal begrenzte, innere Kostruktionsmerkmale auftreten, bei denen ein lokaler Schnitt zur Darstellung ausreichend ist. Dazu wird der freizuschneidene Bereich mit einer Freihandlinie markiert. Die „freigelegten Flächen" des sog. Ausbruches sind – wie gewohnt – zu schraffieren, Bild 3.8 (unten).

Abschließend ist zu erwähnen, dass verschiedene Bauteile im Schnitt unterschiedlich schraffiert werden. Sofern **Normteile**, also häufig verwendete, in Gestaltung und Ab-

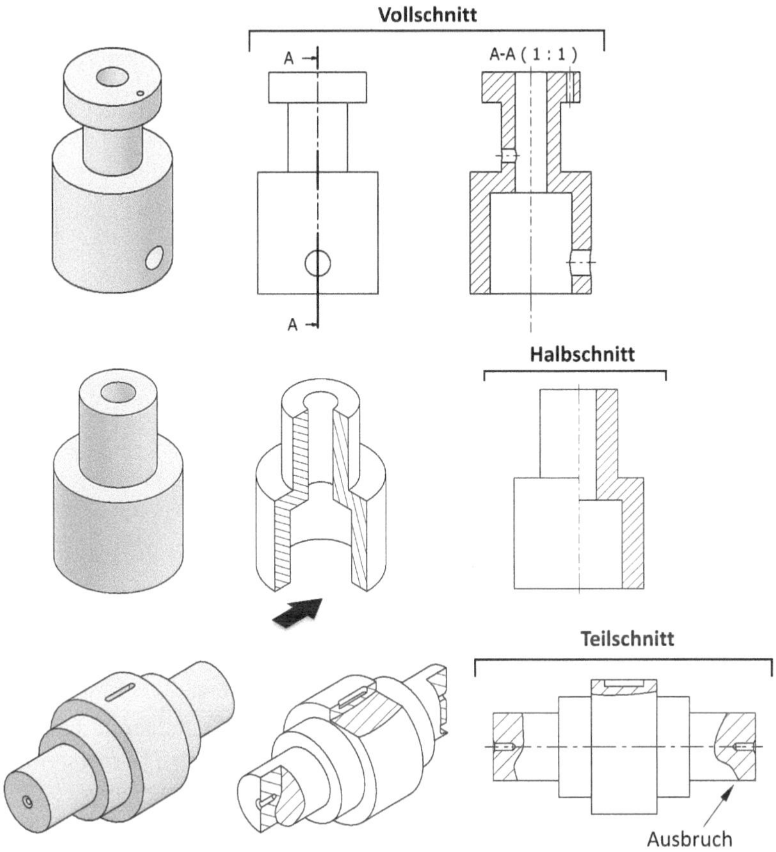

Bild 3.8 Vollschnitt, Halbschnitt und Teilschnitt. Die umklammerten Ansichten kennzeichnen die relevante Darstellung auf der technischen Zeichnung

messung genormte Standardbauteile, Verwendung finden, so werden diese grundsätzlich ungeschnitten dargestellt. Bild 3.9 zeigt hierzu eine Baugruppe, bestehend aus drei Metallplatten, einem Gewindebolzen, einer Unterlegscheibe, einer Sechskantmutter, einem Zylinderstift und einer Zylinderschraube. Offensichtlich handelt es sich bei den Verbindungselementen um genormte Bauteile, denn sie sind nicht schraffiert. Eine Schnittdarstellung würde keine zusätzlichen Erkenntnisse bringen, da durch ihre Normung sämtliche Konstruktionsmerkmale bekannt sind.

3.1.6 Bemaßung und Toleranzen

Neben der Produktgestalt, die aus den unterschiedlichen Ansichten hervorgeht, müssen auch die Abmesssungen des Körpers (z.B. Länge, Breite, Höhe, Durchmesser, etc.) und die Positionen einzelner Konstruktionsmerkmale (z.B. Position einer Bohrung oder eines Wellenabsatzes) definiert werden. Hierzu werden die Ansichten mithilfe von **Maßlinien**, **Maßpfeilen**, **Maßhilfslinien** und **Maßzahlen** beschriftet, Bild 3.10. Dabei ist darauf zu achten,

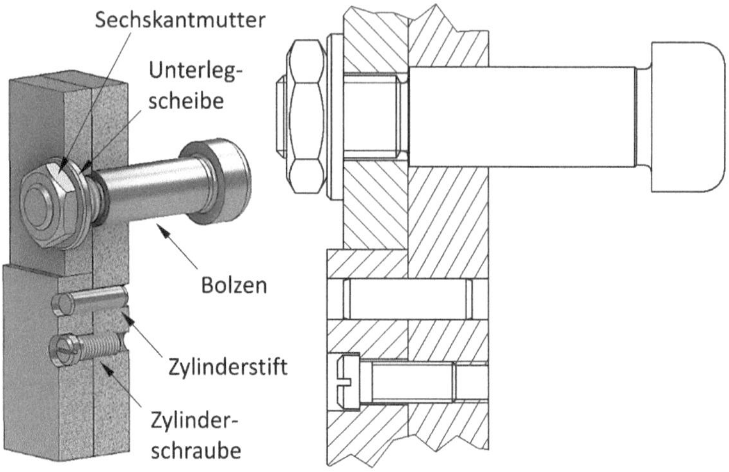

Bild 3.9 Darstellung von Normteilen und unterschiedlicher Bauteile im Schnitt

dass alle notwendigen Maße angegeben werden. Insbesondere bei komplexen Zeichnungen kann es schnell zu fehlenden Maßen kommen, was wiederum zu unnötigen Produktionsstopps, Rückfragen der Fertigung und vermeidbaren Zeichnungsänderungen führen kann. Entsprechend ist hier besondere Sorgfalt geboten.

Betrachtet man die Bemaßung in Bild 3.10, so können verschiedene Punkte festgestellt werden: **(1)** Die Maßhilfslinien dienen der Markierung der zu bemaßenden Körperkanten. Auf der Maßlinie mit den Maßpfeilen an den Enden wird die Maßzahl mittig positioniert angegeben. Bei horizontaler Maßlinie ist die Maßzahl aufrecht, bei vertikaler Bemaßung ist die Maßzahl um 90° gedreht. **(2)** Geklammerte Maßzahlen sind redundante bzw. unwichtige Maße. Sie dienen ausschließlich der Information und sind nicht Teil der Spezifikation. **(3)** Einigen Maßzahlen ist eine Toleranzangaben hinten angestellt. **Toleranzen** sind natürlich und resultieren aus dem Fertigungsprozess, in dem die Maßzahl nie exakt eingestellt werden kann. Somit beschreibt die Toleranz die zulässige Abweichung von der Maßzahl. Mit der Definition der Toleranzen durch den Konstrukteur wird oftmals auch das Fertigungsverfahren festgelegt. Mehr noch, je enger die Toleranzen gewählt werden, umso teurer wird in der Regel auch die Fertigung, beispielsweise durch langsamere Vorschubgeschwindigkeiten beim Drehen oder durch zusätzliche, nachgeschaltete Schleifprozesse. Bild 3.10 (links) zeigt drei Varianten der expliziten Toleranzangabe. Sie kann symmetrisch (z.B. $12 \pm 0,5$), durch Angabe eines oberen und unteren Abmaßes (z.B. $\varnothing 63 + 0,085/-0,000$) oder durch Angabe eines Kurzzeichens für die Toleranzklasse[4] (z.B. ∅50 H9) festgelegt sein. **(4)** An einigen Maßzahlen findet sich keine explizite Toleranzangabe. In diesen Fällen gilt immer die sog. **Allgemeintoleranz**, die für verschiedene Werkstoffe und Halbzeuge genormt ist, vgl. Kasten auf S.71. **(5)** Bei Winkelangaben entspricht die Maßlinie einem Kreisbogen, auf dem die Maßzahl in Grad (°) und ggf. Minuten (1° = 60') tangential notiert wird. Radien von Rundungen werden mit einer Maßlinie und einem auf die Rundung gerichteten einseitigem Maßpfeil gekennzeichnet. Die Maßzahl ist mit einem vorangestell-

[4] Auf Toleranzklassen wird im Kapitel über Welle-Nabe-Verbindungen im Detail eingegangen.

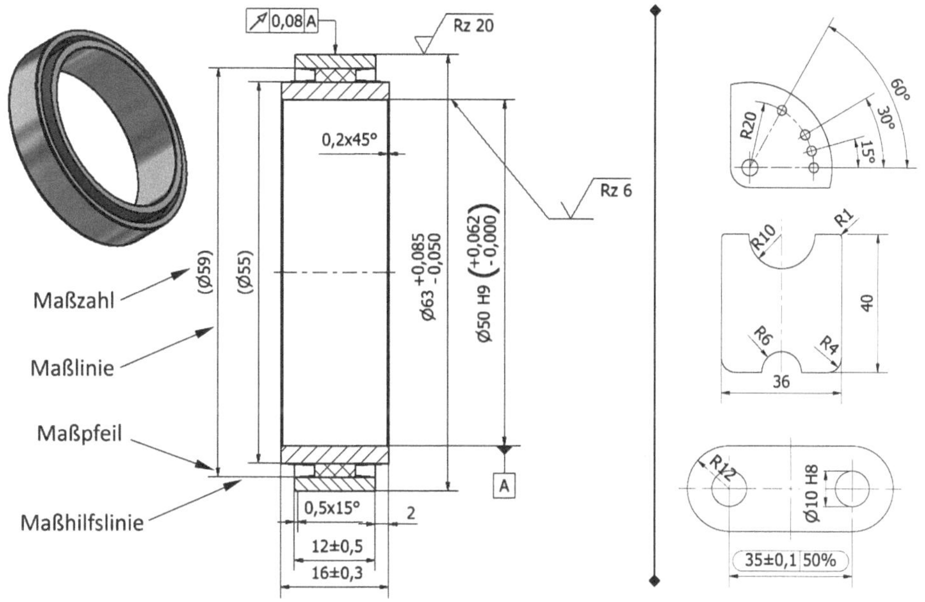

Bild 3.10 Bemaßung und Angabe der Toleranzen am Beispiel einer Gummi-Buchse (links), Bemaßung von Winkel, Radien und wichtigen Maßen (Prüfmaße) (rechts)

ten „R" versehen und befindet sich in selber Ausrichtung auf der Maßlinie. (**6**) Prüfmaße, d.h. Maße von besonderer Wichtigkeit, die im gewissen Umfang vor Auslieferung an den Kunden zu überprüfen sind, werden durch einen Rahmen mit abgerundeten Flanken hervorgehoben, Bild 3.10 (rechts unten). Dabei wird neben der Toleranz auch der Prüfumfang mit angegeben (z.B. 50 %, d.h. jedes zweite Teil ist zu prüfen).

Allgemeintoleranzen:
Zur Vereinfachung von Zeichnungen können Längen- und Winkelmaße ohne explizite Angabe der Toleranz in der Zeichnung angegeben werden. Für diese Werte gelten dann genormte Allgemeintoleranzen, die sich im Wesentlichen nach dem verwendeten Werkstoff richten. Die hier wichtigsten, relevanten Normen sind [DIN ISO 2768-1] [DIN ISO 2768-2][DIN ISO 3302-1] [DIN 68100][DIN EN 10243-1][DIN 6930-2]:

- Metalle allgemein (Längen- und Winkelmaße): DIN ISO 2768-1,
- Metalle allgemein (Form- und Lagertoleranzen): DIN ISO 2768-2,
- Gummibauteile: DIN ISO 3302-1,
- Holz- und Holzwerkstoffe: DIN 68100,
- Schmiedeteile aus Stahl: DIN EN 10243-1,
- Stanzteile aus Stahl: DIN 6930-2.

Die Logik in den verschiedenen Normen ist ähnlich. Es gibt unterschiedliche, definierte Genauigkeitsgrade bzw. Toleranzklassen (z.B. fein, mittel, grob) für die spezifische Toleranzwerte festgelegt sind. Dabei richtet sich die Toleranz nach dem Nennmaß der zu tolerierenden Maßzahl, vgl. Bild 3.11. So ergibt sich für eine festgelegte mittlere Toleranzklasse für das Höhenmaß in Bild 3.10 (rechts Mitte) von 40 mm eine Toleranz von ±0,3 mm. Die jeweils anzuwendende Norm und Toleranzklasse sind auf der Zeichnung anzugeben, vgl. Bild 3.1. ■

Toleranzklasse (Kurzzeichen)	Grenzabmaße für unterschiedliche Nennmaße (alle Werte in mm)					
	von 0,5 bis 3	über 3 bis 6	über 6 bis 30	über 30 bis 120	über 120 bis 400	über 400 bis 1000
fein (f)	±0,05	±0,05	±0,1	±0,15	±0,2	±0,3
mittel (m)	±0,1	±0,1	±0,2	±0,3	±0,5	±0,8
grob (c)	±0,2	±0,3	±0,5	±0,8	±1,2	±2
sehr grob (v)	---	±0,5	±1	±1,5	±2,5	±4

Bild 3.11 Allgemeintoleranzen für Längenmaße (ohne gebrochene Kanten) nach DIN ISO 2768-1

Des weiteren findet man in Bild 3.10 (links) ein Symbol, dass an das mathematische Wurzelzeichen erinnert und mit „Rz20" bzw. „Rz6" bemaßt ist. Hierbei handelt es sich um die Festlegung der **Oberflächenrauheit**, die separat in Abschnitt 3.2.1 erörtert wird.

Außerdem enthält die Ansicht eine sog. **Form- und Lagetoleranz**. Bauteile sind durch geometrische Formen, z.B. ebene Flächen, Quader, Zylinder, etc., repräsentiert. Diese Formen können auf zwei Arten variieren:

- *Formtoleranz*: zulässige Abweichung der jeweiligen geometrischen Form von seiner idealen Gestalt, Bild 3.12 (links unten).
- *Lagetoleranz*: zulässige Abweichung von der idealen Lage zweier geometrischer Elemente zueinander. Hierbei wird unterschieden zwischen **Orts-**, **Richtungs-** und **Lauftoleranz**. In allen drei Fällen ist ein Bezugselement anzugeben, von dem ausgehend die Lage des Elements definiert wird, Bild 3.12 (links oben).

Beispiel: Richtungstoleranz:

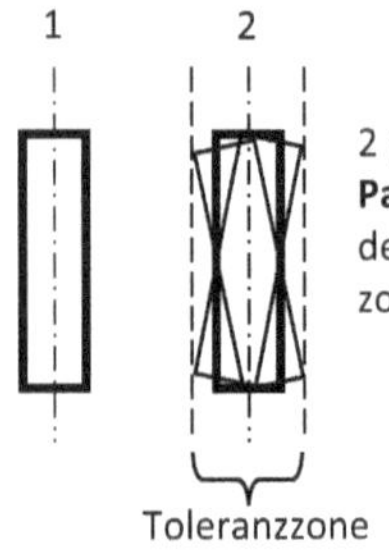

2 parallele Bohrungen: **Parallelität** darf innerhalb der definierten Toleranzzone abweichen

Beispiel Formtoleranz:

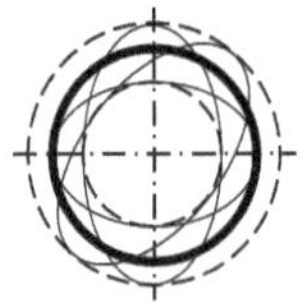

Rundheit eines Kreises: Rundheit darf innerhalb der Toleranzzone variieren

Toleranzart	Bezeichnung	Symbol
Formtoleranz	Geradheit	—
	Rundheit	○
	Ebenheit	⏥
	Zylindrizität	⌭
	Linienprofil	⌒
Richtungs- und Lauftoleranz	Rechtwinkligkeit	⊥
	Parallelität	//
	Neigung	∠
	Rundlauf	↗
	Gesamtrundlauf	⌰
Ortstoleranz	Position	⌖
	Konzentrizität/ Koaxialität	◎
	Symmetrie	⌯

Bild 3.12 zwei Beispiele für eine Richtungs- und Formtoleranz (links), Zusammenfassung der wichtigsten Form- und Lagetoleranzen nach DIN EN ISO 1101 (rechts)

Bild 3.12 (rechts) zeigt die wichtigsten Form- und Lagetoleranzen inklusive der Symbole gemäß der DIN EN ISO 1101 [DIN EN ISO 1101]. Demzufolge ist in Bild 3.10 (links) der **Rundlauf** des äußerem Durchmessers durch den eingerahmten, nach rechts-oben gerichteten Pfeil toleriert. Als Bezug ist im Rahmen der Buchstabe A angegeben, der sich wiederum auf der Maßhilfslinie des inneren Buchsendurchmesser befindet. Außerdem ist im Rahmen ein Toleranzwert von 0,08 mm ausgewiesen.

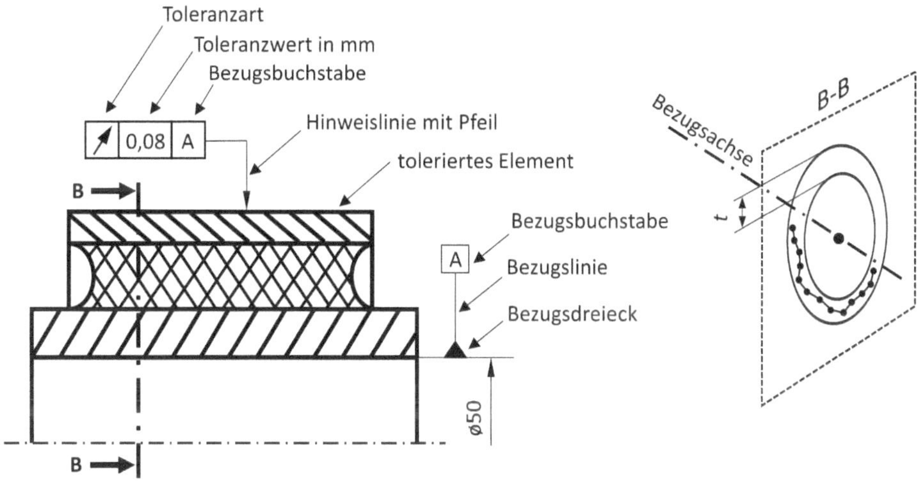

Bild 3.13 Normgerechte Angabe der Rundlauftoleranz inklusive Illustration des Toleranzzone gemäß DIN EN ISO 1101

Was versteht man nun unter der Rundlauftoleranz? Dazu soll Bild 3.13 betrachtet werden. Hierin wird als Bezug A die zugehörige Achse des Innendurchmesser gewählt, festgelegt durch das Bezugsdreieck auf der entsprechenden Maßhilfslinie. Für einen beliebigen Querschnitt B-B durch die Buchse muss jeder Punkt auf der Oberfläche des Außendurchmessers innerhalb zweier konzentrischer Kreise liegen, die sich um den radialen Abstand $t = 0{,}08$ mm (Toleranzzone) unterscheiden.

Zur Erläuterung aller weiteren Form- und Lagetoleranzen aus Bild 3.12 (rechts) wird an dieser Stelle auf die Norm DIN EN ISO 1101 verwiesen.

3.1.7 Weitere Textbausteine

Bild 3.1 zeigt neben den diskutierten Elementen weitere Textbausteine, die Informationen zu den verwendeten Werkstoffen, zur Fertigung des Produktes, zu geltenden Umweltrichtlinien, zum Oberflächenschutz oder zur Kennzeichnung des Bauteils geben. Diese Textbausteine können frei platziert werden. Sofern notwendig oder hilfreich können sie auch mit einem Hinweispfeil versehen werden.

Weitere Texte, die häufig auf Zeichnungen aufgeführt sind, sind Informationen zu den physikalischen Eigenschaften des Produktes (z.B. zum Kraft-Einfederungs-Verhältnis des Motorlagers) oder zu Prüfungen, die vor Auslieferung durch den Hersteller durchzuführen sind.

Normbezeichnungen:
Bei den zurückliegenden Normen-Zitaten tauchten unterschiedliche Abkürzungen und Kombinationen dieser auf (DIN, EN oder ISO). Hierzu ist anzumerken, dass Normen von nationalen und internationalen Institutionen herausgegeben werden. Anhand der Abkürzungen lassen sich die jeweiligen Herausgeber der Norm und damit auch ihr Gültigkeitsbereich identifizieren:

- **DIN**: Herausgeber ist das Deutsches Institut für Normung e.V.. Sie ist verantwortlich für die nationale Normung in Deutschland.
- **EN**: Herausgeber ist das Europäische Komitee für Normung (CEN). Entsprechend handelt es sich um eine überstaatliche Institution; diese Europäischen Normen gelten typischerweise innerhalb der EU.
- **ISO**: Herausgeber ist die International Organisation for Standardisation; diese Normen gelten international (ISO-Standard).

Daneben gibt es auch Kombinationen, z.B.:

- **DIN EN**: Hierbei handelt es sich um Europäische Normen, die unverändert in eine Deutsche Norm übernommen wurde.
- **EN ISO**: Dieses Kürzel steht für eine Internationale Norm, die unverändert zur Europäischen Norm erklärt wurde.
- **DIN EN ISO**: Dahinter verbirgt sich eine EN ISO Norm, die in das Deutsche Normenwerk übernommen wurde.

Bisweilen kommen auch andere Kürzel im Ingenieuralltag vor, mit denen sich aufgrund der voranschreitenden Globalisierung, auseinandergesetzt werden muss. Beispiele sind **BS** (Britische Norm), **ASTM** (Amerikanische Norm für Test- und Analyseverfahren, **GB** (Chinesische Norm).

3.2 Weitere Symbole und Angaben

3.2.1 Oberflächen

Ein Bauteil in seiner definierten Gestalt zu fertigen bedeutet, die unterschiedlichen Oberflächen des Werkstücks zu bearbeiten. Je nach Bearbeitungsverfahren kann sich die Oberfläche mehr oder weniger „glatt" anfühlen; der Techniker spricht von der sog. **Oberflächenrauheit**. Um diese zu quantifizieren, wird die Oberfläche eines Werkstücks auf mikroskopischer Skala betrachtet. Für einen beliebigen Querschnitt durch das Werkstück ergibt sich so eine Schnittprofillinie mit zahlreichen Bergen und Tälern, Bild 3.14. Für diese können nach Norm DIN EN ISO 4287 verschiedene Kenngrößen abgeleitet werden [DIN EN ISO 4287]. Demnach kann für einen Linienabschnitt r der Länge l_r die sog. **größte Profilhöhe** $R_{z,r}$ (= Abstand zwischen Berg und Tal) definiert werden. Die **gemittelte Rautiefe**[5] R_z folgt aus dem in der Norm DIN EN ISO 4288 definierten Messverfahren [DIN EN ISO 4288]. Dazu wird eine Messstrecke l_n in fünf gleichgroße Abschnitte der Länge l_r ($r \in [1,5]$) unterteilt und die jeweiligen größten Profilhöhen $R_{z,1}...R_{z,5}$ bestimmt, Bild 3.14. Anschließend wird der arithmetische Mittelwert gebildet:

---
5 Der Begriff kommt in der Norm nicht vor, ist aber üblich im Maschinenbau.

$$R_z = \frac{1}{n}(R_{z,1} + ... + R_{z,n}) \quad , \quad (n = 5)\,. \tag{3.1}$$

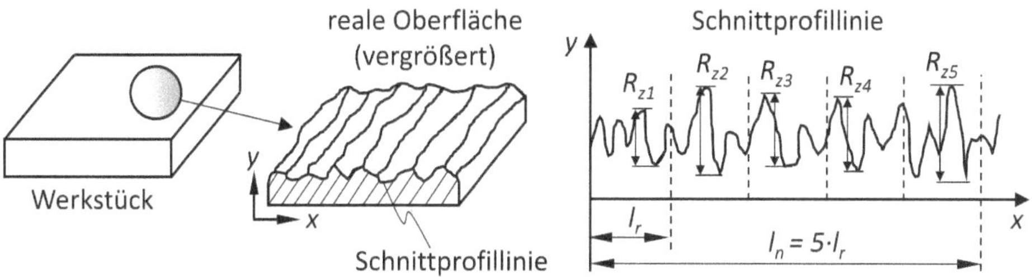

Bild 3.14 Reale Werkstückoberfläche und Bestimmung der gemittelten Rauhtiefe R_z

Die festzulegende Länge l_n richtet sich nach der zu erwartenden R_z-Wert. Dieser wiederum ist anhand von Sichtprüfungen oder Oberflächen-Vergleichsmustern zu schätzen. So ergibt sich beispielsweise nach DIN EN ISO 4288 für die Schätzung $10\,\mu m < R_z \leq 50\,\mu m$ eine Messstrecke von $l_n = 12{,}5\,mm$ und eine Einzelmessstrecke von $l_r = 2{,}5\,mm$ [DIN EN ISO 4288].

Bild 3.15 zeigt die üblichen R_z-Werte, die mit den gängigen Bearbeitungsverfahren für Metalle erreichbar sind. Sie kann als Orientierung zur Festlegung der Oberflächenrauheit bzw. zur Fertigungsplanung verwendet werden.

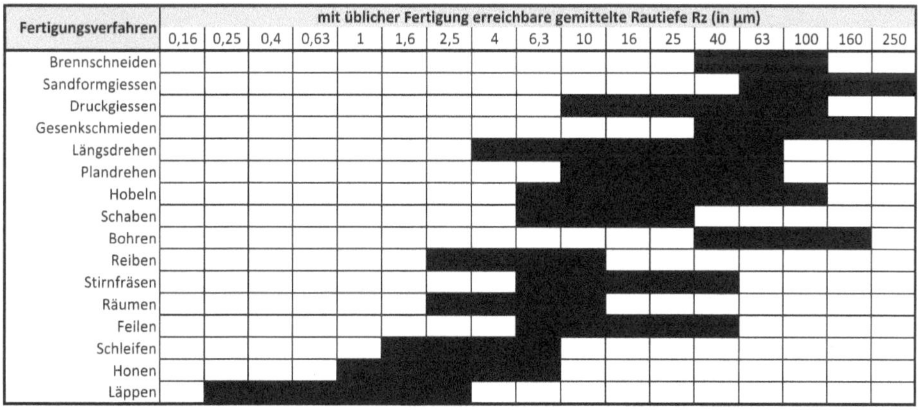

Bild 3.15 Typische gemittelte Rauhtiefen für unterschiedliche Metall-Bearbeitungsverfahren

Die gemittelte Rautiefe R_z kann mit speziellen Messinstrumenten zur Rauheitsmessung[6] ermittelt werden. Hierbei wird die Oberfläche der Messstrecke **optisch** oder **mit einem Taster** erfasst und R_z automatisch intern nach dem o.g. Verfahren berechnet.

Oberflächenrauheiten, sofern sie zu spezifizieren sind, sind gemäß der Norm DIN EN ISO 21920 auf der Zeichnung anzugeben [DIN EN ISO 21920]. Dazu wird ein sog. **Grundsymbol**

---

[6] Neben der hier erläuterten Größe R_z ist auch die Größe $R_a = \frac{1}{l}\int_0^l |y(x)|\,dx$ häufig zu finden. Sie wird meistens als **Mittenrauwert** bezeichnet, auch wenn der Begriff nicht in der DIN EN ISO 4287 aufgeführt ist.

verwendet, dass aus zwei unterschiedlich langen Schenkeln besteht, Bild 3.16 (links unten). Dieses Grundsymbol kann modifiziert bzw. erweitert werden, z.B. durch ein horizontalen Strich am Ende des langen Schenkels, Bild 3.16 (links unten). Der geforderte R_Z-Wert wird dabei unterhalb der horizontalen Linie angegeben, wohingegen Informationen zum Fertigungsverfahren oberhalb der Linie notiert werden, vgl. Bild 3.16 (links oben). Das Symbol kann entweder direkt auf der betreffenden Oberfläche des Bauteils, auf der entsprechenden Maßhilfslinie oder auf der Maßlinie platziert werden, Bild 3.16 (links oben). Auch die Verwendung eines Hinweispfeils, wie in Bild 3.16 (rechts oben) dargestellt, ist zulässig. Gilt ein universeller R_Z-Wert für das Bauteil, so kann dieser losgelöst vom Bauteil in der Nähe der Ansicht platziert werden. Sofern einzelne Oberflächen von diesem allgemeinem Rauheitswert abweichen, so sind diese Flächen in der Zeichnung separat zu spezifizieren, wobei die abweichenden R_Z-Werte nochmals in Klammern hinter der allgemeinen Angabe aufgeführt werden, Bild 3.16 (rechts oben).

Nebenbei bemerkt, bei Werkstücken aus Holz wird die Oberfläche und die Rauheit üblicherweise über die Angabe der Körnung des Schleifpapiers festgelegt. So könnte z.B. allgemein neben der Ansicht der Textbaustein „mit Körnung 120 geschliffen" angegeben sein. Ungeachtet der Rauheit können Oberflächen gesonderten Bearbeitungsschritten unterliegen. Sie können z.B. aus optischen Gründen lackiert oder mit speziellen Überzügen versehen werden, z.B. galvanisch verzinkt zum Schutz vor Korrosion (bei Eisenmetallen). Zur Kennzeichnung der speziellen Oberflächen werden diese mit einer Strich-Punkt-Linie umrissen. Der entsprechende, gesonderte Bearbeitungsschritt kann anschließend mit einem Hinweispfeil angegeben werden, Bild 3.16 (rechts unten).

3.2.2 Gewinde

Gewinde gehören ohne Zweifel zu den technisch relevantesten Konstruktionselementen. Speziell die **Schraubverbindung** stellt eine wichtige Verbindungstechnik im Maschinenbau dar. So werden z.B. zwei mit Bohrungen versehene Bauteile verbunden, indem durch die Bohrungen eine Schraube gesteckt und von der Gegenseite eine Mutter montiert wird (**Durchsteckschraubverbindung**). Dabei wird das **Innengewinde** der Mutter mit dem **Außengewinde** der Schraube „gepaart". Alternativ kann auch die Bohrung des zu verbindenden Bauteils ein Innengewinde besitzen, in das die Schraube direkt eingedreht werden kann, (**Einsteckschraubverbindungen**), Bild 3.17.

Gewinde, ob nun Außen- oder Innengewinde, werden zeichnerisch durch zwei Linien dargestellt. Dabei wird nach DIN ISO 6410-1 die zum Material hin gewandte Linie dünn und die vom Material abgewandte Linie dick gezeichnet [DIN ISO 6410]. Dementsprechend sind die Gewindespitzen immer durch die dicke Linie und die Gewindetäler durch die dünne Linie repräsentiert.

Betrachtet man Bild 3.17 so wird außerdem deutlich, dass bei Schnittansichten von Bohrungen mit Innengewinden die Schraffur über die dünne Linie hinweg bis an die dicke Linie ausgeführt wird. Auch wird deutlich, dass bei Durchsteckschraubverbindungen der Bohrungsdurchmesser in der Regel größer konstruiert wird, damit die Schraube ohne Probleme montiert werden kann (z.B. Bohrungsdurchmesser 11 mm für eine M10 Schraube). Bei Darstellungen von Gewinden in Achsrichtung (Draufsicht) werden diese durch zwei Kreise beschrieben, wobei die dünne Linie nur einen 3/4-Kreis beschreibt, bei dem die Öff-

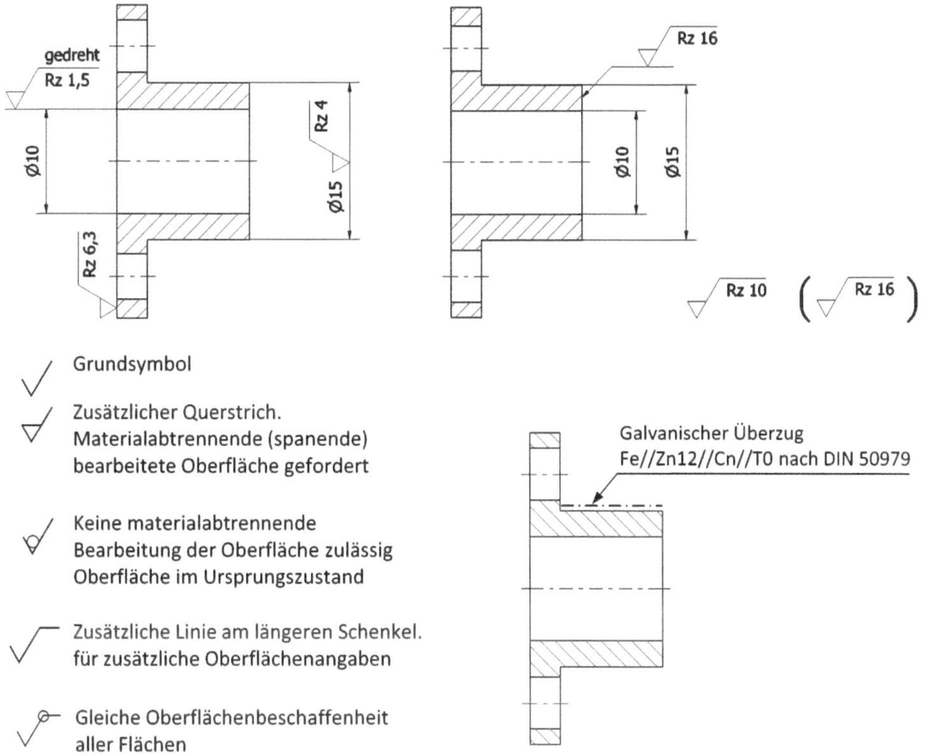

Bild 3.16 Normgerechte Bezeichnung der Rauheit nach EN ISO 1302, Kennzeichnung ausgewählter Oberflächen mittels Strich-Punkt-Linie mit Hinweis zur Fertigung (rechts unten)

nung üblicherweise im rechten oberen Quadranten liegt, Bild 3.17 (rechts unten). Außerdem beachte man in Bild 3.17 die Darstellung der Gewindeüberdeckung in der Einsteckschraubverbindung, die zeichnerische Ausführung von Schraubenköpfen (hier ist Routine gefragt!) und die obligatorischen Symmetrielinien.

3.2.3 Maßstab

Jede Zeichnung ist maßstabsgetreu zu erstellen auch wenn durch die Bemaßung die Größe des Bauteils erkenntlich ist. Grundsätzlich ist der Maßstab frei wählbar, wobei Übersichtlichkeit und Lesbarkeit gewährleistet sein sollen. Aspekte wie gewähltes Blattformat, Bauteilgröße, Anzahl der notwendigen Ansichten und benötigte, zusätzliche Textbausteine dienen bei der Wahl als Orientierung.

Für die unterschiedlichen Ansichten können, wenn vorteilhaft, auch verschiedene Maßstäbe gewählt werden. Der Hauptmaßstab, z.B. der am häufigsten verwendete bzw. der der Hauptansicht, ist gemäß DIN ISO 5455 in das Schriftfeld einzutragen [DIN ISO 5455]. Alle weiteren, verwendeten Maßstäbe sind an der jeweiligen Ansicht auszuweisen, vgl. Bild 3.7 (rechts unten).

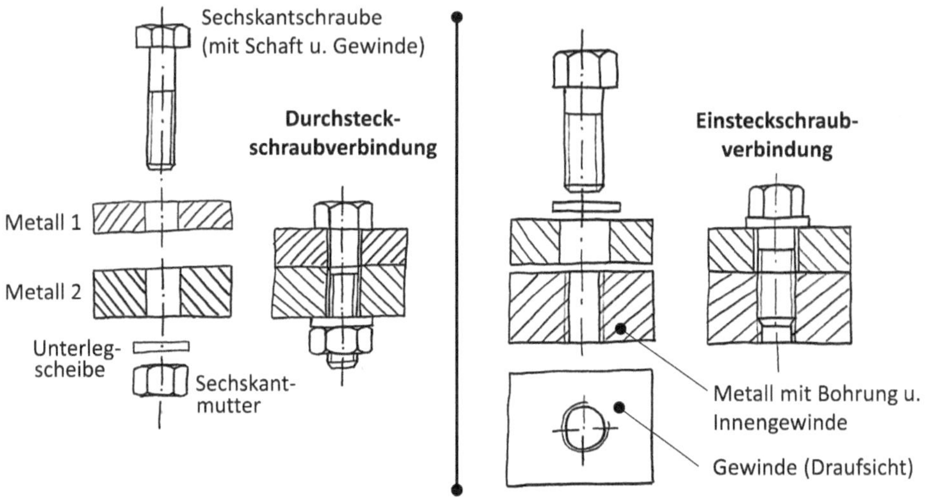

Bild 3.17 Zeichnerische Darstellung eines Gewindes am Beispiel von Schraubverbindungen

Im Allgemeinen unterscheidet man zwischen drei Maßstabsarten: I. natürlicher (1:1), II. Vergrößerungs- (X:1) und III. Verkleinerungsmaßstab (1:X). Hierbei steht die erste Zahl für den Größenwert auf der Zeichnung und die hintere Zahl für den Wert am realen Bauteil. Tabelle 3.2 zeigt die in der o.g. Norm ausgewiesenen, empfohlenen Maßstäbe.

Tabelle 3.2 Empfohlende Maßstäbe nach DIN ISO 5455

Art	empfohlene Maßstäbe
Vergrößerung	50:1, 20:1, 10:1, 5:1, 2:1
natürlich	1:1
Verkleinerung	1:2 , 1:5, 1:10, 1:20, 1:50, 1:100, 1:200, 1:500, 1:1000, 1:2000, 1:5000, 1:10000

Beispiel Verkleinerungsmaßstab (1:5): 1 mm (oder cm, dm, ...) auf der Zeichnung entspricht 5 mm am realen Bauteil. Das heißt, aus 5 mm im Realen wird 1 mm auf der Zeichnung, also eine Verkleinerung.

Beispiel Vergrößerungsmaßstab (10:1): 10 mm (oder cm, dm, ...) auf der Zeichnung entsprechen 1 mm am realen Bauteil. Also werden aus 1 mm im Realen 10 mm auf der Zeichnung, somit handelt es sich um eine Vergrößerung.

3.2.4 Werkstückkanten

Betrachtet man Bild 3.1 so verbleibt noch eine Symbolgruppe links über dem Schriftfeld, die noch unklar ist. Hierbei handelt es sich um einen bemaßten rechten Winkel, der mittels Hinweispfeil auf eine symbolische Werkstückaußen- bzw. innenkante zeigt.

Werkstückkanten können abhängig vom Bearbeitungsverfahren (z.B. drehen, stanzen, schneiden) unterschiedlich ausgeprägt sein. Dabei ist einzusehen, dass es keine idealen Kanten gibt, bei denen der Richtungswechsel auf einen lokalen Punkt festgelegt ist. Bild 3.18 illustriert verschiedene reale Kantengeometrien im Vergleich zu einer idealen, rechtwinkligen Kante (gestrichelte Linie). Hierbei wird grundsätzlich zwischen **Innen- und Außenkanten** unterschieden. In beiden Fällen kann ein sog. **Überhang** und/oder eine **Abtragung** vorliegen. Speziell bei Außenkanten spricht man im Falle von Überhang auch von **gratigen** und im Falle von Abtragung von **gratfreien** Kanten. Beide Fälle, also Überhang und Abtragung können unterschiedliche Ausdehnungen in horizontale (x) und vertikale (y) Richtung haben. Ist die x- und y-Ausdehnung auf wenige Hundertstel mm begrenzt, d.h. ähnelt die Werkstückkante einer idealen Kante, so spricht man auch von **scharfkantiger** Innen- bzw. Außenkante, vgl. Tabelle 3.3.

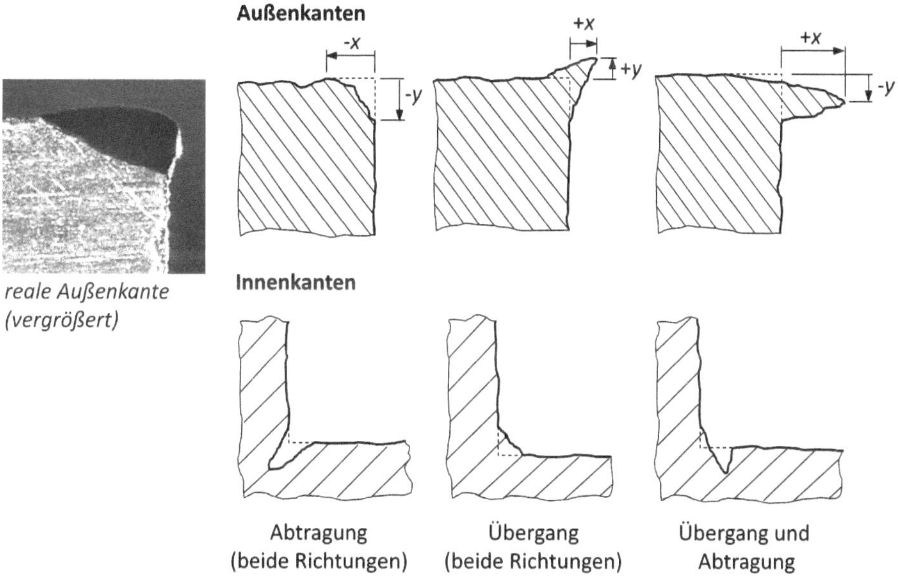

Bild 3.18 Auswahl möglicher Kantengeometrien

Tabelle 3.3 Typische Kantenmaße

empfohlene Kantenmaße					Außenkante	Innenkante
+2,5	+1	+0,5	+0,3	+0,1	gratig	Überhang
+0,05	+0,02	-0,02	-0,05		scharfkantig	scharfkantig
-0,1	-0,3	-0,5	-1	-2,5	gratfrei	Abtragung

Angaben zum geforderten Kantenzustandes sind auf der Zeichnung gemäß der DIN ISO 13715 anzugeben [DIN EN ISO 13715]. Gründe für die Festlegung der Werkstückkanten sind oftmals im Arbeitsschutz zu finden. So können z.B. mit einer Kantenangabe scharfkantige oder gratige Werkstücke vermieden werden, für die andernfalls besondere Maßnahmen im Handling der Teile (z.B. Handschuhe tragen) notwendig wären.

Einzelne Kanten eines Werkstückes werden mithilfe des in Bild 3.19 (links oben) dargestellten Grundsymbols spezifiziert, indem der Pfeil auf die jeweilige Körperkante gerichtet wird. Gilt eine allgemeine Kantengeometrie für alle Kanten des Werkstückes, so kann das entsprechende allgemeine Grundsymbol für die Außen- bzw. Innenkante verwendet und in der Nähe des Schriftfeldes platziert werden, vgl. Bild 3.1 und Bild 3.19 (links unten).

Das Grundsymbol kann mit qualitativen Angaben zur Kante oder mit spezifischen Maßangaben versehen werden. Vier Möglichkeiten sind dabei zu unterschieden:

- Allgemeine, qualitative Angabe zur Kantengeometrie, d.h. ist nur Überhang, nur Abtragung oder beides zulässig, vgl. erste Reihe Bild 3.19 (rechts).
- Einheitliche Maßangabe für die horizontale bzw. vertikale Kantenseite, also für die zulässige räumliche Ausdehnung in beide Richtungen, vgl. zweite Reihe Bild 3.19 (rechts).
- Angabe eines Bereichs (oberes und unteres Grenzmaß), in dem sich der Überhang, die Abtragung bzw. Überhang/Abtragung bewegen darf, vgl. dritte Reihe Bild 3.19 (rechts).
- Asymmetrische Angabe, d.h. unterschiedliche Maßangaben für die horizontale und vertikale Kantenseite, vgl. vierte Reihe Bild 3.19 (rechts).

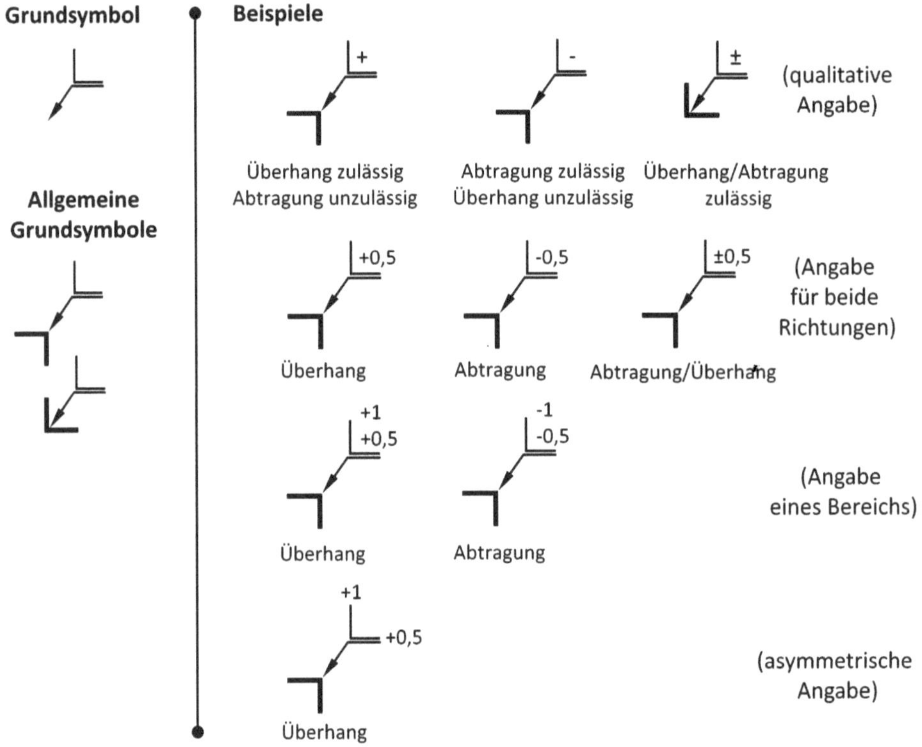

Bild 3.19 Kantensymbole gemäß DIN ISO 13715 für verschiedene Kantengeometrien.

Zum Abschluss des Kapitels soll eine kleine Übung dazu dienen, die Verinnerlichung der behandelten Schnittregeln an sich selbst zu überprüfen:

Übung 1: Finde heraus, welche Schnittdarstellung richtig und normgerecht ist.

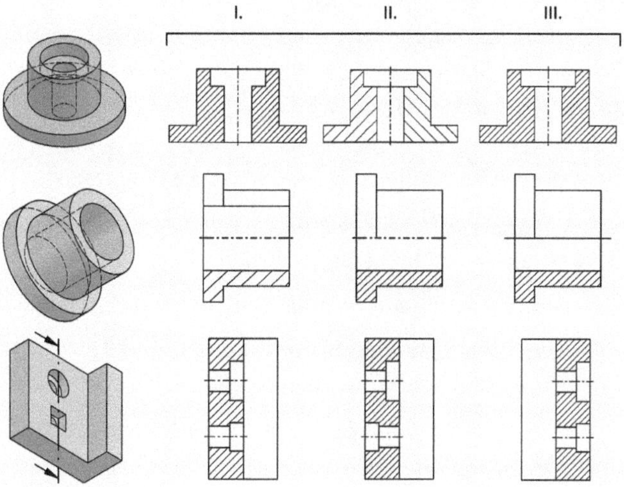

Lösung: 1. Zeile: III; 2. Zeile: II; 3. Zeile: I.

Literatur

Degner, M., Fandrich, R., Endemann, G., Ghenda, T., Letz, K., Lüngen, B., Steller, I., Wieland, J., Winkhold, A., Bartos, R., Winkelgrund, R.: *Stahlfibel.* Verlag Stahleisen GmbH, Düsseldorf, 2007.

DIN EN ISO 128-3:2022-02: *Technische Produktdokumentation (TPD) - Allgemeine Grundlagen der Darstellung - Teil 3: Ansichten, Schnitte und Schnittansichten.* Beuth-Verlag, Berlin, 2022.

DIN EN ISO 216:2007-12: *Schreibpapier und bestimmte Gruppen von Drucksachen - Endformate - A- und B-Reihen und Kennzeichnung der Maschinenlaufrichtung.* Beuth-Verlag, Berlin, 2007.

DIN EN ISO 1101:2017-09: *Geometrische Produktspezifikation (GPS) - Geometrische Tolerierung - Tolerierung von Form, Richtung, Ort und Lauf.* Beuth-Verlag, Berlin, 2017.

DIN EN 1560:2011-05: *Gießereiwesen - Bezeichnungssystem für Gusseisen - Werkstoffkurzzeichen und Werkstoffnummern.* Beuth-Verlag, Berlin, 2011.

DIN ISO 2768-1:1991-06: *Allgemeintoleranzen; Toleranzen für Längen- und Winkelmaße ohne einzelne Toleranzeintragung.* Beuth-Verlag, Berlin, 1991.

DIN ISO 2768-2:1991-04: *Allgemeintoleranzen; Toleranzen für Form und Lage ohne einzelne Toleranzeintragung.* Beuth-Verlag, Berlin, 1991.

DIN ISO 3302-1:2018-06: *Gummi - Toleranzen für Fertigteile - Teil 1: Maßtoleranzen.* Beuth-Verlag, Berlin, 2018.

DIN EN ISO 4287:2009-11: *Geometrische Produktspezifikation (GPS) - Oberflächenbeschaffenheit: Tastschnittverfahren - Benennungen, Definitionen und Kenngrößen der Oberflächenbeschaffenheit.* Beuth-Verlag, Berlin, 2009.

DIN EN ISO 4288:1998-04: *Geometrische Produktspezifikation (GPS) - Oberflächenbeschaffenheit: Tastschnittverfahren - Regeln und Verfahren für die Beurteilung der Oberflächenbeschaffenheit.* Beuth-Verlag, Berlin, 1998.

DIN EN ISO 5457:2017-10: *Technische Produktdokumentation - Formate und Gestaltung von Zeichnungsvordrucken.* Beuth-Verlag, Berlin, 2017.

DIN ISO 5455:1979-12: *Technische Zeichnungen; Maßstäbe.* Beuth-Verlag, Berlin, 1979.

DIN ISO 5456-2:1998-04: *Technische Zeichnungen - Projektionsmethoden - Teil 2: Orthogonale Darstellungen.* Beuth-Verlag, Berlin, 1998.

DIN ISO 6410-1:1993-12: *Technische Zeichnungen; Gewinde und Gewindeteile; Allgemeines.* Beuth-Verlag, Berlin, 1993.

DIN EN ISO 6892-1:2020-06: *Metallische Werkstoffe - Zugversuch - Teil 1: Prüfverfahren bei Raumtemperatur.* Beuth-Verlag, Berlin, 2020.

DIN 6930-2:2011-10: *Stanzteile aus Stahl - Teil 2: Allgemeintoleranzen.* Beuth-Verlag, Berlin, 2011.

DIN EN ISO 7200:2004-05: *Technische Produktdokumentation - Datenfelder in Schriftfeldern und Dokumentenstammdaten.* Beuth-Verlag, Berlin, 2004.

DIN EN 10020:2000-07: *Begriffsbestimmung für die Einteilung der Stähle.* Beuth-Verlag, Berlin, 2000.

DIN EN 10025-3:2019-10: *Warmgewalzte Erzeugnisse aus Baustählen – Teil 3: Technische Lieferbedingungen für normalgeglühte/normalisierend gewalzte schweißgeeignete Feinkornbaustähle.* Beuth-Verlag, Berlin, 2019.

DIN EN 10027-1:2017-01: *Bezeichnungssysteme für Stähle - Teil 1: Kurznamen.* Beuth-Verlag, Berlin, 2017.

DIN EN 10027-2:2015-07: *Bezeichnungssysteme für Stähle - Teil 2: Nummernsystem.* Beuth-Verlag, Berlin, 2015.

DIN EN ISO 10209:2012-11: *Technische Produktdokumentation - Vokabular - Begriffe für technische Zeichnungen, Produktdefinition und verwandte Dokumentation.* Beuth-Verlag, Berlin, 2012.

DIN EN 10243-1:2000-06: *Gesenkschmiedeteile aus Stahl - Maßtoleranzen - Teil 1: Warm hergestellt in Hämmern und Senkrecht-Pressen.* Beuth-Verlag, Berlin, 2000.

DIN EN ISO 13715:2020-01: *Technische Produktdokumentation - Kanten mit unbestimmter Gestalt - Angaben und Bemaßung.* Beuth-Verlag, Berlin, 2020.

DIN EN ISO 21920-1:2022-12: *Geometrische Produktspezifikation (GPS) - Oberflächenbeschaffenheit: Profile - Teil 1: Angabe der Oberflächenbeschaffenheit.* Beuth-Verlag, Berlin, 2022.

DIN 50125:2022-08: *Prüfung metallischer Werkstoffe - Zugproben.* Beuth-Verlag, Berlin, 2022.

DIN 52188:1979-05: *Prüfung von Holz; Bestimmung der Zugfestigkeit parallel zur Faser.* Beuth-Verlag, Berlin, 1979.

DIN 53504:2017-03: *Prüfung von Kautschuk und Elastomeren - Bestimmung von Reißfestigkeit, Zugfestigkeit, Reißdehnung und Spannungswerten im Zugversuch.* Beuth-Verlag, Berlin, 2017.

DIN 68100:2010-07: *Toleranzsystem für Holzbe- und -verarbeitung - Begriffe, Toleranzreihen, Schwind- und Quellmaße.* Beuth-Verlag, Berlin, 2010.

Fritz, A., Hoischen, H.: *Hoischen - Technisches Zeichnen - Grundlagen, Normen, Beispiele, Darstellende Geometrie, Geometrische Produktspezifikation.* 39., überarbeitete und erweiterte Auflage, Cornelsen Verlag, Berlin, 2024.

4 Grundlagen der Technischen Mechanik

Lernziele:

- Wie können die physikalischen Größen: Kraft, Moment, Arbeit, Leistung, Spannung und Dehnung mit Worten beschrieben werden? Wie lauten die zugehörigen Standardeinheiten? Welche Beispiele gibt es für Kräfte im Alltag?
- Was versteht man unter mechanischem Gleichgewicht; was gilt bzgl. der Kräfte und Momente?
- Wie können die Begriffe Balken und Welle definiert werden?
- Wie viele Freiheitsgrade hat ein zwei- bzw. dreidimensionaler Körper?
- Welche Lagerungsarten gibt es für den 2D-Fall und welche Wertigkeit haben sie?
- Was bedeutet statisch bestimmt bzw. statisch unbestimmt?
- Was ist ein Freischnitt; was kann man freischneiden und welche Kräfte können so bestimmt werden?
- Welche vier Belastungsarten können z.B. an einer Welle auftreten. Welche zugehörigen Spannungen resultieren? Wie können die Spannungen eingeteilt werden?
- Was sind Flächenträgheits- und Widerstandsmomente und was kann mit ihnen berechnet werden?
- Was versteht man unter der Theorie erster Ordnung?
- Wie berechnet man eine Vergleichsspannung und wozu?
- Wozu dienen Sicherheiten?
- Was ist Reibung? Welche Arten von Reibung gibt es? Welche Reibungszustände unterscheidet man?
- Wie lautet das Coulombsche Gesetz?
- Was versteht man unter dem Lochleibungsdruck?
- Was besagt die Eytelweinsche Gleichung? Wo findet sie Anwendung?
- Welche Größen verbergen sich hinter μ, μ_0 und μ_R?
- Was ist Verschleiß und Abrasion?

Wenn von Dimensionierung von Bauteilen gesprochen wird, so steht meistens die Frage im Vordergrund, ob das entsprechende Maschinenelement den zu erwartenden mechanischen Belastungen standhält[1]. Mehr noch, oftmals muss auch geklärt werden, wie lange ein Bauteil den Belastungen widersteht ohne das Bauteilversagen, z.B. irreversible Verfor-

[1] Neben mechanischen Belastungen können auch thermische Belastungen, also Temperaturänderungen zum Bauteilversagen führen. Auf diesen Aspekt wird, wo geboten, punktuell eingegangen.

mungen oder Risse, auftreten. Die theoretischen Berechnungen und Vorhersagen beruhen dabei auf den Gesetzen der Technischen Mechanik, weshalb hier ein kurzer Abriss der wesentlichen Größen und der notwendigen physikalischen Gesetze gegeben werden soll.

4.1 Wichtige mechanische Größen der Maschinenkunde

4.1.1 Kraft und (Dreh-)Moment

Die physikalische Größe **Kraft** wird durch ihre Wirkung ersichtlich. Wirkt sie auf einen materiellen Körper, so kann sie **Verformungen** und **Bewegungsänderungen**, insbesondere Änderungen der Geschwindigkeit bzgl. Richtung und Betrag, hervorrufen. Die Kraft ist eine **vektorielle Größe**, sie ist durch eine Wirkrichtung, einen Betrag und einen Angriffspunkt definiert. Als Symbol wird typischerweise ein $\underline{F}$ (engl. force) verwendet[2]. Die **Standardeinheit** der Kraft ist N (Newton[3]). Im Verlaufe des Buches wird die Kraft oftmals nur in einer ausgewählten Richtung analysiert. In diesem Falle ist es zulässig nur die entsprechende, in die jeweilige Richtung wirkende Kraftkomponente zu betrachten und diese dann als **skalare Größe** F, also nur den Betrag, zu behandeln.

Man kennt zahlreiche Kräfte aus dem Alltag, z.B. die **Gewichtskraft** F_g, die aufgrund der Gravitation auf alle Körper mit der Masse m in Richtung des Erdmittelpunktes wirkt. Die Kraft, die notwendig ist, eine Feder mit der Steifigkeit c um einen Betrag[4] Δs auszulenken wird als **Federkraft** F_c bezeichnet. Wirkt ein Zylinderinnendruck p auf die Innenfläche A eines Kolbens und ist p größer als der Umgebungsdruck p_0, so wird der Kolben mit der **Druckkraft** F_p nach außen geschoben, vgl. Bild 4.1.

$$\text{Gewichtskraft} : \quad F_g = m \cdot g \quad (\text{Erdbeschleunigung}: g = 9{,}81\,\text{m/s}^2)\,, \tag{4.1}$$

$$\text{Federkraft} : \quad F_c = c \cdot \Delta s\,, \tag{4.2}$$

$$\text{Druckkraft} : \quad F_p = (p - p_0) \cdot A\,. \tag{4.3}$$

Ändert ein Körper der Masse m seine Geschwindigkeit in der Zeit Δt um den Betrag Δv, so ist dafür eine Kraft $F = m \cdot a$ mit $a = \Delta v / \Delta t$ (Beschleunigung) in Richtung der Geschwindigkeitsänderung notwendig. Man spricht auch von der **Trägheitskraft** bzw. dem **Zweiten Newton'schen Axiom**. Man kennt diese Kraft vom abruptem Bremsvorgang im Auto. Sie entspricht exakt der Kraft, mit der man in den Gurt gedrückt wird, wenn das Auto negativ beschleunigt, also abgebremst, wird. Die Trägheit, also das Bestreben des Körpers der Masse m in der ursprünglichen Geschwindigkeit zu verharren, führt dazu, dass man in den Gurt gedrückt wird. Die Gewichtskraft ist ein Spezialfall, bei dem anstelle von a die Erdbeschleunigung g wirkt.

---

2 Vektorielle Größen $\underline{X} = \begin{pmatrix} X_1 \\ X_2 \\ X_3 \end{pmatrix}$ werden mit einem Unterstrich versehen.

3 Benannt nach dem englischen Physiker und Mathematiker Isaac Newton (1643–1727).

4 Das Δ kennzeichnet immer eine Differenz, also $\Delta s = s_2 - s_1$.

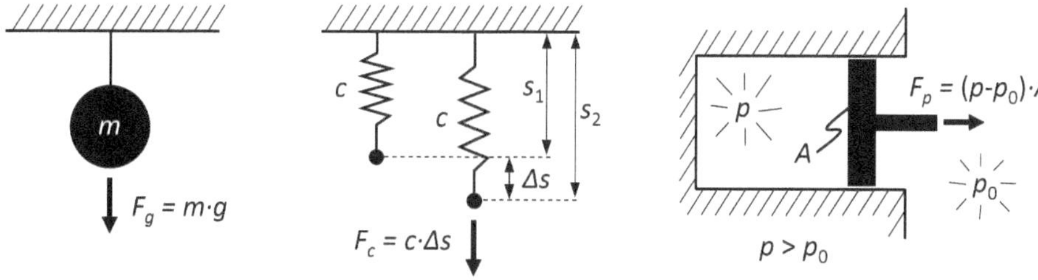

Bild 4.1 Beispiele für mögliche Kräfte: Gewichtskraft, Federkraft und Druckkraft

Jeder Körper, z.B. die Kugel im Bild 4.1 (links), ist in irgendeiner Weise mit der Umgebung verbunden, z.B. durch das Seil, dass wiederum an der Wand befestigt ist. Wirkt eine nach unten gerichtete Kraft auf die Kugel, z.B. die Gewichtskraft, so wird auch das Seil und damit die Decke mit der nach unten gerichteten Kraft beaufschlagt. Ist die Verbindung stabil, so bleibt die Kugel wo sie ist, sie fällt nicht nach unten. Dementsprechend muss die Wand eine entgegengesetzte Kraft auf das Seil ausüben. Man spricht auch von der **Reaktionskraft**, die immer folgt, wenn eine Kraft von einem Körper auf einen anderen Körper wirkt (actio = reactio: **Drittes Newton'sche Axiom**). Dieses Phänomen ist auch beim Tauziehen zu beobachten, bei dem die eine Mannschaft nur eine Kraft in das Seil einleiten kann, wenn auf der Gegenseite die andere Mannschaft in entgegengesetzte Richtung zieht. Andernfalls würde man das Seil mit wenig Mühe zu sich ziehen, im Seil selbst würde nahezu keine Zugkraft vorliegen.

Neben Kräften erfahren Maschinenelemente oftmals auch Belastungen durch **Momente**[5]. Durch ihrer Wirkung werden Körper in Rotation versetzt, ändern ihre Drehbewegung oder werden verdrillt bzw. gebogen. Entsprechend unterscheidet man bisweilen zwischen **Drehmoment, Biege- und Torsionsmomenten.** Als Symbol wird gerne ein $\underline{M}$ benutzt, d.h. auch hier handelt es sich um eine vektorielle Größe. Sofern die Momente und resultierenden Gleichungen in einer ausgewählten Richtung betrachtet werden, ist es zulässig - ähnlich wie oben bei der Kraft - mit den Beträgen zu rechnen und das Moment als skalare Größe M zu behandeln. Als **Standardeinheit** des Moments wird Nm (Newtonmeter) verwendet.

Im Bild 4.2 sind zwei Beispiele illustriert, die das Moment in seiner Wirkung veranschaulichen sollen. Auf der linken Seite ist ein drehbar gelagerter Balken dargestellt, an dem zwei Kräfte F_1 und F_2 im Abstand a bzw. b vom Drehpunkt 0 vertikal angreifen. Das Produkt aus **Hebelarm** und **senkrecht angreifende Kraft** beschreibt das Drehmoment, das im Drehpunkt auf den Balken wirkt:

$$M_1 = F_1 \cdot a \quad , \quad -M_2 = -(F_2 \cdot b) \, . \tag{4.4}$$

Beide Drehmomente versuchen den Balken in Drehung zu versetzen. Dabei wirken sie in entgegengesetzte Drehrichtungen. In der Betrachtung der Summe beider Momente muss die entgegengesetzte Wirkung berücksichtigt werden, daher ist M_2 mit einem Minuszei-

5 In der Physik wird nur der Begriff Drehmoment verwendet.

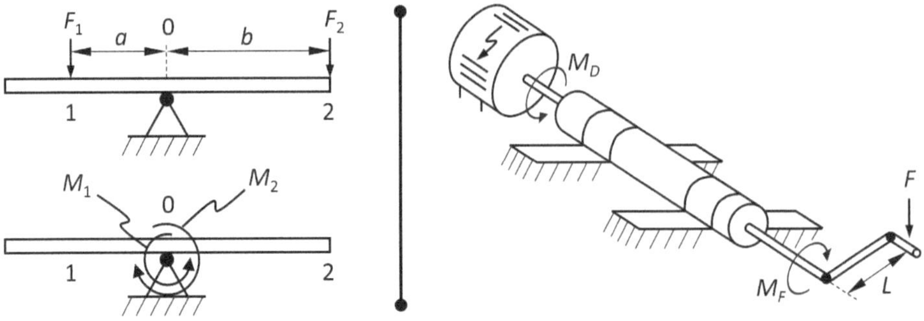

Bild 4.2 Veranschaulichung der Wirkung von Momenten am Beispiel eines drehbaren Balkens (links) und einer Welle (rechts)

chen versehen. Sofern beide Drehmomente vom Betrag gleich groß sind, müssen sie sich in der Summe aufheben; der Balken ruht und man spricht vom **Momentengleichgewicht**

$$M_1 - M_2 = 0 \Leftrightarrow M_1 = M_2 \Leftrightarrow F_1 \cdot a = F_2 \cdot b \quad \text{(Hebelgesetz)}. \tag{4.5}$$

Im zweiten Beispiel (Bild 4.2, rechts) ist eine drehbar gelagerte Welle mit einer Kurbel und einem angeschlossenen Elektromotor abgebildet. Resultierend aus Kraft × Hebelarm wird vorne ein Moment $M_F = F \cdot L$ in die Welle eingeleitet. Am anderen Wellenende liegt direkt das entgegengesetzt gerichtete Moment M_D an. Momentengleichgewicht liegt vor, sofern $M_D = M_F$ gilt.

4.1.2 Arbeit und Leistung

Vollführt ein Körper aufgrund einer konstanten Krafteinwirkung eine beschleunigte, translatorische Bewegung und überstreicht dabei einen Weg Δx, so wird an ihm **Arbeit** ΔW verrichtet. Die Arbeit, mit dem Symbol W (*engl.* work) und der Standardeinheit **Joule** oder auch **Newton-Meter**[6] (1 J = 1 Nm), ist das Produkt aus der längs zur Bewegungsrichtung angreifenden Kraft F_x und des überstrichenen Weges, vgl. Bild 4.3 (links):

- für F = konst.:

$$\boxed{\Delta W = F_x \cdot \Delta x} \tag{4.6}$$

Bei einer Feder ist die angreifende Kraft nicht konstant. Durch die **federspezifische Steifigkeit** c muss die Kraft für eine fortschreitende Auslenkung Δs der Feder kontinuierlich gesteigert werden. Für eine konstante Steifigkeit ist der Kraftanstieg linear und die Arbeit ΔW ist durch die Fläche unter der Kurve definiert, Bild 4.3 (Mitte):

---

[6] An der Einheit lässt sich oft die definierende Gleichung einer physikalischen Größe ablesen. Bei der Arbeit ist das besonderes offensichtlich: Nm ist das Produkt aus N und m. Newton ist die Einheit der Kraft und m die Einheit des Weges, demzufolge ist die Arbeit ein Produkt aus Kraft und Weg.

- Federarbeit:

$$\Delta F = c \cdot \Delta s \quad \Rightarrow \quad \boxed{\Delta W = \frac{1}{2} \cdot F \cdot \Delta s = \frac{1}{2} \cdot c \cdot \Delta s^2} \tag{4.7}$$

Für Rotationsbewegungen definiert sich die Arbeit analog zur translatorischen Bewegung, vgl. auch Bild 4.3 (rechts):

- für M = konst.:

$$\boxed{\Delta W = M \cdot \Delta\alpha} \tag{4.8}$$

- Torsionsfeder:

$$\Delta M_t = c_t \cdot \Delta\alpha \quad \Rightarrow \quad \boxed{\Delta W = \frac{1}{2} \cdot M_t \cdot \Delta\alpha = \frac{1}{2} \cdot c_t \cdot \Delta\alpha^2} \tag{4.9}$$

Hierbei steht c_t für die **torsionale Federsteifigkeit** und $\Delta\alpha$ für den überstrichenen Winkel in **Bogenmaß**. Die Winkelangabe in Bogenmaß erkennt man an der Tatsache, dass z.B. in Gleichung 4.8 ΔW und M die Einheit Nm aufweisen. Somit muss $\Delta\alpha$ einheitenlos sein, was mit der Angabe in Bogenmaß der Fall ist. Bogenmaß steht für die Bogenlänge am Einheitskreis, die aus einem bestimmten Winkel resultiert. Für einen Winkel von 360° entspricht die Bogenlänge dem Umfang 2π. Entsprechend folgt z.B. für 30° mittels Dreisatz: $\Delta\alpha = \frac{30° \cdot \pi}{180°}$.

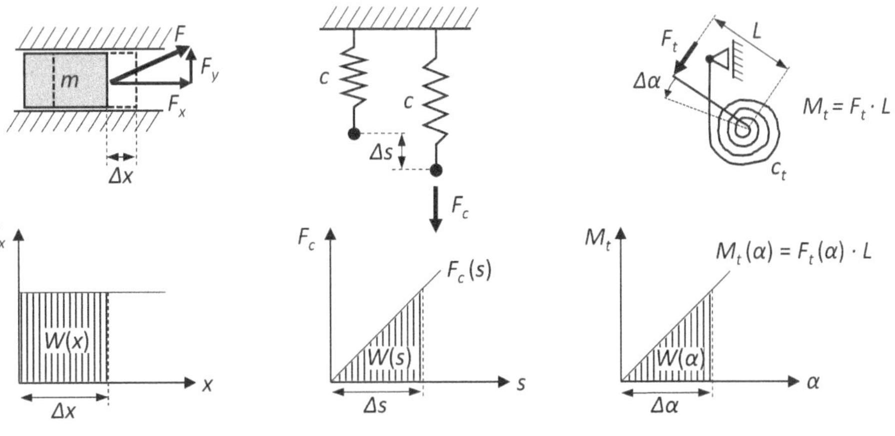

Bild 4.3 Beispiele für die Berechnung der Arbeit anhand wirkender Kräfte bzw. Momente

Eng verknüpft mit der Arbeit ist die physikalische Größe **Leistung**. Sie wird typischerweise mit einem P (engl. power) notiert und in der Standardeinheit **Watt**[7] (1 W = 1 Nm/s) angegeben. Salopp formuliert beschreibt die Leistung die Arbeit pro Zeit. Für einen kleinen Zeitabschnitt Δt und der in diesem Zeitabschnitt resultierenden Arbeit ΔW folgt die inkrementelle Schreibweise:

[7] Eine veraltete, dennoch gebräuchliche Einheit ist die Pferdestärke, 1 PS = 735 W.

$$\boxed{\Delta P = \frac{\Delta W}{\Delta t}} \tag{4.10}$$

Für rotatorische Bewegungen mit konstantem Moment gilt in analoger Weise mit Gleichung 4.8 $\Delta P = \frac{M \cdot \Delta\alpha}{\Delta t}$. Betrachtet man eine vollständige Drehung $\Delta\alpha = 2\pi$ folgt:

$$\boxed{P = \frac{M \cdot 2\pi}{T} = M \cdot \omega} \tag{4.11}$$

Die Größe ω steht für die sog. **Winkelgeschwindigkeit** (Winkel pro Zeit) und T für die sog. **Periodendauer** (Zeit für einen Umlauf). Folgender kinematischer Zusammenhang gilt hier:

$$\boxed{\omega = \frac{2\pi}{T} = 2\pi \cdot f = 2\pi \cdot \frac{n}{60}} \tag{4.12}$$

Hierbei ist f die sog. **Frequenz** mit der Einheit 1/s und n die **Drehzahl** mit der oftmals verwendeten Einheit 1/min. Beide Größen sind äquivalent und unterscheiden sich nur in der Einheit. Sie geben an, wie viele Umdrehungen pro Sekunde bzw. pro Minute stattfinden.

4.1.3 Spannung, Druck und Dehnung

In Abschnitt 2.4.2 wurden bereits die technischen Spannungen und Dehnungen eingeführt. Dabei wurden die Spannungen als skalare Größe behandelt, die im eindimensionalen Zugversuch nur aus dem Kraftbetrag längs zur Zugprobe F und senkrecht zur Ausgangsquerschnittfläche A_0 resultiert. Als Einheit wird meistens N/mm^2 bzw. MPa verwendet. Die Verwendung der eigentliche Standardeinheit N/m^2 führt insbesondere bei der Untersuchung von Metallen zu sehr großen Werten ($1\ N/mm^2 = 10^6\ N/m^2$).

Der Spannungstensor:
In der theoretischen Mechanik werden die Spannungen entweder als Vektor oder also Tensor (= mathematischer Operator, vergleichbar mit einer Matrix), dargestellt.

Dazu betrachtet man eine beliebig gekrümmte Oberfläche eines Körpers mit einem infinitesimal kleinen Flächenelement dA. Die Oberfläche ist mit einer äußeren Kraft beaufschlagt, die sich im infinitesimal kleinen Kraftvektor d$\underline{F}$, bestehend aus den drei Komponenten dF_x, dF_y, dF_z widerspiegelt.

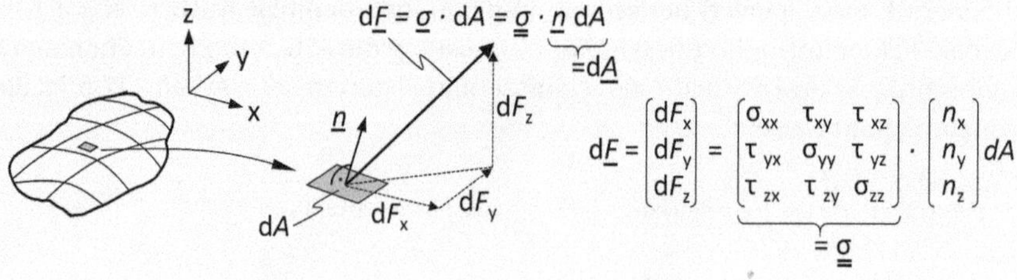

Wenn die Kraft $d\underline{F}$ eine vektorielle Größe ist, dann folgt gemäß der Formel „Spannung = Kraft pro Fläche“ ein **Spannungsvektor** $\underline{\sigma} = d\underline{F}/dA$.

Darüber hinaus ist das Flächenelement im streng mathematischen Sinne auch eine vektorielle Größe, denn es besitzt eine Orientierung. Diese wird durch den sog. Flächennormalenvektor $\underline{n}$ beschrieben. Dieser Einheitsvektor steht senkrecht auf dem Flächenelement und besteht aus den drei Komponenten n_x, n_y, n_z. Entsprechend folgt[8]:

$$d\underline{A} = \underline{n}dA \quad \Rightarrow \quad \underline{\sigma} = \underline{\underline{\sigma}} \cdot \underline{n}. \tag{4.13}$$

Der Spannungsvektor ergibt sich damit als Skalarprodukt aus „Spannungsmatrix“, der sog. **Spannungstensor** $\underline{\underline{\sigma}}$, und Flächennormalenvektor. $\underline{\sigma}$ ist also abhängig von der Flächenorientierung.

Dies ist auch aus phänomenologischer Sicht einzusehen. Greift eine Kraft senkrecht zum Flächenelement ($d\underline{F} \parallel \underline{n}$) an, so müssen sich Spannungen senkrecht zur Oberfläche einstellen, sog. **Normalspannungen**. Greift die Kraft parallel zur Oberfläche ($d\underline{F} \perp \underline{n}$) an, so ergeben sich Spannungen parallel zur Flächenebene, sog. **Tangentialspannungen**.

Der Spannungstensor hingegen ist unabhängig von der Flächenorientierung. Er enthält die Normal- und Tangentialspannungen, die in den drei Hauptebenen xy, xz und yz auftreten können, vgl. zweite Abbildung (links). Dabei können in jeder Ebene Tangentialspannungen in zwei Richtungen auftreten. Für den Zugversuch folgt dann beispielsweise in der zweidimensionalen Betrachtung, vgl. zweite Abbildung (rechts):

$$\underline{F} = \begin{pmatrix} 0 \\ F \end{pmatrix} = \begin{pmatrix} 0 \\ \sigma \end{pmatrix} A_0 = \begin{pmatrix} 0 & 0 \\ 0 & \sigma \end{pmatrix} \cdot \begin{pmatrix} 0 \\ 1 \end{pmatrix} A_0 \tag{4.14}$$

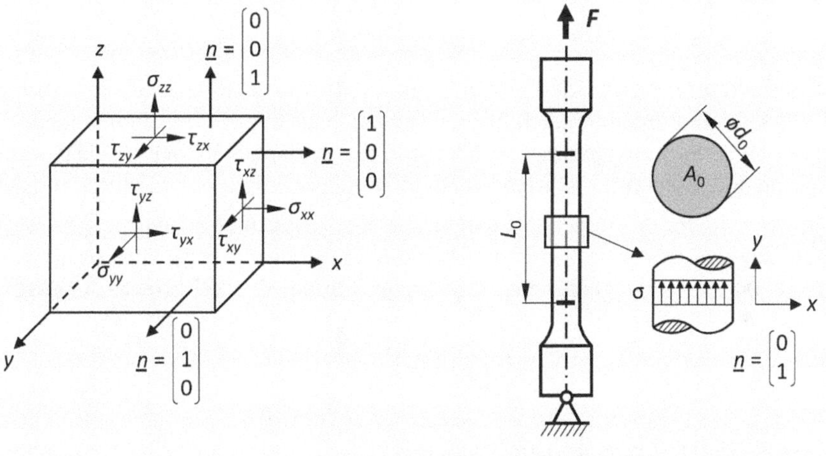

Die Normalspannungen σ_{xx}, σ_{yy} und σ_{zz} in x-, y- und z-Richtung befinden sich dabei immer auf der Hauptdiagonalen von $\underline{\underline{\sigma}}$, wohingegen die Tangentialspannungen τ_{xy}, τ_{xz}, τ_{yz}, τ_{yx}, τ_{zx} und τ_{zy} auf den Nebendiagonalen angeordnet sind.

Die Erörterung des Spannungstensor mit all seinen physikalischen und mathematischen Facetten würde weit über die Zielsetzung des Buches hinausgehen. Weiterführende Erläuterungen finden sich in zahlreichen Fachbüchern, z.B. [Müller, 1999] oder [Müller und Ferber, 2005]. ■

Gemäß des grauen Kastens in 4.1.3 existieren im dreidimensionalen Fall bis zu neun Spannungskomponenten, die – resultierend aus einem äußeren Kraftvektor – den Spannungszustand eines lokalen Körperpunktes definieren. Im weiteren Verlaufe des Buches werden die Spannungen allerdings als skalare Größen behandelt. Dazu werden die äußeren Kräfte am Bauteil an ausgewiesenen Flächen betrachtet und in ihre normalen und tangentialen Anteile zerlegt. Die resultierenden Normalspannungen (σ) und Tangentialspannungn (τ) werden jede für sich separat ausgewertet.

Ein Spezialfall der Spannungen, insbesondere im Zusammenhang mit Flüssigkeiten und Gasen, ist der **Druck** (Symbol p). Er wirkt immer senkrecht auf die Oberfläche der Bauteile und wird in der Standardeinheit Pascal[9] angegeben (1 Pa = 1 N/m^2 = 10^{-6} MPa = 10^{-6} N/mm^2 = 10^{-5} bar).

Die technischen Dehnungen sind gemäß Abschnitt 2.4.2 eine einheitenlose, physikalische Größe und werden üblicherweise mit dem Symbol ε angegeben. Oftmals ist es üblich ε mit 100 zu multiplizieren, um so die Werte in Prozent anzugeben, d.h.:

$$\varepsilon\,[-] = \frac{L - L_0}{L_0} \quad \text{bzw.} \quad \varepsilon\,[\%] = \frac{100 \cdot (L - L_0)}{L_0}\,. \tag{4.15}$$

Neben den technischen Spannungen σ und Dehnungen ε findet man auch häufig die Begriffe **wahre Spannung** σ_W und **wahre Dehnung** ε_W, die die aktuelle Fläche A bzw. aktuelle Länge L einbeziehen und die häufig auch als Cauchy[10]-Spannungen bzw. Cauchy-Dehnungen bezeichnet werden:

$$\varepsilon_\mathrm{W} = \int_{L_0}^{L} \frac{\mathrm{d}L'}{L'} \quad \text{und} \quad \sigma_\mathrm{W} = \frac{F}{A}\,. \tag{4.16}$$

Insbesondere ε_W ergibt sich durch Integration (also durch „differentielles Aufsummieren“) des Quotienten aus unendlich kleiner Längenänderung $\mathrm{d}L'$ und momentaner Länge L' über den Verformungsprozess, sprich von L_0 bis L. Der Hochstrich wurde gewählt, da Integrand und Integrantionsvariable nicht mit den Integralgrenzen identisch sein können.

Die wahren Größen können aus den technischen Größen errechnet werden. Dazu macht man sich die Tatsache zu Nutze, dass Festkörper, insbesondere Metalle, als inkompressibel gelten. Entsprechend gilt für das zylindrische Volumen der Messstrecke der Zugprobe:

$$A_0 \cdot L_0 = A \cdot L \quad \Rightarrow \quad A = A_0 \frac{L_0}{L}\,. \tag{4.17}$$

Außerdem gilt für die technische Dehnung:

$$\varepsilon = \frac{L - L_0}{L_0} = \frac{L}{L_0} - 1 \quad \Rightarrow \quad \frac{L}{L_0} = \varepsilon + 1\,. \tag{4.18}$$

8 Matrizen und Tensoren werden mit zwei Unterstrichen versehen.

9 Benannt nach dem frz. Physiker, Mathematiker und Philosoph Blaise Pascal (1623–1662).

10 Benannt nach dem frz. Physiker und Mathematiker Augustin-Louis Cauchy (1789–1857).

Setzt man Gleichung 4.17 und Gleichung 4.18 in Gleichung 4.16_2 ein, folgt der Zusammenhang zwischen technischen und wahren Spannungen

$$\boxed{\sigma_W = \frac{F}{A_0}\frac{L}{L_0} = \sigma(\varepsilon + 1)}\,. \tag{4.19}$$

Bei den wahren Dehnungen ändert sich die Bezugslänge L' kontinuierlich mit fortschreitender Längung des Zugstabes. Mit den Integrationsregeln folgt aus Gleichung 4.16_1:

$$\varepsilon_W = \int_{L_0}^{L} \frac{dL'}{L'} = \ln(L) - \ln(L_0) = \ln\left(\frac{L}{L_0}\right) \quad \Rightarrow \quad \boxed{\varepsilon_W = \ln(\varepsilon + 1)}\,. \tag{4.20}$$

Aufgrund der resultierenden Logarithmusfunktion wird ε_W auch als **logarithmische Dehnung** bezeichnet.

4.2 Kraftzerlegung, Kräftegleichgewicht

Die Kraft als vektorielle Größe ist festgelegt durch: **(1)** den Betrag, **(2)** die Richtung und **(3)** den Angriffspunkt. Wirken mehrere Kräfte auf einen Körper, so können alle Kräfte in einer resultierenden Kraft $\underline{F}_{res}$ zusammengefasst werden. Bild 4.4 zeigt verschiedene Szenerien (a-d) anhand die Bestimmung von $\underline{F}_{res}$ ersichtlich wird.

In Bild 4.4 (a) greifen zwei Kräfte $\underline{F}_1$ und $\underline{F}_2$ auf der selben Wirkungslinie aber mit entgegengesetzten Richtungen am Körper an. Die resultierende Kraft folgt durch Vektoraddition, bei der, entsprechend des gewählten Koordinatensystems, $\underline{F}_1$ positiv und $\underline{F}_2$ negativ gesetzt wird:

- Fall (a)

$$\underline{F}_{res} = \underline{F}_2 - \underline{F}_1\,. \tag{4.21}$$

In der Situation (b) greifen zwei Kräfte am Körper an, die senkrecht zueinander stehen. Verschiebt man beide Kräfte entlang der Wirkungslinie zum Ursprung, so bilden sie ein Rechteck. Durch Vektoraddition ergibt sich die resultierende Kraft als Diagonale im Rechteck, wobei die Beträge von $\underline{F}_1$ und $\underline{F}_2$ die Kosinus- und Sinusanteile des Betrags von $\underline{F}_{res}$ repräsentieren:

- Fall (b)

$$|\underline{F}_{res}| = \frac{|\underline{F}_1|}{\cos(\alpha)}\quad,\quad |\underline{F}_{res}| = \frac{|\underline{F}_2|}{\sin(\alpha)}\quad,\quad |\underline{F}_{res}|^2 = |\underline{F}_1|^2 + |\underline{F}_1|^2\,. \tag{4.22}$$

Natürlich folgt daraus auch, dass jeder Kraftvektor die Hypotenuse eines rechtwinkligen Dreiecks repräsentiert und damit in zwei, rechtwinklig zueinander stehende Komponenten zerlegt werden kann, vgl. Bild 4.4 (b).

In Bild 4.4 (c) sind die beiden Kräfte schiefwinklig mit dem Winkel α zueinander ausgerichtet. Damit spannen beide Kräfte ein Parallelogramm auf, dessen Diagonale die resultierende Kraft darstellt. Der Betrag von $\underline{F}_{res}$ folgt aus dem Kosinussatz (siehe Tafelwerk), der für $\alpha = 90°$ ($\Rightarrow \cos(\alpha) = 0$) in den Satz des Pythagoras übergeht:

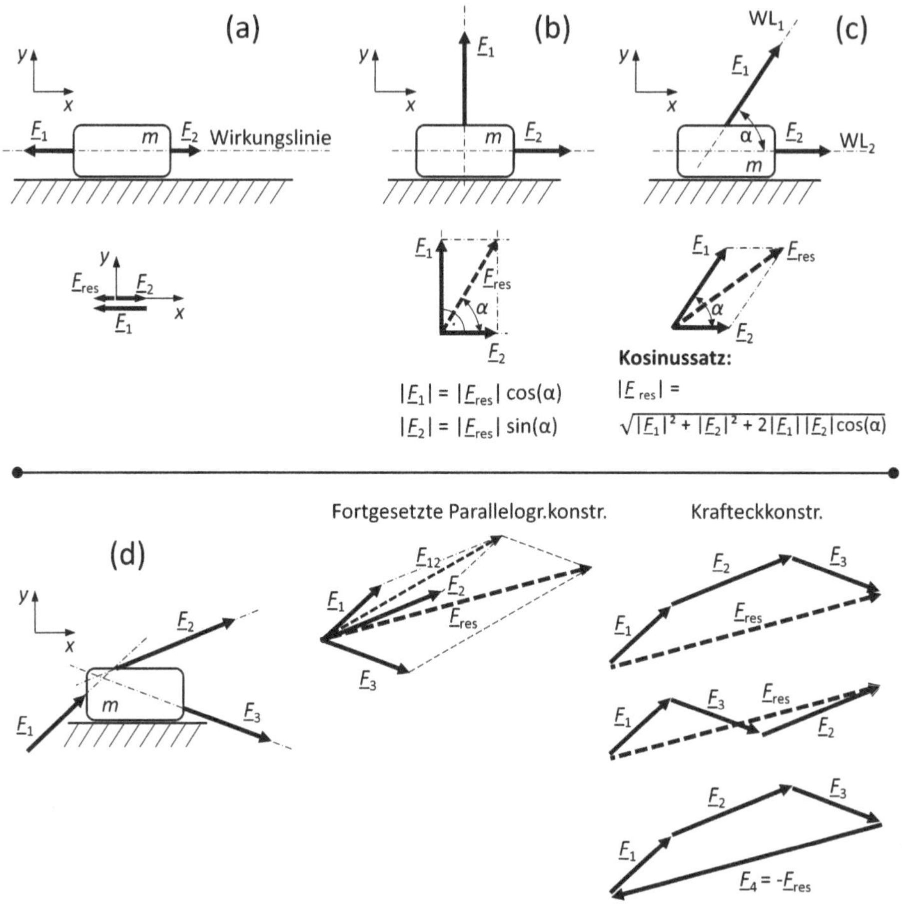

Bild 4.4 Kraftzerlegung und Kraftzusammensetzung mittels Krafteck- und Parallelogrammkonstruktion

- Fall (c)

$$|\underline{F}_{\text{res}}| = \sqrt{|\underline{F}_1|^2 + |\underline{F}_2|^2 + 2|\underline{F}_1||\underline{F}_2|\cos(\alpha)}\,. \tag{4.23}$$

Bild 4.4 (d) zeigt einen Körper, an dem drei Kräfte beliebig schiefwinklig angreifen. Diese Situation steht exemplarisch für eine beliebig große Anzahl von angreifenden Kräften. Um die resultierende Kraft $\underline{F}_{\text{res}}$ zu bestimmen, kann die **fortgesetzte Parallelogramm**- oder die **Krafteckkonstruktion** angewendet werden. Beim Ersteren wird zuerst das von $\underline{F}_1$ und $\underline{F}_2$ aufgespannte Parallelogramm betrachet. Daraus ergibt sich $\underline{F}_{12}$. Anschließend wird das resultierende Parallelogramm aus $\underline{F}_{12}$ und $\underline{F}_3$ sowie die entsprechende Diagonale betrachtet, es folgt $\underline{F}_{\text{res}}$. Dieses Verfahren kann, bei mehr als drei Kräften, beliebig fortgesetzt werden. Bei der Krafteckkonstruktion werden alle Kraftvektoren aufaddiert:

- Fall (d)

$$\underline{F}_{\text{res}} = \underline{F}_1 + \underline{F}_2 + \underline{F}_3 = \underline{F}_1 + \underline{F}_3 + \underline{F}_2 = \sum_i \underline{F}_i\,. \tag{4.24}$$

Bildlich bedeutet Gleichung 4.25, dass alle Kraftvektoren aneinander gereiht werden. Dabei ist die Reihenfolge unerheblich. $\underline{F}_{res}$ folgt als Kraftvektor vom Ursprung des Vektors $\underline{F}_1$ bis zum Ende von $\underline{F}_3$, womit sich das sog. Krafteck schließt.

Würde, wie in Bild 4.4 (rechts unten) dargestellt, eine vierte Kraft $\underline{F}_4$ so am Körper angreifen, dass sich das Krafteck schließt, dann ist die resultierende Kraft $\underline{F}_{res}$ Null. Alle Kräfte heben sich in ihrer Vektorsumme auf, man spricht auch vom **Kräftegleichgewicht**

$$\boxed{\sum_i \underline{F}_i = 0 \quad \Rightarrow \quad \underline{F}_{res} = 0}\,. \tag{4.25}$$

Mehr noch, jeder Kraftvektor kann mit der o.g. Kraftzerlegung und einem gewählten x, y-Koordinatensystem in die Kraftkomponenten F_x und F_y zerlegt werden (2D-Fall). Das Kräftegleichgewicht muss dann auch für alle Kraftkomponenten separat gelten, also:

$$\underline{F} = \begin{pmatrix} F_x \\ F_y \end{pmatrix} \quad \Leftrightarrow \quad \boxed{\sum_i F_{x,i} = 0\,,\ \sum_i F_{y,i} = 0} \quad \text{(Kräftegleichgewicht)}. \tag{4.26}$$

Übung 2 (Kraftzerlegung):
Ein schräg angestelltes Förderband bewegt eine Masse von $m = 150$ kg. Der Anstellwinkel beträgt $\beta = 25°$.

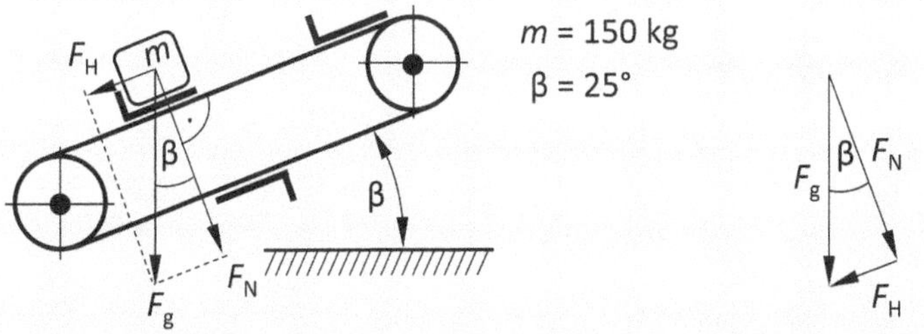

Wir groß ist die aus der Masse m resultierende Gewichtskraft F_g, die senkrecht zur schiefen Ebene wirkende Normalkraft F_N und die parallel zur schiefen Ebene wirkende Hangabtriebskraft F_H?

Lösung: Die Gewichtskraft F_g ergibt sich als Produkt aus Masse m und Erdbeschleunigung $g = 9{,}81$ m/s^2, also $F_g = m \cdot g = 1471{,}5$ N. Hangabtriebskraft F_H, Normalkraft F_N und Gewichtskraft F_g bilden ein rechtwinkliges Dreieck mit F_g als Hypotenuse. Damit folgt: $F_H = F_g \sin(\beta) = 621{,}9$ N und $F_N = F_g \cos(\beta) = 1333{,}6$ N.

■

Übung 3 (Kräftegleichgewicht):
Die Masse $m = 25$ kg ist über zwei Seile und mittels zweier reibungsloser Umlenkrollen mit zwei Gegengewichten m_1 und m_2 verbunden.

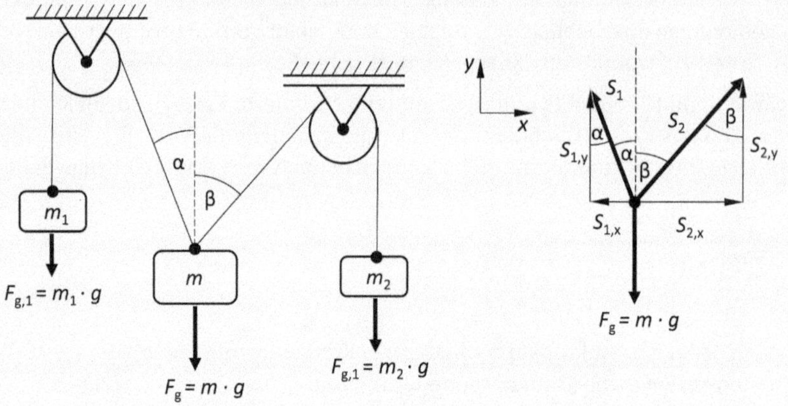

Gesucht sind die Einzelmassen m_1, m_2 so, dass sich die Winkel $\alpha = 20°$ und $\beta = 30°$ gemäß der obigen Abbildung einstellen.

Lösung: Die Gewichtskräfte der Einzelmassen $F_{g,1}$ und $F_{g,2}$ führen zu Zugkräften im Seil, die als $S_1 = m_1 \cdot g$ und $S_2 = m_2 \cdot g$ am Zentralkörper der Masse m unter den Winkeln α und β angreifen. S_1 und S_2 können in x- und y-Anteile, also $S_{1,x}$, $S_{1,y}$, $S_{2,x}$ und $S_{2,y}$ zerlegt werden. Für beide Richtungen muss das Kräftegleichgewicht gelten:

$$\sum F_x = 0 \quad \Leftrightarrow \quad S_{1,x} = S_{2,x} \quad \Leftrightarrow \quad m_1 \cdot g \cdot \sin(\alpha) = m_2 \cdot g \cdot \sin(\beta) \tag{4.27}$$

$$\Leftrightarrow \quad m_2 = m_1 \frac{\sin(\alpha)}{\sin(\beta)}. \tag{4.28}$$

$$\sum F_y = 0 \quad \Leftrightarrow \quad S_{1,y} + S_{2,y} - m \cdot g = 0 \tag{4.29}$$

$$\Leftrightarrow \quad m_1 \cdot \cos(\alpha) + m_2 \cdot \cos(\beta) - m = 0. \tag{4.30}$$

Hierbei ist in der Kräftesumme in y-Richtung F_g mit einem Minuszeichen zu versehen, da es entgegen der y-Richtung des frei gewählten Koordinatensystems x,y wirkt. Setzt man Gleichung 4.28 in Gleichung 4.30 ein folgt:

$$m_1 \cdot \cos(\alpha) + m_1 \frac{sin(\alpha)}{sin(\beta)} \cos\beta - m = 0 \tag{4.31}$$

und umgeformt:

$$m_1 = \frac{m}{\left(\cos(\alpha) + \frac{\sin(\alpha)}{\sin(\beta)} \cos(\beta)\right)} = 16{,}3\,\text{kg} \quad \overset{\text{Gleichung 4.28}}{\Longrightarrow} \quad m_2 = 11{,}1\,\text{kg}. \tag{4.32}$$

■

Nachdem nun gezeigt wurde, wie anhand mehrerer Kräfte Betrag und Richtung der resultierenden Kraft bestimmt werden kann, verbleibt noch die Frage nach dem **Kraftangriffspunkt** von $\underline{F}_{res}$. Das **Seileck-Verfahren** stellt eine einfache, grafische Methode dar, den resultierenden Kraftangriffspunkt für den ebenen Fall zu bestimmen, vgl. Bild 4.5.

Betrachtet man einen Körper der Masse m und z.B. drei Einzelkräfte $\underline{F}_1$, $\underline{F}_2$, $\underline{F}_3$, so ergibt sich in einem ersten Schritt Betrag und Richtung von $\underline{F}_{res}$ aus der Krafteckkonstruktion. Anschließend wird ein beliebiger Punkt P außerhalb des Kraftecks festgelegt und die sog. Polstrahlen S_0, S_1, S_2, S_3, vom Anfang und vom Ende der Einzelkräfte im Krafteck, durch P gezeichnet. Die Polstrahlen werden anschließend mithilfe der Parallelverschiebung suk-

(Seileck-Verfahren)

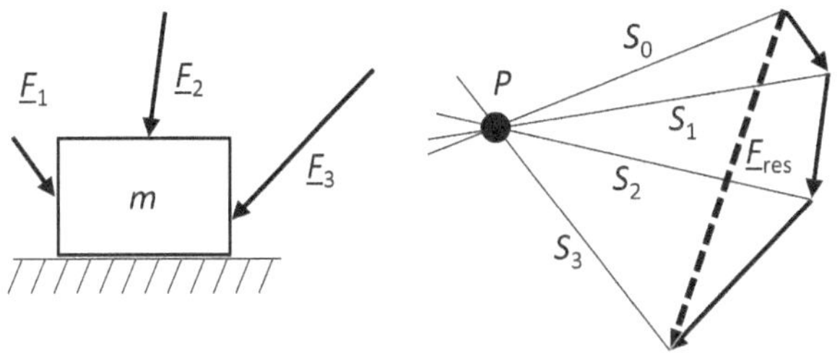

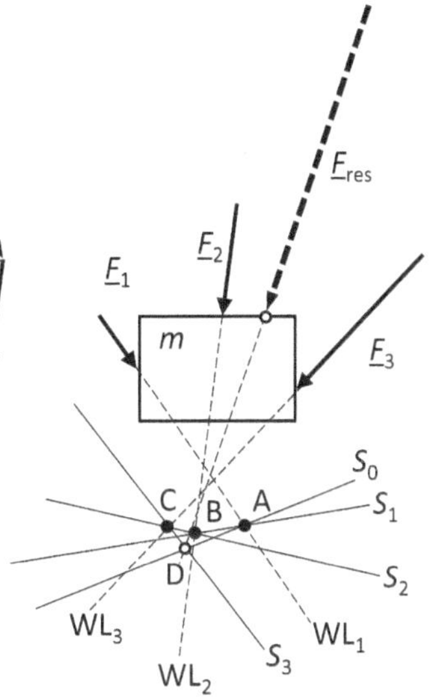

1. Krafteck-Konstruktion:
Betrag und Richtung von $\underline{F}_{res}$

2. Polstrahlen konstruieren:
- Bel. Punkt *P* außerh d. Kraftecks wählen
- Polstrahlen v. Anfang u. Ende der Kräfte durch P konstruieren

3. Seileckverfahren
S_0 auf WL_1
S_1 durch A (es folgt B auf WL_2)
S_2 durch B (es folgt C auf WL_3)
S_3 durch C

4. Kraftangriffpunkt
Schnitt S_0 u. S_3 = D
$\underline{F}_{res}$ an D anlegen und entlang der WL zum Körper verschieben

Bild 4.5 Zum Seileck-Verfahren: Konstruktion des Kraftangriffspunktes der resultierenden Kraft aus mehren Einzelkräften in der Ebene

zessiv auf die Wirkungslinien WL_1, WL_2, WL_3 der Einzelkräfte verschoben. Dadurch ergeben sich sich die Schnittpunkte A, B, C und abschließend der Punkt D als Schnittpunkt der Polstrahlen S_0 und S_3. An D kann nun $\underline{F}_{res}$ angelegt und entlang der Wirkungslinie auf die Oberfläche des Körpers verschoben werden, wodurch sich der gesuchte Kraftangriffspunkt ergibt.

4.3 Momentengleichgewicht

Ein Körper befindet sich im mechanischen Gleichgewicht, sofern **(a)** die Summe aller an ihm angreifenden Kräfte (Kräftegleichgewicht, Krafteck ist geschlossen) und **(b)** die Summe aller am Körper angreifenden Momente (**Momentengleichgewicht**) Null ergibt. In Folge dessen ruht der Körper oder vollführt eine gleichförmig gradlinige (Geschwindigkeit v = konst.) bzw. gleichförmig rotatorische (ω = konst.) Bewegung.

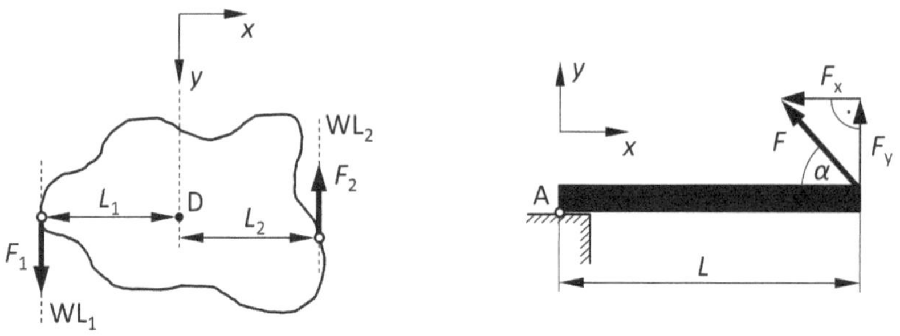

Bild 4.6 Momente als Kraft × Hebelarm

Bild 4.6 (links) zeigt einen beliebigen Körper, an dem zwei entgegengerichtete Kräfte angreifen. Hierbei soll angenommen werden, dass beide Kräfte vom Betrag gleichgroß sind. Das Kräftegleichgewicht in y-Richtung liefert:

$$|F_1| = |F_2| \quad \text{und} \quad \sum_i F_{i,y} = F_1 - F_2 = 0 \quad \Leftrightarrow \quad F_1 = F_2 = F\,. \tag{4.33}$$

Auch hier ist F_2 in der Kräftesumme mit einem Minuszeichen zu versehen, da es entgegen der frei gewählten y-Richtung wirkt.

Es ist wohl einzusehen, dass der Körper, sollte er z.B ruhen, trotz Kräftegleichgewicht, in Rotation versetzt wird. Er ist also nicht im Gleichgewicht, insbesondere deshalb, da die Summe der auf ihn einwirkenden Momente nicht Null ist.

Um die auf einen Körper wirkenden Momente zu bestimmen, muss zuerst ein Bezugspunkt gewählt werden, z.B. Punkt D in Bild 4.6 (links). Gemäß des in Abschnitt 4.1.1 eingeführten Zusammenhangs: Moment = Kraft × Hebelarm folgt bzgl. Punkt D:

$$M^{(\mathrm{D})} = M_1^{(\mathrm{D})} + M_2^{(\mathrm{D})} = F_1 L_1 + F_2 L_2\,. \tag{4.34}$$

Hierbei gilt die sog. **Vorzeichenkonvention**, die besagt, dass alle Momente, die Drehungen **entgegen des Uhrzeigersinns** hervorrufen positiv gezählt werden. Demgegenüber werden alle Momente, die Drehungen **im Uhrzeigersinn** repräsentieren mit einem Minuszeichen versehen.

Momentengleichgewicht liegt vor, wenn die Summe aller am Körper angreifen Momente Null ergibt:

$$\boxed{M^{(\mathrm{D})} = \sum_i M_i^{(\mathrm{D})} = 0} \quad \Rightarrow \quad M_1^{(\mathrm{D})} = -M_2^{(\mathrm{D})} \quad \Leftrightarrow \quad F_1 L_1 = -F_2 L_2\,. \tag{4.35}$$

Das Minuszeichen zeigt an, dass beide Momente entgegengesetzt gerichtet sein müssen. Ferner ist zu beachten, dass nur Kraftkomponenten senkrecht zum Hebelarm zum Moment beitragen. Entsprechend gilt für den Balken in Bild 4.6 (rechts) bzgl. des Punktes A:

$$M^{(\mathrm{A})} = \sum_i M_i^{(\mathrm{A})} = \sum_i F_{y,i} L_i = F_y L\,. \tag{4.36}$$

Abschließend soll das Momentengleichgewicht für drei verschiedene Belastungssituationen an einem drehbaren Balken untersucht werden. Dazu betrachte man die drei Szenerien (a), (b) und (c) im Bild 4.7.

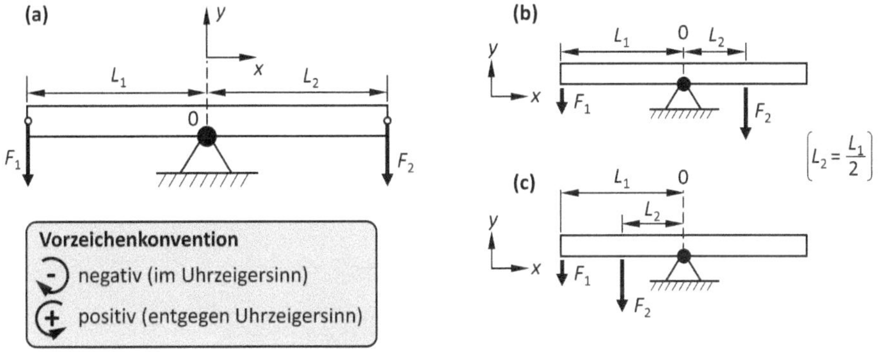

Bild 4.7 Untersuchung des Momentengleichgewichts für drei Belastungssituationen am drehbaren Balken

Im Drehpunkt 0 wirken zwei Momente, verusacht durch die Kräfte F_1 und F_2, die mit den Hebelarmen L_1 und L_2 am Balken angreifen. Durch Formulierung des Momentengleichgewichts folgt für die drei Situationen:

- Fall (a)

$$M_1^{(0)} = F_1 L_1 \quad , \quad M_2^{(0)} = F_2 L_2 \tag{4.37}$$

$$\sum_i M_i^{(0)} = M_1^{(0)} - M_2^{(0)} = F_1 L_1 - F_2 L_2 = 0 \quad \Rightarrow \quad \boxed{F_1 L_1 = F_2 L_2}\,. \tag{4.38}$$

- Fall (b)

$$M_1^{(0)} = F_1 L_1 \quad , \quad M_2^{(0)} = F_2 L_2 = F_2 \frac{L_1}{2} \tag{4.39}$$

$$\sum_i M_i^{(0)} = M_1^{(0)} - M_2^{(0)} = F_1 L_1 - F_2 \frac{L_1}{2} = 0 \quad \Rightarrow \quad \boxed{2F_1 = F_2}\,. \tag{4.40}$$

- Fall (c)

$$M_1^{(0)} = F_1 L_1 \quad , \quad M_2^{(0)} = F_2 L_2 = F_2 \frac{L_1}{2} \tag{4.41}$$

$$\sum_i M_i^{(0)} = M_1^{(0)} + M_2^{(0)} = F_1 L_1 + F_2 \frac{L_1}{2} = 0 \quad \Rightarrow \quad \boxed{-2F_1 = F_2}\,. \tag{4.42}$$

Im Fall (c) greifen beide Kräfte auf der selben Seite an und verursachen - sofern sie in die gleiche Richtung wirken - zwei gleichgesinnte positive Momente. Für Momentengleichgewicht müssen beide Kräfte entgegengesetzt gerichtet sein, daher das Minuszeichen in Gleichung 4.42_2, so dass sich die resultierenden Momente aufheben können.

4.4 Freiheitsgrade, Freischnitt, Lager- und Schnittkräfte

Ein beliebiger Körper im Raum (3D) hat unterschiedliche Bewegungsmöglichkeiten. Er kann sich geradlinig bewegen und/oder rotieren. Sowohl Translation als auch Rotation sind in drei Raumrichtungen x, y, z möglich bzw. lassen sich durch diese beschreiben. Folglich hat der Körper $f = 2 \times 3 = 6$ **Freiheitsgrade**, je drei für die Translation und Rotation. Für einen Körper in der Ebene (2D) ergeben sich analog zwei Raumrichtungen x, y und entsprechend drei Freiheitsgrade ($f = 3$), zwei für die Translation und einer für die Rotation, vgl. Bild 4.8.

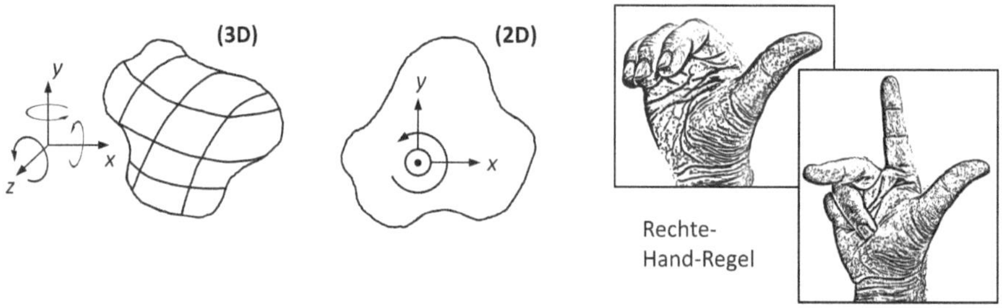

Bild 4.8 Bewegungsmöglichkeiten von Körpern in 3D und 2D (Freiheitsgrade) (links), Rechte-Hand-Regel zur Festlegung der positiven Bewegungsrichtungen (rechts)

Für die Festlegung der in Bild 4.8 dargestellten Koordinaten- und Drehrichtungen ist die sog. **Rechte-Hand-Regel** angewendet worden. Dabei spannt man mit Daumen (x), Zeige- (y) und Ringfinger (z) der rechten Hand ein Koordinatensystem auf, wodurch sich die drei Raumrichtungen ergeben. Die Rotationsrichtung folgt, indem man mit dem Daumen in Richtung der Rotationsachse zeigt und die gekrümmten, restlichen Finger betrachtet, Bild 4.8 (rechts).

Natürlich sind alle Körper – und damit auch jedes Maschinenelement – in irgendeiner Weise mit der Umgebung verbunden: Brücken stehen auf Fundamenten, Wellen sind gelagert oder ein Motorengehäuse ist mit dem Fahrzeugrahmen verschraubt. Das heißt, in technischen Konstruktionen sind alle „Körper" gelagert und damit in ihrer Bewegung eingeschränkt.

Bild 4.9 zeigt einige technisch relevanten **Lagerungsarten** eines Körpers in 2D-Fall. Die sog. **Lagerwertigkeit** r_i gibt dabei an, wie viele Freiheitsgrade f durch das jeweilige Lager i unterbunden werden. Der Gesamtfreiheitsgrad des **Systems** f_{syst}, bestehend aus Körper und k Lagern, ergibt sich dann zu:

$$f_{syst} = 3 - \sum_{i}^{k} r_i \quad \text{(2D-Fall)} \quad , \quad f_{syst} = 6 - \sum_{i}^{k} r_i \quad \text{(3D-Fall)}. \tag{4.43}$$

Dabei wird typischerweise zwischen **statisch bestimmten** und **statisch unbestimmten** Systemen unterschieden, es gilt:

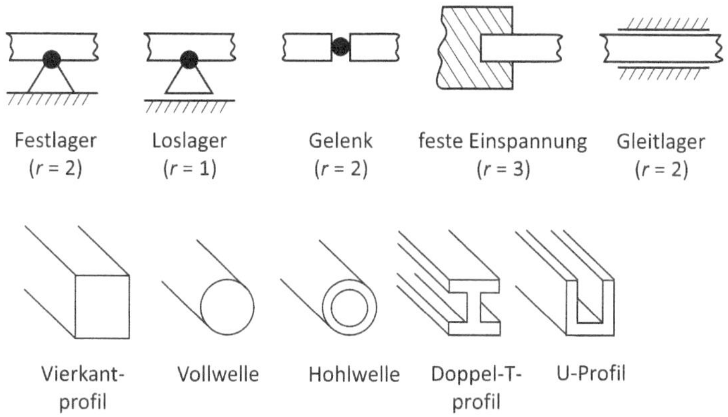

Bild 4.9 Lagerungsarten in 2D (oben), Beispiele für mögliche Balkengeometrien (unten)

$$\boxed{f_{\text{syst}} = 0} \quad \text{(statisch bestimmt)} \tag{4.44}$$

$$\boxed{f_{\text{syst}} \gtrless 0} \quad \text{(statisch unbestimmt)}\,. \tag{4.45}$$

Insbesondere in der **Statik**, wie beispielsweise bei der Dimensionierung und Konstruktion von Bauwerken, ist in der Regel statische Bestimmtheit anzustreben, wohingegen im Maschinenbau die Bewegung einzelne Maschinenelemente von Nöten ist, um die entsprechenden Funktionalitäten zu gewährleisten. Bild 4.10 zeigt zwei Beispiele für die in Bild 4.9 (1. Zeile) aufgeführten **Lagerungsarten**. Links sind zwei Wellensegmente eines Antriebsstranges abgebildet, die über Gelenke (sog. Kreuzgelenke) in die Konstruktion integriert sind. Auf diese Weise können Richtungsänderungen oder Fluchtungsfehler im Antriebs-Fstrang realisiert bzw. ausgeglichen werden. Rechts ist ein Brückenlager als Loslager zu sehen. Es ist anzunehmen, dass am anderen Ende der Brücke ein Festlager benutzt wurde, um so statische Bestimmtheit zu erzielen, vgl. Bild 4.11 (links oben).

Bild 4.10 Beispiele für Lagerungsarten: (Kreuz-)Gelenke an einer Antriebswelle (links), Loslager an einer Brücke (rechts); ©mageba GmbH (mit freundlicher Genehmigung)

Fest-/Loslager Kombinationen sind für technische Anwendungen von herausgestellter Bedeutung. Insbesondere die Verwendung von **Loslagern** erlaubt den Ausgleich von

Fertigung- und Montagetoleranzen oder von thermischen Dehnungen durch Temperaturänderungen im Betrieb. So würde z.B. eine thermisch bedingte Längenänderung des Balkens durch eine horizontale Verschiebung des rechten Loslagers in Bild 4.11 (links oben) ausgeglichen werden. Dagegen würde die Verwendung einer Fest-/Festlager-Kombination keinen Ausgleich erlauben, so dass der Balken innere Spannungen aufbauen und möglicherweise ausbeulen würde.

Der Begriff Balken:
Unter einem Balken versteht man ein Konstruktionselement bzw. Bauteil, dass ein Biegemoment aufnehmen und übertragen kann. Material und Querschnittsgeometrie sind nicht eingeschränkt und können beliebig gewählt werden, vgl. Bild 4.9 (unten).

Aber was heißt es, ein Biegemoment übertragen zu können? Man stelle sich einen Metallstab vor, den man an einem Ende waagerecht vor sich in der Hand hält. Wenn man nun ein Gewicht vorne anhängt, so würde das Gewicht eine Gewichtskraft nach unten verursachen, die, mit der Stablänge als Hebel, ein Biegemoment in die Hand einleiten; der Stab würde dazu tendieren, im Handballen zu verkanten. Das von der Spitze ausgehende Biegemoment wird also durch den Stab in die Hand übertragen. Eine Gliederkette oder ein Seil würde - abgesehen davon, dass es nicht waagerecht mit freiem Ende hängen kann - unter dem Gewicht absacken. In der Hand wäre keine Verkantung spürbar, entsprechend wird kein Biegemoment im Seil bzw. in der Kette aufgenommen.

Bild 4.11 (rechts oben) zeigt eine Welle, die mithilfe zweier Schellen drehbar gelagert ist. Jede Schelle für sich hat eine Wertigkeit $r_i = 2$, da sie die Translation in die zwei radialen Richtungen unterbindet. Zu beachten ist, dass insbesondere durch die Reduktion der Schellenbreite auf eine Linie Rotationen der Welle um alle drei Raumachsen möglich sind. Damit folgt für das Gesamtsystem eine Freiheitsgrad von $f_{\text{syst}} = 6 - 2 - 2 = 2$. Die zwei verbleibenden Bewegungsmöglichkeiten sind die Drehung um die Achse und die axiale Verschiebung der Welle. Das System ist statisch unbestimmt. Durch die Verwendung zweier Sicherungsringe an einer der beiden Schellen kann die Welle axial fixiert werden, vgl. Bild 4.11 (unten). Es verbleibt ein Gesamtfreiheitsgrad von $f_{\text{syst}} = 1$, nämlich die Drehung um die eigene Achse, die bei Wellen natürlich gewollt ist. Damit liegt für die Welle eine Fest-/Loslager-Kombination vor, die axiale Dehnungen bzw. Maßtoleranzen durch das Loslager (rechte Schelle) ausgleichen kann.

Es ist leicht vorstellbar, dass von außen auf einen Balken wirkende Kräfte und Momente zu Belastungen in den Lagern führen. Diese sog. **Lagerkräfte und -momente** müssen bestimmt und für die Dimensionierung der Lager herangezogen werden. Dazu wird ein sog. **Lagerfreischnitt** durchgeführt, bei dem die Lager vom Balken „weggeschnitten" werden. Als Korrektur dieses Freischnitts müssen entsprechend der Lagerwertigkeit zusätzliche, am Balken angreifende Lagerkräfte und -momente berücksichtigt werden. Bild 4.12 illustriert das Vorgehen beim Freischnitt eines Balkens im 2D-Fall.

So resultieren durch den Freischnitt des Festlagers ($r_i = 2$) zwei Lagerkräfte, eine horizontale Kraft $F_{A,x}$ in x-Richtung und eine vertikale Kraft $F_{A,y}$ in y-Richtung. Beim Freischnitt des Loslagers ($r_i = 1$), dass nur die vertikale Translation unterbindet, ist folglich eine vertikale Lagerkraft $F_{B,y}$ anstelle des Loslagers am Balken anzusetzen, vgl. Bild 4.12. Die Richtung der Lagerkräfte ist zunächst nicht festgelegt und folgt später aus der Rechnung. Gleichwohl

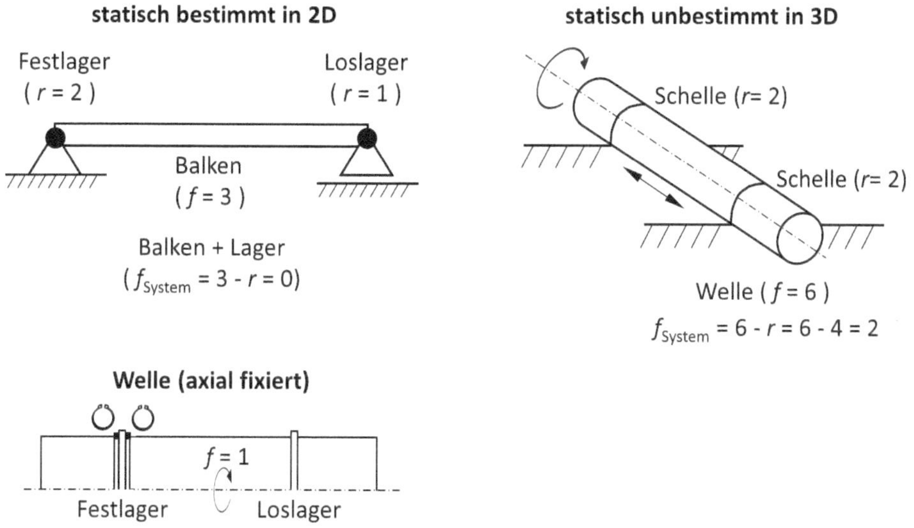

Bild 4.11 Beispiel eines statisch bestimmten Systems in 2D (links oben), Beispiel für ein statisch unbestimmtes System in 3D (rechts), Fest-/Loslager-Kombination an einer Welle (unten)

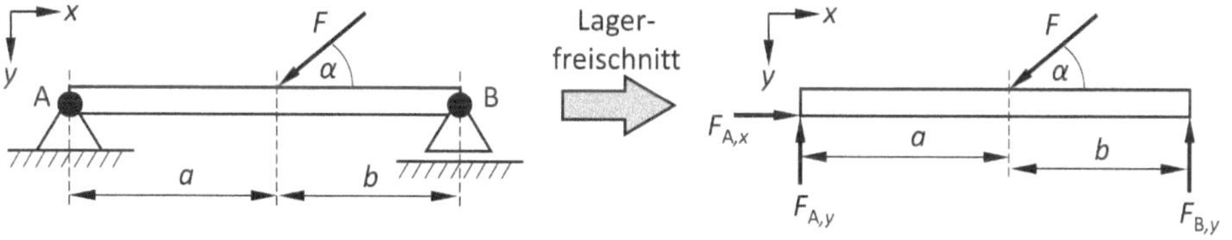

Bild 4.12 Lagerfreischnitt und Lagerkräfte am 2D-Balken

bietet es sich an, die Lagerkräfte nach einem selbstgewähltem Schema einzuzeichnen. Eine Möglichkeit ist, die Kräfte so einzuzeichnen, dass sie den Balken in der ursprünglichen Lage halten, der andernfalls ohne Lager durch die äußere Kraft F nach links unten gedrückt werden würde.

Unter Beachtung des gewählten Koordinatensystems können nun die drei unbekannten Lagerkräfte, $F_{A,x}$, $F_{A,y}$, $F_{B,y}$ mithilfe der drei Gleichungen für Kraftgleichgewicht in x- und y-Richtung sowie Momentengleichgewicht bestimmt werden:

$$\sum F_x = 0 \quad \Rightarrow \quad F_{A,x} - F\cos(\alpha) = 0 \tag{4.46}$$

$$\Rightarrow \quad F_{A,x} = F\cos(\alpha)\,. \tag{4.47}$$

$$\sum F_y = 0 \quad \Rightarrow \quad -F_{A,y} - F_{B,y} + F\sin(\alpha) = 0 \tag{4.48}$$

$$\Rightarrow \quad F_{A,y} = F\sin(\alpha) - F_{B,y}\,. \tag{4.49}$$

$$\sum M^{(A)} = 0 \quad \Rightarrow \quad (a+b)F_{B,y} - aF\sin(\alpha) = 0 \tag{4.50}$$

$$\Rightarrow \quad F_{B,y} = \frac{aF\sin(\alpha)}{(a+b)} = \frac{F\sin(\alpha)}{\left(1+\frac{b}{a}\right)}. \tag{4.51}$$

Die äußere Kraft F sowie die Längen a und b sind bekannt. Damit kann $F_{B,y}$ in Gleichung 4.51 und anschließend $F_{A,y}$ mit Gleichung 4.49 bestimmt werden. $F_{A,x}$ folgt schließlich aus Gleichung 4.47.

Man beachte, dass das Momentengleichgewicht immer in Bezug auf einen beliebigen aber fest zu wählenden lokalen Punkt (hier Punkt A) formuliert werden muss. Außerdem ist beim Aufstellen des Momentengleichgewichts die Vorzeichenkonvention (vgl. Bild 4.7) zu berücksichtigen. Auch ist zu erwähnen, dass nur bei statisch bestimmten Systemen die Anzahl der linear unabhängigen Gleichungen mit der Anzahl der unbekannten Größen übereinstimmt.

Neben den Lagerbelastungen wird auch der Balken selbst durch die äußere Last beansprucht. Dadurch kommt es zu „inneren Kräften und Momenten“, die mithilfe des sog. **Körperfreischnitt** quantifiziert werden können. Insbesondere treten im oben betrachteten Balken, entsprechend der Freiheitsgrade zwei Schnittkräfte und ein Schnittmoment (Biegemoment) auf, die entlang des Balkens, also abhängig von der x-Position, variieren können.

Bild 4.13 (links) illustriert das Vorgehen beim Körperfreischnitt, indem zuerst der Balken in Bereiche eingeteilt wird, hier Bereich I und II. Hierbei wird entlang des Balkens immer dann ein neuer Bereich definiert, sobald eine Kraft oder ein Lager am Balken angreift bzw. auftritt. Anschließend wird in jedem Bereich der Balken an einer **beliebigen Position** x in zwei Teile durchgeschnitten. Der jeweils linke Balkenteil mit seiner Schnittfläche wird in der Regel als sog. **positives Schnittufer**, der rechte Teil als **negatives Schnittufer** festgelegt. Nun werden an jedem Schnittufer die sog. **Schnittkräfte** eingezeichnet: eine **Normalkraft** $N(x)$ senkrecht zur Schnittfläche, eine **Querkraft** $Q(x)$ parallel zur Schnittfläche und das **Schnittmoment** $M(x)$. Dabei werden die drei Größen entsprechend des gewählten Koordinatensystems am positiven Schnittufer in positiver Richtung und am negativen Schnittufer in negativer Richtung definiert.

Die Verläufe der Schnittkräfte $N(x)$, $Q(x)$ und des Schnittmoments $M(x)$ können bereichsspezifisch mithilfe des Kräfte- und Momentengleichgewichts unter Verwendung der Ergebnisse des vorangegangenen Lagerfreischnitts bestimmt werden. Dazu wird für jeden Bereich entweder das positive oder das negative Schnittufer betrachtet, vgl. Bild 4.13 (rechts):

Bereich I. (pos. Schnittufer), $0 \leq x \leq a$

$$\sum F_x = 0: \quad F_{A,x} + N(x) = 0 \quad \Leftrightarrow \quad N(x) = -F_{A,x} = -F\cos(\alpha). \tag{4.52}$$

$$\sum F_y = 0: \quad -F_{A,y} + Q(x) = 0 \quad \Leftrightarrow \quad Q(x) = F_{A,y} = F\sin(\alpha)\left(1 - \frac{1}{1+\frac{b}{a}}\right). \tag{4.53}$$

$$\sum M^{(x)} = 0: \quad M^{(x)} - F_{A,y}\cdot x = 0 \quad \Leftrightarrow \quad M(x) = M^{(x)} = x\cdot F\sin(\alpha)\left(1 - \frac{1}{1+\frac{b}{a}}\right). \tag{4.54}$$

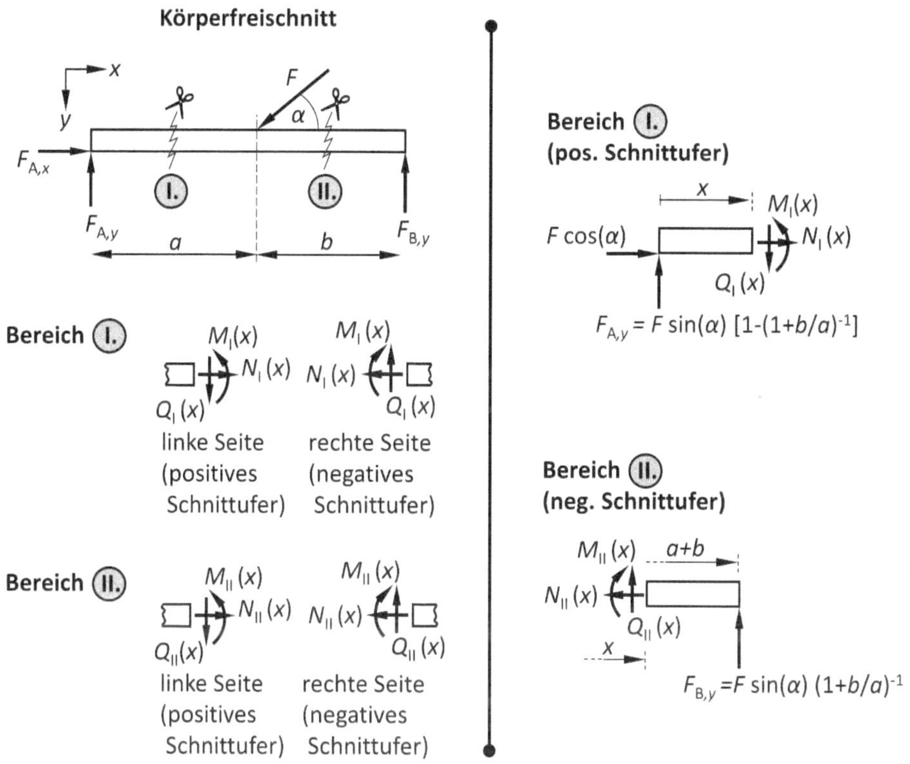

Bild 4.13 Körperfreischnitt, d.h. bereichsweises Durchschneiden des Balkens und Eintragung der „freigelegten" Schnittkräfte und -momente an den Schnittflächen

Bereich II. (neg. Schnittufer), a < x ≤ b

$$\sum F_x = 0: \quad -N(x) = 0. \tag{4.55}$$

$$\sum F_y = 0: \quad -Q(x) - F_{B,y} = 0 \quad \Leftrightarrow \quad Q(x) = -\frac{F\sin(\alpha)}{1+\frac{b}{a}}. \tag{4.56}$$

$$\sum M^{(x)} = 0: \quad -M^{(x)} + (a+b-x)F_{B,y} = 0 \quad \Leftrightarrow \quad M(x) = (a+b-x)\frac{F\sin(\alpha)}{1+\frac{b}{a}}. \tag{4.57}$$

Entsprechend ergeben sich die qualitativen Verläufe für $N(x)$, $Q(x)$ und $M(x)$, die in Bild 4.14 für den Spezialfall $a = b$ dargestellt sind. Man beachte, dass durch die Krafteinleitung an der Position $x = a$ die Kraftverläufe eine Sprung zeigen, wohingegen der Momentenverlauf eine Knick aufweist.

Durch die Kraft- und Momentenverläufe lassen sich die am stärksten belasteten Bereiche im Balken lokalisieren. Diese Bereiche sind zuerst festzustellen, um sie dann für die weitere Dimensionierung des Bauteils zu berücksichtigen. Es ist also nicht notwendig, für die Dimensionierung den gesamten Balken zu betrachten, sondern lediglich den Bereich mit den größten Schnittgrößen, z.B. die Position $x = a$, an der das Schnittmoment (Biegemo-

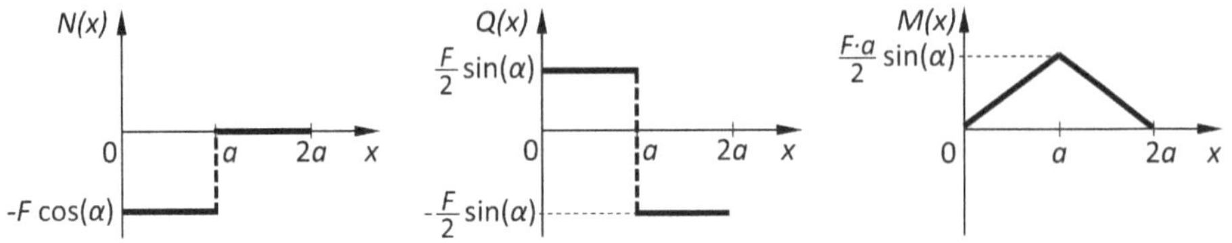

Bild 4.14 Verläufe der Schnittkräfte und -momente $N(x)$, $Q(x)$ und $M(x)$ im erläuterten Balkenbeispiel für den Spezialfall $a = b$

ment $M(x)$ = max.) am größten ist. Diese kritischen Belastungsstellen, insbesondere jene, an denen das Biegemoment maximal ist, können mit etwas Routine oftmals ohne große Berechnungen lokalisiert werden.

Übung 4 (Sprungbrett Schwimmbad):
Nachstehendes Bild zeigt die Prinzipskizze eines Sprungbrettes im Schwimmbad.

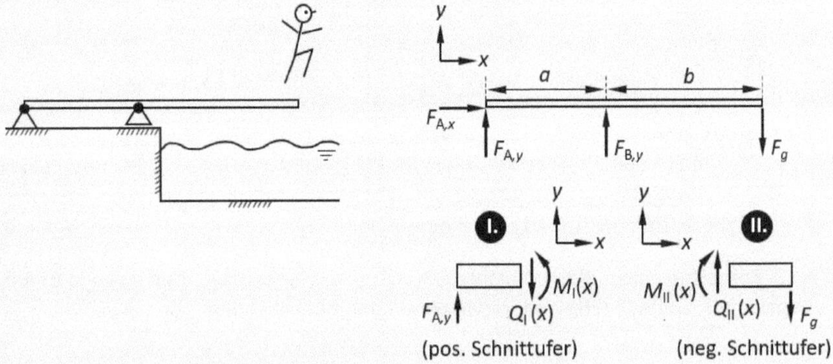

Bestimmen Sie die aus der Gewichtskraft der springenden Person resultierenden Lagerkräfte sowie die relevanten Kraft- und Momentenverläufe im Sprungbrett. Dazu soll angenommen werden, dass die Person m = 100 kg wiegt und durch den Absprung eine Gewichtskraft von $F_g = 1.5m \cdot g$, ($g \approx 10$ m/s^2) resultiert.

Lösung:
Zuerst betrachte man den Lagerfreischnitt und stellt das Kräfte- bzw. Momentengleichgewicht auf (Bild, rechts oben):

$$\sum F_x = 0 \quad \Rightarrow \quad F_{A,x} = 0 \tag{4.58}$$

$$\sum F_y = 0 \quad \Rightarrow \quad F_{A,y} + F_{B,y} - 1{,}5m \cdot g = 0 \tag{4.59}$$

$$\Leftrightarrow \quad F_{A,y} = 1{,}5m \cdot g - F_{B,y} \tag{4.60}$$

$$\sum M^{(A)} = 0 \quad \Rightarrow \quad aF_{B,y} - 1{,}5(a+b)m \cdot g = 0 \tag{4.61}$$

$$\Leftrightarrow \quad F_{B,y} = \frac{1{,}5(a+b)m \cdot g}{a} \tag{4.62}$$

Gleichung 4.62 in Gleichung 4.60 eingesetzt liefert:

$$F_{A,y} = -\frac{1{,}5b}{a} m \cdot g. \tag{4.63}$$

Als nächstes wird der Körperfreischnitt betrachtet. Hierbei sind zwei Bereiche $0 \le x \le a$ und $a < x \le (a+b)$ zu berücksichtigen. Für den ersten Bereich folgt (pos. Schnittufer, vgl. Bild rechts unten):

$$F_{A,x} = 0 \quad \Rightarrow \quad N(x) = 0 \tag{4.64}$$

$$Q(x) = F_{A,y} = -\frac{1,5b}{a} m \cdot g \tag{4.65}$$

$$M(x) = F_{A,y} \cdot x = -\frac{1,5b}{a} m \cdot g \cdot x . \tag{4.66}$$

Man beachte, dass das Momentengleichgewicht an einer beliebigen aber fest gewählten Position x ausgewertet wird. Damit folgt als Hebelarm die Laufvariable x selbst.

Für den zweiten Bereich ergibt sich (neg. Schnittufer, Bild rechts unten):

$$N(x) = 0 \tag{4.67}$$

$$Q(x) = 1,5m \cdot g \tag{4.68}$$

$$M(x) = -1,5m \cdot g(b+a-x) . \tag{4.69}$$

Im nachstehenden Bild sind der Querkraft- und Momentenverlauf dargestellt. Insbesondere beim Momentenverlauf müssen, aufgrund der Stetigkeit, die Gleichung 4.66 und Gleichung 4.69 für $x = a$ den gleichen Wert liefern, nämlich $M(x = a) = -1,5m \cdot g \cdot b$.

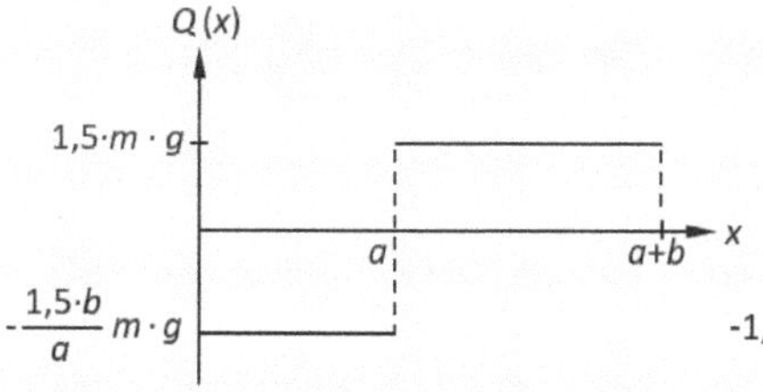

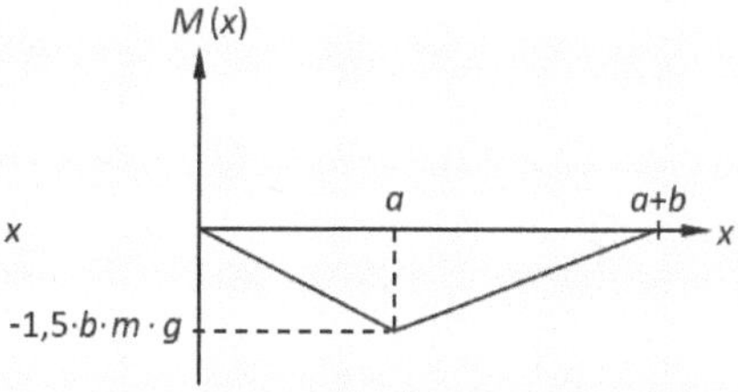

■

Übung 5 (qualitative Momentenverläufe):
Im nachstehenden Bild ist Riemenscheibe abgebildet, die durch eine Welle angetrieben wird. Durch die Riemenvorspannung wirkt eine äußere, vertikale Kraft auf die Welle. Die Welle ist mittels Rillenkugellager und Zylinderrollenlager gelagert. Zeichnen sie für die linke und rechte Konfiguration die qualitativen Momentenverläufe und ermitteln sie die Position der Maximalbeträge des (Biege-)Moments.

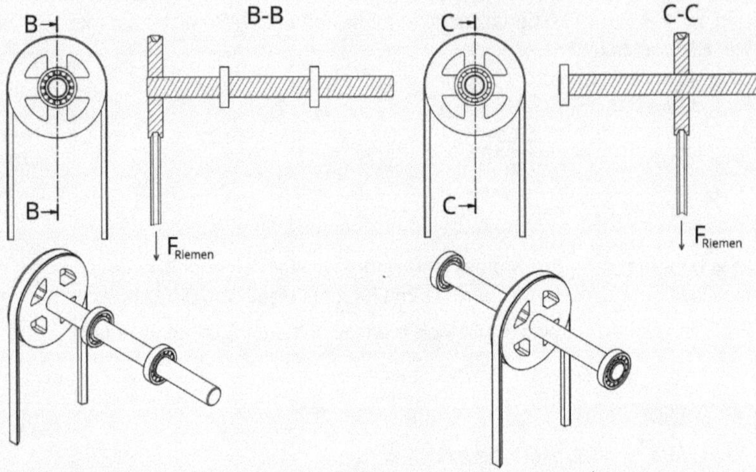

Lösung:
Folgende Momentenverläufe mit den entsprechenden Maximalbeträgen können für die beiden Konfigurationen notiert werden:

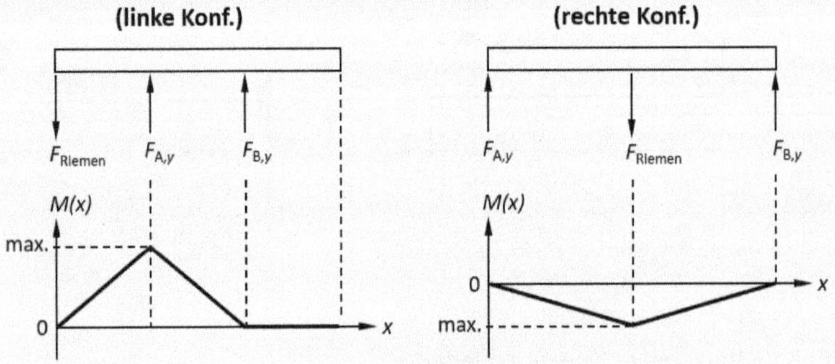

Merkregeln zur qualitativen Bestimmung der Schnittkräfte und -momente:

- Sofern mehrere Kräfte am Balken angreifen, sind weitere Schnittbereiche (nicht nur zwei) am Balken zu berücksichtigen.
- Greift eine horizontale/vertikale Kraft am Balken an, folgt ein Sprung in den Verläufen von $N(x)$ bzw. $Q(x)$ sowie ein Knick im Verlauf von $M(x)$.
- In lastfreien Bereichen gilt: $Q(x) = \text{konst.}$
- An freien Enden gilt: $M(x) = 0$.
- In lastfreien Bereichen verläuft $M(x)$ linear. Das kann in Sonderfällen auch M = konst. oder $M = 0$ bedeuten.
- Bei Einleitung einer Einzelkraft folgt ein Knick im Verlauf von $M(x)$.
- An drehbaren Außenlagern (dazu zählen auch Rillenkugellager oder Zylinderrollenlager, in denen Innen- und Außenring durch Lagerspiel/Verkantungen zueinander verstellt werden können) gilt: $M = 0$.

4.5 Normalspannungen

Bis jetzt wurden vorrangig Kräfte und Momente betrachtet. Für die Dimensionierung von Bauteilen sind jedoch im Allgemeinen Spannungen zu berücksichtigen (vgl. Abschnitt 2.4.1). Dazu betrachte man exemplarisch die Situation im Bild 4.15. Ein Rundstab, z.B. aus Stahl, auf den eine äußere Zugkraft einwirkt, wird im Innern gemäß der aus Abschnitt 2.4.2 bekannten Formel $\sigma = F/A_0$ mit $A_0 = \pi D^2/4$ bzw. $\hat{A}_0 = \pi d^2/4$ (technische) Spannungen aufweisen. Hierbei kennzeichnet A_0 bzw. $\hat{A}_0$ die kreisförmige Querschnittsfläche des Stabes. Dabei sind die Spannungen im rechten, dünneren Stab größer, da sich die äußere Kraft auf einer kleineren Querschnittfläche „verteilt". Bei gleichgroßer Kraft F wird dieser früher versagen, was auch der allgemeinen Erfahrung entspricht. Entscheidend ist also die Spannung im Bauteil, die zum einen aus der äußeren Last und zum anderen aus der Bauteilgeometrie (hier repräsentiert durch durch Durchmesser) folgt. Zu dünne/schlanke, also unterdimensionierte, Bauteile werden früher versagen als dickere bzw. größere Bauteile. Allerdings besteht bei Letzteren die Gefahr der Überdimensionierung, was zu unnötigem Gewicht, Material und Materialkosten führt. Die Kunst besteht darin, den richtigen Kompromiss zu finden, also das Bauteil so zu dimensionieren, dass es bei minimalen Materialeinsatz nicht versagt.

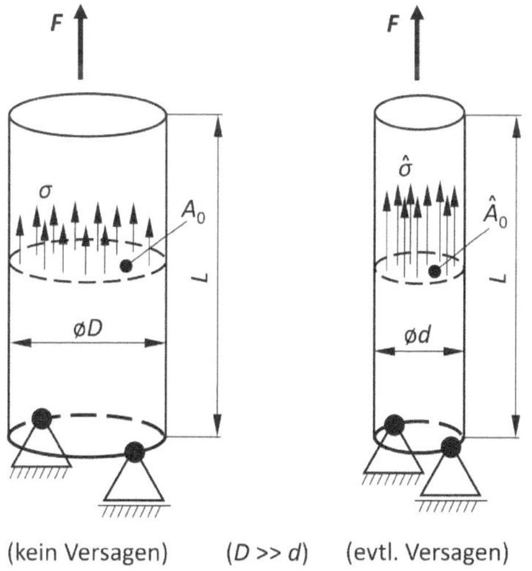

Bild 4.15 Zur Relevanz der (technischen) Spannung bei der Bauteildimensionierung

4.5.1 Zug und Druck

Wird die äußere Kraft F senkrecht zum Querschnitt des Stabes aufgebracht, so werden die Spannungen ebenfalls senkrecht zur Querschnittfläche wirken[11]. Man spricht von sog. **Normalspannungen**, da sie normal (also senkrecht) zur Oberfläche wirken. Außerdem wird bisweilen zwischen **Zug- bzw. Druckspannungen** unterschieden, abhängig davon, ob die äußere Kraft eine Zug- bzw. Druckkraft repräsentiert, Bild 4.16. Dementsprechend können die folgenden Formel gemäß der Regel: „Spannung = Kraft pro Fläche“ notiert werden:

- Zugspannung:

$$\sigma_Z = \frac{F_Z}{A_0}, \tag{4.70}$$

- Druckspannung:

$$\sigma_D = \frac{F_D}{A_0}. \tag{4.71}$$

In diesen Formeln geht ausschließlich der Flächenbetrag A_0 ein, Orientierung und Form der Querschnittsfläche ist irrelevant. Das heißt, die Kraft $F_{Z/D}$ wird durch ein Skalar geteilt. Damit folgt, dass $\sigma_{Z/D}$ an jedem Punkt der Querschnittfläche den gleichen Wert aufweist, also homogen auf der Fläche verteilt ist, und in gleiche Richtung wie $F_{Z/D}$ zeigt, vgl. Bild 4.16.

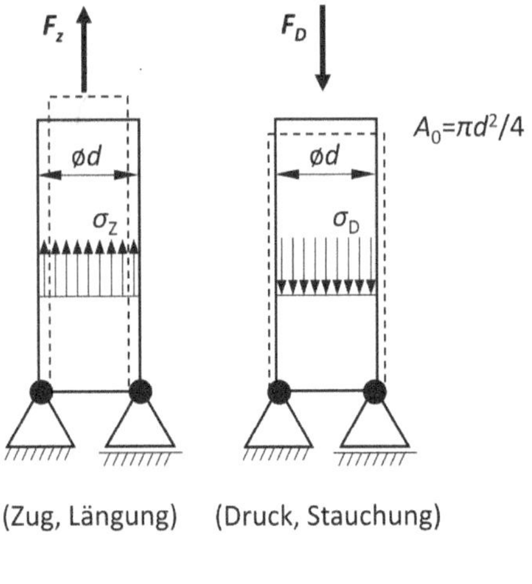

Bild 4.16 Längung bzw. Stauchung eines Rundstabes inklusive der sich einstellenden Zug- und Druckspannungen

[11] Aufgrund der Querkontraktion verjüngt sich der Querschnitt des Stab bei der Längung. Diese Verjüngung bedingt auch Spannungen quer zur Zugrichtung. Dieser Effekt soll hier nicht näher betrachtet werden.

4.5.2 Biegung

Biegebelastungen sind von hoher technischer Relevanz und oftmals ursächlich für Bauteilversagen. Ein Holzast kann leicht durch Biegung zerbrochen werden; schwieriger ist es, ihn durch Ziehen zu zerreißen. Zum Verständnis der Biegung soll exemplarisch der eingespannte Balken im Bild 4.17 betrachtet werden.

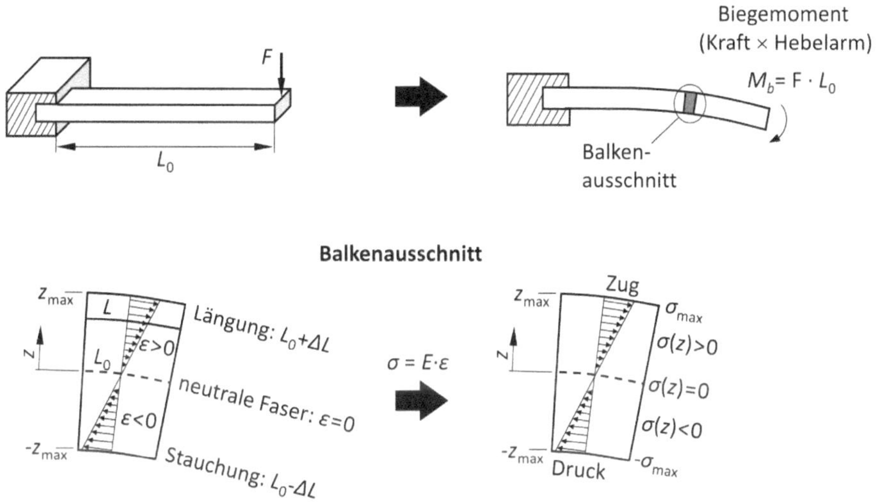

Bild 4.17 Szenerie des Biegebalkens inklusive des Spannungs- und Dehnungsverlauf

Die äußere Last F greift mit dem Hebelarm L_0 am Balken an und entsprechend wirkt ein Biegemoment M_b, das den Balken nach unten biegt. Mit der Modellvorstellung, dass der Balken aus übereinanderliegenden Fasern besteht, kann geschlussfolgert werden, dass sich die Fasern auf der Oberseite längen und auf der Unterseite stauchen, vgl. Bild 4.17 (unten links). Demzufolge sind die Dehnungen ε oben positiv und unten negativ. Da die Dehnungen im Balken eine stetige Funktion von der Ortsvariable z sind, muss es im Inneren eine Faser geben, die weder gestaucht noch gelängt wird, d.h. bei der $\varepsilon(z) = 0$ gilt. Diese ungedehnte Faser wird auch **neutrale Faser** genannt.

Weiter soll angenommen werden, dass die Dehnungen im Innern des Balken einen linearen Verlauf haben und dass alle Verformungen rein elastisch sind. Damit folgt der durch die Pfeile im Bild 4.17 (links unten) angedeutete Dehnungsverlauf. Unter Verwendung des in Abschnitt 2.4.2 eingeführten Hookeschen Gesetzes $\sigma = E \cdot \varepsilon$, ($E_{\text{Stahl}} = 210000$ MPa), können auch die Spannungen im Balken charakterisiert werden. Hier folgt ebenfalls ein linearer Verlauf, Bild 4.17 (unten rechts), so dass sich Spannungen und Dehnungen lediglich im Faktor E unterscheiden.

Für die neutrale Faser ($z = 0$) gilt: $\varepsilon = \sigma = 0$. Auf der Oberseite des Balkens ($z > 0$) gilt: $\varepsilon > 0$ und $\sigma > 0$. Am oberen ($z = z_{\text{max}}$) und unteren ($z = -z_{\text{max}}$) Rand des Balkens werden die Spannungsbeträge maximal $\sigma = \pm\sigma_{\text{max}}$. Mithilfe des Strahlensatzes folgt:

$$\frac{z_{\max}}{z} = \frac{\sigma_{\max}}{\sigma(z)} \tag{4.72}$$

und weiter:

$$\boxed{\sigma(z) = \sigma_{\max}\left(\frac{z}{z_{\max}}\right)}. \tag{4.73}$$

Für die Dimensionierung sind in der Regel nur die maximalen Spannungen maßgeblich. Somit stellt sich die Frage, wie $\sigma_{\max}$ aus der äußeren Last F berechnet werden kann. Hierzu illustriert Bild 4.18 das prinzipielle Vorgehen. Der Querschnitt des Balkens wird in differentiell kleine Flächenelemente $\mathrm{d}A_i$ zerlegt. Zu jedem Flächenelement i gehört ein Ortsvektor z_i, die auf dem Flächenelement senkrecht stehenden Spannungen σ_i und eine differentielle Kraft $\mathrm{d}F_i = \sigma_i \mathrm{d}A_i$, die ebenfalls senkrecht zur Querschnittsfläche wirkt. Zusammen mit dem zugehörigem Hebelarm z_i ergibt sich ein differentielles Biegemoment $\mathrm{d}M_{b,i} = z_i \cdot \mathrm{d}F_i$, (Kraft × Hebelarm), um die neutrale Faser.

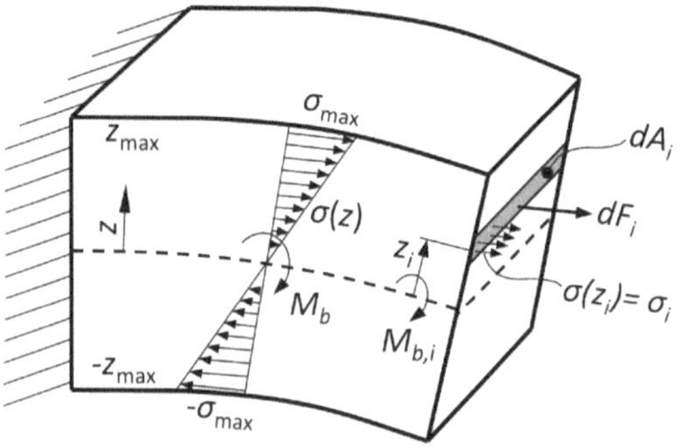

Bild 4.18 Illustration der Berechnung des Biegemoments

Betrachtet man alle $z_i \in [-z_{\max}, z_{\max}]$ und summiert alle sich ergebenen differentiellen Momente $\mathrm{d}M_{b,i} = z_i \cdot \sigma_i \mathrm{d}A_i$ auf, so ergibt sich das **Gesamtbiegemoment**. Dabei wird das Aufsummieren von differentiell kleinen Summanden als Integral formuliert:

$$M_b = \int_{-z_{\max}}^{z_{\max}} \mathrm{d}M_b = \int_{-z_{\max}}^{z_{\max}} z \underbrace{\sigma \mathrm{d}A}_{=\mathrm{d}F} \overset{\text{(Gleichung 4.73)}}{=} \frac{\sigma_{\max}}{z_{\max}} \int_{-z_{\max}}^{z_{\max}} z^2 \mathrm{d}A. \tag{4.74}$$

Umgestellt nach $\sigma_{\max}$ folgt:

$$\boxed{\sigma_{\max} = \frac{M_b}{W_{ax}}} \quad \text{mit} \quad \boxed{W_{ax} = \frac{1}{z_{\max}} \int_{-z_{\max}}^{z_{\max}} z^2 \mathrm{d}A}. \tag{4.75}$$

Die bei der Biegung auftretenden maximalen Spannungen im Balken können damit aus dem Biegemoment (resultierend aus der bekannten äußeren Kraft) und dem sog. **axialen Widerstandsmoment** W_{ax}, (Standardeinheit: m^3), bestimmt werden. Hierbei beachte man die Analogie zu den Spannungen am Zugstab in Gleichung 4.70 bzw. Gleichung 4.71. Zug/Druck: Spannung = Kraft pro Fläche; Biegung: Spannung = Moment pro Widerstandsmoment. Darüber hinaus ist festzuhalten, dass die maximalen Beträge der Biegespannungen (a) bei maximalen Abstand $z = \pm z_{max}$ und (b) im Bereich der Balkeneinspannung liegen, da hier der maximale Hebelarm L_0 zur Geltung kommt. Demzufolge genügt es oftmals nur σ_{max} im Bereich der Einspannung für die Dimensionierung des Balkens zu berücksichtigen. Auch die Natur „ist sich dieser Tatsache bewusst". So bilden Äste oftmals im Bereich der „Einspannung" (Stammübergang) Verdickungen aus, da dort das durch das Eigengewicht wirkende Biegemoment maximal ist[12], vgl. Bild 4.19.

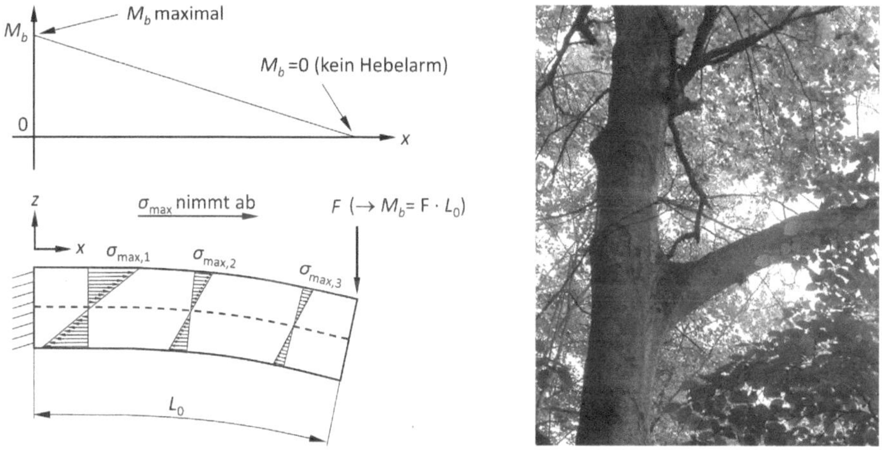

Bild 4.19 Identifizierung der Position des maximalen Biegemoments und der max. Biegespannungen (links), sich zum Stamm hin verdickender Ast eines Baumes (rechts)

Neben σ_{max} kann auch nach dem Funktionsverlauf $\sigma(z)$ gefragt werden. Dazu setzt man die aus Gleichung 4.72 folgende Beziehung $\sigma_{max} = z_{max}\sigma(z)/z$ in Gleichung 4.75 ein und erhält:

$$\frac{z_{max}\sigma(z)}{z} = \frac{M_b}{\frac{1}{z_{max}}\int_{-z_{max}}^{z_{max}} z^2 \mathrm{d}A} \quad \Leftrightarrow \quad \sigma(z) = \frac{M_b z}{\int_{-z_{max}}^{z_{max}} z^2 \mathrm{d}A}. \tag{4.76}$$

Damit kann weiter notiert werden:

$$\boxed{\sigma(z) = \frac{M_b z}{I_{ax}}} \quad \text{mit} \quad \boxed{I_{ax} = \int_{-z_{max}}^{z_{max}} z^2 \mathrm{d}A = W_{ax} z_{max}}, \tag{4.77}$$

[12] Derartige Beobachtungen werden häufig in technische Anwendungen übernommen. Die systematische Übernahme von „Konstruktionen", die die Natur im Laufe der Evolution ausgebildet hat, definiert eine eigenständige Disziplin in der Technik: die **Bionik**, ein Kunstwort aus Biologie und Technik.

wobei I_{ax} das sog. **axiale Flächenträgheitsmoment** repräsentiert. Die Integrale in Gleichung 4.75 und Gleichung 4.77 sind rein geometrische Größen und ergeben sich ausschließlich aus dem betrachteten Balkenquerschnitt. Bildlich betrachtet wird hierbei das Produkt aus differentiellem Flächenelement dA und dazugehörigem Abstandsquadrat z^2 von der neutralen Faser „aufsummiert". Insbesondere die Berücksichtigung des Abstandsquadrats z^2, führt dazu, dass Flächenelemente dA mit großem Abstand $\pm z$ von der Biegeachse (bzw. von der neutralen Faser) eine größere Gewichtung im Integral und damit in der Berechnung von I_{ax} und W_{ax} erhalten. Bild 4.20 illustriert diese Schlussfolgerung am Beispiel von drei unterschiedlichen Querschnitten mit gleichem Flächeninhalt A.

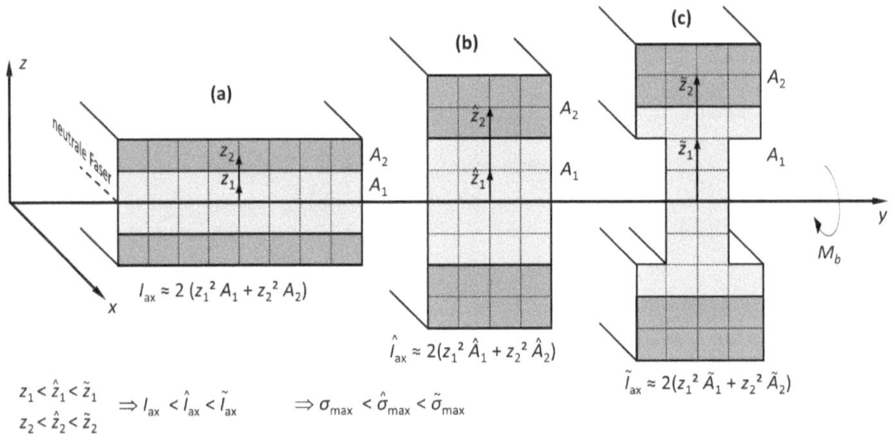

Bild 4.20 Drei Balkenquerschnitte mit gleichem Flächeninhalt aber unterschiedlichem I_{ax} und W_{ax}

Alle drei Querschnitte (a) bis (c) bestehen aus 32 Quadraten und sind in vier gleichgroße Flächenelemente bestehend aus acht Quadraten unterteilt ($2 \times A_1$ und $2 \times A_2$), je zwei Elemente in positive und negative z-Richtung. Betrachtet man die o.g. Integrale als Summe von diskreten Werten, so kann das Flächenträgheitsmoment im Fall (a) – und damit folgt auch auch das Widerstandsmoment mittels Division von I_{ax} durch z_{max} – durch die Formel $I_{ax} \approx \sum_i z_i^2 A_i = 2(z_1^2 A_1 + z_2^2 A_2)$ angenährt werden. Durch die unterschiedliche Anordnung der Flächenelemente A_i resultieren verschiedene Querschnittsgeometrien. Insbesondere zeigt sich, dass die Abstände z_i der jeweiligen Flächenelemente A_i von der Biegeachse von (a) nach (c) zunehmen, also $z_i < \hat{z}_i < \tilde{z}_i$, $i = \{1, 2\}$. Dementsprechend gilt: $I_{ax} < \hat{I}_{ax} < \tilde{I}_{ax}$ bzw. $W_{ax} < \hat{W}_{ax} < \tilde{W}_{ax}$.

Um also Spannungen und Dehnungen in Balken, Achsen oder Wellen zu minimieren, sind Querschnittsgeometrien zu wählen, bei denen möglichst viel Flächeninhalt weit entfernt von der Biegeachse (i.d.R. die Symmetrieachse) angeordnet ist. Genau aus diesem Grund werden z.B. biegebelastete Balken bevorzugt hochkant angeordnet oder sog. **I- T- oder Doppel-T-Profile** verwendet. Dabei ist es wichtig, zuerst die Biegeachse zu identifizieren und das Querschnittprofil entsprechend auszurichten (Bild 4.20: Fall (b) mit Biegung um y entspricht Fall (a) mit Biegung um z).

Insbesondere für einfache Querschnittsgeometrien münden die Integrale für I_{ax} und W_{ax} in einfachen Ausdrücken. Bild 4.21 listet hierzu die entsprechenden Ausdrücke für drei

Standardformen auf. Zu beachten ist, dass beim rotationssymmetrischen Voll- und Hohlkreis die Richtung der Biegeachse irrelevant ist.

Profilquerschnitt	I_{ax}	W_{ax}
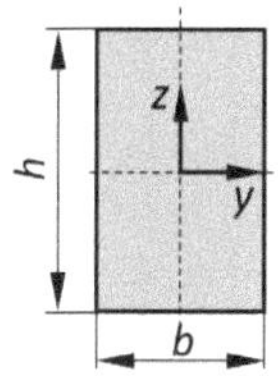	$I_{ax,y} = \frac{b \cdot h^3}{12}$ $I_{ax,z} = \frac{h \cdot b^3}{12}$	$W_{ax,y} = \frac{b \cdot h^2}{6}$ $W_{ax,z} = \frac{h \cdot b^2}{6}$
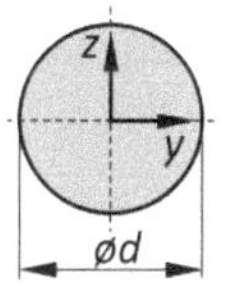	$I_{ax,y} = I_{ax,z} = \frac{\pi \cdot d^4}{64}$	$W_{ax,y} = W_{ax,z} = \frac{\pi \cdot d^3}{32}$ $\approx 0{,}1 \cdot d^3$
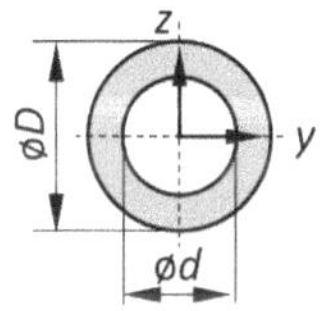	$I_{ax,y} = I_{ax,z} = \frac{\pi \cdot (D^4 - d^4)}{64}$	$W_{ax,y} = W_{ax,z} = \frac{\pi \cdot (D^4 - d^4)}{32 \cdot D}$

Bild 4.21 Axiale Flächenträgheits- und Widerstandsmomente für verschiedene Standardformen

Darüber hinaus haben sich verschiedene Profilgeometrien in der Technik etabliert. Entsprechend finden sich Normen z.B. zu I-, T- oder U-Profilen in [DIN 1025-1, DIN 1025-5, DIN EN 10055, DIN 1026-1, DIN 1026-2]. Darin enthalten sind neben den Geometriedaten auch die entsprechenden Werte für I_{ax} und W_{ax}, vgl. Bild 4.22.

Übung 6 (Flächenträgheitsmomente):
Bestimmen Sie für die folgenden Querschnittprofile die in Bild 4.21 aufgeführten Gleichungen für I_{ax} und W_{ax} durch entsprechende Integration.

Schmaler I-Träger (DIN 10025-1, I-Reihe)

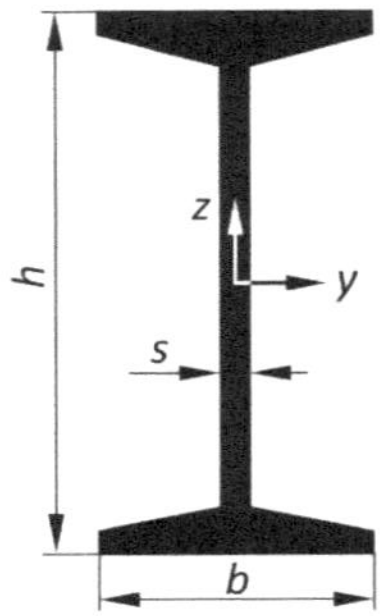

Kurz-zeichen	Abmessungen in mm			Flächenträgheitsmoment in cm^4 und Widerstandsmoment in cm^3			
	h	b	s	$I_{ax,y}$	$I_{ax,z}$	$W_{ax,y}$	$W_{ax,z}$
80	80	42	3,9	77,8	6,29	19,5	3,00
120	120	58	5,1	328	21,5	54,7	7,41
160	160	74	6,3	935	54,7	117	14,8
200	200	90	7,5	2140	117	214	26,0
240	240	106	8,7	4250	221	354	41,7
280	280	119	10,1	7590	364	542	61,2
320	320	131	11,5	12510	555	782	84,7
360	360	143	13,0	19610	818	1090	114
400	400	155	14,4	29210	1160	1460	149
500	500	185	18,0	68740	2480	2750	268

Mittelbreiter I-Träger (DIN 10025-5, IPE-Reihe)

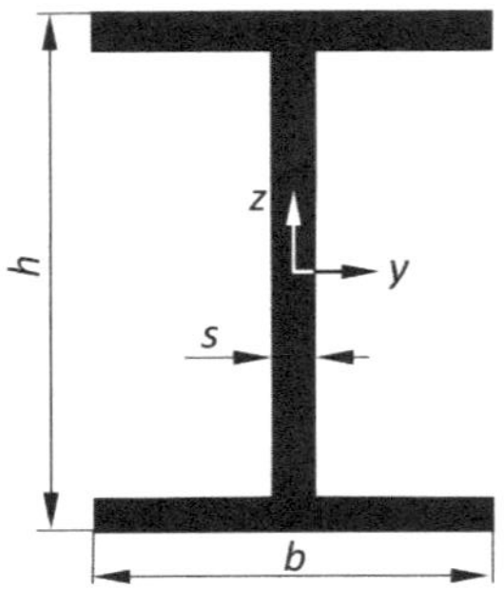

Kurz-zeichen	Abmessungen in mm			Flächenträgheitsmoment in cm^4 und Widerstandsmoment in cm^3			
	h	b	s	$I_{ax,y}$	$I_{ax,z}$	$W_{ax,y}$	$W_{ax,z}$
80	80	46	3,8	80,1	8,49	20,0	3,69
120	120	64	4,4	318	27,7	53,0	8,65
160	160	82	5,0	869	68,3	109	16,7
200	200	100	5,6	1940	142	194	28,5
240	240	120	6,2	3890	284	324	47,3
300	300	150	7,1	8360	604	557	80,5
360	360	170	8,0	16270	1040	904	123
450	450	190	9,4	33740	1680	1500	176
500	500	200	10,2	48200	2140	1930	214
600	600	220	12,0	92080	3390	3070	308

Bild 4.22 Auswahl an genormten Geometrien für I-Träger (I-Reihe und IPE-Reihe) nach DIN 1025-1 und DIN 1025-5

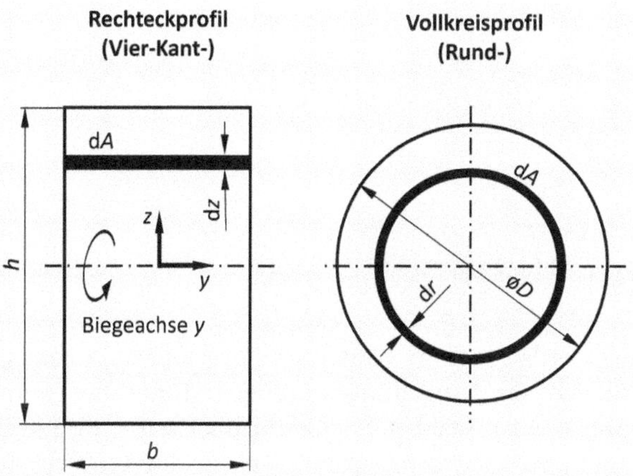

Lösung:
Zuerst betrachte man das Integral in Gleichung 4.77 und $dA = bdz$; es folgt:

$$I_{ax,y} = \int_{-z_{max}}^{z_{max}} z^2 dA = \int_{-z_{max}}^{z_{max}} z^2 b dz = \frac{b}{3}\left[z^3\right]_{-h/2}^{h/2} = \frac{b}{3}\left[\frac{h^3}{8} + \frac{h^3}{8}\right] = \frac{bh^3}{12}. \tag{4.78}$$

Weiter folgt mit Gleichung 4.77 und $z_{max} = h/2$:

$$W_{ax,y} = \frac{I_{ax,y}}{z_{max}} = \frac{bh^2}{6}. \tag{4.79}$$

Sofern als Biegeachse die z-Achse gewählt wird, folgt mit $dA = hdy$ und $y_{max} = b/2$:

$$I_{ax,z} = \int_{-y_{max}}^{y_{max}} y^2 dA = \int_{-y_{max}}^{y_{max}} y^2 h dy = \frac{hb^3}{12} \tag{4.80}$$

und analog:

$$W_{ax,z} = \frac{hb^2}{6}. \tag{4.81}$$

Die dritte Potenz ist der bestimmende Term in den Gleichungen für $I_{ax,y}$ bzw. $I_{ax,z}$. Da $h > b$ gilt, folgt $I_{ax,y} > I_{ax,z}$.
Für einen Kreis mit $D = 2R$ kann analog zu Gleichung 4.77 für eine beliebige Biegeachse formuliert werden:

$$I_{ax} = \int_0^R r^2 dA. \tag{4.82}$$

Mit $dA = 2\pi r dr$ folgt:

$$I_{ax} = 2\pi \int_0^R r^3 dr = \left[\frac{2\pi r^4}{4}\right]_0^R = \frac{\pi R^4}{2} = \frac{\pi D^4}{32}. \tag{4.83}$$

■

Bei Kreisquerschnitten, wie sie beispielsweise bei Wellen zu finden sind, kann bei bekanntem Material der zulässige, minimale Durchmesser d_{min} definiert werden. Dazu ist die maximal zulässige Spannung (z.B. $\sigma_{zul} = R_e$ gemäß Tabelle 2.2) zu definieren und folgender

Zusammenhang zu berücksichtigen:

$$\sigma_{\text{max}} = \frac{M_b}{W_{\text{ax}}} = \frac{32 M_b}{\pi d^3} \leq \sigma_{\text{zul}} \quad \Leftrightarrow \quad \boxed{d_{\text{min}} = \sqrt[3]{\frac{32 M_b}{\pi \sigma_{\text{zul}}}}}. \tag{4.84}$$

4.6 Tangentialspannungen

Greift eine Kraft parallel zur Oberfläche an, so bilden sich Spannungen aus, die ebenfalls **parallel** zur Oberfläche verlaufen, sog. **Tangentialspannungen**. Diese sind ebenfalls von hoher technischer Relevanz und z.B. maßgeblich bei **Torsion** oder **Scherung** eines belasteten Körpers. Tangentialspannungen und Normalspannungen stehen senkrecht aufeinander.

4.6.1 Scherung (Schub)

Bild 4.23 zeigt zwei Beispiele für schubbelastete Bauteile (Elastomer-Rundlager bzw. Gummipuffer). Links ist ein sog. Walzenzug („Straßenwalze") zusehen, dessen Bandage (zylindrische Stahlwalze) zur Untergrundverdichtung in Vibrationen versetzt wird. Dazu muss diese elastisch im Rahmen angebunden sein, was z.B. durch die Verwendung von zylindrischen Gummilagern (Rundlager) geschehen kann. Diese Lager sind so verbaut, dass die Auf- und Abbewegung der Walze zur Scherung der Gummischicht führt, d.h. diese Lager sind einer reinen Schubbelastung ausgesetzt. Die rechte Seite zeigt einen sog. Anbauverdichter (ähnlich einer Rüttelplatte, allerdings z.B. am Bagger für schwer zugängliche Stellen montierbar), bei dem die vibrierende Bodenplatte über winklig angestellte Gummilager an den Rahmenaufbau montiert ist. Vertikale Bewegungen der Bodenplatte führen so zu einer Aufteilung in Zug/Druck und Scherung, was wiederum zu Normal- und Tangentialspannung im Lager führt.

Was versteht man unter Schub bzw. Scherung? Dazu betrachte man Bild 4.24, das einen Körper mit der Höhe L zeigt, der zwischen zwei Platten eingeklebt ist. Die unter Platte ist fest mit dem Untergrund verbunden; an der oberen Platte greift eine horizontale Kraft an, die zu einer Bewegung um ΔL der Platte nach rechts führt. Hierbei muss die obere Verklebungsfläche des Körpers zwangsläufig der bewegten Platte folgen, wohingegen die untere Verklebungsfläche fest am Untergrund haftet. Demzufolge kommt es zu einer Scherung des Körpers, bei der die Stirnflächen um den Winkel γ „zur Seite kippen". Mehr noch, die angreifende Horizontalkraft F „verteilt" sich in gleichmäßig in der oberen Verklebungsfläche A_0 und führen dort zu Tangentialspannungen τ in der Oberfläche. Es gilt analog zu Abschnitt 4.5.1:

$$\tau = \frac{F}{A_0}. \tag{4.85}$$

Analog zum in Abschnitt 2.4.2 einführten Hookeschen Gesetz ($\sigma = E \cdot \varepsilon$) kann bei kleinen, elastischen Verformungen ein linearer Zusammenhang zwischen τ und dem sog. **Schub-**

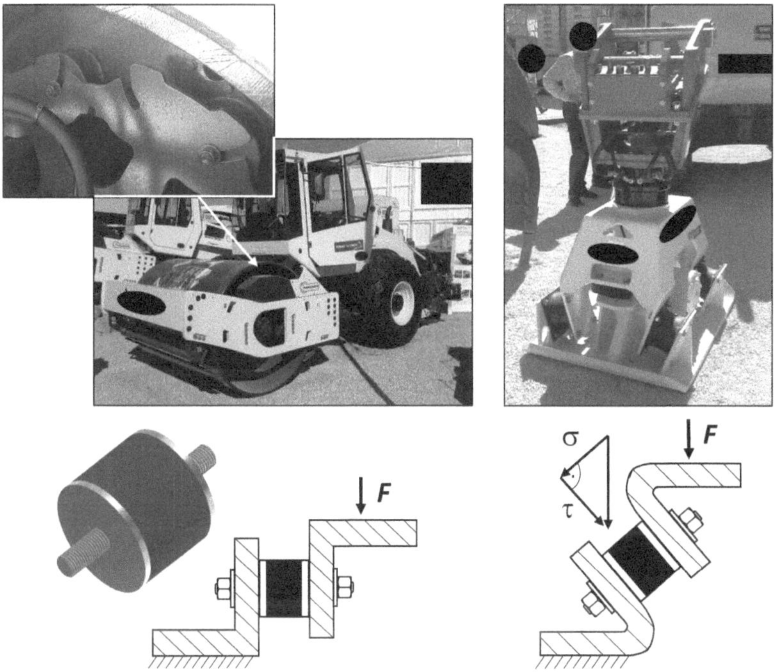

Bild 4.23 Beispiele für Schubbelastung: Scherung von Gummilagern in Baumaschinen

winkel γ formuliert werden:

$$\tau = G \cdot \gamma . \tag{4.86}$$

Die Größe G steht für das werkstoffspezifische **Schubmodul** bzw. **Gleitmodul**. Tabelle 4.1 zeigt die Werte für verschiedene technisch relevante Materialien. Die Schubdehungen sind durch den Schubwinkel repräsentiert. Insbesondere bei kleinen Schubwinkeln gilt die sog. **Theorie 1. Ordnung** (vgl. grauer Kasten), d.h. folgende Näherung:

$$\tan\gamma = \frac{\Delta L}{L} \approx \gamma . \tag{4.87}$$

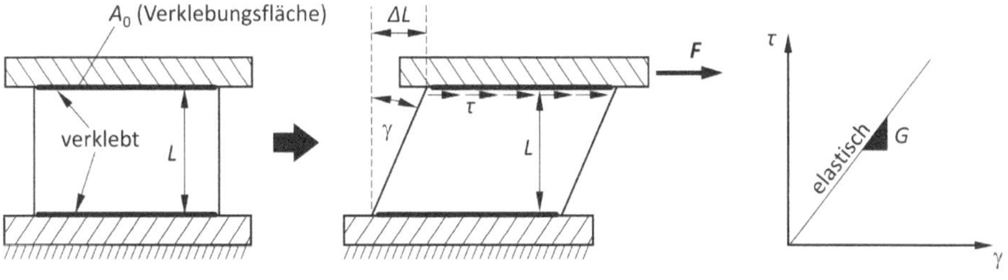

Bild 4.24 Scherung eines Körpers: Schubspannungen, Schubwinkel und Schubmodul

Tabelle 4.1 Schubmodule für verschiedene Materialien

Werkstoff	G in N/mm²
Stahl allg.	81.000
Grauguss (Lamellengraphit, GJL-200)	40.000
Grauguss (Kugelgraphit, GJS-500)	66.000
Aluminium	26.000
Kupfer	47.000
Magnesium	17.000
Brettschichtholz	650
Holz (Buche)	750–800
Polyethylen (PE, stat. Messung)	117
Polyamid 6 (PA6, stat. Messung, Raumtemp.)	1.000–1.300
Glas	27.000
Gummi (abh. von Härte)	0,3–10

Exkurs: Theorie 1. Ordnung
In der Technischen Mechanik wird immer dann von der Theorie 1. Ordnung gesprochen, wenn sehr kleine Bauteilverformungen vorliegen. Alle Kräfte- und Momentengleichgewichte werden daher am unverformten System formuliert. Insbesondere folgt für den aus der Scherung resultierenden Schubwinkel γ:

$$\sin\gamma \approx \gamma \quad (4.88)$$

$$\tan\gamma \approx \gamma \quad (4.89)$$

$$\cos\gamma \approx 1 \quad (4.90)$$

Diese Näherungen kann man sich grafisch klarmachen, wie nachfolgende Abbildung illustriert:

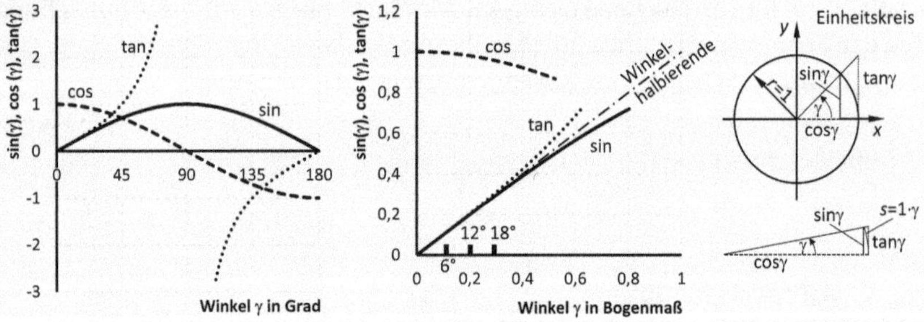

Hierbei sind links die sin-, cos- und tan-Funktionen für Winkel bis 180° abgebildet. Es lässt sich schon erahnen, dass die sin- und tan-Funktion für kleine Winkel zusammenfallen, wohingegen sich die cos-Funktion für kleine Winkel dem Wert 1 annähert. Im mittleren Bild wird diese Näherung noch deutlicher, in dem die Kurvenzüge für kleine Winkel vergrößert dargestellt sind. Speziell die sin- und tan-Kurve liegen für Winkel von 0 bis ca. 12° annähernd auf der Winkelhalbierende, die alle Punkte charakterisiert, für die $x = y$, also $\gamma \approx \tan\gamma$ bzw. $\gamma \approx \sin\gamma$, gilt. Die Näherungen lassen sich auch am Einheitskreis ($r = 1$) ableiten, vgl. rechte Darstellung. Hier wird deutlich, dass die vertikale Seitenlänge der beiden eingezeichneten, rechtwinkligen Dreiecke entweder durch $\sin\gamma$ oder $\tan\gamma$ gegeben sind. Für kleine Winkel nähern sich beide Seitenlängen an und fallen mit der Länge des Kreisbogenabschnitt $s = r \cdot \gamma = \gamma$ zusammen. Außerdem kann der Kreisradius durch die Ankathete, also $r = cos\gamma = 1$ approximiert werden. ■

Erwähnenswert ist auch, dass Schub- und E-Modul, G und E, miteinander gekoppelt sind. Auf die Herleitung des Zusammenhangs soll an dieser Stelle verzichtet werden[13]. Es gilt:

$$\boxed{G = \frac{E}{2(1+\nu)}}, \qquad (4.91)$$

wobei ν für die materialspezifische **Querkontraktionszahl** (auch **Poisson**[14]**-Zahl** genannt) steht. Tabelle 4.2 listet die Werte für einige technisch relevante Materialien auf[15]. Insbesondere für Stahl kann folgende Näherung formuliert werden:

- Stahl:

$$\boxed{G \approx 0{,}385E}. \qquad (4.92)$$

Tabelle 4.2 Querkontraktionszahlen für verschiedene Materialien

Werkstoff	ν
Stahl allg.	0,3
Beton	0,2
Aluminium	0,35
Kupfer	0,35
Magnesium	0,35
Gummi	0,5
Holz (richtungsabhängig)	0,02–0,5

Dass ein Zusammenhang zwischen E und G gelten muss, kann auch phänomenologisch motiviert werden. Ein Stab, der durch eine Zugkraft eine Längung erfährt, wird sich gleichzeitig verjüngen. Das heißt, neben Zugspannungen müssen auch Spannungen quer zur Zugrichtung, also Tangentialspannungen, auftreten, die letztendlich zur Querverschiebung der Körperpunkte führen, vgl. Bild 4.25.

4.6.2 Torsion

Torsionsbelastungen sind von hoher technischer Relevanz. Sie treten unter anderem bei **Wellen** auf, wenn diese - und das ist in der Regel der Fall - mit einem **Drehmoment** M

[13] Vergleiche die einschlägige Literatur der Elastizitätstheorie, z.B. S. 16 [Landau und Lifschitz, 1989].

[14] Benannt nach dem frz. Physiker und Mathematiker Siméon Denis Poisson (1781–1840).

[15] Insbesondere der Wert für Gummi $\nu = 0{,}5$ kann in numerischen Simulationen zu Problemen bei der Berechnung führen. Hier kann ein etwas kleinerer Wert, z.B. $\nu = 0{,}495$ oftmals Abhilfe schaffen.

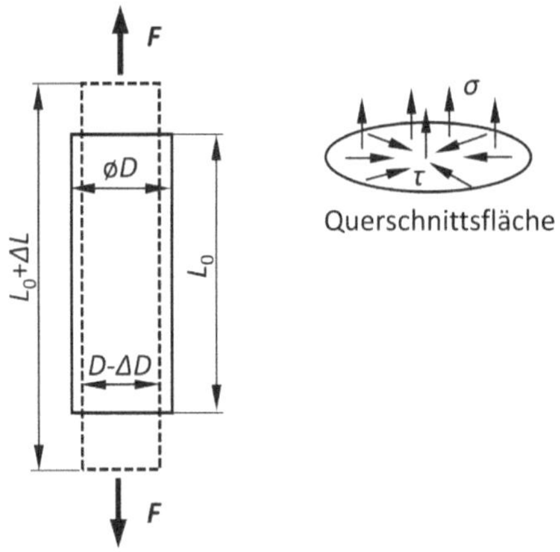

Bild 4.25 Längung und Verjüngung eines Zugstabes. Auftreten von Zug- und Scherspannungen

belastet werden. Hierzu betrachte man exemplarisch die Szenerie in Bild 4.26. Der Doppelpfeil auf der vorderen Strinfläche der Welle charakterisiert ein in die Welle eingeleitetes Drehmoment. Dabei gilt gemäß Bild 4.8 (rechts) die Rechte-Hand-Regel, bei der der Daumen in Pfeilrichtung zeigt und die gekrümmten Finger die Drehrichtung angeben.

Ein Drehmoment kann beispielsweise durch einen an die Welle angeschlossenen Elektromotor eingeleitet werden. Als Bildnis für ein direkt eingeleitetes Drehmoment stelle man sich einen Schraubendreher vor, der in die Stirnfläche der Welle gestochen wird und entsprechend gedreht wird.

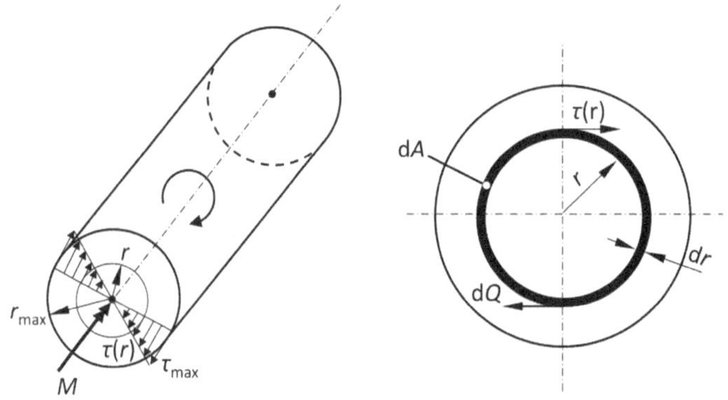

Bild 4.26 Torsion und Torsionsspannungen in einer Welle unter Einwirkung eines Drehmoments

Das Drehmoment M versucht die Welle zu tordieren (verdrillen). Dabei bilden sich in einer beliebigen Querschnittsfläche der Welle **Torsionsspannungen** $\tau(r)$ aus, die tangential in Drehrichtung der Welle weisen. Im Mittelpunkt, durch den die Drehachse der Welle verläuft, sind die Torsionsspannungen Null, wohingegen sie mit zunehmendem Abstand von der Mitte ansteigen und am Rand maximal werden. Entsprechend ergibt sich der in Bild 4.26 abgebildete lineare Verlauf $\tau(r)$.

Definition: Welle
Im Maschinenbau versteht man unter einer Welle ein Konstruktionselement, dass ein Drehmoment übertragen kann. Hierbei ist die Querschnittgeometrie uninteressant, auch wenn die meisten Wellen einen kreisförmigen Querschnitt aufweisen. ■

Aus technischer Sicht sind die maximalen Torsionsspannungen τ_{max} am Rand von größtem Interesse. Zu deren Bestimmung wird ein differentiell kleiner Kreisring für einen beliebigen Radius r mit der Dicke $\mathrm{d}r$ betrachtet, vgl. Bild 4.26 (rechts). Dieser Kreisring besitzt den Flächeninhalt $\mathrm{d}A$. Da diese kleine Fläche „unendlich" dünn ist, kann angenommen werden, dass die Torsionsspannung $\tau(r)$ über die Ringdicke konstant ist. Gemäß der Regel Kraft = Spannung × Fläche ergibt sich für den Kreisring eine differentiell kleine Tangentialkraft $\mathrm{d}Q$ mit:

$$\mathrm{d}Q = \tau(r)\mathrm{d}A. \tag{4.93}$$

Durch Multiplikation von $\mathrm{d}Q$ mit dem zugehörigen Hebelarm r folgt ein differentielles Drehmoment $\mathrm{d}M$, dass am betrachteten Kreisring angreift:

$$\mathrm{d}M = r\mathrm{d}Q = r\tau(r)\mathrm{d}A. \tag{4.94}$$

„Summiert" man alle differentiellen Drehmomente $\mathrm{d}M$ für alle Radien $r = 0...r_{max}$ mit $r_{max} = d/2$ (d: Wellendurchmesser) auf, so ergibt sich das Gesamtdrehmoment, dass von außen an der Welle anliegt und zu den Torsionsspannungen in der Welle führt:

$$M = \int_0^{r_{max}} \mathrm{d}M = \int_0^{r_{max}} r\tau(r)\mathrm{d}A. \tag{4.95}$$

Mit dem Strahlensatz:

$$\frac{\tau_{max}}{r_{max}} = \frac{\tau(r)}{r} \quad \Leftrightarrow \quad \tau(r) = \frac{\tau_{max}}{r_{max}} r \tag{4.96}$$

folgt schließlich:

$$M = \frac{\tau_{max}}{r_{max}} \int_0^{r_{max}} r^2 \mathrm{d}A, \tag{4.97}$$

wobei r_{max} und τ_{max} unabhängig von r sind und daher vor das Integral gezogen werden können. Durch Einführung des **polaren Widerstandmoments**

$$\boxed{W_{pol} = \frac{1}{r_{max}} \int_0^{r_{max}} r^2 \mathrm{d}A} \tag{4.98}$$

kann schlussendlich notiert werden:

$$\boxed{\tau_{max} = \frac{M}{W_{pol}}}. \tag{4.99}$$

Außerdem kann auch nach der Torsionsspannung $\tau(r)$ als Funktion des Radius r gefragt werden. Dazu stellt man Gleichung 4.96 nach $\tau_{\max}$ um. Das Resultat $\tau_{\max} = \tau(r) r_{\max}/r$ setzt man nun in Gleichung 4.97 ein. Es resultiert:

$$M = \frac{\tau(r)}{r} \int_0^{r_{\max}} r^2 \mathrm{d}A \quad \Leftrightarrow \quad \tau(r) = \frac{Mr}{I_{\mathrm{pol}}}. \tag{4.100}$$

Hierbei gilt für das **polare Flächenträgheitsmoment**

$$\boxed{I_{\mathrm{pol}} = \int_0^{r_{\max}} r^2 \mathrm{d}A = W_{\mathrm{pol}} r_{\max}}. \tag{4.101}$$

Man beachte die Analogie zur Balkenbiegung: $\sigma_{\max} = \frac{M_b}{W_{\mathrm{ax}}} \leftrightarrow \tau_{\max} = \frac{M}{W_{\mathrm{pol}}}$ und $I_{\mathrm{ax}} = W_{\mathrm{ax}} z_{\max} \leftrightarrow I_{\mathrm{pol}} = W_{\mathrm{pol}} r_{\max}$.

W_{pol} ist eine rein geometrische Größe und resultiert aus der radial verteilten Querschnittsfläche der Welle. Für einfache Standardgeometrien kann das Integral in Gleichung 4.98 bzw. Gleichung 4.101 gelöst werden. Bild 4.27 zeigt exemplarisch zwei Lösungen.

Profilquerschnitt	I_{pol}	W_{pol}
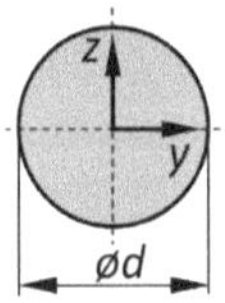	$I_{\mathrm{pol}} = \frac{\pi \cdot d^4}{32}$	$W_{\mathrm{pol}} = \frac{\pi \cdot d^3}{16}$
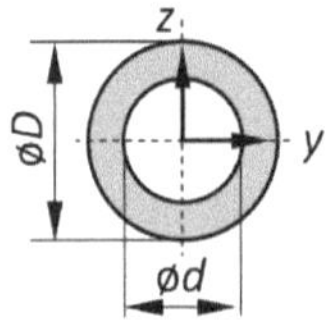	$I_{\mathrm{pol}} = \frac{\pi \cdot (D^4 - d^4)}{32}$	$W_{\mathrm{pol}} = \frac{\pi \cdot (D^4 - d^4)}{16 \cdot D}$

Bild 4.27 Polare Flächenträgheits- und Widerstandsmomente für zwei typische Wellenquerschnitte.

Übung 7 (Integration):
Leite die Formeln für I_{pol} und W_{pol} gemäß Bild 4.27 für den Vollkreisquerschnitt mit dem Durchmesser D her.

Lösung:
Für einen beliebigen, unendlich dünnen Kreisring innerhalb des Kreises gilt: $dA = 2\pi r dr$ (= Umfang × Dicke) mit $r \in [0, D/2]$. Damit folgt für das polare Widerstandsmoment:

$$W_{\mathrm{pol}} = \frac{1}{r_{\max}} \int_0^{D/2} r^2 dA = \frac{2}{D} \int_0^{D/2} 2\pi r^3 dr \tag{4.102}$$

$$= \frac{4\pi}{D} \frac{1}{4} \left[r^4 \right]_0^{D/2} = \frac{\pi}{D} \left(\frac{D^4}{16} - 0 \right) = \frac{\pi D^3}{16}. \tag{4.103}$$

Für das polare Flächenträgheitsmoment gilt dann:

$$I_{pol} = W_{pol} r_{max} = W_{pol} \frac{D}{2} = \frac{\pi D^4}{32}. \tag{4.104}$$

■

Übung 8 (Scherung):
Im nachfolgenden Bild werden aus einem 1,5 mm dicken Blech kontunierlich Blechstreifen gestanzt. Dazu wird das Blech über einen Werkzeugtisch gefördert, wobei ein Stanzmesser fortlaufend durch einen Spalt im Werkzeugtisch die Streifen ausstanzt. Der Blechwerkstoff ist S355 mit einer Zugfestigkeit von R_m = 600 N/mm². Die Breite des Blechs beträgt 200 mm.

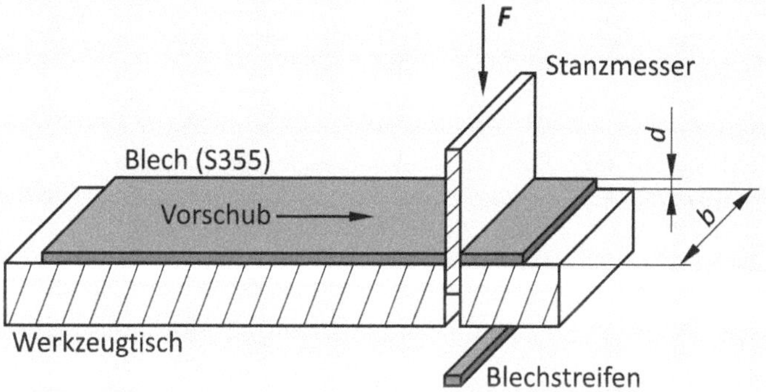

Um den Stanzvorgang prozesssicher durchzuführen ist eine Scherspannung von 2 × R_m notwendig. Mit welcher Kraft F muss das Stanzmesser arbeiten?

Lösung:
Die Querschnittsfläche des Blechs beträgt $A = b \cdot d = 300$ mm². Der Abschervorgang findet an der vorderen und hinteren Querschnittsfläche statt, d.h. die zu betrachtende Fläche ist $2A$. Damit gilt für die Kraft $F = \tau \cdot 2A$ und $\tau = 2R_m = 1200$ N/mm². Entsprechend folgt:

$$F = 1200\,\text{N/mm}^2 \cdot 600\,\text{mm}^2 = 720.000\,\text{N} = 720\,\text{KN}. \tag{4.105}$$

■

Übung 9 (Torsion):
Bei der Radmontage am Auto wird typischerweise zuletzt ein Drehmomentenschlüssel verwendet, um die Radmuttern mit einem definierten Anzugsmoment festzuziehen. Hierbei soll eine Verlängerung wie im nachfolgenden Bild skizziert verwendet werden, die im letzten Moment des Anziehens mit einem Drehmoment von 120 Nm tordiert wird.

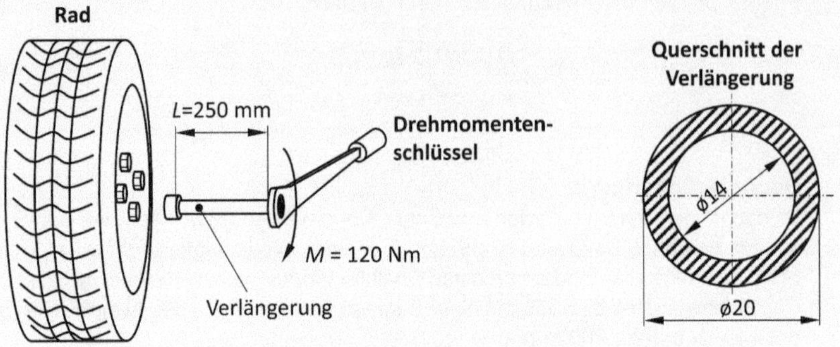

Welche maximale Torsionsspannung tritt in der Verlängerung (Hohlkreisquerschnitt) auf? Hierbei sind der vordere Aufsatz sowie Biegemoment- und Querkrafteinflüsse zu vernachlässigen.

Lösung:
Zuerst ist festzustellen, dass das Torsionsmoment über die Länge L = 250 mm konstant ist. Für die durch M resultierenden, maximalen Torsionsspannungen in der Verlängerung gilt nach Gleichung 4.99 und Bild 4.27:

$$\tau_{max} = \frac{M}{W_{pol}}, \tag{4.106}$$

$$W_{pol} = \frac{\pi(D^4 - d^4)}{16D} = \frac{\pi(20^4 - 14^4)}{16 \cdot 20} = 1194\,\text{mm}^3. \tag{4.107}$$

Damit folgt mit M = 120 Nm = 120.000 Nmm für die max. Torsionsspannungen τ_{max} = 120.000/1194 N/mm^2 = 100,5 N/mm^2.

■

■ 4.7 Sicherheit und Vergleichsspannung

Bis jetzt wurden die vier unterschiedlichen Belastungsfälle Zug/Druck, Biegung, Scherung und Torsion isoliert für sich betrachtet. Für jeden dieser Fälle wurde gezeigt, wie die Spannungen, abhängig von der äußeren Last, berechnet werden können. Hierbei können die Spannungen nach dem Schema in Bild 4.28 einsortiert werden.

Für die Dimensionierung des Bauteils sind die errechneten Spannungen mit materialspezifischen, in der Regel experimentell bestimmten, zulässigen Spannungswerten zu vergleichen, vgl. Abschnitt 2.4.1. So gilt beispielsweise für einen zugbelasteten Stab: $\sigma_Z < \sigma_{zul}$, wobei für σ_{zul} die im Zugversuch ermittelte Streckgrenze R_e des im Zugstab verwendeten Werkstoffs angesetzt werden kann, vgl. Tabelle 2.2. Im Falle der Tangentialspannungen werden bisweilen auch Scherversuche durchgeführt, um die Kenngrößen τ_{zul} zu bestim-

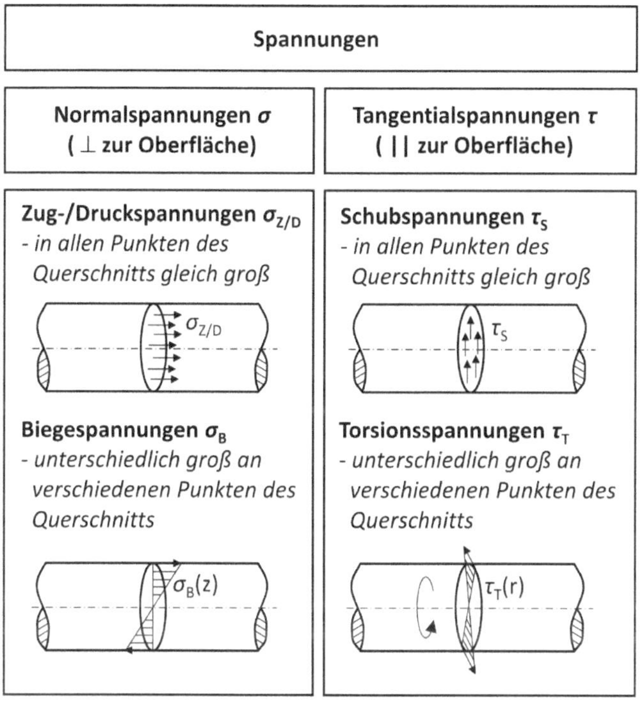

Bild 4.28 Einteilung der Spannungen

men. Bild 4.29 zeigt exemplarisch verschiedene zulässige Werte[16] $\tau_{S,zul}$ für auf Schub belastete Nietverbindungen im Stahlbau nach DIN EN 1993-1-8.

Es ist leicht einzusehen, dass ein Bauteil so dimensioniert werden sollte, dass die errechneten maximalen Spannungen im Bauteil nicht bis an den maximal zulässigen Wert heranreichen. Es sollte immer „etwas“ Abstand zwischen beiden Werten bestehen, was auf den Begriff der **Sicherheit** S führt:

$$\boxed{S = \frac{\sigma_{zul}}{\sigma} \quad \text{bzw.} \quad S = \frac{\tau_{zul}}{\tau}}. \tag{4.108}$$

Für die vier betrachteten Spannungen gelten die folgenden Auslegungskriterien:

$$\textbf{Zug/Druck}: \quad \sigma_{Z/D,max} \le \frac{\sigma_{Z/D,zul}}{S}, \tag{4.109}$$

$$\textbf{Biegung}: \quad \sigma_{B,max} \le \frac{\sigma_{B,zul}}{S}, \tag{4.110}$$

$$\textbf{Scherung}: \quad \tau_{S,max} \le \frac{\tau_{S,zul}}{S}, \tag{4.111}$$

$$\textbf{Torsion}: \quad \tau_{T,max} \le \frac{\tau_{T,zul}}{S}. \tag{4.112}$$

[16] Diese Werte gelten für zeitlich konstante Belastungen (statische Lasten). Bei zeitlich veränderlichen Lasten (dynamische Lasten) sind die zulässigen Werte deutlich geringer, sowohl bei Tangential- als auch Normalspannungen.

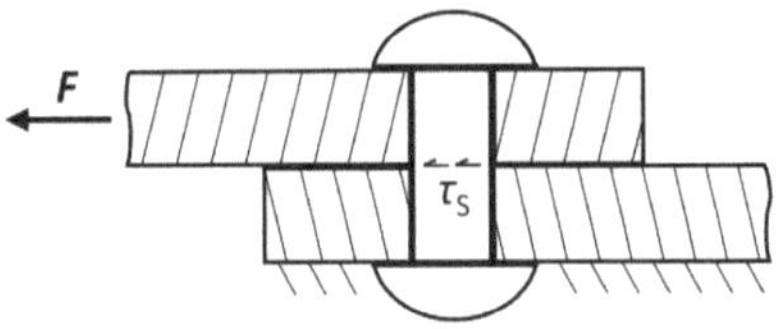

nach DIN EN 1993-1-8: $\tau_{S,zul} = \frac{F_{zul}}{A_0} = \frac{0{,}6\,R_m}{S}$

A_0: Querschnittsfläche d. Nietlochs

S: Sicherheit (=1,25 nach DIN EN 1993-1-8/NA)

Nietwerkstoff (Halbrundniet nach DIN 124)	Zugfestigkeit R_m in MPa		zulässige Abscherspannung $\tau_{S,zul}$ in MPa	
	min	max	min	max
Stahl, z.B. C10C (alt: QSt36-3)	310	550	148,8	264
nichtrost. Stahl, z.B. X3CrNiCu18-9-4	450	650	216	312
Kupfer (Cu-DHP)	200	350	96	168
Messing (CuZn37)	300	370	144	177,6
Aluminium (EN-AW-1050A)	65	100	31,2	48

Bild 4.29 Zulässige Abscherspannungen für Nietverbindungen im Stahlbau nach DIN EN 1993-1-8 und DIN EN 1993-1-8/NA [DIN EN 1993-1, DIN EN 1993-1NA], Werkstoffe nach DIN 124 für Halbrundnieten [DIN 124]

Für $S < 1$ übersteigen die Spannungen im Bauteil die zulässigen Spannungen, z.B. R_e, das Bauteil versagt bzw. es kommt zu plastischen Verformungen, die in der Regel nicht zulässig sind. Für $S = 1$ liegt gerade der Grenzfall vor, bei dem die Spannungen mit den zulässigen Spannungen zusammenfallen. Für $S > 1$ bleiben die Spannungen im Bauteil unterhalb der zulässigen Spannungen. So sind z.B. für $S = 2$ die errechneten Spannungen im Bauteil halb so groß wie die zulässigen Spannungen ($2\sigma = \sigma_{zul}$ bzw. $2\tau = \tau_{zul}$).

Welcher Wert für die Sicherheit angesetzt wird, ist von vielen Faktoren abhängig. Grundsätzlich gilt: je schwerwiegender die Folgen im Falle des Bauteilversagens umso größer ist S zu wählen. Besonders hoch sind beispielsweise die Sicherheitsfaktoren für Zug- und Tragmittel in Aufzüge ($S = 10$ für Ketten und $S = 12$ für Seile [DIN EN 81-20]), da hier im Versagensfall Gefahr für Leib und Leben der Fahrgäste besteht. Folgende Kriterien sind für die Höhe der Sicherheit maßgeblich:

- branchenspezifische Normungen (demzufolge sind für die Anwendungen die relevanten Normen zu recherchieren),
- Wie hoch ist das Schadensrisiko (werden am Bauteil z.B. regelmäßig Inspektionen und Wartungen durchgeführt),
- Wie schwerwiegend sind die Konsequenzen im Schadenfall; besteht Gefahr von Personenschäden,
- Wie stark schwanken die für die Berechnung zugrundeliegenden Materialeigenschaften (z.B. Holz zeigt bei unterschiedlichen Feuchtegrade stark schwankende Eigenschaften).

Typische Werte für S liegen zwischen 1,2 und 3,0; vgl. auch Tabelle 4.3.

Was, wenn am Bauteil mehrere Lasten gleichzeitig angreifen und zu Spannungen in unterschiedliche Richtungen führen? Welche Spannung ist im Vergleich mit σ_{zul} zu berücksichtigen, wenn z.B. an einer Welle Querkräfte, Biegemomente und Drehmomente angreifen, so dass τ_S, σ_B und τ_T in der Welle auftreten? Bild 4.30 zeigt eine derartige Situation, wie sie beispielsweise beim Fräsen auftritt. Der Fräsbohrer wird über den Antrieb mit einem

Tabelle 4.3 Allgemeine Werte für Sicherheiten nach [Muhs et al., 2007], (S_F: Sicherheit gegen plastische Verformung, S_B: Sicherheit gegen Bruch).

	Walz- und Schmiedestähle	Duktile Eisengusswerkstoffe	
		nicht geprüft	*geprüft (zerstörungsfrei)*
S_F	1,5	2,1	1,9
S_B	2,0	2,8	2,5

Drehmoment M beaufschlagt. Außerdem drückt der Fräskopf aufgrund des Vorschubs gegen das Werkstück, wodurch eine Gegenkraft ein Biegemoment $M_b = F_x \cdot L$ in den Bohrer einleitet. Darüber hinaus führt die Kraft F_x selbst auch zu einer Schubbelastung im Querschnitt des Fräsbohrers. Demzufolge resultieren drei Spannungen: $\sigma_B = M_b / W_{ax}$ (Biegespannungen), $\tau_T = M / W_{pol}$ (Torsionsspannungen), $\tau_S = F_x / A_0$ (Schubspannungen).

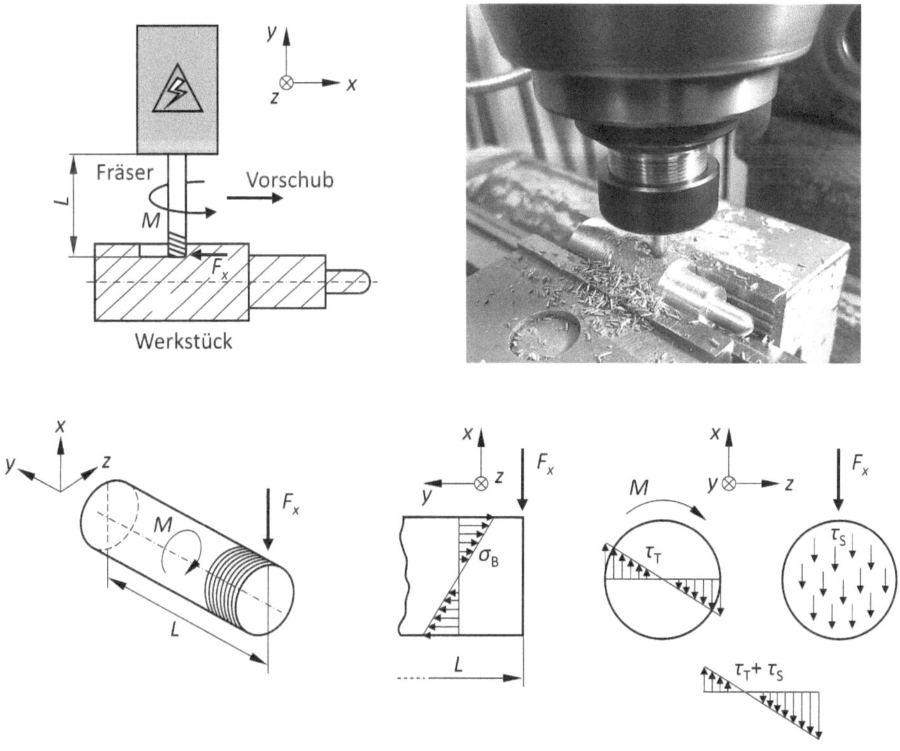

Bild 4.30 Beispiel Fräsen: Überlagerung mehrerer Lasten und damit verschiedener Spannungen im Fräsbohrer

Mehrere, sich überlagernde Belastungsfälle können in drei Gruppen unterteilt werden, für die folgende Regeln gelten:

1. Es liegen **nur Tangentialspannungen** (Schub + Torsion) vor. Dann können beide Spannungen addiert[17] werden: $\tau_{ges} = \tau_S + \tau_T < \tau_{zul}$, vgl. Bild 4.30 (rechts unten).
2. Es liegen **nur Normalspannungen** (Zug/Druck + Biegung) vor. Die resultierende Spannung folgt auch hier aus der Addition $\sigma_{ges} = \sigma_{Z/D} + \sigma_B < \sigma_{zul}$.
3. Sowohl **Tangentialspannungen als auch Normalspannungen** sind im Bauteil vorhanden. Dann muss eine sog. **Vergleichsspannung** $\sigma_V < \sigma_{zul}$ gebildet werden. Hierbei gilt für die Vergleichsspannung σ_V folgende Berechnungsvorschrift:

$$\boxed{\sigma_V = \sqrt{\sigma_{ges}^2 + \alpha\tau_{ges}^2}} \qquad (4.113)$$

Für zähe Werkstoffe, z.B. Walz- und Schmiedestähle, gilt $\boldsymbol{\alpha} = \mathbf{3}$. Bei Schweißverbindungen gelten andere Werte, wie später im Buch erläutert wird.

Tipp (Vergleichsspannung):
Die Vergleichsspannung in der Form von Gleichung 4.113 geht zurück auf die sog. **Gestaltänderungshypothese** und wird bisweilen auch **von Mises[18] Spannung** genannt. Dabei wird von der (Festigkeits-)Hypothese ausgegangen, dass für das Materialversagen die Spannung, bei der sich die größte Gestaltänderungsarbeit ergibt, verantwortlich ist.

Als instruktive, allerdings nicht ganz korrekte „Eselbrücke" kann der Satz von Pythagoras bemüht werden.

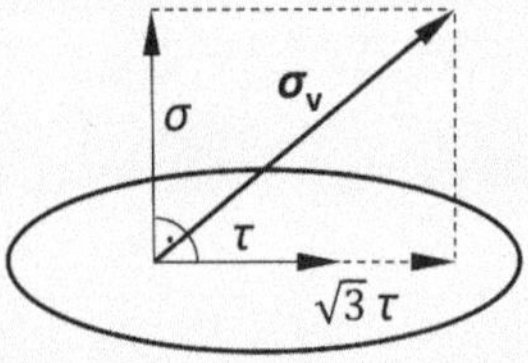

$$\sigma_V^2 = \sigma^2 + (\sqrt{3}\tau)^2$$

Da die Schubspannungen τ, gerade bei duktilen Stählen, von besonderer Bedeutung für plastisches Fließen sind (mikroskopische Versetzungssprünge) werden sie mit dem Faktor $\sqrt{3}$ gewichtet.

Übung 10 (Sicherheit und Vergleichsspannung):
Das nachfolgende Bild zeigt eine Riemenscheibe, die mittig auf einer Welle montiert ist. Der umlaufende Riemen soll auf der Zugtrumseite eine Zugkraft von F = 2000 N aufweisen. Die Leertrumseite soll als lastfrei angenommen werden. Für die Berechnung soll ausschließlich die resultierende Biege- und Torsionsbelastung betrachtet werden.

[17] Im strengen Sinne handelt es sich um eine Vektoraddition. Zur Bestimmung des Spannungsbetrags sind die Regeln der Linearen Algebra anzuwenden: $\|\tau_{ges}\| = \|\tau_S\| + \|\tau_T\| + 2\tau_S \cdot \tau_T$.

[18] Benannt nach dem deutschen Mathematiker und Mechaniker Richard von Mises (1883–1953).

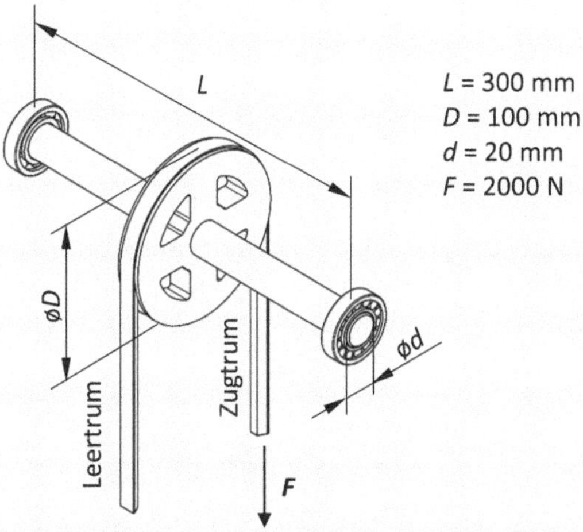

Die Welle hat einen Durchmesser von $d = 20$ mm und ist aus dem Stahl 42CrMo4 mit einer Streckgrenze von $R_e = 750$ N/mm^2 gefertigt. Hält die Welle den Belastungen stand? Errechnen Sie auch die Sicherheit S.

Lösung:

Zuerst können das Drehmoment $M = F \cdot D/2$ und das Biegemoment $M_b = F \cdot L/2$ über die jeweiligen Hebelarme berechnet werden:

$$M = 100.000\,\text{Nmm} \tag{4.114}$$

$$M_b = 300.000\,\text{Nmm}. \tag{4.115}$$

Für das axiale und polare Widerstandmoment gilt:

$$W_{ax} \approx 0,1d^3 = 800\,\text{mm}^3 \tag{4.116}$$

$$W_{pol} = \frac{\pi d^3}{16} = 1571\,\text{mm}^3. \tag{4.117}$$

Für die maximalen Biege- und Torsionsspannungen kann nun notiert werden:

$$\sigma_{B,max} = \frac{M_b}{W_{ax}} = 375\,\text{N/mm}^2, \tag{4.118}$$

$$\tau_{T,max} = \frac{M}{W_{pol}} = 63,7\,\text{N/mm}^2. \tag{4.119}$$

Da gleichzeitig Tangential- und Normalspannungen vorliegen ist eine Vergleichsspannung zu berechnen. Es folgt:

$$\sigma_V = \sqrt{\sigma_{B,max}^2 + 3\tau_{T,max}^2} = 391\,\text{N/mm}^2. \tag{4.120}$$

Und damit resultiert für die Sicherheit:

$$S = \frac{\sigma_{zul}}{\sigma_V} = \frac{R_e}{\sigma_V} = 1,9. \tag{4.121}$$

Die Welle hält der Riemenzugkraft stand.

■

4.8 Reibung

Reibung ist ein alltägliches Phänomen, und jedem ist wohl intuitiv klar, was unter Reibung zu verstehen ist. Im physikalischen Sinn ist Reibung ein hochkomplexer Vorgang, der bis heute noch viele ungelöste Fragen aufweist.

Gleichwohl tritt Reibung in vielen technischen Anwendungen auf; mal ist sie gewollt und wird sich bewusst zu Nutze gemacht. Oft ist sie jedoch ungewollt und muss mit geeigneten Maßnahmen, z.B. durch Aufbringen eines Schmierfilms auf die Kontaktfläche, minimiert werden, vgl. Bild 4.31.

Bild 4.31 Beispiele für gewollte und ungewollte Reibung: Sandstreueinrichtung an einem Regionalzug zur Erhöhung der Reibung zwischen Rad und Schiene beim Bremsvorgang (links), Minimierung der Reibung zwischen den Gliedern einer Fahrradkette mittels Kettenöl (rechts)

Definition (Reibung):
Unter Reibung versteht man den Verlust von mechanischer Energie, der während einer Relativbewegung zwischen zwei sich berührenden Körpern auftritt.

Im Maschinenbau nutzt man die Reibung z.B. zur Verbindung von Bauteilen aus. Eine Schraubverbindung nutzt die Gewindereibung, die zwischen den in Kontakt stehenden Gewindeflanken der beiden gepaarten Gewinde (z.B. Außengewinde der Schraube und Innengewinde der Mutter) besteht. Ohne diese Reibung würde sich die Mutter in Bild 4.32 (links) aufgrund ihres Gewichtes und der Gewindesteigung selbst nach unten herausdrehen. Beim Verschrauben zweier Platten, wird der Schraubenschaft gedehnt und die eingeleitete Schraubenzugkraft stützt sich auf der Plattenoberfläche ab, vgl. Bild 4.32 (rechts). Dabei entstehen Druckspannungen in der Kontaktzone die dazu führen, dass die Platten im Wirkungsfeld der Schrauben (Spannungskegel) aufeinandergepresst werden. Dies wiederum führt zu Reibkräften in der Kontaktzone, die einer möglichen Relativbewegung der Platten entgegengerichtet sind.

Um das Phänomen Reibung gedanklich besser fassen zu können, ist es ratsam, sich die verschiedenen Arten der Reibung klarzumachen. Bild 4.33 zeigt eine mögliche Einteilung, wobei zuerst zwischen **äußerer und innerer Reibung** unterschieden wird. Bei der äußeren Reibung findet die Reibung außerhalb der sich berührenden Körper in der Kontaktzone

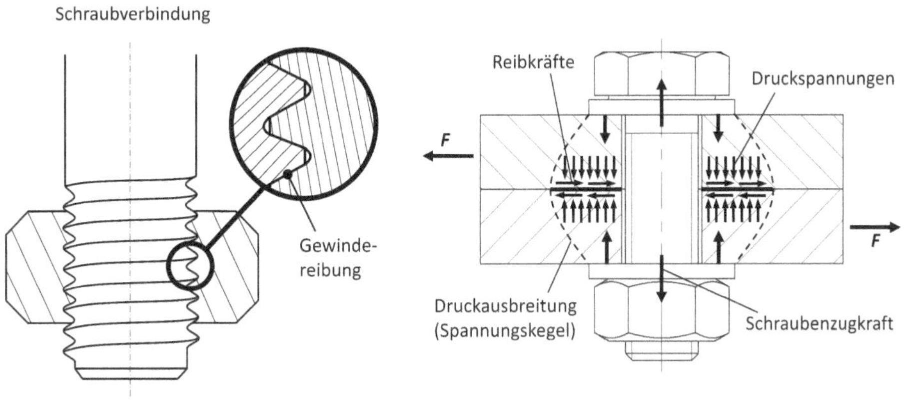

Bild 4.32 Ausnutzung der Reibung bei der Schraubverbindung: Gewindereibung (links), Reibschluss zwischen zwei Platten (rechts)

statt. Bei der inneren Reibung vollzieht sich die Reibung im Körper selbst. Das können beispielsweise Luftmoleküle sein, die auf ihren Flugbahnen untereinander wechselwirken. So erzeugen beispielsweise Flugzeuge Luftwirbel an den Flügelspitzen, die mitunter mehrere Minuten nach dem Start auf der Startbahn verweilen und sich allmählig durch Reibung der Luftmoleküle abbauen. Aus diesem Grund müssen nachfolgende Flugzeuge ein gewisse Zeit warten, bevor sie starten. Auch die sog. **Gummidämpfung** lässt sich mit innerer Reibung erklären. Gummi besteht aus Polymerketten, die untereinander über Schwefelbrückenbindungen zu einem „Netz" verbunden sind. Darüber hinaus enthält Gummi weitere Bestandteile, wie z.B. Ruße oder Ozonschutzwachse. Wird Gummi verformt, so kommt es zu Relativbewegungen und Reibung der Bestandteile untereinander, wodurch kinetische Energie in Wärme umgewandelt wird.

Die äußere Reibung kann wiederum nach dem Bewegungsablauf untergliedert werden. Ruhen die im Kontakt stehenden Körper, liegt **Haftreibung** vor. Bewegen sich die Körper relativ zueinander, findet **Bewegungsreibung** zwischen ihnen statt. Letztere kann weiter nach der Bewegungsart unterteilt werden. Hierbei wird im streng physikalischen Sinn nur zwischen **Gleit- und Rollreibung** unterschieden. In der Technik werden oftmals noch die **Wälz- und Bohrreibung** als Spezialfälle betrachtet. Hierbei stellt die Wälzbewegung eine Kombination aus Rollen und Gleiten (Schlupf = Rutschen) dar, wohingegen die Bohrreibung ein Spezialfall der Gleitreibung ist, vgl. Bild 4.33.

Die Bewegungsreibung selbst kann - ungeachtet der Unterteilung nach Bewegungsart - in verschiedenen Zuständen stattfinden. Dabei unterscheidet man zwischen (a) **Festkörperreibung** (kein Schmierstoff in der Kontaktzone), (b) **Mischreibung** (Schmierstoff in der Kontaktzone, aber kein geschlossener Schmierfilm) und (c) **Flüssigkeitsreibung** (geschlossener, tragfähiger Schmierfilm in der Kontaktzone), vgl. Bild 4.34.

Speziell bei der Festkörperreibung, d.h. bei Nichtvorhandensein eines Schmierfilms, tritt verstärkt **Verschleiß** an den beteiligten Bauteilen auf. Die Oberflächen beider Körper stehen im direkten Kontakt und gleiten aufeinander ab. Dabei werden die Rauheitsspitzen beider Oberflächen eingeebnet und es kommt zum Materialabtrag (**Abrasion**).

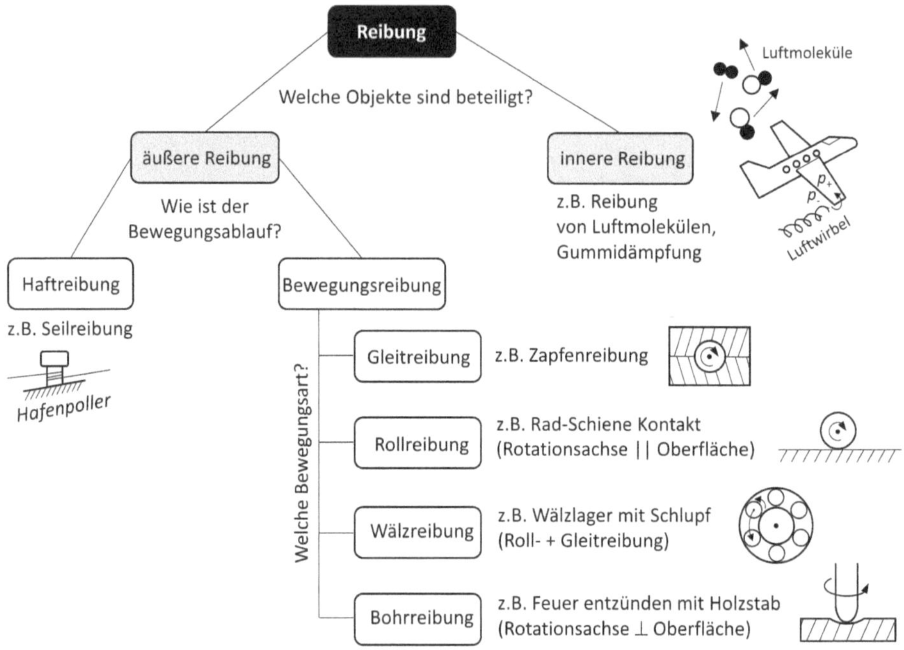

Bild 4.33 Einteilungsschema der Reibungsarten nach beteiligten Objekten und Bewegungsablauf

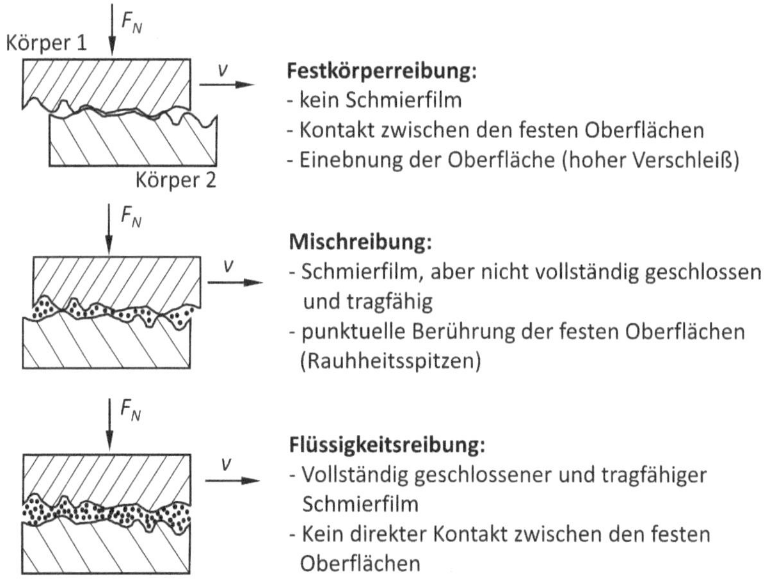

Bild 4.34 Drei Reibungszustände

Definition (Verschleiß und Abrasion):
Unter Verschleiß versteht man nicht beabsichtigte Geometrie- oder Werkstoffveränderungen eines Bauteils, die durch Reibung verursacht werden. Sind diese Veränderung durch einen Materialabtrag gekennzeichnet, spricht man von Abrasion, Bild 4.35.

Bild 4.35 Verschleiß durch Abrasion: Gummi auf Asphalt, bedingt durch die beim scharfen Bremsen auftretende Reibung zwischen Radreifen und Fahrbahn (links), Verschleiß an den Zähnen des Kettenrads, verursacht den den fortlaufenden Eingriff der Kettenglieder und der Gleitreibung zwischen Zahn und Innenflanke der Kettenlasche (rechts)

Im Folgenden werden einige technisch relevante Reibungsarten im Detail betrachtet: die Haft-, Gleit- und Rollreibung im Allgemeinen sowie die Zapfen- und Seilreibung im Speziellen.

4.8.1 Haft- und Gleitreibung

4.8.1.1 Waagerechte Ebene

Als Modellvorstellung kann die Szenerie in Bild 4.36 (links) betrachtet werden[19]. Ein Körper der Masse m steht auf einer waagerechten Ebene und wirkt mit seiner vom Schwerpunkt S ausgehenden **Gewichtskraft** $F_g = mg$ auf den Untergrund. Außerdem soll eine Kraft F waagerecht am Schwerpunkt des Körpers angreifen. Die Gewichtskraft F_g bedingt eine betragsmäßig gleichgroße Reaktionskraft, nämlich die **Normalkraft** F_N, die gewissermaßen die Kraft charakterisiert mit der der Untergrund gegen den Körper drückt. Der **Reibungskraft** F_R wirkt immer der Bewegungsrichtung entgegen; für sie gilt das sog. **Coulombsche Gesetz**[20]

$$F_R = \mu_0 F_N \qquad \text{(Haftreibung)} \tag{4.122}$$

$$F_R = \mu F_N \qquad \text{(Gleitreibung)}, \tag{4.123}$$

wobei $\mu_0 > \mu$ die (einheitenlosen) **Reibungsbeiwerte** repräsentieren, die von der Werkstoffpaarung der sich berührenden Stoffe abhängen, vgl. Bild 4.37.

[19] Vereinfacht sollen nur die Kraftbeträge berücksichtigt werden.
[20] Benannt nach dem frz. Physiker Charles Augustin de Coulomb (1736–1806).

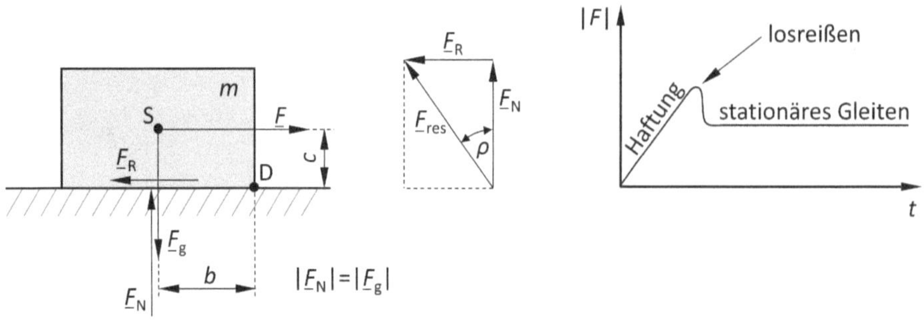

Bild 4.36 Modell zur Beschreibung der Haft- und Gleitreibung: wirkende Kräfte am Körper auf der waagerechten Ebene (links), Reibungswinkel ρ als resultierender Winkel zwischen den Kraftvektoren $\underline{F}_N$ und $\underline{F}_{res} = \underline{F}_N + \underline{F}_R$ (Mitte), qualitativer zeitlicher Kraftverlauf und Übergang zwischen Haftung und Gleitbewegung (rechts)

Werkstoffkombination	Haftreibungsbeiwerte μ_0		Gleitreibungsbeiwerte μ	
	trocken	geschmiert	trocken	geschmiert
Stahl/Stahl	0,5 - 0,8	0,1	0,4 - 0,7	0,1
Stahl/Gusseisen	0,2	0,1	0,2	0,05
Gusseisen/Gusseisen	0,25	0,15	0,2	0,1
Stahl/Bremsbelag	---	---	0,5 - 0,6	---
Stahl/Holz	0,5 - 0,6	0,1	0,2 - 0,5	0,05
Holz/Holz	0,4 - 0,6	0,15 - 0,2	0,2 - 0,4	0,1
Gummi/Metall	---	---	0,5	---
Kunststoff/Metall	0,25 - 0,4	---	0,1 - 0,3	0,04 - 0,1
Kunststoff/Kunststoff	0,3 - 0,4	---	0,2 - 0,4	0,04 - 0,1

Bild 4.37 Reibungsbeiwerte ausgewählter, technisch relevanter Werkstoffpaarungen für die Haft- und Gleitreibung [Muhs et al., 2007].

Offensichtlich gilt $F_R \sim F_N$ mit den Proportionalitätsfaktoren μ_0 und μ. Außerdem gilt für den bewegten Körper $F > F_R$. Hierbei muss F zunächst die Haftreibung überwinden, also die Bedingung $F > \mu_0 F_N$ erfüllen. Sobald sich der Körper „losreißt" und in stationäres Gleiten, also in eine gleichförmige Bewegung (konstante Geschwindigkeit), übergeht, wirkt der Kraft F die geringere Gleitreibung $F_R = \mu F_N$, $(\mu < \mu_0)$ entgegen, vgl. Bild 4.36 (rechts).

Normalkraft F_N und Reibungskraft F_R spannen ein Rechteck auf. Die Diagonale repräsentiert die aus der Vektoraddition beider Kräfte resultierende Kraft F_{res}. Der sog. **Reibungswinkel** definiert den Winkel zwischen F_N und F_R, vgl. Bild 4.36 (Mitte). Es gilt:

$$\tan(\rho) = \frac{F_R}{F_N} = \frac{\mu F_N}{F_N} = \mu. \tag{4.124}$$

Das heißt, je größer die Reibkraft F_R, desto größer auch der Reibwinkel ρ.

Neben Kräften, greifen am im Bild 4.36 (links) dargestellten Körper auch Momente an. Mit Blick auf den Punkt D können zwei Momente notiert werden, die aufgrund der Hebelarme b und c wirken, nämlich das sog. **Standmoment** $M_S = F_g b$ und das sog. **Kippmoment**

$M_K = Fc$. Insbesondere für einen hohen, schmalen Körper besteht die Gefahr, dass der Körper durch die Kraft F zum kippen um den Punkt D anstatt zum Gleiten neigt. Um das auszuschließen, muss das Kippmoment kleiner als das entgegengesetzt wirkende Standmoment sein:

$$M_K < M_S \quad \Leftrightarrow \quad Fc < F_g b . \tag{4.125}$$

Hierbei setzt genau dann Gleiten ein, wenn F die Haftreibung überwindet, also $F = \mu_0 F_g$ vorliegt. Dann kann folgende Bedingung für Gleiten formuliert werden:

$$\mu_0 F_g c < F_g b \quad \Leftrightarrow \quad \boxed{c < \frac{b}{\mu_0}} . \tag{4.126}$$

Umgekehrt wird der Körper kippen, sofern $c > b/\mu_0$ gilt.

4.8.1.2 Geneigte Ebene

Ist die Ebene, auf der der Körper liegt, um einen Winkel α geneigt, so zerfällt die vom Körperschwerpunkt ausgehende Gewichtskraft in einen Anteil senkrecht zur Oberfläche und einen Anteil parallel zur Oberfläche, Bild 4.38: $\underline{F}_g = \underline{F}_N + \underline{F}_H$. Insbesondere für die Kraftbeträge folgt dabei:

$$F_N = F_g \cos(\alpha) , \tag{4.127}$$

$$F_H = F_g \sin(\alpha) , \tag{4.128}$$

$$F_R = \mu F_N = \mu F_g \cos(\alpha) , \tag{4.129}$$

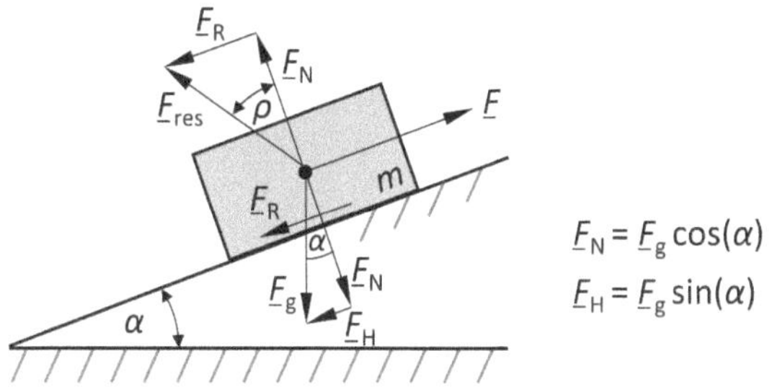

Bild 4.38 Kraftzerlegung an der schiefen Ebene

Hierbei kennzeichnet $\underline{F}_H$ die parallel zur Oberfläche wirkende Hangabtriebskraft, die zusammen mit der Reibungskraft F_R durch F überwunden werden muss, damit sich der Körper bergauf bewegt:

Aufwärtsbewegung:

$$F > F_R + F_H = \mu F_g \cos(\alpha) + F_g \sin(\alpha) . \tag{4.130}$$

Sofern die aufwärts gerichtete Kraft F mit den abwärts gerichteten Kräften F_H und F_R im Gleichgewicht steht, wird der Körper in Ruhe verharren, also:

Körper ruht:

$$F = F_R + F_H = \mu_0 F_g \cos(\alpha) + F_g \sin(\alpha)\,. \tag{4.131}$$

Man beachte, dass – solange der Körper ruht – Haftreibung und damit μ_0 zu berücksichtigen ist. Der Körper kann bei genügend großem Neigungswinkel α auch ohne eine äußere Kraft F abwärts gleiten ($F = 0$ und $F_H > F_R$):

Körper gleitet von selbst abwärts:

$$F_H > F_R \quad \Rightarrow \quad F_g \sin(\alpha) > \mu_0 F_g \cos(\alpha) \tag{4.132}$$

$$\Rightarrow \quad \frac{\sin(\alpha)}{\cos(\alpha)} > \mu_0 \tag{4.133}$$

$$\Rightarrow \quad \tan(\alpha) > \tan(\rho) \Leftrightarrow \boxed{\alpha > \rho}\,. \tag{4.134}$$

Analog zu Gleichung 4.124 gilt hier für die Haftreibung $\mu_0 = \tan(\rho)$. Der Vergleich in Gleichung 4.134 zwischen α und ρ verdeutlicht nun auch, wieso bei ρ vom Reibungswinkel gesprochen wird. Sofern $\rho > \alpha$ vorliegt, kann der Körper nur abwärts gleiten, wenn eine zusätzliche, abwärts gerichtete Kraft F am Körper angreift.

Übung 11 (Gleitreibung, schiefe Ebene):
Das nachfolgende Bild zeigt einen Körper auf einer schiefen Ebene, an dem eine Kraft $\underline{F}$ waagerecht angreift. Wie groß muss $\underline{F}$ sein, so dass sich der Körper aufwärts bewegt.

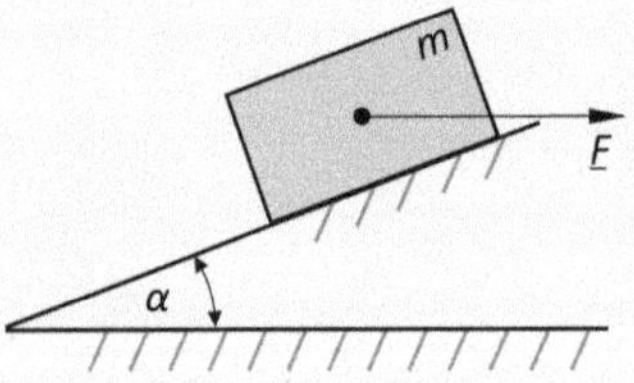

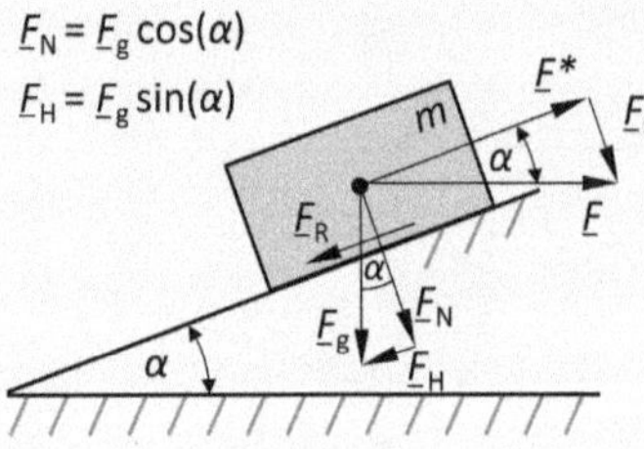

Lösung:
Im Unterschied zu Bild 4.38 greift $\underline{F}$ nicht parallel zur schiefen Ebene, sondern waagerecht an. Dementsprechend kann $\underline{F}$ in einen Anteil senkrecht zur Oberfläche $\underline{F}_N^\star$ und einen Anteil parallel zur Oberfläche $\underline{F}^\star$ zerlegt werden. Für die entsprechenden Kraftbeträge folgt:

$$F^\star = F\cos(\alpha)\,, \tag{4.135}$$

$$F_N^\star = F\sin(\alpha)\,. \tag{4.136}$$

Die Gewichtskraft $\underline{F}_g$ kann ebenfalls nach bekanntem Schema in einen normalen und tangentialen Anteil zur Oberfläche zerlegt werden:

$$F_N = F_g \cos(\alpha)\,, \tag{4.137}$$

$$F_H = F_g \sin(\alpha)\,. \tag{4.138}$$

Somit sind zur Bestimmung der Reibungskraft F_R zwei Anteile der Normalkraft, $F_N^\star$ und F_N, zu berücksichtigen:

$$F_R = \mu(F_N^\star + F_N) \quad , \quad \mu = \tan(\rho)\,. \tag{4.139}$$

Damit der Körper aufwärts gleitet, muss die waagerechte Komponenten von F größer sein als die entgegen gerichteten Kräfte F_H und F_R, also:

$$F^\star > F_R + F_H \quad \Leftrightarrow \quad F\cos(\alpha) > \mu\left[F_g\cos(\alpha) + F\sin(\alpha)\right] + F_g\sin(\alpha) \tag{4.140}$$

$$\Leftrightarrow \quad F\left[\cos(\alpha) - \mu\sin(\alpha)\right] > F_g\left[\mu\cos(\alpha) + \sin(\alpha)\right] \tag{4.141}$$

$$\Leftrightarrow \quad F\left[1 - \mu\tan(\alpha)\right] > F_g\left[\mu + \tan(\alpha)\right] \tag{4.142}$$

$$\Leftrightarrow \quad F > F_g\frac{\tan(\rho) + \tan(\alpha)}{1 - \tan(\rho)\tan(\alpha)}\,. \tag{4.143}$$

Mit dem Additionstheorem (vgl. Standard-Tafelwerk), $\tan(\alpha+\beta) = \frac{\tan\alpha + \tan\beta}{1 - \tan\alpha\tan\beta}$, folgt schließlich:

$$F > F_g\tan(\rho + \alpha)\,. \tag{4.144}$$

■

4.8.1.3 Zapfenreibung

Die Zapfenreibung ist ein Spezialfall der Gleitreibung, bei dem eine rotatorische Relativbewegung zwischen zwei im Kontakt stehenden Körper vorliegt. In der Technik treten derartige Bewegungen z.B. bei rotierenden Wellen auf, insbesondere dort, wo die Welle an die Umgebungskonstruktion (z.B. einem Gehäuse) angebunden ist, Bild 4.39 (links).

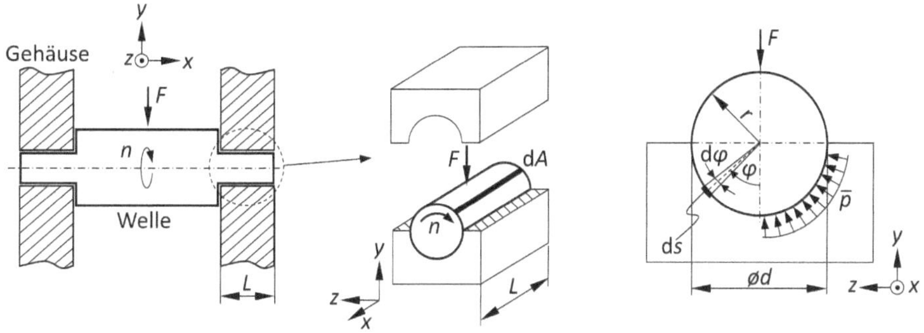

Bild 4.39 Geometrie und physikalische Größen bei der Zapfenreibung (Tragzapfen)

Abgesetzte Wellenenden, die drehend mit einem Bauteil verbunden werden, nennt man **Wellenzapfen** oder einfach nur **Zapfen**. Sie realisieren die Wellenlagerung und abhängig von den Belastungen der Welle treten am Zapfen radiale oder axiale Lagerkräfte auf. Entsprechend ist oftmals vom Trag- bzw. Stützzapfen die Rede.

i. Tragzapfen (Radialkräfte)

Beim Tragzapfen wird die Welle mit einer Radialkraft beaufschlagt, so dass die Mantelfläche des zylindrischen Zapfen in die Halbschale des Gehäuses gedrückt wird, Bild 4.39. Durch die zusätzliche Drehung der Mantelfläche im Gehäuse entsteht Reibung, wobei die

Reibungskräfte F_R der Bahngeschwindigkeit v entgegen gerichtet sind und – je nach Belastungsrichtung – nur in der oberen oder unteren Halbschale auftreten, Bild 4.40 (links).

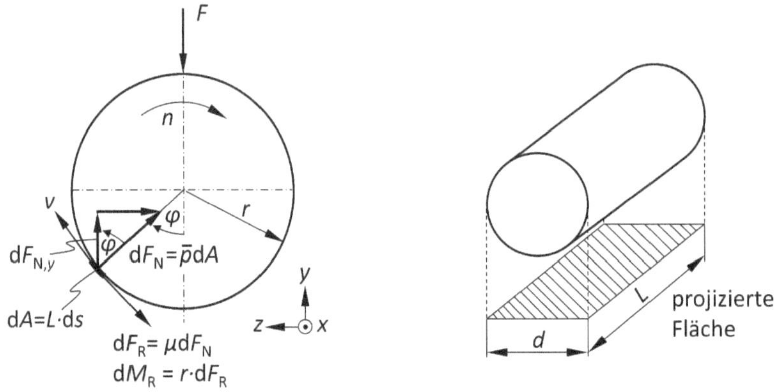

Bild 4.40 Reibkraft dF_R und resultierendes Reibmoment dM_R am Tragzapfen (links), projizierte Fläche des Tragzapfens (rechts)

Betrachtet man den Kreisquerschnitt des Zapfens in Bild 4.40 (links), so können folgende Feststellungen und Beziehungen notiert werden:

- Ein differentiell kleiner Flächenstreifen errechnet sich aus der Beziehung $\mathrm{d}A = L \cdot \mathrm{d}s$ mit dem Kreisbogenabschnitt $\mathrm{d}s = r \cdot \mathrm{d}\varphi$. Hierbei ist $\mathrm{d}\varphi$ in Bogenmaß anzugeben, vgl. Bild 4.39.
- Auf dem Flächenstreifen wirkt der Anpressdruck $\bar{p}$ aufgrund der Radialkraft F. Hier soll vereinfacht angenommen werden, dass $\bar{p}$ überall auf der unteren Halbschale den gleichen Wert hat. Außerdem wirkt $\bar{p}$ senkrecht zur Oberfläche und folglich resultiert eine differentielle Normalkraft $\mathrm{d}F_N$ mit:

$$\mathrm{d}F_N = \bar{p}\mathrm{d}A = \bar{p}Lr\mathrm{d}\varphi. \tag{4.145}$$

- $\mathrm{d}F_N$ wiederum kann in einen y- und x-Anteil zerlegt werden. Der y-Anteil, $F_{N,y} = \mathrm{d}F_N \cos\varphi$ wirkt der äußeren Radialkraft F entgegen.

An jedem Punkt der Mantelfläche in der unteren Halbschale wirkt der Anpressdruck $\bar{p}$ und demzufolge eine Normalkraft $\mathrm{d}F_N$. Die „Summe“ aller y-Anteile steht im Gleichgewicht mit der äußeren Kraft F, andernfalls würde sich der Zapfen vertikal bewegen. In integraler Form folgt (Faktor 2, da nur die linke Halbschale, d.h. $\varphi \in [0, \pi/2]$, betrachtet wird):

$$F = 2\int_0^{\pi/2} \mathrm{d}F_{N,y} = 2\int_0^{\pi/2} \cos\varphi \mathrm{d}F_N = 2\int_0^{\pi/2} \cos\varphi\, \bar{p}Lr\mathrm{d}\varphi \tag{4.146}$$

$$= 2\bar{p}rL\int_0^{\pi/2} \cos\varphi \mathrm{d}\varphi = 2\bar{p}rL\left[\sin\varphi\right]_0^{\pi/2} = 2\bar{p}rL \tag{4.147}$$

Hierbei sind $\bar{p}$, L und r im Integrationsgebiet konstant und können daher vor das Integral gezogen werden. Mithilfe des Zapfendurchmessers $d = 2r$ resultiert die Formel für den **Anpressdruck** (auch **Flächenpressung** oder **Lochleibungsdruck** genannt):

$$\boxed{\bar{p} = \frac{F}{d \cdot L}}. \tag{4.148}$$

Der Nenner $d \cdot L$ steht für die projizierte Fläche, also die Fläche, die der Zapfen als Schatten auf einer ebenen Fläche verursachen würde, Bild 4.40 (rechts).

Darüber hinaus verursacht die Reibungskraft über den Hebelarm r ein differentielles Reibungsmoment $\mathrm{d}M_\mathrm{R}$. Integriert man diese für alle differentiellen Flächenstreifen der unteren Halbschale auf, ergibt sich das **Gesamtreibungsmoment** M_R:

$$\mathrm{d}M_\mathrm{R} = r\mathrm{d}F_\mathrm{R} = r\mu\mathrm{d}F_\mathrm{N} \tag{4.149}$$

$$M_\mathrm{R} = 2\int_0^{\pi/2} \mathrm{d}M_\mathrm{R} = 2\int_0^{\pi/2} r\mu\mathrm{d}F_\mathrm{N} = 2\int_0^{\pi/2} r\mu\bar{p}Lr\mathrm{d}\varphi = 2\mu\bar{p}Lr^2\int_0^{\pi/2} \mathrm{d}\varphi\,. \tag{4.150}$$

Das Integral liefert $\frac{\pi}{2}$; zusammen mit der Beziehung $F = 2\bar{p}rL$ aus Gleichung 4.147 folgt schlussendlich:

$$\boxed{M_\mathrm{R} = \frac{\mu\pi}{2}Fr}\,. \tag{4.151}$$

Bisweilen findet man in der Literatur auch die Formel $M_\mathrm{R} = \mu_1 Fr$ mit der **Zapfenreibungszahl** $\mu_1 = \mu\pi/2$. μ_1 ist deutlich größer als die üblichen Werte für den Gleitreibungsbeiwert μ. Hier ist Vorsicht geboten, da Verwechslungsgefahr droht.

Sofern die Drehzahl n (Einheit $\frac{1}{\mathrm{s}}$) und damit die Winkelgeschwindigkeit ω der Welle bekannt ist, kann auch die durch das Reibungsmoment verursachte **Verlustleistung** bestimmt werden:

$$\boxed{P_\mathrm{R} = M_\mathrm{R}\omega = M_\mathrm{R}2\pi n}\,. \tag{4.152}$$

ii. Stützzapfen (Axialkräfte)

Neben Radialkräften können auch axiale Kräfte an einer Welle angreifen, die von der Wellenlagerung aufgenommen werden müssen. **Stützzapfen** sind eine Möglichkeit derartige, in Richtung der Wellendrehachse angreifende Kräfte aufzunehmen, Bild 4.41 (links). Das Wellenende ist dabei als „Kopf" ausgebildet, der mit seiner unteren, ebenen Fläche auf dem Gehäuse aufliegt und sich dort abstützt.

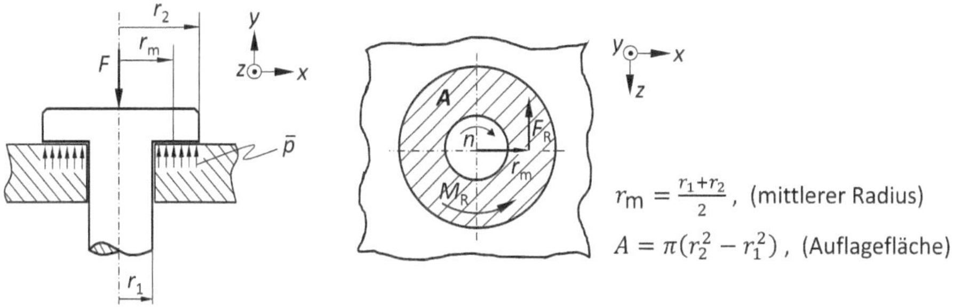

Bild 4.41 Darstellung eines Stützzapfens inklusive der relevanten Größen

Durch die Wellendrehung kommt es zur Reibung in der Auflagefläche A. Hierbei gilt für die **Reibungskraft** ($F = F_\mathrm{N}$):

$$F_\mathrm{R} = \mu F_\mathrm{N} = \mu\bar{p}A \quad \text{mit} \quad A = \pi(r_2^2 - r_1^2)\,. \tag{4.153}$$

Die Reibungskraft wirkt auf der gesamten Auflagefläche und ist der Drehung entgegen gerichtet. Zur Bestimmung des **Reibungsmomentes** muss ein Hebelarm als Angriffspunkt für F_R definiert werden. Hier kann näherungsweise der mittlere Radius $r_m = \frac{r_1+r_2}{2}$ angesetzt werden, Bild 4.41 (rechts). Damit folgt:

$$\boxed{M_R = F_R r_m = \mu \bar{p} A r_m} \tag{4.154}$$

und analog zum vorangegangenen Abschnitt für die **Verlustleistung**

$$\boxed{P_R = M_R \omega = M_R 2\pi n}. \tag{4.155}$$

Übung 12 (Zapfenreibung):
Das nachfolgende Bild zeigt eine Welle, die mittels Gleitlagern (doppelt schraffiert) in einem Gehäuse gelagert ist. Hierbei werden die Gleitlager in die Gehäusebohrungen eingepresst, so dass sich die Welle in den Gleitlagern dreht. Außerdem greifen zwei Kräfte F_1 und F_2 an der Welle an. Folgende Daten sollen für die Berechnungen gelten:

- Drehzahl: $n = 60\ \text{min}^{-1}$,
- Kräfte: $F_1 = F_2 = F = 10$ KN,
- Winkel: $\alpha = 45°$,
- Gleitreibungsbeiwert: $\mu = 0{,}05$.

Hinweis: Beachten Sie, dass nur das rechten Lager als Trag- und Stützzapfen fungiert. Dabei findet die Kopfreibung auf der Oberseite des Kopfes des Gleitlagers statt.

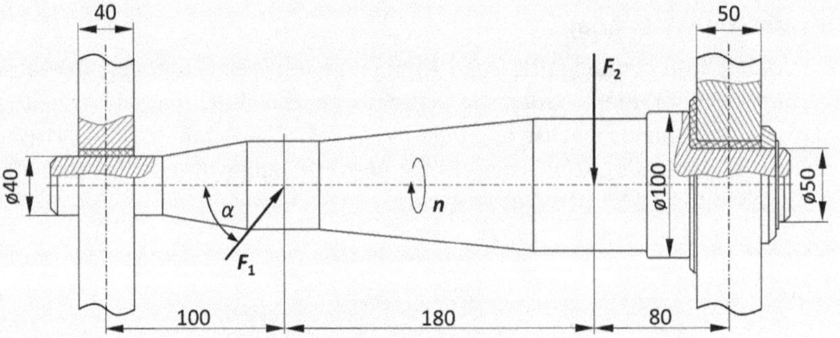

Berechnen Sie die folgenden Größen:
a) Auflagekräfte an den den beiden Lagern (Lagerfreischnitt durchführen).
b) Flächenpressung $\bar{p}$ auf die von Reibung betroffenen Flächen.
c) Gesamtreibungsmoment M_R.
d) Gesamtverlustleistung P_R.

Lösung:

a) Zuerst ist ein Lagerfreischnitt durchzuführen:

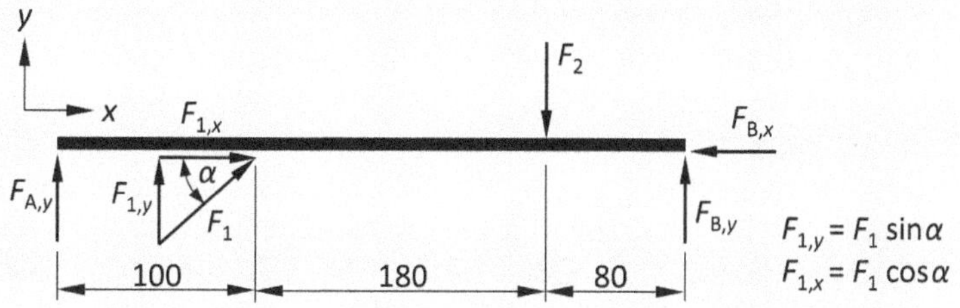

Die drei Lagerkräfte $F_{A,y}$, $F_{B,x}$, $F_{B,y}$ können aus den Kraftgleichgewichten in x- und y-Richtung sowie aus dem Momentengleichgewicht um den rechten Lagerpunkt B bestimmt werden:

$$F\cos\alpha = F_{B,x} = 7{,}1\,\mathrm{KN} \quad , \quad (F = F_1 = F_2), \tag{4.156}$$

$$F = F_{A,y} + F_{B,y} + F\sin\alpha, \tag{4.157}$$

$$F\cdot 80\mathrm{mm} - F\sin\alpha\cdot 260\mathrm{mm} - F_{A,y}\cdot 360\mathrm{mm} = 0. \tag{4.158}$$

Aus Gleichung 4.158 folgt:

$$F_{A,y} = \frac{F}{360\mathrm{mm}}(80\mathrm{mm} - 260\mathrm{mm}\cdot\sin\alpha) = -2{,}9\,\mathrm{KN}. \tag{4.159}$$

Eingesetzt in Gleichung 4.157 liefert dann:

$$F_{B,y} = 5{,}8\,\mathrm{KN}. \tag{4.160}$$

b) Betrachtet man den Stützzapfen links (Lagerpunkt A), dann ergibt sich für die projizierte Fläche:

$$A_A = d\cdot L = (40\cdot 40)\mathrm{mm} = 1600\,\mathrm{mm}^2. \tag{4.161}$$

Damit errechnet sich eine Flächenpressung von:

$$\bar{p}_A = \frac{|F_{A,y}|}{A_A} = 1{,}8\,\mathrm{KN/mm}^2. \tag{4.162}$$

Für das rechte Lager B sind zwei Reibflächen relevant: (a) die projizierte Fläche des Stützzapfens $A_B = 50\cdot 50\,\mathrm{mm}^2$ und die Kopffläche des Tragzapfens $A_B^\star = \pi(r_2^2 - r_1^2) = \pi(50^2 - 25^2)\,\mathrm{mm}^2$. Es folgt für die Flächenpressungen:

$$\bar{p}_{B,radial} = \frac{F_{B,y}}{A_B} = 2{,}3\,\mathrm{KN/mm}^2, \tag{4.163}$$

$$\bar{p}_{B,axial} = \frac{F_{B,x}}{A_B^\star} = 1{,}2\,\mathrm{KN/mm}^2. \tag{4.164}$$

c) Für das Gesamtreibungsmoment gilt: $M_R = M_{R,A} + M_{R,B,radial} + M_{R,B,axial}$. Mit $r_m = (r_2 + r_1)/2 = (50+25)/2$ mm, $r_A = 20$ mm und $r_B = 25$ mm gilt:

$$M_R = \frac{\mu\pi}{2} r_A |F_{A,y}| + \frac{\mu\pi}{2} r_B F_{B,y} + \mu F_{B,x} r_m \tag{4.165}$$

$$= 4{,}56\,\mathrm{Nm} + 11{,}4\,\mathrm{Nm} + 13{,}3\,\mathrm{Nm} = 29{,}3\,\mathrm{Nm}. \tag{4.166}$$

d) Für P_R gilt mit $n = 60\ \mathrm{min}^{-1} = 1\ \mathrm{s}^{-1}$:

$$P_R = M_R 2\pi n = 184\,\mathrm{W}. \tag{4.167}$$

■

4.8.1.4 Seilreibung (Umschlingungsreibung)

Seilreibung tritt auf, wenn ein biegeweicher Körper die Kontur eines anderen Körpers auf einer definierten Weglänge umschlingt. Das wohl populärste Beispiel hierfür ist ein Seil, dass um die Mantelfläche eines zylindrischen Körpers gewickelt wird. In der Realität kommt beispielsweise Seilreibung vor, wenn der Hafenmitarbeiter beim Anlegemanöver die Festmacherleine des Boots um den Poller legt und das Boot so in Position hält, Bild 4.42 (links). Dabei können, je nach Bootsgröße, beachtliche Zugkräfte im Seil wirken, die der Hafenmitarbeiter mithilfe der Seilreibung bisweilen alleine halten kann.

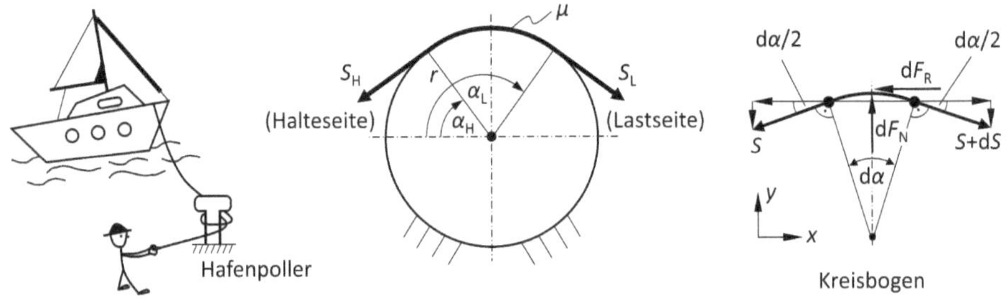

Bild 4.42 Szenerie der Seilreibung inklusive der relevanten geometrischen und physikalischen Größen

Um das Phänomen physikalisch zu beschreiben, betrachte man einen Kreis, der von einem Seil umschlungen ist, Bild 4.42 (Mitte). Der **Umschlingungswinkel**, $\Delta\alpha = \alpha_L - \alpha_H$ beschreibt dabei den Winkel zwischen erstmaliger und letztmaliger Berührung von Seil und Kreis. Dabei wirkt auf der einen Seite des Seils die Zugkraft S_L, z.B. durch das Boot, und auf der anderen Seite die Haltekraft S_H, mit der z.B. der Hafenmitarbeiter am Seil zieht. Ein Teil der Zugkraft wird durch die Reibung auf der Umschlingungsstrecke kompensiert, so dass $S_H < S_L$ resultiert.

Zur Herleitung des Zusammenhangs zwischen S_L und S_H soll ein differentieller Kreisbogenabschnitt mit dem Umschlingungswinkel $d\alpha$ betrachtet werden, Bild 4.42 (rechts). Auf der Halteseite wirkt die Seilkraft S und auf der Lastseite die etwas größere Kraft $S + dS$. Außerdem wirkt auf der Umschlingungsstrecke die Normalkraft dF_N, mit der das Seil gegen den Kreisbogen, oder umgekehrt: der Kreisbogen gegen das Seil, gedrückt wird. Die Reibung wird mit der Reibkraft $dF_R = \mu dF_N$ berücksichtigt, deren Richtung einem eventuellen Durchrutschen des Seils entgegenwirkt.

Sowohl S (Halteseite) als auch $S + dS$ (Lastseite) können in einen x- und y-Anteil zerlegt werden; die Kräftegleichgewichte in beide Richtungen liefern:

$$\sum F_x = 0: \quad -S\cos\frac{d\alpha}{2} + (S + dS)\cos\frac{d\alpha}{2} - dF_R = 0, \tag{4.168}$$

$$\sum F_y = 0: \quad dF_N - S\sin\frac{d\alpha}{2} - (S + dS)\sin\frac{d\alpha}{2} = 0. \tag{4.169}$$

Für kleine Winkel kann die Theorie 1. Ordnung angesetzt werden, vgl. Abschnitt 4.6.1, also: $\cos\frac{\mathrm{d}\alpha}{2} \approx 1$ und $\sin\frac{\mathrm{d}\alpha}{2} \approx \frac{\mathrm{d}\alpha}{2}$. Es folgt weiter:

$$-S+(S+\mathrm{d}S)=\mathrm{d}F_{\mathrm{R}}=\mu\mathrm{d}F_{\mathrm{N}}\,, \tag{4.170}$$

$$S\frac{\mathrm{d}\alpha}{2}+(S+\mathrm{d}S)\frac{\mathrm{d}\alpha}{2}=S\mathrm{d}\alpha+\frac{\mathrm{d}S\mathrm{d}\alpha}{2}=\mathrm{d}F_{\mathrm{N}}\,. \tag{4.171}$$

Das Produkt aus zwei differentiell kleinen Ausdrücken ist nochmals kleiner und kann daher vernachlässigt werden, $\frac{\mathrm{d}S\mathrm{d}\alpha}{2} \approx 0$. Somit kann weiter geschrieben werden:

$$\mathrm{d}S=\mu\mathrm{d}F_{\mathrm{N}}\,, \tag{4.172}$$

$$\mathrm{d}F_{\mathrm{N}}=S\mathrm{d}\alpha \tag{4.173}$$

$$\Rightarrow \frac{\mathrm{d}S}{S}=\mu\mathrm{d}\alpha\,. \tag{4.174}$$

$\mathrm{d}S$ kennzeichnet den Unterschied zwischen S_{H} und S_{L} für einen differentiell kleinen Umschlingungswinkel $\mathrm{d}\alpha$. Integriert man Gleichung 4.174 für einen endlichen Umschlingungswinkel nach Bild 4.42 von α_{H} bis α_{L} auf, ergibt sich:

$$\int_{S_{\mathrm{H}}}^{S_{\mathrm{L}}}\frac{\mathrm{d}S}{S}=\mu\int_{\alpha_{\mathrm{H}}}^{\alpha_{\mathrm{L}}}\mathrm{d}\alpha \tag{4.175}$$

$$\Leftrightarrow \ln\frac{S_{\mathrm{L}}}{S_{\mathrm{H}}}=\mu(\alpha_{\mathrm{L}}-\alpha_{\mathrm{H}})\,. \tag{4.176}$$

Mithilfe der Exponentialfunktion $\exp(\ln x) = e^{\ln x} = x$ folgt die sog. **Eytelweinsche**[21] **Gleichung**

$$\boxed{S_{\mathrm{L}}=S_{\mathrm{H}}e^{\mu(\alpha_{\mathrm{L}}-\alpha_{\mathrm{H}})}}\,. \tag{4.177}$$

Hierbei sind die **Winkel in Bogenmaß** anzugeben und $e = 2{,}71828...$ steht für die **Eulersche**[22] **Zahl**.

Übung 13 (Seilreibung):
Im nachfolgende Bild ist eine sog. Spillanlage dargestellt, die z.B. auf Booten zum Bergen des Ankers eingesetzt wird (Ankerspill). Hierbei wird die Ankerleine (Polyester) mit drei Umschlingungen um den Spillkopf geworfen. Am auflaufenden Ende ist der Anker befestigt, der die Zugkraft S_2 in die Leine einleitet. Die Leine am ablaufenden Ende wird über einen Elektromotor mit einer Kraft $S_2 = 500$ N straff gehalten.

---

21 Benannt nach dem dt. Ingenieur Johann Albert Eytelwein (1764–1848).

22 Benannt nach dem Schweizer Mathematiker und Physiker Leonhard Euler (1707–1783).

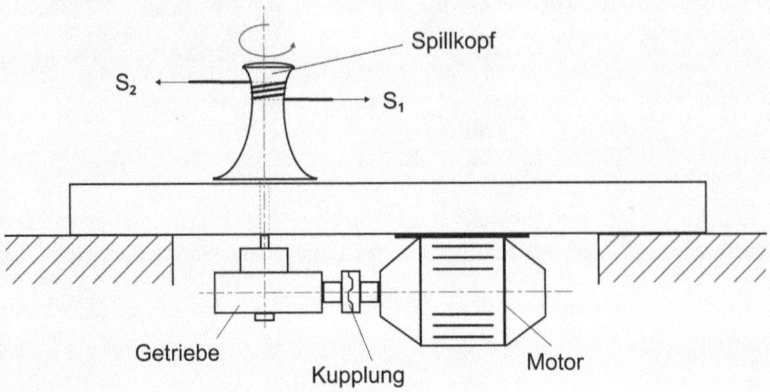

Wie groß kann die Kraft S_2 auf der Lastseite werden, wenn der Reibbeiwert zwischen Leine und Spillkopf $\mu = 0{,}25$ beträgt?

Lösung:
Folgende Werte und Zuordnungen können notiert werden: $S_1 = S_L$, $S_2 = S_H = 500$ N, $\Delta\alpha = \alpha_L - \alpha_H = 3 \cdot 2\pi$, $\mu = 0{,}25$.

Mit Gleichung 4.177 folgt:

$$S_1 = 500\,\text{N} \cdot e^{0{,}25(3\cdot 2\pi)} = 55{,}7\,\text{KN}. \tag{4.178}$$

Aufgrund des exponentiellen Zusammenhangs zwischen S_1 undS_2 kommt es zu einem derart drastischen Unterschied zwischen den Kräften der Last- und Halteseite. Auf der Halteseite ist nur ca. $\frac{1}{1000}$ der Kraft der Lastseite von Nöten.

4.8.2 Rollreibung

Die Rollreibung und der damit verbundene Rollwiderstand hat in der Technik ebenfalls ein große Bedeutung und tritt z.B. in Wälzlagern (z.B. Kugellager) oder beim Rad-Schiene Kontakt auf, vgl. Bild 4.31 (links). Außerdem kann festgestellt werden, dass die Reibverluste bei der Rollreibung tendenziell geringer sind als bei der Gleitreibung.

Das Vorhandensein eines Widerstands beim Abrollen z.B. eines Rades bzw. einer zylindrischen Rolle auf einer Ebene ist zunächst nicht erklärbar. Hierzu betrachte man Bild 4.43 (oben). Der links dargestellte Kreis soll eine Rolle oder eine Kugel auf einer Ebene symbolisieren. Im idealen Modell ist der Kontakt durch eine Linie (Rolle) oder durch einen Punkt (Kugel) gegeben. Verfolgt man beim Abrollen des Kreises einen beliebigen Punkt auf dessen Oberfläche, so vollzieht dieser Punkt eine sog. **Zykloidenbahn**, bei der jeder Punkt senkrecht auf die Oberfläche auftrifft und diese wieder senkrecht verlässt. Es fällt schwer, bei diesem Bewegungsablauf Ursachen für einen Rollwiderstand zu identifizieren.

Anders ist die Situation bei einem realen Kontakt, Bild 4.43 (unten). Berühren sich zwei Körper und werden mit einer Kraft F_N aufeinander gedrückt, so kommt es zum Eindruck/Abplattung in der Kontaktzone. Diese kann, je nach Oberflächenhärte der beteiligten Materialien, verschwindend klein sein; trotzdem wird sie auftreten. Aus dem idealisierten Linien- bzw. Punktkontakt wird eine Flächenkontakt und die Zykloidenbewegung wird im Bereich der Kontaktzone verändert. Insbesondere der Eindruck in die Ebene führt dazu, das der abrollende Kreis einen **mikroskopischen Berg** vor sich herschiebt und damit permanent bergauf rollen muss. Dies erklärt den Rollwiderstand.

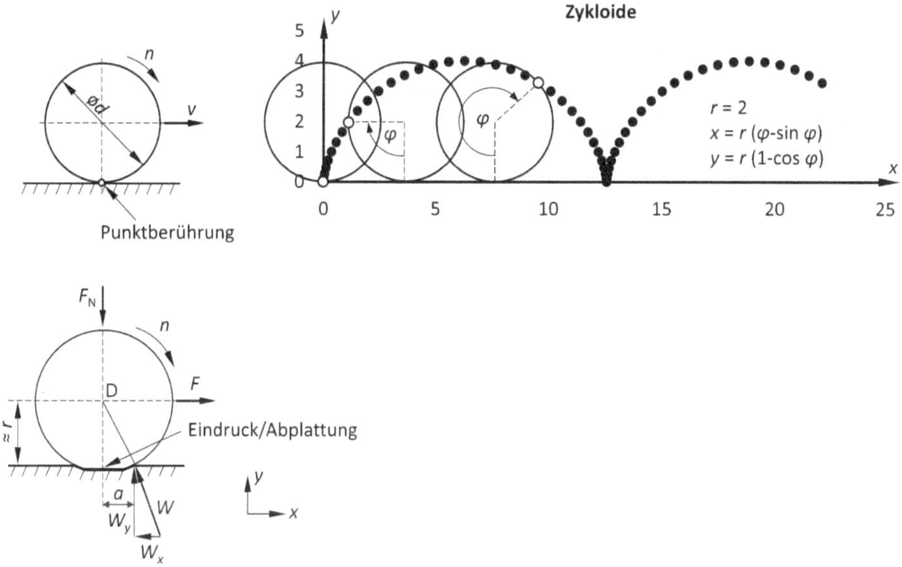

Bild 4.43 Ideales Abrollen eines Kreises auf einer Ebene (Zykoidenbahn)(oben), realer Kontakt mit Eindruck/Abplattung bei der Rollreibung (unten)

Physikalisch kann der reale Kontakt durch eine Widerstandskraft W berücksichtigt werden, die von unten, der Bewegung entgegen wirkt, Bild 4.43 (unten). Betrachtet man die senkrechten und waagrechten Anteile, W_y und W_x, von W so können die Kräfte- und Momentengleichgewichte formuliert werden:

$$\sum F_x = 0: \quad F = W_x, \tag{4.179}$$

$$\sum F_y = 0: \quad F_N = W_y, \tag{4.180}$$

$$\sum M^{(D)} = 0: \quad a \cdot W_y - r \cdot W_x = 0 \tag{4.181}$$

$$\Rightarrow F \cdot r = a \cdot F_N \quad \Leftrightarrow \quad \boxed{F = \frac{a}{r} F_N = \mu_R F_N}. \tag{4.182}$$

Die Größe $\mu_R = \frac{a}{r}$ steht für den Rollreibungsbeiwert und muss experimentell ermittelt werden. Er ist umso größer, je größer die Breite der Abplattung a ist. Er wird Null, sofern keine Abplattung ($a = 0$), also idealer Kontakt, vorliegt. Außerdem tendiert μ_R für große Kreisradien r ebenfalls gegen Null, da dann die Kreisbahn im Vergleich zur Abplattung den Bewegungsablauf dominiert. Tabelle 4.4 zeigt abschließend einige ausgewählte Werte für μ_R.

Ein Vergleich mit Bild 4.37 zeigt am Beispiel Stahl/Stahl, dass $\mu_R << \mu$. Die beiden Werte unterscheiden sich um einen Faktor >100. Dementsprechend sind die durch Rollreibung entstehenden Verluste um Größenordnungen geringer als die Verluste durch Gleitreibung.

Tabelle 4.4 ausgewählte Rollreibungsbeiwerte, Quelle: https://www.chemie.de/lexikon/

Rollkörper/Untergrund	Rollreibungsbeiwert μ_R
Stahl (gehärtet) / Stahl gehärtet, z.B. Kugeln im Wälzlager	0,0005 - 0,001
Eisenbahnrad / Schiene	0,001–0,002
PKW-Reifen / Asphalt	0,011–0,015
PKW-Reifen / Kopfsteinpflaster	0,015–0,030
PKW-Reifen / loser Sand	0,2–0,4
Gummikette Raupenfahrwerk / Asphalt	0,035–0,080
Fahrradreifen / Asphalt	0,007

Literatur

DIN 124:2011-03: *Halbrundniete - Nenndurchmesser 10 mm bis 36 mm.* Beuth-Verlag, Berlin, 2011.

DIN 1025-1:2009-04: *Warmgewalzte I-Träger - Teil 1: Schmale I-Träger, I-Reihe - Maße, Masse, statische Werte.* Beuth-Verlag, Berlin, 2009.

DIN 1025-5:1994-03: *Warmgewalzte I-Träger; Mittelbreite I-Träger, IPE-Reihe; Maße, Masse, statische Werte.* Beuth-Verlag, Berlin, 1994.

DIN 1026-1:2009-09: *Warmgewalzter U-Profilstahl - Teil 1: U-Profilstahl mit geneigten Flanschflächen - Maße, Masse und statische Werte.* Beuth-Verlag, Berlin, 2009.

DIN 1026-2:2002-10: *Warmgewalzter U-Profilstahl - Teil 2: U-Profilstahl mit parallelen Flanschflächen; Maße, Masse und statische Werte.* Beuth-Verlag, Berlin, 2002.

DIN EN 81-20:2020-06: *Sicherheitsregeln für die Konstruktion und den Einbau von Aufzügen - Aufzüge für den Personen- und Gütertransport - Teil 20: Personen- und Lastenaufzüge.* Beuth-Verlag, Berlin, 2020.

DIN EN 1993-1-8:2010-12: *Eurocode 3: Bemessung und Konstruktion von Stahlbauten - Teil 1-8: Bemessung von Anschlüssen.* Beuth-Verlag, Berlin, 2010.

DIN EN 1993-1-8/NA:2020-11: *Nationaler Anhang - National festgelegte Parameter - Eurocode 3: Bemessung und Konstruktion von Stahlbauten - Teil 1-8: Bemessung von Anschlüssen.* Beuth-Verlag, Berlin, 2020.

DIN EN 10055:1995-12: *Warmgewalzter gleichschenkliger T-Stahl mit gerundeten Kanten und Übergängen - Maße, Grenzabmaße und Formtoleranzen.* Beuth-Verlag, Berlin, 1995.

Landau, L. D., Lifschitz, E. M.: *Lehrbuch der Theoretischen Physik, Band VII: Elastizitätstheorie.* 6., bearbeitete Auflage, Akademie-Verlag Berlin, Berlin, 1989.

Muhs, D., Wittel, H., Jannasch, D., Voßiek, J.: *Roloff/Matek – Maschinenelemente (Tabellen).* 18. Auflage, Friedr. Vieweg & Sohn Verlag, Wiesbaden, 2007.

Müller, I.: *Grundzüge der Thermodynamik.* 2. Auflage, Springer-Verlag, Berlin Heidelberg, 1999.

Müller, W. H., Ferber, F.: *Technische Mechanik für Ingenieure.* 2., verbesserte Auflage, Carl Hanser Verlag, München Wien 2005.

5 Federn

Lernziele:

- Wo und warum werden Federelemente eingesetzt?
- Was versteht man unter Federdämpfung? Auf welche Weisen kann sie konstruktiv realisiert werden?
- Wie definiert sich äußere und innere Reibung?
- Was beschreibt die Federsteifigkeit?
- Was ist der Unterschied zwischen linearen und nichtlinearen Federn?
- Wie berechnet sich die Federsteifigkeit eines Zug-/Druck-, Torsions- und Biegestabes?
- Auf welche Weisen können mehrere Federn angeordnet werden; wie berechnet sich die Gesamtsteifigkeit des Systems?
- Was bedeutet progressive/degressive Steifigkeit?
- Welche Federbauformen gibt es (beispielhaft) und welche Größen müssen bei der Dimensionierung festgelegt werden?
- Wie berechnet sich die Gesamtsteifigkeit einer Schraubenfeder?
- Erläutere den Begriff Härte. Wie misst man die Shore-A Härte?
- Welche Umgebungsbedingungen müssen bei der Verwendung vom Gummi als Werkstoff berücksichtigt werden?
- Nenne drei unterschiedliche Kautschuktypen und Ihre Vorteile?
- Was versteht man unter dem Formfaktor?
- Wieso unterscheidet man zwischen statischer und dynamischer Steifigkeit bei Gummifedern?

Federn finden überall dort Einsatz, wo:

a) Schwingungen und Stöße auf Maschinen und Anlagen abzumildern sind (z.B. Stoßdämpfer im Auto),

b) ausgelenkte Bauteile selbstständig in eine Ausgangslage zurückgeführt werden sollen (z.B. Kugelschreibermine),

c) eine definierte und ggf. veränderbare Anpresskraft einzustellen ist (z.B. Sicherheitskupplung),

d) Anschläge die Bewegung von Maschinenteilen begrenzen sollen (z.B. Prellbock) oder

e) wo mechanische Energie gespeichert werden muss (z.B. Uhrwerk).

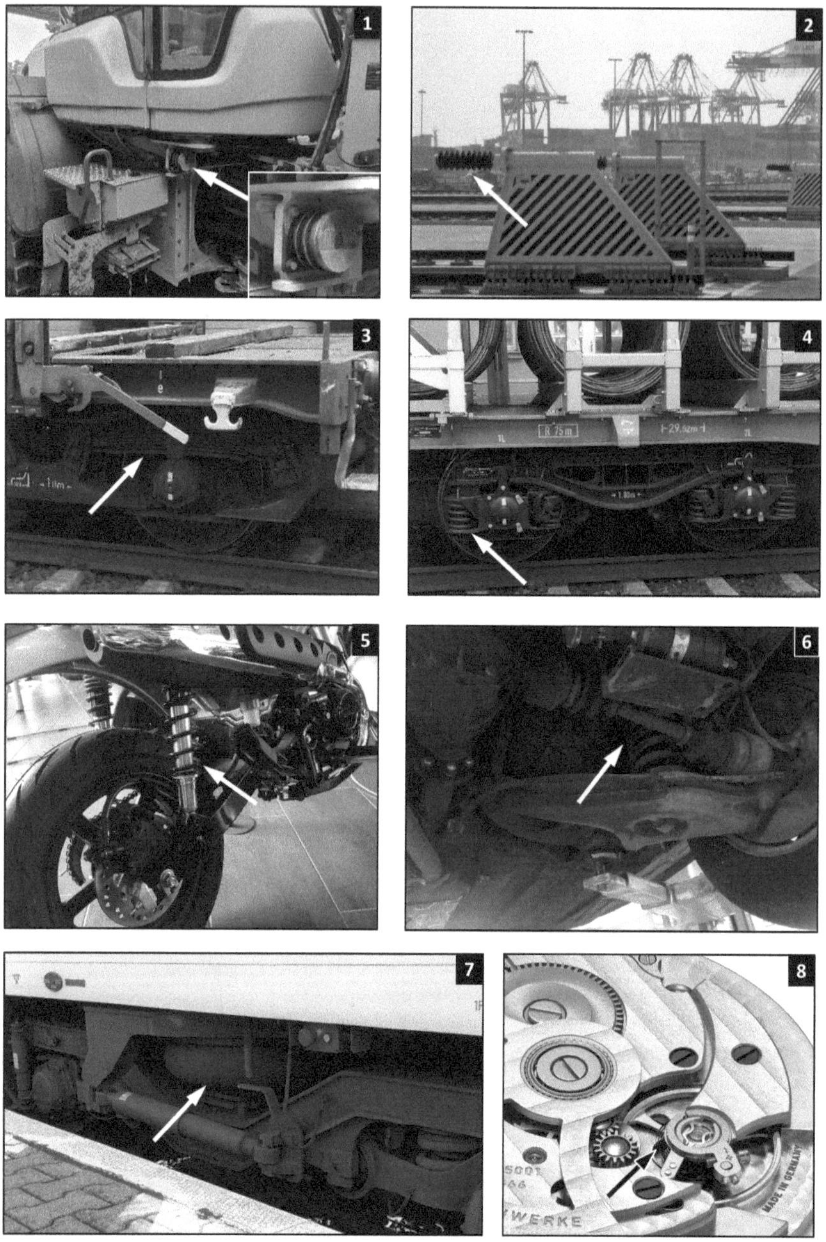

Bild 5.1 Verschiedene Anwendungen für den technische Einsatz von Federelementen, Foto 2: ©A. Rawie GmbH & Co. KG., Foto 8: ©NOMOS Glashütte/SA (beide mit freundlicher Genehmigung).

Hierzu zeigt Bild 5.1 einige Beispiele für den Einsatz von Federelementen inklusive verschiedener Bauformen: **Foto 1** veranschaulicht eine Gummischichtfeder (3 zylindrische Gummikörper mit Zwischenblechen zur Abtrennung) als Anschlag für den Vorderwagen eines Radladers bei starker Kurvenfahrt. **Foto 2** zeigt einen Prellbock für Hafenkräne, bei dem die obere Feder einer Ziehharmonika gleicht. Sie dient dazu, die Bewegung der Kräne zu begrenzen und gleichzeitig die Bewegungsenergie zu dämpfen (in Wärme umzuwandeln). **Foto 3/4** illustrieren die Verwendung von Blatt- und Schraubenfedern zur Radsatzlagerung in Güterwaggons, um so Schwingungen und Stöße auf das Frachtgut zu minimieren. **Foto 5/6** zeigen Stoßdämpfer mit Schraubenfedern, wie sie typischerweise in Kraftfahrzeugen zur Anwendung kommen (Motorräder und Autos). Ihr Zweck ist es, Stöße, Schwingungen, aber auch Trägheitskräfte bei Bewegungsänderungen, abzufangen und zu reduzieren, um so z.B. den Fahrkomfort zu steigern. Um Fahrkomfort geht es auch im **Foto 7**. Hier ist eine Luftfeder (mittig) zu sehen, die das sog. Drehgestell mit dem Wagenkasten einer Regionalbahn elastisch verbindet. Dabei wird die Übertragung von Stöße und Schwingungen von der Schiene über die Räder in den Wagenkasten, und damit auf die Insassen, reduziert. **Foto 8** zeigt eine sog. Schneckenfeder (auch Torsionsfeder), wie sie z.B. in mechanischen Uhrwerken (Kalibern) verwendet wird. Diese wird durch Drehen der Krone (Handaufzug) oder einer Schwungscheibe (Anker, bei Automatikuhren) gespannt, so dass Energie in der Feder gespeichert wird (Gangreserve). Durch Entspannung der Feder wird anschließend die gespeicherte Energie genutzt, um die Zeiger der Uhr anzutreiben.

Federn werden bisweilen mit „hart" oder „weich" charakterisiert. Damit wird in der Regel die Höhe des Kraftbetrages beschrieben, der notwendig ist, um die Feder um einen definierten Betrag zu verformen. Man spricht auch von hoher oder niedriger Steifigkeit, vgl. Abschnitt 5.1. Außerdem hat jede Feder dämpfende Eigenschaften, die sog. **Federdämpfung**. Wird eine Feder durch eine Kraft F um einen Weg s verformt, so verrichtet sie Arbeit ΔW, die im verformten Zustand in der Feder als mechanische Energie E_{mech} gespeichert ist. Entspannt sich die Feder wieder, so wird ein Teil der Energie wieder freigegeben, jedoch eben nicht alles, da ein Teil durch innere oder äußere Reibung in Wärme umgewandelt wurde. Federdämpfung wird bewusst ausgenutzt, um Schwingungen schnell abklingen zu lassen oder Bewegungen abzubremsen. Ein Eisenbahnwaggon, der auf einen Prellbock trifft, soll i. d. R. zum Stillstand kommen und nicht mittels elastischem Stoßes abprallen. Die Schwingungen der Fahrerkabine eines Autos sollen nach Überquerung der Kopfsteinpflasterstraße schnell abklingen und nicht lange nachwirken.

Die Dämpfungseigenschaften der Feder können entweder über den Werkstoff (innere Reibung) oder durch konstruktive Maßnahmen (äußere Reibung) festgelegt werden. Grundsätzlich gilt, je größer die federspezifische Dämpfung, desto stärker und schneller klingen die Schwingungen des schwingfähigen Systems ab. Bild 5.2 zeigt drei Federn mit unterschiedlicher Dämpfung. Die linke Schraubenfeder aus Stahl hat kaum Dämpfung (abgesehen von der Wandreibung des vertikal verschiebbaren, oberen Metallteils). Bei der mittleren Ringfeder werden durch die Einfederung die innen liegenden Metallringe übereinander geschoben. Hierbei tritt Gleitreibung auf, was zu erhöhter Dämpfung führt. Bei der linken Konstruktion wird durch die Einfederung die innere Gummifeder verformt; dabei tritt die dem Werkstoff innewohnende Gummidämpfung auf.

Federdämpfung, also auftretende Reibung und Wärme ist immer mit Temperaturentwicklung verbunden. Das sollte immer mit bedacht und ggf. bei der Dimensionierung berücksichtigt werden.

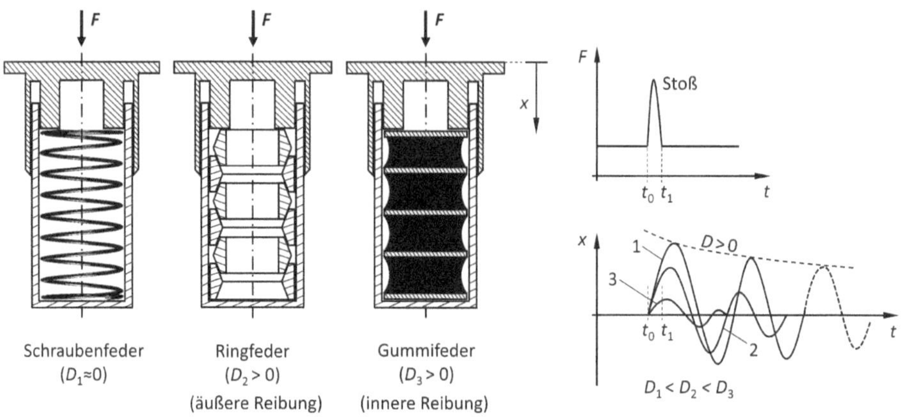

Bild 5.2 Verschiedene Konstruktionen für Federelemente: Schraubenfeder (kaum Dämpfung), Ringfeder (Dämpfung durch äußere Reibung), Gummifeder (Dämpfung durch innere Reibung), die verschiedenen Dämpfungen führen zu unterschiedlichem Abklingverhalten der Schwingungen

5.1 Federsteifigkeit

Wird eine (Torsions-)Feder wie in Bild Bild 5.3 schematisch dargestellt mit einer Kraft F bzw. einem Torsionsmoment M_T beaufschlagt, so wird sie um einen Weg s bzw. Winkel φ ausgelenkt. Dabei steigt die Auslenkung mit zunehmender Kraft bzw. zunehmenden Moment. Bei **linearen Federn** ist die Kraft / das Moment proportional zur Auslenkung, d.h. wird die Kraft / das Moment beispielsweise verdoppelt dann verdoppelt sich auch die Auslenkung, es gilt:

$$F \propto s \quad \Rightarrow \quad F = c \cdot s \quad \text{bzw.} \quad c = \frac{F}{s}, \tag{5.1}$$

$$M_\mathrm{T} \propto \varphi \quad \Rightarrow \quad M_\mathrm{T} = c_\mathrm{T} \cdot \varphi \quad \text{bzw.} \quad c_\mathrm{T} = \frac{M_\mathrm{T}}{\varphi}. \tag{5.2}$$

Hierbei kennzeichnet c die (translatorische) **Federsteifigkeit**[1] mit der Standardeinheit N/m und c_T die **Torsionssteifigkeit** mit der Standardeinheit Nm/[-], (φ in Bogenmaß). Die **Nachgiebigkeit** δ bzw. δ_T ist der Kehrwert von c bzw. c_T, also:

$$\delta = \frac{s}{F} = \frac{1}{c}, \tag{5.3}$$

$$\delta_\mathrm{T} = \frac{\varphi}{M_\mathrm{T}} = \frac{1}{c_\mathrm{T}}. \tag{5.4}$$

Gleichung 5.1 und Gleichung 5.2 gelten nur bei linearen Federn und werden auch als Hookesches Gesetz bezeichnet, dass bereits aus dem Zugversuch (vgl. Abschnitt 2.4.2) bekannt ist. In der Tat ist im Vergleich eine gewisse Analogie erkennbar. Auch der Zugstab ist eine Feder, die sich im elastischen Bereich wie eine lineare Feder verhält.

[1] Auch der Begriff **Federrate** findet sich mitunter in der Literatur.

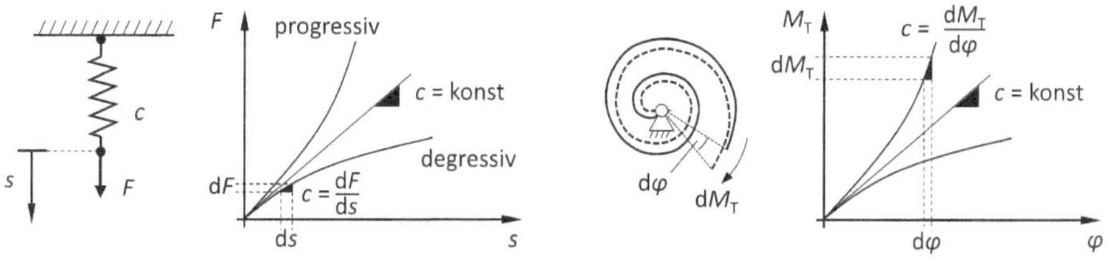

Bild 5.3 Auslenkung einer Feder und resultierende Federsteifigkeit c

Sofern die Kraft-Weg- bzw. Moment-Winkel-Kurve keinen linearen Verlauf zeigt, so handelt es sich um **nichtlineare Federn**. Dabei unterscheidet man zwischen progressiven und degressiven Verläufen, d.h. die Steifigkeit steigt bzw. sinkt mit zunehmender Auslenkung, Bild 5.3. Folglich ist die Steifigkeit nicht länger eine Konstante und definiert sich als lokale Größe, nämlich als Anstieg der Kraft-Weg- bzw. Moment-Winkel-Kurve:

$$c = \frac{\mathrm{d}F}{\mathrm{d}s} \quad \text{bzw.} \quad c_{\mathrm{T}} = \frac{\mathrm{d}M_{\mathrm{T}}}{\mathrm{d}\varphi}. \tag{5.5}$$

Tatsächlich werden metallische Stäbe häufig als Federelemente eingesetzt. Dabei werden sie i.w. drei Belastungsfällen ausgesetzt, nämlich: (a) Zug-/Druckbelastungen, (b) Torsion und (c) Biegung, vgl. Bild 5.4. Für alle drei Belastungen sollen im Folgenden die Federsteifigkeiten hergeleitet werden:

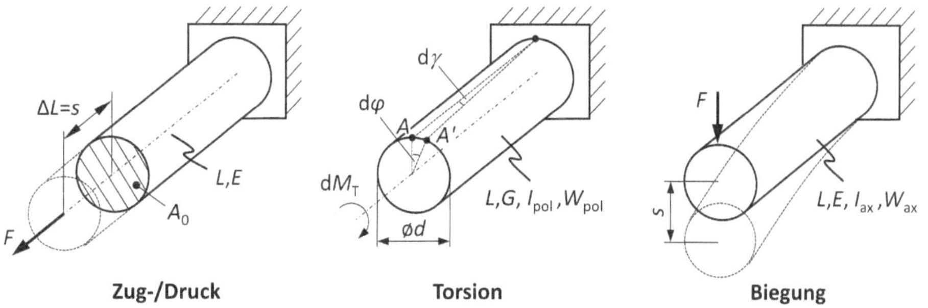

Bild 5.4 Zug-, Torsions- und Biegestab

5.1.1 Federsteifigkeit: Zug- bzw. Druckstab

Exemplarisch soll ein Stab der Länge L und einem runden Ausgangsquerschnitt A_0 betrachtet werden, der einseitg eingespannt ist und am anderen Ende einer Zugkraft F ausgesetzt ist, Bild 5.4 (links). Der Stab wird elastisch um $\Delta L = s$ gelängt und es folgt:

$$\sigma = E \cdot \varepsilon = \frac{F}{A_0}, \tag{5.6}$$

$$\varepsilon = \frac{\Delta L}{L} = \frac{s}{L}, \tag{5.7}$$

$$\Rightarrow \frac{F}{A_0} = E \cdot \frac{s}{L}, \tag{5.8}$$

$$\boxed{c_{Z/D} = \frac{F}{s} = \frac{E A_0}{L}} \tag{5.9}$$

Die Federsteifigkeit $c_{Z/D}$ eines Zug-/Druckstabes, z.B. aus Stahl, ist aufgrund des hohen E-Moduls E, i.d.R. sehr groß. Für geringe Werte von $c_{Z/D}$ sind daher kleine Querschnitte A_0 oder große Stablängen L von Nöten. Der Querschnitt kann nicht beliebig verkleinert werden, da die aus der Kraft F resultierenden Zugspannungen $\sigma_{Z/D} = F/A_0 < \sigma_{zul}$ nicht die zulässigen Spannungen, z.B. die Streckgrenze R_e überschreiten dürfen. Die Stablänge L ist oftmals durch die zur Verfügung stehenden Bauräume der Anwendung begrenzt. Dementsprechend sind „geschickte" Konstruktionen zu entwerfen, um diesem Zielkonflikt zu begegnen. Bild 5.5 zeigt eine Zylinderfeder, bei der die Stablänge durch eine mäanderförmige Anordnung der Zylinderwand auf begrenztem Raum maximiert wurde.

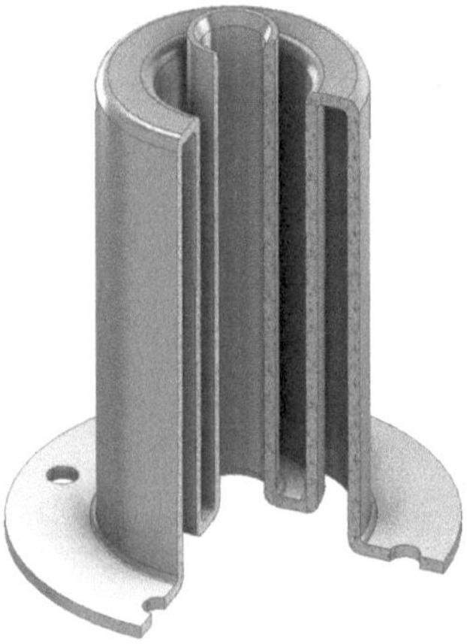

Bild 5.5 Zylinderfeder: Maximierung der Stablänge

5.1.2 Federsteifigkeit: Torsionsstab

Wird ein Stab elastisch verdrillt, so handelt es sich um einen Torsionsstab bzw. eine Torsionsfeder. Insbesondere Stahlstäbe werden häufig als Torsionsstäbe benutzt, da sie eine hohe Torsionssteifigkeit aufweisen und so Bewegungen, die zu ihrer Torsion führen würden, minimieren. Ein Beispiel für die Verwendung von Torsionsstäben ist die Anbindung bzw. Lagerung von Fahrerkabinen bei mobilen Arbeitsmaschinen, z.B. Traktoren. Auch im Fahrwerk von Autos finden sich z.T. Torsionsstäbe. Dabei geht es darum, die für den Fahrer sehr unangenehmen Wankbewegungen der Kabine zu minimieren. Dazu wird quer zur

Fahrtrichtung v ein U-förmiger Stab montiert, der an den Enden mit der Kabine verbunden ist. Der lange, die beiden Schenkel verbindende Torsionsstab wird drehend mit dem Fahrzeugrahmen verbunden, vgl. Bild 5.6 (links).

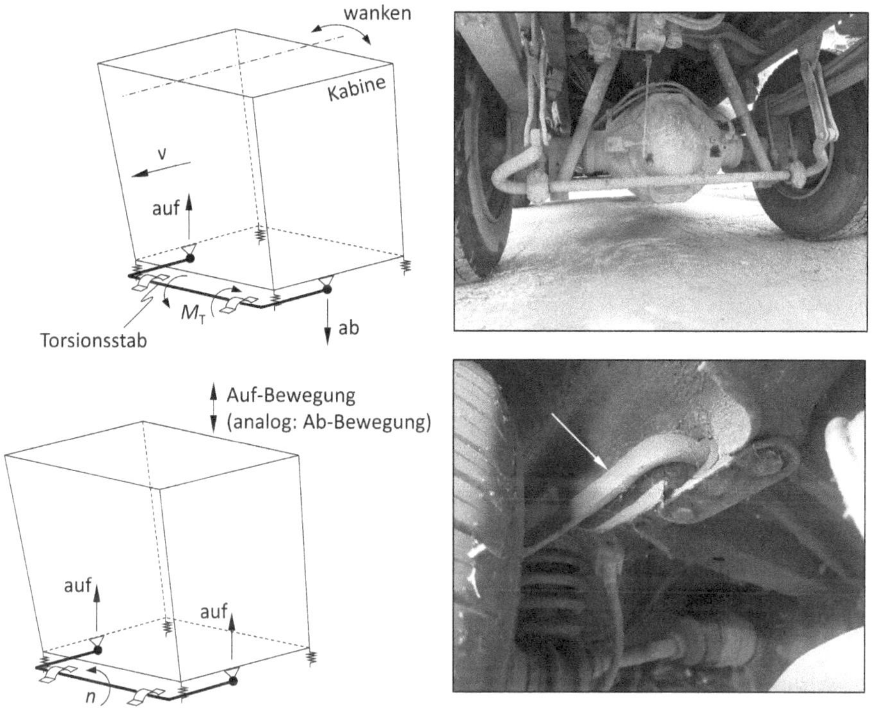

Bild 5.6 Verwendung eines Torsionsstabs zur Verhinderung von Wankbewegungen an einer Kabine (rechts). Torsionsstab an der Hinterachse eines LKWs und KFZs (rechts).

Bewegt sich die Kabine translatorisch auf und ab, so werden beide Schenkel gleichsinnig nach oben bzw. unten gezogen/gedrückt. Der Stab dreht sich in seiner Lagerung und ermöglicht damit die Kabinenbewegung. Bei rotatorischen Wankbewegungen der Kabine wird ein Schenkel des U-Stabes nach oben, der andere nach unten bewegt. Im langen Torsionsstab kommt es zur Verdrillung, die aufgrund der Stabsteifigkeit nur gering sind, so dass die Wankbewegung der Kabine i.w. verhindert wird, Bild 5.6 (links). Mit der gleichen Argumentation werden auch in Autos, z.B. an der Hinterachse, Torsionsstäbe verbaut, Bild 5.6 (rechts).

Betrachtet man Bild 5.4 (Mitte) und speziell den Kreisbogenabschnitt $A \rightarrow A'$ dann gilt gemäß Abschnitt 4.6.1 und Abschnitt 4.6.2 für die Spannungen am Rand des Kreisquerschnitts:

$$d\tau_{\max} = \frac{dM_T}{W_{\text{pol}}} = d\tau = G \cdot d\gamma \,. \tag{5.10}$$

In der in Bild 5.4 (Mitte) dargestellten differentiellen Betrachtung führt das Torsionsmoment dM_T zu einer Verschiebung des Punktes A um den Torsionswinkel $d\varphi$ hin zu A'. In gleicher Weise wird dieser Punkt auch um den Schubwinkel $d\gamma$ geschert. Das heißt, der

Kreisbogenabschnitt $A \to A'$ repräsentiert sowohl die Torsions- als auch Schubverformung und es gilt in der differentiellen Betrachtung mit Gleichung 5.10:

$$\frac{\mathrm{d}M_\mathrm{T}}{W_\mathrm{pol}} = G\mathrm{d}\gamma, \tag{5.11}$$

Für die Länge des Kreisbogenabschnitt $A \to A'$ kann notiert werden:

$$\frac{d}{2}\mathrm{d}\varphi = L\mathrm{d}\gamma. \tag{5.12}$$

Gleichung 5.12 nach $\mathrm{d}\gamma$ umgestellt und in Gleichung 5.11 eingesetzt liefert dann:

$$\frac{\mathrm{d}M_\mathrm{T}}{W_\mathrm{pol}} = G\frac{d}{2}\frac{\mathrm{d}\varphi}{L} \tag{5.13}$$

und umgestellt nach der Torsionssteifigkeit:

$$\boxed{c_\mathrm{T} = \frac{\mathrm{d}M_\mathrm{T}}{\mathrm{d}\varphi} = W_\mathrm{pol}G\frac{d}{2L}}. \tag{5.14}$$

bzw. mit $W_\mathrm{pol} = I_\mathrm{pol}/r_\mathrm{max} = 2I_\mathrm{pol}/d$:

$$\boxed{c_\mathrm{T} = G\frac{I_\mathrm{pol}}{L}}. \tag{5.15}$$

5.1.3 Federsteifigkeit: Biegestab

Für den Betrag der Durchbiegung s gemäß Bild 5.4 (rechts) folgt aus der Balkendifferentialgleichung (vgl. grauer Kasten):

$$s = \frac{FL^3}{3EI_\mathrm{ax}}. \tag{5.16}$$

Damit kann direkt die Steifigkeit der Biegefeder bestimmt werden, nämlich:

$$c_\mathrm{B} = \frac{F}{s} = \frac{3EI_\mathrm{ax}}{L^3}. \tag{5.17}$$

Exkurs: Balkenbiegung und Balkendifferentialgleichung
Exemplarisch sollen die beiden Szenerien des nachfolgenden Bildes betrachtet werden, also (a) der einseitig fest eingespannte Balken und (b) der Balken mit Fest- und Loslager.

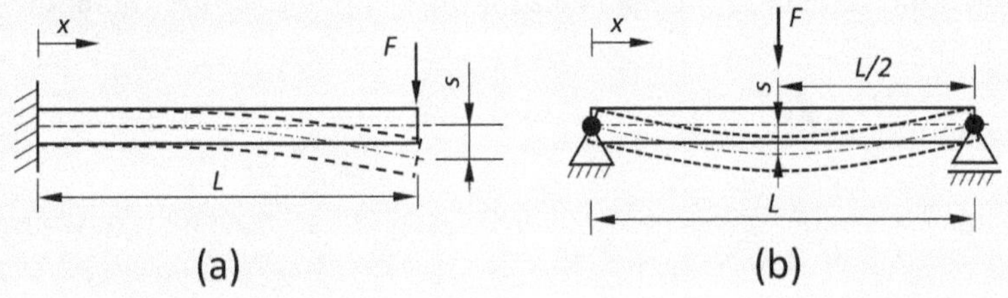

Balken (a) wird mit einer Kraft F am freien Ende und Balken (b) mit einer mittig angreifenden Kraft belastet. Für beide Fälle gilt die aus der Technischen Mechanik [Müller und Ferber, 2005] bekannte Balkendifferentialgleichung:

$$\frac{d^2s}{dx^2} = s''(x) = -\frac{M(x)}{EI_{ax}}. \tag{5.18}$$

Hierbei kennzeichnet $M(x)$ das Schnittmoment an der Position x. Ein Freischnitt der linken Einspannung liefert eine Lagerquerkraft $F_{q,\text{Einsp}} = F$ und ein Lagermoment $M_{\text{Einsp}} = F \cdot L$. Damit folgt aus dem Körperfreischnitt (positives Schnittufer) für das Schnittmoment $M(x) = -Fx + M_{\text{Einsp}} = F(L-x)$.

Für Fall (a) kann folgende Integration durchgeführt werden:

$$s(x) = -\frac{F}{EI_{ax}} \int\int (L-x)dx = -\frac{F}{EI_{ax}} \int \left(Lx - \frac{x^2}{2}\right) dx + C_1 \tag{5.19}$$

$$= -\frac{F}{EI_{ax}} \left(\frac{Lx^2}{2} - \frac{x^3}{6}\right) + C_1 x + C_2. \tag{5.20}$$

Die Integrationskonstanten C_1 und C_2 müssen über Randbedingungen (RB) bestimmt werden; hier gilt im Fall (a):

$$s(x=0) = 0 \quad \Rightarrow \quad C_2 = 0, \tag{5.21}$$

$$s'(x=0) = 0 \quad \Rightarrow \quad C_1 = 0. \tag{5.22}$$

Insbesondere die zweite RB folgt aus der Tatsache, dass der Balken fest eingespannt ist und damit waagerecht in der Wand münden muss. Damit weist die Balkenkennlinie bei $x = 0$ keinen Anstieg auf.

Um nun die Balkendurchbiegung am freien Ende zu bestimmen, wird $s(x = L)$ ausgewertet, es resultiert:

$$s = s(x=l) = -\frac{F}{EI_{ax}} \left(\frac{L^3}{2} - \frac{L^3}{6}\right) = -\frac{FL^3}{EI_{ax}} \left(\frac{1}{2} - \frac{1}{6}\right) = -\frac{FL^3}{3EI_{ax}}. \tag{5.23}$$

Für den Fall (b) folgt aus dem Lagerfreischnitt am linken Lager eine Lagerkraft von $F_{\text{li,La}} = F/2$. Betrachtet man anschließend den Körperfreischnitt und hier das positive Schnittufer des linken Balkenbereichs $0 < x \leq L/2$, so folgt für das Schnittmoment:

$$M(x) = -\frac{F}{2} x. \tag{5.24}$$

Eingesetzt in die o.g. Balkendifferentialgleichung liefert:

$$s(x) = \frac{F}{EI_{ax}} \int\int \frac{x}{2} dx = \frac{F}{EI_{ax}} \left(\frac{x^3}{12} + C_1 x + C_2\right). \tag{5.25}$$

Die Integrationskonstanten C_1 und C_2 werden über die Randbedingungen bestimmt:

$$s(x=0) = 0 \quad \Rightarrow \quad C_2 = 0, \tag{5.26}$$

$$s'(x=\frac{L}{2}) = 0 \quad \Rightarrow \quad \frac{F}{EI_{ax}} \left(\frac{x^2}{4} + C_1\right)_{x=L/2} = \frac{F}{EI_{ax}} \left(\frac{L^2}{16} + C_1\right) = 0, \tag{5.27}$$

$$\Rightarrow \quad C_1 = -\frac{L^2}{16}. \tag{5.28}$$

Damit kann $s = s(x = \frac{L}{2})$ final bestimmt werden:

$$s = \frac{F}{EI_{ax}}\left(\frac{x^3}{12} - \frac{L^2 x}{16}\right)_{x=L/2} = \frac{F}{EI_{ax}}\left(\frac{L^3}{96} - \frac{L^3}{32}\right) = -\frac{F}{EI_{ax}}\frac{L^3}{48}\,. \tag{5.29}$$

Insbesondere Fall (b) wurde hier zusätzlich zu dem in Bild 5.4 (rechts) dargestellten Biegefall behandelt, da er als Grundlage für die Steifigkeitsberechnung von Blattfedern (vgl. Bild 5.1, Foto 3) dienen kann.

■

■ 5.2 Mehrere Federn

Federn können prinzipiell auf zwei Arten kombiniert werden: (a) die **Reihenschaltung** und (b) die **Parallelschaltung**. Komplexere Schaltungen ergeben sich als Kombinationen dieser beiden Fälle. Bild 5.7 illustriert am Beispiel von zwei Federn die beiden genannten Möglichkeiten.

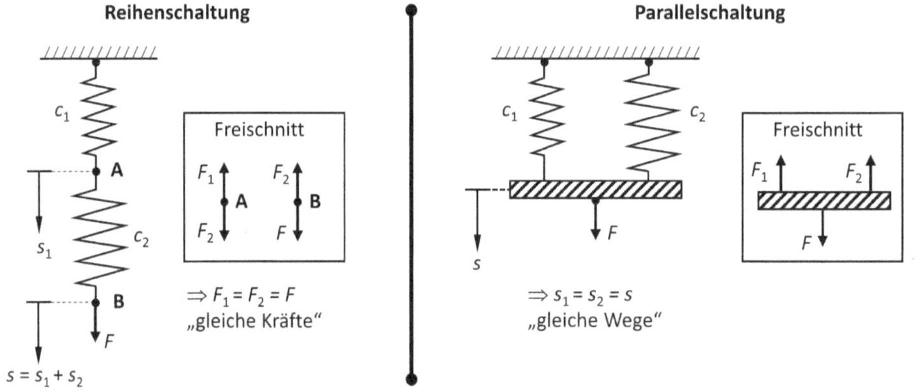

Bild 5.7 Reihen- und Parallelschaltung zweier Federn

(a) Reihenschaltung:
Beide Federn werden so kombiniert, dass der Gesamtweg aus der Summe der Einzelwege folgt. Hierbei können s_1 und s_2, abhängig von den jeweilgen Steifigkeiten c_1 und c_2 durchaus unterschiedlich sein. Gleichwohl gilt:

$$s = s_1 + s_2\,. \tag{5.30}$$

Ein Freischnitt der Punkte A und B ergibt weiter:

$$F_1 = F_2 \quad , \quad F = F_2 \quad \Rightarrow \quad F = F_1 = F_2\,. \tag{5.31}$$

Das heißt, in allen in Reihe geschalteten Federn wirkt die selbe Kraft F. Mithilfe der Beziehung $F = c \cdot s$ folgt weiter aus Gleichung 5.30:

$$s = \frac{F}{c} = s_1 + s_2 = \frac{F_1}{c_1} + \frac{F_2}{c_2} = F\left(\frac{1}{c_1} + \frac{1}{c_1}\right) \tag{5.32}$$

und weiter für die Gesamtsteifigkeit c und die Gesamtnachgiebigkeit δ:

$$\frac{1}{c} = \frac{1}{c_1} + \frac{1}{c_2} \quad \text{bzw.} \quad \delta = \delta_1 + \delta_2\,. \tag{5.33}$$

Gleichung 5.33 kann verallgemeinert werden, nämlich:

$$\boxed{\frac{1}{c} = \sum_i \frac{1}{c_i}} \tag{5.34}$$

und

$$\boxed{\delta = \sum_i \delta_i} \tag{5.35}$$

(b) Parallelschaltung

Durch die Kraft F wird der Balken gleichmäßig nach unten verschoben und zwingt so beiden Federn, ungeachtet ihrer eventuell verschiedenen Steifigkeiten, den gleichen Weg auf. Damit gilt:

$$s = s_1 = s_2\,. \tag{5.36}$$

Außerdem liefert der Freischnitt des Balkens:

$$F = F_1 + F_2\,. \tag{5.37}$$

Demzufolge liegt hier im Vergleich zu (a) genau die umgekehrte Situation vor: die Federwege sind gleich, die in den Federn wirkenden Kräfte addieren sich zur Gesamtkraft F auf. Mithilfe des Hookeschen Gesetzes folgt:

$$c \cdot s = c_1 \cdot s_1 + c_2 \cdot s_2 = s(c_1 + c_2) \tag{5.38}$$

$$\Rightarrow \quad c = c_1 + c_2\,. \tag{5.39}$$

und allgemein für die Gesamtsteifigkeit c:

$$\boxed{c = \sum_i c_i}\,. \tag{5.40}$$

Ein analoger Ausdruck für die Nachgiebigkeit δ ist hierbei nicht in einfacher Form abzuleiten.

(c) Progressive und degressive Schaltung (Parallelschaltung)

Durch eine „geschickte“ Federanordnung können auch Kraft-Weg-Verläufe mit veränderbarer Steifigkeit realisiert werden. Dazu betrachte man beispielhaft Bild 5.8. Im der oberen Abbildung sind drei Federn parallel geschaltet, wobei jedoch Feder 2 (Mitte) erst zur Gesamtfedersteifkeit beiträgt, wenn Feder Feder 1 und 3 um den Betrag a ausgelenkt wurden. Demzufolge gilt:

$$c = \begin{cases} c_1 + c_2\,, & s < a \\ c_1 + c_2 + c_3\,, & s \geq a \end{cases}\,. \tag{5.41}$$

In der unteren Abbildung werden zwei Federn während der Montage um den Betrag $2b$ vorgespannt. Die Betriebskraft F soll hierbei zwischen beiden Federn angreifen, so das der Verbindungspunkt B beider Federn im Betrieb nach rechts verschoben wird. Dadurch wird die linke Feder entspannt und die rechte Feder weiter komprimiert. Für $s = b$ ist die linke Feder vollständig entspannt und weitere Verformung führt zum Abheben des linken Endes A, so dass Feder 1 nicht länger zur Gesamtsteifigkeit c beiträgt. Somit kann notiert werden:

$$c = \begin{cases} c_1 + c_2\,, & s < b \\ c_2\,, & s \geq b \end{cases} \; . \tag{5.42}$$

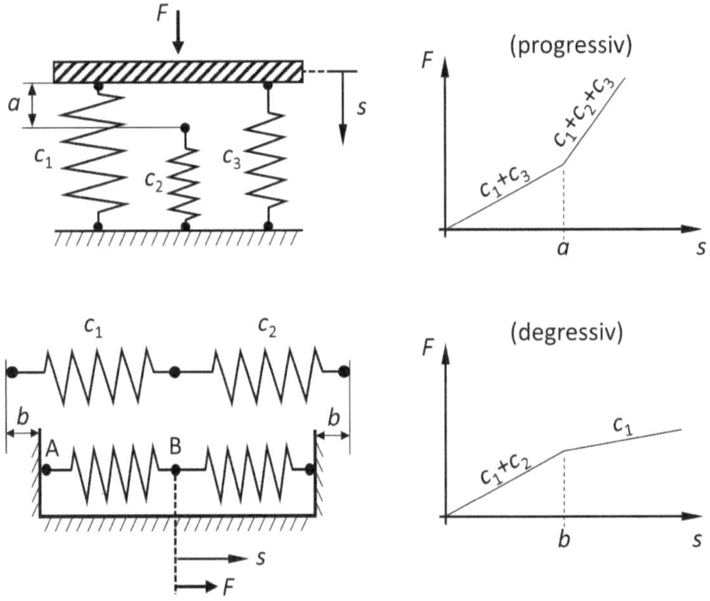

Bild 5.8 spezielle Parallelschaltung mit Steifigkeitssprung

Durch das „Zu- bzw. Abschalten" von Federn weisen beide Kraft-Weg-Verläufe einen Steifigkeitssprung auf, der als simple und diskrete Form einer progressiven bzw. degressiven Steifigkeit interpretiert werden kann. Hierbei handelt es sich bei beiden Anordnungen um eine Parallelschaltung, da alle Federn, sobald sie zugeschaltet sind, gleichen Verformwegen ausgesetzt sind[2].

Insbesondere der untere Fall in Bild 5.8 zeigt, dass bisweilen die optische Anordnung trügen kann. Nicht alle scheinbar hintereinander geschaltete Federn sind in Reihe geschaltet. Wichtig ist, sich immer klarzumachen, ob in den Federn die gleichen Kräfte wirken (Reihenschaltung) oder ob die Federn (betragsmäßig) den gleichen Weg zurücklegen (Parallelschaltung).

2 Die Richtung ist dabei irrelevant, solange für Zug- und Druckbelastungen die selben Steifigkeiten vorliegen.

Hinweis (Zielkonflikt in der Dimensionierung von Federn):
Federn werden häufig in der Schwingungstechnik eingesetzt, um den Eintrag von Schwingungen und Stöße in Maschinen und Anlagen zu minimieren. Dazu müssen sie oftmals **möglichst weich** sein, also kleine Steifigkeiten c aufweisen.

Andererseits müssen die Federn auch den auftretenden Betriebslasten standhalten, d.h. sie müssen **hinreichend steif** sein, um nicht unter den Belastungen zu stark verformt und damit zerstört zu werden.

Damit liegt ein klassischer Zielkonflikt vor und es gilt einen geeigneten Kompromiss in den Steifigkeitswahl zu treffen.

Übung 14 (Federkombinationen):
Im nachfolgenden Bild sind zwei unterschiedliche Federkombinationen (a) und (b) dargestellt.

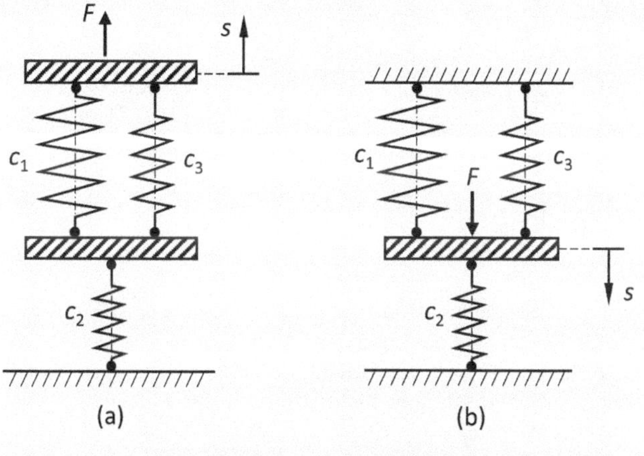

Für die drei Einzelsteifigkeiten gilt: $c_1 = 6$ N/mm, $c_2 = 12$ N/mm und $c_3 = 10$ N/mm. Wie groß ist in beiden Fällen die jeweilige Gesamtfedersteifigkeit c?

Lösung:
In der linken Anordnung (a) sind Feder 1 und Feder 3 parallel geschaltet. Damit ergibt sich für die oberen beiden Federn eine resultierende Steifigkeit von:

$$c_{13} = c_1 + c_3 = 16\,\text{N/mm}. \qquad (5.43)$$

Feder 2 und die obere kombinierte Feder (13) sind in Reihe geschaltet. Somit folgt für die Gesamtsteifigkeit:

$$\frac{1}{c} = \frac{1}{c_{13}} + \frac{1}{c_2} = \frac{1}{16\,\text{N/mm}} + \frac{1}{12\,\text{N/mm}} \quad \Rightarrow \quad c = \frac{1\,\text{N/mm}}{\frac{1}{16} + \frac{1}{12}} = 6{,}86\,\text{N/mm}. \qquad (5.44)$$

In der rechten Kombination (b) sind Feder 1 und 3 parallel und die daraus resultierende Feder (13) und Feder 2 ebenfalls parallel geschaltet, da die Kraft am Balken angreift und so Feder (13) und Feder 2 betragsmäßig die gleichen Wege zurücklegen. Entsprechend gilt für die drei Federn:

$$c = c_{13} + c_2 = 28\,\text{N/mm}. \qquad (5.45)$$

Übung 15 (Tellerfedern):
Das nachfolgende Bild zeigt eine Kombination aus Tellerfedern nach DIN EN 16983 [DIN EN 16983]. Hierbei handelt es sich um insgesamt 12 Einzelfedern mit $c_{\text{Einzelfeder}} = 30$ KN/mm. Wie groß ist die Steifigkeit c des Gesamtfederpakets?

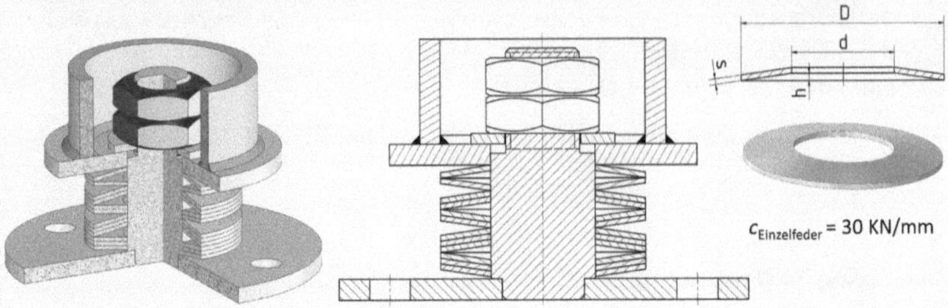

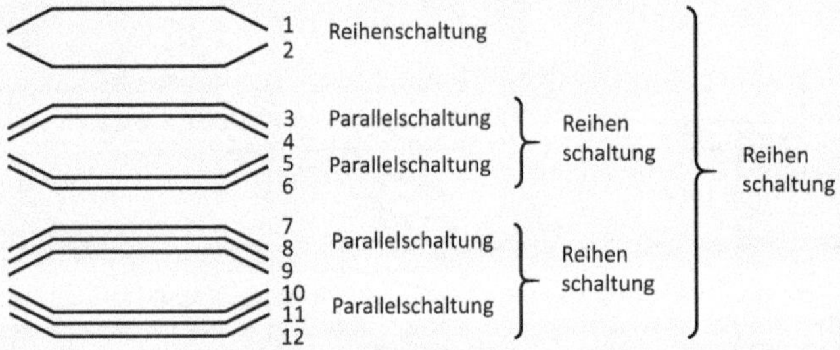

Lösung:
Sofern die Federn gleichsinnig ineinanderliegen, so bilden sie eine Parallelschaltung, da das resultierende Federpaket aufgrund des Formschlusses die gleichen Wege zurücklegen muss. Sofern die Federn gegensinnig aufeinanderliegen, so handelt es sich um eine Reihenschaltung. Entsprechend kann sich sukzessiv vorgearbeitet werden:

$$\frac{1}{c_{12}} = \frac{1}{c_1} + \frac{1}{c_2} \quad \Rightarrow \quad c_{12} = \frac{1}{\frac{1}{c_1} + \frac{1}{c_2}} \quad \Rightarrow \quad c_{12} = 15\,\text{KN/mm}, \tag{5.46}$$

$$c_{34} = c_{56} = c_3 + c_4 = 60\,\text{KN/mm}, \tag{5.47}$$

$$c_{789} = c_{10,11,12} = c_7 + c_8 + c_9 = 90\,\text{KN/mm}, \tag{5.48}$$

$$\frac{1}{c_{3456}} = \frac{1}{\frac{1}{c_{34}} + \frac{1}{c_{56}}} \quad \Rightarrow \quad c_{3456} = 30\,\text{KN/mm}, \tag{5.49}$$

$$\frac{1}{c_{7-12}} = \frac{1}{\frac{1}{c_{789}} + \frac{1}{c_{10,11,12}}} \quad \Rightarrow \quad c_{7-12} = 45\,\text{KN/mm}, \tag{5.50}$$

$$\frac{1}{c_{\text{ges}}} = \frac{1}{\frac{1}{c_{12}} + \frac{1}{c_{3456}} + \frac{1}{c_{7-12}}} \quad \Rightarrow \quad c_{\text{ges}} = \frac{90}{11}\,\text{KN/mm}. \tag{5.51}$$

■

5.3 Federungsarbeit und Dämpfungshysterese

In Abschnitt 4.1.2 wurde die Arbeit ΔW als physikalische Größe bereits eingeführt. In verallgemeinerter Form kann sie als Fläche unter der Kraft-Weg- bzw. Moment-Winkel-Kurve verstanden werden, Bild 5.9 (oben). Wenn dabei als Startwert $s = 0$ bzw. $\varphi = 0$ gewählt wird, dann kann anstelle des Differenzbetrages ΔW der Absolutbetrag der Arbeit W betrachtet werden. Es gilt:

$$W = \int F(s)\mathrm{d}s \quad \text{bzw.} \quad W_\mathrm{T} = \int M_\mathrm{T}(\varphi)\mathrm{d}\varphi. \tag{5.52}$$

Für lineare Federn bildet die Fläche unter der Kurve ein Dreieck und es folgt:

$$\boxed{W = \frac{1}{2}F \cdot s} \quad \text{und} \quad \boxed{W_\mathrm{T} = \frac{1}{2}M_\mathrm{T} \cdot \varphi}. \tag{5.53}$$

und weiter mit $F = c \cdot s$ und $M_\mathrm{T} = c_\mathrm{T} \cdot \varphi$:

$$\boxed{W = \frac{1}{2}c \cdot s^2} \quad \text{und} \quad \boxed{W_\mathrm{T} = \frac{1}{2}c_\mathrm{T} \cdot \varphi^2}. \tag{5.54}$$

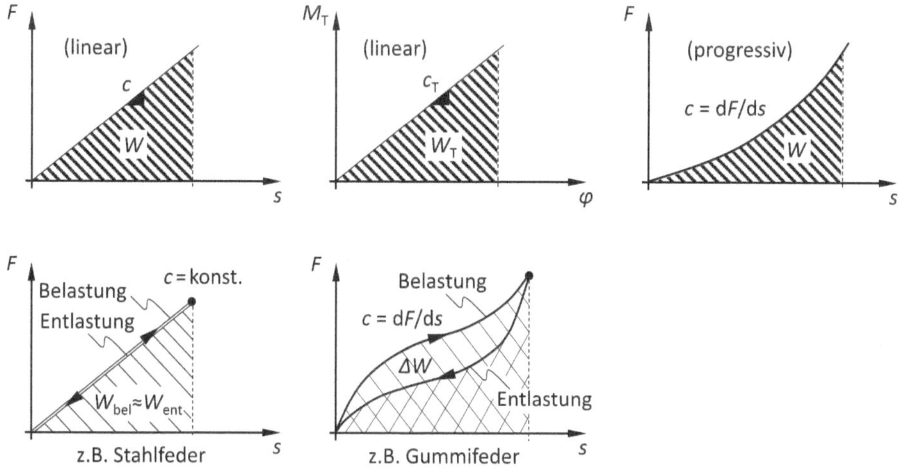

Bild 5.9 Illustration der Federungsarbeit und Dämpfungshysterese

Wird eine Feder elastisch belastet (ausgelenkt) und anschließend wieder entlastet, so kehrt sie in ihren Ausgangszustand zurück, Bild 5.9 (unten). Bei Stahlfedern ohne konstruktive Maßnahmen für äußere Reibung (z.B. Schraubenfedern, vgl. Bild 5.2 (links)) sind Belastungs- und Entlastungskurve nahezu identisch. Demzufolge sind auch die Flächenbeträge unter der Kurve gleich. Das heißt, die durch die Feder während der Belastung verrichtete Arbeit und die damit in der Feder gespeicherte Energie wird während der Entlastung wieder vollständig abgegeben.

Hat die Feder jedoch ausgewiesene Dämpfungseigenschaften, ungeachtet ob durch äußere oder innere Reibung, dann verläuft die Entlastungskurve niedriger als die Belastungskurve. Zwar kehrt sie zum Ausgangszustand zurück, sie ist also nach wie vor elastisch, aber Be- und Entlastungskurve sind nicht identisch. Damit kann geschlussfolgert werden, dass:

$$W_{\text{Belastung}} > W_{\text{Entlastung}}. \tag{5.55}$$

Die in der Feder gespeicherte Energie wird bei Entlastung nicht wieder vollständig freigesetzt. Diese Energiedifferenz, ausgedrückt durch die Differenz in den unterschiedlichen, verrichteten Arbeiten ΔW, wird durch die von beiden Kurvensträngen eingeschlossene Fläche in Bild 5.9 (unten, rechts) beschrieben. Derartige Kurvenverläufe werden häufig als **Hystereskurven** und die eingeschlossenen Flächen als **Hystereseflächen** bezeichnet. Bei Federn wird auch gerne von **Federhysterese** gesprochen.

Verbleibt die Frage, was mit der Energiedifferenz geschehen ist? Die Antwort ist: sie ist in Wärme umgewandelt worden. Das äußert sich z.B. in der Erwärmung der Reibungsflächen (äußerer Reibung) oder in der Erwärmung des Werkstoffs selbst, z.B. des Gummis (innere Reibung → Gummidämpfung).

Die Größe der Hysteresefläche ist ein Maß für das Dämpfungsvermögen der Feder. Je größer ΔW (oftmals auch als **Dämpfungsarbeit** bezeichnet), desto größer die Dämpfungseigenschaften der Feder. Zur Quantifizierung der Dämpfung kann der sog. **Dämpfungsfaktor** ψ wie folgt eingeführt werden:

$$\psi = \frac{\Delta W}{W_{\text{Entlastung}}}. \tag{5.56}$$

Der Dämpfungsfaktor ist eine wichtige Größe in der Schwingungstechnik. Sie dient dazu, Dämpfung physikalisch und mathematisch zu beschreiben, vgl. auch Kapitel 9. Als Orientierung für ψ können folgende Richtwerte notiert werden:

- Metallfeder: $\psi = 0 \ldots 0{,}4$
- Gummifeder: $\psi = 0{,}5 \ldots 3$

Insbesondere bei Gummifedern ist der Wertebereich breit gefasst. Die kleineren Werte gelten vorrangig für Naturkautschuk (NR), die größeren Werte für synthetische Kautschuktypen (z.B. CR). Außerdem ist der Dämpfungsfaktor auch von der Gummihärte abhängig. Typischer Härtebereich bei Gummi ist 40...75 ShA und es gilt: je größer die Härte, desto größer ψ.

Abschließend soll noch erwähnt werden, dass, neben den eingangs des Kapitels erwähnten gewollten Dämpfungseigenschaften (z.B. beim Prellbock), Dämpfung auch ungewollt sein kann. Als Beispiel ist z.B. die Torsionsfeder im mechanischen Uhrwerk zu nennen, Bild 5.1 (Foto 8). Hierbei soll die in der Feder gespeicherte Energie möglichst vollständig abgegeben werden, um so das Uhrwerk möglichst lange anzutreiben.

5.4 Dimensionierung ausgewählter Federbauformen

Für Federelemente existieren zahlreiche Bauformen und Designs. Je nach konstrukiver Ausführung und gewähltem Werkstoff können sie mit bzw. ohne[3] Dämpfungseigenschaften ausgestattet sein. Bild 5.10 zeigt verschiedene Federbauformen für die in Abschnitt 5.1 erörterten, unterschiedlichen Belastungsfälle mit/ohne Dämpfung. Dabei wird deutlich, dass die Federdämpfung i.w. auf drei Mechanismen zurückgeht:

- Verwendung von Gummi als Federwerkstoff (innere Reibung),
- Konstruktionen, bei denen verschiedene Stahlflächen aufeinander liegen, die unter Belastung aufeinander abgleiten (äußere Reibung),
- Kombination einer Feder mit einem hydraulischem Dämpfer, bei dem eine zylindrische Scheibe in einer Flüssigkeit bewegt wird. Dadurch wird die Flüssigkeit, z.B. Mineral- oder Silikonöl, zur Umströmung der Scheibe im Randbereich gezwungen, bei der es zur Reibung zwischen Flüssigkeit und Wand kommt.

Im Folgenden soll untersucht werden, wie eine Feder bei bekannter Belastung zu dimensionieren ist, d.h. wie die geometrischen Größen, z.B. Durchmesser, Länge, etc., festzulegen sind. Aufgrund der großen Vielfalt werden hier nur einige ausgewählte Bauformen, nämlich die Zugstabfeder, der Torsionsstab, die Schraubenfeder und die zylindrische Gummifeder betrachtet.

5.4.1 Zugstabfeder

Die Herangehensweise an die Dimensionierung hängt von den gegebenen Größen ab. In der Regel ist die äußere Last F bekannt und die Steifigkeit $c_{\mathrm{Z/D}}$ aus schwingungstechnischen Betrachtungen vorgegeben. Auf dieser Basis können dann die geometrischen Größen und ein passender Werkstoff berechnet bzw. gewählt werden. Für eine Zugstabfeder mit kreisrundem Querschnitt $A_0 = \frac{\pi}{4d^2}$ folgt dann mit der Forderung $\sigma < \sigma_{\mathrm{zul}}$:

$$\sigma = \frac{F}{A_0} = \frac{F}{\frac{\pi}{4d^2}} \leq \sigma_{\mathrm{zul}} . \tag{5.57}$$

Je kleiner der Querschnittsdurchmesser d wird, desto größer werden die Zugspannungen σ im Stab. Der Grenzfall ist dann erreicht, wenn $\sigma = \sigma_{\mathrm{zul}}$ vorliegt, in diesem Fall ist der **kleinstmögliche Durchmesser** d_{min} erreicht und es folgt aus Gleichung 5.57:

$$\boxed{d_{\mathrm{min}} = \sqrt{\frac{4F}{\pi \sigma_{\mathrm{zul}}}}} . \tag{5.58}$$

[3] Alle realen Bewegungen und Verformungen gehen mit Reibung einher. Wenn von keiner Dämpfung gesprochen wird, dann ist damit gemeint, dass sie vernachlässigbar klein ist.

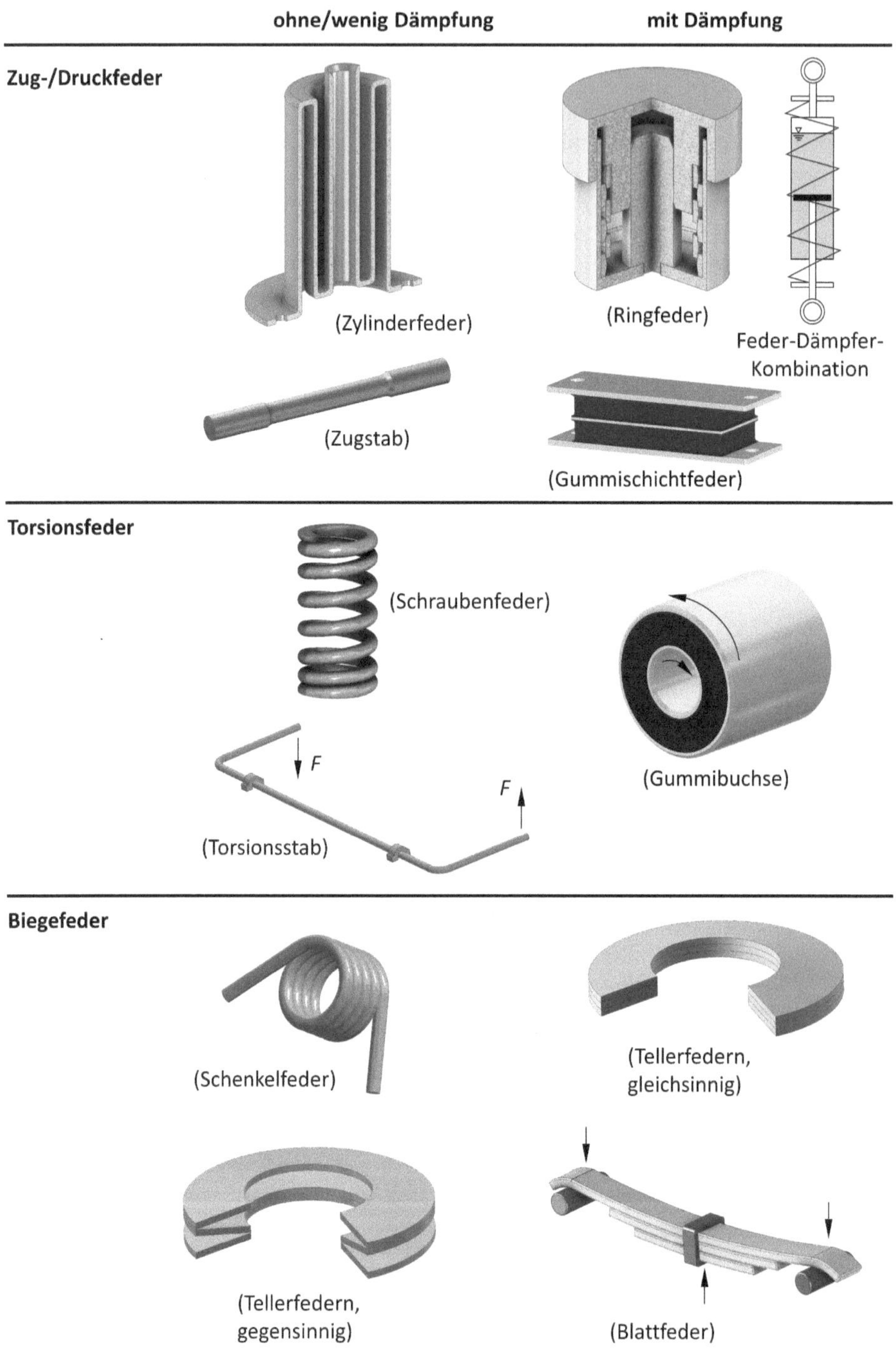

Bild 5.10 Ausgewählte Federbauformen mit und ohne ausgewiesener Dämpfung für die drei behandelten Belastungsfälle: Zug/Druck, Torsion, Biegung

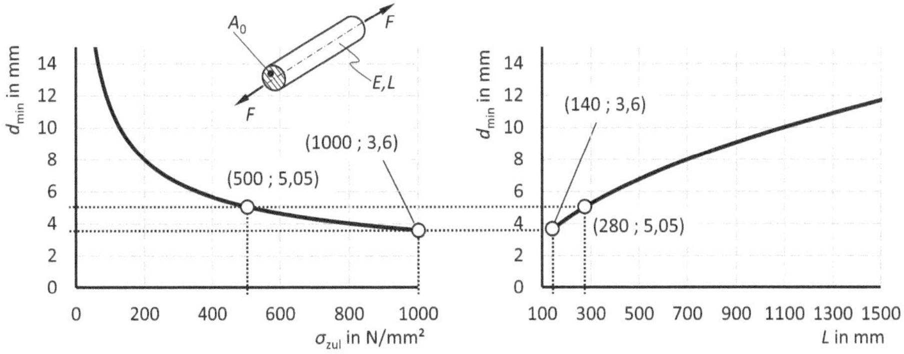

Bild 5.11 Zusammenhang zwischen σ_{zul}, d_{min} und L bei der Zugstabfeder

Gleichung 5.58 repräsentiert eine Hyperbel der Form $d_{min} = \tilde{d}_{min}(\frac{1}{\sqrt{\sigma_{zul}}})$, d.h. je größer/kleiner σ_{zul}, desto kleiner/größer ist d_{min}, Bild 5.11. Ferner folgt mit bekannten F, $c_{Z/D}$ und errechnetem d_{min}:

$$c_{Z/D} = \frac{EA_0}{L} = \frac{E}{L}\frac{\pi d^2}{4} \quad \Rightarrow \quad \boxed{L = \frac{E\pi d^2}{4c_{Z/D}}}. \tag{5.59}$$

Die Funktion $L = \tilde{L}(d^2)$ durch eine Parabel charakterisiert, Bild 5.11. Weiter kann geschlussfolgert werden, je größer σ_{zul} ist, umso kleiner wird d_{min} und damit auch L. Aus diesem Grunde existieren spezielle Stähle, sog. Federstähle, mit hohen R_e- und R_m-Werten, die ein kompaktes Federdesign erlauben, vgl. Tabelle 5.1.

Bild 5.11 illustriert die Zusammenhänge am Beispiel einer Zugstabfeder mit:

$$\sigma_{zul} = 500\,\text{N/mm}^2, \tag{5.60}$$

$$c_{Z/D} = 15.000\,\text{N/mm}, \tag{5.61}$$

$$E = 210.000\,\text{N/mm}^2, \tag{5.62}$$

$$F = 10.000\,\text{N}. \tag{5.63}$$

Damit folgt mit Gleichung 5.58 und Gleichung 5.59:

$$d_{min} = 5{,}05\,\text{mm}, \tag{5.64}$$

$$L = 280\,\text{mm}. \tag{5.65}$$

Würde ein höher fester Stahl, z.B. mit $\sigma_{zul} = 1000$ N/mm^2, verwendet werden, so würde sich eine Mindestdurchmesser von $d_{min} = 3{,}6$ mm und eine Stablänge von $L = 140$ mm ergeben.

5.4.2 Drehstabfeder (Torsionsstab)

Exemplarisch soll ein Drehstab mit kreisrundem Querschnitt und einem Flächenträgheits- sowie Widerstandsmoment von $I_{pol} = \frac{\pi d^4}{32}$ bzw. $W_{pol} = \frac{\pi d^3}{16}$ betrachtet werden. Das maximal zulässige Torsionsmoment ist durch die maximal zulässige Spannung, bekannt aus

Tabelle 5.1 Mechanische Kennwerte von verschiedenen Federstählen (der Buchstabe S, z.B. bei C55S, kennzeichnet die spezielle Verwendung für Federn). Datenquellen: Datenblätter der Firmen Thyssenkrupp Materials Processing Europe, Stahl-Becker, HMC H. Meyer u. Co. Spezialstahl.

Federstahl	Anlieferzustand	Streckgrenze R_e in MPa	Zugfestigkeit R_m in MPa
56Si7	+U (unbehandelt)	-	900 - 1000
56Si7	+QT (vergütet)	1300	1450 - 1750
50CrV4	+A (weichgeglüht)	550	700
67SiCr7	+QT	1130	1320 - 1570
C55S	+A	480	600
C55S	+CR (kaltgewalzt)	-	1070
C60S	+A	495	620
C60S	+CR	-	1100
C75S	+A	510	640
C75S	+CR	-	1170

dem gewählten Werkstoff, festgelegt:

$$M_T^{max} = \tau_{zul} W_{pol} = \tau_{zul} \frac{\pi d^3}{16}. \tag{5.66}$$

Ist das Torsionsmoment als äußere Last vorgegeben, kann aus Gleichung 5.66 der **Mindestdurchmesser** des Stabes berechnet werden:

$$\boxed{d_{min} = \sqrt[3]{\frac{16 M_T}{\pi \tau_{zul}}}}. \tag{5.67}$$

Falls darüber hinaus auch die Torsionssteifigkeit c_T, z.B. aus schwingungstechnischen Überlegungen, bekannt ist, so kann die Stablänge L mithilfe von Gleichung 5.15 bestimmt werden:

$$c_T = \frac{M_T}{\varphi} = \frac{G I_{pol}}{L} = \frac{G \pi d^4}{32 L} \tag{5.68}$$

$$\Rightarrow \quad \boxed{L = \frac{G \pi d^4}{32 c_T}}. \tag{5.69}$$

Hier finden sich ähnliche Beziehungen wie bei der Zugfeder, nämlich: $d_{min} = \tilde{d}_{min}(\frac{1}{\sqrt[3]{\tau_{zul}}})$ und $L = \tilde{L}(d^4)$, sprich ein hyperbel- und parabelförmiger Zusammenhang, allerdings höherer Ordnung als bei der Zugstabfeder, Bild 5.12.

Außerdem verdeutlicht Bild 5.12 die Zusammenhänge am Beispiel einer Drehstabfeder mit:

$$\tau_{zul} = 500\,\mathrm{N/mm^2}, \tag{5.70}$$

$$c_T = 500.000\,\mathrm{N/mm}, \tag{5.71}$$

$$G = 70.000\,\mathrm{N/mm^2}, \tag{5.72}$$

$$M_T = 150\,\mathrm{Nm} = 150.000\,\mathrm{Nmm}. \tag{5.73}$$

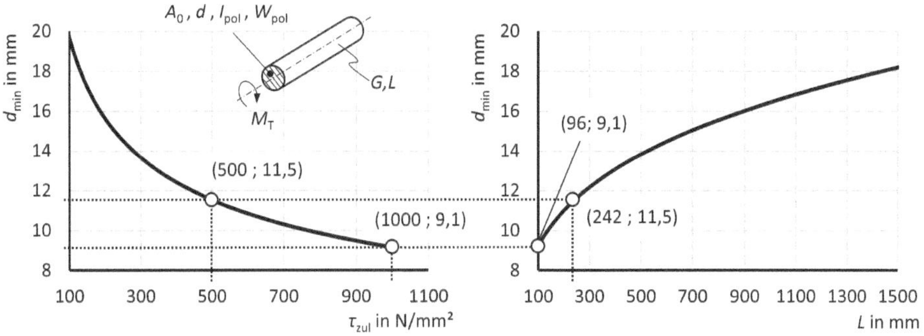

Bild 5.12 Zusammenhang zwischen τ_{zul}, d_{min} und L bei der Drehstabfeder

Daraus errechnen sich die Werte:

$$d_{\text{min}} = 11{,}5 \text{ mm und } L = 240 \text{ mm.}$$

Eine Verdopplung der zulässigen Spannungen, $\tau_{\text{zul}} = 1000\ \text{N/mm}^2$ führt zu einem kompakteren Federdesign mit $d_{\text{min}} = 9{,}1$ mm und $L = 96$ mm.

5.4.3 Schraubenfeder

Das Belastungsszenario einer Schraubenfeder ist am Beispiel einer Druckfeder in Bild 5.13 dargestellt. Hierbei definiert D den sog. **Windungsdurchmesser** der Feder und d den **Drahtdurchmesser**. Durch die äußere Kraft F wird die Feder um den Weg s gestaucht. Dadurch wird der Federdraht tordiert, wie die Schnittdarstellung rechts verdeutlicht. Das relevante Torsionsmoment ergibt sich aus der Kraft und dem zugehörigen Hebelarm $D_{\text{m}}/2$, Bild 5.13 (unten). Die Größe $D_{\text{m}} = D - d$ kennzeichnet den Durchmesser bzgl. der Mittelpunkte des Drahtquerschnitts. Oftmals gilt $D \gg d$, so dass i.d.R. $D_{\text{m}} \approx D$ gesetzt wird. Folglich wird das Torsionsmoment M_{T} etwas überschätzt, was meistens zulässig ist, da so eine leichte Überdimensionierung (anstatt Unterdimensionierung) resultiert.

Für die nachfolgenden Betrachtung soll der Argumentation gefolgt werden und mit D weiter gerechnet werden. Folgende Formeln dienen als Ausgangspunkt:

$$M_{\text{T}} = F\frac{D}{2} \quad , \quad \tau_{\text{T,max}} = \frac{M_{\text{T}}}{W_{\text{pol}}} \quad , \quad W_{\text{pol}} = \frac{\pi d^3}{16} \text{ , (Vollkreis).} \tag{5.74}$$

Damit ergibt sich:

$$\tau_{\text{T,max}} = \frac{16 M_{\text{T}}}{\pi d^3} = \frac{8FD}{\pi d^3} \,. \tag{5.75}$$

Es zeigt sich im Realen, dass die Deformation der spiralförmigen Schraubenfeder nicht als reine Torsion beschrieben werden kann. Die Deformationskinematik ist komplex, unter anderem führt die Kraft F zu einer zusätzlichen Schubbelastung der Feder. Die reine Torsionsbetrachtung ist also eine idealisierte Modellvorstellung; die realen Maximalspannungen im Draht sind etwas größer, Bild 5.13 (unten):

$$\tau_{\text{T,max}} = \tau_{\text{T,max}}^{(\text{ideal})} < \tau_{\text{T,max}}^{(\text{real})} \,. \tag{5.76}$$

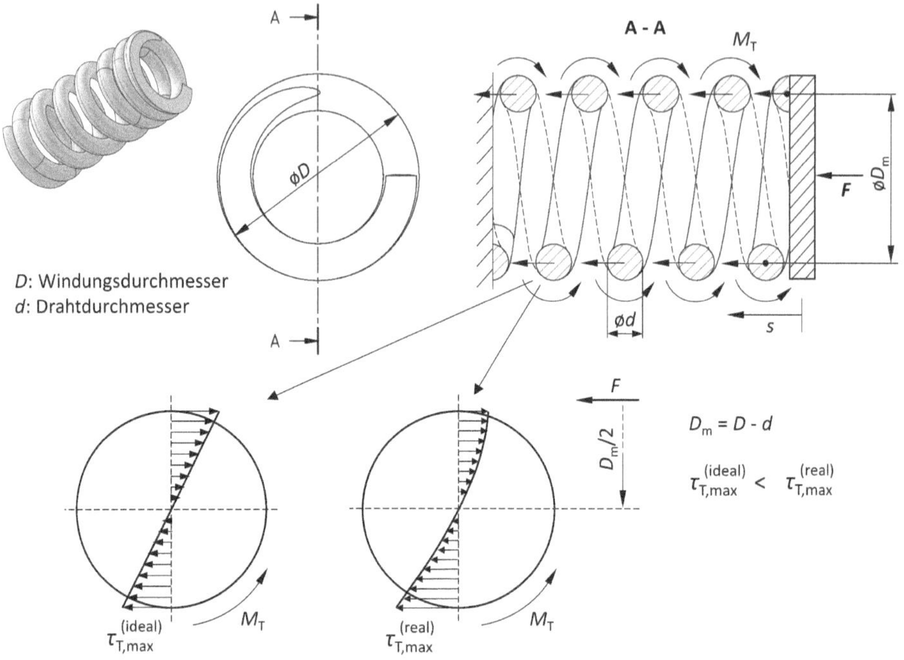

Bild 5.13 Illustration der Belastung und der resultierenden Torsion an einer Schrauben-Druckfeder

Dieser Effekt wird üblicherweise über einen empirisch bestimmten **Spannungskorrekturfaktor** K berücksichtigt, so dass gilt:

$$\boxed{\tau^{(real)}_{T,max} = \tau^{(ideal)}_{T,max} \cdot K = \frac{8FD}{\pi d^3} \cdot K} \tag{5.77}$$

mit der empirischen Bestimmungsgleichung für K:

$$\boxed{K = \frac{\frac{D}{d} + 0{,}5}{\frac{D}{d} - 0{,}75}}\,. \tag{5.78}$$

Außerdem kann das sog. **Wicklungsverhältnis** $w = \frac{D}{d}$ eingeführt werden. Der Spannungskorrekturfaktor wird so zu einer Funktion mit einer Variable, nämlich $K = \tilde{K}(w) = \frac{w+0{,}5}{w-0{,}75}$, vgl. Bild 5.14. Für große Windungsdurchmesser D steigt der zum Torsionsmoment $M_T = F\frac{D}{2}$ beitragende Hebelarm, so dass die Torsion die Deformationskinematik dominiert. Demgegenüber steigt bei kleine Werten von D der Einfluss von K, also:

$$\lim_{w\to\infty} K(w) = 1 \quad \Rightarrow \quad \tau^{(real)}_{T,max} = \tau^{(ideal)}_{T,max} \tag{5.79}$$

$$\lim_{w\to 2} K(w) = 2\,. \tag{5.80}$$

Dabei gilt $K(w) = 2 \Leftrightarrow D = 2d$, da der kleinst mögliche Windungsdurchmesser gerade durch den zweifachen Drahtdurchmesser gegeben ist, was mit Bild 5.13 (oben rechts) leicht einzusehen ist.

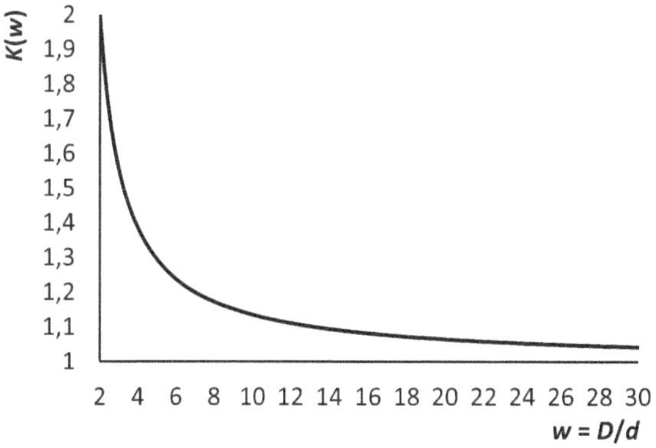

Bild 5.14 Spannungskorrekturfaktor K als Funktion vom Wicklungsverhältnis w

Bei bekannter zulässiger Maximalspannung τ_{zul} kann Gleichung 5.77 benutzt werden, um die maximal zulässige Kraft für die Feder zu berechnen:

$$\boxed{F_{max} = \frac{\pi d^3}{8D}\frac{\tau_{zul}}{K}}. \tag{5.81}$$

Folglich kann festgestellt werden: je größer d, desto größer F_{max} und je größer D, desto kleiner F_{max}.

Sofern die Belastung F gegeben und τ_{zul} bekannt ist, kann weiter der minimale Drahtdurchmesser und der maximale Windungsdurchmesser definiert werden:

$$\boxed{d_{min} = \sqrt[3]{\frac{8F_{max}DK}{\pi\tau_{zul}}}} \tag{5.82}$$

$$\boxed{D_{max} = \frac{\pi d^3}{8F_{max}}\frac{\tau_{zul}}{K}}. \tag{5.83}$$

Zur Berechnung von d_{min} und D_{max} ist der Korrekturfaktor K notwendig, für den wiederum D und d bekannt sein müssen. Um dieses Dilemma aufzulösen, kann z.B. folgendermaßen vorgegangen werden:

- lege D_{max} anhand der vorhandenen Bauräume fest[4],
- wähle $K_0 = 1 \Rightarrow$ berechne $d_{min,0}$,
- wähle nun $d_{min,0}$ und $D_{max} \Rightarrow$ berechne K_1,
- wähle $K_1 \Rightarrow$ berechne $d_{min,1}$,
- usw.

Nach zwei bis drei Iterationen, also nach der Berechnung von K_2 bzw. K_3, ist d_{min} meistens hinreichend genau bestimmt.

---

[4] Alternativ kann auch d_{min} fest gewählt und D_{max} iterativ berechnet werden.

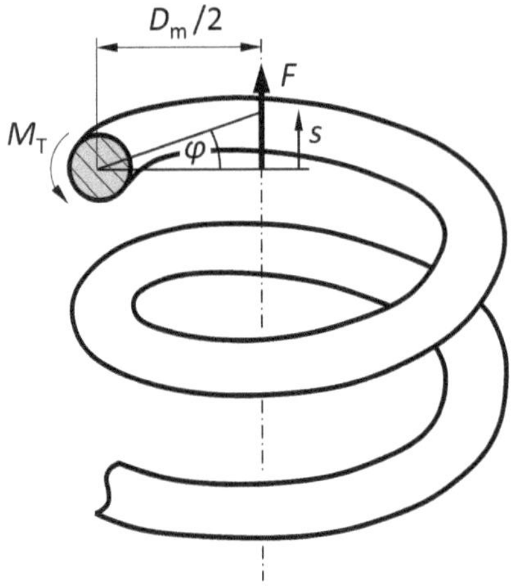

Bild 5.15 Größen zur Ermittlung der Gesamtsteifigkeit einer Schraubenfeder

Abschließend verbleibt noch die Frage nach der **Gesamtsteifigkeit** c einer Schraubenfeder, also nach dem Zusammenhang zwischen translatorischer Auslenkung s und angelegter äußerer Kraft F. Dazu zeigt Bild 5.15 einen Schraubenfederausschnitt, an der eine Zugkraft F angreift und die Feder um den Betrag s vertikal längt. Außerdem wird im Drahtquerschnitt über den Hebelarm $\frac{D_m}{2} \approx \frac{D}{2}$ ein Torsionsmoment $M_T = F\frac{D}{2}$ erzeugt. Ferner gilt für die Torsionssteifigkeit eines Stabes (und damit auch für einen gewendelten Stab): $c_T = \frac{M_T}{\varphi} = \frac{GI_{pol}}{L} = \frac{G\pi d^4}{32L}$, vgl. Abschnitt 5.4.2. Für kleine Auslenkungen in Bild 5.15 kann die Theorie 1. Ordnung angewendet werden und es folgt:

$$\varphi \approx \tan\varphi = \frac{s}{\frac{D}{2}}. \tag{5.84}$$

Für die Gesamtlänge L des gewendelten Stabes der Schraubenfeder kann nachstehende Abschätzung angesetzt werden (Anstieg der Spirale und eventuelle halbe Windungen am Federanfang/-ende werden vernachlässigt):

$$L = \underbrace{\text{Umfang einer Windung}}_{:=\pi\cdot D} \cdot \underbrace{\text{Anzahl der Windungen}}_{:=i_w} = \pi D i_w. \tag{5.85}$$

Damit kann folgende Herleitung für die Gesamtsteifigkeit c der Schraubenfeder notiert werden:

$$c_T = \frac{M_T}{\varphi} = \frac{F\frac{D}{2}}{\frac{2s}{D}} = \frac{FD^2}{4s} = \frac{G\pi d^4}{32\pi D i_w} \quad \Rightarrow \quad \boxed{c = \frac{F}{s} = \frac{Gd^4}{8D^3 i_w}}. \tag{5.86}$$

Bei Schraubenfedern, die auf Druck belastet werden, liegen in der Regel die obere und untere Windung an der Umgebungskonstruktion an und tragen daher nicht zur Federung bei. Folglich ist die in Gleichung 5.86 zu verwendende Windungszahl um Zwei zu reduzieren:

$$i_w^{\text{Druckfeder}} = i_w - 2. \tag{5.87}$$

Sind die Durchmesser D und d über die vorgegebene äußere Last F, die zulässige Spannung τ_{zul} und/oder die vorhandenen Bauräume festgelegt. Ist ferner eine bestimmte Gesamtsteifigkeit c der Feder gefordert, so ist diese über die Windungszahl i_w einzustellen. Das nachfolgende Beispiel soll das Vorgehen abschließend veranschaulichen:

Beispiel (Drahtdurchmesser und Windungszahl einer Schraubenfeder):
Eine Schraubenfeder ist mit folgenden Randdaten spezifiziert:

$F_{max} = 15$ N,
$\tau_{zul} = 500$ N/mm^2,
$G = 70.000$ N/mm^2.

Ferner ist eine Gesamtsteifigkeit von $c = 0,6$ N/mm gefordert. Gesucht sind die drei geometrischen Größen: D_{max}, d_{min}, i_w.

Vorgehen:

- Wähle anhand der vorgegebenen Bauräume $D_{max} = 10$ mm.
- Setze $K_0 = 1$, berechne $d_{min,0} = 0,914$ mm.
- Nehme D_{max} und $d_{min,0}$, berechne $K_1 = 1,123$.
- Nehme K_1, berechne $d_{min,1} = 0,950$ mm.
- Nehme D_{max} und $d_{min,1}$, berechne $K_2 = 1,128$.
- Nehme K_2, berechne $d_{min,2} = 0,952$ mm.
- Gleichung 5.86 kann nach i_w umgestellt werden; damit folgt schlussendlich:

$$i_w = \frac{G d_{min,2}^4}{8 D_{max}^3 c} = 11,9 \approx 12. \tag{5.88}$$

■

Übung 16 (Schraubenfeder 1):
Gegeben ist die nachfolgende Schraubenfeder mit folgenden Werkstoffdaten:

- $E = 210.000$ N/mm^2,
- $G = 80.000$ N/mm^2,
- $\tau_{zul} = 500$ N/mm^2.

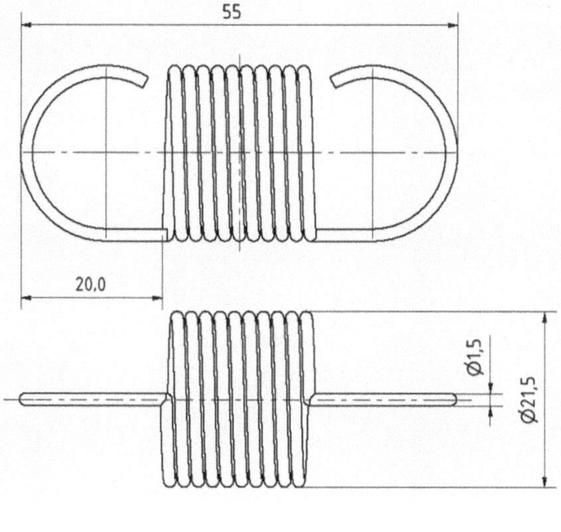

Zu bestimmen sind:

a) die maximal zulässige Zugkraft F_{max},
b) die Gesamtsteifigkeit c,
c) die maximal zulässige Auslenkung s_{max},
d) die maximal mögliche Federungsarbeit W_{max},
e) die notwendige Kraft F für eine Federauslenkung von $s = 5$ mm.

Lösung:
Aus der Abbildung können die folgenden geometrischen Größen entnommen werden: $D = 21{,}5$ mm, $d = 1{,}5$ mm, $i_w = 10$. Außerdem ergibt sich für den Spannungskorrekturfaktor:

$$K = \frac{\frac{D}{d} + 0{,}5}{\frac{D}{d} - 0{,}75} = 1{,}09. \tag{5.89}$$

a) Mithilfe von K, τ_{zul}, D und d kann aus Gleichung 5.81 F_{max} berechnet werden:

$$F_{max} = \frac{\pi d^3}{8D} \frac{\tau_{zul}}{K} = 28{,}3\,\text{N}. \tag{5.90}$$

b) Die Gesamtsteifigkeit ergibt sich mit Gleichung 5.86:

$$c = \frac{Gd^4}{8D^3 i_w} = 0{,}51\,\text{N/mm}. \tag{5.91}$$

c) Für die maximal zulässige Auslenkung kann notiert werden:

$$s_{max} = \frac{F_{max}}{c} = 55{,}5\,\text{mm}. \tag{5.92}$$

d) Die Federungsarbeit ergibt sich mit den Formeln aus Abschnitt 5.3:

$$W_{max} = \frac{1}{2} F_{max} s_{max} = 785\,\text{Nmm} = 0{,}785\,\text{Nm}. \tag{5.93}$$

e) Für lineare Federn gilt $F = c \cdot s$. Dementsprechend folgt:

$$F = c \cdot 5\,\text{mm} = 2{,}55\,\text{N}. \tag{5.94}$$

■

Übung 17 (Schraubenfeder 2):
Die nachfolgende Schraubenfeder soll für eine Maximalkraft von $F_{max} = 1170$ N hinsichtlich des Drahtdurchmessers dimensioniert werden. Dabei gelten folgende Werkstoffdaten (Federstahl):

- $E = 215.000$ N/mm^2,
- $G = 85.000$ N/mm^2,
- $\tau_{zul} = 450$ N/mm^2.

a) Bestimme iterativ K und d.
b) Errechne außerdem die Gesamtsteifigkeit c der Feder.
c) Welche Auslenkung ergibt sich für eine Zugkraft von $F = 750$ N?

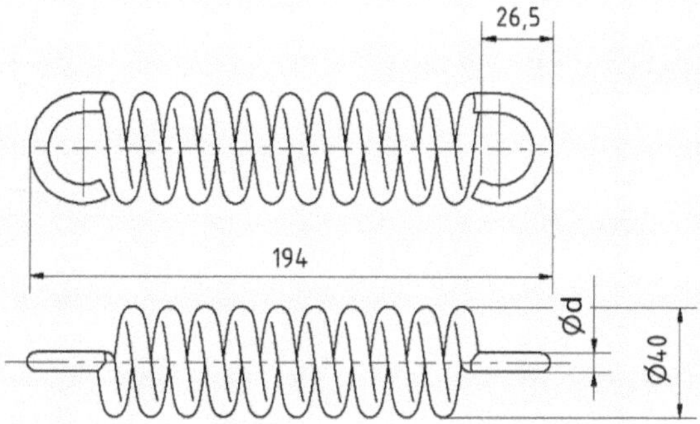

Lösung:

a) Der Außendurchmesser D = 40 mm ist bereits festgelegt. Es folgt mit der im o.g. Beispiel beschriebenen Iteration:

$$K_0 = 1,00 \quad , \quad d_{min,0} = 6,42\,\text{mm}, \tag{5.95}$$

$$K_1 = 1,23 \quad , \quad d_{min,1} = 6,88\,\text{mm}, \tag{5.96}$$

$$K_2 = 1,25 \quad , \quad d_{min,2} = 6,91\,\text{mm}, \tag{5.97}$$

$$K_3 = 1,25 \quad , \quad d_{min,3} = d = 6,91\,\text{mm}. \tag{5.98}$$

b) Mit a) und einer Windungszahl von $i_w = 10$ folgt unmittelbar aus Gleichung 5.86 die Gesamtsteifigkeit:

$$c = \frac{Gd^4}{8D^3 i_w} = 38\,\text{N/mm}. \tag{5.99}$$

c) Unter der Annahme, dass die Schraubenfeder einen linearen Kraft-Weg-Verlauf zeigt, ergibt sich:

$$s = \frac{F}{c} = \frac{750\,\text{N}}{38\,\text{N/mm}} = 19,8\,\text{mm}. \tag{5.100}$$

■

5.4.4 Gummifedern

Gummi ist ein inkompressibler (Querkontraktionszahl $\nu = 0,5$), elastischer Werkstoff mit inherenter Dämpfung. Demzufolge bietet es sich an, den Werkstoff für Federelemente zu verwenden. Da die Formgebung des Gummis im Spritzgussverfahren (vgl. Bild 1.6) erfolgt, können komplexe Geometrien und damit eine Vielzahl von Federbauformen erzeugt werden. Bild 5.16 gibt einen kleinen Eindruck möglicher Gummifedergeometrien; sie reichen von einfachen zylindrischen Formen über quaderförmige Geometrien bis hin zu konischen Formen.

Wenn von Gummi die Rede ist, dann handelt es sich formal um Elastomere, eine Unterkategorie der Kunststoffe. Gummi besteht hauptsächlich aus Kautschukpolymeren, die im Rahmen eines sog. Vulkanisationsprozesses untereinander über sog. Schwefelbrücken vernetzt werden. Die Polymere können natürlich vom Kauschukbaum gewonnen oder synthetisch hergestellt werden. Darüber hinaus enthält Gummi weitere Bestandteile, z.B. Ruße, Füllstoffe (z.B. Kreide), Alterungsschutzmittel (z.B. Ozonschutzwachse) oder Vulkanisati-

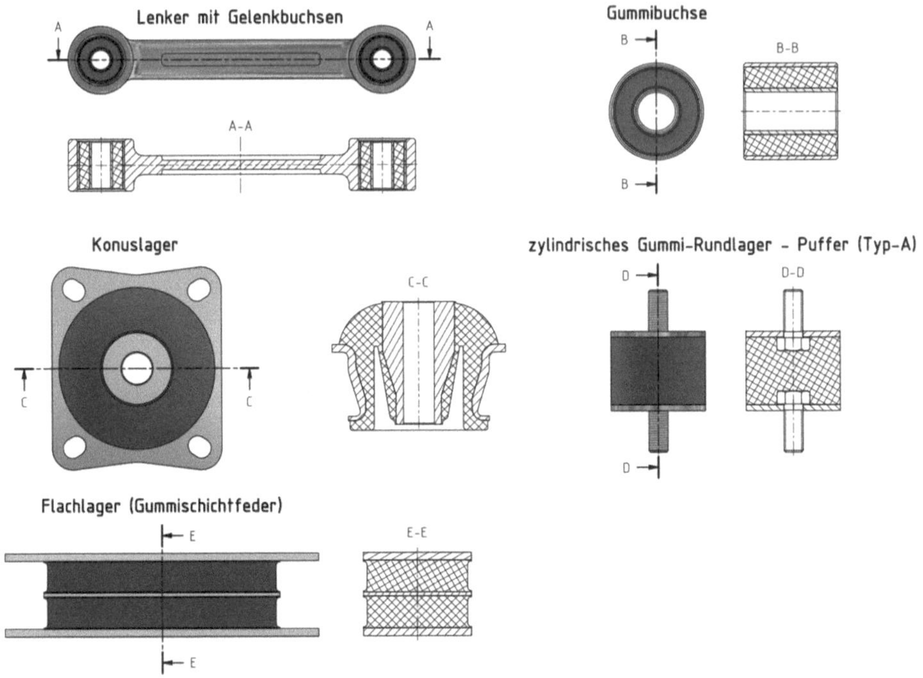

Bild 5.16 Beispiele für verschiedene Bauformen von Gummifedern

onsbeschleuniger, so dass eine großen Anzahl an „Rezepturen" (Gummisorten) am Markt existieren.

Grundsätzlich gilt, dass Gummi, je nach maschinenbauliche Anwendung, nur bedingt geeignet sein kann. Limitierende Faktoren sind in der Regel die auftretende **Betriebstemperatur** und möglicher **Mineralölkontakt**. Diesen beiden Faktoren sind bei der Auswahl des Gummis besondere Aufmerksamkeit zu schenken. Tabelle 5.2 zeigt einige typische Gummisorten und die dazugehörigen Eigenschaften und kann als Orientierung für die Auswahl einer geeigneten Gummisorte dienen.

Folgende Vorteile vereint Gummi als technischer Werkstoff:

- Hochelastisch, im (langsamen) Zugversuch können Dehnungen $\varepsilon \geq 600\%$ auftreten.
- Stoßmindernd, insbesondere durch die inherente Dämpfung.
- Wartungsfrei, d.h. z.B. keine Schmierung notwendig.
- Je nach Anwendung ist eine große Anzahl an Kautschuk-Typen und Gummisorten verfügbar.

Demgegenüber existieren auch verschiedene nachteilige Aspekte:

- Gummi altert über die Jahre (z.B. durch UV oder Ozon), er wird porös, verhärtet, verliert an Elastizität und bildet Oberflächenrisse (z.B. Ozonrisse).
- Einsatzdauer aufgrund der Alterung begrenzt, als Richtwert sollte max. 6-8 Jahre gelten.
- Gummi ist i.d.R. brennbar, dabei zeigt sich eine hohe Rauchgasdichte und es bilden sich toxische Dämpfe (insb. bei CR). Deshalb sind für die Anwendung Brandschutzaspekte zu prüfen.

Tabelle 5.2 Ausgewählte Gummisorten und die dazugehörigen (qualitativen) Eigenschaften

		synthetischer Kautschuk			
Eigenschaften	Naturkautschuk (NR)	Acrylnitril-Butadien-Kautschuk (NBR)	Ethylen-Acrylat-Kautschuk (AEM)	Chloropren-Kautschuk (CR)	Etylen-Propylen-Kautschuk (EPDM)
typischer Härtebereich (Shore-A)	35–80	40–80	50–80	40–80	45–80
Zugfestigkeit	hoch	hoch	mittel	hoch	mittel
Dämpfung	niedrig	mittel	hoch	mittel	mittel
Kälteflexibilität (bis °C)	-40	-25	-20	-30	-40
Dauertemperatur (bis °C)	+60	+90	+120	+100	+120
Kurzzeittemperatur (bis °C)	+80	+100	+150	+130	+130
Setzverhalten	mittel	gut	mittel	mittel	gut
Alterungs- & Witterungsbeständigkeit	mittel	gut	sehr gut	gut	gut
Mineralölbeständigkeit	niedrig	sehr gut	mittel	mittel	niedrig

- Gummi ist je nach Rezeptur nur bedingt bei hohen und sehr tiefen Temperaturen einsetzbar. Auch eventueller Kontakt mit Mineralölen (insbesondere bei NR) kann zum massiven Abfall der Festigkeitseigenschaften führen. Beide Aspekte sind immer für die Anwendung zu prüfen.

Der Werkstoff Gummi ist besonders für Schubbelastungen geeignet. Druckbelastungen sind im geringeren Maße ebenfalls zulässig, Zugbelastungen dagegen sollten möglichst vermieden werden! Außerdem wird die Festigkeit des Gummis typischerweise über die sog. Shore[5]-A-Härte charakterisiert. Die Härte ist eine physikalische Größe, die – streng genommen – im theoretischen Formelwerk der Mechanik nicht existiert[6]. Trotzdem ist die Härte als Messgröße sehr beliebt und weit verbreitet. Der Grund besteht wohl darin, dass sie sehr einfach zu bestimmen ist und direkt Rückschlüsse auf Material und Festigkeit zulässt. Das macht sie zu einer bevorzugten, kostengünstigen Messgröße z.B. in Qualitätssicherungsabteilungen von produzierenden Unternehmen.

Beim Härteprüfverfahren wird ein definierter Körper in die Oberfläche der Werkstoffprobe gedrückt. Hierbei gibt es zwei verschiedene Ansätze:

1) Der Eindringkörper wird mit einer definierten Kraft F in das Werkstück gedrückt. Dabei bildet sich durch plastische Verformung eine bleibende Eindrückstelle aus, die hinsichtlich Tiefe und Breite (bzw. Durchmesser) vermessen werden kann. Dieses Verfahren ist speziell bei Metallen – und hier insbesondere bei Stählen – populär.

---

5 Benannt nach dem US-amerikansichen Metallurgen Albert Shore (1876–1836).

6 Wenngleich es Abschätzformeln gibt, welche die Härte zur Zugfestigkeit in Beziehung setzen, vgl. z.B. [Popov, 2009] (Abschnitt 2.1).

Abhängig von der Geometrie des Eindringkörpers wird z.B. zwischen der Brinell[7]- und Vickers[8]-Härte unterschieden, Bild 5.17. Beim Messverfahren nach Brinell wird ein kugelförmiger Eindringkopf, beim Prüfverfahren nach Vickers eine Pyramidenspitze verwendet. Die jeweiligen Härten werden mit HBW bzw. HV gekennzeichnet und über die nachstehenden Formeln quantifiziert, Bild 5.17:

$$HBW = \frac{0,204F}{\pi D(D - \sqrt{D^2 - d^2})}, \tag{5.101}$$

$$HV \approx 0,1891 \frac{F}{d^2}. \tag{5.102}$$

Daraus ergibt sich dann beispielsweise eine Brinellhärte von 345 HBW 10/3000, wobei nach DIN EN ISO 6506-1 die 10 für $D = 10$ mm und die 3000 für $F = 3000$ kp (Kilopond) steht. Insbesondere die Verwendung der veralteten Krafteinheit 1 kp = 9,81 N zeigt, wie lange die Härtemessverfahren bereits existieren und erklärt, wieso sie bis heute so stark etabliert sind.

2) Ein federnd gelagerter Eindringkörper wird auf die Oberfläche des Werkstück gedrückt. Dabei dringt der Körper zum einen in die Oberfläche ein und wird – aufgrund des Oberflächenwiderstands – zum anderen in die Feder gedrückt. Das Verhältnis von Eindringtiefe zu Federverformung ist ein Maß für die Werkstoffhärte. Bei sehr harten Proben wird z.B. vorrangig die Feder verformt, wohingegen der Eindruck in der Probe minimal ist. Dieses Verfahren kommt z.B. bei der Shore-A-Härtemessung zum Einsatz. Das A kennzeichnet die Form des Eindringkörpers, nämlich ein stumpfer Nadelkopf, Bild 5.17 (rechts).

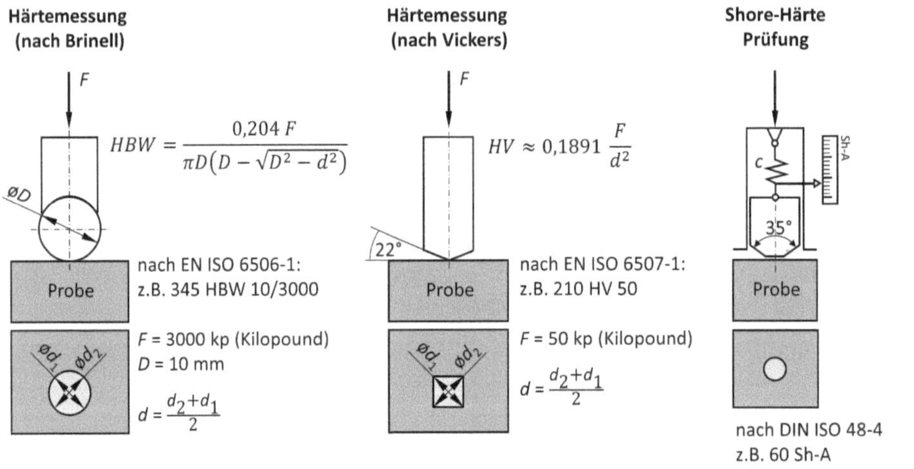

Bild 5.17 Illustration unterschiedlicher Härteprüfverfahren: Brinellhärte, Vickershärte und Shore-A-Härte nach [ISO6506-1],[ISO6507-1] und [ISO48-4]

[7] Benannt nach dem schwedischen Ingenieur Johan August Brinell (1849–1925).

[8] Benannt nach dem 1828 gegründeten britischen Rüstungskonzern Vickers Ltd.

Bei Gummi kann ein empirischer Zusammenhang zwischen Schubmodul G und Sh-A-Härte H angegeben werden, dieser lautet:

$$G = 0{,}086 \cdot 1{,}045^{H} \quad , \quad H = \{35, \ldots, 80\}\,\text{Sh-A}\,. \tag{5.103}$$

Man beachte, dass Schubverformungen volumenerhaltend sind, d.h. wird ein Körper geschert, so ändert er dabei nicht sein Volumen. Anders verhält es sich bei z.B. Zug- oder Druckverformungen, die durchaus mit Volumenänderungen verbunden sein können. Da Gummi inkompressibel ist, muss der Gummi bei Druckverformungen seitlich ausweichen können, andernfalls würde der Gummi keine Verformung zulassen und demzufolge wäre die Feder unendlich hart, vgl. Bild 5.18 (rechts). Daher ist bei druckbelasteten Gummifedern der Anteil zwischen freier und gebundener Gummioberfläche, A_g und A_f, von entscheidender Bedeutung, der über den sog. **Formfaktor** beschrieben werden kann:

$$q = \frac{A_g}{A_f} \overset{\text{(zyl.Gummifeder)}}{=} \frac{\pi d^2/4}{\pi d h} = \frac{d}{4h}\,. \tag{5.104}$$

Speziell bei der zylindrischen Gummifeder (Rundlager) ist die gebundene Oberfläche durch die anvulkanisierte Kreisfläche[9] zwischen Gummi und Metallplatte gegeben, wohingegen die freie Oberfläche durch die Mantelfläche des Gummikörpers definiert ist.

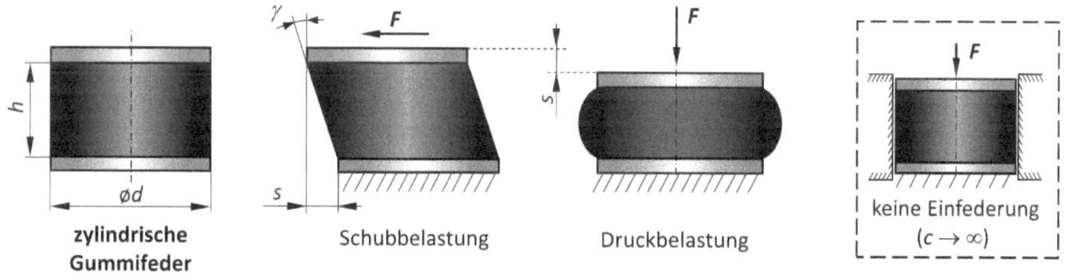

Bild 5.18 Schub und Druck bei einem zylindrischem Gummirundlager

Das E-Modul ist vom Formfaktor q abhängig und es gilt folgender Zusammenhang:

$$E^{\text{(Gummifeder)}} = 3G(1 + q + q^2)\,. \tag{5.105}$$

Hierbei wird deutlich, dass, sofern der Gummi frei verformbar ist und keine gebunden Oberflächen vorliegen (d.h. $q = 0$), die Beziehung $E = 3G$ resultiert, was direkt aus Gleichung 4.91 für $\nu = 0{,}5$ folgt.

---

[9] Es wird nur eine der beiden Kreisflächen betrachtet.

Für die belastungsspezifischen Steifigkeiten, c_D (Druck) bzw. c_S (Schub), einer zylindrischen Gummifeder folgt mit den bekannten Beziehungen:

$$c_\mathrm{D} = \frac{F}{s} = \frac{\sigma_\mathrm{D} A_0}{s} , \tag{5.106}$$

$$\sigma_\mathrm{D} = E \cdot \varepsilon_\mathrm{n} , \tag{5.107}$$

$$\varepsilon_\mathrm{n} = \frac{s}{h} , \tag{5.108}$$

$$A_0 = \frac{\pi d^2}{4} . \tag{5.109}$$

$$\Rightarrow c_\mathrm{D} = \frac{E \pi d^2}{4h} . \tag{5.110}$$

und:

$$c_\mathrm{S} = \frac{F}{s} = \frac{\tau A_0}{s} , \tag{5.111}$$

$$\tau = G \cdot \varepsilon_\mathrm{n} , \tag{5.112}$$

$$\varepsilon_\mathrm{n} = \frac{s}{h} , \tag{5.113}$$

$$A_0 = \frac{\pi d^2}{4} . \tag{5.114}$$

$$\Rightarrow c_\mathrm{S} = \frac{G \pi d^2}{4h} . \tag{5.115}$$

ε_n kennzeichnet die Nenndehnung, also den jeweiligen Verformweg bezogen auf die Gummikörperhöhe.

Zu beachten ist außerdem, dass die Gummisteifigkeit von der Verformungsgeschwindigkeit abhängt. Gummi verhärtet bei schnelleren Verformungen gegenüber langsameren. Dementsprechend muss zwischen **statischer und dynamischer Steifigkeit**, c_stat und c_dyn, unterschieden werden:

$$c_\mathrm{dyn} = f \cdot c_\mathrm{stat} . \tag{5.116}$$

wobei f den materialspezifischen sog. **Versteifungsfaktor** repräsentiert, vgl. Tabelle 5.3. Die statische Steifigkeit kann z.B. im „langsamen“ Zugversuch am Zugstab ermittelt werden[10]. Zusammen mit f ergibt sich dann die dynamische Steifigkeit, die insbesondere bei Schwingbelastungen zu berücksichtigen ist.

Die Federsteifigkeit von Gummifedern ist nur für einfache Geometrien, z.B. die oben erläuterte zylinderförmige Gummifeder, mathematisch beschreibbar. Da Gummifedern in zahlreichen, oft komplexen, Geometrien existieren, sind bisweilen numerische, computergestützte Verfahren notwendig, um die Kraft-Verformungscharakteristik und die max. auftretenden Spannungen im Material zu bestimmen. Bild 5.19 zeigt ein derartiges Beispiel für eine vertikal belastete Konusschichtfeder. Hierbei wurde eine Finite-Elemente Analyse (FEA) durchgeführt, um die Steifigkeit und die max. Spannungen im Gummi zu bestimmen[11].

---

10 Beispielsweise wegkontrollierter Zugversuch mit 20% Dehnungen pro min.

11 Aus Erfahrung wird bei Gummi oft die max. Hauptnormalspannung als Vergleichsspannung benutzt.

Tabelle 5.3 Versteifungsfaktoren f für NR und CR abhängig von der Shore-A-Härte.

Sh-A Härte	NR	CR
40	1,15	1,50
45	1,20	1,55
50	1,25	1,60
55	1,35	1,65
60	1,40	1,65
65	1,50	1,70

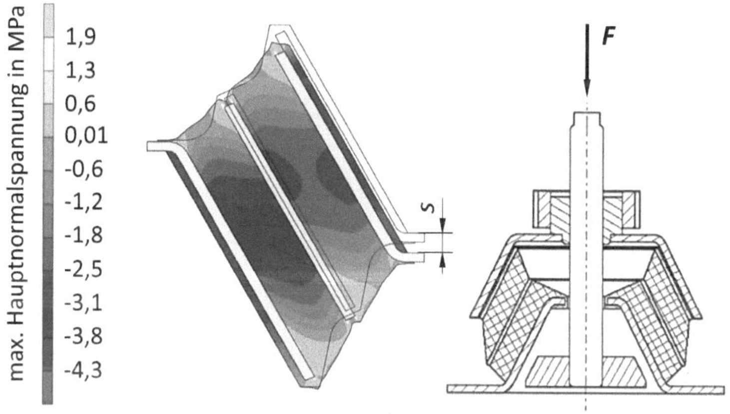

Bild 5.19 Finite-Elemente-Analyse (FEA) der Spannungen im Gummi eines Konusschichtfeder

Abschließend sollen noch einige allgemeine Dimensionierungsregeln für gummibasierte Maschinenelemente aufgeführt werden. Diese dienen zur groben Orientierung, zeigen aber in der Realität – trotz der teilweise sehr allgemeinen Formulierung – eine erstaunliche Übereinstimmung.

Tipp (Faustregeln für Gummibauteile):

- max. zulässige Nenndehnungen[12]
  - Zugbelastungen vermeiden,
  - Druck: $\varepsilon_{n,max} = 10...15\%$,
  - Schub: $\varepsilon_{n,max} = 20...30\%$, (60-80 Sh-A),
  - Schub: $\varepsilon_{n,max} = 30...40\%$, (40-60 Sh-A).
- max. zulässige lokale Spannung:
  - bestgeeignete Vergleichsspannung: max. Hauptnormalspannung,
  - $\sigma_{max} \leq 4,5$ MPa.
- Dämpfungskoeffizienten (Lehrsches Dämpfungsmaß):
  - Naturkautschuk: $D = 0,1$,
  - synthetischer Kautschuk: $D = 0,25$.
- Lebensdauerabschätzung:
  - Verdopplung von $\varepsilon_n \rightarrow$ Reduktion der max. Lastwechselanzahl um Faktor 10,
  - Halbierung von $\varepsilon_n \rightarrow$ Erhöhung der max. Lastwechselanzahl um Faktor 10,
  - Die Lebensdauer sinkt mit zunehmender Sh-A Härte.

■

Literatur

DIN EN 16983:2017-09: *Tellerfedern - Qualitätsanforderungen - Maße.* Beuth-Verlag, Berlin, 2017.

DIN EN ISO 6506-1:2015-02: *Metallische Werkstoffe - Härteprüfung nach Brinell - Teil 1: Prüfverfahren.* Beuth-Verlag, Berlin, 2015.

DIN EN ISO 6507-1:2018-07: *Metallische Werkstoffe - Härteprüfung nach Vickers - Teil 1: Prüfverfahren.* Beuth-Verlag, Berlin, 2018.

DIN ISO 48-4:2021-02: *Elastomere oder thermoplastische Elastomere - Bestimmung der Härte - Teil 4: Eindringhärte durch Durometer-Verfahren (Shore-Härte).* Beuth-Verlag, Berlin, 2021.

Müller, W. H., Ferber, F.: *Technische Mechanik für Ingenieure.* 2., verbesserte Auflage, Carl Hanser Verlag, München Wien 2005.

Popov, V.: *Kontaktmechanik und Reibung.* Springer-Verlag, Berlin Heidelberg 2009.

[12] Für eine Lebensdauer von ca. 1.000.000 Lastwechseln.

6 Achsen und Wellen

Lernziele:

- Was versteht man unter Achsen und Wellen? Welche Funktionen haben sie?
- Welche Bauformen von Achsen gibt es? Was zeichnet angetriebene Achsen aus?
- Wie können Achsen/Wellen gelagert werden?
- Wieso ist bei der Lagerung die Fest-/Loslagerkombination zu wählen?
- Was versteht man unter Zapfen? Nenne drei Zapfenbauformen.
- Erläutere den Unterschied zwischen statischen und dynamischen Lasten.
- Wieso kommt es bei drehenden, biegebelasteten Wellen zu einer zeitlich veränderlichen Last?
- Erläutere die Begriffe: Obere und Untere Spannung, Mittlere Spannung und Spannungsamplitude in einer Skizze.
- Was versteht man unter schwellender und wechselnder Belastung?
- Erläutere das Wöhler-Diagramm.
- Was versteht man unter Zeit- und Dauerfestigkeit?
- Erläutere die Konstruktion des Smith-Diagramms. Wozu dient es?
- Was versteht man unter Gestaltfestigkeit? Welche Effekte spiele hier eine Rolle?
- Was versteht man unter Kerbwirkung?
- Was sind Gelenkwellen? Wie ist eine Kreuzgelenk aufgebaut? Wo kommen Gelenkwellen zum Einsatz?
- Welchen Nachteil haben einfache Kreuzgelenke?
- Wie kann der Ungleichförmigkeitsgrad bestimmt werden?
- Welche Möglichkeiten gibt es, den Kardanfehler zu vermeiden?
- Was ist ein homokinetisches Gelenk?

6.1 Definitionen, Beispiele, Funktionen und Bauformen

Achsen und Wellen stellen zwei wesentliche Elemente in maschinenbaulichen Konstruktionen dar. Ob in Werkzeugmaschinen, Kraftfahrzeugen, energietechnischen Anlagen oder mobilen Arbeitsmaschinen überall sind Lasten und Massen abzustützen oder Drehbewegungen und -momente zu übertragen. Bild 6.1 zeigt verschiedene Beispiele für Achsen (oben) und Wellen (Mitte und unten). **Foto 1/2** stellen die Radachsen von Schienenfahzeugen bzw. eine Radachse einer mobilen Hebebühne dar. In beiden Fällen stützt die Achse das Gewicht der Fahrzeugaufbauten gegenüber den Rädern auf dem Untergrund ab. Dabei kann entweder die Achse mit den Rädern drehbar gelagert sein oder die Räder sind drehbar auf der feststehenden Achse montiert. **Foto 3/4** zeigen zwei Antriebswellen aus dem KFZ-Bereich. Links ist eine sog. Gelenkwelle (oft auch Kardanwelle genannt) am Hinterrad eines Autos und rechts die Antriebswelle an einem Motorrad zu sehen. In beiden Fällen besteht die Funktion der Welle darin, das vom Motor kommende Drehmoment auf die Räder zu übertragen und so über die Drehbewegung der Räder den Vortrieb des Fahrzeugs zu erzeugen. In den **Fotos 5/6** ist ebenfalls eine Gelenkwelle zu sehen. Im linken Bild ist diese an die Zapfelle eines Traktors montiert und soll das Drehmoment auf das Anbaugerät (z.B. eine Strohballenpresse) übertragen und dieses antreiben.

Bild 6.2 zeigt drei Konstruktionsbeispiele für eine feststehende und eine umlaufende Achse sowie für eine Welle. Insbesondere bei der unten dargestellten Welle wird über den Riemen ein Drehmoment eingeleitet und über die rechte Flanschnabe abgeleitet (oder umgekehrt).

Definition (Achse):
Eine Achse ist ein Konstruktionselement, das in erster Linie eine Stützfunktion aufweist. Sie nimmt, je nach Belastung, Längs- und Querkräfte sowie Biegemomente auf und kann fest oder drehbar (umlaufend) ausgeführt sein. Achsen übertragen i.d.R. keine Drehmomente. ■

Definition (Welle):
Eine Welle ist ein Konstruktionselement zur Leistungsübertragung. Dementsprechend besteht die Funktion der Welle darin, ein Drehmoment bzw. eine Drehbewegung zu übertragen. Aus diesem Grunde sind sie drehbar gelagert. ■

Neben der primären Stützfunktion können Achsen weitere Sekundärfunktionen besitzen, aus denen sich dann auch unterschiedlichen Ausführungen und Bauformen ableiten. Insbesondere in mobilen Arbeitsmaschinen, z.B. in Bau- und Landmaschinen (inkl. Forstmaschinen), sind moderne Achsen als komplexe Baugruppen zu finden, die ein Vielzahl von Funktionen vereinen. Bild 6.3 zeigt eine kleine Auswahl aus dem Achsensortiment der Firma NAF, die mit verschiedenen Funktionen ausgestattet sind: Folgende Bauformen können unterschieden werden:

- **Starrachsen**: Neben der klassischen Stützfunktion kann die Achse auch eine innen liegende Antriebswelle aufnehmen. Dazu ist sie mit einem in der Mitte befindlichen Differentialgetriebe (Ausgleich von Drehzahlunterschieden zwischen linkem und rechtem Rad, z.B. bei Kurvenfahrten) und mit Federspeicher-Bremszylindern (Betriebs- und Parkbremsfunktion) links und rechts daneben ausgestattet.
- **Lenkachsen**: Diese Achsen sind mit entsprechenden Gelenken versehen, so dass die Achsenenden mithilfe von Spurhebeln und -stangen verstellt werden können. Das dargestellte Modell LAP-55 hat außerdem einen integrierten Lenkzylinder und eine Ölbad-Lamellenbremse als Betriebsbremse. Außerdem kann die Achse – alternativ zur klassischen Antriebswelle – direkt mit einem Hydro-Motor verbunden werden.

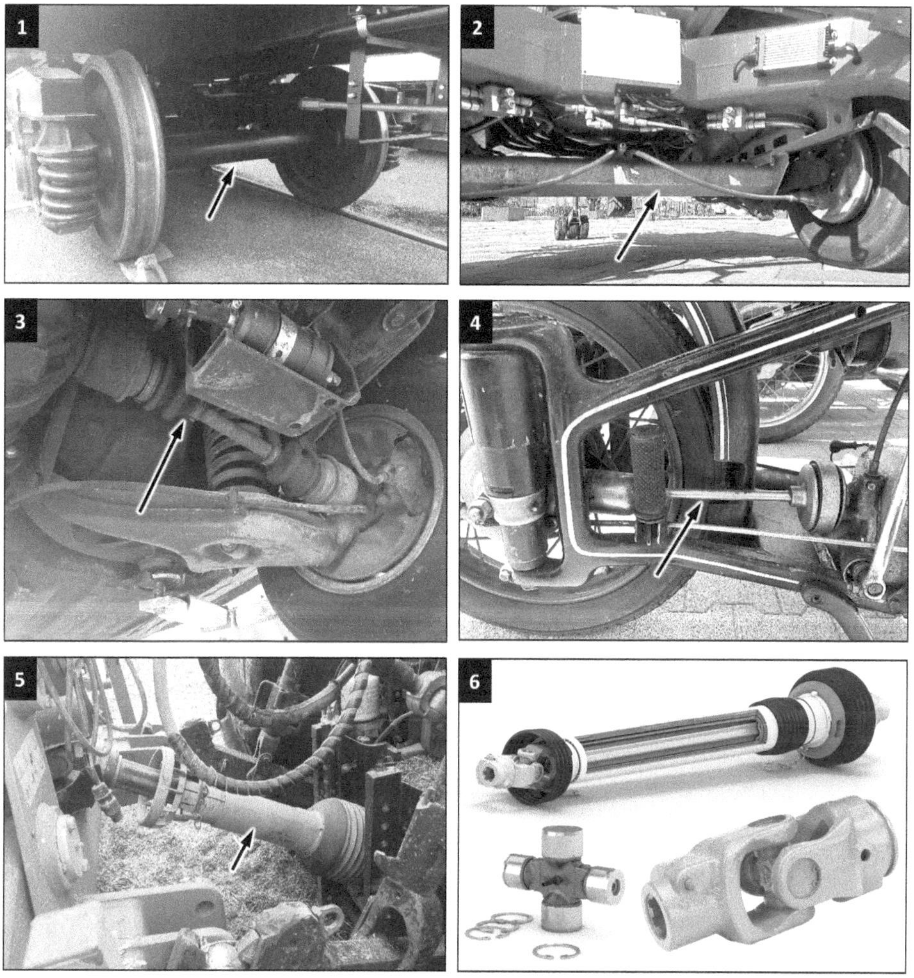

Bild 6.1 Ungelenkte Radachse für Schienenfahrzeuge bzw. an einer Hebebühne (oben), Gelenkwelle als Hinterrad-Antriebswelle an einem Mercedes und am Mororrad EMW R35 (Mitte), Gelenkwelle mit Kreuzgelenken im Landmaschinenbereich (unten); Foto 4: ©O. Wolff; Foto 6: ©Walterscheid GmbH (alle mit freundlicher Genehmigung)

- **Teleskopachsen**: Mithilfe des Teleskop-Achsträger kann die Achse in der Breite verstellt werden, um unterschiedliche Reifenbreiten zu montieren und die Erntemaschinen in diversen Umgebungen zu nutzen. Außerdem enthält diese breitenverstellbare Lenkachse ein integriertes Vorsatzgetriebe.
- **Tandem- oder Doppelachse** (auch Bogie- oder Pendelachse): Hierbei handelt es sich eigentlich um zwei Achsen, die ähnlich einer Waage am Fahrzeug pendeln können. Sie werden hauptsächlich im stark unebenen Gelände eingesetzt, um sicherzustellen, dass das Fahrzeug jederzeit Bodenkontakt hat. Die abgebildete Bogie-Achse der Baureihe TAP-89 ist ca. 5 Tonnen schwer und hat eine Tragfähigkeit von 40 Tonnen. Sie wird u.a. in sog. Articulated Dump Trucks eingesetzt.

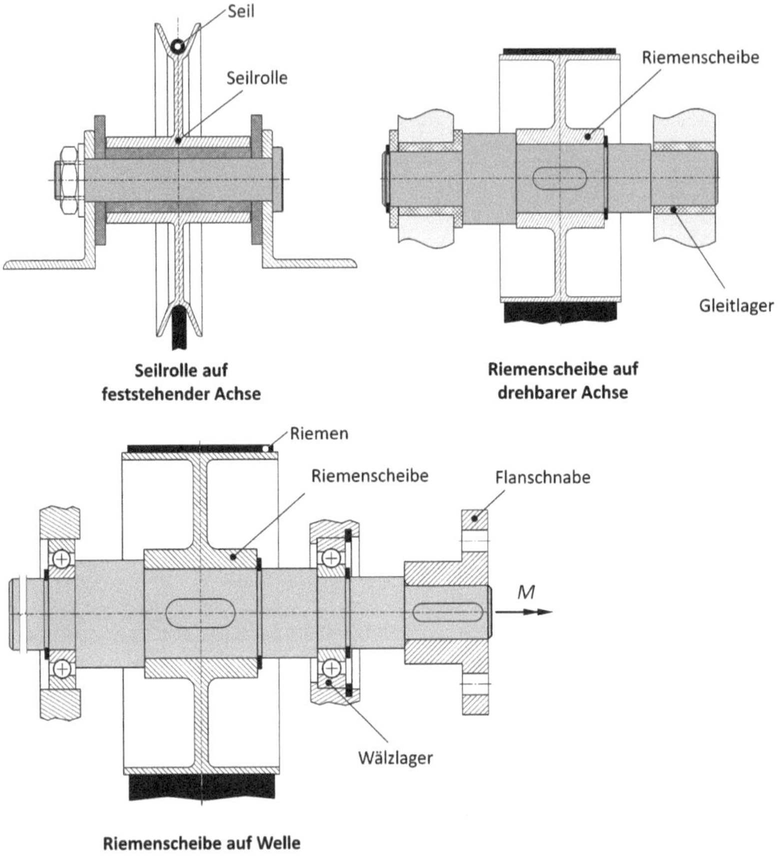

Bild 6.2 Konstruktionsbeispiele für Achsen und Wellen

Oftmals wird in Literatur auch von **angetriebenen Achsen** gesprochen. Dieser Begriff ist etwas verwirrend, gemeint sind Achsen, die eine innenliegende Antriebswelle aufweisen. Ihre primäre Aufgabe ist nach wie vor die Stützfunktion. Bild 6.4 zeigt die angetriebene Vorderachse des Traktors ZT 303. Auch wenn es sich um ein historisches Traktormodell handelt, so verdeutlicht das Bild doch den komplexen Aufbau der Achse, dass neben einem Differentialgetriebe auch (Kreuz-)Gelenke für den Lenkmechanismus enthält.

Ähnlich wie Achsen können auch Wellen starr, gelenkig und sogar kontinuierlich biegsam ausgeführt sein. Bei gelenkigen Wellen kommen oftmals sog. **Kreuzgelenke** zum Einsatz, vgl. Bild 6.1 (Foto 6). Diese erlauben Richtungsänderungen im Antriebsstrang zu realisieren oder Winkelversätze auszugleichen. Biegsame Wellen werden unter anderem in zahnärztlichen Praxen genutzt, um die Instrumente, z.B. den Zahnbohrer anzutreiben.

Mit diesen Erläuterungen können die in Tabelle 6.1 aufgeführten Funktionen und Ausführungen/Bauformen zusammengefasst werden.

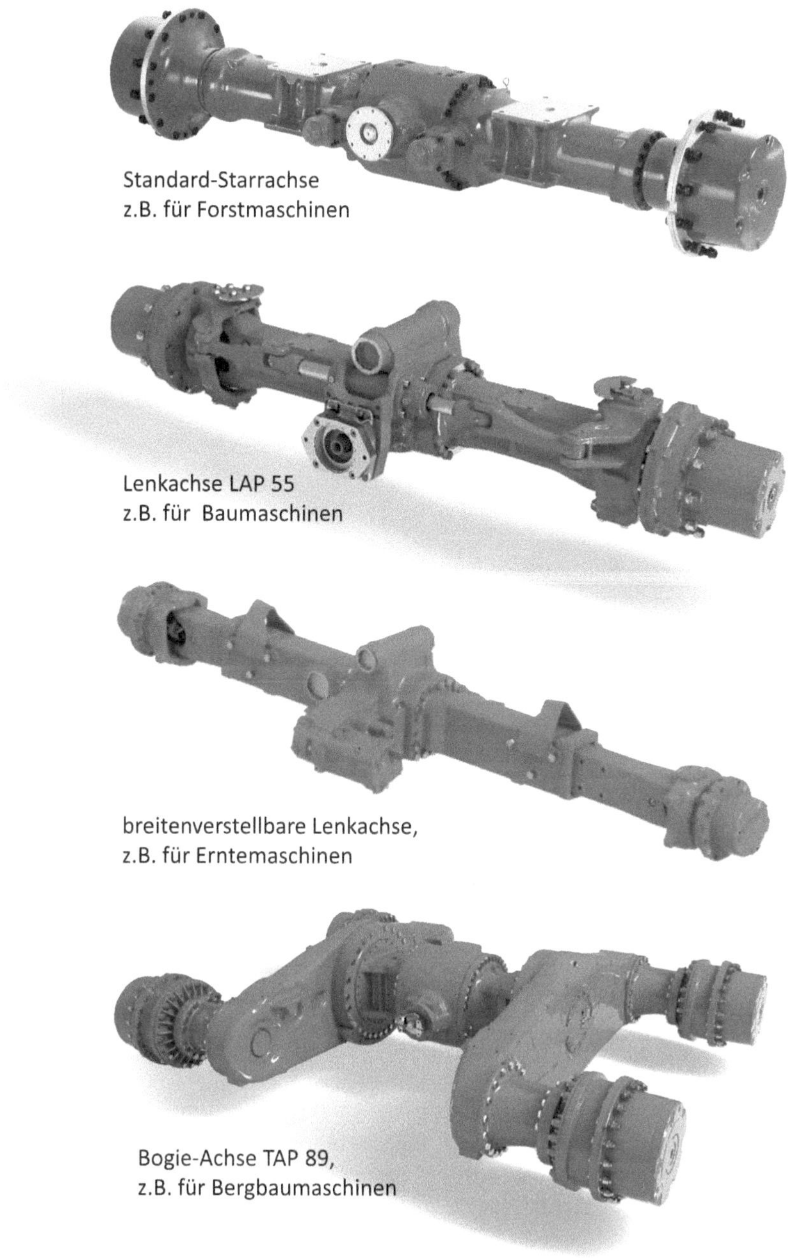

Bild 6.3 Verschiedene Achsenmodelle der NAF AG (Neunkirchener Achsenfabrik) ©NAF AG (mit freundlicher Genehmigung)

6.2 Lagerung von Achsen

Grundsätzlich kann zwischen folgenden, unterschiedlichen Möglichkeiten zur Achslagerung unterschieden werden, vgl. auch Bild 6.5[1]:

[1] Die Momentenverläufe sind hier qualitativ angegeben und folgen aus Lager- und Körperfreischnitt. Dazu ist das Ersatzmodell eines Balkens mit Fest- und Loslager und einer äußeren Radialkraft anzuwenden.

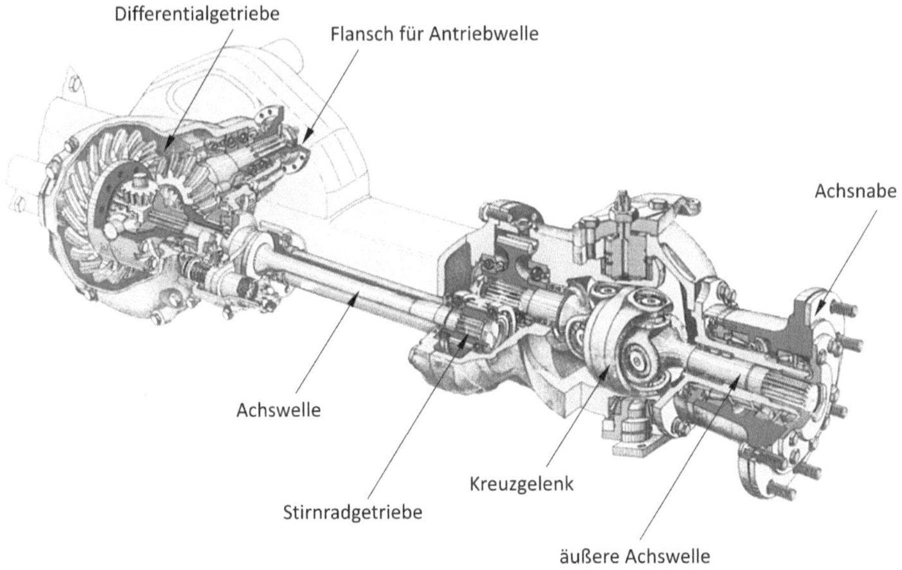

Bild 6.4 Aufbau der angetriebenen Vorderachse des Traktors ZT 303 (linke Hälfte). Aus den Schulungsunterlagen des ZT 303, VEB Traktorenwerk Schönebeck/Slg ©J. Welkerling (mit freundlicher Genehmigung)

Tabelle 6.1 zur Unterscheidung von Achsen und Wellen

	Achsen	Wellen
Funktion	Stützfunktion (primär)	Leistungsübertragung (primär)
	Zusatzfunktionen (sekundär)	Stützfunktion (sekundär)
Ausführung/Bauform	feststehend / drehbar	drehbar
	-starr	*-starr*
	-gelenkig	*-gelenkig*
	-längenverstellbar	*-biegsam*
	-pendelnd	

1. Feststehende Achse / beidseitig gelagert:
   Die Achse ist am linken und rechten Ende fest gelagert (eingespannt). Die von der Achse abzustützenden Maschinenelemente (z.B. eine Riemenscheibe) befinden sich zwischen den Lagerungen und sind frei drehbar mit der Achse verbunden. Durch die radial zur Achse wirkende Kraft F wirkt ein Biegemoment M_b auf die Achse, dass an den Rändern verschwindet und im Krafteinleitungspunkt maximal ist.
2. Feststehende Achse / einseitig gelagert:
   Die Achse ist an einem Ende fest, z.B. im Gehäuse, gelagert. Das mit der Kraft F belastete Maschinenelement ist jenseits des Gehäuses drehbar auf der Achse montiert. Somit resultiert das max. Biegemoment an der festen Einspannung, wohingegen M_b am freien Ende Null wird. Der Vorteil dieser Achslagerung besteht in der einfachen (De-)Montage

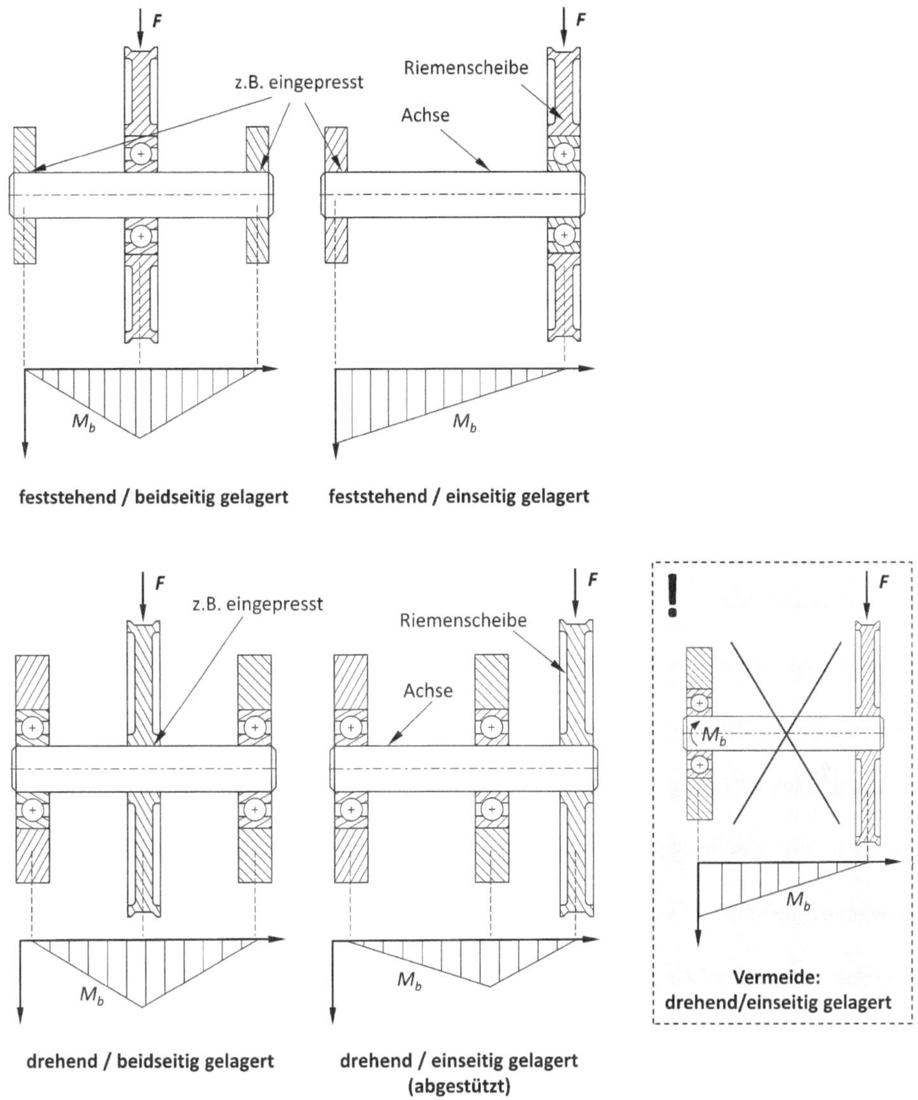

Bild 6.5 Lagerung von feststehenden (oben) und umlaufenden (unten) Achsen

z.B. der Riemenscheibe, allerdings ist das max. Biegemoment deutlich größer als bei der vergleichbaren beidseitigen Einspannung.

3. Drehende Achse / beidseitig gelagert:
   Im Gegensatz zu Punkt (1) ist die Achse an ihren Enden drehbar z.B. mittels Wälzlager gelagert. Die belastete Riemenscheibe befindet sich zwischen den beiden Achslagerungen und ist fest mit der Achse verbunden. Folglich dreht sich die Baugruppe Achse/Riemenscheibe gemeinsam.

4. Drehende Achse / einseitig, paarweise gelagert:
   Hierbei wird die an einem Ende eingeleitete Kraft F und das damit verbundene Biegemoment M_b über zwei Wälzlager abgestützt. Diese sind einseitig mit Abstand zueinander angeordnet. Dadurch kommt es zu einem Biegemoment in der Achse an der Position des vorderen Wälzlagers, dass durch die Stützwirkung des hinteren Wälzlagers abgemildert wird.
   Merke: Einseitig, drehende Lagerungen von Achsen mit nur einem Lager sind zu vermeiden. Wegen der fehlenden Stützwirkung des zweiten Lagers resultieren hohe Biegemomente in der Achse, die insbesondere bei Wälzlager aufgrund des Lagerspiels zu Verkantungen führen, die im Betrieb zu Lagerschäden führen können.

6.3 Lagerung von Wellen

Wellen müssen sich im Betrieb drehen können, um ihrer Funktion der Leistungsübertragung gerecht zu werden. Folglich muss die Wellenlagerung Drehungen zulassen. Hierbei wird in die Welle mit einem Drehmoment M_{an} beaufschlagt (angetrieben). An anderer Stelle wird das Moment durch einen „Verbraucher" abgegriffen und es gilt im stationären Fall[2] $M_{an} = M_{ab}$. Bild 6.6 zeigt drei unterschiedliche Möglichkeiten, das Drehmoment in die Welle ein- und abzuleiten:

a. Das Drehmoment wird direkt, z.B. über einen angeschlossenen Elektromotor, in die Welle eingeleitet und ebenfalls direkt, z.B. durch eine angeschlossene Ventilatorwelle, abgeleitet. Dabei wirken keine Querkräfte auf die Welle, Bild 6.6 (oben).

b. Die Einleitung des Drehmoments findet über eine Querkraft F statt, die radial versetzt zur Rotationsachse, also über einen Hebelarm, an der Welle angreift. Das kann beispielsweise über ein Kettenrad oder eine Riemenscheibe geschehen. Die Ableitung des Moments geschieht wiederum direkt, so dass nur antriebsseitig eine Querkraft in die Welle eingeleitet wird, Bild 6.6 (Mitte).

c. Sowohl Momenteneinleitung als auch -ableitung geschieht unter Wirkung einer Querkraft. Dadurch wird die Welle beidseitig mit einer Querkraft beaufschlagt, Bild 6.6 (unten).

Ungeachtet der Frage, wie die Drehmomente ein- bzw. abgeleitet werden, muss die Wellenlagerung so konstruiert sein, dass sie Drehungen zulässt. Dies wird in den meisten Fällen über **Gleitlager** oder **Wälzlager** realisiert.

Bei Gleitlagern handelt es sich um Buchsen, die in das Gehäuse eingepresst werden und auf ihrer inneren Mantelfläche spezielle, gleitoptimierte Beschichtungen, z.B. Bronze-, PA (Polyamid)- oder PTFE (Polytetrafluorethylen)-Oberflächen, aufweisen. Zwischen Welle und Buchse ist über die Fertigungstoleranzen ein leichtes Spiel eingestellt, so dass sich die Welle in der feststehenden Buchse drehen kann. Je nach Ausführung kann die Lagerung so gestaltet sein, dass axiale, radiale oder axiale und radiale Kräfte in die Welle eingeleitet und durch die Lager abgestützt werden können, vgl. Bild 6.7. Dabei verhindert der Stirnflächenkontakt zwischen Wellenabsatz und Buchsenbund ein Verschieben der Welle bei

[2] D.h. die Welle dreht sich gleichförmig mit konstanter Drehzahl.

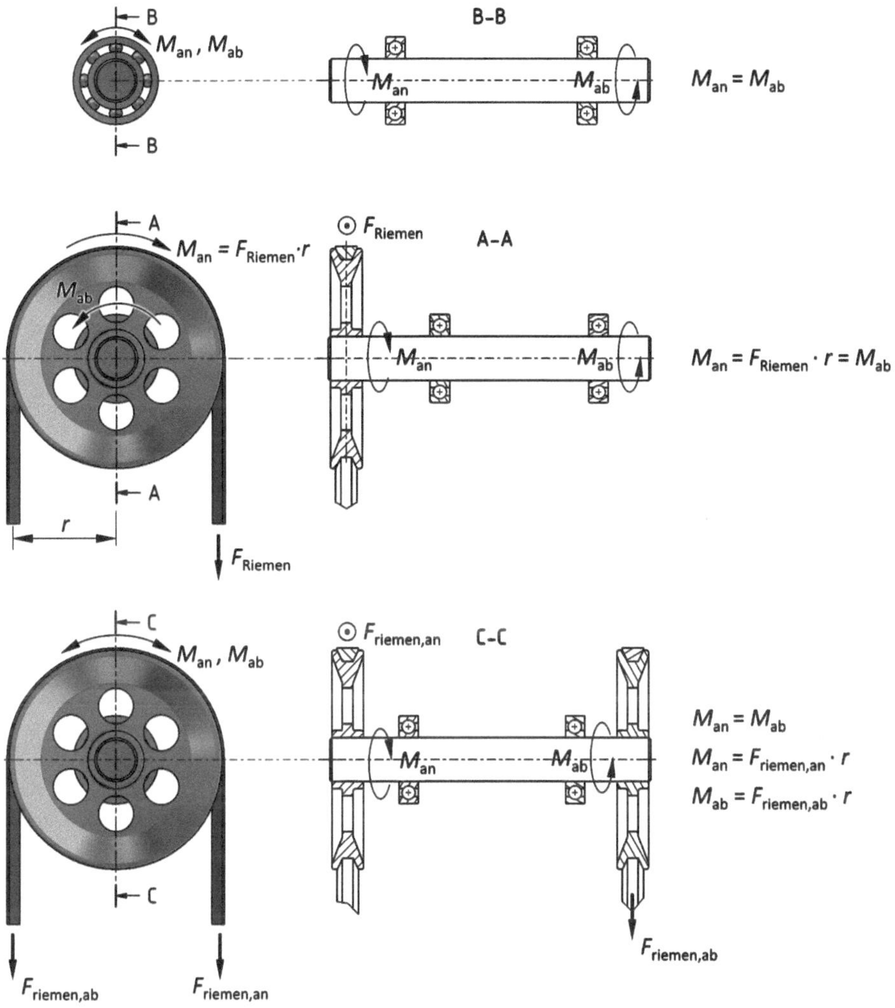

Bild 6.6 Arten der Momentenein- und -ableitung in eine Welle

axialer Krafteinwirkung (Abbildung links). Demgegenüber kann die in der Mitte abgebildete Lagerung nur radiale Kräfte aufnehmen; eine axiale Kraft würde zum Verschieben der Welle führen, da kein entsprechender Anschlag vorgesehen ist. Die rechte Abbildung hingegen kombiniert die beiden links stehenden Konstruktionen und erlaubt somit axiale und radiale Kräfte aufzunehmen.

Wälzlager, hinlänglich oft als Kugellager bezeichnet[3], nutzen die verlustärmere Rollreibung anstelle der Gleitreibung aus. Je nach Design und Anordnung können sie ebenfalls auf die Welle wirkende axiale, radiale oder axiale und radiale Kräfte abstützen, vgl. Bild 6.8. In der rechten Darstellung ist das Wälzlager am Innenring über Wellenabsatz und Sicherungs-

[3] Kugellager sind eine Unterkategorie von Wälzlager, vgl. Kapitel 9.

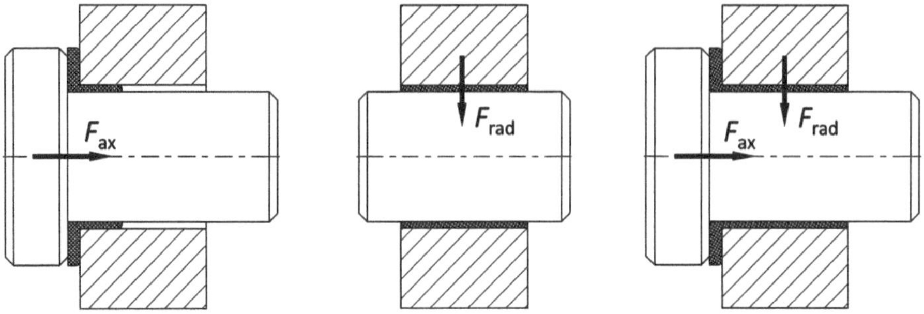

Bild 6.7 Drehende Lagerung einer Welle mittels Gleitlager

ring axial fixiert. Der Außenring ist im Gehäuse axial verschiebbar. Dementsprechend kann diese Konstruktion nur radiale Kräfte abstützen, da axiale Kräfte zum Verschieben der Welle inklusive Lager im Gehäuse führen würden. In der Mitte ist ein sog. Axialrillenkugellager verbaut, bei dem zwei Scheiben relativ zueinander rotieren. Axiale Kräfte werden über den Wellenabsatz abgestützt, wohingegen eventuelle radiale Kräfte zum Scheibenversatz im Wälzlager und – bei genügend großen Kräften – zur Zerstörung des Lagers führen. In der rechten Abbildung können mithilfe eines Wellen- und Gehäuseabsatz sowohl radiale als auch axiale Kräfte abgestützt werden. Hierbei stützt sich der Innenring des Wälzlagers am Wellenabsatz und der Außenring am Gehäuseabsatz ab.

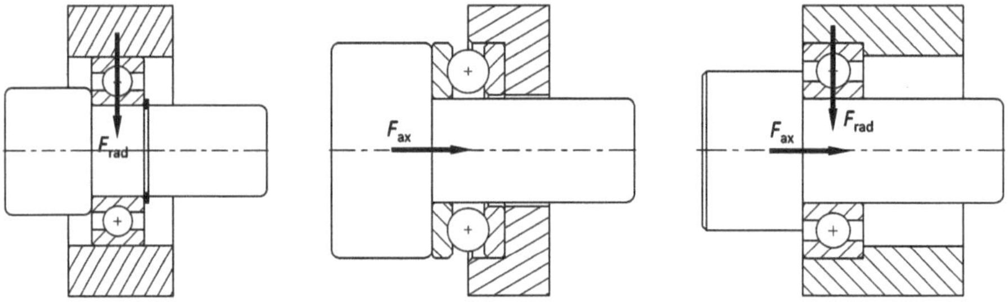

Bild 6.8 Drehende Lagerung einer Welle mittels Wälzlagern

Grundsätzlich sind Wellen, ungeachtet ob mit Wälz- oder Gleitlagern, so zu lagern, dass sie sich im Gehäuse als Ganzes nicht axial verschieben lassen. Auf der anderen Seite muss gewährleistet sein, dass Montagetoleranzen (z.B. leichte Toleranzen in der axialen Position der Wellenabsätze) oder thermisch bedingte Ausdehnungen der Welle nicht zu Zwangskräften in der Welle oder den Lagern führen. Aus diesem Grunde sind die Lagerungen so auszuführen, dass ein Lager als Loslager und das andere als Festlager fungiert. Bild 6.9 zeigt vier unterschiedliche Beispiele für eine derartige Fest-Loslager-Kombination. Hierbei ist das jeweilige linke Lager das Loslager, das rechte Wälzlager repräsentiert das Festlager. Betrachtet man beispielsweise das linke obere Bild **(A)**, so stellt man fest, dass beide Lager wellenseitig über Sicherungsring und Wellenabsatz axial fixiert sind. Gehäuseseitig kann sich das linke Lager jedoch axial verschieben, so dass eventuelle thermische Ausdehnungen der Welle durch „Rutschen“ des linken Wälzlagers ausgeglichen werden. Wäre das linke Lager – ähnlich dem rechten Lager – auch gehäuseseitig vollständig axial fixiert, so würden thermische Dehnungen zu Spannungen in der Welle führen, die schlimmstenfalls sogar ausbeulen könnte. Derartige, ungewollte Spannungen werden oft als **Zwangskräfte** bezeichnet. Ähnlich verhält es sich im Bild **(B)**, bei dem das linke Wälzlager wellenseitig frei verschiebbar ist. In den unteren Bildern **(C-D)** ist das linke Wälzlager selbst ein Loslager. Hierbei wurden sog. Rollenlager anstelle von Kugellagern verwendet. Diese können entweder am Innen- oder am Außenring mit seitlichen Borden versehen sein, so dass die Rolle entweder auf dem Außen- oder Innenring axial rutschen kann.

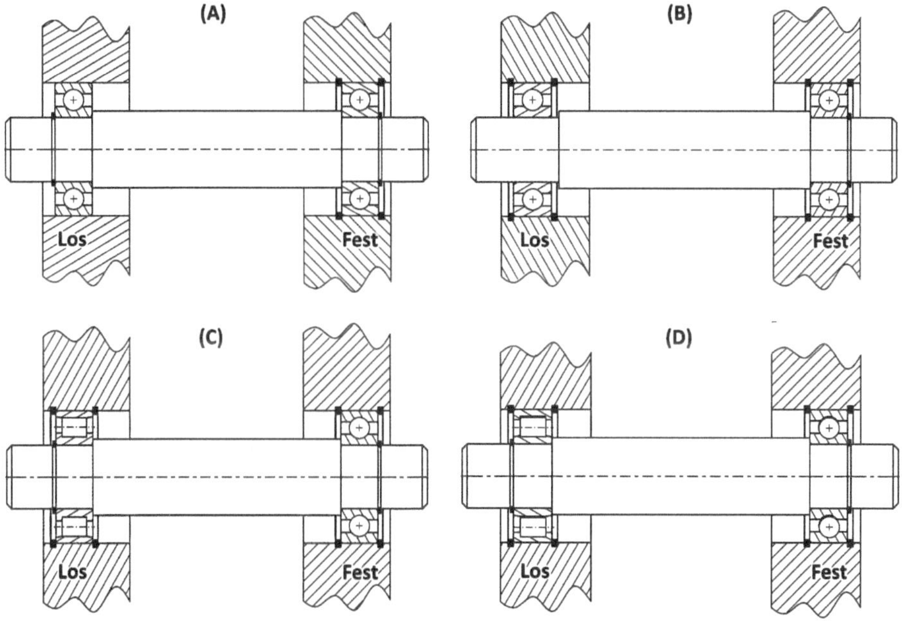

Bild 6.9 Verschiedene Fest-Loslager-Kombinationen zur Lagerung einer Welle mit Wälzlagern

6.4 Wellen- und Achszapfen

Wellen- und Achszapfen, häufig kurz **Zapfen** genannt, dienen der Lagerung, Abstützung und Anbindung von Wellen bzw. Achsen mit der „Umgebungskonstruktion“, z.B. dem Gehäuse. Sie repräsentierten oftmals die Wellenenden und sind typischerweise abgesetzt. Insbesondere Wellenzapfen sind rotationssymmetrisch ausgeführt, beispielsweise zylindrisch, kegelig oder kugelig. Häufig sind sie auch mit engeren Toleranzen gefertigt, so dass z.B. Wälzlager auf ihnen montiert/aufgepresst werden können.

Je nach Ausführung der Zapfen können diese radiale und/oder axiale Kräfte aufnehmen und gegenüber dem Gehäuse abstützen. Dazu zeigt Bild 6.10 verschiedene Ausführungen.

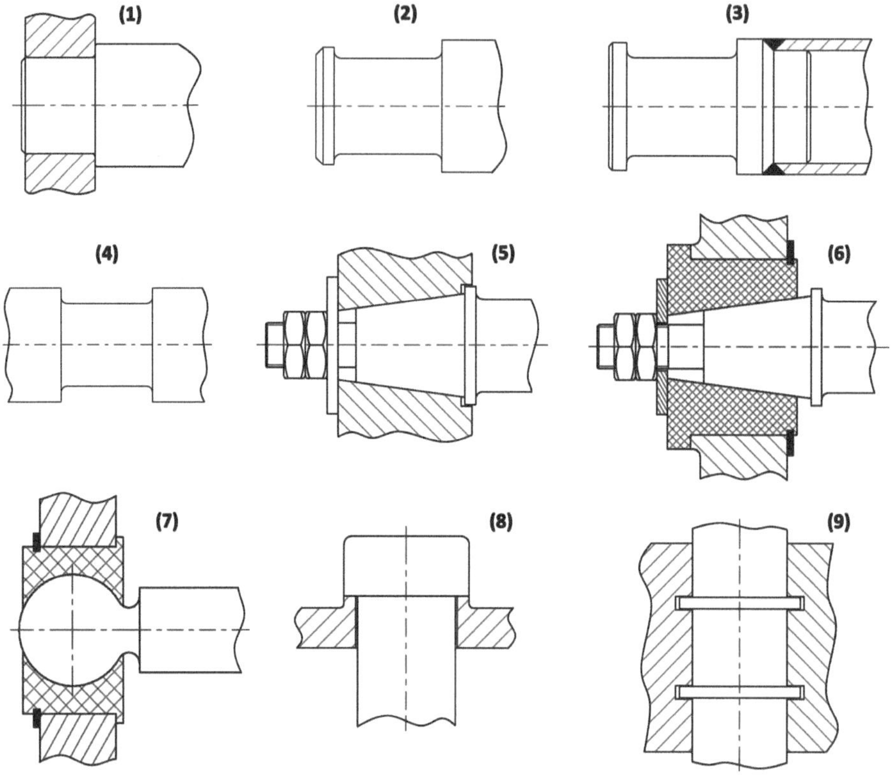

(1) **Stirnzapfen**, Abstützung von radiale Kräften
(2) **Stirnzapfen** mit Bund, Abstützung von radialen (primär) und axialen (sekundär) Kräften
(3) **Stirnzapfen** mit Bund, angeschweißt an eine Hohlwelle, Abstützung von radialen u. axialen Kräften
(4) **Halszapfen**, Abstützung von radialen (primär) und axialen (sekundär, wechselnde Richtung) Kräften
(5) **Kegelzapfen** (fest eingespannt), für z.B. feststehende Achsen, Aufnahme v. radialen/axialen Kräften
(6) **Kegelzapfen,** drehend gelagert mittels Gleitbuchse (doppelt schraffiert), für radiale/axiale Kräfte
(7) **Kugelzapfen**, für pendelnde Bewegungen
(8) **Tragzapfen**, Abstützung von axialen Kräften
(9) **Kammzapfen**, Abstützung von axialen Kräften mit wechselnder Richtung

Bild 6.10 Unterschiedliche Konstruktionen von Wellenzapfen für radiale und/oder axiale Wellenbelastungen

Stirnzapfen (1-3) dienen hauptsächlich dazu, radiale Kräfte aufzunehmen. Demgegenüber können Tragzapfen (8) über den Absatz nur axiale Lasten abstützen. Darüber hinaus gibt es weitere Zapfenkonstruktionen, die sowohl radiale als auch axiale Kräfte übertragen können. Hier sind unter anderem der Halszapfen (4) oder der Kegelzapfen (5,6) zu nennen. Der Kammzapfen (9) erlaubt die Abstützung von axialen Kräften mit wechselnder Richtung, wie es beispielsweise bei Schiffsantriebswellen auftritt. Je nach Fahrtrichtung werden axiale Schubkräfte (Vorwärts- oder Rückwärtsschub) in die Welle eingeleitet, die die Welle gegenüber dem Gehäuse abstützen muss.

Übung 18 (Achse am Güterwaggon):
Ein Güterwaggon für Schüttgut ist mit vier Achsen ausgestattet und hat ein Gesamtgewicht von 50 Tonnen (Leergewicht + Nutzlast). Dieses soll sich gleichmäßig auf alle vier Achsen verteilen. Die Achse ist aus einem handelsüblichen Baustahl gefertigt und kann fest (Räder drehend auf der Achse) oder umlaufend (Räder fest auf der Achse) mit dem Rahmen verbunden sein. Es gelten folgende maximal zulässigen Biegespannungen $\sigma_{B,zul}^{max}$ für statische und dynamische (d.h. zeitlich veränderliche) Belastungen:

- statische Belastung: $\sigma_{B,zul}^{max,stat} = 350\ N/mm^2$,
- dynamische Belastung: $\sigma_{B,zul}^{max,dyn} = 170\ N/mm^2$.

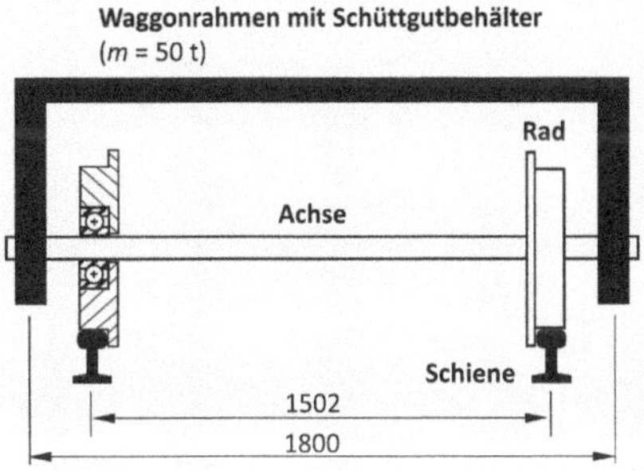

(Beispielbild)

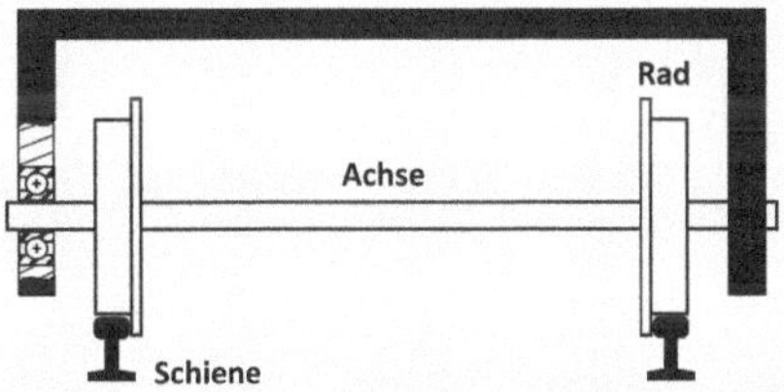

(Prinzipskizze)

a) Machen Sie sich zuerst den qualitativen Biegemomentenverlauf klar. Wo ist das Biegemoment am größten?
b) Wie groß ist das maximale Biegemoment?
c) Wie groß muss der Achsdurchmesser mindestens sein, wenn diese fest gelagert ist (Abbildung oben)?
d) Wie groß muss der Achsdurchmesser mindestens sein, wenn diese drehend gelagert ist (Abbildung unten)?

Lösung:

a) Das nachfolgende Diagramm zeigt den qualitativen Verlauf des in der Achse wirkenden Biegemoments in Bezug auf den Punkt A (linkes Rad). An den Enden ist das Biegemoment Null und steigt linear bis zum Rad an, wo es seinen maximalen Wert erreicht. Zwischen den Rädern ist das Biegemoment konstant.

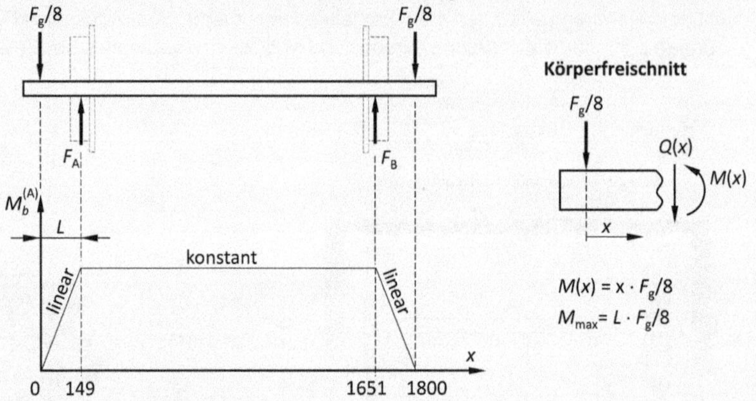

b) Das maximale Biegemoment ergibt sich aus der Beziehung Kraft × Hebelarm. Dabei teilt sich das Gesamtgewicht auf 4 Achsen mit je 2 Räder auf. Pro Achsseite wirkt daher eine für die Biegung relevante Kraft von:

$$\frac{F_g}{8} = \frac{mg}{8} = \frac{50000 \cdot 9,81}{8}\,\text{N} = 61,3\,\text{KN}. \tag{6.1}$$

Zusammen mit dem Hebelarm L = 149 mm = 0,149 m ergibt sich das max. Biegemoment:

$$M_{b,\text{max}} = \frac{F_g}{8} \cdot L = 9,1\,\text{KNm}. \tag{6.2}$$

c) An dieser Stelle ist es nützlich, sich den Unterschied zwischen Aufgabenteil c) und d) klarzumachen. Durch das Biegemoment wird die Achse gebogen. Insbesondere wird die Achse in dem Abschnitt zwischen Rahmenanbindung und Rad nach unten gebogen, so dass die Achse auf der Oberseite Zug- und auf der Unterseite Druckspannungen ausbildet, vgl. Abschnitt 4.5.2.
Steht die Achse fest, so sind die Spannungen für einen beliebigen aber fest gewählten Punkt der Achse zu allen Zeiten gleich. Es liegt also ein statischer Belastungsfall vor. Dreht sich die Achse, so durchläuft ein beliebiger aber fester Punkt der Achse unterschiedliche Positionen, mal ist er auf der Oberseite, mal auf der Unterseite. Demzufolge wird der Punkt abwechselnd mit Zug- und Druckspannungen beaufschlagt. Die Belastungen ändern sich zeitlich, somit liegt eine dynamische Beanspruchung vor.
Demzufolge gilt in diesem Aufgabenteil (statische Belastung):

$$\sigma_{B,\text{zul}}^{\text{max,stat}} = \frac{M_{b,\text{max}}}{W_{ax}} \quad \text{mit} \quad W_{ax} = \frac{\pi d_{\text{min}}^3}{32}. \tag{6.3}$$

Hierbei ist stillschweigend für das axiale Widerstandsmoment W_{ax} angenommen worden, dass es sich bei der Achse um einen kreisförmigen Querschnitt mit dem Durchmesser d handelt. Für den Mindest-Achsdurchmesser folgt:

$$d_{\text{min}} = \sqrt[3]{\frac{32}{\pi}\frac{M_{b,\text{max}}}{\sigma_{B,\text{zul}}^{\text{max,stat}}}} = 64,2\,\text{mm}. \tag{6.4}$$

d) Für die drehende Achse ist in der vorangehenden Gleichung für d_{min} die zulässige Spannung für dynamische Belastungen zu verwenden. Damit ergibt sich:

$$d_{min} = \sqrt[3]{\frac{32}{\pi}\frac{M_{b,max}}{\sigma_{B,zul}^{max,dyn}}} = 81{,}7\,\text{mm}\,. \tag{6.5}$$

■

Übung 19 (Belastung einer Welle):
Die nachstehende Grafik zeigt eine Welle, die über einen angeschweißten Hebel (α = 90°) mit einer Kraft F = 500 N belastet wird. Die Welle soll über eine Bremse gegen Drehung arretiert sein. Es sind die Spannungen in der Welle im Bereich des vorderen, dem Hebel zugewandten Wälzlager zu ermitteln, insbesondere:

a) die Schubspannungen τ_S im Wellenquerschnitt,
b) die max. Biegespannungen $\sigma_{B,max}$,
c) die max. Torsionsspannungen $\tau_{T,max}$ sowie
d) die Vergleichsspannungen σ_V.

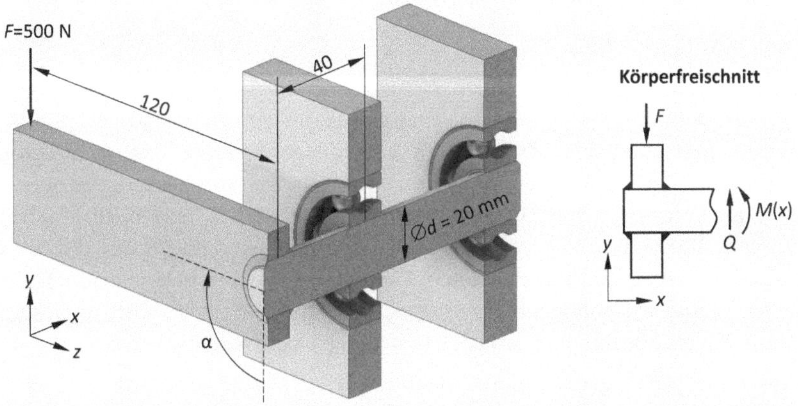

Lösung:

a) Ein Körperfreischnitt der Welle im Bereich $x \in [0, 40\text{mm}]$ liefert eine konstante Querkraft $Q = F$ = 500 N in der Welle. Dementsprechend folgt für die Schubspannungen (Wellenquerschnitt: $A = \pi d^2/4 = 314{,}16$ mm², d = 20 mm):

$$\tau_S = \frac{Q}{A} = 1{,}6\,\text{N/mm}^2\,. \tag{6.6}$$

b) Das Schnittmoment entspricht dem in die Welle eingeleiteten Biegemoment und wird im Bereich des Wälzlagers x = 40 mm maximal. Damit resultiert:

$$M_{b,max} = F \cdot 40\,\text{mm} = 20\,\text{Nm} \tag{6.7}$$

und für die max. Biegespannungen ($W_{ax} = \pi d^3/32 = 785{,}4$ mm³):

$$\sigma_{B,max} = \frac{M_{b,max}}{W_{ax}} = 25{,}5\,\text{N/mm}^2\,. \tag{6.8}$$

c) Über den Hebel der Länge 120 mm wird auch ein Torsionsmoment M_T in die Welle eingeleitet. Es gilt:

$$M_T = F \cdot 120\,\text{mm} = 60\,\text{Nm}\,. \tag{6.9}$$

Damit folgt für die max. Torsionsspannungen am Rand der Welle (polares Widerstandsmoment: $W_{pol} = \pi d^3/16 = 1570{,}8\ \text{mm}^3$):

$$\tau_{T,max} = \frac{M_T}{W_{pol}} = 38{,}2\ \text{N/mm}^2\,. \qquad (6.10)$$

d) In der Welle liegen Normal- und Tangentialspannungen vor, $\sigma_{B,max}$ versus τ_S und $\tau_{T,max}$. Folglich ist eine Vergleichspannung zur Bewertung heranzuziehen. Gemäß Gleichung 4.113 kann notiert werden:

$$\sigma_V = \sqrt{\sigma_{B,max}^2 + 3(\tau_S + \tau_{T,max})^2} = 110{,}3\ \text{N/mm}^2\,. \qquad (6.11)$$

Dieser Wert ist für die Auswahl eines entsprechenden Wellenwerkstoffs heranzuziehen.

■

■ 6.5 Zeitlich veränderliche Lasten und Dauerfestigkeit

Äußere Lasten führen zu Spannungen im Bauteil, die je nach Belastungsfall und Bauteilgeometrie unterschiedliche Werte an unterschiedlichen Orten im Bauteil annehmen können. Das heißt, die Spannungen im Bauteil können örtlich variieren, wie es beispielsweise bei der Balkenbiegung der Fall ist (Oberseite: Zugspannungen, Unterseite: Druckspannungen). Sofern die Spannungen in einem beliebigen aber festen Punkt über die Zeit konstant sind, spricht man von **statischen Lasten**. Wenn jedoch an einem beliebigen, festen Ort im Bauteil zu verschiedenen Zeiten unterschiedliche Spannungswerte vorliegen, spricht man von **zeitlich, veränderlichen Lasten**[4]. Die Ursache ist entweder:

- eine zeitlich variierende äußere Last oder
- eine Änderung der relativen Position des betrachteten Bauteilpunktes zur äußeren Last.

Insbesondere Wellen und Achsen, mit ihrer oftmals drehbaren Ausführung sind ein hervorstechendes Beispiel für Bauteile mit zeitlich veränderlichen Lasten, weshalb dieser Belastungsfall in diesem Kapitel behandelt wird.

Zur Veranschaulichung soll das Beispiel der sogenannten **Umlaufbiegung** gemäß Bild 6.11 dienen, bei der eine Welle bzw. eine drehende Achse betrachtet wird. Am freien Ende soll eine Querkraft *F* angreifen, so dass die Welle/Achse auf Biegung belastet wird und auf der Oberseite Zugspannungen und auf der Unterseite Druckspannungen vorliegen, die im Bereich des vorderen Wälzlagers ihre Maximalwerte erreichen. Nun soll ein exemplarischer, aber fester Punkt auf dem Bauteil, z.B. einen Punkt an der Position „0“ gemäß Bild 6.11 (links) auf dem Rand der Welle betrachtet werden.

Durch die Drehbewegung wird der Punkt eine Kreisbahn durchlaufen und nacheinander die Positionen „0“, „3“ „6“ und „9“ passieren, bis er wieder bei der Ausgangsposition „0“ ankommt. Danach wiederholt sich der Bewegungsablauf nach gleichem Muster. Demzufolge startet der Bauteilpunkt im Zugspannungsbereich, durchläuft auf 3 Uhr die neutrale

4 Oftmals in der Literatur auch **dynamische Lasten** genannt.

Faser (Spannungen gleich Null), passiert den Druckspannungsbereich zwischen 3 und 9 Uhr, um wieder im Zugspannungsbereich anzukommen.

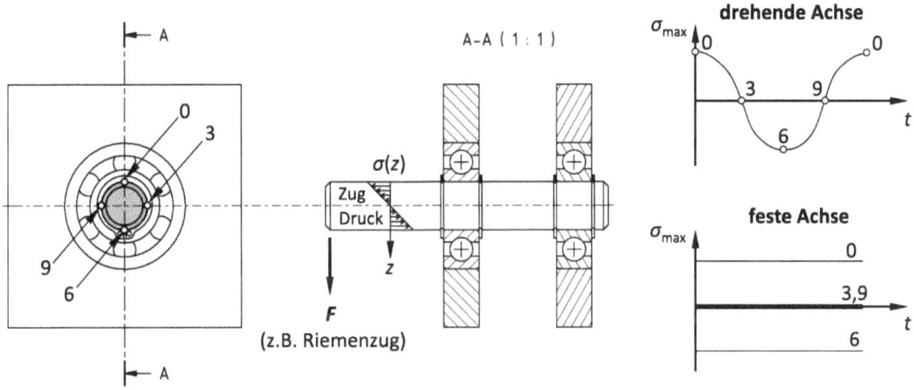

Bild 6.11 Illustration zeitlich veränderlicher Lasten in einer Welle am Beispiel der Umlaufbiegung

Somit ergibt sich durch die Drehbewegung ein zeitlicher Spannungsverlauf wie in Bild 6.11 (rechts oben) dargestellt, der sich kontinuierlich fortsetzt. Demgegenüber würde bei feststehender Achse/Welle der betrachtete Bauteilpunkt an der Position „0“ bleiben und folglich einer konstanten Zugspannung unterliegen. Gleiches gilt für Bauteilpunkte an anderen Positionen. In einem Punkt an der Position „3“ bzw. „9“ (neutrale Faser) würden keine Spannungen, in einem Punkt an der Position „6“ würden Druckspannungen wirken, vgl. Bild 6.11 (rechts unten).

Bild 6.12 zeigt den allgemeinen Fall einer zeitlich veränderlichen Spannung in einem beliebigen Bauteilpunkt. Folgenden Kenngrößen können definiert werden:

Obere Spannung:

$$\boxed{\sigma_o = \sigma_m + \sigma_a}, \tag{6.12}$$

Untere Spannung:

$$\boxed{\sigma_u = \sigma_m - \sigma_a}, \tag{6.13}$$

Mittlere Spannung:

$$\boxed{\sigma_m = \frac{\sigma_o + \sigma_u}{2}}, \tag{6.14}$$

Spannungsamplitude:

$$\boxed{\sigma_a = \frac{\sigma_o - \sigma_u}{2}}. \tag{6.15}$$

Für das Verhältnis zwischen unterer und oberer Spannung folgt:

$$\boxed{\kappa = \frac{\sigma_u}{\sigma_o}}. \tag{6.16}$$

Außerdem gilt für den **statischen Belastungsfall**:

$$\boxed{\sigma_o = \sigma_u = \sigma_m \quad \Rightarrow \quad \kappa = 1}. \tag{6.17}$$

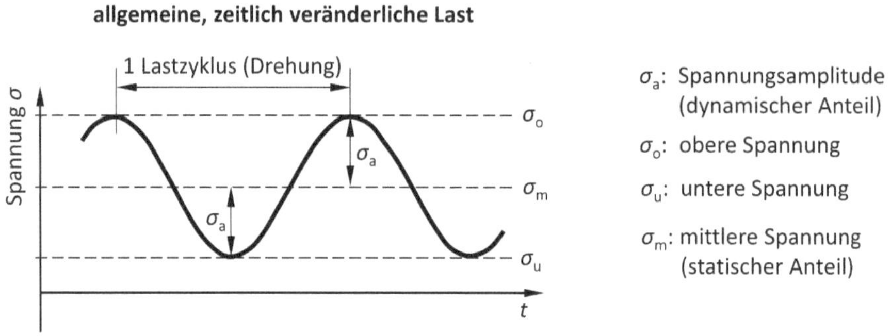

Bild 6.12 Verlauf und Kenngrößen einer allgemeinen zeitlich veränderlichen Last

Grundsätzlich wird zwischen zeitlichen konstanten (statischen) und allgemeinen, zeitlich veränderlichen Lasten unterschieden, vgl. Bild 6.13 (oben). Bei letzterem können zwei Spezialfälle identifiziert werden, die sog. **wechselnde** und die sog. **schwellende Belastung**, vgl. Bild 6.13 (unten). Bei der wechselnden Belastung „schwingt" die Last um den Nullpunkt, so dass sich im Mittel Null ergibt ($\sigma_m = 0$, $\sigma_o = -\sigma_u$). Bei der schwellenden Belastung „schwillt" die Last periodisch auf einen Maximalwert an und sinkt anschließend wieder auf Null ab ($\sigma_u = 0$, $\sigma_m = \sigma_o/2$).

6.5.1 Wöhler-Diagramm

Bei statischen Belastungsfällen wurde zur Dimensionierung als max. zulässige Spannung, z.B. die Streckgrenze, berücksichtigt, das heißt, das Bauteil darf sich im Betrieb nur elastisch verformen. Bei dynamischen, periodischen Lasten soll das Bauteil ebenfalls nur elastischen verformt werden. Allerdings zeigt sich, dass selbst bei elastischen Verformungen nach einer gewissen Zykluszahl – man spricht auch von Lastspielen – Bauteilversagen auftritt. Man erklärt sich das empirisch mit der Modellvorstellung, dass bei jedem Belastungszyklus auf mikroskopischer Ebene Risse im Bauteil entstehen. Mit jedem wiederkehrenden Lastzyklus wachsen die Risse und neue Mikrorisse kommen hinzu. Nach einer definierten Lastspielanzahl sind die Mikrorisse so weit fortgeschritten, dass makroskopisches Versagen einsetzt.

Damit stellt sich unmittelbar die Frage, nach wie vielen Lastspielen Bauteilversagen auftritt? Hierzu ist festzustellen, dass die Lastspielanzahl maßgeblich vom Spannungsniveau im Bauteil abhängt; das heißt: je größer die Spannungen, desto früher kommt es zum Ausfall (und umgekehrt). Zur Veranschaulichung soll folgendes Experiment nach Bild 6.14 gedanklich durchgeführt werden:

- **Dauerschwingversuch** an einer Welle:
  Eine einseitig, doppelt gelagerte Welle wird am freien Ende mit einer statischen Querkraft F_{stat} belastet. Zusätzlich ist die Welle mit einer dynamischen Querkraft F_{dyn} beaufschlagt. Beide Kräfte führen zu Biegeverformung mittels des Hebelarms L und damit zu

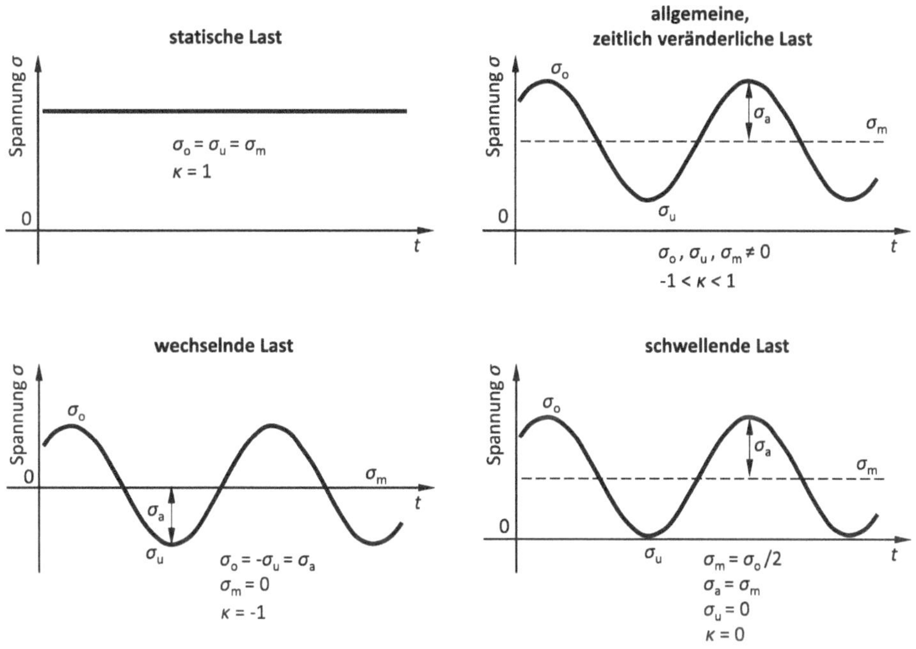

Bild 6.13 Mögliche Lastfälle inklusive der Spezialfälle einer zeitlich veränderlichen Last (Wechsellast und schwellende Last)

Biegespannungen in der Welle, die im Bereich des vorderen Lagers maximal sind. Dort wiederum sind die Spannungen am Rand der Welle maximal.

Die statische Querkraft führt zu konstanten Biegespannungen

$$\sigma_{\mathrm{B,max}}^{\mathrm{stat}} = \sigma_{\mathrm{m}} = \frac{|F_{\mathrm{stat}}| \cdot L}{W_{\mathrm{ax}}} \tag{6.18}$$

in der Welle. Die dynamische Wechsellast F_{dyn} führt zu veränderlichen Spannungen in der Welle, die um den statischen Wert schwanken:

$$\sigma_{\mathrm{B,max}}^{\mathrm{dyn}} = \sigma_{\mathrm{a}} = \frac{|F_{\mathrm{dyn}}| \cdot L}{W_{\mathrm{ax}}} \, . \tag{6.19}$$

Es ergibt sich ein Lastfall, wie in Bild 6.13 (oben rechts) dargestellt. Der Versuch kann nun mit verschiedenen dynamischen Querkräften bei konstanter statischer Kraft durchgeführt werden. Das heißt, σ_{m} =konst. und σ_{a} ist variabel. Dabei wird die Anzahl der Lastspiele N bis zum Bauteilversagen, z.B. einsetzende Einschnürung, gemessen. Dabei wird der Versuch für jedes Querkraftniveau „genügend häufig" wiederholt, da die maximale Lastspielzahl für ein bestimmtes Belastungsniveau aus statistischen Gründen im gewissen Umfang variieren wird. Im Ergebnis des Versuchs ergeben sich verschiedene „Punktwolken" wie sie in Bild 6.14 abgebildet sind, die durch die dargestellte sog. **Wöhlerkurve**[5] interpoliert werden können. Dabei wird die Kurve so durch

5 Benannt nach dem dt. Ingenieur August Wöhler (1819–1914).

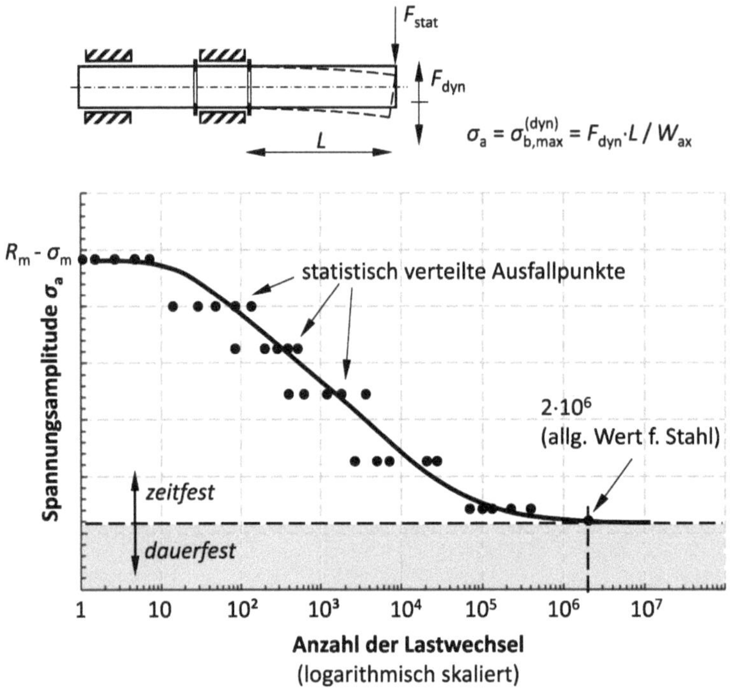

Bild 6.14 Qualitativer Verlauf der Wöhlerlinie (Wöhlerdiagramm)

die Punktwolke gelegt, dass sie eine **Ausfallwahrscheinlichkeit** von 5 oder 10 Prozent[6] repräsentiert.

Das so ermittelte $\sigma_a - N$–Diagramm nennt man **Wöhler-Diagramm**. Dabei stellt man fest, dass sich für geringere Spannungsamplituden höhere Lastwechselzahlen ergeben, so wie man es auch intuitive erwarten würde. Mehr noch, die Kurve flacht zum Ende immer mehr ab und geht – ab Unterschreitung eines definierten Spannungsniveaus – in einen horizontalen Verlauf über. Hier findet man keine Ausfallpunkte mehr und man spricht vom sog. **Dauerfestigkeitsbereich** (grauer Bereich). Speziell bei Stahl ist dieser Bereich durch den einheitlichen Grenzwert von $N = 2 \cdot 10^6$, ab dem die Kurve horizontal verläuft, vgl. Bild 6.14. Im Gegensatz dazu verhält sich das Bauteil im Bereich größerer Spannungsamplituden, insbesondere im mittleren, linearen Bereich, **zeitfest**, d.h. nach einer gewissen Zeit setzt Bauteilversagen ein[7]. Die maximal mögliche Spannungsamplitude und damit der Startpunkt der Kurve ist erreicht, wenn bei einmaliger Lastaufbringung ($N = 1$) unmittelbar die statisch zulässige Spannung erreicht ist, also $\sigma_o = \sigma_m + \sigma_a = R_m$.

Damit ist die Frage der zulässigen Spannungen in einem Bauteil bei zeitlich veränderlichen Lasten immer mit der Frage nach der gewünschten Lastzyklenzahl verbunden, es sei denn,

[6] Das heißt, wenn der Versuch für ein bestimmtes Lastniveau 100 Mal durchgeführt wurde, dann sind 5 bzw. 10 Bauteile ausgefallen, was aus technischer Sicht einen signifikanten Wert darstellt. Analog kann auch von einer 90- bzw. 95-prozentigen Überlebenswahrscheinlichkeit gesprochen werden.

[7] Nicht alle Materialien haben einen Dauerfestigkeitsbereich. Gummi z.B. ist immer zeitfest. Das heißt, ungeachtet des Spannungsniveaus wird ein Gummibauteil immer ab einer bestimmten Zyklenzahl versagen.

es ist Dauerfestigkeit gefordert. Insbesondere bei Bauteilen aus Stahl, ist als Dimensionierungsziel oftmals Dauerfestigkeit anzustreben. Hierbei gilt grundsätzlich:

$$\sigma_{\text{zul}}^{\text{dyn}} < \sigma_{\text{zul}}^{\text{stat}} \tag{6.20}$$

was sich auch im Wöhlerdiagramm durch das unterschiedliche Niveau des Anfangs- und Endbereichs widerspiegelt.

Die zulässigen Spannungen (Dauerfestigkeitskennwerte) müssen aufwendig für unterschiedliche Werkstoffe in Experimenten bestimmt werden. Die so aufgenommenen Wöhlerkurven sind abhängig:

1. von der **Belastungsart** (Zug-/Druck- vs. Biege- vs. Torsion-/Schubbelastung) und
2. vom zeitlich veränderlichen **Lastfall** (z.B. wechselnde vs. schwellende Last),

Da im Wöhler-Diagramm lediglich die Spannungsamplitude variiert wird, gilt es nur für eine fest gewählte Mittelspannung σ_{m}. Es müsste daher für jeden möglichen σ_{m}-Wert vermessen werden, was nahezu unmöglich ist. Aus diesem Grunde beschränkt man sich in der Praxis auf die beiden Spezialfälle, nämlich wechselnde und schwellende Last. Folglich findet man in der Literatur nur Dauerfestigkeitskennwerte mit dem in Tabelle 6.2 dargestellten Notationsschema.

Tabelle 6.2 Bezeichnung der Dauerfestigkeitskennwerte

	Zug/Druck	Biegung	Schub/Torsion
statische Last ($\kappa = 1$)	$\sigma_{\text{Z,s}}$	$\sigma_{\text{B,s}}$	$\sigma_{\text{T,s}}$
schwellende Last ($\kappa = 0$)	$\sigma_{\text{Z,schw}}$	$\sigma_{\text{B,schw}}$	$\sigma_{\text{T,schw}}$
wechselnde Last ($\kappa = -1$)	$\sigma_{\text{Z,w}}$	$\sigma_{\text{B,w}}$	$\sigma_{\text{T,w}}$

Die Tabelle in Bild 6.15 zeigt verschiedene Kennwerte für einige ausgewählte, gängige Stähle und Gusswerkstoffe. Gleichwohl verbleibt die Frage, wie für eine beliebige zeitlich veränderliche Last beurteilt werden kann, ob das Bauteil dauerfest ist. In diesem Zusammenhang hat sich ein weiteres Schaubild bewährt: das sog. **Smith-Diagramm**[8].

6.5.2 Smith-Diagramm

Beim Smith-Diagramm handelt es sich um ein materialspezifisches Schaubild, dass für einen beliebigen, zeitlich veränderlichen oder zeitlich konstanten Lastfall eine Aussage zur Dauerfestigkeit des Bauteils zulässt. Zum grundlegenden Verständnis des Diagramms lohnt es sich, zuerst das Bild 6.16 zu betrachten und sich die nachfolgenden Zusammenhänge klarzumachen:

Eine allgemein zeitliche veränderliche Last $\sigma(t)$ variiert zwischen den beiden Extremwerten σ_{o} und σ_{u}, wobei der Mittelwert durch σ_{m} gegeben ist. Demzufolge wird dieser Lastfall in einem σ-σ_{m}-Diagramm (linke Abbildung) durch eine senkrechte Strecke repräsentiert, auf der der Lastpunkt zeitlich auf und ab oszilliert. Die Winkelhalbierende, gegeben durch

[8] Benannt nach dem US-amerikanischen Ingenieur Phillip H. Smith (1905–1987).

alle Werte in N/mm²

	Zug/Druck			Biegung			Schub/Torsion		
	$\sigma_{Z,s}$	$\sigma_{Z,schw}$	$\sigma_{Z,W}$	$\sigma_{B,s}$	$\sigma_{B,schw}$	$\sigma_{B,W}$	$\sigma_{T,s}$	$\sigma_{T,schw}$	$\sigma_{T,W}$
Baustahl									
S235JR (St-37)	240	240	170	340	320	190	140	140	110
S355J2 (St-52)	340	340	240	450	400	270	190	190	160
Maschinenbaustahl									
E335 (St-60)	380	380	260	540	530	320	220	220	180
E360 (St-70)	450	450	320	620	620	370	260	260	200
Vergütungsstahl									
C45	390	390	290	530	530	350	210	210	170
C60	450	450	340	600	600	400	260	260	200
30Mn5	450	450	320	630	600	350	260	260	200
42CrMo4	700	700	400	1000	770	450	400	400	260
34CrNiMo6	800	780	450	1100	880	500	460	460	290
Einsatzstahl									
C10	250	250	190	350	350	220	150	150	130
16MnCr5	600	600	360	840	670	400	350	350	230
18CrNi8	800	800	530	1100	1040	600	460	460	350
Grauguss (Lamellengraphit)									
EN-GJL-150	---	65	40	240	110	70	---	90	70
EN-GJL-200	---	80	50	300	140	90	---	110	80
EN-GJL-300	---	110	70	420	200	130	---	150	100
Grauguss (Kugelgraphit)									
EN-GJS-500	350	260	150	500	430	250	300	250	150
EN-GJS-600	420	320	180	600	510	300	350	290	170
EN-GJS-700	500	380	210	690	600	350	400	340	200
Stahlguss									
GE240	220	220	150	300	300	190	130	130	110
GE260	250	250	180	350	350	220	150	150	130
GE300	360	360	210	500	500	260	210	210	140

Bild 6.15 Dauerfestigkeitskennwerte für verschiedene Stähle und Eisengusswerkstoffe. Quelle: [Hinzen, 2011]

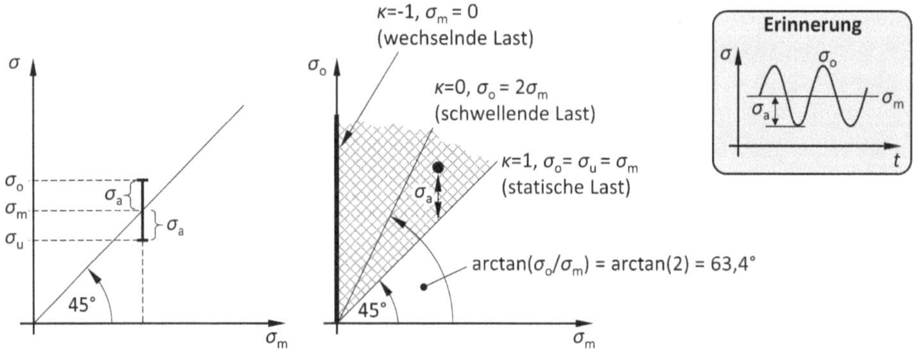

Bild 6.16 Illustration eines Lastfalls im σ-σ_m- und σ_o-σ_m-Diagramm

die 45°-Linie, schneidet die Strecke in der Mitte, wobei die Länge der beiden Streckenhälften die Spannungsamplitude kennzeichnen. Außerdem stellt die Winkelhalbierende den statischen Lastfall ($\sigma = \sigma_m$ und $\sigma_a = 0$) dar, bei dem sich die Strecke auf einen Punkt auf der Winkelhalbierende reduziert.

Im σ_o-σ_m-Diagramm (rechtes Diagramm) ist ein beliebiger Lastfall durch einen Punkt repräsentiert. Außerdem existieren drei charakteristische Linien:

1) die Winkelhalbierende: jeder Lastpunkt auf der Linie stellt einen statischen Lastfall dar. Die Linie ist – je nach Belastungsart – nach oben durch $\sigma_{Z,s}$, $\sigma_{B,s}$ bzw. $\sigma_{T,s}$ begrenzt.
2) die 63,4°-Linie: jeder Lastpunkt auf dieser Linie steht für eine schwellende Last, bei der $\sigma_o = 2\sigma_m$ gilt. Demzufolge hat die Linie den Anstieg 2, woraus der krumme Winkel über Arkustangens folgt. Diese Linie ist nach oben durch den Wert $\sigma_{Z,schw}$, $\sigma_{B,schw}$ oder $\sigma_{T,schw}$ begrenzt.
3) die Linie auf der y-Achse: Lastpunkte auf der y-Achse beschreiben wechselnde Lasten, für die $\sigma_m = 0$ gilt. Die obere Grenze ist durch den Wert $\sigma_{Z,w}$, $\sigma_{B,w}$ oder $\sigma_{T,w}$ festgelegt.

Da immer $\sigma_o > \sigma_o$ gilt, muss ein beliebiger Lastfall durch einen Punkt im dargestellten schraffierten Bereich, also oberhalb der Winkelhalbierenden, charakterisiert werden[9].

Mit diesem Überlegungen kann das Smith-Diagramm konstruiert werden, bei dem in das σ_o-σ_m-Diagramm die jeweiligen Grenzlasten der betrachteten Belastungsart eingetragen werden. Bild 6.17 zeigt das konstruierte Smith-Diagramm am Beispiel eines 42CrMo4-Bauteils unter Biegebelastung mit den Kennwerten (vgl. Bild 6.15):

$$\sigma_{B,s} = 1000\,\text{N/mm}^2\,,$$

$$\sigma_{B,schw} = 770\,\text{N/mm}^2\,,$$

$$\sigma_{B,w} = 450\,\text{N/mm}^2\,.$$

Hierbei wurde wie folgt vorgegangen:

1. Trage die statische Grenzspannung $\sigma_{B,s}$ auf der Winkelhalbierende bei $\sigma_o = \sigma_m = 1000$ N/mm^2 ein (Punkt A).
2. Kennzeichne auf der y-Achse die max. zulässige Wechselspannung $\sigma_{B,w} = 450$ N/mm^2 (Punkt B).
3. Konstruiere den Punkt C aus dem Grenzwert für die schwellende Belastung. Hier gilt $\sigma_{B,schw} = \sigma_o = 770$ N/mm^2 und $\sigma_m = \sigma_{B,schw}/2 = 385$ N/mm^2.
4. Nun zieht man eine Linie von B ausgehend über C bis zum Spannungsniveau $\sigma_o = 1000$ N/mm^2. Danach setzt man die Linie horizontal bis zum Punkt A fort.
5. Abschließend bestimmt man $\sigma_o = 700$ N/mm^2 und $\sigma_m = 500$ N/mm^2 aus dem gegebenen Lastfall (Grafik rechts) und trägt den entsprechenden Punkt L in das Diagramm ein.

Das Dauerfestigkeitsgebiet (grauer Bereich) ist nach unten durch die Winkelhalbierende und nach oben durch die Streckenabschnitte $\overline{BD}$, und $\overline{DA}$ begrenzt. Ein Bauteil mit einer zeitlich veränderlichen Last, die zu einem Lastpunkt L innerhalb des grauen Gebiets

9 Natürlich sind auch Lastfälle denkbar, bei denen $\sigma_o > 0$ und $\sigma_m < 0$ sind. In derartigen Fällen können die Vorzeichen der Zug- und Druckrichtung vertauscht werden, so dass man wieder im schraffierten Bereich liegt.

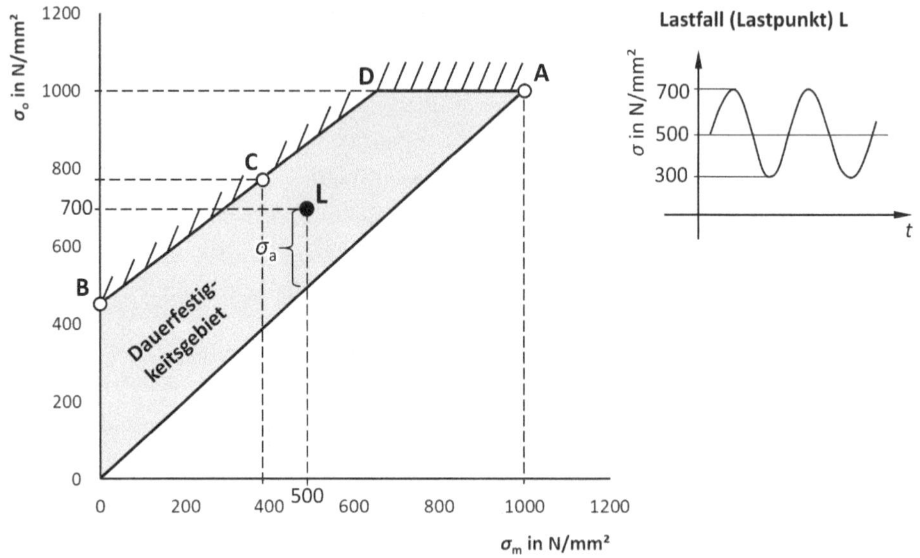

Bild 6.17 Illustration der Konstruktion des Smith-Diagramms für ein Bauteil aus 42CrMo4 unter Biegebelastung inklusive Dauerfestigkeitsgebiet und Festlegung des Lastpunktes L

führt, ist dauerfest dimensioniert. In gleicher Weise kann bei den Belastungsarten Zug/-Druck bzw. Schub/Torsion mit den jeweilgen Grenzwerten aus Bild 6.15 vorgegangen werden.

6.6 Gestaltfestigkeit

Die in Bild 6.15 aufgeführten Dauerfestigkeitskennwerte werden in Laborversuchen an standardisierten Proben ermittelt. Aus Gründen der Reproduzierbarkeit haben die Proben:

- eine polierte Oberfläche, d.h. die Rauheit ist minimiert,
- einen kreisrunden Querschnitt und
- einen einheitlichen Durchmesser von Ø10 mm.

was eine idealisierte Situation darstellt und in der Realität üblicherweise nicht vorliegt. So weisen beispielsweise Achsen und Wellen – je nach Fertigung – unterschiedliche Rauheiten, unterschiedliche Durchmesser und abweichende Querschnittgeometrien (Wellenabsätze, Kerben, Nuten, Bohrungen) auf. Aus diesem Grunde stellen die o.g. Dauerfestigkeitskennwerte $\sigma_{Z,s}$, $\sigma_{Z,schw}$, $\sigma_{Z,w}$, $\sigma_{B,s}$, $\sigma_{B,schw}$, $\sigma_{B,w}$, $\sigma_{T,s}$, $\sigma_{T,schw}$ und $\sigma_{T,w}$ idealisierte Maximalwerte dar; die realen Kennwerte sind geringer!

Die Tatsache, dass die experimentell ermittelten Werte, aufgrund der realen Bauteilform bzw. der Bauteil„gestalt“ nach unten korrigiert werden müssen, führt auf den Begriff der **„Gestalt“festigkeit**. Dabei verkleinert sich das Dauerfestigkeitsgebiet in Bild 6.17 aufgrund von drei Faktoren:

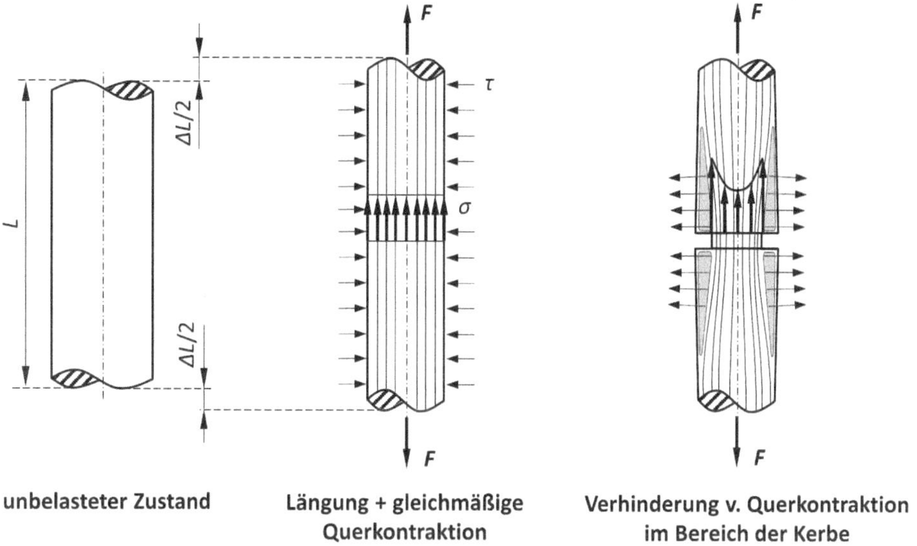

Bild 6.18 Darstellung des Kerbwirkungeffekts am Beispiel einer Rundprobe ohne/mit Kerbe

1. **Kerbwirkung**: Ändert sich die Bauteilgeometrie entlang der Belastungsrichtung, entstehen an den Ecken und Kanten der Geometrieänderung Spannungsspitzen, die mitunter beträchtliche Werte annehmen können. Zur Erläuterung des Phänomens soll ein auf Zug belasteter Rundstab betrachtet werden, Bild 6.18. Der glatte, zugbelastete Rundstab bildet gleichmäßig verteilte Zugspannungen aus, so dass sich der Stab längt und – aufgrund der Querkontraktion – gleichmäßig verjüngt, Bild 6.18 (Mitte). Eine Geometrieänderung, z.B. eine Nut für einen Sicherungsring, kann keine Zugspannungen aufnehmen, demzufolge überträgt nur der verringerte Querschnitt in der Mitte Zugspannungen. Mit zunehmender Entfernung von der Nut laufen die Spannungslinien wieder auseinander, der Nuteinfluss nimmt ab und der gesamte Stabquerschnitt kommt wieder zum Tragen, Bild 6.18 (rechts). Allerdings bildet sich im Nahbereich der Nut ein „Totwassergebiet" aus (grauer Bereich), in dem keine Zugspannungen übertragen werden und in dem folglich auch keine, aus der Zugspannung resultierende, Querkontraktion stattfindet. Auf der anderen Seite findet im Kern des Stabes Querkontraktion statt, genau dort, wo die Zugspannungen übertragen werden.

   Im Übergangsbereich, zwischen Totwassergebiet und Stabkern, treffen nun Materialbereiche aufeinander, die querkontraiert bzw. nicht querkontraiert werden. Das Totwassergebiet „zieht" gewissermaßen am Kernmaterial und verhindert die Querkontraktion. Diese zusätzlichen Zugspannungen manifestieren sich in den Spannungsüberhöhungen und repräsentieren den Kerbwirkungseffekt. Sie sind umso größer, je „spitzer" die Ecken und Kanten ausgeführt sind.

   Der Kerwirkungseffekt wird empirisch über einen Korrekturfaktor $\beta_k > 1$ berücksichtigt. Er ist für die üblichen Geometrieänderungen, z.B. Wellenabsätze, Wellennut, Querbohrungen, Rundkerben, etc., tabelliert und kann teilweise auch berechnet werden, vgl. Bild 6.19 und [Muhs et al., 2011].

2. **Größeneinfluss**: Es zeigt sich in der Realität, das die Bauteilgröße, beispielsweise der Wellendurchmesser, ebenfalls mit den Dauerfestigkeitskennwerten korreliert. Speziell gilt, je größer der Durchmesser gegenüber dem standardisierten Laborprobendurchmesser von Ø = 10 mm, desto geringer die Festigkeitskennwerte. Man kann sich dass mit einem statistisch begründeten, absoluten Anstieg von Fehlstellen im Bauteil erklären, d.h. je größer das Bauteil, desto mehr Materialfehlstellen werden existieren, von denen Materialversagen ausgehen kann. Der Größeneinfluss wird empirisch über ein Korrekturfaktor $b_g < 1$ erfasst, vgl. Bild 6.20 (oben).
3. **Oberflächenrauheit**: Rauheiten an der Bauteiloberfläche sind auf mikroskopischer Ebene durch Berge und Täler gekennzeichnet. Insbesondere die Täler können als Mikrokerben oder mikroskopische Anrisse angesehen werden, die zum einen Schwachstellen repräsentieren und außerdem Kerbwirkungseffekte verursachen. Da die Oberflächentopologie statistisch geprägt ist, wird dieser Einflussfaktor ebenfalls empirisch durch eine Korrekturfaktor $b_o < 1$ berücksichtigt, vgl. Bild 6.20 (unten).

Kerbform	Festigkeit R_m in N/mm²	β_K für Biegung	β_K für Torsion
Rundkerbe 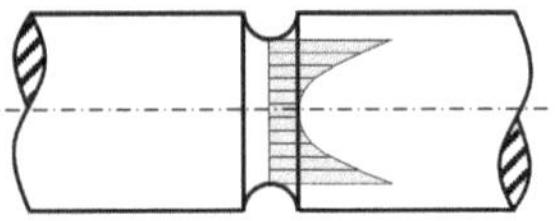	300 - 800	1,2 ...2,0	1,1 ... 2,0
Einstich für Sicherungsring 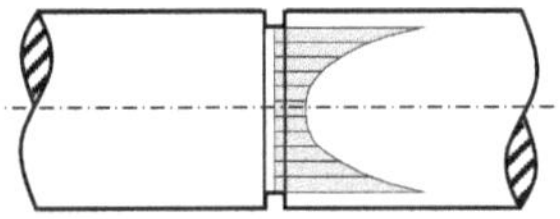	300 - 800	2,0 ... 3,5	2,2 ... 3,0
Querbohrung 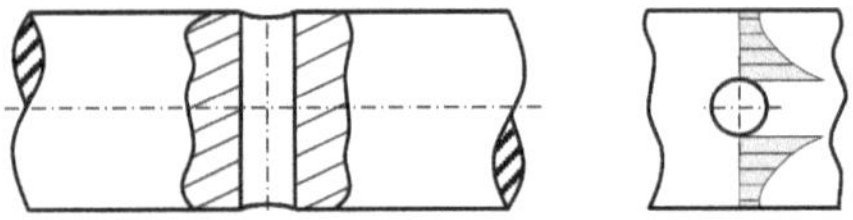	400 - 1200	1,7 ... 2,0	1,7 ... 2,0
Wellenabsatz 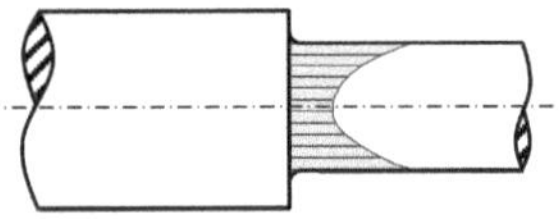	300 - 1200	1,1 ... 3,0	1,1 ... 2,0
Passfedernut (mit Scheibenfräser gefertigt) 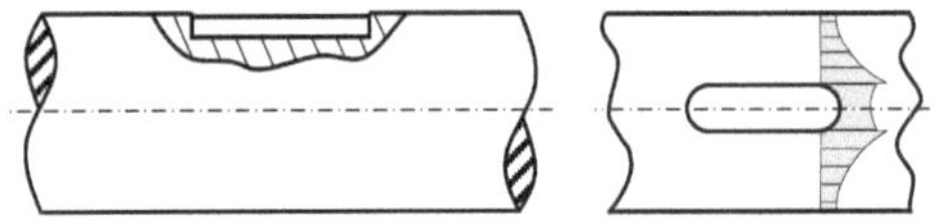	400 - 1200	1,5 ... 1,8	1,2 ...2,4

Bild 6.19 Ausgewählte Kerbwirkungszahlen für verschiedene Wellengeometrien, Quelle: [Muhs et al., 2011]

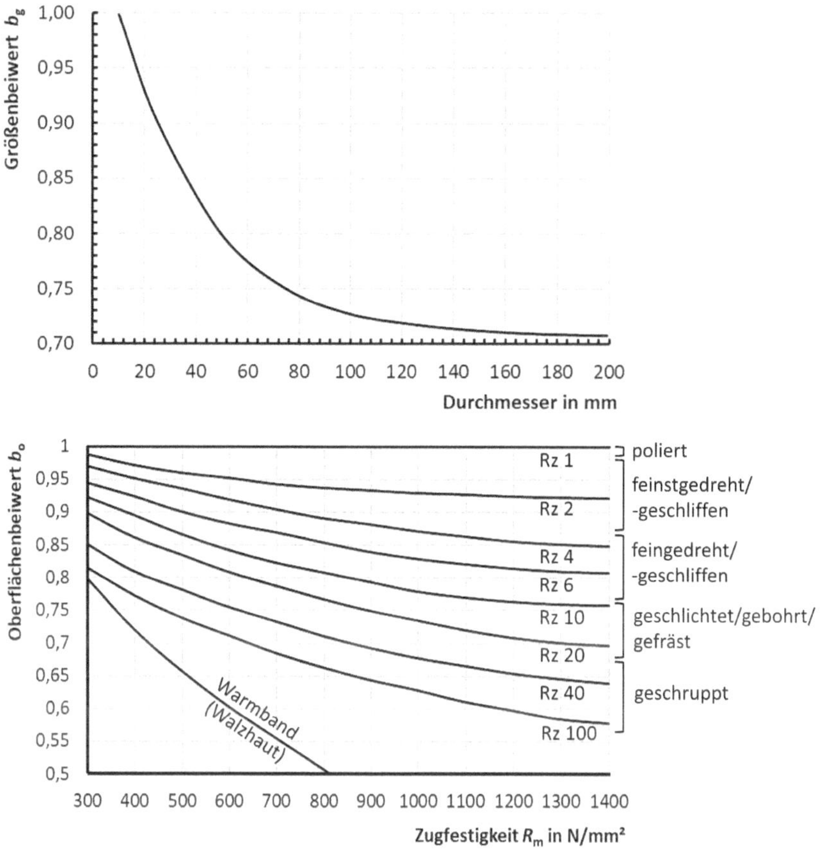

Bild 6.20 Beiwerte zur Berechnung der Gestaltfestigkeitskennwerte, Datenquelle: [Böge, 1998]

Alle drei Effekte münden in einer Korrekturgleichung für die **Gestaltfestigkeitskennwerte**, z.B.:

$$\sigma_{\mathrm{GB,w}} = \frac{b_o}{\beta_k} b_g \sigma_{\mathrm{B,w}} = \frac{b_o}{\beta_k} \sigma'_{\mathrm{B,w}} \tag{6.21}$$

mit $\sigma'_{\mathrm{B,w}} = b_g \sigma_{\mathrm{B,w}}$. Gleichung 6.21 ist hier exemplarisch für eine wechselnde Last und eine Biegebelastung angegeben. In gleicher Weise können die analogen Gestaltfestigkeitskennwerte in Tabelle 6.3 berechnet werden. Dabei dient der vorangestellte, zusätzliche Index „G" zur Unterscheidung zwischen Dauer- und Gestaltfestigkeit.

Tabelle 6.3 Bezeichnung der Gestaltfestigkeitskennwerte

	Zug/Druck	Biegung	Schub/Torsion
statische Last ($\kappa = 1$)	$\sigma_{\mathrm{GZ,s}}$	$\sigma_{\mathrm{GB,s}}$	$\sigma_{\mathrm{GT,s}}$
schwellende Last ($\kappa = 0$)	$\sigma_{\mathrm{GZ,schw}}$	$\sigma_{\mathrm{GB,schw}}$	$\sigma_{\mathrm{GT,schw}}$
wechselnde Last ($\kappa = -1$)	$\sigma_{\mathrm{GZ,w}}$	$\sigma_{\mathrm{GB,w}}$	$\sigma_{\mathrm{GT,w}}$

Mit Gleichung 6.21 folgt, dass die Gestaltfestigkeitskennwerte (z.B. $\sigma_{GB,w}$) kleiner sind als die Dauerfestigkeitskennwerte (z.B. $\sigma_{B,w}$). Somit verkleinert sich auch das Dauerfestigkeitsgebiet im Smith-Diagramm und man spricht nun vom **Gestaltfestigkeitsgebiet**.

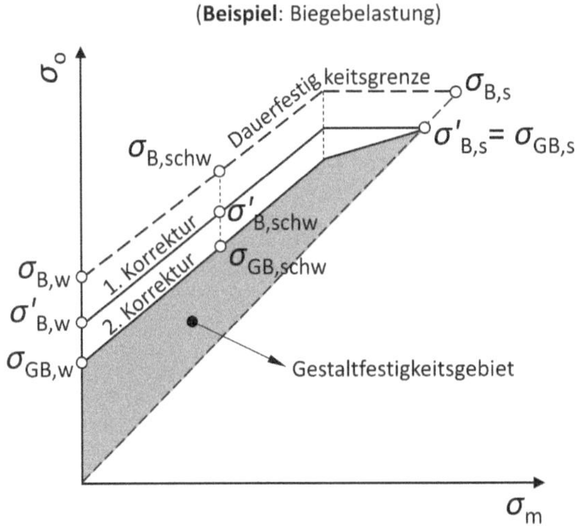

Bild 6.21 Korrektur des Smith-Diagramms unter Berücksichtigung der Gestaltfestigkeit (qualitative Darstellung)

Die Ermittlung der Gestaltfestigkeitskennwerte geschieht in zwei Stufen (Beispiel Biegebelastung):

1. Korrektur unter Berücksichtigung des Größeneffekts, also die Berechnung von:

$$\sigma'_{B,w} = b_g \sigma_{B,w} \,, \tag{6.22}$$

$$\sigma'_{B,schw} = b_g \sigma_{B,schw} \,, \tag{6.23}$$

$$\sigma'_{B,s} = b_g \sigma_{B,s} \,. \tag{6.24}$$

   Da $b_g < 1$ ist, folgt: $\sigma'_{B,w} < \sigma_{B,w}$, $\sigma'_{B,schw} < \sigma_{B,schw}$ und $\sigma'_{B,s} < \sigma_{B,s}$, was unmittelbar zu der ersten Korrekturlinie in Bild 6.21 führt.

2. Korrektur unter Berücksichtigung des Oberflächen- und Kerbwirkungseffekts. Hierbei zeigt die Praxis, dass der statische Kennwert, also $\sigma'_{B,s}$ von diesen beiden Effekten unberührt ist. Es gilt also:

$$\sigma'_{B,s} = \sigma_{GB,s} \,. \tag{6.25}$$

   Daher sind nur $\sigma'_{B,w}$ und $\sigma'_{B,schw}$ gemäß Gleichung 6.21 zu betrachten, womit die zweite Korrekturlinie in Bild 6.21 resultiert. Da $\beta_k > 1$ ist und im Nenner des Bruchs steht sowie $b_o < 1$ ist und im Zähler steht, folgt: $\sigma_{GB,w} < \sigma'_{GB,s}$ und $\sigma_{GB,schw} < \sigma'_{GB,schw}$.

6.7 Sicherheiten bzgl. Dauerfestigkeit

Das Thema Sicherheit ist bereits im Kapitel 4 für statische Lasten behandelt worden. Damals war die Situation insofern eindeutig, dass es nur eine konstante Spannung – resultierend aus einer konstanten Belastung – gab, die mit der zulässigen Spannung für den Werkstoff, z.B. R_e, in Beziehung gesetzt wurde.

Bei zeitlich veränderlichen Lasten ist die Fragestellung nach der Sicherheit mehrdeutig, denn die Sicherheit ist vom betrachteten Überlastszenario abhängig. Betrachtet man ein Bauteil, das mit einer allgemeinen zeitlich veränderlichen Last beaufschlagt wird, so kann im zugehörigen Dauerfestigkeitsdiagramm[10] der entsprechende Lastpunkt L eingezeichnet werden, Bild 6.22.

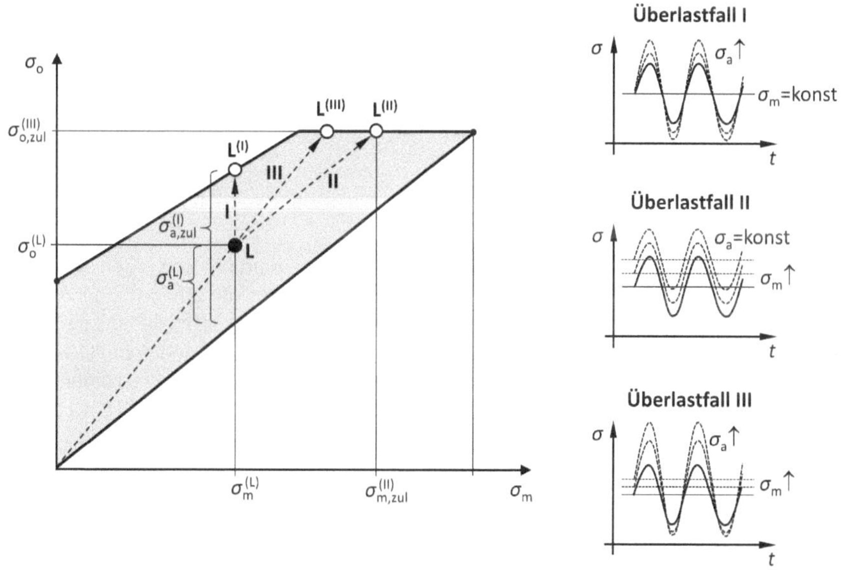

Bild 6.22 Darstellung der drei Überlastszenarien im Smith-Diagramm

Bezogen auf den Lastpunkt L sind drei Überlastszenarien denkbar:

I) Nur die Spannungsamplitude σ_a wird gesteigert, die mittlere Spannung σ_m bleibt gleich. Das entspricht einer senkrechten Gerade im Smith-Diagramm, ausgehend vom Lastpunkt L bis zur oberen Lastgrenze $L^{(I)}$, vgl. Bild 6.22. Die Sicherheit definiert sich aus dem Verhältnis der zugehörigen Spannungsamplituden, nämlich:

$$S^{(I)} = \frac{\sigma_{a,zul}^{(I)}}{\sigma_a^{(L)}} . \tag{6.26}$$

Hierbei kennzeichnet die jeweilige Spannungsamplitude den vertikalen Abstand des Lastpunktes L bzw. $L^{(I)}$ zur Winkelhalbierenden gemäß des Beziehung $\sigma_a = \sigma_o - \sigma_m$.

[10] In analoger Weise kann auch das Gestaltfestigkeitsdiagramm betrachtet werden.

II) Die mittlere Spannung wird bei gleichbleibender Spannungsamplitude gesteigert. Dies entspricht einer Linie von L bis zum maximal möglichen Lastpunkt $L^{(II)}$. Die resultierende Strecke $\overline{LL^{(II)}}$ verläuft parallel zur Winkelhalbierenden, so dass jeder Punkt auf ihr den selben vertikalen Abstand zur Winkelhalbierenden hat (σ_a =konst.). Die Sicherheit ist durch das Verhältnis der maximal möglichen mittleren Spannung zur tatsächlich vorliegenden mittleren Spannung gegeben, Bild 6.22, also:

$$S^{(II)} = \frac{\sigma^{(II)}_{m,zul}}{\sigma^{(L)}_{m}} \,. \tag{6.27}$$

III) Sowohl mittlere Spannung als auch Spannungsamplitude werden gesteigert. Hierbei wird üblicherweise angenommen, dass bei der Steigerung das anfängliche Verhältnis zwischen σ_a und σ_m erhalten bleibt. Somit kann diese Steigerung durch eine Linie, ausgehend vom Koordinatenursprung über den Lastpunkt L bis zum größtmöglichen Lastpunkt $L^{(III)}$ beschrieben werden. Die Sicherheit definiert sich dann aus dem Verhältnis der resultierenden σ_o-Werte, Bild 6.22:

$$S^{(III)} = \frac{\sigma^{(III)}_{o,zul}}{\sigma^{(L)}_{o}} \,. \tag{6.28}$$

Übung 20 (Dauerfestigkeit):
Im nachfolgenden Bild soll der Motor einer Erntemaschine betrachetet werden. Dieser ist auf dem Fahrzeugrahmen montiert und hat ein Gewicht von m = 640 kg. Die tragende Rahmenkonstruktion soll vereinfacht aus S355J2-Vierkantprofilen mit den Querschnittmaßen: B×H = 20 × 40 mm bestehen. Außerdem soll angenommen werden, dass die Position des Motorschwerpunkts (CoG = Center of Gravity) zu einer gleichmäßigen Lastverteilung auf die Motor-Rahmen-Anbindungspunkte führt.

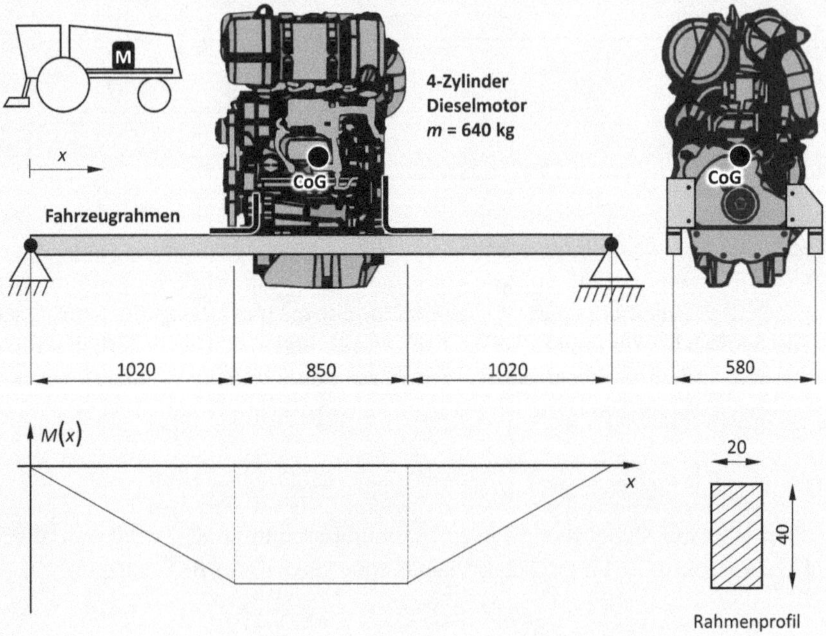

Zusätzlich zur statischen Gewichtskraft des Motors erzeugt dieser im Betrieb aufgrund von internen Massenkräften eine vertikale, dynamische Last von $F_{\text{dyn}} = \pm 630$ N.

a) Errechne zuerst die statischen und dynamischen Biegemomente im Rahmen und die resultierenden Spannungen. Zeichne anschließend das maßstabsgerechte σ-t-Diagramm und das zugehörige Smith-Diagramm. Ist die Rahmenkonstruktion dauerfest ($b_g = b_o = \beta_k = 1$)?

b) Welche Sicherheit bzgl. Dauerfestigkeit liegt für folgendes Szenario vor: Das Motorgewicht soll bei gleichbleibenden internen Massenkräften gesteigert werden (z.B. massiveres Gehäuse)?

c) Welcher Sicherheit bzgl. Dauerfestigkeit liegt für folgendes Szenario vor: Die dynamischen Massekräfte sollen bei gleichbleibendem Motorgewicht gesteigert werden?

Lösung:

a) Zunächst sind die aus der Gewichtskraft $F_g = mg$ und den dynamischen Massenkräften resultierenden Biegespannungen im Rahmenprofil zu berechnen. Der Motor ist über vier Punkte am Rahmen befestigt, die alle gleich belastet werden. Über den Hebelarm $L = 1020$ mm kommt es zu einer dominierenden Biegebelastung im Rahmen (die Querkräfte und die resultierenden Schubspannungen sollen als untergeordnet betrachtet werden). Für die max. Biegemomente kann notiert werden:

$$M_{\text{stat}} = L \cdot \frac{F_g}{4} = 1020\,\text{mm} \cdot 1570\,\text{N} = 1601\,\text{Nm}\,, \tag{6.29}$$

$$M_{\text{dyn}} = L \cdot \frac{F_{\text{dyn}}}{4} = 1020\,\text{mm} \cdot 158\,\text{N} = 161\,\text{Nm}\,. \tag{6.30}$$

Für ein Rechteck-Vollprofil gilt $W_{\text{ax}} = \frac{bh^2}{6} = \frac{20 \cdot 40^2}{6}\,\text{mm}^3 = 5333\,\text{mm}^3$. Somit folgt für die Spannungen:

$$\sigma_{\text{stat}} = \sigma_{\text{m}} = \frac{M_{\text{stat}}}{W_{\text{ax}}} = 300\,\text{N/mm}^2\,, \tag{6.31}$$

$$\sigma_{\text{dyn}} = \sigma_{\text{a}} = \frac{M_{\text{dyn}}}{W_{\text{ax}}} = 30\,\text{N/mm}^2\,. \tag{6.32}$$

Damit resultiert unmittelbar $\sigma_{\text{o}} = 330\,\text{N/mm}^2$ und $\sigma_{\text{u}} = 270\,\text{N/mm}^2$ sowie die nachstehenden Diagramme.

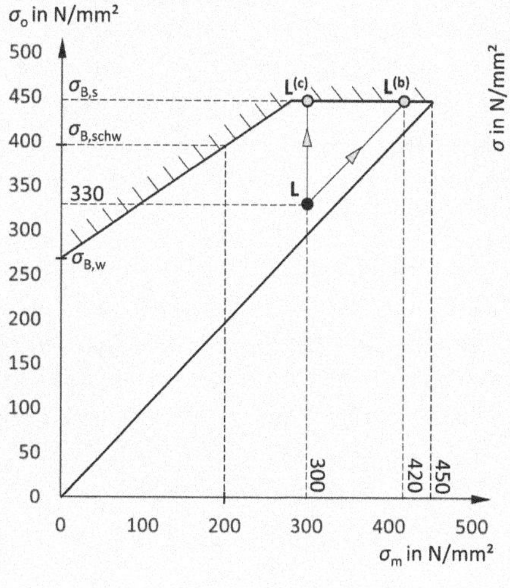

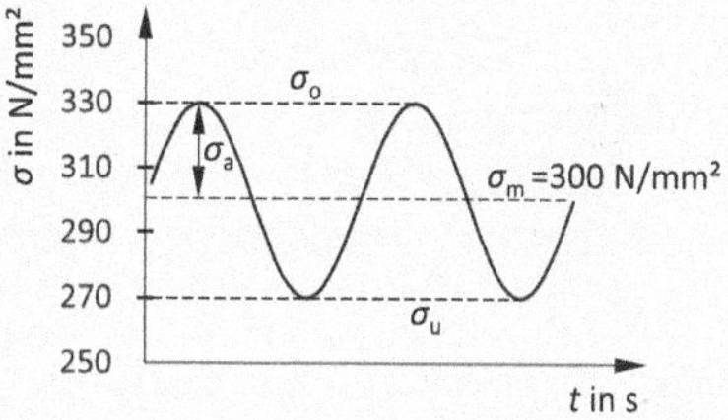

Hierbei wurden die Dauerfestigkeitskennwerte für einen S355J2-Stahl:

$$\sigma_{B,s} = 450\,N/mm^2\,, \tag{6.33}$$

$$\sigma_{B,schw} = 400\,N/mm^2\,, \tag{6.34}$$

$$\sigma_{B,w} = 270\,N/mm^2\,. \tag{6.35}$$

gemäß Bild 6.15 verwendet. Der Lastpunkt L liegt im Dauerfestigkeitsgebiet, die Rahmenkonstruktion ist folglich dauerfest.

b) Das oben abgebildete Smith-Diagramm zeigt den Grenzlastpunkt $L^{(b)}$. Dabei ist die dynamische Last (σ_a) konstant und nur die statische Last (σ_m) variiert. Dieses Überlastszenario wird durch eine zur Winkelhalbierenden parallele Gerade repräsentiert, die von L ausgeht und an der oberen Grenze endet. Der zu $L^{(b)}$ gehörende maximal zulässige σ_m-Wert ist 420 N/mm². Für die Sicherheit ergibt sich:

$$S^{(b)} = \frac{\sigma_m^{(b)}}{\sigma_m^L} = \frac{420}{300} = 1{,}4\,. \tag{6.36}$$

c) Der entsprechende Grenzlastpunkt ist im Smith-Diagramm mit $L^{(c)}$ gekennzeichnet. Er ergibt sich durch Steigerung der Spannungsamplitude σ_a bei gleichbleibender statischer Last σ_m. Es folgt eine von L ausgehende vertikale Linie im Smith-Diagramm, die an der oberen Grenze endet und so den Punkt $L^{(c)}$ definiert. Die zugehörige Sicherheit folgt aus dem Verhältnis der maximal zulässigen Spannungsamplitude zur tatsächlich vorliegenden Spannungsamplitude, also:

$$S^{(c)} = \frac{\sigma_a^{(c)}}{\sigma_a^L} = \frac{450-300}{330-300} = 5\,. \tag{6.37}$$

■

6.8 Gelenkwellen

Wellen werden typischerweise in Antriebssträngen verwendet, um ein Drehmoment von der Antriebsmaschine (z.B. ein Kolbenmotor) zur Arbeitsmaschine (z.B. ein Förderband oder die Räder eines Autos) zu übertragen. Je nach Bauraum und Anwendung können die Antriebsstränge bisweilen sehr lang sein (z.B. in Kraftwerken), so dass die Welle aus verschiedenen Segmenten besteht, die miteinander verbunden sind. Auch sind Antriebs- und Arbeitsmaschine oftmals nicht in einer Flucht verbaut, so dass die Welle „umgelenkt" werden muss.

Gelenkwellen werden eingesetzt, um verschiedene Wellensegmente miteinander zu verbinden und gleichzeitig bauraum- bzw. montagebedingte Wellenversätze auszugleichen. Sie sind u.a. äußerst populär im KFZ Bereich (z.B. zur Realisierung von Hinterrad- oder Allradantrieben) oder im Landmaschinenbereich (z.B. zur Übertragung des Drehmoments von der Zapfwelle des Traktors auf Anbaugeräte, vgl. Foto 5, Bild 6.1). Hierzu zeigt Bild 6.23 (links) die Gelenkwelle im Radlader, welche das vom Verbrennungsmotor kommende Antriebsmoment auf beide angetriebene Achsen verteilt und so den Allradantrieb gewährleistet.

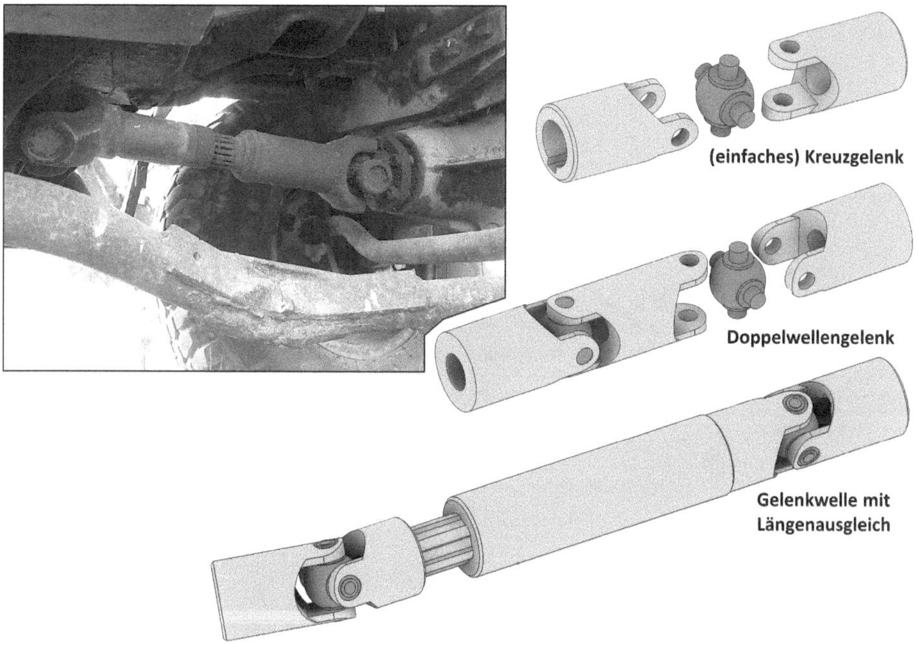

Bild 6.23 Gelenkwelle bzw. Kardanwelle für den Allradantrieb eines Radladers (links); einfaches Kreuzgelenk, Doppelwellengelenk und Gelenkwelle mit Längenausgleich mittels Schiebehülse/Keilwelle (rechts); CAD-Modelle: Copyright ©MÄDLER® (mit freundlicher Genehmigung).

6.8.1 Kreuzgelenkwellen

Eine weitverbreitete Gelenkwellenbauform sind die **Kreuzgelenkwellen**. Sie werden auch häufig als **Kardanwellen**[11] bezeichnet und sind in vielen Antriebssträngen zu finden. Zentrales Element ist das sogenannte Kreuzgelenk, das die beiden Wellen drehsteif miteinander verbindet[12].

Bild 6.24 (links) zeigt den Aufbau eines Kreuzgelenks, vgl. [DIN808]. Es besteht aus zwei Gelenkgabeln, die 90° zueinander verdreht und starr mit je einem Wellenende verbunden sind. Die Gelenkgabeln sind mit Bohrungen versehen, in die drehbar ein Gelenkkreuz montiert ist. Dabei werden gemäß Bild 6.23 (rechts) drei Bauformen unterschieden:

a) einfaches Kreuzgelenk,

b) Doppelwellengelenk (mit Mittelstück),

c) Kreuzgelenkwelle mit Schiebehülse zum Längenausgleich.

Je nach Bauform können Kreuzgelenke drei unterschiedliche Wellenversätze ausgleichen, die in ihrer Ausführung in Bild 6.24 (rechts) illustriert sind: (1) Winkelversatz um den Beugungswinkel α, (2) Radialversatz Δy und (3) Axialversatz Δx.

[11] Benannt nach dem italienischen Universalgelehrten Girolamo Cardano (1501–1576).

[12] In diesem Sinne stellt das Kreuzgelenk eine Kupplung dar, vgl. Kapitel 10.

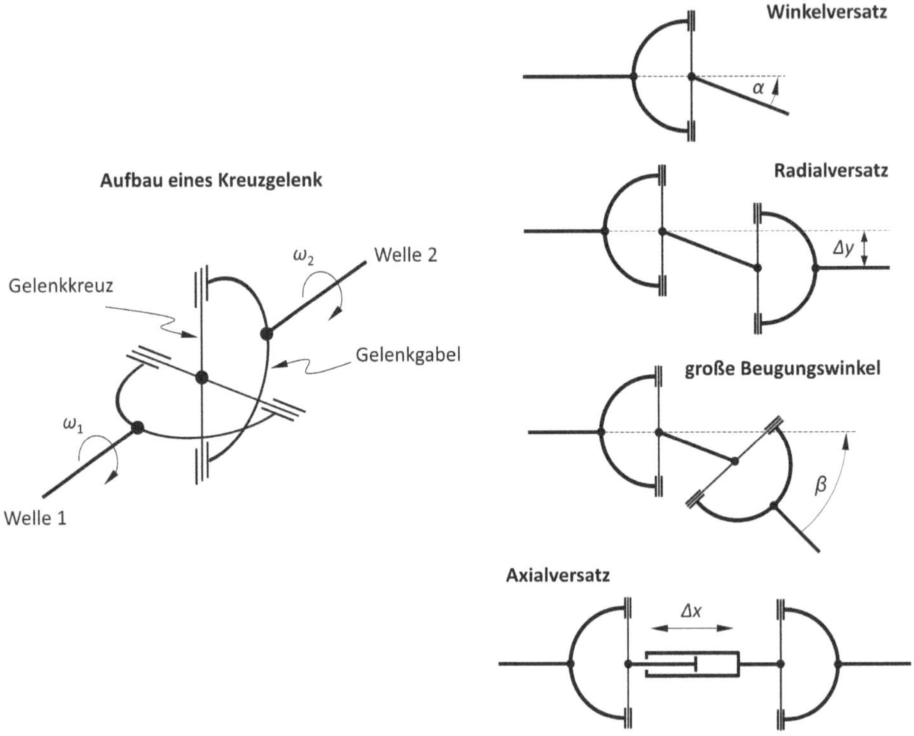

Bild 6.24 Aufbau eines Kreuzgelenks (links), Illustration des Ausgleichs von verschiedenen Wellenversätzen (rechts)

Hierbei ist zu beachten, dass in den verschiedenen Darstellungen von Bild 6.24 (rechts) nur je ein Versatz illustriert wurde. Natürlich ist auch der Ausgleich von gleichzeitig auftretenden, unterschiedlichen Versätzen möglich. Das einfache Kreuzgelenk kann nur Winkelversätze ausgleichen. Das Doppelwellengelenk kann neben radialen Versätzen auch gleichzeitige Winkelversätze korrigieren. Außerdem wird es eingesetzt, um große Beugungswinkel zu realisieren. Die Kreuzgelenkwelle mit mittlerer Schiebehülse erlaubt den Ausgleich von axialen und/oder radialen und/oder Winkelversätzen.

Kreuzgelenkwellen, insbesondere die Verwendung von einfachen Kreuzgelenken, haben jedoch ein ausgewiesenen Nachteil, der nicht unerwähnt bleiben darf. Dazu soll **Stellung 1** im Bild 6.25 (links) betrachtet werden. Ferner soll angenommen werden, dass Welle 1 mit einer vom Antriebsmotor kommenden, konstanten Drehzahl n_1=konst. (in 1/s) bzw. Winkelgeschwindigkeit $\omega_1 = 2\pi n_1$ beaufschlagt wird. Das Gelenkkreuz steht senkrecht zur Rotationsachse von Welle 1. Somit ergibt sich für die senkrecht zur Rotationsachse verlaufende Umfangsgeschwindigkeit u_1 im Punkt A:

$$u_1 = \frac{\Delta s}{\Delta t} = \frac{r \cdot \Delta\varphi}{\Delta t} = r \cdot \omega_1 \,. \qquad (6.38)$$

Hierbei beschreibt φ den vom Gelenkkreuz durch die Drehbewegung überstrichenen Winkel. Welle 2 ist um den Beugungswinkel α nach unten geneigt und im Punkt B mit dem Gelenkkreuz verbunden. Da das Gelenkkreuz starr ist, muss auch hier die Umfangsgeschwin-

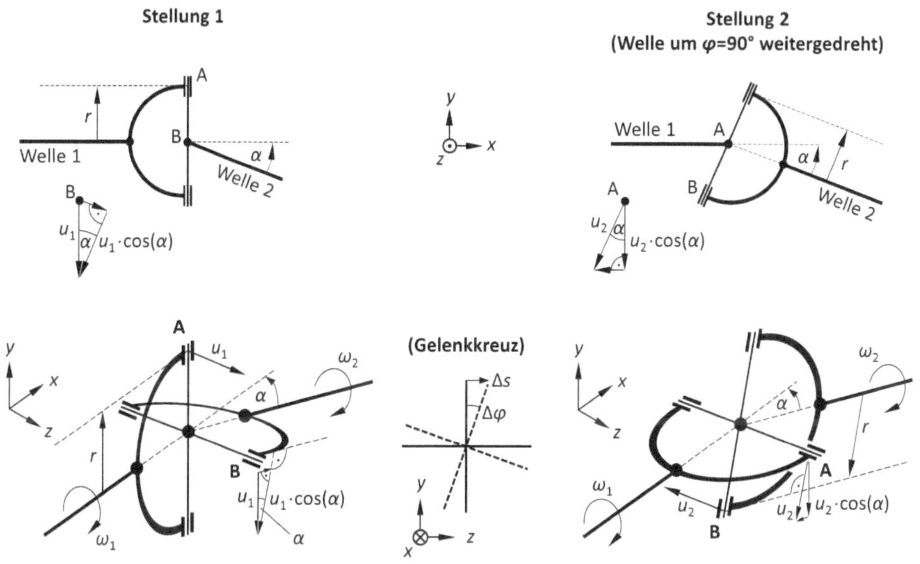

Bild 6.25 Grafische Erläuterung des Kardanfehlers am einfachen Kreuzgelenk

digkeit u_1 tangential zur Kreisbewegung des Kreuzes wirken. Aufgrund der Neigung von Welle 2 wirkt u_1 jedoch nicht senkrecht zur Rotationsachse von Welle 2. Daher ist zur Berechnung der Winkelgeschwindigkeit ω_2 in Welle 2 die zur Rotationsachse senkrecht verlaufende Komponente ($u_1 \cos\alpha$) zu berücksichtigen, also:

$$u_1 \cos\alpha = r \cdot \omega_2 \,. \tag{6.39}$$

Gleichung 6.38 und Gleichung 6.39 ineinander eingesetzt liefert dann:

$$\boxed{\frac{\omega_1}{\omega_2} = \frac{1}{\cos\alpha}} \,. \tag{6.40}$$

Nun wird **Stellung 2** im Bild 6.25 (rechts) betrachtet, bei der sich die Welle um $\varphi = 90°$ weiter gedreht hat. Jetzt steht das Gelenkkreuz senkrecht zur Rotationsachse von Welle 2 und es gilt für die Winkelgeschwindigkeit ω_2 im Punkt B:

$$u_2 = r \cdot \omega_2 \,. \tag{6.41}$$

Welle 1 ist im Punkt A mit dem Gelenkkreuz verbunden. Unter Berücksichtigung der zur Rotationsachse von Welle 1 senkrecht verlaufenden Komponente ($u_2 \cos\alpha$) folgt analog zu Gleichung 6.39:

$$u_2 \cos\alpha = r \cdot \omega_1 \tag{6.42}$$

und weiter:

$$\boxed{\frac{\omega_1}{\omega_2} = \cos\alpha} \,. \tag{6.43}$$

Bei weiterer Drehung um $\varphi = 90°$, 180°, 270°, ... folgt wieder Stellung 1, Stellung 2, Stellung 1, ... Da ω_1 konstant ist, kommt es folglich durch den Beugungswinkel α zu einer Schwankung der Winkelgeschwindigkeit ω_2 in Welle 2 mit:

$$\omega_2 \in \left[\omega_1 \cos\alpha; \frac{\omega_1}{\cos\alpha}\right]. \tag{6.44}$$

Diese abtriebsseitige, ungleichförmige Winkelgeschwindigkeit wird auch als sog. **Kardanfehler** bezeichnet. Tabelle 6.4 zeigt exemplarisch die sich einstellenden Winkelgeschwindigkeiten ω_2 für verschiedene Beugungswinkel mit $\omega_1 = 1\ s^{-1}$.

Tabelle 6.4 Kardanfehler einer Kreuzgelenkwelle für verschiedene Beugungswinkel

Beugungswinkel α	Stellung 2	Stellung 1
0°	$\omega_2 = 1{,}00\ s^{-1}$	$\omega_2 = 1{,}00\ s^{-1}$
20°	$\omega_2 = 1{,}06\ s^{-1}$	$\omega_2 = 0{,}94\ s^{-1}$
30°	$\omega_2 = 1{,}15\ s^{-1}$	$\omega_2 = 0{,}87\ s^{-1}$
45°	$\omega_2 = 1{,}41\ s^{-1}$	$\omega_2 = 0{,}71\ s^{-1}$

Zur Quantifizierung des Kardanfehlers kann der sog. **Ungleichförmigkeitsgrad** Δ definiert werden:

$$\boxed{\Delta = \frac{\omega_{max} - \omega_{min}}{\omega_m}} \tag{6.45}$$

mit $\omega_m = \frac{\omega_{max}+\omega_{min}}{2}$ als mittlere Winkelgeschwindigkeit. Durch Multiplikation von Δ mit dem Faktor 100 kann der Ungleichförmigkeitsgrad in Prozent angegeben werden. Bild 6.26 zeigt verschiedene Δ-Werte für ausgewählte Beugungswinkel α. Hierbei wird deutlich, dass die Kurve zunehmend steiler wird, so dass z.B. bei $\alpha = 45°$ eine Ungleichförmigkeitsgrad von 67 Prozent (!) vorliegt. Aus diesem Grunde sollten große Beugungswinkel vermieden werden. Als Orientierung gilt:

$$\boxed{\alpha_{max} = 35°}. \tag{6.46}$$

Außerdem gilt es zu beachten, dass die konstante Winkelgeschwindigkeit ω_1 aus einem Antrieb mit der konstanten Leistung P_1 resultiert, vgl. Abbildung im Diagramm von Bild 6.26. Hier gilt die in Abschnitt 4.1.2 hergeleitete Beziehung:

$$P_1 = M_1\omega_1 = M_2\omega_2 , \tag{6.47}$$

Insbesondere das zweite Gleichheitszeichen folgt, da beide Wellensegmente über das Kreuzgelenk drehstarr verbunden sind und vom gleichen Antrieb gespeist werden. Damit resultiert:

$$\boxed{\frac{\omega_1}{\omega_2} = \frac{M_2}{M_1}}, \tag{6.48}$$

so dass – bei konstantem M_1 – das Moment $M_2 \in \left[M_1 \cos\alpha; \frac{M_1}{\cos\alpha}\right]$ in Welle 2 ebenfalls schwankt, jedoch in reziproker Weise zu ω_2.

Abschließend soll erwähnt werden, dass der Kardanfehler durch die Verwendung von zwei Kreuzgelenken in der sog. **M-** bzw. **Z-Anordnung** vermieden werden kann, Bild 6.27. Hierbei gilt:

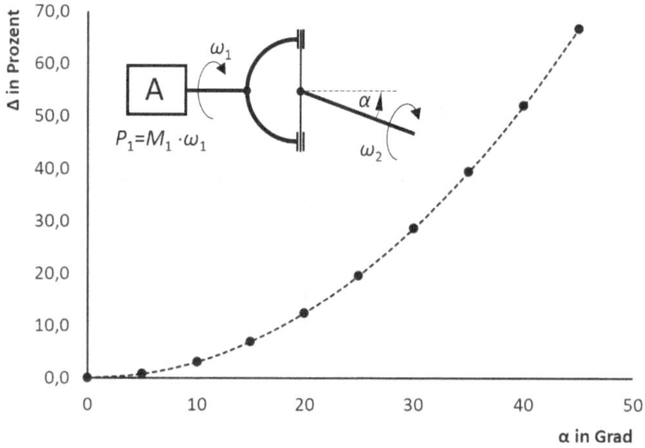

α in Grad	Δ in Prozent
0	0,0
5	0,8
10	3,1
15	6,9
20	12,4
25	19,6
30	28,6
35	39,4
40	52,1
45	66,7

Bild 6.26 Ungleichförmigkeitsgrad Δ für verschiedene Beugungswinkel an einer Kreuzgelenkwelle

- **Z-Anordnung:**

$$\frac{\omega_1}{\omega_2} = \frac{1}{\cos\alpha}\,, \ \frac{\omega_2}{\omega_3} = \cos\alpha \Rightarrow \frac{\omega_1}{\omega_3} = 1\,. \tag{6.49}$$

- **M-Anordnung:**

$$\frac{\omega_1}{\omega_2} = \cos\alpha\,, \ \frac{\omega_2}{\omega_3} = \frac{1}{\cos\alpha} \ \Rightarrow \frac{\omega_1}{\omega_3} = 1\,. \tag{6.50}$$

Folglich laufen Welle 1 und 3 gleichförmig, wohingegen die Winkelgeschwindigkeit der mittlere Welle 2 schwankt. Somit „kompensiert" das Gelenk B die durch Gelenk A verursachte Ungleichförmigkeit.

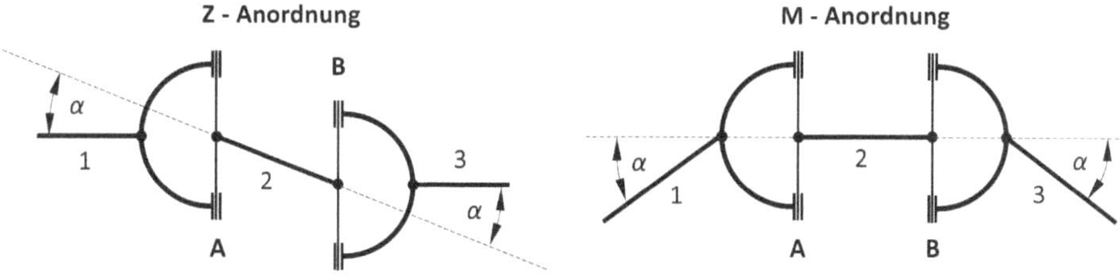

Bild 6.27 Vermeidung von Ungleichförmigkeiten durch M- und Z-Anordnung

6.8.2 Gleichlaufgelenkwellen

Alternativ zur M- bzw. Z-Anordnung können auch sog. **Gleichlaufgelenkwellen** verwendet werden, um den Kardanfehler zu vermeiden. Die hierfür zum Einsatz kommenden Gelenke werden auch häufig als **Weitwinkel-**, **homokinetische** oder **Rzeppa-Gelenke** bezeichnet.

Letztere geht auf den gleichnamigen Erfinder Alfred H. Rzeppa (1885–1965) zurück, einen US-amerikanischen Ingenieur, der das von ihm entwickelte Gelenk 1928 patentieren ließ [Rzeppa, 1928].

Bild 6.28 und Bild 6.29 veranschaulichen das von Rzeppa entwickelte Gelenk-Prinzip sowie die zugehörige Gelenkwelle. Hierbei sind die Gelenkgabeln über in Umfangsrichtung angeordnete Kugel gekoppelt, die sich auf Kreisbahnen bewegen können. Die von den Kugeln aufgespannte Ebene verändert während der Drehnung ihre Anstellung dahingehend, dass sie immer den von den Rotationsachsen der Wellen aufgespannten Winkel β halbiert. Die Umfangsgeschwindigkeit u ist durch die äußere Kreisbahngeschwindigkeit der Kugelebene gegeben. Da die Kugelebene die Winkelhalbierende zu β darstellt, sind die zu den Rotationsachsen senkrecht verlaufenden Komponente von u, nämlich u_1 und u_2, betragsmäßig gleich groß. Daraus folgt direkt mit Gleichung 6.38 und Gleichung 6.41, dass die Winkelgeschwindigkeiten ω_1 und ω_2 in beiden Wellensegmenten gleich groß sind.

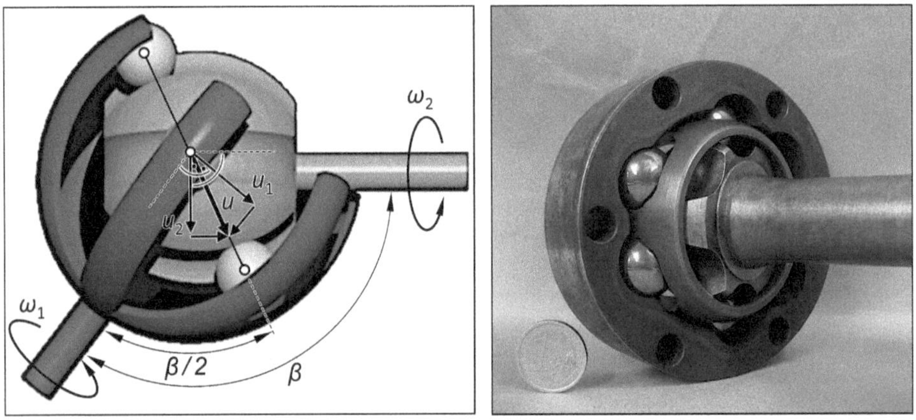

Bild 6.28 Gleichlaufgelenk: Illustration des Prinzips (links) und Gleichlaufgelenkwelle im Hinterradantrieb eines BMWs (rechts); Quelle: Wikimedia Commons, https://commons.wikimedia.org/wiki/Category:Constant-velocity_ joints (zuletzt aufgerufen: 27/08/2024, Bild links modifiziert)

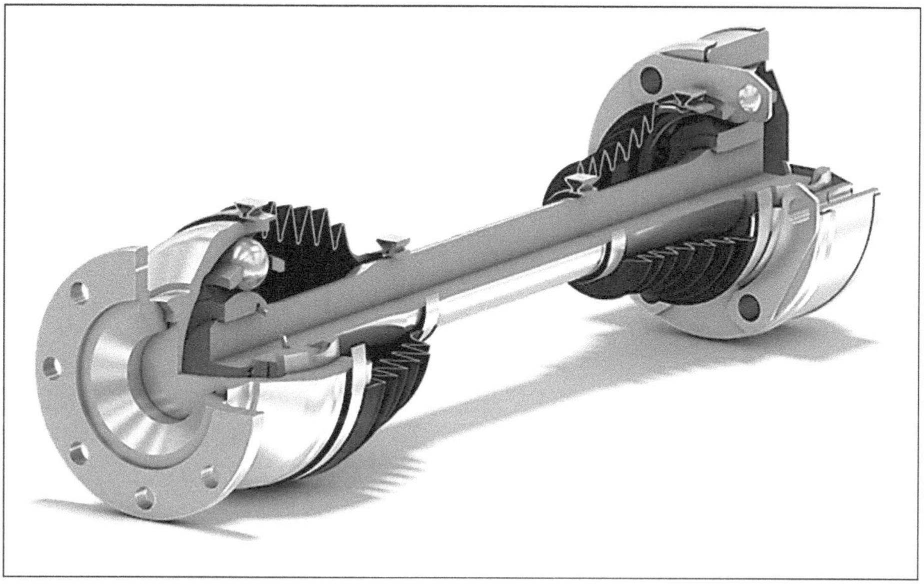

Bild 6.29 Gleichlaufgelenkwelle für den Landmaschinenbereich; ©Walterscheid GmbH (mit freundlicher Genehmigung).

Literatur

Böge, W.: *Arbeitshilfen und Formeln für das technische Studium.* Friedrich Vieweg & Sohn Verlagsgesellschaft mbH, Braunschweig/Wiesbaden, 1998.

DIN 808:1984-08: *Werkzeugmaschinen; Wellengelenke; Baugrößen, Anschlußmaße, Beanspruchbarkeit, Einbau.* Beuth-Verlag, Berlin, 1984.

Hinzen, H.: *Maschinenelemente 1.* 3. Auflage, Oldenbourg Wissenschaftsverlag, München, 2011.

Muhs, D., Wittel, H., Jannasch, D., Voßiek, J.: *Roloff/Matek Maschinenelemente - Tabellen.* 18. Auflage, Vieweg & Sohn Verlag, Wiesbaden, 2007.

Rzeppa, A. H.: *Universal Joint.* US-Pantent US1665280A, 1928.

7 Verbindungselemente und -techniken

Lernziele:

- Wie können Verbindungen unterschieden werden? Nenne zu jeder Verbindungsart Beispiele.
- Welche Vorteile bieten Nietverbindungen? Welche Nietverfahren und -arten gibt es und was zeichnet sie aus?
- Welche Belastungen können auf einen Einzelniet wirken?
- Wie wird eine Kaltnietverbindung bestehend aus mehreren Nieten dimensioniert?
- Welche Bauformen gibt es bei Stiften und welche Funktionen haben sie?
- Was unterscheidet Bolzen von Stiften und welche Bauformen gibt es bei Bolzen?
- Wie wird eine Festigkeitsberechnung bei Bolzen, Gelenkstiften und Steckstiften durchgeführt?
- Nenne Maßnahmen des Arbeits- und Brandschutzes beim Schweißen.
- Was versteht man unter Schweißen; welche Vor- und Nachteile hat Schweißen?
- Welche Schweißverfahren gibt es, was unterscheidet sie und welche Beispiele können zugeordnet werden?
- Wofür stehen die Abkürzungen: MSG, MAG, MIG, WIG, UP?
- Was sind Inert- und Aktivgase. Wozu werden sie benutzt?
- Welche Nahtarten gibt es? Nenne fünf Nahtformen bei Stumpfnähten?
- Wie können Stumpfnähte ausgeführt sein?
- Wie werden Schweißnähte in Technischen Zeichnungen gekennzeichnet? Welche Gestaltungsregeln sind zu beachten?
- Welche Unregelmäßigkeiten können beim Schweißen auftreten (3 Beispiele)?
- Wie können die Spannungen in Schweißnähten bei Zug-, Druck-, Biege-, Schub- und Torsionsbelastung berechnet werden?
- Wie können Befestigungsschrauben eingeteilt werden?
- Was unterscheidet Passschrauben von herkömmlichen Gewindeschrauben?
- Welche Gewindearten gibt es? Nenne drei Bauformen von Schrauben / Muttern?
- Wie ist der Zusammenhang zwischen Anziehmoment und axialer Vorspannkraft? Wie wird das Gesamtmoment für die Montage bestimmt?
- Was versteht man unter Selbsthemmung und Spannungsquerschnitt?
- Zeichne und erläutere das Verspannungsdiagramm (mit/ohne Längskräfte).
- Wie können die Spannungen in der Schraube unter Berücksichtigung von betriebsbedingten Quer- und Längskräften berechnet werden?
- Welche Möglichkeiten der Schraubensicherung gibt es?

Maschinen und Anlagen bestehen aus unterschiedlichsten Komponenten und Bauteilen, die in ihrem Zusammenspiel zu der beabsichtigten Funktion führen. Dazu stehen die verschiedenen Maschinenelemente miteinander in Kontakt und sind typischerweise physisch miteinander verbunden[1]. Durch die physische Verbindung können Bewegungen (verursacht durch Kräfte und/oder Momente), Kräfte, Momente, Wärme oder Stoffe übertragen bzw. weitergeleitet werden.

Bild 7.1 Ausgewählte Verbindungselemente: Schweißverbindung am Fahrradgeländer einer Regionalbahn (links); Kaltnietverbindung an einem Freizeitboot aus Aluminium (rechts oben); verschraubte Flanschverbindung an einer Schiffsantriebswelle (rechts unten)

Bild 7.1 veranschaulicht exemplarisch drei verschiedene Verbindungstechniken. Hierbei kann folgende Einteilung getroffen werden:

- **Foto 1, nichtlösbare Verbindungen (z.B. Schweißverbindungen):**
  Die Verbindung nur unter Zerstörung der beteiligten Materialien gelöst werden (z.B. unter Verwendung eines Trennschneiders).
- **Foto 2, teilweise lösbare Verbindungen (z.B. Kaltnietverbindungen):**
  Diese Verbindung kann nur durch Zerstörung des Verbindungselements (z.B. durch Abschleifen des Nietkopfes und anschließendem Austreiben des Nietschaftes) gelöst werden. Die verbundenen Bauteile bleiben erhalten.
- **Foto 3, lösbare Verbindungen (z.B. Schraubverbindungen):**
  Die Verbindung kann zerstörungsfrei gelöst werden (z.B. durch Lösen der Mutter). So-

1 Ausnahmen finden sich in der Elektro- bzw. Informationstechnik, z.B. bei der drahtlosen Datenübertragung oder bei kontaktlosen Ladevorgängen.

wohl Verbindungselement als auch verbundenen Bauteile bleiben erhalten und können wiederverwendet werden.

Eine weitere Möglichkeit der Einteilung von Verbindungselementen illustriert Bild 7.2. Diese Unterscheidung, nämlich in

1) **formschlüssige Verbindungen** (z.B. Kaltnietverbindungen, Bolzen und Stifte),
2) **kraft- bzw. reibschlüssige Verbindungen** (z.B. Warmniet-, Schraubverbindungen),
3) **stoffschlüssige Verbindungen** (z.B. Schweiß-, Löt-, Klebverbindungen)

ist im Maschinenbau die gängige und etabliertere Unterscheidungsmethode. Sie ist auch maßgeblich für die nachfolgende Abschnittswahl, bei der verschiedene Protagonisten der einzelnen Verbindungsarten 1) bis 3) erläutert werden sollen.

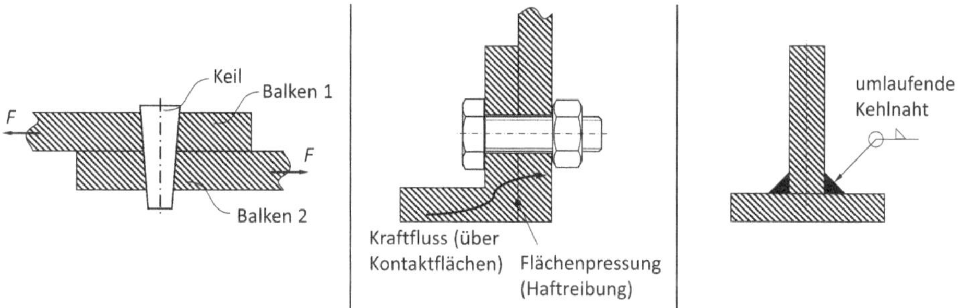

Formschluss
Die Elemente werden rein geometrisch durch „Ineinandergreifen" verbunden

Kraft-/Reibschluss
Die Bauteilflächen werden durch Verbindungselemente aufeinander gedrückt. Die Verbindung ist durch die resultierende Haftreibung bestimmt.

Stoffschluss
Die Stoffe der Bauteile verbinden sich auf atomarer bzw. molekularer Ebene. Hierbei spielen thermodynamische und/oder chemische Prozesse eine Rolle.

Bild 7.2 Illustration und Erläuterung von Form-, Kraft-/Reib-, und Stoffschluss

7.1 Nietverbindungen

Nietverbindungen sind, obwohl sie bisweilen ein altmodisches Image besitzen, eine vielseitige, zuverlässige und kostengünstige Verbindungstechnik. Sie sind unter anderem im Flugzeugbau oder im Kesselbau weit verbreitet (Bild 7.3) und erlaubten die Verbindung von:

- **unterschiedlichen, artfremden Materialien**, beispielsweise von Bremsbelägen (z.B. aus einem Mineralfaser-Kunststoff-Komposit) mit den metallischen Bremsbacken in Trommelbremsen,
- **dünnen Blechen**, z.B. dünner Aluminiumbleche bei Flugzeugrümpfen (Leichtbau),
- **Bauteilen bei Raumtemperatur**, so dass eventuelle mikroskopische Gefügeveränderungen im Werkstoff durch Wärmeeintrag vermieden werden.

Im Folgenden sollen einige grundlegende Aspekte des Nietvorgangs betrachtet werden bevor im Anschluss die Dimensionierung der Nietverbindung erörtert wird.

Bild 7.3 Kaltnietverbindung am historischen Transportflugzeug vom Typ Hunting Percival P.66 Pembroke (links) (mit freundlicher Genehmigung im Militärhistorischen Museum, Flugplatz Berlin-Gatow aufgenommen); Warmnietverbindung an einem Kessel (rechts)

7.1.1 Nietarten und -verfahren

Grundsätzlich wird beim Nieten ein plastisch umformbarer Werkstoff, in der Regel ein Metall (z.B. Stahl, Kupfer, Aluminium), als Verbindungselement, der sog. **Niet**, verwendet. Beim klassischen Nieten werden **Vollnieten** gemäß Bild 7.4 (oben) verwendet. Diese bestehen aus einem vorgeformten **Setzkopf** und einem **Nietschaft**. Der Setzkopf kann **halbrund** oder als **Senkkopf** ausgeführt sein. Der Niet wird durch die Bohrung der zu verbindenden Bauteile geführt und mit dem Setzkopf mittels **Gegenhalter** gegen das Bauteil gedrückt. Von der Gegenseite drückt der **Niederhalter** gegen das zweite Bauteil, so dass beide Bauteile fest aufeinander gepresst werden. Abschließend verformt der **Döpper** bzw. **Kopfmacher** den auf der Gegenseite überstehenden Teil des Nietschaftes zum Schließkopf, vgl. Bild 7.4 (unten).

Grundsätzlich kann der Nietvorgang bei Raumtemperatur oder mit erhitzten, meist bis zum rotglühenden Zustand erwärmten Nieten durchgeführt werden. Entsprechend spricht man vom **Kaltnieten** bzw. **Warmnieten**.

Beim Kaltnieten muss sichergestellt sein, dass sich der Nietwerkstoff mit technisch abbildbaren Kräften zum Schließkopf verformt werden kann. Deshalb kommen typischerweise Stahlnieten bis max. Schaftdurchmesser von 8 mm bzw. Kupfer- oder Aluminiumnieten zum Einsatz. Da alle beteiligten Materialien bei Raumtemperatur montiert werden, bilden sich keine prozessbedingtne Vorspannkräfte im Niet aus. Es liegt ein **reiner Formschluss** zwischen dem Niet und den Bauteilen vor. Die Dimensionierung der Kaltnietverbindung

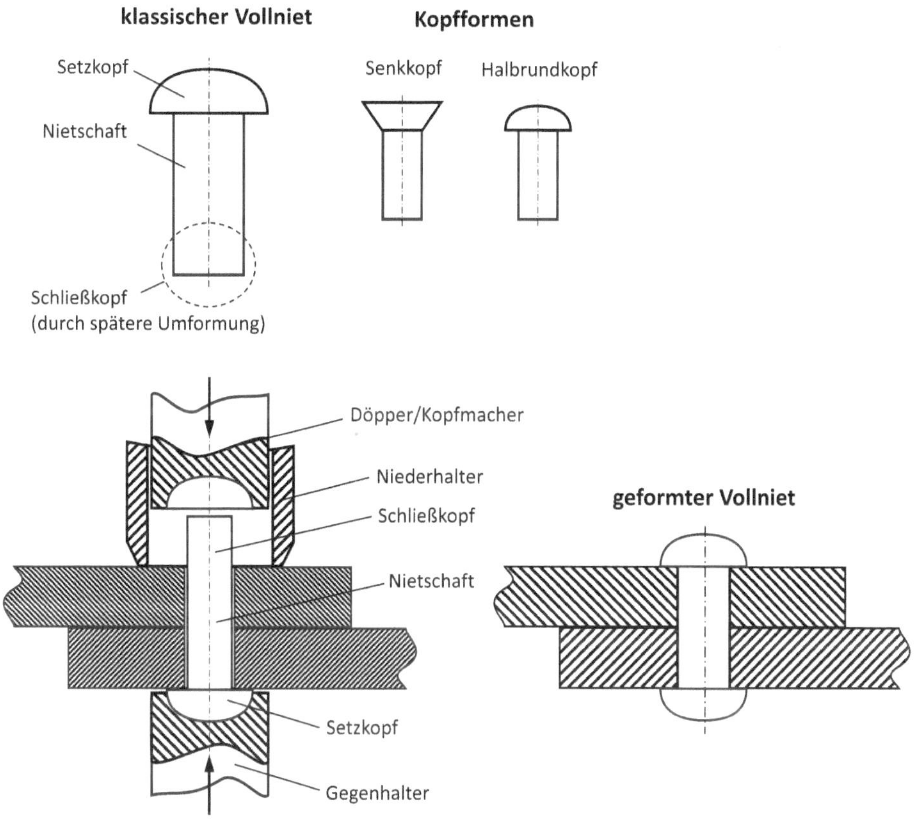

Bild 7.4 Aufbau eines klassischen Vollniets inklusive der Kopfformen (oben) und Darstellung des Nietvorgangs (unten)

erfolgt auf Basis der einwirkenden äußeren Kräfte. Dabei führt die Belastung der verbundenen Bauteile i.d.R. zu Querkräften im Niet, vgl. Bild 7.5 (links).

Beim Warmnieten werden üblicherweise Stahlnieten verwendet, die vorab in einem Ofen rotglühend (ca. 1000 °C) erwärmt werden. Aufgrund der Erwärmung vergrößert sich der Niet (thermische Dehnung). Außerdem erweicht das Material, so dass auch große, massive Vollnieten mit Schaftdurchmesser > 8 mm verarbeitet, d.h. plastisch verformt, werden können. Nach der Montage kühlt der Niet ab. Allerdings verhindern die Bauteile ein axiales Schrumpfens des Niets, so dass sich im Nietschaft montagebedingte Vorspannkräfte und Zugspannungen ausbilden, vgl. Bild 7.5 (rechts). Der Niet wiederum drückt über seinen Setz- und Schließkopf die Bauteile mit der Vorspannkraft aufeinander; es kommt zu Haftreibung zwischen den Kontaktflächen der Bauteile und folglich zu einer **kraft- bzw. reibschlüssigen Verbindung**. Bei Belastung der Bauteile geschieht der Kraftfluss über die Kontaktflächen, der Niet selbst überträgt keine Kräfte. Demzufolge ist bei der Dimensionierung des Niets die montagebedingten Zugspannungen mit den zulässigen Zugspannungen des Niets zu vergleichen. Mehr noch, die thermisch bedingte Flächenpressung zwischen den Bauteilen kann derart groß werden, dass zusätzlich eine **abdichtende Wirkung** auftritt. Aus diesem Grunde werden Warmnieten u.a. im Kessel- und Behälterbau benutzt.

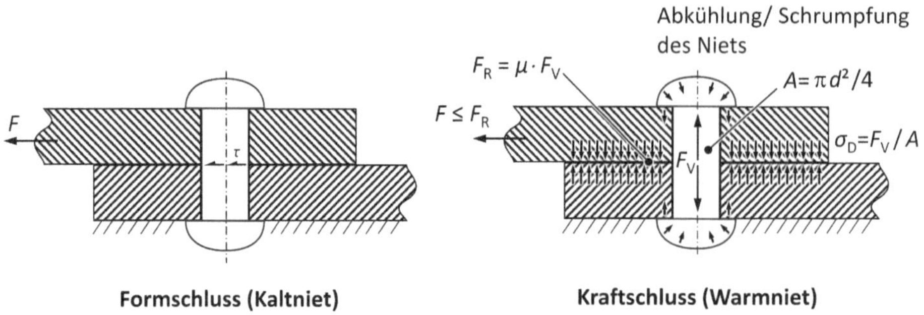

Bild 7.5 Gegenüberstellung von Kalt- und Warmniet (Form- und Kraftschluss)

Eine Untergruppe des Kaltnietens stellt das sog. **Blindnieten** dar. Der große Vorteil des Blindnietens besteht in der einseitigen Montierbarkeit des Niets. So können beispielsweise auch Flächen von Hinterschnitten und schwer erreichbare Flächen genietet werden. Blindnieten bestehen aus einem Hohlniet mit einem einseitigen (Setz-)Kopf und einem innenliegenden Nietdorn. Der Schaft des Nietdorns ragt kopfseitig aus dem Hohlniet heraus, wohingegen sich auf der Gegenseite ein Nietdornkopf befindet. Außerdem ist der Nietdorn mit einer Sollbruchstelle versehen, vgl. Bild 7.6 (oben). Der Blindniet wird durch die Bohrungen der zu verbindenden Bauteile gesteckt, bis der Kopf des Hohlniets auf der Bauteiloberfläche anliegt. Mit einer Nietzange wird der herausstehende Teil des Nietdorn durch den Hohlniet gezogen, wobei der Hohlniet über einen Niederhalter weiter fixiert bleibt. Dadurch wird auf der gegenüberliegenden Seite der Nietdornkopf in den Hohlniet getrieben, was zu einer Aufweitung des Hohlniets und der Ausprägung eines Kopfes führt. Mit zunehmender Tiefe des Nietdornkopfes im Hohlniet steigen die dafür notwendigen Zugkräfte, so dass der Nietdorn im Laufe des Vorgangs an der Sollbruchstelle abreißt und nach oben herausgeführt werden kann. Zurück bleibt der im Hohlniet verklemmte Nietdornkopf, der auf der Gegenseite den Schließkopf bildet, vgl. Bild 7.6 (unten).

Merke (Vollniet, Hohlniet, Warmnieten, Kaltnieten, Blindnieten):
Prinzipiell unterscheidet man zwischen den Nietarten: Voll- und Blindniet sowie zwischen den zwei Nietverfahren: Warmnieten und Kaltnieten. Dazu gelten folgende Erläuterungen:

a) Warmnieten wird mit rotglühend erwärmten Vollnieten durchgeführt. Der Schließkopf wird klassisch beim Nietvorgang ausgeformt. Es bildet sich eine kraftschlüssige Verbindung.
b) Kaltnieten wird mit Nieten bei Raumtemperatur vollzogen und stellt eine formschlüssige Verbindung dar. Dabei wird weiter unterschieden in:
   - klassisches (Kalt-)Nieten, mit Vollnieten analog zum Warmnietvorgang,
   - Blindnieten, bei dem die gleichnamigen Blindnieten verwendet werden und bei dem der Nietvorgang einseitig ausgeführt wird.

■

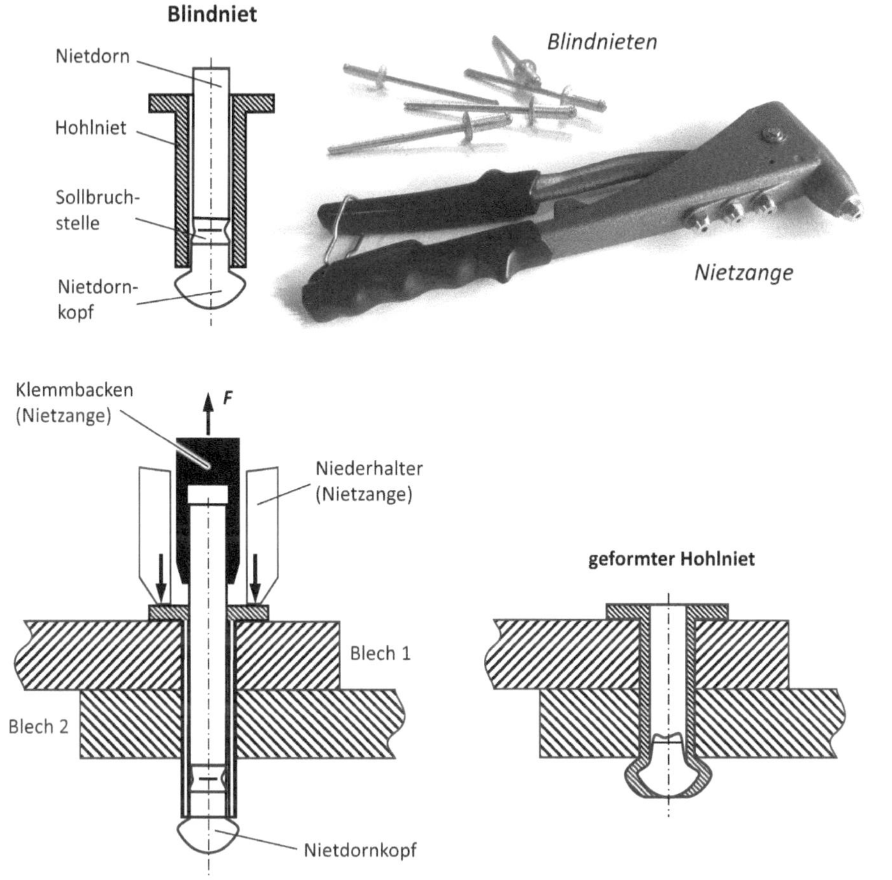

Bild 7.6 Aufbau eines Blindniets (oben); Illustration des Blindnietvorgangs (unten)

7.1.2 Kaltnietverbindung: Dimensionierung eines Einzelniets

7.1.2.1 Schubbelastung durch Querkräfte

Exemplarisch für eine formschlüssige Verbindung soll im folgenden die Kaltnietverbindung näher betrachtet werden[2]. Hierzu kann gemäß Bild 7.7 zwischen **ein- und zweischnittigen** Nietverbindungen unterschieden werden.

Zuerst soll die einschnittge Verbindung im Bild 7.7 (links) betrachtet werden. Ein Körperfreischnitt und das vertikale Kräftegleichgewicht liefert für die innere Querkraft in Niet:

$$F_Q = F \tag{7.1}$$

---

[2] Warmnietverbindungen werden beispielsweise in [Decker, 2011] ausführlich behandelt. Mithilfe der Nietschaftlänge und des linearen Ausdehnungskoeffizienten sind, bei bekannter Temperaturerhöhung, die Dehnungen zu berechnen. Zusammen mit dem E-Modul folgt dann die montagebedingte Zugspannung, die z.B. mit der Sreckgrenze R_e des Nietwerkstoffes verglichen werden kann.

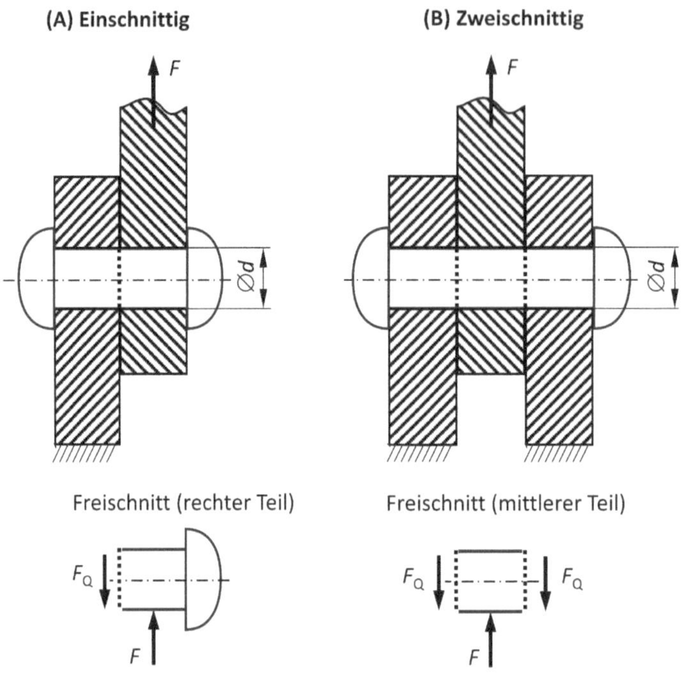

Bild 7.7 Schubbelastung eines Kaltniets (ein- und zweischnittig)

und weiter für die Schubspannungen τ im kreisrunden Nietschaftquerschnitt $A = \frac{\pi d^2}{4}$:

$$\boxed{\tau = \frac{F}{A} \leq \tau_{\text{zul}}}\,. \tag{7.2}$$

Für die zweischnittige Situation im Bild 7.7 (rechts) folgt analog:

$$F_\text{Q} = \frac{F}{2} \tag{7.3}$$

sowie

$$\boxed{\tau = \frac{F_\text{Q}}{A} = \frac{F}{2A} \leq \tau_{\text{zul}}}\,. \tag{7.4}$$

Hierbei kennzeichnet τ_{zul} die zulässigen Schubspannungen für den verwendeten Nietwerkstoff, vgl. Bild 4.29 und Bild 7.8[3].

Gleichung 7.2 und Gleichung 7.4 können nach der äußeren Querkraft F umgestellt werden, so dass bei bekanntem Nietwerkstoff und bekannter zulässiger Spannung τ_{zul} die maximal zulässige äußere Belastung bestimmt werden kann.

3 Die DIN 15018-1 ist zurückgezogen [DIN 15018-1]; als Nachfolgedokument wird die DIN EN 13001-3-1 angegeben [DIN EN 13001]. Obwohl die Nachfolgenorm deutlich länger ausfällt, enthält sie keinerlei Daten zu Nietverbindungen. Daher sind die Werte in Bild 7.8 nur als Orientierung zu verwenden.

alle Werte in N/mm²

Belastungsart		Nietwerkstoff			
		USt 36 (1.0201)		RSt 44 (1.0044)	
		H	HZ	H	HZ
Schub	einschnittig	84	96	126	144
τ_{zul}	mehrschnittig	113	128	168	192
Lochleibungsdruck	einschnittig	210	240	315	360
p_{zul}	mehrschnittig	280	320	420	480
Zug	einschnittig	(30)	(30)	(45)	(45)
σ_{zul}	mehrschnittig	(30)	(30)	(45)	(45)

H bzw. HZ kennzeichnet den Lastfall (vgl. DIN 15018-3)

H: Hauptlasten, z.B. Eigenlasten, Hublasten, Massenkräfte aus Antrieben

HZ: Haupt- und Zusatzlasten, z.B. zusätzliche Windlasten

geklammerte Werte sind nur in Ausnahmefällen zulässig

Bild 7.8 Zulässige Spannungen im Kranbau nach DIN 15018-1 (zurückgezogen)[DIN 15018-1, DIN 15018-3]

7.1.2.2 Lochleibungsdruck

Der Lochleibungsdruck wurde bereits im Abschnitt 4.8.1.3 eingeführt. Er beschreibt mit welchem Druck ein zylindrischer Körper – hier der Nietschaft – auf die Bohrungswand des Bauteils drückt. Bild 7.9 skizziert die Situation für den Fall einer einschnittigen Nietverbindung. Hierbei wird das linke Blech 1 durch eine äußere Kraft F nach unten gezogen, wodurch der Nietschaft auf die obere Mantelfläche des Bohrungszylinders mit dem Druck p_1 drückt. In gleicher Weise drückt der Nietschaft auf die untere Mantelfläche der Bohrung von Blech 2. Betrachtet man nun die druckbelastete Mantelfläche von Blech 1 und weiter einen differentiellen Winkelabschnitt $\mathrm{d}\alpha$ sowie dem daraus resultierenden differentiellen Bogenabschnitt $\mathrm{d}s = r \cdot \mathrm{d}\alpha$ mit $r = \frac{d}{2}$, so gilt für das entsprechende differentielle Flächenelement:

$$\mathrm{d}A = l_1 \frac{d}{2} \mathrm{d}\alpha\,. \tag{7.5}$$

Die durch p_1 verursachte radiale Druckkraft auf die Bohrungswand ergibt sich durch Multiplikation mit $\mathrm{d}A$, also:

$$\mathrm{d}F_1 = p_1 \mathrm{d}A\,. \tag{7.6}$$

Die Druckkraft selbst kann in einen x- und y-Anteil zerlegt werden; insbesondere für den y-Anteil gilt:

$$\mathrm{d}F_{1,y} = p_1 \sin\alpha \mathrm{d}A\,. \tag{7.7}$$

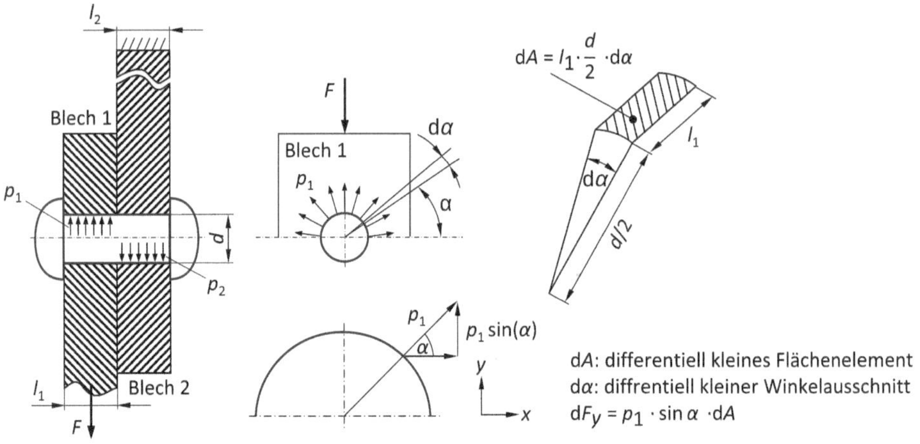

Bild 7.9 Erläuterung des Lochleibdrucks an einer einschnittigen Nietverbindung

Natürlich kann F_1 bzw. $dF_{1,y}$ für einen beliebigen Winkelabschnitt $d\alpha$ an einer beliebigen Winkelposition α auf der oberen Mantelfläche formuliert werden. Die gesamte, auf die Mantelfläche wirkende Druckkraft ergibt sich durch Integration aller differentiellen Kräfte F_1 für alle Winkelpositionen $\alpha \in [0, 180°]$. Aus dem Kräftegleichgewicht in y-Richtung folgt dann:

$$F = \int_{\alpha=0°}^{\alpha=180°} p_1 \sin\alpha \, dA = \int_{0°}^{180°} p_1 \sin\alpha \, l_1 \frac{d}{2} d\alpha = p_1 l_1 \frac{d}{2} \int_{0°}^{180°} \sin\alpha \, d\alpha . \quad (7.8)$$

Für das Integral gilt:

$$\int_{0°}^{180°} \sin\alpha \, d\alpha = -\cos\alpha \Big|_{0°}^{180°} = 2 \quad (7.9)$$

und es folgt final:

$$F = p_1 l_1 d \quad \Leftrightarrow \quad \boxed{p_1 = \frac{F}{l_1 d} \leq p_{1,\text{zul}}} . \quad (7.10)$$

In gleicher Weise kann Blech 2 betrachtet werden; hier gilt analog:

$$\boxed{p_2 = \frac{F}{l_2 d} \leq p_{2,\text{zul}}} . \quad (7.11)$$

Die Größen p_1 und p_2 werden als Lochleibungsdruck bezeichnet, der bereits in Abschnitt 4.8.1.3 eingeführt wurde. Der Nenner in Gleichung 7.10 bzw. Gleichung 7.11 kennzeichnet die projizierte Fläche des Nietschafts. Sowohl Bohrungswand als auch Niet werden mit dem Lochleibungsdruck belastet. Folglich ist zu prüfen, ob p_1 für den Niet und für Blech 1 und p_2 für den Niet und Blech 2 zulässig sind. Hierzu können die Anhaltswerte aus Bild 7.8 bzw. die Formeln der nachfolgenden Abschnitt 7.1.2.3 benutzt werden.

7.1.2.3 Sicherheiten

In den vorangegangenen Betrachtungen sind bei den Schubbelastungen und dem Lochleibungsdruck die Größen τ_{zul} und p_{zul} zum Vergleich mit den errechneten Werten benutzt worden. Aus technischer Sicht ist es plausibel, dass zwischen errechneten τ und zulässigem τ_{zul} bzw. $p_{1/2}$ und $p_{1/2,zul}$ ein gewisser Abstand gewahrt sein sollte, damit nicht bei singulären Überlastereignissen sofort Bauteilversagen einsetzt. Man spricht in diesem Zusammenhang von Sicherheiten S, was nichts weiter ist als das Verhältnis von zulässigem Wert zu errechneten Wert.

Für die Schubbelastung eines Niets durch Querkräfte kann folgende Formel gemäß DIN EN 1993-1-8DIN1993-1,DIN1993-1NA verwendet werden:

$$\boxed{\tau_{zul} = \frac{0,6 \cdot R_m^{Niet}}{S_q}} \quad \text{mit} \quad S_q = 1,25 \quad , \quad \text{(nach DIN EN 1993-1-8/NA)} . \tag{7.12}$$

Für den Lochleibungsdruck, der sowohl werkstoffseitig als auch nietseitig zu prüfen ist, kann folgende Gleichung benutzt werden:

$$\boxed{p^B_{1/2,zul} = \frac{R_e^{Blech\,1/2}}{S_p}} \quad \text{bzw.} \quad \boxed{p_{N,zul} = \frac{R_e^{Niet}}{S_p}} \tag{7.13}$$

mit der Sicherheit $S_p \approx 1,2$ als typischen Wert. Als zulässigen Wert für die Bohrung in Blech 1 ist dann der kleinere Wert von $p^B_{1,zul}$ und $p_{N,zul}$ zu verwenden, da weder Bauteil noch Niet plastisch verformt werden sollen. Es gilt (analog mit Blech 2):

$$\boxed{p_{1,zul} = \min\left[p^B_{1,zul}; p_{N,zul}\right]} \quad \text{bzw.} \quad \boxed{p_{2,zul} = \min\left[p^B_{2,zul}; p_{N,zul}\right]} . \tag{7.14}$$

7.1.3 Kaltnietverbindung: mehrere Nieten

In der Praxis wird man selten Nietverbindungen bestehend aus einem Niet finden. In aller Regel bildet erst die Kombination aus mehreren Nieten eine tragfähige Verbindung. Aus diesem Grunde soll im folgenden die repräsentative Szenerie in Bild 7.10 mit den drei verschiedenen Belastungsfällen (i) - (iii) betrachtet werden. Hierbei sind zwei Bleche mit vier Nieten verbunden, die symmetrisch um den Blechmittelpunkt (Schnittpunkt der gestrichelten Linien) angeordnet sind. Das obere Blech besitzt eine Bohrung, an dem Kräfte in verschiedenster Weise angreifen können, wohingegen das untere Blech fest mit dem Untergrund verbunden ist.

Folgende Belastungsfälle sind im Bild 7.10 dargestellt:

(i) reine Querkraftbelastung,

(ii) reine Momentenbelastung,

(iii) Kombination aus Querkraft- und Momentenbelastung.

Im Fall (i) liefert ein Freischnitt des oberen Bleches und die anschließende Betrachtung des Kräftegleichgewichts in y-Richtung die Beziehung, vgl. Bild 7.11:

$$F = F_{q1} + F_{q2} + F_{q3} + F_{q4} . \tag{7.15}$$

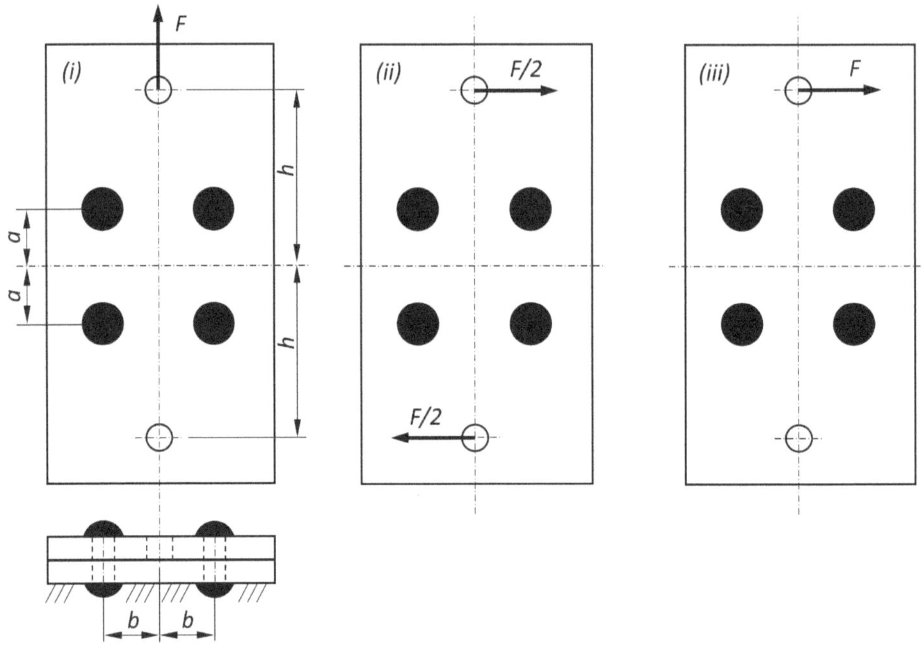

Bild 7.10 Drei Belastungsmöglichkeiten bei einer Kaltnietverbindung mit mehreren Nieten

Die äußere Kraft F teilt sich gleichmäßig auf die Bohrungen auf, wobei F_{q1} bis F_{q4} als Lagerkräfte verstanden werden können, die am jeweiligen Niet angreifen. Daher gilt weiter:

$$F_{q1} = F_{q2} = F_{q3} = F_{q4} = \frac{F}{4} \,. \tag{7.16}$$

Auf Basis der äußeren Last kann nun die Schubspannung $\tau = \frac{F}{4A}$ im Niet bestimmt werden. Beim zweiten Fall (ii) muss zunächst der Schwerpunkt S der Nietverbindung bestimmt werden. Dieser repräsentiert den fiktiven Drehpunkt der Verbindung. Außerdem gilt, dass die Summe aller Abstandvektoren zwischen S und den Nieten Null ergibt. Für eine Verbindung mit n Nieten folgt daher, vgl. Bild 7.11:

$$\sum_{i=1}^{n} (\underline{x}_i - \underline{x}_S) = 0 \,. \tag{7.17}$$

Die Kräfte $F/2$ erzeugen mit dem Hebelarm h ein Moment im Schwerpunkt S. Demzufolge können die beiden Kräfte durch ein äquivaltentes Moment:

$$M^{(S)} = 2 \cdot \left(\frac{F}{2} h \right) = F \cdot h \tag{7.18}$$

im Schwerpunkt ersetzt werden. Das Moment wiederum kann (erinnere: Moment = Kraft × Hebelarm) durch Querkräfte $F_{m,i}, (i = 1, \ldots, n)$ am Niet, multipliziert mit dem jeweiligen Abstand r_i zum Schwerpunkt S, ausgedrückt werden (Bild 7.11):

$$M^{(S)} = F \cdot h = \sum_{i=1}^{4} F_{m,i} r_i \,. \tag{7.19}$$

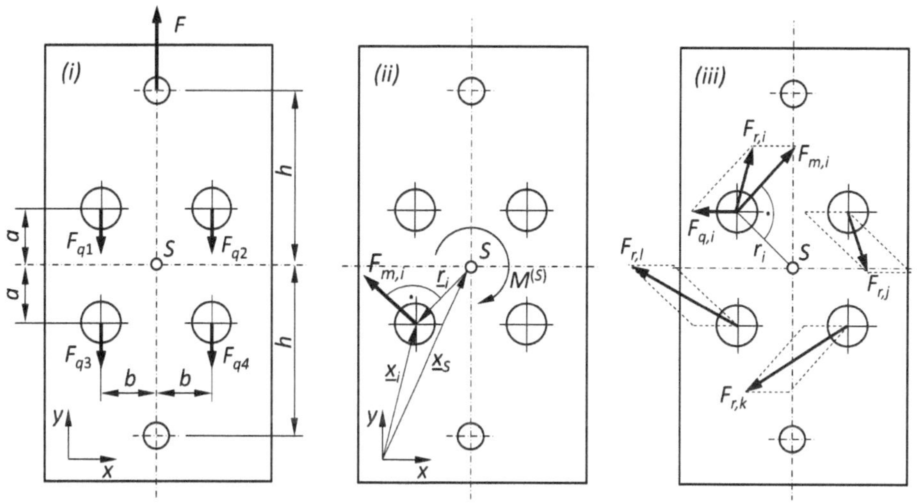

Bild 7.11 Freischnitt, Kräftegleichgewicht und Kraftdreiecke am Blech zur Bestimmung der Querkräfte an den Nieten für die drei Belastungsfälle (i) bis (iii)

Dieser Gleichung enthält die n unbekannten Größen $F_{m,1},...,F_{m,n}$. Zur Bestimmung dieser am Niet angreifenden Querkräfte sind weitere Gleichung notwendig, die in der Regel aus geometrischen Betrachtungen folgen. Oftmals sind, aufgrund von Symmetrien in der Nietanordnung, verschiedene Querkräfte $F_{m,i}$ gleich groß oder können über den Strahlensatz in Beziehung gesetzt werden. Im hier betrachteten Fall resultiert aus der symmetrischen Anordnung der Nieten:

$$r_i = \sqrt{a^2 + b^2}\,, \tag{7.20}$$

$$F_m = F_{m,1} = F_{m,2} = F_{m,3} = F_{m,4}\,. \tag{7.21}$$

Damit kann final geschrieben werden:

$$\boxed{F_m = \frac{F \cdot h}{4\sqrt{a^2 + b^2}}}\,. \tag{7.22}$$

Mithilfe von F_m können wieder Schubspannung und Lochleibungsdruck bestimmt und mit den zulässigen Werten verglichen werden.

Der Belastungsfall (iii) kombiniert die Fälle (i) und (ii). Zum einen treten die Querkräfte $F_{q1},...,F_{q4}$, zum anderen die momentenbedingte Querkräfte $F_{m,1},...,F_{m,4}$ auf (Bild 7.11). Diese können mit den obigen Beziehungen, Gleichung 7.16 und Gleichung 7.22, berechnet werden. Man beachte, dass an jedem Niet zwei Kräfte, F_{qi} und $F_{m,i}$, angreifen (Bild 7.11). Diese können in unterschiedliche Richtungen weisen, so dass die resultierende Kraft $F_{r,i}$ mithilfe der Parallelogrammkonstruktion zu bestimmen ist, vgl. Kapitel 4, Bild 4.4. Mehr noch, $F_{r,i}$ kann durchaus für verschiedene Nieten variieren (Bild 7.11). Daher ist jeder Niet zu betrachten und anschließend der größter Wert von $F_{r,i}$ für die Dimensionierung zu berücksichtigen.

Um nicht alle Nieten berechnen zu müssen, was mitunter sehr zeit- und kostenaufwendig sein kann, ist es oftmals ausreichend das Szenario mit der größtmöglichen, resultierenden

Kraft $F_{r,i}^{\max}$ zu betrachten. Bei dieser Situation zeigen die Kräfte F_{qi} und $F_{m,i}$ in gleiche Richtung und können einfach betragsmäßig addiert werden. Für den hier betrachteten Fall heißt das:

$$F_{r,i}^{\max} = F_q + F_m = \frac{F}{4} + \frac{F \cdot h}{4\sqrt{a^2 + b^2}}. \tag{7.23}$$

Übung 21 (genietete Lasche):
Die nachstehende Grafik zeigt eine Lasche, die an einen Fahrzeugrahmen genietet ist und die mit einer Federkraft von $F = 9000$ N belastet wird.

a) Mit welcher Querkraft F_{Niet} wird ein einzelner Niet belastet?
b) Wie groß ist die Schubspannung im Niet?
c) Wie groß ist der Lochleibungsdruck?
d) Hält die Verbindung den Belastungen stand? Benutze die Gleichungen aus Abschnitt 7.1.2.3.

Hinweis: Für alle Berechnungen soll der obere, linke Niet maßgeblich sein.

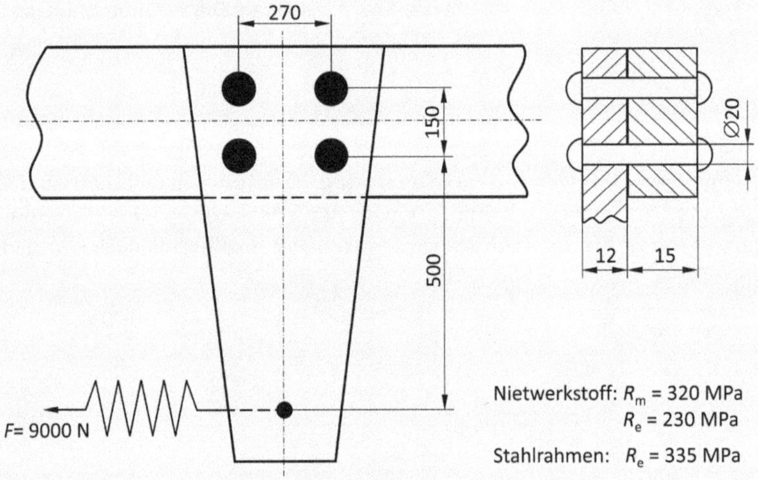

Lösung:
Zur Lösung soll zuerst die Lasche freigeschnitten und die resultierenden Lagerkräfte F_{qi} angesetzt werden. Außerdem soll das aus der Kraft F resultierende Moment M im Nietschwerpunkt angesetzt und durch entsprechend Querkräfte $F_{m,i}$ substituiert werden (vgl. nachfolgendes Bild).

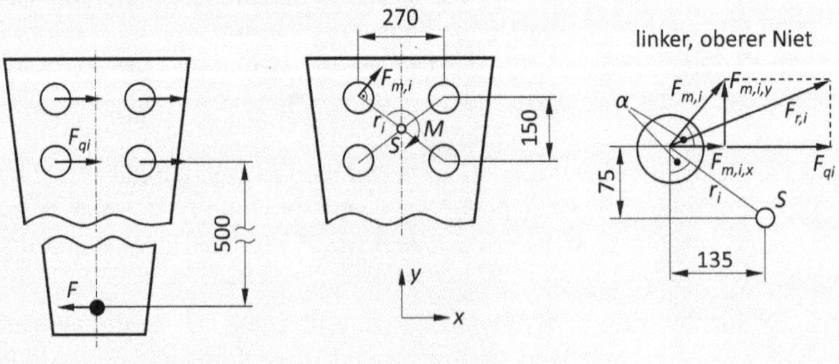

a) Mit dem Kräftegleichgewicht in x-Richtung kann geschrieben werden:

$$F = F_{q1} + F_{q2} + F_{q3} + F_{q4} = 4F_q \quad \Rightarrow \quad F_q = \frac{F}{4} = 2250\,\text{N}\,. \tag{7.24}$$

Außerdem übt F über den Hebelarm $h = (500 + 75)$ mm ein Moment um den Schwerpunkt S aus:

$$M^{(S)} = 9000\,\text{N} \cdot 575\,\text{mm} = 5175\,\text{Nm}\,. \tag{7.25}$$

Der Hebelarm zwischen Nietmittelpunkt und Schwerpunkt S beträgt (Satz von Pythagoras):

$$r_i = r = \sqrt{135^2 + 75^2}\,\text{mm} = 154\,\text{mm}\,. \tag{7.26}$$

Alle Nieten sind symmetrisch mit gleichem Abstand zu S angeordnet. Demzufolge gilt:

$$M^{(S)} = \sum_{i=1}^{4} F_{m,i} r_i = 4F_m \cdot r \tag{7.27}$$

und weiter:

$$F_m = \frac{M^{(S)}}{4r} = \frac{5175\,\text{Nm}}{4 \cdot 0{,}154\,\text{m}} = 8401\,\text{N}\,. \tag{7.28}$$

Die Kräfte F_q und F_m greifen an jedem Niet an. Dabei gilt für die Gesamtquerkraft am linken, oberen Niet (siehe Hinweis und rechte Abbildung):

$$F_{r,i} = \sqrt{(F_{m,i,x} + F_{qi})^2 + F_{m,i,y}^2} = \sqrt{(F_{m,x} + F_q)^2 + F_{m,y}^2} \tag{7.29}$$

mit:

$$F_{m,x} = F_m \cos\alpha = 4073\,\text{N} \tag{7.30}$$
$$F_{m,y} = F_m \sin\alpha = 7348\,\text{N}\,. \tag{7.31}$$

Hierbei wurde $\alpha = \arctan\left(\frac{135}{75}\right) = 61°$ benutzt. Damit folgt für die Gesamtquerkraft am oberen linken Niet:

$$F_{r,i} = F_{\text{Niet}} = \sqrt{(4073 + 2250)^2 + 7348^2}\,\text{N} = 9694\,\text{N}\,. \tag{7.32}$$

b) Für den Nietschaftquerschnitt gilt $A = \pi\frac{d^2}{4} = \pi\frac{20}{4}$ mm $= 314\,\text{mm}^2$. Für die Schubspannung resultiert dann:

$$\tau = \frac{F_{\text{Niet}}}{A} = 30{,}9\,\text{N/mm}^2\,. \tag{7.33}$$

c) Der Lochleibungsdruck ist an der dünneren Lasche am kritischsten, da hier die projizierte Fläche aufgrund der geringeren Dicke $l = 12$ mm kleiner ist. Es gilt:

$$p = \frac{F_{\text{Niet}}}{d \cdot l} = \frac{9694\,\text{N}}{20\,\text{mm} \cdot 12\,\text{mm}} = 40\,\text{N/mm}^2\,. \tag{7.34}$$

d) Der Nietwerkstoff hat eine Zugfestigkeit von R_m = 320 MPa. Mit Gleichung 7.12 ergibt sich:

$$\tau_{zul} = \frac{0{,}6 \cdot R_m^{Niet}}{1{,}25} = 154\,\text{MPa}\,. \tag{7.35}$$

Damit liegt das errechnete τ deutlich unter τ_{zul}. Für den Lochleibungsdruck auf die Lasche gilt mit Gleichung 7.13 (R_e = 335 MPa):

$$p_{zul}^{Lasche} = \frac{R_e^{Lasche}}{1{,}2} = 279\,\text{MPa} \tag{7.36}$$

und für den Niet (R_e = 230 MPa):

$$p_{N,zul} = \frac{R_e^{Niet}}{1{,}2} = 192\,\text{MPa}\,. \tag{7.37}$$

Beide zulässige Lochleibungsdrücke sind deutlich größer als der errechnete Wert unter c). Damit hält die Verbindung den Belastungen stand. ■

7.2 Stifte und Bolzen

7.2.1 Funktionen und Bauformen

Sowohl Stifte als auch Bolzen gehören zu den ältesten und einfachsten Verbindungstechniken. So ist es nicht verwunderlich, dass für ihre Bauformen zahlreiche Normen existieren, z.B. für Stifte [ISO 2338, ISO 8752, ISO 8750, DIN EN 22339, DIN EN 28737, DIN EN ISO 8740, DIN EN ISO 8741, DIN EN ISO 8742, DIN EN ISO 8744, DIN EN ISO 8745, DIN 1469, DIN EN ISO 8746, DIN EN ISO 8747] und z.B. für Bolzen [DIN EN 22340, DIN EN 22341, DIN 1445]. Als Maschinenelemente sind sie vielfach – oft nicht bewusst – im Alltag zu finden; hierzu gibt Bild 7.12 einen kleinen Eindruck.

Stifte können gekerbt oder ungekerbt sowie zylindrisch oder kegelig ausgeführt sein. Außerdem existieren Sonderformen, z.B. mit Hals oder Gewindezapfen, vgl. Bild 7.13. Dabei werden i.w. die Bauformen:

1. Zylinderstifte,
2. Spannstifte,
3. Kegelstifte und
4. Kerbstifte

unterschieden, vgl. Bild 7.13.

Einfache **Zylinderstifte** gibt es in gehärteter und ungehärteter Form. Ungehärtete Zylinderstifte sind in den Toleranzklassen[4] m6 (Rauhheit $R_a \leq 0{,}8$ µm) und h8 (Rauhheit $R_a \leq 1{,}6$ µm) verfügbar. Gehärtete Zylinderstifte werden dagegen nur in der Toleranzklasse m6 ge-

[4] Mehr zum Thema Toleranzen, Toleranzklassen und Passmaßen findet sich im Kapitel 8.

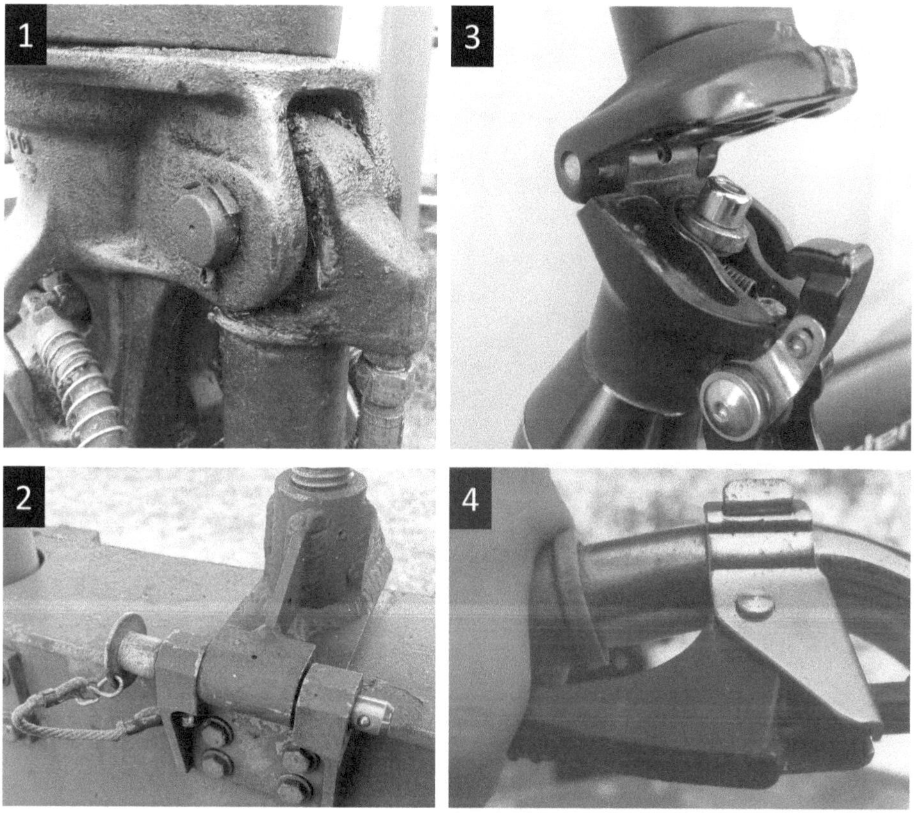

Bild 7.12 Bolzenverbindung zwischen Hydraulikzylinders und Baggerarm eines Kettenbaggers (Foto 1); Scharnierbolzen am Auslegerarm eines mobilen Funkmastes (Foto 2); Stiftverbindung am Klappmechanismus der Lenkerstange eines Faltrades (Foto 3); Stiftverbindung an einer Fahrradbremse (Foto 4)

fertigt. m6-Stifte werden für feste Verbindungen (schwer lösbar), h8-Stifte für schwächere Verbindungen (leicht lösbar) genutzt.

Grundsätzlich weisen Zylinderstifte einen größeren Durchmesser (Übermaß) als die Bohrung des Bauteils auf, in das sie eingepresst werden. Die Bohrungen müssen i.d.R. für die Stifte auf Passmaß aufgerieben werden (kostenintensiv), so dass die Durchmessertoleranz der Bohrung in engen, fest definierten Grenzen liegt.

Eine Stiftverbindung ist prinzipiell durch Herausstoßen des Stiftes lösbar. Allerdings verschleißt sowohl Stift als auch Bohrung, so dass insbesondere Zylinderstifte nur im begrenzten Umfang wiederverwendet werden können.

(Spiral-)Spannstifte bestehen aus gebogenem bzw. gewickeltem Federstahl und verformen sich elastisch beim Einpressen in die Bohrung. Aufgrund des Rückfederungseffekts pressen sie sich radial gegen die Bohrungswand an und gewährleisten so die axiale Fixierung. Hierbei genügen einfache Bohrungen mit relativ groben Toleranzen, z.B. Toleranzklasse H12. Spannstifte können ohne weiteres demontiert und wiederverwendet werden.

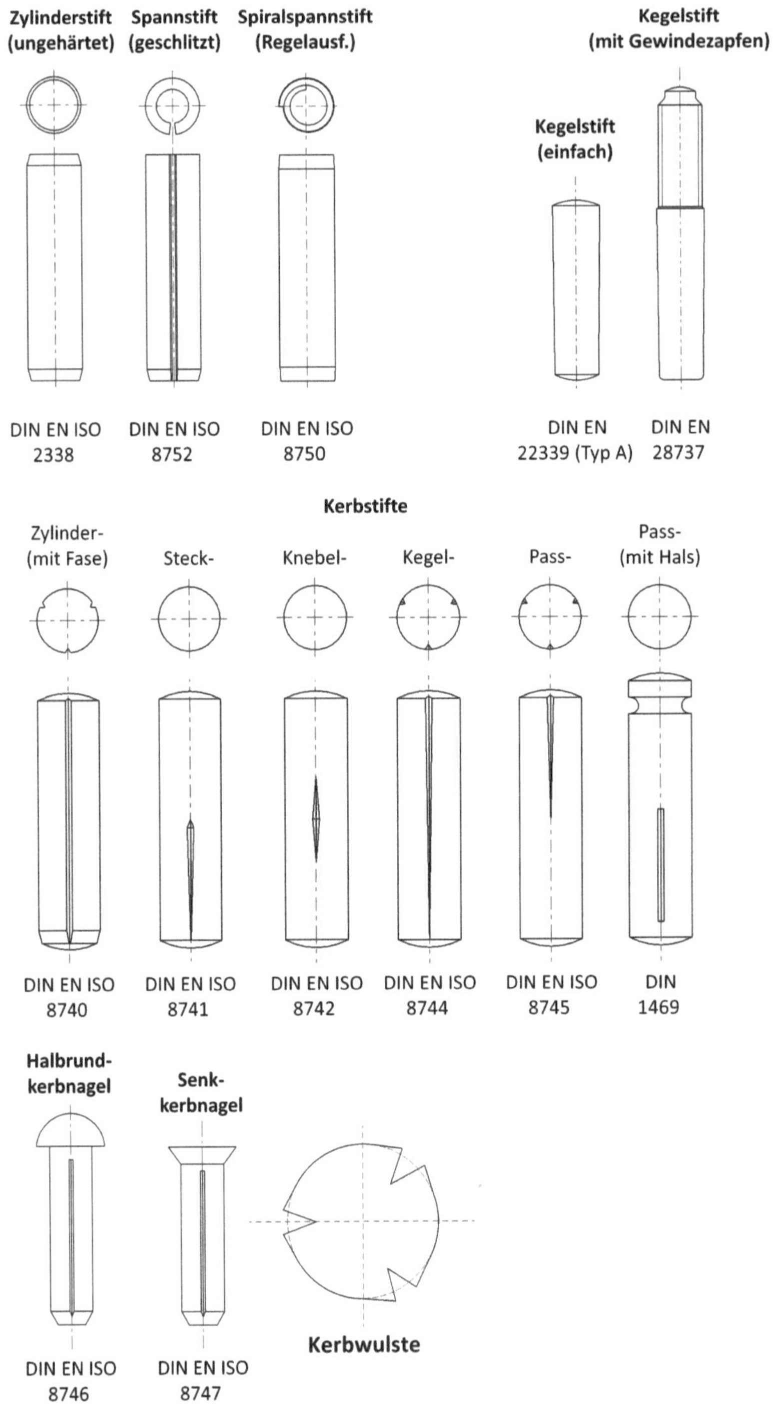

Bild 7.13 Verschiedene genormte Zylinder-, Spann-, Kegel-, Kerbstifte und Kerbnägel; siehe [ISO 2338, ISO 8752, ISO 8750, DIN EN 22339, DIN EN 28737, DIN EN ISO 8740, DIN EN ISO 8741, DIN EN ISO 8742, DIN EN ISO 8744, DIN EN ISO 8745, DIN 1469, DIN EN ISO 8746, DIN EN ISO 8747]

Ein sehr gute formschlüssige Fixierung der Bauteile erreicht man mit **Kegelstiften**, die größtenteils ungehärtet (125 - 245 HV) verfügbar sind. Sie sind leicht lösbar und wiederverwendbar, wobei Bohrungsverschleiß (Lochaufweitung) bei wiederholter Montage/Demontage durch die kegelige Form naturgemäß ausgeglichen wird. Allerdings müssen die Bohrungen aufwendig kegelig aufgerieben und die Stifte eingepasst werden. Sofern Kegelstifte in sog. Sacklöchern[5] verwendet werden, sind entsprechende Gewindezapfen und Abdrückmuttern zur Demontage notwendig.

Kerbstifte oder **Kerbnägel** (d.h. „Kerbstifte mit Kopf") besitzen entlang des Schaftes Kerben, deren Wulste nach außen über den Kreisquerschnitt hinausragen, vgl. Bild 7.13 (unten). Beim Einpressen verformen sich die Wulste und sorgen so für die Fixierung des Stifts in der Bohrung. Hierbei können einfache Bohrungen der Toleranzklasse H11 verwendet werden. Nichtsdestotrotz verschleißen die Wulste mit zunehmender Wiederverwendung, so dass Kerbstifte/-nägel max. 25-mal verwendet werden können. Außerdem bilden sich im Bereich der Kerben Spannungsspitzen (Kerbwirkung) bei Belastung aus. Demzufolge zeigen Kerbstifte und -nägel geringere Dauer- bzw. Gestaltfestigkeiten als vergleichbare, ungekerbte Zylinderstifte.

Stiftverbindung werden hier als (unverrückbare) **formschlüssige Verbindung** betrachtet, auch wenn die Literatur bisweilen von einem Kraftschluss spricht. Natürlich wird der Stift in die Bohrung eingepresst, so dass ein gewisser Kraftschluss vorliegt. Gleichwohl dient die Einpressung i.w. der axialen Stiftfixierung und nicht der Übertragung bzw. Aufnahme von Kräften (die i.d.R. quer zur Stiftachse wirken).

Darüber hinaus können Stifte auch hinsichtlich ihrer Funktion unterschieden werden, nämlich in (Bild 7.14):

a) **Verbindungsstifte** Zur formschlüssigen Verbindung zweier Bauteile, z.B. von Naben (z.B. Riemenscheiben oder Zahnräder) auf Wellen bzw. Achsen. Die Stifte werden meistens durch Querkräfte auf Scherung belastet.

b) **Passstifte** Zur Fixierung und Positionierung von Bauteilen zwecks leichterer Montage (z.B. zweier Gewindebohrungen zueinander). Hierbei sollen die Stifte i.d.R. keine Kräfte/Momente aufnehmen bzw. übertragen.

c) **Gelenkstifte** Zur Gewährleistung einer drehbaren Verbindung zwischen Bauteilen (z.B. bei Scharnieren, Kettengliedern oder Gelenken). Der Stift stellt die Kinematik der Baugruppe sicher.

d) **Sicherungsstifte** Als bewusste Sollbruchstelle zum Überlastschutz. So können zwei Wellen über einen Sicherungsstift verbunden werden, der bei Momentenüberlast bricht und so zur Trennung der Wellen führt.

Stifte mit Hals werden häufig einseitig in Bohrungen eingepresst, wobei das Ende mit dem Hals aus dem Bauteil herausragt. Der Hals dient z.B. zum Einhängen von Federn oder zum Aufsetzen von Sicherungsringen. Man spricht in diesem Zusammenhang auch gerne von **Steckstiften**, die neben Scherung auch Biegebelastungen erfahren können.

Auf technischen Zeichnungen werden Stifte nach folgender Notation normgerecht spezifiziert:

Zylinderstift DIN EN ISO 2238 – 8m6 × 40 St

[5] Im Gegensatz zu Durchgangsbohrungen durchdringen Sacklöcher/Sackbohrungen das Bauteil nicht.

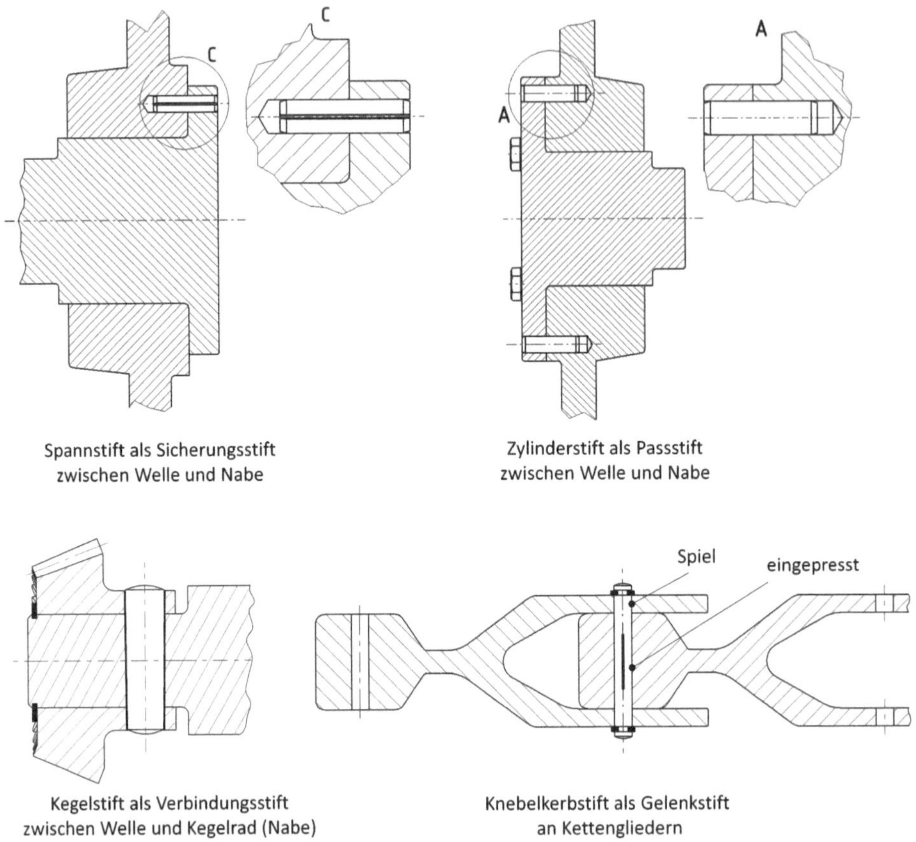

Bild 7.14 Konstruktionsbeispiele für Stiftverbindungen

Die Normangabe legt die Bauform gemäß Bild 7.13 fest, die „8" kennzeichnet den Nenndurchmesser, das Symbol „m6" steht für die Toleranzklasse, die „40" charakterisiert die Stiftlänge und „St" spezifiziert den Werkstoff (hier Automatenstahl). **Bolzen** werden im Gegensatz zu Stiften immer mit Spiel montiert. Das heißt, ihr Nenndurchmesser ist etwas kleiner als der Bohrungsdurchmesser. Folglich kann sich der Bolzen in den Bohrungen frei drehen, weshalb er bevorzugt für Gelenkverbindungen, insbesondere bei Verbindungen, die eine schnelle, einfache De-/Montage erfordern, eingesetzt wird (z.B. bei Baggerschaufeln, die oftmals auf der Baustelle ausgewechselt werden müssen). Mehr noch, die Spielpassung[6] erfordert Sicherungselemente gegen axiales Verschieben und eventuelles Herausfallen des Bolzens aus der Bohrung. Hierzu sind Sicherungselemente, wie beispielsweise Splinte (Foto 1, Bild 7.12) oder Sicherungsringe notwendig [DIN EN ISO 1234, DIN 471] die in vorgesehene Bohrungen und Hälse der Bolzen eingesetzt werden, Bild 7.15.

Für Bolzen existieren ebenfalls verschiedene genormte Bauformen, Bild 7.16 [DIN EN 22340, DIN EN 22341, DIN 1445]. Es gibt sie mit/ohne Kopf sowie mit/ohne

---

[6] Vgl. Kapitel 8.

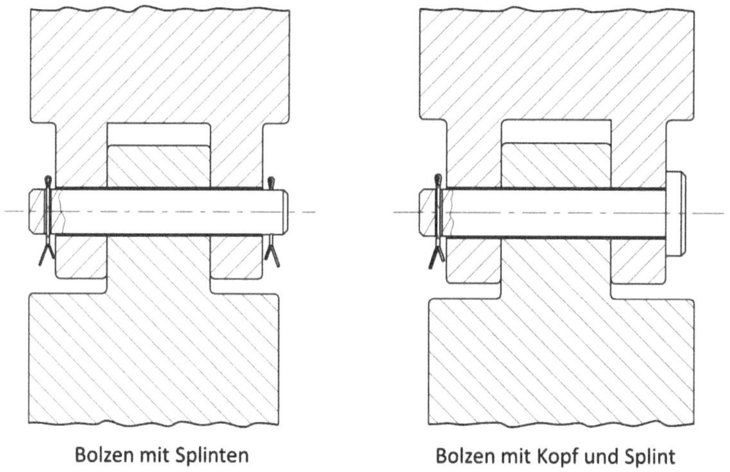

Bild 7.15 Konstruktionsbeispiele für Bolzenverbindung

Splintlöchern. Außerdem existieren verschiedene Sonderformen, z.B. Bolzen mit Kopf und Gewindezapfen. Sie werden typischerweise in der Toleranzklasse h11 gefertigt, wohingegen die Bohrung – je nach gefordertem Spiel – in D9, D11, C11, B12 oder A11 ausgeführt ist.

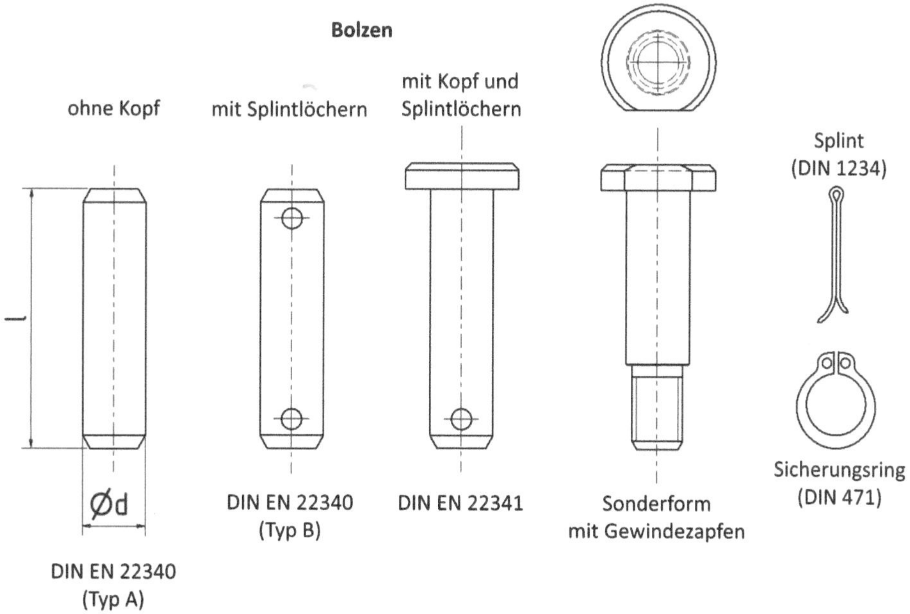

Bild 7.16 Genormte Bauformen von Bolzen inklusive möglicher Sicherungselemente [DIN EN 22340, DIN EN 22341, DIN EN ISO 1234, DIN 471]

7.2.2 Festigkeitsberechnung von Bolzen und Gelenkstiften

Die Skizze in Bild 7.17 zeigt eine typische Konstruktion, die das Gros der (Gelenk-)Stift- und Bolzenverbindungen repräsentiert. Der Bolzen ist mit Spiel montiert und hat demzufolge keine Vorspannungen, die zu berücksichtigen sind. Drei Belastungen sind zu untersuchen:

A. Lochleibungsdruck (Flächenpressung),

B. Schubspannungen im Bolzenquerschnitt,

C. Biegespannungen im Bolzen.

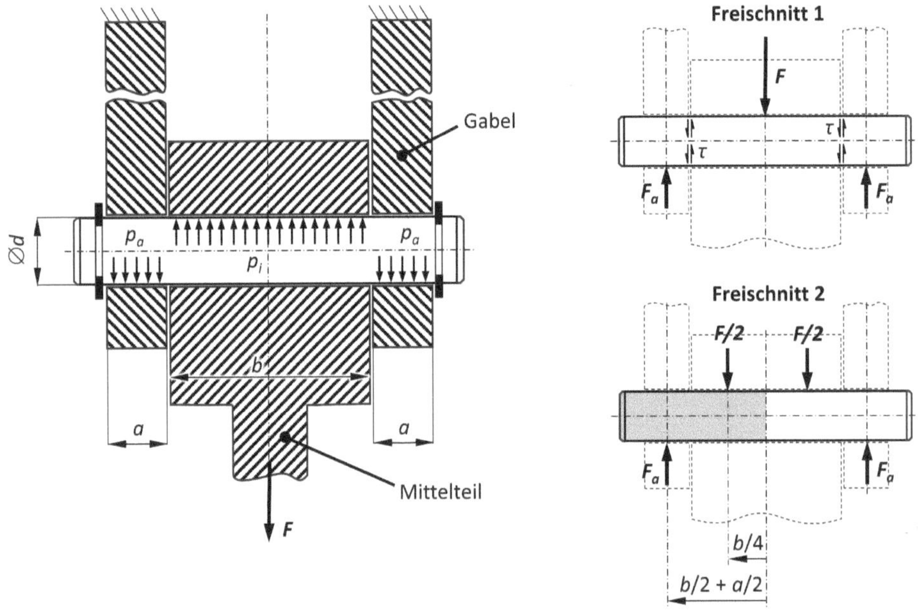

Bild 7.17 Analyse der Belastung am Bolzen/Gelenkstift

7.2.2.1 A. Lochleibungsdruck

Ein Freischnitt nach Bild 7.17 (rechts oben) liefert:

$$F = 2F_a \quad \Leftrightarrow \quad F_a = \frac{F}{2}. \tag{7.38}$$

Damit folgt für den Lochleibungsdruck im linken bzw. rechten Gabelbereich (Kraft geteilt durch projizierte Fläche):

$$\boxed{p_a = \frac{F}{2(d \cdot a)} \leq p_{\text{zul}}} \tag{7.39}$$

und für für den mittleren Bereich:

$$\boxed{p_i = \frac{F}{(d \cdot b)} \leq p_{\text{zul}}}. \tag{7.40}$$

7.2.2.2 B. Schubspannungen

Der Bolzen hat einen kreisrunden Querschnitt mit einer Fläche von $A = \frac{\pi d^2}{4}$. Da es sich um eine zweischnittige Verbindung handelt, teilt sich die Kraft F auf zwei Querschnittsflächen auf, vgl. Bild 7.17 (rechts oben), in denen der Bolzen geschert wird. Somit gilt für die Schubspannungen τ:

$$\tau = \frac{F}{2A} \tag{7.41}$$

bzw.

$$\boxed{\tau = \frac{2F}{\pi d^2} \leq \tau_{\text{zul}}}\,. \tag{7.42}$$

7.2.2.3 C. Biegespannungen

Hierbei soll der Freischnitt gemäß Bild 7.17 (rechts unten) betrachtet werden. Außerdem wird aus Symmetriegründen nur der linke, grau eingefärbte Bolzenbereich berücksichtigt. Für den rechten Bereich gelten die nachfolgenden Formeln in gleicher Weise. Weiter wird die Kraft F, die genau in der Symmetrieebene verläuft, in $2 \cdot \frac{F}{2}$ aufgesplittet und anteilig bei $b/2$ an die Mittelteilhälfte angetragen.

Für das Biegemoment bzgl. der Symmetrieebene kann so geschrieben werden:

$$M_b = \frac{F}{2} \cdot \frac{b}{4} - \frac{F}{2} \cdot \left(\frac{b}{2} + \frac{a}{2}\right) = -\frac{F}{2} \cdot \left(\frac{a}{2} + \frac{b}{4}\right) = -\frac{F}{4} \cdot \left(a + \frac{b}{2}\right)\,. \tag{7.43}$$

Für die Dimensionierung ist es irrelevant, in welche Richtung der Bolzen gebogen wird. Daher kann für M_b der Absolutbetrag betrachtet werden, also:

$$\boxed{M_b = \frac{F}{4} \cdot \left(a + \frac{b}{2}\right)}\,. \tag{7.44}$$

Für die Biegespannungen folgt dann weiter:

$$\boxed{\sigma_{\text{B,max}} = \frac{M_b}{W_{\text{ax}}} = \frac{8F \cdot \left(a + \frac{b}{2}\right)}{\pi d^3} \leq \sigma_{\text{B,max}}^{\text{zul}}}\,, \tag{7.45}$$

wobei für den kreisrunden Bolzenquerschnitt als „Biegebalken" ein axiales Widerstandsmoment von $W_{\text{ax}} = \frac{\pi d^3}{32}$ gilt, vgl. Abschnitt 4.5.2.

7.2.3 Querkaftbelastung von Steckstiften

Ähnlich wie im vorangegangenen Abschnitt sollen auch hier die Belastungsarten Biegungen, Scherung und Flächenpressung (Lochleibungsdruck) untersucht werden. Dazu betrachte man die Szenerie in Bild 7.18.

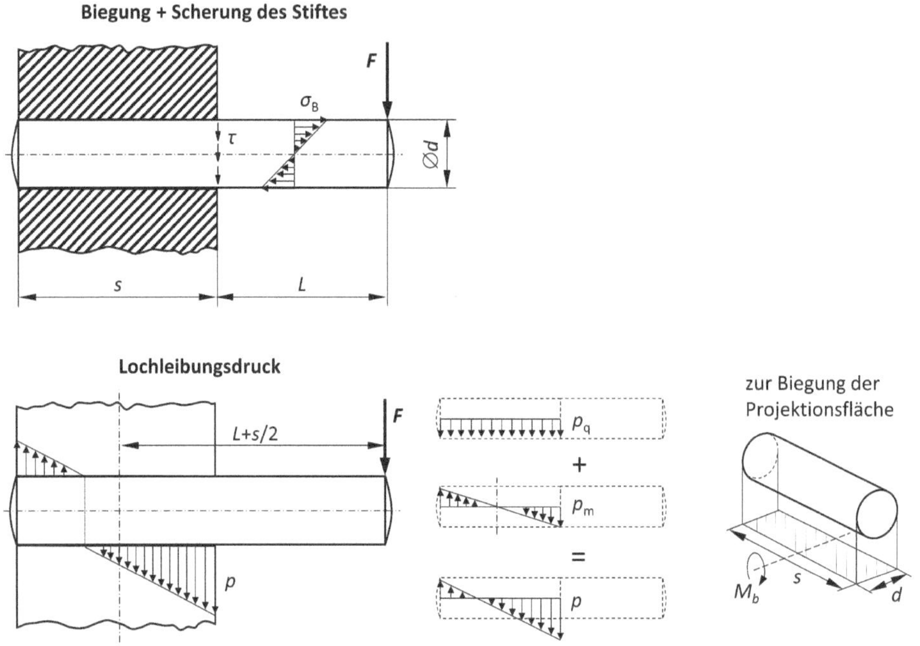

Bild 7.18 Schub- und Biegespannungen sowie Lochleibungsdruck am Querkraft-belastetem Steckstift

7.2.3.1 A. Schub und Biegung

Der Stift ist hierbei einseitig eingepresst, wobei am herausragenden Ende eine Querkraft F angreift. Mithilfe eines Körperfreischnitts und dem vertikalen Kraftgleichgewicht folgt für die innere Querkraft $Q = F$ und für die Schubspannungen im kreisrunden Querschnitt $A = \frac{\pi d^2}{4}$ des Stiftes:

$$\boxed{\tau = \frac{F}{A} \leq \tau_{\text{zul}}}\,. \tag{7.46}$$

Der Steckstift kann als freier, fest eingespannter Biegebalken aufgefasst werden und somit ist im Bereich der Einspannung das Biegemoment maximal; an dieser Stelle gilt $M_b = F \cdot L$ und weiter für die max. Biegespannung im Stiftquerschnitt::

$$\boxed{\sigma_{\text{B,max}} = \frac{M_b}{W_{\text{ax}}} \approx \frac{10FL}{d^3} \leq \sigma_{\text{B,max}}^{\text{zul}}} \tag{7.47}$$

mit $W_{\text{ax}} = \frac{\pi d^3}{32} \approx 0,1 \cdot d^3$.

7.2.3.2 B. Flächenpressung

Aufgrund der einseitigen Belastung durch die Kraft F tendiert der Stift dazu, in der Bohrung zu verkanten, was durch die Einpressung verhindert wird. Trotzdem kommt es zu einem ungleichmäßig wirkenden Lochleibungsdruck p, der sich aus der Überlagerung von zwei Anteilen ergibt, vgl. Bild 7.18 (unten):

1) Ein gleichmäßiger Lochleibungsdruck p_q aufgrund der Querkraft F:

$$p_q = \frac{F}{d \cdot s}, \tag{7.48}$$

wobei der Nenner $d \cdot s$ die projizierte Fläche des eingepressten Stiftteils kennzeichnet.

2) Eine ungleichmäßige Flächenpressung p_m aufgrund des Drehmoments $M = F \cdot (L + \frac{s}{2})$ um die Mittelebende der Bohrungslänge s. Daraus resultiert die Tendenz des Stiftes zur Rotation (Schiefstellung) um die Mittelebene, was wiederum dazu führt, dass im vorderen Bereich der Bohrung die Flächenpressung nach unten und im hinteren Bereich nach oben wirkt. Hierbei versucht der Stift die projizierte Fläche zu biegen, weshalb zur Berechnung von p_m die max. Biegespannungen zur Biegung der projizierten Fläche anzusetzen sind:

$$p_m = \frac{M}{W_{\text{ax}}^{\text{proj}}} = \frac{6F \cdot (L + \frac{s}{2})}{ds^2}, \tag{7.49}$$

mit $W_{\text{ax}} = \frac{ds^2}{6}$ als axiales Widerstandsmoment der (rechteckigen) projizierten Fläche des Stiftes, Bild 7.18 (unten).

Als resultierender Lochleibungsdruck ergibt sich dann für den querkraftbelasteten Steckstift

$$\boxed{p = p_q + p_m = \frac{F}{d \cdot s} + \frac{6F \cdot (L + \frac{s}{2})}{ds^2} = \frac{F}{d \cdot s}\left[1 + \frac{6(L + \frac{s}{2})}{s}\right] \leq p_{\text{zul}}}. \tag{7.50}$$

In Bild 7.19 sind verschiedene zulässige Werte für τ_{zul}, $\sigma_{\text{B,zul}}$ und p_{zul} aufgeführt.

Übung 22 (Steckstift mit eingehängter Feder):
Die Laufrollen einer Seilführung werden mit einer definierten Anpresskraft gegen das Seil gedrückt. Dazu sind die Rollen mit Steckkerbstiften mit Hals in einem Sockel aus Grauguss montiert, die wiederum in einer Schiene geführt werden. In den Hals der Stifte ist eine Zugfeder eingehangen, die die Laufrollen (inkl. Sockel) an das Seil presst (vgl. nachstehende Abbildung). Folgende Maße sind gegeben: $s = 35$ mm, $L = 20$ mm, $d = 12$ mm und $F = 1500$ N.

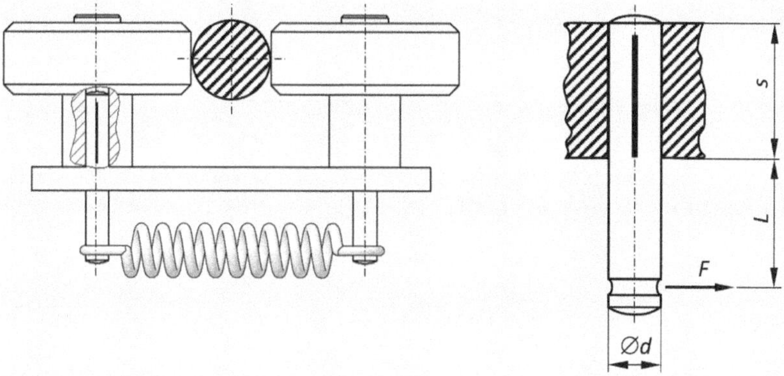

alle Werte in N/mm²

Bauteilwerkstoff	Lastfall	glatter Stift (eingepresst)			Bolzen/Gelenkstift			gekerbter Stift		
		p_{zul}	$\sigma_{B,zul}$	τ_{zul}	p_{zul}	$\sigma_{B,zul}$	τ_{zul}	p_{zul}	$\sigma_{B,zul}$	τ_{zul}
Stähle/ Guss	statisch									
S235 (St-37)		98	190	80	30	200	80	69	160	65
E295 (St-50)		104	190	80	30	200	80	73	160	65
C35/ C45		---	140	90	---	---	---	---	---	---
Stahlguss		83	190	80	30	200	80	58	160	65
Grauguss		68	190	80	40	200	80	48	160	65
Legierungen										
Bronze/Messing		40	190	80	40	200	80	28	160	65
Al-Cu-Mg		65	190	80	20	200	80	46	160	65
Al-Si		45	190	80	20	200	80	32	160	65
Stähle/ Guss	schwellend									
S235 (St-37)		72	145	60	24	140	60	52	120	50
E295 (St-50)		76	145	60	24	140	60	55	120	50
C35/ C45		---	100	63	---	---	---	---	---	---
Stahlguss		62	145	60	24	140	60	43	120	50
Grauguss		52	145	60	32	140	60	36	120	50
Legierungen										
Bronze/Messing		29	145	60	32	140	60	21	120	50
Al-Cu-Mg		47	145	60	16	140	60	35	120	50
Al-Si		33	145	60	16	140	60	24	120	50
Stähle/ Guss	wechselnd									
S235 (St-37)		36	75	30	12	70	30	26	60	25
E295 (St-50)		38	75	30	12	70	30	28	60	25
C35/ C45		---	63	45	---	---	---	---	---	---
Stahlguss		31	75	30	12	70	30	21	60	25
Grauguss		26	75	30	16	70	30	18	60	25
Legierungen										
Bronze/Messing		14	75	30	16	70	30	10	60	25
Al-Cu-Mg		23	75	30	8	70	30	17	60	25
Al-Si		16	75	30	8	70	30	12	60	25

Bild 7.19 Zulässige Spannungen und Lochleibungsdrücke für ausgewählte Stift- und Bolzenverbindungen, Quelle: [Decker, 2011, Dubbel, 2012]

Hält die Stiftverbindung schwellenden Belastungen stand?

Lösung:
Folgende zulässige Werte gelten mit Bild 7.19 für einen gekerbten Stift und einem Bauteil aus Grauguss: $\tau_{zul} = 50\,\text{N/mm}^2$, $\sigma^{zul}_{B,max} = 120\,\text{N/mm}^2$, $p_{zul} = 36\,\text{N/mm}^2$.

Mit Gleichung 7.46 kann für die Schubspannungen notiert werden:

$$\tau = \frac{1500\,\text{N}}{113\,\text{mm}^2} = 13{,}2\,\text{N/mm}^2\,. \qquad (7.51)$$

Für die Biegebelastung folgt mithilfe von Gleichung 7.47

$$\sigma_{B,max} = \frac{10 \cdot 1500\,N \cdot 20\,mm}{12^3\,mm^3} = 174\,N/mm^2\,. \tag{7.52}$$

Bei der Flächenpressung ist Gleichung 7.50 anzuwenden. Hier kann geschrieben werden:

$$p = \frac{1500\,N}{12 \cdot 35\,mm^2}\left[1 + \frac{6(20 + \frac{35}{2})\,mm}{35\,mm}\right] = 26{,}5\,N/mm^2\,. \tag{7.53}$$

Demzufolge gilt: $\tau < \tau_{zul}$ und $p < p_{zul}$. Allerdings gilt auch $\sigma_{B,max} > \sigma^{zul}_{B,max}$. Damit hält die Stiftverbindung in Summe den schwellenden Belastungen nicht stand.

■

7.3 Schweißverbindungen

Das Schweißen von metallischen Werkstoffen[7] stellt zweifelsohne eine der wichtigsten Verbindungstechniken dar. Dabei handelt es sich um eine **stoffschlüssige Verbindung**, bei der die unterschiedlichen Stoffe auf atomarer Ebene durchmischt und verbunden werden. In nahezu allen Branche des Maschinenbaus sind Schweißverbindungen zu finden, z.B. im Automobil-, Rohrleitungs- oder Schienenfahrzeugbau, vgl. Bild 7.1 (Foto 1) und Bild 7.20.

Das Verbinden von Bauteilen mittels Schweißen ist von hoher technischer Relevanz und ist nach wie vor ein wichtiges Forschungsthema. Im Fokus stehen beispielsweise die Optimierung/Modifizierung der existierenden Verfahren, die Entwicklung neuer Verfahren und die Erschließung weiterer Materialien für den Schweißprozess, z.B. Holz[8].

Aufgrund der mit dem Schweißprozess einhergehenden hohen Temperaturen, besteht eine erhöhte **Verletzungs- und Brandgefahr**. Dementsprechend ist in den Unternehmen eine besondere Aufmerksamkeit auf den Arbeits- und Brandschutz sowie die Schulung, Qualifikation und die persönliche Schutzausrüstung (PSA) des Personals zu legen. Folgende Regeln sind unbedingt zu beachten [TRGS 528]:

- schwer entzündbare, langärmelige Kleidung tragen,
- Schweißmaske/-helm mit Strahlenschutzvisier verwenden,
- für Luftreinhaltung an Schweißarbeitsplätzen sorgen (Gasabsaugung),
- keine brennbaren – oder gar explosive Materialien – in der Umgebung lagern/abstellen,
- Feuerlöschmittel bereit halten.

---

7 Auch Kunststoffe, z.B. Folien können verschweißt werden. Dieser Aspekt bleibt hier unberücksichtigt.

8 Durch Druck und Temperatur wird das sog. Lignin (Polymer) im Holz aufgeschmolzen, dass als Bindestoff für die (Hemi-)cellulose im Holz fungiert.

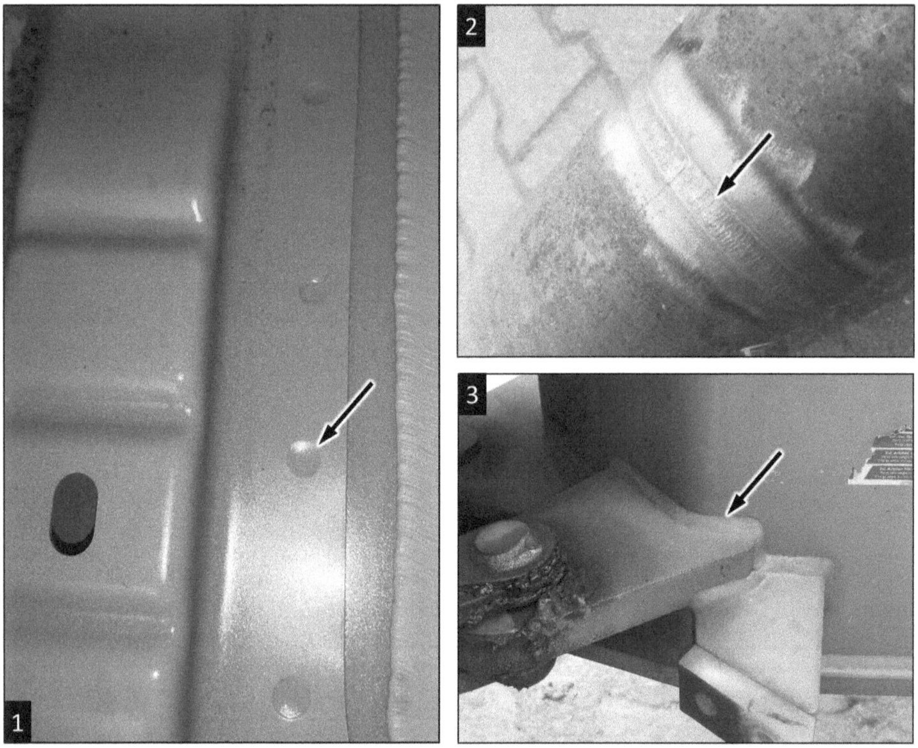

Bild 7.20 Schweißverbindungen: Punktschweißung am Bodenblech eines KFZs (Foto 1), Verbindung zweier Rohre (Foto 2), Schweißverbindung am Stahlrahmen eines Baggers (Foto 3)

7.3.1 Definition, Merkmale, Schweißarten

Zuerst stellt sich die allgemeine und zentrale Frage: „Was ist Schweißen"? Dazu kann folgende Definition, angelehnt an die DIN 1910 [DIN 1910], formuliert werden:

Definition (Schweißen):
Beim Schweißen handelt es sich um eine unlösbare Vereinigung von artgleichen Werkstoffen unter Anwendung von Wärme und/oder Druck in einem örtlich begrenztem Bereich (Schweißzone). Während des Schweißens können mitunter sog. Schweißzusatzwerkstoffe hinzugegeben werden. ■

Das Verbinden zweier Bauteile mittels Schweißen wird oftmals auch als **Fügen** bezeichnet. Wichtig ist, dass nur artgleiche Materialien (!) verbunden werden können, also z.B. Stahl-/Stahl, Aluminium/Aluminium oder Kunststoff/Kunststoff. Das Fügen von z.B. Stahl und Kunststoff ist dagegen nicht möglich.

Beim Schweißen wird durch Temperaturerhöhung das Material im Kontaktbereich der beiden Bauteile erweicht. Das Erweichen geschieht entweder direkt durch eine Wärmequelle oder indirekt durch Druck und Reibung. Die weichen Materialien fließen entweder selbstständig durch thermische Bewegung ineinander oder werden durch extern erzeugte Bewegung (z.B. durch Rühren) vermischt. Der anschließende Erstarrungsprozess führt dann zur Verbindung beider Bauteile.

Im Allgemeinen unterscheidet man beim Schweißen von Metallen drei Arten

1) Auftragsschweißen,
2) Reparaturschweißen,
3) Verbindungsschweißen (hier im Fokus).

Bild 7.21 Beispiele für Reparatur- (links) und Auftragsschweißungen (rechts); Foto 1: © S & S Laserschweissen, Foto 2: ©DURUM Verschleißschutz GmbH, Foto 3: ©Schweißerei WIG-welding (alle mit freundlicher Genehmigung)

Beim Auftragsschweißen wird Material auf eine Oberfläche aufgebracht. Bild 7.21 (rechts) zeigt dazu zwei Beispiele. Im Foto 2 wird die Oberfläche einer Welle gezielt veredelt, indem eine verschleiß- oder korrosionsbeständige Beschichtung aufgetragen wird. Foto 3 zeigt ein Laufrad, bei dem der Anschlussstutzen einseitig verschlissen war. Durch Materialauftrag mittels Schweißen (und anschließendes Drehen zur Entfernung des überschüssigen Materials) kann der Stutzen wieder instand gesetzt werden. Bild 7.21 (links, Foto 1) stellt eine klassische Reparaturschweißung dar. Hier wurde ein Riss in der Metallwand eines Vergasers zugeschweißt, so dass dieser wieder einsatzfähig ist. Im Rahmen dieses Buches soll ausschließlich das unter Punkt 3) aufgeführte Verbindungsschweißen von metallischen Werkstoffen, gemäß den Beispielen in Bild 7.20 betrachtet werden. Folgende Vor- und Nachteile können im Vergleich zu anderen Verbindungstechniken formuliert werden:

- **Vorteile**:
  - geringer Materialeinsatz (keine zusätzlichen Verbindungselemente wie Schrauben, Nieten, Bolzen, Stifte von Nöten),
  - geringe Werkzeugkosten (keine komplexen Umformwerkzeuge; komplizierte Bauteilgeometrien können aus einfachen Geometrien „zusammengeschweißt " werden),
  - im hohen Grade automatisierbar (Schweißroboter können nahezu jeden beliebigen 3D-Kurvenzüge abfahren).
- **Nachteile**:
  - Gefahr von Gefügeveränderungen und einhergehender Festigkeitsverlust im Stahl (insbesondere in der Schweißnahtumgebung),
  - Korrosionsgefahr (Erhöhte Oxidationsgeschwindigkeiten durch die hohen Temperaturen im Schweißbereich),
  - Schweißverzug und zurückbleibende Eigenspannungen in der Schweißzone durch die prozessbedingten thermischen Dehnungen,
  - Gefahr von Schweißfehlern (Poren, Schrumpfungsrisse), die z.T. im Innern der Schweißnaht auftreten können und daher schwer zu entdecken sind,
  - erhöhte Aufwendungen zur Qualitätskontrolle (Durchleuchtungsverfahren, wie z.B. Röntgenstrahlung/Ultraschall, zur Erkennung von innenliegenden Schweißfehlern),
  - Gefahr der Wasserstoffversprödung in der Schweißzone (insbesondere bei hochfesten Stählen).

Auf den ersten Blick mögen die Nachteile in ihrer Fülle dominieren. Gleichwohl, die drei Vorteile wiegen derart schwer, dass das Schweißen als Verbindungstechnik in der Industrie äußerst stark vertreten ist.

7.3.2 Normung

Schweißen ist eine komplexe Thematik, bei dem – sei es durch fehlerhafte Bauteilkonstruktion oder durch falsche Prozessführung – zu ungewollten Unregelmäßigkeiten kommen kann (Materialverzug, Poren, Festigkeitsverlust, Korrosion, ...). Mehr noch, Schweißungen werden häufig an Karosserien, Fahrzeugrahmen oder Tragwerken durchgeführt, also an Bauteilen, die oftmals tragende Funktionen wahrnehmen und in denen vorrangig Stahl verwendet wird. Um hier Fehler zu minimieren bzw. auszuschließen, hat sich eine umfangreiche Normung herausgebildet. Es ist dringend empfohlen, sich – sofern Schweißungen am jeweiligen Produkt vorgesehen sind – intensiv und mit der anwendungs- bzw. branchenspezifischen Normung auseinanderzusetzen! Gerade bei Schweißverbindungen sollten strikt die geltenden Normen eingehalten werden!

Tabelle 7.1 zeigt, neben einigen allgemeinen Normen, verschiedene, branchenspezifische Normen. Dabei sind auch zurückgezogene Normen aufgeführt, die oftmals ausschließlich den schweißspezifischen Aspekten gewidmet waren. Die jeweiligen Nachfolgenormen dagegen sind allgemeiner angelegt, enthalten auch Aspekte anderer Verbindungstechniken und bestehen aus mehren Teilen. So ist z.B. die DIN 4100 in der Normenreihe DIN EN 1993-1 aufgegangen, insbesondere in den Teilen 1993-1-1, 1993-1-3, 1993-1-5, 1993-1-8,

1993-1-10, 1993-1-11 (plus die jeweiligen Nationalen Anhänge), in denen die Inhalte der ursprünglichen Norm aufgeteilt sind. Auf Arbeitsebene bzw. zu informativen Zwecken ist es oftmals leichter und zeitsparender die alte Norm – sofern verfügbar – zu studieren.

Die Vorschrift DS 952 ist in Tabelle 7.1 ebenfalls angegeben auch wenn sie an vielen Stellen als veraltet gilt. Gleichwohl ist sie nach wie vor in vielen Spezifikationen des Schienenfahrzeugbaus zu finden und muss daher aufgeführt werden.

7.3.3 Schweißverfahren

Beim Verbindungsschweißen von Metallen werden zwei Schweißverfahren unterschieden:

a. **Schmelzschweißen**, (Bild 7.22):
   - Mithilfe einer Wärmequelle werden die zu verbindenden Materialien lokal bis über den Schmelzpunkt erwärmt ($T > T_{\mathrm{melt}}$). Dadurch bildet sich im Kontaktbereich ein Schmelzbad aus, bestehend aus dem flüssigen Material beider Bauteile. Im Schmelzbad selbst findet durch thermische Bewegung Materialdurchmischung statt.
   - *Beispiele:* Lichtbogenschweißen (MSG-, WSG-, UP-Schweißen), Laserstrahlschweißen, Elektronenstrahlschweißen, Widerstandsschmelzschweißen

b. **Pressschweißen**, (Bild 7.23):
   - Die zu verbindenden Bauteile werden mit hohem Druck aufeinandergepresst, so dass eine große Normalkraft und – bei einer Relativbewegung zwischen den Kontaktflächen – eine große Reibkraft entsteht. Anschließend wird ein Bauteil in Bewegung versetzt, z.B. in Drehung oder Vibration. Durch die reibungsbedingte Erwärmung erweicht das Material in der Kontaktzone. Die Temperatur in den Werkstoffen bleibt dabei unterhalb der Schmelztemperatur ($T < T_{\mathrm{melt}}$), so dass sich im Fügebereich eine teigige Konsistenz einstellt. Mithilfe von extern erzeugten Rührbewegungen oder Druck werden die beiden „Knetmassen" durchmischt bzw. ineinander gedrückt.
   - *Beispiele:* Widerstandspressschweißen (z.B. Rollnaht- oder Widerstandspunktschweißen), Reibschweißen bzw. Rührreibschweißen

Dabei gelten folgende Erläuterungen für die unter **a.** verwendeten **Abkürzungen**:

- **MSG-Schweißen:** Metall-Schutzgas-Schweißen; hierbei kann weiter in das Metall-Inertgas- (**MIG-**) und Metall-Aktivgas- (**MAG-**) Schweißen unterschieden werden.
- **WSG-Schweißen:** Wolfram-Schutzgasschweißen; hier ist i.w. das **WIG-Schweißen**, d.h. das Wolfram-Inertgas-Schweißen, zu nennen.
- **UP-Schweißen:** Unterpulver-Schweißen.

Der Einsatz von Schutzgasen und Pulvern dient der Abschirmung des Schweißbades vom Umgebungssauerstoff der Luft. Man beachte, dass das flüssige Metall des Schmelzbades hoch-reaktiv ist; Kontakt mit Sauerstoff führt direkt zu chemischen Reaktionen (Oxidation), also zu Korrosionsprozessen. Deshalb kommen entweder **Inertgase**, z.B. Edelgase wie He oder Ar, oder **Aktivgase**, wie z.B. CO_2 oder N_2, zum Einsatz.

Inertgase sind chemisch nicht-reaktive Gase, sie dienen der reinen Abschirmung vom Sauerstoff, wobei jegliche Art von Reaktionen in der Schweißbad-Umgebung verhindert werden. MIG-Schweißen wird vorallem bei Nichteisenmetallen (z.B. Al oder Cu) eingesetzt.

Tabelle 7.1 Ausgewählte, branchenspezifische Normen und Richtlinien für Schweißkonstruktionen (kein Anspruch auf Vollständigkeit)

Norm	Beschreibung	Referenz
allgemein		
DIN EN ISO 2553	Darstellung in Zeichnungen	[DIN EN ISO 2553]
DIN 1910-100	Metallschweißprozesse: Begriffe	[DIN 1910]
DIN EN ISO 9692-1	Schweißnahtvorbereitung: Lichtbogenhand-, Schutzgas-, Gas-, WIG- und Strahlschweißen von Stählen	[DIN EN ISO 9692-1]
DIN EN ISO 9692-3	Schweißnahtvorbereitung: Metall-Inertgas- und Wolfram-Inertgasschweißen von Aluminium(legierungen)	[DIN EN ISO 9692-3]
DIN EN ISO 13920	Allgemeintoleranzen für Schweißkonstruktionen	[DIN EN ISO 13920]
ISO/TR 581	Schweißbarkeit v. metallischen Werkstoffen	[ISO 581]
DIN EN ISO 3834-1	Qualitätsanforderungen	[DIN EN ISO 3834-1]
DIN EN ISO 5817	Bewertungsgruppen	[DIN EN ISO 5817]
FKM Richtlinie	Rechnerischer Festigkeitsnachweis für Maschinenbauteile	[FKM]
Schienenfahrzeuge		
DS 952 (veraltet)	Vorschrift für das Schweißen metallischer Werkstoffe in Privatwerken (Schweißen an Schienenfahrzeugen)	[DS 952]
DVS 1612	Gestaltung und Dauerfestigkeitsbewertung von Schweißverbindungen im Schienenfahrzeugbau	[DVS 1612]
Kranbau		
DIN 15018-1 (zurückgezogen)	Krane; Grundsätze für Stahltragwerke	[DIN 15018-1]
DIN EN 13001-3-1	Krane - Konstruktion allgemein: Grenzzustände und Sicherheitsnachweis von Stahltragwerken	[DIN EN 13001]
Behälter- u. Rohrleitungsbau		
DIN 2413	Nahtlose Stahlrohre für öl- und wasserhydraulische Anlagen - Berechnungsgrundlage bei schwellender Beanspruchung	[DIN 2413]
DIN EN 13445-3	Unbefeuerte Druckbehälter: Konstruktion	[DIN EN 13445]
DIN EN 13480-3	Metallische industrielle Rohrleitungen: Konstruktion und Berechnung	[DIN EN 13480]
Stahlbau		
DIN 4100 (zurückgezogen)	Geschweißte Stahlbauten mit vorwiegend ruhender Belastung	[DIN 4100]
DIN EN 1993-1-1	Bemessung und Konstruktion v. Stahlbauten	[DIN EN 1993-1, DIN EN 1993-1NA, DIN EN 1993-11]

Aktivgase schirmen zum einen das Schweißbad von der Umgebungsluft ab, zum anderen gehen sie gezielte Reaktionen mit bestimmten Elementen des flüssigen Metalls oder der Schweißelektrode ein. Diese Reaktionen sind gewollt und dienen der Verbesserung der Lichtbogenstabilität, der mechanischen Eigenschaften der Schweißnaht bzw. der Fließeigenschaften des Schweißbades. MAG-Schweißen wird bevorzugt bei nichtrostenden Stählen, Baustählen oder hochlegierten Stählen angewandt.

Beim Unterpulver-Schweißen wird der Lichtbogen unter einem Pulver erzeugt. Dabei schmilzt ein Teil des Pulvers auf, schwimmt auf und bildet eine Schlackeschicht auf der Schweißnaht, die wiederum den Luftsauerstoff abschirmt und so vor Korrosion schützt. Die Schlacke muss i.d.R. im Nachgang mechanisch entfernt werden.

Bild 7.22 (oben) skizziert exemplarisch für das Lichbogenschweißen das MSG- und das UP-Schweißen. Mithilfe einer Stromquelle wird ein starkes elektrisches Feld zwischen der Drahtelektrode (Pluspol) und dem Werkstück (Minuspol) erzeugt. Durch Ladungsausgleich kommt es in der Schweißzone zu einem Lichtbogen und zum lokalen Aufschmelzen der Werkstücke in der Umgebung des Lichtbogens. Dabei schmilzt auch die Drahtelektrode ab, die deshalb kontinuierlich nachgefördert werden muss.

Beim Laserstrahlschweißen, Bild 7.22 (unten), wird als Wärmequelle ein hochenergetischer, monochromatischer (und damit hochfokusierter) Laserstrahl benutzt. An der Werkstückoberfläche bildet sich ein Plasma aus, das zum Aufschmelzen der Fügezone führt. Die dabei entstehenden Temperaturen sind so hoch, dass im Kern des Schmelzbades Metall verdampft. Dadurch bildet sich eine Dampfkapillare aus, in der der Laserstrahl durch Mehrfachreflexion an der Kapillarwand tief in das Material eindringen kann. Mit dem Laserstrahlschweißen können daher besonders dünne und tiefe Schweißnähte erzeugt werden.

Beispielhaft für das Pressschweißen illustriert Bild 7.23 das Rührreibschweißen (oben) und das Widerstandspunktschweißen (unten). Ersteres erzeugt die zur Materialerweichung notwendige Wärme durch ein schnelldrehendes Werkzeug (Pin), das in die Fügezone gebohrt an anschließend horizontal entlang der Kontaktzone bewegt wird. Dabei wird Reibungswärme erzeugt, die das Material aufweicht. Durch die Drehbewegung des Pins werden die unterschiedlichen Materialien im Schweißbereich durchmischt. Zu beachten ist, dass insbesondere am Ende ein prozessbedingtes Bohrloch zurückbleibt. Entsprechend müssen am Werkstück Auslaufzonen berücksichtigt werden.

Beim Widerstandspunktschweißen werden die Werkstücke punktuell durch zwei Elektroden aufeinander gedrückt, die mit einer Stromquelle verbunden sind. Dadurch fließt ein Strom durch die Werkstücke. Im Übergangsbereich der Werkstücke ist der elektrische Widerstand am größten, weshalb dort – aufgrund des Joulschen Wärmeleistung $P_W = I^2 \cdot R$ bzw. $W = I^2 \cdot R \cdot t$, (R: elektrischer Widerstand, I: Stromstärke, P_W: Wärmeleistung, W: Wärmeenergie) – die größte Erwärmung und die lokale Materialerweichung stattfindet. Der äußere Druck sorgt dafür, dass die Materialien im Schweißpunkt „vermischt“, sprich ineinander gepresst, werden.

Oftmals werden beim Schweißen sog. **Schweißzusätze** hinzugegeben. Hierbei handelt es sich um Drähte oder massive metallische Stäbe, die im Prozess mit abschmelzen und so zusätzliches Metall zum Füllen von Spalten oder zum Auftragen von Material liefern. Bild 7.24 zeigt die zwei Möglichkeiten, wie Schweißzusätze beim Schweißen zugeführt werden. Im linken Fall ist die Drahtelektrode selbst der Schweißzusatz. Sie schmilzt während des Schweißvorgangs ab und muss daher kontinuierlich nachgefördert werden. In

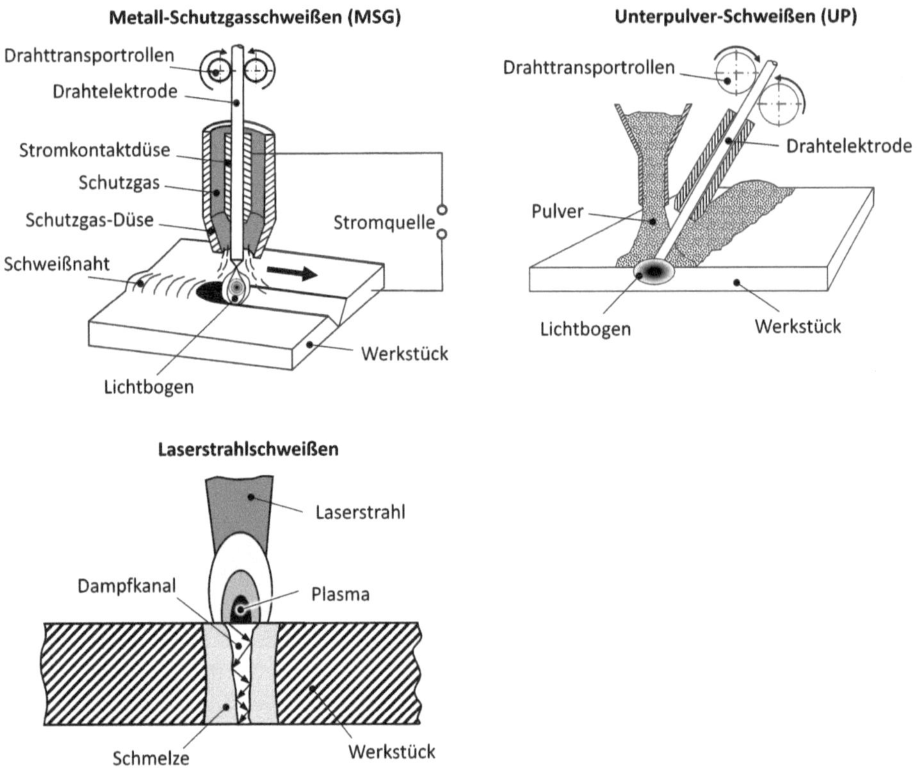

Bild 7.22 Illustration des Metall-Schutzgas-, Unterpulver- und Laserstrahlschweißens

der rechten Abbildung werden separate, abschmelzende Schweißstäbe als Schweißzusatz verwendet. Die Wolframelektrode hat Schmelztemperaturen von $T_{\mathrm{melt}} > 3400°C$. Bei richtiger Wahl der Schweißparameter (Stromstärke und Schutzgas-Volumenstrom) sollte die Temperatur des Lichtbogens kleiner sein ($T_{\mathrm{Lichtb}} < T_{\mathrm{melt}}$), so dass die Elektrode beim Schweißen nicht abschmilzt. Neben dem Metall werden beim Schweißen weitere Zusätze verwendet, um u.a.:

- die Stabilität des Lichtbogens zu erhöhen,
- die mechanischen Eigenschaften (z.B. Festigkeit, Zähigkeit) zu verbessern oder
- die Schlackenbildung und damit die Abschirmung vor dem Luftsauerstoff zu optimieren.

Dabei handelt es sich z.B. um Zellulose, Rutil (TiO_2), Flussspat (CaF_2) oder **Metallpulver** wie Titan-, Calcium- oder Manganoxid. Diese werden in Form von Füllungen in einer hohlen Drahtelektrode (**Fülldrahtelektroden**) oder als **Ummantlung** bei Schweißstäben angeboten.

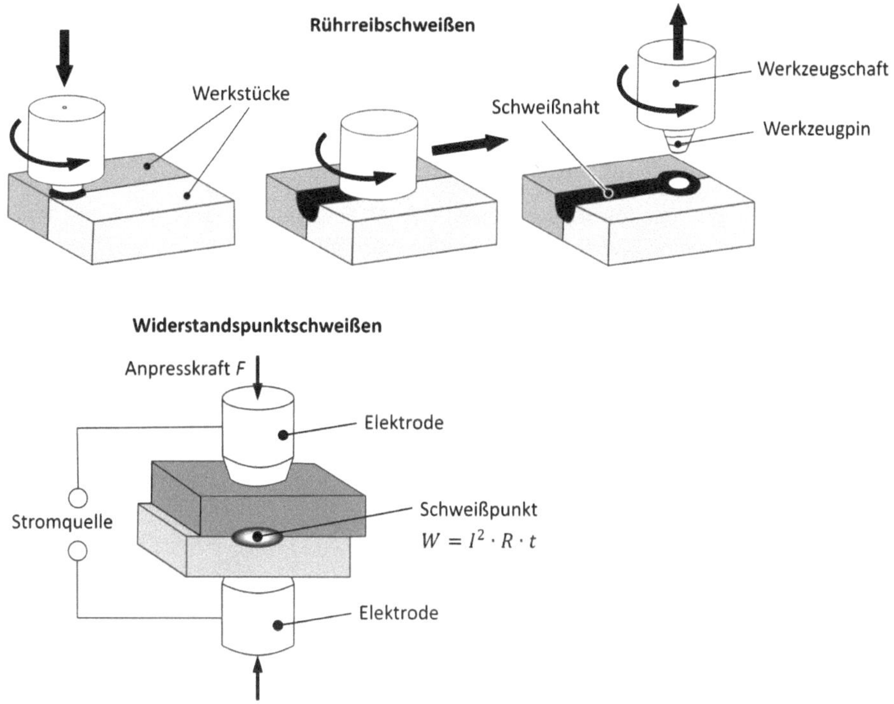

Bild 7.23 Darstellung des Prinzips des Rührreibschweißens und des Widerstandspunktsschweißens

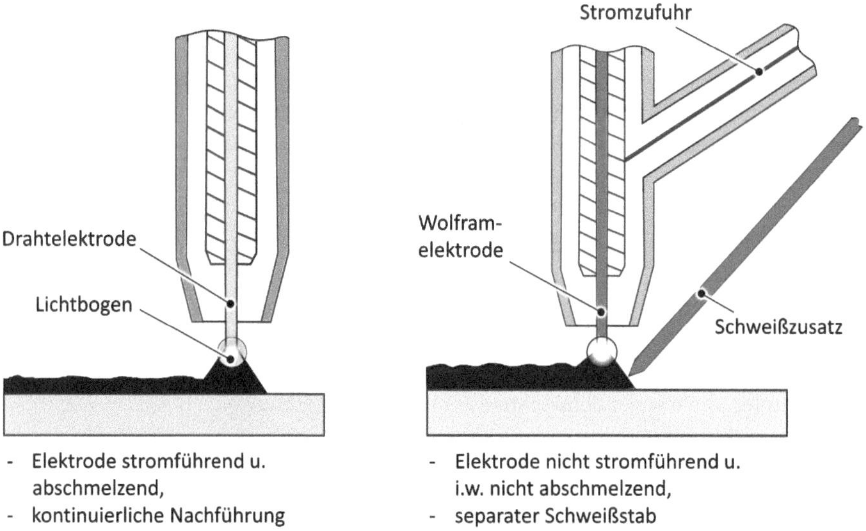

Bild 7.24 Möglichkeiten der Zuführung von Schweißzusätzen

7.3.4 Schweißbarkeit

Stähle, Gusseisenwerkstoffe, aber auch Kupfer und Aluminium, können im Allgemeinen durch Schweißen gefügt werden. Allerdings sind diese Werkstoffe nicht alle gleich gut schweißbar. Die sog. **Schweißbarkeit** definiert wie gut (oder schlecht) und unter welchen Randbedingungen bzw. mit welchen Maßnahmen die verschiedenen Metalle gefügt werden können. Anders ausgedrückt, setzt sich die Schweißbarkeit aus drei Faktoren zusammen [ISO 581]: (a) die Schweißeignung (werkstoffabhängig), (b) die Schweißmöglichkeit (beeinflussbar durch die Fertigungsparameter) und (c) die Schweißsicherheit (einstellbar durch konstruktive Maßnahmen).

Im Folgenden sollen stichpunktartig verschiedene „Faustregeln" angegeben werden, die als Orientierung für das Schweißen verschiedener Metalle verwendet werden können:

- Stähle mit einem C-Gehalt von ≤ 0,3 Massenprozent sind im Allgemeinen ohne zusätzliche Maßnahmen gut schweißbar.
- Die Legierungselemente Si, S, Mn, und P wirken negativ auf die Schweißeignung.
- Allgemeine Baustähle, Feinkornbaustähle und warmfeste Stähle sind i.d.R. gut schweißbar.
- Vergütungs- und Einsatzstähle sind nur mit zusätzlichen Maßnahmen gut schweißbar. Hier ist ein Vorwärmen der Werkstücke empfohlen (auf 100 bis 200 °C).
- Nichtrostende Stähle mit geringen C- und S-Gehalten sind gut schweißbar.
- Kupfer kann gut mit dem MIG- und WIG-Verfahren geschweißt werden.
- Aluminium kann mit dem MIG- / WIG-Verfahren (Schutzgas Ar) geschweißt werden. Allerdings schmilzt Al aufgrund der geringen Schmelztemperatur schnell, entsprechend ist die Stromstärke zu wählen (30-40 Ampere pro mm Blechdicke). Außerdem sollte das Werkstück im Fügebereich chemisch oder mechanisch vorbehandelt werden. Insbesondere sollten eventuelle Aluminiumoxidschichten entfernt werden, die das Zusammenfließen der Grundwerkstoffe behindern. Weiter entstehen beim Al-Schweißen gesundheitschädliche Aluminiumoxiddämpfe, so dass entsprechende Schutzmaßnahmen erforderlich sind.
- Gusseisen ist – je nach Art – schweißbar. Weißer Temperguss (GJMW) und Gusseisen mit Kugelgraphit (GJS) sind gut schweißbar. Gusseisen mit Lamellengraphit (GJL) ist schlecht schweißbar.

7.3.5 Nahtgeometrien und zeichnerische Darstellung

Die Schweißnaht kennzeichnet den Fügebereich, in dem sich die Werkstücke im geschmolzenen bzw. aufgeweichten Zustand durchmischt und stofflich verbunden haben. Außerdem vereinigt die Schweißnaht die Bauteile am sog. **Schweißstoß**, also die Flächen des Grundwerkstoffes, die mit der Schweißnaht in Verbindung stehen, vgl. Bild 7.26 (oben).

Grundsätzlich unterscheidet man zwei verschiedene **Nahtarten**: (a) die **Stumpfnaht** und (b) die **Kehlnaht**, Bild 7.25. Bei der Stumpfnaht liegen sich die Schweißstöße gegenüber, wohingegen die Schweißstöße bei der Kehlnaht senkrecht aufeinander stehen, Bild 7.26 (oben). Weiter können Stumpf- und Kehlnähte einfach (einseitig) oder doppelt ausgeführt sein, Bild 7.25 und 7.26 (unten).

Neben den Nahtarten werden innerhalb der jeweiligen Nahtart verschiedene **Nahtausführungen** unterschieden. So kann z.B. die Stumpfnaht (a) einlagig, (b) einlagig mit Gegenlage, (c) mehrlagig oder (d) mit mehreren Raupen ausgeführt sein, vgl. Bild 7.27. Bei

Bild 7.25 Ein- und mehrlagige Stumpfnaht (oben) sowie einseitige und Doppel-Kehlnaht (unten)

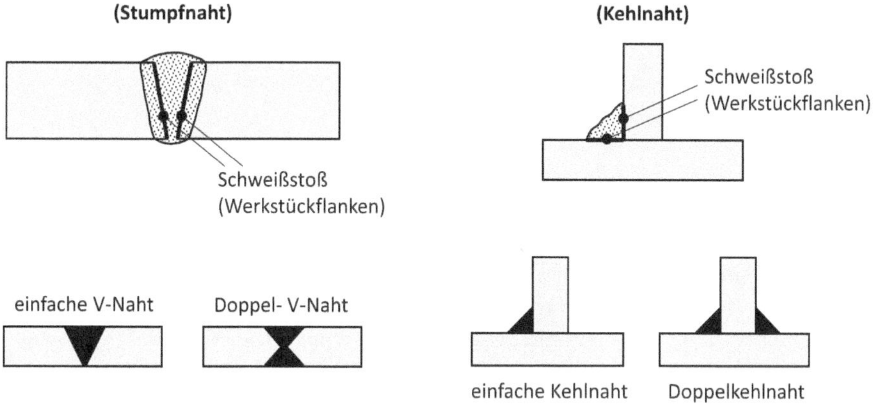

Bild 7.26 Nahtarten: Stumpfnaht vs. Kehlnaht

Kehlnähten unterscheidet man anhand der Nahtoberfläche zwischen (i) Flachkehlnähten, (ii) Hohlkehlnähten, (iii) Wölbkehlnähten und (iv) ungleichschenklige Kehlnähte, Bild 7.28.

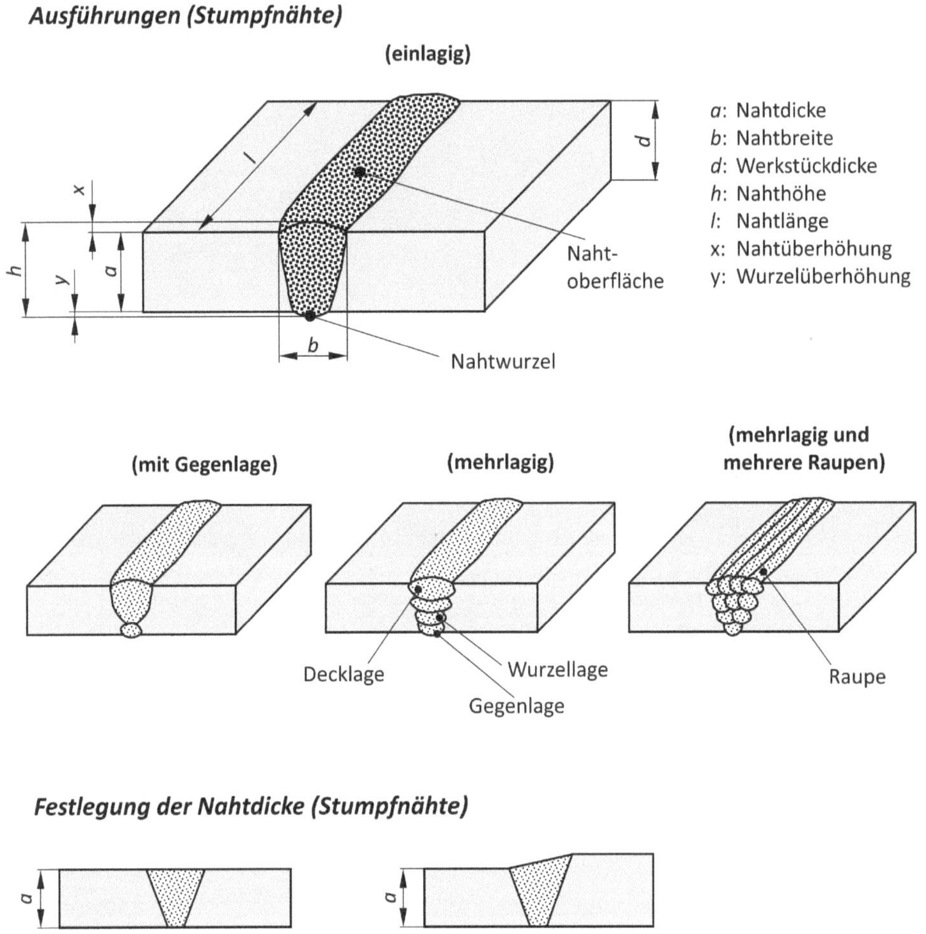

Bild 7.27 Stumpfnähte: Geometrie (oben) und Ausführungen (Mitte) sowie Darstellung der Nahtdicke (unten)

Bild 7.27 (oben) zeigt die wichtigsten geometrischen Größen einer Schweißnaht am Beispiel der Stumpfnaht. Für die Berechnung der Spannungen in der Schweißnaht ist die **Nahtdicke** a von besonderer Bedeutung. Bei Stumpfnähten kennzeichnet a die Dicke des dünneren Bauteils, vorausgesetzt die Werkstücke sind vollständig durchgeschweißt, Bild 7.27 (unten). Bei Kehlnähten wird – je nach Ausführung – das größtmögliche, gleichschenklige Dreieck im Nahtquerschnitt gedanklich konstruiert. Die Höhe dieses hypothetischen Dreiecks repräsentiert die Nahtdicke a, Bild 7.28.

Abhängig von der Geometrie der Schweißstöße (zu fügende Flanken der Werkstücke) ergeben sich außerdem zahlreiche **Nahtformen**. Liegen sich beispielsweise die Schweißstöße parallel gegenüber resultiert eine sog. I-Naht. Sind die Stöße angeschrägt, folgt nach dem Schweißen eine sog. V-Naht (bzw. V-Naht mit Gegenlage). Je nach gewünschter bzw. spe-

Ausführungen (Kehlnähte)

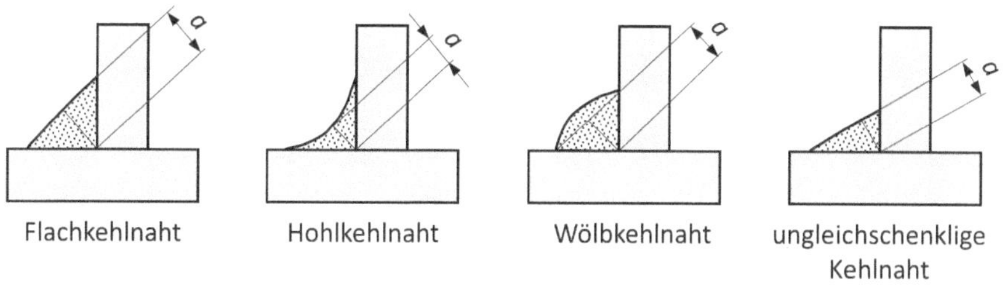

Bild 7.28 Kehlnähte: Ausführungen und Festlegung der Nahtdicke

zifizierter[9] Nahtform müssen unter Umständen die Fügeflanken der Werkstücke vor dem Schweißen mechanisch bearbeitet werden. Bild 7.29 zeigt die wichtigsten Nahtformen inklusive der auf der technischen Zeichnung verwendeten Symbole und der zugehörigen Schweißstoß-Geometrie vor dem Schweißen.

Schweißnähte an Baugruppen müssen auf den zugehörigen technischen Zeichnung eindeutig erkennbar und spezifiziert sein. Dazu muss sowohl Position, Nahtgeometrie, Schweißverfahren und ggf. weitere Anforderungen an Schweißzusätze und Nahtqualität festgelegt und in der Zeichnung ausgewiesen werden. Die Schweißnaht selbst wird in der Zeichnung nicht dargestellt, lediglich die Schweißstöße der zu verbindenden Bauteile. Durch eine (i.d.R. abgeknickte) Pfeillinie zum Schweißstoß, siehe Bild 7.30, wird die Schweißung kenntlich gemacht. Unterhalb des waagerechten Astes der Pfeillinie befindet sich zusätzlich eine Strichlinie. Die Nahtform wird durch Angabe des entsprechenden Symbols gemäß Bild 7.29 auf der Pfeil- bzw. Strichlinie definiert. Hierbei wird das Symbol auf der Pfeillinie angegeben, sofern die Schweißung auf der durchgeführt wird, zu der der Pfeil der Pfeillinie zeigt (Pfeilseite). Wird die Schweißung auf der gegenüberliegenden Seite (Gegenseite) – also der bzgl. des Pfeils abgewandten Seite (was z.B. aus Platzgründen auf der Zeichnung vorkommen kann) – ausgeführt, dann wird das Schweißsymbol auf der Strichlinie platziert, vgl. Bild 7.31 (erste und letzte Zeile). Bei doppelseitiger Schweißung (z.B. Doppelkehlnaht) kann die Strichlinie weggelassen werden und das Symbol beidseitig auf der Pfeillinie positioniert werden, Bild 7.31 (zweite Zeile). Darüber hinaus kann die Ausführung der Nahtoberfläche (flach vs. hohl vs. gewölbt) mit einem Zusatzsymbol auf dem Nahtsymbol festgelegt werden, vgl. Bild 7.31 (zweite, dritte, vierte Zeile).

Nahtgeometrie, sprich Nahtdicke und -länge, werden mit dem Kennbuchstaben „a" vorangestellt vor dem Schweißsymbol bzw. ohne Kennbuchstaben nach dem Schweißsymbol angegeben (Angabe in mm). Außerdem kann z.B. mit einem Kreis im Knick der Pfeillinie eine vollständig um das Bauteil **rundum laufende Naht** gekennzeichnet werden, was z.B. bei rotationssymmetrischen Bauteilen wie Rohren oftmals vorzufinden ist. Eine „Fähnchen" im Knick kennzeichnet eine sog. **Baustellennaht**, also eine Schweißnaht, die erst beim Kunden, z.B. auf der Baustelle, geschweißt wird. Darüber hinaus kann die Pfeillinie am Ende verzweigt werden, um weitere Festlegungen für die Schweißverbindung zu treffen,

[9] Diese wird i.d.R. auf den technischen Zeichnungen festgelegt, Bild 7.30 (links).

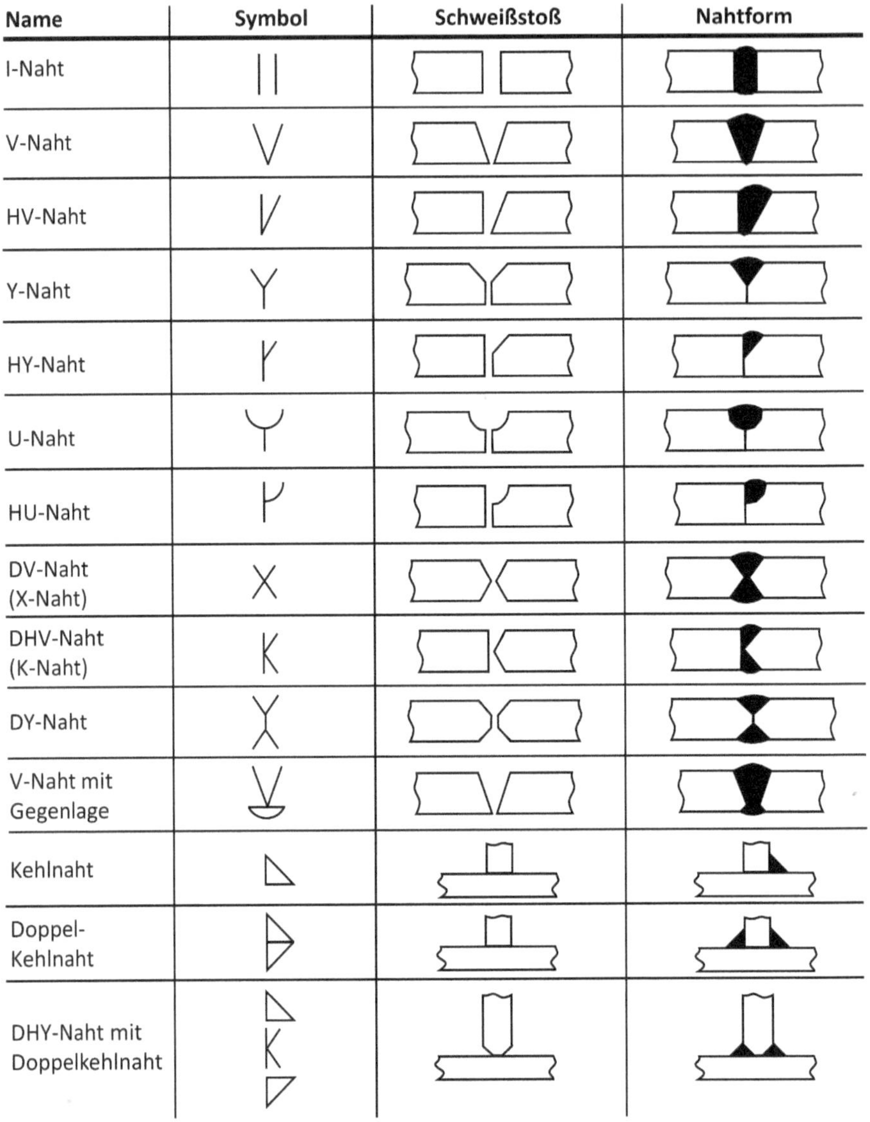

Bild 7.29 Ausgewählte Nahtformen im Überblick

Bild 7.30 (rechts unten im Kasten). Typische weiterführende Angaben[10], alle abgetrennt durch einen Schrägstrich, sind z.B.:

- Festlegung des Schweißverfahrens. Das geschieht über eine sog. Ordnungsnummer, die in der DIN EN ISO 4063 festgelegt sind [DIN EN ISO 4063] und Tabelle 7.2.
- Forderungen zur Schweißnahtqualität. Hierzu gibt es sog. Bewertungsklassen (B, C, D), die in der DIN EN ISO 5817 definiert sind und die festlegen, wie viele Un-

10 Man beachte die normgerechte Angabe im Bild 7.30 (rechts unten).

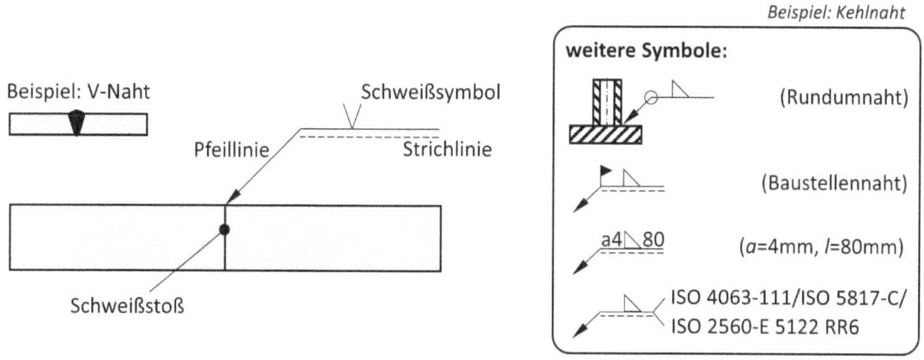

Bild 7.30 Darstellung und Spezifizierung von Schweißverbindungen auf technischen Zeichnungen

regelmäßigkeiten (z.B. Oberflächenporen) in der Schweißnaht vorkommen dürfen [DIN EN ISO 5817].

- Definition des zu verwendenden Zusatzwerkstoffes. Diese sind beispielweise in der DIN EN ISO 2560 aufgeführt, z.B. die Universal-Stabelektrode E5122 RR6 [DIN EN ISO 2560].

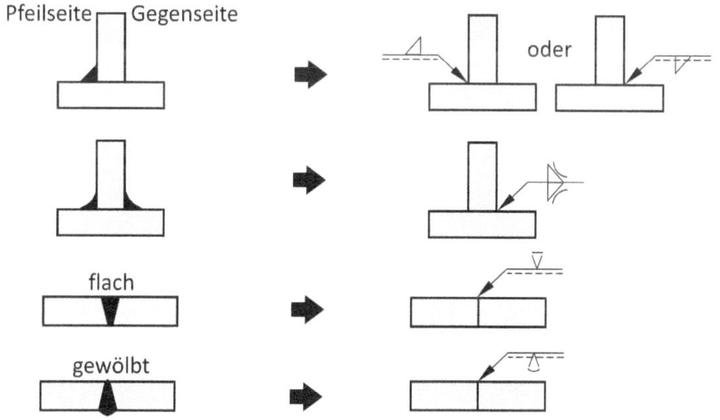

Bild 7.31 Beispiele zur Symbolik der Festlegung der Schweißnahtposition und -oberfläche

7.3.6 Gestaltungsregeln und mögliche Schweißfehler

Schweißnähte verbinden Bauteile zu einer Baufruppe und müssen in der Regel Kräfte und Momente übertragen und aufnehmen. Die richtige Dimensionierung der Nahtgeometrie ist dabei genauso wichtig wie die Festlegung eines passenden Schweißverfahrens und weiterer Parameter, wie z.B. geeignete Schweißzusätze.

Trotzdem, die richtige Spezifizierung der Schweißverbindung in der Theorie ist nur eine Seite der Medaille. Die andere Seite ist die korrekte Ausführung und Umsetzung in der Fabrik, auf der Baustelle oder in der Werkstatt durch geschultes und kompetentes Personal.

Tabelle 7.2 Ordnungsnummern für einige Schweißprozesse gemäß DIN EN ISO 4063 [DIN EN ISO 4063]

Nummer	Schweißprozess
111	Lichtbogenhandschweißen
121	UP-Schweißen (mit Massivdrahtelektrode)
131	MIG-Schweißen (mit Massivdrahtelektrode)
135	MAG-Schweißen (mit Massivdrahtelektrode)
141	WIG-Schweißen
212	(direktes) Widerstandspunktschweißen
311	Gasschweißen mit Sauerstoff-Acetylen Flamme
43	Rührreibschweißen
511	Elektronenstrahlschweißen (unter Vakuum)
521	(Festkörper-)Laserstrahlschweißen

Gerade beim Schweißen können eine Vielzahl von ungewollten Unregelmäßigkeiten auftreten, die zu Schwachstellen in der Verbindung führen, so dass – im schlimmsten Fall – die Baugruppe nicht die geforderten Funktionen erfüllen kann. Die Wahrscheinlichkeit des Auftretens von Schwachstellen in der Schweißverbindung kann schon im Voraus, während der Entwicklungs- und Konstruktionsphase, durch die Beachtung einiger allgemeingültiger Gestaltungsregeln minimiert werden. Im Folgenden sind die wichtigsten Regeln stichpunktartig aufgeführt:

- So wenig Schweißnähte wie möglich anstreben.
- Schweißnähte nicht in Bereiche großer oder ungünstiger Belastung legen.
- Die lokale Konzentration mehrerer Schweißnähte ist konstruktiv zu vermeiden.
- Schweißnähte nicht in Gebieten platzieren, in denen Kraftumlenkungen stattfinden.
- Wenn möglich, immer Doppelkehlnähte benutzen.
- Zugspannungen in der Nahtwurzel minimieren/ausschließen.
- Auf Zugänglichkeit für die Ausführung und spätere Kontrolle der Schweißnaht achten.
- Grundwerkstoffe mit ähnlicher Schweißeignung verwenden.
- Möglichst Bauteile mit gleicher Dicke benutzen bzw. die Schweißnähte nicht im Dickenübergang positionieren.
- Beim Schweißen entstehen Eigenspannungen, die nach dem Prozess in den Bauteilen verbleiben, speziell bei dicken Werkstücken ist das der Fall. Ein Spannungsarmglühen im Nachgang des Schweißens kann die Schweißeigenspannungen abbauen.
- Große, ebene Flächen beulen beim Schweißen aus. Zur Vermeidung des Ausbeulens können Aussteifungen berücksichtigt werden.
- Den Schweißprozess, wenn möglich, außerhalb der Werkstücke starten. Hierzu können entsprechende Ein- und Auslaufbleche verwendet werden.
- Beim Schweißen werden eventuelle Korrosionsschutzschichten zerstört. Diese müssen im Nachhinein wieder aufgebracht werden.

Die nachfolgende Übung soll kurz einige Gestaltungsregeln verinnerlichen. Dabei ist zwischen jeweils zwei Konstruktionsbeispielen die zweckmäßigere zu wählen.

Übung 23 (Gestaltungsregeln beim Schweißen):
Die unten stehende Abbildung zeigt verschiedene Schweißkonstruktionen bei denen die zweckmäßigere zwischen A und B bzw. zwischen C und D zu wählen ist.

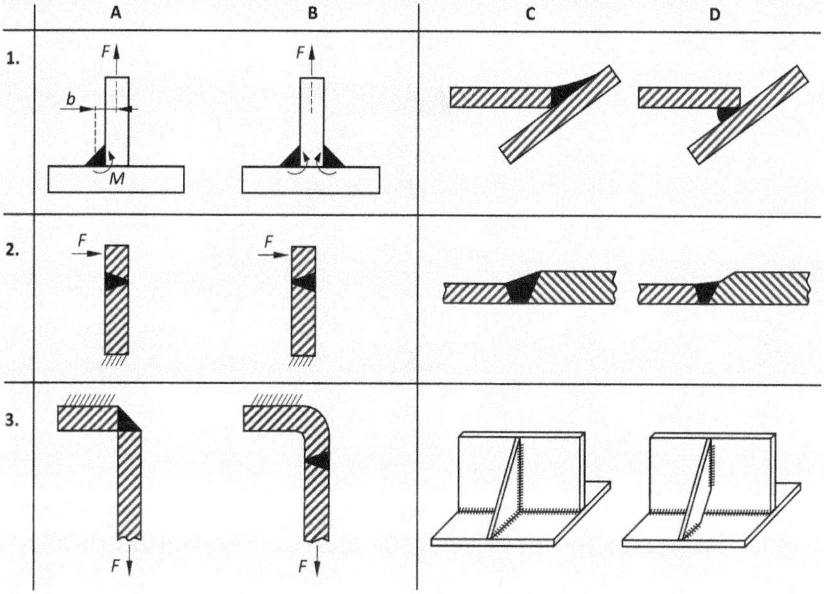

Lösung:
Die zweckmäßigere Ausführung ist:

1-B. Durch einseitige Kehlnähte entstehen Biegemomente, die sich bei Doppelkehlnähten aufheben.
2-A. Zugspannungen in der Nahtwurzel sind zu vermeiden.
3-B. Kraftumlenkungen im Nahtbereich sind ungünstig.
1-C. Die Schweißnaht muss zugänglich sein.
2-D. Schweißnähte nicht in Querschnittsübergängen platzieren.
3-D. Nahtanhäufung und -kreuzung sind zu vermeiden.

■

Unregelmäßigkeiten in der Naht können – je nach subjektiver Betrachtung – nie vollständig ausgeschlossen werden. Gleichwohl gelten bisweilen für Schweißverbindung unterschiedlich strenge Qualitätsanforderungen, abhängig von Branche und Anwendung. Dazu definiert die DIN EN ISO 5817 [DIN EN ISO 5817] die **Bewertungsgruppen** B-D (B am strengsten). Außerdem listet die Norm die typischen äußeren und inneren Unregelmäßigkeiten auf und legt Grenzen für deren Häufigkeit und Abmessung fest. Zu den äußeren Unregelmäßigkeiten zählen z.B.

- Risse in der Naht (in allen drei Bewertungsgruppen nicht zulässig), Oberflächenporen, ungenügender Wurzeleinbrand, Kantenversatz, Nahtüberhöhung, unvollständige Bindung, Wurzelkerben, schroffer Nahtübergang oder Schweißgutüberlauf.

Innere Unregelmäßigkeiten sind u.a.

- innere Poren oder gar Porennester, Lunker, Mikrorisse, Einschlüsse (z.B. Schlackeneinschlüsse) oder Bindefehler zwischen den einzelnen Schweißlagen.

Die äußeren Schweißfehler können in der Regel durch eine optische Kontrolle identifiziert werden. Innere Unregelmäßigkeiten hingegen sind nur mit technisch aufwendigen Durchleuchtungsverfahren (z.B. Ultraschall oder Röntgenstrahlung) möglich. Bild 7.32 zeigt abschließend drei verschiedene Schweißfehler, die an einer Laserstrahlschweißnaht dokumetiert wurden.

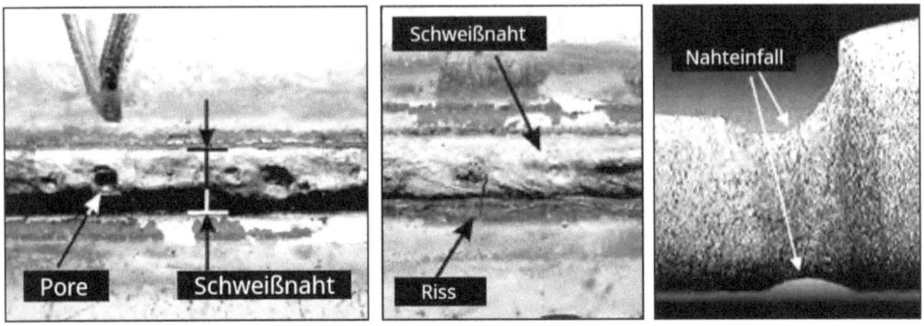

Bild 7.32 Beispiele für Unregelmäßigkeiten in der Schweißnaht

7.3.7 Festigkeitsberechnungen an Schweißverbindungen

Wenn von Festigkeitsberechnungen die Rede ist, dann ist die Berechnung der Spannungen und Dehnungen im Bauteil allgemein und in der Schweißnaht speziell gemeint. Dabei kommt – wie auch schon in den vorangegangen Kapiteln praktiziert – immer die Vorgehensweise nach Abschnitt 2.4.1 (grauer Kasten) zur Anwendung. An dieser Stelle soll nochmals an die unterschiedlichen **Belastungsarten** und die daraus resultierenden Spannungen erinnert werden, nämlich:

a. Zug-/ Druckbelastung (Zug-/ Druckspannungen $\sigma_{Z/D}$),
b. Biegebelastung (Biegespannungen σ_B),
c. Schubbelastung (Schubspannungen τ),
d. Torsionsbelastung (Torsionsspannungen τ_T),
e. Kombinationen aus a.-d. (Superposition von Tangential- und Normalspannungen σ_{ges} und τ_{ges} bzw. Bildung einer Vergleichsspannung σ_V).

In vielen Fällen ist die Schweißnaht mehreren Belastungsarten gleichzeitig ausgesetzt. Dann sind diese jede für sich zu betrachten, die jeweiligen Spannungen zu errechnen und schließlich zu der Gesamt- bzw. Vergleichsspannung[11] zusammenzufassen. Diese kann dann wiederrum mit einer bekannten und oftmals tabellierten zulässigen Spannung verglichen werden.

Bild 7.33 zeigt einige zulässige Spannungswerte für verschiedene Schweißnähte, abhängig von der Belastungsart, dem zu schweißenden Grundwerkstoff und dem vorliegenden **Lastfall** (statische, schwellende oder wechselnde äußere Last).

[11] Wirken nur z.B. Normalspannungen (Biegung und Zug) dann können die Zug- und Biegespannungen zu einer Gesamtspannung addiert werden. Wirken Tangential- und Normalspannungen gleichzeitig, dann ist die Vergleichsspannung zu bilden, vgl. Abschnitt 2.4.1.

alle Werte in N/mm²

Nahtart	Belastungsart	Bewertungsgruppe	Lastfall statisch S235	statisch S355	schwellend S235	schwellend S355	wechselnd S235	wechselnd S355
Stumpfnaht	Zug/Druck, Biegung	B	140	180	95	100	45	50
		C	110	145	75	80	35	40
		D	100	125	65	70	32	35
	Schub	B	90	110	60	70	30	35
		C	70	85	50	55	25	30
		D	60	75	40	50	20	25
Stumpfnaht mit Gegenlage	Zug/Druck, Biegung	B	160	220	110	130	55	65
		C	130	175	85	105	45	50
		D	110	155	75	90	40	45
	Schub	B	100	140	70	80	35	40
		C	80	110	55	65	30	32
		D	70	100	50	55	25	28
Flachkehlnaht	alle	B	90	110	60	70	30	35
		C	70	85	50	55	25	30
		D	60	75	40	50	20	25
Hohlkehlnaht	alle	B	120	150	75	90	40	45
		C	95	120	60	70	30	35
		D	85	100	50	60	25	30
Doppelflachkehlnaht und umlaufende Kehlnaht	alle	B	140	190	90	120	50	55
		C	110	150	70	95	40	45
		D	100	130	60	85	35	40

Bild 7.33 Zulässige Spannungswerte für verschiedene Schweißnähte, abhängig von Belastungsart, Lastfall und Grundwerkstoff (S235 ≙ St-37 und S355 ≙ St-52), Quelle: [Decker, 2011]

7.3.7.1 Zug-/Druckbelastungen

Aufgrund der Vielzahl der Nahtgeometrien sollen im Folgenden nur einige repräsentative Nahtformen untersucht werden. Dabei wird zwischen Stumpf- und Kehlnähten unterschieden. Die erläuterte Methodik kann dann in analoger Weise auf andere Geometrien übertragen werden.

i. Stumpfnähte

Zuerst sollen Stumpfnähte unter Zug- bzw. Druckbelastung, so wie in Bild 7.34 dargestellt, betrachtet werden. Vorausgesetzt die Bleche sind vollständig durchgeschweißt, entspricht die Blechdicke s der Nahtdicke a. Ein Längsschnitt durch die Schweißnaht liefert eine

Längsschnittfläche[12] von $A_w = a \cdot l$, wobei eventuell auftretende Nahtüberhöhung oder vorliegender Wurzeleinfall unberücksichtigt bleibt. Letzteres sollte ohnehin vermieden werden.

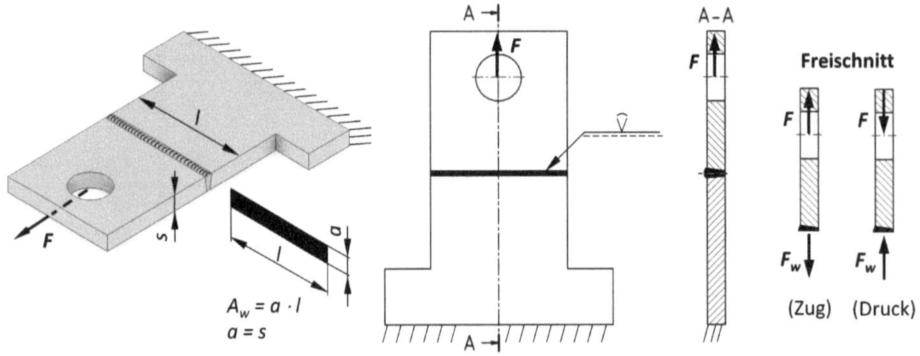

Bild 7.34 Stumpfnaht unter Zug-/Druckbelastung

Die äußere Kraft F steht senkrecht auf der Längsschnittfläche A_w. Ein Freischnitt gemäß Bild 7.34 (rechts) durch die Schweißnaht führt zu der Schnittkraft F_w und zum Kräftegleichgewicht:

$$\sum F = 0 \quad \Rightarrow \quad F = F_w\,. \tag{7.54}$$

Je nach Richtung der äußeren Kraft „zieht" F_w an der Naht bzw. „drückt" auf die Naht (Pfeil zeigt von der Naht weg bzw. zur Naht hin). Folglich resultiert eine Zug- bzw. Druckbelastung der Schweißnaht, und gemäß der Regel Spannung = Kraft pro Fläche folgt für die Zug- bzw. Druckspannungen in der Naht:

$$\boxed{\sigma_{Z/D} = \frac{F_w}{A_w} = \frac{F_w}{a \cdot l} \le \sigma_{Z/D,zul}}\,. \tag{7.55}$$

ii. Kehlnähte

Kehlnähte können (stückweise) gradlinig oder kurvig ausgeführt sein, vgl. Bild 7.35 und Bild 7.36 (links). Zur Berechnung der Spannungen $\sigma_{Z/D}$ in der Schweißnaht ist die zur Kraft F senkrecht aufgespannte Schweißnahtfläche A_w notwendig. Diese ist durch die waagerechten Schenkellänge b des Kehlnaht-Dreiecks definiert und kann aus der Nahtdicke a, welche die Höhe des gleichschenkligen Dreiecks repräsentiert, berechnet werden, nämlich $b = \frac{a}{\sin 45°} = \frac{2a}{\sqrt{2}}$.

Allerdings hat sich in diesem Zusammenhang eine andere Vorgehensweise etabliert: man „klappt" die Nahtdicke a auf den waagerechten Schweißstoß, vgl. Bild 7.35 (rechts oben), so dass nicht b sondern a zur Berechnung von A_w relevant ist. Da a kleiner als b ist, wird A_w unterschätzt und $\sigma_{Z/D} = \frac{F}{A_w}$ überschätzt. Aus technischer Sicht ist dies zulässig, da so mehr Sicherheit in die Berechnung einfließt; man legt sich gewissermaßen mit der Spannungsüberschätzung auf die sicherere Seite.

[12] Der Index „w" steht für das englische Wort „welding", übersetzt: schweißen.

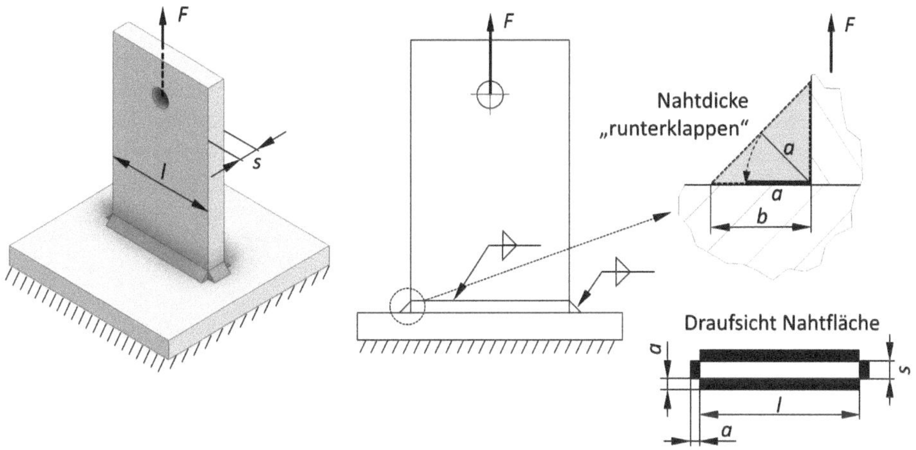

Bild 7.35 Doppelkehlnaht unter Zug-/Druckbelastung

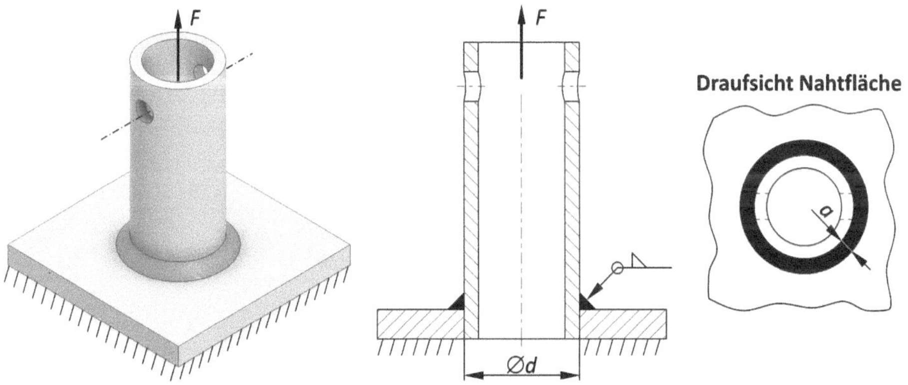

Bild 7.36 Umlaufende Kehlnaht unter Zug-/ Druckbelastung

Durch die „Umklapptechnik“ ergibt sich in der Draufsicht folgende Nahtquerschnittsfläche für die Szenerie in Bild 7.35 und Bild 7.36:

$$A_w = 2(a \cdot l) + 2(a \cdot s) \quad \text{bzw.} \tag{7.56}$$

$$A_w = \frac{\pi(d+2a)^2}{4} - \frac{\pi d^2}{4} = a \cdot \pi(d+a) \tag{7.57}$$

und weiter für die Zug- bzw. Druckspannungen $\sigma_{Z/D}$:

$$\boxed{\sigma_{Z/D} = \frac{F}{2a(l+s)} \leq \sigma_{Z/D,zul}} \quad \text{und} \tag{7.58}$$

$$\boxed{\sigma_{Z/D} = \frac{F}{a \cdot \pi(d+a)} \leq \sigma_{Z/D,zul}} \,. \tag{7.59}$$

7.3.7.2 Schubbelastung

Hierzu betrachte man eingangs die repräsentative Szenerie in Bild 7.37. Bei der Kehlnaht wird die Nahtdicke a entweder auf den senkrechten oder, wie hier der Fall, auf den waagerechten Schweißstoß des Bauteils geklappt. Bei der Stumpfnaht entspricht die Nahtdicke der Blechdicke selbst. Aus dem Freischnitt folgt – da je zwei Schweißnähte vorliegen – dass sich die Kraft F zu je $F/2$ auf die beiden Nähte aufteilt. Sowohl bei der Kehlnaht als auch der Stumpfnaht gilt für die einzelnen, schwarz hervorgehobenen Schweißflächen:

$$A_w = \cdot a \cdot l\,. \tag{7.60}$$

Die äußere Kraft F wirkt parallel zu den aufgespannten Flächen. Damit folgt für die Berechnung der in der Schweißnaht wirkenden Schubspannungen

$$\boxed{\tau = \frac{F/2}{A_w} = \frac{F}{2 \cdot a \cdot l} \leq \tau_{\text{zul}}}\,, \tag{7.61}$$

wobei τ_{zul} aus der Tabelle in Bild 7.33 entnommen werden kann.

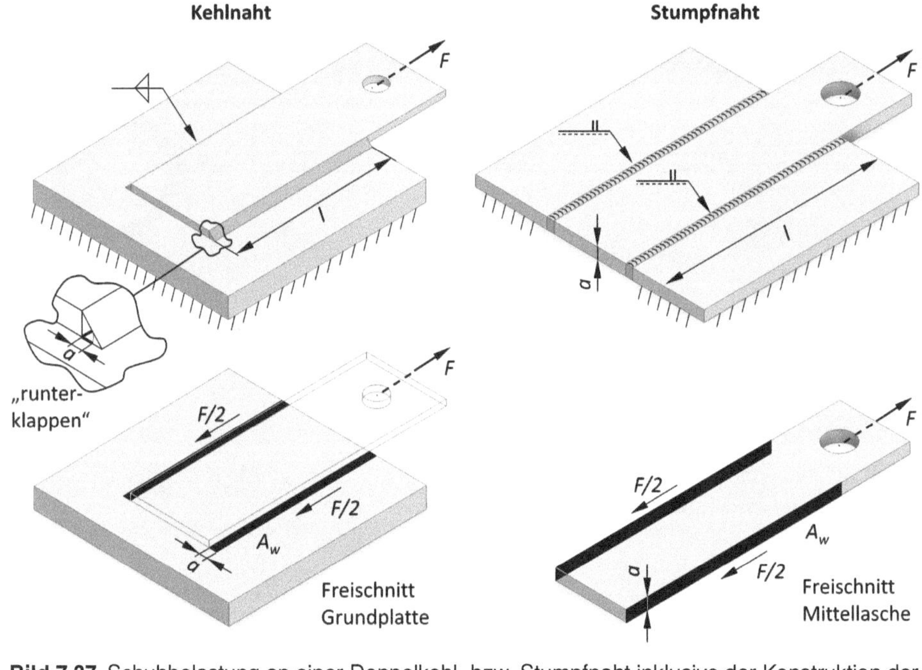

Bild 7.37 Schubbelastung an einer Doppelkehl- bzw. Stumpfnaht inklusive der Konstruktion der relevanten Schweißfläche A_w

7.3.7.3 Biegung

i. Stumpfnähte

Die für die Biegung relevante rechteckige Schweißfläche $A_w = a \cdot l$ kann gemäß Bild 7.38 um die zwei Raumachsen y bzw. z gebogen werden.

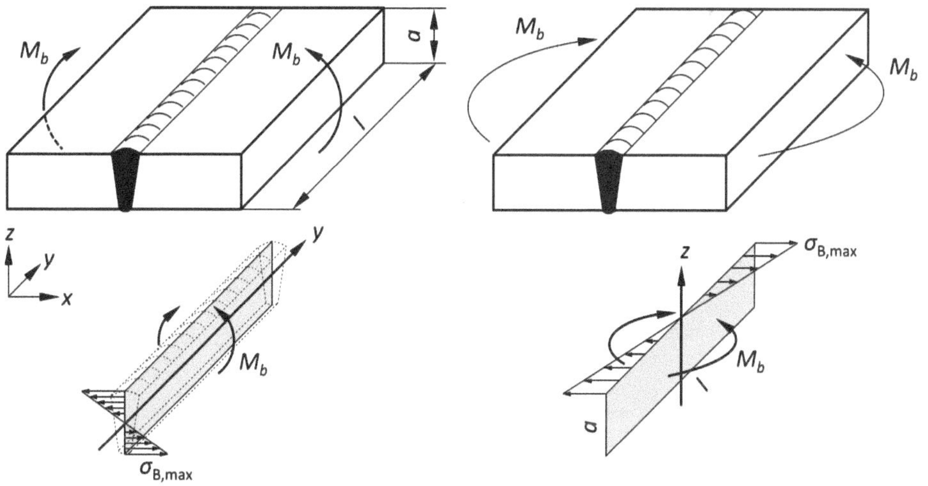

Bild 7.38 Zwei Beispiele für die Biegebelastung einer Stumpfnaht

Das jeweilige Widerstandsmoment ist mit:

$$W_{\mathrm{ax,y}} = \frac{l \cdot a^2}{6} \quad \text{(linke Abbildung)} \quad \text{bzw.} \tag{7.62}$$

$$W_{\mathrm{ax,z}} = \frac{a \cdot l^2}{6} \quad \text{(rechte Abbildung)} \tag{7.63}$$

gegeben. Damit folgt für die resultierenden maximalen Biegespannungen $\sigma_{\mathrm{B,max}}$ in der Schweißnaht:

$$\boxed{\sigma_{\mathrm{B,max}} = \frac{M_b}{W_{\mathrm{ax,y}}} \leq \sigma_{\mathrm{B,max}}^{\mathrm{(zul)}}} \quad \text{bzw.} \quad \boxed{\sigma_{\mathrm{B,max}} = \frac{M_b}{W_{\mathrm{ax,z}}} \leq \sigma_{\mathrm{B,max}}^{\mathrm{(zul)}}}\,. \tag{7.64}$$

Auch hier ist $\sigma_{\mathrm{B,max}}^{\mathrm{(zul)}}$ aus Experimenten, Tabellenwerken oder Datenbanken, z.B. aus der Tabelle in Bild 7.33, zu bestimmen bzw. zu entnehmen.

ii. Kehlnähte

Zur Berechnung der Biegespannungen in einer Kehlnaht sollen exemplarisch die beiden sog. **Kragbalken**[13] im Bild 7.39 analysiert werden. Dabei soll eine Kraft F im Abstand l am Balken angreifen, so dass mit dem Hebelarm l ein Biegemoment $M_b = F \cdot l$ im Bereich der Schweißverbindung wirkt.

Analog zu Bild 7.35 wird auch hier die Nahtdicke a auf den Schweißstoß geklappt, so dass die Kraft F parallel zu der resultierenden Nahtfläche verläuft. Die Schweißverbindung des in Bild 7.39 (links) abgebildeten, rechteckigen Hohlprofils setzt sich dann aus vier Einzelflächen zusammen, wobei die waagerechte Symmetrieachse der oberen und unteren Fläche

[13] Unter einem Kragbalken wird in der Technischen Mechanik ein einseitig eingespannter, in der Regel waagerechter Balken verstanden.

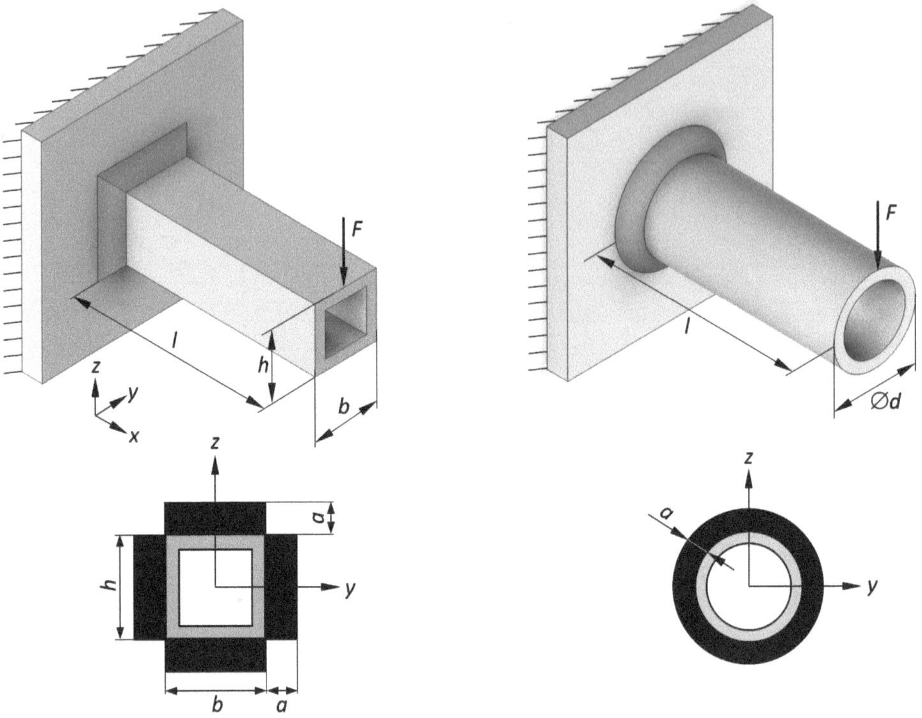

Bild 7.39 Beispiele für die Biegebelastung einer Kehlnaht

nicht mit der Biegeachse y zusammenfallen. Aus diesem Grund muss zur Berechnung des Widerstandsmomentes $W_{\mathrm{ax,y}}$ zuerst das Flächenträgheitsmoment $I_{\mathrm{ax,y}}$ mithilfe des **Satzes von Steiner**[14] (siehe grauer Kasten) berechnet werden. Demnach gilt für die Schweißfläche in Bild 7.39 (links):

$$I_{\mathrm{ax,y}} = I_{\mathrm{ax,oben}} + I_{\mathrm{ax,unten}} + I_{\mathrm{ax,links}} + I_{\mathrm{ax,rechts}} + \left(A_{\mathrm{oben}} \cdot z_{\mathrm{oben}}^2 + A_{\mathrm{unten}} \cdot z_{\mathrm{unten}}^2\right). \quad (7.65)$$

Die einzelnen Flächenträgheitsmomente können mit den bekannten Beziehungen aus Länge und Breite der jeweiligen Flächen berechnet werden:

$$I_{\mathrm{ax,oben}} = I_{\mathrm{ax,unten}} = \frac{ba^3}{12}, \quad (7.66)$$

$$I_{\mathrm{ax,links}} = I_{\mathrm{ax,rechts}} = \frac{ah^3}{12}. \quad (7.67)$$

Bei der linken und rechten Fläche fallen Symmetrie- und Biegeachse zusammen. Daher entfallen die entsprechenden Produktterme in der geschweiften Klammer in Gleichung 7.65. Mit der Annahme, dass die Nahtdicke deutlich kleiner als die Balkenhöhe ist ($a \ll h$), folgt $z_{\mathrm{oben}} = z_{\mathrm{unten}} = \frac{h}{2} + \frac{a}{2} \approx \frac{h}{2}$. Mit $A_{\mathrm{oben}} = A_{\mathrm{unten}} = a \cdot b$ kann dann notiert

[14] Benannt nach dem Schweizer Mathematiker Jakob Steiner (1796–1863).

werden:

$$I_{\text{ax,y}} = 2\frac{ah^3}{12} + 2\frac{ba^3}{12} + 2ab\frac{h^2}{4}\,. \tag{7.68}$$

Nun kann das Widerstandsmoment berechnet werden:

$$W_{\text{ax,y}} = \frac{I_{\text{ax,y}}}{z_{\max}} \quad \text{mit} \quad z_{\max} \approx \frac{h}{2} \tag{7.69}$$

Damit folgt für die maximalen Biegespannungen in der Kehlnaht:

$$\boxed{\sigma_{\text{B,max}} = \frac{M_b}{W_{\text{ax,y}}} = \frac{F\cdot l}{I_{\text{ax,y}}}\frac{h}{2} \le \sigma_{\text{B,max}}^{(\text{zul})}}\,. \tag{7.70}$$

Exkurs (Satz von Steiner):
Die in Abschnitt 4.5.2 und Bild 4.21 hergeleiteten Formel gelten nur, sofern die Biegeachse der Symmetrieachse des Biegequerschnitts entspricht, vgl. Abbildung (links).

Für den Fall, dass die Biegeachse y außerhalb des Biegequerschnitts liegt, Abbildung (rechts), ist das Flächenträgheitsmoment $I_{\text{ax,y}}$ mithilfe des sog. Satz von Steiner zu berechnen. Demnach ergibt sich das Flächenträgheitsmoment bzgl. der Biegeachse y aus der Summe des Flächenträgheitsmoments bzgl. der lokalen Symmetrieachse y_1 des Querschnitts sowie des Produktes aus Flächeninhalt A_1 und Abstandsquadrat z_1^2 zwischen der Biegeachse y und der lokalen Biegeachse y_1:

$$I_{\text{ax,y}} = I_{\text{ax,y}_1} + A_1 \cdot z_1^2\,. \tag{7.71}$$

Setzt sich die Querschnittfläche aus verschiedenen Teilflächen A_i, so wie in Bild 7.39 (links) der Fall, zusammen, gilt allgemein:

$$I_{\text{ax,y}} = (I_{\text{ax,y}_1} + I_{\text{ax,y}_2} + I_{\text{ax,y}_3} + \ldots) + (A_1 \cdot z_1^2 + A_2 \cdot z_2^2 + A_3 \cdot z_3^2 + \ldots)\,. \tag{7.72}$$

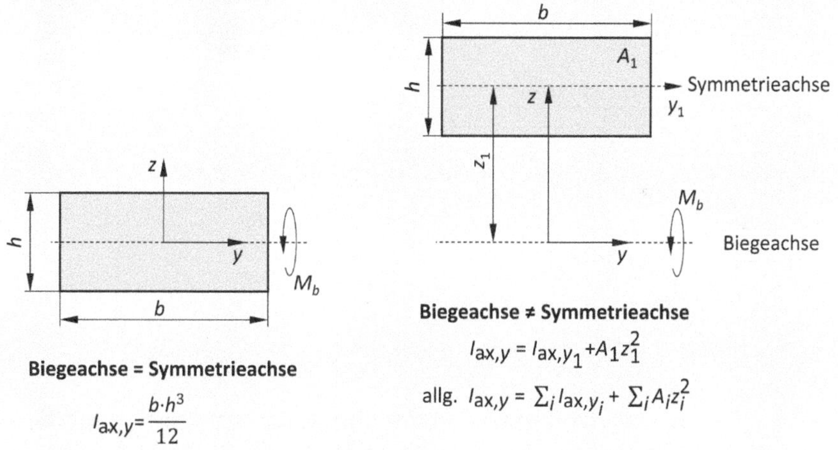

Man beachte, dass der Satz von Steiner für das Flächenträgheitsmoment (und nicht für das Widerstandsmoment!) formuliert ist. Das Widerstandsmoment folgt nach der Berechnung des Flächenträgheitsmoment aus der Beziehung:

$$W_{\text{ax,y}} = \frac{I_{\text{ax,y}}}{z_{\max}}\,. \tag{7.73}$$

■

Beim Kragbalken mit kreisrundem Querschnittsprofil in Bild 7.39 (rechts) fällt die Symmetrielinie mit der Biegeachse zusammen. Damit kann die Gleichung für das Widerstandsmoment in Bild 4.21 verwendet werden:

$$W_{\mathrm{ax,y}} = \frac{\pi \cdot (D^4 - d^4)}{32D} \quad \text{mit} \quad D = d + 2a\,. \tag{7.74}$$

Es folgt:

$$\boxed{\sigma_{\mathrm{B,max}} = \frac{32FlD}{\pi \cdot (D^4 - d^4)} \le \sigma^{(\mathrm{zul})}_{\mathrm{B,max}}}\,. \tag{7.75}$$

7.3.7.4 Torsion

Eine auf Torsion belastete Schweißnaht ist in Bild 7.40 anhand einer Kehlnaht illustriert. Durch Umklappen der Natdicke a auf den senkrechten Schweißstoß ergibt sich eine Kreisringfläche der Dicke a. Für die maximale Torsionsspannung gilt:

$$\tau_{\mathrm{T,max}} = \frac{M_{\mathrm{T}}}{W_{\mathrm{pol}}}\,. \tag{7.76}$$

Hierbei wird das polare Widerstandsmoment nach folgender Berechnungsvorschrift bestimmt:

$$W_{\mathrm{pol}} = \frac{\pi}{16} \cdot \frac{D^4 - d^4}{D} \quad \text{mit} \quad D = d + 2a\,. \tag{7.77}$$

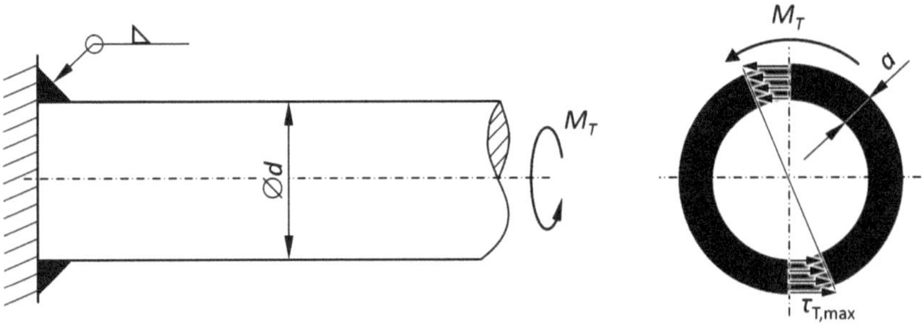

Bild 7.40 Auf Torsion belastete Kehlnaht

Damit folgt schlussendlich:

$$\boxed{\tau_{\mathrm{T,max}} = M_{\mathrm{T}} \left(\frac{\pi}{16} \cdot \frac{(d+2a)^4 - d^4}{d+2a} \right)^{-1} \le \tau^{(\mathrm{zul})}_{\mathrm{T,max}}}\,. \tag{7.78}$$

7.3.7.5 Kombination mehrerer Belastungsfälle: Spannungsaddition und Vergleichsspannung

Abhängig davon, ob die äußere Kraft parallel oder senkrecht auf der (z.T. konstruierten) Schweißnahtfläche steht, ergeben sich in der Schweißnaht Tangential- (Schub und Torsion) τ bzw. Normalspannungen (Zug/Druck und Biegung) σ. Sofern z.B. nur Tangentialspannungen vorliegen, d.h. Torsionsspannungen τ_{T} und Schubspannungen τ_{S}, also Spannungen, die in der gleichen Ebene verlaufen, dann können diese vektoriell addiert werden.

Gleiches gilt für die Normalspannungen, also Zug- / Druck- und Biegespannungen:

$$\underline{\sigma}_{\text{ges}} = \underline{\sigma}_{\text{Z/D}} + \underline{\sigma}_{\text{B}} \tag{7.79}$$

und für die Beträge:

$$\|\underline{\sigma}_{\text{ges}}\| = \|\underline{\sigma}_{\text{Z/D}} + \underline{\sigma}_{\text{B}}\| = \|\underline{\sigma}_{\text{Z/D}}\| + \|\underline{\sigma}_{\text{B}}\| + 2\underline{\sigma}_{\text{Z/D}} \cdot \underline{\sigma}_{\text{B}}\,. \tag{7.80}$$

Hierbei kennzeichnet der Punkt „·" das Skalarprodukt zweier Vektoren. Mit dem Kosinussatz folgt weiter für die Beträge:

$$\sigma_{\text{ges}} = \sqrt{\sigma_{\text{Z/D}}^2 + \sigma_{\text{B}}^2 + 2\sigma_{\text{Z/D}}\sigma_{\text{B}} \cos\alpha}\,. \tag{7.81}$$

Der Winkel α repräsentiert den von den beiden Spannungsvektoren eingeschlossenen Winkel. Weisen die Winkel in gleiche Richtung, so ist $\alpha = 0°$; sind die Spannungen entgegengerichtet, ist $\alpha = 180°$ und stehen die Spannungen senkrecht in der Ebene aufeinander, dann ist $\alpha = 90°$. Damit können folgende Gleichungen notiert werden:

$$\alpha = 0° \quad \Rightarrow \quad \cos\alpha = 1$$

$$\Rightarrow \quad \sigma_{\text{ges}} = \sqrt{\sigma_{\text{Z/D}}^2 + \sigma_{\text{B}}^2 + 2\sigma_{\text{Z/D}}\sigma_{\text{B}}} = \sqrt{(\sigma_{\text{Z/D}} + \sigma_{\text{B}})^2} = \sigma_{\text{Z/D}} + \sigma_{\text{B}}\,, \tag{7.82}$$

$$\alpha = 180° \quad \Rightarrow \quad \cos\alpha = -1$$

$$\Rightarrow \quad \sigma_{\text{ges}} = \sqrt{\sigma_{\text{Z/D}}^2 + \sigma_{\text{B}}^2 - 2\sigma_{\text{Z/D}}\sigma_{\text{B}}} = \sqrt{(\sigma_{\text{Z/D}} - \sigma_{\text{B}})^2} = \sigma_{\text{Z/D}} - \sigma_{\text{B}}\,, \tag{7.83}$$

$$\alpha = 90° \quad \Rightarrow \quad \cos\alpha = 0$$

$$\Rightarrow \quad \sigma_{\text{ges}} = \sqrt{\sigma_{\text{Z/D}}^2 + \sigma_{\text{B}}^2}\,. \tag{7.84}$$

Wenn nun gemischte Belastungsfälle vorliegen, also Normal- und Tangentialspannungen gleichzeitig auftreten, ist eine Vergleichsspannung σ_{V} zu bilden (vgl. Gleichung 4.113), die dann zum Vergleich mit den zulässigen Spannungen benutzt werden muss:

$$\sigma_{\text{V}} = \sqrt{\sigma_{\text{ges}}^2 + \alpha\tau_{\text{ges}}^2}\,. \tag{7.85}$$

Speziell bei Schweißverbindungen gilt für den Koeffizienten – wie im Zusammenhang mit Gleichung 4.113 angedeutet – abweichend folgende Festlegung:

$$\alpha = 1 \quad \text{(bei statischen Lasten)}, \tag{7.86}$$

$$\alpha = 2 \quad \text{(bei dynamischen Lasten)}. \tag{7.87}$$

Beispiel (Kehlnaht unter Schub, Biegung und Torsion):
Das Vorgehens bei Schweißnähten mit kombinierten Belastungen soll an der nachstehenden Abbildung skizziert werden.

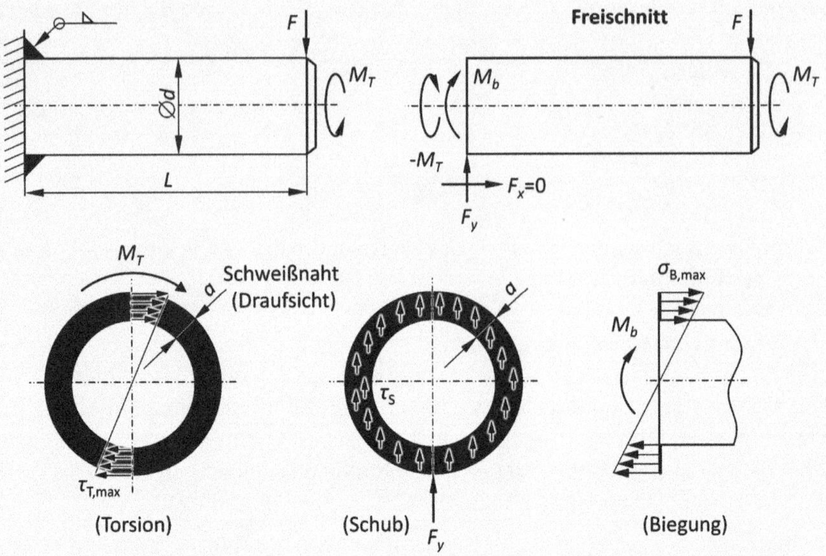

Ein angeschweißter Kragbalken mit kreisrundem Querschnitt wird über den Hebelarm L und der Vertikalkraft F auf Biegung belastet. Zusätzlich greift ein Torsionsmoment M_T an.

Ein Freischnitt (Bild rechts oben) liefert ein Biegemoment M_b, ein Torsionsmoment $-M_T$ und einer Querkraft $F_y = -F$, die alle gleichzeitig an der Kehlnaht angreifen und zu Biege-, Torsions- und Schubspannungen in der kreisringförmigen Schweißfläche führen. Für die drei resultierenden Spannungen in der Schweißnaht gilt ($D = d + 2a$):

$$\sigma_{B,max} = \frac{F \cdot L}{W_{ax}} \quad \text{mit} \quad W_{ax} = \frac{\pi(D^4 - d^4)}{32D}, \tag{7.88}$$

$$\tau_{T,max} = \frac{M_T}{W_{pol}} \quad \text{mit} \quad W_{pol} = \frac{\pi(D^4 - d^4)}{16D}, \tag{7.89}$$

$$\tau_S = \frac{F_y}{A_w} = \frac{F_y}{a \cdot \pi(d + a)}. \tag{7.90}$$

Die Biegespannungen sind Normalspannungen; bei den Schub- und Torsionsspannungen handelt es sich um Tangentialspannungen. Die maximalen Tangentialspannungen ergeben sich, sofern τ_S und $\tau_{T,max}$ in die selbe Richtung wirken. In diesem Fall können sie einfach addiert werden. Damit ergibt sich als maximal mögliche Vergleichsspannung:

$$\sigma_V = \sqrt{\sigma_{B,max}^2 + \alpha(\tau_S + \tau_{T,max})^2} \leq \sigma_{zul}. \tag{7.91}$$

Die Vergleichsspannungen σ_V wird als eine Normalspannung aufgefasst und muss folglich mit dem entsprechenden zulässigen Wert, z.B. $\sigma_{Z/D}$, verglichen werden. ■

Übung 24 (torsionsbelastete Stumpfnaht):
Eine Riemenscheibe wird über eine Welle aus S235 angetrieben, die aus zwei Teilen besteht. Mit einer V-Naht von a = 3 mm sind beide Wellenteile miteinander ver-

schweißt. Die Welle wird mit einem konstanten Antriebsmoment M_T beaufschlagt. Die Riemenscheibe kann über eine Feststellbremse (angedrückte Bremsbeläge) fixiert werden. In diesem Fall wirkt das volle Antriebsmoment auf die Schweißnaht.

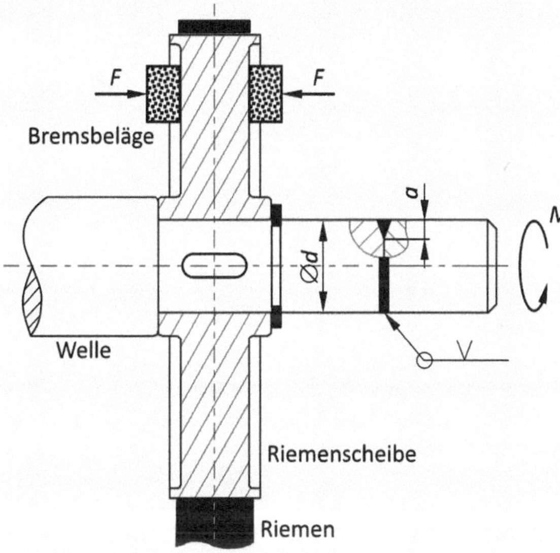

Wie groß ist das maximale Drehmoment $M_{T,max}$, dass in die Welle (d = 30 mm) eingeleitet werden kann? Für die Berechnung sind die zulässigen Schubspannungen einer Stumpfnaht der Bewertungsklasse D zu berücksichtigen.

Lösung:
Gemäß Bild 7.33 gilt eine zulässige Spannung für statische Belastung von τ_{zul} = 60 N/mm². Ferner gilt:

$$\tau_{T,max} = \frac{M_T}{W_{pol}} \quad \Rightarrow \quad M_{T,max} = \tau_{zul} \cdot W_{pol}\,. \tag{7.92}$$

Die Stumpfnaht bildet eine kreisringförmige Schweißnahtfläche der Dicke a. Für das polare Widerstandsmoment folgt:

$$W_{pol} = \frac{\pi[d^4 - (d-2a)^4]}{16d} = 3130\,\text{mm}^3\,. \tag{7.93}$$

Damit folgt für das maximale Drehmoment:

$$M_{T,max} = 187800\,\text{Nmm} = 187{,}8\,\text{Nm}\,. \tag{7.94}$$

Übung 25 (zug- und biegebelastete Kehlnaht):
Eine Lasche aus S355 ist mittels Doppelkehlnaht mit einer Rahmenkonstruktion verbunden. An der Bohrung der Lasche greift eine schwellende äußere Kraft F = 3,5 KN unter dem Winkel α = 30° an. Alle zur Berechnung notwendigen Maße und Informationen sind der nachstehenden Abbildung zu entnehmen. Die auftretenden Schubspannungen in der Naht können vernachlässigt werden.

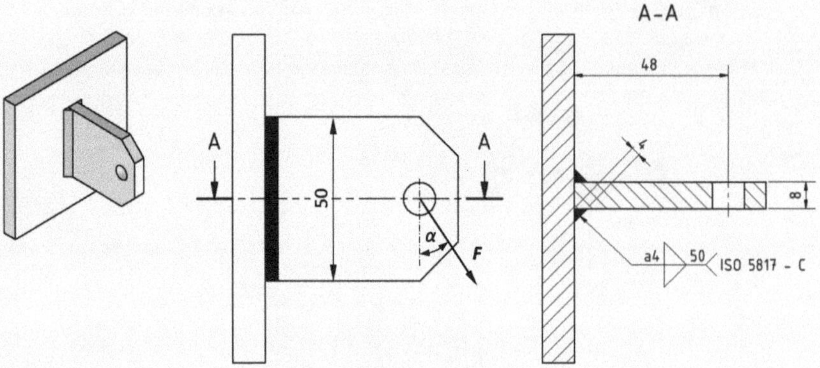

Hält die Schweißverbindung der äußeren Last stand? Wie groß ist die Sicherheit?

Lösung:
Aus der Tabelle in Bild 7.33 folgt eine zulässige Spannungen von $\sigma_{\text{zul}} = 95\ \text{N/mm}^2$ für die Doppelflachkehlnaht (Bewertungsgruppe C, vgl. Zeichnung). Die äußere Kraft F kann in einen horizontalen und vertikalen Anteil, nämlich:

$$F_x = F \sin\alpha = 1{,}75\ \text{KN}, \tag{7.95}$$

$$F_y = F \cos\alpha = 3{,}03\ \text{KN} \tag{7.96}$$

zerlegt werden. Durch Umklappen der Nahtdicke auf den Schweißstoß der Rahmenkonstruktion entstehen zwei rechteckige Nahtflächen der Höhe h = 50 mm und der Breite a = 4 mm. Für den Flächeninhalt und das axiale Widerstandsmoment (Symmetrieachse = Biegeachse) folgt:

$$A_w = 2 \cdot a \cdot h = 400\ \text{mm}^2, \tag{7.97}$$

$$W_{\text{ax}} = 2\frac{ah^2}{6} = 3333{,}3\ \text{mm}^3\,. \tag{7.98}$$

Die resultierenden Zug- und Biegespannungen berechnen sich zu:

$$\sigma_Z = \frac{F_x}{A_w} = 4{,}38\ \text{N/mm}^2, \tag{7.99}$$

$$\sigma_{\text{B,max}} = \frac{F_y \cdot 48\,\text{mm}}{W_{\text{ax}}} = 43{,}65\ \text{N/mm}^2\,. \tag{7.100}$$

Da beide Spannungen Normalspannungen repräsentieren und in die selbe Richtung weisen, können sie zur Gesamtspannung addiert werden. Man erhält:

$$\sigma_{\text{ges}} = \sigma_Z + \sigma_{\text{B,max}} = 48{,}03\ \text{N/mm}^2 \leq 95\ \text{N/mm}^2\,. \tag{7.101}$$

Damit hält die Schweißnaht den Belastungen stand. Es ergibt sich eine Sicherheit von:

$$S = \frac{\sigma_{\text{zul}}}{\sigma_{\text{ges}}} = 1{,}98\,. \tag{7.102}$$

■

7.4 Schraubverbindungen

7.4.1 Vorbemerkungen zum Schraubenbegriff

Kaum eine maschinenbauliche Konstruktion kommt ohne Schraubverbindungen aus und die meisten Leser werden intuitiv Beispiele aus dem Alltag, und zwar nicht nur aus dem Maschinenbau, vor Augen haben. Das zentrales Verbindungselement einer Schraubverbindung ist die Schraube, und zwar die **Metallschraube**[15], dessen zylindrischer Grundkörper mit einem Gewinde versehen ist, das wiederum mit einem Gegengewinde – sei es mit einer Mutter oder einem Innengewinde einer Bohrung – „gepaart" wird.

Bei Schraubverbindungen handelt es sich um eine lösbare Verbindung. Abhängig von der Art der Schraube kann die Verbindung formschlüssig (**Passschraube**, vgl. grauer Kasten) oder kraft- bzw. reibschlüssig (herkömmliche **Gewindeschraube**) sein. Die nachfolgenden Betrachtungen beziehen sich ausschließlich auf die klassische Gewindeschraube. Hierbei werden bei der Montage und durch das Anziehen der Schraube die Werkstücke im Bereich der Verbindung aufeinander gepresst. In der Kontaktzone entsteht Reibung, die im Betrieb den Kraftfluss gewährleistet. Demzufolge wird die Schraubverbindung als kraft- bzw. reibschlüssige Verbindung aufgefasst!

Darüber hinaus findet sich der Begriff der Schraube noch in anderen technischen Anwendungen, z.B. die Schiffsschraube oder die sog. Archimedische[16] Schraube in der Fördertechnik. Da hier von Verbindungstechniken die Rede ist, soll die Schraube als **Befestigungsschraube**, also als Element zum Verbinden zweier (oder mehrerer) Bauteile, betrachtet werden, Bild 7.41 (unten).

Befestigungsschrauben sind dadurch gekennzeichnet, dass während der Montage Kräfte und Momente in die Schraube eingeleitet werden. Im Betrieb wirken statische und/oder dynamische Belastungen, die durch den Entwickler bzw. Konstrukteur zu berücksichtigen sind. Bei korrekter Dimensionierung findet keine Bewegung der Schraube(n) im Betrieb statt! Außerdem können folgende drei Arten für Befestigungsschrauben definiert werden, Bild 7.41:

1) Durchsteckschraube (mit Durchgangsbohrung und Mutter),
2) Einsteckschraube (mit Sacklochbohrung, d.h. nicht durchgängige Bohrung),
3) Stiftschraube (mit Sacklochbohrung und Mutter oder Durchgangsbohrung und zwei Muttern).

Exkurs (Passschrauben):
Im Gegensatz zu den herkömmlichen „Gewindeschrauben" besitzen Passschrauben einen ausgeprägten Schaft, der in sehr engen Durchmessertoleranzen gefertigt ist. Auch die Bohrung der zu verbindenden Bauteile ist in sehr engen Toleranzen gefertigt, so dass zwischen Schraubenschaft und Bohrungswand kein (nennenswerter) Spalt

[15] Demgegenüber existieren auch z.B. Holzschrauben, die sich mit dem Gewinde in das Werkstück schneiden. Diese z.B. im Holzbau verwendete Schraubenart bleibt hier unbeachtet.

[16] Benannt nach seinem Erfinder, dem griechischen Universalgelehrten Archimedes von Syrakus (etwa 287 v. Chr.–212 v. Chr.).

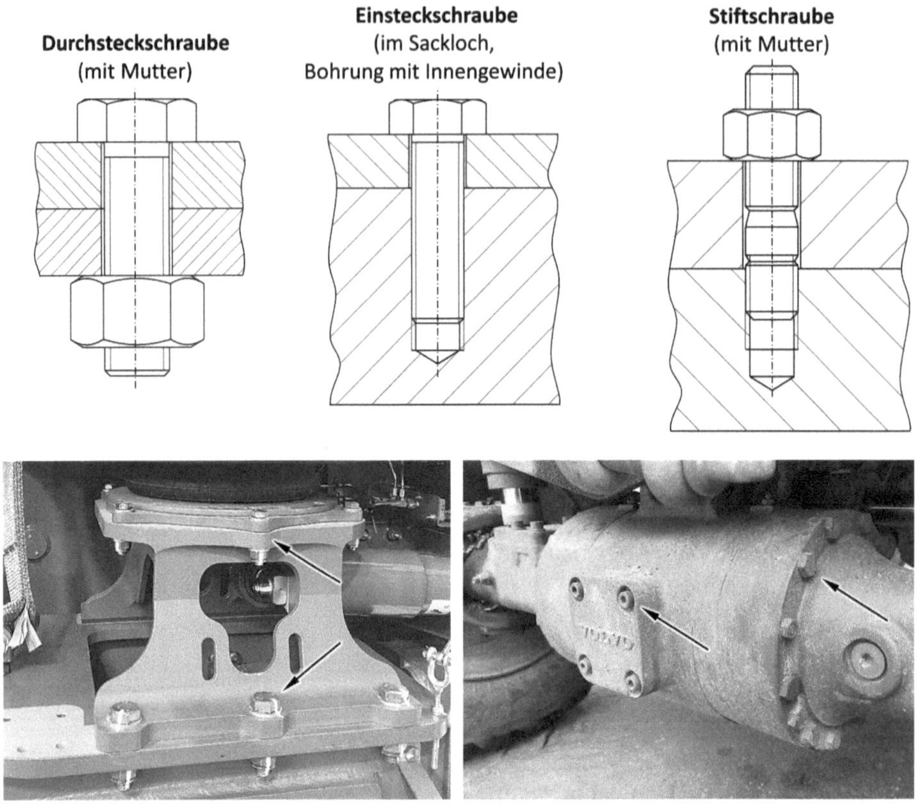

Bild 7.41 Drei Arten von Befestigungsschrauben (oben), Durchsteckschrauben zur Befestigung des Fahrerhauses am Fahrzeugrahmen einer Lokomotive (unten links), Einsteckschrauben am Gehäuse eines Differentialgetriebes eines Radbaggers (unten rechts)

vorhanden ist. Stattdessen ist hier eine Kontaktfläche vorhanden, über die Querkräfte und Scherspannungen auf die Schraube übertragen werden.

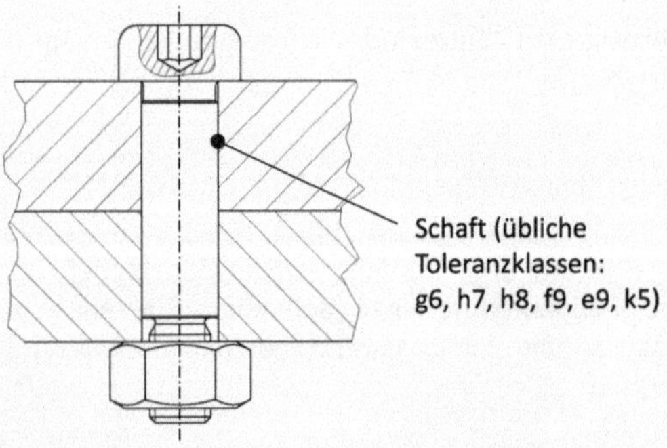

Der Gewindezapfen (inklusive Verschraubung mit einer Mutter) dient oftmals nur der axialen Fixierung. Dabei werden nur geringe Längskräfte in die Schraube eingeleitet, so dass die Bauteile – aufgrund der geringen Anpressung – keinen relevanten Reibschluss ausbilden. Folglich spricht man bei der Passschraube, analog zum Kaltniet, von einer formschlüssigen Verbindung.

Passschrauben eignen sich insbesondere dort, wo eine genaue Lagefixierung oder Zentrierung von Bauteilen notwendig ist. Aufgrund der engen Toleranzen ist eine präzise Führung und Lagerung bei gleichzeitiger Verbindung möglich. Speziell Komponenten, die eine drehende Lagerung erfordern (z.B. Laufrollen oder Gelenkarme) können mittels Passschrauben montiert werden.

Passschrauben sind in genormten Dimensionen verfügbar, vgl. DIN 609 oder ISO 7379 [DIN 609, ISO 7379].

■

7.4.2 Schraubengeometrie, Gewindearten, Bauformen von Schrauben und Muttern

Bild 7.42 zeigt den prinzipiellen Aufbau einer Gewindeschraube (mit Schaft). Diese besteht aus einem **Kopf** und einem **zylindrischen Grundkörper**, der mit einem Gewinde versehen ist. Das Gewinde kann ein **Vollgewinde** (über die gesamte Länge bis zum Kopf) oder als **Teilgewinde** (mit einem gewindefreien Schaft, Bild 7.42, links) ausgeführt sein. Das Gewinde selbst wird in den Grundkörper (spanabnehmend) geschnitten oder durch Kaltumformung (z.B. durch Kaltfließpressen) eingeprägt. Hierbei können drei unterschiedliche Durchmesser identifiziert werden, Bild 7.42 (rechts):

- der **Kerndurchmesser** d_3,
- der **mittlere Durchmesser** (oder **Flankendurchmesser**) d_2 und
- der **Nenndurchmesser** d.

Der Nenndurchmesser d kennzeichnet den Durchmesser von Gewindespitze zu Gewindespitze und ist derjenige, der z.B. mit einem Messschieber gemessen wird. Er entspricht auch dem eventuell vorhandenen Schaftdurchmesser. Der mittlere Durchmesser d_2 ist ein theoretisch konstruierter Durchmesser mit folgender Berechnungsvorschrift:

$$d_2 = \frac{1}{2}(d_3 + d)\,. \tag{7.103}$$

Wie sich später zeigen wird, fließt d_2 in verschiedene Berechnungen an der Schraube ein.

Historisch haben sich am Markt verschiedene Gewindearten etabliert, die sich in Form und Flankenwinkel β (siehe Bild 7.42, rechts) unterscheiden. Nachfolgend sind einige weit verbreitete, genormte Gewindearten[17] aufgeführt, vgl. Bild 7.43:

- das metrische ISO-Gewinde (DIN 13),
- das Rundgewinde (DIN 405),
- das Whitworth[18]-Gewinde (BS 84),
- das Sägengewinde (DIN 513),
- das Trapezgewinde (DIN 103).

[17] Die Normen werden hier ohne Literaturhinweis angegeben, da die einzelnen Normen z.T. aus zahlreichen Teilen bestehen. Diese alle aufzuführen würde das Literaturverzeichnis unnötig erweitern.

[18] Benannt dem Britischen Ingenieur Sir Joseph Whitworth (1803–1887).

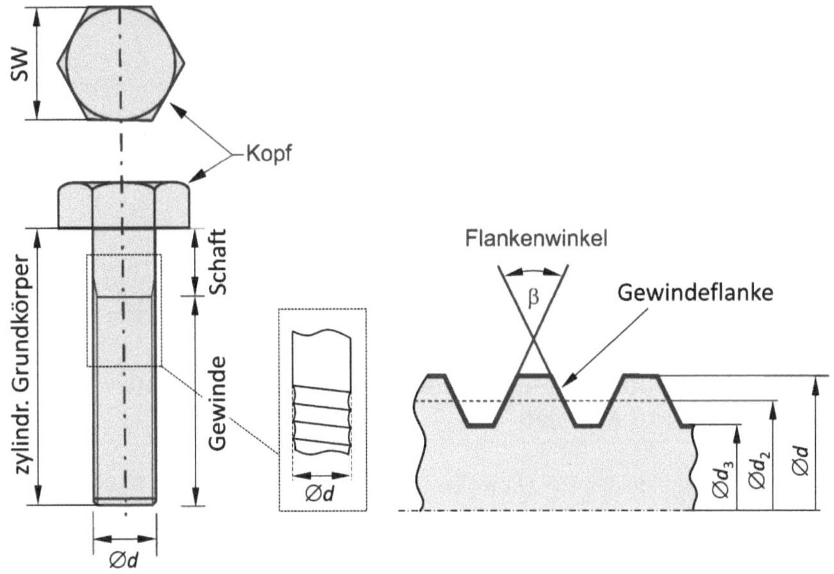

Bild 7.42 Geometrie einer Metallschraube

Das metrische ISO-Gewinde ist im Deutschen und Europäischen Raum weit verbreitet. So steht z.B. die **Schraubenbezeichnung M10** für eine Schraube mit metrischem ISO-Gewinde und einem Nenndurchmesser von d = 10 mm. Das Whitworth-Gewinde (auch Zoll-Gewinde genannt) ist überwiegend im angelsächsischen Raum anzutreffen. Eine Ausnahme bildet der Sanitärbereich, z.B. Rohre, in dem das Whitworth-Gewinde auch in Deutschland mehrheitlich vorzufinden ist. Tabelle 7.3 und Tabelle 7.4 fassen die wichtigsten geometrischen Größen für das metrische ISO-Gewinde und das Trapezgewinde zusammen.

Für den Schraubenkopf existieren ebenfalls verschiedene Geometrien, die abhängig vom Einsatzgebiet alle ihre Berechtigung haben. Ausgehend von der Kopfform leitet sich oftmals auch der Name der Schraube ab. So besitzt z.B. eine Sechskantschraube einen sechskantförmigen Kopf. Typische Schraubenbauformen sind, Bild 7.44,

- Sechskantschraube mit Schaft,
- Sechskantschraube mit Gewinde bis Kopf (Vollgewinde),
- Zylinderkopfschraube mit Innensechskant,
- Zylinderkopfschraube mit Schlitz,
- Senkkopfschraube mit Schlitz,
- Vierkantschraube,
- Stiftschraube (ohne Kopf).

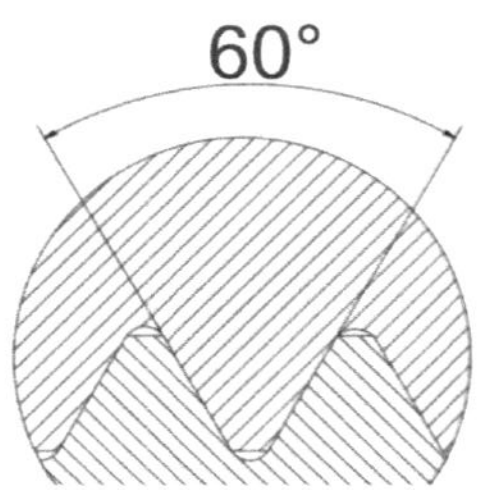

Gewinde-nenndurch-messer	Steigung	Flanken-durchmesser	Steigungs-winkel	Kern-durchmesser	Spannungs-querschnitt	polares Wider-standsmoment bei A_s	Kern-querschnitt	Schlüssel-weite
d in mm	p in mm	d_2 in mm	φ in °	d_3 in mm	A_s in mm²	W_{pol} in mm³	A_3 in mm²	SW in mm
1,0	0,25	0,838	5,43	0,693	0,460	0,088	0,377	2,5
1,2	0,25	1,038	4,38	0,893	0,732	0,177	0,626	3
1,6	0,35	1,373	4,64	1,170	1,27	0,404	1,075	3,5
2,0	0,40	1,740	4,19	1,509	2,07	0,842	1,788	4
2,5	0,45	2,208	3,71	1,948	3,39	2,381	2,980	5
3,0	0,50	2,675	3,41	2,387	5,03	3,184	4,475	5,5
4,0	0,70	3,545	3,60	3,141	8,78	7,336	7,749	7
5,0	0,80	4,480	3,25	4,019	14,2	15,068	12,69	8
6,0	1,00	5,350	3,41	4,773	20,1	25,461	17,89	10
8,0	1,25	7,188	3,17	6,466	36,6	62,477	32,84	13
10	1,50	9,026	3,03	8,160	58,0	124,585	52,30	17
12	1,75	10,863	2,94	9,853	84,3	218,201	76,25	19
14	2,00	12,701	2,87	11,546	115	349,876	104,7	22
16	2,00	14,701	2,48	13,546	157	553,168	144,1	24
20	2,50	18,367	2,48	16,933	245	1079,60	225,2	30

Tabelle 7.3 Metrisches ISO-Gewinde nach DIN 13 [DIN 13-1]: Übersicht der wichtigsten geometrischen Werte, Quelle: [Hinzen, 2014]

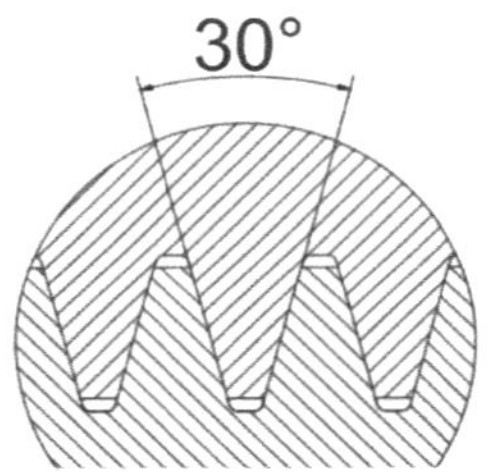

Bezeichnung (Nenndurchm. × Steigung)	Flankendurchmesser	Steigungswinkel eingängig	Kerndurchmesser Bolzen	Kernquerschnitt Bolzen	polares Widerstandsmoment bei A_s
$d \times p$ in mm	d_2 in mm	φ in °	d_3 in mm	A_3 in mm²	W_{pol} in mm³
Tr 10 x 2	9,0	4,046	7,5	44,2	82,8
Tr 12 x 3	10,5	5,197	8,5	56,7	120,5
Tr 16 x 4	14,0	5,197	11,5	103,9	298,6
Tr 20 x 4	18,0	4,046	15,5	188,7	731,1
Tr 24 x 5	21,5	4,234	18,5	268,8	1243,2
Tr 28 x 5	25,5	3,571	22,5	397,6	2236,5
Tr 32 x 6	29,0	3,768	25,0	490,9	3067,9
Tr 36 x 3	34,5	1,585	32,5	973,1	6740,3
Tr 36 x 6	33,0	3,312	29,0	660,6	4788,7
Tr 36 x 10	31,0	5,863	25,0	490,9	3067,9
Tr 40 x 7	36,5	3,493	32,0	804,2	6433,9
Tr 44 x 7	40,5	3,149	36,0	1017,9	9160,8
Tr 48 x 8	44,0	3,312	39,0	1194,6	11647
Tr 52 x 8	48,0	3,037	43,0	1452,2	15611
Tr 60 x 9	55,5	2,955	50,0	1963,5	24543
Tr 70 x 10	65,0	2,804	59,0	2733,9	40326
Tr 80 x 10	75,0	2,430	69,0	3739,2	64502
Tr 90 x 12	84,0	2,604	77,0	4656,6	89640

Tabelle 7.4 Metrisches ISO-Trapezgewinde nach DIN 103-4 [DIN 103-4]: Übersicht der wichtigsten geometrischen Werte, Quelle: [Hinzen, 2014]

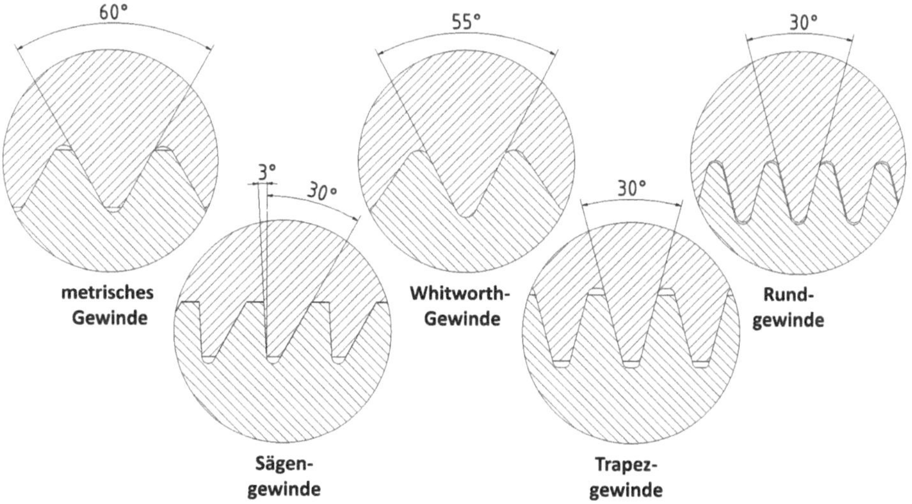

Bild 7.43 Beispiele für Gewindearten

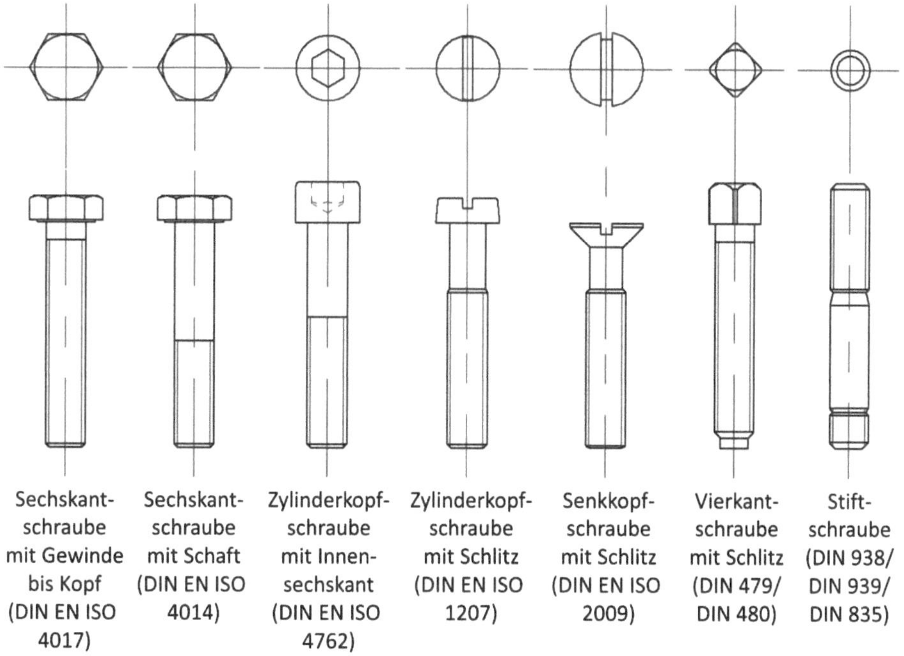

Bild 7.44 Schraubenbauformen (Kopfgeometrien)

In analoger Weise existieren auch verschiedene Mutterbauformen, die ebenfalls nach der Form benannt sind, Bild 7.45. Beispiele sind:

- Sechskantmutter,
- Kronenmutter,

- Sechskantmutter mit Klemmteil,
- Vierkantmutter,
- Rändelmutter (runde Form).

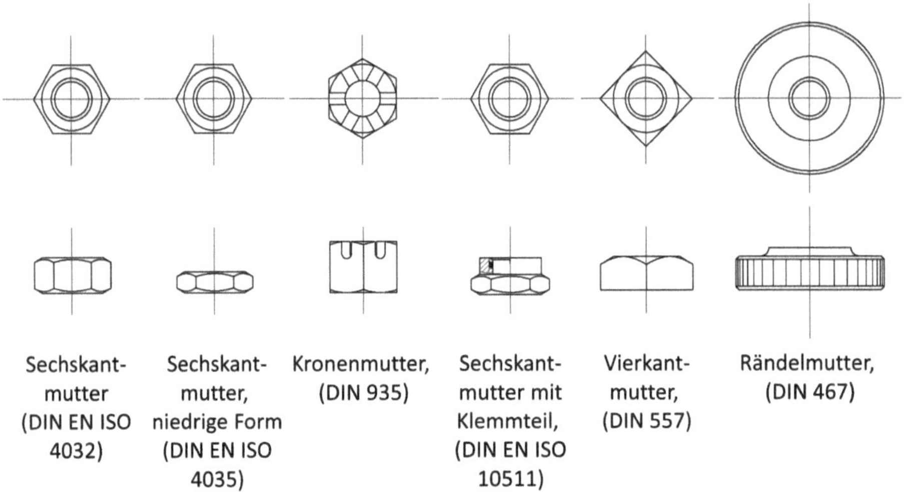

Bild 7.45 Mutterbauformen (Auswahl)

Aus Bild 7.44 und Bild 7.45 wird deutlich, dass zum Thema Schraubverbindungen inklusive Schrauben und Muttern zahlreiche Normen existieren. Tabelle 7.5 führt hierzu beispielhaft einige häufig verwendete Normen auf.

Tabelle 7.5 Ausgewählte Normen zum Thema Schrauben und Muttern, Schraubverbindung und Gewinde (kein Anspruch auf Vollständigkeit)

Norm	Beschreibung	Referenz
DIN 13-1	metrisches ISO-Gewinde	[DIN 13-1]
DIN EN ISO 4014	Sechskantschrauben mit Schaft	[DIN EN ISO 4014]
DIN EN ISO 4017	Sechskantschrauben mit Gewinde bis Kopf	[DIN EN ISO 4017]
DIN EN ISO 4032	Sechskantmuttern	[DIN EN ISO 4032]
DIN EN ISO 8676	Sechskantschrauben mit Gewinde bis Kopf und Feingewinde	[DIN EN ISO 8676]
DIN EN ISO 8673	Sechskantmuttern mit Feingewinde	[DIN EN ISO 8673]
DIN 962	Schrauben und Muttern - Bezeichnung, Formen und Ausführungen	[DIN 962]
DIN 2244	Gewinde - Begriffe und Größen für zylindrische Gewinde	[DIN 2244]
DIN ISO 6410-1	Technische Zeichnungen; Gewinde und Gewindeteile	[DIN ISO 6410]
DIN EN 20273	Durchgangslöcher für Schrauben	[DIN EN 20273]

Das Prinzip einer Schraube beruht darauf, **dass eine Drehbewegung bzw. ein Drehmoment in eine Längsbewegung bzw. Längskraft umgesetzt wird**. Dieser Mechanismus lässt sich bildlich veranschaulichen, in dem man sich eine Mutter im Gewinde einer Schraube vorstellt. Hält man mit der Hand die Mutter fest und dreht gleichzeitig die Schraube, so wird sich die Mutter auf dem Gewinde auf und ab bewegen. Drehung wird also in Längsbewegung umgesetzt. Nun stelle man sich die Schraube und Mutter montiert in einer Durchgangsbohrung vor. Die Mutter bewegt sich solange in Längsrichtung, bis sie gegen das Bauteil stößt. Bei weiterer Drehung des Schraubenkopfes, der auf der Gegenseite mit dem Bauteiloberfläche im Kontakt steht, wird der zylindrische Grundkörper der Schraube gelängt, so dass weiter eine axiale Relativbewegung zwischen Mutter und Schraubengewinde stattfindet. Die Mutter zieht gewissermaßen das Schraubengewinde durch sich durch. Dadurch entstehen Axialkräfte in der Schraube, die sich über Schraubenkopf und Mutter auf der Bauteiloberfläche abstützen und so das Aufeinanderpressen der zu verbindenden Bauteile bewirken.

Mit Blick auf die Dimensionierung einer Schraubverbindung ergeben sich folgende maschinenbauliche Fragestellungen:

a) Welcher mathematischer Zusammenhang besteht zwischen Drehung und axialer Verschiebung?
b) In welcher Weise sind Drehmoment (Anzugsmoment der Schraube) und Axialkraft (Vorspannkraft der Schraube) mathematisch verknüpft?
c) Wie „fest“ muss die Schraubverbindung sein, um den Betriebslasten standzuhalten? Wieviel Vorspannung ist dazu notwendig?
d) Wieviel Vorspannung ist in der Schraube zulässig (Betriebsfestigkeit)?

Diese Fragen sollen in den nachfolgenden Abschnitten peu à peu mathematisch untersucht und beantwortet werden.

7.4.3 Zusammenhang zwischen Drehung und axialer Verschiebung im Gewinde

Um sich die geometrischen Zusammenhänge im Gewinde klarzumachen, betrachte man zunächst Bild 7.46. Dabei ist links der zylindrische Grundkörper mit dem Flankendurchmesser d_2 und der „spiralförmigen“ Gewinde- oder Flankenlinie dargestellt. Das Gewinde ist durch den sog. **Steigungswinkel** φ sowie durch den vertikalen Abstand zwischen zwei Gewindegängen, der sog. **Steigung** p, gekennzeichnet. Durch einen beliebigen Verdrehwinkel α wird auf dem Grundkreis die Bogenlänge s zurückgelegt. Stellt man sich die Flankenlinie abgerollt auf einer Ebene vor, so resultiert die Linie im h-s-Diagramm auf der rechten Seite.

Ein beliebiger Punkt auf der Flankenlinie, der einen Gewindegang vollständig durchläuft, d.h. einen Drehwinkel von $\alpha = 2\pi$ vollzieht, wird sich auf der abgerollten Flankenlinie vom Punkt A zum Punkt B des dargestellten Dreiecks bewegen. Dabei entspricht die zurückgelegte Bogenlänge auf dem Grundkreis genau dessen Umfang, also $s(\alpha = 2\pi) = d_2 \cdot \pi$. In vertikaler Richtung ist der Punkt genau um den Betrag p, also dem Abstand zwischen zwei

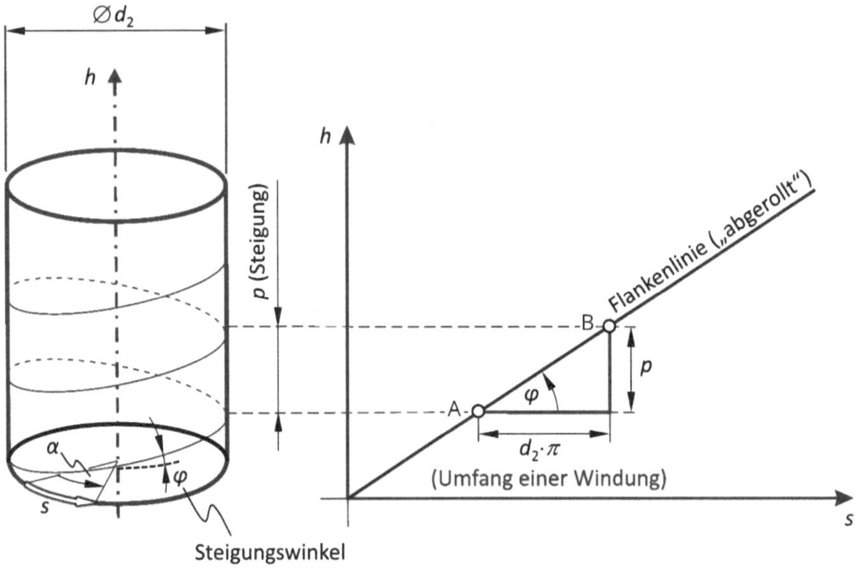

Bild 7.46 Darstellung des Zusammenhangs zwischen Drehwinkel und axialer Höhenänderung im Gewinde

Gewindegängen, nach oben gewandert. Aus der Dreiecksbeziehung folgt:

$$\tan\varphi = \frac{p}{d_2 \cdot \pi} = \frac{h}{s} \tag{7.104}$$

$$\Leftrightarrow s = \frac{h}{\tan\varphi} \tag{7.105}$$

Für die Bogenlänge gilt allgemein s =Radius×überstrichener Winkel, also:

$$s = \alpha \cdot \frac{d_2}{2} \quad (\alpha \text{ in Bogenmaß})\,. \tag{7.106}$$

Einsetzen von Gleichung 7.105 in Gleichung 7.106 liefert:

$$h = \alpha \cdot \frac{d_2}{2} \tan\varphi\,. \tag{7.107}$$

Hierbei charakterisiert α den Verdrehwinkel der Schraube (bzw. der Mutter) und h die damit verbundene axiale Bewegung. Damit ist Frage a) des vorigen Abschnitts beantwortet.

7.4.4 Kräfte und Momente beim Anziehen und Lösen einer Schraube

i. Reibung im Gewinde

Zur Herleitung der relevanten Gleichungen soll zuerst mit einem einfachen Gewindemodell begonnen werden, dass dann schrittweise den realen Gegebenheiten angepasst wird.

Dazu wird zunächst ein reibungsfreies, rechtwinkliges ($\beta = 0$) Gewinde gemäß Bild 7.47 betrachtet. Später kommen Reibungseffekte und Flankenwinkel ($\beta \neq 0$) hinzu. In Folge dessen werden die ursprünglichen, einfachen Gleichungen sukzessiv erweitert bzw. angepasst.

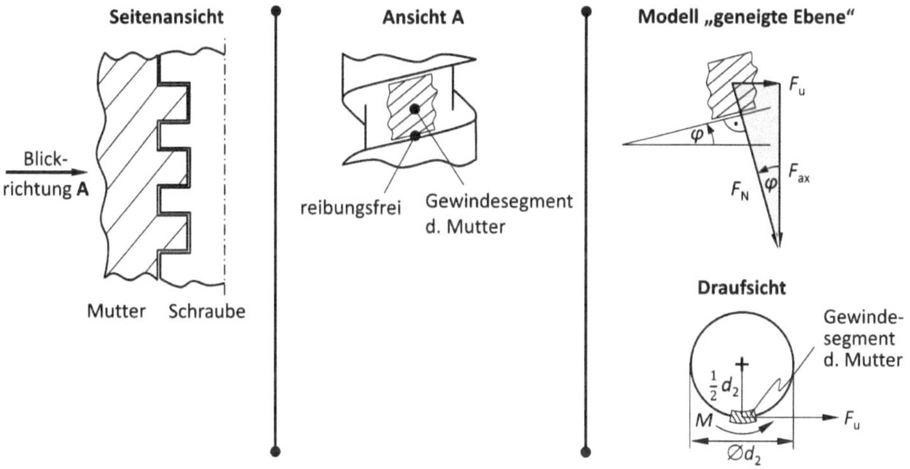

Bild 7.47 Reibungsfreies, rechtwinkliges Gewindemodell; Zusammenhang zwischen Gewindemodell und geneigte Ebene

Bild 7.47 (links) veranschaulicht ein rechtwinkliges Gewinde (Flankenwinkel $\beta = 0$), bei dem das Innengewinde der Mutter in das Außengewinde der Schraube greift. Stellt man sich vor, dass die Schraube ruht und die Mutter mit einem Ringschlüssel angezogen wird, so wird sich die Mutter bzw. ein Ausschnitt der Mutter im Schraubengewinde „bergauf" bewegen, Bild 7.47 (Mitte). Diese Situation entspricht der in Kapitel 4 (Übung 11) diskutierten Kraft- und Bewegungskonstellation an der schiefen Ebene, Bild 7.47 (rechts). Insbesondere führt das auf die Mutter aufgebrachte Anziehmoment M zu einer Umfangskraft F_u mit der Beziehung:

$$M = F_u \cdot \frac{d_2}{2}\,. \tag{7.108}$$

Die von außen verursachte Umfangskraft drückt das Mutter-Segment in die geneigte Ebene und verursacht, zusammen mit der Axialkraft F_{ax}, eine Normalkraft F_N (graues Kraftdreieck). Dabei gilt ohne die Berücksichtigung von Reibung:

$$\tan\varphi = \frac{F_u}{F_{ax}} \quad \Leftrightarrow \quad F_u = F_{ax} \tan\varphi\,. \tag{7.109}$$

Eingesetzt in Gleichung 7.108 liefert dann:

$$\boxed{M = F_{ax} \cdot \frac{d_2}{2} \tan\varphi}\,. \tag{7.110}$$

Hervorzuheben ist, dass nur für den reibungsfreien Zustand die Normalkraft aus der vektoriellen Addition von Axialkraft und Umfangskraft resultiert, Bild 7.48 (oben). Dieser Zusammenhang resultiert unmittelbar aus der Gleichgewichtsforderung $F^* = F_H$. Die hierbei benutzten Größen F^* und F_H kennzeichnen die jeweiligen zur Ebene parallel verlaufenden Kraftkomponenten, die sich aus der Zerlegung von F_u und F_ax ergeben.

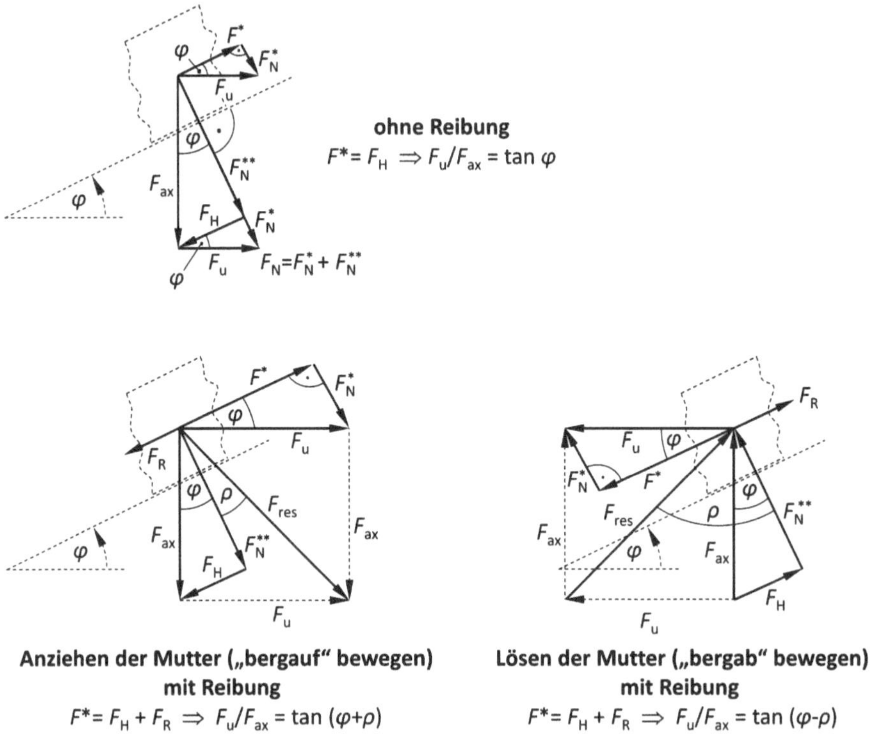

Bild 7.48 Kräftekonstellation im Gewinde: reibungsfrei vs. reibungsbehaftet (Anziehen und Lösen der Mutter)

Wird nun Reibung berücksichtigt, so muss die aus dem Anziehmoment hervorgehende Umfangskraft größer sein, da neben F_H noch die wirkende Reibkraft F_R überwunden werden muss. Dies führt für das betrachtete Mutter-Segment zu der Gleichgewichtsbeziehung $F^* = F_\mathrm{H} + F_\mathrm{R}$, Bild 7.48 (unten links). Mit den Zuordnungen $F_\mathrm{ax} \leftrightarrow F_\mathrm{g}$ und $F_\mathrm{u} \leftrightarrow F$ sowie $\alpha \leftrightarrow \varphi$ ergibt sich exakt die Situation aus Übung 11 in Kapitel 4 mit dem analogen Ergebnis.

$$\tan(\varphi+\rho) = \frac{F_\mathrm{u}}{F_\mathrm{ax}} \quad \Leftrightarrow \quad F_\mathrm{u} = F_\mathrm{ax}\tan(\varphi+\rho)\,. \tag{7.111}$$

Die Variable ρ steht für den Reibungswinkel und charakterisiert den Winkel zwischen Normalkraft (hier F_N^{**}) und resultierender Kraft F_res aus Axial- und Umfangskraft, Bild 7.48 (unten links). Damit folgt analog zum reibungsfreien Fall für das Anziehen der Mutter unter Berücksichtigung von Reibung:

$$\boxed{M_\mathrm{anz} = F_\mathrm{ax}\cdot\frac{d_2}{2}\tan(\varphi+\rho)}\,. \tag{7.112}$$

Der für das Anziehmoment relevante Winkel $(\varphi+\rho)$ kennzeichnet dabei den Winkel zwischen F_ax und F_res.

Für das Lösen der Mutter muss ein entgegen gerichtetes Lösemoment $M_{\text{lös}} = -M_{\text{anz}}$ in die Mutter eingeleitet werden. Das Mutter-Segment soll sich „berab“ bewegen. Entsprechend kehren sich die Kräfte an der geneigten Ebene um, vgl. Bild 7.48 (unten rechts). Die Umfangskraft F_{u} mit ihrer Komponente F^* wirken hangabwärts, die Reibkraft F_{R} wirkt der Bewegung entgegen, also hangaufwärts, die Axialkraft F_{ax} drückt das Segment von der schiefen Ebene weg, weshalb ihre Komponente F_{H} bergauf gerichtet ist. Man beachte in der rechten Abbildung, dass – anders als beim Anziehen – F_{u} mit dem Pfeil von F_{res} wegzeigt. Daher gilt im Sinne der verktoriellen Addition $F_{\text{res}} = F_{\text{ax}} - F_{\text{u}}$ und weiter:

$$\tan(\rho - \varphi) = \frac{-F_{\text{u}}}{F_{\text{ax}}} \quad \Leftrightarrow \quad F_{\text{u}} = F_{\text{ax}} \tan(\varphi - \rho)\,. \tag{7.113}$$

Hierbei wurde die Eigenschaft des Tangens, nämlich $\tan(-\varphi) = -\tan\varphi$, ausgenutzt. Für das Lösemoment kann somit für den reibungsbehafteten Fall geschrieben werden:

$$\boxed{M_{\text{lös}} = F_{\text{ax}} \cdot \frac{d_2}{2} \tan(\varphi - \rho)}\,. \tag{7.114}$$

Der Reibungswinkel ρ ist mit dem aus der Coloumbschen Reibung bekannten Reibungsbeiwert μ über die Beziehung $\mu = \tan\rho \Leftrightarrow \rho = \arctan\mu$ verknüpft. Er ist abhängig von Werkstoff, Oberflächenbeschaffenheit und Schmierzustand des Gewindes; Bild 7.49 zeigt typische Beiwerte für unterschiedliche Gewindezustände.

Gewindeart					Außengewinde (Schraube)							
	Werkstoff				Stahl							
		Oberfläche			vergütet (schwarz) / phosphatiert			galvanisch verzinkt		galvanisch cadmiert		Klebstoff
			Fertigung		gewalzt		geschnitten	geschnitten/gewalzt				
				Schmierung	trocken	geölt	geölt	trocken	geölt	trocken	geölt	trocken
Innengewinde (Mutter)	Stahl	blank	geschnitten	trocken	0,12 - 0,18	0,10 - 0,16	0,10 - 0,16	---	0,10 - 0,18	---	0,08 - 0,14	0,16 - 0,25
Innengewinde (Mutter)	Stahl	galv. cadmiert, verzinkt	geschnitten	trocken	0,10 - 0,16	---	---	0,12 - 0,20	0,10 - 0,18	---	---	0,14 - 0,25
Innengewinde (Mutter)	Stahl	galv. cadmiert, verzinkt	geschnitten	trocken	0,08 - 0,14	---	---	---	---	0,12 - 0,16	0,12 - 0,14	---
Innengewinde (Mutter)	Grauguss, Temperguss	blank	geschnitten	trocken	---	0,10 - 0,18	0,10 - 0,18	---	0,10 - 0,18	---	0,08 - 0,16	---

Bild 7.49 Reibungsbeiwerte für Gewindereibung, Quelle: [Hinzen, 2014]

Im Folgenden soll der Flankenwinkel in Gleichung 7.112 und Gleichung 7.114 berücksichtigt werden. Dazu wird das rechtwinklige Gewinde in Bild 7.47 (links) modifiziert, so dass sich die Situation gemäß Bild 7.50 ergibt.

Zur Vereinfachung soll nur die Axialkraft F_{ax} im Gewinde betrachtet werden, die das Gewindesegment nach unten zieht und so eine Reibkraft F_{R} bergauf bewirkt, Bild 7.50 (links

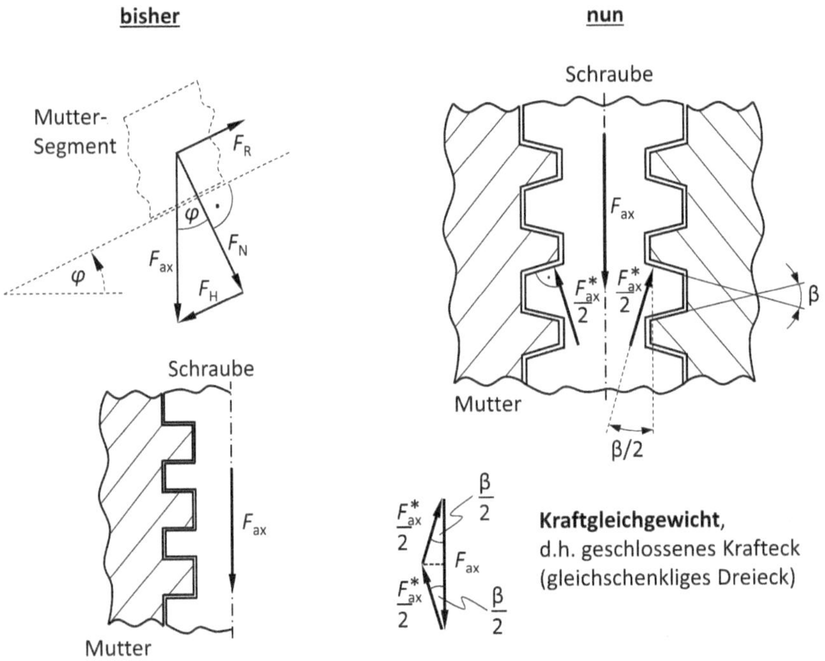

Bild 7.50 Einfluss des Flankenwinkels β auf die Kräftekonstellation im Gewinde

oben). Für das rechtwinklige Gewinde gilt dann:

$$F_R = \mu F_N = \mu F_{ax} \cos\varphi \,. \tag{7.115}$$

Unter Einbeziehung des Flankenwinkels kann gemäß Bild 7.50 (rechts) aus dem geschlossenen Krafteck (Kräftegleichgewicht im Gewinde) geschlussfolgert werden:

$$\frac{F_{ax}/2}{F^*_{ax}/2} = \cos\frac{\beta}{2} \quad \text{bzw.} \tag{7.116}$$

$$F^*_{ax} = \frac{F_{ax}}{\cos\frac{\beta}{2}} \tag{7.117}$$

Beim rechtwinkligen Gewinde war die für die Reibkraft relevante, senkrecht auf der Ebene (bzw. Gewindeflanke) stehende Kraftkomponente durch $F_N = F_{ax} \cos\varphi$ gegeben. Für Flankenwinkel $\beta \neq 0$ ist diese Kraftkomponente nun durch $F_N = 2\frac{F^*_{ax}}{2}\cos\varphi = F^*_{ax}\cos\varphi$ definiert. Damit gilt jetzt für die Reibkraft:

$$F_R = \mu F_N = \mu F^*_{ax} \cos\varphi = \mu \frac{F_{ax}}{\cos\frac{\beta}{2}} \cos\varphi = \mu^* F_{ax} \cos\varphi \tag{7.118}$$

mit der Abkürzung: $\mu^* = \frac{\mu}{\cos\frac{\beta}{2}}$ bzw. $\rho^* = \arctan\mu^* = \arctan\frac{\mu}{\cos\frac{\beta}{2}}$.

Vergleicht man die Gleichung Gleichung 7.115 und Gleichung 7.118, dann kann mit etwas Mut geschlussfolgert werden, dass zur Berücksichtigung des Flankenwinkels lediglich μ

durch μ^* bzw. ρ durch ρ^* ersetzt werden muss. Damit folgt schlussendlich für das **Anzieh- und Lösemoment im Gewinde unter Berücksichtigung von Reibung und Flankenwinkel**

$$\boxed{M_{\text{anz}} = F_{\text{ax}} \cdot \frac{d_2}{2} \tan(\varphi + \rho^*)}, \tag{7.119}$$

$$\boxed{M_{\text{lös}} = F_{\text{ax}} \cdot \frac{d_2}{2} \tan(\varphi - \rho^*)}. \tag{7.120}$$

ii. Kopfreibung

Untersucht man stellvertretend für eine Schraubverbindung die Durchsteckschraube wie in Bild 7.41 (links oben), dann kann folgende Chronologie für die Montage festgehalten werden. Zuerst wird die Schraube durch die (etwas größer ausgeführte) Bohrung der beiden Werkstücke gesteckt. Danach wird die Mutter angesetzt und durch Drehen vertikal aufwärts bewegt, bis sie das Werkstück berührt. Ab nun werden, bei weiterem Anziehen, sowohl Schraubenkopf als auch Mutter gegen die Werkstücke gedrückt und es kommt zur axialen Dehnung und zur Vorspannkraft F_{ax} im Grundkörper der Schraube. Dabei ist es für die Anzieh- bzw. Lösemomente irrelevant, ob die Schraube gedreht und die Mutter festgehalten wird oder umgekehrt. Wichtig ist, dass das gedrehte Element, also Schraube oder Mutter, auf der Werkstückoberfläche Reibung – die sog. **Kopfreibung** – verursacht.

Bild 7.51 veranschaulicht diesen Umstand, insbesondere die für die Kopfreibung relevante Auflagefläche, die sich aus der Differenz der Schraubenkopffläche[19] $(\pi \cdot \text{SW}^2/4)$ und der Bohrungs-Querschnittsfläche $(\pi \cdot d_{\text{B}}^2/4)$ ergibt.

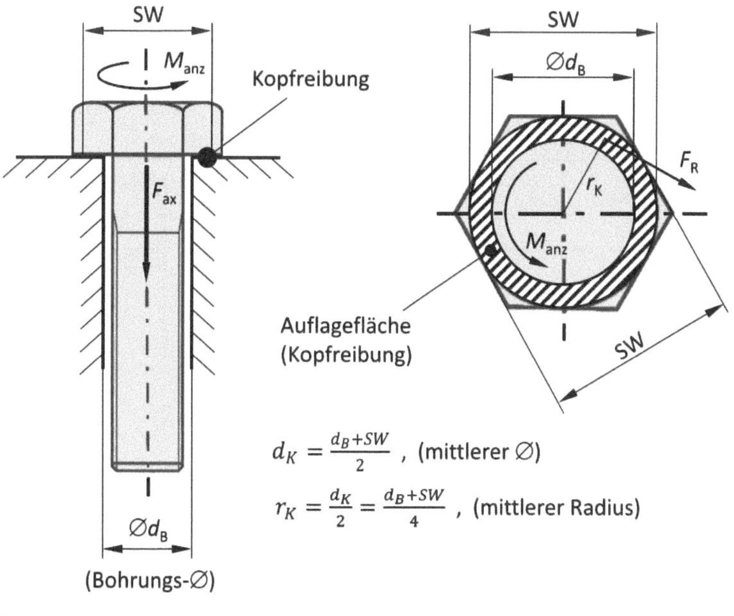

Bild 7.51 Geometrische Zusammenhänge bei der Kopfreibung

[19] Die sechs, leicht über den Ring hinausragenden Ecken werden vernachlässigt.

Die Kopfreibung kann über eine Reibkraft F_R beshrieben werden, die der Drehbewegung entgegen gerichtet ist und tangential an der Ringfläche angreift. Außerdem kann angenommen werden, dass F_R in der Mitte der Kreisringfläche angreift. Diese definiert sich anhand des mittleren Durchmessers d_K bzw. Radius r_K:

$$d_K = 2r_K = \frac{d_B + SW}{2}, \tag{7.121}$$

wobei SW den Außen- und d_B den Innendurchmesser der Ringfläche kennzeichnen. Die Reibkraft F_R verursacht über den Hebelarm r_K ein Reibmoment M_K mit der Beziehung:

$$\boxed{M_K = F_R \cdot r_K = \mu_K \cdot F_{ax} \cdot r_K}\,. \tag{7.122}$$

Die Variable μ_K steht für den Kopfreibungsbeiwert; Bild 7.52 listet hierzu verschiedene Werte auf.

Auflagefläche					Schraubenkopf							
	Werkstoff				Stahl							
		Oberfläche			schwarz / phosphatiert				galvanisch verzinkt		galvanisch cadmiert	
			Fertigung		gepresst		gedreht	geschliffen	gepresst			
				Schmierung	trocken	geölt	geölt	geölt	trocken	geölt	trocken	geölt
Schraubenunterlage	Stahl	blank	geschliffen	trocken	---	0,16 - 0,22	0,10 - 0,18	0,16 - 0,22	0,10 - 0,18	---	0,08 - 0,16	---
Schraubenunterlage	Stahl	blank	spanend bearb.	trocken	0,12 - 0,18	0,10 - 0,18	0,08 - 0,18	---	0,10 - 0,18	0,10 - 0,18	0,08 - 0,16	0,08 - 0,14
Schraubenunterlage	Stahl	galv. verzinkt	spanend bearb.	trocken	0,10 - 0,16	0,10 - 0,16	0,10 - 0,16	0,10 - 0,18	0,16 - 0,20	0,10 - 0,18	---	---
Schraubenunterlage	Stahl	galv. Cadmiert	spanend bearb.	trocken	0,08 - 0,16				---	---	0,12 - 0,20	0,12 - 0,14
Schraubenunterlage	Grauguss, Temperguss	blank	geschliffen	trocken	---	0,10 - 0,18	---	0,10 - 0,18			0,08 - 0,16	---
Schraubenunterlage	Grauguss, Temperguss	blank	spanend bearb.	trocken	---	0,14 - 0,20	0,10 - 0,18	0,14 - 0,22	0,10 - 0,18	0,10 - 0,16	0,08 - 0,16	---

Bild 7.52 Reibungsbeiwerte für Kopfreibung, Quelle: [Hinzen, 2014]

iii. Gesamtreibung bei der Schraubenmontage

Bei der Schraubverbindung ist die Vorspannkraft bzw. Axialkraft F_{ax} gleichzeitig die Kraft, mit der die Werkstücke aufeinander gepresst werden, so dass eine kraftschlüssige Verbindung entsteht. Sie ist in der Regel die Zielgröße und muss über das erzeugte Anziehmoment M_{anz} während der Montage eingestellt werden. Der entsprechende Zusammenhang ist mit

Gleichung 7.119 und Gleichung 7.120 gegeben, allerdings ist hierin noch nicht die Kopfreibung berücksichtigt. Diese muss jedoch bei der Montage auch aufgebracht werden, um die Drehung der Schraube bzw. Mutter auf der Werkstückoberfläche zu gewährleisten. Daher ergibt sich als **Gesamtmoment für die Montage** die Summe aus M_{anz} bzw. $M_{lös}$ und M_K:

$$\boxed{M_{ges,mont} = F_{ax} \cdot \frac{d_2}{2} \tan(\varphi + \rho^*) + \mu_K \cdot F_{ax} \cdot r_K}\,, \tag{7.123}$$

$$\boxed{M_{lös,mont} = F_{ax} \cdot \frac{d_2}{2} \tan(\varphi - \rho^*) + \mu_K \cdot F_{ax} \cdot r_K}\,. \tag{7.124}$$

iv. Schrauben-Selbsthemmung

Bei der Montage von Schraube und Mutter werden beide gegeneinander verspannt. Die Flanken des Außengewindes (Schraube) und des Innengewindes (Mutter) werden aufeinander gepresst und die dabei entstehende Reibung verhindert, dass die Vorspannkraft in der Schraube die Mutter wieder „bergab schiebt". Anders ausgedrückt, verhindert die Reibung, dass sich die Mutter von alleine löst.

Um die Mutter (oder Schraube) zu lösen, muss ein zum Anziehmoment entgegen gerichtetes Lösemoment von außen eingeleitet werden, vgl. F_u in Bild 7.48 (unten). Wenn also $M_{anz} > 0$ ist, dann muss $M_{lös} < 0$ sein. Dies wiederum führt mit Gleichung 7.120 zu der Bedingung:

$$F_{ax} \cdot \frac{d_2}{2} \tan(\varphi - \rho^*) < 0\,. \tag{7.125}$$

Sowohl F_{ax} als auch d_2 sind positiv, da nur Vektorbeträge betrachtet werden. Folglich muss der Tangens-Term negativ sein, also:

$$\tan(\varphi - \rho^*) < 0 \quad \Leftrightarrow \quad \varphi < \rho^*\,. \tag{7.126}$$

Dies ist die sog. **Selbsthemmbedingung** für Schrauben. Sie definiert bei gegebenen Reibungsbeiwert den maximalen Steigungswinkel im Gewinde, um ein Selbstlösen der Schraubverbindung auszuschließen.

Nun könnte man auf den Gedanken kommen, den kleinst möglichen, technisch realisierbaren Reibungsbeiwert zu betrachten und so den maximal zulässigen Steigungswinkel für Gewinde zu bestimmen. Dazu soll der Wert $\mu = 0{,}08$ aus Bild 7.49 gewählt werden. Es folgt für ein metrisches ISO-Gewinde ($\beta = 60°$):

$$\mu^* = \frac{\mu}{\cos\frac{\beta}{2}} = 0{,}0924 \tag{7.127}$$

und weiter:

$$\rho^* = \arctan \mu^* = 5{,}3°\,. \tag{7.128}$$

Dementsprechend kann geschlussfolgert werden, dass für eine zweifelsfreie Selbsthemmung immer $\varphi < 5{,}3°$ gelten muss. Dies ist gemäß Tabelle 7.3 fast immer gegeben. Lediglich beim M1-Gewinde ist der Steigungswinkel größer ($\varphi = 5{,}43°$). Hier sind zusätzliche Maßnahmen zur Erhöhung des Reibungsbeiwertes notwendig (z.B. Gewinde-Klebstoffe), um Selbsthemmung sicherzustellen.

7.4.5 Festigkeitsberechnung von Schraubverbindungen

7.4.5.1 Spannungen bei der Montage und Verspannungsdiagramm

Während der Montage wird die Schraube mit einem Anziehmoment beaufschlagt, was zu einer Torsionsbelastung und zu Torsionsspannungen τ_T im zylindrischen Grundkörper der Schraube führt. Außerdem wird die Schraube durch die resultierende Axialkraft vorgespannt, weshalb es zur Längung und zu Zugspannungen σ_Z in der Schraube kommt. Dabei kann es durchaus vorkommen, dass die Belastungen zu groß werden und gerade während der Montage der Schraubenkopf durch ein zu großes Torsionsmoment abgeschert wird.

Für das Montagemoment galt gemäß Gleichung 7.123:

$$M_{\text{ges,mont}} = M_{\text{anz}} + M_K \tag{7.129}$$

Man beachte, dass M_K nur der Kopfreibung geschuldet ist. Es wird gewissermaßen durch die Reibung verbraucht und gewährleistet nur die Schraubendrehung. Daher ist ausschließlich M_{anz} für die Torsionsbelastung im Grundkörper maßgeblich.

Betrachtet man nun den zylindrischen Grundkörper in Bild 7.53 (links), dann gelten für die o.g. Spannungen folgende Beziehungen[20]:

$$\sigma_Z = \frac{F_{\text{ax}}}{A_s} \quad \text{und} \tag{7.130}$$

$$\tau_T = \frac{M_{\text{anz}}}{W_{\text{pol}}} \tag{7.131}$$

mit dem sog. **Spannungsquerschnittfläche** $A_s = \frac{\pi d_s^2}{4}$ und dem polaren Widerstandsmoment $W_{\text{pol}} = \frac{\pi}{16} d_s^3$, dass mit dem sog. **Spannungsdurchmesser** d_s berechnet wird. Die Berücksichtigung von A_s bzw. d_s beruht auf der Tatsache, dass die gegenüberliegende Gewindetäler durch den Steigungswinkel vertikal versetzt sind. Bauteilversagen und der damit einhergehende Riss verläuft erfahrungsgemäß von Tal zu Tal und daher leicht schräg durch den Grundkörper. Der für die Festigkeitsberechnung relevante Durchmesser ist der in Bild 7.53 (rechts) dargestellte Spannungsdurchmesser d_s. Er ist kleiner als der Flankendurchmesser d_2 und größer als der Kerndurchmesser d_3 und kann über die empirische Formel:

$$\boxed{d_s = \frac{d_2 + d_3}{2}} \tag{7.132}$$

bestimmt werden.

Da sowohl Normalspannungen und Tangentialspannungen in der Schraube auftreten, ist für die Dimensionierung die Vergleichsspannungen zu berücksichtigen. Hier kommt die bereits bekannte Gleichung:

$$\sigma_V = \sqrt{\sigma_Z^2 + 3\tau_T^2} \leq \sigma_{\text{zul}} \tag{7.133}$$

[20] Die gleichen Beziehungen gelten auch für Passschrauben. Jedoch ist anstelle von A_s und d_s der Schaftquerschnitt $A = \pi d^2/4$ bzw. -durchmesser d anzusetzen (vgl. grauer Kasten, Abschnitt 7.4.1).

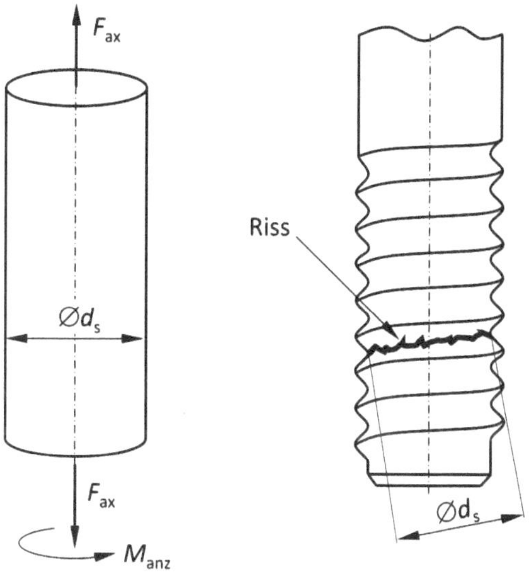

Bild 7.53 Illustration des Spannungsquerschnitts im Gewinde

zum Tragen. Für σ_{zul} kann typischerweise die Streckgrenze der Schraube angesetzt werden, die sich direkt aus der verwendeten Festigkeitsklasse berechnet (z.B. 10.9 $\Rightarrow R_e = (10 \times 9) \times 10 = 900$ MPa).

Bis jetzt wurden nur die Verbindungselemente, sprich Schraube und Mutter, für sich allein betrachtet. Eine Schraubverbindung besteht jedoch nicht nur aus den Verbindungselementen, sondern auch aus den zu verbindenden Werkstücken, der sog. **Zwischenlage**, die z.B. zwischen Schraubenkopf und Mutter verklemmt sind. Dadurch wird die Zwischenlage gestaucht, wohingegen die Schraube gelängt wird. Solange diese Verformungen elastisch sind, können Schraube und Zwischenlage als Federn mit den jeweiligen Steifigkeiten c_S und c_Z aufgefasst werden. Insbesondere die Schraube kann als **Zugstabfeder** (siehe Abschnitt 5.1) betrachtet werden. Die Geometrie der „Zwischenlagen-Feder", insbesondere des durch die Anpressung verursachten Verformungsbereichs, wird durch den Spannungsverlauf in der Zwischenlage definiert. Unmittelbar unter dem Schraubenkopf werden Anpressung und Spannungen am größten sein. Je weiter man sich lateral von der Schraube entfernt, desto geringer werden die Spannungen in den Werkstücken. Die sich ausbildende Spannungsverteilung im Bauteil kann durch einen sog. Spannungskegel beschrieben werden, Bild 7.54 (links). Dieser Spannungskegel, insbesondere die dazugehörige Steifigkeit c_Z, ist mathematisch schwierig zu beschreiben. Deshalb soll hier vereinfacht nur der Bereich direkt unter dem Schraubenkopf berücksichtigt werden, Bild 7.54 (Mitte). Somit kann der Verformungsbereich der Zwischenlage als Hohlzylinder aufgefasst werden, Bild 7.54 (rechts). Für die Steifigkeiten gilt dann:

$$c_S = \frac{E \cdot A_s}{L_k} \quad \text{(Schraube)}\,, \tag{7.134}$$

$$c_Z = \frac{E \cdot A_z}{L_k} \quad \text{(Zwischenlage)}\,. \tag{7.135}$$

Speziell die Formel für die Steifigkeit eines Hohlzylinders c_Z folgt unmittelbar mit der gleichen Herleitung wie für den Vollzylinder (Zugstab), vgl. Abschnitt 5.1.

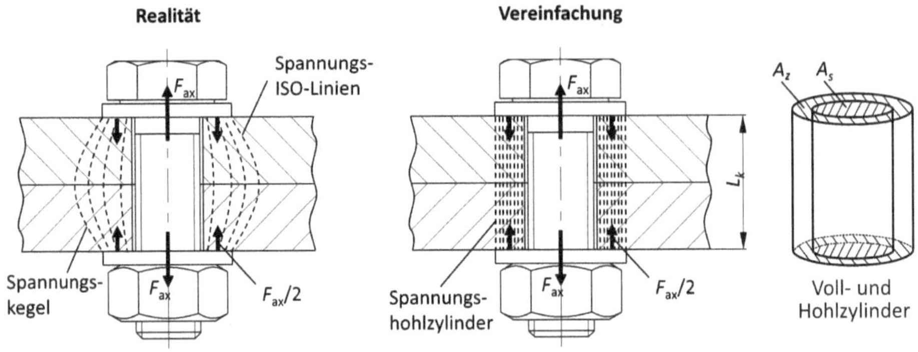

Bild 7.54 Illustration des vereinfachten Spannungsverlaufs in der Zwischenlage

Beim Anziehen der Schraube (oder der Mutter) wird, sobald Mutter und Schraubenkopf die Werkstückoberflächen berühren, der Grundkörper der Schraube im Bereich der **Klemmlänge** L_k um den Betrag s_S gelängt und die Zwischenlage um den Weg s_Z gestaucht. Beide Verformungen müssen durch die Vertikalbewegung der Mutter ausgeglichen werden, so dass sich ein **Gesamtverformweg** $s_{SV,ges}$ der Schraubverbindung von:

$$s_{SV,ges} = s_S + s_Z \tag{7.136}$$

ergibt. Schraube und Zwischenlage können als zwei kombinierte Federn interpretiert werden, deren Einzelverformungen sich zu einer Gesamtverformung addieren; folglich handelt es sich bei der Schraubverbindung um eine **Reihenschaltung** aus Schraube und Zwischenlage.

An dieser Stelle soll noch einmal an Gleichung 7.107 erinnert werden, d.h. an den Zusammenhang zwischen Verdrehwinkel α und axialer Verschiebung h der Mutter. Mit der Gleichsetzung $h = s_{SV,ges}$ resultiert der Verdrehwinkel, den die Mutter ausgleichen muss, um die Dehnung der Schraube und die Stauchung der Zwischenlage auszugleichen:

$$s_{SV,ges} = \alpha \cdot \frac{d_2}{2} \tan\varphi \quad \text{bzw.} \tag{7.137}$$

$$\boxed{\alpha = \frac{2 s_{SV,ges}}{d_2 \tan\varphi}} \quad (\alpha \text{ in Bogenmaß})\,. \tag{7.138}$$

Bild 7.55 stellt das Zusammenspiel von Stauchung und Dehnung in der Schraubverbindung grafisch dar. Hierbei werden Dehnungen in positive Wegrichtung und Stauchungen in negative Richtung aufgetragen. Sowohl in der Schraube als auch in der Zwischenlage wirkt die Axialkraft F_{ax} und führt zu den Verformungen s_S bzw. s_Z. Beide Kurven können in einem Diagramm, dem sog. **Verspannungsdiagramm**, dargestellt werden (Abbildung rechts). Dabei schneiden sich die Kurven im Punkt F_{ax}, was das Kräftegleichgewicht zwischen Schraube und Zwischenlage widerspiegelt.

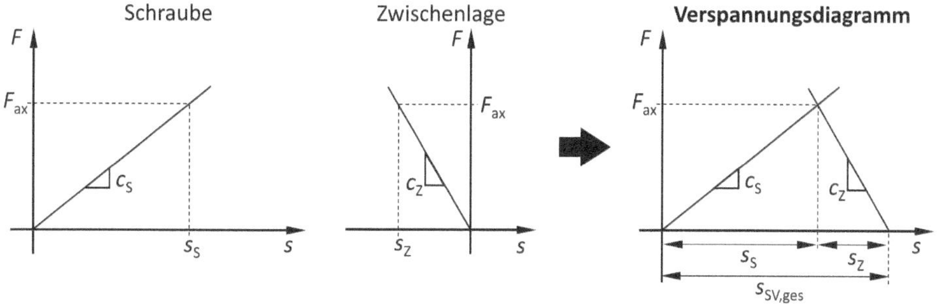

Bild 7.55 Verspannungsdiagramm der Schraubverbindung

Für die Einzelsteifigkeiten von Schraube und Zwischenlage gilt analog zu den Federn:

$$c_S = \frac{F_{ax}}{s_S} \quad \text{(Schraube)}, \tag{7.139}$$

$$c_Z = \frac{F_{ax}}{s_Z} \quad \text{(Zwischenlage)} \tag{7.140}$$

und weiter mit Gleichung 7.136:

$$s_{SV,ges} = \frac{F_{ax}}{c_S} + \frac{F_{ax}}{c_Z} = F_{ax}\left(\frac{1}{c_S} + \frac{1}{c_Z}\right) = \frac{F_{ax}}{c_{SV,ges}}. \tag{7.141}$$

Aus Gleichung 7.141 kann geschlussfolgert werden, dass:

$$\boxed{\frac{1}{c_{SV,ges}} = \frac{1}{c_S} + \frac{1}{c_Z}}, \tag{7.142}$$

was die Berechnungsvorschrift der Gesamtsteifigkeit einer Reihenschaltung repräsentiert. Außerdem kann Gleichung 7.141 in Gleichung 7.138 eingesetzt werden. Dann folgt für den Verdrehwinkel der Mutter:

$$\boxed{\alpha = \frac{2F_{ax}}{c_{SV,ges} d_2 \tan\varphi}}. \tag{7.143}$$

Die montagebedingten Belastungen der Schraubverbindung, insbesondere durch M_{anz} und F_{ax}, sind damit quantitativ beschrieben. Darüber hinaus ist eine Schraubverbindung noch Betriebslasten ausgesetzt, die beim Betrieb der Maschine oder Anlage auftreten. Diese sollen in den nachstehenden Abschnitten analysiert werden.

7.4.5.2 Betriebslasten: Querkräfte

Der Einfluss von Querkräften auf die Spannungssituation in der Schraubverbindung hängt maßgeblich von der Verbindungsart – ob es sich um eine form- oder kraftschlüssige Verbindung handelt – ab. Zur Erinnerung: Formschluss liegt vor, wenn Passschrauben verwendet werden, Kraftschluss hingegen ist bei herkömmlichen, verspannten Gewindeschrauben gegeben, Bild 7.56.

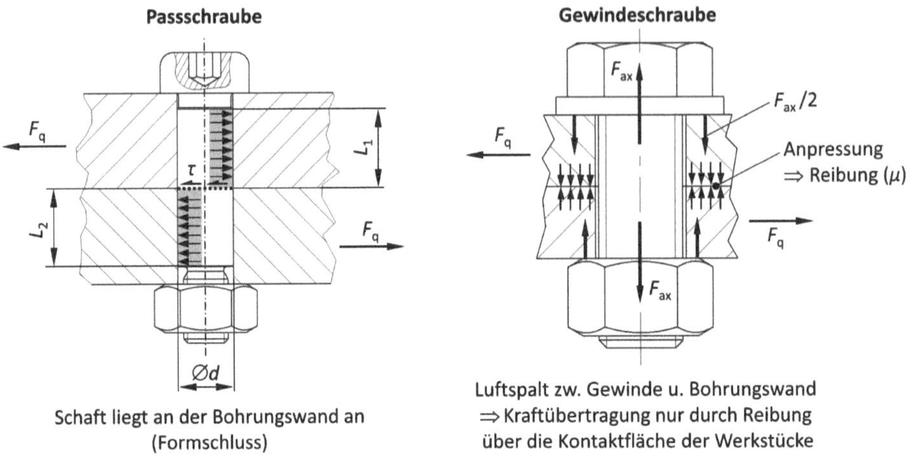

Bild 7.56 Querkräfte als Betriebslasten: Passschraube vs. Gewindeschraube

Beim Einsatz von Passschrauben liegt i.w. die gleiche Spannungssituation wie bei Kaltnietverbindungen vor. Der Schraubenschaft wird **(a)** auf **Scherung** belastet und drückt **(b)** mit dem **Lochleibungsdruck** auf die Bohrungswand, Bild 7.56 (links). Folgende Beziehung sind dementsprechend zu benutzen:

(a) Scherung:

$$\boxed{\tau = \frac{F_q}{A} = \frac{4F_q}{\pi d^2} \leq \tau_{\text{zul}}}\,. \tag{7.144}$$

(b) Lochleibungsdruck:

$$\boxed{p_1 = \frac{F_q}{d \cdot L_1} \leq p_{\text{zul}} \quad , \quad p_2 = \frac{F_q}{d \cdot L_2} \leq p_{\text{zul}}}\,. \tag{7.145}$$

Hierbei kennzeichnet der Nenner $d \cdot L_1$ bzw. $d \cdot L_2$ die projizierte Fläche des Schraubenschafts. Die zulässigen Werte für τ_{zul} und p_{zul} müssen für die jeweilige Werkstoffpaarung bekannt sein. Hier können die bereits aufgeführten Werte der Kaltnietverbindung (Bild 4.29, Bild 7.8) sowie die Berechnungsformeln aus Abschnitt 7.1.2.3 benutzt werden.

Passschrauben erfordern sehr eng tolerierte Durchmesser, sowohl für den Schraubenschaft als auch die Bohrungswand. Entsprechend ist die Fertigung aufwendiger und kostenintensiver als bei gewöhnlichen Gewindeschrauben. Das ist einer der Gründe, weshalb Gewindeschrauben deutlich häufiger verwendet werden, Bild 7.56 (rechts).

Für den Kraftschluss muss die Bedingung:

$$F_{\text{R}} > F_q \tag{7.146}$$

gelten.

Andernfalls würden die Werkstücke durch die Querkraft aufeinander abgleiten. Daraus folgt die Mindest-Axialkraft, die in der Schraube notwendig ist, um eine gegebene Querkraft zu übertragen:

$$F_R = \mu F_{ax} \quad \Rightarrow \quad \mu F_{ax} > F_q \quad \Leftrightarrow \quad F_{ax} > \frac{F_q}{\mu} \quad \text{bzw.} \tag{7.147}$$

$$\boxed{F_{ax}^{min} = \frac{F_q}{\mu}} . \tag{7.148}$$

Mit F_{ax} bzw. F_{ax}^{min} können bei bekannter Schraubengeometrie alle relevanten Größen, insbesondere M_{anz}, σ_Z, τ_T und σ_V, berechnet werden. Letzteres erlaubt dann die Festlegung der notwendigen Festigkeitsklasse oder – sofern das nicht ausreicht – die Wahl einer größeren Schraubengeometrie.

7.4.5.3 Betriebslasten: Längskräfte

Im Betrieb können auch längs zur Schraubenachse wirkende Kräfte auftreten. Dabei wird zwischen (a) Zug- und (b) Druckbelastungen unterschieden, Bild 7.57.

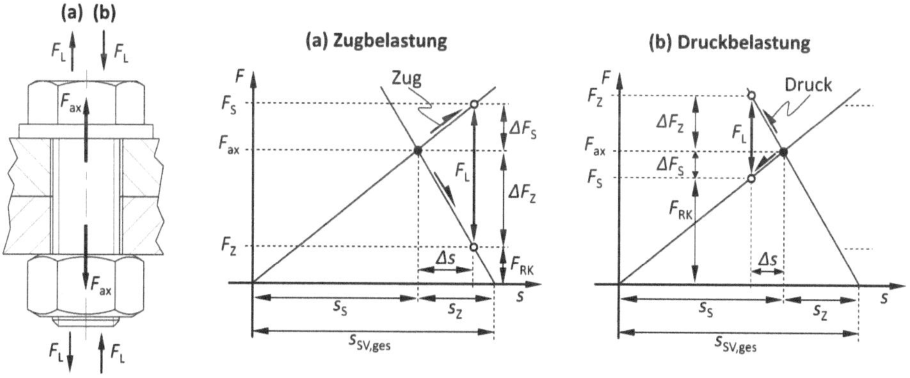

Bild 7.57 Längskräfte als Betriebslasten: Zug- vs. Druckbelastung

Im Falle von längs wirkenden Zugkraft F_L wird die durch F_{ax} bedingte Vordehnung der Schraube verstärkt. Die Schraube wird weiter „auseinandergezogen“, was auch bedeutet, dass die Zwischenlage entlastet und deren Stauchung verkleinert wird. Die betriebsbedingte Verformung Δs führt zu der **Gesamtverformung** $s_{S,ges}$ und $s_{Z,ges}$ der Schraube bzw. Zwischenschicht mit:

$$\boxed{s_{S,ges} = s_S + \Delta s} \quad \text{(Schraube)}, \tag{7.149}$$

$$\boxed{s_{Z,ges} = s_Z - \Delta s} \quad \text{(Zwischenlage)}. \tag{7.150}$$

Für die zu den jeweiligen Gesamtverformungen gehörenden **Gesamtkräfte** F_Z bzw. F_S in Schraube und Zwischenlage gilt:

$$F_S = c_S \cdot s_{S,ges}, \tag{7.151}$$

$$F_Z = c_Z \cdot s_{Z,ges}. \tag{7.152}$$

Eine Anpressung der Werkstücke, d.h. eine resultierende Kraft auf die Zwischenlage F_Z, ist nur dann gegeben, wenn die Gesamtkraft in der Schraube minus die Betriebskraft eine sog. **Restklemmkraft** $F_{RK} > 0$ ergibt, also:

$$\boxed{F_{RK} = F_S - F_L > 0} \,. \tag{7.153}$$

Andernfalls, also für $F_S - F_L < 0$, würde die Betriebslast F_L die montagebedingte Vorspannkraft F_{ax} vollständig überwinden, die Zwischenlage wäre ohne Anpresskraft, und es würde sich schlimmstenfalls ein Spalt zwischen Schraubenkopf und Werkstück bzw. zwischen Mutter und Werkstück ausbilden.

Bild 7.57 (Mitte) stellt die mathematischen Zusammenhänge bei einer längs eingeleiteten Zugbelastung grafisch dar. Die Betriebslast F_L verteilt sich auf die Schraube und die Zwischenlage, so dass folgt:

$$\boxed{F_L = \Delta F_S + \Delta F_Z} \,. \tag{7.154}$$

Der Betriebspunkt der Schraubverbindung „wandert" vom Schnittpunkt auf den jeweiligen Kurven nach rechts. Dadurch ergibt sich für die resultierenden Kräfte in der Schraube bzw. Zwischenlage:

$$\boxed{F_S = F_{ax} + \Delta F_S} \,. \tag{7.155}$$

$$\boxed{F_Z = F_{RK} = F_{ax} - \Delta F_Z} \tag{7.156}$$

Bei einer längs eingeleiteten Druckbelastung kehren sich die Verhältnisse um. Die Schraube verliert an Vordehnung; die Stauchung der Zwischenlage wird verstärkt. Bild 7.57 (rechts) illustriert die entsprechenden Gesetzmäßigkeiten; dabei gelten insbesondere die nachstehenden Gleichungen für die **Druckbelastung**:

$$s_{S,ges} = s_S - \Delta s \,, \tag{7.157}$$

$$s_{Z,ges} = s_Z + \Delta s \,, \tag{7.158}$$

$$F_S = F_Z - F_L > 0 \tag{7.159}$$

$$F_S = F_{ax} - \Delta F_S \,, \tag{7.160}$$

$$F_Z = F_{ax} + \Delta F_Z \,. \tag{7.161}$$

Die Vorspannkraft in der Schraube ist vollständig überwunden, sobald $F_{ax} = \Delta F_S$. Dann folgt $F_S = 0$.

Betrachtet man die beiden Verspannungsdiagramme in Bild 7.57, so stellt sich die Frage nach der resultierenden Kraft in der Schraube F_S und der Kraft in der Zwischenlage F_S. Ausgehend von den gegebenen Größen F_{ax} (Vorspannung) und F_L (Betriebslast) gilt für die betriebsbedingte Verformung:

$$\Delta s = \frac{\Delta F_S}{c_S} = \frac{\Delta F_Z}{c_Z} \quad \Leftrightarrow \quad \Delta F_Z c_S = \Delta F_S c_Z \,. \tag{7.162}$$

Ferner gilt:

$$F_L = \Delta F_S + \Delta F_Z \quad \Leftrightarrow \quad \Delta F_Z = F_L - \Delta F_S \,. \tag{7.163}$$

Gleichung 7.163 in Gleichung 7.162 eingesetzt liefert:

$$c_S(F_L - \Delta F_S) = \Delta F_S c_Z \quad \Leftrightarrow \quad F_L c_S = \Delta F_S(c_S + c_Z) \tag{7.164}$$

und weiter:

$$\Delta F_S = F_L \left(\frac{c_S}{c_S + c_Z} \right) . \tag{7.165}$$

Damit folgt für die Kraft in der **Schraube unter Zugbelastung**:

$$\boxed{F_S = F_{ax} + \Delta F_S = F_{ax} + F_L \left(\frac{c_S}{c_S + c_Z} \right)} . \tag{7.166}$$

In analoger Weise kann Gleichung 7.163 nach ΔF_S umgestellt und in Gleichung 7.162 eingesetzt werden. Dann folgt eins zu eins für die Kraft in der **Zwischenlage bei Zugbelastung**:

$$\boxed{F_Z = F_{ax} - \Delta F_Z = F_{ax} - F_L \left(\frac{c_Z}{c_S + c_Z} \right)} . \tag{7.167}$$

Selbstverständlich dürfen die mit F_S und F_Z einhergehenden Spannungen in der Schraube bzw. der Zwischenlage die zulässigen Spannungswerte nicht überschreiten. Daher muss gelten:

$$\boxed{\sigma_{Z,S} = \frac{F_S}{A_s} \leq \sigma_{zul}} \quad \text{(Schraube)} , \tag{7.168}$$

$$\boxed{\sigma_{Z,Z} = \frac{F_Z}{A_z} \leq \sigma_{zul}} \quad \text{(Zwischenlage)} . \tag{7.169}$$

Für die zulässigen Werte kann R_e der Schraube bzw. des Werkstoffs der Zwischenlage herangezogen werden.

Mit der gleichen Vorgehensweise können die entsprechenden Gleichungen für die Druckbelastung der Schraubverbindung hergeleitet werden. Jedoch soll an dieser Stelle darauf verzichtet werden und die Herleitung dem interessierten Leser zum Selbststudium überlassen werden.

Wichtig ist abschließend der Hinweis, dass mit Blick auf Gleichung 7.167 die Kraft in der Zwischenlage $F_Z (= F_{RK}) > 0$ sein muss. Dies ist insbesondere bei der Festlegung des Anziehmoments und der daraus folgenden Axialkraft F_{ax} sicherzustellen. Nur mit einer genügend großen Restklemmkraft ist gewährleistet, dass die Werkstücke der Schraubverbindung aufeinander gepresst werden und ein Reibschluss vorliegt. Andernfalls besteht die Gefahr, dass die Zwischenlage vollständig entlastet ist und ein Spalt zwischen Schraube /Mutter und Zwischenlage auftritt.

7.4.6 Konstruktive Hinweise zur Schraubverbindung

Zum Ende dieses Kapitels sollen zwei Aspekte Erwähnung finden, die bei der Konstruktion von Schraubverbindungen zu berücksichtigen sind.

i. Setzen

Eine unter Vorspannung stehende Schraubverbindung besteht aus verschiedenen Kontaktflächen, derer Oberflächen eine definierte Rauheit aufweisen. Durch die axiale Vorspannunkraft F_{ax} werden die Oberflächen aufeinander gedrückt, so dass auf mikroskopischer Skala die Oberflächenspitzen eingeebnet werden, Bild 7.58. Dadurch reduziert sich die Klemmlänge L_k und die Schraubenvordehnung gibt nach, was wiederum mit einem Vorspannungsverlust einhergeht.

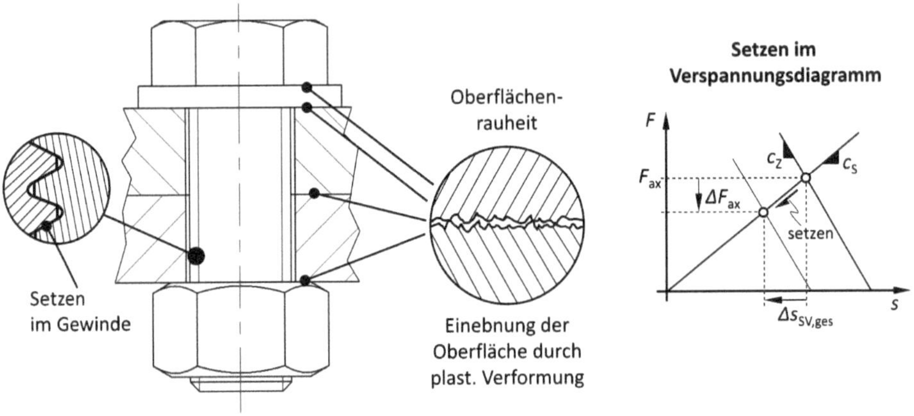

Bild 7.58 Kontaktflächen einer Schraubverbindung als potentielle Stellen für Setzerscheinungen

Gleichung 7.141 gilt für die Gesamtverformung der Schraubverbindung und kann in gleicher Weise für die Änderung der Gesamtverformung formuliert werden, also:

$$\Delta s_{SV,ges} = \Delta F_{ax}\left(\frac{1}{c_S} + \frac{1}{c_Z}\right) \quad \text{bzw.} \tag{7.170}$$

$$\boxed{\Delta F_{ax} = \frac{\Delta s_{SV,ges}}{\left(\frac{1}{c_S} + \frac{1}{c_Z}\right)}}\,. \tag{7.171}$$

Hier bei kennzeichnet ΔF_{ax} den axialen Vorspannungsverlust aufgrund von Setzen. Bild 7.59 zeigt einige typische Werte für $\Delta s_{SV,ges}$. Diese können, abhängig von Art und Anzahl der Kontaktflächen, aufsummiert werden, so dass der Vorspannungsverlust berechnet werden kann.

Beim Setzen wird sowohl Schraube als auch Zwischenlage entlastet, so dass sich der Schnittpunkt der Kurven im Verspannungsdiagramm nach rechts bewegt. Setzen sollte durch Beachtung einiger Konstruktionsregeln soweit wie möglich minimiert werden. Dazu finden sich nachfolgend ein paar einfache, stichpunktartig aufgeführte Grundsätze:

- Wenn möglich Werkstückoberflächen mit geringen Rauhheitswerten verwenden.
- Kontaktflächen soweit wie möglich minimieren; unnötige Unterlegscheiben – erst recht mehrere aufeinander gestapelte Unterlegscheiben – vermeiden.
- Genügend Vorspannung bei der Montage berücksichtigen, so dass nach dem Setzen im Betrieb ausreichend Vorspannung verbleibt.

mittlere Rauhtiefe Rz in µm	Belastungsart	Setzbetrag in µm		
		im Gewinde	Kopf- bzw. Mutternauflage	innere Kontaktflächen
< 10	Zug/Druck	3	2,5	1,5
	Schub	3	3	2
10 ≤ Rz < 40	Zug/Druck	3	3	2
	Schub	3	4,5	2,5
40 ≤ Rz < 160	Zug/Druck	3	4	3
	Schub	3	6,5	3,5

Bild 7.59 Richtwerte für Setzbeträge (Verbindungselemente aus Stahl und unbeschichtet); Quelle: [VDI-2230]

- Bei der Montage eine kurze Überlast auf die Schraubverbindung aufbringen, so dass sich alle Kontaktflächen setzen. Anschließend die finale Vorspannung durch Nachziehen einstellen.

ii. Schraubensicherung

Bisweilen werden Schraubverbindungen mit zusätzlichen Maßnahmen gegen ungewolltes Lösen bzw. Lockern gesichert, vgl. Bild 7.60.

Grundsätzlich gilt: Eine Schraubverbindung sollte so dimensioniert sein, dass durch die axiale Vorspannkraft genügend Restklemmkraft erzeugt wird, so dass die resultierende Kopf- und Gewindereibung ausreichend groß ist, um den auftretenden Betriebslasten standzuhalten und ein selbstständiges Lösen zu verhindern. ■

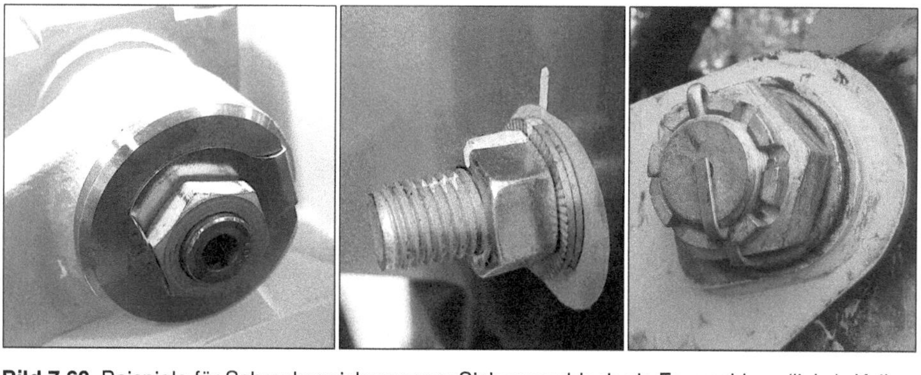

Bild 7.60 Beispiele für Schraubensicherungen: Sicherungsblech als Formschluss (links), Keilsicherungsscheiben (Mitte), Schraube mit Splint und Kronenmutter (rechts)

Trotz der grundsätzlichen Regel im grauen Kasten gibt es Umstände, die konstruktive Schraubensicherungsmaßnahmen, sog. **Schraubensicherungen**, rechtfertigen, ja sogar technisch erfordern, z.B.

- beim Auftreten von großen dynamischen Querkräften, beispielsweise Schwingungen und Stößen,

- bei der Verwendung von Schrauben mit geringer Festigkeitsklasse[21]. Aufgrund der geringen Streckgrenze können keine großen Vorspannkräfte in die Schraube eingeleitet werden, weshalb die erzeugte Reibung begrenzt ist.

Bild 7.61 zeigt verschiedene Sicherungsmaßnahmen, die allerdings unterschiedlich gut wirken, z.T. sogar unwirksam sind. Insbesondere die Unwirksamkeit von Federringen, Feder-, Zahn- und Fächerscheiben soll an dieser Stelle explizit erwähnt werden, da sie immer noch weit verbreitet sind und vielfach eingesetzt werden. Es zeigt sich, dass derartige Elemente schon bei geringen Vorspannkräften plastisch verformt und eingeebnet werden. Die hervorstehenden zum verhaken gedachte Kanten werden gewissermaßen „platt gedrückt“. Damit verbleiben folgende Maßnahmen mit unterschiedlich guter Wirkung:

- **Formschlüssige Elemente**: Hierbei handelt es sich hauptsächlich um Verliersicherungen, da die Sicherungsbleche und Splinte bei genügend großen dynamischen Kräften verformt werden können, wodurch der Formschluss verlorengeht.
- **Klemmende Elemente**: Zu nennen sind hier die Klemmmutter und die Kontermutter. Erstere besitzt einen integrierten Kunststoffring, in den sich das Schraubengewinde einschneidet und so erhöhte Reibung verursacht. Bei der Kontermutter werden zwei Muttern gegeneinander verspannt. Durch die Reibung in der Kontaktzone wird eine Relativbewegung beider Muttern zueinander erschwert.
- **Sperrende Elemente**: Hierzu zählen sog. Keilsicherungsscheiben, Sperrzahnschrauben und -muttern, die sich mit die Oberfläche des Werkstücks und der Mutter bzw. des Schraubenkopfes verhaken und eine Relativbewegung zwischen den Verbindungselementen verhindern. Eine gute Wirksamkeit ist nur für ungehärtete Oberflächen gegeben.
- **Stoffschlüssige Elemente**: Mithilfe eines Klebstoffs wird das Gewinde stoffschlüssig verklebt. Bei richtiger Klebstoffwahl kann so ein sehr guter Schutz gegen Selbstlösung gewährleistet werden.

Übung 26 (Schraubverbindung am Rohrflansch):
Die Flansche zweier Rohre sind gemäß der nachstehenden Abbildung mit M12 Schrauben (metrisches ISO-Gewinde) verschraubt.

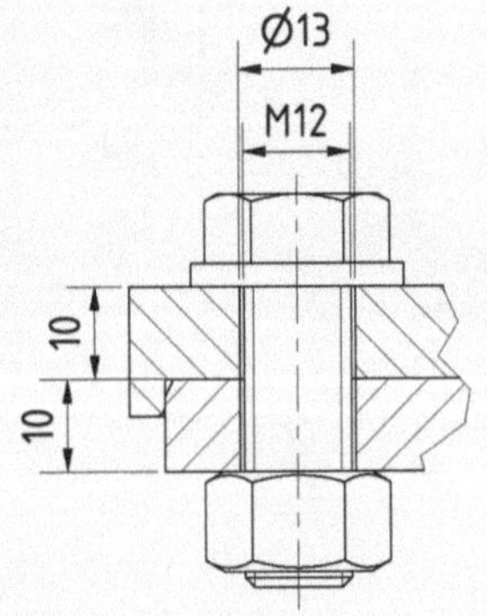

(Beispielbild)

[21] Oftmals ist es ratsam, die Schraubverbindung von vornherein mit einer geringen Festigkeitsklasse zu dimensionieren. So ist sichergestellt, dass bei Verwechselung und Verwendung falscher Schrauben in der Produktion die Verbindung trotzdem funktionstüchtig bleibt.

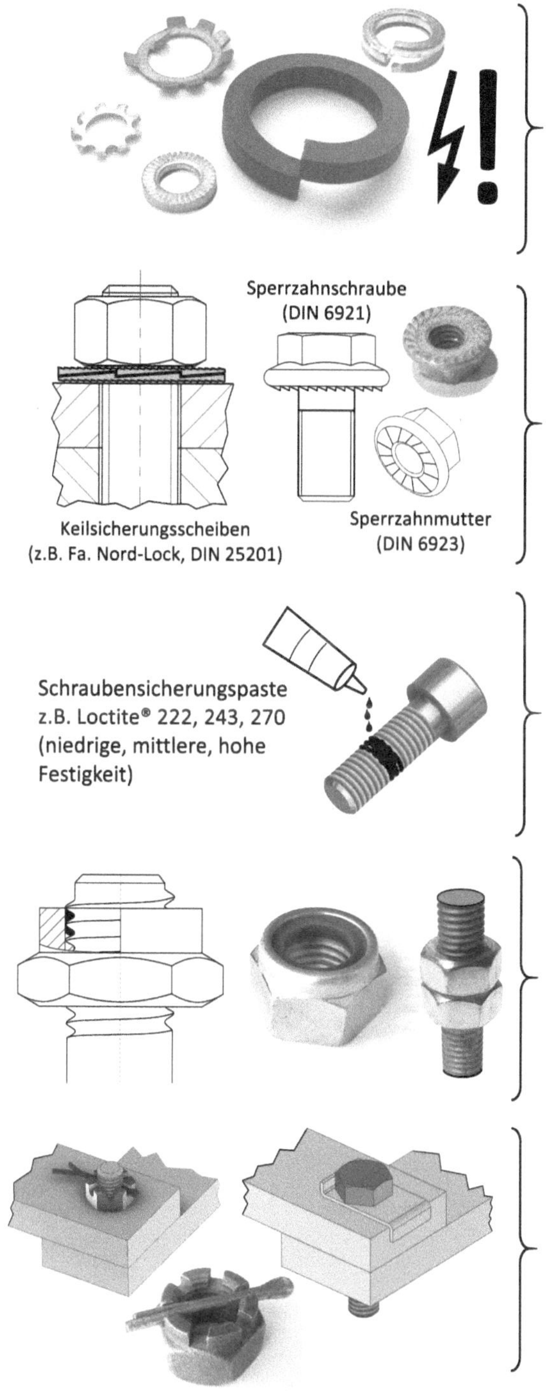

Bild 7.61 Schraubensicherungselemente: wirksame und unwirksame

Die Steifigkeit der Zwischenlage soll 750 N/μm^2 betragen. Außerdem wird die Schraube mit einer axialen Vorspannungkraft von F_{ax} = 15 KN montiert. Sowohl für das Gewinde als auch die Kopfauflage gilt ein Reibungsbeiwert von 0,12. Folgende Fragestellungen sollen beantwortet werden:

a) Wie groß ist die Steifigkeit c_S der Schraube?
b) Wie groß sind das Anziehmoment M_{anz} und das Lösemoment $M_{lös}$ im Gewinde, das notwendige Moment zum Überwinden der Kopfreibung M_K sowie das Gesamtmoment für die Montage $M_{ges,mont}$?
c) Wie groß ist die Schraubenlängung s_S und die Stauchung der Zwischenlage s_Z?
d) Um wie viel Grad muss die Schraube gedreht werden, damit die Längung und Stauchung der Schraube bzw. der Zwischenlage überwunden wird?
e) Welche Zug-, Torsions- und Vergleichsspannung ergeben sich in der Schraube?
f) Kann eine Schraube der Festigkeitsklasse 6.8 verwendet werden? Begründe.

Lösung:
Aus der Abbildung sowie der Tabelle 7.3 können folgende Größen für eine M12-Schraube entnommen werden:

$$d = 12\,\text{mm}\,,$$
$$d_2 = 10{,}863\,\text{mm}\,,$$
$$d_3 = 9{,}853\,\text{mm}\,,$$
$$A_s = 84{,}3\,\text{mm}^2\,,$$
$$W_{pol} = 218{,}201\,\text{mm}^3\,,$$
$$\text{SW} = 19\,\text{mm}\,,$$
$$\varphi = 2{,}94^\circ\,,$$
$$\beta = 60^\circ\,,$$
$$L_k = 20\,\text{mm}\,,$$
$$d_B = 13\,\text{mm}\,.$$

Damit können die einzelnen Teilaufgaben gelöst werden:

a) Für die Schraubensteifigkeit gilt (E_{Stahl} = 210000 N/mm^2):

$$c_S = \frac{E \cdot A_s}{L_k} = 885150\,\text{N/mm} = 885{,}15\,\text{N/µm}\,. \tag{7.172}$$

b) Mit der Gleichung 7.119, Gleichung 7.120, Gleichung 7.122 und Gleichung 7.123 folgt unmittelbar:

$$M_{anz} = 25{,}97\,\text{Nm}\,, \tag{7.173}$$
$$M_{lös} = -11{,}76\,\text{Nm}\,, \tag{7.174}$$
$$M_K = 24{,}0\,\text{Nm}\,, \tag{7.175}$$
$$M_{ges,mont} = 49{,}97\,\text{Nm}\,. \tag{7.176}$$

Dabei wurde ein Reibungswinkel von $\rho^* = \arctan\left(\frac{\mu}{\cos\frac{\beta}{2}}\right) = 0{,}138$ Radiant $= 7{,}889^\circ$ errechnet.

c) Mithilfe der bekannten Vorspannung und der gegebenen Steifigkeit der Zwischenlage c_Z ergibt sich:

$$s_S = \frac{F_{ax}}{c_S} = 0{,}028\,\text{mm}\,, \tag{7.177}$$

$$s_Z = \frac{F_{ax}}{c_Z} = 0{,}033\,\text{mm}\,. \tag{7.178}$$

d) Gleichung 7.138 beschreibt den notwendigen Verdrehwinkel α, um $s_{ges} = s_S + s_Z$ zu überwinden. Mit den Ergebnissen aus (c.) kann dann notiert werden:

$$s_{ges} = 0{,}061\text{ mm} \Rightarrow \alpha = 12{,}65°\,. \tag{7.179}$$

e) Für die Spannungen folgt ohne Zwischenrechnungen:

$$\sigma_Z = 297\,\text{N/mm}^2\,, \tag{7.180}$$

$$\tau_T = 229\,\text{N/mm}^2\,, \tag{7.181}$$

$$\sigma_V = \sqrt{\sigma_Z^2 + 3\tau_T^2} = 495\,\text{N/mm}^2\,. \tag{7.182}$$

f) Die Festigkeitsklasse 6.8 kennzeichnet Schrauben mit einer Streckgrenze von 480 N/mm^2. Da $\sigma_V < R_e$ gelten muss, kann eine M12 - 6.8 Schraube nicht eingesetzt werden.

■

Übung 27 (Verschraubung eines Druckkessels):
Der Deckel eines Druckkessels ist mit 12 Schrauben befestigt (vgl. Abbildung). Der Kessel ist für einen Innendruck von 20 bar ausgelegt. Die Zwischenlage hat eine Steifigkeit von c_Z = 1450 N/µm. Damit die Dichtheit des Kessels gewährleistet ist, muss die Restklemmkraft F_{RK} mind. 30 Prozent der Betriebskraft betragen. Als Reibungsbeiwert kann für alle relevanten Kontaktflächen ein Wert von $\mu = 0{,}12$ angenommen werden.

a) Zeichne das qualitative Verspannungsdiagramm und kennzeichne die Größen F_{ax}, F_L, F_S und F_{RK}.
b) Wie groß ist die Steifigkeit c_S der Schraube?
c) Wie groß ist die Betriebskraft (Längskraft) F_L, die Restklemmkraft F_{RK} und die Gesamtkraft F_S in einer einzelnen Schraube?
d) Welche Vorspannkraft F_{ax} ist pro Schraube notwendig?
e) Welches Gewinde-Anziehmoment M_{anz} und welches Kopfreibmoment M_K resultieren aus der notwendigen Vorspannung? Welches Gesamtmontagemoment $M_{ges,mont}$ ist für die Schraube notwendig?
f) Welche Zug-, Torsions- und Vergleichspannung ergeben sich für die Schraube?
g) Hält die Schraube den Belastungen stand?

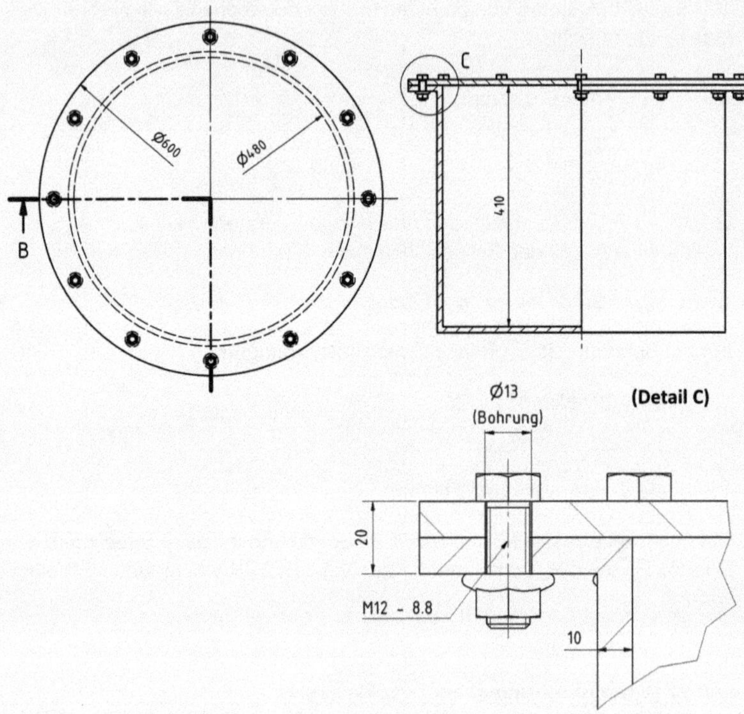

Lösung:

a) Für das Verspannungsdiagramm, inklusive der anzugebenden Größen, ergibt sich die nachfolgende Grafik:

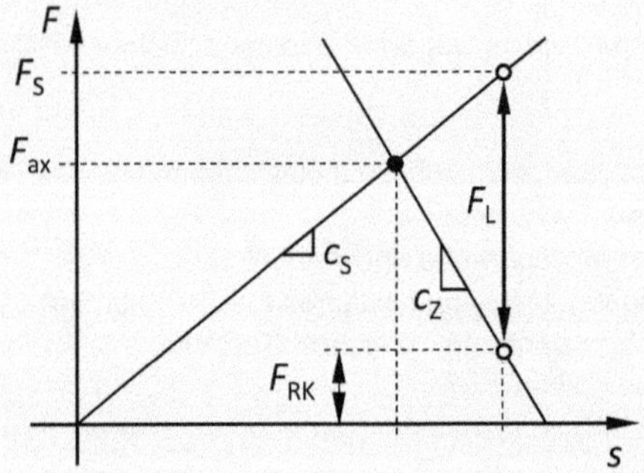

b) Die Schraubensteifigkeit berechnet sich aus E-Modul (Stahl), Spannungsquerschnitt (vgl. Tabelle 7.3) und Klemmlänge mit der Beziehung:

$$c_S = \frac{E \cdot A_s}{L_k} = \frac{210000\,\text{N/mm}^2 \cdot 84{,}3\,\text{mm}^2}{20\,\text{mm}} = 885150\,\text{N/mm}\,. \qquad (7.183)$$

c) Der Innendruck von $p = 20$ bar drückt auf die Deckelinnenfläche $A = \pi d_i^2/4 = (\pi \cdot 480^2/4)$ mm^2 = 180956 mm^2 = 0,181 m^2 und führt so zu einer Druckkraft $F_D = p \cdot A_i$, ($p = 20$ bar $= 2 \cdot 10^6$ Pa). Diese teilt sich wiederrum auf 12 Schrauben auf, so dass in einer einzelnen Schraube eine Betriebkraft von:

$$F_L = \frac{F_D}{12} = \frac{p \cdot A_i}{12} = 30{,}16\,\text{KN} \tag{7.184}$$

wirkt. Mit $F_{RK} = 0{,}3 \cdot F_L$ und dem o.g. Verspannungsdiagramm folgt dann:

$$F_{RK} = 9{,}04\,\text{KN}\,, \tag{7.185}$$

$$F_S = 39{,}20\,\text{KN}\,. \tag{7.186}$$

d) Da nun F_S, F_L und F_{RK} bekannt sind, kann F_{ax} mit Gleichung Gleichung 7.166 berechnet werden. Es folgt:

$$F_{ax} = F_S - F_L\left(\frac{c_S}{c_S + c_Z}\right) = 27{,}78\,\text{KN}\,. \tag{7.187}$$

e) Mit dem gegebenen Reibungsbeiwert $\mu = 0{,}12$ und den geometrischen Größen d_2, d_B, β, φ, SW aus Tabelle 7.3 folgt der gleiche Reibungswinkel $\rho^* = 7{,}889°$ wie in Übung 26. Mit Gleichung 7.119, Gleichung 7.122 und Gleichung 7.123 können dann die gesuchten Größen berechnet werden:

$$M_{anz} = 28{,}86\,\text{Nm}\,, \tag{7.188}$$

$$M_K = 26{,}66\,\text{Nm}\,, \; (r_K = (d_B + \text{SW})/4 = 8\,\text{mm})\,, \tag{7.189}$$

$$M_{ges,mont} = 55{,}52\,\text{Nm}\,. \tag{7.190}$$

f) Für eine M12-Schraube können die Größen $A_s = 84{,}3$ mm^2 und $W_{pol} = 218{,}201$ mm^3 aus Tabelle 7.3 abgelesen werden. Damit gilt:

$$\sigma_Z = \frac{F_{ax}}{A_s} = 329{,}5\,\text{N/mm}^2\,, \tag{7.191}$$

$$\tau_T = \frac{M_{anz}}{W_{pol}} = 122{,}2\,\text{N/mm}^2\,, \tag{7.192}$$

$$\sigma_V = \sqrt{\sigma_Z^2 + 3\tau_T^2} = 391{,}6\,\text{N/mm}^2\,. \tag{7.193}$$

g) Die Festigkeitsklasse der Schraube ist mit 8.8 spezifiziert. Damit besitzt die Schraube eine Streckgrenze von $R_e = 640$ N/mm^2. Folglich gilt $\sigma_V < R_e$. Die Schraube hält den Belastungen stand.

■

Literatur

Decker, K.-H.: *Maschinenelemente - Funktion, Gestaltung und Berechnung.* Carl Hanser Verlag, München, 2011.

DIN 13-1:1999-11: *Metrisches ISO-Gewinde allgemeiner Anwendung - Teil 1: Nennmaße für Regelgewinde; Gewinde-Nenndurchmesser von 1 mm bis 68 mm.* Beuth-Verlag, Berlin, 1999.

DIN 103-4:1977-04: *Metrisches ISO-Trapezgewinde; Nennmaße.* Beuth-Verlag, Berlin, 1977.

DIN 471:2011-04: *Sicherungsringe (Halteringe) für Wellen - Regelausführung und schwere Ausführung.* Beuth-Verlag, Berlin, 2011.

TRGS 528: *Schweißtechnische Arbeiten.* Bundesanstalt für Arbeitsschutz und Arbeitsmedizin (BAuA), 2020.

ISO/TR 581:2005-02: *Schweißbarkeit - Metallische Werkstoffe - Allgemeine Grundlagen.* Beuth-Verlag, Berlin, 2005.

DIN 609:2016-12: *Sechskant-Passschrauben mit langem Gewindezapfen.* Beuth-Verlag, Berlin, 2016.

DS 952: *Vorschrift für das Schweißen metallischer Werkstoffe in Privatwerken (Schweißen an Schienenfahrzeugen).* Deutsche Bundesbahn, 1992.

DIN 962:2013-04: *Schrauben und Muttern - Bezeichnungsangaben, Formen und Ausführungen.* Beuth-Verlag, Berlin, 2013.

DIN EN ISO 1234:1998-02: *Splinte (ISO 1234:1997).* Beuth-Verlag, Berlin, 1998.

DIN 1445:2011-02: *Bolzen mit Kopf und Gewindezapfen.* Beuth-Verlag, Berlin, 2011.

DIN 1469:2012-05: *Passkerbstifte mit Hals.* Beuth-Verlag, Berlin, 2012.

DVS 1612:2014-08: *Gestaltung und Dauerfestigkeitsbewertung von Schweißverbindungen an Stählen im Schienenfahrzeugbau.* Beuth-Verlag, Berlin, 2014.

DIN 1910-100:2008-02: *Schweißen und verwandte Prozesse - Begriffe - Teil 100: Metallschweißprozesse mit Ergänzungen zu DIN EN 14610:2005.* Beuth-Verlag, Berlin, 2008.

DIN EN 1993-1-1:2010-12: *Eurocode 3: Bemessung und Konstruktion von Stahlbauten - Teil 1-1: Allgemeine Bemessungsregeln und Regeln für den Hochbau.* Beuth-Verlag, Berlin, 2010.

DIN EN 1993-1-8:2010-12: *Eurocode 3: Bemessung und Konstruktion von Stahlbauten - Teil 1-8: Bemessung von Anschlüssen.* Beuth-Verlag, Berlin, 2010.

DIN EN 1993-1-8/NA:2020-11: *Nationaler Anhang - National festgelegte Parameter - Eurocode 3: Bemessung und Konstruktion von Stahlbauten - Teil 1-8: Bemessung von Anschlüssen.* Beuth-Verlag, Berlin, 2020.

VDI 2230 Blatt 1:2015-11: *Systematische Berechnung hochbeanspruchter Schraubenverbindungen - Zylindrische Einschraubenverbindungen.* Beuth-Verlag, Berlin, 2015.

DIN 2244:2002-05: *Gewinde - Begriffe und Bestimmungsgrößen für zylindrische Gewinde.* Beuth-Verlag, Berlin, 2002.

ISO 2338:1997-11: *Zylinderstifte aus ungehärtetem Stahl und austenitischem nichtrostendem Stahl.* Beuth-Verlag, Berlin, 1997.

DIN 2413:2020-04: *Nahtlose Stahlrohre für öl- und wasserhydraulische Anlagen - Berechnungsgrundlage für Rohre und Rohrbögen bei schwellender Beanspruchung.* Beuth-Verlag, Berlin, 2020.

DIN EN ISO 2553:2022-07: *Schweißen und verwandte Prozesse - Symbolische Darstellung in Zeichnungen - Schweißverbindungen.* Beuth-Verlag, Berlin, 2022

DIN EN ISO 2560:2021-12: *Schweißzusätze - Umhüllte Stabelektroden zum Lichtbogenhandschweißen von unlegierten Stählen und Feinkornstählen - Einteilung.* Beuth-Verlag, Berlin, 2021.

DIN EN ISO 3834-1:2022-01: *Qualitätsanforderungen für das Schmelzschweißen von metallischen Werkstoffen - Teil 1: Kriterien für die Auswahl der geeigneten Stufe der Qualitätsanforderungen.* Beuth-Verlag, Berlin, 2022.

DIN EN ISO 4014:2022-10: *Verbindungselemente - Sechskantschrauben mit Schaft - Produktklassen A und B.* Beuth-Verlag, Berlin, 2022.

DIN EN ISO 4017:2022-10: *Verbindungselemente - Sechskantschrauben mit Gewinde bis Kopf - Produktklassen A und B.* Beuth-Verlag, Berlin, 2022.

DIN EN ISO 4032:2023-12: *Verbindungselemente - Sechskantmuttern (Typ 1).* Beuth-Verlag, Berlin, 2023.

DIN EN ISO 4063:2023-07: *Schweißen, Hartlöten, Weichlöten und Schneiden - Liste der Prozesse und Ordnungsnummern.* Beuth-Verlag, Berlin, 2023.

DIN 4100:1968-12: *Geschweißte Stahlbauten mit vorwiegend ruhender Belastung; Berechnung und bauliche Durchbildung.* Beuth-Verlag, Berlin, 1968.

DIN EN ISO 5817:2023-07: *Schweißen - Schmelzschweißverbindungen an Stahl, Nickel, Titan und deren Legierungen (ohne Strahlschweißen) - Bewertungsgruppen von Unregelmäßigkeiten.* Beuth-Verlag, Berlin, 2023.

DIN ISO 6410-1:1993-12: *Technische Zeichnungen; Gewinde und Gewindeteile; Allgemeines.* Beuth-Verlag, Berlin, 1993.

ISO 7379:1983-10: *Zylinderkopfschrauben mit Innensechskant und Ansatzschaft.* Beuth-Verlag, Berlin, 1983.

DIN EN ISO 8673:2023-12: *Verbindungselemente - Sechskantmuttern (Typ 1), mit Feingewinde.* Beuth-Verlag, Berlin, 2023.

DIN EN ISO 8676:2022-10: *Verbindungselemente - Sechskantschrauben mit Gewinde bis Kopf und Feingewinde - Produktklassen A und B.* Beuth-Verlag, Berlin, 2022.

DIN EN ISO 8740:1998-03: *Zylinderkerbstifte mit Fase (ISO 8740:1997).* Beuth-Verlag, Berlin, 1998.

DIN EN ISO 8741:1998-03: *Steckkerbstifte (ISO 8741:1997).* Beuth-Verlag, Berlin, 1998.

DIN EN ISO 8742:1998-03: *Knebelkerbstifte mit kurzen Kerben (ISO 8742:1997).* Beuth-Verlag, Berlin, 1998.

DIN EN ISO 8744:1998-03: *Kegelkerbstifte (ISO 8744:1997).* Beuth-Verlag, Berlin, 1998.

DIN EN ISO 8745:1998-03: *Paßkerbstifte (ISO 8745:1997).* Beuth-Verlag, Berlin, 1998.

DIN EN ISO 8746:1998-03: *Halbrundkerbnägel (ISO 8746:1997).* Beuth-Verlag, Berlin, 1998.

DIN EN ISO 8747:1998-03: *Senkkerbnägel (ISO 8747:1997)*. Beuth-Verlag, Berlin, 1998.

ISO 8750:2007-04: *Spiralspannstifte - Regelausführung*. Beuth-Verlag, Berlin, 2007.

ISO 8752:2009-06: *Spannstifte (-hülsen) - Geschlitzt, schwere Ausführung*. Beuth-Verlag, Berlin, 2009.

DIN EN ISO 9692-1:2013-12: *Schweißen und verwandte Prozesse - Arten der Schweißnahtvorbereitung - Teil 1: Lichtbogenhandschweißen, Schutzgasschweißen, Gasschweißen, WIG-Schweißen und Strahlschweißen von Stählen*. Beuth-Verlag, Berlin, 2013.

DIN EN ISO 9692-3:2016-11: *Schweißen und verwandte Prozesse - Arten der Schweißnahtvorbereitung - Teil 3: Metall-Inertgasschweißen und Wolfram-Inertgasschweißen von Aluminium und Aluminiumlegierungen*. Beuth-Verlag, Berlin, 2016.

DIN EN 13001-3-1:2019-03: *Krane - Konstruktion allgemein - Teil 3-1: Grenzzustände und Sicherheitsnachweis von Stahltragwerken*. Beuth-Verlag, Berlin, 2019.

DIN EN 13445-3:2021-12: *Unbefeuerte Druckbehälter - Teil 3: Konstruktion*. Beuth-Verlag, Berlin, 2021.

DIN EN 13480-3:2017-12: *Metallische industrielle Rohrleitungen - Teil 3: Konstruktion und Berechnung*. Beuth-Verlag, Berlin, 2017.

DIN EN ISO 13920:2023-08: *Schweißen - Allgemeintoleranzen für Schweißkonstruktionen - Längen- und Winkelmaße, Form und Lage*. Beuth-Verlag, Berlin, 2023.

DIN 15018-1:1984-11 (zurückgezogen): *Krane; Grundsätze für Stahltragwerke; Berechnung*. Beuth-Verlag, Berlin, 1984.

DIN 15018-3:1984-11: *Krane; Grundsätze für Stahltragwerke; Berechnung von Fahrzeugkranen*. Beuth-Verlag, Berlin, 1984.

DIN EN 20273:1992-02: *Mechanische Verbindungselemente; Durchgangslöcher für Schrauben*. Beuth-Verlag, Berlin, 1992.

DIN EN 22339:1992-10: *Kegelstifte, ungehärtet (ISO 2339:1986)*. Beuth-Verlag, Berlin, 1992.

DIN EN 22340:1992-10: *Bolzen ohne Kopf (ISO 2340:1986)*. Beuth-Verlag, Berlin, 1992.

DIN EN 22341:1992-10: *Bolzen mit Kopf (ISO 2341:1986)*. Beuth-Verlag, Berlin, 1992.

DIN EN 28737:1992-10: *Kegelstifte mit Gewindezapfen, ungehärtet (ISO 8737:1986)*. Beuth-Verlag, Berlin, 1992.

Forschungskuratorium Maschinenbau: *Rechnerischer Festigkeitsnachweis für Maschinenbauteile*, (7. überarbeitete Ausgabe). VDMA-Verlag, Frankfurt am Main, 2020.

Grote, K. H.: *Dubbel: Taschenbuch für den Maschinenbau* . Springer-Verlag Berlin Heidelberg, 23. Auflage, 2012.

Hinzen, H.: *Basiswissen Maschinenelemente.* 2. Auflage, Oldenbourg Wissenschaftsverlag, München, 2014.

TRGS 528: *Schweißtechnische Arbeiten.* Bundesanstalt für Arbeitsschutz und Arbeitsmedizin (BAuA), 2020.

8 Welle-Nabe-Verbindungen

Lernziele:

- Was versteht man unter Nabe und Welle-Nabe-Verbindung?
- Wie können Welle-Nabe-Verbindungen eingeteilt werden?
- Welche Beispiele für stoff- und formschlüssige Welle-Nabe-Verbindungen gibt es?
- Welche Größe ist für die Dimensionierung einer Passfeder- und Keilwellenverbindung maßgeblich und wie wird sie berechnet?
- Welche Arten von kraft- bzw. reibschlüssigen Welle-Nabe-Verbindungen gibt es? Nenne Beispiele.
- Wie wird die max. zulässige Anpresskraft und das max. übertragbare Drehmoment beim axialen Klemmverband bestimmt?
- Wie wird die max. zulässige Vorspannkraft und das max. übertragbare Drehmoment beim radialen Klemmverband berechnet?
- Wie können Spannelemente anhand der Herstellerangaben dimensioniert werden?
- Wie funktionieren zylindrische Pressverbände; welche Arten gibt es?
- Was versteht man unter Übermaß, Nennmaß, Nulllinie, Grundtoleranz, Höchst-/Mindestmaß, Grundabmaße und Grundtoleranzgrad?
- Wie wird die Toleranzlage und -breite von Wellen und Nabe festgelegt?
- Was ist eine Passung, welche Passungsarten und Passsysteme gibt es?
- Wie berechnet sich die Fugenpressung bei zylindrischen Pressverbänden?
- Wie kann bei gegebenen äußeren Lasten eine geeignete Passung und, umgekehrt, bei gegebener Passung die übertragbaren Lasten am zylindrischen Pressverband bestimmt werden?

■

Die Funktion einer Welle besteht in der Leistungsübertragung, vgl. Kapitel 6. Die eingeleitete Leistung P resultiert aus dem eingeleiteten Drehmoment M und der Drehzahl n:

$$P = M \cdot \omega \quad , \quad \omega = 2\pi \cdot f \quad , \quad f = n/60 \,. \tag{8.1}$$

Hierbei steht f für die Frequenz und wird in der SI-Einheit 1/s angegeben. Für die Drehzahl n wird dagegen oftmals die Einheit 1/min oder U/min benutzt.

Das eingeleitete Moment wird an anderer Stelle wieder abgeleitet bzw. abgegriffen, so dass eine Leistungsübertragung durch die Welle im o.g. Sinne stattfindet. Als Teil einer Maschine ist die Welle in eine „Umgebungskonstruktion“ integriert. Von dieser wird das Drehmoment an die Welle „übergeben“, das an anderer Stelle von der Welle an eine weitere Maschinen- oder Anlagenkomponente „weitergereicht“ wird, vgl. Bild 6.6. Damit diese

Übertragung verlustfrei möglich ist, müssen die Bauteile (z.B. Zahnräder, Riemenscheiben, Kettenräder, Hebel, etc.) so mit der Welle verbunden werden, dass im Betrieb kein Rutschen – man sagt auch Schlupf – zwischen Welle und der sog. **Nabe** auftritt.

Definition (Nabe):
Als Nabe bezeichnet man ein Bauteil, dass mit einer Welle oder Achse verbunden ist und sich mit diesen schlupffrei mitdreht.

Um die Momentenübertragung als charakteristisches Merkmal zu verdeutlichen ist es hilfreich, Naben mit Wellenlagerungen zu vergleichen, Bild 8.1. Bei der linken Abbildung ist die drehende Welle in ein Gehäuse integriert, was im illustrierten Fall über Wellenlager, hier Wälzlager, geschieht. Die Welle kann sich frei drehen, wohingegen das Gehäuse fest ist. Folglich wird die Drehung und damit das Drehmoment nicht von den mit der Welle verbundenen Bauteilen (Lager) übertragen. Bei der linken Abbildung ist das auf der Welle sitzende Bauteil (z.B. ein Zahnrad) fest mit der Welle verschweißt. Somit wird die Drehung und das Drehmoment der Welle eins zu eins auf das Bauteil übertragen. Hier liegt folglich eine sog. **Welle-Nabe-Verbindung** vor.

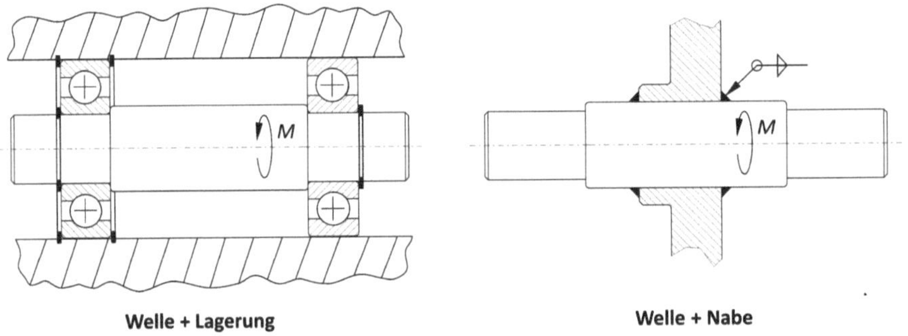

Bild 8.1 Vergleich zwischen Wellenlagerug und Welle-Nabe-Verbindung

Definition (Welle-Nabe-Verbindung):
Welle-Nabe-Verbindungen sind sämtliche Verbindungen zwischen einer Welle und einem Bauteil, die der Momentenübertragung dienen.

Darüber hinaus wird bei Welle-Nabe-Verbindungen zwischen **Fest-** und **Schiebesitz** unterschieden, vgl. Bild 8.2. Beiden gemein ist die Funktion der Momentenübertragung gemäß der o.g. Definition. Allerdings kann sich die Nabe beim Schiebesitz in axialer Richtung bewegen, so dass keine Übertragung von axialen Kräften möglich ist. Demgegenüber ist beim Festsitz die Nabe axial fixiert; dementsprechend können auch axiale Kräfte übertragen werden. Tabelle 8.1 fasst die dargelegten Unterscheidungsmerkmale nochmals zusammen.

Natürlich können die Welle-Nabe-Verbindungen thematisch auch unter den Verbindungstechniken (vgl. vorangegangenes Kapitel) eingegliedert werden. Jedoch nehmen sie einen derart hohen Stellenwert im Maschinenbau ein, weshalb ihnen hier ein separates Kapitel gewidmet ist. Gleichwohl, die thematische Nähe bleibt erhalten und so wundert es auch nicht, dass hier die Einteilung in:

- stoffschlüssige,
- formschlüssige und
- kraft-/reibschlüssige Welle-Nabe-Verbindungen

ebenfalls möglich und gängig ist. Bild 8.3 zeigt dazu einige Beispiele für form-, kraft- und reibschlüssige Lösungen.

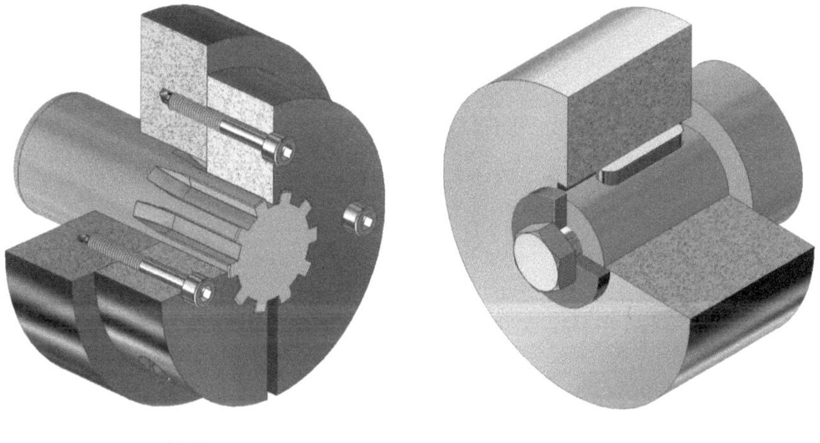

Bild 8.2 Schiebe- und Festsitz am Beispiel einer Keilwellen- und Passfederverbindung

Tabelle 8.1 Gegenüberstellung von Lager und Nabe

Belastung	Lager	Nabe
Drehmoment	wird nicht übertragen	wird übertragen
Axialkraft	a. wird übertragen (Festlager) b. wird nicht übertragen (Loslager)	a. wird übertragen (Festsitz) b. wird nicht übertragen (Schiebesitz)

8.1 Stoffschlüssige Welle-Nabe-Verbindungen

8.1.1 Geklebte Verbindungen

Mithilfe von sog. Welle-Nabe-Klebstoffen (z.B. Loctite®638) können Wellen und Naben heutzutage zuverlässig verklebt werden, vorausgesetzt die verwendete Festigkeitsklasse des Klebstoffs ist passend zu den äußeren Lasten gewählt. Darüber hinaus ist auch darauf

Bild 8.3 Beispiele für Welle-Nabe-Verbindungen: formschlüssig: Foto 2 (Keilverbindung im Getriebe einer Drehmaschine), Foto 3 (Passfeder an der Welle eines Elektromotors); kraft-/reibschlüssig: Foto 1 axialer Klemmverband an der Trennscheibe eines Winkelschleifers), Foto 4: radialer Klemmverband zwischen Scheibenwischerarm und Antriebswelle)

zu achten, dass der Klebstoff zu den Umgebungsbedingungen der Anwendung passt (z.B. hitzebeständig, ölbeständig, wasserfest, etc.).

Geklebte Welle-Nabe-Verbindungen können sowohl Drehmomente M als auch Axialkräfte F_{ax} übertragen. Hierbei ist der Klebstoff auf der zylindrischen Mantelfläche, die sog. **Trennfuge**, zwischen Welle und Nabe aufgetragen und verhindert so eine Relativbewegung zwischen beiden Bauteilen in axialer und Umfangsrichtung.

Bild 8.4 zeigt exemplarisch die Situation einer geklebten Welle-Nabe-Verbindung. Aufgrund von F_{ax} und M bilden sich in der Trennfuge **Schubspannungen** τ_S in axialer Richtung und **Torsionsspannungen** $\tau_{T,max}$ in Umfangsrichtung aus. Für die jeweilige Berechnung gelten die Beziehungen (Vollwelle mit zylindrischer Mantelfläche $A = \pi \cdot d \cdot L$ und polarem Widerstandsmoment $W_{pol} = \frac{\pi d^3}{16}$):

$$\boxed{\tau_S = \frac{F_{ax}}{A} = \frac{F_{ax}}{\pi \cdot d \cdot L}} \tag{8.2}$$

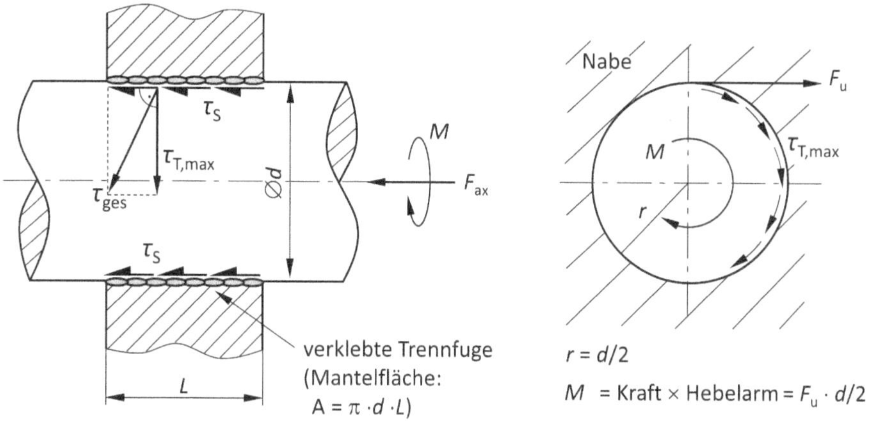

Bild 8.4 Spannungen an einer geklebten Welle-Nabe-Verbindung

und

$$\boxed{\tau_{T,max} = \frac{M}{W_{pol}} = \frac{16 \cdot M}{\pi \cdot d^3}}. \tag{8.3}$$

Im Falle einer Hohlwelle ist die Beziehung $W_{pol} = \frac{\pi(D^4 - d^4)}{16D}$, ($D$: Wellenaußendurchmesser, d: Welleninnendurchmesser) zu verwenden.

Sowohl bei τ_S als auch $\tau_{T,max}$ handelt es sich um eine Tangentialspannung, die allerdings senkrecht zueinander verlaufen, vgl. Bild 8.4. Analog zu den Ausführungen in Abschnitt 7.3.7.5 folgt damit für die resultierende Vergleichsspannung $\sigma_V = \tau_{ges}$:

$$\boxed{\tau_{ges} = \sqrt{\tau_S^2 + \tau_{T,max}^2} \leq \tau_{zul}}. \tag{8.4}$$

Die zulässigen Spannungen richten sich nach den jeweiligen Festigkeitsklassen der Klebstoffe. Als Orientierung gilt:

- geringe Festigkeit: $\tau_{zul} < 8\ \mathrm{N/mm^2}$,
- mittlere Festigkeit: $8\ \mathrm{N/mm^2} \leq \tau_{zul} \leq 12\ \mathrm{N/mm^2}$,
- hohe Festigkeit: $12 < \tau_{zul}$.

Viele am Markt verfügbare, hochfeste Klebstoffe weisen sog. **Scherfestigkeiten** aus, was der o.g. Größe τ_{zul} entspricht. Hier sind bisweilen Werte von 20–35 N/mm^2 (z.B. bei Loctite® 638 oder Loxeal® 83-21) angegeben.

8.1.2 Geschweißte Verbindungen

Die Festigkeitsberechnung von Schweißnähten wurde ausführlich in Kapitel 7 erörtert. Aus diesem Grunde soll hier nur kurz auf die Berechnung im Kontext einer Welle-Nabe-Verbindung eingegangen werden. Alle zuvor diskutierten Aspekte, insbesondere die Gleichungen, können hier eins zu eins angewendet werden.

Beispielhaft für eine geschweißte Welle-Nabe-Verbindung soll hier eine umlaufende Doppelkehlnaht wie in Bild 8.5 untersucht werden.

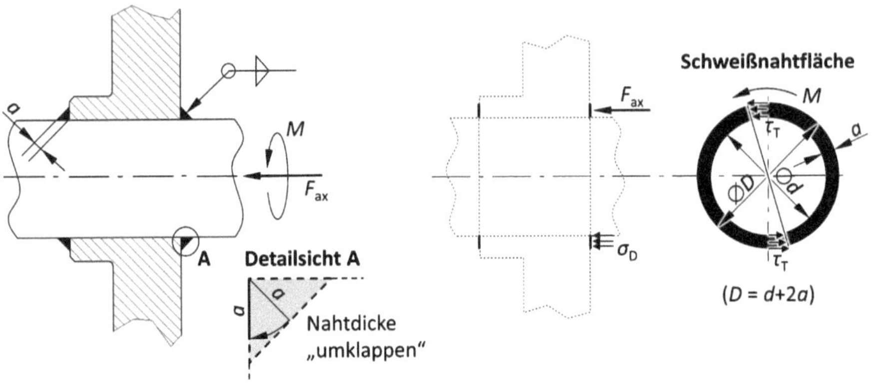

Bild 8.5 Beispiel einer geschweißten Welle-Nabe-Verbindung inklusive der Spannungssituation

Die Schweißfläche A_w ergibt sich bekanntermaßen durch gedankliches Umklappen der Nahtdicke auf einen der beiden Schenkel des Kehlnahtdreiecks. In Bild 8.5 wurde a auf die Nabe gekippt, so dass A_w durch zwei Ringflächen (linke und rechte Kehlnaht) auf der Nabe charakterisiert ist:

$$A_w = \frac{\pi}{4}\left(D^2 - d^2\right) = \pi \cdot a \cdot (d + a) \tag{8.5}$$

mit $D = d+2a$. Für die auftretenden Druck- und Torsionsspannungen gelten die Beziehungen:

$$\boxed{\sigma_\text{D} = \frac{F_\text{ax}}{2A_w} = \frac{F_\text{ax}}{2\pi \cdot a(d+a)}}\,, \tag{8.6}$$

$$\boxed{\tau_\text{T,max} = \frac{M}{W_\text{pol}} = \frac{16M(d+2a)}{\pi \cdot [(d+2a)^4 - d^4]}} \tag{8.7}$$

mit dem polaren Widerstandsmoment einer Kreisringfläche: $W_\text{pol} = \frac{\pi(D^4-d^4)}{16D}$. Da sowohl Normalspannungen σ_D als auch Tangentialspannungen $\tau_\text{T,max}$ vorliegen, ist die Vergleichsspannung

$$\boxed{\sigma_\text{V} = \sqrt{\sigma_\text{D}^2 + \alpha\tau_\text{T,max}^2} \le \sigma_\text{zul}}\,, \tag{8.8}$$

$$\alpha = 1 \text{ (statische Belastung)}\,, \tag{8.9}$$

$$\alpha = 2 \text{ (dynamische Belastung)}\,. \tag{8.10}$$

zu bilden und mit den nahtspezifischen, zulässigen Spannungswerte σ_zul, siehe Bild 7.33, zu vergleichen.

8.2 Formschlüssige Welle-Nabe-Verbindungen

Beim Formschluss werden die Bauteile so verbunden, dass die ineinandergreifenden Geometrieelemente eine Relativbewegung zwischen Welle und Nabe in axialer und/oder Umfangsrichtung verhindern. In diesem Zusammenhang sind die **Passfeder-** und **Keilwellenverbindung** als typische Vertreter einer formschlüssigen Welle-Nabe-Verbindung zu nennen. Beide dienen ausschließlich der Übertragung von Drehmomenten; sie verhindern also eine Relativbewegung der Bauteile in Umfangsrichtung. Zur Übertragung von Längskräften sind zusätzliche konstruktive Maßnahmen vorzusehen, z.B. Sicherungsringe, Wellenabsätze, etc.

8.2.1 Passfeder

Bild 8.6 zeigt die Szenerie einer Passfederverbindung. Dabei muss die durch das Drehmoment M der Welle verursachte Umfangskraft F_u über zwei Kontaktflächen übertragen werden. Die Welle drückt mit der Nutflanke gegen die Passfeder und die Passfeder wiederum drückt mit ihrer Flanke gegen die Nutflanke der Nabe. Auf den beteiligten Flankenflächen wird eine Flächenpressung hervorgerufen:

- Übergang Welle-Passfeder: p_W,
- Übergang Passfeder-Nabe: p_N.

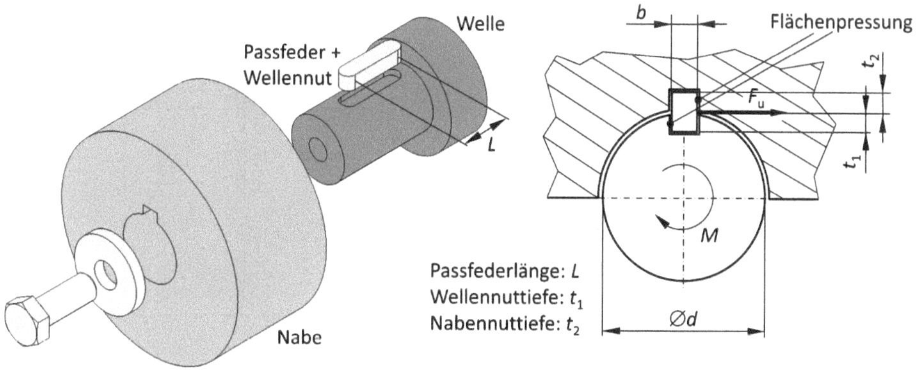

Bild 8.6 Passfeder und Wellennut im Formschluss mit Welle und Nabe

Für die Umfangskraft gilt ($d = r/2$):

$$F_u = \frac{M}{r} = \frac{2M}{d} \,. \tag{8.11}$$

Für die jeweiligen Flächenpressungen (Kraft pro Fläche) ergeben sich die Beziehungen:

$$\boxed{p_W = \frac{F_u}{A_1} = \frac{F_u}{L \cdot t_1 \cdot \varphi} = \frac{2M}{d \cdot L \cdot t_1 \cdot \varphi} \le p_{zul}}\,, \tag{8.12}$$

$$\boxed{p_N = \frac{F_u}{A_2} = \frac{F_u}{L \cdot t_2 \cdot \varphi} = \frac{2M}{d \cdot L \cdot t_2 \cdot \varphi} \le p_{zul}}\,. \tag{8.13}$$

Die sog. **Tragzahl** φ charakterisiert, inwieweit die beteiligten Passfederflächen vollständig an der Wellennut- bzw. Nabennutwand anliegen. Bei Verwendung einer Passfeder kann $\varphi = 1$ angenommen werden. Bei zwei (und mehr) Passfedern gilt $\varphi = 0,75$, da es – aufgrund von Fertigungstoleranzen – nahezu ausgeschlossen ist, dass beide Passfedern gleichzeitig und vollständig mit ihrer vollen Fläche an den Nutwänden anliegen.

Außerdem ist bei den obigen beiden Gleichungen vereinfacht angenommen worden, dass eine konstante Flächenpressung über Nutlänge und -höhe wirkt. Auch bleiben eventuelle Radien und Fasen bei der Berechnung der tragenden Flächen unberücksichtigt. Diese Vereinfachungen decken sich mit den Annahmen der **Berechnungsmethode C** in [DIN 6892]. Deweiteren beachte man, dass an den beiden Kontaktflächen bis zu drei unterschiedliche Werkstoffe, nämlich der Naben-, Passfeder und Wellenwerkstoff, vorliegen. Für die zulässige Flächenpressung in Gleichung 8.12 und Gleichung 8.13 gilt nach der o.g. Methode C:

$$p_{zul} = 0,9 \cdot \min\{R_{e,Nabe}, R_{e,Welle}, R_{e,Passf}\}\,. \tag{8.14}$$

Darüber hinaus zeigt Bild 8.7 die rechnerische Abschätzung von p_{zul} nach **Berechnungsmethode B** in DIN 6892. Diese gilt insbesondere für einseitig wirkende, konstante Drehmomente und in eingeschränktem Umfang auch für wechselnde Drehmomente.

Nabenwerkstoff	zul. Flächenpressung	S_F	S_B	f_s	f_H
Stahl oder GJS	$p_{zul,Nabe} = \frac{f_s \cdot f_H \cdot R_e}{S_F}$	1,1 ... 1,5	---	1,5	1,0 (1,15[1])
	$p_{zul,Welle} = \frac{f_s \cdot f_H \cdot R_e}{S_F}$	1,1 ... 1,5	---	1,2	1,0
	$p_{zul,Passf} = \frac{f_s \cdot f_H \cdot R_e}{S_F}$	1,1 ... 1,5	---	1	1,0
GJL	$p_{zul,Nabe} = \frac{f_s \cdot R_m}{S_B}$	---	1,5 ... 2,0	2,0	---
	$p_{zul,Welle} = \frac{f_s \cdot R_m}{S_B}$	---	1,5 ... 2,0	1,0	---
	$p_{zul,Passf} = \frac{f_s \cdot R_m}{S_B}$	---	1,5 ... 2,0	1,0	---

[1] bei Einsatzstahl (gehärtet)

Bild 8.7 Zulässige Flächenpressung an einer Passfederverbindung, Quelle: [Muhs et al., 2007]

Speziell bei spröden Nabenwerkstoffen (Grauguss mit Lamellengraphit) wird anstelle von R_e die Zugfestigkeit R_m verwendet, da der plastische Verformungsbereich kaum ausgeprägt ist. Gemäß Bild 8.7 werden für jede Passfederverbindung drei zulässige Flächenpressungen ermittelt, von denen der geringste Wert für die Dimensionierung maßgeblich ist.

Für die geometrischen Maße von Passfeder und Nut können die Normabmessungen nach [DIN 6885-1] und [DIN 6885-3] verwendet werden . Bild 8.8 zeigt die Maße beispielhaft für die sog. **Hohe Form**. Dabei ist zu beachten, dass die Passfeder ohne Spiel in der Nut sitzen soll. Für einen festen Sitz gibt die Norm hierzu eine Untermaßtoleranz[1] von P9 für die Wellen- bzw. Nabennutbreite an. Für einen leichten Sitz weist die Norm eine Toleranz von N9 (Wellennutbreite) bzw. JS9 (Nabennutbreite) aus.

Wellendurchmesser	**Passfederbreite**	**Passfederhöhe**	**Wellennuttiefe**	**Nabennuttiefe**
d in mm	b in mm	h in mm	t_1 in mm	t_2 in mm
$6 < d \leq 8$	2	2	1,2	1
$8 < d \leq 10$	3	3	1,8	1,4
$10 < d \leq 12$	4	4	2,5	1,8
$12 < d \leq 17$	5	5	3	2,3
$17 < d \leq 22$	6	6	3,5	2,8
$22 < d \leq 30$	8	7	4	3,3
$30 < d \leq 38$	10	8	5	3,3
$38 < d \leq 44$	12	8	5	3,3
$44 < d \leq 50$	14	9	5,5	3,8
$50 < d \leq 58$	16	10	6	4,3
$58 < d \leq 65$	18	11	7	4,4
$65 < d \leq 75$	20	12	7,5	4,9
$75 < d \leq 85$	22	14	9	5,4

Bild 8.8 Genormte Dimensionen für Passfederverbindungen nach [DIN 6885-1]

8.2.2 Keilwelle

Die Keilwellenverbindung ist durch mehrere in Umfangsrichtung der Welle angeordnete sog. **Keile** charakterisiert, die mit den dazugehörigen Nuten auf der Nabenseite im Eingriff stehen, vgl. Bild 8.9.

Aus dem Drehmoment M resultiert eine in Umfangsrichtung wirkende Kraft F_u, die über die Kontaktflächen (Keil- und Nutflanken) auf die Nabe übertragen wird. Die Keilwelle selbst ist über einen Außen- und Innendurchmesser, D und d, charakterisiert, Bild 8.9. Mit der Annahme, dass die Umfangskraft mittig an den Keilen angreift, folgt die Beziehung:

$$M = F_u \cdot \frac{d_m}{2} \tag{8.15}$$

mit dem mittleren Durchmesser:

$$d_m = \frac{D + d}{2} \,. \tag{8.16}$$

[1] Eine genaue Erörterung des sog. ISO-Toleranzsystem folgt im Abschnitt 8.3.3 über zylindrischen Pressverbände in diesem Kapitel.

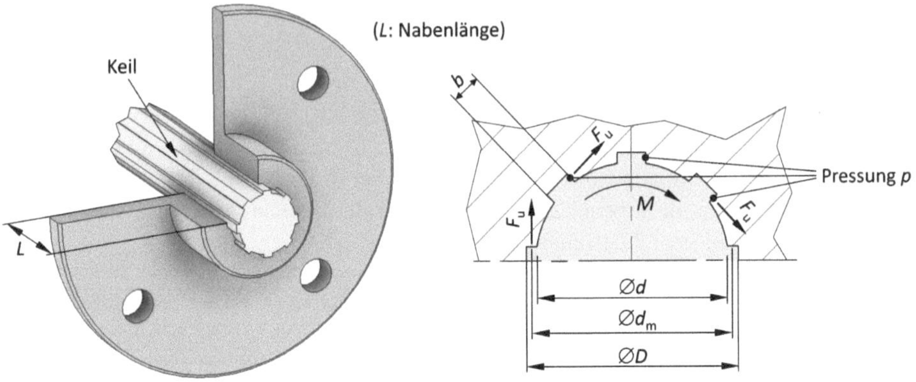

Bild 8.9 Keilwellenverbindung inklusive aller relevanten Größen

Beide Gleichungen ineinander eingesetzt liefert:

$$F_u = \frac{4M}{D+d}. \tag{8.17}$$

Die Kraft F_u wird über Z Kontaktflächen übertragen, wobei Z die Anzahl der Keile repräsentiert. Für eine einzelne Kontaktfläche A gilt (Flankenhöhe × Flankenlänge):

$$A = \left(\frac{D}{2} - \frac{d}{2}\right) \cdot L. \tag{8.18}$$

Für die resultierende Flächenpressung auf den Flanken zwischen Keil (Welle) und Nut (Nabe) kann dann notiert werden:

$$\boxed{p = \frac{F_u}{Z \cdot A \cdot \varphi} = \frac{\frac{4M}{D+d}}{Z \cdot \left(\frac{D}{2} - \frac{d}{2}\right) \cdot L \cdot \varphi} = \frac{8M}{Z \cdot L \cdot \varphi \cdot (D-d)(D+d)} \leq p_{zul}}. \tag{8.19}$$

Auch hier muss berücksichtigt werden, dass durch Fertigungstoleranzen nicht alle Keilflanken gleichzeitig und über ihre gesamte Länge an den Nutflanken anliegen. Das ist technisch ausgeschlossen und wird über den schon bekannten Traganteil $\varphi = 0,75$ in der obigen Gleichung einberechnet.

Die resultierende Flächenpressung muss mit einem zulässigen Wert verglichen werden. Hierzu gibt Bild 8.10 zwei Berechnungsvorschriften, abhängig vom verwendeten Nabenwerkstoff, an. Zu beachten ist, dass speziell bei Schiebesitzen deutlich geringe Werte für p_{zul} im Vergleich zum Festsitz gelten.

Für Keilwellen gelten ebenfalls genormte Abmessungen. Hier wird zwischen der sog. **leichten, mittleren und schweren Reihe** unterschieden [DIN ISO 14, DIN 5464]. Der Unterschied besteht bei gleichem Welleninnendurchmesser d in der Keilgeometrie und -anzahl. Dadurch kann z.B. die schwere Reihe höhere Drehmomente als die mittlere Reihe übertragen; man spricht auch von erhöhter Tragfähigkeit [DIN 5464].

<table>
<tr><th>Nabenwerkstoff</th><th>zulässige Flächenpress.</th><th>s_F</th><th>s_B</th></tr>
<tr><td>**Stahl oder GJS**</td><td></td><td></td><td></td></tr>
<tr><td>- Moment einseitig u. stoßfrei</td><td rowspan="2">$p_{zul} = \frac{R_e}{S_F}$</td><td>1,3 … 1,5[a] | ≥4,5[b] | ≥7,5[c]</td><td>---</td></tr>
<tr><td>- Mom. wechselnd u. stoßbehaftet</td><td>2,7 … 3,6[a] | ≥6,6[b] | ≥9,5[c]</td><td>---</td></tr>
<tr><td>**GJL**</td><td></td><td></td><td></td></tr>
<tr><td>- Moment einseitig u. stoßfrei</td><td rowspan="2">$p_{zul} = \frac{R_m}{S_B}$</td><td>---</td><td>1,7 … 1,8[a] | ≥4,8[b] | ≥13,8[c]</td></tr>
<tr><td>- Mom. wechselnd u. stoßbehaftet</td><td>---</td><td>3,4 … 4,0[a] | ≥7,0[b] | ≥16[c]</td></tr>
</table>

[a]bei Festsitz

[b]bei unbelastet-verschiebbaren Naben (Schiebesitz)

[c]bei belastet-verschiebbaren Naben (Schiebesitz)

Bild 8.10 Zulässige Flächenpressungen für Keilwellenverbindungen, Quelle: [Muhs et al., 2007]

	Leichte Reihe				Mittlere Reihe			
d in mm	Kurzzeichen	Anzahl d. Keile	*D* in mm	*b* in mm	Kurzzeichen	Anzahl d. Keile	*D* in mm	*b* in mm
11					6 x 11 x 14	6	14	3
13					6 x 13 x 16	6	16	3,5
16					6 x 16 x 20	6	20	4
18					6 x 18 x 22	6	22	5
21					6 x 21 x 25	6	25	5
23	6 x 23 x 26	6	26	6	6 x 23 x 28	6	58	6
26	6 x 26 x 30	6	30	6	6 x 26 x 32	6	32	6
28	6 x 28 x 32	6	32	7	6 x 28 x 34	6	34	7
32	8 x 32 x 36	8	36	6	8 x 32 x 38	8	38	6
36	8 x 36 x 40	8	40	7	8 x 36 x 42	8	42	7
42	8 x 42 x 46	8	46	8	8 x 42 x 48	8	48	8
46	8 x 46 x 50	8	50	9	8 x 46 x 54	8	54	9
52	8 x 52 x 58	8	58	10	8 x 52 x 60	8	60	10
56	8 x 56 x 62	8	62	10	8 x 56 x 65	8	65	10
62	8 x 62 x 68	8	68	12	8 x 62 x 72	8	72	12
72	10 x 72 x 78	10	78	12	10 x 72 x 82	10	82	12
82	10 x 82 x 88	10	88	12	10 x 82 x 92	10	92	12
92	10 x 92 x 98	10	98	14	10 x 92 x 102	10	102	14
102	10 x 102 x 108	10	108	16	10 x 102 x 112	10	112	16
112	10 x 112 x 120	10	120	18	10 x 112 x 125	10	125	18

Bild 8.11 Genormte Dimensionen für Keilwellenverbindungen nach [DIN ISO 14]

Übung 28 (Passfederverbindung):
Eine Nabe ist formschlüssig durch eine Passfeder der Länge $L = 30$ (ohne Rundungen) mit einer Welle vom Durchmesser $d = 42$ mm verbunden. Die zulässige Flächenpressung soll an allen Kontaktflächen $p_{zul} = 50$ N/mm^2 betragen. Wie groß ist das

maximal übertragbare Drehmoment M_{max}, wenn eine Passfeder nach DIN 6885-1 verwendet wird?

Lösung:
Gemäß Bild 8.8 gelten folgende Maße für die Wellen- und Nabennuttiefe:

$$t_1 = 5\,\text{mm (Wellennut)}\,, \tag{8.20}$$

$$t_2 = 3{,}3\,\text{mm (Nabennut)}\,. \tag{8.21}$$

Für die wellenseitige Flächenpressung kann mit Gleichung 8.12 notiert werden:

$$p_{max} = \frac{2M_{W,max}}{d \cdot L \cdot t_1 \cdot \varphi} \tag{8.22}$$

und für das wellenseitige max. mögliche Drehmoment:

$$M_{W,max} = \frac{1}{2} \cdot p_{max} \cdot d \cdot L \cdot t_1 \cdot \varphi\,. \tag{8.23}$$

In gleicher Weise gilt für die nabenseitige max. Drehmoment mit Gleichung 8.13:

$$M_{N,max} = \frac{1}{2} \cdot p_{max} \cdot d \cdot L \cdot t_2 \cdot \varphi\,. \tag{8.24}$$

Da $t_2 < t_1$ gilt, resultiert nabenseitig ein geringeres max. Drehmoment ($M_{N,max} < M_{W,max}$). Dieses ist maßgeblich für die gesamte Welle-Nabe-Verbindung, da andernfalls die zulässige Flächenpressung an der Nabe überschritten wird. Mit einem Traganteil $\varphi = 1$ folgt schließlich:

$$M_{max} = M_{N,max} = \frac{1}{2} \cdot p_{max} \cdot d \cdot L \cdot t_2 = 103950\,\text{Nmm} = 103{,}95\,\text{Nm}\,. \tag{8.25}$$

■

Übung 29 (Keilwellenverbindung):
Nun soll eine Keilwelle der mittleren Reihe nach DIN ISO 14 mit einem Innendurchmesser von d = 42 mm verwendet werden. Die Nabe soll eine Länge von L = 40 mm aufweisen. Die zulässige Flächenpressung an den Kontaktflächen beträgt, wie schon in der vorangegangenen Übung, p_{zul} = 50 N/mm^2. Wie groß ist jetzt das max. übertragbare Drehmoment?

Lösung:
Aus Bild 8.11 können folgende Daten entnommen werden:

$$D = 48\,\text{mm}\,, \tag{8.26}$$

$$Z = 8\,. \tag{8.27}$$

Mit einem Traganteil vo $\varphi = 0{,}75$ folgt aus Gleichung 8.19 für das max. übertragbare Drehmoment:

$$M_{max} = \frac{p_{max}}{8} \cdot Z \cdot L \cdot (D-d) \cdot (D+d) = 810\,\text{Nm}\,. \tag{8.28}$$

■

8.3 Kraft- bzw. reibschlüssige Welle-Nabe-Verbindungen

Bei den kraft- bzw. reibschlüssigen Verbindungen werden Welle und Nabe miteinander verklemmt, aufeinander gedrückt, gegeneinander verspannt oder ineinander gepresst. Dadurch entsteht auf den Fügeflächen Flächenpressung, die wiederum (Haft-)reibung verursacht. Zur Übertragung von Drehmomenten und/oder Axialkräften wird also die Coulombsche Reibung ausgenutzt.

Generell werden drei Arten unterschieden:

1) **Klemmverbände**: Durch von außen eingeleitete Kräfte wird die Nabe auf bzw. gegen die Welle gedrückt. Die notwendige Haftreibung wird durch die auf die Kontaktfläche wirkenden Normalkräfte verursacht.
2) **Spannverbände**: Hierbei werden zusätzliche Konstruktionselementen zwischen Welle und Nabe gebracht (Ausnahme: Schrumpfscheibe). Diese Elemente können in ihrer radialen Ausdehnung verändert werden, so dass die Welle und Nabe gegeneinander verspannt werden.
3) **Pressverbände**: Vor bzw. während der Montage werden Welle und/oder Nabe im Kontaktbereich i.d.R. elastisch verformt. Durch die Rückstellkräfte werden die Kontaktflächen aufeinander gepresst, wodurch der Reibschluss entsteht.

Eine weitere Unterteilung der Verbände kann anhand der Form der Kontaktfläche und der daraus resultierenden Richtung der Normalkräfte vorgenommen werden:

a) ebene Kontaktfläche; Welle und Nabe werden in axialer Richtung aufeinander gedrückt
b) zylindrische/kegelige Kontaktfläche; Welle und Nabe werden i.w. in radialer Richtung aufeinander gedrückt.

Bild 8.12 zeigt einige konstruktive Beispiele gemäß der o.g. Arten und Einteilungen. Die aus der Flächenpressung resultierende Reibung spielt dabei eine zentrale Rolle, um die Drehmomente bzw. Axialkräfte zwischen Welle und Nabe möglichst verlustfrei zu übertragen. In Bild 8.13 sind verschiedene, gemessene Reibungsbeiwerte für ausgewählte Pressverbände angegeben, die als Richtwerte zur Quantifizierung der Haftreibung benutzt werden können [DIN 7190-1].

Im Folgenden sollen nun einige ausgewählte Verbände im Detail behandelt werden.

8.3.1 Klemmverbände

8.3.1.1 Axialer Klemmverband

Zur Vergegenwärtigung der Szenerie zeigt Bild 8.14 (oben) zwei Möglichkeiten, wie die Nabe in axialer Richtung mit der Welle verklemmt wird. Diese Situationen können als repräsentativ für axiale Klemmverbände aufgefasst werden, wobei entweder eine zentrale Schraube oder mehrere, um den Umfang verteilte Schrauben zum Einsatz kommen. Die Flächenpressung p, verursacht durch die Vorspannkraft[2] F_V der Schraube(n), tritt hierbei auf der Kreisringfläche mit dem Außendurchmesser d_a und dem Innendurchmesser d_i auf.

[2] F_V entspricht F_{ax} in Abschnitt 7.4.

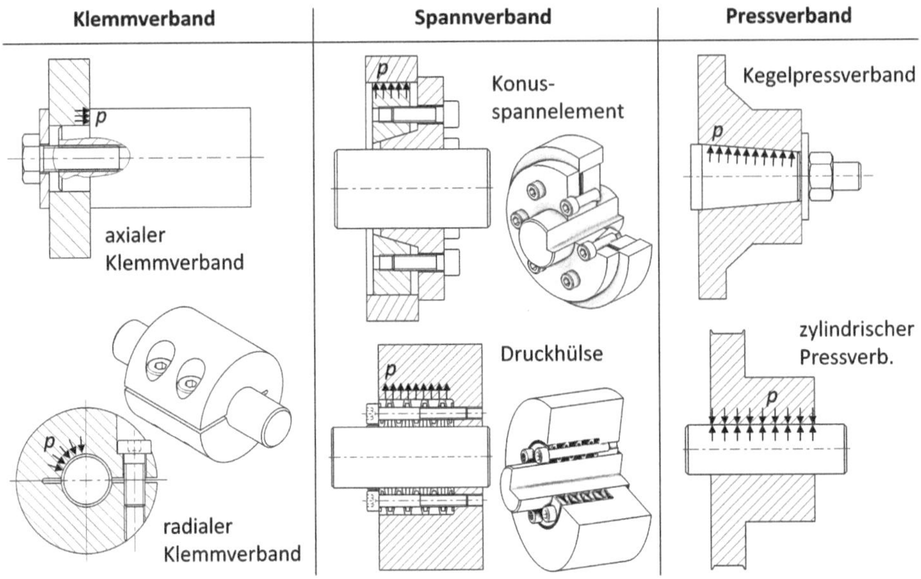

Bild 8.12 Beispiele für kraft-/reibschlüssige Welle-Nabe-Verbindungen

Für die Dimensionierung ergeben sich drei wesentliche Fragestellungen:

1) Ist die Flächenpressung auf der Kontakfläche zulässig? Wie groß ist die maximal zulässige Anpresskraft?
2) Wie groß ist das maximale Drehmoment, das rutschfrei (also ohne Schlupf) übertragen werden kann?
3) Ist die für das maximal übertragbare Drehmoment notwendige Vorspannkraft in Bezug auf die verwendete Schraube zulässig?

1) Flächenpressung und maximale Anpresskraft

Ausgangspunkt ist die von außen aufgebrachte axiale Vorspannkraft, die sich auf der ringförmigen Anpressfläche A verteilt. Hier gilt:

$$p = \frac{F_\text{p}}{A} \quad \text{mit} \quad A = \pi(r_a^2 - r_i^2) \tag{8.29}$$

und $r_{a/i} = d_{a/i}/2$. Für die maximal zulässige Anpresskraft folgt dann:

$$\boxed{F_\text{p,max} = p_\text{zul} \cdot A}\,. \tag{8.30}$$

Die zulässigen Werte für die Flächenpressung hängen von der Werkstoffpaarung von Welle und Nabe ab und können wie folgt angegeben werden:

$$p_\text{zul} = \begin{cases} \frac{R_\text{m,Nabe}}{S}, & S = 2...3, \text{ für Stahlwelle und Grauguss-Nabe} \\ \frac{R_\text{e,min}}{S}, & S = 1...3, \text{ für Stahlwelle und Stahlnabe} \end{cases} \tag{8.31}$$

wobei S die Sicherheit repräsentiert und $R_\text{e,min} = \min\{R_\text{e,Welle}; R_\text{e,Nabe}\}$ den kleineren der beiden Streckgrenzen von Welle und Nabe beschreibt. Der limitierende Faktor ist also p_zul,

Werte für Längspressverbände

Nabenwerkstoff*	Haftreibungsbeiwerte** μ_0	
	trocken	geschmiert
E335	0,08	0,07
S235JR	0,09	0,06
GE300	0,08	0,07
EN-GJL-250	0,11	0,05
EN-GJS-600-3	0,09	0,05

*Wellenwerkstoff: X210CrW12 (nichtrostender Werkzeugstahl)

**bzgl. Rutschen in Längsrichtung

Werte für Querpressverbände

Werkstoffpaarung	Haftreibungsbeiwerte* μ_0
Stahl-Stahl	
Druckölverband normal gefügt mit Mineralöl	0,12
Druckölverband mit entfetteten Flächen und mit Glycerin gefügt	0,18
Stahl-Gusseisen	
Druckölverband normal gefügt mit Mineralöl	0,10
Druckölverband mit entfetteten Flächen und mit Glycerin gefügt	0,16
Stahl-MgAl (trocken)	0,10 ... 0,15
Stahl-CuZn (trocken)	0,17 ... 0,25

*bzgl. Rutschen in Längs- und Umfangsrichtung

Bild 8.13 Reibungsbeiwerte für verschiedene zylindrische Pressverbände [DIN 7190-1]

die zuerst anhand der Werkstoffe zu bestimmen ist. Zusammen mit dem errechneten Flächeninhalt A der Anpressfläche folgt dann die maximal mögliche Anpresskraft $F_{\mathrm{p,max}}$.

2) Maximal übertragbares Drehmoment

Mit der maximal möglichen Anpresskraft stellt sich unmittelbar die Frage nach dem resultierenden maximal möglichen Drehmoment, dass mit $F_{\mathrm{p,max}}$ übertragen werden kann.

Zur Beantwortung der Fragestellung ist zunächst festzustellen, dass die Anpresskraft Haftreibung auf der Ringfläche hervorruft, die einer möglichen Rutschbewegung der Nabe auf der Welle entgegenwirkt. Da die Rutschbewegung eine Kreisbewegung darstellt, wird die Reibkraft F_{R} tangential der Bahngeschwindigkeit bzw. der aus dem Drehmoment resultierenden Umfangskraft F_{u} entgegenwirken. Bild 8.15 verdeutlicht die erörterte Kraftkonstellation.

Nun soll eine unendlich dünne Ringfläche $\mathrm{d}A = 2\pi r \cdot \mathrm{d}r$ (= Umfang × Dicke) mit der Dicke $\mathrm{d}r$ an der Position $r \in [r_i, r_a]$ betrachtet werden. Auf dieser differentiellen Fläche wirkt eine differentielle Reibkraft $\mathrm{d}F_{\mathrm{R}}$, die – multipliziert mit dem zugehörigen Hebelarm r – ein differentielles Drehmoment:

$$\mathrm{d}M = r \cdot \mathrm{d}F_{\mathrm{R}} = r \cdot \mu \cdot \mathrm{d}F_{\mathrm{N}} = r \cdot \mu \cdot p \cdot \mathrm{d}A = r \cdot \mu \cdot p \cdot (2\pi \cdot r \cdot \mathrm{d}r) \tag{8.32}$$

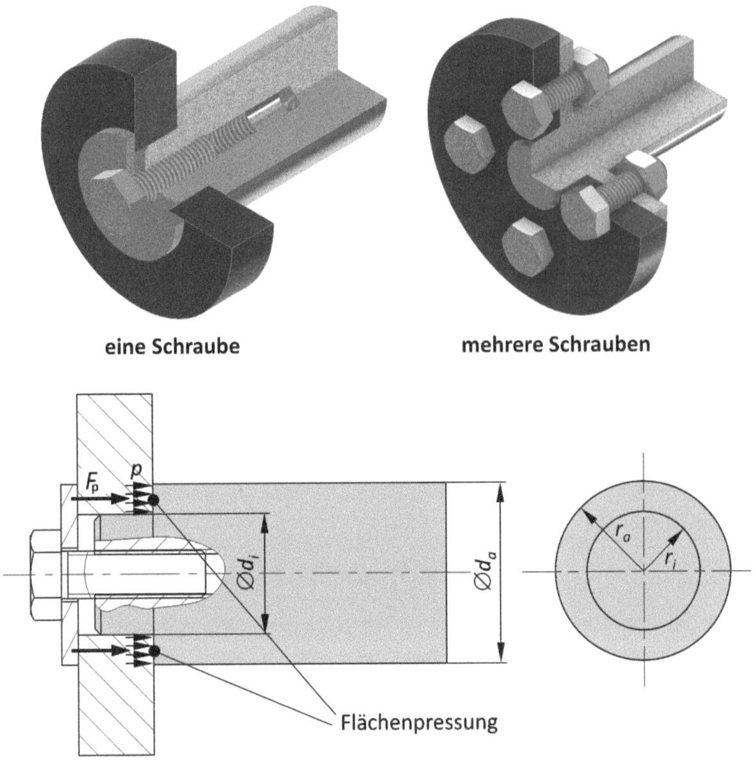

Bild 8.14 Axialer Klemmverband

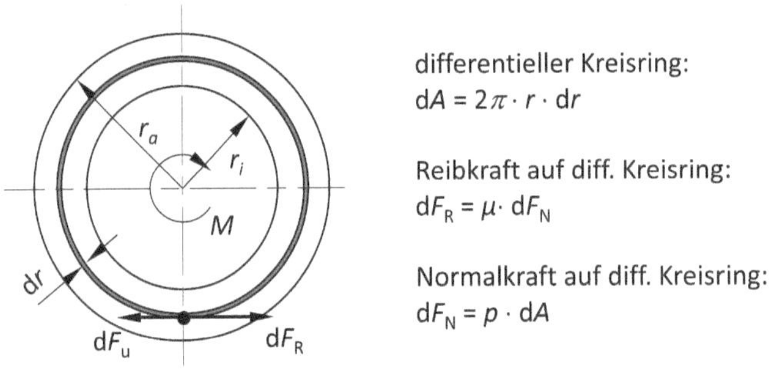

Bild 8.15 Differentielle Betrachtung einer Kreisringfläche am axialen Klemmverband

übertragen kann. Die auf der Fläche senkrecht stehende Normalkraft $\mathrm{d}F_\mathrm{N}$ resultiert aus der Flächenpressung p multipliziert mit dem differentiellen Flächeninhalt $\mathrm{d}A$. Die zum differentiellen Kreisring gehörige Reibkraft $\mathrm{d}F_\mathrm{R} = \mu \cdot \mathrm{d}F_\mathrm{N}$ folgt aus dem Coloumbschen Gesetz.

Das gesamte, übertragbare Drehmoment folgt dann aus der Integration (differentielles Aufsummieren) der $\mathrm{d}M$'s aller differentiellen Kreisringe von r_i bis r_a, also:

$$M = \int \mathrm{d}M = 2\pi\mu p \int_{r_i}^{r_a} r^2 \mathrm{d}r = 2\pi\mu p \cdot \left[\frac{r^3}{3}\right]_{r_i}^{r_a} = \frac{2}{3}\pi\mu p \left(r_a^3 - r_i^3\right) . \qquad (8.33)$$

Setzt man anstelle von p die maximal zulässige Flächenpressung p_{zul} ein, dann ergibt sich das maximal übertragbare Drehmoment

$$\boxed{M_{\text{max}} = \frac{2}{3}\pi\mu p_{\text{zul}}\left(r_a^3 - r_i^3\right)} \tag{8.34}$$

mit den in Gleichung 8.31 definierten zulässigen Werten für p_{zul}.

Oft findet man in der Literatur auch einen Zusammenhang zwischen M_{max} und dem unter Punkt 1) hergeleitetem $F_{\text{p,max}}$. Mit Gleichung 8.30 und $A = \pi(r_a^2 - r_i^2)$ kann folgende Beziehung hergeleitet werden:

$$\boxed{M_{\text{max}} = \mu F_{\text{p,max}} \cdot r_m} \tag{8.35}$$

mit dem „gemittelten Radius“:

$$r_m := \frac{2}{3}\left(\frac{r_a^3 - r_i^3}{r_a^2 - r_i^2}\right). \tag{8.36}$$

Gleichung 8.35 ist insofern einprägsam, da sie das Drehmoment als Produkt aus maximal wirkende Reibkraft ($\mu F_{\text{ax,max}}$) und Hebelarm (r_m) darstellt.

3) Spannungen in der Schraube

Bis jetzt wurde das max. übertragbare Drehmoment anhand der max. zulässigen Anpresskraft festgelegt, die wiederum aus der zulässigen Flächenpressung für die jeweils vorliegende Werkstoffpaarung errechnet wurde. Es wurde also nur darauf geachtet, dass keine Schädigungen durch zu hohe Pressung auf der Kontaktfläche entstehen.

Jenseits dieses Aspektes ist zusätzlich zu prüfen, ob die max. zulässige Anpresskraft $F_{\text{p,max}}$, die durch die Vorspannkraft in der Schraube bzw. den Schrauben repräsentiert wird, nicht zum Versagen der Schraube selbst führt. Betrachtet man allgemein eine axiale Klemmverbindung mit i Schrauben, dann muss für die zulässige, axiale Vorspannkraft pro Schraube $F_{\text{V,zul}}^{(i)}$ gelten:

$$F_{\text{p,max}} \leq F_{\text{V,zul}}^{(i)} \cdot i \tag{8.37}$$

bzw.

$$\frac{F_{\text{p,max}}}{i} \leq F_{\text{V,zul}}^{(i)}. \tag{8.38}$$

Nun ist $F_{\text{V,zul}}^{(i)}$ nicht ohne weiteres explizit bestimmbar. Es resultiert implizit aus folgender Vorgehensweise:

a) Man nehme $F_{\text{V,i}} = \frac{F_{\text{p,max}}}{i}$ und berechne nach Gleichung 7.119 das zugehörige Anziehmoment

$$M_{\text{anz}} = F_{\text{V,i}} \cdot \frac{d_2}{2}\tan(\varphi + \rho^*) \tag{8.39}$$

für die Schraube.

b) Mithilfe des Anziehmoments können die resultierenden Zug- und Torsionsspannungen, nämlich:

$$\sigma_Z = \frac{F_{V,i}}{A_s}, \tag{8.40}$$

$$\tau_T = \frac{M_{anz}}{W_{pol}} \tag{8.41}$$

in der Schraube berechnet werden. Hierbei kennzeichnet $A_s = \frac{\pi d_s^2}{4}$ den Spannungsquerschnitt (vgl. z.B. Tabelle 7.3) und $W_{pol} = \frac{\pi}{16} d_s^3$ steht für das polare Widerstandsmoment des Vollkreises des Schraubengrundkörpers.

c) Aus beiden Spannungen kann die Vergleichsspannung berechnet werden, die mit der Streckgrenze der Schraube, bekannt durch die Festigkeitsklasse, verglichen wird:

$$\sigma_V = \sqrt{\sigma_Z^2 + 3\tau_T^2} \le R_e^{Schraube}. \tag{8.42}$$

Falls die Vergleichsspannung größer als die Streckgenze ist und sofern das Drehmoment nicht reduziert werden kann, muss eine andere Schraube (höhere Festigkeitsklasse, größerer Durchmesser) oder eine größere Schraubenanzahl i gewählt werden.

8.3.1.2 Radialer Klemmverband

Beim radialen Klemmverband wird die Welle in der Nabe „eingeklemmt", indem die zylindrischen Mantelfläche der Welle und die zylindrischen Innenfläche der Nabenbohrung aufeinander gepresst werden. Zwei typische Konstruktionen zeigt Bild 8.16. Demnach kann die Nabe geteilt, bestehend aus zwei Halbschalen (Abbildung links), oder geschlitzt ausgeführt sein (Abbildung rechts). Dabei ist die Nabenbohrung so ausgeführt, dass sich am Anfang der Montage – also bei eingelegter Welle, aber Schrauben noch nicht angezogen – ein Spalt zwischen oberer und unterer Schale einstellt. Durch Anziehen der Schrauben schließt sich der Spalt und beide Halbschalen werden gegen die Mantelfläche der Welle gedrückt.

Mit Blick auf die Dimensionierung können drei Fragestellungen formuliert werden:

1) Wie verteilt sich die Flächenpressung p in Umfangsrichtung? Wo ist die kritische Stelle, an der p maximal ist und p_{zul} nicht überschreiten darf?
2) Welches maximales Drehmoment M_{max} kann durch den Klemmverband übertragen werden, so dass p_{zul} an keinem Punkt der Kontaktfläche überschritten wird?
3) Welche Vorspannkraft F_V ist notwendig, damit M_{max} übertragen werden kann?

1) Flächenpressung

Zunächst soll stellvertretend für eine radiale Verklemmverbindung die zweigeteilte Nabe nach Bild 8.17 betrachtet werden.

Bild 8.17 (links) zeigt als Reaktion auf die Vorspannkräfte F_V eine Gegenpresskraft F_p die hier zentral bei 12 Uhr eingezeichnet wurde. Betrachtet man nur die obere Halbschale (für die untere gilt aufgrund der Symmetrie die gleiche Argumentation), dann resultiert F_p aus der Flächenpressung p, die allerdings in Umfangsrichtung variiert, Bild 8.17 (rechts). Insbesondere bei 12 Uhr wird die Nabe senkrecht auf die Wellenoberfläche gedrückt, wohingegen sich bei 3 bzw. 9 Uhr die Nabe tangential zur Wellenoberfläche bewegt; die Nabenoberfläche gleitet gewissermaßen an der Wellenoberfläche vorbei. Für die Flächenpressung

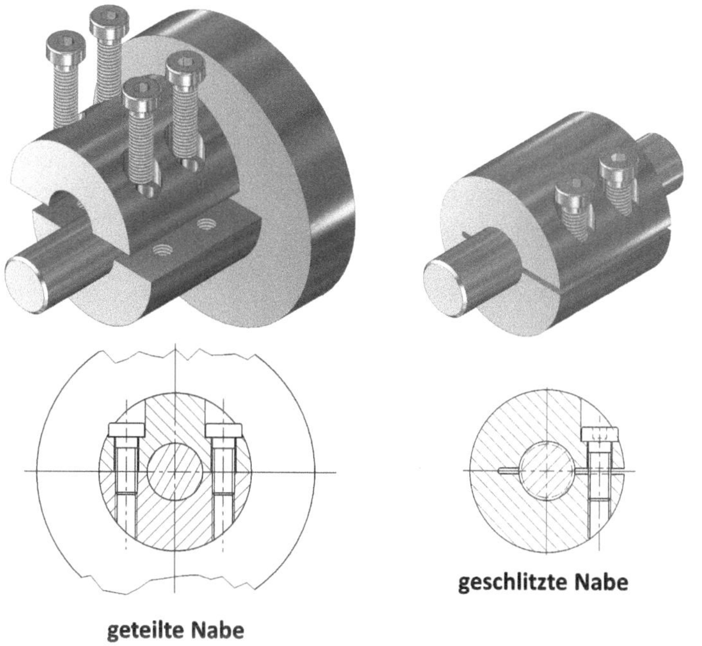

Bild 8.16 Beispiele für radiale Klemmverbände (geteilte und geschlitzte Nabe)

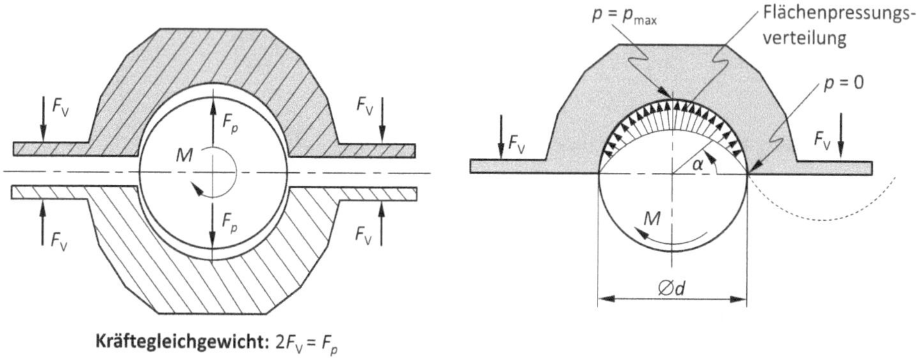

Bild 8.17 Flächenpressung am radialen Klemmverband

kann so geschlussfolgert werden:

$$p = \begin{cases} 0 & , \text{ für } \alpha = 0 \\ p_{max} & , \text{ für } \alpha = 90° \end{cases} \tag{8.43}$$

Zwischen $\alpha = 0°$ und $\alpha = 90°$ wird p kontinuierlich von $p = 0$ bis $p = p_{max}$ zunehmen. Zwischen $\alpha = 90°$ und $\alpha = 180°$ wird p dann bis auf $p = 0$ abnehmen. Eine Funktion, die diese Randbedingungen erfüllt ist (vgl. Bild 8.17, rechts):

$$p = p_{max} \cdot \sin\alpha \tag{8.44}$$

Somit kann bei $\alpha = 90°$ bzw. $\alpha = 270°$ die kritische Stelle mit der größten Flächenpressung $p = p_{\max}$ identifiziert werden.

2) Maximal übertragbares Drehmoment

Zur Beantwortung dieser Fragestellung soll eingangs Bild 8.18 betrachtet werden. Hierbei soll die Nabe die Länge (Tiefe) L aufweisen. Ferner gilt für ein differentielles Flächenelement an der Oberfläche der Halbschale:

$$\mathrm{d}A = L \cdot \frac{d}{2} \cdot \mathrm{d}\alpha \tag{8.45}$$

und weiter für die aus der Flächenpressung p an der Winkelposition α resultierende Normalkraft:

$$\mathrm{d}F_\mathrm{N} = p \cdot \mathrm{d}A\,. \tag{8.46}$$

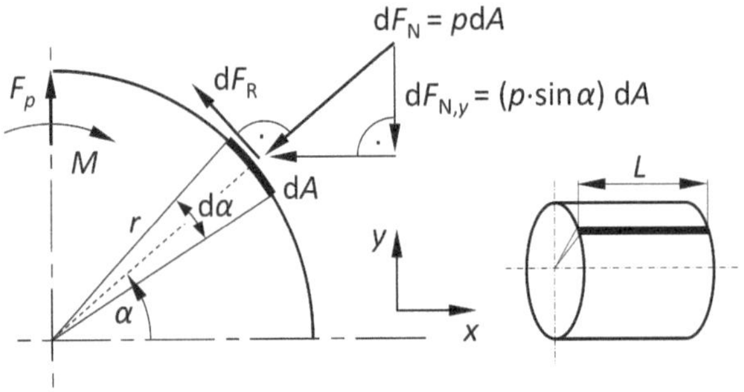

Bild 8.18 Differentielle Betrachtung der Kraftkonstellation am radialen Klemmverband

Außerdem bewirkt die Normalkraft eine Reibkraft, die der möglichen tangentialen Bahnbewegung durch das Moment M (hier im Uhzeigersinn) entgegenwirkt:

$$\mathrm{d}F_\mathrm{R} = \mu \cdot \mathrm{d}F_\mathrm{N}\,. \tag{8.47}$$

Das durch das Flächenelement $\mathrm{d}A$ übertragbare Drehmoment ergibt sich aus der wirkenden Reibkraft mal dem Hebelarm $r = \frac{d}{2}$, sprich:

$$\mathrm{d}M = r \cdot \mathrm{d}F_\mathrm{R} = \frac{d}{2} \cdot \mathrm{d}F_\mathrm{R} = \frac{d}{2} \cdot \mu \cdot \mathrm{d}F_\mathrm{N} = \frac{d}{2} \cdot \mu \cdot p \cdot \mathrm{d}A = \frac{d}{2} \cdot \mu \cdot p \cdot L \cdot \frac{d}{2} \cdot \mathrm{d}\alpha \tag{8.48}$$

Das gesamte übertragbare Drehmoment M folgt durch Integration aller $\mathrm{d}M$'s auf der zylindrischen Mantelfläche. Dazu wird aus Symmetriegründen nur über die obere Halbschale, d.h. von $\alpha = 0$ bis $\alpha = \pi$, integriert und anschließend das Ergebnis verdoppelt. Mit Gleichung 8.48 folgt:

$$M = 2\int \mathrm{d}M = \int_0^\pi \left(\frac{d^2}{2}\mu L p\right)\mathrm{d}\alpha = \int_0^\pi \left(\frac{d^2}{2}\mu L p_{\max} \sin\alpha\right)\mathrm{d}\alpha\,. \tag{8.49}$$

Die Größen d^2, μ, L und $p_{\max}$ ändern sich nicht auf dem Integrationsgebiet und können vor das Integral gezogen werden. Verbleibt die Integration $\int_0^\pi \sin\alpha \mathrm{d}\alpha = [-\cos\alpha]_0^\pi = 2$. So resultiert die Beziehung:

$$M = \mu p_{\max} d^2 L\,. \tag{8.50}$$

Das maximal übertragbare Drehmoment $M_{\max}$ ergibt sich, sofern $p_{\max}$ vollständig ausgereizt wird, sprich $p_{\max} = p_{\mathrm{zul}}$, also:

$$\boxed{M_{\max} = \mu p_{\mathrm{zul}} d^2 L}\,. \tag{8.51}$$

Entsprechende Werte für p_{zul} können nach Gleichung 8.31 berechnet werden.

3) Vorspannkraft

Die in Bild 8.17 (links) dargestellte Vorspannkraft F_{V} wird über i Schraubenpaare (links und rechts der Halbschale) eingeleitet, was zu der Reaktionskraft F_p führt. Mithilfe des Kräftegleichgewichts an der oberen Halbschale in vertikaler Richtung folgt:

$$F_p = 2F_{\mathrm{V}} \quad \text{(1 Schraubenpaar)}\,, \tag{8.52}$$

$$F_p = 2F_{\mathrm{V}} \cdot i \quad (i \text{ Schraubenpaare})\,. \tag{8.53}$$

Die aus der Flächenpressung p resultierende Normalkraft $\mathrm{d}F_{\mathrm{N}} = p\mathrm{d}A$ kann gemäß Bild 8.18 in eine x- und y-Komponente zerlegt werden. Insbesondere die Kraftkomponente in y-Richtung, $\mathrm{d}F_{\mathrm{N},y} = (p\sin\alpha)\mathrm{d}A$, muss – aufintegriert für alle Flächenelemente der oberen Halbschale mit F_p im Gleichgewicht stehen. Dies führt zu der Beziehung (für i Schraubenpaare):

$$\sum F_y = 0 \quad \Rightarrow \quad F_p = 2F_{\mathrm{V}} \cdot i = \int \mathrm{d}F_{\mathrm{N},y} = \int (p\sin\alpha)\mathrm{d}A\,. \tag{8.54}$$

Setzt man analog zu Gleichung 8.48 $\mathrm{d}A = \frac{d}{2} L\mathrm{d}\alpha$ und außerdem $p = p_{\max}\sin\alpha$ in Gleichung 8.54 ein, dann ergibt sich:

$$F_p = \int_0^\pi (p_{\max}\sin\alpha)\cdot\sin\alpha\cdot L\frac{d}{2}\mathrm{d}\alpha = p_{\max} L \frac{d}{2}\int_0^\pi \sin^2\alpha\mathrm{d}\alpha = p_{\max} L\frac{d}{2}\cdot\frac{\pi}{2}\,. \tag{8.55}$$

Auch hier sind die Größen $p_{\max}$, L und d konstant und können vor das Integral gezogen werden. Das Integral selbst kann mithilfe der partiellen Integration (vgl. grauer Kasten) berechnet werden, nämlich $\int_0^\pi \sin^2\alpha\mathrm{d}\alpha = \frac{\pi}{2}$.

Für die Vorspannkraft kann dann mit Gleichung 8.53 notiert werden:

$$F_{\mathrm{V}} = \frac{p_{\max} L d\pi}{8i}\,. \tag{8.56}$$

Die maximal zulässige Vorspannkraft folgt, wie schon in Gleichung 8.51, durch die Ersetzung $p_{\max} = p_{\mathrm{zul}}$, nämlich:

$$\boxed{F_{\mathrm{V,max}} = \frac{p_{\mathrm{zul}} L d\pi}{8i}}\,. \tag{8.57}$$

Exkurs (partielle Integration):
Die partielle Integration kann als Rechenregel zur Bestimmung eines Integrals bestehend aus dem Produkt einer Funktionen $u(x)$ und der Ableitung einer anderen Funktion $v'(x) = \frac{dv(x)}{dx}$ aufgefasst werden. Dabei gilt folgende Rechenvorschrift:

$$\int_a^b u(x) \cdot v'(x) dx = [u(x)v(x)]_a^b - \int_a^b u'(x) \cdot v(x) dx . \tag{8.58}$$

Für das Integral $\int_0^\pi (\sin^2 \alpha) d\alpha = \int_0^\pi (\sin\alpha \cdot \sin\alpha) d\alpha$ folgt dann mit den Zuordnungen $\sin\alpha = u$ und $\sin\alpha = v'$:

$$\int_0^\pi \left(\sin^2 \alpha\right) d\alpha = -[sin\alpha \cdot \cos\alpha]_0^\pi + \int_0^\pi \left(\cos^2 \alpha\right) d\alpha . \tag{8.59}$$

Mithilfe des Satzes von Pythagoras gilt am Einheitskreis $\sin^2\alpha + \cos^2\alpha = 1$. Damit kann weiter umgeformt werden:

$$\int_0^\pi \left(\sin^2 \alpha\right) d\alpha = -[sin\alpha \cdot \cos\alpha]_0^\pi + \int_0^\pi \left(1 - \sin^2 \alpha\right) d\alpha . \tag{8.60}$$

Ferner ist $\sin\pi = \sin 0 = 0$, so dass der erste Term der rechten Seite verschwindet. Außerdem kann das Integral der rechten Seite für beide Summanden separat ausgewertet werden. Speziell für den ersten Summand kann geschrieben werden: $\int_0^\pi 1 d\alpha = [\alpha]_0^\pi = \pi$. Somit folgt weiter:

$$\int_0^\pi \left(\sin^2 \alpha\right) d\alpha = \pi - \int_0^\pi \left(\sin^2 \alpha\right) d\alpha . \tag{8.61}$$

und weiter umgeformt:

$$\int_0^\pi \left(\sin^2 \alpha\right) d\alpha = \frac{\pi}{2} . \tag{8.62}$$

■

Abschließend verbleibt die Frage, ob die maximal zulässige Vorspannkraft $F_{V,max}$ (zulässig im Sinne der radialen Flächenpressung) auch für die Schraube zulässig ist. Hier kann die gleiche Strategie wie unter Punkt (3) der axialen Klemmverbände angewendet werden, d.h.

- berechne M_{anz} mithilfe von $F_{V,max}$,
- bestimme Zug- und Torsionsspannungen, σ_Z und τ_T, im Schraubengrundkörper,
- ermittle die Vergleichsspannung σ_V und vergleiche sie mit der Streckgrenze hinsichtlich $\sigma_V < R_e$.

Sofern die Vergleichsspannung die Streckgrenze der Schraube übersteigt, sind konstruktive Maßnahmen zu treffen, um $\sigma_V < R_e$ zu gewährleisten. Dies kann z.B. bedeuten:

- größere Schraube oder Schraube mit höherer Festigkeitsklasse,
- Reduktion von $F_{V,max}$ durch Erhöhung der Anzahl der Schraubenpaare i gemäß Gleichung 8.57. Hierbei sinkt $F_{V,max}$, F_p und M_{max} bleiben jedoch unverändert.

Anmerkung zur geschlitzten Nabe

Nun soll kurz auf den radialen Klemmverband mit einer geschlitzten Nabe (oft auch Klemmring genannt) eingegangen werden. Dazu betrachte man Bild 8.19, in der vereinfacht angenommen werden soll, dass die ungeschlitzte (linke) Seite ein Gelenk darstellt. Durch Anziehen der Schraube wird eine Vorspannkraft F_V aufgebracht, die so den rechten Schlitz schließt.

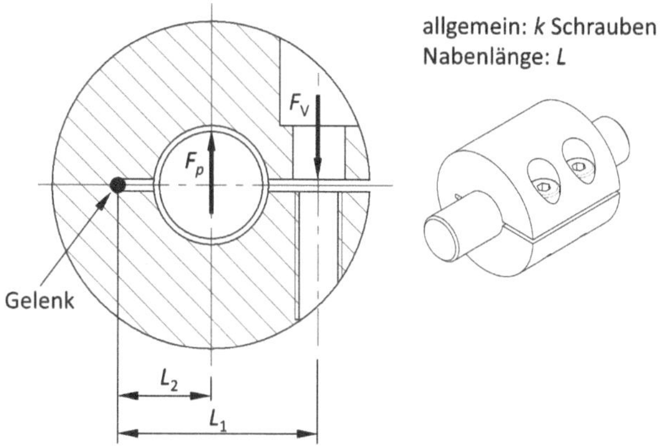

Bild 8.19 Geschlitzte Nabe und Darstellung der Hebelarme

Betrachtet man im Bild 8.19 allgemein k Schrauben, wobei jede die Vorspannkraft F_V verursacht, dann ergibt das Momentengleichgewicht im Gelenk:

$$F_p \cdot L_2 - k \cdot F_V \cdot L_1 = 0\,. \tag{8.63}$$

Ferner gilt mit Gleichung 8.55 der Zusammenhang:

$$F_p = \frac{\pi}{4} p_{\max} L \cdot d\,. \tag{8.64}$$

Es resultiert für die Vorspannkraft:

$$F_p = \frac{L_1}{L_2} \cdot k \cdot F_V \quad \Rightarrow \quad F_V = \frac{L_2 \pi}{4kL_1} \cdot p_{\max} \cdot L \cdot d\,. \tag{8.65}$$

Auch hier ergibt sich $F_{V,\max}$, indem $p_{\max}$ durch p_{zul} ersetzt wird.

Übung 30 (radiale Klemmverbindung – Wellenkupplung):
Die in der nachstehenden Abbildung gezeigte Wellenkupplung verbindet zwei Wellen. Dabei ist die Nabe (obere und untere Halbschale) mit der Welle radial verklemmt. Die dafür notwendige Vorspannkraft wird über drei Schrauben eingeleitet. Man beachte, dass zwischen den verklemmten Wellenteilen ein Spalt von insgesamt 4 mm vorliegt. Das Drehmoment M wird auf der einen Seite in die Wellen eingeleitet und über die Halbschalen auf die andere Welle übertragen. Dabei soll weder die linke Welle, noch die rechte Welle in der Nabe rutschen. Als Reibungsbeiwert zwischen Welle und Nabe kann $\mu = 0{,}08$ angenommen werden.

a) Wie groß sind $F_{V,\max}$ und $M_{\max}$, wenn als zulässige Flächenpressung ein Wert von $p_{zul} = 45\ \text{N/mm}^2$ gegeben ist?
b) Nun sollen die Wellen als auch die Halbschalen aus E355J2 gefertigt werden. Weiter soll ein Drehmoment von $M = 750$ Nm übertragen werden. Welche Flächenpressung stellt sich ein? Ist p gemäß Gleichung 8.31 zulässig?

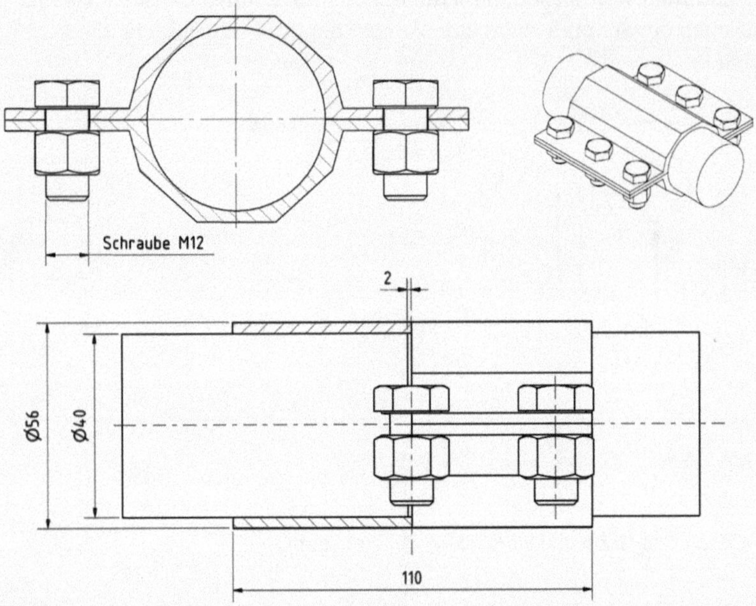

Lösung:
Hierzu ist anzumerken, dass beide Wellenenden – jede für sich – nicht in der Nabe rutschen dürfen. Es ist daher ausreichend, die Betrachtungen auf einer Seite, d.h. für ein Wellenende, durchzuführen. Beide Klemmverbindungen müssen das volle Drehmoment rutschfrei übertragen können.

a) Da p_{zul} gegeben ist, können Gleichung 8.51 und Gleichung 8.57 direkt angewendet werden. Dabei gelten folgende Maße nach der obigen Abbildung: $i = 3$ (Schraubenpaare), $L = 110/2$ mm - 2 mm = 53 mm und $d = 40$ mm. Es ergibt sich:

$$M = 305{,}3\,\text{Nm}\,, \tag{8.66}$$

$$F_{V,max} = 12{,}5\,\text{KN}\,. \tag{8.67}$$

b) Nun ist M vorgegeben und nach p gefragt. Durch Umstellen von Gleichung 8.50 folgt:

$$p_{max} = \frac{M}{\mu d^2 L} = 116\,\text{N/mm}^2\,. \tag{8.68}$$

Für den Werkstoff E355J2 gilt eine Streckgrenze von $R_e = 355$ N/mm². Mit Gleichung 8.31 gilt für die zulässige Flächenpressung $p_{zul} = R_e / S$. Wird ein Wert von von $S = 3$ gewählt, so resultiert:

$$p_{zul} = 118\,\text{N/mm}^2\,. \tag{8.69}$$

Damit ist die errechnete Flächenpressung zulässig.

Übung 31 (axiale Klemmverbindung – Sägeblatt):

Das Sägeblatt einer Kreissäge wird über einen axialen Klemmverband auf der Welle fixiert. Dazu wird es mithilfe einer Aufsatzscheibe und einer Flanschmutter M14 gegen einen Wellenflansch gedrückt. Die dazu notwendige Anpresskraft wird über die Mutter eingeleitet. Die konstruktive Situation inklusive der relevanten Maße zeigt die nachstehende Abbildung.

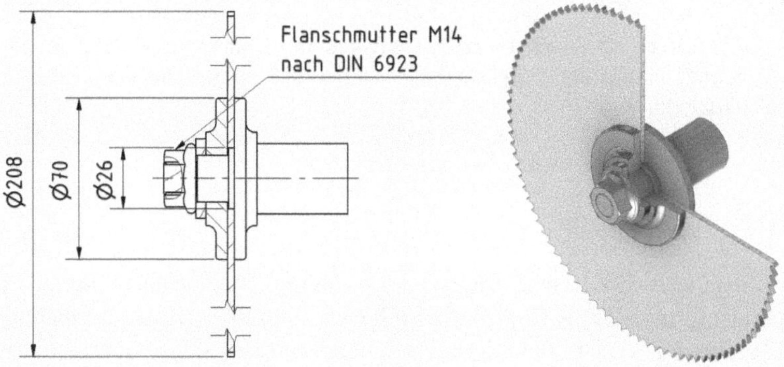

Die Kreissäge soll eine Nennleistung von $P = 3{,}6$ KW und eine Nenndrehzahl von $n = 3800$ 1/min besitzen. Ferner kann ein Reibungskoeffizient zwischen den Klemmflächen von $\mu_{\text{Klemm}} = 0{,}09$ angenommen werden.

a) Wie groß ist das zu übertragende Nenndrehmoment M?
b) Wie groß ist der für M relevante Hebelarm?
c) Welche Anpresskraft ist zur Übertragung von M notwendig?
d) Die Welle (inklusive Schraubengewinde) ist aus dem Vergütungsstahl C35 mit einer Streckgrenze von $R_e = 350$ MPa gefertigt. Berechne die Zugspannungen im Gewindegrundkörper und beurteile sie (da die Mutter drehbar auf dem Gewinde sitzt, sollen die eingeleiteten Torsionsspannungen hier vernachlässigt werden).

Lösung:

a) Für die Winkelgeschwindigkeit ergibt sich aus der Nenndrehzahl (Umrechnung in 1/s):

$$\omega = 2\pi \frac{n}{60} = 398\,\text{s}^{-1} \tag{8.70}$$

Aus der Nennleistung und -drehzahl kann direkt das Drehmoment M über die Beziehung:

$$M = \frac{P}{\omega} = 9\,\text{Nm} \tag{8.71}$$

berechnet werden.

b) Gemäß der Gleichung Gleichung 8.35 und Gleichung 8.36 ist ein mittlerer Radius:

$$r_m := \frac{2}{3}\left(\frac{r_a^3 - r_i^3}{r_a^2 - r_i^2}\right) = 25{,}7\,\text{mm} \tag{8.72}$$

zu bestimmen. Hierzu sind die in der Zeichnung angegebenen Durchmesser $d_i = 26$ mm und $d_a = 70$ mm für die Berechnung von $r_i = d_i/2$ und $r_a = d_a/2$ der kreisringförmigen Kontaktfläche heranzuziehen.

c) Für die Anpresskraft resultiert aus Gleichung 8.35:

$$F_p = \frac{M}{\mu \cdot r_m} = 3914\,\text{N}. \tag{8.73}$$

d) Da es sich um ein metrisches M14 Gewinde handelt, kann $A_s = 115\ \text{mm}^2$ aus Tabelle 7.3 entnommen werden. Für die Zugspannungen im Gewindegrundkörper ergibt sich dann:

$$\sigma_Z = \frac{F_{ax}}{A_s} = 34\ \text{N/mm}^2\,. \qquad (8.74)$$

Mit Blick auf die Streckgrenze des verwendeten Stahlwerkstoffs können die resultierenden Zugspannungen als unkritisch beurteilt werden; sie liegen um den Faktor 10 unterhalb von R_e.

■

8.3.2 Spannverbände

Die Auswahl an konstruktiven Lösungen, um Welle und Nabe gegeneinander (radial) zu verspannen ist sehr vielfältig. Daher verwundert es auch nicht, dass zahlreiche Produkte am Markt existieren, die als „Katalogware“ in nahezu allen Dimensionen erhältlich sind. Trotz der großen Vielfalt lassen sich die Spannverbände in vier Gruppen einteilen:

a. **Spannelement(e)**, Bild 8.20 (erste Reihe): Hierbei handelt es sich um zwei übereinanderliegende Ringe, wobei der Innenring eine konusförmige Außenfläche und der Außenring eine konusförmige Innenfläche besitzt. Beide Ringe werden zwischen Welle und Nabe platziert und im Zuge der Montage gegeneinander axial verschoben. Dadurch schieben sich die konusförmigen Flächen zunehmend übereinander, es kommt zur radialen Ausdehnung, so dass der Außenring gegen die Nabe und der Innenring gegen die Welle drückt.

b. **Spannsätze**, Bild 8.20 (zweite Reihe): Das Wirkprinzip dieser Produktgruppe ist gleich zu den Spannelementen, nur dass hier die gesamte Baugruppe und nicht die einzelnen Ringe betrachtet werden. Man unterscheidet Außenspannsätze (Schrumpfscheiben) und Konus-Doppelspannsätze. Beim Ersteren sitzt der Spannsatz auf einem „dünnen“ ringförmigen Nabenvorsprung, der vom Spannsatz gegen die Welle gedrückt wird. Der Doppelspannsatz sitzt dagegen zwischen Welle und Nabe. Durch Übereinanderschieben der Konuselemente kommt es zur Verkeilung des Spannsatzes, der sich außen an die Nabe und innen an die Welle anpresst.

c. **Druckhülsen und Sternscheiben**, Bild 8.20 (dritte Reihe): Diese Konstruktionen zeichnen sich durch einen mäanderförmingen Verlauf der Hülsenwand (in Längsrichtung) bzw. der Scheiben-Ringfläche (in Umfangsrichtung) aus. Dabei sind die Flanken der Hülsenwand bzw. die Ober- und Unterseite der Scheibe winklig ausgeführt. Nach dem Platzieren der Hülse bzw. Scheibe(n) zwischen Welle und Nabe und dem Einleiten der Vorspannkräfte richten sich die Flanken auf und es kommt zu einer radialen Ausdehnung, was wiederum zur gewünschten Verspannung führt.

d. **Hydraulische Spannbuchsen** (ohne Abbildung): Hierbei handelt es sich um eine doppelwandige Stahlbuchse, dessen Hohlraum mit einem inkompressiblen Hydraulikfluid befüllt ist und die zwischen Welle und Nabe platziert wird. Außerdem ist die Buchse mit einem, aufgesetzten verschiebbaren Kolben ausgestattet, der durch das Anziehen der Schrauben in den Hohlraum eindringt und das Fluid zum radialen Ausweichen zwingt. Dadurch kommt es zur Aufweitung der Buchse, die so außen gegen die Nabe und innen gegen die Welle drückt und beide gegeneinander verspannt.

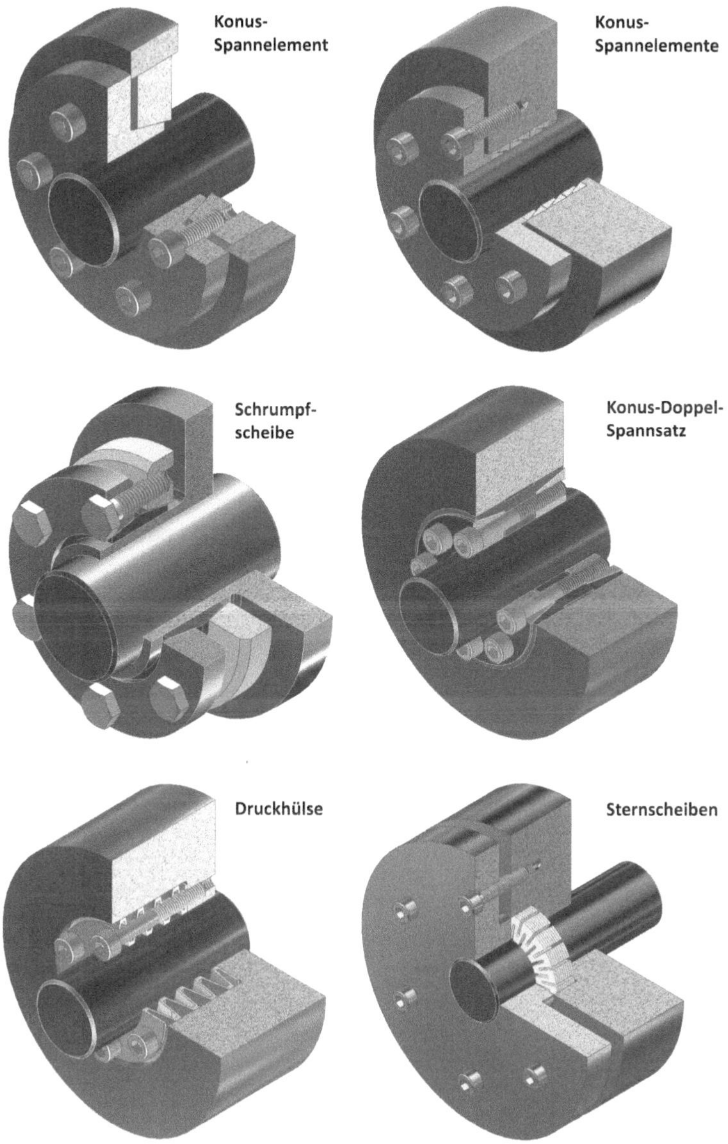

Bild 8.20 Beispiele für Spannverbände (Auswahl)

8.3.2.1 Beispiel: Spannelemente

Grundsätzlich ist zu empfehlen, auf ein Standardprodukt, dass in den Katalogen der jeweiligen Hersteller angeboten wird, zurückzugreifen. Mit Blick auf Einkaufskosten und Verfügbarkeit ist dies oftmals die betriebswirtschaftlich beste Option. Darüber hinaus geben die Hersteller in ihren Katalogen alle notwendigen Daten an, die für den Entwicklungsingenieur zur Dimensionierung relevant sind, insbesondere:

- übertragbares Drehmoment M und/oder übertragbare Axialkraft F_{ax},

- das für M und F_{ax} notwendige Schrauben-Montagemoment $M_{ges,mont}$,
- die daraus resultierende naben- und wellenseitige Flächenpressung p_N und p_W.

Bild 8.21 zeigt einen Auszug aus dem Katalog der Fa. RINGSPANN® für das Konus- Spannelement RLK-110. In den Spalten 14–17 finden sich die o.g. relevanten Daten zu M, F_{ax}, p_N und p_W. Zu beachten ist, dass das angegebene übertragbare Drehmoment M nur für $F_{ax} = 0$ N und umgekehrt die übertragbare Axialkraft F_{ax} nur für $M = 0$ Nm gilt. Ist sowohl eine Axialkraft und ein Drehmoment gleichzeitig zu übertragen, dann reduzieren sich die angegebenen übertragbaren Werte von M und F_{ax} auf M_{red} und F_{red}. Dabei gelten die im Katalog angegebenen Beziehungen:

$$M_{red} = \sqrt{M^2 - \left(\frac{d}{2} \cdot F_{geg}\right)^2} \quad \text{(bei vorgegebener Axialkraft } F_{geg}\text{)}\,, \tag{8.75}$$

$$F_{red} = \frac{2}{d}\sqrt{M^2 - M_{geg}^2} \quad \text{(bei vorgegebenem Drehmoment } M_{geg}\text{)}\,, \tag{8.76}$$

wobei d den Wellendurchmesser darstellt. Weiter gibt der Hersteller Hinweise zur Mindest-Nabenbreite N_{min} und zum Mindest-Nabenaußendurchmesser K_{min}, und zwar für drei verschiedene Nabenwerkstoffe, repräsentiert durch drei unterschiedlichen Streckgrenzen. Auch die Schrauben-Montagemomente $M_{ges,mont}$ (im Katalog M_S) und die resultierende Flächenpressung an der Nabe und Welle, p_N und p_W, sind angegeben. Außerdem finden sich im Katalog konstruktive Vorgaben zur Oberflächenrauheit der Pressflächen (R_z = 10 µm–25 µm) und zu den Toleranzen der Nabenbohrung (H8) und des Wellendurchmessers (h8).

In ähnlicher Weise sind auch Katalogdaten zu Spannelementen verfügbar, z.B. bei der Fa. Ringfeder® für das Produkt RfN 8006, vgl. Bild 8.22. Dabei ist **(a)** die Anzahl der Spann-Elementpaare, **(b)** die Ringgeometrie (geschlitzt vs. ungeschlitzt) sowie **(c)** die Anzahl, Größe und Festigkeitsklasse der Schrauben durch den Konstrukteur entsprechend der zu übertragenden Kräfte und Momente festzulegen.

Ausgangspunkt der Verwendung der Katalogdaten in Bild 8.22 ist die angegebene **Spannkraft** F_A (Zeile 7/8), die in der Regel über Schrauben eingeleitet wird und dazu führt das beide Ringe übereinander geschoben werden. Dabei gelten folgende Beziehungen:

$$F_A = F_{A'} + F_0 \quad , \quad \text{(ungeschlitzte Ringe)} \tag{8.77}$$

$$F_A = F_{A'} \quad \text{(geschlitzte Ringe)}\,. \tag{8.78}$$

Zu beachten ist, dass die Spannelemente zwischen Welle und Nabe montiert werden, so dass ein Einbauspiel notwendig ist, das zuerst mit der eingeleiteten Spannkraft und dem zunehmenden Übereinanderschieben der Ringe überwunden werden muss, bevor wellen- und nabenseitige Flächenpressung aufgebaut wird. Insbesondere bei den ungeschlitzten Ringen ist hierzu eine zusätzliche Kraft F_0 vonnöten, da das Übereinanderschieben der Ringe mit einer radialen Verformung der Ringe verbunden ist.

Wird die Spannkraft über i Schrauben aufgebracht, so muss jede Schraube eine Vorspannkraft von:

$$F_{V,i} = \frac{F_A}{i} \tag{8.79}$$

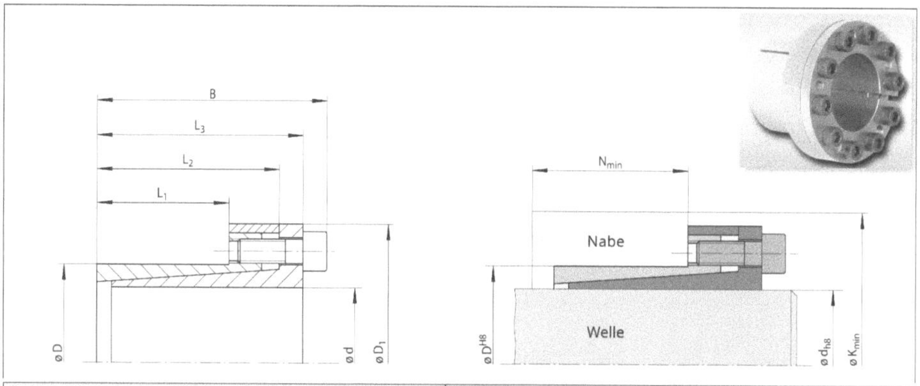

Abmessungen													Technische Daten									Materialnummer
Größe							Streckgrenze R_e des Nabenwerkstoffes [N/mm²] 200		320		500		Übertragbares Drehmoment bzw. Axialkraft		Flächenpressung an Welle	Flächenpressung an Nabe	Spannschrauben Anziehdrehmoment	Spannschrauben Anzahl	Spannschrauben Größe	Spannschrauben Länge	Gewicht	
d	D	D_1	B	L_1	L_2	L_3	K_{min}	N_{min}	K_{min}	N_{min}	K_{min}	N_{min}	M	F	P_W	P_N	M_S					
mm	mm	mm	mm	mm	mm	mm	mm	mm	mm	mm	mm	mm	Nm	kN	N/mm²	N/mm²	Nm			mm	kg	
6	14	25	24	10	19	21	33	15	23	13	19	12	17	5,8	255	110	2,1	4	M 3	10	0,1	4206-006001-000000
8	15	27	29	12	22	25	38	18	26	15	21	14	31	7,8	216	115	5,1	3	M 4	10	0,1	4206-008001-000000
9	16	28	30	14	23	26	45	22	29	18	23	16	47	10	219	123	5,1	4	M 4	10	0,1	4206-009001-000000
10	16	29	30	14	23	26	45	22	29	18	23	16	52	10	197	123	5,1	4	M 4	10	0,2	4206-010001-000000
11	18	32	30	14	23	26	43	21	30	17	25	16	57	10	179	110	5,1	4	M 4	10	0,2	4206-011001-000000
12	18	32	30	14	23	26	43	21	30	17	25	16	62	10	164	110	5,1	4	M 4	10	0,2	4206-012001-000000
14	23	38	30	14	23	26	42	19	33	17	29	16	73	10	141	86	5,1	4	M 4	10	0,2	4206-014001-000000
15	24	44	42	16	29	36	84	31	52	23	38	20	180	24	261	164	17,4	4	M 6	18	0,2	4206-015001-000000
16	24	44	42	16	29	36	84	31	52	23	38	20	190	24	245	164	17,4	4	M 6	18	0,3	4206-016001-000000
17	26	47	44	18	31	38	75	31	49	24	38	21	200	24	205	134	17,4	4	M 6	18	0,3	4206-017001-000000
18	26	47	44	18	31	38	75	31	49	24	38	21	210	24	194	134	17,4	4	M 6	18	0,3	4206-018001-000000
19	27	48	44	18	31	38	73	30	49	24	39	21	220	24	184	129	17,4	4	M 6	18	0,3	4206-019001-000000
20	28	49	44	18	31	38	72	29	49	24	40	21	240	24	174	125	17,4	4	M 6	18	0,3	4206-020001-000000
22	32	54	51	25	38	45	58	32	45	29	40	27	260	24	114	79	17,4	4	M 6	18	0,3	4206-022001-000000
24	34	56	51	25	38	45	59	32	47	29	42	27	280	24	105	74	17,4	4	M 6	18	0,3	4206-024001-000000
25	34	56	51	25	38	45	59	32	47	29	42	27	300	24	101	74	17,4	4	M 6	18	0,3	4206-025001-000000
28	39	61	51	25	38	45	80	36	60	31	51	28	500	35	135	97	17,4	6	M 6	18	0,4	4206-028001-000000
30	41	62	51	25	38	45	80	35	61	30	53	28	530	35	126	92	17,4	6	M 6	18	0,4	4206-030001-000000
32	43	65	51	25	38	45	100	40	71	32	59	29	760	47	157	117	17,4	8	M 6	18	0,5	4206-032001-000000
35	47	69	56	30	43	50	90	41	69	36	60	34	830	47	120	89	17,4	8	M 6	18	0,5	4206-035001-000000

Bild 8.21 Auszug aus dem Katalog der Fa. RINGSPANN® (mit freundlicher Genehmigung)

in sich tragen. Dabei darf $F_{V,i}$ nicht zu einer Vergleichsspannungen im Schraubengrundkörper führen, die größer als die Streckgrenze $R_e^{(Schr)}$ der Schraube ist. Es muss also gelten:

$$F_{V,i} \leq F_{V,zul}\,. \tag{8.80}$$

Die Größe $F_{V,zul}$ bzw. das dazugehörige Montagemoment $M^{(zul)}_{ges,mont}$ gemäß Gleichung 7.123 kann abhängig von Schraubengröße und Festigkeitsklasse für festgewählte Reibungsbeiwerte μ und μ_K berechnet werden, vgl. folgenden grauen Kasten. Bild 8.23 zeigt die entsprechenden Werte für die Reibungsbeiwerte $\mu = \mu_K = 0,12$.

Exkurs (zulässige Vorspannkräfte und Montagemomente für Schrauben):

Im Abschnitt 7.4.5 bestand das Vorgehen darin, bei gegebener Axialkraft F_{ax} (= F_V, Vorspannkraft in der Schraube) die Zug-, Torsions- und Vergleichsspannungen in der Schraube zu berechnen und mit der Streckgrenze, definiert durch die Festigkeitsklasse der Schraube, zu vergleichen. Dabei galten folgende Gleichungen:

$$\sigma_Z = \frac{F_V}{A_s}\,, \tag{8.81}$$

$$\tau_T = \frac{M_{anz}}{W_{pol}}\,, \tag{8.82}$$

$$\sigma_V = \sqrt{\sigma_Z^2 + 3\tau_T^2} \leq R_e^{(Schr)} \tag{8.83}$$

mit den Beziehungen für Spannungsquerschnitt, Spannungsdurchmesser und polares Widerstandsmoment des den zylindrischen Schraubengrundkörper:

$$A_s = \frac{\pi d_s^2}{4} \quad , \quad d_s = \frac{d_2 + d_3}{2} \quad , \quad W_{pol} = \frac{\pi d_s^3}{16}\,. \tag{8.84}$$

Ferner galt für das Schraubenanziehmoment bzw. für das Gesamt-Montagemoment:

$$M_{anz} = F_V \cdot \frac{d_2}{2} \tan(\varphi + \rho^*)\,, \tag{8.85}$$

$$M_{ges,mont} = F_V \cdot \frac{d_2}{2} \tan(\varphi + \rho^*) + \mu_K \cdot F_V \cdot r_K\,. \tag{8.86}$$

Setzt man all diese Beziehungen in Gleichung 8.83 ein, dann folgt:

$$\sigma_V = \sqrt{\left(\frac{F_V}{A_s}\right)^2 + 3\left(\frac{16}{\pi d_s^3}\right)^2 \cdot \left[F_V \cdot \frac{d_2}{2} \tan(\varphi + \rho^*)\right]^2} \leq R_e^{(Schr)} \tag{8.87}$$

bzw. für den Grenzfall:

$$R_e^{(Schr)} = \sqrt{\left(\frac{F_{V,zul}}{A_s}\right)^2 + 3\left(\frac{16}{\pi d_s^3}\right)^2 \cdot \left[F_{V,zul} \cdot \frac{d_2}{2} \tan(\varphi + \rho^*)\right]^2}\,. \tag{8.88}$$

Die letzte Gleichung definiert die zulässige Vorspannkraft $F_{V,zul}$, die durch Umstellen der Gleichung berechnet werden kann. Ist $F_{V,zul}$ bestimmt, dann kann direkt mit Gleichung 8.86 $M_{ges,mont}^{(zul)}$ bestimmt werden, vgl Bild 8.23. Hierzu müssen allerdings die Reibungskoeffizienten μ (zur Berechnung von ρ^*) und μ_K festgelegt werden. ■

Mit der Spannkraft F_A resultiert eine übertragbare Axialkraft F_{ax100} und ein übertragbares Drehmoment M_{100} ($=T_{100}$), vgl. Zeile 9/10 im Bild 8.22. Beide Werte gelten für eine vorliegende, wellenseitige Flächenpressung von $p_W = 100$ N/mm², was durch den Index „100“ kenntlich gemacht ist[3]. Außerdem gelten die Werte für die Verwendung von einem Spannelement-Paar.

Laut Hersteller sind das übertragbare Drehmoment M_{100}, die übertragbare Axialkraft F_{ax100} sowie die wellenseitige Flächenpressung p_W **proportional** zu der Spannkraft F_A. Wird also F_A auf $\bar{F}_A > F_A$ gesteigert, so folgt daraus eine übertragbare Axialkraft $\bar{F}_{ax} > F_{ax100}$, ein übertragbares Drehmoment $\bar{M} > M_{100}$ und eine wellenseitige Flächenpressung $\bar{p}_W > 100$

[3] Vermutlich hat der Hersteller als Referenz $p_W = 100$ N/mm² gewählt, da bei Wellen i.d.R. Stähle mit $R_e \geq 300$ N/mm² zum Einsatz kommen. Mit der Beziehung $p_{zul} = R_e/S$, ($S = 1{,}5 \ldots 3$) kann der Wert 100 N/mm² als die kleinstmögliche zulässige Flächenpressung zwischen Welle und Spannelement aufgefasst werden.

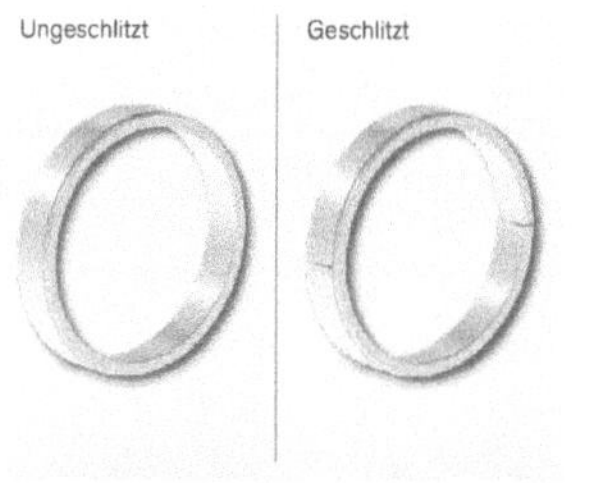

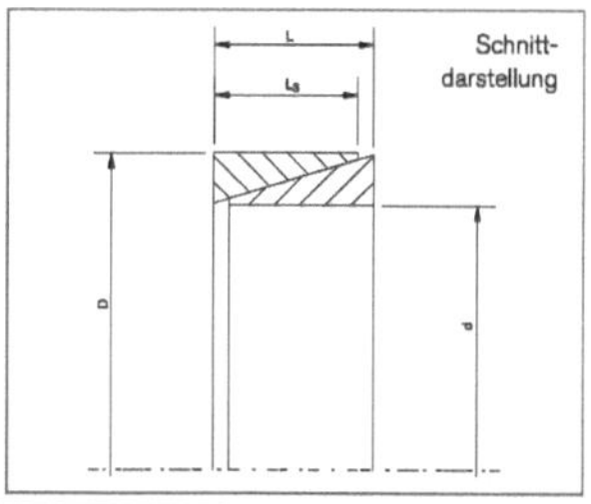

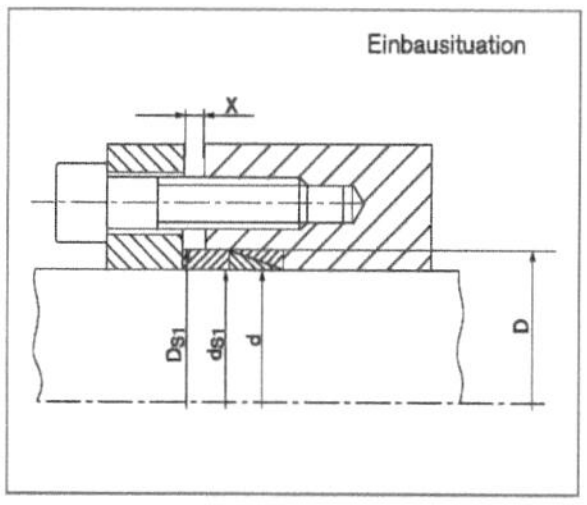

Abmessungen Spannelement						Spannkraft		Übertragbare Drehmomente oder Axialkräfte		Spannelemente					Durchmesser Distanzbuchse		
										1	2	3	4		innen	außen	
d	x	D	L	L_3	A_t	F_0	$F_{A'}$	T_{100}	F_{ax100}	x				Gw	d_{S1}	D_{S1}	T_{max}
mm			mm		mm²	kN	kN	Nm	N	mm				kg	mm		Nm
*6	x	9	4,5	3,7	69	-	3,7	2,5	830	2	2	3	3	0,0015	6,1	8,9	7,8
*7	x	10	4,5	3,7	80	-	4,4	3,4	970	2	2	3	3	0,0014	7,1	9,9	10
*8	x	11	4,5	3,7	90	-	5	4,4	1100	2	2	3	3	0,0015	8,1	10,9	13
9	x	12	4,5	3,7	105	7,6	5,7	5,7	1270	2	2	3	3	0,0017	9,1	11,9	8,7
10	x	13	4,5	3,7	116	6,95	6,3	7	1400	2	2	3	3	0,0018	10,1	12,9	12
11	x	14	4,5	3,7	128	7,5	6,9	8	1500	2	2	3	3	0,002	11,1	13,9	15
12	x	15	4,5	3,7	139	6,9	7,5	10	1670	2	2	3	3	0,0022	12,1	14,9	19
13	x	16	4,5	3,7	151	6,4	8,2	12	1810	2	2	3	3	0,0023	13,1	15,9	23
14	x	18	6,3	5,3	233	11,2	12,6	20	2800	3	3	4	5	0,0049	14,1	17,9	34
15	x	19	6,3	5,3	250	10,7	13,5	23	3000	3	3	4	5	0,0053	15,1	18,9	41
16	x	20	6,3	5,3	266	10,1	14,4	26	3190	3	3	4	5	0,0055	16,1	19,9	48
17	x	21	6,3	5,3	283	9,5	15,3	29	3400	3	3	4	5	0,0058	17,1	20,9	56
18	x	22	6,3	5,3	300	9,1	16,2	33	3600	3	3	4	5	0,0061	18,1	21,9	65
19	x	24	6,3	5,3	316	12,6	17,1	36	3790	3	3	4	5	0,0078	19,2	23,8	91
20	x	25	6,3	5,3	333	12,0	18	40	4000	3	3	4	5	0,0082	20,2	24,8	103
22	x	26	6,3	5,3	366	9,0	19,8	48	4400	3	3	4	5	0,0072	22,2	25,8	100
24	x	28	6,3	5,3	400	8,3	21,6	58	4800	3	3	4	5	0,0079	24,2	27,8	122
25	x	30	6,3	5,3	416	9,9	22,5	62	5000	3	3	4	5	0,01	25,2	29,8	171
28	x	32	6,3	5,3	466	7,4	25,2	78	5600	3	3	4	5	0,009	28,2	31,8	171
30	x	35	6,3	5,3	499	8,5	27	90	6000	3	3	4	5	0,012	30,2	34,8	252
32	x	36	6,3	5,3	533	7,8	28,8	102	6400	3	3	4	5	0,01	32,2	35,8	223
35	x	40	7	6	659	10,1	35,6	138	7900	3	3	4	5	0,02	35,2	39,8	339

Bild 8.22 Auszug aus den Katalogdaten der Firma Ringfeder® zum Produkt RfN 8006 (mit freundlicher Genehmigung)

N/mm². Dabei gilt die Proportionalitätsbeziehung:

$$\frac{\bar{F}_A}{F_A} = \frac{\bar{M}}{M_{100}} = \frac{\bar{F}_{ax}}{F_{ax100}} = \frac{\bar{p}_W}{100\,\text{N/mm}^2}\,. \tag{8.89}$$

Die Werte im Nenner der Brüche von Gleichung 8.89 sind für die unterschiedlichen Baugrößen in Bild 8.22 tabelliert. Ist beispielsweise ein zu übertragendes Drehmoment $\bar{M}$ durch die Anwendung vorgegeben, so kann die notwendige Spannkraft $\bar{F}_A$ und die resultierende wellenseitige Flächenpressung $\bar{p}_W$ berechnet werden. Jedoch ist zu beachten, dass:

- die zulässige Vorspannkraft $F_{V,zul}$ in den Schrauben und
- die zulässige Flächenpressung p_{zul}, sowohl wellen- als auch nabenseitig,

nicht überschritten werden darf.

Mit Blick auf p_{zul} ist grundsätzlich festzustellen, dass die Welle und Spannelemente i.d.R. aus Stahl gefertigt sind. Daher gilt für die **zulässige, wellenseitige Flächenpressung**

Gewinde**	zulässige axiale Vorspannkraft* $F_{V,zul}$ in N			zulässiges Schrauben-Montagemoment* $M_{ges,mon}$ in Nm		
	Festigkeitsklasse			Festigkeitsklasse		
	8.8	10.9	12.9	8.8	10.9	12.9
M4	4050	6000	7000	2,8	4,1	4,8
M5	6600	9700	11400	5,5	8,1	9,5
M6	9400	13700	16100	9,5	14,0	16,5
M8	17200	25000	29500	23	34	40
M10	27500	40000	47000	46	68	79
M12	40000	59000	69000	79	117	135
M14	55000	80000	94000	125	185	215
M16	75000	111000	130000	195	280	330
M18	94000	135000	157000	280	390	460
M20	121000	173000	202000	390	560	650
M22	152000	216000	250000	530	750	880
M24	175000	249000	290000	670	960	1120
M27	230000	330000	385000	1000	1400	1650
M30	280000	400000	465000	1350	1900	2250

*Werte gelten für die Reibungbeiwerte (Gewinde- und Kopfreibung) $\mu_G = \mu_K = 0{,}12$

**metrisches ISO-Gewinde

Bild 8.23 Zulässige axiale Vorspannkräfte und Montagemomente für metrische ISO-Gewinde-Schrauben, Quelle: [Decker, 2011]

[Muhs et al., 2007]:

$$p_{W,zul} = \frac{R_{e,min}}{S} \quad , \quad (S = 1{,}5 \ldots 3) \tag{8.90}$$

mit $R_{e,min} = \min\{R_{e,Welle}, R_{e,Sp.elem.}\}$. Als Nabenwerkstoffe werden neben Stahl oftmals auch Gusswerkstoffe, z.B. EN-GJS und EN-GJL, verwendet. Deshalb ist eine Fallunterscheidung vorzunehmen; für die **nabenseitige, zulässige Flächenpressung** gilt [Muhs et al., 2007]:

$$p_{N,zul} = \begin{cases} \frac{R_{m,Nabe}}{S} & , \quad S = 2 \ldots 3 \quad \text{für Nabenwerkstoff EN-GJL} \\ \frac{R_{e,min}}{S} & , \quad S = 1{,}5 \ldots 3 \quad \text{für Nabenwerkstoff Stahl oder EN-GJS} \end{cases} \tag{8.91}$$

mit $R_{e,min} = \min\{R_{e,Nabe}, R_{e,Sp.elem.}\}$.

Die nabenseitige Flächenpressung p_N kann, bei bekannten p_W, aus dem **radialen Kräftgleichgewicht** berechnet werden, vgl. Bild 8.24. Die durch p_N verursachte Radialkraft $F_{p,N}$ ergibt sich aus dem Produkt von Flächenpressung und nabenseitiger, zylindrischer Mantelfläche $A_N = \pi \cdot D \cdot L$. Die analoge Argumentation gilt für die wellenseitige Radialkraft $F_{p,N} = p_W \cdot A_W$. Für das Kräftegleichgewicht folgt:

$$F_{p,N} = F_{p,W} \quad \Leftrightarrow \quad p_N \cdot \pi \cdot D \cdot L = p_W \cdot \pi \cdot d \cdot L \tag{8.92}$$

$$\Rightarrow \boxed{p_N = p_W \frac{d}{D}} \; . \tag{8.93}$$

Offensichtlich ist $p_W > p_N$, da $D > d$ gilt. Daher könnte man geneigt sein, nur p_W zu betrachten. Trotzdem ist es ratsam, insbesondere bei Nabenwerkstoffen mit geringeren Festigkeiten, p_N zu berechnen und mit p_{zul} gemäß Gleichung 8.91 zu vergleichen. Obwohl

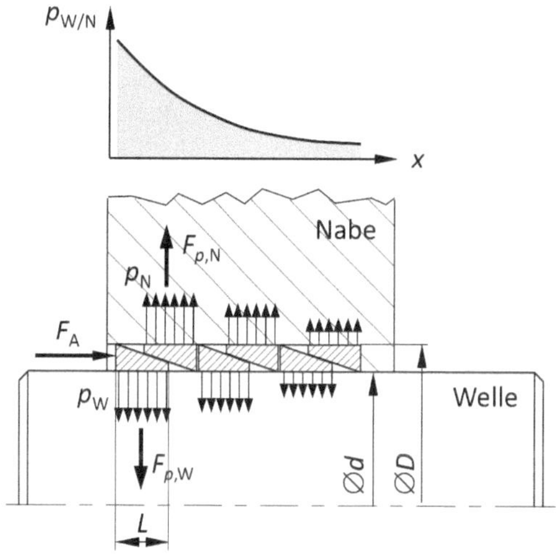

Bild 8.24 Flächenpressung bei mehreren Spannelementen und Käftegleichgewicht

$p_W > p_N$ gilt, wird mitunter zuerst an der Nabe die kritische Flächenpressung erreicht, da p_{zul} geringer als an der wellenseitigen Kontaktfläche ist.

Bis jetzt wurde in den Betrachtungen nur ein Spannelemente-Paar berücksichtigt. Es ist jedoch auch möglich, mehrere Paare hintereinander zu platzieren, um so die Kontakt- und Reibfläche und damit die übertragbaren Momente und/oder Axialkräfte zu vergrößern, vgl. Bild 8.20 (rechts oben) und Bild 8.24. Allerdings baut die Flächenpressung für die nachgeschalteten Elementpaare zunehmend ab, siehe Bild 8.24. Dies erklärt sich wie folgt: Durch die eingeleitete Spannkraft wird das erste Elementpaar übereinander geschoben und außerdem in axialer Richtung verschoben. Die Elementpaare sind so in Reihe angeordnet, dass die einhergehende axiale Verschiebung des ersten Elementpaares auch zu einer axialen Verschiebung des zweiten Paares führt, die aufgrund von Reibungseffekten jedoch geringer ausfällt. Weiterhin führt die axiale Verschiebung des zweiten Paares wiederum zu einer Verschiebung des dritten Paares, die wegen der Reibung nochmals geringer ausfällt, u.s.w.. Auf diese Weise lassen sich bis zu **maximal vier Spannelement-Paare** hintereinander schalten; Für darüber hinausgehende Spannelemente sind die axialen Verschiebungen so gering, dass keine nennenswerten Flächenpressungen aufgebaut werden.

Bei konstanter Spannkraft F_A kann durch die Verwendung von n Spannelement-Paare $\{n \mid n \in \mathbb{N}\,;\ 1 \leq n \leq 4\}$ eine Erhöhung des übertragbaren Drehmoments bzw. der übertragbaren Axialkraft mit folgender Beziehung berechnet werden:

$$\bar{M}_n = \bar{M} \cdot m \quad \text{bzw.} \quad \bar{F}_{n,\text{ax}} = \bar{F}_{\text{ax}} \cdot m\,. \tag{8.94}$$

Anders herum kann bei gleichbleibenden, übertragbaren Drehmomenten und/oder Axialkräften die Spannkraft und die (mittlere) Flächenpressung nach folgende Gleichungen reduziert werden:

$$F_{A',n} = \frac{F_{A'}}{m} \quad \text{bzw.} \quad p_{W,n} = \frac{p_W}{m}\,. \tag{8.95}$$

Hierbei gilt $m = 1{,}555$ (2 Element-Paare), $m = 1{,}860$ (3 Element-Paare) und $m = 2{,}030$ (4 Element-Paare). Am Faktor m wird nochmals deutlich, dass eine Verdopplung der Spannelement-Paare (z.B. von 1 auf 2) nicht zu einer Verdopplung von $\bar{M}$ bzw. $\bar{F}_{ax}$ führt. Aufgrund der Reibung und abnehmender Flächenpressung ergibt sich lediglich eine Erhöhung um den Faktor 1,555.

Abschließend soll noch darauf hingewiesen werden, dass die theoretisch festgelegte Spannkraft F_A in der Praxis montagebedingten Schwankungen unterliegt. In der Regel werden Schrauben als Spannmittel verwendet, die z.B. mit Druckluft-Schlagschraubern montiert und angezogen werden. Hierbei sind große Schwankungen möglich, die vom Konstrukteur mit zu berücksichtigen sind. Dazu werden beispielsweise die zu übertragende Betriebsdrehmomente bewusst größer angenommen (z.B. verdoppelt!), um bei zu geringen Spannkräften das eigentliche Betriebsdrehmoment noch übertragen zu können.

Zur Illustration der Dimensionierung einer Spannelemente-Verbindung dient die nachfolgende Übung, in der das Gros der diskutierten Aspekte veranschaulicht werden soll.

Übung 32 (Spannelemente):
Die nachstehende Welle-Nabe-Verbindung zeigt ein Zahnrad (Stahl C45+N), dass mit 3 Spannelement-Paaren auf einer Welle (Stahl E295) montiert ist. Als Spannmittel sollen M8 Zylinderschrauben nach DIN 4762 der Festigkeitsklasse 8.8 verwendet werden.

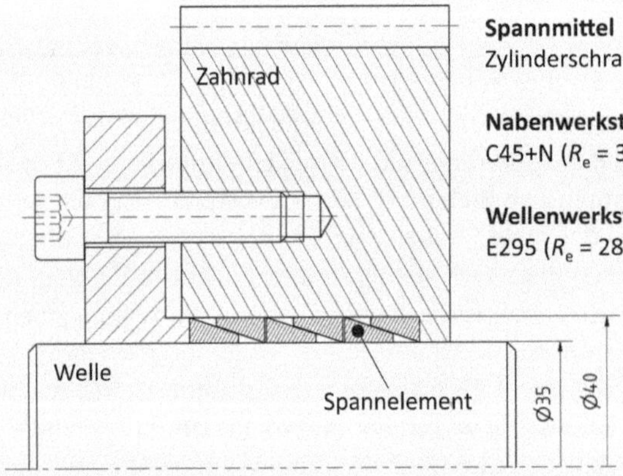

Spannmittel
Zylinderschrauben nach DIN 4762 – M8 -8.8

Nabenwerkstoff:
C45+N (R_e = 300 MPa)

Wellenwerkstoff:
E295 (R_e = 280 MPa)

Die Verbindung soll ein Betriebsdrehmoment von $M = 200$ Nm übertragen. Berechnen Sie

a) die notwendige wellen- und nabenseitige Flächenpressung p_W und p_N,
b) die Sicherheiten gemäß Gleichung 8.90 und Gleichung 8.91,
c) die notwendige Anzahl der Spannschrauben,
d) das notwendige Montagemoment pro Schraube.

Lösung:
Mit Blick auf die oben erörterten Montageschwankungen wird zuerst ein zu übertragendes Drehmoment von $\bar{M} = 2 \cdot 200$ Nm $= 400$ Nm angenommen, dass in den folgenden Berechnungen als Grundlage dienen soll.

a) Die Welle hat einen Durchmesser von $d = 35$ mm. Damit folgt aus Bild 8.22 ein Wert von $M_{100} = 138$ Nm. Mithilfe der Proportionalitätsbedingung in Gleichung 8.89

folgt eine hypothetische wellenseitige Flächenpressung für ein Elementpaar:

$$\bar{p}_{\mathrm{W}} = 100\,\mathrm{N/mm^2} \cdot \frac{\bar{M}}{M_{100}} = 290\,\mathrm{N/mm^2}\,. \tag{8.96}$$

Da drei Spannelementpaare verwendet werden, reduziert sich die Flächenpressung zu:

$$\bar{p}_{\mathrm{W},n} = \frac{\bar{p}_{\mathrm{W}}}{m} = \frac{\bar{p}_{\mathrm{W}}}{1{,}860} = \underline{\underline{156\,\mathrm{N/mm^2}}}\,. \tag{8.97}$$

Für die nabenseitige Flächenpressung ergibt sich mit $d \times D = 35\,\mathrm{mm} \times 40\,\mathrm{mm}$:

$$\bar{p}_{\mathrm{N},n} = \bar{p}_{\mathrm{W},n} \cdot \frac{d}{D} = \underline{\underline{136\,\mathrm{N/mm^2}}}\,. \tag{8.98}$$

b) Für die beiden verwendeten Stähle C45+N und E295 ist in der Abbildung die Streckgrenze angegeben. Daraus folgt sofort mit Gleichung 8.90 und Gleichung 8.91 die jeweiligen Sicherheiten, nämlich:

$$S_{\mathrm{W}} = \frac{280\,\mathrm{N/mm^2}}{\bar{p}_{\mathrm{W},n}} = 1{,}8\,, \tag{8.99}$$

$$S_{\mathrm{N}} = \frac{300\,\mathrm{N/mm^2}}{\bar{p}_{\mathrm{N},n}} = 2{,}2\,. \tag{8.100}$$

Beide Werte liegen in den o.g. Bereichen für Sicherheiten für $p_{\mathrm{W,zul}}$ und $p_{\mathrm{N,zul}}$.

c) Gemäß den Katalogdaten in Bild 8.22 gelten folgende Werte: $F_0 = 10{,}1$ KN und $F_{\mathrm{A'}} = 35{,}6$ KN. Damit ergibt sich eine Referenzspannkraft (bezogen auf $p_{\mathrm{W}} = 100$ N/mm^2 und ein Spannelementpaar) von $F_{\mathrm{A}} = F_0 + F_{\mathrm{A'}} = 45{,}7$ KN.
Mit der Proportionalitätsbeziehung in Gleichung 8.89 folgt für ein Elementpaar und dem o.g. Wert von $\bar{p}_{\mathrm{W}} = 290$ N/mm^2:

$$\bar{F}_{\mathrm{A}} = F_{\mathrm{A}} \frac{290}{100} = 132{,}5\,\mathrm{KN}\,. \tag{8.101}$$

Ferner gilt $\bar{F}_{\mathrm{A}} = F_0 + \bar{F}_{\mathrm{A'}}$ mit $F_0 = 10{,}1$ KN. Damit ergibt sich:

$$\bar{F}_{\mathrm{A'}} = 122{,}4\,\mathrm{KN}\,. \tag{8.102}$$

Die zur Überwindung des Montagespiels notwendige Kraft F_0 bleibt unverändert, ungeachtet der benötigten Flächenpressung und der Anzahl der Spannelemente. Da drei Elementpaare zur Anwendung kommen, reduziert sich die notwendige Spannkraft aufgrund der zusätzlichen Reibung zu:

$$\bar{F}_{\mathrm{A'},n} = \frac{\bar{F}_{\mathrm{A'}}}{m} = 65{,}8\,\mathrm{KN}\,. \tag{8.103}$$

Für die notwendige Gesamtspannkraft resultiert so:

$$\bar{F}_{\mathrm{A},n} = F_0 + \bar{F}_{\mathrm{A'},n} = 75{,}9\,\mathrm{KN}\,. \tag{8.104}$$

Als zulässige axiale Vorspannkraft für eine einzelne M8 - 8.8 Schraube kann im Bild 8.23 ein Wert von 17,2 KN abgelesen werden. Es folgt für die notwendige Schraubenanzahl:

$$i = \frac{\bar{F}_{\mathrm{A},n}}{F_{\mathrm{V,zul}}} = 4{,}4\,. \tag{8.105}$$

Aufgerundet sind also 5 Spannschraube notwendig.

d) Gemäß Bild 8.23 kann für die verwendete Schraube ein max. Montagemoment von $M_{ges,mon}$ = 23 Nm angewendet werden. Da jedoch „mehr“ Schrauben als notwendig – nämlich 5 statt 4,4 – benutzt wurden, muss nicht das volle Montagemoment pro Schraube ausgereizt werden. Für das notwendige Montagemoment ergibt sich so:

$$M_{ges,mon} = \frac{4,4}{5} \cdot 23\,\text{Nm} = 20,2\,\text{Nm}\,. \qquad (8.106)$$

■

8.3.2.2 Beispiel: Sternscheiben

Bei Welle-Nabe-Verbindungen, die häufig montiert/demontiert werden müssen, eignen sich besonders Sternscheiben als Spannelemente. Mehr noch, durch ihre variable Anzahl ist bei fest gewähltem Wellen- bzw. Nabendurchmesser ein weiter Bereich von übertragbaren Drehmomenten realisierbar. Dabei werden sog. Pakete von bis zu 16 Sternscheiben (Katalogangabe Fa. RINGSPANN®) zwischen Welle und Nabe platziert und mithilfe von Spannmitteln, z.B. Schrauben, mit einer axialen Spannkraft beaufschlagt. Durch die mäanderförmige und gleichzeitig winklige Ausführung der Scheiben kommt es zu einer spannkraftbedingten radialen Ausdehnung, wodurch Welle und Naben gegeneinander verspannt werden, vgl. Bild 8.20 (rechts unten).

Bild 8.25 zeigt beispielhaft die typischen Katalogangaben von Sternscheiben. Dabei werden das übertragbare Drehmoment M, die Flächenpressung p_W und p_N sowie die dazugehörige axiale Vorspannkraft F_A $(=E)$ **pro Sternscheibe** angegeben.

Für die Verwendung von n Sternscheiben mit $\{n \mid n \in \mathbb{N};\ 1 \leq n \leq 16\}$ gelten folgende lineare Beziehungen:

$$M_n = n \cdot M\,, \qquad (8.107)$$

$$F_{A,n} = n \cdot F_A\,. \qquad (8.108)$$

Darüber hinaus geben die Hersteller weitere Hinweise zu Wellen- und Nabentoleranzen (z.B. h9 bzw. H9), zum Wellenwerkstoff (z.B. Stahl mit $R_e \geq 300$ N/mm^2) oder zur Oberflächenrauheit der Pressflächen (z.B. $R_z = 10...25$ µm).

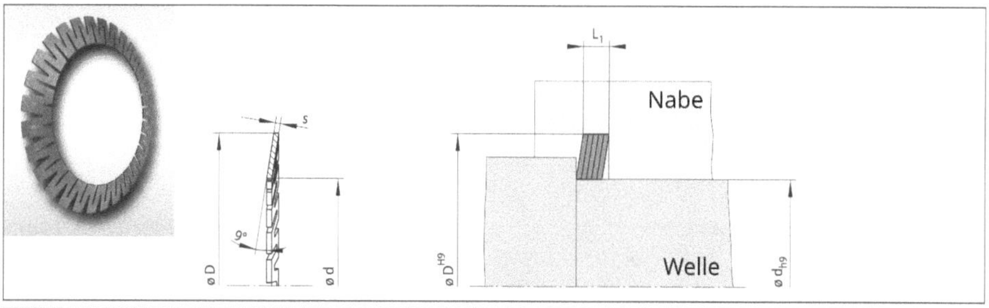

Abmessungen			Technische Daten					Typ	Materialnummer
Größe			Übertragbares Drehmoment	Flächenpressung an		Vorspann-kraft	Gewicht		
				Welle	Nabe				
d	D	s	M	p_W	p_N	E			
mm	mm	mm	Nm	N/mm²	N/mm²	N	kg/100 Stk.		
4	14	0,50	0,16	100	29	140	0,3	A 4 SS 14	1032-014002-000000
5	14	0,50	0,29	116	41	210	0,3	A 5 SS 14	1032-014003-000000
6	18	0,50	0,34	94	31	180	0,5	A 6 SS 18	1032-018001-000000
8	18	0,50	0,72	113	50	310	0,5	A 8 SS 18	1032-018003-000000
10	22	0,60	1,26	105	48	430	0,9	A 10 SS 22	1032-022002-000000
11	22	0,60	1,53	105	53	500	0,8	A 11 SS 22	1032-022003-000000
12	27	0,65	1,95	104	46	520	1,4	A 12 SS 27	1032-027001-000000
14	27	0,65	2,80	110	57	680	1,3	A 14 SS 27	1032-027003-000000
15	27	0,65	3,30	113	63	770	1,2	A 15 SS 27	1032-027004-000000
16	37	0,90	5,10	111	48	1 030	3,7	A 16 SS 37	1032-037001-000000
17	37	0,90	5,90	113	52	1 150	3,6	A 17 SS 37	1032-037002-000000
18	37	0,90	6,80	117	57	1 270	3,5	A 18 SS 37	1032-037003-000000
20	37	0,90	8,70	121	65	1 540	3,2	A 20 SS 37	1032-037004-000000
22	42	0,90	9,90	114	60	1 490	4,3	A 22 SS 42	1032-042001-000000
24	42	0,90	12,2	118	67	1 760	4,0	A 24 SS 42	1032-042002-000000
25	42	0,90	13,5	120	71	1 900	3,8	A 25 SS 42	1032-042003-000000
28	52	1,15	21,0	116	63	2 550	8,2	A 28 SS 52	1032-052001-000000
30	52	1,15	25,0	121	70	2 900	7,7	A 30 SS 52	1032-052002-000000
35	52	1,15	33,5	119	80	3 750	6,3	A 35 SS 52	1032-052004-000000

Bild 8.25 Katalogangaben der Fa. RINGSPANN® (mit freundlicher Genehmigung)

Übung 33 (Sternscheiben):
Eine Welle-Nabe-Verbindung soll mithilfe von Sternscheiben ausgeführt werden. Dabei soll der Wellendurchmesser $d = 30$ mm und der Durchmesser der Nabenbohrung $D = 52$ mm betragen.

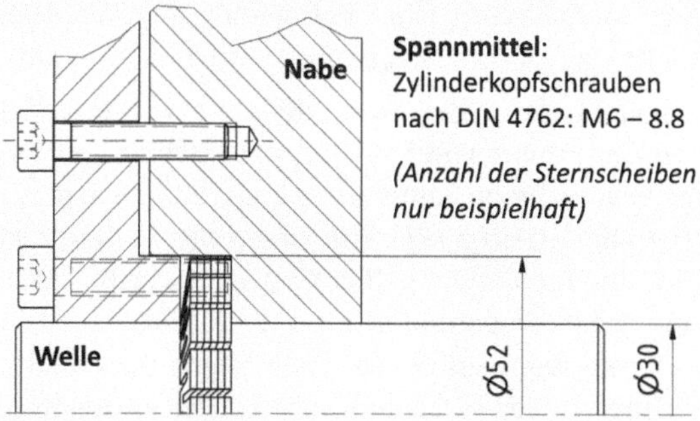

Die Verbindung soll ein Betriebsdrehmoment von 145 Nm übertragen. Bestimmen Sie:

a) die notwendige Anzahl an Sternscheiben,
b) die Anzahl der Spannschrauben (M6 - 8.8 nach DIN EN ISO 4762),
c) das Montagemoment pro Schraube.

Lösung:

a) Aus Bild 8.25 kann für die einzelne Sternscheibe $d \times D$ = 30 mm × 52 mm ein übertragbares Drehmoment von $M = 25$ Nm abgelesen werden. Wegen möglicher Montageschwankungen wird wieder ein max. Betriebsmoment von $\bar{M} = 2 \cdot M = 290$ Nm angenommen. Folglich resultiert für die notwendige Anzahl n an Sternscheiben:

$$n = \frac{\bar{M}}{M} = 11,6 \tag{8.109}$$

Aufgerundet sind somit 12 Sternscheiben zu verwenden.

b) Zum Verspannen einer einzelnen Sternscheibe gibt der Hersteller eine Vorspannkraft von $F_A = 2,9$ KN an. Für die unter (a) errechneten 12 Sternscheiben folgt so:

$$F_{A,n} = n \cdot F_A = 34,8\,\text{KN}\,. \tag{8.110}$$

Mit Bild 8.23 folgt für eine M6 - 8.8 Schraube eine zulässige axiale Vorspannkraft von $F_{V,zul} = 9,4$ KN. Demzufolge sind $\frac{34,8}{9,4} = 3,7 \approx 4$ Schrauben notwendig.

c) Bild 8.23 weist für die verwendete Schraube ein zulässiges Montagemoment von $M_{ges,mon} = 9,5$ Nm aus. Da 4 anstatt 3,7 Schrauben verwendet werden, kann $M_{ges,mon}$ anteilig reduziert werden, nämlich:

$$M_{ges,mon} = \frac{3,7}{4} \cdot 9,5\,\text{Nm} = 8,8\,\text{Nm}\,. \tag{8.111}$$

■

8.3.3 Zylindrische Pressverbände

Betrachtet man eingangs Bild 8.26 (links oben), dann stellt sich die Frage, wie die Nabe auf der Welle fixiert ist, so dass ein Drehmoment und/oder axiale Kräfte ohne Rutschen (Schlupf) übertragen werden können.

Ausgangspunkt der Erklärung ist die Feststellung, dass auf der zylindrischen Kontaktfläche zwischen Welle und Nabe Flächenpressung p vorherrschen muss, was den notwendigen Kraft- bzw. Reibschluss zwischen beiden Bauteilen sicherstellt. Dazu sind die Bohrungs- bzw. Wellendurchmesser, D und d, so zu gestalten, dass $D < d$ gilt. Das wiederum heißt, dass zwischen Welle und Nabenbohrung ein sog. **Übermaß** vorliegt. Die Welle passt nicht ohne weiteres in die Bohrung, sie ist gewissermaßen „zu groß", vgl. Bild 8.26 (unten).

Um beide Bauteile miteinander zu verbinden, ist es notwendig, vor bzw. während der Montage die Welle im Durchmesser zu kontrahieren und die Bohrung aufzuweiten, so dass das Übermaß verschwindet. Dadurch werden beide Bauteile elastisch (u.U. auch plastisch) deformiert. Nach der Montage wollen beide Bauteile in ihren Ausgangszustand zurück, was allerdings nicht möglich ist, da sie nun ineinander gefügt sind, so dass z.B. die Bohrungswand der Nabe die Rückfederung der Welle behindert (und umgekehrt). Die Nabenbohrung drückt gegen die Welle und umgekehrt drückt die Welle gegen die Nabenbohrung. Auf der zylindrischen Kontaktfläche zwischen Welle und Nabe kommt es durch sog. **Rückstellkräfte** zur Flächenpressung p, wodurch ein Kraft- bzw. Reibschluss entsteht.

Mit diesen Erläuterungen ergeben sich unmittelbar drei Fragen, die in den nachfolgenden Abschnitten sukzessiv beantwortet werden sollen, nämlich:

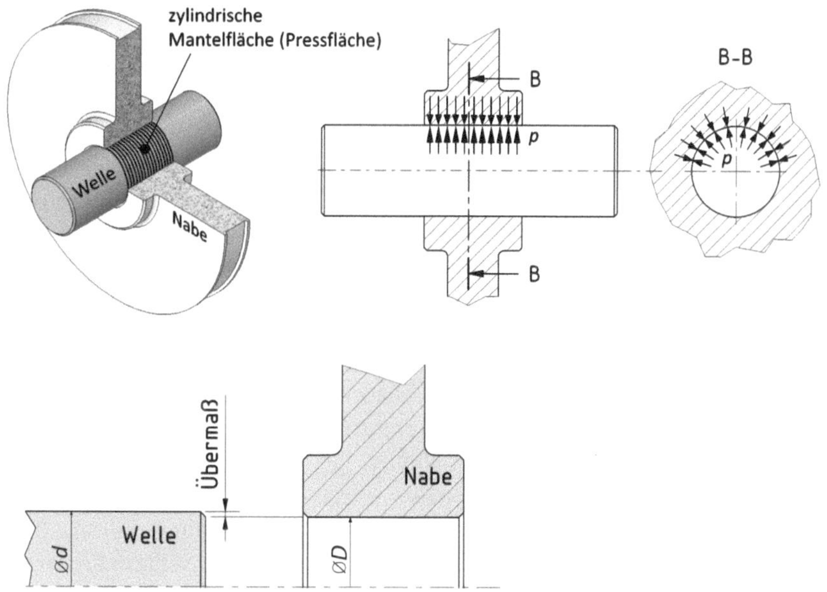

Bild 8.26 Darstellung eines zylindrischen Pressverbandes inklusive der Kontaktfläche, der Flächenpressung und des notwendigen Übermaßes zwischen Welle und Nabe

1. Welches Übermaß ist notwendig, um ein gegebenes Drehmoment bzw. eine gegebene Axialkraft zu übertragen?
2. Welches Drehmoment kann bei einem gegebenen Übermaß / gegebener Axialkraft übertragen werden?
3. Ist die aus einem Übermaß resultierende Flächenpressung zulässig (d.h. sind die Deformationen elastisch oder plastisch)?

8.3.3.1 ISO-Toleranzsystem (DIN EN ISO 286)

Grundsätzlich kann das Übermaß zwischen Welle und Bohrung (Nabe) festgelegt werden, indem der Konstrukteur den Durchmesser der Welle d größer als den Innendurchmesser der Bohrung D wählt. Diese Vorgehensweise ist jedoch bei Metallen – und speziell für Stahl und Eisengusswerkstoffe – „zu grob“. In der Regel reichen Zehntel-, z.T. sogar Tausendstelmillimeter Übermaß aus, um die zur Übertragung des Drehmoments/der Axialkraft notwendige Flächenpressung zu erzeugen. Aus diesem Grunde werden die Durchmesser von Welle und Bohrung gleichgroß, sprich:

$$d = D = \text{Nennmaß} \tag{8.112}$$

definiert. Dieses sog. **Nennmaß** wird oftmals auch als **Nenndurchmesser** oder **Nullinie** bezeichnet.

Das Übermaß wird durch die Festlegung der sog. **Toleranzen** sowohl für die Welle als auch die Nabenbohrung eingestellt. Hierzu ist anzumerken, dass das Nennmaß, also Wellendurchmesser d und Bohrungsdurchmesser D, fertigungsbedingt über die Wellen- bzw.

Bohrungslänge schwanken. Würde man z.B. die Wellenoberfläche unter einem Mikroskop betrachten, so würde eine Vielzahl von Bergen und Tälern sichtbar werden, vgl. Bild 8.27 (links). Die Differenz zwischen „höchstem Berg“ und „tiefstem Tal“ definiert die sog. **Grundtoleranz** T (kurz: Toleranz).

$$T = G_o - G_u \tag{8.113}$$

In der Gleichung kennzeichnet G_o das **Höchstmaß** (größter zulässiger Durchmesserwert) und G_u das **Mindestmaß** (kleinster zulässiger Durchmesserwert), Bild 8.27 (links).

Die Grundtoleranz T wird durch das Fertigungsverfahren und die Fertigungsparameter bestimmt. Es macht für T einen Unterschied, ob die Welle nur gedreht oder gedreht und anschließend geschliffen wird. Auch ist für T entscheidend, ob z.B. die Welle mit einer Vorschubgeschwindigkeit von $v_f = 100$ mm/min oder mit $v_f = 200$ mm/min gedreht wird. Der Konstrukteur muss sich daher bewusst sein, dass er mit der Festlegung von T maßgeblich Einfluss auf die Fertigungs- und Produktkosten nimmt.

Die Balkenlängen in Bild 8.27 (rechts) symbolisieren die Grundtoleranz T. Neben der Festlegung der Balkenlänge (c. vs. d.) kann auch die Lage der Toleranz definiert werden. Dies geschieht mithilfe der sog. **Grundabmaße**, die die Position zur Nullinie (Nennmaß) charakterisieren. Dabei werden für die Welle **Kleinbuchstaben** (es und ei) und für die Bohrung **Großbuchstaben** (ES und EI) verwendet:

$$es, ES = G_o - d \quad \text{(oberes Abmaß, extreme superior)}\,, \tag{8.114}$$

$$ei, EI = G_u - d \quad \text{(unteres Abmaß, extreme inferior)}\,. \tag{8.115}$$

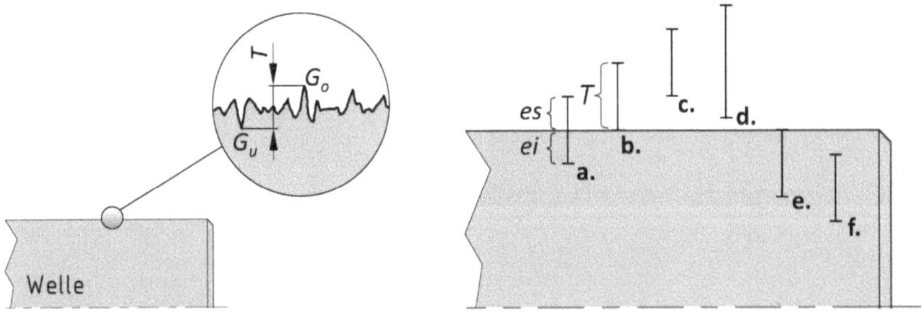

Bild 8.27 Illustration der Toleranz an einer Welle (links); Darstellung der Toleranzfeldlage inkl. des oberen und unteren Abmaßes (rechts)

Man beachte, dass sowohl es als auch ei (Welle) bzw. ES und EI (Bohrung) positiv und/oder negativ sein können, Bild 8.27 (rechts). So gilt z.B.[4]

- es positiv, ei negativ: Fall a.
- es positiv, $ei = 0$: Fall b.
- es positiv, ei positiv: Fall c.
- $es = 0$, ei negativ: Fall e.

[4] In gleicher Weise lässt sich mit ES und EI bei der Bohrung verfahren.

- *es* negativ, *ei* negativ: Fall f.

Somit kann etwas salopp zusammengefasst werden, dass die Grundtoleranz T die Breite der zulässigen Schwankung (Toleranzfenster) und die Grundabmaße es, ei, ES, EI die Lager des Toleranzfensters zur Nulllinie bestimmen.

Die Grundtoleranzen von Welle und Bohrung sind in [DIN EN ISO 286-2] definiert. Hierin finden sich die entsprechenden Werte, wobei zwischen **21 Nennmaßbereichen** (0–3 mm, 3–6 mm, 6–10 mm , ..., 2500–3150 mm) und **20 Grundtoleranzgrade** (IT01, IT0, IT1, IT2, ..., IT18)[5] unterschieden wird, vgl. Bild 8.28. Folgende Zuordnungen können für die Verwendung der Grundtoleranzgrade als Orientierung dienen:

IT01, IT0:	nicht für allgemeine Anwendungen,
IT1–IT4:	für die Mess- und Prüftechnik,
IT5–IT11:	für die Feinwerkstechnik sowie den Geräte- und Maschinenbau,
IT12–IT18:	für „grobe“ Herstellverfahren (z.B. im Schwermaschinenbau).

Nennmaß in mm	Grundtoleranzgrad														
	IT4	IT5	IT6	IT7	IT8	IT9	IT10	IT11	IT12	IT13	IT14	IT15	IT16	IT17	IT18
über 0 ... bis 3	3	4	6	10	14	25	40	60	100	140	250	400	600	1000	1400
3 ... 6	4	5	8	12	18	30	48	75	120	180	300	480	750	1200	1800
6 ... 10	4	6	9	15	22	36	58	90	150	220	360	580	900	1500	2200
10 ... 18	5	8	11	18	27	43	70	110	180	270	430	700	1100	1800	2700
18 ... 30	6	9	13	21	33	52	84	130	210	330	520	840	1300	2100	3300
30 ... 50	7	11	16	25	39	62	100	160	250	390	620	1000	1600	2500	3900
50 ... 80	8	13	19	30	46	74	120	190	300	460	740	1200	1900	3000	4600
80 ... 120	10	15	22	35	54	87	140	220	350	540	870	1400	2200	3500	5400
120 ... 180	12	18	25	40	63	100	160	250	400	630	1000	1600	2500	4000	6300
180 ... 250	14	20	29	46	72	115	185	290	460	720	1150	1850	2900	4600	7200
250 ... 315	16	23	32	52	81	130	210	320	520	810	1300	2100	3200	5200	8100
315 ... 400	18	25	36	57	89	140	230	360	570	890	1400	2300	3600	5700	8900
400 ... 500	20	27	40	63	97	155	250	400	630	970	1550	2500	4000	6300	9700

Bild 8.28 Grundtoleranzen T in µm abhängig vom Nennmaß und vom Grundtoleranzgrad nach [DIN EN ISO 286-2]

Mit gegebenem Nennmaß und gewähltem Grundtoleranzgrad ist die Breite der Toleranzfensters festgelegt und so verbleibt zu klären, wie die Lage des Toleranzfensters, also die jeweiligen Abmaße es/ei bzw. ES/EI zu definieren sind.

Tabelle 8.2 bis Tabelle 8.5 zeigen verschiedene Werte für die Abmaße, die – aufgrund des Umfangs – nur auszugsweise der [DIN EN ISO 286-1] entnommen wurden. Dabei stehen die Buchstabenkürzel a bis z bzw. A bis Z für die unterschiedlichen Lagen des Toleranzfensters der Welle bzw. der Bohrung[6]. Der Buchstabe a bzw. A charakterisiert ein Toleranzfenster, dass unterhalb des Nenndurchmessers der Welle bzw. oberhalb des Nenndurchmessers der Bohrung liegt. Es symbolisiert also eine Welle/Bohrung, die im Durchmesser untermaßig/übermaßig ist. Umgekehrt stehen die Buchstaben z bzw. Z für Wellen/Bohrungen die übermaßig/untermaßig sind. Buchstabenkürzel zwischen a und z (bzw. A und Z) kennzeichnen Toleranzfeldlagen zwischen den o.g. Extremfällen, vgl. Bild 8.29.

---

[5] Das Kürzel „IT“ steht für die englischen Worte „International Tolerance“.

[6] Darüber hinauns gibt es erweiterte Buchstabenkürzel, wie z.B. cd, js, zc bzw. CD, JS, ZC.

Tabelle 8.2 Oberes Abmaß *es* für Wellen in µm nach [DIN EN ISO 286-1] (Auszug)

Toleranzfeldlage		c	d	e	f	g	h	js
Grundtoleranz		alle						
Nennmaße in mm	von 1 bis 3	-60	-20	-14	-6	-2	0	Die Abmaße betragen $\pm\frac{1}{2}$ IT des jeweiligen Grundtoleranzgrades
	über 3 bis 6	-70	-30	-20	-10	-4	0	
	über 6 bis 10	-80	-40	-25	-13	-5	0	
	über 10 bis 18	-95	-50	-32	-16	-6	0	
	über 18 bis 30	-110	-65	-40	-20	-7	0	
	über 30 bis 40	-120	-80	-50	-25	-9	0	
	über 40 bis 50	-130						
	über 50 bis 65	-140	-100	-60	-30	-10	0	
	über 65 bis 80	-150						
	über 80 bis 100	-170	-120	-72	-36	-12	0	
	über 100 bis 120	-180						
	über 120 bis 140	-200	-145	-85	-43	-14	0	
	über 140 bis 160	-210						
	über 160 bis 180	-230						
	über 180 bis 200	-240	-170	-100	-50	-15	0	
	über 200 bis 225	-260						
	über 225 bis 250	-280						
	über 250 bis 280	-300	-190	-110	-56	-17	0	
	über 280 bis 315	-330						

Tabelle 8.3 Unteres Abmaß *EI* für Bohrungen in µm nach [DIN EN ISO 286-1] (Auszug)

Toleranzfeldlage		C	D	E	F	G	H	JS
Grundtoleranz		alle						
Nennmaße in mm	von 1 bis 3	+60	+20	+14	+6	+2	0	Die Abmaße betragen $\pm\frac{1}{2}$ IT des jeweiligen Grundtoleranzgrades
	über 3 bis 6	+70	+30	+20	+10	+4	0	
	über 6 bis 10	+80	+40	+25	+13	+5	0	
	über 10 bis 18	+95	+50	+32	+16	+6	0	
	über 18 bis 30	+110	+65	+40	+20	+7	0	
	über 30 bis 40	+120	+80	+50	+25	+9	0	
	über 40 bis 50	+130						
	über 50 bis 65	+140	+100	+60	+30	-10	0	
	über 65 bis 80	+150						
	über 80 bis 100	+170	+120	+72	+36	+12	0	
	über 100 bis 120	+180						
	über 120 bis 140	+200	+145	+85	+43	+14	0	
	über 140 bis 160	+210						
	über 160 bis 180	+230						
	über 180 bis 200	+240	+170	+100	+50	+15	0	
	über 200 bis 225	+260						
	über 225 bis 250	+280						
	über 250 bis 280	+300	+190	+110	+56	+17	0	
	über 280 bis 315	+330						

Tabelle 8.4 Unteres Abmaß *ei* für Wellen in µm nach [DIN EN ISO 286-1] (Auszug)

Toleranzfeldlage		j			k			m	n	p	r	s	t	u	v	x
Grundtoleranz		5 u. 6	7	8	bis 3	4 bis 7	ab 8	alle								
Nennmaße in mm	von 1 bis 3	-2	-4	-6	0	0	0	+2	+4	+6	+10	+14	–	+18	–	+20
	über 3 bis 6	-2	-4	–	0	+1	0	+4	+8	+12	+15	+19	–	+23	–	+28
	über 6 bis 10	-2	-5	–	0	+1	0	+6	+10	+15	+19	+23	–	+28	–	+34
	über 10 bis 14	-3	-6	–	0	+1	0	+7	+12	+18	+23	+28	–	+33	–	+40
	über 14 bis 18	-3	-6	–	0	+1	0	+7	+12	+18					+39	+45
	über 18 bis 24	-4	-8	–	0	+2	0	+8	+15	+22	+28	+35	–	+41	+47	+54
	über 24 bis 30	-4	-8	–	0	+2	0	+8	+15	+22			+41	+48	+55	+64
	über 30 bis 40	-5	-10	–	0	+2	0	+9	+17	+26	+34	+43	+48	+60	+68	+80
	über 40 bis 50	-5	-10	–	0	+2	0	+9	+17	+26			+54	+70	+81	+97
	über 50 bis 65	-7	-12	–	0	+2	0	+11	+20	+32	+41	+53	+66	+87	+102	+122
	über 65 bis 80	-7	-12	–	0	+2	0	+11	+20	+32	+43	+59	+75	+102	+120	+146
	über 80 bis 100	-9	-15	–	0	+3	0	+13	+23	+37	+51	+71	+91	+124	+146	+178
	über 100 bis 120	-9	-15	–	0	+3	0	+13	+23	+37	+54	+79	+104	+144	+172	+210
	über 120 bis 140	-11	-18	–	0	+3	0	+15	+27	+43	+63	+92	+122	+170	+202	+248
	über 140 bis 160	-11	-18	–	0	+3	0	+15	+27	+43	+65	+100	+134	+190	+228	+280
	über 160 bis 180	-11	-18	–	0	+3	0	+15	+27	+43	+68	+108	+146	+210	+252	+310
	über 180 bis 200	-13	-21	–	0	+4	0	+17	+31	+50	+77	+122	+166	+236	+284	+350
	über 200 bis 225	-13	-21	–	0	+4	0	+17	+31	+50	+80	+130	+180	+258	+310	+385
	über 225 bis 250	-13	-21	–	0	+4	0	+17	+31	+50	+84	+140	+196	+284	+340	+425
	über 250 bis 280	-16	-26	–	0	+4	0	+20	+34	+56	+94	+158	+218	+310	+385	+475
	über 280 bis 315	-16	-26	–	0	+4	0	+20	+34	+56	+98	+170	+240	+340	+425	+525

Tabelle 8.5 Oberes Abmaß *ES* für Bohrungen in µm nach [DIN EN ISO 286-1] (Auszug)

Toleranzfeldlage	J			K		M		N		Δ-Wert					
Grundtoleranz	6	7	8	bis 8	ab 9	bis 8	ab 9	bis 8	ab 9	3	4	5	6	7	8
Nennmaße in mm: von 1 bis 3	+2	+4	+6	0	0	-2	-2	-4	-4	Δ = 0					
über 3 bis 6	+5	+6	+10	-1 + Δ	–	-4 + Δ	-4	-8 + Δ	0	1	1,5	1	3	4	6
über 6 bis 10	+5	+8	+12	-1 + Δ	–	-6 + Δ	-6	-10 + Δ	0	1	1,5	2	3	6	7
über 10 bis 18	+6	+10	+15	-1 + Δ	–	-7 + Δ	-7	-12 + Δ	0	1	2	3	3	7	9
über 18 bis 30	+8	+12	+20	-2 + Δ	–	-8 + Δ	-8	-15 + Δ	0	1,5	2	3	4	8	12
über 30 bis 50	+10	+14	+24	-2 + Δ	–	-9 + Δ	-9	-17 + Δ	0	1,5	3	4	5	9	14
über 50 bis 80	+13	+18	+28	-2 + Δ	–	-11 + Δ	-11	-20 + Δ	0	2	3	5	6	11	16
über 80 bis 120	+16	+22	+34	-3 + Δ	–	-13 + Δ	-13	-23 + Δ	0	2	4	5	7	13	19
über 120 bis 180	+18	+26	+41	-2 + Δ	–	-15 + Δ	-15	-27 + Δ	0	3	4	6	7	15	23
über 180 bis 250	+22	+30	+47	-4 + Δ	–	-17 + Δ	-17	-31 + Δ	0	3	4	6	9	17	26
über 250 bis 315	+25	+36	+55	-4 + Δ	–	-20 + Δ	-20	-34 + Δ	0	4	4	7	9	20	29

Toleranzfeldlage	P – X	P	R	S	T	U	V	X
Grundtoleranz	bis 7	ab 8						
Nennmaße in mm: von 1 bis 3	Gleiches Abmaß wie für Toleranzgrade ab 8, jedoch um Δ-Wert vergrößert	-6	-10	-14	–	-18	–	-20
über 3 bis 6		-12	-15	-19	–	-23	–	-28
über 6 bis 10		-15	-19	-23	–	-28	–	-34
über 10 bis 14		-18	-23	-28	–	-33	–	-40
über 14 bis 18							-39	-45
über 18 bis 24		-22	-28	-35	–	-41	-47	-54
über 24 bis 30					-41	-48	-55	-64
über 30 bis 40		-26	-34	-43	-48	-60	-68	-80
über 40 bis 50					-54	-70	-81	-97
über 50 bis 65		-32	-41	-53	-66	-87	-102	-122
über 65 bis 80			-43	-59	-76	-102	-120	-146
über 80 bis 100		-37	-51	-71	-91	-124	-146	-178
über 100 bis 120			-54	-79	-104	-144	-172	-210
über 120 bis 140		-43	-63	-92	-122	-170	-202	-248
über 140 bis 160			-65	-100	-134	-190	-228	-280
über 160 bis 180			-68	-108	-146	-210	-252	-310
über 180 bis 200		-50	-77	-122	-166	-236	-284	-350
über 200 bis 225			-80	-130	-180	-258	-310	-385
über 225 bis 250			-84	-140	-196	-284	-340	-425
über 250 bis 280		-56	-94	-158	-218	-315	-385	-475
über 280 bis 315			-98	-170	-240	-350	-425	-525

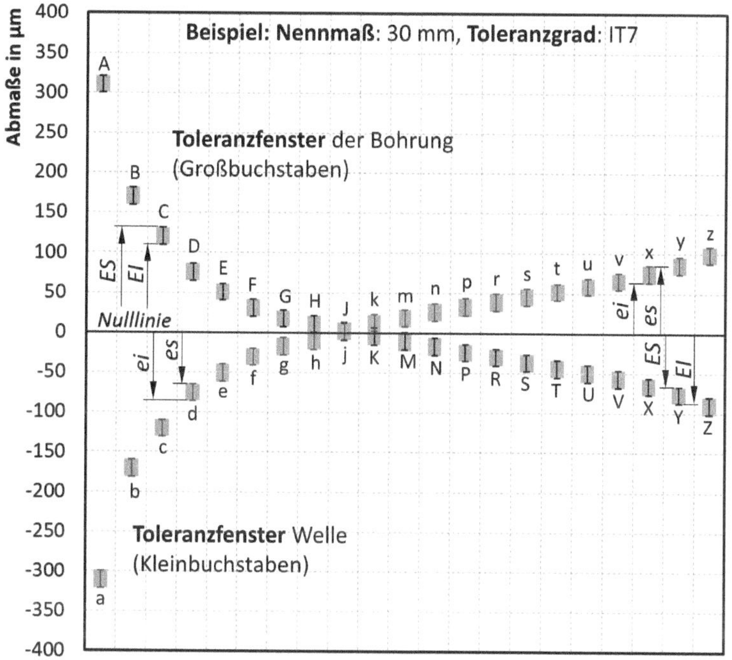

Bild 8.29 Unterschiedliche Toleranzfeldlagen am Beispiel des Nennmaß 30 mm und des Grundtoleranzgrades IT7

Man beachte auch, dass bei gewählter Grundtoleranz T nur ein Wert, also z.B. es oder ei, notwendig ist, um die Toleranzfeldlage eindeutig festzulegen. Das jeweils andere Abmaß kann über die Beziehungen:

$$ei = es - T \quad \Leftrightarrow \quad es = ei + T\,, \tag{8.116}$$

$$EI = ES - T \quad \Leftrightarrow \quad ES = EI + T\,. \tag{8.117}$$

berechnet werden, siehe Bild 8.27 (rechts).

Um eine Welle bzw. Nabe mit gegebenem Nennmaß $d = D$ hinsichtlich Toleranzfeldbreite und -lage zu definieren, kann das sog. **ISO-Toleranzkurzzeichen** verwendet werden. Für eine Bohrung mit dem Nenndurchmesser $D = 25$ mm bzw. eine Welle mit $d = 25$ mm ergeben sich so die folgenden Maßangaben in der technischen Zeichnung:

Bohrung: ∅25H7
Welle: ∅25h7

Das „H" bzw. „h" kennzeichnet das Abmaß; die „7" steht für den Grundtoleranzgrad IT7. Mithilfe von Tabelle 8.2 bis Tabelle 8.5 folgt so:

Bohrung: $EI = 0\,,\ T = 21\,\mu\text{m} \quad \Rightarrow ES = EI + T = 21\,\mu\text{m} \quad \Rightarrow \varnothing 25^{+0{,}021}_{0}$
Welle: $es = 0\,,\ T = 21\,\mu\text{m} \quad \Rightarrow ei = es - T = -21\,\mu\text{m} \quad \Rightarrow \varnothing 25^{0}_{-0{,}021}$

In gleicher Weise ergibt sich z.B.:

∅50F7: $EI = 25\,\mu\text{m}\,,\ T = 25\,\mu\text{m} \quad \Rightarrow ES = 50\,\mu\text{m} \quad \Rightarrow \varnothing 50^{+0{,}050}_{+0{,}025}$
∅50f7: $es = -25\,\mu\text{m}\,,\ T = 25\,\mu\text{m} \quad \Rightarrow ei = -50\,\mu\text{m} \quad \Rightarrow \varnothing 50^{-0{,}025}_{-0{,}050}$

Damit resultiert z.B. für die Bohrung mit der Angabe ⌀50F7 ein Höchstmaß $G_o = 50,05$ mm und ein Mindestmaß $G_u = 50,025$ mm. Die Bohrung ist über ihre gesamte Länge übermaßig. Für die Welle ergibt sich analog $G_o = 49,075$ mm und $G_u = 49,050$ mm; sie ist folglich untermaßig. Desweiteren zeigt ein Vergleich der Abmaße es, ei der Welle mit den Abmaßen der Bohrung ES, EI, dass folgende Beziehungen gelten:

$$\boxed{ES = -ei \quad \text{und} \quad EI = -es}\,. \tag{8.118}$$

Übung 34 (ISO-Toleranzkurzzeichen):
Bestimme für folgende ISO-Toleranzkurzzeichen die Höchst- und Mindestmaße:
⌀60H7, ⌀60g6, ⌀60P6, ⌀60M8.

Lösung:
Unter Berücksichtigung der Tabelle 8.2 bis Tabelle 8.5 ergeben sich folgende Werte:

⌀60H7: $EI = 0\,,\; T = 30\,\mu m \Rightarrow ES = EI + T = 30\,\mu m$
$\Rightarrow G_o = 60{,}030\,mm\,,\; G_u = 60{,}000\,mm$

⌀60g6: $es = -10\,\mu m\,,\; T = 19\,\mu m \Rightarrow ei = es - T = -29\,\mu m$
$\Rightarrow G_o = 59{,}090\,mm\,,\; G_u = 59{,}071\,mm$

⌀60P6: $ES = -26\,\mu m\,,\; T = 19\,\mu m \Rightarrow EI = ES - T = -45\,\mu m$
$\Rightarrow G_o = 59{,}074\,mm\,,\; G_u = 59{,}055\,mm$

⌀60M8: $ES = 5\,\mu m\,,\; T = 46\,\mu m \Rightarrow EI = ES - T = -41\,\mu m$
$\Rightarrow G_o = 60{,}005\,mm\,,\; G_u = 59{,}059\,mm$

■

8.3.3.2 Passungen, Passungsarten, Passsysteme

Um die Verpressung zwischen Welle und Nabe zu untersuchen, ist es notwendig, das Zusammenspiel der Toleranzen, sprich die Toleranzfeldbreite und -lage, von Welle und Nabe zu betrachten. Das führt unmittelbar auf den Begriff der **Passung** (siehe grauer Kasten), wobei drei verschiedene **Passungsarten** unterschieden werden, vgl. Bild 8.30:

1) **Spielpassung**: Beide ineinander gefügte Bauteile haben an jeder Längenposition Spiel. Das heißt, an allen Positionen ist die Welle im Durchmesser kleiner als die Nabe; zwischen Welle und Nabe „ist immer Luft“. Das sog. **Mindestspiel** (kleinstmögliches Spiel, S_k) ergibt sich, sofern der kleinstmögliche Bohrungsdurchmesser ($G_{u,B}$) auf den größtmöglichen Wellendurchmesser ($G_{o,W}$) trifft. Das sog. **Höchstspiel** (größtmöglichstes Spiel, S_g) folgt aus der Kombination von größtmöglichen Bohrungsdurchmesser ($G_{o,B}$) und kleinstmöglichen Wellendurchmesser ($G_{u,W}$).

$$\text{Höchstspiel:} \quad S_g = G_{o,B} - G_{u,W} > 0\,, \tag{8.119}$$

$$\text{Mindestspiel:} \quad S_k = G_{u,B} - G_{o,W} > 0\,. \tag{8.120}$$

2) **Übermaßpassung**: Hierbei ist der Wellendurchmesser an allen Längenpositionen toleranzbedingt größer als der Bohrungsdurchmesser. Das sog. **Höchstübermaß** (größtmögliches Übermaß, U_g) ergibt sich aus der Kombination des kleinstmöglichen Bohrungsdurchmessers ($G_{u,B}$) und des größtmöglichen Wellendurchmessers ($G_{o,W}$). Das

sog. **Mindestübermaß** folgt aus dem Zusammentreffen von größtmöglichen Bohrungsdurchmesser ($G_{o,B}$) und kleinstmöglichen Wellendurchmesser ($G_{u,W}$).

$$\text{Höchstübermaß:} \quad U_g = G_{u,B} - G_{o,W} < 0\,, \tag{8.121}$$

$$\text{Mindestübermaß:} \quad U_k = G_{o,B} - G_{u,W} < 0\,. \tag{8.122}$$

3) **Übergangspassung**: Überschneiden sich die Lagen beider Toleranzfelder, dann kann – abhängig davon, welche tolerierten Maße beider Bauteile lokal vorliegen – an unterschiedlichen Längenpositionen Spiel oder Übermaß auftreten. Trifft z.B. größter Bohrungsdurchmesser ($G_{o,B}$) auf kleinsten Wellendurchmesser ($G_{u,W}$) kann Spiel resultieren. Bei der Kombination von kleinstem Bohrungsdurchmesser ($G_{u,B}$) und größtem Wellendurchmesser ($G_{o,W}$) kann dagegen Übermaß bestehen.

$$\text{Spiel, z.B. bei:} \quad S = G_{o,B} - G_{u,W} > 0\,, \tag{8.123}$$

$$\text{Übermaß, z.B. bei:} \quad U = G_{u,B} - G_{o,W} < 0\,. \tag{8.124}$$

Definition (Passung):
Eine Passung definiert die Paarung von Innen- und Außendurchmesser, die zu unterschiedlichen Bauteilen (zwei **Passteilen**) gehören. Beide Durchmesser haben je ein Toleranzfeldbreite und eine Toleranzfeldlage aber gleiches Nennmaß. ■

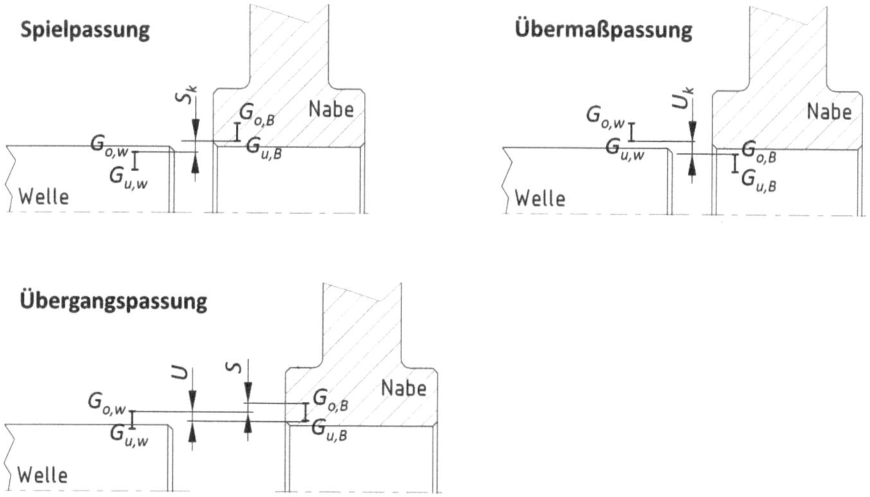

Bild 8.30 Drei Passungsarten

Es ist wohl leicht einzusehen, dass bei Pressverbänden Spielpassung außerhalb der Betrachtung liegen. Doch selbst bei Betrachtung von Übermaßpassungen sind eine Vielzahl von Kombinationen möglich. Dabei muss das Toleranzfeld der Bohrung unterhalb des Toleranzfeldes der Welle liegen, was tendenziell durch die rechte Seite von Bild 8.29 gegeben ist (z.B. die Kombinationen X/n, S/p aber auch F/v). Darüber hinaus kann auch der Grundtoleranzgrad, also die Toleranzfeldbreite variiert werden, so dass in Summe eine nahezu unüberschaubar große Anzahl an Möglichkeiten für Übermaßpassung existiert.

Aus Gründen der Wirtschaftlichkeit ist es sinnvoll, den Umfang der Möglichkeiten zu begrenzen. So können die Produkte unterschiedlicher Hersteller im Wettbewerb stehen, Austauschbarkeit und Verfügbarkeit wird verbessert und Fertigungs- bzw. Prüfkosten werden minimiert. Zu diesem Zweck haben sich in der Industrie **zwei Passsysteme** etabliert:

(a) **System Einheitsbohrung (EB)**: In diesem Fall hat die Bohrung immer das Grundabmaß H ($EI = 0$). Die gewünschte Passungsart wird ausschließlich über die Variation der Abmaße der Welle eingestellt, vgl. Bild 8.31 (links).

(b) **System Einheitswelle (EW)**: Hierbei ist es umgekehrt, d.h. die Welle hat immer das Abmaß h ($es = 0$) und die Abmaße der Nabe werden variiert, vgl. Bild 8.31 (rechts).

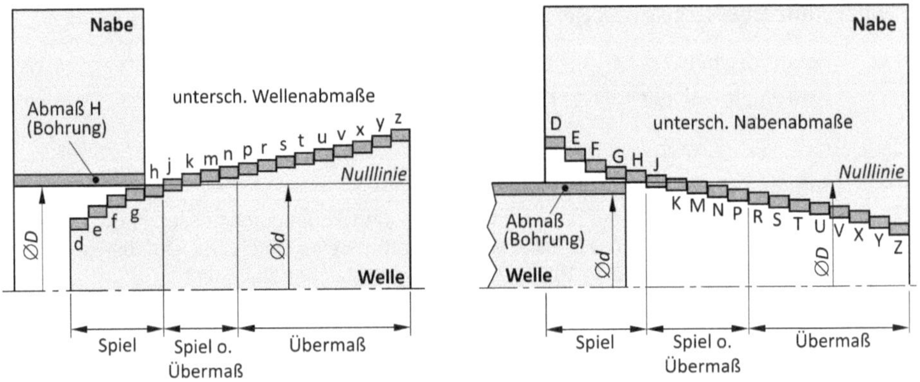

Bild 8.31 System Einheitsbohrung (EB, links); System Einheitswelle (EW, rechts)

Außerdem haben sich innerhalb der beiden Passsysteme verschiedene Passungen etabliert, die den meisten ingenieurtechnischen Anforderungen genügen [DIN EN ISO 286-1]. Tabelle 8.6 zeigt eine kleine Auswahl zur Orientierung.

Übung 35 (Passungen):
Bestimme für folgende Passungen das Mindest- und Höchstspiel: ⌀25H11/c11, ⌀80D10/h9. Berechne außerdem das Mindest- und Höchstübermaß für die Passungen: ⌀35S7/h6, ⌀60H8/u7.

Lösung:
Zur Lösung sollen zuerst einige nützliche Beziehungen hergeleitet werden. Mithilfe der Tatsache, dass Nabe und Welle das gleiche Nennmaß $D = d$ besitzen, gilt:

$$S_g = G_{o,B} - G_{u,W} = (D + ES) - (ei - d) = ES - ei\,, \tag{8.125}$$

$$S_k = G_{u,B} - G_{o,W} = (EI - D) - (d + es) = EI - es\,, \tag{8.126}$$

$$U_g = G_{u,B} - G_{o,W} = EI - es\,, \tag{8.127}$$

$$U_k = G_{o,B} - G_{u,W} = ES - ei\,. \tag{8.128}$$

Für die beiden Spielpassungen folgt dann weiter:

⌀25H11: $T = 130\,\mu m$, $EI = 0$, $ES = 130\,\mu m$

⌀25c11: $T = 130\,\mu m$, $es = -110\,\mu m$, $ei = -240\,\mu m$

⌀25H11/c11: $\Rightarrow S_g = 370\,\mu m$, $S_k = 110\,\mu m$

∅80D10:	$T = 120\,\mu m$, $EI = 100\,\mu m$, $ES = 220\,\mu m$
∅80h9:	$T = 74\,\mu m$, $es = 0$, $ei = -74\,\mu m$
∅80D10/h9:	$\Rightarrow S_g = 294\,\mu m$, $S_k = 100\,\mu m$

Für die Übermaßpassungen ergibt sich:

∅35S7:	$T = 25\,\mu m$, $ES = -34\,\mu m$, $EI = -59\,\mu m$
∅35h6:	$T = 16\,\mu m$, $es = 0$, $ei = -16\,\mu m$
∅35S7/h6:	$\Rightarrow U_g = -59\,\mu m$, $U_k = -18\,\mu m$
∅60H8:	$T = 46\,\mu m$, $EI = 0$, $ES = 46\,\mu m$
∅60u7:	$T = 30\,\mu m$, $ei = 87\,\mu m$, $es = 117\,\mu m$
∅60H8/u7:	$\Rightarrow U_g = -117\,\mu m$, $U_k = -41\,\mu m$

■

Tabelle 8.6 Ausgewählte Passungen für technische Anwendungen [DIN EN ISO 286-1, Decker, 2011]

Passung	Passsystem	Beschreibung	Anwendung
Spielpassung			
H11/c11, D10/h9	EB, EW	großes Spiel	Lagerungen für Land- u. Haushaltsmaschinen, langen Kranwellen, Gabelbolzen, Spindeln in Textilmaschinen
H8/e8, F8/h9	EB, EW	mittleres Spiel	mehrfach gelagerte Wellen, Achsbuchsen am KFZ
H7/g6, G7/h6	EB, EW	wenig Spiel	Kupplungsteile, Pleuelstangenlagerung, Stellstifte in Führungsbuchsen
H7/h6	EB, EW	sehr wenig Spiel	Säulenführungen, Zentrierflansche f. Kupplungen, Wechselräder auf Wellen
Übergangspassung			
H7/k6, K7/h6	EB, EW	haftend	Passstifte, Riemenscheiben, Zahnräder auf Wellen
H7/n6, N7/h6	EB, EW	fest haftend	Lagerbuchsen in Naben, Stirn- und Schneckenrädern, Anker auf Motorwellen
Übermaßpassung			
H7/s6, S7/h6	EB, EW	mittlerer Presssitz	Kupplungsnaben, Lagerbuchsen in Gehäusen und Rädern
H8/u7, U8/h7	EB, EW	starker Presssitz	Naben von Zahn- u. Schwungrädern, Wellenflansche

8.3.3.3 Dimensionierung des zylindrischen Pressverbandes

Ausgangspunkt der Betrachtung ist die Tatsache, dass der Wellendurchmesser vor der Montage toleranzbedingt größer ist als der Bohrungsdurchmesser der Nabe, $d > D$. Während der Montage wird die Nabenbohrung aufgeweitet und der Wellendurchmesser kontrahiert, idealerweise elastisch, bisweilen auch plastisch. Aufgrund der Rückstellkräfte nach dem Fügen, pressen sich die beiden zylindrischen Mantelflächen aufeinander, was zu Flächenpressung in der Kontaktfläche, oft als Fuge oder Fugenfläche mit dem Durchmesser D_F (Übergang Welle-Nabe) bezeichnet, führt.

Die Flächenpressung in der Fuge, p_F, aufintegriert über die Mantelfläche, repräsentiert eine Normalkraft F_N. Diese, multipliziert mit dem Reibungsbeiwert μ, liefert die Haftreibungskraft, die den Kraft- bzw. Reibschluss zur schlupffreien Übertragung von Drehmomenten und/oder Längskräften gewährleistet, vgl. Bild 8.32.

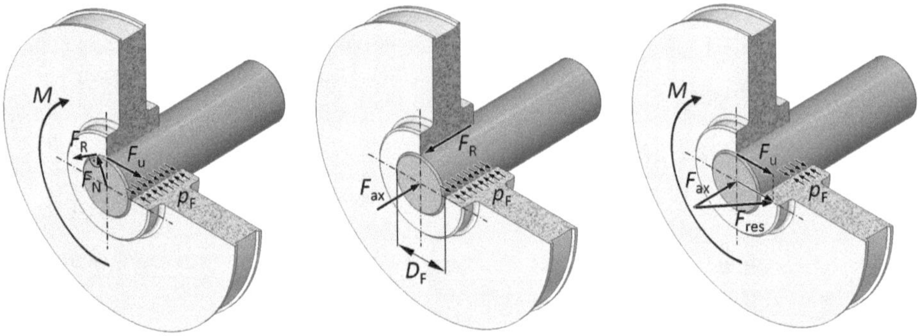

Drehmoment ⇒ Umfangskraft | **Längskraft (Axialkraft)** | **Drehmoment + Längskraft**

$$F_R > F_U = \frac{2M}{D_F} \qquad F_R > F_{ax} \qquad F_R > F_{res} = \sqrt{F_{ax}^2 + F_U^2}$$

Bild 8.32 Kräftekonstellation am Pressverband

A. Längs- und Querpressverbände

Bei zylindrischen Pressverbänden unterscheidet man zwischen (a) **Längspressverbänden** und (b) **Querpressverbänden**, die sich i.w. durch ihre unterschiedlichen Montagestrategien definieren. Bei den Längspressverbänden werden die Bauteile mit Übermaß mithilfe einer Einpresskraft F_{press} längs ineinander gepresst, vgl. Bild 8.33. Die dafür notwendigen Kräfte richten sich nach dem Übermaß und werden z.B. durch hydraulische Pressen aufgebracht. Zur besseren Führung der Bauteile während der Montage sollten Welle oder Bohrung (besser beide) mit **Fasen** versehen sein. Bild 8.33 gibt Hinweise, wie die Fasen zu konstruieren sind. Außerdem lässt sich beim Längsverband nicht vermeiden, dass die zylindrischen Oberflächen von Welle und Bohrung montagebedingt eingeebnet werden.

Bei Querpressverbänden werden Welle und Nabe vor der Montage kontrahiert bzw. aufgeweitet. Dabei wird die Welle abgekühlt, so dass sich der Durchmesser durch **thermische Dehnungen** verringert. Die Nabe hingegen wird erwärmt, so dass sie sich thermisch ausdehnt und der Bohrungsdurchmesser größer wird. Idealerweise wird so das Übermaß vollständig abgebaut und beide Bauteile lassen sich ohne nennenswerte Einpresskräfte fügen. Durch die anschließende Erwärmung/Abkühlung der Welle/Nabe auf die Ausgangstemperatur versuchen beide Bauteile, ihre ursprünglichen Durchmesser wieder einzunehmen. Dadurch pressen sie sich in der Fügezone aufeinander, was zu der gewünschten Flächenpressung führt, vgl. Bild 8.34.

Die Änderung des Nabendurchmessers durch Erwärmung $\Delta D = D_1 - D_0$ kann mithilfe des materialspezifischen sog. **linearen Wärmeausdehnungskoeffizienten** α und der bekann-

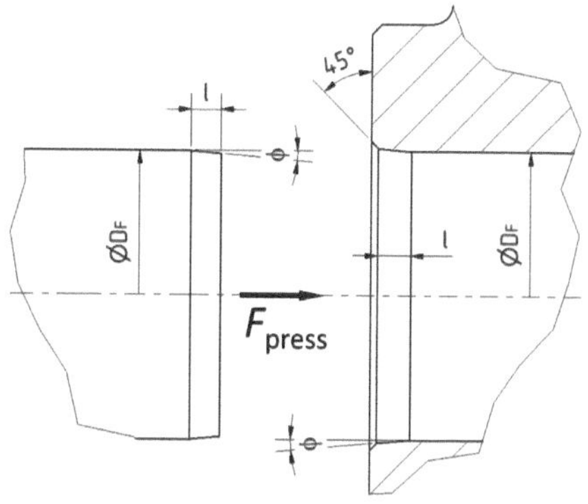

Durchmesser D_F in mm		Fasenlänge in mm
über	*bis*	
50	80	4
80	160	5
160	250	6
250	400	7
400	630	8
630	800	9
800	1000	10
1000	...	10

ϕ: max. 5° , $l \approx \sqrt[3]{D_F}$

Bild 8.33 Geometrie der Fasen zum vereinfachten Einfädeln von Welle und Nabe

ten Temperaturdifferenz $\Delta T = T_1 - T_0$, (T_0: Ausgangstemperatur) abgeschätzt werden. Dabei wird zugrunde gelegt, dass sich der Bohrungsumfang πD_0 proportional zur Temperaturdifferenz auf πD_1 ändert. Gleiches gilt für die Änderung des Wellenumfang πd_0 auf πd_1. Die umfangsbezogenen thermischen Dehnungen ε_{th} können über die Beziehung:

$$\varepsilon_{th} = \frac{\pi(D_1 - D_0)}{\pi D_0} = \frac{\Delta D}{D_0} = \alpha \Delta T \quad \text{bzw.} \tag{8.129}$$

$$\varepsilon_{th} = \frac{\pi(d_1 - d_0)}{\pi d_0} = \frac{\Delta d}{d_0} = \alpha \Delta T \tag{8.130}$$

abgeschätzt werden. Mit diesen Beziehungen kann bei bekanntem Übermaß z.B. die notwendige Temperaturdifferenz bestimmt werden. Dabei kann entweder die Nabe und/oder die Welle in Betracht gezogen werden. Zu beachten ist außerdem, dass ΔT positiv bei Erwärmung und negativ bei Abkühlung ist.

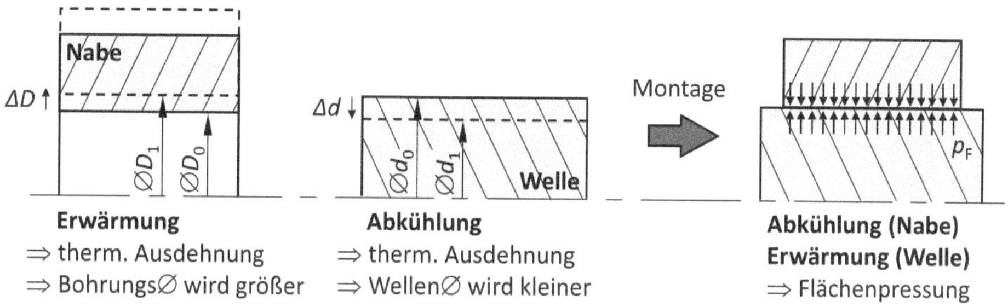

Bild 8.34 Prinzip des Querpressverbandes (thermische Dehnung)

Tabelle 8.7 listet verschiedene Wärmeausdehnungskoeffizienten für einige technisch relevanten Werkstoffe auf. Hervorzuheben ist, dass α eine Funktion der Temperatur ist. Deshalb unterscheiden sich die anzusetzende Werte für Aufwärmung und Abkühlung.

Zum Abkühlen der Welle können neben der Lagerung im Tiefkühlschrank auch Kältemittel eingesetzt werden. Die wohl Gängigsten sind:

- Trockeneis (festes CO_2, $T = -78$ °C) und

Tabelle 8.7 Lineare thermische Ausdehnungskoeffizienten [Decker, 2011]

Werkstoff	α in $\frac{10^{-6}}{K}$ (Erwärmung)	α in $\frac{10^{-6}}{K}$ (Abkühlung)
Stahl, Stahlguss	11	8,5
Graugss, Temperguss	10	8
Aluminiumlegierung	23	18
Magnesiumlegierung	26	21
Messing	18	16
Bronze	16	14

- flüssiger Stickstoff ($T = -196$ °C).

Beim Erwärmen der Nabe ist Vorsicht geboten, insbesondere wenn diese aus Stählen gerfertigt ist, deren mechanischen Eigenschaften durch eine gezielte Wärmebehandlung (z.B. Vergütung) eingestellt wurden. Zur Vermeidung eventueller Gefügeveränderungen gelten folgende Maximaltemperaturen [DIN 7190-1]:

- unvergüteter Baustahl, Stahlguss, Grauguss mit Kugelgraphit: $T_{max} = 350$ °C,
- vergüteter Stahl oder Stahlguss: $T_{max} = 300$ °C,
- randschichtgehärteter Stahl: $T_{max} = 250$ °C,
- einsatzgehärteter Stahl, hochvergüteter Baustahl: $T_{max} = 200$ °C,

B. Flächenpressung

Das über die Toleranzen eingestellte Übermaß, insbesondere die durch die radiale Verformung der Welle und /oder der Nabe hervorgerufenen Rückstellkräfte, verursachen die für den Reibschluss notwendige Flächenpressung. Grundsätzlich ist anzustreben, dass der Pressverband nur elastische Verformungen aufweist. Das ist nicht immer möglich, insbesondere bei Bauteilen mit sehr dünnen Wandstärken. In derartigen Fällen sind bisweilen auch plastische Verformungen zulässig. **Aber Achtung**: bei spröden Nabenwerkstoffen (z.B. Grauguss) sind ausnahmslos nur elastische Verformungen zulässig.

Im Folgenden soll untersucht werden, wie groß die notwendige Flächenpressung p_F (auch **Fugenpressung** genannt) sein muss, damit ein gegebenes Betriebsdrehmoment M und/oder eine äußere Axialkraft F_{ax} übertragen werden kann. Dazu betrachte man Bild 8.35.

Für den Fall eines wirkenden Betriebsdrehmoments (vgl. Vorderansicht) kann eine äquivalente Umfangskraft F_u mit $M = F_u \cdot r_F = F_u \cdot \frac{D_F}{2}$ definiert werden. Außerdem ruft die Flächenpressung p_F eine Normalkraft $F_N = p_F \cdot A_F$ hervor, die wiederum zu einer Reibkraft $F_R = \mu_0 \cdot F_N$ führt. Hierbei steht r_F für den Fugenradius, D_F für den Fugendurchmesser und $A_F = \pi \cdot D_F \cdot L_F$ für die zylindrische Fugenfläche (L_F: Fugenlänge).

Damit zwischen Welle und Nabe im Betrieb kein Rutschen auftritt, muss die Haftreibkraft F_R – die der möglichen Rutschbewegung entgegengerichtet ist – größer sein als die durch M verursachte Umfangskraft. Daher kann notiert werden:

$$F_R \geq F_u = \frac{2M}{D_F}\,, \tag{8.131}$$

$$F_R = \mu_0 F_N = \mu_0 p_F A_F = \mu_0 p_F \pi D_F L_F\,. \tag{8.132}$$

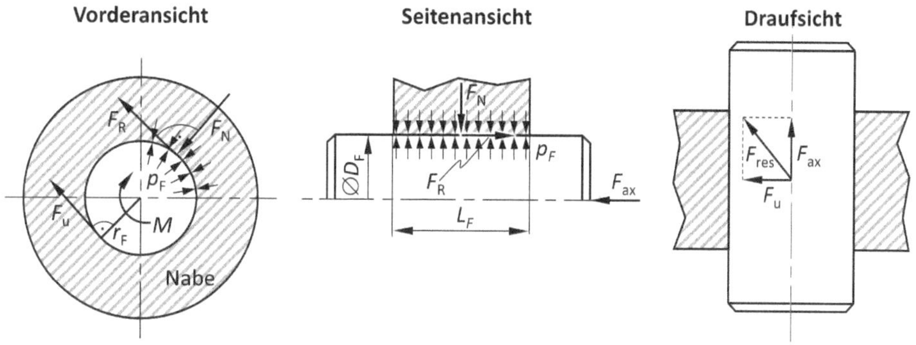

Bild 8.35 Betriebsmoment und/oder Axialkraft am Pressverband

Setzt man beide Gleichungen ineinander ein und betrachtet den Grenzfall (≥ wird durch = ersetzt), dann folgt für die **Mindestfugenpressung**

$$\boxed{p_F = S_H \cdot \frac{2M}{\mu_0 \pi D_F^2 L_F}} \quad \text{(wirkendes Betriebsdrehmoment } M\text{).} \tag{8.133}$$

Die Größe S_H steht für die sog. **Haftsicherheit**. Sie stellt sicher, dass zwischen F_R und F_u genügend „Luft ist". Folgende Werte können für S_H verwendet werden [Decker, 2011]:

ruhende Belastung: $S_H \geq 1{,}5$,
schwellende Belastung: $S_H \geq 1{,}8$,
wechselnde Belastung: $S_H \geq 2{,}2$.

Das Symbol μ_0 kennzeichnet den Haftreibungsbeiwert gemäß dem Coloumbschen Gesetz; Bild 8.13 zeigt dazu typische Werte.

Ist durch den zylindrischen Pressverband eine Axialkraft F_{ax} zu übertragen (vgl. Seitenansicht), dann gilt mit analoger Argumentation:

$$F_R = \mu_0 p_F \pi D_F L_F \geq F_{ax} \, , \tag{8.134}$$

$$\boxed{p_F = S_H \cdot \frac{F_{ax}}{\mu_0 \pi D_F L_F}} \quad \text{(wirkende Axialkraft } F_{ax}\text{).} \tag{8.135}$$

Sind gleichzeitig Axialkraft und Betriebsdrehmoment zu übertragen (vgl. Draufsicht), muss die resultierende Kraft $F_{res}^2 = F_u^2 + F_{ax}^2$ betrachtet werden. Mithilfe der o.g. Beziehung $F_u = \frac{2M}{D_F}$ folgt so für die Mindestfugenpressung in gleicher Weise, wie zuvor erläutert:

$$F_R = \mu_0 p_F \pi D_F L_F \geq F_{res} \, , \tag{8.136}$$

$$\boxed{p_F = S_H \cdot \frac{\sqrt{\left(\frac{2M}{D_F}\right)^2 + F_{ax}^2}}{\mu_0 \pi D_F L_F}} \quad \text{(Axialkraft + Betriebsdrehmoment).} \tag{8.137}$$

Übung 36 (zylindrischer Pressverband):
Eine Stahlwelle und eine Nabe aus Grauguss (EN-GJL) sind über einen zylindrischen Längspressverband miteinander verbunden (trocken gefügt). Die Welle hat ein Nennmaß von $d = D_F = 40$ mm. Die Fugenlänge beträgt $L_F = 28$ mm. Die Konstruktion ist wechselnden Belastungen ausgesetzt. Berechnen Sie:

a) Die Mindestfugenpressung, um ein Drehmoment von $M = 450$ Nm zu übertragen.
b) Die erforderliche Fugenpressung, um eine Axialkraft $F_{ax} = 15$ KN zu übertragen.
c) Die benötigte Fugenpressung, um sowohl M als auch F_{ax} zu übertragen.

Lösung:
Für alle drei Teilaufgaben a) bis c) gilt ein Haftreibungsbeiwert $\mu_0 = 0{,}11$ (vgl. Bild 8.13) und eine Haftsicherheit $S_H = 2{,}2$ (wechselnde Belastung).

a) Aus Gleichung 8.133 folgt mit den genannten Werten: $p_F = 128$ N/mm^2.
b) Mit Gleichung 8.135 kann notiert werden: $p_F = 85$ N/mm^2.
c) Gleichung 8.137 liefert: $p_F = 154$ N/mm^2.

■

C. Zusammenhang zwischen Flächenpressung und Übermaß (nach DIN 7190-1)

Um die am Anfang von Abschnitt 8.3.3 gestellten Fragen zu beantworten, fehlt noch die Verbindung zwischen Übermaß und Flächenpressung. Ist dieser Zusammenhang bekannt, kann mit Gleichung 8.133, Gleichung 8.135 und Gleichung 8.137 aus dem Übermaß das übertragbare Betriebsdrehmoment M und/oder die Axialkraft F_{ax} berechnet werden.

Zuvor müssen noch zwei Beobachtungen erörtert werden, die in den Berechnungen zu berücksichtigen sind:

- **1. Beobachtung**: eine dünnwandige Nabe gibt beim Aufpressen auf die Welle stärker nach als eine dickwandige Nabe. Dadurch wird die dickwandige Nabe, bei gleichem Übermaß, eine größere Fugenpressung entwickeln, Bild 8.36 (obere Reihe).

  Durch das Aufpressen bilden sich u.a. in der Nabe radiale Spannungen und Dehnungen $\varepsilon(y)$ aus. Diese Dehnungen sind im Bereich der Fuge am größten und verringern sich in radiale Richtung. Je dicker die Nabe, desto geringer die Aufweitung ΔD_a des Außendurchmessers D_a. Die Dehnungen am Rand wirken sich auch auf die Dehnungen der Nabe im Bereich der Fuge aus. Eine dünnwandige Nabe, die sich leicht aufweiten kann, wird sich auch am Innendurchmesser leichter weiten und so geringe Fugenpressungen ausbilden als eine dickwandige Nabe ($p_F > p'_F$), Bild 8.36 (obere Reihe).

  In gleicher Weise kann bei der Welle argumentiert werden. Eine dünnwandige Hohlwelle (d'_i) weicht leichter nach innen aus, als eine dickwandige Welle (d_i) bzw. als eine Vollwelle ($d_i = 0$). Folglich wird die Hohlwelle eine geringere Fugenpressung als z.B. eine Vollwelle ausbilden ($p_F > p'_F$), Bild 8.36 (mittlere Reihe).

  Im Ergebnis dessen kann geschlussfolgert werden, dass in den Berechnungen die jeweiligen Innen- und Außendurchmesser, d_i und d_a (Welle) bzw. D_i und D_a (Nabe), berücksichtigt werden müssen. Dazu definiert man das sog. **Außendurchmesser- und Innendurchmesserverhältnis**, Q_A und Q_I, mit:

$$\boxed{Q_A = \frac{D_F}{D_a}\,, \quad Q_I = \frac{d_i}{D_F}}\,, \quad \text{(Vollwelle: } Q_I = 0) \,. \tag{8.138}$$

- **2. Beobachtung**: Durch das Längseinpressen kommt es zu einem **Übermaßverlust** U_v zwischen Welle und Nabe, da die jeweiligen Oberflächenrauheiten durch Abscheren und Einebnung der „Berge" reduziert werden, Bild 8.36 (letzte Reihe).

  Der Übermaßverlust kann aus den Ausgangsrauheiten der Bauteile durch eine auf Erfahrung beruhende Beziehung beschrieben werden. Es gilt:

  $$\boxed{U_v \approx 0{,}8 \cdot (R_{z,A} + R_{z,I})}\,, \tag{8.139}$$

  wobei $R_{z,A}$ und $R_{z,I}$ für die Oberflächenrauheiten des Außenteils (Nabe) und des Innenteils (Welle) steht. Das ursprünglich festgelegte Übermaß, ausgedrückt durch die Größen U_g und U_k (vergleiche Abschnitt 8.3.3.2), ist daher theoretischer Natur. In der Praxis wird sich das Übermaß durch das Längseinpressen verringern, so dass es plausibel ist, das sog. **wirksame Übermaß** $U_{w,g}$ und $U_{w,k}$ zu betrachten:

  $$\boxed{U_{w,g} = U_g - U_v\,, \quad U_{w,k} = U_k - U_v}\,. \tag{8.140}$$

  Bezieht man die wirksamen Übermaße zusätzlich noch auf den Fugendurchmesser D_F, dann ergibt sich das sog. **bezogene, wirksame Übermaß**[7]

  $$\boxed{Z_{w,g} = \frac{U_{w,g}}{D_F}\,, \quad Z_{w,k} = \frac{U_{w,k}}{D_F}}\,. \tag{8.141}$$

Mit diesen beiden Beobachtungen und den daraus abgeleiteten Größen kann weiter verfahren werden. Dabei sind i.w. zwei Situationen und Strategien zu unterscheiden:

a. **Gegeben** ist eine äußere Axialkraft bzw. ein Betriebsdrehmoment, woraus unmittelbar mit Gleichung 8.133, Gleichung 8.135, Gleichung 8.137 die notwendige Fugenpressung p_F resultiert. **Gesucht** ist eine geeignete Passung, dass die erforderliche Fugenpressung sicherstellt.

b. **Gegeben** ist eine Passung (z.B. H8/u7). **Gesucht** ist zum einen die Mindestfugenpressung $p_{F,min}$ (durch $U_{w,k}$ festgelegt) zur Berechnung der maximalen Werte für M und F_{ax}. Zum anderen ist die Maximalfugenpressung $p_{F,max}$ (durch $U_{w,g}$ festgelegt) zu berechnen, um zu prüfen, ob $p_{F,max} < p_{zul}$ gilt und z.B. rein elastische Verformungen vorliegen.

In der [DIN 7190-1] ist im Anhang D ein Berechnungsleitfaden in Form eines Flussdiagramms angegeben, das die **elastisch-plastische Auslegung** eines zylindrischen Pressverbandes darstellt. In [Decker, 2011] ist dieser Leitfaden auf eine **rein elastische Auslegung** reduziert. Im Folgenden soll die rein elastische Beanspruchung betrachtet werden, wobei nur das Vorgehen für die o.g. beiden Situationen a. und b. „rezeptartig" vorgestellt werden soll, Bild 8.37 bis Bild 8.40.

[7] Für den Zugstab galt: $\varepsilon = \frac{\Delta L}{L_0}$. Durch das Längseinpressen wird $U_{w,g/k}$ auf Null gestaucht, d.h. $U_{w,g/k} \widehat{=} \Delta L$. Die Bezugslänge ist hier D_F, also $D_F \widehat{=} L_0$. $Z_{w,g/k}$ kann daher als ein Dehnungsmaß aufgefasst werden.

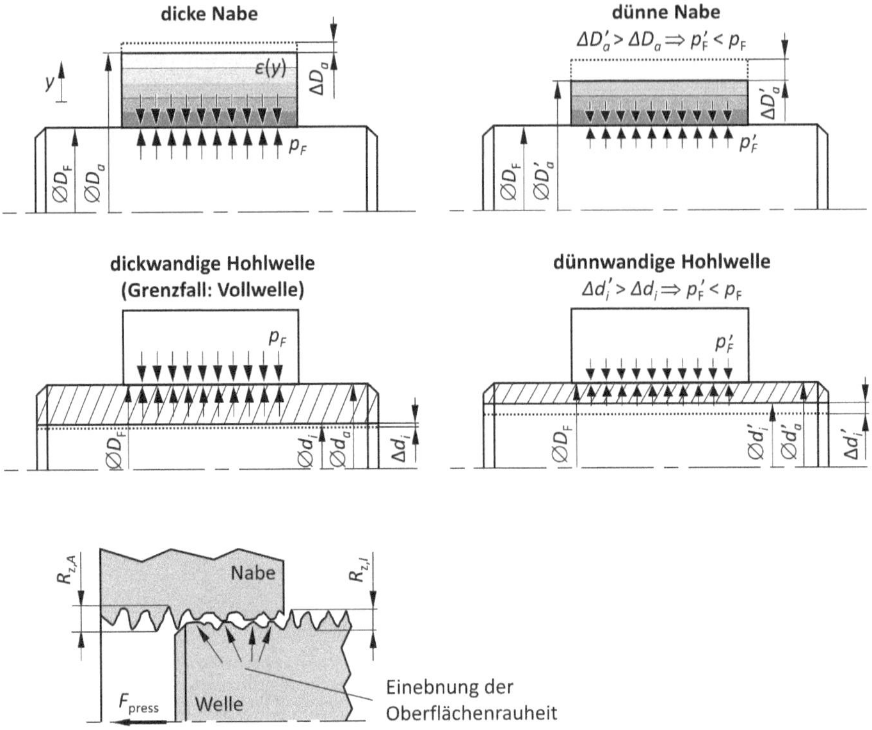

Bild 8.36 Einfluss der Durchmesserverhältnisse auf die Flächenpressung und Übermaßverlust durch Einebnung der Oberflächenrauheiten

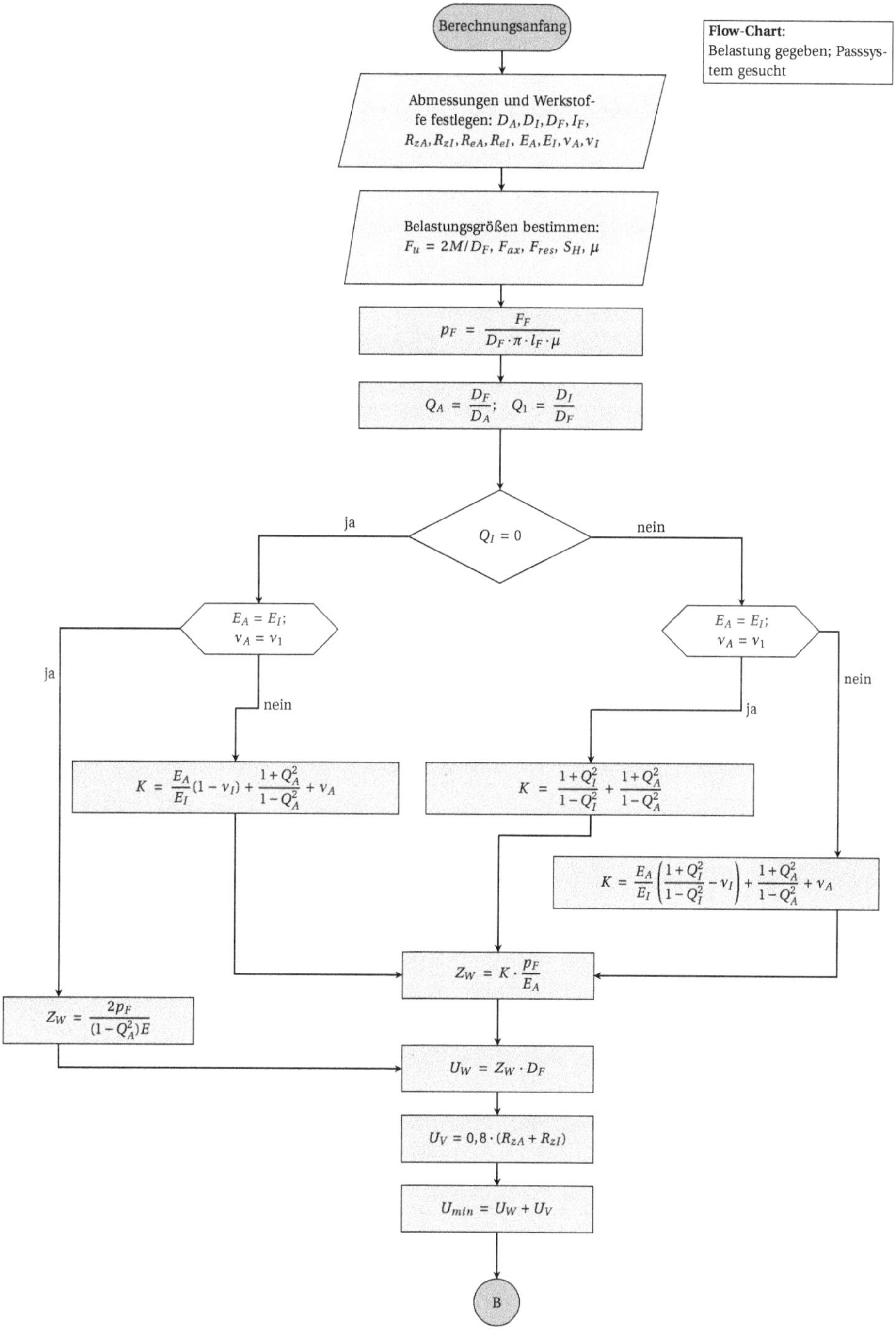

Bild 8.37 Leitfaden zur Auswahl einer geeigneten Passung bei gegebenen äußeren Belastungen (Fall a, rein elastisch), Quelle: [Decker, 2011].

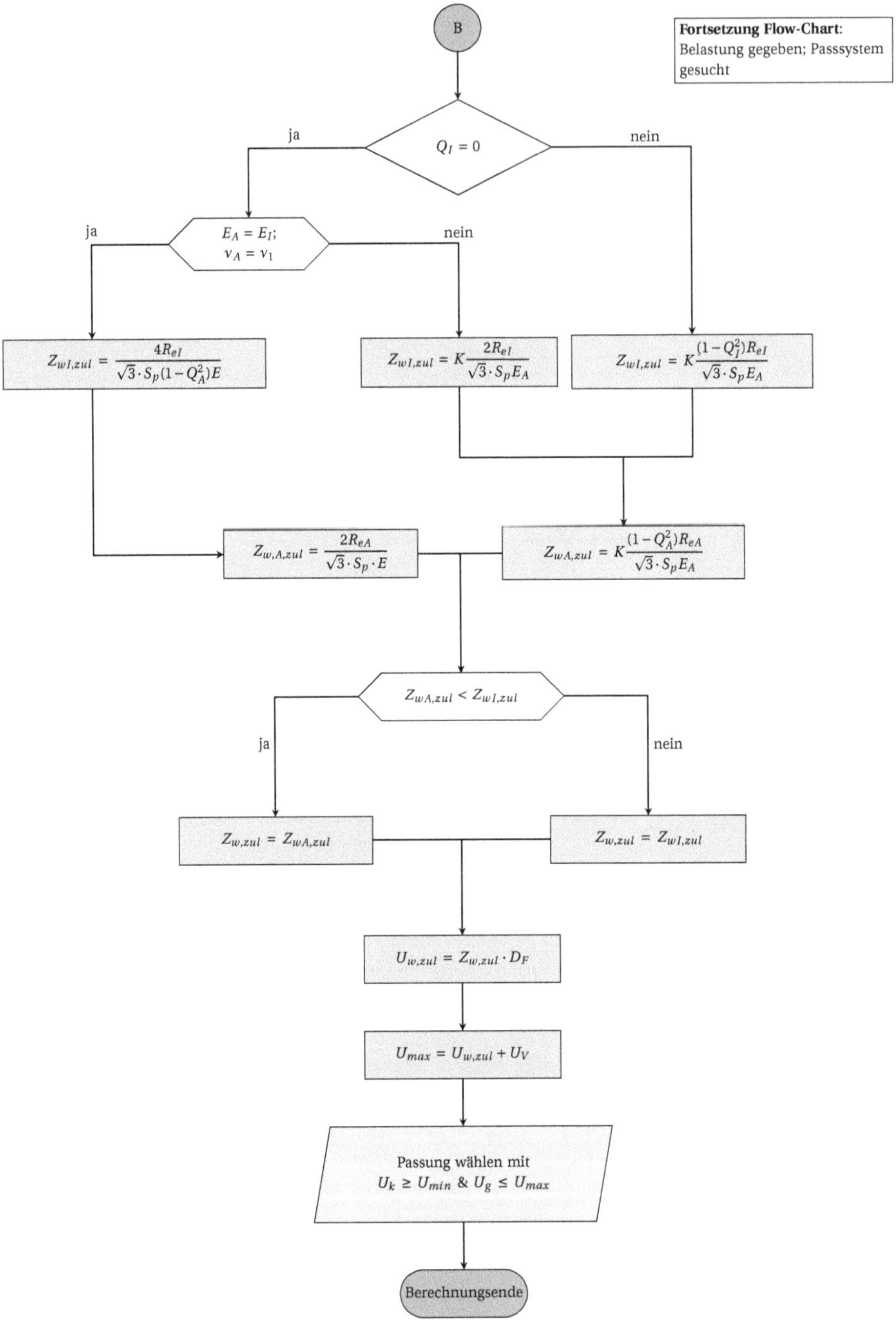

Bild 8.38 (Fortsetzung) Leitfaden zur Auswahl einer geeigneten Passung bei gegebenen äußeren Belastungen (Fall a, rein elastisch), Quelle: [Decker, 2011].

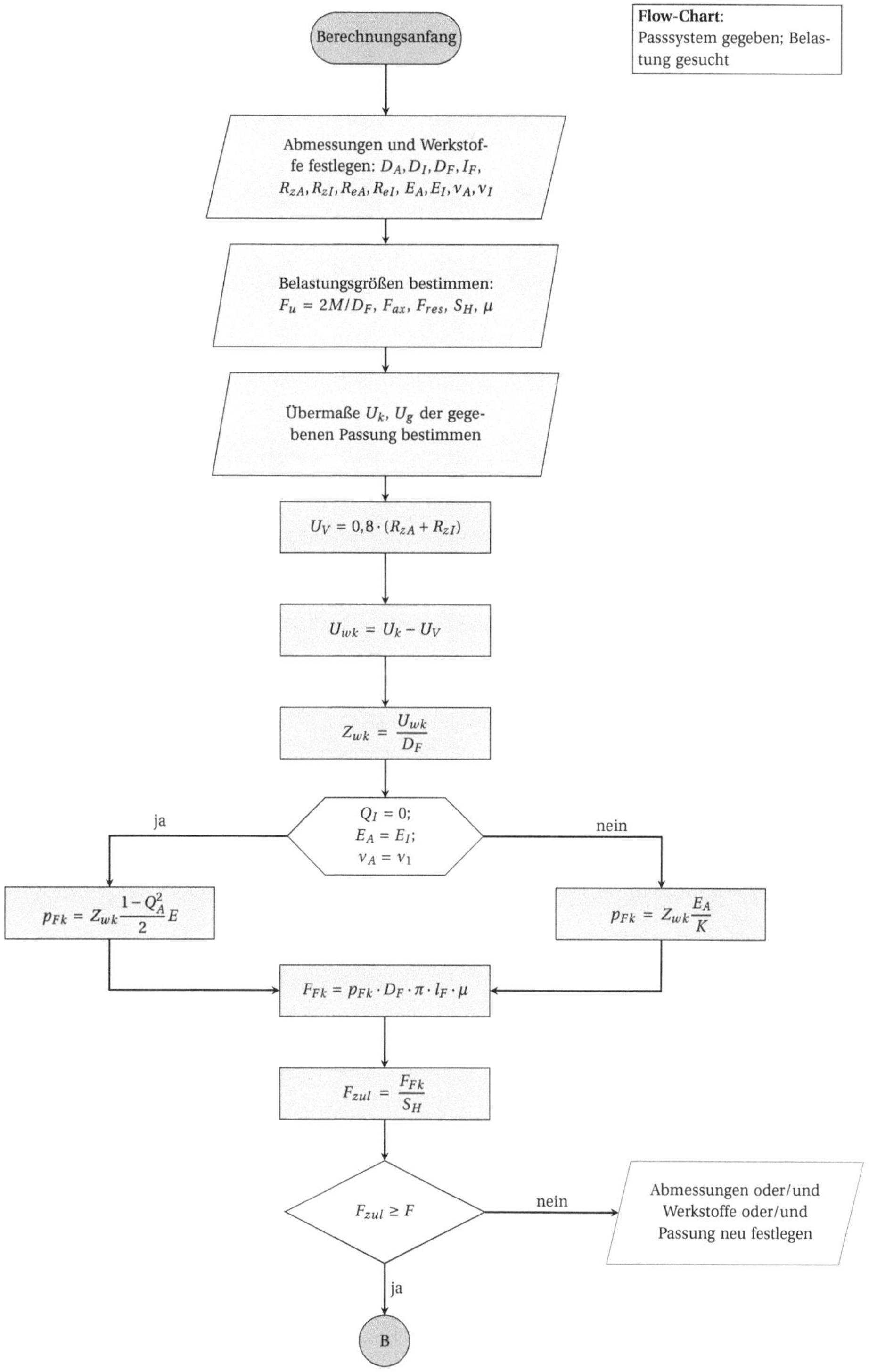

Bild 8.39 Leitfaden zur Bestimmung der übertragbaren Kräfte bei gegebener Passung (Fall b, rein elastisch), Quelle: [Decker, 2011].

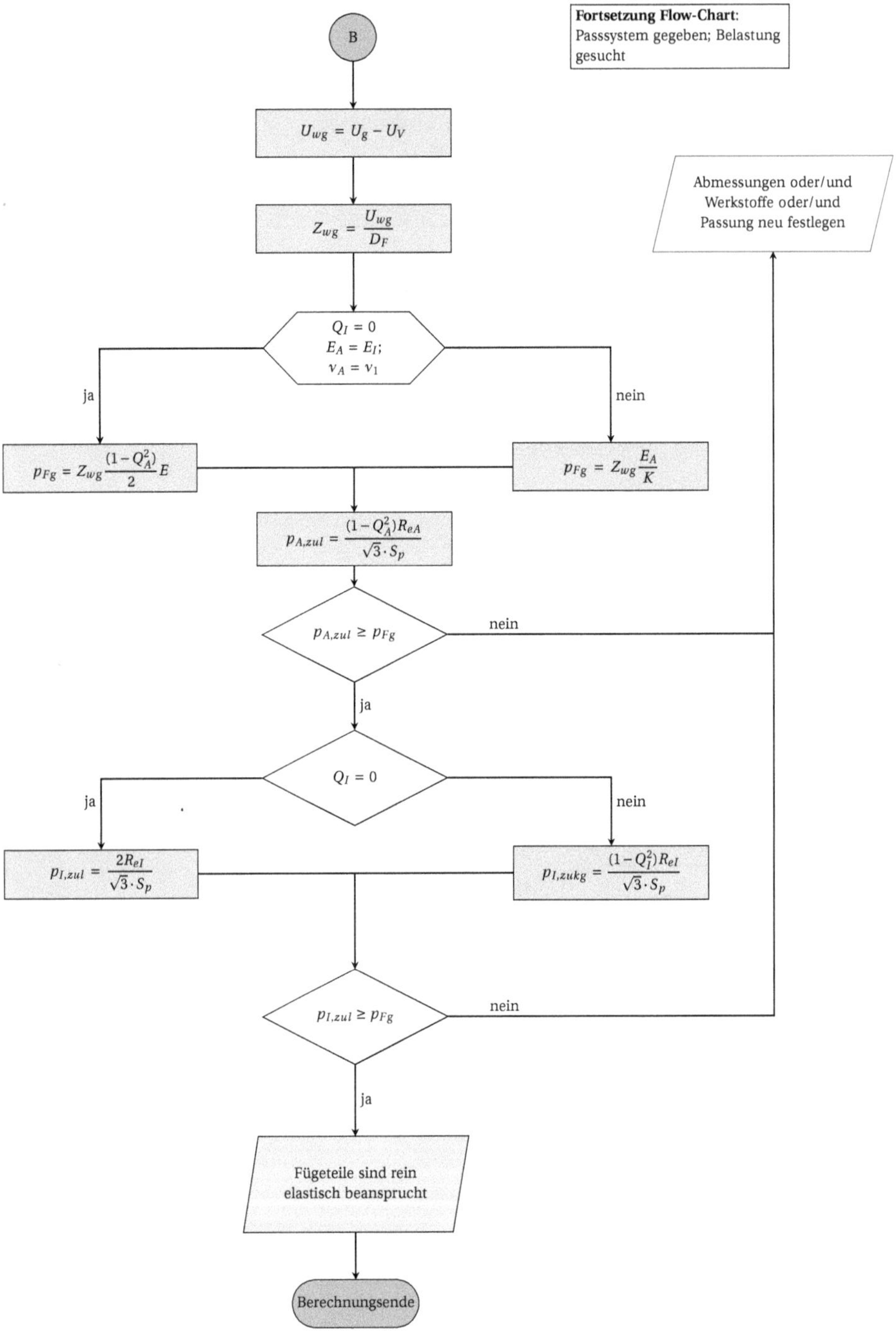

Bild 8.40 (Fortsetzung) Leitfaden zur Bestimmung der übertragbaren Kräfte bei gegebener Passung (Fall b, rein elastisch), Quelle: [Decker, 2011].

Zentrales Element für die Auslegung beider Situationen ist die Hilfsgröße K, für die folgende Definition gilt:

$$K := \frac{E_A}{E_I}\left(\frac{1+Q_I^2}{1-Q_I^2} - \nu_I\right) + \left(\frac{1+Q_A^2}{1-Q_A^2} + \nu_A\right). \tag{8.142}$$

E_A bzw. E_I und ν_A bzw. ν_I stehen für das E-Modul und die Querkontraktionszahl des Außenteils (Nabe) bzw. des Innenteils (Welle). Für Vollwellen gilt $Q_I = 0$ und bei Vorliegen gleicher Werkstoffe (z.B. Welle und Nabe aus Stahl) kann $E_A = E_I \equiv E$ und $\nu_A = \nu_I \equiv \nu$ gesetzt werden.

Zur Illustration der Verwendung der Flussdiagramme in Bild 8.37 bis Bild 8.40 sowie der darin verwendeten Größen soll hier ein kurzes Beispiel betrachtet werden (Fall a).

Beispiel (Auswahl einer Passung bei gegebenem Betriebsdrehmoment):
Eine Antriebswelle (Vollwelle) mit einem Nenndurchmesser von $d = 60$ mm wird mit einem Antriebsmoment von $M = 400$ Nm beaufschlagt. Auf der Antriebswelle ist ein Kettenrad längs aufgepresst, das eine Bohrungslänge von $L_F = 90$ mm und einen Außendurchmesser von $D_a = 350$ mm aufweist. Beide Bauteile sind aus Stahl gefertigt und weisen folgende einheitliche Werkstoffkennwerte auf:

E-Modul:	$E = 210000$ N/mm^2
Querkontraktionszahl:	$\nu = 0,3$
Streckgrenze:	$R_{e,A} = R_{e,I} = R_e = 350$ N/mm^2

Außerdem gelten folgende fertigungsbedingte Werte:

Oberflächenrauheit:	$R_{z,A} = R_{z,I} = R_z = 16$ µm
Haftreibungsbeiwert:	$\mu_0 = 0,1$

Wähle eine geeignete Passung (Passsystem EB) aus, wenn für die Haftsicherheit $S_H = 1,5$ und als Sicherheit gegen plastisches Fließen $S_P = 1,2$ angenommen wird.

Vorgehen nach Bild 8.37 und Bild 8.38 (Fall a):
Mithilfe von Gleichung 8.133 kann die Mindestfugenpressung bestimmt werden:

$$p_F = 11,8\,\text{N/mm}^2\,. \tag{8.143}$$

Für die Durchmesserverhältnisse gilt: $Q_i = 0$ (Vollwelle) und $Q_A = 0,17$. Da Welle und Nabe aus den gleichen Werkstoffen bestehen, folgt für das (kleinste) bezogene, wirksame Übermaß[8]:

$$Z_w = Z_{w,k} = \frac{2p_F}{(1-Q_A^2)E} = 115,7 \cdot 10^{-6}\,. \tag{8.144}$$

Daraus folgt unmittelbar das (kleinste) wirksame Übermaß:

$$U_w = U_{w,k} = Z_w \cdot D_F = 9,94\,\mu\text{m}\,. \tag{8.145}$$

Ferner kann aus den gegebenen Oberflächenrauheiten $R_{z,A} = R_{z,I}$ der Übermaßverlust $U_v = 0,8 \cdot (R_{z,A} + R_{z,I}) = 25,6$ µm bestimmt werden. Als **minimales Übermaß** U_{min}, dass zur Übertragung von M notwendig ist, ergibt sich:

$$U_{min} = U_w + U_v = 32,5\,\mu\text{m} = 0,0325\,\text{mm}\,. \tag{8.146}$$

Damit ist der erste Teil des Flussdiagramms abgeschlossen (Bild 8.37 und es folgt der zweite Teil (Bild 8.38), sprich die Festlegung des **maximal erlaubten Übermaßes** U_{max}, so dass der Pressverband **keine plastischen Verformungen** aufweist.

Für die maximal möglichen, bezogenen, wirksamen Übermaße ergibt sich für das Innen- und Außenteil, $Z_{w,Izul}$ und $Z_{w,Azul}$:

$$Z_{w,Izul} = \frac{4R_{e,I}}{\sqrt{3}S_P(1-Q_A^2)E} = 3304{,}62 \cdot 10^{-6}\,, \tag{8.147}$$

$$Z_{w,Azul} = \frac{2R_{e,A}}{\sqrt{3}S_P E} = 1603{,}75 \cdot 10^{-6}\,. \tag{8.148}$$

$$U_{w,zul} = U_{w,g} = Z_{w,g} \cdot D_F = 96{,}2\,\mu\text{m} = 0{,}0962\,\text{mm}\,. \tag{8.149}$$

Das maximal erlaubte Übermaß U_{max} errechnet sich dann zu:

$$U_{max} = U_{w,g} + U_v = 121{,}8\,\mu\text{m} = 0{,}1218\,\text{mm}\,. \tag{8.150}$$

Damit ist Unter- und Obergrenze für das benötigte Übermaß festgelegt. Es ist nun eine Passung – hier soll das System Einheitsbohrung (EB) verwendet werden – mit:

$$U_{min} < U_k < U_g < U_{max} \tag{8.151}$$

auszuwählen. Dazu betrachte man z.B. die in **Übung 35** berechnete Passung ⌀60H8/u7 mit den Ergebnissen U_g = 117 µm und U_k = 41 µm (Minuszeichen nicht betrachtet). Es kann festgestellt werden, dass Gleichung 8.151 erfüllt ist, denn:

$$\underbrace{32{,}5\,\mu\text{m}}_{=U_{min}} < \underbrace{41\,\mu\text{m}}_{=U_k} < \underbrace{117\,\mu\text{m}}_{=U_g} < \underbrace{121{,}8\,\mu\text{m}}_{=U_{max}} \tag{8.152}$$

so dass ⌀60H8/u7 eine geeignete Passung darstellt. ■

Natürlich wurden die Werte des Beispiels so gewählt, dass es zu der bereits betrachteten Passung in Übung 35 passt. In der Realität müssen U_k und U_g berechnet und mit U_{min} und U_{max} verglichen werden. Diese Verfahrensweise muss solange mit verschiedenen Passungen wiederholt werden, bis die Bedingung $U_{min} < U_k < U_g < U_{max}$ erfüllt ist.

In ähnlicher Weise wie im Beispiel kann für den Fall b, vgl. Bild 8.39, verfahren werden. Bei gegebener Passung wird zuerst das kleinste bezogene, wirksame Übermaß $Z_{w,k}$ berechnet. Damit kann – je nach Wellengeometrie und Werkstoffkonstellation – die Mindestfugenpressung p_F bestimmt werden. Mit p_F kann unter Verwendung der Gleichung 8.133, Gleichung 8.135, Gleichung 8.137 die übertragbare Kraft und/oder das übertragbare Moment ermittelt werden (Bild 8.39 und Bild 8.40).

---

[8] Abhängig davon, ob eine Hohl- oder Vollwelle vorliegt und ob Welle und Nabe gleiche bzw. ungleiche Werkstoffe aufweisen, gibt die DIN 7190-1 für den Fall a verschiedene Formeln zur Berechnung von Z_w (Mindestwert) sowie $Z_{w,Izul}$ und $Z_{w,Azul}$ (Maximalwerte für Innen- und Außenteil) an. Diese sind immer der Ausgangspunkt für die Festlegung der finalen Passung.

In Bild 8.40 wird auf Basis der gegebenen Passung das größtmögliche bezogene, wirksame Übermaß $Z_{w,g}$ berechnet. Damit kann wiederum durch die in der DIN 7190-1 angegebenen Gleichungen die maximal auftretende Fugenpressung $p_{F,g}$ errechnet werden. Ferner gibt die Norm Gleichungen zur Bestimmung der zulässigen Fugenpressung am Außen- und Innenteil, $p_{A,zul}$ und $p_{I,zul}$, an. Beide Werte sind mit $p_{F,g}$ zu vergleichen. Die Passung ist ggf. solange zu variieren bis eine Passung mit $p_{F,g} < p_{A,zul}$ und $p_{F,g} < p_{I,zul}$ gefunden ist.

Abschließend soll angemerkt werden, dass zahlreiche kommerzielle und frei verfügbare Berechnungsprogramme existieren, um zylindrische Pressverbände auszulegen. Stellvertretend sollen hier zwei genannt werden:

a) das Programmmodul „Presspassungsberechnung“ des kommerziellen CAD-Programms Autodesk® Inventor®,

b) das frei verfügbare, webbasierte Programm „Pressverband-Berechnung“ der Universität Bayreuth[9] .

Insbesondere beim Letzteren sind als Eingabegrößen die äußeren Lasten sowie U_g und U_k (auf Basis einer gewählten Passung) gefordert. Das Programm errechnet dann die Zulässigkeit der Passung in Bezug auf Haftung und elastische Verformung.

Literatur

DIN ISO 14:1986-12: *Keilwellen-Verbindungen mit geraden Flanken und Innenzentrierung; Maße, Toleranzen, Prüfung.* Beuth-Verlag, Berlin, 1986.

DIN EN ISO 286-1:2019-09: *Geometrische Produktspezifikation (GPS) - ISO-Toleranzsystem für Längenmaße - Teil 1: Grundlagen für Toleranzen, Abmaße und Passungen.* Beuth-Verlag, Berlin, 2019.

DIN EN ISO 286-2:2019-09: *Geometrische Produktspezifikation (GPS) - ISO-Toleranzsystem für Längenmaße - Teil 2: Tabellen der Grundtoleranzgrade und Grenzabmaße für Bohrungen und Wellen.* Beuth-Verlag, Berlin, 2019.

DIN 5464:2010-03: *Passverzahnungen mit Keilflanken - Schwere Reihe.* Beuth-Verlag, Berlin, 2010.

DIN 6885-1:2021-11: *Mitnehmerverbindungen ohne Anzug, Passfedern, Nuten - Hohe Form - Teil 1: Maße, Toleranzen, Masse.* Beuth-Verlag, Berlin, 2021.

DIN 6885-3:2021-06: *Mitnehmerverbindungen ohne Anzug, Passfedern, Nuten - Niedrige Form - Teil 3: Maße, Toleranzen, Masse.* Beuth-Verlag, Berlin, 2021.

DIN 6892:2012-08: *Mitnehmerverbindungen ohne Anzug - Passfedern - Berechnung und Gestaltung.* Beuth-Verlag, Berlin, 2012.

DIN 7190-1:2017-02: *Pressverbände - Teil 1: Berechnungsgrundlagen und Gestaltungsregeln für zylindrische Pressverbände.* Beuth-Verlag, Berlin, 2017.

9 *https://baymp.de/press.html* (zuletzt geprüft am 22.12.2024)

Decker,K.-H., Kabus, K.: *Maschinenelemente - Funktion, Gestaltung und Berechnung.* Carl Hanser Verlag, München, 2011.

Muhs, D., Wittel,H., Jannasch, D., Voßiek, J.: *Roloff/Matek Maschinenelemente - Tabellen.* 18. Auflage, Vieweg & Sohn Verlag, Wiesbaden, 2007.

9 Führungen und Lagerungen

Lernziele:

- Was versteht man unter Führungen und wozu dienen sie?
- Welche Arten von Führungen gibt es?
- Nach welchen Kriterien können Wellenlagerungen unterschieden werden?
- Wie kann das Wirkprinzip von Gleitlagern beschrieben werden; welche Schmiermöglichkeiten gibt es?
- Was ist Kaltverschweißung, wo und warum tritt sie auf?
- Erörtern Sie die Funktionsweise von Wälzlagern; wie sind sie aufgebaut und welche Bauformen gibt es?
- Welche Möglichkeiten der Anordnung von Wellenlagern gibt es und wie können die Lager axial fixiert werden?
- Woher kommt der Begriff Wälzlager? Was ist ein Wälzkontakt?
- Wie können Wälzlager abgedichtet werden? Warum ist das nötig?
- Welche Lagerschäden gibt es und wie äußern sie sich?
- Was versteht man unter der statischen und dynamischen Tragzahl?
- Wie kann die Lagerlebensdauer bestimmt werden?
- Womit und wie können Wälzlager geschmiert werden?
- Was ist eine Motor- bzw. Kabinenlagerungen? Warum sind sie notwendig?
- Was ist ein Transferpfad? Wie definiert sich eine aktive bzw. passive Schwingungsisolation?
- Wie können Schwingungen klassifiziert werden? Erläutern sie die Begriffe: Eigenfrequenz, Resonanz, Vergrößerungsfunktion, Isolation und Dämpfung.
- Wie ist vorzugehen, um bei einem geforderten Isolationsgrad eine passende Motor- oder Kabinenlagerung zu spezifizieren?

Das charakteristische Merkmal einer Maschine, z.B. im Vergleich zu einem Gebäude, ist die Bewegung. Entweder bewegt sich die Maschine selbst – dann spricht man von einem **Fahrzeug** – oder einzelne Komponenten der Maschine (z.B. die Welle) bewegen sich.

Grundsätzlich unterscheidet man zwischen gradlinigen und kreisförmigen Bewegungen oder, anders ausgedrückt, zwischen **Translation** und **Rotation**. Dreht sich der Körper um sich selbst, d.h. verläuft die Rotationsachse durch den Körperschwerpunkt, so spricht man auch von **Eigenrotation**. Auch Überlagerungen verschiedener Bewegungen sind in Maschinen möglich und resultieren oftmals in komplexen Bewegungsabläufen. Bild 9.1 zeigt drei Beispiele: die klassische, rotatorische Bewegung einer Welle; die translatorische Bewegung eines Kolbens im Verbrennungsmotor, der wiederum die rotatorische Bewegung der Kurbelwelle möglich macht und die Überlagerung zweier rotatorischer Bewegungen am Wälzkörper eines Wälzlagers (hier z.B. die Kugel eines Radialrillenkugellagers), so dass jeder materielle Punkt auf der Kugeloberfläche eine Zykloidbahn durchläuft (vgl. Bild 4.43).

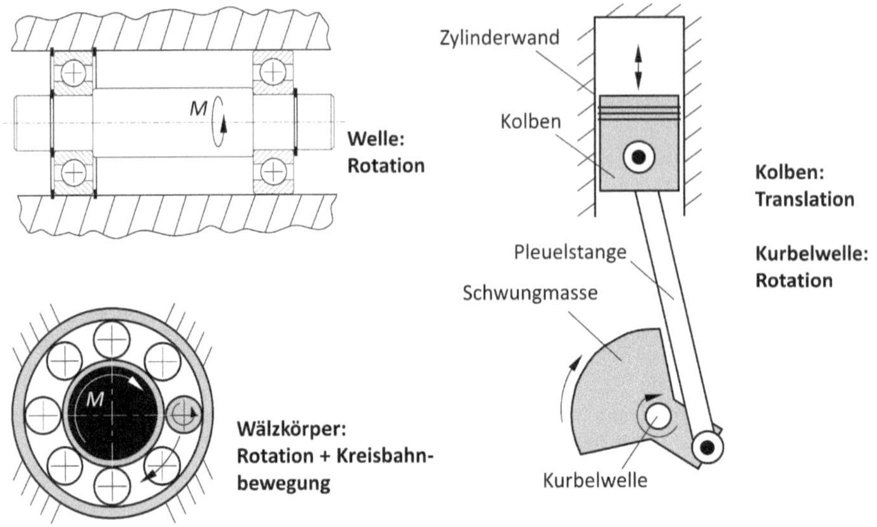

Bild 9.1 Unterschiedliche Bewegungsformen in Maschinen

Die physikalische Beschreibung von Bewegungen obliegt der Mechanik, insbesondere dem Teilgebiet der **Kinematik**. In der Maschinenkunde sollen stattdessen die an der Bewegung beteiligten Maschinenkomponenten hinsichtlich Funktionalität und Belastung untersucht und bewertet werden. Dabei stehen i.w. zwei Maschinenelemente im Fokus:

- **Lagerungen**[1]: zur Realisierung von Rotationsbewegungen, insbesondere bei Wellen[2],
- **(Linear-)Führungen**: zur Umsetzung einer Translationsbewegung (Linearbewegung).

Bild 9.2 zeigt verschiedene Beispiele, um die vorgenannten Erläuterungen zu illustrieren. Die erste Reihe zeigt eine **kombinierte V-Flach-Führung** zur linearen Verschiebung des Reitstocks an einer Drehbank (links) und eine sog. **Schwalbenschwanzführung** an einem Schraubstock (rechts). Die zweite und dritte Reihe zeigt mehrere Wälzlager, die eine rotatorische Bewegung der jeweiligen Antriebswelle gewährleisten.

9.1 Linearführungen

Unter Führungen versteht man die Kombination aus Führungsschiene (kurz: Schiene) und beweglichen Schlitten. Abhängig von der auftretenden Reibungsform unterscheidet man

[1] Eine Ausnahme bilden sog. **schwingungstechnische Lagerungen** (z.B. Motor. oder Kabinenlager), die in einem separaten Abschnitt behandelt werden.

[2] Weshalb bei Lagerungen oftmals **Wellenlagerungen** gemeint sind.

Bild 9.2 Führungen und Lagerungen: Foto 1/2: kombinierte V-Flach-Führung an einer Drehbank, Schwalbenschwanzführung am Schraubstock. Foto 3/4: Radialzylinderrollen- und Radialrillenkugellager an Getriebewellen. Foto 5: Hauptlager (zweireihiges Kegelrollenlager) am Antriebsstrang einer Windkraftanlage, ©ESM GmbH (mit freundlicher Genehmigung)

zwischen **Gleit-** und **Wälzführungen**. Bei Ersterem liegt zwischen den Führungselementen, d.h. Schlitten und Schiene, Gleitreibung vor. Bei Letzterem dominiert die Rollreibung, die mithilfe von **Wälzkörpern** zwischen Schiene und Schlitten realisiert wird.

Abhängig von der Querschnittsgeometrie der Schiene wird weiter zwischen **Flach-**, **V-**, **Schwalbenschwanz-** und **Rundführungen** (ohne Abbildung) unterschieden, siehe Bild 9.3.

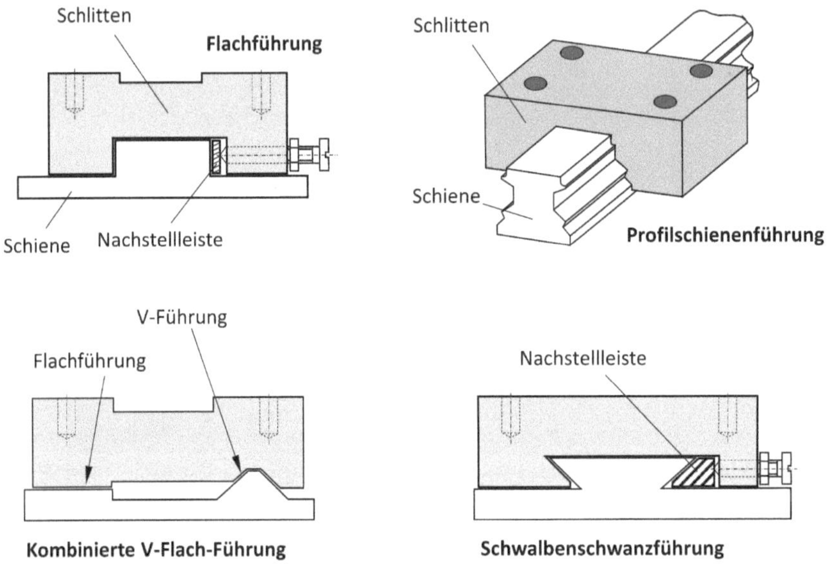

Bild 9.3 Linearführungen mit verschiedenen Schienengeometrien

Folgende Eigenschaften sind bei Führungen wichtig:

- hohe Führungsgenauigkeit/geringes Spiel; der Schlitten soll bei der Bewegung nicht „kippeln“ oder „taumeln“,
- geringe Reibung/minimaler Oberflächenverschleiß an Schlitten und Schiene,
- Nachstellmöglichkeit zur Korrektur des Führungsspiels,
- Möglichkeit zum Aufbringen von Schmiermitteln,
- ggf. Abdichtung der Kontaktflächen gegen Schmutz, Staub, Späne, etc.

Insbesondere die Forderung nach geringer Reibung lenkt die Aufmerksamkeit auf die Wälzführungen, bei der die verlustreichere Gleitreibung durch Rollreibung ersetzt wird. Dazu werden zwischen Schiene und Schlitten **Kugeln** oder **Zylinderrollen** (sog. Wälzkörper) platziert, die während der Bewegung auf den Oberflächen abrollen, Bild 9.4 (links).

Um nicht die gesamte Schiene mit Wälzkörpern auszustatten, werden die Wälzkörper meistens im bewegten Schlitten integriert. Hier können sie in einem sog. **Kugel- bzw. Rollenhalter** (oftmals aus Kunststoff) platziert werden, der sich mit dem Schlitten mit bewegt, vgl. Bild 9.4 (Foto 3). Eine weitere Möglichkeit besteht darin, die Wälzkörper in speziellen Bahnen des Schlittens mitlaufen zu lassen. Erreichen die Kugeln bzw. Rollen den Schlittenrand, werden sie über halbkreisförmige Kurvenzüge und spezielle **Rücklaufkanäle** zurückgeführt, so dass sie sich auf einer geschlossenen Bahn bewegen und kontinuierlich dem Wälzkontakt zugeführt werden, vgl. Bild 9.4 (Foto 1/2).

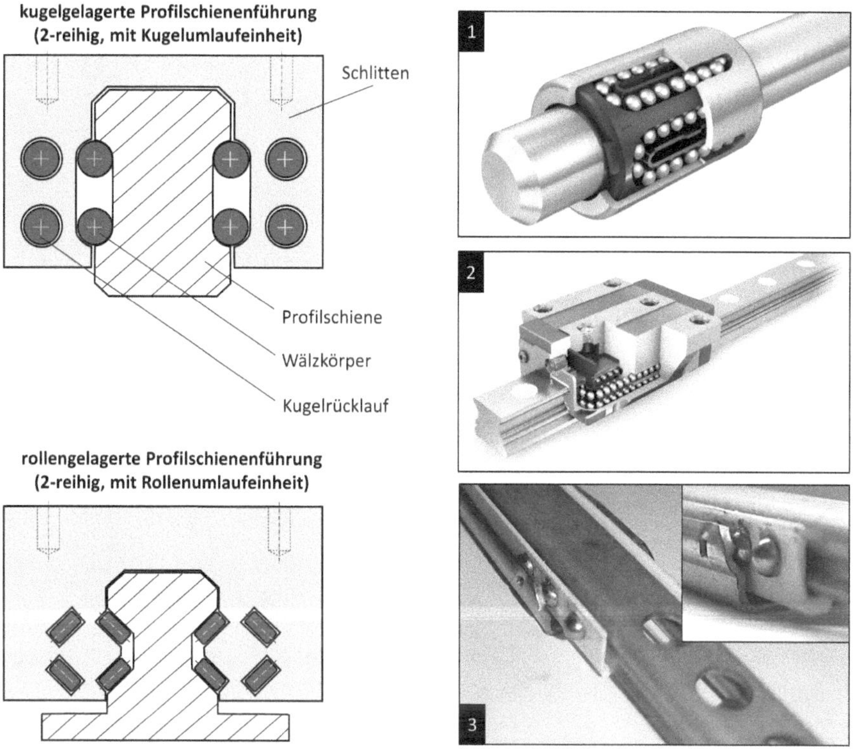

Bild 9.4 Verschiedene Wälzführungen; Foto 1/2: , ©Schaeffler Technologies (mit freundlicher Genehmigung); Foto 3: kugelgelagerte Wälzführung mit Kugelhalter eines Möbelbeschlags (Schubladenschiene)

Üblich sind bei Wälzführungen **zwei- bis dreireihige** Wälzkörper-Anordnungen. Bei schnelllaufenden Wälzführungen werden typischerweise kugelgelagerte Führungen verwendet. Rollengelagerte Führungen finden dann Anwendung, wenn eine hohe Führungsgenauigkeit gefordert ist oder große Lasten auf den Schlitten und den Wälzkontakt wirken.

Aufgrund der kleinen Kontaktflächen zwischen Wälzkörper und Schlitten/Schiene kommt es im Wälzkontakt zu sehr großen Spannungen und Flächenpressungen, weshalb die Oberflächen der Laufbahnen und Wälzkörper i.d.R. gehärtet sind.

Da jede noch so große Maschine in ihren Abmessungen begrenzt ist, sind auch die translatorischen Bewegungen der zugehörigen Komponenten räumlich begrenzt. Technisch heißt das, dass alle kontinuierlich ablaufenden, gradlinigen Bewegungen nach einer gewissen Zeit abgebremst, umgekehrt und wieder beschleunigt werden müssen und zwar in wiederholender Weise. Demgegenüber kann eine Drehbewegung mit gleichbleibender Drehzahl für eine beliebig lange Zeit aufrecht erhalten werden. Außerdem sind Drehbewegungen oftmals einfacher zu realisieren, weshalb sie in der Technik von hoher Relevanz sind. Als instruktives Beispiel dient der Vergleich zwischen Stich- und Kreissäge. Bei der Stichsäge wird das Sägeblatt zwischen dem oberen und unteren Umkehrpunkt permanent abgebremst und beschleunigt. Bei der Kreissäge wird das Sägeblatt mit nahezu konstanter Drehzahl betrieben, so dass i.d.R. größere Schnittgeschwindigkeiten als bei der Stichsäge realisiert werden können. Aus diesem Grunde soll im Folgenden die Drehbewegung/Rotation im Fokus stehen.

9.2 Wellenlagerungen

Wellenlagerungen führen und stützen Wellen (sowie umlaufende Achsen), die durch Drehmomente und/oder axiale und/oder radiale Kräfte belastet sind. Dabei unterscheidet man die Lagerungen nach Art der auftretenden Reibung und nach der Wirkrichtung der Kräfte, nämlich in (Bild 9.5):

- **Gleit- vs. Wälzlager** ↔ Gleitreibung bzw. dominierende Rollreibung,
- **Axial- vs. Radiallager** ↔ axial bzw. radial wirkende Kräfte.

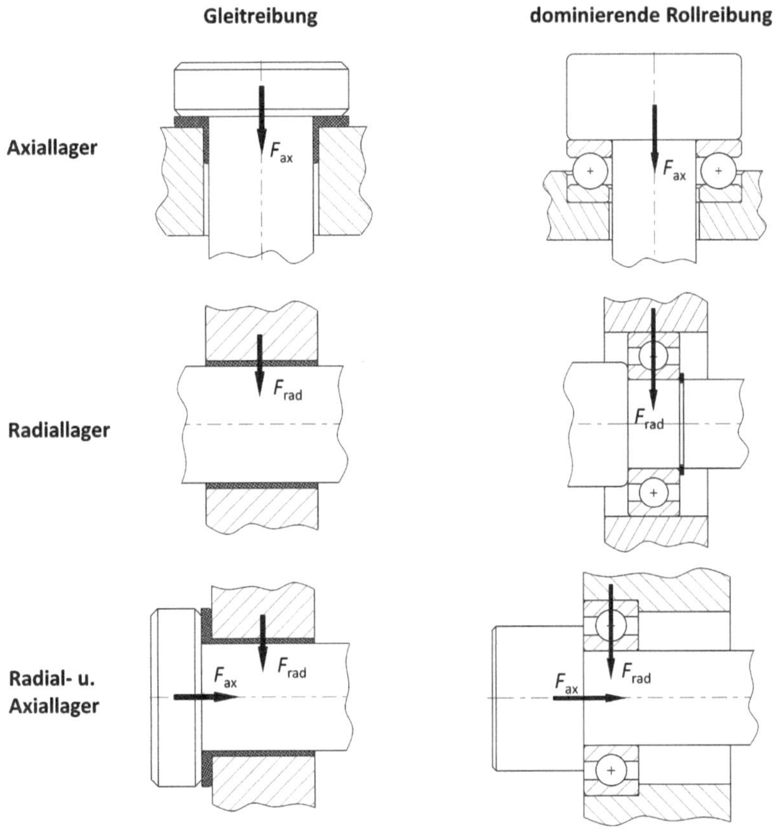

Bild 9.5 Einteilung von Wellenlagerungen

9.2.1 Gleitlager

Zur Sicherstellung der Wellenrotation können spezielle **Lagerbuchsen** bzw. **Lagerschalen** in die Gehäusebohrung eingepresst werden, die dann wiederum die Welle bzw. den Wellenzapfen aufnehmen. Die Welle dreht sich dann in diesen sog. **Gleitlagern**, wobei an der inneren Mantelfläche des Lagers die Gleitreibung stattfindet, Bild 9.6.

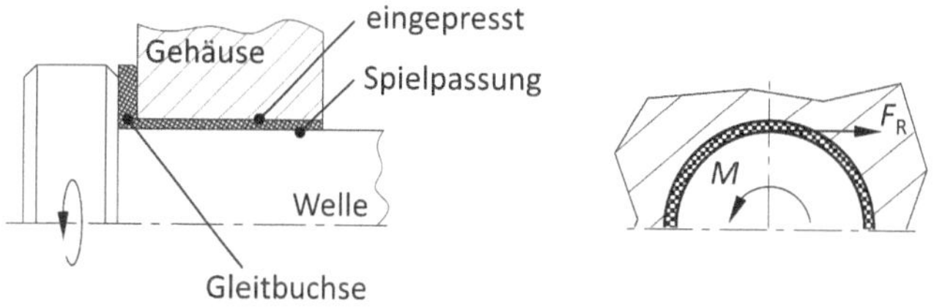

Bild 9.6 Eingepresstes Gleitlager zwischen Welle und Gehäuse

Die mit der Gleitreibung einhergehenden Reibverluste und Verschleiße können durch Schmierung der Kontaktfläche minimiert werden. Überhaupt ist eine gute Schmierung der Gleitlager, nichtzuletzt auch aus Gründen der Energieeinsparung, ratsam und wichtig. Drei Arten der Schmierung können notiert werden:

(a) **Hydrodynamische Schmierung**, Bild 9.7 (a): Hierbei erfolgt die Schmiermittelzufuhr, z.B. Öl, drucklos über einen Kanal in der Lagerschale. Im Ruhezustand sackt die Welle aufgrund des Eigengewichts bzw. radialer Kräfte ab, verdrängt das Öl, so dass unterhalb der Welle Direktkontakt zwischen Welle und Lagerschale besteht (Mischreibung). Wird die Welle in Drehung versetzt, zieht die Welle den Schmierstoff mit sich in den Spalt und verteilt ihn gleichmäßig in Umlaufrichtung. In Folge dessen hebt die Welle ab und zentriert sich selbstständig in der Lagerschale; sie schwimmt gewissermaßen auf dem Schmierfilm. Die Welle ist nun gleichmäßig vom Schmierstoff umgeben; es besteht ein geschlossener Film zwischen Welle und Lagerschale (Flüssigkeitsreibung). Man spricht von hydrodynamischer Schmierung, da die Wellendrehung, also Dynamik, von Nöten ist.

(b) **Hydrostatische Schmierung**, Bild 9.7 (b): Bei dieser Möglichkeit ist die Lagerschale mit verschiedenen, abwechselnd angeordneten Zu- und Ablaufkanälen ausgestattet. Über diese wird der Schmierstoff kontinuierlich unter Druck zu- und abgeführt. In der Lagerschale selbst sind in Umfangsrichtung gleichmäßig verteilte Öltaschen ausgeformt. In diesen sammelt sich das Öl und drückt gleichmäßig von allen Richtungen auf die Welle. Die Welle ist zu allen Betriebszuständen zentriert und von einem vollständigen Schmierfilm umgeben. Da hierfür ein hydrostatischer, von außen aufgeprägte Druck notwendig ist, spricht man von hydrostatischer Schmierung.

(c) **Feststoffschmierung**, Bild 9.7 (c): Hierbei ist das Gleitlager/die Lagerbuchse selbst aus einem selbstschmierenden Werkstoff beschichtet bzw. gefertigt. Drei Beispiele sind hervorzuheben:

- *Kunststofflager*, z.B. aus PTFE[3] (Polytetrafluorethylen): PTFE ist als Trockenschmierstoff bekannt und besitzt sehr geringe Reibungsbeiwerte ($\mu \approx 0{,}08$). Derartige,

[3] Oft unter dem Markennamen Teflon der Fa. DuPont bekannt.

Kunststoffgleitlager eigenen sich insbesondere für geringe Belastungen und Drehzahlen.

- Schmierstoffgetränkte *Sinterlager*: Bei Sintermetallen handelt es sich um Metallpulver, dass unter hohen Drücken und Temperaturen verpresst, verdichtet und verfestigt wird. Auf diese Art können z.B. Werkstoffe wie Sintereisen, Sinterstahl, Sintermessing oder Sinterbronze hergestellt werden, die im Inneren eine gewisse Porösität besitzen. Tränkt man diese Werkstoffe, oder eben die Lagerbuchsen aus diesem Werkstoffen, mit einem Schmiermittel (z.B. Graphit), so saugt dieser das Graphit gewissermaßen auf und füllt damit die Poren. Es entsteht ein selbstschmierender Werkstoff, wobei sich der Schmierstoff im Reibkontakt verbraucht und kontinuierlich aus einem Reservoir in den Werkstoff und weiter an die Oberfläche der Lagerschale nachgefördert werden muss.
- *Verbundlager* mit gleitoptimierten Laufschichten: Hierbei handelt es sich um Trägerschalen aus Stahl, die auf der innenliegenden Zylinderfläche mit speziellen Laufschichten, z.B. aus Al, Sn, Cu oder Kunststoffen (PTFE, PA (Polyamid)) versehen sind.

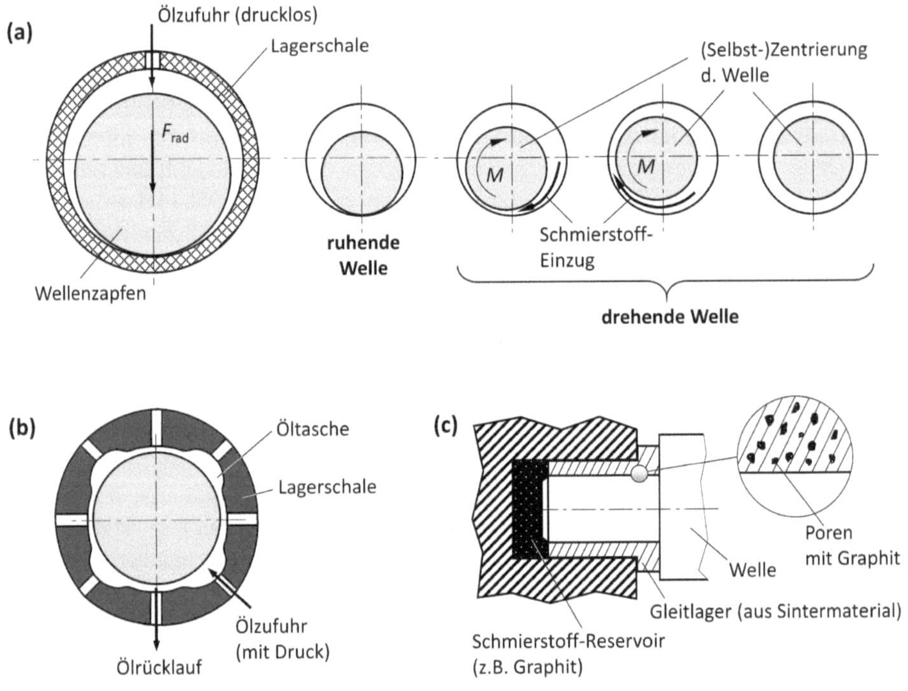

Bild 9.7 Schmierung von Gleitlagern: (a) hydrodynamische Schmierung, (b) hydrostatische Schmierung, (c) Feststoffschmierung (Sinterlager)

Ähnlich wie radial belastete Bolzen, drückt auch die Welle mit ihrer zylindrischen Mantelfläche auf die Innenwandung des Gleitlagers, was zu der Flächenpressung bzw. dem Lochleibungsdruck

$$\boxed{p = \frac{F}{d \cdot L}} \leq p_{zul} \tag{9.1}$$

führt, Bild 9.8 (rechts). Allerdings dreht sich die Welle im Gegensatz zu Bolzen mit z.T. beachtlichen Drehzahlen. Mehr noch, die Oberflächenrauheit im Welle-Gleitlager Kontakt führt zu einer endlichen Anzahl von punktartigen Berührungsflächen A_i, Bild 9.8 (links). Über diese sehr kleinen Kontaktflächen muss die gesamte Radialkraft F übertragen werden, was in sehr großen, lokalen Spannungen $\sigma_i = F/A_i$ resultiert. Diese hohen lokalen Spannungen in Verbindung mit den hohen Drehzahlen führen zu sehr hoher, reibungsbedingter, lokale Erwärmung, die derart hoch sein kann, dass es zu örtlich begrenzten Aufweichungen und Aufschmelzungen kommen kann. Man spricht auch von **Kaltverschweißung**, ein Phänomen, dass insbesondere bei Gleitlagern zu beobachten ist, da hier die ungünstige Kombination aus hohen lokalen Spannungen, mangelhafter Schmierung und schnellen Rotationsbewegungen auftreten kann.

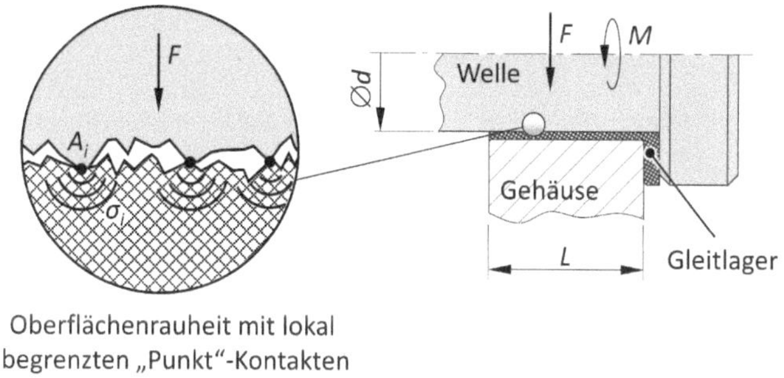

Bild 9.8 Oberflächenrauheit und lokale Spannungsüberhöhung am Gleitlager

Diese lokalen Verschweißungen werden durch die Relativbewegung zwischen Lager und Welle wieder aufgebrochen; ein Vorgang, der sich fortlaufend wiederholt und langfristig zu Lagerschäden führt. Vermeiden, oder zumindest minimieren, kann man das sog. „**Fressen**“ der Lager, indem für das Gleitlager weiche Werkstoffe verwendet werden. Dadurch werden die Rauheitsspitzen unter Last abgeplattet, wodurch die lokalen Berührungsflächen A_i vergrößert und die lokalen Spannungen verringert werden. Typische Lagerwerkstoffe sind beispielsweise:

- Legierungen aus Sn, Zn, Pb, Cu, Al (z.B. Messing (Cu-Zn) oder Bronze (Cu-Sn)),
- Gusseisen (EN-GJL) oder Stahlguss (GS),
- Sintermetalle,
- Kunststoffe (PTFE, PA).

Zur Verhinderung einer möglichen Kaltverschweißung werden die zulässigen Lochleibungsdrücke p_{zul} in Gleichung 9.1 deutlich geringer angesetzt, wie z.B. bei festsitzenden Stiften und Bolzen (siehe Bild 7.19). Tabelle 9.1 zeigt einige Werte für typische Werkstoffpaarungen.

Tabelle 9.1 zulässige Flächenpressung (Lochleibungsdrücke) für ausgewählte Gleitlagerwerkstoffe, Quelle: [Hinzen, 2014], [Fischer, 1999]

Werkstoff	p_{zul} in N/mm²
allgemein	
Eisenguss (EN-GJL)	5
Stahlguss (GS)	7
Bronzeguss, Rotguss	8
PA 66	7
Stahl	nicht zulässig
spezielle Legierungen	
SnSb12Cu6Pb	15
PbSb14Sn9CuAs	12,5
G-CuSn12	25

Übung 37 (Gleitlager - Flächenpressung 1):
Ein Wellenzapfen der Länge L = 60 mm und einem Durchmesser von d = 50 mm wird mit einer Radialkraft von F = 60 KN belastet. Welcher Werkstoff kommt für die Lagerung in Frage?

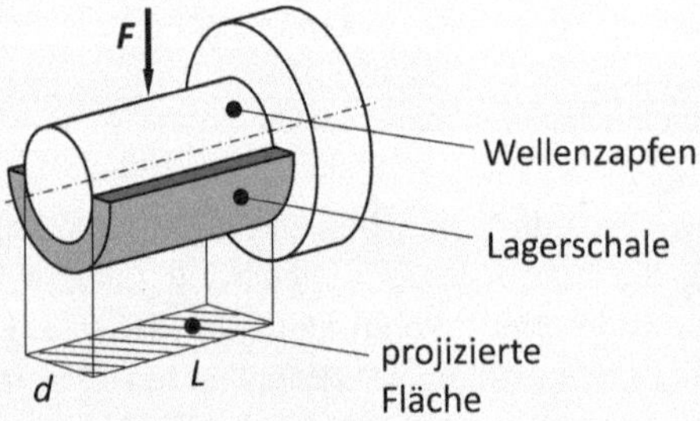

Lösung:
Die Flächenpressung berechnet sich zu:

$$p = \frac{F}{d \cdot L} = \frac{60000\,\text{N}}{50\,\text{mm} \cdot 60\,\text{mm}} = 20\,\text{N/mm}^2 . \qquad (9.2)$$

Damit kommt gemäß Tabelle 9.1 nur der Werkstoff G-CuSn12 (Guss-Zinnbronze) in Betracht.

Übung 38 (Gleitlager - Flächenpressung 2):
Ein Kunststoff-Gleitlager (PA) soll eine Radiallast von F = 9100 N aufnehmen können. Welchen Durchmesser d und welche Länge L muss der zugehörige Wellenzapfen haben, wenn $d = 0{,}5 \cdot L$ gelten soll?

Lösung:

Mit Tabelle 9.1 gilt eine zulässige Flächenpressung von $p_{zul} = 7\ \text{N/mm}^2$. Daher muss die projizierte Fläche mindestens:

$$A = \frac{F}{p_{zul}} = \frac{9100\,\text{N}}{7\,\text{N/mm}^2} = 1300\,\text{mm}^2 \tag{9.3}$$

sein. Ferner gilt mit $d = 0{,}5 \cdot L$:

$$A = d \cdot L = 0{,}5 \cdot L^2 \quad \Leftrightarrow \quad L = \sqrt{\frac{A}{0{,}5}} = \sqrt{2A}, \tag{9.4}$$

so dass sich $L = 51$ mm und $d = 25{,}5$ mm ergibt.

Übung 39 (Gleitlager - Seilrolle):
Die nachstehende Abbildung zeigt eine Seilrolle, die mithilfe von zwei Gleitlagern drehbar auf einer feststehenden Achse gelagert ist.

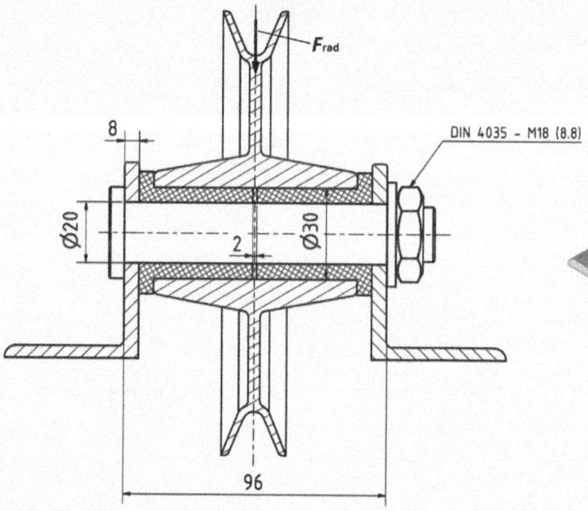

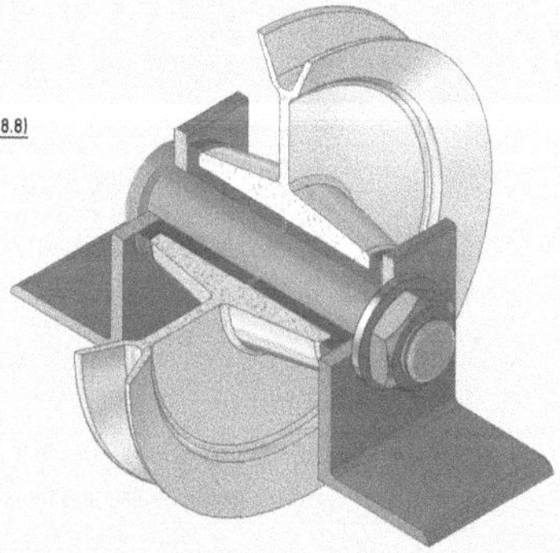

Welche radiale Kraft F_{rad} kann die Seilrolle maximal aufnehmen, wenn folgende Annahmen gelten:

a) Die zulässige Biegespannung der Achse beträgt $\sigma_{B,zul} = 85\ \text{N/mm}^2$. Dabei soll angenommen werden, dass sich die Achse nur außerhalb der Aufnahmebohrung biegen kann. Auch versteifende Einflüsse von Gleitbuchse und Rollennabe auf die Achsbiegung sollen vernachlässigt werden.
b) Die zulässige Schubspannung in der Achse beträgt $\tau_{zul} = 30\ \text{N/mm}^2$.
c) Die zulässige Flächenpressung zwischen Gleitlager und Achse beträgt $p_{zul} = 7\ \text{N/mm}^2$ (Gleitsitz).
d) Die zulässige Flächenpressung zwischen Achse und Aufnahmebohrung beträgt $p_{zul} = 20\ \text{N/mm}^2$ (Festsitz).

Lösung:
Die Lösungsstrategie besteht darin, nacheinander die Belastungsfälle (a) Biegung, (b) Schub, (c) Flächenpressung am Gleitlager und (d) Flächenpressung in der Aufnahmebohrung zu untersuchen. Von allen ermittelten Maximalkräften ist dann die geringste als zulässige Gesamtkraft zu wählen. Folgende Skizze dient als Ersatzmodell.

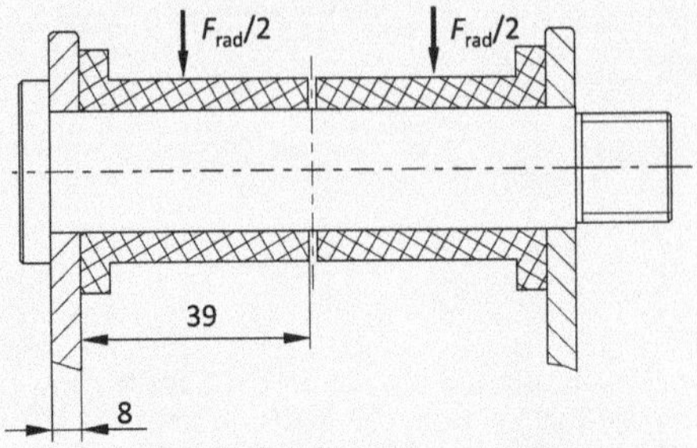

a) Für das max. Biegemoment im Bereich der Aufnahmebohrung gilt:

$$M_{b,max} = \sigma_{B,max} \cdot W_{ax} = 68000\,\text{Nmm} \tag{9.5}$$

mit $W_{ax} \approx 0,1 \cdot d^3 = 800$ mm³ und $d = 20$ mm. Daraus folgt mit dem Hebelarm $L = 40$ mm (für die Biegung ist der Spalt in der Mitte irrelevant):

$$M_{b,max} = \frac{F_{rad}}{2} \cdot \frac{L}{2} \quad \Leftrightarrow \quad F_{rad} = \frac{4M_{b,max}}{L} = \underline{6800\,\text{N}}. \tag{9.6}$$

b) Für die Schubspannung in der Achse gilt:

$$\tau_{zul} = \frac{F_{rad}/2}{A} = \frac{F_{rad}/2}{\pi d^2/4}. \tag{9.7}$$

Umgestellt nach der Radialkraft folgt:

$$F_{rad} = \tau_{zul} \frac{\pi d^2}{2} = \underline{18850\,\text{N}}. \tag{9.8}$$

c) Unter Beachtung der projizierten Fläche <u>beider</u> Gleitbuchsen gilt für den Reibkontakt an der inneren Mantelfläche:

$$p_{zul} = \frac{F_{rad}}{d \cdot 2 \cdot L^*} \tag{9.9}$$

mit $L^* = 39$ mm. Damit ergibt sich:

$$F_{rad} = 2 \cdot p_{zul} \cdot d \cdot L^* = \underline{10920\,\text{N}}. \tag{9.10}$$

d) Für den Festsitz in der Aufnahmebohrung ergibt sich eine projizierte Gesamtfläche von $A = 2 \cdot d \cdot L'$, mit $L' = 8$ mm. Folglich ergibt sich für die zulässige Radialkraft:

$$F_{rad} = 2 \cdot p_{zul} \cdot d \cdot L' = \underline{\underline{6400\,\text{N}}}. \tag{9.11}$$

Damit ist die Flächenpressung in der Aufnahmebohrung die kritischste Stelle und legt die max. zulässige Radialkraft $F_{rad} = 6400$ N fest. ■

9.2.2 Wälzlager

9.2.2.1 Wirkprinzip, Aufbau, Einteilung

Bei Wälzlagern wird im Vergleich zu Gleitlagern, die Wälzreibung – mit ihrer dominierenden Rollreibung – anstelle der Gleitreibung ausgenutzt. Dadurch werden die mit der Wellendrehung einhergehende Reibungsverluste in der Lagerung um Größenordnungen reduziert (siehe z.B. Übung zur Zapfenreibung). Man erinnere sich, dass die Reibungsbeiwerte der Rollreibung z.T. um Faktoren > 100 unter denen der Gleitreibung liegen (vgl. Bild 4.37 und Tabelle 4.4). Neben diesem gewichtigen Vorteil lassen sich weitere Vorteile, aber auch Nachteile finden, die Wälzlager im Vergleich zu Gleitlagern aufweisen. Tabelle 9.2 stellt die wichtigsten gegenüber.

Tabelle 9.2 Vor- und Nachteile von Wälzlagern (im Vergleich zu Gleitlagern)

Nr.	Vorteile	Nachteile
1	weniger Erwärmung, Reibverluste, Verschleiß	geräuschvollerer Lauf
2	weniger Betriebsspiel, höhere Laufgenauigkeit	geringere Drehzahlen
3	wartungsärmer, weniger Schmiermittelbedarf	stoßempfindlicher
4	schnelle und hohe Verfügbarkeit durch umfangreiche Normung	i.d.R höherer Preis
5	—	schwierigere Montage (Ein- und Ausbau)

Bild 9.9 zeigt den typischen Aufbau eines Wälzlagers am Beispiel eines sog. Radialzylinderrollenlagers, bestehend aus den vier Komponenten:

- **Außenring** (überwiegend aus durchgehärteten Chromstählen, z.B. 100Cr6),
- **Innenring** (Werkstoffe: siehe Außenring),
- **Wälzkörper** (aus Chromstählen oder Keramiken, z.B. Zirkonoxid ZrO_2, Siliziumnitrid Si_3N_4),
- **Käfig** (aus Stahl, Messing, Leichtmetallen (z.B. Al) oder Kunststoffen, (z.B. PA46, PA66)).

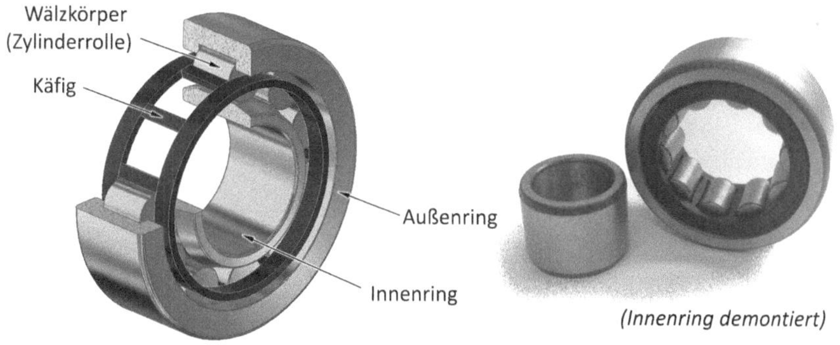

Bild 9.9 Aufbau eines Wälzlagers

Insbesondere die Kombination aus Stahlringen und Keramik-Wälzkörper wird häufig als **Hybridlager** bezeichnet. Weiterhin richtet sich die Bezeichnung von Wälzlagern nach der geometrischen Form der Wälzkörper, nämlich (Bild 9.10 (links), Bild 9.11):

a) *Kugel-Form*: Entsprechend folgt die Bezeichnung **Rillenkugellager** (oftmals kurz Kugellager).

b) *Rollen-Form*: Hier wird weiter unterschieden in: (i) Zylinderrolle ↔ **Zylinderrollenlager**, (ii) Nadel ↔ **Nadellager** (Spezialfall eines besonders langen und dünnen Zylinders), (iii) Kegelrolle ↔ **Kegelrollenlager** und (iv) Tonne ↔ **Tonnenlager**.

Außerdem wird insbesondere bei Rillenkugel-, Zylinderrollen- und Kegelrollenlagern weiter in Axial- und Radiallager unterteilt, abhängig davon, ob (vorrangig) äußere, axial oder radial wirkende Lasten durch das Lager abgestützt werden (Bild 9.10 (rechts)). Bei Radiallagern sind die Wälzkörper zwischen zwei Ringen, bei Axiallagern zwischen zwei Scheiben angeordnet. Zu beachten ist auch, dass bei Axiallagern nur eine Scheibe mit der Welle in Kontakt steht (beide Scheiben haben verschiedene Innendurchmesser), um so eine Relativbewegung zwischen Welle und Gehäuse zu gewährleisten.

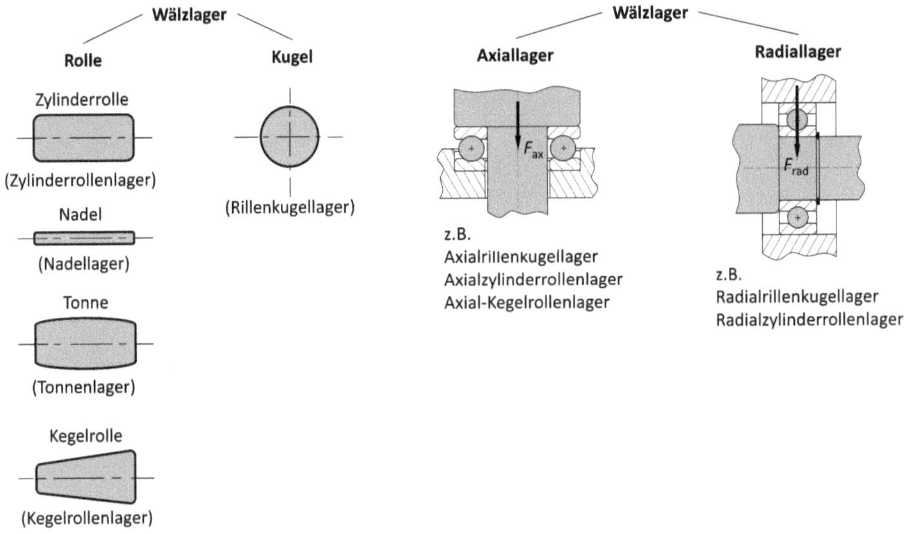

Bild 9.10 Klassifizierung von Wälzlagern nach Wälzkörperform und Kraftrichtung

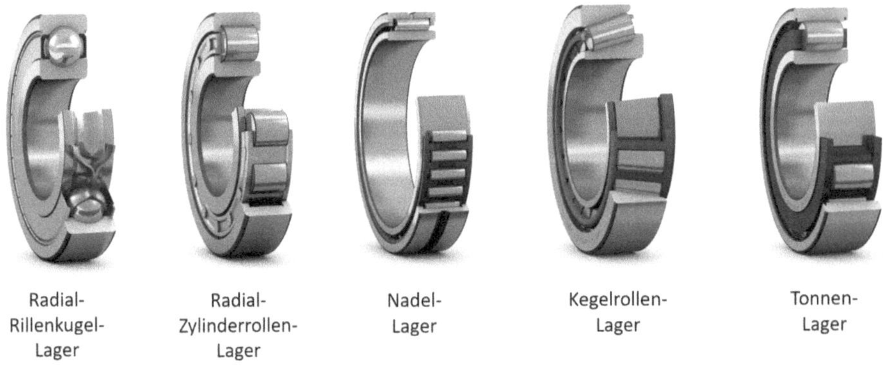

Bild 9.11 Typische Wälzlager, ©SKF (mit freundlicher Genehmigung)

Betrachtet man z.B. das dargestellte Radialrillenkugellager in Bild 9.10 (rechts), so kann die Funktionsweise des Lagers wie folgt beschrieben werden: Das Lager ist mit dem Außenring in das Gehäuse und mit dem Innenring auf die Welle gepresst. Der Innenring dreht sich mit der drehenden Welle mit, der Außenring steht fest im ruhenden Gehäuse. Zwischen beiden Ringen sind gleichmäßig in Umfangsrichtung Wälzkörper angeordnet, die durch den Innenring in Bewegung gesetzt werden und auf den gekrümmten Oberflächen des Außen- und Innenrings abrollen. Der Käfig nimmt dabei folgende Funktionen wahr:

1. Er nimmt die Wälzkörper auf und gewährleistet ihre einheitliche Kollektivbewegung, speziell der Wälzkörper der entlasteten Seite.
2. Er hält die Wälzkörper auf gleichmäßigen Abstand zueinander, so dass sich eine optimale Lastverteilung im Lager ergibt.
3. Er verhindert eine Berührung der Wälzkörper untereinander, was wiederum die Reibverluste gering hält.
4. Er verhindert auch, das bei der (De-)Montage der Lager, insbesondere beim Abziehen von Innen- oder Außenring, Wälzkörper herausfallen und so eventuell verloren gehen.

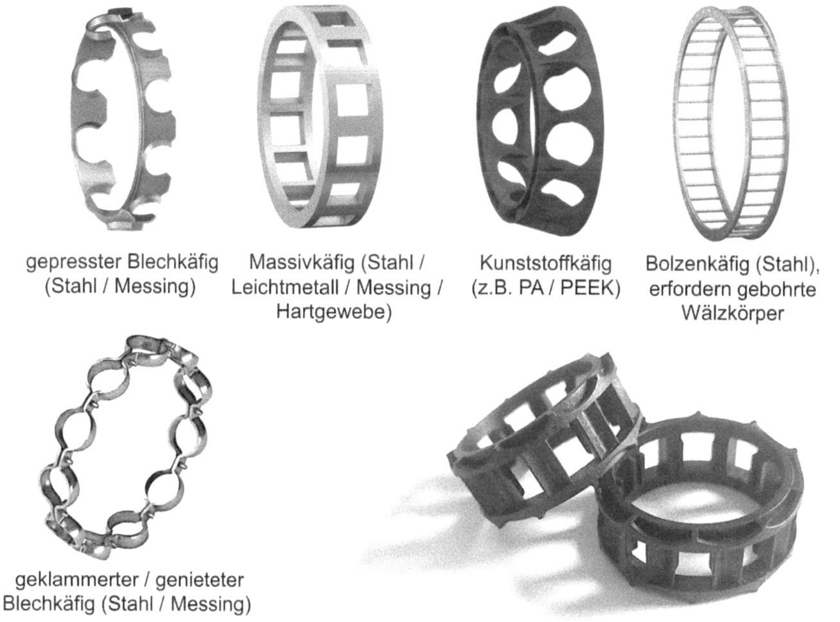

Bild 9.12 Käfigbauformen, obere Reihe: ©SKF, Abbildung unten links: ©GMN (beide mit freundlicher Genehmigung); Kunststoffkäfig im Spritzgussverfahren (unten rechts)

Bild 9.12 zeigt verschiedene Käfigbauformen aus Metall und Kunststoff. Dabei werden die Blechkäfige üblicherweise durch Umformung gefertigt, Massivkäfige dagegen durch spanabnehmende Verfahren (Drehen, Fräsen, Bohren). Kunststoffkäfige werden typischerweise im Spritzgussverfahren hergestellt. Man beachte, dass die Wälzkörper in den Bolzenkäfig aufgefädelt werden und daher mit entsprechenden Bohrungen versehen sein müssen.

Hinweis (Wälzlager und Wälzreibung):
Man könnte sich bisweilen fragen, weshalb eigentlich von Wälzlagern und nicht von „Rolllagern“ die Rede ist – immerhin findet in den Lagern i.w. Rollreibung statt und bei den Gleitlagern wurde auch auf die Gleitreibung Bezug genommen.

Nun, wie schon in Bild 4.33 angeklungen, ist das Abrollen der Wälzkörper auf dem Innen- und Außenring keine reine Rollbewegung. Im theoretischen Idealfall berührt der Wälzkörper den konvexen, konkaven oder ebenen (Radius $r \rightarrow \infty$) Untergrund in einem Punkt (Kugel) oder auf einer Linie (Zylinder). In diesem Fall würde jeder materielle Oberflächenpunkt des Wälzkörpers eine Zykloidbahn durchlaufen (vgl. Bild 4.43), bei der er senkrecht auf den Kontaktpunkt trifft und diesen senkrecht verlässt. Das heißt, für den Kontaktzeitpunkt hat der Oberflächenpunkt keine tangentiale Bahngeschwindigkeit ($v_x = 0$).

Im Realfall hat jeder Körper eine endliche Steifigkeit, so dass zwei sich berührende Körper im Kontaktbereich eine Abplattung erfahren und aus dem/der idealisierten Punkt/Linie ein Kreis bzw. Rechteck wird. Durch die Abplattung ist die ideale Zykloidbewegung gestört; insbesondere ergibt sich im Kontaktbereich eine Bewegungsform, die eine Überlagerung aus Rollen und Gleiten darstellt. Die Gleitbewegung ist i.d.R. sehr gering und findet zum Teil auf mikroskopischer Ebene statt. Die Kombination aus **Rollen + Gleiten** wird als **Wälzen** bezeichnet, woraus die Bezeichnung „Wälzlager“ abgeleitet ist.

Die nachstehende Abbildung fasst diese Erläuterungen nochmals in grafische Weise zusammen.

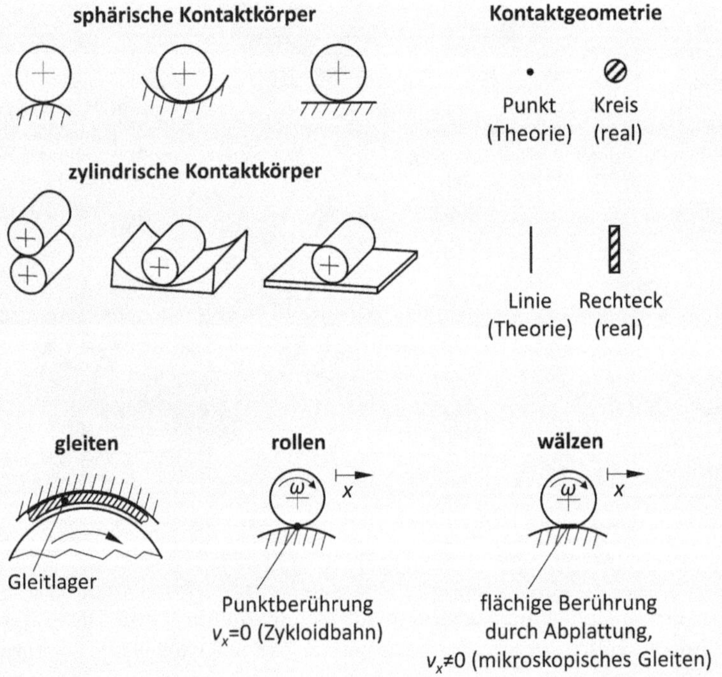

Definition (Wälzkontakt):
Von einem Wälzkontakt spricht man, wenn zwei sich berührende Körper folgende Eigenschaften aufweisen: **(a)** mind. ein Körper hat eine gekrümmte Oberfläche, **(b)** mind. ein Körper vollführt ein dominierende Rollbewegung und rollt auf dem Gegenkörper ab und **(c)** im Kontaktbereich findet eine überlagerte Gleitbewegung zwischen beiden Körpern statt.

9.2.2.2 Typische Bauformen

A. Kugellager

Die wohl am häufigsten vorzufindende Bauform ist das Kugellager, und hier das **Radialrillenkugellager**, das es als einreihige und zweireihige Variante gibt, vgl. erste und zweite Abbildung (v.l.n.r.) in Bild 9.13. Mit den **kugelförmigen Wälzkörpern**, die in speziellen Laufrillen abrollen, ist es einfach und daher günstig. Es weist eine hohe Laufgenauigkeit auf und kann für Anwendungen mit hohen Drehzahlen bis 35 m/s eingesetzt werden. Es ist universell einsetzbar und kann primär Radialkräfte aufnehmen. Darüber hinaus kann es – aufgrund seiner rillenförmigen Laufbahnen – bis zu einem gewissen Grade[4] auch Axialkräfte abstützen. Man beachte, dass die Krümmung der Laufbahnen kleiner als die der Kugeln ist, so dass über die punktförmigen Kontaktflächen die Kraft übertragen wird. Aus diesem Grunde können Rillenkugellager geringere Kräfte als beispielsweise die später erläuterten Rollenlager (linienförmige Kontaktflächen) aufnehmen.

Beim **Schrägkugellager** (dritte Abbildung in Bild 9.13) sind die beiden Ringe mit einer hohen und einer niedrigen Schulter versehen. Die Kraftübertragung geschieht in Richtung der Verbindungslinie der Berührungspunkte zwischen Kugel und Laufbahn, die winkelig unter dem sog. **Druckwinkel** α verläuft. Dadurch ist es möglich, Radial- und Axialkräfte gleichzeitig zu übertragen. Beide Kräfte addieren sich vektoriell zu einer resultierenden Kraft F_{res}, die unter dem Druckwinkel α übertragen wird. Je größer α ist, desto größer ist die übertragbare axiale Kraft F_{ax}. Nachteilig ist, dass durch den Schubwinkel α äußere Radialkräfte immer zu Axialkräften im Lager führen. Aus diesem Grunde sollte das Schrägkugellager, speziell dann, wenn nur Radialkräfte wirken, immer zweifach verbaut werden, so dass sich die erzeugten Axialkräfte aufheben. Abschließend ist hervorzuheben, dass das Schrägkugellager leicht zerlegbar ist, da beide Ringe einseitig abgezogen werden können.

Das **Pendelkugellager** (Bild 9.13, vierte Abbildung) ist ein zweireihiges Kugellager mit Laufrillen am Innenring und einer hohlkugelförmigen Außenlaufbahn. Es kann neben Radialkräften auch geringe Axialkräfte in beide Richtungen übertragen. Durch die kurvige Außenlaufbahn können die Kugel ohne zu verkanten abrollen und so Winkeltoleranzen, also Schiefstellungen zwischen Innen- und Außenring, bis zu 4° ausgleichen. Insbesondere können Fluchtungsfehler und Wellenschiefstellungen (z.B. durch Wellenbiegung) kompensiert werden.

Beim sog. **4-Punkt-Lager** (Bild 9.13, fünfte Abbildung) ist die Kontur der Laufrillen so gestaltet, dass die Kugeln den Innenring in genau zwei „Punkten" und den Außenring in zwei „Punkten" berühren. Dadurch kann das 4-Punkt-Lager Radialkräfte und beidseitig

[4] Die Axialkräfte dürfen nicht zu groß werden, da sonst die Gefahr besteht, dass die Kugeln aus der Laufrille gehebelt werden.

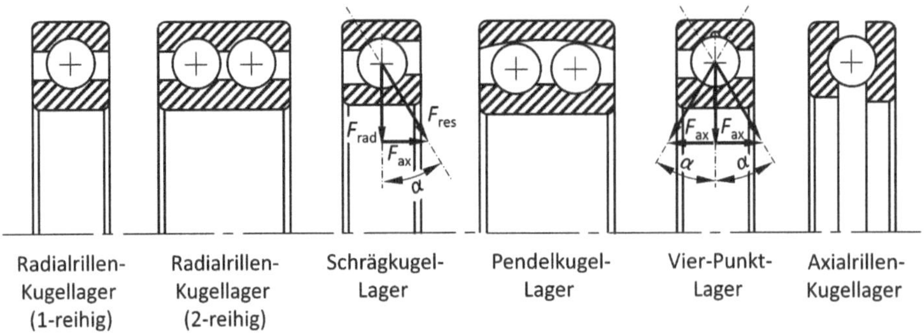

Bild 9.13 Übliche Bauformen von Kugellagern

wirkende Axialkräfte aufnehmen. Mehr noch, durch den doppelt wirkenden Schubwinkel α heben sich die durch äußere Radialkräfte induzierten Axialkräfte gegenseitig auf. Das 4-Punkt-Lager vereinigt gewissermaßen den zweifachen Verbau des Schrägkugellagers in einem Lager.

Das **Axialrillenkugellager** gibt es als einreihige (Bild 9.13, rechte Abbildung) und zweireihige (ohne Abbildung) Variante. Es dient der primären Aufnahme von Axialkräften wie beispielsweise in Bild 9.10 (rechts) skizziert. Dabei bewegen sich die Kugeln zwischen zwei Scheiben (anstelle von Ringen), wobei die eine Scheibe mit der Welle (Wellenscheibe) und die andere Scheibe mit dem Gehäuse (Gehäusescheibe) verbunden ist.

B. Rollenlager

Bei Rollenlagern ist zunächst das sog. **Zylinderrollenlager** zu nennen, dass als **Radialzylinderrollenlager** sowie als **Axialzylinderrollenlager** verfügbar ist (Bild 9.14 und Bild 9.15). Durch die zylindrischen Wälzkörper und die resultierenden linienförmigen Kontaktflächen können sie größere Kräfte aufnehmen als vergleichbare Kugellager. Außerdem sind Zylinderrollenlager zerlegbar, das heißt, je nach Bauform kann der Innen- bzw. der Außenring abgezogen werden. Dies kann insbesondere bei der (De-)Montage von Vorteil sein.

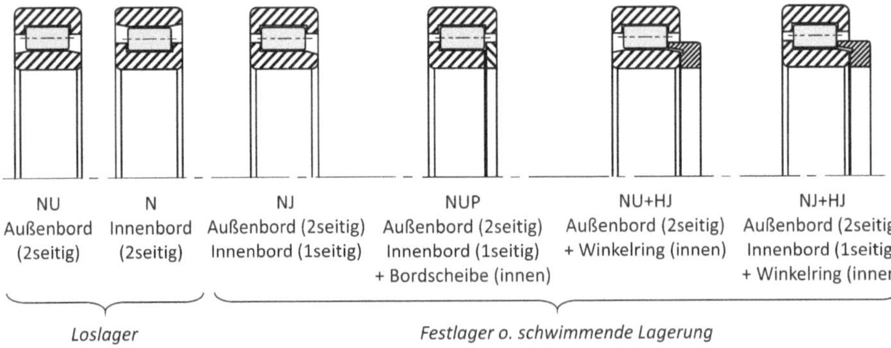

Bild 9.14 Bauformen von Radialzylinderrollenlagern

Bild 9.14 zeigt die gängigsten Bauformen von Radialzylinderrollenlagern. Bei den **Varianten NU** und **N** sind entweder der Außen- oder der Innenring mit beidseitigen Borden ausgestattet, um die Wälzkörper axial zu fixieren. Der jeweils andere Ring besitzt keine Borde und kann sich axial auf der Zylinderrolle verschieben. Dadurch eignen sich diese beiden Bauformen als **Loslager**, um beispielsweise axiale Wellenbewegungen (z.B. durch thermische Verformungen) auszugleichen. Bei den **Bauformen NJ**, **NUP**, **NU+HJ** und **NJ+HJ** besitzen die Außenringe beidseitige Borde, wohingegen die Innenringe keine Borde (NU+HJ) oder einseitige Borde besitzen. Man beachte, dass das Kürzel HJ ausschließlich den verwendeten Winkelring bezeichnet. In den Varianten NUP und NJ+HJ sind die Zylinderrollen an beiden Ringen vollständig axial fixiert. Dadurch können sie als **Festlager** verwendet werden. Die Innenringe der Bauformen NJ und NU+HJ besitzen lediglich ein einseitiges Bord und erlauben so axiale Bewegungen der Wälzkörper in eine Richtung. Diese Lager eignen sich für sog. **schwimmende Lagerungen** (vgl. nächster Abschnitt), insbesondere dann, wenn zwischen Bord und Wälzkörper ein Luftspalt vorliegt.

Beim Axialzylinderrollenlager sind die Wälzkörper so angeordnet, dass mit jedem Umlauf eine vollständige Umdrehung um sich selbst, und zwar senkrecht zur Rotationsachse, einhergeht (Bild 9.15). Die Zylinderrollen würden von allein auf einer gradlinigen Bahn abrollen. Nur durch die Führung in den Käfigen werden sie auf eine Kreisbahn gezwungen, was jedoch mit Rutschbewegungen, Bohrreibung und Reibverlusten „erkauft“ wird.

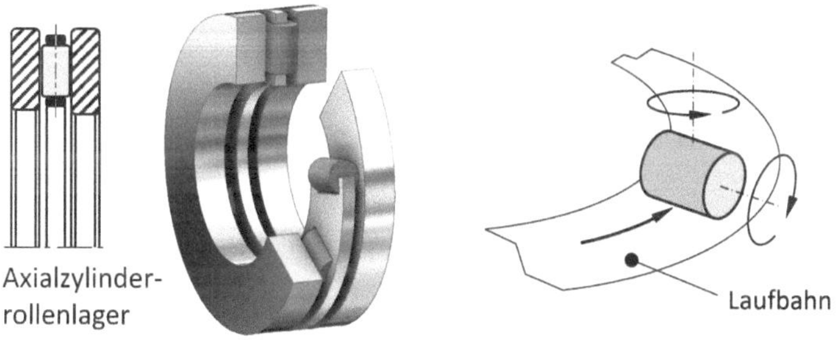

Bild 9.15 Axialzylinderrollenlager inklusive der überlagerten Drehbewegungen des Wälzkörpers

Das **Kegelrollenlager**, bei dem kegelförmige Wälzkörper zum Einsatz kommen, ist sowohl in einreihiger als auch doppelreihiger Variante verfügbar. Würde man die Kegelrolle auf einen Tisch legen und anstoßen, so würde sie auf einer Kreisbahn abrollen. Aus diesem Grunde sind die Kegelrollen im Lager winkelig angestellt, und zwar in der Regel so, dass sich die Mantelflächengeraden mit der Symmetrieachse des Lagers in einem gemeinsamen Punkt schneiden. Diese sog. **kinematische Bedingung** stellt sicher, dass die Wälzkörper rutschfrei im Lager abrollen (Bild 9.16, links). Durch die Anstellung kann das Kegelrollenlager axiale und radiale Kräfte abstützen. Die aus beiden Kräften resultierende Kraft F_{res} wird winkelig durch das Lager geleitet. Das bedeutet allerdings auch, dass Radiallasten immer zu Axiallasten führen. Um diese induzierten Axialkräfte im Gleichgewicht zu halten, sollten (einreihige) Kegelrollenlager immer doppelt verbaut werden (Bild 9.16, links). Alternativ können doppelreihige Kegelrollenlager verwendet werden. Hier kompensieren sich die Axialkräfte innerhalb des Lagers (Bild 9.16, rechts).

Das sog. **Tonnenlager** gehört zu den einreihigen Rollenlagern. Die tonnenförmigen bzw. bauchigen Wälzkörper bewegen sich auf einer gekrümmten, hohlkugelförmigen Außenlaufbahn, wodurch Winkelversätze zwischen Außen- und Innenring bis ca. 4° möglich sind, ohne dass die Wälzkörper verkanten. Das sog. **Pendelrollenlager** besitzt eine zweireihige

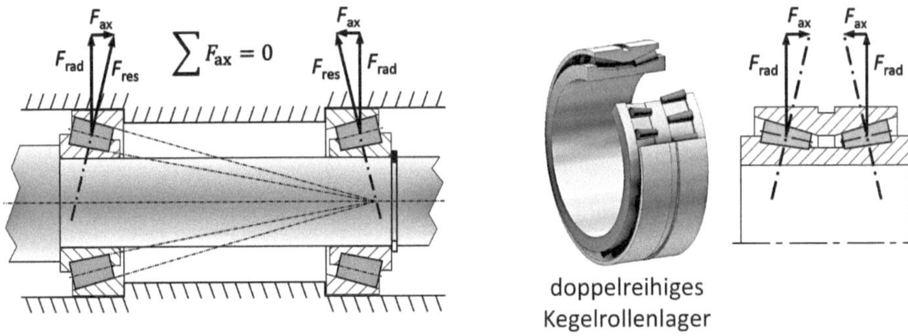

Bild 9.16 Zweifache Anordnung von Kegelrollenlagern inklusive der kinematischen Bedingung für gleitfreies Abrollen (links); doppelreihiges Kegelrollenlager (ohne Käfig, rechts)

Anordnung der tonnenförmigen Wälzkörper. Auch hier ist die Außenlaufbahn hohlkugelförmig gestaltet, so dass Winkelversätze ausgeglichen werden. Dadurch eignet sich das Lager insbesondere zum Ausgleich von sog. **Fluchtungsfehlern**, wie:

- Radialversatz der Wellenaufnahme,
- winkelige Bohrungen/Wellenaufnahmen,
- Wellenbiegung durch z.B. äußere Lasten,

die zu Schiefstellungen der Welle in der Wellenaufnahme/Bohrung führen (Bild 9.17).

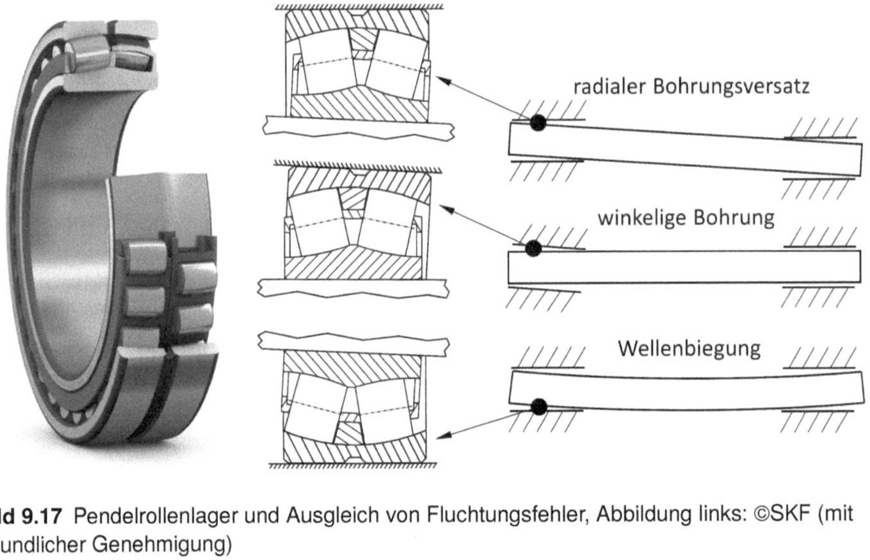

Bild 9.17 Pendelrollenlager und Ausgleich von Fluchtungsfehler, Abbildung links: ©SKF (mit freundlicher Genehmigung)

C. Abdichtung von Wälzlagern

Die Abdichtung von Wälzlagern verhindert das Eindringen von Fremdkörpern, wie z.B. Staub, Schmutz oder Späne in das Lager. Fremdkörper im Lager können durch die umlaufenden Wälzkörper in die Oberflächen der Laufbahnen bzw. der Kugeln/Rollen eingedrückt werden und diese schädigen. Das äußert sich beispielsweise in Laufgeräuschen oder unrundem Lauf.

Darüber hinaus sollten Wälzlager geschmiert werden, um die einhergehende Wälzreibung zu minimieren, Verschleiß zu reduzieren, Wärme abzuführen und so die Lebensdauer zu erhöhen. Speziell bei gefetteten Lagern dienen die Abdichtungen dazu, die Schmierfette im Lager zu halten und ein bewegungsbedingtes Austreiben der Fette zu vermeiden.

Die Abdichtung der Lager kann zum einen **extern** geschehen, in dem z.B. vor oder hinter den Lagern spezielle Blechscheiben am Gehäuse oder auf der Welle (sog. **Stauscheiben** oder **Schleuderscheiben**) montiert werden, Bild 9.18. Dabei muss natürlich zwischen dem feststehenden Gehäuse und der drehenden Welle ein Spalt bleiben, um die Wellenbewegung zu gewährleisten. Dieser Spalt kann konstruktiv so gestaltet sein, dass er nicht geradlinig sondern kurvig mit vielen Umlenkungen (**Labyrinth-Dichtung**) verläuft. Dadurch wird das Eindringen der Fremdkörper deutlich erschwert.

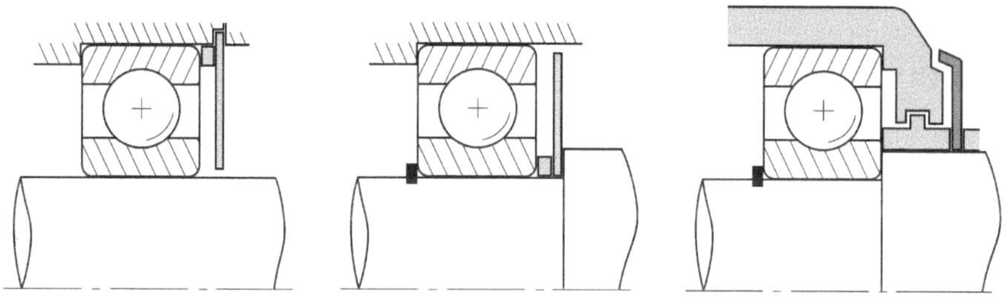

Bild 9.18 Beispiele für eine externe Abdichtung von Wälzlagern

Zum anderen kann das Lager selbst **integrierte Abdichtungselemente** besitzen. Bild 9.19 zeigt vier verschiedene Möglichkeiten, die in diesem Zusammenhang weit verbreitet sind. Das sind beispielsweise metallische **Dichtscheiben** oder **Gummidichtungen** (u.U. mit einvulkanisiertem Metallring zur Aussteifung), die über eine Nut im Lagerring fixiert sind. Zwischen dem Abdichtelement und Innenring ist entweder ein Spalt vorhanden oder die Abdichtscheibe liegt schleifend mit einer Gummilippe am Innenring an. Beim **Radialwellendichtring** (oft als **Simmering**[5] bezeichnet) wird die Dichtlippe über eine einvulkanisierte Schraubenzugfeder an das mitdrehende Bauteil, z.B. den auf der Welle sitzenden Innenring des Lagers, gedrückt.

9.2.2.3 Lagerabdichtung, -anordnung und -fixierung

Die Lagerung von Wellen ist grundsätzlich so zu konstruieren, dass Montage- und Fertigungstoleranzen sowie (thermische) Wellenausdehnung im Betrieb durch die Lagerung ausgeglichen werden können. Um zu verdeutlichen, wieso das notwendig ist, stelle man sich das Gegenteil vor: die Welle ist an beiden Lagerpunkten axial fixiert (Fest-/Festlager) und dehnt sich durch betriebsbedingte Erwärmung in axialer Richtung aus. Sie drückt also horizontal gegen die Wälzlager und versucht gewissermaßen den Innenring unter dem

5 Benannt nach seinem Erfinder, dem Ingenieur Walther Simmer (1888–1986).

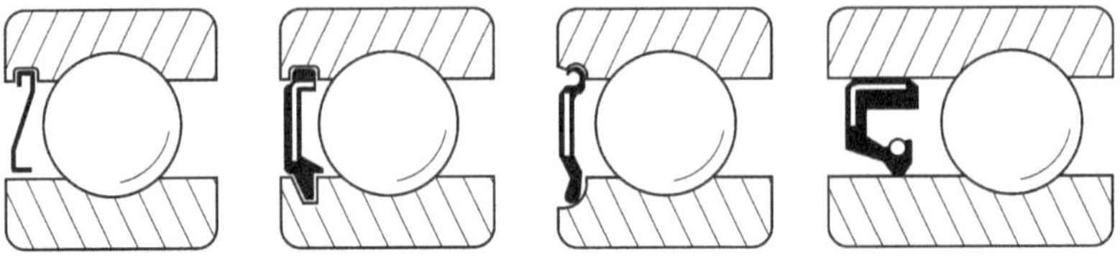

Bild 9.19 Integrierte Abdichtungen von Wälzlagern

Wälzkörper seitlich zu verschieben, Bild 9.20 (links). Dies führt zu Verkantungen im Lager und schlimmstenfalls zum Ausfall des Lagers. Daher ist eine Fest-/Festlager Kombination prinzipiell zu vermeiden (statisch überbestimmt)!

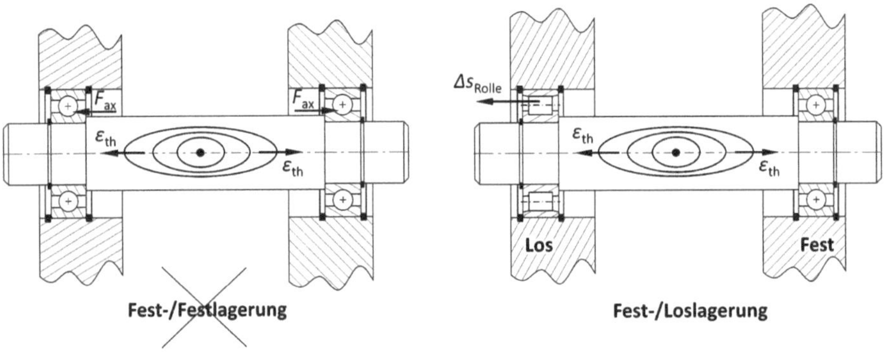

Bild 9.20 Fest-/Festlager und Fest-/Loslager Kombination gegenübergestellt

Stattdessen ist z.B. die (statisch bestimmte) Fest-/Loslager Anordnung zu bevorzugen, bei der fertigungs- o. thermisch bedingte Axialkräfte durch Verschiebung:

1. des Loslagers auf der Welle,
2. des Loslagers am Gehäuse oder
3. der Wälzkörper im Loslager (Bild 9.20, rechts)

ausgeglichen werden, vgl. auch die Fälle (A-C) in Bild 6.9.

Eine weitere Möglichkeiten ist die sog. „**schwimmende**" Lageranordnung, bei der im Grunde zwei Loslager verwendet werden, Bild 9.21 (a). Jedoch ist der axiale Weg auf einen kleinen Spalt *S* von bis zu mehreren Zehntel Millimetern begrenzt, z.B. über Sicherungsringe als Anschlag. Dadurch kann die gesamte Welle leicht in axialer Richtung „hin und her schlingern", was bisweilen auch mit „schwimmen" umschrieben wird. Je nach Richtung der Axialkraft kann die Welle leicht nach links bzw. rechts ausweichen bis der Außenring mit dem Sicherungsring in Kontakt kommt. Ab diesen Zeitpunkt wird die Axialkraft abgestützt bzw. übertragen. Derartige Lageranordnung verstehen sich natürlich nur dort, wo die begrenzte axiale Unbestimmtheit der Wellenposition keine Auswirkungen auf die Funktion der Anwendung hat.

Bei der **verspannten** Lageranordnung werden die verwendeten Loslager in ihrer axialen Position über vorgespannte Federn geführt/gelenkt. Im Bild 9.21 (links) wird z.B. der Außenring des rechten Loslagers über vorgespannte Blattfedern in Position gehalten. So ist sichergestellt, dass die Welle auch im Leerlauf präzise positioniert ist und bei Einwirkung axialer Lasten durch Nachgeben der Blattfedern ausweichen kann. Bild 9.21 (rechts) zeigt ebenfalls eine verspannte Lageranordnung, nur das hier beide Lager über Blattfedern positioniert sind.

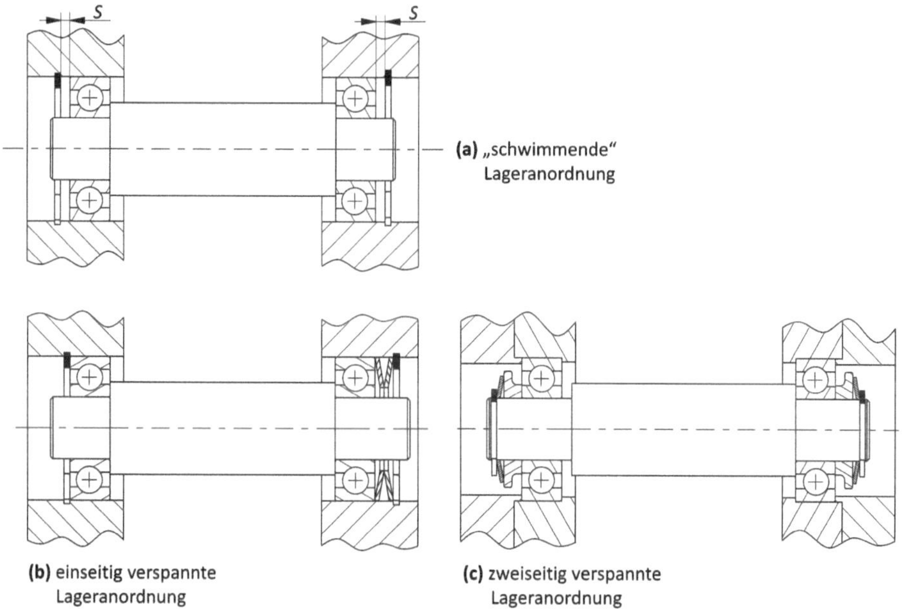

Bild 9.21 „Schwimmende“ und verspannte Lageranordnung

Bild 9.20 und Bild 9.21 zeigen bereits, wie Wälzlager am Gehäuse und auf der Welle axial fixiert werden können. Dabei wurden i.w. Sicherungsringe und/oder Absätze an der Welle bzw. am Gehäuse verwendet. Bild 9.22 greift diesen Aspekt nochmals auf und illustriert drei konstruktive Beispiele, wie der Innenring an der Welle und der Außenring am Gehäuse befestigt werden kann. Für den Innenring ist u.a. die Verwendung eines Stellrings mit Madenschraube (Kegelstift mit Kegelkuppe) oder der Einsatz von Befestigungsmuttern (gekontert) mit entsprechendem Gewindezapfen zu nennen. Zur Fixierung des Außenrings kann u.a. ein Gehäusedeckel mit integriertem Lageranschlag benutzt werden, der gleichzeitig auch zur Abdichtung des Lagerraums gegen Schmutz und Fremdkörper dient.

9.2.2.4 Dimensionierung von Wälzlagern

Wälzlager sind in Geometrie und Abmessung umfangreich genormt, z.B. in der DIN 625-1 (einreihige Rillenkugellager) oder der DIN 5412-1 (einreihige Zylinderrollenlager), vgl. [DIN-625], [DIN-5412].

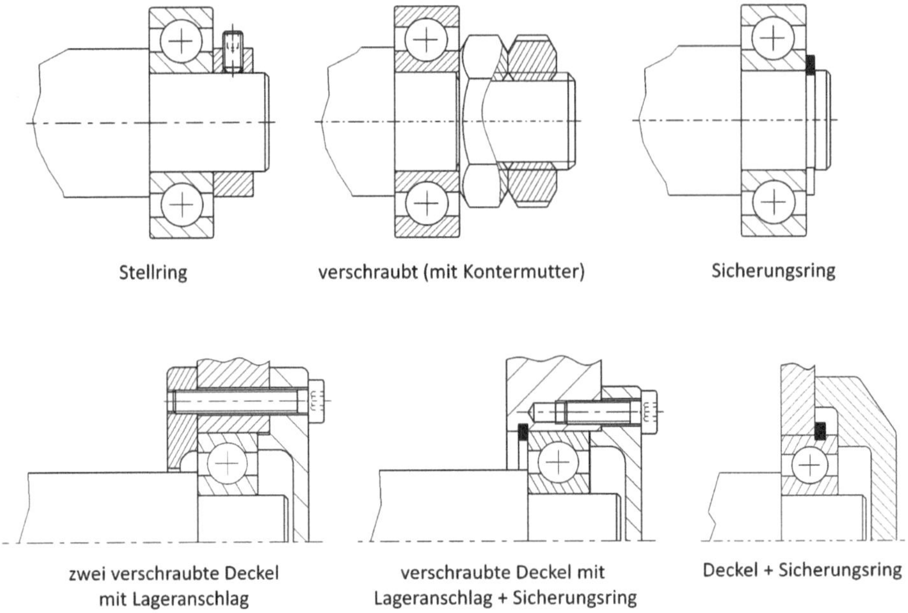

Bild 9.22 Möglichkeiten der axialen Fixierung von Wälzlagern am Innenring (oben) und am Außenring (unten)

Für die Dimensionierung hat sich analog dazu auch ein standardisiertes Verfahren etabliert. Dazu ist zunächst festzustellen, dass Wälzlager, die als Loslager verwendet werden, nur Radiallasten und Lager, die als Festlager eingesetzt werden, Axial- und Radiallasten aufnehmen können. Außerdem ist für die Dimensionierung zu unterscheiden, ob die Lagerkomponenten (z.B. die Laufbahnen) statisch oder dynamisch – also mit einer zeitlich konstanten oder mit einer zeitlich veränderlichen Kraft – belastet werden. Dabei ist entscheidend, wie schnell sich die Lager drehen:

- **statisch**: Schwenkbewegungen bzw. langsame Drehzahlen mit $n < 10\ \text{min}^{-1}$,
- **dynamisch**: Drehzahlen mit $n \geq 10\ \text{min}^{-1}$.

Unsachgemäßer Gebrauch, mangelnde Wartung und falsche Dimensionierung können zu Lagerschäden, frühzeitigem Lagerausfall und so zu ungeplanten Maschinenstillständen und Produktionsausfall führen. Die Ursachen für Lagerschäden sind oftmals vielschichtig. **Korrosion** und **Fremdkörper** durch mangelnde Abdichtung können z.B. die Oberfläche der Wälzkörper und/oder der Laufbahnen beschädigen und zu unrundem Lauf sowie erhöhten Laufgeräuschen führen. Die Lager sind in den meisten Fällen irreversibel geschädigt und müssen gewechselt werden. Falsche Dimensionierung kann Überlastungen der Lager verursachen, was sich beispielsweise durch **statische Eindrücke** in den Laufbahnen zeigt, Bild 9.23 (rechts). Ein weiteres oft beobachtetes Schadensbild sind Ermüdungserscheinungen durch sog. **Pitting** (auch **Schälungen** oder **Grübchenbildung** genannt). Dabei bilden sich unterhalb[6] der Oberfläche der Überrollbereiche mikroskopische Risse, die mit jeder weiteren Überrollung zu einem makroskopischen Riss wachsen. Diese Risse erreichen nach einer gewissen Zeit die Oberfläche und führen zu schollenartigen Ausbrüchen. Die losen Fragmente werden durch die Wälzkörper weitergetragen und an anderer Stelle wieder in die Oberfläche eingedrückt. Dieser Vorgang wiederholt sich kontinuierlich und führt zu einer kraterförmigen Oberfläche, Bild 9.23 (links).

Bild 9.23 Geschädigte Laufbahnen am Rillenkugellager: fortgeschrittener Ermüdungsschaden durch Pitting (links), statische Eindrücke der Wälzkörper (rechts), ©Schaeffler Technologies (mit freundlicher Genehmigung), [Schaeffler, 2000]

Damit stellen sich aus ingenieurwissenschaftlicher Sicht zwei wesentliche Fragestellungen:

A) Mit welcher maximalen Kraft kann das Lager statisch belastet werden?

B) Wie lange hält das Lager einer dynamischen Belastung stand; insbesondere wie viele Umdrehungen oder Stunden kann es eingesetzt werden, bis es zum Ermüdungsschaden kommt?

A. Statische Dimensionierung

Ziel der statischen Betrachtung ist es, eine zeitlich konstante Belastung des Lagers dahingehend zu analysieren, dass keine unzulässigen plastischen Verformungen, also bleibende Eindrücke, im Wälzkontakt auftreten. In diesem Zusammenhang ist zu erwähnen, dass – abhängig von der Lagerart (Radial- vs. Axiallager) und der äußeren Krafteinwirkung – nicht alle Wälzkörper gleichmäßig belastet sein müssen. In einem Radialrillenkugellager, dass z.B. am Außenring in ein Gehäuse eingepresst und am Innenring mit einer radial belasteten Welle verbunden ist, vgl. Bild 9.24 (links, unten), bilden sich nur im unteren Halbkreis Wälzkontakte aus. Im oberen Halbkreis sind die Wälzkörper entlastet und es besteht keine Flächenpressung zwischen den Wälzkörpern und den Ringen. Demgegenüber werden beim Axialrillenkugellager alle Wälzkörper gleich belastet, Bild 9.10 (rechts, Abb. links).

6 Aus der sog. **Hertzschen Kontakttheorie** (benannt nach dem dt. Physiker Heinrich Hertz, 1857–1894) geht hervor, dass zwei aufeinander gepresste Körper ihre max. Vergleichsspannung leicht unterhalb der Oberfläche des Kontaktbereichs ausbilden.

Zur Quantifizierung der Tragfähigkeit geben die Lagerhersteller die sog. **statische Tragzahl** C_0 an. Diese repräsentiert die Kraft, bei der durch die Flächenpressung im Wälzkontakt plastische Verformungen von $\varepsilon = 0,01$ Prozent auftreten. Damit ist der Grenzwert deutlich strenger (Faktor 20 kleiner) als die üblichen zulässigen plastischen Verformungen[7].

Bild 9.24 zeigt eine repräsentative Szenerie für die statische Belastung eines Radiallagers mit einer äußeren Radiallast F. Im dargestellten linken oberen Fall verteilt sich F auf sechs Kontakte. Die resultierenden Reaktionskräfte F_k, $(k = 1,...,6)$, stehen mit F im Gleichgewicht und können in einen Tangential- und Normalanteil $F_{N,k} = F_k \sin(\alpha)$ zerlegt werden. Letzterer bestimmt die Höhe der Flächenpressung und variiert mit der Wälzkörperposition, die durch den Winkel α festgelegt ist. Für $\alpha = 0°$ folgt, dass $F_k = F_{N,k}$ ist, so dass an dieser Position – und hier am Innenring[8] – die größte Flächenpressung zu erwarten ist.

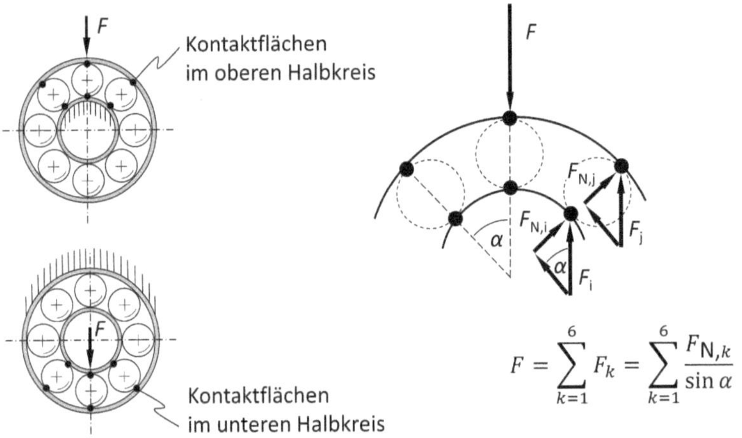

Bild 9.24 Kontaktflächen und Kraftzerlegung am Beispiel eines Radiallagers

Damit an der kritischen Stelle im Radiallager ($\alpha = 0°$ / Innenring) keine unzulässigen plastischen Verformungen auftreten, muss eine allgemeine **statische Radiallast** P_0 kleiner als die statische Tragzahl C_0 sein, d.h.

$$\boxed{P_0 \leq C_0}. \tag{9.12}$$

Außerdem kann die sog. **Tragsicherheit** eingeführt werden:

$$\boxed{f_S = \frac{C_0}{P_0}}. \tag{9.13}$$

Für $f_S = 1$ folgt $C_0 = P_0$, so dass genau der Grenzfall vorliegt, bei dem die plastischen Verformungen den zulässigen Maximalwert $\varepsilon = 0,01$ % erreichen. Je nach Anspruch an die Laufruhe gelten für die Tragsicherheit folgende Werte:

---

[7] Man beachte: Bei Stählen ohne ausgeprägte Streckgrenze (z.B. zähe Kaltumformstähle) ist die Grenze des elastischen Bereichs durch R_{p02}, d.h. bei plastischen Verformungen von $\varepsilon = 0,2$ %, festgelegt.

[8] Es folgt z.B. für die abgeplattete Kontaktfläche zweier Zylinder (Zylinderrollenlager) mit den Radien R_1 und R_2 aus der Hertzschen Kontakttheorie $A \propto \sqrt{R}$ mit $R = \frac{R_1 R_2}{R_1 + R_2}$. Das heißt, dass die kleinere Kontaktfläche, und damit die größere Flächenpressung, am Innenring vorliegt (für den Außenring ist R negativ zu setzen, da dieser auf der Kontaktseite konkav ist).

$f_S = 0,7...1,0$: geringe Ansprüche,
$f_S = 1,0...1,5$: normale Ansprüche,
$f_S = 1,5...3,0$: hohe Ansprüche.

Bei Tragsicherheiten von $f_S > 8$ gelten die Wälzlager im Allgemeinen als dauerfest.

Bisher wurde nur die Existenz einer Radiallast $P_0 = F_{\text{rad}}$ am Beispiel eines Radiallagers betrachtet. In gleicher Weise kann auch eine Axiallast $P_0 = F_{\text{ax}}$ am Axiallager, z.B. am Axialrillenkugellager, behandelt werden. Es können am Wälzlager aber auch Axial- und Radialkräfte gleichzeitig auftreten, wie es beispielsweise bei Radialrillenkugellager im begrenztem Umfang zulässig ist. Dann ist zuerst eine äquivalente Lagerbelastung P_0 zu berechnen und anschließend mit C_0 zu vergleichen. Hierbei gilt folgende Beziehung (ggf. abweichende Formeln der Hersteller beachten):

$$\boxed{P_0 = X_0 F_{\text{rad}} + Y_0 F_{\text{ax}} \leq C_0}, \tag{9.14}$$

wobei X_0 und Y_0 Gewichtungsfaktoren darstellen, die von den jeweiligen Herstellern angegeben werden. Der nachstehende graue Kasten veranschaulicht die statische Dimensionierung des in Bild 9.9 (rechts) dargestellten Radialzylinderrollenlagers NU2304.

Beispiel (Radialzylinderrollenlager NU2304):
Die Fa. SKF® gibt in ihren Katalogen die nachfolgenden Werte für das Radialzylinderrollenlager NU2304-ECP an:

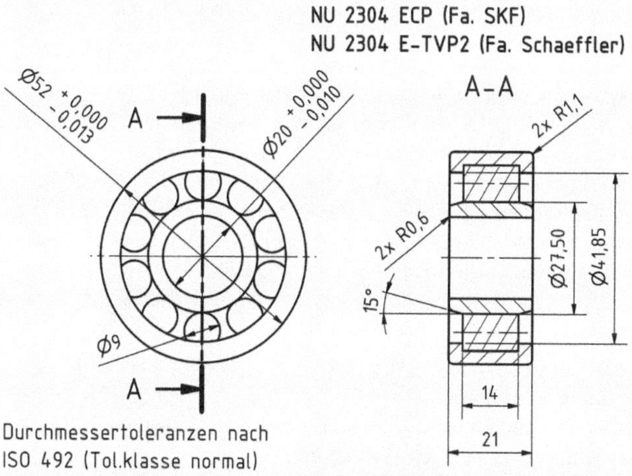

Berechnungsdaten		
Dynamische Tragzahl	C	47,5 KN
Statische Tragzahl	C_0	38 KN
Grenzwert	e	0,3
Axiallastfaktor	Y	0,4

äquivalente Lagerbelastung		
Loslager:	$P_0 = F_{\text{rad}}$	
Festlager:	$F_{\text{ax}}/F_{\text{rad}} \leq e$:	$P_0 = F_{\text{rad}}$
	$F_{\text{ax}}/F_{\text{rad}} > e$:	$P_0 = 0,92 \cdot F_{\text{rad}} + Y \cdot F_{\text{ax}}$
(F_{ax} darf nicht größer als $0,5 \cdot F_{\text{rad}}$ sein)		

Wie groß ist die äquivalente Lagerlast P_0 für folgende Kraftkonstellationen (Festlager)?

1. $F_{ax} = 8$ KN und $F_{rad} = 15$ KN,
2. $F_{ax} = 6$ KN und $F_{rad} = 15$ KN,
3. $F_{ax} = 4$ KN und $F_{rad} = 15$ KN,

Zur Berechnung von P_0 wird zuerst das Verhältnis F_{ax}/F_{rad} für alle drei Fälle berechnet und mit dem Grenzwert e verglichen:

1. $\frac{F_{ax}}{F_{rad}} = 0{,}53 \quad \Rightarrow \quad F_{ax} > 0{,}5 \cdot F_{rad} \quad \Rightarrow$ unzulässig ,
2. $\frac{F_{ax}}{F_{rad}} = 0{,}40 > e$,
3. $\frac{F_{ax}}{F_{rad}} = 0{,}27 < e$,

Damit folgt insbesondere für den zweiten und dritten Fall:

2. $P_0 = 0{,}92 \cdot F_{rad} + Y \cdot F_{ax} = 16{,}2$ KN,
3. $P_0 = F_{rad} = 15$ KN.

Anmerkungen zum Bezeichnungsschema:
Die Bezeichnung des o.g. Zylinderrollenlager NU2304 richtet sich nach dem allgemeine Bezeichnungsschema für Wälzlager gemäß DIN 623-1 [DIN-623]. Insbesondere für Zylinderrollenlager ist die Bezeichnung detailliert in der DIN 5412-1 [DIN-5412] ausgeführt; hier gilt folgende Notation:

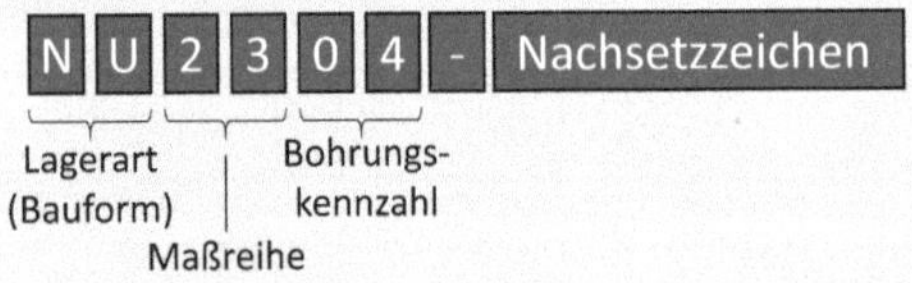

Die Kürzel NU, 23 und 04 werden üblicherweise zusammengeschrieben. Die **Maßreihe** legt die Abmessungen des Lagers, z.B. Außendurchmesser *D* und Lagerbreite *b*, fest und können der DIN ISO 15 [ISO-15] entnommen werden. Das **Bohrungskennzeichen** spezifiziert den Innendurchmesser des Innenrings und errechnet sich aus dem Kennzeichen durch Multiplikation mit dem Faktor 5 (hier: 04 × 5 = 20 mm). Die Verwendung der **Nachsetzzeichen** sind in der Norm DIN 623-1 [DIN-623] definiert. Die Zeichen dienen z.B. der näheren Festlegung der Käfigbauart, des Käfigwerkstoffs oder der verwendeten integrierte Abdichtelemente (Deckscheibe mit Spalt, berührende Dichtscheibe, etc.). Für die in der Abbildung verwendeten Nachsetzzeichen gelten folgende Festlegungen:

ECP: verstärkter Polyamidkäfig (Fa. SKF® spezifisches Zeichen),
E: verstärkter Wälzkörpersatz,
TVP-2: Massiv-Fensterkäfig aus glasfaserverstärktem Polyamid PA66 (Fa. Schaeffler spezifisches Zeichen).

■

B. Dynamische Dimensionierung (nach DIN ISO 281)

Durch das fortlaufende Abrollen der Wälzkörper auf einer Kreisbahn kommt es an den Wälzkörpern und den Laufbahnen zu einer zeitlich veränderlichen Flächenpressung. Hierzu betrachte man z.B. die Situation in Bild 9.25 (links) und weiter die Flächenpressung *p* am Innenring. Der radial belastete Innenring soll sich entgegen des Uhrzeigersinns drehen, der Außenring ist fest im Gehäuse montiert. Der Wälzkörper rollt auf einer Kreisbahn ab, wobei dieser im oberen Halbkreis entlastet (keine Flächenpressung in den Wälzkontakten) und im unteren Halbkreis belastet ist. Wählt man einen festen Punkt auf der Oberfläche des Innenrings und verfolgt diesen mit der Drehung, dann stellt man fest, dass sich die Flächenpressung, wie in Bild 9.25 (rechts) dargestellt, ändert. Für Winkel $0 \leq \alpha \leq 90°$ gilt $p = 0$ N/mm², für $90° < \alpha < 270°$ nimmt p zuerst zu, erreicht bei $\alpha = 180°$ das Maximum und nimmt dann wieder ab. Für $270° \leq \alpha < 360°$ ist $p = 0$ N/mm² und mit dem anschließenden Überrollen der oberen Nullposition startet eine neue Umrundung und die Chronologie beginnt von vorn.

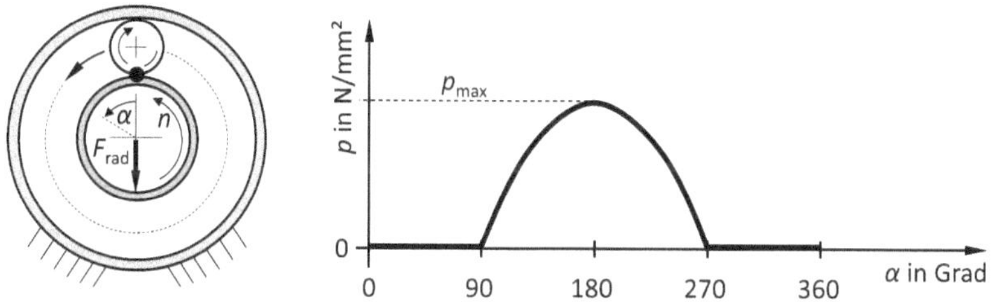

Bild 9.25 Zeitliche Veränderung der Flächenpressung am Innenring eines Wälzlagers

Gleiches gilt in ähnlicher Weise für die Oberflächenpunkte der Wälzkörper, jedoch ist hier die Kinematik komplexer, da sich zwei Bewegungsformen überlagern. Außerdem ist natürlich zu berücksichtigen, dass sich im Wälzlager mehrere Wälzkörper befinden. Gleichwohl, die prinzipielle dynamische Belastung der Wälzkontakte ist davon unberührt, und es stellt sich die Frage nach der **Lebensdauer** der Lager.

Zur Untersuchung des Ermüdungsverhaltens soll folgende Modellvorstellung zugrunde gelegt werden:

- Pro Umdrehung wird das Lager „etwas geschädigt" (Einzelschädigung).
- Mit jeder zusätzlichen Umdrehung kommt etwas Einzelschädigung hinzu; die verschiedenen Einzelschädigungen summieren sich auf.
- Die Einzelschädigung pro Umdrehung ist umso größer, je größer die Flächenpressung im Wälzkontakt (d.h. je größer die äußere Last) ist.
- Nach einer bestimmten Anzahl von Umdrehungen haben sich die Einzelschädigungen zu einer kritischen Gesamtschädigung aufsummiert, bei der es zum Ausfall des Lagers – z.B. durch Pitting – kommt.

Damit ergibt sich unmittelbar die Frage nach der maximalen Anzahl der Umdrehungen bzw. Stunden des Lagers bis zum Ausfall. Die DIN ISO 281 [ISO-281] gibt hierzu ein standardisiertes Berechnungsverfahren an. Demnach ergibt sich die max. Anzahl der Überrollungen N_{max} aus einem zu berechnenden Faktor L_{10} wie folgt:

$$N_{max} = L_{10} \cdot 10^6 , \tag{9.15}$$

$$\boxed{L_{10} = \left(\frac{C}{P}\right)^p} . \tag{9.16}$$

Die Größe C kennzeichnet die sog. **dynamische Tragzahl** und wird von den Herstellern in den Datenblättern angegeben. Das Symbol P repräsentiert die von außen einwirkende Lagerbelastung. Der Index „10" steht für eine Ausfallwahrscheinlichkeit von 10 Prozent; d.h.

der Wert L_{10} kennzeichnet die Anzahl der Umdrehungen, bei der z.B. von 100 getesteten Lagern 10 Lager ausgefallen sind. Der Exponent p ist ein fester Wert, der von der Lagerart abhängt. Hier gilt:

$$p = 3 \quad \rightarrow \quad \text{Kugellager}, \tag{9.17}$$

$$p = 10/3 \quad \rightarrow \quad \text{Rollenlager}. \tag{9.18}$$

Bei bekannter Drehzahl n [U/min] der Lager, z.B. durch die Betriebsdrehzahl der Welle, kann aus L_{10} die Lebensdauer L_h der Lager in Stunden [h] errechnet werden, nämlich:

$$L_h = \frac{L_{10} \cdot 10^6}{60 \cdot n} = \left(\frac{C}{P}\right)^p \cdot \frac{16667}{n}. \tag{9.19}$$

Hierbei ist der Faktor 60 im Nenner der oberen Gleichung zu benutzen, um die Drehzahl in [U/h] umzurechnen. Bild 9.26 illustriert die errechneten Lebensdauer-Stunden am Beispiel des Rollenlagers NU2304-ECP für verschiedene Drehzahlen n als Funktion der äußeren Last P gemäß Gleichung 9.19. Hier wird deutlich, dass L_h bei konstanter Drehzahl (n =konst) mit zunehmender äußerer Last P sinkt. Die Lebensdauer sinkt auch, sofern bei konstanter Last (P =konst) die Drehzahl erhöht wird.

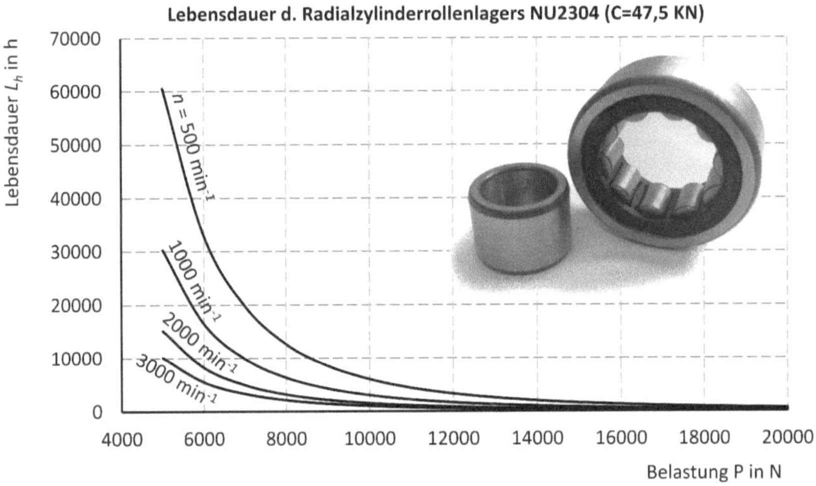

Bild 9.26 Lebensdauer des Lagers NU2304-ECP für verschiedene Drehzahlen

Falls mehrere äußere Lasten, d.h. axiale und radiale Kräfte F_{ax} und F_{rad}, am Lager angreifen, so ist die Lebensdauer L_h mit einer **äquivalenten dynamischen Lagerbelastung** P – analog zum statischen Fall – zu ermitteln:

$$P = X \cdot F_{rad} + Y \cdot F_{ax}. \tag{9.20}$$

Man beachte den fehlenden Index „0" an den Gewichtungsfaktoren $X \neq X_0$ und $Y \neq Y_o$ (auch Radial- und Axiallastfaktoren genannt). Das heißt, dass sich diese im Allgemeinen von ihrem statischen Pendant unterscheiden! Alle Gewichtungsfaktoren – ungeachtet, ob statisch oder dynamisch – werden von den Herstellern angegeben.

Übung 40 (Wälzlager - Lebensdauer unter konstanter Last):
Nun soll nochmal das Radialzylinderrollenlager NU2304-ECP von S. 411 betrachtet werden. Auf das Lager soll eine Radiallast von $P = 4000$ N wirken. Wie groß ist L_{10} und L_h, wenn eine Drehzahl von $n = 5000$ U/min vorliegt?

Lösung:
Das besagte Wälzlager besitzt lt. Hersteller eine dynamische Tragzahl von $C = 47{,}5$ KN. Mit $p = 3/10$ sowie Gleichung 9.16 und Gleichung 9.19 folgt unmittelbar:

$$L_{10} = 3820, \quad \text{(also } N_{max} = 3820 \cdot 10^6 \text{ Überrollungen)}, \tag{9.21}$$

$$L_h = 12735\,\text{h}. \tag{9.22}$$

■

Um ein Gefühl für typische Lebensdauerwerte in Maschinenbauanwendungen zu bekommen, zeigt Bild 9.27 einige ausgewählte Werte.

Anwendung	übliche Lebensdauer in h
Straßenfahrzeuge (Volllast)	
PKW allg	900 ... 1600
LKW u. Omnibusse allg.	1700 ... 9000
PKW Getriebe (1. Gang)	10 ... 20
PKW Getriebe (außer 1. Gang)	500 ... 1000
Schienenfahrzeuge	
Straßenbahnwagen	30000 ... 50000
Lokomotiven	30000 ... 100000
Getriebe v. Schienenfahrzeugen	15000 ... 70000
Sonstiges	
Landmaschinen	2000 ... 5000
Baumaschinen	1000 ... 5000
Großmotoren	20000 ... 100000
Werkzeugmaschinen	15000 ... 80000
Getriebe im allg. Maschinenbau	4000 ... 20000
Schiffsgetriebe	20000 ... 30000
Papier- und Druckmaschinen	50000 ... 200000
Textilmaschinen	10000 ... 50000

Bild 9.27 Typische Lebensdauerwerte von Wälzlagern, Quelle: [Hinzen, 2014]

Bis jetzt wurden die Drehzahl n und die Belastung P als konstante Werte behandelt. Das ist jedoch selten der Fall, was bedeutet, dass sich die Größen im Betrieb zeitlich verändern können. Zum Beispiel kann sich die Drehzahl einer Schiffsantriebswelle, und damit auch die Drehzahl in der Wellenlagerung, je nach Geschwindigkeit und Betriebszustand (z.B. Reisegeschwindigkeit auf offener See, Rückwärtsfahrt beim Hafenmanöver, Ablegen + Beschleunigen) ändern. Gleiches gilt für die resultierende Schubkraft und damit für die axiale Belastung der Welle und ihrer Lagerung. Daher stellt sich die Frage, wie die o.g. Gleichungen ausgewertet werden können, wenn n und P im Betrieb variieren.

Die Idee ist, die obigen Gleichungen beizubehalten und n bzw. P durch geeignete, konstante Mittelwerte n_{m} und P_{m} zu ersetzen. Voraussetzung ist, dass die zeitlichen Verläufe

$n(t)$ und $P(t)$ bekannt sind. Damit kann die Gesamtzeit t_{ges} in diskrete Zeitintervalle t_i mit:

$$t_{ges} = \sum_{i=1}^{k} t_i = t_1 + t_2 + t_3 + \ldots + t_{k-1} + t_k \tag{9.23}$$

zerlegt werden. Die Länge eines einzelnen Zeitintervalle sollte so gewählt werden, dass Drehzahl bzw. Belastung in jedem Zeitabschnitt als konstant angenommen werden können, also $n(t_i) = n_i = \text{konst}$, $P(t_i) = P_i = \text{konst}$, $(i = 1, \ldots, k)$, vgl. Bild 9.28.

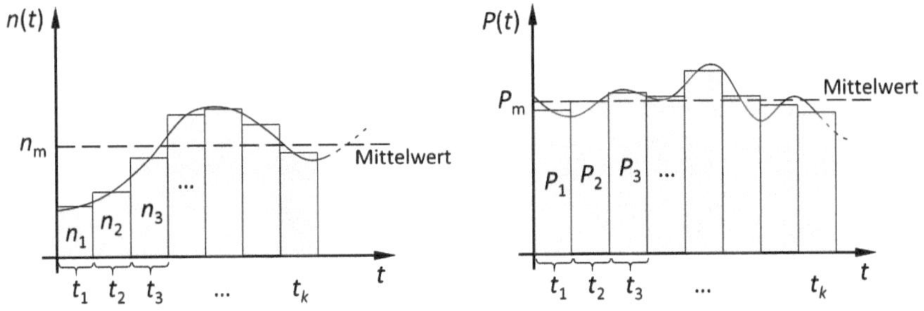

Bild 9.28 Unterteilung einer zeitlich veränderlichen Funktion $n(t)$ und $P(t)$ in konstante Teilbereiche $n_1 \ldots n_k$ und $P_1 \ldots P_k$

Die Mittelwerte n_m und P_m repräsentieren den Betrieb bei konstanter Drehzahl und Belastung. Folglich gilt für die Anzahl der Überrollungen N_{ges} in der Zeit t_{ges}:

$$N_{ges} = n_m \cdot t_{ges} = \sum_{i=1}^{k} n_i t_i \,. \tag{9.24}$$

Für die weiteren Betrachtungen soll folgende Argumentation zugrunde gelegt werden:

a) $L_{10} = \frac{C^p}{P^p}$ repräsentiert die max. Anzahl der Überrollungen bis zur vollständigen Schädigung des Lagers.
b) Die Gesamtschädigung folgt aus der Summe der Einzelschädigungen pro Überrollung (pro Überrollung/Umdrehung wird das Lager „etwas" geschädigt).
c) Steigt (oder sinkt) P^p, dann sinkt (oder steigt) L_{10}, d.h. das Lager fällt früher (oder später) aus. Daraus folgt, dass mit größerem bzw. kleinerem P^p die Einzelschädigung pro Überrollung steigt bzw. sinkt.

$\Rightarrow P^p \sim$ Einzelschädigungsgrad pro Überrollung.

$\Rightarrow P_1^p n_1 t_1 \sim$ Schädigungsgrad, die das Lager in Zeitintervall t_1 erfährt.

Für den **Gesamtschädigungsgrad** gilt dann:

$$P_m^p n_m t_m = \sum_{i=1}^{k} P_i^p n_i t_i \,. \tag{9.25}$$

Ziel ist es also, die Mittelwerte P_m und n_m zu bestimmen. Beide Größen erlauben die Berechnung der Gesamtschädigung bis zum Lagerausfall und können zur Bestimmung von L_{10} bzw. L_h benutzt werden.

Aus Gleichung 9.25 folgt:

$$P_{\mathrm{m}} = \sqrt[p]{\sum_{i=1}^{k} P_i^p \frac{n_i}{n_{\mathrm{m}}} \frac{t_i}{t_{\mathrm{ges}}}} \,. \tag{9.26}$$

Der Quotient $q_i := \frac{t_i}{t_{\mathrm{ges}}} = 0...1$ repräsentiert den Zeitanteil, den der i-te Zeitabschnitt an der Gesamtzeit einnimmt. So gilt beispielsweise $q_i = 0 \Leftrightarrow t_i = 0$ oder $q_i = 1 \Leftrightarrow t_i = t_{\mathrm{ges}}$. Wird q_i mit dem Faktor 100 multipliziert, ergibt sich die Angabe in Prozent. Aus Gleichung 9.26 folgt weiter:

$$\boxed{P_{\mathrm{m}} = \sqrt[p]{\sum_{i=1}^{k} P_i^p \frac{n_i}{n_{\mathrm{m}}} q_i}} \tag{9.27}$$

mit $n_{\mathrm{m}} = \sum_{j=1}^{k} n_j q_j$. Falls die Drehzahl im Betrieb konstant ist und nur die Belastung P variiert, so gilt $n_i = n_{\mathrm{m}} \Leftrightarrow \frac{n_i}{n_{\mathrm{m}}} = 1$. Für diesen **Spezialfall** vereinfacht sich Gleichung 9.27 zu:

$$\boxed{P_{\mathrm{m}} = \sqrt[p]{\sum_{i=1}^{k} P_i^p q_i}} \quad (n = \mathrm{konst})\,. \tag{9.28}$$

Die errechnete Größe P_{m} aus Gleichung 9.27 und Gleichung 9.28 kann nun zur Bestimmung von L_{10} und L_h in Gleichung 9.16 und Gleichung 9.19 verwendet werden. Dabei gilt der Formalismus für P_{m} sowohl für axiale als auch radiale Belastungen, d.h.

$$P_{\mathrm{m}} = P_{\mathrm{m,rad}} \rightarrow \text{reine Radiallast}\,, \tag{9.29}$$

$$P_{\mathrm{m}} = P_{\mathrm{m,ax}} \rightarrow \text{reine Axiallast}\,, \tag{9.30}$$

Sofern zeitlich veränderliche Axial- und Radiallasten am Lager angreifen, dann sind $P_{\mathrm{m,ax}}$ und $P_{\mathrm{m,rad}}$ separat zu ermitteln und anschließen mit den vom Hersteller bereitgestellten Gewichtungsfaktoren X und Y zu einer **äquivalenten gemittelten Lagerbelastung** „zusammenzuführen“:

$$\boxed{P_{\mathrm{m}} = X \cdot P_{\mathrm{m,rad}} + Y \cdot P_{\mathrm{m,ax}}}\,. \tag{9.31}$$

Übung 41 (Lebensdauer – Seilrolle):
Die Drahtseilrolle eines stationären Baustellenkrans ist mit zwei Radialrillenkugellagern vom Typ 61806-2RS1 ($C = 4100$ N) schwimmend gelagert. Das Drahtseil ist mit einer Zugkraft $F = 3200$ N beaufschlagt und umschlingt die Seilrolle mit $\beta = 180°$. Der Seilrollendurchmesser ist mit $D = 180$ mm angegeben.

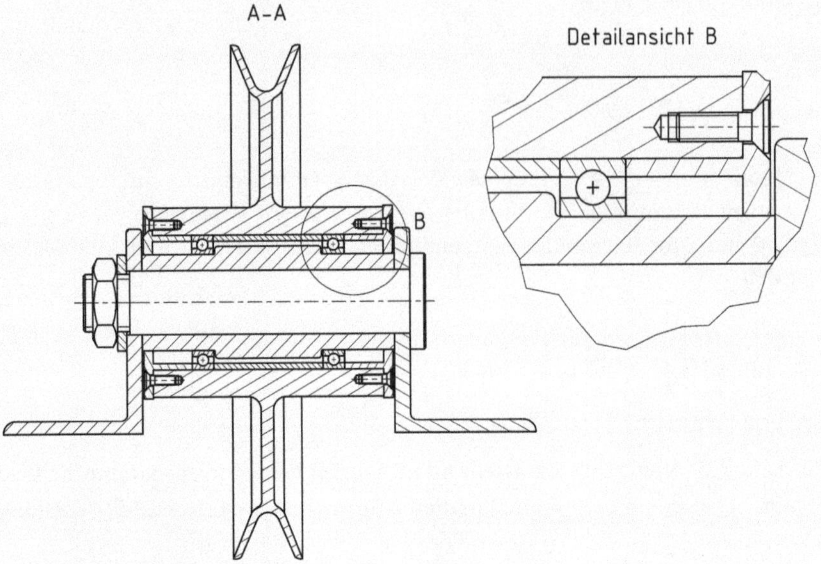

Berechnen Sie die Lebensdauer (L_{10} und L_h) der Lager unter Berücksichtigung der folgende Betriebsparameter:

Hubhöhe:	15 m
Hübe pro h:	10
Betriebsstunden pro Tag:	8 h/d
Betriebstage pro Jahr:	220 d/a

Lösung:
Unter Beachtung des Umschlingungswinkel β und des Lagerfreischnitts ergibt sich folgende Grafik:

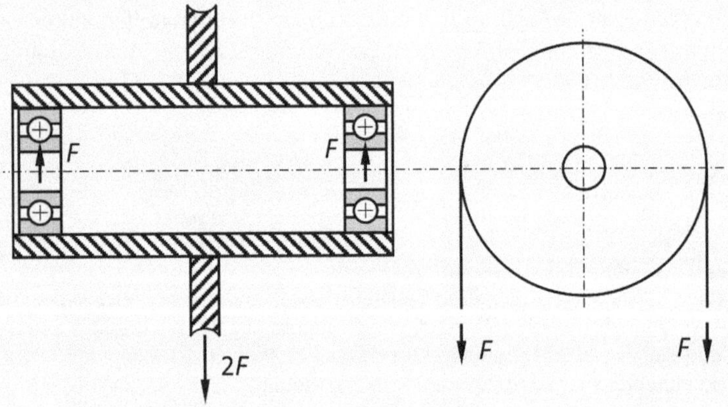

Somit kann für jedes Lager eine radiale Belastung von $P = F = 3200$ N angesetzt werden. Pro Rollenumdrehung legt das Drahtseil einen Vertikalweg vom Umfang der Rolle, also $\pi \cdot D = 565$ mm zurück. Ein Hubvorgang besteht aus einer Aufwärts- und Abwärtsbewegung, also aus einem Vertikalweg von 30 m. Pro Hubvorgang finden so $U = 30 \text{ m} / 0{,}565 \text{ m} = 53{,}1$ Umdrehungen (=Überrollungen) statt.

Gemäß den angegebenen Betriebsparameter ergibt sich folgende Hubanzahl (H) pro Jahr (a):

$$10\,\mathrm{H/h} \cdot 8\,\mathrm{h/d} \cdot 220\,\mathrm{d/a} = 17600\,\mathrm{H/a} \tag{9.32}$$

und weiter für die Umdrehungen bzw. Überrollungen pro Jahr (Ü/a):

$$53{,}1\,\mathrm{Ü/H} \cdot 17600\,\mathrm{H/a} = 933709\,\mathrm{Ü/a}\,. \tag{9.33}$$

Ferner gilt für die Lebensdauerkennzahl L_{10}, (Kugellager: $p = 3$):

$$L_{10} = \left(\frac{C}{P}\right)^p = \underline{\underline{2{,}10}}\,. \tag{9.34}$$

Damit ergibt sich für die Lebensdauer:

$$L_h = \frac{2{,}10 \cdot 10^6\,\mathrm{Ü}}{933709\,\mathrm{Ü/a}} = \underline{\underline{2{,}25\,\mathrm{Jahre}}}\,. \tag{9.35}$$

■

Übung 42 (Lebensdauer – Schiffsdrucklager):
Im Folgenden soll ein sog. Schiffsdrucklager hinsichtlich seiner Lebensdauer untersucht werden. Dazu betrachte man die dargestellte Schiffsantriebswelle, die durch zwei gegeneinander verspannte Axial-Pendelrollenlager vom Typ 29322E ($C_0 = 1750$ KN und $C = 610$ KN) gelagert ist.

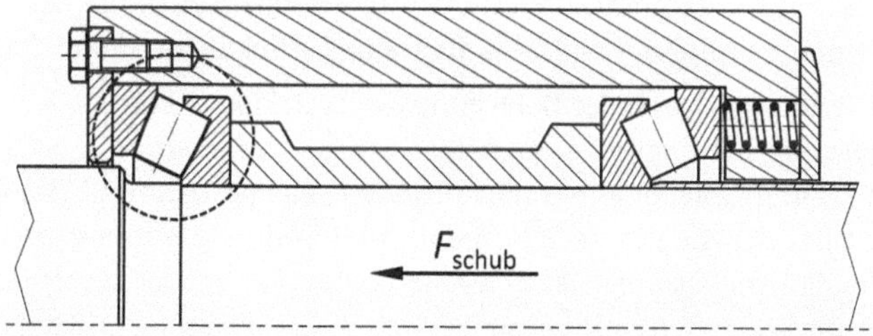

Weiterhin soll nur die Vorausfahrt betrachtet werden. Hierbei verursacht die Schiffsschraube einen leistungsspezifischen Schub von $\theta = 0{,}25$ KN/KW. Die resultierende Schubkraft F_{Schub} führt zu einer Axialkraft in der Welle, die durch das linke (eingekreiste) Lager abgestützt wird.

Zur Berechnung sollen zwei Betriebszustände berücksichtigt werden: Volllast-Betrieb mit einem Anteil von 30% an der gesamten Betriebszeit und Teillast-Betrieb mit einem Zeitanteil von 70% an der Betriebszeit. Außerdem gelten folgende Betriebsparameter:

- **Teillast (TL)**: $P_{TL} = 224$ KW (Antriebsleistung), $n_{TL} = 560\ \mathrm{min}^{-1}$ (Drehzahl),
- **Volllast (VL**: $P_{VL} = 320$ KW, $n_{VL} = 800\ \mathrm{min}^{-1}$.

Welche Lebensdauer ergibt sich für das linke Lager?

Lösung:
Zuerst soll mithilfe von θ die resultierenden Axialkräfte für beide Betriebszustände berechnet werden:

$$F_{ax,TL} = \theta \cdot P_{TL} = 56\,\mathrm{KN}, \tag{9.36}$$
$$F_{ax,VL} = \theta \cdot P_{VL} = 80\,\mathrm{KN}. \tag{9.37}$$

Ferner gilt für die mittlere Drehzahl n_m:

$$n_m = 0{,}7 \cdot 560\,\text{min}^{-1} + 0{,}3 \cdot 800\,\text{min}^{-1} = 632\,\text{min}^{-1}. \quad (9.38)$$

Damit kann die mittlere Axialbelastung $P_{m,ax}$ errechnet werden ($p = 10/3$):

$$P_{m,ax} = \sqrt[p]{F^p_{ax,TL}\frac{n_{TL}}{n_m}\cdot 0{,}7 + F^p_{ax,VL}\frac{n_{VL}}{n_m}\cdot 0{,}3} = 67{,}5\,\text{KN}. \quad (9.39)$$

Mithilfe von $P_{m,ax}$ folgt nun für Lebensdauer:

$$L_{10} = \left(\frac{C}{P_{m,ax}}\right)^p = 1534. \quad (9.40)$$

Die max. Anzahl der Umdrehungen bis zum Lagerausfall beträgt demnach $1534 \cdot 10^6$ Umdrehungen. Mithilfe der mittleren Drehzahl n_m = 60 min/h · 632 U/min = 37920 U/h ergibt sich abschließend:

$$L_h = \frac{L_{10}\cdot 10^6\,\text{U}}{37920\,\text{U/h}} = \underline{\underline{40466\,\text{h}.}} \quad (9.41)$$

■

9.2.2.5 Grenzdrehzahl, Schmierung, Lagerauswahl

Schaut man in die von den Herstellern der Wälzlager angegebenen technischen Daten, dann fällt auf, dass neben den Tragzahlen auch immer eine **Grenzdrehzahl** n_g angegeben wird. Physikalisch lässt sich n_g mit zwei drehzahlabhängigen Effekten erklären:

a) **Erwärmung durch Reibung**: Durch der Bewegung der Wälzkörper kommt es zu Wälzreibung im Lager. Die damit einhergehende Reibleistung (Reibarbeit pro Zeit) führt zu Erwärmung. Zu jeder Drehzahl gibt es ein thermisches Gleichgewicht und eine Gleichgewichtstemperatur, bei der die innere Wärmeproduktion durch Reibung gleich dem Wärmeverlust (durch Wärmeleitung zu anderen Bauteilen und Wärmeabgabe über die Oberfläche) ist. Mit steigenden Drehzahlen steigt auch die Reibleistung und das thermische Gleichgewicht verschiebt sich zu immer höheren Temperaturen. Dadurch können die mechanischen Eigenschaften der Lagerwerkstoffe negativ beeinflusst werden.

b) **Anstieg der Fliehkräfte**: Mit steigender Drehzahl steigen auch die Fliehkräfte $F_{zf} \sim \omega^2$ (auch Zentrifugalkraft) im Lager. Die Wälzkörper werden immer stärker an den Außenring gedrückt, wodurch Flächenpressung und Reibung zunehmen.

Mit diesen Erläuterungen kann geschlussfolgert werden, dass jedes Lager – abhängig von den Lagerwerkstoffen, den Abmessungen und der Bauform – eine spezifische max. zulässige Drehzahl, die Grenzdrehzahl n_g, hat. Bild 9.29 zeigt die ungefähren Grenzdrehzahlen für verschiedene Radiallager, die eine Lebensdauer von 100.000 Stunden repräsentieren. Hierin ist jedes Lager durch zwei Kurven charakterisiert. Die „normale“ Drehzahlgrenze gilt bei einfacher Fettschmierung der Lager. Die „maximale“ Drehzahlgrenze erfordert dagegen zusätzliche Maßnahmen, wie z.B. eine Öleinspritzschmierung, erweiterte Lagerluft oder eine optimierte Käfigkonstruktion.

Die bisher aufgeführten Aspekte zur Lebensdauervorhersage gelten nur unter der Voraussetzung einer ausreichenden und korrekten **Schmierung** der Lager. Wälzlager sollten grundsätzlich immer geschmiert werden! Der dadurch entstehende Schmierfilm sorgt bes-

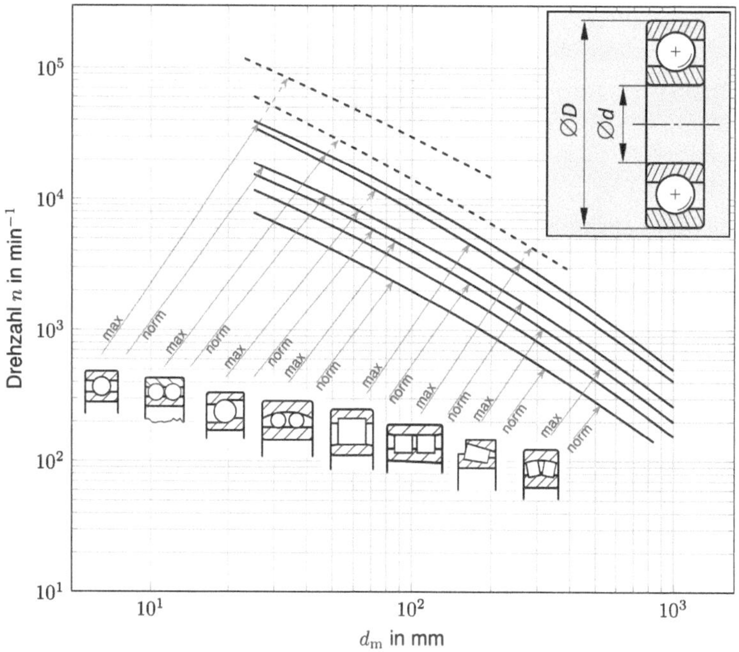

Bild 9.29 Ungefähre Grenzdrehzahlen für ausgewählte Radiallager als Funktion des mittleren Lagerdurchmessers $d_m = (D + d)/2$, nach [Dubbel, 2012]

tenfalls für einen vollständig geschlossenen Schmierfilm zwischen den Wälzkörpern und den Laufbahnen und verringert so die Wälzreibung im Betrieb. Weniger Reibung reduziert den Verschleiß, die Erwärmung und damit die Lebensdauer. Außerdem kann mit einem zirkulierenden Schmiermittel, z.B. einer Ölumlaufschmierung, die entstehende Reibungswärme kontinuierlich abgeführt werden, so dass höhere Drehzahlen möglich sind. Das Schmiermittel wird gewissermaßen als Kühlmittel genutzt.

Die richtige Schmiermittelauswahl ist von vielen Faktoren abhängig. Hierzu stellen die Hersteller, z.B. Schaeffler (FAG) oder SKF®, Leitfäden zur Verfügung, die anhand verschiedener Kritierien, wie:

Betriebsbedingungen:	Drehzahl, Belastung
Laufeigenschaften:	geringe Laufgeräusche, höhere Reibung beim Anfahren zulässig
Einbausituation:	Winkelversatz im Lager, Außenring dreht/Innenring steht
Wartungsbedingungen:	häufige/geringe/keine Nachschmierung möglich
Umgebungsverhältnisse:	hohe/tiefe Temperaturen, staubige o. aggressive Umgebung (z.B. Säuren, Basen), Kondenswasser, Schwingungen/Stöße

einen geeigneten Schmierstoff identifizieren.

In den allermeisten Fällen, ca. 90 Prozent, werden Wälzlager mit speziellen **Wälzlagerfetten** geschmiert. Bei diesen sog. **Schmierfetten** handelt es sich um ein Grundöl (Mineral-/Ester-/ Silikonöl), dass mit Seifen (z.B. Al-/Li-/Ba-/Ca-Seifen) eingedickt wurde. Je nach

Zusammensetzung und Mischungsverhältnis ergeben sich unterschiedliche Eigenschaften bzgl. Temperatur-, Wasserbeständigkeit oder Viskosität.

Die Konsistenz/Viskosität der Fette wird nach sog. NLGI-Klassen 000 (fließend), 00, 0 bis 6 (hart) nach DIN 51818 [DIN-51818] eingeteilt. Ferner charakterisiert die DIN 51825 [DIN-51825] die Schmierstoffe nach Zusammensetzung und Belastbarkeit mit den Kennbuchstaben K, KP, KF, KPF.

In den meisten Fällen werden Schmierfette der Kategorie K (nach DIN 51825) in den NLGI-Klassen 1, 2, 3 (nach DIN 51818) eingesetzt. Dabei wird zwischen (P: äquivalente Lagerlast, C: dynamische Tragzahl):

normaler Belastung: Belastungsverhältnis $P/C \leq 0{,}1$
hohe Belastung (EP, engl. *extrem pressure*): Belastungsverhältnis $P/C > 0{,}1$

unterschieden. Für normale Belastungen können Fette der Kategorie K verwendet werden. Bei hohen Belastungen sind sog. **Hochdruckfette** der Kategorie KP empfohlen, die zusätzlich noch **Verschleißschutzadditive** enthalten. Festschmierstoff-Zusätze wie z.B. Graphit oder PTFE verbessern die Temperaturbeständigkeit der Schmierfette und werden durch die Kategorie KF abgebildet.

Außerdem sollte bei der Schmierstoffauswahl die Betriebsdrehzahl n der Wälzlager berücksichtigt werden. Diese wird über den **Drehzahlkennwert**:

$$A = n \cdot d_{\mathrm{m}} \tag{9.42}$$

beschrieben[9]. Je größer A, desto kleiner sollte die sog. **Grundviskosität**[10] ν_{40} (gemessen bei 40°C) sein. Folgende Gleichungen können als Orientierung dienen:

$$A < 0{,}5 \cdot 10^6\,\mathrm{mm/min} \quad \Rightarrow \quad \nu_{40} > 150\,\mathrm{mm^2/s}\,, \tag{9.43}$$

$$A \geq 0{,}5 \cdot 10^6\,\mathrm{mm/min} \quad \Rightarrow \quad \nu_{40} \leq 150\,\mathrm{mm^2/s}\,,\ \text{(Schnelllauffette)}\,, \tag{9.44}$$

$$A \geq 1{,}5 \cdot 10^6\,\mathrm{mm/min} \quad \Rightarrow \quad \text{Ölschmierung}\,. \tag{9.45}$$

Außerdem gibt es spezielle **Langzeitfette** mit erhöhter Alterungs- und Temperaturbeständigkeit, die für eine einmalige, über die gesamte Lebensdauer der Lager wirkende Schmierung geeignet sind („**for-life-Schmierung**").

Tabelle 9.3 zeigt die möglichen Schmierverfahren abhängig von der Drehzahlkennzahl A. Demnach ist neben der Fettschmierung auch Ölschmierung möglich. Öl eignet sich immer dann, wenn dieses bereits vorhanden ist und durch angrenzende Maschinenelemente genutzt wird. So können z.B. Ölbäder in Getrieben verwendet werden, die primär zur Schmierung der Zahnräder dienen (Öltauchschmierung), Bild 9.30 (rechts). Außerdem ist Öl immer dann zu berücksichtigen, wenn gezielt Wärme aus den Lagern abgeführt werden muss, z.B. bei höheren Drehzahlkennwerten. Hier eignen sich die Ölumlaufschmierung oder die Öleinspritz- bzw. Ölnebelschmierung. Die letzten beiden Verfahren erfordern zusätzliche Düsen zum Zerstäuben des Öls sowie Ölzu- und -abläufe, was mit deutlich höheren Produktkosten verbunden ist.

Bild 9.30 zeigt konstruktive Beispiele einer Fettschmierung (links) und einer Ölbadschmierung (rechts). Hierin wird auch deutlich, welche Schmiermittelmengen bei den Lagern zu

---

9 Durch Einbeziehung des mittleren Durchmessers beschreibt A i.w. die Bahngeschwindigkeit $v = \omega \cdot r$.

10 Wird im Allgemeinen durch die Schmierstoffhersteller angegeben.

Tabelle 9.3 Schmierverfahren, abhängig von Drehzahl und Lagergröße (ausgedrückt durch den Drehzahlkennwert $A = n \cdot d_m$), Quelle: [Hinzen, 2014]

Schmierverfahren	$A = n \cdot d_m$ in mm/min^{-1}
einfache Fettschmierung	bis $0{,}5 \cdot 10^6$
Fettschmierung (Sonderfett)	bis $1{,}5 \cdot 10^6$
Ölbad-/Öltauchschmierung	bis $0{,}5 \cdot 10^6$
Ölumlauf-/Öldurchlaufschmierung	bis $0{,}8 \cdot 10^6$
Öleinspritzschmierung	$(0{,}8...4{,}0) \cdot 10^6$
Ölnebelschmierung	$(1{,}5...3{,}0) \cdot 10^6$

verwenden sind. Bei der Fettschmierung sollten alle Zwischenräume im Lager mit Fett aufgefüllt sein. Im späteren Betrieb wird ein Teil des Schmierfetts durch die Bewegung der Wälzkörper ausgetrieben. Hierfür sind entsprechende Spalte und Auffangräume vorzusehen. Bei der Ölbadschmierung sollten die Wälzlager so positioniert werden, dass sie mit dem unteren Wälzkörper ca. zur Hälte in das Ölbad eintauchen.

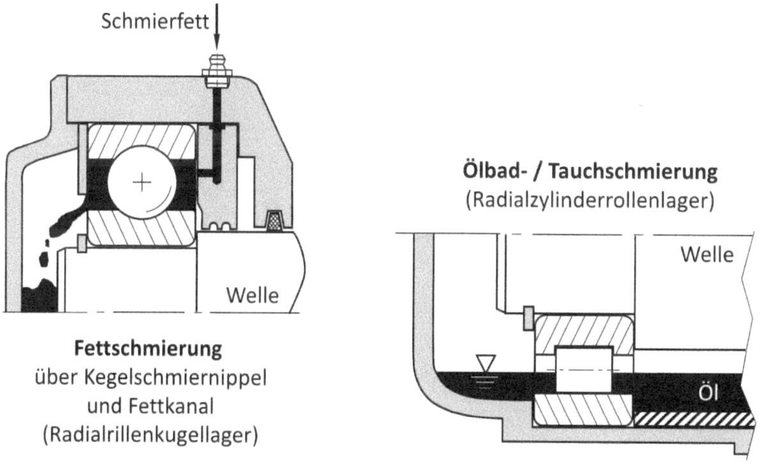

Bild 9.30 Darstellung einer möglichen Fett- und Ölbadschmierung

Abschließend soll mit Bild 9.31 ein Leitfaden zur Verfügung gestellt werden, mit dem eine geeingete Wälzlagerbauform – abhängig von Konstruktion und Betriebsparametern – ausgewählt werden kann.

		Radiallast	Axiallast	Radial- u. Axiallast	hohe Drehzahl	hohe Laufgenauigkeit	hohe Steifigkeit	Winkelfehler	Eignung als Festlager	Eignung als Loslager
Radialrillen-kugellager	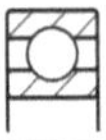	+	+	+	+++	+++	+	–	++	+
Schrägkugellager einreihig	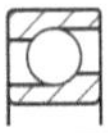	+	+	++	++	+++	–	–	++	– –
Vierpunktlager		–	+	+	++	+	+	– –	++	–
Pendelkugellager	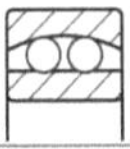	+	–	–	++	++	–	+++	+	+
Axialrillenkugellage		– –	+	– –	+	++	+	– –	+	– –
Zylinderrollenlager NU	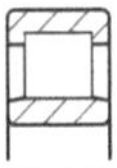	++	– –	– –	+++	++	++	–	– –	+++
Zylinderrollenlager NUP	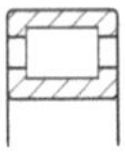	+++	+	–	–	+	+++	–	+	+
Nadellager		++	– –	– –	+	+	++	– –	– –	+++
Kegelrollenlager	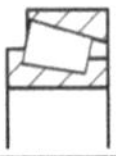	++	++	+++	+	++	++	–	++	– –
Pendelrollenlager	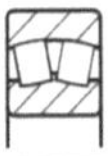	+++	+	+++	+	+	++	+++	++	+
Axialzylinder-rollenlager	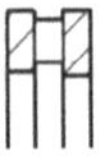	– –	++	– –	–	++	++	– –	+	– –

+++ Sehr gut geeignet ++ gut geeignet + geeignet – weniger geeignet – – ungeeignet

Bild 9.31 Bewertung unterschiedlicher Wälzlager für verschiedene Anwendungsfälle

9.3 Elastomerlager zur Schwingungsreduktion

9.3.1 Allgemeines zur Lagerung von Kabinen, Motoren und Maschinen

Bis jetzt wurde der Begriff „Lagerung“ nur im Sinne der Wellenlagerung behandelt. Die Bezeichnung soll nun weiter gefasst werden, indem auf sog. **Motor- und Kabinenlagerungen** – beziehungsweise allgemein auf **Maschinenlagerungen** – eingegangen wird.

Wenn z.B. von Motor- bzw. Kabinenlagern die Rede ist, dann sind in den allermeisten Fällen Elastomerbauteile gemeint, die den Motor / die Kabine elastisch mit der Umgebungskonstruktion (z.B. mit dem Fahrzeugrahmen oder dem Fundament) verbinden, Bild 9.32. Derartige elastische Verbindungselemente (auch **Entkopplungselemente** genannt) sind immer dort notwendig, wo Bauteile vor Schwingungen und Vibrationen geschützt werden sollen. Schwingungen sind überall im Maschinenbau zu finden. Meistens haben sie ihre Ursache in der Drehung/Rotation von Maschinenelementen und den damit verbundenen oszillierenden Trägheitskräften. Typische Schwingungsquellen sind z.B. Motoren, Pumpen, Ventilatoren von Kühlereinheiten oder Ketten und Raupenantriebe. Darüber hinaus existieren auch Bauteile, die vor Schwingungen zu schützen sind, z.B. Handläufe von Kettensägen oder Bodenverdichtern, Fahrerstände/Kabinen von sog. **mobilen Arbeitsmaschinen**[11] oder Steuereinheiten mit ihren sensiblen elektronischen Bauteilen.

Bild 9.32 Kabinenlagerung am Radlader (oben links); Motorlagerung eines Seitenstaplers; Elastomerlager am Handlauf eines Bodenverdichters (Handschutz); verschiedene Elastomerlagerbauformen (Konuslager, Buchsen, zylindrische Rundlager, Hydrolager)

Besonders kritisch sind Schwingungen im Kontext der **Mensch-Maschine-Interaktion**. Berufsbedingte, regelmäßige Schwingungseinwirkung kann zu gesundheitlichen Schä-

[11] Hierzu zählen z.B. Baumaschinen (Radlader, Bagger oder Planierraupen), Landmaschinen (Traktoren, Schlepper, Mähdrescher oder Feldhäcksler) und Fluförderfahrzeuge (Gabel- und Containerstapler). Die Kabinen der Fahrzeuge sind Arbeitsplätze! Für sie gelten neben dem Komfortanspruch auch Arbeitsschutzrichtlinien, u.a. Einschränkungen an das Lärm- und Vibrationslevel.

den führen! Ein Beispiel hierfür ist die sog. **Weißfingerkrankheit**[12], die z.B. durch die Vibrationen einer Kettensäge verursacht werden kann. Auch klagen die Fahrer/-innen von Mähdreschern bisweilen über Symptome, die der **Seekrankheit**[13] ähneln.

Um die auftretenden Schwingungen und Vibrationen in der Maschine aktiv zu beeinflussen ist es notwendig:

a) die Schwingungsquellen zu kennen,

b) die Verbreitungspfade in der Anlage zu analysieren und

c) die zu schützenden Komponenten zu identifizieren.

Zur Veranschaulichung der Problematik soll beispielhaft ein Mähdrescher, wie in Bild 9.33 (oben) vereinfacht skizziert, betrachtet werden. Der Fahrzeugaufbau selbst ist ein schwingfähiges System, da es durch die Gummireifen, die als Luftfedern fungieren, elastisch mit dem Boden verbunden ist. Im hinteren Teil befindet sich ein Verbrennungsmotor (M), der durch die oszillierenden inneren Massenträgheitskräfte – verursacht durch die unterschiedlichen Bewegungen der inneren Bauteile, vgl. Bild 9.34 (rechts) – schwingt. Der Motor ist mit dem Fahrzeugrahmen verbunden, so dass die Schwingungen in die Rahmenkonstruktion eingetragen werden und diesen ebenfalls zum Schwingen anregen. Es bilden sich sog. **Strukturschwingungen** (engl. *structure borne noise*) aus. Auf dem Rahmen ist wiederum die Kabine (K) montiert, so dass die Schwingungen über den Kabinenboden in die Kabine gelangen. Dort können sie auf den Menschen einwirken („kribbelnde" Füße) oder andere Komponenten (z.B. die Scheiben) zum schwingen anregen. Insbesondere schwingende Scheiben sind kritisch, da diese zu Schallemissionen (engl. *air borne noise*) und zu einem erhöhten Lärmpegel in der Kabine führen können. Aus diesem Grund werden häufig gewölbte Scheiben verbaut, die formbedingt steifer und deshalb schwieriger in Schwingung zu versetzen sind.

Gesetzt dem hypothetischen Fall, der Motor und die Kabine sind starr (z.B. verschweißt) mit dem Rahmen verbunden, Bild 9.33 (unten), dann würde dem Rahmen und der Kabine die Bewegung des Motors eins zu eins aufgezwungen werden. Die Schwingungen würden im vollen Umfang ins Ziel gelangen und könnten dort auf Mensch und Bauteile negativ einwirken. Es gilt also den sog. **Transferpfad**, also der Weg von der Schwingungsquelle (M) bis zum Ziel (K), zu unterbrechen bzw. zu „stören". Das geschieht, indem elastische Elemente, z.B. Motor- und/oder Kabinenlager, im Übertragungspfad platziert werden, Bild 9.33 (oben). Dabei können zwei Strategien verfolgt werden:

- **Aktive Schwingungsisolation**[14]: Hierbei wird die Schwingungsquelle von der Umgebungskonstruktion entkoppelt, d.h. elastisch gelagert. Die Lagerung von z.B. Motoren, Pumpen oder Kühlern fällt in diese Kategorie.
- **Passive Schwingungsisolation**: Sind die Schwingungsquellen nicht eindeutig zuordenbar oder liegen zu viele „Quellen" vor, dann ist es zielführender und oftmals kostengünstiger, das „Ziel" zu entkoppeln. Im Fokus stehen Maschinenkomponenten, die potentiell zum Schwingen angeregt werden können, wie beispielsweise Kabinen, Fahrerstände, sensible Steuereinheiten oder Handläufe.

---

[12] Durch die Vibrationen wird das Blut aus der Hand verdrängt. Dadurch kann es zur Verkümmerung der Blutgefäße und zur dauerhaften Störung der Durchblutung, insbesondere in den Fingerspitzen, kommen.

[13] Durch die Rüttelsiebe im hinteren Teil des Fahrzeug wird die Kabine zu Nickschwingungen angeregt, was zu Übelkeit führen kann.

[14] Der Begriff Isolation wird später näher erläutert.

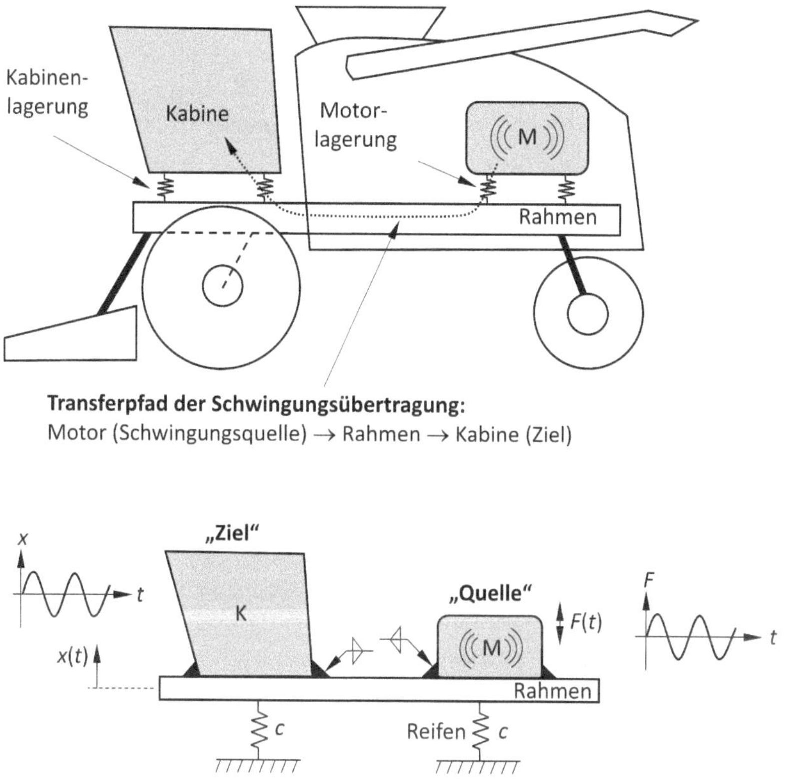

Bild 9.33 Beispiel Mähdrescher: Illustration des Transferpfades vom Motor („Quelle“) über Fahrzeugrahmen bis zur Kabine („Ziel“); oberer Abbildung: mit Lagerungselementen; untere Abbildung: vereinfachtes, abstraktes Modell mit starrer Anbindung von Motor und Kabine an den Rahmen

Oftmals werden beide Strategien kombiniert, das heißt sowohl Kabine als auch Motor werden gelagert. Dabei sind so wenig Anbindungspunkte wie möglich zwischen Kabine und Rahmen bzw. Motor und Rahmen anzustreben. Üblich sind sog. **Drei-Punkt-** und **Vier-Punkt-Lagerungen**, bei denen beispielsweise die Kabine mit drei bzw. vier Lagerungen am Rahmen montiert ist.

Grundsätzlich besitzen Bauteile wie Kabinen oder Motoren sechs Schwingfreiheitsgrade im dreidimensionalen Raum. Man unterscheidet zwischen translatorischen (Längs-, Quer- und Hub-) und rotatorischen (Nick-, Wank- und Gier-) Schwingungen, Bild 9.34 (links). Die physikalische Beschreibung des 3D-Schwingverhaltens mehrerer miteinander elastisch verbundener Massen ist mathematisch komplex, weshalb in der Regel sog. MKS[15]-Simulationsprogramme eingesetzt werden. Gleichwohl ist eine eindimensionale, mathematische Betrachtung oftmals ausreichend, um geeignete Elastomerlager aus den Katalogen der jeweiligen Hersteller auszuwählen. Dieses Vorgehen soll im Folgen-

[15] Abkürzung für Mehr-Körper-System.

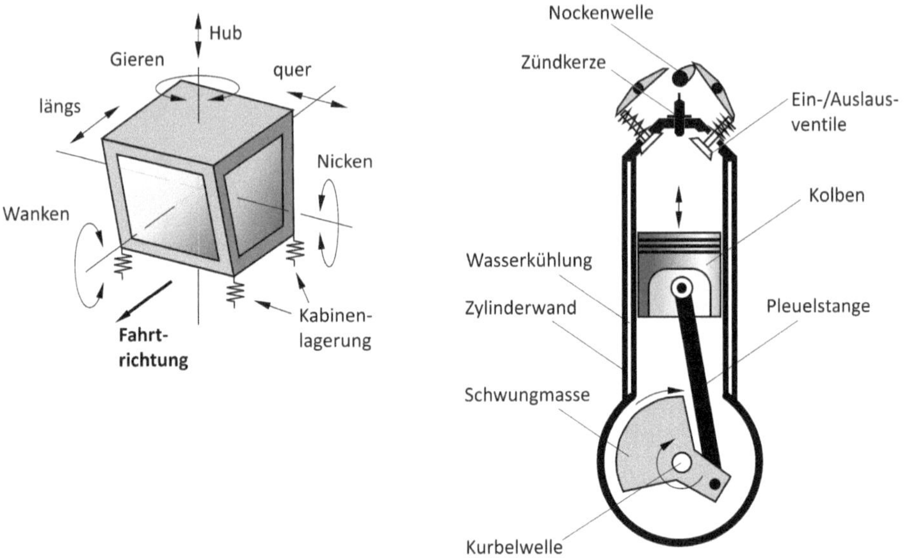

Bild 9.34 Darstellung der sechs Schwingformen einer Kabine (links); Prinzipskizze zum inneren Aufbau des Zylinders eines Verbrennungsmotor (rechts)

den erläutert werden, wobei es notwendig ist, zuerst die physikalischen Grundlagen der Schwingungstechnik zu rekapitulieren.

9.3.2 Physikalische Beschreibung von Schwingungen

Wenn im Folgenden von Schwingungen die Rede ist, dann sollen ausschließlich mechanische Schwingungen betrachtet werden (vgl. grauer Kasten). Grundsätzlich unterscheidet man zwischen **ungedämpften und gedämpften Schwingungen**. Erstere sind dadurch gekennzeichnet, dass sie über die Zeit nicht abklingen, d.h. unendlich lange fortbestehen. Derartige Schwingungen sind natürlich theoretischer Natur, da alle Vorgänge in der Natur mit Reibung verbunden sind und jede Schwingung mit der Zeit abklingt (gedämpfte Schwingung). Gleichwohl ist es für viele technische Fragestellungen ausreichend, diesen Grenzfall zu betrachten. Darüber hinaus wird zwischen **freien und erzwungenen Schwingungen** unterschieden, wobei jede für sich wieder gedämpft und ungedämpft sein kann. Die erzwungenen Schwingungen können weiter in kraft- und wegangeregte[16] Schwingungen unterteilt werden, abhängig davon, ob die Masse m von einer äußeren, periodischen Kraft- oder Wegauslenkung, $F(t)$ oder $y(t)$, angeregt wird, Bild 9.35.

Definition (mechanische Schwingung):

[16] Auch Fußpunktanregung genannt.

Eine mechanische Schwingung beschreibt eine um die Gleichgewichtslage (Nulllage) des Körpers verlaufende Bewegung, bei der sich die Auslenkung des Körpers aus der Gleichgewichtslage periodisch wiederholt.
Falls sich die Bewegung, d.h. die Auslenkung, des Körpers durch eine sin- oder cos-Funktion beschreiben lässt, spricht man von einer **harmonischen Schwingung**. ■

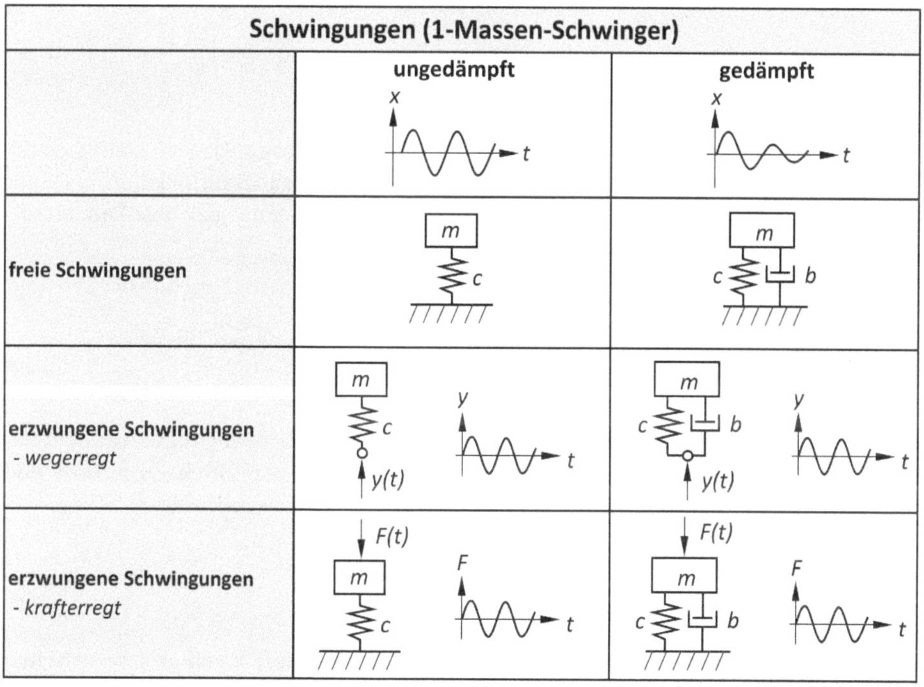

Bild 9.35 Einteilung von Schwingungen

9.3.2.1 Ungedämpfte, freie Schwingung

Ein Körper der Masse m, der elastisch (z.B. durch eine Schrauben- oder Gummifeder) mit einer raumfesten Umgebungskonstruktion (z.B. mit einem Fundament oder Rahmen) verbunden ist, kann sich relativ zu dieser bewegen. Die Kombination aus Masse m und elastischem Federelement mit der Federsteifigkeit c repräsentiert ein **schwingfähiges System** oder einen **1-Massenschwinger**. Sind mehrere Körper mit den Massen m_1, m_2, m_3, m_4, ... elastisch miteinander verbunden, spricht man von einem schwingfähigen Mehrkörpersystem oder Mehrmassenschwinger (z.B. 2-, 3-, 4-Massenschwinger).

Bild 9.36 (links) zeigt die einfachste Form des 1-Massenschwingers, bestehend aus einer Masse und einer Feder. Ein derartiges Modell kann beispielsweise einen Motor repräsentieren, der über ein Motorlager (Gummifeder) am Fahrzeugrahmen montiert ist.

Nun stelle man sich vor, es wird auf die Masse gedrückt, so dass diese um den Weg x_0 aus der Nulllage verschoben wird. Gleichzeitig wird die Feder um den gleichen Weg x_0 komprimiert. Lässt man anschließend die Masse los, so wird diese nach oben ausfedern und

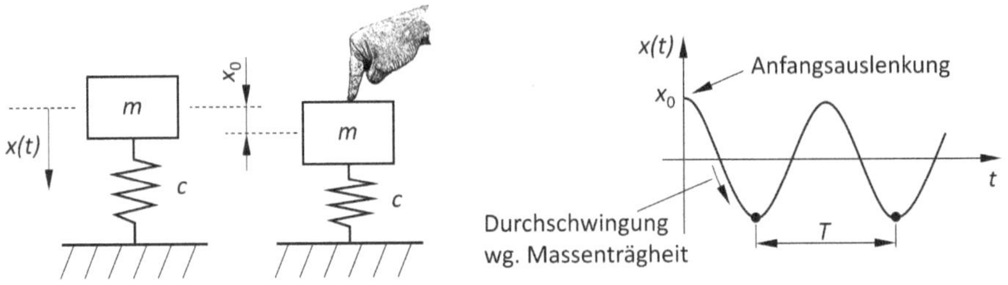

Bild 9.36 Ersatzmodell zur Beschreibung einer freien, ungedämpften Schwingung

dabei über die Nulllage hinaus bis zum Wert $-x_0$ durchschwingen. Danach kehrt sich die Bewegung um und die Masse bewegt sich zurück bis zur Ausgangsauslenkung x_0. Dieser Bewegungsablauf wiederholt sich fortlaufend, so dass der Körper mit gleichbleibender Amplitude x_0 um die Nulllage schwingt.

Im Falle einer harmonischen Schwingung kann die Auslenkung x als Funktion der Zeit über folgende Funktion beschrieben werden, Bild 9.36 (rechts):

$$\boxed{x(t) = x_0 \cos(\omega t)} \tag{9.46}$$

mit der Winkelgeschwindigkeit $\omega = 2\pi f = \frac{2\pi}{T}$ (f: Frequenz, T: Schwingungsdauer oder Periode). Das Charakteristikum einer Schwingung, nämlich der periodisch wiederkehrende Bewegungsablauf, ist mit Gleichung 9.46, denn es gilt:

$$x(t=0) = x_0 \cos(0) = x_0\,, \tag{9.47}$$

$$x(t=T) = x_0 \cos(2\pi) = x_0 = x(t=2T) = x(t=3T) = \ldots \tag{9.48}$$

Natürlich gelten für die Bewegung von m die kinematischen Gesetzmäßigkeiten zwischen Weg ↔ Geschwindigkeit ↔ Beschleunigung, Bild 9.37 (oben und unten links):

$$v(t) = \frac{\mathrm{d}x}{\mathrm{d}t} = \dot{x}(t) = -\omega x_0 \sin(\omega t)\,, \tag{9.49}$$

$$a(t) = \frac{\mathrm{d}^2x}{\mathrm{d}t^2} = \ddot{x}(t) = -\omega^2 x_0 \cos(\omega t)\,. \tag{9.50}$$

Vergleicht man Gleichung 9.46 und Gleichung 9.50, so fällt auf, dass sich $x(t)$ und $a(t)$ nur um den Faktor $-\omega^2$ unterscheiden, was auch ein visueller Vergleich der Diagramme in Bild 9.37 bestätigt. Damit ergibt sich die sog. **Differentialgleichung (DGL) des harmonischen Oszillators**

$$\boxed{\ddot{x}(t) = -\omega^2 x(t)}\,. \tag{9.51}$$

Im vorliegenden Fall wurde $x(t)$ aus phänomenologischen Überlegungen hergeleitet und anschließend die zur Bewegung gehörige DGL bestimmt. Bei den meisten physikalischen Fragestellungen ist es umgekehrt. Aus der Problemmodellierung (z.B. Aufstellung des Kräftgleichgewichts) folgt eine DGL, die eine gesuchte Funktion und ihre Ableitungen, z.B. $x(t)$ und $\ddot{x}(t)$, enthält. Die Funktion $x(t)$ ist dann mithilfe von Rand- bzw. Anfangsbedingungen, z.B. $x(t=0) = x_0$, mathematisch zu bestimmen.

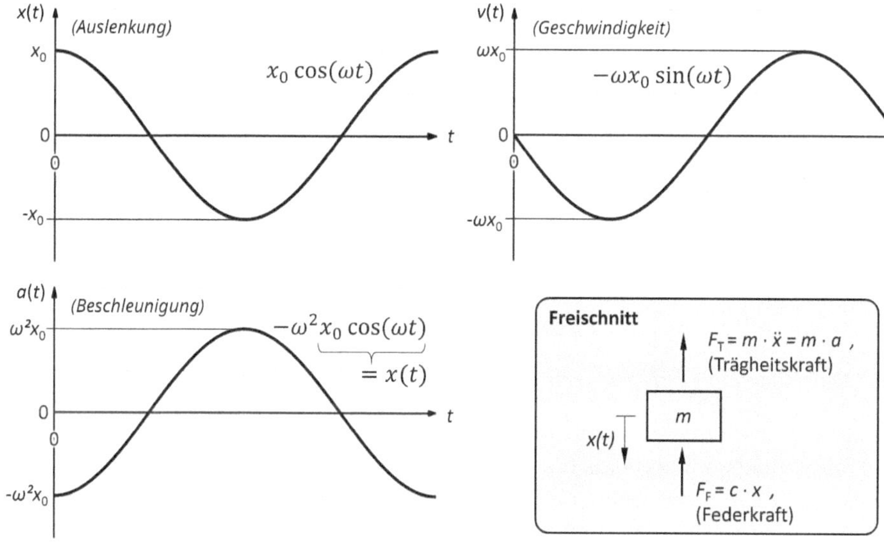

Bild 9.37 Weg-, Geschwindigkeits- und Beschleunigungsverlauf der freien, ungedämpften Schwingung (oben, unten links); Freischnitt des ungedämpften 1-Massenschwingers (unten rechts)

Durch einen Freischnitt der Masse m in Bild 9.36 (links) kann das Kräftegleichgewicht gemäß Bild 9.37 (unten rechts) betrachtet werden. Hierzu ist zu beachten, dass eine bewegte Masse freigeschnitten wird. Das heißt, dass zusätzlich eine Trägheitskraft $F_T = m\ddot{x}$ zu berücksichtigen ist, die immer entgegen der betrachteten Bewegung einzuzeichnen ist (hier nach oben, da m nach unten gedrückt wird, was durch die Federkraft F_F nach oben deutlich wird). Es folgt:

$$\sum F = 0 \quad \Rightarrow \quad m \cdot \ddot{x} + c \cdot x = 0\,. \tag{9.52}$$

Daraus ergibt sich unmittelbar die sog. **Schwingungsdifferentialgleichung der freien, ungedämpften Schwingung**[17], nämlich:

$$\boxed{\ddot{x} + \frac{c}{m} x = 0}\,. \tag{9.53}$$

Ein Vergleich von Gleichung 9.51 und Gleichung 9.53 liefert das wichtige Resultat:

$$\omega^2 = \frac{c}{m} \quad \Leftrightarrow \quad \boxed{\omega \stackrel{!}{=} \omega_0 = \sqrt{\frac{c}{m}}} \quad \Leftrightarrow \quad \boxed{f_0 = \frac{\omega_0}{2\pi} = \frac{1}{2\pi}\sqrt{\frac{c}{m}}}\,. \tag{9.54}$$

Die sog. **Eigenkreisfrequenz** ω_0 bzw. **Eigenfrequenz** f_0 sind Größen von hoher technischer Relevanz. Später wird sich zeigen, dass von ihnen abhängt, ob es zu sog. Resonanzerscheinungen kommt oder nicht. Sie sind systemspezifische Größen und können für jedes

[17] Ungeachtet von Gleichung 9.46 lässt sich Gleichung 9.53 mit der Anfangsbedingung $x(t=0) = x_0$ mathematisch lösen. Eine Lösung ist $x(t) = x_0 \cos(\omega t)$; eine andere Lösung ist aber auch $x(t) = x_0 \sin(\omega t)$, was durch Einsetzen in Gleichung 9.53 überprüft werden kann. Wenn mehrere sog. spezielle Lösungen existieren folgt die allgemeine Lösung aus der Superposition, d.h. $x(t) = x_0(\sin(\omega t) + \cos(\omega t))$.

schwingfähiges System aus dem Verhältnis von Federsteifigkeit c und gelagerter Masse m bestimmt werden. Sie charakterisieren die Frequenz, mit der z.B. ein 1-Massen-Schwinger immer (!) frei ausschwingt. Dabei gilt:

a) System weich abgestimmt → c klein (geringe Steifigkeit) → Eigenfrequenz f_0 klein → System schwingt langsam.

b) System hart abgestimmt → c groß (hohe Steifigkeit) → Eigenfrequenz f_0 groß → System schwingt schnell.

9.3.2.2 Ungedämpfte, erzwungene Schwingung (Kraftanregung): Vergrößerungsfunktion, Resonanz, Isolationsgrad

Die Betrachtung der freien Schwingungen ist wichtig für das Verständnis der Systemgröße f_0 (Eigenfrequenz) und der mathematisch-physikalischen Modellbildung. Für technische Fragestellung ist sie von untergeordneter Bedeutung. Stattdessen sind in maschinenbaulichen Anwendungen mehrheitlich **erzwungene Schwingungen** vorzufinden. Der Motor schwingt, da er von den oszillierenden Trägheitskräften der Massen seiner inneren Komponenten angeregt wird. Man spricht von einer **Kraftanregung**. Die Kabine z.B. des Mähdreschers schwingt, da sie vom schwingenden Fahrzeugrahmen, auf dem sie montiert ist, angeregt wird. Hierbei gibt der Rahmen eine Wegauslenkung vor; daher spricht man von einer **Weganregung** bzw. von einer **Fußpunkterregung**.

Merke (Schwingungen - Motor vs. Kabine):
Die Kombinationen Motor + Motorlagerung sowie Kabine + Kabinenlagerung stellen schwingfähige Systeme dar. An beiden Systemen treten i.d.R. erzwungene Schwingungen auf, wobei unterschieden wird:

Motor + Motorlagerung: kraftangeregtes System,
Kabine + Kabinenlagerung: wegangeregtes System.

■

Ein physikalisches Phänomen, dass nur bei erzwungenen Schwingungen auftritt, ist die **Resonanz**. Im Alltag begegnen uns häufig Resonanzerscheinungen, ohne dass man sie bewusst wahrnimmt. Eine Gitarrenseite ertönt nur deshalb so laut, weil der Schall vom hölzernen Klangkörper verstärkt wird. Brücken können von Windkräften zum Schwingen angeregt und sogar zum Einsturz gebracht werden. Ein gut dokumentiertes Beispiel ist die Tacoma-Narrows-Brücke in der Nähe von Seattle (USA), die am 7. November 1940 einstürzte[18]. Aus diesem Grund werden Brücken oftmals mit speziellen Schwingungsdämpfern oder „Windbrechern“ ausgestattet. Auch wird talentierten Opernsängerinnen nachgesagt, dass sie mit der Kraft ihrer Stimme Weingläser zum Zerbersten bringen können (was physikalisch bezweifelt werden darf). Auch Waschmaschinen vibrieren bisweilen besonders stark, wenn sie nach dem finalen Schleudergang wieder „herunterfahren“ und dabei den unteren Drehzahlbereich durchlaufen.

Aber was versteht man unter Resonanz und wann tritt sie auf? Phänomenologisch spricht man von Resonanz, wenn ein schwingfähiges System durch eine periodische äußere Kraft-

[18] Die schwingende Brücke und der Einsturz wurden gefilmt. Die entsprechenden Aufzeichnungen können auf den einschlägig bekannten Videoplattformen recherchiert werden.

oder Weganregung zum Mitschwingen gebracht wird. Die Schwingungsamplitude des in Schwingung versetzten Systems kann dabei deutlich größer sein als die ursprüngliche Anregungsamplitude. Besonders groß fällt die „Schwingungsantwort" dann aus, wenn die Anregungsfrequenz mit der Eigenfrequenz des System zusammenfällt.

Definition (Resonanz):
Wird ein schwingfähiges System mit einer periodischen Kraft- oder Weganregung beaufschlagt, kommt es zur Schwingungsantwort des Systems. Fällt die Anregungsfrequenz mit der Eigenfrequenz des Systems zusammen, schwingt das System mit besonders großen Amplituden. Man spricht von Resonanz. Dabei kann es zu erhöhten Belastungen und Schäden an Bauteilen kommen.

Aus technischer Sicht sind Resonanzen in den meisten Fällen zu vermeiden, da die Schwingbewegungen oftmals unbeherrschbar werden und schlimmstenfalls zum Bauteilversagen führen. Daher ist es notwendig zu verstehen, welche beeinflussbaren Auslegungsparameter in welcher Weise durch den Entwickler festgelegt werden müssen, um Resonanzerscheinungen[19] im Betrieb der Maschinen zu vermeiden. Dazu soll nun exemplarisch ein **kraftangeregter 1-Massen-Schwinger** betrachtet werden, Bild 9.38.

Die Masse m wird durch eine äußere periodisch einwirkende Kraft $F(t) = F_0 \cos(\Omega t)$ angeregt. Hierbei kennzeichnet F_0 die Amplitude der Wechsellast und Ω die Anregungsfrequenz. Ein Freischnitt und anschließendes Aufstellen des Kräftegleichgewichts liefert die **Schwingungsdifferentialgleichung des ungedämpften, kraftangeregten 1-Massen-Schwingers**

$$\boxed{m\ddot{x} + cx = F_0 \cos(\Omega t)}\,. \tag{9.55}$$

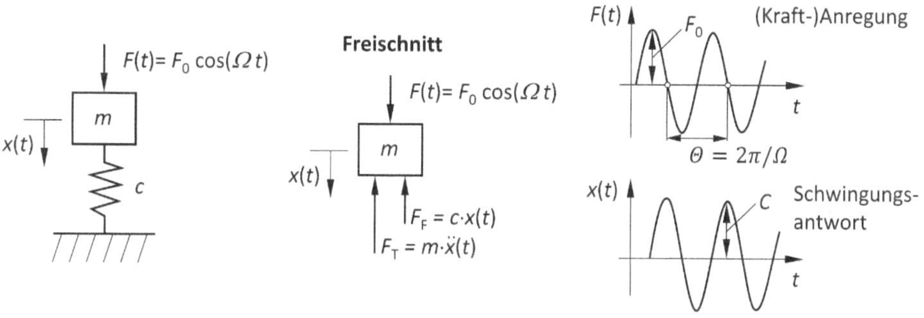

Bild 9.38 Ersatzmodell eines kraftangeregten, ungedämpften Systems

Gesucht ist die Funktion $x(t)$, welche den zeitlichen Bewegungsablauf der schwingenden Masse beschreibt. Eine mögliche Funktion, die Gleichung 9.55 erfüllt ist:

$$\boxed{x(t) = C \cdot \cos(\Omega t)} \quad , \quad \text{(Lösungsansatz)}\,. \tag{9.56}$$

[19] Auch die Organe unseres Körpers haben Eigenfrequenzen. Werden sie von außen zum Mitschwingen angeregt, kann es z.B. zu Übelkeit, Atemnot, Kopfschmerzen oder Harn- und Stuhldrang kommen. Besonders kritisch sind Anregungsfrequenzen < 10 Hz.

Hierbei kennzeichnet die Konstante C die Schwingungsamplitude des angeregten Masse m, Bild 9.38 (rechts unten). Die Funktion $x(t)$ zweimal abgeleitet ergibt:

$$\ddot{x}(t) = -\Omega^2 C \cdot \cos(\Omega t) \tag{9.57}$$

und eingesetzt in Gleichung 9.55:

$$-m\Omega^2 C\cos(\Omega t) + cC\cos(\Omega t) = F_0\cos(\Omega t) \tag{9.58}$$

$$\Leftrightarrow -m\Omega^2 C + cC = F_0 \,. \tag{9.59}$$

Aus Gleichung 9.59 folgt die Bestimmungsgleichung für C, also für die Amplitude der Schwingungsantwort, nämlich:

$$C = \frac{F_0}{c - m\Omega^2} = \frac{F_0/m}{c/m - \Omega^2} = \frac{F_0/m}{\omega_0^2 - \Omega^2} \,. \tag{9.60}$$

Durch die Auswahl einer geeigneten Feder (z.B. Elastomerlager) kann der Entwickler die Steifigkeit c festlegen und damit Einfluss auf die Eigenkreisfrequenz ω_0 des schwingfähigen Systems nehmen. Da die Masse m, F_0 und die Anregungsfrequenz Ω meistens vorgegeben sind, ist die Amplitude der Schwingungsantwort C nur von ω_0 abhängig. Mehr noch, der Nenner in Gleichung 9.60 kann für $\Omega > \omega_0$ negativ werden. Da i.d.R. nur der Absolutbetrag der Schwingungsamplitude interessiert, kann weiter geschrieben werden:

$$|C| = \left| \frac{F_0/m}{\omega_0^2 - \Omega^2} \right| \,. \tag{9.61}$$

Zur weiteren Umformung von Gleichung 9.61 wird das sog. **Frequenzverhältnis** zwischen Anregungs- und Eigen(kreis-)frequenz eingeführt:

$$\boxed{\eta = \frac{\Omega}{\omega_0} = \frac{f}{f_0}} \,. \tag{9.62}$$

Zusammen mit der Beziehung $\omega_0^2 = c/m \Leftrightarrow c = \omega_0^2 m$ ergibt sich dann:

$$|C| = \left| \frac{\frac{F_0}{\omega_0^2 m}}{1 - \frac{\Omega^2}{\omega_0^2}} \right| = \frac{\frac{F_0}{c}}{|1 - \eta^2|} \,. \tag{9.63}$$

An dieser Stelle soll der Zähler, F_0/c, in Gleichung 9.63 näher betrachtet werden. F_0 selbst repräsentiert die Amplitude der Kraftanregung $F(t) = F_0\cos(\Omega t)$. Im statischen Grenzfall ($\Omega \to 0$) gilt $F_0 = \text{konst.} = \lim_{\Omega\to 0} F(t)$. Damit folgt für die statische Auslenkung der Feder gemäß dem Hookschen Gesetz:

$$x_0 = \frac{F_0}{c} \,. \tag{9.64}$$

Die Größe x_0 entspricht also der konstanten Auslenkung im statischen Grenzfall, wenn die Masse m mit der konstanten Kraft F_0 belastet wird.

Nun darf gefragt werden, wie groß die Schwingungsamplitude des angeregten Systems ist – und zwar im Vergleich zum statischen Grenzfall – falls die Anregungskraft $F(t) = F_0\cos(\Omega t)$,

($\Omega \neq 0$) nicht konstant, sondern zeitlich veränderlich ist. Dazu führt man die sog. **Vergrößerungsfunktion** (engl. *transmissibility*) wie folgt ein:

$$\boxed{V(\eta) = \frac{|C|}{x_0} = \frac{1}{|1-\eta^2|}} \,. \tag{9.65}$$

Die physikalische Bedeutung von V wird durch folgende Fallbetrachtungen deutlich:

- $\boldsymbol{V = 1}$: Statische Grenzfall ($x_0 = |C|$ =konst.).
- $\boldsymbol{V < 1}$: Die Amplitude (Wegauslenkung) des schwingenden Systems ist kleiner als die Auslenkung im statischen Grenzfall.
- $\boldsymbol{V > 1}$: Die Amplitude des schwingenden Systems ist größer als im statischen Grenzfall. Die Systemantwort fällt bei periodischer Anregung größer als bei konstanter Belastung aus.
- $\boldsymbol{V \to \infty}$: Das schwingende System ist durch „unendlich" große Amplituden gekennzeichnet. Dieser Fall tritt bei dem Frequenzverhältnis $\eta = 1$ auf, wenn also die Anregungsfrequenz und die Eigenfrequenz des System gleich groß sind, $\Omega = \omega_0$ bzw. $f = f_0$. Es liegt Resonanz vor.

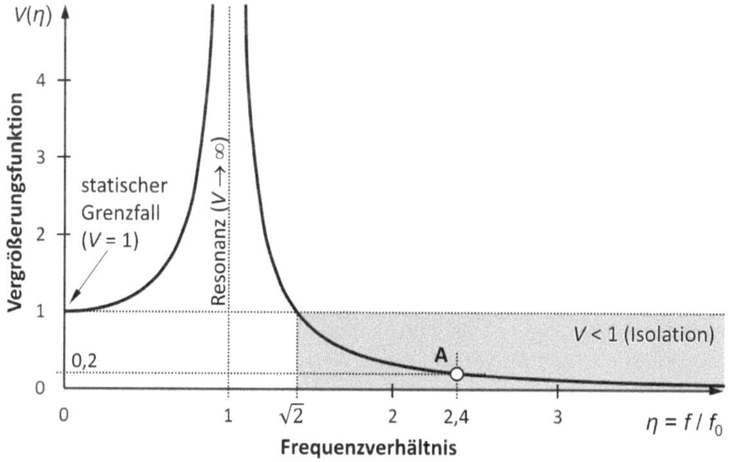

Bild 9.39 Vergrößerungsfunktion eines ungedämpften Systems

Bild 9.39 zeigt die Vergrößerungsfunktion gemäß Gleichung 9.65. Zwei Punkte stechen hierbei sofort ins Auge: $V(\eta = 0) = 1$ (statische Grenzfall) und $V(\eta = 1) \to \infty$ (Resonanz). Zu beachten ist, dass nur im ungedämpften Fall $V(\eta = 1)$ asymptotisch gegen Unendlich strebt. Im gedämpften Fall (siehe nächster Abschnitt) nimmt die Vergrößerungsfunktion zwar sehr große, aber endliche Werte an. Weiterhin fällt das Frequenzverhältnisse $\eta = \sqrt{2}$ auf, dass die Vergrößerungsfunktion in die Bereiche $V > 1$ und $V < 1$ (grauer Bereich) unterteilt. Aus technischer Sicht ist der sog. **Isolationsbereich** $V(\eta > \sqrt{2}) < 1$ anzustreben, da hier das schwingende System mit kleineren Amplituden im Vergleich zur statischen Einfederung reagiert. Der Entwickler kann bei gegebener Masse m und Anregungsfrequenz f über die Wahl der Federsteifigkeit c Einfluss auf Eigenfrequenz des Systems f_0

und damit auf η nehmen. Ziel ist es, möglichst weit rechts im Isolationsbereich ($\eta >> \sqrt{2}$) anzukommen.

Definition (Schwingungsisolation):
Ein mit der Frequenz f angeregtes, schwingfähiges System, dass in seinen Größen c (Federsteifigkeit) und m (Masse) so abgestimmt ist, dass eine Eigenfrequenz f_0 mit $f/f_0 > \sqrt{2}$ resultiert, nennt man schwingungstechnisch isoliert.

Für den exemplarisch gewählten Punkt A im Bild 9.39 gilt $V \approx 0{,}2$, was bedeutet, dass die Schwingamplitude 1/5 der statischen Einfederung entspricht. Das zum schwingenden angeregte System hat folglich eine um 80 Prozent reduzierte Auslenkung. Man spricht auch von einem Isolationsgrad von $i = 80\,\%$. Mathematisch lässt sich i wie folgt ausdrücken:

$$i = \left(1 - V(\eta)\right) \cdot 100\,\% = \left(1 - \frac{1}{\sqrt{(1-\eta^2)^2}}\right) \cdot 100\,\%\,. \tag{9.66}$$

Hierbei wurde der Absolutwert $\left|1-\eta^2\right|$ durch die Operation $\sqrt{(1-\eta^2)^2}$ ersetzt.

Oftmals ergeben sich die Anregungskräfte aus der eigenen Bauteilmasse, beispielsweise bei Motorenschwingungen, die aus den oszillierenden Trägheitskräften der innewohnenden Komponenten resultieren[20]. Der Statische Grenzfall ist dann durch die statische Einfederung aufgrund der Bauteilmasse festgelegt und es gilt $F_0 = m \cdot g$ sowie für die statische Auslenkung $x_0 = m \cdot g / c \Leftrightarrow c = m \cdot g / x_0$. Betrachtet man nur überkritische Fälle, d.h. $f > f_0$ bzw. $\eta > 1$ dann gilt $\left|1-\eta^2\right| = \eta^2 - 1$. Mit diesen Überlegungen folgt durch Umformung aus Gleichung 9.65:

$$f = \frac{1}{2\pi}\sqrt{\frac{g}{x_0}\left(\frac{1}{V}+1\right)}\,. \tag{9.67}$$

Der funktionale Zusammenhang $f(x_0)$ in Gleichung 9.67, sprich Anregungsfrequenz vs. statischer Einfederung, kann grafisch für verschiedene Werte $V = 0{,}1 \ldots 0{,}8$ in der sog. **Isolationskarte** dargestellt werden, Bild 9.40. Dieses Diagramm kann bei bekannter Masse m und Anregungsfrequenz f z.B. für die Auswahl eines geeigneten Elastomerlagers benutzt werden. Hätte man z.B. einen Motor mit einer Drehzahl von $f = 1000\ \text{min}^{-1}$ und einen geforderten Isolationsgrad von $i = 80\ \%$ (typischer Wert), dann ist eine statische Einfederung von ca. 5,5 mm notwendig (Punkt A im Diagramm). Bei einer Masse $m = 500$ kg (pro Lagerpunkt) folgt dann eine notwendige Federsteifigkeit von $c = 1046$ N/mm. Anhand dieser sog. **Zielsteifigkeit** ist dann ein entsprechendes Motorlager z.B. beim Zulieferer auszuwählen, vgl. Bild 9.41.

9.3.2.3 Gedämpfte Schwingungen

Alle Federkonstruktionen unterliegen während der Verformung Reibungsprozessen. Diese können ihre Ursache in der Konstruktion oder im Werkstoff selbst (innere Reibung) haben. Insbesondere Gummi bzw. Elastomere zeigen ausgewiesene Dämpfungseigenschaften,

[20] Abgesehen vom Gehäusegewicht.

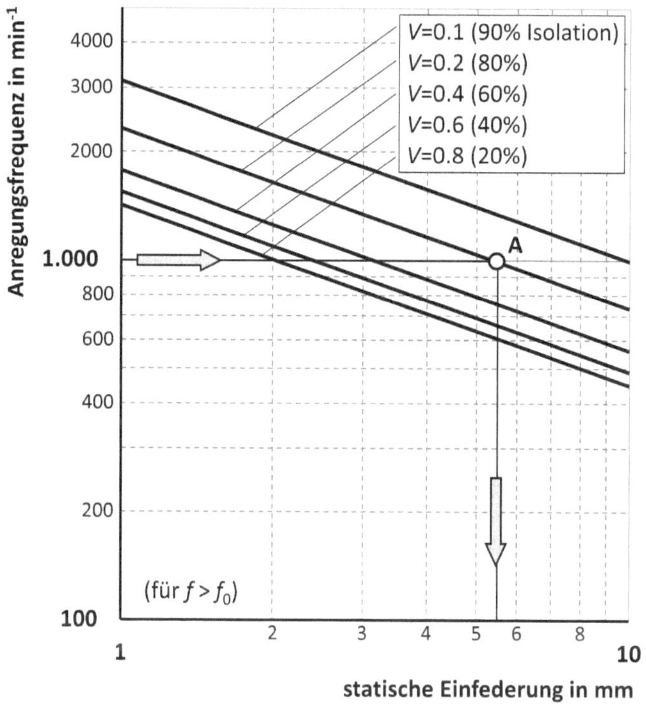

Bild 9.40 Isolationskarte zur Lagerauswahl (logarithmische Skalierung)

weshalb sie häufig als Federwerkstoff benutzt werden. Dabei gilt allgemein, dass Naturkautschuk geringere Dämpfung als synthetischer Kautschuk aufweist, genauso wie Gummi höherer ShA-Härte mehr Dämpfung besitzt als Gummi mit niedrigerer ShA-Härte.

Eine besondere Rolle nimmt die hydraulische Dämpfung bei sog. **Hydrolagern** ein. Hierbei handelt es sich um Federkonstruktionen, bei der die Gummifeder mit einer hydraulischen Dämpfereinheit kombiniert wird. Die Dämpfereinheit umfasst typischerweise einen Topf mit einem Dämpfungsfluid (z.B. Glykol oder Silikonöl), in dem sich eine Verdrängerscheibe während der Schwingung auf und ab bewegt, Bild 9.42 (rechts). Das Fluid wird dabei zur Umströmung der Scheibe gezwungen, was zu Wandreibungseffekten und schließlich zur Dämpfung führt. Dämpfung kann somit als reibungsbedingter Verlust an Bewegungsenergie (Schwingungsenergie) aufgefasst werden. Daher verwundert es auch nicht, dass sich Elastomerlager im Betrieb bisweilen stark erwärmen. Das kann soweit gehen, dass sich der Gummi zersetzt und die Lager sich „selbst zerstören".

Physikalisch wird ein gedämpftes System durch ein zusätzliches Verbindungselement, dem sog. **viskosen Dämpfer**, beschrieben, der parallel zur Feder geschaltet ist, Bild 9.42 (links). Beim Freischnitt wird anstelle des Dämpfers eine Dämpfungskraft $F_D = b \cdot \dot{x}$ berücksichtigt, die – das ist das Wesen der viskosen Dämpfung – proportional zur Geschwindigkeit der Auslenkung $\dot{x}$ ist. Der Proportionalitätsfaktor b kennzeichnet die sog. **Dämpfungskonstante**, die festlegt, wie hoch/niedrig die Dämpfung ist. Durch Aufstellen des Kräftegleich-

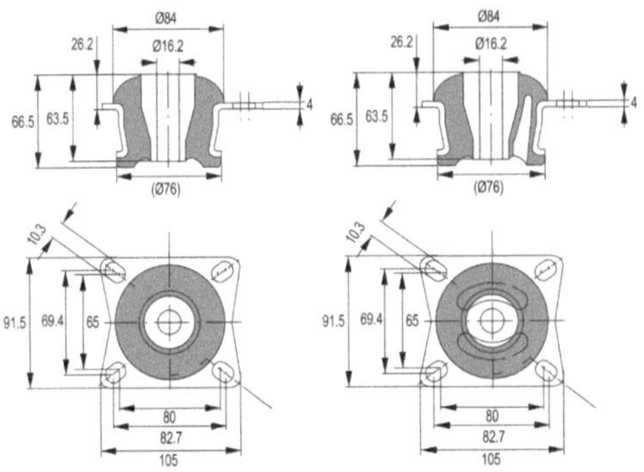

057 18 075 057 18 228

Product Data

TYPE	DRAWING NO.	PART NO.	AXIAL (Z) STIFFNESS (N/mm)	AXIAL (Z) MAX. LOAD (Kg)	RADIAL (X) STIFFNESS (N/mm)	RADIAL (X) MAX. LOAD (Kg)	RADIAL (Y) STIFFNESS (N/mm)	RADIAL (Y) MAX. LOAD (Kg)	BOLT SIZE	MAX. BOLT TORQUE (Nm)
40 NR 511	057 18 228	93641	210	210	440	65	180	30	M16 - 5.8	126
50 NR 511	057 18 228	93642	340	330	890	135	360	55	M16 - 5.8	126
70 NR 511	057 18 228	91405	600	610	1600	240	700	105	M16 - 5.8	126
45 NR 511	057 18 075	93385	400	340	800	120	800	120	M16 - 5.8	126
65 NR 511	057 18 075	91829	670	620	1400	210	1400	210	M16 - 5.8	126
75 NR 511	057 18 075	90863	1070	950	2240	336	2240	336	M16 - 5.8	126
76 NR 39	057 18 075	510004	2100	1840	4300	645	4300	645	M16 - 5.8	126

Bild 9.41 Katalogauszug der Fa. Trelleborg (Konuslager)

gewichts folgt analog zu Gleichung 9.53 die **DGL der freien, gedämpften Schwingung**

$$m\ddot{x} + b\dot{x} + cx = 0\,. \tag{9.68}$$

Gleichung 9.68 ist eine Erweiterung von Gleichung 9.53, indem nun der zweite Dämpfungsterm $b\dot{x}$ hinzugekommen ist. Zur Quantifizierung der Dämpfung finden sich in der Literatur verschiedene Größen, die alle – je nach Problemstellung – ihre Berechtigung haben. Die wohl Gängigsten sind:

b in Ns/m: Dämpfungskonstante,
D (einheitenlos): Dämpfungsgrad,
ψ (einheitenlos): Dämpfungsfaktor,
δ (einheitenlos): Verlustwinkel,

die alle, je nach Präferenz, verwendet werden können. Dabei gelten folgende mathematische Zusammenhänge:

$$D = \frac{1}{2}\tan\delta\,, \tag{9.69}$$

$$D = \frac{\psi}{4\pi}\,, \tag{9.70}$$

$$D = \frac{b}{2\sqrt{cm}}\,. \tag{9.71}$$

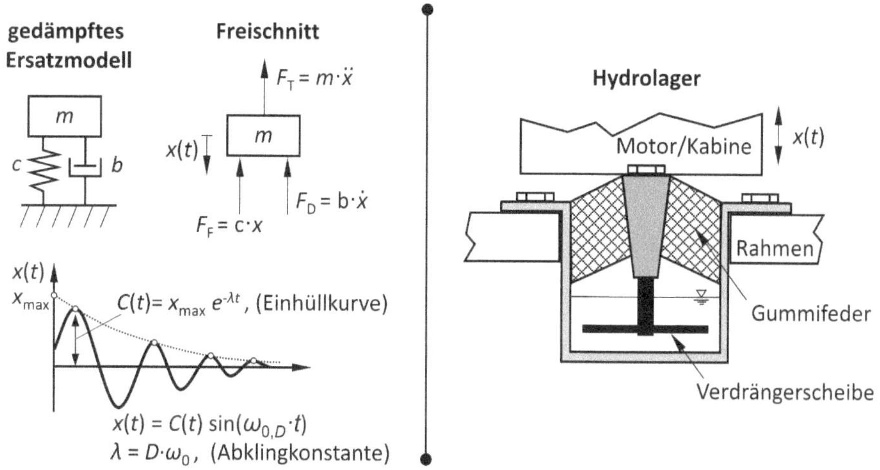

Bild 9.42 Ersatzmodell des freien, gedämpften 1-Massen-Schwingers inklusive Lösung (links); Prinzipskizze eines Hydrolagers (rechts)

Speziell die dimensionslosen Größe D (auch Lehrsches[21] Dämpfungsmaß genannt) wird häufig verwendet, weshalb Gleichung 9.68 oftmals in der äquivalenten Form:

$$\ddot{x} + 2D\omega_0\dot{x} + \omega_0^2 x = 0 \tag{9.72}$$

angegeben wird. Diese Gleichung ist mathematisch lösbar, vgl. Bild 9.42 (links). Insbesondere folgt für die Eigenkreisfrequenz

$$\boxed{w_{0,D} = \omega_0\sqrt{1-D^2}}\,. \tag{9.73}$$

Das heißt, für gedämpfte Systeme verschiebt sich die Eigenkreisfrequenz leicht zu kleineren Werten und mündet für $D \to 0$ im ungedämpften Fall. Dabei können folgende Richtwerte für den Dämpfungsgrad angenommen werden:

Stahl:	$D = 0{,}001$,
Holz:	$D = 0{,}02$,
Naturkautschuk (NR):	$D = 0{,}05...0{,}1$,
synthetischer Kautschuk:	$D = 0{,}3$,
hydraulische Dämpfung:	$D = 0{,}5$.

Gleichung 9.72 wird auch als **homogene DGL** bezeichnet, da die rechte Seite der Gleichung Null ist. Im Falle von erzwungenen Schwingungen ist am Ersatzmodell eine zusätzlich Anregungskraft $F(t)$ bzw. Wegauslenkung $y(t)$ zu berücksichtigen, Bild 9.35. Dadurch ergibt sich eine **inhomogene DGL**, bei der die linke Seite ungleich Null ist. Bild 9.43 zeigt die Vergrößerungsfunktionen für die Kraft- bzw. Wegerregung. Ohne detailliert auf die mathematische Herleitung einzugehen, soll auf den Unterschied im qualitativen Verlauf beider Kurvenscharen hingewiesen werden. So zeigt die Dämpfung bei der Wegerregung einen negativen Effekt auf die Isolation bei großen η-Werten, wohingegen sie bei der Krafterregung

[21] Benannt nach dem dt. Ingenieur Ernst Lehr (1896–1945).

einen positiven Effekt aufweist. Außerdem gehen beide Kurven für den Grenzfall $D = 0$ ineinander über, so dass im ungedämpften Fall kein Unterschied zwischen Kraft- und Wegerregung besteht. Mehr noch, die Dämpfung erlaubt es, die Schwingungsausschläge im Resonanzfall deutlich zu reduzieren. Genau diesen Sachverhalt nutzt man bei Hydrolagern aus, die bevorzugt dort eingesetzt werden, wo Resonanzerscheinungen in der Anwendung auftreten können (z.B. durch stark schwankende Betriebsdrehzahlen oder betriebsbedingte Stöße).

Definition (Schwingungsdämpfung):
Unter Schwingungsdämpfung versteht man die gezielte Nutzung von Reibungseffekten, die mit der Systemauslenkung einhergehen. Dies führt zur Umwandlung von Bewegungsenergie in Wärme und zur Reduktion der Schwingungsamplitude, insbesondere im Bereich der Resonanzfrequenz. ■

Abschließend sollen noch zwei Übungsaufgaben vorgestellt werden, die das Vorgehen bei der Auswahl einer geeigneten Motor- und Kabinelagerung verdeutlichen.

Übung 43 (Motorlagerung - Hydraulikbagger):
Ein Hydraulikbagger der Firma Caterpillar (Model 324E) ist mit dem hauseigenen Dieselmotor CAT C7.1 ACERT (P = 306 PS) ausgestattet. Das technischen Datenblatt weist ein Motorgewicht von $m = 715$ kg und eine Nenndrehzahl von $n = 220$ U/min aus.

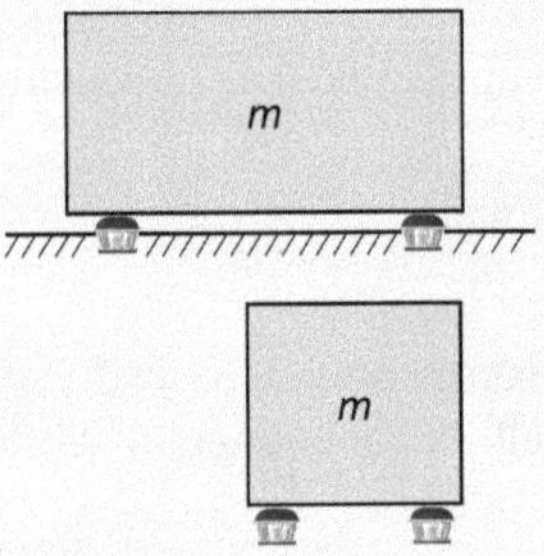

Caterpillar Dieselmotor
C7.1 ACERT
m =715 kg
n = 2200 min^{-1}

Der Motor ist auf vier Punkten gelagert. Vereinfacht wird eine quaderförmiger Geometrie mit homogener Massenverteilung angenommen. Außerdem sollen Dämpfungseffekte vernachlässigt werden. Wählen sie ein passendes Lager aus Bild 9.41 aus, so dass ein Isolationsgrad von mind. 80 Prozent gewährleistet ist.

Lösung:
Für die ersatzweise Betrachtung eines 1-Massenschwingers ist zuerst das Gewicht auf die vier Lagerpunkte aufzuteilen. Auf jeden Lagerpunkt i entfällt ein Gewicht von $m_i = \frac{m}{4} = 179\,\text{kg}$.

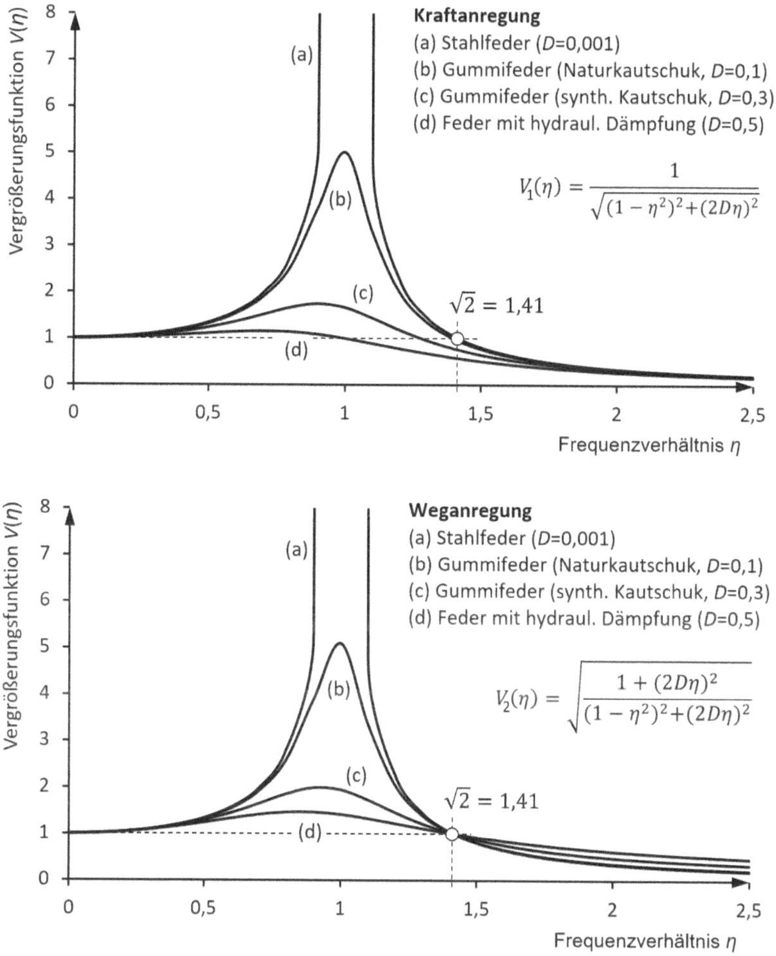

Bild 9.43 Vergrößerungsfunktionen für gedämpfte Systeme (Kraft- vs. Wegerregung)

Für die Vergrößerungsfunktion gilt $V \le 0,2$, da ein Isolationsgrad von $i \ge 0,8$ gefordert ist. Damit folgt:

$$V = \frac{1}{\sqrt{\left(1-\eta^2\right)^2}} \le 0,2 \qquad (9.74)$$

$$\Rightarrow \sqrt{\left(1-\eta^2\right)^2} \ge 5 \qquad (9.75)$$

$$\eta \ge \sqrt{6}\,. \qquad (9.76)$$

Ferner ergibt sich für die Anregungsfrequenz aus der Drehzahl:

$$f = \frac{n}{60}\,\mathrm{s}^{-1} = 36,67\,\mathrm{Hz}\,. \qquad (9.77)$$

Damit ergibt sich weiter für die Zieleigenfrequenz:

$$f_0 = \frac{f}{\eta} \leq 15\,\text{Hz}. \tag{9.78}$$

Mit f_0 kann wiederum die Zielsteifigkeit berechnet werden, nämlich:

$$f_0 \leq \frac{1}{2\pi}\sqrt{\frac{c}{m}} \quad \Rightarrow \quad c \leq \underline{\underline{1582\,\text{N/mm}}}. \tag{9.79}$$

Mit Blick auf die Tabelle in Bild 9.41 kann beispielsweise das Konuslager mit der Teilenummer 91829 (Gummi: 65 NR) und der vertikalen Z-Steifigkeit von $c(65\text{NR}) = 670$ N/mm ausgewählt werden. Dabei ist immer die vom Hersteller max. zulässige Last für den Lagertyp zu beachten. Für das ausgewählte Lager gilt eine max. zulässige vertikale Belastung von $m_{max} = 620$ kg. Daraus resultiert eine zulässige Gesamtkraft von:

$$F_{max}(65NR) = m \cdot g = 6082\,\text{N}. \tag{9.80}$$

Die Größe $F_{max}(65NR) = F_{stat} + F_{dyn}$ umfasst sowohl die statische Belastung der Feder aufgrund es Motorgewichts als auch die durch die Schwingungen verursachten dynamischen Kräfte. Letztere sind i.d.R. nicht bekannt, da sie von den Betriebsbedingungen des Baggers abhängen. Aus diesem Grunde sollte ein Lager ausgewählt werden, bei dem der statische Belastungsanteil ca. 50-60 Prozent der zulässigen Gesamtlast beträgt. Damit bleibt genug Reserve für die zusätzlichen dynamischen Kräfte. In unserem Fall ist jedes Lager mit $m = 179$ kg, also mit einer statischen Kraft von $F_{stat} = 1756$ N belastet, was ca. 29 Prozent der zulässigen Gesamtkraft entspricht. ■

Übung 44 (Kabinenlagerung - Traktor):
Die nachfolgende Abbildung zeigt einen Traktor, dessen Kabine mithilfe von Elastomerlagern vom Fahrzeugrahmen entkoppelt ist. Im Rahmen einer Modellpflege sollen die Lagerungen durch Konuslager gemäß Bild 9.41 ersetzt werden.

Kabinengewicht
m = 650 kg (4-Punktlagerung)

Hinterreifen:
Kleber Cropker 300/95 R46
Außen∅: 1734 mm

Als kritische Anregung soll die Stollenanregung der Hinterradbereifung bei einer Fahrt mit v = 15 km/h angenommen werden. Die Reifen sind mit 56 wechselseitig angeordnete Stollen versehen und weisen einen Durchmesser von D = 1734 mm auf. Als Isolationsgrad wird ein Wert von $i > 90$ Prozent angestrebt.

Hinweis: Verwenden sie zur Lagerauswahl die Isolationskarte in Bild 9.40.

Lösung:
Für die Geschwindigkeit gilt: v = 15 km/h = 4167 mm/s. Für den Umfang des Hinterreifens folgt: $u = \pi \cdot D$ = 5448 mm. Damit ergibt sich für die Stollenanregung unter Berücksichtigung der Stollenanzahl:

$$f = 56 \cdot \frac{v}{u} = 43\,\text{Hz}\,. \tag{9.81}$$

Unter Beachtung des geforderten Isolationsgrades kann aus der Isolationskarte in Bild 9.40 eine notwendige statische Einfederung von:

$$x_0 \geq 1{,}9\,\text{mm} \tag{9.82}$$

abgelesen werden. Für die Kabinenlager gilt pro Lagerpunkt i:

$$m_i = \frac{m}{4} = 162{,}5\,\text{kg} \qquad \text{bzw.} \tag{9.83}$$

$$F_i = m_i \cdot g = 1625\,\text{N}\,. \tag{9.84}$$

Aufgerunded auf $x_0 \geq 2$ mm kann für die Zielsteifigkeit notiert werden:

$$c \leq 812\,\text{N/mm}\,. \tag{9.85}$$

Anhand der bestimmten Obergrenze von c kann aus Bild 9.41 beispielsweise das Konuslager mit der Teilenumnıer 93385 (45NR) und einer Steifigkeit von c(45NR)= 400 N/mm ausgewählt werden. Dabei ist auch zu prüfen, ob die statische Belastung aufgrund des Kabinengewichts ca. 50 Prozent (oder kleiner) der zulässigen Gesamtbelastung entspricht. Im vorliegenden Fall ergibt sich: $m_i / m_{zul} = 162{,}5/340 = 0{,}48$ (48 Prozent).

■

Literatur

DIN ISO 15:2022-10: *Wälzlager - Radiallager - Hauptmaße, Maßplan.* Beuth-Verlag, Berlin, 2022.

DIN ISO 281:2010-10: *Wälzlager - Dynamische Tragzahlen und nominelle Lebensdauer.* Beuth-Verlag, Berlin, 2010.

DIN 623-1:2020-06: *Wälzlager - Grundlagen - Teil 1: Bezeichnung, Kennzeichnung.* Beuth-Verlag, Berlin, 2020.

DIN 625-1:2011-04: *Wälzlager - Radial-Rillenkugellager - Teil 1: Einreihig.* Beuth-Verlag, Berlin, 2011.

DIN 5412-1:2005-08: *Wälzlager - Zylinderrollenlager - Teil 1: Einreihig, mit Käfig, Winkelringe.* Beuth-Verlag, Berlin, 2005.

DIN 51818:2024-02: *Schmierstoffe - Konsistenz-Einteilung für Schmierfette - NLGI-Klassen.* Beuth-Verlag, Berlin, 2024.

DIN 51825:2004-06: *Schmierstoffe - Schmierfette K - Einteilung und Anforderungen.* Beuth-Verlag, Berlin, 2004.

Grote, K.-H.: *Dubbel: Taschenbuch für den Maschinenbau* . Springer-Verlag Berlin Heidelberg, 23. Auflage, 2012.

Fischer, U.: *Fachkunde Metall.* 52. Edition. Europa Lehrmittel Verlag, Haan-Gruiten, 1999.

Hinzen, H.: *Basiswissen Maschinenelemente.* 2. Auflage, Oldenbourg Wissenschaftsverlag, München, 2014.

Schaeffler Technologies: *Wälzlagerschäden - Schadenserkennung und Begutachtung gelaufener Wälzlager,* Handbuch für Werkstätten, Publ.-Nr. WL 82 102/2 DA, 2000.

10 Kupplungen und Bremsen

Lernziele:

- Was versteht man unter Wellenkupplungen; welche Funktionen erfüllen sie?
- Was ist ein Antriebsstrang?
- Wie können Kupplungen eingeteilt werden? Wozu dienen Ausgleichskupplungen?
- Welche Bauformen gibt es bei starren, drehstarren und drehnachgiebigen Kupplungen? Nennen sie Beispiele.
- Welche Bauarten existieren bei kraftschlüssigen Schaltkupplungen?
- Was ist der Unterschied zwischen einer KFZ- und Industriekupplung?
- Erläutern sie das Massenträgheitsmoment. Wie kann das effektive Massenträgheitsmoment eines Antriebsstrangs berechnet werden?
- Wie verläuft die Anlaufkurve eines Elektromotors? Was bezeichnet das Anzugs- und das Kippmoment bei Motoren?
- Wie berechnet sich das zulässige Kupplungsmoment im Antriebsstrang?
- Welche Beanspruchungsarten sind bei drehelastischen Kupplungen laut DIN 740-2 zu berücksichtigen?
- Welche charakteristischen Belastungen wirken bei einem Elektro- und einem Verbrennungsmotor auf die Kupplung?
- Was versteht man unter der Motorordnung? Wie bestimmt man sie?
- Wie ist die Kupplung bei Stoßanregung / Resonanzdurchfahrt zu dimensionieren?
- Wie berechnet sich das Kupplungsmoment / die Schaltarbeit beim Schaltvorgang?
- Was versteht man unter Bremsen; was haben sie mit Kupplungen gemeinsam?
- Wie können Bremsen unterschieden werden; wie berechnet sich das Bremsmoment, die Bremszeit und die Bremsarbeit?

10.1 Kupplungen: Definition, Funktion, Wirkprinzip, Einteilung

Der Begriff Kupplung wird vielseitig verwendet. Zwei Beispiele, die wohl jeder kennt, sind in Bild 10.1 zu sehen. Die linke Abbildung zeigt eine Schlauchkupplung, wie sie zum Verbinden bzw. Trennen zweier Schläuche oder eines Schlauchs mit einem Wasserhahn / einer Gartenbrause verwendet werden. Das rechte Foto illustriert eine Anhängerkupplung, die zum An- und Aushängen des Anhängers am Fahrzeug verwendet wird. Darüber hinaus kennen viele von uns das Kupplungspedal im Fußraum der Fahrerseite eines Autos (mit Schaltgetriebe). Durch Betätigung (Treten) des Pedals wird der Antrieb des Fahrzeugs unterbrochen, was beispielsweise für den Schaltvorgang (Gangwechsel) notwendig ist. Dabei wird der vom Motor kommende Wellenstrang vor dem Getriebe unterbrochen bzw. nach dem Schaltvorgang wieder verbunden, indem das Pedal entlastet wird.

Kupplungen verbinden folglich Bauteile, um z.B. einen Wasserdruck zu übertragen und den Wasserfluss zu gewährleisten (Schlauchkupplung), um die Vorschubkraft des Fahrzeugs auf die Anhängerdeichsel zu transferieren (Anhängerkupplung) oder um das Antriebsmoment zwischen unterschiedlichen Wellenstränge weiterzugeben bzw. zu unterbrechen. Salopp formuliert kann daher gesagt werden, dass **Kupplungen „etwas" verbinden und „etwas" übertragen**.

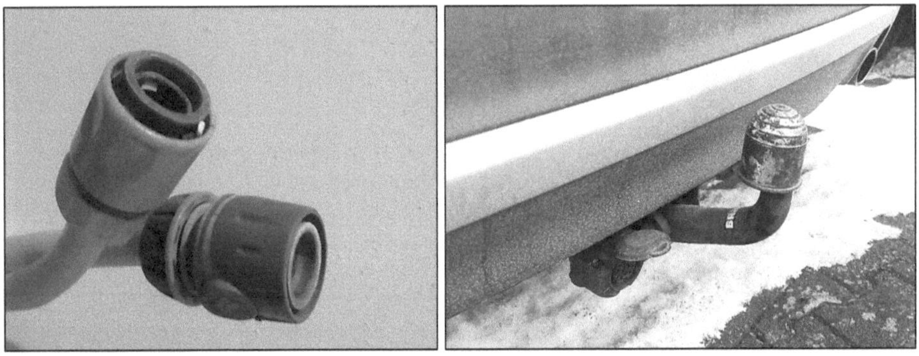

Bild 10.1 Beispiele für den Kupplungsbegriff im Alltag

Wenn im Maschinenbau von Kupplungen die Rede ist, dann sind meistens **Wellenkupplungen** gemeint. Dabei handelt es sich um ein Verbindungselement, dass entweder zwei Wellen oder eine Welle und ein auf ihr sitzendes, drehbar gelagertes Bauteil (z.B. Zahnrad) verbindet. Wellenkupplungen können starr oder nachgiebig, trennbar oder nicht trennbar sowie form- oder kraftschlüssig sein.

In Bild 10.2 sind Wellenkupplungen in verschiedenen Anwendungen dargestellt. Foto 1 zeigt die in Kapitel 6 (vgl., z.B. Bild 6.23) behandelte Kreuzgelenkwelle. Beim Kreuzgelenk handelt es sich um eine drehsteife Kupplung, die Winkelversätze zwischen den beiden Wellensträngen ausgleicht. In Foto 2 ist eine drehnachgiebige Ausgleichskupplung zu sehen, die im Wellenstrang zwischen E-Motor (unten) und Kreiselpumpe (oben) platziert ist. Die Funktion der Kupplung besteht darin, antriebsseitige Drehmomentenstöße während des Anfahrvorgangs des E-Motors abzumildern. In Foto 3 ist eine kraftschlüssige Lamellenkupplung im Getriebe einer sog. Leit- und Zugspindeldrehmaschine (DLZ) abgebildet. Diese erlaubt es den Wellenstrang über einen handgesteuerten Hebel zu unterbrechen, so dass für den manuellen Wechsel der Übersetzung im Getriebe kein Antriebsmoment anliegt. Foto 4 zeigt eine weitere drehnachgiebige Ausgleichskupplung zwischen Antrieb (E-Motor, links) und Verbraucher (Mischkammer, rechts), die analog zu Foto 2 die Momentenstöße des Antriebs abschwächen soll.

Bild 10.2 Beispiele für Einsatzgebiete von Wellenkupplungen: Foto 1: drehsteife Ausgleichskupplung (Kreuzgelenk) am Allradantrieb eines LKWs; Foto 2: drehelastische Ausgleichskupplung im Antriebsstrang zwischen Elektromotor und Kreiselpumpe; Foto 3: Lamellenkupplung im Stirnradgetriebe einer Drehbank; Foto 4: drehelastische Klauenkupplung im Antriebsstrang eines Holzspäne-Mischers (Faserplattenherstellung).

Definition (Kupplung):
Eine (Wellen-)Kupplung bezeichnet ein Maschinenelement, dass zwei Wellen oder eine Welle und ein auf ihr dreh-beweglich sitzendes Bauteil miteinander verbindet. ■

Anhand der diskutierten Beispiele können drei wesentliche Funktionen für Kupplungen zusammengefasst werden:

1) **Leitungsfunktion**: Als Verbindungselement im **Antriebsstrang** (vgl. grauer Kasten, Seite 448) muss die Kupplung die Drehbewegung und das damit einhergehende Drehmoment zwischen den Wellensträngen übertragen („durchleiten").

2) **Ausgleichsfunktion**: Der Antriebsstrang besteht oftmals aus mehreren Wellenabschnitten. Ein Grund kann sein, dass er sehr lang ist und daher aus vielen Wellensegmenten zusammengesetzt werden muss (z.B. in Kraftwerken oder Containerschiffen). Auch müssen Antriebsstränge oftmals den vorgegebenen Bauräumen angepasst und umgelenkt werden. Damit verbunden ist eine Aufteilung der Welle in mehrere Abschnitte, die dann z.B über Kupplungen miteinander verbunden werden. Aufgrund von Fertigungs- und Montagetoleranzen, Wellenbiegung oder thermische Dehnungen kommt es zu

Fluchtungs- und **Lagefehlern** der Wellenabschnitte zueinander, die durch Kupplungen ausgeglichen werden können, vgl. Bild 10.3. Darüber hinaus werden **Ausgleichskupplungen** auch zur Minderung von **Drehmomentenschwankungen** und **-stößen** im Antriebsstrang eingesetzt.

3) **Schaltfunktion**: Sog. **schaltbare Kupplungen** erlauben es, den Antriebsstrang wahlweise zu unterbrechen („entkuppeln“) und zu verbinden („einkuppeln“). Dadurch wird die Übertragung des Drehmoments, z.B. zum lastfreien Einlegen eines anderen Ganges im Getriebe, unterbrochen und später wieder hergestellt.

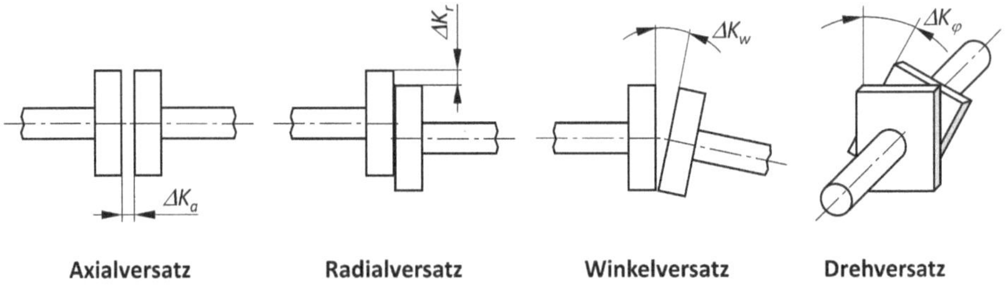

Bild 10.3 Darstellung möglicher Wellenversätze

Definition (Antriebsstrang):
Der Antriebsstrang vereint im Allgemeinen alle Komponenten einer Anlage bzw. Maschine, die an der Erzeugung (z.B. Verbrennungsmotor), der Übertragung und Verteilung (z.B. Welle und Kupplung) sowie der Wandlung (z.B. Getriebe) des Antriebsmoments bis zum „Verbraucher“ beteiligt sind. Der Verbraucher selbst, oft auch als Arbeitsmaschine bezeichnet (z.B. Generator, Seilwinde oder Förderband), soll mit zum Antriebsstrang gezählt werden. ■

Bild 10.4 illustriert die wesentlichen Kupplungsfunktionen an drei schematischen Beispielen. Auf das dargestellte Schema wird in diesem Kapitel immer wieder Bezug genommen, daher soll es an dieser Stelle kurz erläutert werden. Linker Hand befindet sich das Antriebsaggregat, das über eine Welle mit der sog. Arbeitsmaschine, also dem Aggregat, dass angetrieben werden soll, verbunden ist. Die Welle selbst besteht aus zwei Segmenten, die über eine Kupplung (K) verbunden sind. Die entsprechenden Kupplungssymbole richten sich nach der Kupplungsart und sind im grauen Kasten aufgelistet. Antriebsaggregat und linksseitiger Wellenabschnitt kennzeichnen die Antriebsseite (A); Arbeitsmaschine und rechtsseitiges Wellensegment stehen für die Lastseite (L). Typische Antriebsaggregate sind Motoren, aber auch der Rotor (inklusive Rotorblätter) einer Windkraftanlage oder beispielsweise die Gasturbine eines Kraftwerks. Arbeitsmaschinen sind z.B. Stetigförderer (Blockzüge), Generatoren oder Förderpumpen.

Das Schema **(a)** zeigt eine starre Kupplung, die beide Wellensegmente der Antriebs- und Lastseite miteinander verbindet. Die alleinige Funktion der Kupplung besteht in der Übertragung des Antriebsmoment von A nach L (Leitungsfunktion). Die zweite Darstellung **(b)** zeigt eine nicht schaltbare, nachgiebige Kupplung im Antriebsstrang. Diese ist beispielsweise notwendig, um die Arbeitsmaschine vor antriebsseitigen Drehmomentenstößen zu schützen. Dabei bewirkt die Kupplung, dass die Stoßamplitude verringert und gleichzeitig zeitlich gestreckt wird (Ausgleichsfunktion). Im unteren Schema **(c)** ist zwischen Antriebs- und Arbeitsmaschine ein Getriebe angeordnet. Das Getriebe ist durch eine nicht schaltbare, starre Kupplung mit der Arbeitsmaschine verbunden, wohingegen sich zwischen Antrieb und Getriebe eine schaltbare Kupplung befindet. Die schaltbare Kupplung kann z.B. von außen über einen Hebelmechanismus betätigt werden (fremdbetätigt, z.B. über Fußpedal). Dadurch kann der Antriebsstrang vor dem Getriebe unterbrochen bzw. geschlossen werden (Schaltfunktion), um z.B. eine Zahnradverstellungen im Getriebe ohne anliegendes Drehmoment durchzuführen.

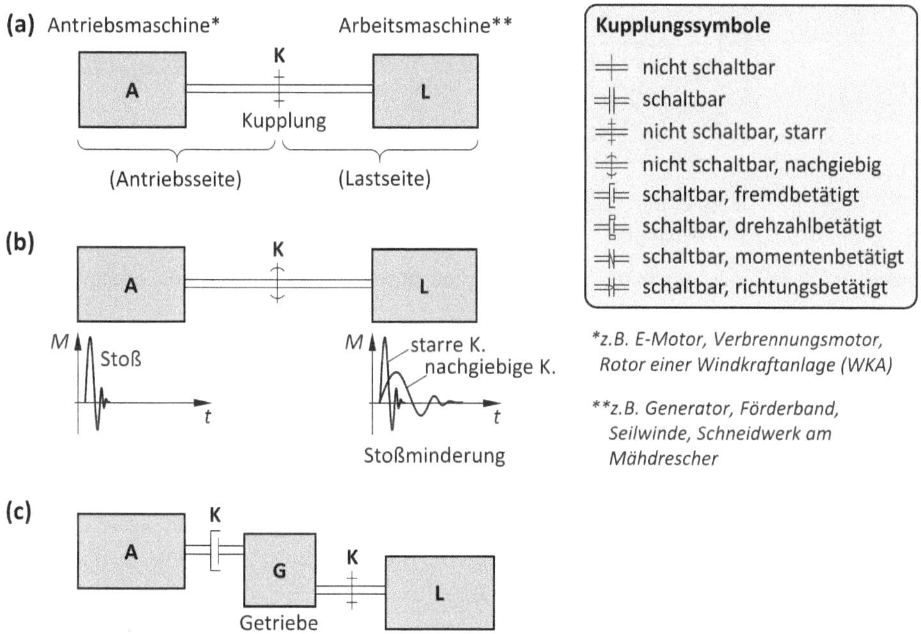

Bild 10.4 Drei Beispiele für Kupplungsfunktionen (schematische Darstellung)

Bild 10.5 illustriert das Wirkprinzip einer schaltbaren, sog. **Kegelkupplung**. Der schraffierte, innere Kegel ist mittels einer Keilwelle axial verschiebbar auf der lastseitigen Welle montiert. Im unbetätigtem Ruhezustand, d.h. Pedal nicht durchgedrückt, presst die Feder den inneren Kegel gegen den äußeren Kegel, der wiederum mit der Antriebswelle verbunden ist. Beide Wellensegmente sind daher über die kegelige Reibfläche kraftschlüssig verbunden und die Kupplung ist folglich im unbetätigten Zustand geschlossen, was z.B. bei KFZ-Kupplungen üblich ist. Wird das Pedal – wie durch den Pfeil angedeutet – gedrückt, so bewirkt der Hebelmechanismus, dass sich der innere Kegel nach rechts bewegt und die Feder zusammendrückt. Dadurch öffnet sich die Kupplung und es entsteht ein Spalt zwischen beiden Kegelflächen. Beide Wellensegmente können sich unabhängig voneinander bewegen, da sie drehbeweglich über das Radialrillenkugellager verbunden sind. Das Antriebsmoment wird nicht auf die Lastseite übertragen. Erst mit Entlastung des Schaltpedals drückt die Feder wieder beide Kegelflächen aufeinander und die Kupplung schließt sich.

In den o.g. Erläuterungen sind bereits Begriffe wie z.B. drehsteife, nachgiebige oder schaltbare Kupplung angeklungen, die vermuten lassen, dass eine Vielzahl von Kupplungsva-

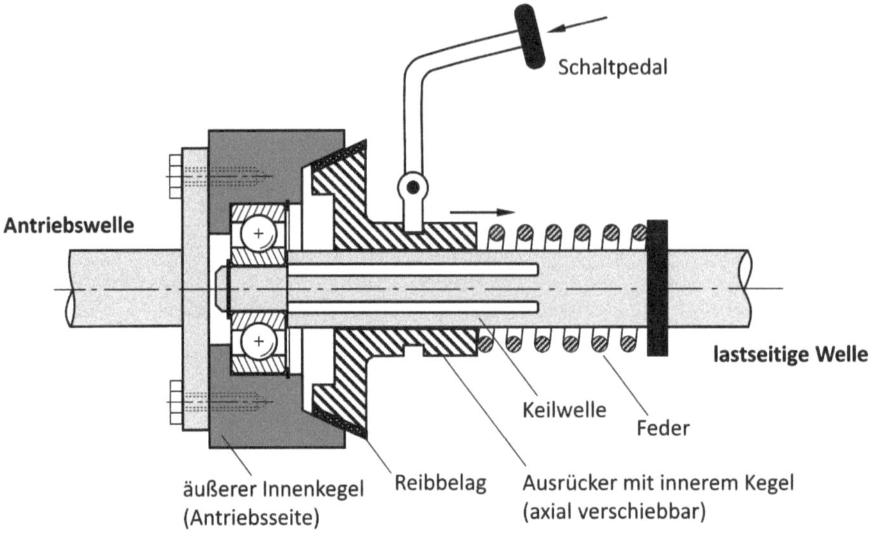

Bild 10.5 Prinzip einer schaltbaren, fremdbetätigten, kraftschlüssigen (Kegel-)Kupplung

rianten existieren. Demzufolge stellt sich die Frage, nach welchen Kriterien und Maßgaben Kupplungen charakterisiert und klassifiziert werden können. Die VDI[1]-Richtlinie liefert hierzu eine Antwort und stellt ein systematisches Einteilungsschema für Kupplungen zur Verfügung, vgl. Bild 10.6. Demnach kann zuallererst zwischen schaltbaren und nicht schaltbaren Kupplungen unterschieden werden. Die Nicht-Schaltbaren können weiter in starre und nachgiebige Kupplungen; die Schaltbaren in fremdbetätigte und selbstbetätigte Kupplungen eingeteilt werden. Darunter folgenden weitere Unterteilungen, die punktuell im Abschnitt 10.2 näher beschrieben werden.

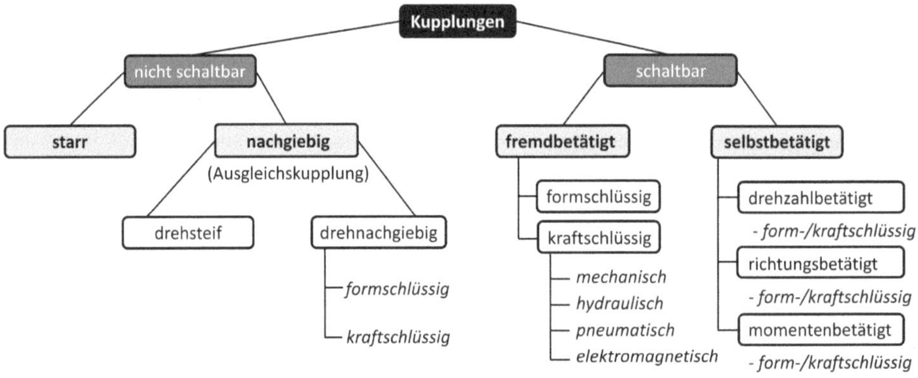

Bild 10.6 Einteilung von Kupplungen nach VDI 2240, [VDI 2240]

[1] Abk. Verein Deutscher Ingenieure.

Des Weiteren existieren zum Thema Kupplungen zahlreiche Normen und Richtlinien, die in ihrer vollen Gänze hier nicht aufgeführt werden können. Einige ausgewählte Schriften sollen dennoch Erwähnung finden, z.B.

DIN 115:	Schalenkupplungen,	[DIN 115]
DIN 116:	Scheibenkupplungen,	[DIN 116]
DIN 740-1:	Nachgiebige Wellenkupplungen,	[DIN 740-1]
DIN 740-2:	Nachgiebige Wellenkupplungen (Berechnungsgrundlagen),	[DIN 740-2]
DIN 808:	Wellengelenke,	[DIN 808]
VDI 2240:	Einteilung von Wellenkupplungen,	[VDI 2240]
VDI 2241:	Schaltbare fremdbetätigte Reibkupplungen und -bremsen,	[VDI 2241]

10.2 Bauformen von Kupplungen

Kupplungen müssen in den meisten Fällen nicht selbst entworfen und konstruiert werden. Es existiert eine Vielzahl von standardisierten Bauformen, die von zahlreichen Herstellern bezogen werden können. Aufbau, Funktion und Wirkprinzip der Kupplungen richten sich dabei nach dem Einteilungsschema in Bild 10.6.

Unter den vielen, am Markt verfügbaren Kupplungsbauformen sollen einige ausgewählte, weit verbreitete Konstruktionen vorgestellt und erläutert werden. Ziel ist es, die Leser/-innen zu befähigen, abhängig vom jeweiligen Anwendungsfall in die „richtige Richtung zu recherchieren“ und eine passende, verfügbare Kupplungsbauform zu eruieren. Darüber hinaus kann es vorkommen, mit den Kupplungsherstellern eine Neunentwicklung zu vereinbaren und die dafür notwendigen technischen Kupplungsdaten abzustimmen und zu spezifizieren. Dies ist i.d.R. dann notwendig, wenn keine geeignete Kupplungsbauform am Markt identifiziert werden kann, so dass eine kundenspezifische Entwicklung von Nöten ist. Voraussetzung dafür ist allerdings, dass die erwarteten Stückzahlen eine Neuentwicklung aus betriebswirtschaftlicher Sicht rechtfertigen.

10.2.1 Nichtschaltbare, starre Kupplungen

Die alleinige Funktion von starren Kupplungen besteht in der Verbindung zweier Wellen, also in der Leitungsfunktion. Durch das Fehlen von nachgiebigen, elastischen Konstruktionselementen müssen die zu verbindenden Wellenenden exakt fluchten. Andernfalls besteht die Gefahr, dass montagebedingte Zwangskräfte in der Konstruktion verursacht werden, was wiederum negative Auswirkungen auf Funktion und Lebensdauer haben kann.

Zwei typische Protagonisten starrer Kupplungen sind die **Scheiben-** und die **Schalenkupplung**, Bild 10.7 und Bild 10.8. Sie können für beliebige Drehrichtungen eingesetzt werden, sind verschleiß- und wartungsarm, können jedoch durch das Fehlen von elastischen Elementen keine Drehmomentenstöße und -schwankungen abmildern. Sie sind daher nur zu verwenden, wenn im Antriebsstrang keine bzw. geringe Momentenschwankungen vorkommen.

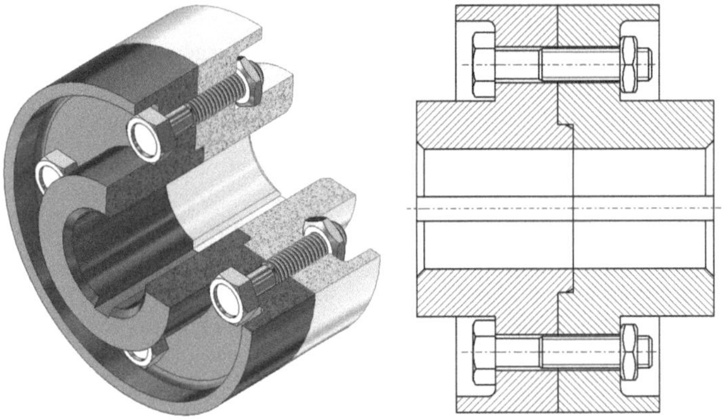

Bild 10.7 Beispiel einer starren Kupplung: Scheibenkupplung mit Zentrierrand, Form A nach DIN 116, [DIN 116]

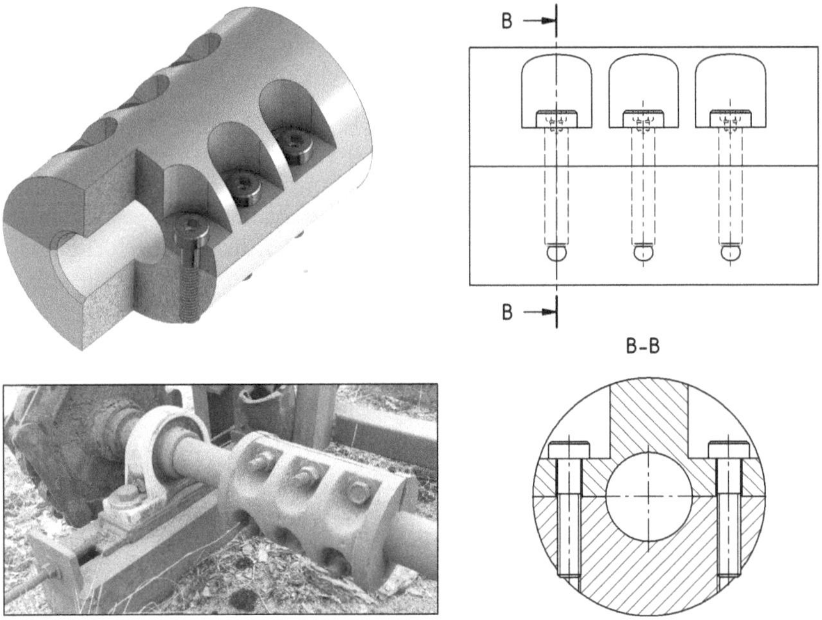

Bild 10.8 Beispiel einer starren Kupplung: Schalenkupplung, [DIN 115]

Die Dimensionierung starrer Kupplungen richtet sich nach der zulässigen Flächenpressung auf den Kontaktflächen zwischen Welle und Kupplung sowie nach der zulässigen Vergleichsspannung in den verwendeten Schrauben, vgl. Kapitel 7 (Schraubverbindungen) und Kapitel 8 (Klemmverbände). So kann beispielsweise die Schalenkupplung als radialer Klemmverband aufgefasst und nach der Strategie in Übung 30 dimensioniert werden.

10.2.2 Nichtschaltbare Ausgleichskupplungen

A. Drehsteife Bauformen

Nichtschaltbare, drehsteife Ausgleichskupplungen können Wellenversätze in axialer und radialer Richtung, ΔK_a und ΔK_r, sowie Winkelversätze ΔK_w ausgleichen, Bild 10.3. Damit werden sie beispielsweise eingesetzt, um die unterschiedlichen Wellensegmente in langen Antriebssträngen, bei denen fertigungs- bzw. montagebedingte Fluchtungsfehler unvermeidbar sind, zu verbinden. Allerdings sind sie aufgrund ihrer Drehsteifheit ungeeignet, Drehversätze zu kompensieren.

Unter den vielen, am Markt verfügbaren Bauformen sollen nur vier herausgestellt werden:

- **Wellengelenke** (Bild 6.23): Hierzu zählen die in Kapitel 6 behandelten Kreuzgelenke, die üblicherweise im Antriebsstrang von Kraftfahrzeugen (Allradantrieb) oder bei Land- und Baumaschinen zu finden sind. Zu beachten ist der kinematisch bedingte Kardanfehler, der zu einer abtriebsseitigen, ungleichförmigen Winkelgeschwindigkeit führen kann, vgl. Bild 6.25.
- **Kreuzscheibenkupplung/Oldham-Kupplung**[2] (Bild 10.9): Diese formschlüssige Bauform wird primär für den Ausgleich von Radialversätzen eingesetzt, sie erlaubt aber auch die Kompensation von leichten Axialversätzen.

  Die Kupplung besteht aus zwei Kupplungsnaben mit je einer sog. **Gleitfeder** am Ende. Zwischen den Naben ist ein Mittelteil angeordnet, das mit zwei gegenüberliegenden, gekreuzten **Nuten** versehen ist. Die Wellenenden werden in den Naben montiert und z.B. über Madenschrauben fixiert.

  Der Formschluss entsteht, indem die Gleifedern in die Nuten des Mittelteils greifen, wobei beide Gleitfedern (und beide Nuten) um 90° zueinander verdreht sind. Der Ausgleich des radialen Wellenversatzes geschieht über das Mittelteil, das sich während der Drehung kontinuierlich auf den Federn verschiebt.

  Typische zum Einsatz kommende Werkstoffe sind Stahl, Gusseisen oder Aluminiumlegierungen. Darüber hinaus ist das Mittelteil oft aus Kunststoff, z.B. aus Polyoxymethylen (POM), gefertigt. Die Verwendung von Kunststoffe mit geringen elektrischen Leitfähigkeiten erlaubt den Einsatz der Kupplung als elektrischen Isolator.
- **Lamellenkupplung** (Bild 10.10): Diese Kupplungsbauform wird bevorzugt im Schwermaschinenbau verwendet, insbesondere dort, wo große Wellendurchmesser vorliegen und große Drehmomente zu übertragen sind, z.B. in Windkraftanlagen, bei Schiffsantrieben oder in Stahlwerksanlagen.

  Stahl-Lamellenkupplungen werden eingesetzt um Axial-, Radial- oder Winkelversätze auszugleichen. Sie bestehen aus zwei Kupplungsnaben (2-teiliger Aufbau) zwischen denen wechselseitig ein oder mehrere biegsame Stahlscheiben, sog. **Lamellen**, verschraubt werden. Durch Verwendung einer Zwischenhülse (3-teiliger Aufbau) können insbesondere Radial- und große Winkelversätze korrigiert werden.

[2] Benannt nach dem Irischen Erfinder John Oldham (1779–1840).

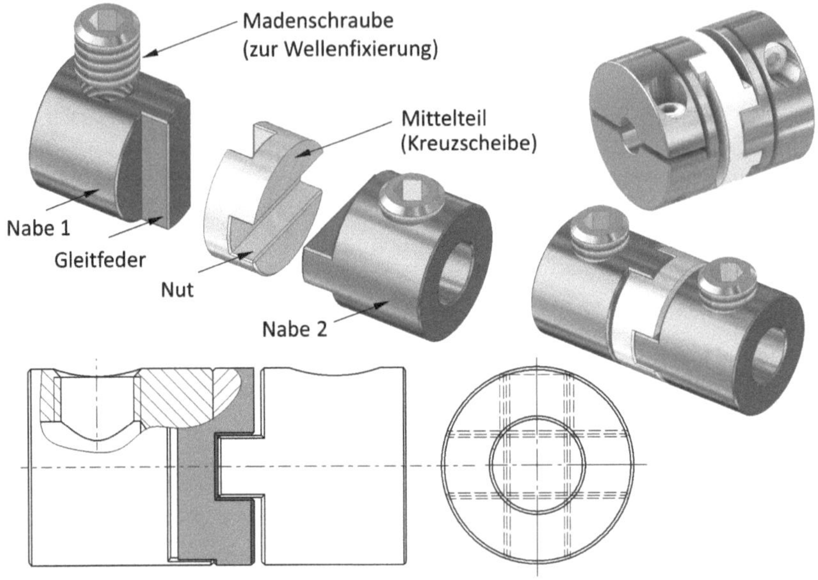

Bild 10.9 Kreuzscheibenkupplung (Oldham-Kupplung), CAD-Modell: ©MÄDLER® (mit freundlicher Genehmigung)

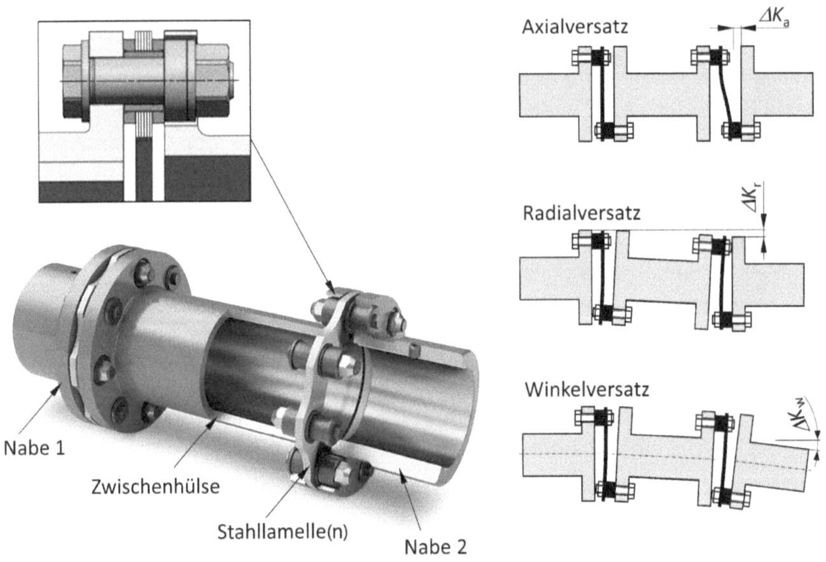

Bild 10.10 Dreiteilige Stahl-Lamellenkupplung mit Zwischenhülse, Abbildung links: ©FLENDER (mit freundlicher Genehmigung)

- **Bogenzahnkupplung**[3] (Bild 10.11): Einer der „Klassiker" unter den nichtschaltbaren, drehsteifen Ausgleichskupplungen ist die Bogenzahnkupplung. Auch sie eignet sich,

[3] 1953 von der Fa. F. Tacke K.G., Rheine (Westf.) zum Patent angemeldet; Patenterteilung 1957 unter der Patentnummer DE1020838B. Das Nachfolgeunternehmen, die Fa. KTR Systems, ist heute ein weltweit produzierendes Unternehmen im Bereich der Antriebstechnik und hat weiterhin seinen Hauptsitz in Rheine.

um Axial-, Radial- und/oder Winkelversätze zwischen verschiedenen Wellen auszugleichen. Das Kernmerkmal dieser Kupplung sind die Zähne, bei der sowohl die Zahnflanken als auch der Zahnkopf eine gekrümmte Oberfläche hat. Dadurch verkanten die Zähne bei Schiefstellung nicht und können gewissermaßen auf der Kontaktfläche „abrollen". Weiter können durch die Doppelkrümmung von Zahnflanke und Zahnkopf Schiefstellungen in zwei Richtungen ausgeglichen werden. Das ist insofern notwendig, da die Zähne durch die Wellendrehung mal aufrecht und mal waagerecht ausgerichtet sind.

Die Bogenzahnkupplung kann vollständig aus Stahl oder mit innenverzahnter Kunststoffhülse gefertigt werden. Letztere Variante eignet sich zum Einsatz als elektrischer Isolator.

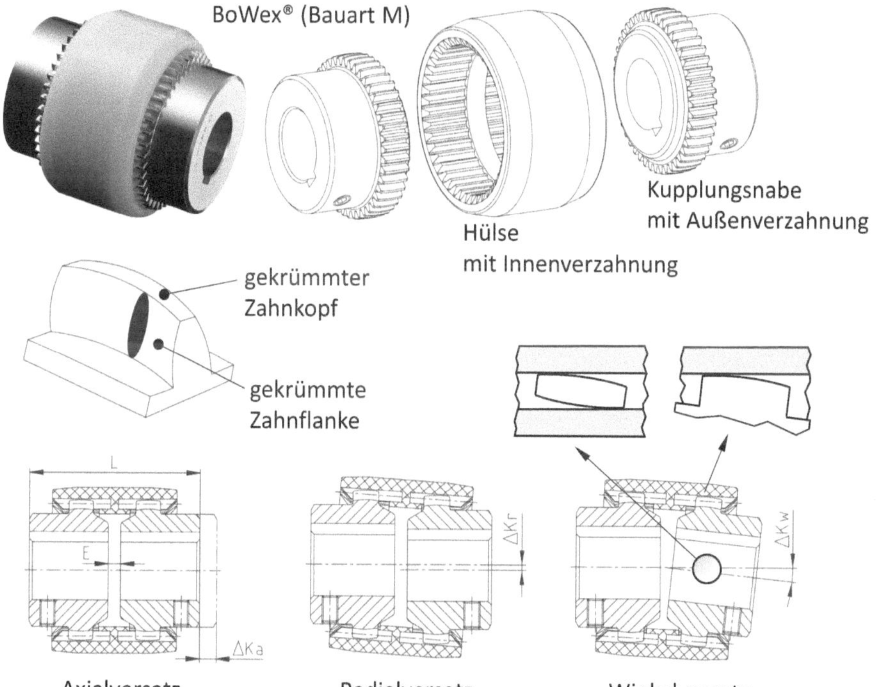

Bild 10.11 BoWex®-Bogenzahnkupplung der Fa. KTR Systems, ©KTR Systems (mit freundlicher Genehmigung)

B. Drehnachgiebige bzw. drehelastische Bauformen

Drehnachgiebige Kupplungen erlauben primär den Ausgleich von Drehversätzen ΔK_φ gemäß Bild 10.3. Außerdem können sie i.d.R. auch axiale, radiale sowie Winkelversätze kompensieren. Dazu werden Stahlfedern und vor allem Elastomerbauteile in die Kupplungskonstruktion, insbesondere im Übergang zwischen den beiden Kupplungsnaben, integriert. Neben dem Ausgleich von Wellenversätzen erlaubt die Drehelastizität zusätzlich auch die Minderung und Dämpfung von Drehmomentenstößen und -schwingungen im Antriebstrang. Damit können zwei wesentliche Funktionen für diese Bauform notiert werden:

1. Ausgleich von Wellenversätzen, primär von Drehversätzen,
2. Minderung und Dämpfung von Drehmomentenschwankungen im Antriebsstrang.

Die am Markt verfügbaren drehelastischen Kupplungen sind sehr umfangreich. Die Anzahl der Bauformen geht wohl möglich noch weit über die der drehstarren Varianten hinaus, so dass an dieser Stelle nur einige ausgewählte Konstruktionen erwähnt werden sollen:

- **Klauenkupplungen** (Bild 10.12): Diese Bauart ist sehr weit verbreitet. Sie besteht aus einen elastischen, sternförmigen Zwischenring, der z.B. aus PUR (Polyurethan) gefertigt ist. In die Zwischenräume des Ringes greifen abwechseln die „Klauen" der antriebs- und abtriebseitigen Kupplungsnabe. Der so entstehende Formschluss erlaubt eine Relativbewegung in Umfangsrichtung beider Naben, wobei die „Zacken" des Elastomer-Sterns auf Druck belastet werden.

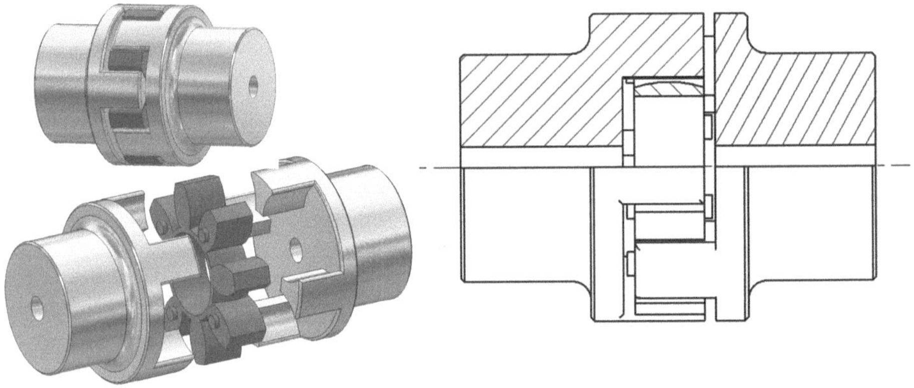

Bild 10.12 Klauenkupplung mit Elastomer-Stern, CAD-Modell: ©MÄDLER® (mit freundlicher Genehmigung)

- **Bolzenkupplung** (Bild 10.13): Bei dieser Kupplungsbauform werden in die Flanschbohrungen der Kupplungsnabe Elastomerbuchsen eingepresst. Die eine Kupplungsnabe ist über den Außendurchmesser der Buchse, die andere Kupplungsnaben über den Innendurchmesser der Buchse verbunden. So wird zwischen beiden Naben eine Relativbewegung (mit einhergehender Verformung der Gummispur) ermöglicht. Großer Vorteil der Bolzenkupplung ist, dass die Anzahl der Buchsen variiert werden kann, in dem beispielsweise nur jede zweite Bohrung eine Buchse aufweist. Damit können bei gleichbleibender Kupplungskonstruktion verschiedene Steifigkeiten realisiert werden.
- **Reifenkupplung** (Bild 10.14): Hierbei ist zwischen beiden Kupplungsnaben ein „Reifen" montiert, dessen zwei Säume an den beiden Kupplugsnaben verklemmt werden. Dadurch wird eine große Torsionselastizität ermöglicht. Außerdem ist es möglich, große Fluchtungsfehler (axial, radial, winkelig und torsional) auszugleichen.
- **Stahlband-Kupplung (Gitterkupplung)** (Bild 10.15): Jenseits des Einsatzes von Elastomeren existieren auch drehnachgiebige Bauformen auf Basis von Stahlfedern. Damit können die Nachteile des Werkstoffs Gummi, wie beispielsweise begrenzte Temperatur-, Öl- oder Säurebeständigkeit, vermieden werden (Bild 5.2). Allerdings besitzt Stahl im Vergleich zu Gummi deutlich geringere inhärente Dämpfung, so dass Drehmomentenschwankungen weniger stark gedämpft werden ($D_{\text{Stahl}} = 0{,}001$, $D_{\text{PUR}} = 0{,}12 \ldots 0{,}2$).

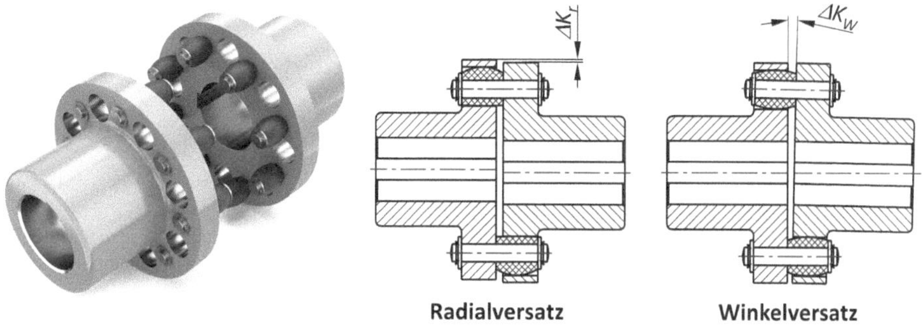

Bild 10.13 Bolzenkupplung mit eingepressten Gummibuchsen, ©REICH (mit freundlicher Genehmigung)

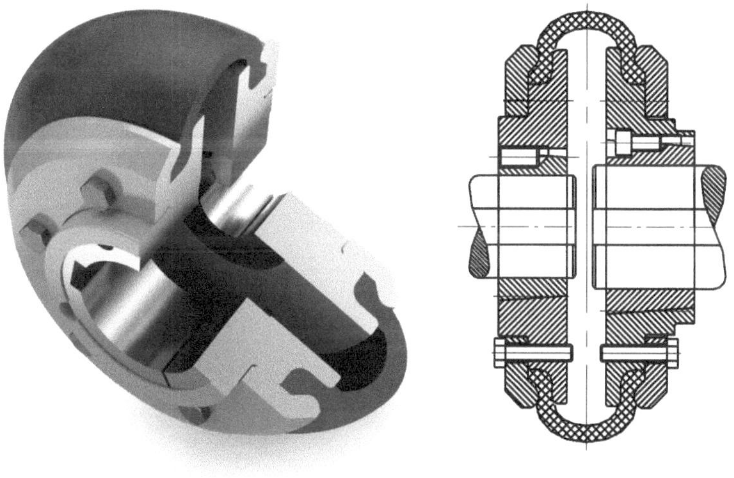

Bild 10.14 Hochelastische Reifenkupplung, ©REICH (mit freundlicher Genehmigung)

Die Beispiele lassen den Schluss zu, dass die Werkstoffe Gummi und PUR in drehelastischen Kupplungen oft eine zentrale Rolle spielen. Beim Einsatz von Gummiwerkstoffen ist zwingend zu überprüfen, ob die **Einsatztemperatur** für den jeweiligen Gummi zulässig ist. So sinkt z.B. mit zunehmender, aber auch abnehmender, Temperatur das Dehnungsvermögen von Gummi, Bild 10.16. Ferner ist abzuklären, inwieweit die **Umgebungsbedingungen**, wie z.B. eventueller Kontakt mit **Säuren**, und/oder **Mineralölen**, zum verwendeten Gummi passen. Auch erhöhte **Ozonkonzentrationen** und **UV-Strahlung** führt zu beschleunigter Gummialterung und sollte vorab geklärt werden.

Abschließend muss darauf hingewiesen werden, dass drehelastische Kupplungen im Antriebsstrang als Torsionsfeder mit der Steifigkeit c_T und dem Dämpfungsgrad D fungieren. Damit wird der gesamte Antriebstrang zu einem schwingfähigem System, bestehend aus zwei unabhängigen Drehmassen J_A und J_L (antriebs- und abtriebsseitig), vgl. Bild 10.27 (rechts unten). Folglich ist mit Blick auf schwingungstechnische Aspekte darauf zu achten,

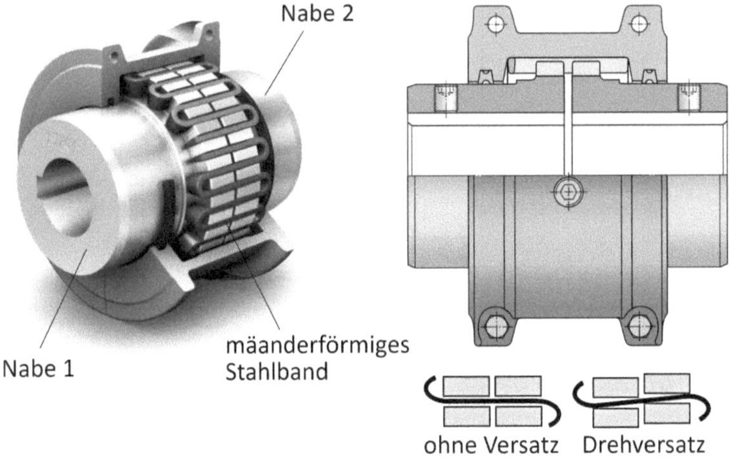

Bild 10.15 Stahlband-Kupplung (Gitterkupplung), ©SKF (mit freundlicher Genehmigung)

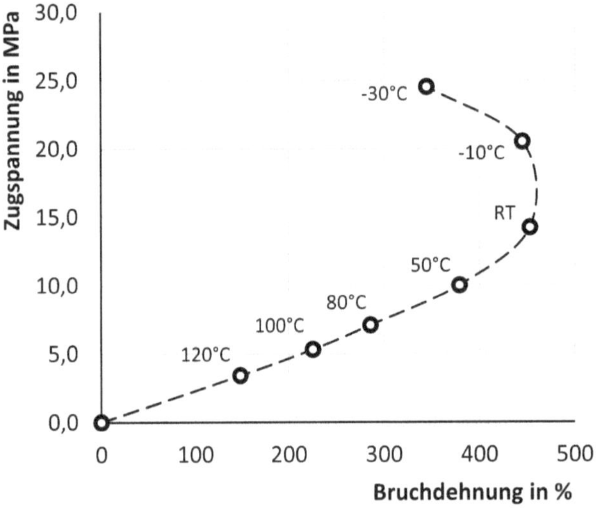

Bild 10.16 Bruchdehnung vs. Zugspannung für CR-Gummi in 70 ShA bei verschiedene Temperaturen, Quelle: [Battermann und Köhler, 1982]

dass c_T, D, J_A und J_L so aufeinander abgestimmt sind, dass z.B. keine Resonanzphänomene entstehen.

10.2.3 Schaltbare, fremdbetätigte Kupplungen

Die meisten von uns benutzen eine schaltbare Kupplung alltäglich im Auto, wo sie die Kurbelwelle des Motors mit dem Getriebe verbindet. Durch Treten des Kupplungspedals, also durch Betätigung der Kupplung mithilfe einer von außen aufgebrachter (menschlichen)

Kraft, wird der Antriebsstrang unterbrochen, so dass im Getriebe lastfrei die Übersetzung (Gang) geändert werden kann. Man spricht auch von Fremdbetätigung.

Schaltbare Kupplungen nehmen daher neben der Leitungsfunktion auch eine Schaltfunktion wahr. Das heißt, sie ermöglichen das Verbinden und Trennen zweier Wellen bzw. einer Welle und eines auf ihr drehbeweglich gelagerten Bauteils. Dies kann notwendig sein, um z.B. den Antriebsmotor zeitweise von nachgelagerten Aggregaten zu entkoppeln und so beispielsweise eine Pumpe (P) wahlweise an und abzuschalten, Bild 10.17.

Mit Bick auf die Bauformen wird, gemäß dem Einteilungsschema nach VDI 2240 in Bild 10.6, zwischen formschlüssigen und kraft-/reibschlüssigen, fremdbetätigten Schaltkupplungen unterschieden.

A. Formschlüssige Zahnkupplung

Ein Formschluss bei Kupplungen eignet sich immer dann, wenn hohe Drehmomente, schlupffrei zu übertragen sind oder eine Welle im Stillstand arretiert werden soll. Im letzten Fall fungiert die formschlüssige Kupplung als sog. Stoppbremse. Bild 10.17 (oben) zeigt einen Antriebsstrang, bei dem ein Elektromotor eine Pumpe antreibt. Über eine zwischengeschaltetes Getriebe können unterschiedliche Drehzahlen abtriebsseitig realisiert werden. Die antriebsseitige, schaltbare Zahnkupplung erlaubt, den Antrieb vom Getriebe zu trennen (und zu verbinden), um so die Zahnradpaarungen innerhalb des Getriebes lastfrei zu ändern.

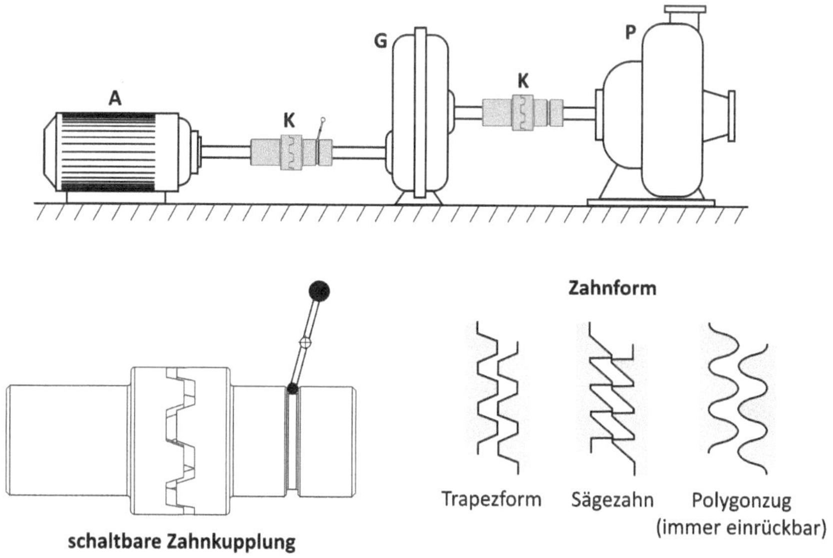

Bild 10.17 Beispiel für den Einsatz einer schaltbaren Kupplung (oben); formschlüssige Zahnkupplung inklusive möglicher Zahngeometrien (unten)

Nun soll stellvertretend für alle formschlüssigen Bauformen eine **Zahnkupplung** betrachtet werden, Bild 10.17 (unten links). Eine Trennung der Kupplung ist, unabhängig von der Zahnform ohne weiteres zu jedem Zeitpunkt möglich. Ein formschlüssiges Verbinden beider Kupplungshälften ist dagegen nur unter bestimmten Voraussetzungen möglich. Hier spielt die Zahngeometrie eine entscheidende Rolle. Bei der weit verbreiteten sog. **Trapezform**, Bild 10.17 (unten rechts), ist es notwendig das beide Kupplungshälften zueinander **synchronisiert**[4] sind, d.h. dass Zahnausrichtung und Drehzahl aufeinander abgestimmt sind. Nur dann können die beiden Zahnkränze ineinandergreifen und die Kupplung im Betrieb geschlossen werden. Andere Zahngeometrien, z.B. die Sägezahnform oder der Polygonenzug, sind derart ausgeführt, dass beide Zähne in jeder beliebigen Stellung aufeinander abgleiten und sich ineinanderfügen, Bild 10.17 (unten rechts). Dementsprechend eignen sich formschlüssige Schaltkupplungen bevorzugt **(a)** zum Trennen von Antriebssträngen, **(b)** zum Verbinden von Wellen im Stillstand oder **(c)** zum Verbinden von Wellen nach voriger Synchronisation (im Synchronlauf).

Bild 10.18 zeigt abschließend ein Beispiel einer elektromagnetisch geschalteten Zahnkupplung. Diese ist im ungeschalteten Ruhezustand (stromlos) offen, d.h. beide Kupplungsnaben (d) und (e) sind nicht verbunden und werden über die Feder (c) auseinander gedrückt. Wird über die Schleifringe (a) eine elektrische Spannung angelegt, bauen die in Umfangsrichtung verteilten Elektromagneten (b) ein Magnetfeld auf. Die resultierende magnetische Anziehungskraft überwindet die federinduzierte Abstoßungskraft und zieht die linke Kupplungshälfte (e) an den Anker der rechten Kupplungshälfte (d). Beide Stirnverzahnungen greifen ineinander, es entsteht ein Formschluss.

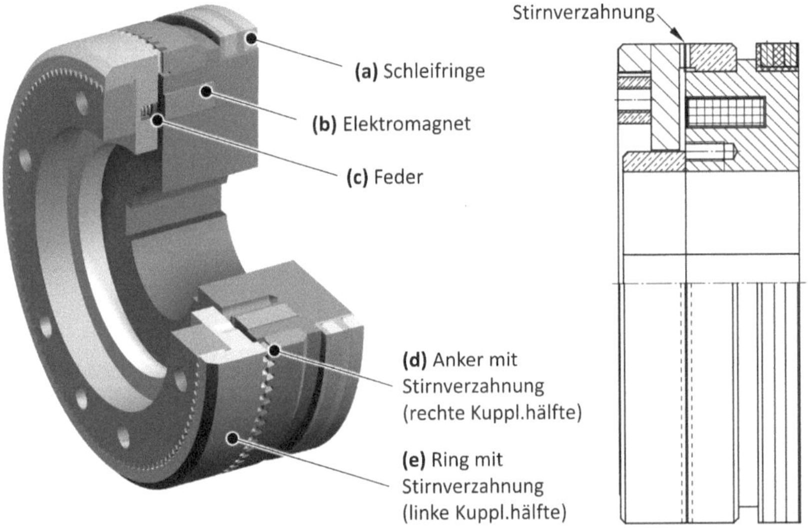

Bild 10.18 Elektromagnetisch betätigte Zahnkupplung, ©Maschinenfabrik Mönninghoff (mit freundlicher Genehmigung)

4 Hier können **Synchronisationseinrichtungen** verwendet werden, bei der sog. **Synchronringe** die Drehzahlen angleichen und anschließend eine **Schaltmuffe** beide Kupplungshälften formschlüssig verbindet.

B. Kraft- bzw. reibschlüssige Schaltkupplungen

Grundsätzlich unterscheidet man bei dieser Kupplungsart zwischen drei grundlegenden Bauformen, anknüpfend an die Kontaktflächengeometrie, an der der Kraft- bzw. Reibschluss stattfindet, Bild 10.19:

1. **Scheibenkupplung** (ebene, scheibenförmige Reibfläche),
2. **Kegelkupplung** (kegelförmige Mantelfläche),
3. **Zylinderkupplung** (zylindrische Kontaktfläche).

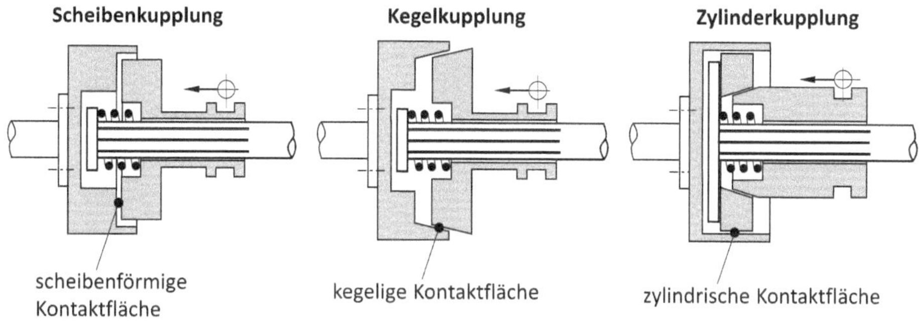

Bild 10.19 Drei grundsätzliche Bauformen von fremdbetätigten, kraftschlüssigen Schaltkupplungen (Prinzipskizze)

Darüber hinaus trennt man zwischen sog. **Industriekupplungen** und **KFZ-Kupplungen**. Der Unterschied besteht in dem Umstand, ob die Kupplung im ungeschalteten Ruhezustand geöffnet oder geschlossen ist. Bild 10.20 illustriert beide Möglichkeiten. Hierbei kann die Feder so angeordnet sein, dass sie beide Kupplungsnaben im Ruhezustand voneinenader trennt (links) oder aufeinanderdrückt (mittig). So sind KFZ-Kupplungen im unbetätigten Zustand geschlossen und erst durch Treten des Kupplungspedals wird der Antrieb unterbrochen. Das ist auch verständlich, schließlich möchte man nicht bei der Fahrt das Pedal fortwährend gedrückt halten.

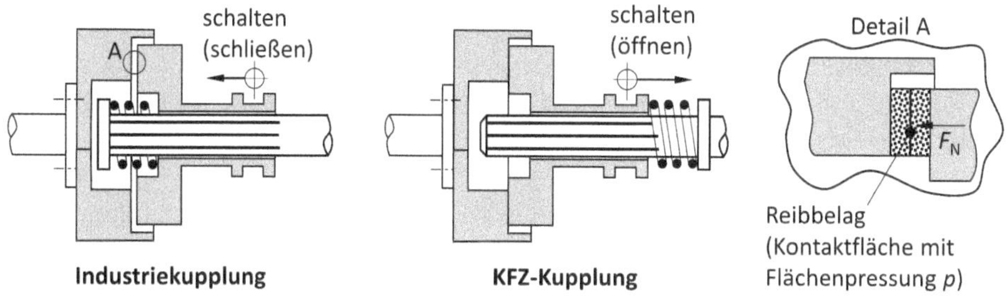

Bild 10.20 Geöffneter und geschlossener Ruhezustand: Industrie- vs. KFZ-Kupplung (Beispiel Scheibenkupplung)

Ferner können bei Scheibenkupplung ein, zwei oder mehrere Scheiben am Reibschluss beteiligt sein. Dementsprechend spricht man von einer **Einscheiben-**, **Zweischeiben-** oder

Mehrscheibenkupplung. Letztere wird auch häufig als **Lamellenkupplung** (bestehend aus mehreren „Lamellen“) bezeichnet[5], Bild 10.21.

Der mechanische Schaltmechanismus ist in den Darstellungen von Bild 10.21 illustriert. Hierbei sind die Reibscheiben (g) der linken Kupplungsnabe (c) außen an der Nabe und die Reibscheiben (g) der rechten Kupplungsnabe (d) innen an der Nabe montiert. Durch die axial verschiebbare Schaltmuffe (e) kann ein Hebel (f) betätigt werden, der die abwechselnd ineinandergreifenden Reibscheiben (g) aufeinanderdrückt und so den Reibschluss zwischen beiden Naben herstellt. Der Schaltvorgang wird durch die Axialverschiebung der Schaltmuffe gesteuert, die wiederum durch eine extern aufgebrachte mechanische Kraft bewegt wird.

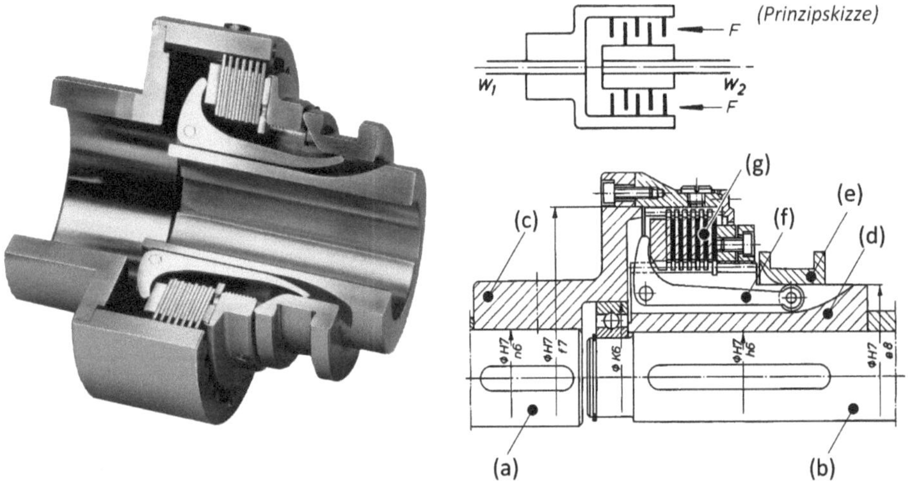

Bild 10.21 Mechanisch schaltbare Lamellenkupplung, ©Ortlinghaus-Werke (mit freundlicher Genehmigung)

Bild 10.22 zeigt das pneumatisch betätigte Schaltprinzip am Beispiel einer Scheibenkupplung mit vier Reibflächen. Über einen in der Welle verlaufenden Kanal wird Druckluft dem kupplungsinternen Kanal (d) zugeführt und in die Druckkammer (e) gedrückt. Dadurch wird der Zylinder (f) axial verschoben, so dass die Feder (c) gestaucht wird. Der Spalt zwischen den Reibbelägen (g) schließt sich, linke und rechte Kupplungsnabe (a) und (b) bilden einen Reibschluss.

In analoger Weise zu Bild 10.22 kann der hydraulische Schaltmechanismus beschrieben werden, nur dass als Druckmedium eine Flüssigkeit (z.B. Hydrauliköl) anstelle eines Gases (z.B. Luft) verwendet wird. Die elektromagnetische Schaltung vollzieht sich in ähnlicher Weise wie in Bild 10.18, nur dass anstelle zweier Zahnkränze zwei (oder mehrere) Reibflächen durch die magnetische Anziehungskraft verbunden werden.

Allen Schaltmechanismen ist gemein, dass von außen Energie zugeführt wird, sei es beispielsweise durch einen mechanische Kraft oder durch einen elektrischen Strom, der dann ein Magnetfeld verursacht. Man spricht daher von einem fremdbetätigten Schaltvorgang.

5 Nicht zu verwechseln mit der o.g. drehsteifen Stahl-Lamellenkupplung in Bild 10.10.

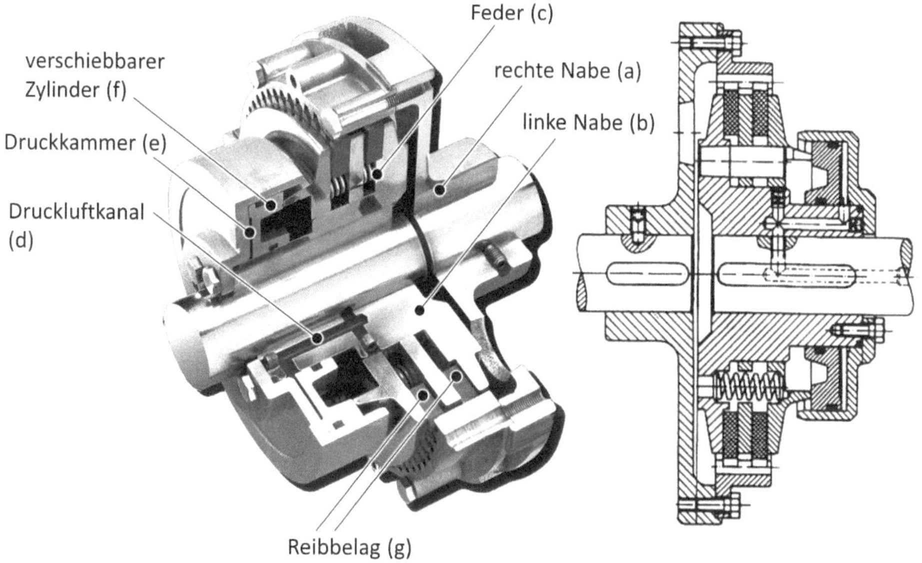

Bild 10.22 pneumatisch schaltbare Reibkupplung, Bauart: Planox® PPW, ©Desch Antriebstechnik (mit freundlicher Genehmigung), [Desch, 2007]

10.2.4 Schaltbare, selbstbetätigte Kupplungen

Von selbstbetätigten Schaltkupplungen spricht man, wenn die Kupplung, abhängig von bestimmten Betriebsparametern, wie z.B. Drehmoment oder Drehzahl, eigenständig schaltet. Dieser Vorgang geschieht ohne externe Energie- bzw. Krafteinwirkung; die Kupplung „erkennt" gewissermaßen selbst, wann sie den Antriebsstrang trennen bzw. verbinden muss. Man unterscheidet zwischen drei Schaltmechanismen:

1. **richtungsbetätigte Kupplungen** (auch **Freilaufkupplungen**):

   Das Prinzip dieser Kupplungen ist Vielen vom Ratschen- bzw. Knarren-Steckschlüssel bekannt, bei dem der Schwenkarm den Einsatz (die „Nuss") nur in eine Richtung mitdreht. So kann z.B. die Schraube im Uhrzeigersinn angezogen und – ohne den Steckschlüssel abzuziehen – im Gegenuhrzeigersinn „Schwung geholt" werden.

   Eine weit verbreitete Bauform ist z.B. die **Klemmrollen-Freilaufkupplung**, Bild 10.23. Diese besteht aus einem Innen- und Außenring, die je eine Kupplungsnabe repräsentieren. Auf dem Innenring sind in Umfangsrichtung mehrere asymmetrische Zähne, mit einer steilen und flachen Flanke, sog. **Klemmrampen** (c), angeordnet. Ferner sind zwischen den beiden Naben zylindrische Rollkörper (a) platziert, die so dimensioniert sind, dass sie nur im „Tal" auf den flachen Flanken frei rollen können. Die Feder (b) hält den Rollkörper auf Abstand zur Steilflanke, wodurch die Reibung minimiert wird.

   Betrachtet man nun Bild 10.23 (Mitte) und stellt sich vor, der innere Ring wird festgehalten und nur der äußere Ring kann sich drehen. Dann führt eine Drehung im Uhrzeigersinn dazu, dass der Außenring die Rollkörper „mitreißt" und diese gewissermaßen „bergab" rollen. Dagegen führt eine Drehung entgegen des Uhrzeigersinns dazu, dass die Rollkörper „bergauf" gedrückt werden. Dabei verklemmen sich die Rollkörper aufgrund des sich verjüngenden Zwischenraums und der Außenring wird in seiner Drehung blockiert.

Folglich gilt allgemein für die Kupplung in Bild 10.23: Außenring und Innenring können sich unabhängig voneinander drehen, solange sich der Außenring relativ zum Innenring im Uhrzeigersinn dreht. Anders herum (wenn z.B. beide Ringe im Uhrzeigersinn drehen, aber sich der Innenring schneller als der Außenring dreht) verklemmen sich die Rollkörper zwischen den Ringen und beide Ringe drehen sich gemeinsam mit gleicher Winkelgeschwindigkeit. Nur im zuletzt genannt Fall kann ein Drehmoment übertragen werden.

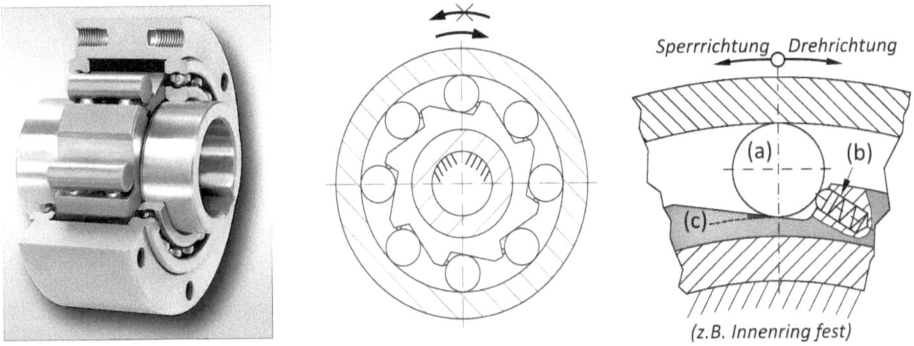

Bild 10.23 Klemmrollen-Freilaufkupplung, ©RINGSPANN® (mit freundlicher Genehmigung)

Freilaufkupplungen werden eingesetzt als:

- *Vorschubfreiläufe*: Hierbei wird ein abtriebsseitiger, schrittweiser Vorschub durch eine pendelförmige Drehbewegung der Antriebsseite realisiert (Beispiel Steckschlüssel-Ratsche).
- *Überholfreiläufe*: Antriebs- und Abtriebsseite sind entkuppelt, solange z.B. $\omega_A > \omega_L$. Wird – aus welchen Gründen auch immer – die Antriebsseite langsamer und ω_L „überholt" ω_A, sprich $\omega_A < \omega_L$, dann kommt es zur Einkupplung und zur Verbindung des Antriebsstrangs.
- *Rücklaufsperren*: Wird beispielsweise die äußere Kupplungsnabe feststehend montiert, so kann die innere Kupplungsnabe nur in eine Richtung drehen. Wird diese nun z.B. mit der Antriebswelle eines schräg angestelltes Förderband verbunden, so verhindert die Kupplung im Falle eines Stromausfalls eine Rückwärts-Drehung der Welle. Das Förderband blockiert und verharrt in seiner letzten Position. In gleicher Weise kann z.B. verhindert werden, dass die Hublast eines Krans bei Betriebsstörung unkontrolliert zu Boden geht.

2. **drehzahlbetätigte Kupplungen** (auch **Fliehkraftkupplungen**):

Bild 10.24 (rechts) zeigt den prinzipiellen Aufbau einer Fliehkraftkupplung. Hierbei ist die innere Kupplungsnabe über einen radialen Schiebesitz mit zwei Fliehkraftmassen verbunden. Beide Massen werden über zwei Federn derart zusammengehalten, dass zwischen den Fliehkraftkörpern und der äußeren Kupplungsnabe ein Luftspalt existiert. Mit zunehmender Drehgeschwindigkeit der inneren Nabe werden die Fliehkraftmassen durch die Zentrifugalkräfte $F_{ZF} = m\frac{\omega^2}{r}$ radial nach außen gedrückt, der Luftspalt schließt sich und es kommt zum Reibschluss zwischen beiden Naben (Einkupplung). Dabei steigt die Anpresskraft – und so die Reibkraft $F_R = \mu F_{ZF}$ sowie das übertragbare Moment $M = F_R \cdot r$ – mit zunehmender Drehzahl $n = \omega / 2\pi$.

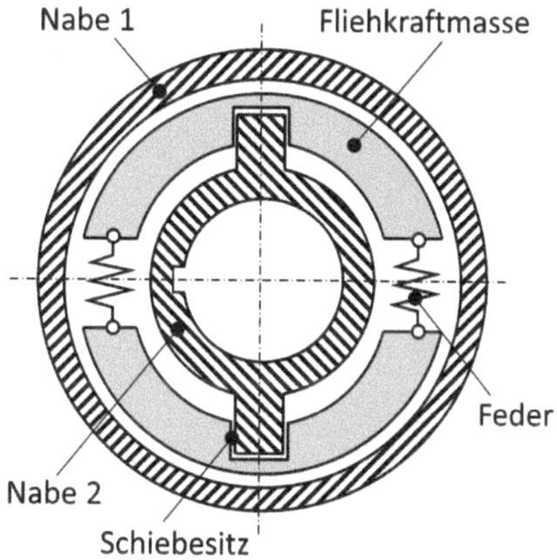

Bild 10.24 Fliehkraftkupplung einer Kettensäge (rechts), ©S. Reich (mit freundlicher Genehmigung); Illustration des Wirkprinzips (rechts)

Fliehkraftkupplungen werden i.d.R. als sog. **Anlaufkupplungen** eingesetzt, um einen lastfreien Anlauf einer Maschine/Anlage zu ermöglichen. Bild 10.24 (links) zeigt den Verbau einer Fliehkraftkupplung in einer Kettensäge. Damit wird sichergestellt, dass die Kette im Leerlauf vom Antrieb entkoppelt ist. Erst bei Erreichen einer definierten Drehzahl kommt es zur selbstständigen Einkupplung und die Kette beginnt sich zu drehen.

Eine weitere Anwendung ist die sog. **Fliehkraftbremse**. Hierbei ist z.B. die äußere Kupplungsnabe feststehend montiert und die Fliehkraftkörper können benutzt werden, um die Drehung der inneren Nabe durch Reibung abzubremsen. Damit kann z.B. ein Schutz vor zu hohen Drehzahlen realisiert werden.

3. **momentenbetätigte Kupplungen** (auch **Rutsch-** oder **Sicherheitskupplungen**):

Um das übertragbare Drehmoment im Antriebsstrang zu begrenzen und die abtriebsseitigen Bauteile vor Überlasten zu schützen, können Rutschkupplungen eingesetzt werden.

Das Schaltprinzip dieser Kupplungsart wird beim Betrachten von Bild 10.25 (Mitte) deutlich. Die Kupplung fungiert hier als reibschlüssige Verbindung zwischen einer Antriebswelle und einem auf ihr gelagerten abtriebsseitigen Bauteil, nämlich dem Kettenrad (e). Dieses ist zwischen den Reibbelägen (d) verklemmt, wobei die axiale Klemmkraft durch die Federkraft der Schraubenfedern (c), $F_K = F_F = c \cdot s$, (s: Vorspannweg), festgelegt ist. Über eine Stellmutter (b) kann s und damit F_F eingestellt werden. Das maximal übertragbare Drehmoment M_{max} ist durch die Haftreibung am Kettenrad $F_R = \mu \cdot F_N = \mu \cdot F_K$ definiert. Übersteigt die aus dem Drehmoment resultierende Umfangskraft F_U die Reibkraft F_R, so beginnt das Kettenrad in der Verklemmung zu rutschen und die Drehmomentenübertragung wird unterbrochen. Dabei gilt für den Grenzfall (Rutschbeginn): $F_U = \frac{M_{max}}{r_m} = F_R = \mu \cdot (c \cdot s)$, ($r_m = \frac{1}{2}(r_a + r_i)$: mittlerer Abstand der Reibfläche von der Wellenachse).

Bild 10.25 (rechts) zeigt die Verbindung zweier Wellen mithilfe von zwei Kettenrädern, die über eine Duplex-Rollenkette verbunden sind. Auch hier kann das rechte Kettenrad bei Überlast durchrutschen, so dass die Drehmomentenübertragung vom rechten auf den linken Wellenstrang unterbrochen wird.

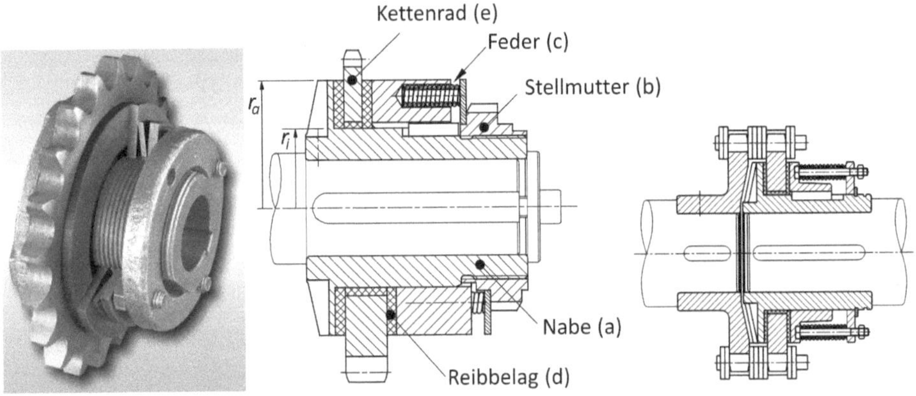

Bild 10.25 Tellerfeder-Rutschkupplung, Bauart RT (links); Schraubenfeder-Rutschkupplung, Bauart RS (rechts); ©RINGSPANN® (mit freundlicher Genehmigung)

10.3 Kinetische Größen im Antriebsstrang

Wellenkupplungen sind im Allgemeinen mit Wellen verbunden und so auch mit der Wellenrotation gekoppelt. Die Erfahrung zeigt, dass die mechanischen Gesetzmäßigkeiten der Rotation oftmals weniger verinnerlicht sind, als die der Translation. Daher soll – bevor das Augenmerk auf ausgewählte Aspekte der Kupplungsdimensionierung gelegt wird – ein kurzer Abriss über die wesentlichen Größen und Gesetzmäßigkeiten der Rotation gegeben werden.

10.3.1 Analogien zwischen Translation und Rotation, Massenträgheitsmoment

Ausgehend von der Translation mit ihren relevanten Größen und Beziehungen kann analog dazu auch die Rotation physikalisch beschrieben werden. Hierzu ist es instruktiv die Gesetzmäßigkeiten gegenüberzustellen, so dass die Analogien zwischen Translation und Rotation deutlich werden, vgl. Bild 10.26.

Bei der eindimensionalen Translation gilt es, zu jedem Zeitpunkt t den Wegkoordinate x vorhersagen zu können. Ist die Gesetzmäßigkeit $x = \tilde{x}(t)$ bekannt, ist die Bewegung des Körpers vollständig beschrieben. Dabei ist der Körper selbst über seine Masse m charakterisiert. Alle weiteren Größen, wie z.B. Geschwindigkeit $v = \frac{\mathrm{d}x}{\mathrm{d}t}$, Beschleunigung $a = \frac{\mathrm{d}v}{\mathrm{d}t}$, Trägheitskraft $F = m \cdot a$ und translatorische kinetische Energie $E_{\mathrm{kin}} = \frac{1}{2} m v^2$ folgen aus diesen beiden Grundgrößen.

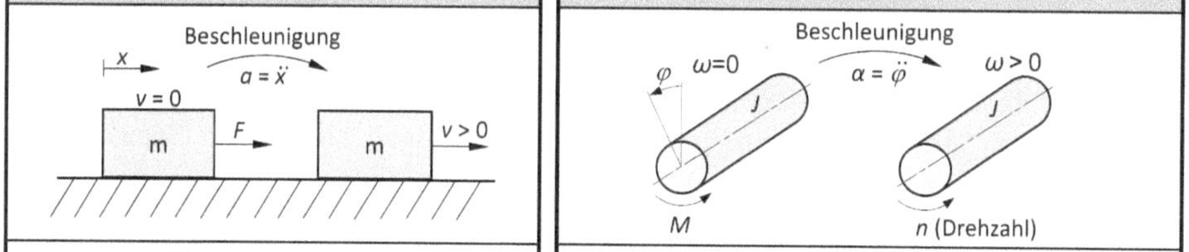

Translation		Rotation	
Weg:	x	**Winkel:**	φ
Masse:	m	**Massenträgheitsmoment:**	J
Geschwindigkeit:	$v = \dot{x} = \mathrm{d}x/\mathrm{d}t$	**Winkelgeschwindigkeit**	$\omega = \dot{\varphi} = \mathrm{d}\varphi/\mathrm{d}t$
Beschleunigung:	$a = \ddot{x} = \mathrm{d}v/\mathrm{d}t = \mathrm{d}^2x/\mathrm{d}t^2$	**Winkelbeschleunigung:**	$\alpha = \ddot{\varphi} = \mathrm{d}\omega/\mathrm{d}t = \mathrm{d}^2\varphi/\mathrm{d}t^2$
Trägheitskraft:	$F = m\,a = m\,\ddot{x}$	**Drehmoment:**	$M = J\,\alpha = m\,\ddot{\varphi}$
Bewegungsenergie:	$E_{\mathrm{kin}} = m\,v^2/2 = m\,\dot{x}^2/2$	**Bewegungsenergie:**	$E_{\mathrm{rot}} = J\,\omega^2/2 = J\,\dot{\varphi}^2/2$

Bild 10.26 Analogien zwischen translatorischer und rotatorischer Bewegung eines Körpers

Für die Translation gelten analoge Zusammenhänge. Speziell die Grundgrößen resultieren aus der Ersetzung: $x \rightarrow \varphi$ (Winkelkoordinate) und $m \rightarrow J$ (Massenträgheitsmoment). Alle weiteren Größen ergeben sich in analoger Weise, nämlich Winkelgeschwindigkeit $\omega = \frac{\mathrm{d}\varphi}{\mathrm{d}t}$, Winkelbeschleunigung $\alpha = \frac{\mathrm{d}\omega}{\mathrm{d}t}$, Drehmoment $M = J \cdot \alpha$ und rotatorische Bewegungsenergie $E_{\mathrm{rot}} = \frac{1}{2} J \omega^2$. Auch hier gilt, dass die Rotation vollständig beschrieben ist, sofern der Zusammenhang $\varphi = \tilde{\varphi}(t)$ bekannt ist.

Als besondere Bewegungsform soll zusätzlich noch die Schwingung betrachtet werden. Auch hier kann zwischen translatorischen und rotatorischen Bewegungen – also zwischen geradlinigen Schwingungen und Drehschwingungen – unterschieden werden. Darüber hinaus gilt die Einteilung in Ein- und Mehrmassenschwinger (z.B. Zweimassenschwinger), Bild 10.27.

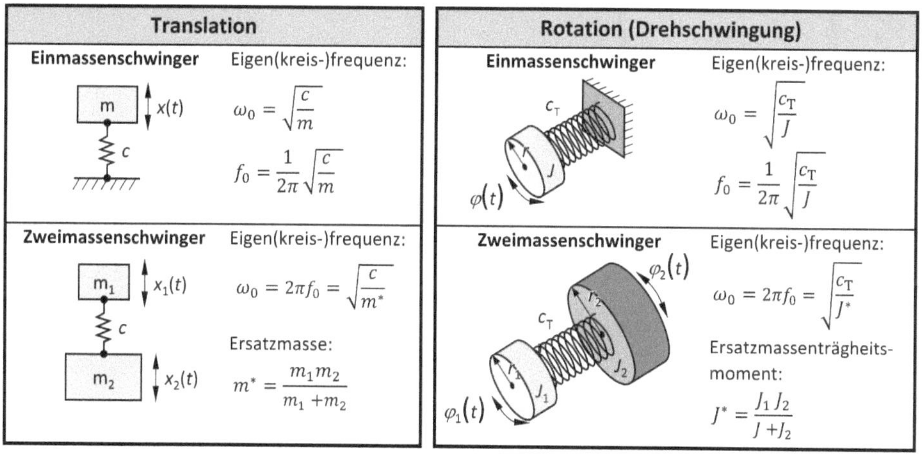

Bild 10.27 Analogien zwischen translatorischer und rotatorischer Schwingung am Beispiel eines Ein- und Zweimassenschwingers

Die Analogien werden besonders am Beispiel der Eigenkreisfrequenz ω_0 deutlich. So beeinflusst die Masse m die Größe ω_0 beim bereits bekannten translatorischen Einmassenschwinger in reziproker Weise, d.h. je größer m, desto kleiner ω_0 (bei konstanter Federsteifigkeit c), Bild 10.27 (links oben). Beim translatorischen Zweimassenschwinger können zwei Massen m_1 und m_2 unabhängig voneinander schwingen. Hier ist die Eigenkreisfrequenz in analoger Weise zum Einmassenschwinger zu berechnen, nur dass jetzt eine Ersatzmasse m^* zu berücksichtigen ist, Bild 10.27 (links unten).

Bei den Drehschwingungen gelten ähnliche Beziehungen. Allerdings ist nun nicht länger die Masse m, sondern die dazu analoge Größe J, das sog. Massenträgheitsmoment, zu betrachten, Bild 10.27 (rechts oben). Für den Zweimassen-Drehschwinger muss in entsprechender Weise ein Ersatzmassenträgheitsmoment J^* verwendet werden, Bild 10.27 (rechts unten).

Aber was versteht man nun unter dem **Massenträgheitsmoment** J, der Größe, der offensichtlich bei der Rotation von Körpern eine besondere Rolle zukommt? Zum Verständnis kann Bild 10.28 (links) dienen, das zwei Anker mit je zwei drehbar gelagerten Schwungmassen m_1 und m_2 zeigt. Dabei sind die Massen über dünne Streben im Abstand r_1 und r_2 von der Drehachse angeordnet. Nun stelle man sich vor, beide Anker drehen sich mit den konstanten Winkelgeschwindigkeiten $\omega_1 = \omega_2$ und der Einfachheit halber soll außerdem angenommen werden, dass $m_1 = m_2$ gilt. Dann ist intuitiv nachvollziehbar, dass Anker 2 leichter abzubremsen ist. Grund hierfür ist das geringe Massenträgheitsmoment $J_2 < J_1$, was aus dem geringeren Abstand $r_2 < r_1$ der Massen von der Drehachse folgt.

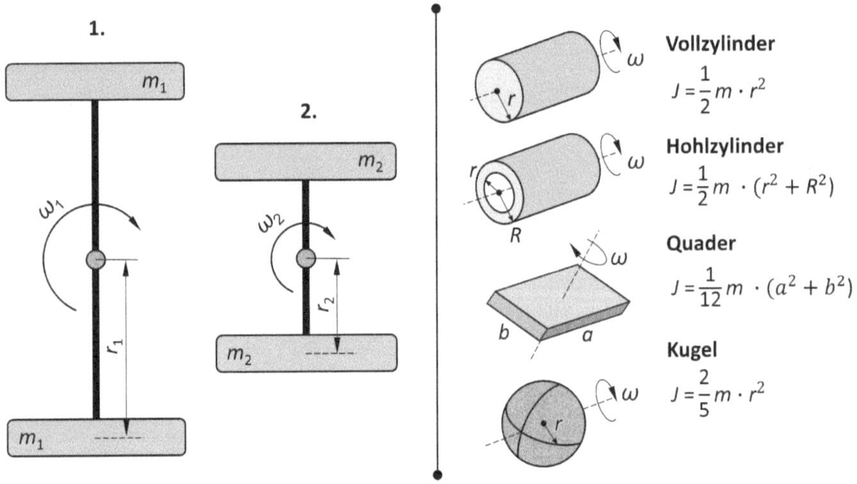

Bild 10.28 Veranschaulichung von großem und kleinem Massenträgheitsmoment (links); Massenträgheitsmomente ausgewählter Standardformen (rechts)

Das Massenträgheitsmoment ist somit ein **Maß für den Widerstand (=Trägheit) gegenüber Änderungen der Winkelgeschwindigkeit eines Körpers, der um eine gegebene Drehachse rotiert**. Ähnlich wie beim polaren Flächenträgheitsmoment $I_{pol} = \int r^2 \mathrm{d}A$ die Flächenverteilung – und hier insbesondere der Abstand der Flächenelemente $\mathrm{d}A$ von der Torsionsachse – relevant war ist nun die Massenverteilung um die Drehachse zu berücksichtigen. Dabei werden die einzelnen differentiellen Massenelemente mit dem Abstandquadrat gewichtet „aufsummiert“:

$$J = \int \rho(r) r^2 \mathrm{d}V \overset{(\rho=\text{konst.})}{=} \int r^2 \mathrm{d}m\,. \qquad (10.1)$$

Das heißt, je mehr Masse des Körpers einen großen Abstand zur Drehachse besitzt, desto größer ist das Massenträgheitmoment J. Das Integral in Gleichung 10.1 kann für Körper mit homogener Dichte (ρ=konst.) und einfachen Standardgeometrien gelöst werden, Bild 10.28 (rechts). Die nachstehende Übung soll die Berechnung von J nochmal abschließend verdeutlichen.

Übung 45 (Massenträgheitsmoment):
Ein Quader und ein Zylinder sollen aus dem Stillstand durch ein eingeleitetes Drehmoment in Drehung versetzt werden. Beide Körper besitzen die gleiche Masse von $m = 2\text{kg}$ und die gleiche Querschnittsfläche $A = A_Q = A_Z$. Der Zylinder hat einen Radius von $r = 30\text{mm}$. Für die Kantenlängen des Quaders gilt $b = 2a$.

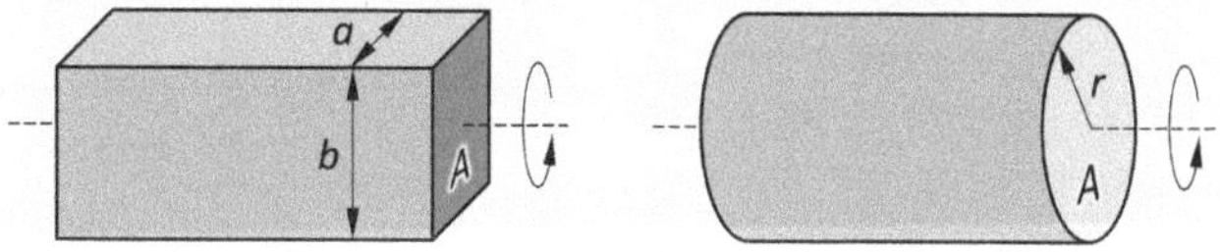

$$J_Q = \frac{1}{12} m \cdot (a^2 + b^2) \qquad J_Z = \frac{1}{2} m \cdot r^2$$

Die Rotationsachse der Körper soll so gewählt sein, dass sie durch die Mittelpunkte der linken und rechten Stirnfläche verläuft. Welcher der beiden Körper ist schwerer in Drehung zu versetzen?

Lösung:
Zunächst kann aus dem Radius r der Flächeninhalt der Zylinder-Querschnittsfläche berechnet werden, die auch dem Flächeninhalt der Quader-Querschnittsfläche entspricht:

$$A = A_Z = A_Q = \pi r^2 = 2827\,\text{mm}^2\,. \qquad (10.2)$$

Ferner gilt für den Quader:

$$A_Q = a \cdot b = a \cdot 2a = 2a^2\,, \qquad (10.3)$$

$$a = \sqrt{\frac{2827\,\text{mm}^2}{2}} = 37{,}6\,\text{mm}\,, \qquad (10.4)$$

$$b = 2a = 75{,}2\,\text{mm}\,. \qquad (10.5)$$

Damit lassen sich nun die Flächenträgheitsmomente beider Körper berechnen; es folgt:

$$J_Z = \frac{1}{2} m r^2 = \underline{\underline{900\,\text{kgmm}^2}}\,, \qquad (10.6)$$

$$J_Q = \frac{1}{12} m (a^2 + b^2) = \underline{\underline{1178\,\text{kgmm}^2}}\,. \qquad (10.7)$$

Damit ist $J_Q > J_Z$, was bedeutet, dass sich der Quader schwerer in Drehung versetzen lässt.

■

10.3.2 Drehmomente und effektives Massenträgheitsmoment

Kupplungen sind i.w. durch die im Antriebsstrang vorherrschenden und die Rotation gewährleistenden Drehmomente belastet. Zur Untersuchung der wirkenden Drehmomente soll die repräsentative Situation in Bild 10.29 betrachtet werden. Hier ist ein allgemeiner Antriebsstrang mit der Antriebsmaschine links und einem Verbraucher rechts zu sehen. Als Verbraucher kann – und auf dieses illustratives Beispiel wird wiederholt eingegangen – z.B. eine Seilwinde dienen, die ein Gewicht *m* fördern soll und so über den Hebelarm *r* ein lastseitiges Drehmoment $M_\mathrm{L} = m \cdot g \cdot r$ verursacht.

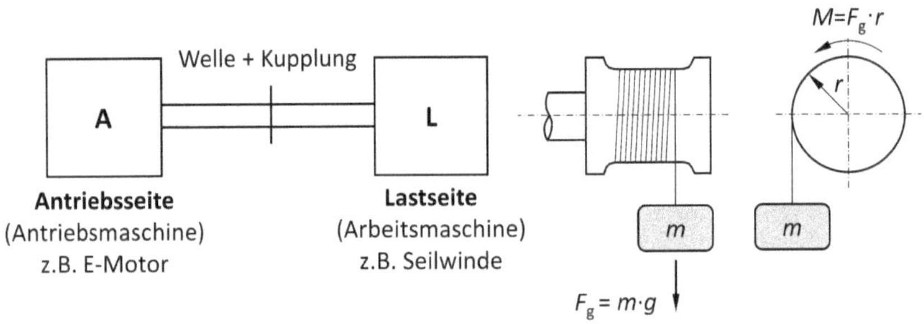

Bild 10.29 Repräsentativer Antriebsstrang

Das von der Antriebsmaschine aufzubringende Drehmoment M_A muss in der Lage sein: (a) das Lastmoment aufzubringen sowie (b) alle Komponenten des Antriebsstrang aus dem Stillstand in Bewegung zu versetzen, d.h. alle Massenträgheitsmomente bis zur stationäre Fördergeschwindigkeit zu beschleunigen[6]:

$$\boxed{M_\mathrm{A} = M_\mathrm{L} + M_a} \,. \tag{10.8}$$

Sofern die Leistung $P_\mathrm{A} = M_\mathrm{A}\omega$ und die stationäre Drehzahl[7] n (in s^{-1}) gegeben sind, kann das Antriebsmoment berechnet werden:

$$M_\mathrm{A} = \frac{P_\mathrm{A}}{\omega} = \frac{P_\mathrm{A}}{2\pi n} \,. \tag{10.9}$$

Das (stationäre) Lastmoment ist meistens für den vorliegenden Anwendungsfall bekannt, z.B. $M_\mathrm{L} = F_\mathrm{g} \cdot r$ (Seilwinde). Ferner gilt analog zur Trägheitskraft für die Rotation mit Bild 10.26 (rechts) $M_a = J \cdot \alpha$, so dass notiert werden kann:

$$\boxed{M_a = M_\mathrm{A} - M_\mathrm{L} = J_\mathrm{eq} \cdot \alpha = J_\mathrm{eq} \frac{\omega - \omega_0}{t_a}} \,. \tag{10.10}$$

Die Größe $\alpha = \Delta\omega / \Delta t$ kennzeichnet die Winkelbeschleunigung des Antriebsstrangs von der Ausgangswinkelgeschwindigkeit ω_0 auf die stationäre (gleichförmige) Endgeschwindigkeit ω und t_a steht für die Beschleunigungszeit bzw. für die Anfahr-/Bremszeit. Die Größe J_eq repräsentiert das effektive Massenträgheitsmoment aller zu beschleunigenden

6 Oft wird in der Literatur das Symbol T (engl. *torque*) für das Drehmoment verwendet.

7 Im Fall der Seilwinde, z.B. durch die stationäre Hubgeschwindigkeit $v = \omega \cdot r$ vorgegeben.

Bauteile des Antriebsstrangs und der Arbeitsmaschine, dessen Bestimmung weiter unten erklärt wird.

Zunächst soll die Anfahrkurve eines typischen Elektromotors betrachtet werden, vgl. Bild 10.30. Jenseits des Automobilsektors stellen E-Motoren ca. 60%-70% aller Antriebe der Industrie dar. Daher eigenen sie sich hier als repräsentatives Beispiel. E-Motoren sind in nahezu allen Größen und Leistungsklassen bei zahlreichen Herstellern als „Katalogware“ verfügbar. Dabei hat jeder Motor eine spezifische Nennleistung P_N, ein Nenndrehmoment M_N und eine Nenndrehzahl n_N, die von den Herstellern angegeben werden, vgl. z.B. Bild 10.31[8]. Man beachte, im stationären Betrieb, d.h. wenn alle Drehmassen auf Betriebsdrehzahl beschleunigt sind und der Antriebsstrang mit konstanter Drehzahl läuft, gilt $M_A = M_L = M_N$. Der Motor ist auf den Verbraucher eingeregelt und es herrscht Momentengleichgewicht (d.h. Winkelbeschleunigung $\alpha = 0$).

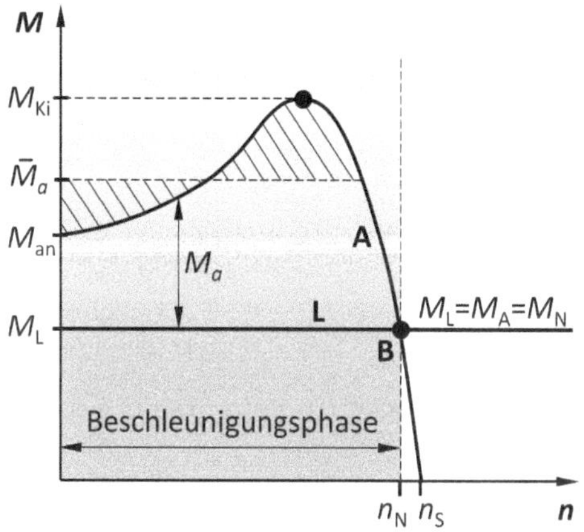

Bild 10.30 Anfahrkurve eines typischen Elektromotors bei konstant anliegendem Lastmoment

Sind die Größen n_N und M_L der Arbeitsmaschine bekannt, kann auf Basis des stationären Betriebszustandes ($M_L = M_N$) und mithilfe von Gleichung 10.9 ein Motor mit der entsprechenden Leistungsklasse $P_N = M_N \cdot 2\pi n_N$ ausgewählt werden. Allerdings ist für den instationären Betrieb, also z.B. beim Anfahren der Anlage, gemäß Gleichung 10.8 ein Antriebsmoment $M_A > M_L$ notwendig. Alle Drehmassen müssen auf Nenndrehzahl n_N beschleunigt werden, weshalb ein zusätzliches M_a von Nöten ist. Bild 10.30 illustriert genau diesen Sachverhalt anhand der Motorkennlinie. Das Antriebsmoment M_A entspricht zum Motorstart dem sog. **Anzugsmoment** $M_{an} \approx 1{,}5...2{,}5 \cdot M_N$. Es steigt im weiteren Verlauf der Beschleunigung bis zu einem Maximum, dem sog. **Kippmoment** $M_{Ki} \approx 2...4 \cdot M_N$ an und fällt dann steil zum Ende des Beschleunigungsvorgangs auf das Nenndrehmoment $M_A = M_N$ ab. Ab dann liegen stationäre Bedingungen vor. Das Beschleunigungsmoment M_a, sprich die Differenz zwischen Motorkennlinie (A) und konstanter Lastkennlinie (L), verschwindet und der gesamten Antriebsstrang läuft mit einheitlicher Nenndrehzahl n_N. Liegt kein Lastmoment am Antriebsstrang an ($M_L = 0$), ist nach der Beschleunigungsphase kein weiteres Antriebsmoment notwendig (Reibungseffekte vernachlässigt). Die Kennlinie fällt auf $M_A = 0$ ab und und es stellt sich die sog. **Leerlaufdrehzahl** n_S ein. Die Motorkennlinie in

8 Außerdem geben die Hersteller i.d.R. auch das Massenträgheitsmoment J ihrer Motoren an.

Bild 10.30 macht auch deutlich, dass M_a während der Beschleunigung variiert. Oft ist es einfacher und ratsam, einen konstanten Wert in den Berechnungen, nämlich das **mittlere Beschleunigungsmoment**:

$$\bar{M}_a \approx 0{,}7 \cdot M_{\mathrm{Ki}}\,. \tag{10.11}$$

zu berücksichtigen, vgl. hierzu auch Übung 46.

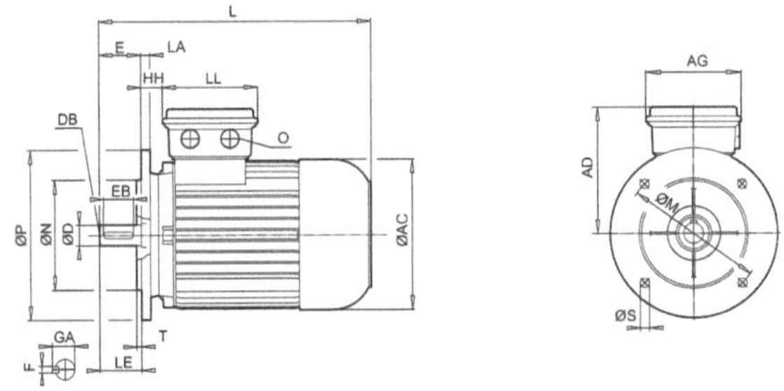

Bauform B5

1500 r/min
50 Hz

230/400 V
4 - polig

IE3
S1

Type		P_N	n_N	M_N	I_N		cos φ	η			M_A/M_N	M_K/M_N	I_A/I_N	J	kg
					230V	400 V	4/4xP_N	1/2xP_N	3/4xP_N	4/4xP_N					*
		[kW]	[r/min]	[Nm]	[A]	[A]		[%]	[%]	[%]				[kgm²]	[kg]
63	SP/4	0,12	1370	0,84	0,68	0,39	0,66	58,3	64,7	66,4	2,7	2,6	3,3	0,00024	3,80
63	LP/4	0,18	1385	1,24	1,02	0,59	0,62	62,2	65,6	69.9	3,3	3,1	3,6	0,00033	4,70
71	SP/4	0,25	1415	1,69	1,21	0,70	0,71	68,2	73,0	73,5	3,2	3,2	4,9	0,00086	6,10
71	LP/4	0,37	1405	2,51	1,58	0,91	0,76	72,8	76,7	77,3	2,8	2,8	5,0	0,00110	7,20
80	SP/4	0,55	1420	3,70	2,23	1,29	0,75	79,5	81,8	81,4	2,6	2,8	5,1	0,00145	9,70
80	LP/4	0,75	1415	5,06	3,10	1,79	0,72	83,7	84,7	83,7	3,0	3,1	5,4	0,0019	10,2
90	SP/4	1,10	1430	7,35	4,12	2,38	0,78	84,7	86,0	85,3	3,6	4,0	6,8	0,0034	15,1
90	LP/4	1,50	1415	10,1	5,59	3,23	0,79	86,6	86,3	85,3	3,3	3,5	5,9	0,0039	16,8

Bild 10.31 Typische Motordaten, Katalogauszug der Fa. Getriebebau NORD (mit freundlicher Genehmigung)

Nun soll die Frage aufgegriffen werden, wie das in Gleichung 10.10 eingeführte **effektive Massenträgheitsmoment** J_{eq} des Antriebsstrangs inklusive Arbeitsmaschine zu bestimmen ist. Natürlich hängt J_{eq} vom spezifischen Aufbau der Anlage ab, insbesondere von der Anzahl der Komponenten im Antriebsstrang mit den jeweiligen Einzelmassenträgheitsmomenten J_i und den unterschiedlichen Wellensegmenten mit den lokalen Winkelgeschwindigkeiten ω_i. Mehr noch, neben den verschiedenen zu beschleunigen Drehmassen können in der Anlage auch Einzelmassen m_k existieren, die translatorisch auf die stationäre Geschwindigkeit v_k zu beschleunigen sind. Dies kann z.B. das Fördergewicht m in Bild 10.29 sein oder die linear verfahrbare Komponenten einer Gewindespindel, wie sie Bild 10.32 zeigt.

Stellvertretend für einen beliebigen Antriebsstrang betrachte man nun das Schema in Bild 10.32 (links). Antriebsseitig liegt die Winkelgeschwindigkeit $\omega_{\mathrm{A}} = \omega_1$ an. Im zwischengeschalteten Getriebe wird ω_1 auf die Zwischenwelle übertragen und gemäß der Zahnradübersetzung zu ω_2 gewandelt. Über die zweite Zahnradübersetzung wird die Ausgangsdrehzahl ω_3 erzeugt, die schlussendlich am Spindelantrieb des Werkzeugtisches anliegt und dort zur Linearbewegung der Masse m mit der Geschwindigkeit v führt. Folglich kann

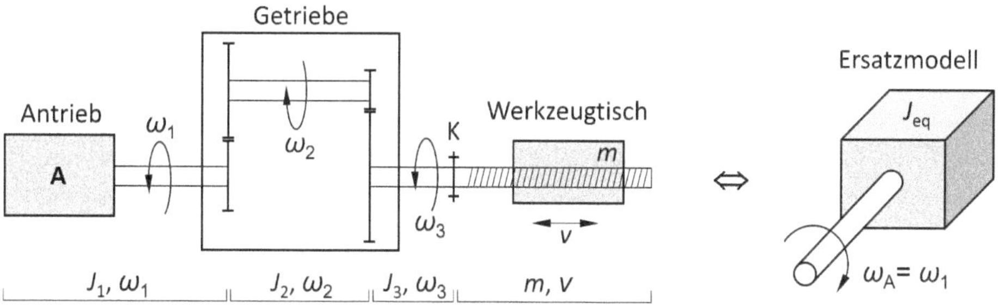

Bild 10.32 Ersatzmodell zur Bestimmung des effektiven Massenträgheitsmoments des Antriebsstrangs

der Antriebsstrang in vier Abschnitte, repräsentiert durch die (Winkel-)geschwindigkeiten $\omega_1, \omega_2, \omega_3$ und v, unterteilt werden.

Die Größe $\omega_1 = \omega_A$ wird vom Antrieb vorgegeben und entspricht der stationären Endgeschwindigkeit ω in Gleichung 10.10. Nun wird die gesamte Anlage durch ein hypothetisches Ersatzmodell mit dem effektivem (äquivalentem) Massenträgheitsmoment J_{eq} und der einheitlichen Winkelgeschwindigkeit ω_A ersetzt, Bild 10.32 (rechts). Dieses Ersatzaggregat repräsentiert alle Komponenten vom Antrieb bis zum Verbraucher und muss aus physikalischer Sicht die gleiche kinetische Energie wie die ursprüngliche Anlage besitzen. Aus dieser Forderung ergibt sich die mathematische Beziehung:

$$E_{kin} = \frac{1}{2}J_1\omega_1^2 + \frac{1}{2}J_2\omega_2^2 + \frac{1}{2}J_3\omega_3^2 + \frac{1}{2}mv^2 \equiv \frac{1}{2}J_{eq}\omega_A^2 \qquad (10.12)$$

oder allgemein für m Drehmassen und n translatorisch bewegte Massen:

$$E_{kin} = \sum_{i=1}^{m} \frac{1}{2}J_i\omega_i^2 + \sum_{k=1}^{n} \frac{1}{2}m_k v_k^2 \equiv \frac{1}{2}J_{eq}\omega_A^2 \,. \qquad (10.13)$$

Umgeformt folgt weiter ($\omega_1 = \omega_A$):

$$J_{eq} = J_1 + J_2\left(\frac{\omega_2}{\omega_A}\right)^2 + J_3\left(\frac{\omega_3}{\omega_A}\right)^2 + m\left(\frac{v}{\omega_A}\right)^2 \qquad (10.14)$$

bzw.

$$J_{eq} = J_1 + \sum_{i=2}^{n} J_i\left(\frac{\omega_i}{\omega_A}\right)^2 + \sum_{k=1}^{n} m_k\left(\frac{v_k}{\omega_A}\right)^2 \,. \qquad (10.15)$$

Man beachte: der Quotient ω_2/ω_A kann durch die Drehzahlen $(2\pi n_2)/(2\pi n_A) = n_2/n_A$ ausgedrückt werden. Dieses Verhältnis stellt den reziproken Wert der sog. **Übersetzung** $i = n_A/n_2$ der ersten Zahnradpaarung im Getriebe von Bild 10.32 (links) dar.

10.3.3 Kupplungsmoment

Um zu untersuchen, welche Momente durch die Kupplung zu übertragen sind, soll nun Bild 10.33 betrachtet werden. Die Kupplung teilt den Antriebsstrang in zwei Hälften. Auf der antriebsseitigen Hälfte liegt das Antriebsmoment M_A an. Entgegen der durch M_A verursachten Drehrichtung wirkt das Trägheitsmoment $\alpha \cdot J_A$, wobei J_A stellvertretend für alle zu beschleunigenden Massenträgheitsmomente der Antriebsseite steht. Auf der Lastseite wirkt das Lastmoment M_L, dass – man stelle sich die Seilwinde und das zu hebende Gewicht m aus Bild 10.29 vor – dem Antriebsmoment entgegengerichtet ist. Darüber hinaus wirkt auch hier ein Trägheitsmoment αJ_L der beschleunigenden Drehung entgegen, wobei J_L das Massenträgheitsmoment aller Drehmassen der Lastseite repräsentiert. Das Momentengleichgewicht am Antriebstrang liefert:

$$M_A = M_L + \alpha(J_A + J_L) \tag{10.16}$$

$$\Leftrightarrow \boxed{\alpha = \frac{M_A - M_L}{J_A + J_L}}\,. \tag{10.17}$$

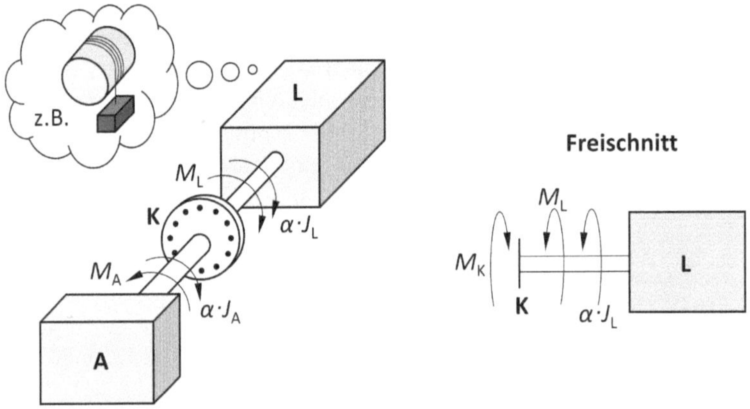

Bild 10.33 Momentenkonstellation an der Kupplung im Antriebsstrang

Ein Freischnitt der lastseitigen Hälfte und Aufstellen des Momentengleichgewichts ergibt:

$$M_K = M_L + \alpha \cdot J_L = M_L + J_L \frac{M_A - M_L}{J_A + J_L}\,. \tag{10.18}$$

Das sog. **Kupplungsmoment** M_K repräsentiert die Summe aller Momente der „weggeschnittenen" Antriebsseite, die natürlich durch die Kupplung aufgenommen und übertragen werden müssen.

Gleichung 10.18 kann weiter umgeformt werden. Dazu bedient man sich eines mathematischen „Tricks" und multipliziert M_L mit einer Eins, nämlich mit $(J_A + J_L)/(J_A + J_L)$; es folgt:

$$M_K = M_L \frac{J_A + J_L}{J_A + J_L} + J_L \frac{M_A - M_L}{J_A + J_L} \tag{10.19}$$

Die Ausdrücke $M_L J_L$ im Zähler des vorderen und $-J_L M_L$ im Zähler des hinteren Summanden heben sich gegenseitig auf. So resultiert für das zu übertragende Kupplungsmoment:

$$\boxed{M_K = M_L \frac{J_A}{J_A + J_L} + M_A \frac{J_L}{J_A + J_L}}\,. \tag{10.20}$$

Der erste (zweite) Term repräsentiert den „Beitrag" der Antriebsseite (Lastseite) am zu übertragendem Kupplungsmoment. Dies wird deutlich, wenn z.B. J_A Null gesetzt wird, was bedeuten würde, dass keine antriebsseitigen Komponenten vorhanden sind. Zwei Sonderfälle ergeben sich direkt aus Gleichung 10.20 und Gleichung 10.18.

a) **Lastfreies Anfahren**: In diesem Fall ist $M_L = 0$ und es folgt unmittelbar:

$$M_K = M_A \frac{J_L}{J_A + J_L} . \tag{10.21}$$

b) **Stationärer Betrieb**: Hier ist die Winkelbeschleunigung $\alpha = 0$, was bedeutet, dass die Winkelgeschwindigkeit ω zeitlich konstant ist. Damit gilt mit Gleichung 10.18:

$$M_K = M_L . \tag{10.22}$$

Die stationären Größen werden oft auch als Nenngrößen bezeichnet und mit dem Index „N" versehen. Die Nenngrößen sind vergleichbar mit den optimalen Betriebsparametern des Bauteils, die bei der Dimensionierung als Zielgrößen verwendet wurden.

Allgemein formuliert muss das Nenndrehmoment der Kupplung größer sein als das Nenndrehmoment der Lastseite:

$$M_{K,N} \geq M_{L,N} = \frac{P_{L,N}}{\omega} , \tag{10.23}$$

da neben dem stationären Betrieb auch Beschleunigungsmomente im instationären Betrieb auftreten. Noch allgemeiner gefasst kann für das **max. zulässige Kupplungsmoment** $M_{K,max}$ geschlussfolgert werden:

$$\boxed{M_{K,max} \geq K \cdot M_{K,N}} \quad , \quad (K > 1) . \tag{10.24}$$

Die Faktor $K = K_1 \cdot K_2 \cdot ... \cdot K_n$ kann wiederum ein Produkt aus verschiedenen, sog. **Anwendungsfaktoren** K_i, $(i = 1, ..., n)$ sein, die instationären Effekten wie z.B. Momentenstöße beim Anfahren des Antriebsstrangs oder Festigkeitsverluste der Kupplungswerkstoffe durch Erwärmung Rechnung tragen. Sowohl $M_{K,N}$ als auch $M_{K,max}$ werden von den Kupplungsherstellern in den Produktkatalogen angegeben und können bei der Auswahl einer geeigneten Kupplung herangezogen werden, vgl. Bild 10.34.

Nun soll das repräsentative Beispiel der o.g. Seilwinde in einer Übungsaufgabe betrachtet werden, um die diskutierten physikalischen Aspekte zu veranschaulichen.

Übung 46 (Antriebsstrang einer Hubvorrichtung):
Die nachstehende Abbildung zeigt den prinzipiellen Aufbau einer Hubvorrichtung. Die stationäre Hubgeschwindigkeit soll $v = 60$ m/min betragen. Das zu fördernde Gewicht ist mit $m = 500$ kg spezifiziert. Darüber hinaus ist im Antriebsstrang eine winkelausgleichende Bogenzahnkupplung verbaut. Für das Kippmoment des E-Motors gilt $M_{Ki} = 2,5 \cdot M_N$. Für das Beschleunigungsmoment kann ein konstanter Wert $M_a = \bar{M}_a = 0,7 \cdot M_{Ki}$ angenommen werden.

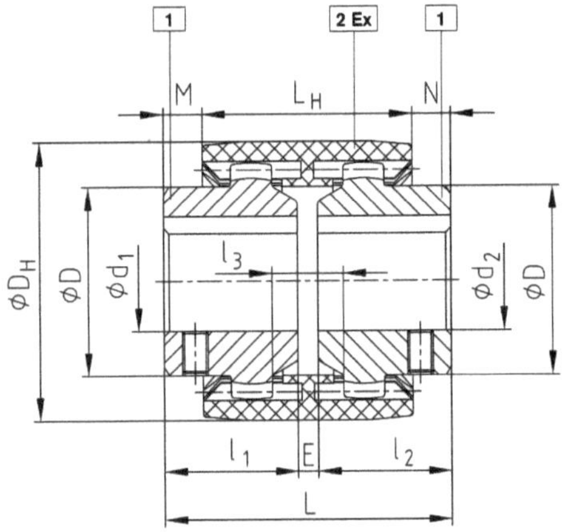

Bauart M...C Ex

BoWex® Bauart M...C Ex																					
Größe	Drehmoment [Nm]			Fertigbohrung d_1, d_2		Abmessungen [mm]											Gewicht bei max. Bohrung [kg]			Massenträgheitsmoment J bei max. Bohrung [kgcm²]		
	T_{KN}	$T_{K\,max.}$	T_{KW}	vorgebohrt	max.	l_1, l_2	E	L	L_H	M, N	l_3	D	D_H	Kopfkreis-$ØD_Z$ Nabe	Anzahl Zähne	Nabe verl. max. l_1, l_2	Hülse	Nabe	Gesamt	Hülse	Nabe	Gesamt
M-14C	15	45	7,5	-	15	23	4	50	37	6,5	10	25	40	33	20	40	0,03	0,07	0,1	0,08	0,09	0,26
M-19C	24	72	12	-	20	25	4	54	37	8,5	10	32	47	39	24	40	0,03	0,1	0,23	0,15	0,16	0,47
M-24C	30	90	15	-	24	26	4	56	41	7,5	14	36	53	45	28	50	0,04	0,14	0,32	0,21	0,36	0,93
M-28C	70	210	35	-	28	40	4	84	46	19	13	44	65	54	34	55	0,08	0,33	0,74	0,65	1,22	3,09
M-32C	90	270	45	-	32	40	4	84	48	18	13	50	75	63	40	55	0,09	0,43	0,95	1,14	2,17	5,48
M-38C	120	360	60	-	38	40	4	84	48	18	13	58	83	69	44	60	0,13	0,55	1,23	1,58	3,55	8,68
M-48C	200	600	100	-	48	50	4	104	50	27	13	68	95	78	50	60	0,23	0,79	1,81	3,9	7,22	18,34
M-65C	560	1680	280	21	65	55	4	114	68	23	16	96	132	110	42	70	0,55	1,9	4,35	21,2	31,8	84,8
M-80C	1000	3000	500	31	90	90	6	186	93	46,5	20	124	178	145	46	-	1,13	5,2	11,53	68,9	150,8	370,5

Bild 10.34 Produktdaten einer Bogenzahnkupplung, Katalogauszug der Fa. KTR Systems (mit freundlicher Genehmigung)

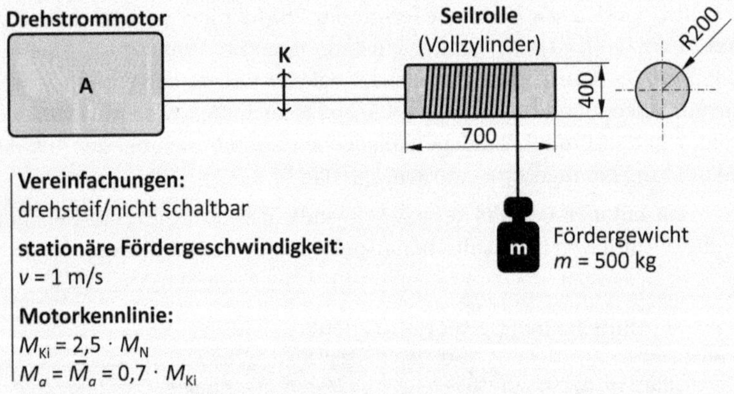

Folgende Aufgaben/Fragestellungen sind zu bearbeiten:

1. Welches Nenndrehmoment muss die Kupplung im stationären Betrieb mindestens aufnehmen? Welche Motor-Nennleistung wird dafür benötigt? Wählen Sie einen passenden Motor aus der nachstehenden Herstellertabelle.

2. Berechnen Sie die Anfahrzeit t_a aus dem Stillstand bis zur stationären Hubgeschwindigkeit v. Berücksichtigen Sie für das effektive Massenträgheitsmoment J_{eq} nur die Massenträgheitsmomente von Seilrolle und Hubmasse (ohne Seil).
3. Wählen Sie eine passende Kupplung aus Bild 10.34 aus. Benutzen Sie dafür einen Gesamt-Anwendungsfaktor von $K = 2$.

P_1 [kW]	n_2 [r/min]	M_2 [Nm]	f_B	i_{ges}	F_R [kN]	F_A [kN]	$F_{R\,VL}$ [kN]	$F_{A\,VL}$ [kN]	Type	kg	mm
5,50											
	93	568	4,8	15,84	22,0	22,0	31,5	40,0	SK 972.1 - 132 SP/4	160,5	B104
	83	633	4,4	17,65	22,7	22,0	31,5	40,0			
	74	707	4,0	19,72	23,4	22,0	31,5	40,0			
	67	788	3,6	21,99	24,2	22,0	31,4	40,0			
	63	831	2,8	23,19	24,4	22,0	31,4	40,0			
	53	991	2,6	27,66	25,4	22,0	31,3	40,0			
	48	1086	2,6	30,29	25,8	22,0	31,2	40,0			
	44	1196	2,4	33,36	26,2	22,0	31,2	40,0			
	39	1333	2,2	37,19	26,6	22,0	31,1	40,0			
	34	1533	1,9	42,76	26,3	22,0	30,9	40,0			

Daten eines Getriebemotors, Katalogauszug der Fa. Getriebebau NORD (mit freundlicher Genehmigung)

Lösung:

1. Das durch die Masse m verursachte Lastmoment berechnet sich zu (Radius der Seilrolle: $r = 0{,}2$ m):

$$M_{L,N} = m \cdot g \cdot r = 981\,\text{Nm}\,. \qquad (10.25)$$

Im stationären Betrieb gilt: $M_{K,N} \geq M_{L,N} = M_{A,N}$, d.h. für das Nenndrehmoment der Kupplung muss gelten: $M_{K,N} \geq 981$ Nm. Aus dem Seilradius r und der stationären Hubgeschwindigkeit v kann weiter die Winkelgeschwindigkeit der Seilrolle berechnet werden:

$$\omega = \frac{v}{r} = 5\,\text{s}^{-1}\,. \qquad (10.26)$$

Damit kann nun die erforderliche Motorleistung berechnet werden:

$$P_{A,N} = M_{A,N} \cdot \omega = 4{,}9\,\text{KW}\,. \qquad (10.27)$$

Für die notwendige stationäre Drehzahl gilt $n = 2\pi/\omega = 0{,}8\ \text{s}^{-1} = 48\ \text{min}^{-1}$. Es ist also ein Antrieb mit einer Nennleistung $P_N = 4{,}9$ KW und einer Nenndrehzahl von $n_N = 48$ U/min notwendig.

Anmerkung:
Einen passenden E-Motor mit gewünschter Nennleistung und -drehzahl zu finden, ist nahezu unmöglich. Entweder passt die Leistung oder die Drehzahl, aber selten beides. Hier empfiehlt sich ein sog. **Getriebemotor**, bei dem am E-Motor ein Getriebe angeflanscht ist. Das Getriebe erlaubt die Realisierung verschiedener Übersetzungen, so dass zu einem Getriebemotor mit fester Nennleistung unterschiedliche Nenndrehzahlen verfügbar sind, vgl. die o.g. Herstellertabelle der Fa. Getriebebau NORD.

Die obige Tabelle zeigt bereits einen Getriebemotor der passenden Leistungsklasse $P_N = P_1 = 5{,}5$ KW. Durch das integrierte Getriebe ist dieser E-Motor mit verschiedenen Ausgangsdrehzahlen $n_2 = n_N$ verfügbar. Für den vorliegenden Fall kann so der Getriebemotor mit folgenden Parametern gewählt werden:

$$P_1 = 5{,}5\,\text{KW} \quad , \quad n_2 = 48\,\text{r/min} \quad , \quad M_2 = 1086\,\text{Nm}\,.$$

2. Für die Anfahrzeit t_a gilt mithilfe von Gleichung 10.10:

$$t_a = J_{eq}\frac{\omega - \omega_0}{M_a}\,. \tag{10.28}$$

Hierin ist $\omega = 5\ \mathrm{s}^{-1}$ und $\omega_0 = 0$, da aus dem Stillstand angefahren wird. Damit verbleibt die Bestimmung der Größen M_a und J_{eq}. Für M_a folgt direkt aus der Aufgabenstellung mit dem ausgewählten Getriebemotor ($M_N = M_2$):

$$M_a = 0{,}7\cdot M_{Ki} = 0{,}7\cdot(2{,}5\cdot M_N) = 1900{,}5\,\mathrm{Nm}\,. \tag{10.29}$$

Für die Bestimmung von J_{eq} soll das Ersatzsystem bestehend aus der zylindrischen Seilrolle und dem translatorisch bewegtem Hubgewicht m betrachtet werden. Auf Basis von Gleichung 10.15 folgt dann:

$$J_{eq} = J_{Seilrolle} + J_{Hubmasse} \tag{10.30}$$

$$= J_{Seilrolle} + m\left(\frac{v}{\omega}\right)^2 \tag{10.31}$$

Für den hinteren Summanden ergibt sich $J_{Hubmasse} = m(v/\omega)^2 = 20\ \mathrm{kgm}^2$. Für die Seilrolle gilt $m = \rho\cdot V = \rho_{Stahl}\cdot(\pi r^2 L) = 690{,}5$ kg mit $\rho = 7850\ \mathrm{kg/m}^3$ und weiter:

$$J_{Seilrolle} = \frac{1}{2}mr^2 = 13{,}81\,\mathrm{kgm}^2\,, \tag{10.32}$$

$$J_{eq} = 33{,}81\,\mathrm{kgm}^2\,. \tag{10.33}$$

Damit folgt final für die Anfahrzeit:

$$t_a = J_{eq}\frac{\omega}{M_a} = \underline{\underline{0{,}09\,\mathrm{s}}}\,. \tag{10.34}$$

3. Für das Kupplungsmoment gilt gemäß den Berechnungen unter (1):

$$M_{K,N} \geq 981\,\mathrm{Nm}\,, \tag{10.35}$$

$$M_{K,max} \geq K\cdot M_{K,N} = 1962\,\mathrm{Nm}\,. \tag{10.36}$$

Damit ist in Bild 10.34 die Kupplung mit der Kennung M-80C auszuwählen. ■

10.4 Dimensionierung von Kupplungen

10.4.1 Statische und dynamische Auslegung drehelastischer Kupplungen nach DIN 740-2

Am Ende von Abschnitt 10.2.2 wurde bereits erwähnt, dass durch die Verwendung von drehelastischen Kupplungen, sprich durch Einbringen einer Drehfeder, der Antriebsstrang zu einem schwingfähigem System, bestehend aus einer antriebs- und einer abtriebsseitigen Drehmasse, wird. Folglich ist sicherzustellen, dass die Drehelastizität der Kupplung nicht zu unzulässigen Verformungen und Schäden führt. Grundsätzlich ist festzustellen, dass die Kupplung vor allem durch die im Antriebsstrang vorherrschenden Drehmomente belastet wird. Hierbei unterscheidet man gemäß der DIN 740-2 [DIN 740-2] vier Beanspruchungsarten, Bild 10.35:

- statische Beanspruchung durch ein Nenndrehmoment (oben links),
- statisches Nenndrehmoment plus ein überlagerter Drehmomentenstoß (oben rechts),
- statisches Nenndrehmoment plus eine überlagerte harmonische Drehmomentenschwingung (unten links),
- statisches Nenndrehmoment plus überlagerter Drehmomentenschwingung mit ansteigender und anschließend abklingender Schwingungsamplitude (Resonanzdurchfahrt, unten rechts).

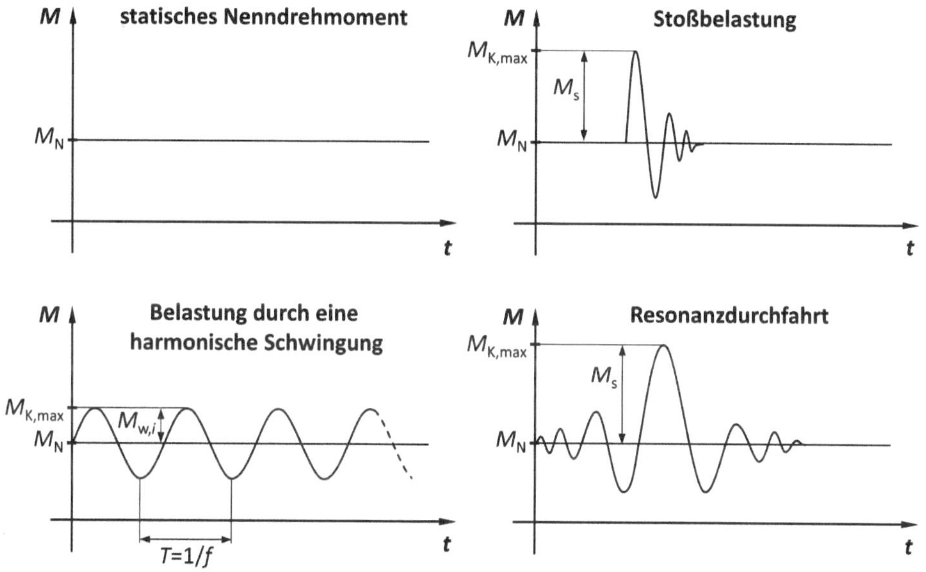

Bild 10.35 Mögliche Belastungsarten bei drehelastischen Ausgleichskupplungen, [DIN 740-2]

Insbesondere die dynamischen Belastungsarten (Stoß, harmonische Schwingung und Resonanz) sind von besonderer Bedeutung, da sie zu stark erhöhten Drehmomentenwerten $M_{K,max}$ an der Kupplung führen können. Die Ursache dynamischer Lasten kann sowohl auf der Antriebsseite (beim Motor) als auch auf der Lastseite liegen. So gilt beispielsweise für **motorseitige Drehmomentenschwankungen**:

- *Elekromotoren* tendieren beim Hochlaufen konstruktionsbedingt zu stoßartigen Drehmomentenschwankungen (Anfahrstöße).
- *Verbrennungsmotoren* neigen durch die zyklischen Explosionen im Zylinderraum zu harmonischen Drehmomentenschwingungen. Diese werden immer dann maximal, wenn gerade eine Explosion im Zylinderraum stattfindet. Die auf die Kupplung einwirkende Anregungsfrequenz richtet sich dabei nach der Anzahl der Explosionen pro Kurbelwellen-Umdrehung, die sog. **Motorordnung** i. Diese ist wiederum abhängig von der Zylinderanzahl Z und dem Motortakt (z.B. 2-Takt- oder 4-Takt-Motor). So findet z.B. im 2-Takt-1-Zylinder-Motor eine Explosion pro Umdrehung statt (i = 1). Bei einem 4-Takt-4-Zylinder Motor kommt es dagegen zu zwei Explosionen pro Umdrehung (i = 2).

Allgemein gilt für die Motorordnung i:

$$i = Z \quad , \quad \text{(2-Takt-Motoren)}\,, \tag{10.37}$$

$$i = \frac{Z}{2} \quad , \quad \text{(4-Takt-Motoren)}\,. \tag{10.38}$$

Für die **Anregungsfrequenz** f_i der antriebsseitigen Drehmomentenschwingung gilt dann (n: Drehzahl in s^{-1}):

$$f_i = i \cdot n\,. \tag{10.39}$$

Auf der Lastseite kann das Lastmoment ebenfalls schwanken, die dann über den Antriebsstrang auf die Kupplung rückwirken. Ein Kreiselmähwerk, dass hinten an der Zapfwelle eines Traktors angeschlossen ist, kann z.B. lastseitige Drehmomentenstöße verursachen, z.B. dann, wenn die Messer auf Fremdkörper (Steine) im Feld stoßen.

Ziel ist es daher, neben der Bestimmung des Nenndrehmoments auch das maximal an der Kupplung auftretende Drehmoment $M_{K,max}$ zu berechnen, um dann gemäß den Herstellerangaben (vgl. z.B. Bild 10.34) eine geeignete Kupplung auswählen zu können.

A. Statische Dimensionierung nach dem Nenndrehmoment

Gemäß Gleichung 10.23 gilt für den stationären Betrieb, d.h. wenn alle Drehmassen des Antriebsstrangs auf Nenndrehzahl beschleunigt wurden und die Maschine/Anlage mit gleichförmiger Winkelgeschwindigkeit läuft ($\alpha = 0$): $M_{K,N} \geq M_{L,N}$ mit $M_{L,N} = \frac{P_{L,N}}{\omega}$.

Zu beachten ist, dass sich die Kupplung im laufenden Betrieb erwärmen kann, was insbesondere bei Elastomer-basierten Kupplungen zu Festigkeitsverlusten führt, Bild 10.16. Demzufolge ist $M_{K,N}$ von vornherein größer anzusetzen, damit die Kupplung selbst unter Berücksichtigung der „Materialerweichung“ noch das Nenndrehmoment der Lastseite $M_{L,N}$ übertragen kann:

$$\boxed{M_{K,N} \geq S_t \cdot M_{L,N} \quad , \quad (S_t \geq 1)} \tag{10.40}$$

Die Größe S_t kennzeichnet den sog. **Temperaturfaktor**, der – abhängig vom Temperaturverhalten des eingesetzten, nachgiebigen Kupplungswerkstoffs – das geforderte, zu übertragende Nennkupplungsmoment $M_{K,N}$ „künstlich“ vergrößert, um dem temperaturbedingten Festigkeitsverlust Rechnung zu tragen, vgl. Bild 10.36.

B: Statische Dimensionierung nach zulässiger Verformung

Neben den übertragbaren Nenndrehmomenten, geben die Hersteller oftmals auch die zulässigen Maximalversätze[9] ΔK_a^{zul}, ΔK_r^{zul}, ΔK_w^{zul} an, die ihre Kupplungen ausgleichen können. Auch hier ist der Festigkeitsverlust bei erhöhten Betriebstemperaturen zu beachten. Dazu werden die bekannten, real existierenden Versätze ΔK_a, ΔK_r und ΔK_w bewusst vergrößert und anschließend als Basis für die Auswahl einer geeigneten Kupplung benutzt:

$$\Delta K_a^{zul} \geq \Delta K_a \cdot S_t\,, \tag{10.41}$$

$$\Delta K_r^{zul} \geq \Delta K_r \cdot S_t \cdot S_n\,, \tag{10.42}$$

$$\Delta K_w^{zul} \geq \Delta K_w \cdot S_t \cdot S_n\,. \tag{10.43}$$

9 ΔK_φ^{zul} wird hier nicht berücksichtigt, da die max. torsionale Belastung schon über $M_{K,N}$ festgelegt ist.

Temperaturfaktor S_t			
T in °C	Naturkautschuk (NR)	Polyurethan (PUR)	synthetischer Kautschuk (NBR, AEM, CR)
$-20 < T \leq +30$	1,0	1,0	1,0
$+30 < T \leq +40$	1,1	1,2	1,0
$+40 < T \leq +60$	1,4	1,4	1,0
$+60 < T \leq +80$	1,6	1,8	1,2

Stoßfaktor S_A bzw. S_L			
	leichte Stöße	mittlere Stöße	schwere Stöße
nach DIN-740-2	1,8	1,8	1,8
herstellerspezifisch (KTR Systems)	1,5	1,8	2,5

Anlauffaktor S_Z			
	$Z \leq 120\ h^{-1}$	$120\ h^{-1} < Z \leq 240\ h^{-1}$	$Z > 240\ h^{-1}$
S_Z	1,0	1,3	beim Hersteller erfragen

Bild 10.36 Temperaturfaktor, Stoßfaktor und Anlauffaktor nach Herstellerangabe und DIN 740-2, [DIN 740-2]

Neben dem bereits bekannten Temperaturfaktor S_t wird ein weiterer sog. **Drehzahlfaktor** S_n eingeführt, der die „**Walkarbeit**" in der Kupplung berücksichtigt. Dieser ist allerdings nur beim Radial- und Winkelversatz zu berücksichtigen. Zur Erklärung dieses Sachverhalts betrachte man beispielsweise die Bolzenkupplung in Bild 10.13, insbesondere die Darstellung des Radialversatzes. Die Gummispur der obere Buchse ist im unteren Bereich gestaucht und im oberen Bereich gedehnt. Durch die Drehung bewegt sich die Buchse kontinuierlich in Umfangsrichtung, so dass sie auch die untere Position erreicht. Nun befindet sich die ursprünglich obere Gummispur unten und ist gestaucht, wohingegen die ursprünglich untere Gummispur nun oben und gedehnt ist. Das heißt, durch die Drehung wird der nachgiebige Gummi permanent verformt („gewalkt"), insbesondere bei Radial- und Winkelversätzen. Demgegenüber führt die Drehung bei Axialversätzen zu keiner zeitlichen Änderung der Gummiverformung, weshalb der Faktor S_n nicht in der Gleichung steht.

Leider gibt die DIN 740-2 keinerlei weitere Hinweise zum Faktor S_n, weshalb dieser nicht weiter berücksichtigt wird ($S_n = 1$). Alternativ können die jeweiligen Hersteller kontaktiert werden, um gegebenenfalls weiterführende Hinweise zum Drehzahlfaktor zu erhalten.

Übung 47 (Rotorkupplung einer Windkraftanlage):
In der nachstehenden Abbildung ist eine sog. Rotorkupplung dargestellt, die bei Windkraftanlagen zum einsatz kommt, um u.a. Rotorblattschwingung vom Antriebsstrang zu entkoppeln. Hierbei kommen 27 Gummibuchsen (Naturkautschuk, NR) zum Einsatz, die in Umfangsrichtung angeordnet sind.

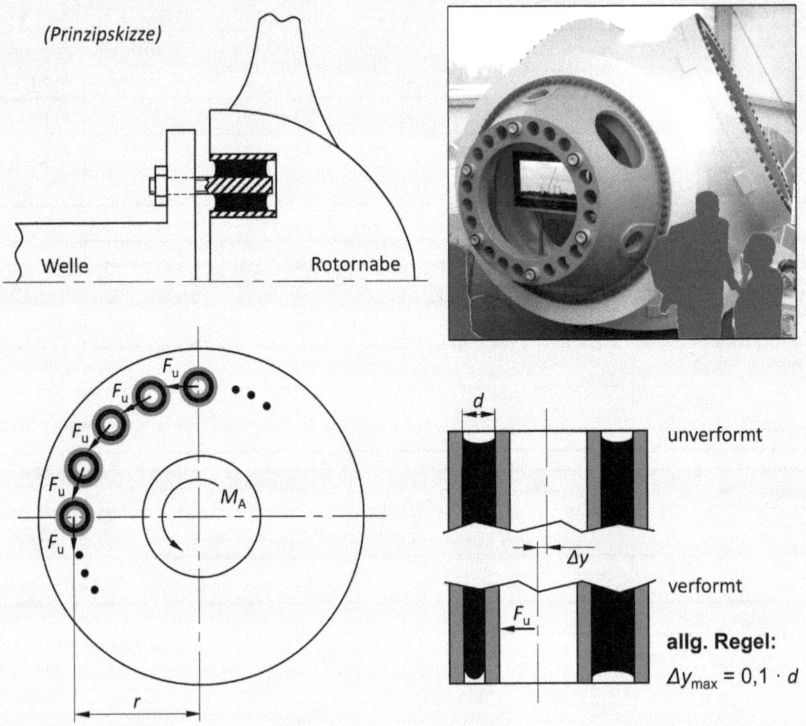

Darüber hinaus gelten folgende Daten:

- radialer Achsabstand zwischen Buchse und Antriebswelle: $r = 930$ mm
- radiale Steifigkeit einer einzelnen Gummibuchse: $c_r = 400$ KN/mm
- max. Betriebstemperatur: $T = +40$ °C
- Dicke der Gummispur: $d = 14$ mm

Berechnen Sie das maximale Drehmoment, dass die Kupplung übertragen kann, wenn angenommen wird, dass die max. radiale Nenndehnung einer Buchse $\varepsilon_{n,max} = \Delta y / d = 0{,}1$ beträgt (vgl. Faustregeln für Gummibauteile am Ende von Kapitel 5).

Lösung:
Gemäß Bild 10.36 gilt für Naturkautschuk ein Temperaturfaktor von $S_t = 1{,}1$. Damit folgt für die zulässige radiale Nenndehnung der Buchse:

$$\Delta K_r^{zul} \geq (0{,}1 \cdot d) \cdot S_t = 1{,}54\,\text{mm}\,. \qquad (10.44)$$

Die Buchsenverformung resultiert aus der radialen wirkenden Umfangskraft F_u, die wiederum aus dem Drehmoment M_A und dem zugehörigen Hebelarm r folgt. Für die max. zulässige Umfangskraft pro Buchse ergibt sich mit dem Hookeschen Gesetz:

$$F_u^{max} = c_r \cdot \Delta K_r^{zul} = 616\,\text{KN}\,. \qquad (10.45)$$

In Umfangsrichtung sind $Z = 27$ Buchsen angeordnet, wobei jede mit F_u^{max} belastet werden kann und zum Gesamtdrehmoment beiträgt. Damit kann final für das max. zulässige übertragbare Kupplungsmoment notiert werden:

$$M_{K,max} = Z \cdot F_u^{max} \cdot r = 15468\,\text{KNm}\,. \qquad (10.46)$$

C. Stoßbelastung

Die Belastung der Kupplung durch einen Drehmomentenstoß ist in Bild 10.35 (oben rechts) dargestellt. Zusätzlich zum statisch anliegenden Nenndrehmoment M_N ist nun noch eine Stoßamplitude M_S zu addieren. Analog zu der Argumentation in den vorangegangenen Abschnitten müssen beide Summanden mit dem Temperaturfaktor S_t multipliziert werden. Ferner ist zu beachten, dass insbesondere beim Hochfahren des Antriebsstrangs Stöße auftreten, so dass die Stoßamplitude M_S mit einem weiteren „Korrekturfaktor", dem sog. **Anlauffaktor** $S_Z \geq 1$ multipliziert wird (Bild 10.36). Mit diesen Erläuterungen folgt die in der DIN 740-2 [DIN 740-2] angegebene Beziehung für das max. auftretende Moment an der Kupplung:

$$\boxed{M_{K,max} = M_S \cdot S_t \cdot S_Z + M_N \cdot S_t} \, . \tag{10.47}$$

Durch die Größe S_Z wird berücksichtigt, dass Kupplungen, die häufigen Anfahrprozessen unterworfen sind, stärker durch die Stoßamplitude M_S belastet werden. Folglich ist der Einfluss von M_S größer und es muss bei der Dimensionierung ein größeres $M_{K,max}$ angesetzt werden.

Zur Bestimmung von M_S in Gleichung 10.47 muss unterschieden werden, ob es sich um einen antriebsseitigen ($M_N = M_{A,N} = P_A/\omega$) oder einen lastseitigen ($M_N = M_{L,N} = P_L/\omega$) Stoß handelt[10]. Es gilt:

$$\boxed{M_S = M_{A,S} \cdot \frac{J_L}{J_A + J_L} \cdot S_A + M_L} \quad , \quad \text{(antriebsseitiger Stoß)}\, , \tag{10.48}$$

$$\boxed{M_S = M_{L,S} \cdot \frac{J_A}{J_A + J_L} \cdot S_L + M_L} \quad , \quad \text{(lastseitiger Stoß)}\, . \tag{10.49}$$

Zum Verständnis von Gleichung 10.48 und Gleichung 10.49 lohnt es sich, die einzelnen Terme näher zu betrachten. Dazu soll exemplarisch Gleichung 10.48 erörtert werden[11]. Die Größe $M_{A,S}$ repräsentiert die vom Antrieb ausgehende Stoßamplitude und kann z.B. bei Elektromotoren mit $M_{A,S} \equiv M_{Ki}$, d.h. mit Maximalwert der Anfahrkurve - dem Kippmoment, gleichgesetzt werden. Die Größe S_A kennzeichnet den sog. **Stoßfaktor**, ein empirischer Skalierungsfaktor, um die Stoßamplitude bzgl. der Stoßintensität zu quantifizieren, vgl. Bild 10.36. Durch den Stoß wird der Antriebsstrang mit all seinen Massenträgheiten kurzfristig beschleunigt, so dass ein Teil von $M_{A,S}$ durch die Beschleunigung der Drehmassen „verbraucht wird". Damit kommt an der Kupplung nur noch ein Teil der ursprünglichen Stoßamplitude an, was durch den Faktor $\frac{J_L}{J_A+J_L} < 1$ Berücksichtigung findet. Abschließend ist noch die Größe M_L zu addieren, jedoch nur – und nur dann (!) – wenn während der stoßbedingten, kurzzeitigen Beschleunigung ein Lastmoment an der Kupplung anliegt.

Zum Hintergrund der Faktoren $\frac{J_L}{J_A+J_L} < 1$ und $\frac{J_A}{J_A+J_L} < 1$, betrachte man die Gleichung 10.20. Sie resultieren aus dem Momentengleichgewicht des beschleunigten Antriebsstrang und repräsentieren die instationären Beiträge der Antriebs- bzw. Lastseite zum Kupplungsmoment.

---

[10] Stoßvorgänge sind hochgradig instationär, daher muss zwischen $M_{A,N}$ und $M_{L,N}$ unterschieden werden. Im stationären Betrieb regelt sich der Motor auf das Lastmoment ein und es gilt $M_{A,N} = M_{L,N} = M_N$, vgl. Bild 10.30.

[11] In analoger Weise kann Gleichung 10.49 erläutert werden.

Mithilfe von Gleichung 10.47, Gleichung 10.48 und Gleichung 10.49 kann nun das maximal auftretende Drehmoment an der Kupplung berechnet und ein geeignetes Produkt aus den Herstellerkatalogen ausgewählt werden.

Übung 48 (Kupplungsberechnung bei Anfahrstöße):
Eine Kreiselpumpe wird durch einen Elektromotor angetrieben. Zum Ausgleich von Wellenversätzen und insbesondere Anfahrstößen soll eine Klauenkupplung vom Typ Rotex® (Fa. KTR Systems) eingesetzt werden.

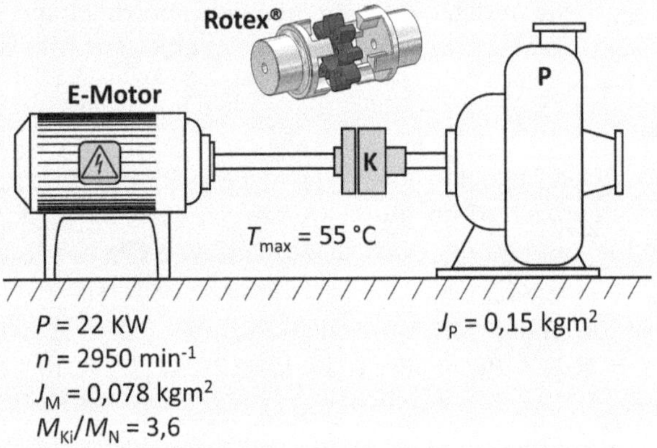

Folgende Werte gelten für den Antrieb bzw. die Lastseite:
- Leistung: $P = 22$ KW,
- Drehzahl: $n = 2950$ min^{-1},
- Massenträgheitsmoment (Motor): $J_M = J_A = 0{,}078$ kgm^2,
- Massenträgheitsmoment (Pumpe): $J_P = J_L = 0{,}15$ kgm^2,
- relatives Kippmoment: $M_{Kl}/M_N = 3{,}6$,
- Elastomerwerkstoff (Kupplung): PUR.

Berechnen Sie das maximal auftretende Drehmoment $M_{K,max}$ an der Kupplung und wählen Sie aus der Katalogtabelle ein passendes Produkt. Berücksichtigen Sie dazu eine Betriebstemperatur von $T = 55$ °C und eine Anlaufhäufigkeit von $Z = 12$ h^{-1}.

ROTEX® Größe	92 Shore A Zahnkranz aus T-PUR® und PUR										
	Drehmoment [Nm]				Dämpfungsleistung P_{KW} [W] [3]	verhältnismäßige Dämpfung ψ	Resonanzfaktor V_R	Drehfedersteifigkeit C dyn. [Nm/rad]			
	DIN 740 [1]			$T_{K\,max}$ [2]							
	Nenn T_{KN}	Max. $T_{K\,max}$	Wechsel T_{KW}					1,0 T_{KN}	0,75 T_{KN}	0,5 T_{KN}	0,25 T_{KN}
14	7,5	15	2,0	22,5	–			0,38x10³	0,31x10³	0,24x10³	0,14x10³
19	10	20	2,6	30	4,8			1,28x10³	1,05x10³	0,8x10³	0,47x10³
24	35	70	9,1	105	6,6			4,86x10³	3,98x10³	3,01x10³	1,79x10³
28	95	190	25	285	8,4			10,9x10³	8,94x10³	6,76x10³	4,01x10³
38	190	380	49	570	10,2			21,05x10³	17,26x10³	13,05x10³	7,74x10³
42	265	530	69	795	12,0			23,74x10³	19,47x10³	14,72x10³	8,73x10³
48	310	620	81	930	13,8			36,7x10³	30,09x10³	22,75x10³	13,49x10³
55	410	820	107	1230	15,6			50,7x10³	41,59x10³	31,45x10³	18,64x10³
65	625	1250	163	1875	18,0	0,80	7,90	97,1x10³	79,65x10³	60,2x10³	35,7x10³
75	1280	2560	333	3840	21,6			113,3x10³	92,9x10³	70,3x10³	41,65x10³
90	2400	4800	624	7200	30,0			190,1x10³	155,9x10³	117,9x10³	69,9x10³
100	3300	6600	858	9900	36,0			253,1x10³	207,5x10³	156,9x10³	93x10³
110	4800	9600	1248	14400	42,0			415,5x10³	336,9x10³	257,6x10³	177,4x10³

[1] siehe Katalog Seite 15
[2] ≤ 1000 Lastwechsel
[3] bei +30 °C

(Katalogauszug der Fa. KTR Systems, mit freundlicher Genehmigung)

Lösung:
Die Berechnungen sollen sich an die Maßgaben nach DIN 740-2 halten. Demzufolge gelten für die verschiedenen Faktoren in Bild 10.36: $S_t = 1{,}4$, $S_A = 1{,}8$ und $S_Z = 1{,}0$.

Ferner folgt aus den Motordaten an Nenndrehmoment der Antriebsseite ($n = 49\ \mathrm{s}^{-1}$):

$$M_{\mathrm{A,N}} = \frac{P}{\omega} = \frac{P}{2\pi n} = 71\,\mathrm{Nm}. \tag{10.50}$$

Für das von der Kupplung zu übertragende statische Drehmoment folgt dann unter Berücksichtigung der Betriebstemperatur aus Gleichung 10.40 (im stationären Fall gilt: $M_{\mathrm{L,N}} = M_{\mathrm{A,N}}$):

$$M_{\mathrm{K,N}} \geq S_t \cdot M_{\mathrm{A,N}} = 99{,}4\,\mathrm{Nm}. \tag{10.51}$$

Mit diesem Wert kann bereits eine vorsichtige Vorauswahl in der o.g. Katalogtabelle getroffen werden (Spalte 4). Gleichwohl ist noch das durch den Stoß erzeugte max. auftretende Kupplungsmoment $M_{\mathrm{K,max}}$ zu betrachten. Hier gilt mit Gleichung 10.48:

$$M_{\mathrm{S}} = M_{\mathrm{Ki}} \cdot \frac{J_{\mathrm{P}}}{J_{\mathrm{M}} + J_{\mathrm{P}}} \cdot S_{\mathrm{A}} = 303\,\mathrm{Nm}. \tag{10.52}$$

Damit ergibt sich weiter mit Gleichung 10.47 ($S_{\mathrm{Z}} = 1$):

$$M_{\mathrm{K,max}} \geq S_t \cdot (M_{\mathrm{S}} + M_{\mathrm{K,N}}) = 563\,\mathrm{Nm}. \tag{10.53}$$

Aus der Produkttabelle kann nun in Spalte 5 eine passende Kupplung ausgewählt werden. Die kleinst mögliche Bauform ist die Größe 48 mit $M_{\mathrm{K,max}} = 620$ Nm. ■

D. Resonanzdurchfahrt

Der Antriebsstrang wird zu einem schwingfähigen Zweimassenschwinger (Torsionsschwinger), indem in ihm eine drehnachgiebige Kupplung verbaut wird, vgl. letzter Abschnitt im Abschnitt 10.2.2, Seite 453. Dadurch kann er z.B. durch eine antriebseitiges, schwankendes Drehmoment zum Schwingen angeregt werden. Diese (Momenten-)Anregung kann schlimmstenfalls zur Resonanz führen, bei der das Kupplungsmoment kritische Werte erreichen kann. Insbesondere bei Verbrennungsmotoren treten prinzipbedingt Momentenschwankungen auf und hier kann es bei Drehzahländerungen – wenn also ein weiter Drehzahlbereich durchfahren wird – zu unvermeidbaren Resonanzen kommen.

Resonanzen treten immer dann auf, wenn die Anregungsfrequenz mit der systemspezifischen Eigenfrequenz zusammenfällt, Bild 10.37. Wird beispielsweise die Drehzahl kontinuierlich gesteigert und durchläuft dabei zu einem Zeitpunkt t_0 die Eigenfrequenz $f_0 = \frac{n_0}{i} = \frac{\omega_0}{2\pi i}$, dann steigt das Kupplungsmoment stetig an, erreicht bei t_0 mit M_{S} seine Maximalamplitde und klingt für $n > n_0$ schnell ab. Hierbei gilt für die Eigenfrequenz gemäß Bild 10.27 (unten rechts):

$$f_0 = \frac{1}{2\pi}\sqrt{\frac{c_{\mathrm{T}}}{J^*}}, \tag{10.54}$$

$$\text{mit:}\quad J^* = \frac{J_{\mathrm{A}} J_{\mathrm{L}}}{J_{\mathrm{A}} + J_{\mathrm{L}}}, \quad \text{(Ersatzmassenträgheitsmoment)}. \tag{10.55}$$

Die Resonanzdurchfahrt gemäß Bild 10.35 (unten rechts) kann als Worst-Case-Szenario zum Bild 10.35 (unten links), d.h. zur Belastung durch eine harmonische Schwingungsanregung, aufgefasst werden. Daher ist es oft ausreichend (nicht immer) als Extremfall die

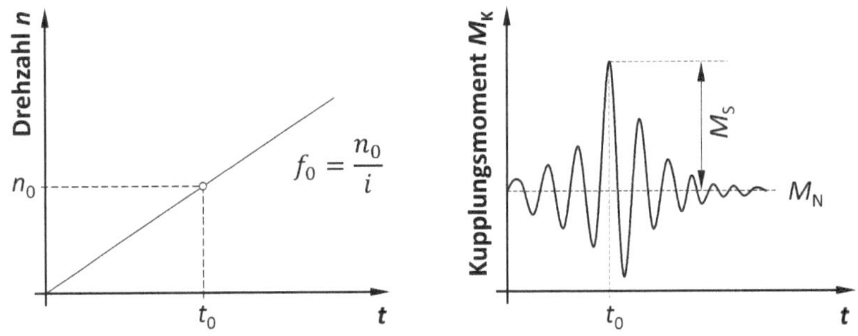

Bild 10.37 Veränderliche Drehzahl und Kupplungsmoment beim Durchfahren der Resonanz im Antriebsstrang

Resonanzdurchfahrt zu analysieren und danach die Kupplung auszuwählen. Gemäß DIN 740-2 gelten folgende Beziehungen analog zu den Gleichungen aus dem vorangegangenen Abschnitt (Stoßanregung), [DIN 740-2]:

$$\boxed{M_{\mathrm{K,max}} = M_{\mathrm{S}} \cdot S_{\mathrm{Z}} \cdot S_t + M_{\mathrm{N}} \cdot S_t} \tag{10.56}$$

mit:

$$\boxed{M_{\mathrm{S}} = M_{\mathrm{A},i} \cdot \frac{J_{\mathrm{L}}}{J_{\mathrm{A}} + J_{\mathrm{L}}} \cdot V_{\mathrm{R}} + M_{\mathrm{L}}\,, \quad M_{\mathrm{N}} = M_{\mathrm{A,N}}}\,, \quad \text{antriebsseitige Erregung}\,, \tag{10.57}$$

$$\boxed{M_{\mathrm{S}} = M_{\mathrm{L},i} \cdot \frac{J_{\mathrm{A}}}{J_{\mathrm{A}} + J_{\mathrm{L}}} \cdot V_{\mathrm{R}} + M_{\mathrm{L}}\,, \quad M_{\mathrm{N}} = M_{\mathrm{L,N}}}\,, \quad \text{lastseitige Erregung}\,. \tag{10.58}$$

Zum Hintergrund bzw. zur Verwendung der Größen S_t, S_{Z}, $\frac{J_{\mathrm{L}}}{J_{\mathrm{A}}+J_{\mathrm{L}}}$, $\frac{J_{\mathrm{A}}}{J_{\mathrm{A}}+J_{\mathrm{L}}}$, M_{L} gelten die gleichen Argumente, wie bei der zuvor betrachteten Stoßanregung. Die vom Antrieb bzw. der Lastseite ausgehenden, schwingenden Momentenanregungen $M_{\mathrm{A},i}$ und $M_{\mathrm{L},i}$ müssen bekannt sein; gleiches gilt für $M_{\mathrm{A,N}}$ und $M_{\mathrm{L,N}}$, die üblicherweise aus der Nennleistung und -drehzahl der jeweiligen Aggregate berechnet werden.

Auffällig ist der nun verwendete Skalierungsfaktor V_{R}. Hierbei handelt es sich um die bereits aus Kapitel 9 bekannte Vergrößerungsfunktion, speziell um die Vergrößerungsfunktion eines kraftangeregten, gedämpften Systems im Resonanzfall ($\eta = 1$), vgl. V_1 in Bild 9.43 (oben), Seite 441:

$$V_{\mathrm{R}} = V(\eta = 1) = \frac{1}{2D}\,. \tag{10.59}$$

Die Verwendung der Vergrößerungsfunktion an dieser Stelle ergibt sich aus den Erläuterungen rund um Gleichung 9.65. Für ein schwingfähiges, translatorisches System, das von außen mit einer schwingenden Kraftanregung $F(t) = F_0 \cos(\Omega t)$ beaufschlagt wird, ergibt sich eine Schwingungsantwort $x(t) = |C| \cos(\omega t)$. Hierbei gilt für die anregende Kraftamplitude $F_0 = \lim_{\Omega \to 0} F(t) = c \cdot x_0$, ($x_0$: Auslenkung im statischen Grenzfall). Für die mit $x(t)$ schwingende Feder ergibt sich eine zur Amplitude $|C|$ passende Kraftamplitude $F_1 = c \cdot |C|$. Demzufolge repräsentiert die Vergrößerungsfunktion:

$$V(\eta) \overset{\text{(Gleichung 9.65)}}{=} \frac{|C(\eta)|}{x_0} = \frac{F_1}{F_0}\,. \tag{10.60}$$

das Verhältnis zwischen den Amplituden der äußeren Kraftanregung und der Kraftantwort des Systems.

In gleicher Weise ist die Vergrößerungsfunktion bei Drehschwingungen, hier natürlich mit einer äußeren Momentenanregung, zu interpretieren. So kennzeichnet z.B. der Term $M_{A,i} \cdot \frac{J_L}{J_A + J_L}$ die anregende Momentenamplitude (antriebsseitig, nach Beschleunigung aller Drehmasssen) und M_S die als Schwingungsantwort an der Kupplung anliegende Momentenamplitude. Der Quotient aus beiden Größen repräsentiert V_R, woraus direkt der erste Summand in Gleichung 10.57 bzw. Gleichung 10.58 folgt.

Übung 49 (Kupplungsberechnung bei Resonanzdurchfahrt):
Ein Generator soll über einen Einzylinder-Viertakt-Dieselmotor angetrieben werden. Zur Abmilderung der antriebsseitigen Drehmomentenschwankungen wird im Antriebsstrang eine Ausgleichskupplung (Typ Rotex®, vgl. Übung 48) verbaut.

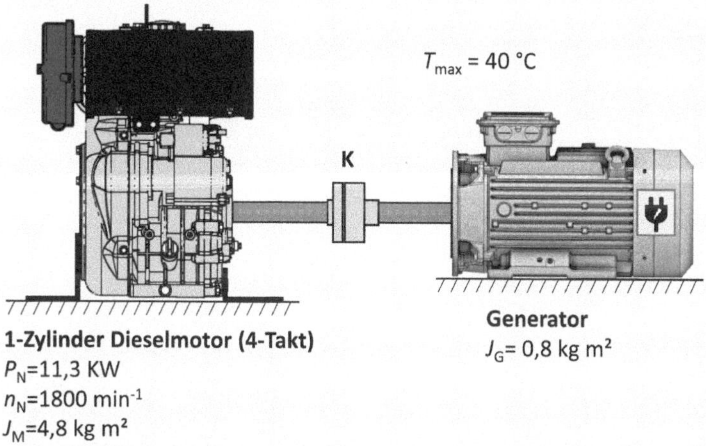

Die max. Betriebstemperatur beträgt T_{max} = 40 °C. Die Anlage soll maximal 20-mal pro Stunde anfahren. Außerdem gibt der Hersteller für die Amplitude der antriebsseitige Momentenanregung einen Wert von $M_{A,i}$ = 190 Nm an. Alle weiteren Betriebsgrößen können der oben stehenden Abbildung entnommen werden.

Wählen Sie eine passende Klauenkupplung aus der Herstellertabelle. Orientieren Sie sich dazu am Szenario der Resonanzdurchfahrt. Untersuchen Sie auch das Isolationsverhalten der ausgewählten Kupplung.

Hinweise:
- Für Dämpfunggrad D und Dämpfungsfaktor ψ gilt (vgl. Kapitel 9): $D = \psi / 4\pi$,
- für die Massenträgheitsmomente kann angenommen werden: $J_M = J_A$ und $J_G = J_L$,
- Nutzen Sie die Katalogtabelle in Übung 48.

Lösung:
Basierend auf den Anläufen pro Stunde und T_{max} ergeben sich folgende Anwendungsfaktoren: S_Z = 1,0 und S_t = 1,2. Ferner folgt für den Resonanzfaktor (ψ = 0,8, vgl. Herstellertabelle):

$$V_R = \frac{1}{2D} = \frac{2\pi}{\psi} = 7{,}9\,. \qquad (10.61)$$

Das entspricht auch dem vom Hersteller angegebenen Wert in Spalte 10. Damit wird die erregende Drehmomentenamplitude (unter Berücksichtigung der Beschleunigung aller Drehmassen) um den Faktor 7,9 verstärkt. Es ergibt sich für die Amplitude an der Kupplung ($M_L = 0$):

$$M_S = M_{A,i} \cdot \frac{J_L}{J_A + J_L} \cdot V_R = 213\,\text{Nm}. \tag{10.62}$$

Außerdem ergibt sich aus den Motordaten:

$$M_N = \frac{P_N}{2\pi n_N} = 60\,\text{Nm}. \tag{10.63}$$

Für das max. an der Kupplung anliegende Drehmoment kann so notiert werden:

$$M_{K,max} \geq M_S \cdot S_t + M_N \cdot S_t = 328\,\text{Nm}. \tag{10.64}$$

Aus dem Herstellerkatalog folgt als kleinstmögliche Bauform die Größe 38 mit $M_{K,max} = 380$ Nm.

Mit Blick auf das Isolationsverhalten der Kupplung stellt sich die Frage, inwieweit die Kupplung die anregende Schwingungsamplitude verstärkt oder verringert. Dazu muss sowohl die Anregungsfrequenz f_i als auch die Eigenfrequenz des Systems berechnet werden. Für einen Einzylinder-Viertaktmotor ($i = Z/2 = 0{,}5$, $n_N = 30\ \text{s}^{-1}$) gilt:

$$f_i = i \cdot n_N = 15\,\text{Hz}. \tag{10.65}$$

Ferner folgt für die Eigenfrequenz, Bild 10.27 (rechts unten):

$$f_0 = \frac{1}{2\pi}\sqrt{\frac{c_T(J_A + J_L)}{J_A J_L}} = 27{,}9\,\text{Hz}. \tag{10.66}$$

Hierbei wurde aus der Herstellertabelle die Drehfedersteifigkeit der Baugröße 38 bei $1{,}0 \cdot M_{K,N}$ von $c_T = 21050$ Nm/rad gewählt.

Für das Frequenzverhältnis ergibt sich dann $\eta = f_i / f_0 = 0{,}54 \leq \sqrt{2}$. Das bedeutet, dass die gewählte Kupplung keine Schwingungsisolation erlaubt. Im Gegenteil, die anregende Schwingungsamplitude wird an der Kupplung verstärkt. Für den Verstärkungsfaktor $V_1(\eta)$ gemäß Bild 9.43 (oben) folgt:

$$V_1(\eta) = \frac{1}{\sqrt{(1-\eta^2)^2 + (2D\eta)^2}} = 1{,}4. \tag{10.67}$$

Demzufolge tritt eine Verstärkung des Anregungsamplitude um den Faktor 1,4 auf. ■

10.4.2 Übertragbares Kupplungsmoment und Schaltarbeit bei kraftschlüssigen Schaltkupplungen

Ausgangspunkt der physikalischen Betrachtung fremdbetätigter kraft- bzw. reibschlüssiger Schaltkupplungen ist die von „außen" initiierte Anpresskraft F_N, mit der die beteiligten Reibflächen aufeinander gedrückt werden. Hierzu soll die exemplarisch die Scheibenkupplung in Bild 10.38 (links oben) betrachtet werden. Für die Haftreibung auf den Reibbelägen gilt gemäß dem Coloumbschen Gesetz:

$$F_R = \mu_0 F_N = \mu_0 p A_R \,. \tag{10.68}$$

Die Größe p kennzeichnet die Flächenpressung, die sich aus der senkrecht zur Oberfläche wirkenden Anpresskraft F_N geteilt durch den Flächeninhalt der Reibfläche $A_R = Z\pi(r_a^2 - r_i^2) = 2Z\pi r_m b$ ergibt. Hierbei steht $b = r_a - r_i$ für die Höhe der Reibbeläge (vgl. Bild 10.38) und Z für die Anzahl der Reibflächen-Paarungen (Zwei-Scheibenkupplung: $Z = 2$).

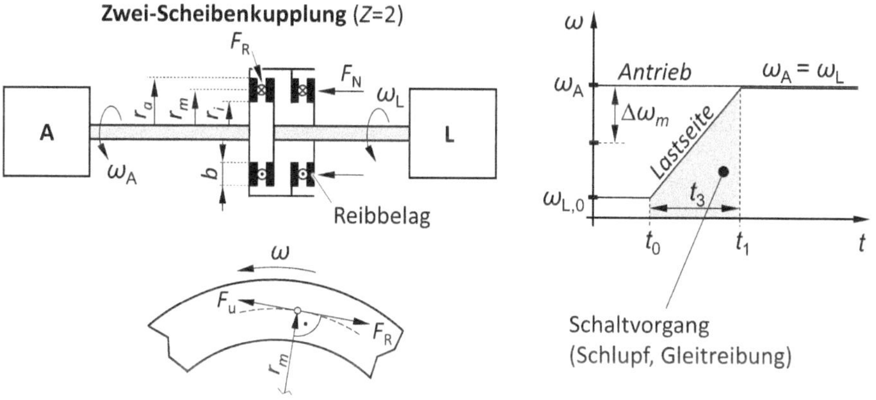

Bild 10.38 Reibschlüssige Scheibenkupplung als Referenzmodell einer Schaltkupplung (links), Drehzahlveränderung während des Schaltvorgangs (rechts)

Das durch die Kupplung übertragbare Drehmoment M_K resultiert aus der Haftreibung. Nur durch die wirkende Reibung werden die lastseitigen Kupplungsscheiben von den antriebsseitigen Scheiben mitgenommen und in Drehung versetzt. Dabei muss für die durch das Drehmoment verursachte Umfangskraft gelten:

$$F_u = \frac{M_K}{r_m} \le F_R \,. \tag{10.69}$$

Die Umfangskraft wirkt natürlich in jedem lokalen Punkt der Reibfläche, insbesondere an den unterschiedlichen Radien $r \in [r_i, r_a]$. Der Einfachheit halber kann F_u am mittleren Radius $r_m = \frac{1}{2}(r_a + r_i)$ angesetzt werden, Bild 10.38 (unten).

Für den Fall $F_u > F_R$ überwindet die Umfangskraft die Haftreibung; die für die Reibung verantwortliche Anpresskraft F_N reicht nicht aus und es kommt zum **Durchrutschen** (auch **Schlupf** genannt) der Kupplungsscheiben. Gleichung 10.68 und Gleichung 10.69 ineinander eingesetzt liefert als Bedingung für eine schlupffreie Momentenübertragung:

$$M_K \le 2Z\mu_0 \pi p b r_m^2 \,. \tag{10.70}$$

Natürlich kann die Flächenpressung p nicht beliebig groß sein. Abhängig von den aufeinander gepressten Werkstoffen (Reibbelägen) existieren zulässige Maximalwerte p_{zul}, die so das maximal übertragbare Kupplungsmoment festlegen, vgl. auch Bild 10.39:

$$\boxed{M_{K,max} = 2Z\mu_0 \pi p_{zul} b r_m^2} \,. \tag{10.71}$$

Werkstoffpaarung	Schmierung	Reibungsbeiwert μ_0	p_{zul} in N/mm²	$W_{R,zul}/A_R$ in J/mm² (pro Schaltung)	$W_{R,h,zul}/A_R$ in J/(h mm²) (pro Stunde)	T_{zul} in °C
Stahl - Stahl	nass	0,05 ... 0,09	1,0	0,3 ... 0,5	13 ... 21	120
Grauguss - organ. Belag	trocken	0,30 ... 0,35	0,05 ... 0,3	2,0 ... 4,0	100	---
Stahl - Sinterbronze	nass	0,06 ... 0,09	1,0 ... 3,0	1,0 ... 2,0	150 ... 300	120
	trocken	0,25	1,2 ... 1,5	1,0 ... 1,5	20	---
Stahl - Sintereisen	nass	0,06 ... 0,10	3,0	0,5 ... 1,0	150 ... 300	120
	trocken	0,3 ... 0,4	---	---	20	250
Stahl - organischer Belag	nass	0,06 ... 0,15	0,6 ... 2,0	---	15	120
	trocken	0,25 ... 0,40	0,05 ... 0,3	---		---

$W_{R,zul}$: zulässige Reibarbeit pro Schaltung

$W_{R,h,zul}$: zulässige Reibarbeit pro Stunde

Bild 10.39 Technische Werte für typische Werkstoffpaarungen bei schaltbaren Reibkupplungen, Quelle: [Hinzen, 2020, Ortlinghaus, 2004]

Der sog. **Schaltvorgang** (vgl. grauer Kasten) wird mit der äußeren Initiierung der Anpresskraft F_N gestartet. Dabei wird ein Reibschluss zwischen dem antriebsseitigen Wellenstrang (Winkelgeschwindigkeit ω_A) und dem lastseitigen Strang (Winkelgeschwindigkeit $\omega_{L,0}$) hergestellt, Bild 10.38 (rechts).

Definition (Schaltvorgang und -zeit):
Mit der ersten Berührung der antriebs- und lastseitigen Reibflächen startet der Schaltvorgang zum Zeitpunkt t_0. Dabei kommt es zur Angleichung der anfänglich unterschiedlichen Winkelgeschwindigkeiten (z.B. $\omega_A > \omega_{L,0}$) beider Wellenstränge. Solange die Winkelgeschwindigkeiten verschieden sind, tritt Schlupf, also Gleitreibung im Kontaktbereich, auf. Der Schaltvorgang ist abgeschlossen, wenn sich beide Winkelgeschwindigkeiten zum Zeitpunkt t_1 angeglichen haben, d.h. $\omega_A = \omega_L$. Nun geht die Gleitreibung in Haftreibung über und das volle Drehmoment wird schlupffrei übertragen, Bild 10.38 (rechts).

Die Zeitspanne des Schaltvorgangs $t_1 - t_0$ definiert die Schaltzeit (= Rutschzeit), und wird häufig mit t_3 bezeichnet.

In der Regel sind die anfänglichen Winkelgeschwindigkeiten beider Wellenstränge verschieden, z.B. $\omega_A > \omega_{L,0}$. Während des Schaltvorgangs gleichen sich die Winkelgeschwindigkeiten an, was mit Schlupf und Gleitreibung einhergeht sowie zur Wärmentwicklung im Kontaktbereich führt. Sobald die Drehzahlen angeglichen sind ($\omega_A = \omega_L$) verschwindet der Schlupf und mit ihm die Wärmeentwicklung.

Mit Blick auf die richtige Kupplungswahl ergeben sich drei Fragestellungen: (a) Welches Moment muss die Kupplung im Schaltvorgang aufnehmen, insbesondere um die gegebenen Winkelgeschwindigkeiten beide Wellenstränge in einer vorgegebenen Zeit t_3 anzugleichen; (b) Welche Schaltzeit t_3 ist von Nöten, wenn neben den Winkelgeschwindigkeiten das Kupplungsmoment vorgegeben ist; (c) wie kann die Wärmeentwicklung während des Schaltvorgangs quantifiziert werden?

Als Ausgangspunkt der Betrachtung dient Gleichung 10.18 mit $M_K = M_L + \alpha J_L$ und der Winkelbeschleunigung $\alpha = \frac{\Delta\omega}{\Delta t} \approx \frac{\omega_A - \omega_{L,0}}{t_3}$, Bild 10.38 (rechts). Damit ergibt sich für das zu übertragende Kupplungsmoment während des Schaltvorgangs:

$$\boxed{M_K^* = M_L + J_L \frac{\omega_A - \omega_{L,0}}{t_3}}\,. \tag{10.72}$$

Zu beachten ist, dass die Differenz der Winkelgeschwindigkeit bei unterschiedlichen Drehrichtungen der beiden Wellensträngen durch $\Delta\omega = \omega_A + \omega_{L,0}$ gegeben ist. Außerdem ergibt sich für den häufig vorliegenden **Spezialfall** $\omega_{L,0} = 0$ (Beschleunigung der Lastseite aus der Ruhe) und $M_L = 0$ (kein anliegendes Lastmoment während des Schaltvorgangs):

$$\boxed{M_K^* = J_L \frac{\omega_A}{t_3}}\,. \tag{10.73}$$

Oftmals fehlen Daten, wie z.B. J_L oder t_3. Damit trotzdem eine geeignete Kupplung ausgewählt werden kann, können zur Orientierung folgende Beziehungen benutzt werden: $M_K^* \leq M_{K,N}$ und $M_{K,N} \approx 2M_L$.

Sofern das Kupplungsmoment M_K^* vorgegeben ist, kann Gleichung 10.72 zur Berechnung der notwendigen Schaltzeit benutzt werden:

$$\boxed{t_3 = \frac{J_L(\omega_A - \omega_{L,0})}{(M_K^* - M_L)}}\,. \tag{10.74}$$

Die Wärmeentwicklung beim Schalten hängt von verschiedenen Faktoren ab, z.B. von der Dauer des Schaltvorgangs t_3 oder von den beteiligten Werkstoffen. Je länger die Reibung stattfindet und je größer die Reibung aufgrund großer, werkstoffspezifischer Reibungsbeiwerte ist, desto mehr Wärme wird entstehen.

Selbstverständlich hat die Reibung und die einhergehende Wärmeentwicklung Einfluss auf den Kupplungsverschleiß und die Lebensdauer. So ist mitunter zu beobachten, dass beim kräftigen Anfahren am Hang (bei gleichzeitig langem Kupplungsschleifpunkt) der Geruch von verbranntem Gummi im Fahrzeug entsteht. Aus physikalischer Sicht wird beim Schalten **Reibungsarbeit** in Wärme umgewandelt. Hierbei gilt:

$$W_R = M_K^* \cdot \Delta\varphi\,, \tag{10.75}$$

wobei $\Delta\varphi$ den relativen Drehwinkel zwischen beiden Kupplungsscheiben repräsentiert, der sich während des Schaltvorgangs durch den Schlupf aufbaut. Dieser kann aus der Differenz der Winkelgeschwindigkeiten $\Delta\omega(t)$ berechnet werden, die sich im Schaltvorgang stetig verkleinert und schließlich verschwindet:

$$\Delta\varphi = \int_{t_0}^{t_1} \Delta\omega(t)\,\mathrm{d}t \approx \Delta\omega_m \cdot t_3\,. \tag{10.76}$$

Aus Gründen der Vereinfachung wurde die zeitlich veränderliche Größe $\Delta\omega(t)$ durch die konstante, gemittelte Größe $\Delta\omega_m = \frac{1}{2}(\omega_A - \omega_{L,0})$ ersetzt, so dass sich ein einfacher Ausdruck für das Integral ergibt, Bild 10.38 (rechts). Damit folgt weiter für die Schaltarbeit

$$W_R = M_K^* \cdot \Delta w_m \cdot t_3 \tag{10.77}$$

$$\overset{\text{(Gleichung 10.74)}}{=} \frac{1}{2} M_K^* (\omega_A - \omega_{L,0})^2 \cdot \frac{J_L}{M_K^* - M_L} \leq W_{R,zul}\,. \tag{10.78}$$

Die Größe $W_{R,zul}$ kennzeichnet die **zulässige Schaltarbeit für einen einzelnen Schaltvorgang**. Sie setzt voraus, dass zwischen zwei aufeinanderfolgenden Schaltungen genügend Zeit zur Abkühlung der Reibflächen vergeht. Ist das nicht der Fall, sprich sind die Schaltungen so eng getaktet, dass die Reibflächen nicht vollständig abkühlen können, dann kommt es im Laufe des Betriebs zu einer anwachsenden Kupplungserwärmung. Diese kann schlimmstenfalls zu Schädigungen führen. Um dem vorzubeugen, ist anstelle von $W_{R,zul}$ die **zulässige Schaltarbeit pro Stunde** zu berücksichtigen:

$$W_{R,h} = W_R \cdot Z_S \leq W_{R,h,zul} \tag{10.79}$$

mit Z_S: Anzahl der Schaltvorgänge pro h. Bild 10.39 listet die Werte für $W_{R,zul}$ und $W_{R,h,zul}$ typischer Werkstoffpaarungen bei Schaltkupplungen auf. Zu beachten ist, dass teilweise zwischen Trocken und Nassschmierung – man spricht auch von **Trocken- und Nasslauf** – unterschieden wird. Beim Letztgenannten kommt ein Schmiermittel zum Einsatz. Trotz des gewünschten Reibschlusses kann eine Schmierung der Reibflächen (z.B. Ölschmierung) von Vorteil sein. Dadurch wird die wirkende Reibungskraft zwar herabgesetzt, auf der anderen Seite verringert man jedoch den Verschleiß und verbessert die Wärmeabfuhr.

10.5 Bremsen

10.5.1 Funktion und Wirkprinzip

Die translatorische Bewegung einer Masse m ist dadurch gekennzeichnet, dass sie in der Zeit t einen Weg s zurücklegt und dabei zum Zeitpunkt t^* die Geschwindigkeit $v(t = t^*) = \frac{dx}{dt}\Big|_{t=t^*}$ besitzt. Wirkt während der Bewegung eine Kraft F auf den Körper, so ist die Bewegung beschleunigt bzw. verzögert, je nachdem, ob die Kraft in Bewegungsrichtung oder entgegen der Bewegung wirkt.

In analoger Weise kann die rotatorische Bewegung chrakterisiert werden. Hier vollführt ein Körper mit dem Massenträgheitsmoment J eine Drehbewegung und überstreicht in der Zeit t den Winkel φ. Dabei besitzt der Körper zu einem beliebigen Zeitpunkt t^* die Winkelgeschwindigkeit $\omega(t = t^*) = \frac{d\varphi}{dt}\Big|_{t=t^*}$. Wirkt bei der Bewegung ein Drehmoment M auf den Körper ein, so ist die Rotation beschleunigt bzw. verzögert, abhängig davon, ob M mit oder entgegen der Drehrichtung wirkt.

Allgemein formuliert handelt es sich bei Bremsen um Konstruktionselemente, die Bewegungen – sei es rotatorische oder translatorische – von Maschinenteilen oder Fahrzeugen verzögern (abbremsen) bzw. die verhindern, dass sich diese in Bewegung setzen. Durch das gezielte Einleiten von Kräften bzw. Momenten, und zwar entgegen der Bewegungsrichtung, wird die (Winkel-)Geschwindigkeit des Maschinenteils bzw. des Fahrzeugs verringert und oftmals bis auf $v = 0$ bzw. $\omega = 0$ reduziert (Stillstand). Dabei wird kinetische Energie in Wärme umgewandelt, so dass sich Bremsen im Betrieb bisweilen stark erwärmen können.

Bild 10.40 zeigt vier Beispiele von Bremsen unterschiedlicher Bauarten. In Foto 1 ist eine **Scheibenbremse** am Hinterrad eines Motorrades zu sehen. Durch das Anpressen zweier

Bremsbeläge an die gelochte[12] Bremsscheibe wird durch Reibung die Drehbewegung des Rades und damit die translatorische Bewegung des Fahrzeugs verzögert. Foto 2 illustriert eine **(Außen-)backenbremse** am Radsatz eines Eisenbahnwaggons. Deutlich sichtbar sind die beiden Bremsbacken, die von außen gegen die Laufflächen des Rades gedrückt werden, um so die Drehung des Rades zu verringern. Foto 3 zeigt eine sog. **Wirbelstrombremse** an einer Regionalbahn. Der zwischen den Rädern angeordnete „Balken" besteht aus acht Magenten, die abwechselnd gepolt sind. Während des Bremsvorgangs kann dieser abgesenkt werden, so dass in der Schiene ein Magentfeld induziert wird. Die dabei entstehenden magnetischen Kräfte wirken der Bewegung entgegen und sorgen so für den Abbremseffekt. Auf Foto 4 ist eine **Bandbremse** an einer Werkzeugmaschine zu sehen. Ein mit Vlies beschichtetes Stahlband umschlingt hierbei die Bremstrommel, die wiederum als Nabe auf der drehenden Welle sitzt. Mithilfe des am rechten Bildrand befindlichen Hebels kann die Bremse manuell betätigt werden. Dabei wird das Stahlband gespannt und die resultierende Reibung zwischen Vlies und Bremstrommel führt zur gewünschten Verzögerung der Drehbewegung.

Bild 10.40 Beispiele für Bremsen: Scheibenbremse an einem Motorrad (Foto 1), Außenbackenbremse an Radsatz eines Schienenfahrzeugs (Foto 2), Wirbelstrombremse/Induktionsbremse an einer Regionalbahn (Foto 3), Bandbremse an einer Furnierschälmaschine (Foto 4)

An den Beispielen (bis auf Foto 3) wird deutlich, dass die Reibung beim Bremsen von zentraler Bedeutung ist. Bremsen, die den Reibungseffekt zur Bewegungsverzögerung ausnut-

[12] Die Bohrungen dienen der besseren Durchlüftung und Wärmeabfuhr an der Scheibe sowie der Reduzierung des Wasserfilms bei nassen Fahrbedingungen.

zen werden im allgemeinen als **Reibbremsen** bezeichnet. Mehr noch, sie können als „Spezialfall" einer kraftschlüssigen, fremdbetätigten Schaltkupplung aufgefasst werden. Aus diesem Grund sind sie auch thematisch mit Kupplungen in diesem Kapitel zusammengefasst. Bild 10.41 soll die Analogie Kupplung ↔ Bremse illustrieren. Das bereits bekannte Kupplungsschema (links oben) geht demnach in das Bremsenschema (links unten) über, sofern einer der beiden Wellenstränge feststehend ($\omega = 0$) ist. Der Schaltvorgang und die mit dem Schlupf einhergehende Reibung charakterisiert den Bremsvorgang, bei dem die feststehende Kupplungshälfte die drehende Kupplungsseite verzögert.

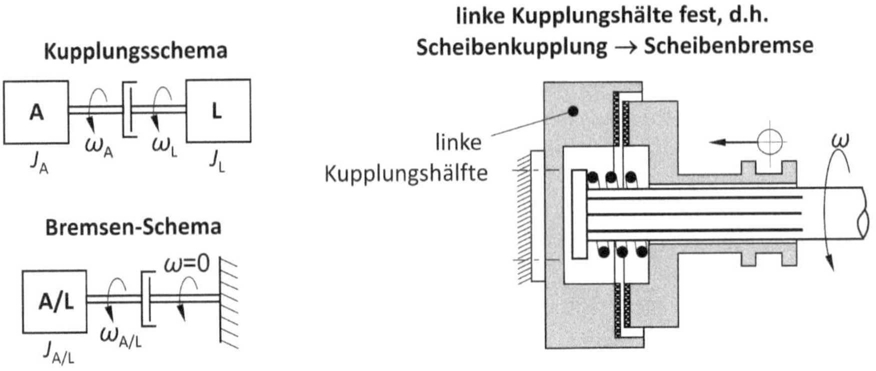

Bild 10.41 Kupplungs- und Bremsenschema im Vergleich (links); Scheibenbremse mit feststehender, linker Bremsscheibe (rechts)

Die rechte Abbildung von Bild 10.41 zeigt die Scheibenkupplung aus Bild 10.19 (links), bei der der linke Wellenstrang entfernt und die Kupplungsscheibe fest eingespannt wurde. Die Drehbewegung des rechten Wellenstrangs wird so während des Schaltvorgangs durch Reibung verzögert und – bei genügend langer Schaltzeit – zum Stillstand gebracht. Die dabei entstehende Reibungswärme, insbesondere an den Bremsbelägen, kann bisweilen sehr groß sein und zu hohen Temperaturen führen. Um Verschleiß oder gar Schäden an den Bremsen zu vermeiden, wird z.B. empfohlen, bei langen Berabfahrten mit dem Fahrzeug die sog. **Motorbremse** (Abfahrt im geringeren Gang) zu nutzen, um so die Schaltzeit (= Dauer des Bremsvorgangs) und die einhergehende, reibungsbedingte Erwärmung der Bremse zu reduzieren.

10.5.2 Klassifizierung von Bremsen

Recherchiert man das Thema Bremsen z.B. im Internet, so findet man verschiedene Möglichkeiten, wie Bremsen klassifiziert werden können. Das hier präsentierte Einteilungsschema orientiert sich i.w. an der Funktion und dem Wirkmechanismus der Bremse, vgl. [Dubbel, 2012]. Demnach kann zwischen vier Arten unterschieden werden:

1. **Haltebremsen** (auch **Feststellbremsen**): Das klassische Beispiel dieser Bremsenart ist die „Handbremse" in Kraftfahrzeugen. Sie soll verhindern, dass sich ein ruhendes Maschinenteil (z.B. eine Welle) bzw. eine Maschine (z.B. ein Auto) aus dem Stillstand in Bewegung setzt. Dazu kommen sowohl kraftschlüssige aber auch formschlüssige Brem-

sen zum Einsatz. Letztere finden sich oftmals an Kinder-, Werkzeug- oder Rollwagen, an denen die Räder z.B. über ein Fußpedal arretiert werden können, Bild 10.42.

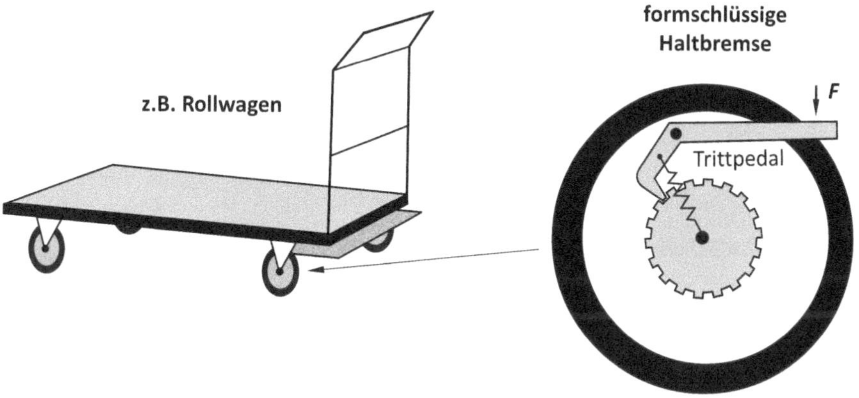

Bild 10.42 Formschlüssige Haltebremse an einem Rollwagen (Skizze)

2. **Stoppbremsen**: Hierbei handelt es sich um Bremsen, die Bewegungen, oftmals bis zum Stillstand des Maschinenteils bzw. der Maschine/Anlage, verzögern. Typische Alltagsbeispiele sind die vertrauten Bremsen am Fahrrad, Motorrad oder die über das Fußpedal betätigte Bremse im Auto. Hierbei kommen typischerweise kraftschlüssige Reibbremsen zum Einsatz, bei denen die Bewegung durch Reibung abgebremst wird.
3. **Regelbremsen**: Im Grunde genommen handelt es sich bei dieser Bremsenart um Stoppbremsen, die zusätzlich mit einem elektronischen Regelungssystem ausgestattet sind. Dadurch ist es möglich den Bremsvorgang aktiv zu steuern und so z.B. einen definierten Geschwindigkeitsverlauf während der Verzögerung einzustellen. Das System überwacht fortlaufend die aktuelle Geschwindigkeit der zu bremsenden Maschine und justiert kontinuierlich z.B. die Anpresskraft der Bremsbeläge an der Bremsscheibe nach. Regelbremsen, beispielsweise das IntelliRamp®-System der Fa. KTR Brake Systems, werden unter anderem an Seilbahnen oder Aufzügen eingesetzt, um z.B. bei Betriebsstörungen, eine konstante Geschwindigkeit der Anlage aufrecht zu erhalten.
4. **Leistungsbremsen**: Durch Hinzuschalten eines zusätzlichen „Verbrauchers" im Antriebsstrang wird gezielt Antriebsenergie konsumiert, die damit nicht länger zur Aufrechterhaltung der Bewegung zur Verfügung steht. Ein Generator auf der Lastseite erzeugt in seinem inneren, drehenden Rotor Wirbelströme durch Induktion. Das resultierende Magnetfeld ist so ausgerichtet, dass es die Rotordrehung abbremst. Der Generator fungiert so gewissermaßen als Bremsaggregat. Auch die bereits oben erwähnte Wirbelstrombremse folgt diesem Prinzip, Bild 10.43. Der mit acht Magneten bestückte Balken ist bei freier Fahrt angehoben und wird für den Bremsvorgang in Richtung der Schiene abgesenkt ohne diese zu berühren. Die Magnete sind abwechselnd gepolt und durchfluten mit ihren Magnetfeldlinien die Schiene. Durch die Bewegung des Zuges bewegt sich die Schiene fortlaufend in die angelegten Magentfelder hinein und heraus. Dadurch werden in der Schiene Wirbelströme induziert, die wiederum ein Magnetfeld

erzeugen. Gemäß der **Lenzschen Regel**[13] ist das induzierte Magnetfeld der Schiene seiner Ursache, d.h. den Magnetfeldern des bewegten Balkens, entgegen gerichtet. Die daraus resultierende Magnetkraft wirkt so der Bewegung des Balken entgegen und bremst diesen ab.

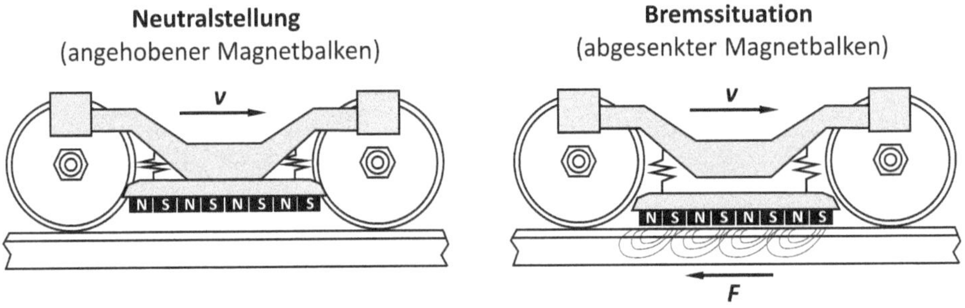

Bild 10.43 Darstellung des Prinzips einer Wirbelstrombremse/Induktionsbremse am Schienenfahrzeug

Leistungsbremsen haben einen ausgesprochenen Vorteil: der Bremsvorgang erfolgt berührungslos, so dass reibungsbedingter Materialverschleiß ausgeschlossen ist. Gleichwohl kommt es zur Erwärmung z.B. der Schiene durch die induzierten Wirbelströme.

10.5.3 Ausgewählte Bauformen von Reibbremsen

Ähnlich wie bei kraftschlüssigen Schaltkupplungen (vgl. Bild 10.19) können auch Reibbremsen anhand der geometrischen Form der beteiligten Reibflächen unterschieden werden. Findet die Reibung auf der ebenen Fläche einer Bremsscheibe statt, spricht man von einer **Scheibenbremse**, Bild 10.44 (links). Hat die Reibfläche eine kegelige Form, handelt es sich um eine sog. **Kegelbremse**, Bild 10.44 (Mitte). Werden die kreisbogenförmigen Reibbeläge (**Bremsbacken**) gegen eine zylindrische Mantelflächen (**Bremstrommel**) gepresst, dann liegt eine **Backen-** oder **Trommelbremse** vor. Je nach dem, ob die Reibung auf der inneren oder äußeren Mantelfläche der Bremstrommel stattfindet, handelt es sich um eine **Außen-** bzw. **Innenbackenbremse**, Bild 10.44 (rechts). Bei der **Bandbremse** wird anstelle der Bremsbacken ein Bremsband/Bremsgurt (mit Reibbelag) verwendet, dass die zylindrische Mantelfläche der Bremstrommel umschlingt.

A. Außenbackenbremse

Bild 10.45 zeigt eine typische Außenbackenbremse. Derartige Bauarten sind im industriellen Bereich weit verbreitet und finden sich z.B. an Walz- und Födereinrichtungen in Hüttenwerken, an Aufzügen und Seilbahnen, an Krananlagen oder Winden. Sie erlauben hohe Bremsmomente, eine automatische Verschleißnachstellung, sind robust und wartungsfreundlich und in einem weiten Betriebsbereich flexibel einstellbar. Im elektrohydraulisches Hubgerät (a) treibt ein Elektromotor eine Hydraulikpumpe an. Der so erzeugte Hy-

13 Benannt nach dem Russischen Physiker Emil Lenz (1804–1865). Er wurde in Tartu (heutiges Estland, damals zugehörig zum Russischen Reich) geboren, wo mehrheitlich Deutsch gesprochen wurde.

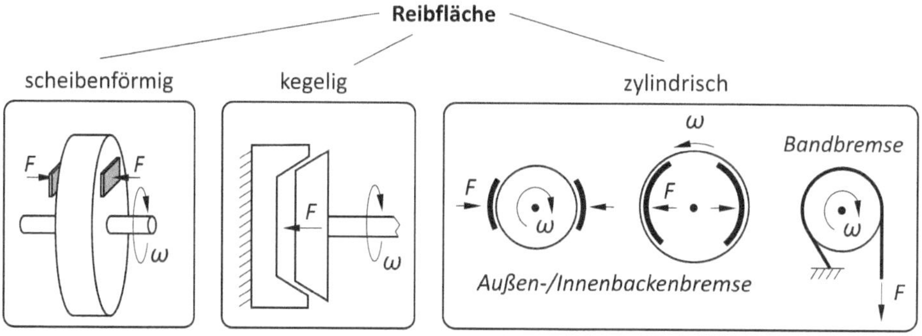

Bild 10.44 Unterscheidung von Reibbremsen nach geometrischer Form der Reibfläche

draulikdruck drückt die Kolbenstange nach oben, so dass über den Winkel- (b) und Bremshebel (c) die Bremsbacken (e) gegen die Bremstrommel ($\varnothing D_1$) gedrückt werden. Die Zugspindel (d) sorgt für die Rückfederung nach dem Bremsvorgang, wohingegen die Verstellspindel (e) die Hebel- und Bremsbackenlage justiert.

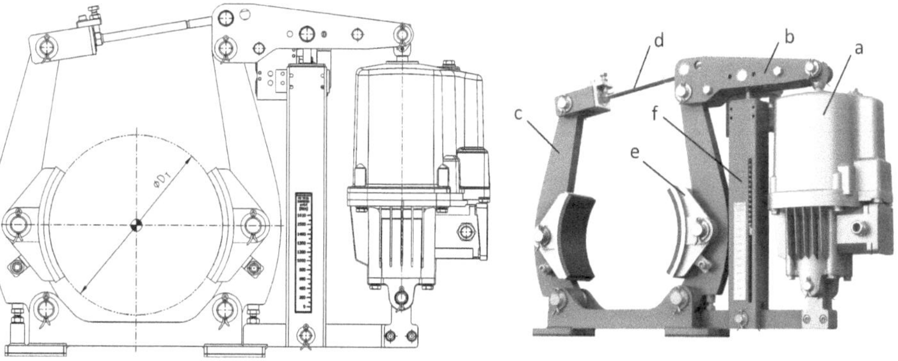

Bild 10.45 Elektrohydraulische Außenbackenbremse der Fa. KTR Brake Systems (mit freundlicher Genehmigung)

B. Innenbackenbremse

Sind die Bremsbacken inklusive Bremsmechanismus innerhalb der Bremstrommel verbaut, so dass die Backen von innen gegen die Trommel drücken, spricht man von einer Innenbackenbremse, vgl. Bild 10.46. Hierbei sind die beiden Bremsbacken-Schenkel am einen Schenkelende drehbar fixiert und werden am anderen Schenkelende über einen Keil (mechanisch) oder einen Bremszylinder (z.B. hydraulisch) auseinander gedrückt. Dabei unterscheidet man zwischen sog. **Simplex-** und **Duplex-Bremsen**, Bild 10.46 (unten). Bei der Simplex-Bremse sind beide Schenkel auf der gleichen Seite drehbar gelagert, so dass sie durch den selben Drehkeil/Bremszylinder auseinandergedrückt werden. Dadurch wird der eine Schenkel durch die drehende Trommel reibungsbedingt tangential „mitgerissen" (Punkt A). Der Schenkel wird so durch die Drehkinematik zusätzlich in die Bremstrommel gedrückt und es kommt zu einer Verstärkung des Bremseffektes. Der andere Schenkel wird dagegen von der Bremsrrommel weggedrückt (Punkt B); hier kommt es zur Abschwächung des Bremseffektes. Bei umgekehrter Drehrichtung kehren sich die Verhältnisse um. Im Punkt A wird die Bremswirkung reduziert und im Punkt B verstärkt. Simplex-Bremsen zeigen daher in beide Drehrichtungen eine gleichgroße, „mittlere" Bremswirkung.

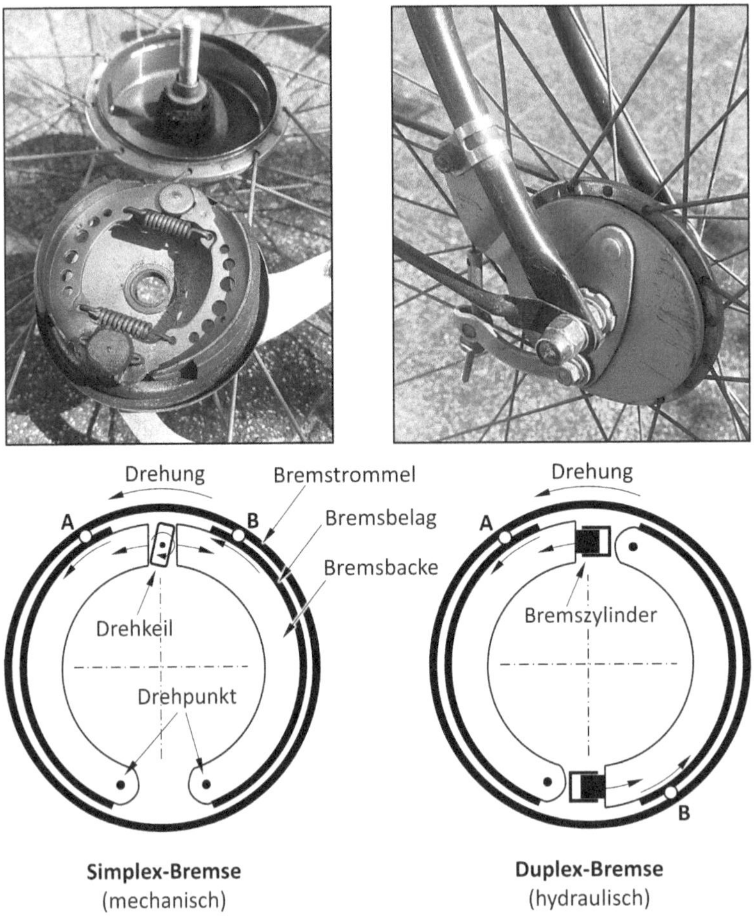

Bild 10.46 Simplex-Innenbackenbremse am Fahrrad (oben); Prinzipskizze einer Simplex- und Duplex-Bremse (unten)

Bei der Duplex-Bremse sind die Schenkel auf unterschiedlichen Seiten gelagert, so dass jeder Schenkel durch einen eigenen Drehkeil/Bremszylinder betätigt wird. Dadurch werden entweder beide Schenkel durch die Bremstrommel „mitgerissen" und zusätzlich angedrückt (wie in Bild 10.46 rechts dargestellt, vgl. Punkt A und B) oder beide Schenkel werden von der Trommel weggedrückt. Damit haben Duplex-Bremsen eine ausgewiesene Drehrichtung, in der eine hohe Bremswirkung vorliegt. In der entgegengesetzten Drehrichtung ist die Bremswirkung jedoch stark reduziert.

Innenbackenbremsen haben den Vorteil, dass der Bremsmechanismus durch die umgebende Bremstrommel von der Umgebung abgeschirmt ist. Sie eignen sich daher für den

Einsatz in schmutzigen, nassen Umgebungen und finden sich z.B. an (älteren) Motorrädern, Fahrrädern oder PKWs.

C. Scheibenbremse

Wenn zum Bremsen zwei Bremsbeläge beidseitig gegen eine drehende Scheibe gepresst werden, spricht man von einer Scheibenbremse. Hierbei ist die Bremsscheibe mit dem drehenden Bauteil (z.B. einer Welle oder einer Radachse) verbunden, wohingegen die Bremsbeläge als die feststehende Kupplungshälfte fungieren, Bild 10.47. Der Bremsvorgang kann z.B. pneumatisch, hydraulisch, elektromagnetisch oder mechanisch erfolgen. Dazu werden zwei axial verschiebbare Bremskolben z.B. mit einem Hydraulikdruck p beaufschlagt, woraus sich die Anpresskraft $F_N = p \cdot A$, (A: Kolbenquerschnittsfläche) ergibt. Daraus folgt dann die Reibungskraft F_R, die der momentenbedingten Umfangskraft F_u an der Scheibe entgegenwirkt und so die Verzögerung gewährleistet.

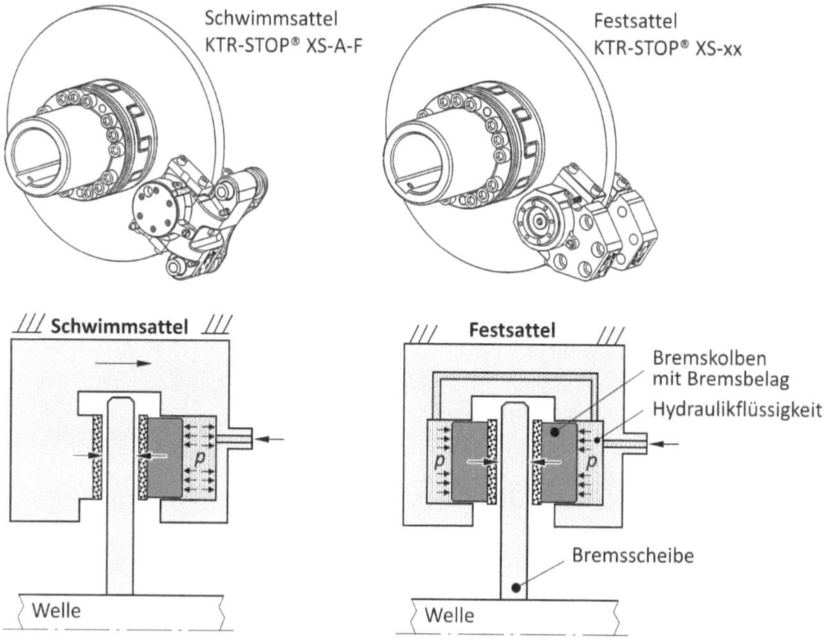

Bild 10.47 Scheibenbremse mit Fest- und Schwimmsattel; obere Bildreihe: ©KTR Brake Systems (mit freundlicher Genehmigung)

Scheibenbremsen besitzen einen Grundkörper, der sog. **Bremssattel.** In bzw. an ihm sind alle weiteren Komponenten montiert. Der Bremssattel kann feststehend oder schwimmend (axial beweglich) ausgeführt sein. Man spricht daher auch vom **Festsattel**, Bild 10.47 (unten rechts), bzw. vom **Schwimmsattel**, Bild 10.47 (unten links).

10.5.4 Bremsmoment, -zeit und -arbeit

Analog zur kraft- bzw. reibschlüssigen Scheibenkupplung in Bild 10.38 soll für die Bremse das Referenzmodell in Bild 10.48 betrachtet werden. Hierbei wird auf das bereits bekannte instruktive Beispiel der Hubvorrichtung zurückgegriffen, um die relevanten physikalischen Zusammenhänge herzuleiten.

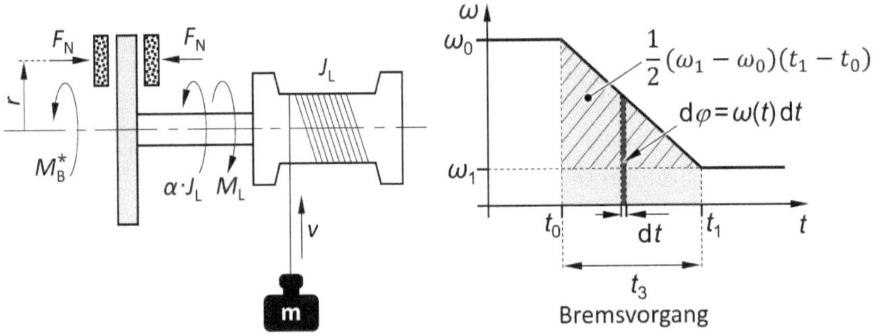

Bild 10.48 Bremsenmodell zur Erläuterung der relevanten Größen beim Bremsvorgang

Nun soll angenommen werden, dass die Masse m aufwärts gefördert wird und dabei über den zum Zeitpunkt t_0 eingeleiteten Bremsvorgang von ω_0 auf ω_1 abgebremst wird. Die Richtung des Moments an der Bremse M_B ist so zu wählen, dass die Aufwärtsbewegung v gewährleistet wird. Das Gewicht m wirkt der Bewegungsrichtung entgegen, so dass M_L der Größe M_B entgegengerichtet ist. Ferner ist das Trägheitsmoment $\alpha \cdot J_L$ per Konvention so einzuzeichnen, dass es der Bewegung entgegen wirkt. Aus dem Momentengleichgewicht folgt dann für das **Bremsmoment** (Schaltvorgang = Bremsvorgang):

$$\boxed{M_B^* = M_L - \alpha \cdot J_L = M_L - J_L \frac{\omega_1 - \omega_0}{t_3}} . \qquad (10.80)$$

Für den Fall, dass bis zum Stillstand ($\omega_1 = 0$) abgebremst wird, ergibt sich:

$$\boxed{M_B^* = M_L + J_L \frac{\omega_0}{t_3}} . \qquad (10.81)$$

Ist das Bremsmoment gegeben folgt durch Umformung für die **Bremszeit** bis zum Stillstand:

$$\boxed{t_3 = \frac{J_L}{M_B^* - M_L} \cdot \omega_0} . \qquad (10.82)$$

Die Bremsarbeit W_B ergibt sich aus dem Produkt von Bremsmoment M_B^* und überstrichenem Winkel $\Delta\varphi$ der Bremsscheibe während des Bremsvorgangs:

$$W_B = M_B^* \cdot \Delta\varphi . \qquad (10.83)$$

Mit Blick auf Bild 10.48 (rechts) kann der Winkel $\Delta\varphi$ als die schraffierte Fläche und der linear angenommenen Verzögerungskurve verstanden werden. Wird als Startzeit des Schaltvorgangs $t_0 = 0$ und außerdem $\omega_1 = 0$ gewählt, ergibt sich:

$$\Delta\varphi = \int_0^{t_1} \omega(t)\mathrm{d}t = \frac{1}{2} \cdot \omega_0 \cdot t_3 . \qquad (10.84)$$

Damit folgt final für die **Bremsarbeit** beim Bremsvorgang bis zum Stillstand:

$$\boxed{W_B = \frac{1}{2} \cdot M_B^* \cdot \omega_0 \cdot t_3} \ . \quad (10.85)$$

Die Bremsarbeit entspricht der Reibarbeit und wird in Wärme umgewandelt. Die damit verbundene Erwärmung sowohl der Bremsbeläge als auch der Bremsscheibe kann erheblich sein. Eine Abschätzung der Temperaturerhöhung ist analytisch schwierig, da mit steigender Temperatur die Wärmeverluste durch Wärmeübergang an der Oberfläche (Konvektion) und durch Wärmestrahlung stark zunehmen. Diese Effekte sind in den o.g. Gleichungen nicht berücksichtigt. Hier sind in der Regel numerische Simulationen von Nöten, bei denen die Wärmeleitungsgleichung in drei Dimensionen unter Wahl geeigneter Anfangs- und Randbedingungen gelöst wird. Für eine grobe Bewertung kann die errechnete Bremsarbeit mit den zulässigen Werten für die Schaltarbeit in Bild 10.39 verglichen werden.

Übung 50 (Scheibenbremse einer Hubvorrichtung):
Eine Hubvorrichtung ist mit einer Scheibenbremse gemäß der nachstehenden Abbildung verbunden. Es soll angenommen werden, dass eine Masse $m = 265$ kg aus einer stationären Hubgeschwindigkeit von $v = 0{,}8$ m/s bis zum Stillstand abgebremst werden soll. Ferner soll für das lastseitige Trägheitsmoment J_L nur die translatorische Geschwindigkeit der Masse m berücksichtigt werden.

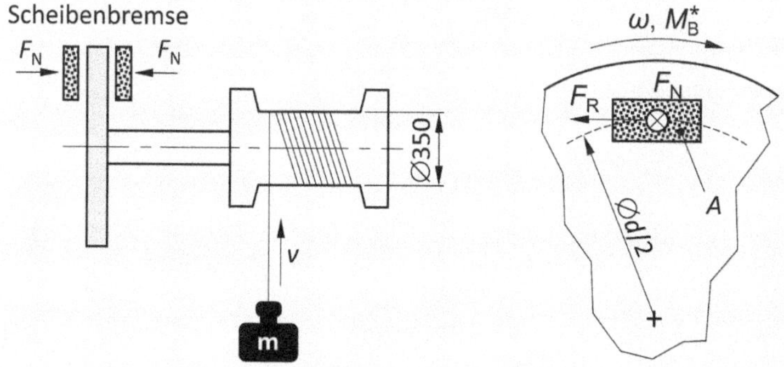

Für den Bremsvorgang wird ein Bremsmoment von $M_B^* = 480$ Nm eingeleitet. Berechnen Sie (a) die Ausgangswinkelgeschwindigkeit ω, (b) das Lastmoment M_L, (c) das lastseitige Massenträgheitsmoment J_L, (d) die Bremszeit t_3 und (e) die Bremsarbeit W_B.

Errechnen Sie auch die Mindestfläche A eines Bremsbelags, wenn angenommen wird, dass der Reibungsbeiwert zwischen Belag und Scheibe $\mu = 0{,}3$ und die zulässige Flächenpressung $p_{zul} = 3$ N/mm² (Stahl – Sintereisen, vgl. Bild 10.39) beträgt. Benutzen sie dazu einen mittleren Durchmesser von $\varnothing d = 400$mm (Abstand des Bremsbelags von der Drehachse der Scheibe).

Lösung:
Die Winkelgeschwindigkeit ergibt sich direkt aus der Hubgeschwindigkeit v und Seiltrommelradius $r = 350/2$ mm, also:

$$\omega = \frac{v}{r} = 4{,}57\,\text{s}^{-1} \ . \quad (10.86)$$

Das Lastmoment folgt aus der Gewichtskraft der Masse multipliziert mit dem Hebelarm r der Seiltrommel:

$$M_L = m \cdot g \cdot r = 454{,}94\,\mathrm{Nm}\,. \tag{10.87}$$

Das Trägheitmoment muss nach Gleichung 10.15 berechnet werden. Hier kann notiert werden:

$$J_L = J_{eq} = m \cdot \left(\frac{v}{\omega}\right)^2 = m \cdot r^2 = 8{,}12\,\mathrm{kg\,m^2}\,. \tag{10.88}$$

Damit kann direkt t_3 berechnet werden:

$$t_3 = \frac{J_L}{M_B^* - M_L} \cdot \omega = 1{,}48\,\mathrm{s}\,. \tag{10.89}$$

Außerdem folgt für die Bremsarbeit:

$$W_B = \frac{1}{2} \cdot M_B^* \cdot \omega \cdot t_3 = 1624{,}18\,\mathrm{Nm}\,. \tag{10.90}$$

Zur Bestimmung der Mindestfläche A eines Reibbelags ist zuerst festzustellen, dass zwei Bremsbeläge und damit $Z = 2$ Reibflächen am Bremsvorgang beteiltigt sind. Hierbei gilt gemäß der o.g. Abbildung ($F_R = \mu \cdot F_N$):

$$M_B^* = -Z \cdot F_R \cdot \frac{d}{2} = -\mu \cdot d \cdot F_N \tag{10.91}$$

und weiter unter Berücksichtigung des Kraftbetrags:

$$|F_N| = \frac{M_B^*}{\mu \cdot d} = 4000\,\mathrm{N}\,. \tag{10.92}$$

Die Normalkraft bestimmt zusammen mit der zulässigen Flächenpressung die Mindestflächengröße der Bremsbeläge:

$$p_{zul} = \frac{F_N}{A} \quad \Leftrightarrow \quad A = \frac{F_N}{p_{zul}} = 1333{,}3\,\mathrm{mm^2}\,. \tag{10.93}$$

Damit könnte z.B. ein Reibbelag der Größe $b \times h = 40\,\mathrm{mm} \times 35\,\mathrm{mm} = 1400\,\mathrm{mm^2}$ gewählt werden. Ferner ergibt sich für die flächenspezifische Bremsarbeit (pro Schaltung) $W_B/A = 1{,}16\,\mathrm{J/mm^2}$. Damit kann beispielsweise der Werkstoff Sinterbronze als Bremsbelag werden (vgl. $W_{R,zul}/A_R$ in Bild 10.39). ■

Literatur

DIN 115-1:1973-09: *Antriebselemente; Schalenkupplungen, Maße, Drehmomente, Drehzahlen.* Beuth-Verlag, Berlin, 1973.

DIN 116:1971-12: *Antriebselemente; Scheibenkupplungen, Maße, Drehmomente, Drehzahlen.* Beuth-Verlag, Berlin, 1971.

DIN 740-1:1986-08: *Antriebstechnik; Nachgiebige Wellenkupplungen; Anforderungen, Technische Lieferbedingungen.* Beuth-Verlag, Berlin, 1986.

DIN 740-2:1986-08: *Antriebstechnik; Nachgiebige Wellenkupplungen; Begriffe und Berechnungsgrundlagen.* Beuth-Verlag, Berlin, 1986.

DIN 808:1984-08: *Werkzeugmaschinen; Wellengelenke; Baugrößen, Anschlußmaße, Beanspruchbarkeit, Einbau.* Beuth-Verlag, Berlin, 1984.

VDI 2240:1971-06: *Wellenkupplungen; Systematische Einteilung nach ihren Eigenschaften.* Beuth-Verlag, Berlin, 1971.

VDI 2241 Blatt 1:1982-06: *Schaltbare fremdbetätigte Reibkupplungen und -bremsen; Begriffe, Bauarten, Kennwerte, Berechnungen.* Beuth-Verlag, Berlin, 1982.

Walter Battermann, Robert Köhler: *Elastomere Federung, elastische Lagerungen: Grundlagen ingenieurmässiger Berechnung u. Konstruktion.* Verlag Ernst & Sohn, Berlin, München, 1982.

DESCH Antriebstechnik: *DESCH Planox® - PP, pneumatisch schaltbare Kupplungen.* Produktbroschüre Technik PP 07, 2007

Karl-Heinrich Grote: *Dubbel: Taschenbuch für den Maschinenbau* . Springer-Verlag Berlin Heidelberg, 23. Auflage, 2012.

Hubert Hinzen: *Maschinenelemente 3.* Verlag Walter de Gruyter, Berlin/Boston, 2., überarbeitete und erweiterte Auflage, 2020.

Ortlinghaus: *Technische Grundlagen.* Datenblatt, Blattnr. DE 1.07.00, DE 1.08.00, 2004.

Stichwortverzeichnis